Wissenschaft und Kunst der Modellierung

Philosophische Analyse / Philosophical Analysis

Herausgegeben von / Edited by
Herbert Hochberg, Rafael Hüntelmann,
Christian Kanzian, Richard Schantz, Erwin Tegtmeier

Volume / Band 64

Wissenschaft und Kunst der Modellierung

Kieler Zugang zur Definition, Nutzung und Zukunft

Herausgegeben von
Bernhard Thalheim und Ivor Nissen

DE GRUYTER

Models are one of the main instruments in scientific research. Disciplines have developed a different model understanding of the notion, function and purpose. We thus need a systematic approach in order to understand, to build and to use a model. This book gives an insight into the discipline modelling know-how in Kiel and is a first starting point to develop a general model approach that generalises and combines for an inter disciplinary use.

Modelle sind wichtige Instrumente in der wissenschaftlichen Forschung. Die Disziplinen haben unterschiedliche Modell-Verständnisse vom Begriff, der Funktion und vom Zweck entwickelt. Wir benötigen einen systematischen Ansatz, um zu verstehen, wie Modelle entwickelt und eingesetzt werden. Dieses Buch gibt einen Einblick in das disziplinäre Know-how in Kiel und ist Ausgangspunkt zur Kombination und Verallgemeinerung in interdisziplinären Anwendungen.

ISBN 978-1-5015-1040-3
e-ISBN (PDF) 978-1-5015-0123-4
e-ISBN (EPUB) 978-1-5015-0125-8
ISSN 2198-2066

Library of Congress Cataloging-in-Publication Data
A CIP catalog record for this book has been applied for at the Library of Congress.

Bibliografische Information der Deutschen Nationalbibliothek
Die Deutsche Nationalbibliothek verzeichnet diese Publikation in der Deutschen Nationalbibliografie; detaillierte bibliografische Daten sind im Internet über http://dnb.dnb.de abrufbar.

Druck und Bindung: CPI books GmbH, Leck
♾ Gedruckt auf säurefreiem Papier
Printed in Germany

www.degruyter.com

Im Bild sind Modelle und ihre Visualisierungen – insbesondere Repräsentationsmodelle – aus den historischen Wissenschaften, aus der Klimaforschung, der Mathematik, Informatik, Geo- und Astrophysik, Medizin, Ökologie, Ökonomie und Agrarwissenschaften dargestellt.

Es gibt kein gemeinsames Modellverständnis – keine gemeinsam akzeptierte Notation – warum?

Vorwort

Was sind Modelle, wie modelliert man? Modelle werden meist spezifisch in den einzelnen Disziplinen verwendet und entwickelt. Das Herausarbeiten von Gemeinsamkeiten von Modellen eröffnet eine Übertragung von Methoden aus einer Wissenschaftsdisziplin in andere und damit möglicherweise eine Verbesserung der Modellierung.

Jedoch wie geht man vor? Eine interdisziplinäre Forschergruppe an der Christian-Albrecht-Universität zu Kiel bearbeitet diesen Themenkreis seit 2007. In den ersten vier Jahren wurde eine Top-Down-Herangehensweise verfolgt. Sie erforderte ein Überstülpen von festen Strukturen über alle Disziplinen und Anwendungen hinweg und scheiterte, wie so viele Versuche andernorts vorher. Ein anschließender intensiver mehrjähriger Erfahrungsaustausch verfolgte dann den neu aufgebauten Bottom-up-Ansatz. Er erwies sich als vielversprechend. In diesem als Kompendiumsbasis zu verstehenden Werk werden die Fragestellungen und ersten Arbeiten als Fundament zusammengetragen, ein neuer übergreifender Modellbegriff wird vorgestellt und rudimentär validiert. In den Diskussionsrunden wirkten Kollegen aus Instituten und Einrichtungen der Agrarwissenschaften, Archäologie, Bildenden Künste, Biologie, Chemie, Elektrotechnik, Geologie, Geschichte, Informatik, Klimaforschung, Linguistik, Mathematik, Medizin, Ökonomie, Pädagogik, Philosophie, Physik, Politikwissenschaften, Soziologie, Sportwissenschaften, Umweltwissenschaften und anderen mit.

Ein Beispiel: In der Natur, aber auch im täglichen Leben, etwa bei Aktienkursen, beobachtet man häufig Ausbreitungsvorgänge, die einen stochastischen Anteil aufweisen und in der Physik als Diffusionsprozesse bezeichnet werden. Bei einer Vielzahl von Anwendungen lassen sich, eine geeignete Abstraktion vorausgesetzt, sehr ähnliche Grundprinzipien identifizieren, die in der Regel auf nahezu identische Grundgleichungen führen, so dass es naheliegt, anhand solcher Vorgänge die Übertragung und Übertragbarkeit von Modellen zu studieren; Anwendungen findet man in der Untersuchung von Informationsausbreitung in Netzwerken bis hin zur Verbreitung von Seuchen.

Dieser Beitrag kann dabei nur ein erster Baustein sein. Modelle, Modellentwicklung und Modellnutzung werden in der Regel durch den Zweck determiniert und besitzen deshalb auch Ähnlichkeiten mit anderen Modellen, die dem gleichen Zweck genügen. Durch das Aufdecken und Systematisieren solcher Ähnlichkeiten sowie der Grundprinzipien kann über die symbiotische Problemlösung zwischen unterschiedlichen Disziplinen hinaus ein Leitfaden entstehen, der es Anwendern gestattet, den für die konkrete Problemstellung am besten geeigneten Modellansatz zu finden. Hierzu ist eine intensive Auseinandersetzung notwendig.

Dieser Band als Gemeinschaftsarbeit von zwei Dutzend Kieler Kollegen soll den Jargon und die Denkweisen der einzelnen Disziplinen aufzeigen, einen verbindenden Modellbegriff zuordnen und eine Übertragbarkeit auf eigene Problemlösungen ermöglichen. Dieser Begriff des Modells wird vorgestellt und anhand der Nutzbarkeit in den hier beitragenden Fachbereichen belastet mit dem Ziel, dem geneigten Leser eine Annäherung Top-Down aber auch Bottom-Up zu ermöglichen. Dabei ist das Buch als Einführung aber auch als Fachlektüre gedacht.

In den wöchentlichen Diskussionen an der CAU von 2009 bis Ende 2012 wurden die Grundvorstellungen für Modelle, für Modellierung und das Modellieren entwickelt. Teilnehmer aus 6 der 8 Fakultäten der CAU an den interdisziplinären Diskussionen waren u.a. H. Allert, R. Berghammer, C. Blättler, S. Börm, J.-P. Brückner, W. Deppert, W.J. Duschl, H.W. Ernst, N. Fohrer, C.-C. Glüer, B. Heber, C. Henning, M. Hinz, P.A. Höher, R. Horn, K. Jansen, H.-C. Jongebloed, H. Kage, L. Käppel, G. Kiesmüller, A. Kopp, B. Kralemann, H. Krause, J. Krieter, C. Lattmann, T. Lux, R. Mayerle, T. Meier, F. Müller, J. Müller, U. Müller, O. Nakoinz, D. Nowotka, I. Nissen, W. Rosenkranz, P. Rosenstiel, K.H. Runte, D. Schädler, J. Schaefer, G. Schmidt, T. Slawig, A. Susenbeth, B. Thalheim, I. Traulsen, R. v. Hanxleden, S. Waldhausen, N. Weiler und J. Wellendorf. Ihnen sei für ihren Beitrag zum Finden und Prüfen gedankt.

Kiel,
April 2015

Bernhard Thalheim, Ivor Nissen
et al.

Inhalt

Teil I: **Bedeutung, Entwicklung und Einsatz**

Ivor Nissen und Bernhard Thalheim (Kapitel 1–4)

1 Einleitung

Geschrieben steht: „Im Anfang war das Wort!“
Hier stock ich schon! Wer hilft mir weiter fort?
Ich kann das Wort so hoch unmöglich schätzen,
Ich muß es anders übersetzen,
Wenn ich vom Geiste recht erleuchtet bin.
Geschrieben steht: Im Anfang war der Sinn.
Bedenke wohl die erste Zeile,
Daß deine Feder sich nicht übereile!
Ist es der Sinn, der alles wirkt und schafft?
Es sollte stehn: Im Anfang war die Kraft!
Doch, auch indem ich dieses niederschreibe,
Schon warnt mich was, daß ich dabei nicht bleibe.
Mir hilft der Geist! Auf einmal seh ich Rat
Und schreibe getrost: Im Anfang war die Tat!

Goethe, Faust I, Faust's Study, V. 1224

1.1 Warum dieses Buch

Modelle sind ein zentrales Arbeits*instrument* in vielen Wissenschaften, werden mit unterschiedlichen Zwecken und Methoden angewandt und folgen unterschiedlichen Voraussetzungen. Es gibt eine Vielzahl und Vielfalt von Modellen und ebenso von Modellierern. Die Spannbreite von Modellen reicht in zunehmender Abstraktion von ikonischen Modellen (z.B. Modellauto) über analoge Modelle (z.B. Atommodell oder U-Bahn-Verbindungskarte) bis zu symbolischen Modellen (mathematische Gleichung oder Formel); die Spannbreite der Modellierer vom reinen Modellanwender bis hin zum grundlagenorientierten Mathematiker. In diesem Werk werden sowohl Modelle als auch Vorgänge des Modellierens sowie der dahinter stehenden Struktur der Modellierung betrachtet (z.B. sind einige Modelle der Astrophysik, Finanzwirtschaft, der Informationsverbreitung (Gerüchte) in Kommunikationsnetzwerken und der Tierseuchenprognostik analog in Struktur und Methodik in Form der Diffusion). Es soll zum einen durch das Mitwirken an diesem Beitrag sowohl eine Revision des eigenen Modellierens als auch eine Kommunikation mit anderen Disziplinen und eine Qualitätssicherung ermöglicht werden. Zum anderen kann mit diesem Buch die Modellentwicklung und -nutzung für viele Disziplinen durch die Extraktion und Verdichtung des entstandenen Wissens z.B. in Form von Leitfäden, in einer Werkstatt oder einem allgemeinen Rahmen substantiell verbessert werden. Am Ende steht ein neuer umfassenderer Modelldefinitionsvorschlag.

Die beteiligten Autoren in diesem Band reflektieren produktiv und kritisch die genutzten bzw. entwickelten Modelle, die Techniken des Modellierens und die dahinter stehende Struktur der Modellierung. Mit dieser Reflexion kann neben einer Bestandsaufnahme auch der Forschungsbedarf in der eigenen Disziplin und die von anderen Disziplinen übernehmbare Kompetenz aufgedeckt werden. Dabei steht zusätzlich zur Modellentwicklung und -nutzung oder zum Wiederverwenden bekannter Modelle in neuen Anwendungen damit das Entwickeln von Begrifflichkeiten im Mittelpunkt. Mit einer gemeinsamen Aufarbeitung dieser Erfahrungen, Fertigkeiten und dieses Know-how wird *eine integrative Struktur geschaffen*, in deren Zentrum das Modellieren sowohl aus fachwissenschaftlicher - d.h. pragmatischer - als auch übergeordnet aus wissenschaftstheoretischer Sicht steht. Ziel ist dabei auch durch Interagieren das eigene Vorgehen so zu verbessern, dass über dieses hinaus - basierend auf einer gemeinsamen Sprache - disziplinübergreifende Symbiosen erwachsen und grundlegend neue Erkenntnisse über das für die moderne Wissenschaft zentrale Konzept des Modellierens gewonnen werden, also eine Kunst des Modellierens entstehen kann.

1.2 Modellierung als ein Fachgebiet

Da wissenschaftliche Fachgebiete in der Regel über ihren Gegenstand bestimmt werden, entzieht sich dieser Beitrag insofern der Möglichkeit einer typischen Einordnung in ein Fachgebiet, als er durch einen methodischen Bezug konstituiert und strukturiert wird: nämlich die Methode des Modellierens. D.h. die transdisziplinäre Zusammenarbeit ist nicht an einem gemeinsamen Gegenstand ausgerichtet, sondern an der gemeinsamen Methode des Modellierens, die in einer Vielzahl von durch jeweils unterschiedliche Gegenstände bestimmten Fachrichtungen praktiziert wird. Ziel dieses Buches ist es, diese in den unterschiedlichen Anwendungsbereichen implizit verwendete Methode zum expliziten Gegenstand einer Disziplinen übergreifenden Reflexion zu machen, die von der jeweils fachbezogenen Praxis ausgeht und auf diese zurückwirkt. In diesem Sinne ist dieser Beitrag einerseits in allen zusammengefassten Fachrichtungen und Fakultäten zu verorten und anderseits im informellen, interdisziplinären und internationalen Fachgebiet der Verwendung von Modellen zur wissenschaftlichen Forschung.

Die klassische Wissenschaft hat ihr Bild gewandelt. In der frühen Entwicklung war die Wissenschaft noch empirisch orientiert. Diese Form wurde immer stärker durch eine theorieorientierte Wissenschaft ersetzt, in der Modelle für eine vereinheitlichende Theorie zusammengesetzt und zur Nutzung dieser Theorie herangezogen wurden. Stephen Hawking formuliert explizit basierend auf dem positivistischen Ansatz, geklammert durch Auguste Comte und Karl Popper, dass eine wissenschaftliche Theorie ein mathematisches Modell ist, welches unsere Beobachtungen beschreibt und kodifiziert, also in einem Kalkül und Regelwerk

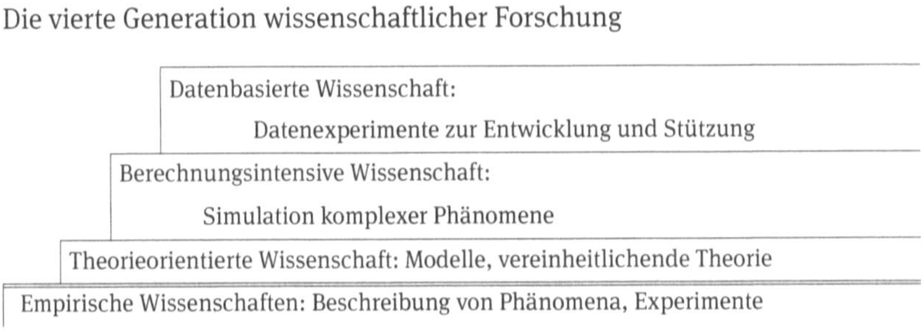

Abb. 1.1. Die vier Stufen der Wissenschaftsentwicklung

zusammenfasst.[1] Seit der Entwicklung leistungsfähiger Rechner konnten auch komplexe Phänomene z.B. numerisch mittels Modell simuliert und damit auch ohne eine erklärende Theorie untersucht werden. Die computergestützte, mathematische Modellierung hat sich in den letzten 30 Jahren daher zu dem zentralen *Instrument* vieler empirisch arbeitender Wissenschaften entwickelt, und führt in einer Evolutionsausprägung zu einer „Digital Science“ , wie in Abbildung 1.1 skizziert. Klimaforschung, medizinische Forschung, ‚big data‘ sind ohne die intensiv genutzten Daten nicht mehr denkbar. Damit beginnt auch eine datenintensive Wissenschaft, in der Modelle und ggf. auch Theorien aus Daten heraus expliziert werden. Moderne nationale und internationale Forschung ist damit ohne eine solche Verarbeitung und Modellierung von Daten nicht mehr denkbar! Die Entwicklung der Modelle und der Methoden der Modellierung ist aber in der Regel ein stark an den Diskurs und die Paradigmen der einzelnen Fachrichtungen gebundener Prozess, der so eben nur schwer das Potenzial ausschöpfen kann, welches durch neue Konzepte und Ansätze in anderen Fachgebieten besteht. Der Bedeutung, die die Modellierung faktisch für die wissenschaftliche Forschungspraxis erlangt hat, wird bis jetzt nicht durch eine systematische Erforschung der Modellierung selbst Rechnung getragen: Modelle und Modellierung haben sich zum zentralen *Instrument* der Forschung entwickelt, sind aber selbst noch nicht zum Gegenstand der Forschung geworden. Diese Entwicklung nimmt dieser Beitrag auf und möchte von der Modellierungspraxis der beteiligten Fachrichtungen ausgehend den Schritt zu einer Disziplinen übergreifenden Wissenschaft und Kultur des Modellierens initiieren.

Diese interdisziplinäre Zusammenarbeit in einem gemeinsamen Fachgebiet eröffnet auch neue Ansätze zur Lösung gesellschaftlicher Herausforderungen. Bei-

1 siehe beispielsweise „Das Universum in der Nussschale“ , Seite 39.

spielsweise werden Modelle immer öfter aus unterschiedlichen Disziplinen und Arbeitsgebieten übergreifend zusammengeschaltet. Beispielsweise beschreibt Mojib Latif für die Klimaforschung in diesem Beitrag (vgl. auch 14.6.5 auf Seite 301) in seiner Schlussbemerkung (Seite 303), wie Klima von Natur und Menschen gleichermaßen beeinflusst wird, so müssen folgerichtig auch Sozioökonomie- und Klimamodelle gekoppelt werden; „ein langer Weg aber durchaus in den kommenden Jahren durch multi-disziplinäre Zusammenarbeit realisierbar." Entsprechendes gilt sicherlich auch für Sozioökonomie- und Kommunikationsmodelle zur optimalen Auslastung von Netzwerken respektive Seuchenverbreitungsmodellierung, um die Diffusion mittels Schiff und Flugzeug einzubeziehen und vieles mehr. Damit müssen Forschergruppen unterschiedlicher Disziplinen mit wohldefinierten Schnittstellen - einer einheitlichen Sprache - zwischen ihren Modellen zusammenarbeiten, ein gemeinsam akzeptierter Formalismus ist notwendig. In Kapitel 21 wird beschrieben, wie eine konsistente Zusammenschaltung von Modellen zu Suiten möglich, jedoch durch Werkzeuge heute „bestenfalls partiell unterstützt" werden und „die Gefahr der Entstehung unerwünschter oder gar widersprüchlicher Modellierungsergebnisse" groß ist (Seite 453). Multi-disziplinäre Zusammenarbeit laut dem Kieler Motto „Vernetzt denken - vernetzt handeln" ist daher ein Basisbaustein, um eine Wissenschaft für Modelle in einem eigenen Fachgebiet begründen zu können.

1.3 Charakterisierung des Modellbegriffs

1.3.1 Ziele

Ziel der Forschung zu Modellen, zum Modellieren und zur Modellierung ist es,

- eine die Disziplinen übergreifende Sprache und Kultur des Modellierens durch die Kooperation in der Modellbildung und -nutzung und durch eine damit verbundene gemeinsame Reflexion über Modelle zu entwickeln,
- einen Modellkatalog aus der systematischen Betrachtung der Potentiale und Besonderheiten der Modelle, der eingesetzten Methoden der Modellierung sowie der best-practices abzuleiten und
- neu(artig)e Perspektiven auch für das eigene wissenschaftliche Modellieren durch lebendigen interaktiven Austausch und durch einen systematischen Transfer zu eröffnen.

Die Modellentwicklung und -nutzung reflektiert z.Z. eher die Vielzahl und Vielfalt an Modellen und Modellierern. Es gibt Lösungsansätze in anderen Disziplinen, die man nicht ausreichend kennt bzw. deren Potential nicht bekannt ist. Es dominiert ein eher fachspezifisches Herangehen, das der Historie der Fächer und Schulen mit der entsprechenden Fachkultur entspricht. Die Vielzahl von Modellen ist auch durch die fehlende Systematik mit verursacht. Mit einer Systematisierung und Potentialerschließung können dagegen auch neue Erkenntnisse entstehen, wie z.B. durch die Systematisierung des Periodensystems der Elemente Lücken im Wissen um die Existenz von unbekannten existierenden Elementen aufgedeckt wurden. Dagegen existieren unterschiedliche Modellbegriffe in einer eigenen und fachbezogenen Sprache. Eine Verwendung von Modellen aus anderen Wissenschaften ist schwierig. Zusätzlich erschweren implizite Hintergrundtheorien und implizite Annahmen bzw. Paradigmen oder Postulate, die fachspezifische Ausrichtung und das Verständnis von Modellen. Es gibt kein systematisches Datenmanagement - meist wird mit data-on-hand statt data-on-demand/necessity gearbeitet - z.B. für die Datenqualität und die Integration von Metadaten. Kausale Beziehungen sind oft unverstanden oder nicht bewusst integrierbar. Viele in den Modellen genutzte Konzepte wurden implizit aus den Wissenschaften heraus entwickelt.

1.3.2 Die Forschungsaufgabe, die noch vor uns liegt

Durch das implizite Verständnis wird die Kommunikation mit Fachkollegen und fachübergeifend erschwert. Einzelne Modellbestandteile sind nicht sichtbar. Modelle reflektieren i.Allg. mehr als nur Daten. Ein Hinterfragen und eine entsprechende (Selbst-)Reflexion erleichtern dagegen die Modellentwicklung und -nutzung. Schwierigkeiten bereitet die Evolution von Modellen z.B. bei Datenevolution, wodurch die Modelle der Entwicklung hinterher hinken. Der fehlende Überblick und die schwache Berücksichtigung des Hintergrundwissens erschweren den Überblick oder die Aneignung des Modells und der damit entwickelten Problemlösungen.

Mit dieser Arbeit soll dieser Zustand verbessert werden. Es ist dabei nicht beabsichtigt, alle möglichen Modelle in möglichst vielen Wissenschaften zu bearbeiten. Vielmehr orientiert sich dieser Beitrag an der Struktur der Christian-Albrechts-Universität zu Kiel und vereint die Fachbereiche Agrar- und Ernährungswissenschaften, Altertumskunde, Informatik, Ingenieurwissenschaften, Lebenswissenschaften, Mathematik, Medizin, Ökologie, Ökonomie, Pädagogik, Physik, Sportwissenschaft, Werkstoffwissenschaften und Philosophie. Es soll mit dem integrativen Zusammenwirken dieser Wissenschaften zum Problemkreis Modellentwicklung und -nutzung

- das eigene Modell besser kommuniziert,
- eine Verallgemeinerung und ein Abstrahieren der Modelle der Einzelwissenschaften vorgenommen,
- ein systematisches Erheben der Stärken, des Potentials, der Schwächen und der Problematik der genutzten Modelle,
- eine Qualitätsbeurteilung vorbereitet,
- eine Integration von Konzepten und Konzeptionalisierung vorgenommen,
- ein Modell-Daten-Management erleichtert,
- eine Integration von Modellen aus anderen Disziplinen erlernt,
- der Daten- und der Parameterraum und das Modellieren beherrscht,
- eine Illustration von Modellfamilien integriert,
- eine interagierende Kommunikation insbesondere zwischen Entwickler und Nutzer erleichtert,
- ein systematisches Modellieren angeregt,
- ‚good practices' für die Modellentwicklung und -nutzung entwickelt,
- eine Beherrschung früher Teile des Sprachfindungsprozesses und eine Aufdeckung möglicherweise verborgener Parallelen erleichtert und
- ein iteratives Verbessern der eigenen Modelle in der Interaktion mit anderen Projektmitgliedern eingesetzt

werden, wodurch

- eine bessere Zweckorientierung der Modelle erreicht wird,
- schrittweise eine zweckorientierte Modell-Datenbank aufgebaut wird,
- die eigene wissenschaftliche Forschung befruchtet wird,
- die Modellierung als Kunst beherrscht wird und
- eine wissenschaftliche Symbiose aus der gemeinsamen Benutzung entsteht.

Eine Forschung hierzu kann die Wissenschaften bereichern durch die Entwicklung von Paradigmen und Postulaten der Modellierung, durch eine Systematisierung von Möglichkeiten und des Potentials von Modellen, durch eine Entwicklung einer fächerübergreifenden Sprache, einer Systematik einer Technik der Modellierung über Disziplinen hinweg und durch Erschließung der Analogie von eingesetzten Techniken und Lösungen für gleichartige Problemstellungen und Modellzwecke. Es wird Effizienzsteigerung in der Modellierung und eine Systematisierung der Modellierung als übergreifende wissenschaftliche Methode erreicht.

1.3.3 Die Nutzung von Modellen

Modelle werden in unterschiedlichen Nutzungsszenarien („Gebrauchsspielen" (Wit58)) verwendet. Deshalb kann eine Klasseneinteilung in

- *Situationsmodelle,*
- *Perzeptionsmodelle,*
- *Realmodelle,*
- *Erklärungsmodelle,*
- *Experimentmodelle,*
- *formale Modelle,*
- *mathematische Modelle,*
- *Simulationsmodelle,*
- *Emulationsmodelle,*
- *Ersetzungsmodelle,*
- *Erklärungsmodelle* und
- *Repräsentationsmodelle*

zum Modellbegriff ohne Anspruch auf Vollständigkeit zugrunde gelegt werden. Die Modelle werden oft gekoppelt im Rahmen von Mehrschrittverfahren verwendet. In Anlehnung an die Verallgemeinerung von (vDGOG09) durch (GKBF13) kann ein Mehrschrittverfahren als Beispiel die folgenden Schritte und Modellarten verwenden:

1. eine Erarbeitung eines Verständnisses für eine Realsituation mit Perzeptions- und Situationsmodellen;
2. eine Vereinfachung und Strukturierung dieser Modelle zu einem Realmodell;
3. eine Formalisierung zu einem formalen Modell, aus dem
   (a) durch Mathematisierung ein mathematisches Modell oder
   (b) durch eine Erfassung der Analogien ein Simulationsmodell oder
   (c) durch Hypothesenbildung ein Experimentalmodell
   abgeleitet wird;
4. das Nutzen von Daten zur Verfeinerung und Spezialisierung des formalen Modells zu einem weiteren formalen Modell im Rahmen der ‚inversen Modellierung';
5. das Entwickeln eines Erklärungsmodells zur Interpretation und Validierung der realen Resultate im Rahmen der Realwelt;
6. eine Vereinfachung der Lösung mit einem Repräsentationsmodell zur Vermittlung.

Die Nutzungsszenarien stehen dabei immer am Anfang einer Entwicklung respektive Modellwahl und -anwendung. Modelle können z.B. (Mah15)

deskriptiv zur Beschreibung,
präskriptiv als Vorlage,
konzeptuell zum Verständnis und als Vermittler,
exemplarisch mit einem Abbild als (Museums-)Exemplar,
experimentell mit einem Prototypen,

explikativ mit einer Erklärung,
normativ mit Postulaten und Annahmen,
prognostisch als Vorhersagemodell,
metaphorisch mit einer Anleihe oder einem Gleichnis aus anderen Semantikfeldern,
hypothetisch als empirisch-belegter Gegenstand,
substituierend als Ersatz für ein Teilsystem,
gestalterisch als Entwurf oder Plan,
nachprüfend als Testfall-Suite,
anschaulich als figurativer oder visueller Gegenstand,
repräsentativ als Überbringer einer Kultur oder Nachricht,
verfeinerbar als ‚inverses' Modell,
anleitend als Arbeitsvorschrift

usw. usf. verwendet werden. Die unterschiedlichen Gebrauchsspiele bedingen auch unterschiedliche Methoden und Arbeitsumgebungen, auf die wir im dritten Abschnitt dieses Beitrages detaillierter eingehen werden.

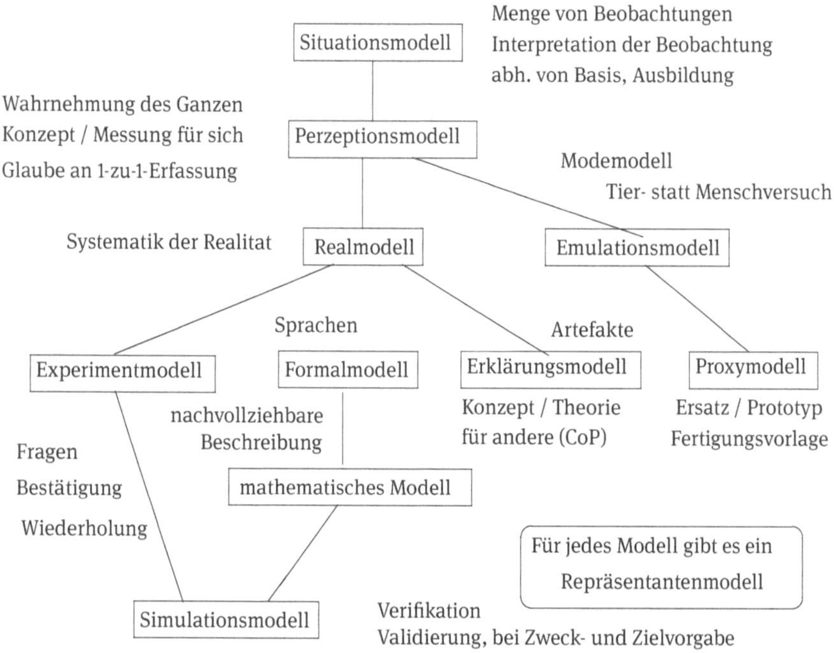

Abb. 1.2. Visualisierungsversuch der Zusammenhänge von Modellen

Unterschiedliche Modelle können somit eine Realität mit unterschiedlichem Detailgrad und Assoziationsabstand zur Realität beschreiben. Als klassisch ist dabei das von Euler gelöste „Königsberger Brückenproblem" zu nennen, welches mit unterschiedlichen Modell-Abstraktionsgraden zum Graphen überführt. Unnötiger Informationsballast, wie beispielsweise die geographische Lage und Ausrichtung sowie Abstände der Brücken zueinander, wird eliminiert. Nach der Bereinigung erlauben die übergebliebenen Knoten und Kanten eine klare Sicht auf den Kern des Problems. Den Pfad zwischen Realität, Modellen und der Beobachtung, dem Experiment (auch am Modell), liegt auch ein unterschiedlicher Kontext des Anwenders zugrunde. Ohne Beobachtungen und Experimente kann beispielsweise die Realität von Zeit und Raum nur mittels Theorien wie Quantenmechanik, p-Branen, elfdimensionalen Supergravitationen, Stringtheorie, Relativitätstheorie, M-Theorie bis hin zu Newtons erster Theorie und deren abgeleiteten Modellen erfolgen. Auch hier sind der Kontext und die vom Anwender genutzten impliziten Glaubensbekenntnisse tief im Modell verankert. Dualitäten lassen es zu, Gemeinsamkeiten zu beschreiben und Theorien in einem theoretischen Rahmen zu vereinigen.

1.3.4 Herausbildung eines fachübergreifenden und umfassenden Modellbegriffes

1.3.4.1 Die Charakterisierung von Gegenständen anhand von Eigenschaften

Es gibt eine Reihe von Arbeiten, in denen für die Auffassung eines Gegenstandes als Modell Eigenschaften genutzt werden:

(1) die *Abbildungseigenschaft* (Sta73)[2]: Ein Modell ist immer ein Abbild von etwas, eine Repräsentation natürlicher oder künstlicher Originale, die selbst wieder Modelle sein können. Oder in Verallgemeinerung von (1):

(1') die *Analogieeigenschaft* (Tha10): Für Modelle kann eine Analogiebeziehung zum Original hergestellt werden.

(2) die *Reduktionseigenschaft* (Sta73)[3]: Ein Modell erfasst nicht alle Aspekte der Realwelt, sondern nur die relevant erscheinenden.

2 „Modelle sind stets Modelle von etwas, nämlich Abbildungen, Repräsentationen natürlicher oder künstlicher Originale, die selbst wieder Modelle sein können."

3 „Modelle erfassen im allgemeinen nicht alle Attribute des durch sie repräsentierten Originals, sondern nur solche, die den jeweiligen Modellerschaffern und/oder Modellbenutzern relevant erscheinen."

(3) die *Pragmatikeigenschaft* (Sta73)[4]: Modelle erfüllen ihre Ersetzungsfunktion für bestimmte Subjekte, innerhalb eines zeitlichen Kontextes und unter Einschränkung auf bestimmte gedankliche oder tätliche Operationen.
(4) die *Erweiterungseigenschaft* (Ste93): Modelle besitzen spezifische Erweiterungen über das Original hinaus.
(5) die *Idealisierungseigenschaft*(Tha10; Tha11): Die Modellierung abstrahiert von der Realwelt durch eine Idealisierung dieser.
(6) die *Trägereigenschaft mit einem Cargo* (Mah09): Ein Modell garantiert die Übertragung gewisser Qualitäten, mit denen es als Modell gleichsam aufgeladen ist. Das Cargo ist das, was in dieser Weise durch ein Modell übertragen wird.
(7) *Abweichungseigenschaft* (FH06): (Galilei'sche) Modelle werden zur Verbesserung der Realwelt benutzt und besitzen Elemente, die bislang nicht existieren, und überschreiben damit existierende Elemente.
(8) *Mehrwerteigenschaft* (Tha11): Modelle bieten einen Mehrwert auf Grundlage ihrer Qualität, ihrer Kapazität und ihres Potentials, durch den die Nutzung des Modells sinnvoll wird.
(9) die *Zweckbindung* (Ste93; Tha11): Die Auffassung eines Gegenstandes als Modell wird durch den Zweck der Modellierung determiniert. Ein Modell ist an seine Zwecke - und nur an diese - gebunden.

Diese Eigenschaften können Gegenstände als Modell qualifizieren. Sie erlauben aber noch nicht eine Definition eines Modells. Eine Charakterisierung durch Eigenschaften erlaubt noch nicht eine Bestimmung des Modellbegriffs. Es stellt sich die Frage, ob eine solche Bestimmung für den Begriff ‚Modell' möglich ist. Dieser Frage stellen wir uns im folgenden Kapitel.

Trotzdem werden Gegenstände aufgrund dieser Eigenschaften als Modelle angesehen. So wird z.B. von H. Stachowiak (Sta73) ein Modellbegriff eingeführt u.a. mit der Definition:

> *Ein Modell ist seinem Wesen nach eine in Maßstab, Detailliertheit und/oder Funktionalität verkürzte bzw. abstrahierende Darstellung des originalen Systems.*

4 „Modelle sind ihren Originalen nicht per se eindeutig zugeordnet. Sie erfüllen ihre Ersetzungsfunktion a) für bestimmte - erkennende und/oder handelnde, modellbenutzende - Subjekte, b) innerhalb bestimmter Zeitintervalle und c) unter Einschränkung auf bestimmte gedankliche oder tatsächliche Operationen."

Die Menge der Modelle ist größer, umfasst auch Instrumente, die keine Gegenstände sind, beispielsweise Lebewesen. Ein gemeinsames Verständnis für eine akzeptierte Modelldefinition und damit auch eine einheitliche Notation ist in den Wissenschaften nicht verankert. Nicht nur in unterschiedlichen Disziplinen, sondern innerhalb einer Disziplin gibt es eine Diversität. Exemplarisch soll das für die Informatik stellvertretend demonstriert werden:

1.3.4.2 Modellbegriffsvielfalt in der Informatik

Die Informatikforschung und -literatur hat eine Vielzahl von unterschiedlichen Modellbegriffen erbracht. Eine unvollständige, nach Autoren geordnete Liste umfasst z.B. die folgenden Definitionen:

Abts, Mülder 2004: Unter Modell wird hierbei die allgemeine, meist mathematische Beschreibung eines betriebswirtschaftlichen Problems angesehen, [S. 74, Anlehnung an: (Vetschera 1995).]

Alpar et al. 2002: Ein Modell ist das Ergebnis eines Konstruktionsprozesses, bei dem die Wahrnehmung von Inhalten eines ausgewählten Gegenstandes zweckorientiert repräsentiert wird, [S. 21, Anlehnung an: (vom Brocke 2003a, S. 19 ff.).]

Balzert 2001: Modellbegriff allgemein: Vereinfachte, auf ein bestimmtes Ziel hin ausgerichtete Darstellung der Funktion eines Gegenstandes oder des Ablaufs eines Sachverhalts, die eine Untersuchung oder Erforschung erleichtert oder erst möglich macht, [S. 100.]

Becker 1995: Modelle können aufgefasst werden als ein Abbild der Realwelt für Zwecke eines Subjektes. [...] Modelle werden [...] als Hilfsmittel zur Erklärung und Gestaltung realer Systeme eingesetzt. Erkenntnisse über Sachverhalte bei realen Problemen können mit Hilfe von Modellen aufgrund der Ähnlichkeit gewonnen werden, die zwischen dem realen betrieblichen System und dem Modell als Abbild dieses System bestehen, [S. 135, Anlehnung an: (Adam 1993, S. 44).]

Becker, Schütte 1997: Modelle stellen das immaterielle und abstrakte Abbild eines Realweltausschnitts für Zwecke eines Subjekts dar, [S. 427, Anlehnung an: (Steinmüller 1981, S. 73).]

Becker, Schütte 2004: Ein Modell ist die Repräsentation eines Objektsystems eines Originals für Zwecke eines Subjekts. Es ist das Ergebnis einer Konstruktion eines Subjekts des Modellierers, das für eine bestimmte Adressatengruppe Modellnutzer eine Repräsentation eines Originals zu einer Zeit als relevant mit Hilfe einer Sprache deklariert. Ein Modell setzt sich somit aus der Konstruktion des Modellierers, dem Modellnutzer, einem Original, der Zeit und einer Sprache zusammen, [S. 65, ohne Fußnoten zitiert.]

Brügge/Dutoit 1997: Ein Modell ist eine Abstraktion eines Systems mit der Zielsetzung des Nachdenkens über ein System zu vereinfachen, indem irrelevante Details ausgelassen werden.

Donath et al. 1999: Modelle dienen - in unserem Betrachtungsfeld - der Beschreibung und Gestaltung von Geschäftsprozessen. Sie dienen der Untersuchung von Struktur- und Verhaltenseigenschaften von Unternehmen oder Institutionen. Modelle dienen der vereinfachenden Abbildung eines realen Systems oder Systemausschnitts, wobei trotz aller Vereinfachung Strukturgleichheit oder zumindest Strukturähnlichkeit zwischen Wirklichkeit gefordert wird, [S. 26.]

Erzen 2000: Modelle sind adäquate, vereinfachende bzw. idealisierende Abbilder der Realität, [S. 13.]

Ferstl, Sinz 2001: In informaler Definition ist ein Modell ein System, das ein anderes System zielorientiert abbildet, [S. 18.]

Fischer et al. 2002: In den einzelnen Fachdisziplinen wird der Ausdruck Modell mit wechselnder Bedeutung verwandt. Häufig wird darunter eine maßstäbliche Nachbildung der Oberfläche eines Systems z. B. Modell einer Dampflokomotive, Landschafts- oder Gebäudemodell oder ein Ideal- oder Durchschnittsbild z. B. Modell in der Modebranche, Modell eines Studiums verstanden. Das nachgebildete System kann dabei bereits existieren oder lediglich geplant sein, (S. 180). Ein Modell stellt aber kein möglichst vollständiges Abbild der Realität dar. Das wäre die Realität, z. B. das Hochregallager, das betrachtete Bürogerät oder das zu entwerfende Auto selbst. Ein Modell enthält zur Reduktion von Aufwand und Komplexität gemäß Modelldefinition und -zweck nur die zu untersuchenden Gesichtspunkte. Damit sind immer der Modellzweck z. B. Darstellung des Verhaltens und die Grenzen der Modellgültigkeit anzugeben, [S. 180.]

Grochla et al. 1974: Jedes System kann als Abbild oder Vorbild - d. h. als ‚Modell' - für ein anderes System verwendet werden, falls zwischen den betreffenden Systemen eine partielle oder totale Strukturgleichheit nachweisbar ist. [...] Modelle sind also stets entweder real-konkrete oder formalkonzeptionelle Systeme, die als Repräsentation real-konkreter oder formal-konzeptioneller Systeme verwendet werden, [S. 21.]

Hansen, Neumann 2005: Ein Modell engl.: model ist eine Abstraktion des betrachteten Realitätsausschnitts. Unter Modellierung engl.: modeling werden die Tätigkeiten verstanden, die zur Definition eines Modells führen, [S. 174.]

Hars 1993: Dabei ist Voraussetzung, daß es eine Abbildungsbeziehung zwischen den Elementen des Modellsystems und den Elementen des Objektsystems gibt, über die ein Teil der im Objektsystem beschriebenen Sachverhalte auf das Modellsystem übertragen werden kann und von dort auf weitere Sachverhalte im Objektsystem zurückgeschlossen werden kann. Die dreistellige Beziehung zwischen einem Objektssystem, einem Modellsystem und einem Zweck wird als Modell bezeichnet. [geänderter Orthografie, ohne Fußnoten, Anlehnung an: (Grochla 1974a, S. 21; Bernzen 1990, S. 428).]

Heinrich, Roithmayr 1998: (Modell model Methodensystem): Im allg. S. jede vereinfachende Abbildung eines Ausschnitts der Wirklichkeit oder eines Vorbilds für die Wirklichkeit Beschreibungsmodell, wobei trotz aller Vereinfachung Strukturgleichheit oder zumindest Strukturähnlichkeit zwischen Wirklichkeit und Abbildung bzw. Vorbild und Wirklichkeit gefordert wird. Zwischen M. und Wirklichkeit besteht eine bestimmte Beziehung, die Modellrelation genannt wird. Von bestimmten Merkmalen des M.s kann auf bestimmte Merkmale der Wirklichkeit geschlossen werden und umgekehrt Isomorphierelation. Isomorphismus. In der Betriebswirtschaftslehre wird zwischen Erklärungsmodell und Entscheidungsmodell unterschieden. Erklärungsmodelle sind Theorieteile, Entscheidungsmodelle sind für den Entscheidungsträger in der Praxis entwickelte Hilfsmittel zur Ermittlung optimaler Alternativen. In der Wirtschaftsinformatik ist im Zusammenhang mit Methodenbanksystemen ein M. eine Menge von Methoden zum Problemlösen, [S. 359.]

Heinrich 2001: [...] ein Modell ist die Beschreibung einer vereinfachenden Abbildung darüber, wie ein bestimmter Ausschnitt der Wirklichkeit tatsächlich aussieht, [S. 241.]

Hesse 2006: Modelle haben sowohl deskriptiven Charakter (als Nachbilder eines „realen" Weltausschnitts) als auch präskriptiven (als Vorbilder und Baupläne für zu konstruierende Systeme), ... können einerseits Merkmale der abgebildeten Anwendungs-Objekte, andererseits Merkmale der repräsentierenden Software-Objekte - oft auch in gemischter Form - enthalten. ... Modelle sind gezielte Abstraktionen von Realwelt-Gegenständen.

Hesse/Barkow/vo Braun/Kittlaus/Scheschonk 1994: In der Softwaretechnik ist ein Modell eine idealisierte, vereinfachte, in gewisser Hinsicht ähnliche Darstellung eines Gegenstands, Systems oder sonstigen Weltausschnitts mit dem Ziel, bestimmte Eigenschaften des Vorbilds daran besser studieren zu können.

Hitz, Kappel, Kapsammer, Ritschitzegger 2005: Ein Modell stellt eine Abstraktion eines Realitätsausschnittes dar.

Holey, Welter, Wiedemann 2004: Das Ziel der Modellierung ist, die Abläufe im Unternehmen so darzustellen, daß sie durch informationstechnische Anwendungssysteme unterstützt oder vollständig in diesen Systemen abgebildet werden können, [S. 215.]

Jost 1992: Aus den zuvor angeführten Interpretationen wird deutlich, daß unter einem Modell eine u. a. aus Komplexitätsgründen vereinfachte Beschreibung eines Ausschnittes aus der Realität verstanden wird, [S. 12, in geänderter Orthografie.]

Karagiannis 2008: Models are a representation of either reality or vision that are created for some certain purpose with an intended goal in mind.

Kaschek 2013: A model can be simply considered to be a material or virtual artifact which is called model within a community of practice based on a judgement of appropriateness for representation of other artifacts (things in reality, systems, ...) and serving a purpose within this community.

Kruse 1996: In Anlehnung an Grochla wird unter einem Modell ein abstraktes, vereinfachendes Abbild eines Systems verstanden, das zu einem bestimmten erkenntnistheoretischen oder gestaltungsspezifischen Zweck entwickelt wurde, [S. 13, ohne Fußnote, Anlehnung an: (Grochla 1974b, S. 21 f.).]

Kuhn 1999: Produktionsaufgaben und PPS-Aufgaben werden in einer gemeinsamen Modellwelt beschreiben. Die zur Erstellung von Modellen anzuwendende Modellierungsmethode muß über Konstrukte und Regeln verfügen, die es erlauben Produktionsaufgaben und PPS-Aufgaben in allen relevanten Attributen und Ausprägungen zu beschreiben. [S. 8, in geänderter Orthografie.]

Lang 1997: Nach Stachowiak stellt ein Modell eine Entität mit folgenden mindestens fünf Ausprägungen dar: ‚X ist Modell des Originals Y für den Verwender K in der Zeitspanne t bezüglich der Intention Z', [S. 10, ohne Fußnote) Anlehnung an: (Stachowiak 1983a).]

Nonnenmacher 1994: Ein Modell ist ein Objekt, das von einem Subjekt auf der Grundlage einer Struktur-, Funktions- oder Verhaltensanalogie zu einem Original eingesetzt und genutzt wird, um Aufgaben zu lösen, deren Durchführung am Original selbst nicht möglich oder zu aufwendig ist, [S. 23, Anlehnung an: (Scholz-Reiter 1990a, S. 30).]

Rosemann 1996: Derartige abstrahierende, immaterielle Abbilder eines Ausschnitts der realen Strukturen bzw. des realen Verhaltens für Zwecke eines Subjekts werden als Modelle bezeichnet, [S. 17, ohne Fußnote.]

Rumpe 2012: Ein Modell gehört zu einem Original, ist eine Abstraktion des Originals und hat einen auf das Original bezogenen Einsatzzweck.

Sandkuhl, Stirna, Persson 2014: Ein Modell ist eine generalisierte Repräsentation eines Realitätsausschnittes, in dem nur relevante Real-Welt-Eigenschaften bei der Modellierung betrachtet werden.

Scharl 1997: Das Definiendum ‚Modell' [X] steht für eine immaterielle Repräsentation [Y] innerhalb einer bestimmten Zeitspanne [t] für Zwecke eines Subjektes, im konkreten Fall die Erkenntnis- und Gestaltungsziele [Z] des Autors [g], [S. 12, Anlehnung an: (Becker 1995, S. 135).]

Scheer 1990: Unter einer Methode wird ein Verfahren zur Lösung von Problemen einer Klasse und unter Modell die Abbildung eines realen Systems verstanden. [S. 157, ohne Fußnote.]

Schefe 1999: Für die gängige Interpretation [des softwaretechnischen Modell-Begriffs] als Abbild [...] ist der Begriff Beschreibung weniger mißverständlich. Damit wird der Unterschied zu mathematischen Modellen in der Naturwissenschaft deutlicher, die - im Unterschied zu den Beschreibungen der Softwaretechnik - die Möglichkeit der Erklärung besitzen.

Schlagheck 2000: Ein Modell ist das Ergebnis einer Konstruktion eines Modellierers, der für die Modellnutzer eine Repräsentation eines Originals [...] zu einer Zeit als relevant [...] mit Hilfe einer Sprache deklariert [...]. Ein Modell setzt sich somit aus der Konstruktion des Modellierers, dem Modellnutzer, einem Original, der Zeit und einer Sprache zusammen, [S. 53, Anlehnung an: (Schütte 1998, S. 59).]

Schmidt, Matthes 1996: Ein Datenbankmodell (Relationales Datenmodell nach Codd) beschreibt die Semantik von Deklarationen und Ausdrücken der Datenbanksprache und entspricht somit einem abstrakten Modell der statischen und dynamischen Semantik einer Programmiersprache, das zum Beispiel durch formale Typ- und Auswertungsregeln beschrieben wird. Ein Datenbankmodell definiert die Strukturierungsmechanismen, Identifikationskonzepte und generischen Operationen, die zur Konstruktion eines Datenbankschemas und zur Beschreibung von Datenbankoperationen zur Verfügung stehen. Ein Datenbankmodell ähnelt daher einem abstrakten Programmiersprachenmodell.

Scholz-Reiter 1990: Ein Modell ist ein Objekt, das von einem Subjekt auf der Grundlage einer Struktur-, Funktions-, oder Verhaltensanalogie zu einem Original eingesetzt und genutzt wird, um Aufgaben zu lösen, deren Durchführung am Original selbst nicht möglich oder zu aufwendig ist [...], [S. 30, in geänderter Orthografie.]

Schütte 1998: Ein Modell ist das Ergebnis einer Konstruktion eines Modellierers, der für Modellnutzer eine Repräsentation eines Originals zu einer Zeit als relevant mit Hilfe einer Sprache deklariert [...]. Ein Modell setzt sich somit aus der Konstruktion des Modellierers, dem Modellnutzer, einem Original, der Zeit und einer Sprache zusammen, [S. 59, ohne Fußnoten.]

Schwarze 2000: Ein Datenmodell ist ein realitätskonformes, widerspruchsfreies Abbild der zu einem bestimmten Aufgaben- oder Anwendungsbereich gehörigen Daten, Datenstrukturen und der Beziehungen zwischen den Daten, [S. 225.]

Schwarzer, Krcmar 2004: Aus diesen Überlegungen wird deutlich, daß das „neue“ Modellierungsverständnis keineswegs den Gedanken des Modells als Abbild der Realität aufgibt. Ganz im Sinne der gestaltungsorientierten BWL tritt jedoch neben die Abbildung heutiger Realität die Abbildung und damit erste Vorstellung möglicher zukünftiger Realitäten, [S. 83.]

Wie alle Modelle sind auch Modelle von Informationssystemen Verkürzungen der Realität, indem sie die reichhaltigen und konkreten Realitäten in abstrakte Sprachen abbilden. Bei der Modellierung ist somit festzulegen, hinsichtlich welcher Aspekte eine Abstraktion vorgenommen wird. Da die Auswahl der Elemente und Beziehungen nicht abschließend begründet werden kann, ist davon auszugehen, dass sie durch eine subjektive Vorstellung von Relevanz getroffen wird, [S. 84.]

Schwegmann 1999: Der Begriff ‚Modell' wird definiert als ‚das Ergebnis einer Konstruktion eines Modellierers, der für Modellnutzer Elemente eines Systems zu einer Zeit als relevant mit Hilfe einer Sprache deklariert, [S. 7, ohne Fußnote, Anlehnung an: (Schütte 1998, S. 59).]

Simoneit 1998: Ein Modell ist eine vereinfachende und abstrahierende Darstellung eines Realitätsausschnitts, anhand dessen die wichtigsten Eigenschaften eines Originals erkannt, verstanden und analysiert werden können. Dieses darzustellende Original wird auch Diskursbereich oder Objektsystem genannt und bezeichnet real existierende Gegenstände, Phänomene oder Systeme. Modelle ermöglichen somit Erklärung, Gestaltung und Kommunikation über reale Objekte, ohne daß diese physisch präsent sein müssen: Ein Modell stellt eine empirische Hypothese als vereinfachte Repräsentation eines spezifischen Realphänomens auf, [S. 97, in geänderter Orthografie, ohne Fußnote.]

Steinmüller 1993: Jedes Modell setzt also ein Subjekt voraus, das seinen Verwendungszweck vorgibt, nämlich einem bestimmten Verhalten jemandes zu dienen. Oder anders: ein Modell ist stets nur ein ‚Modell - wovon - für wen - wofür'; Modelle sind Abbildungen von etwas für jemand zu einem Verhalten. Oder schließlich: Modelle sind subjektrelativ, [S. 72.]

Thomas, 2005: (Unterscheidung in allgemeiner Modellbegriff nach Stachowiak, axiomatischer Modellbegriff, abbildungsorientierter Modellbegriff und konstruktionsorientierter Modellbegriff): Ein Modell ist eine durch einen Konstruktionsprozeß gestaltete, zweckrelevante Repräsentation eines Objekts.

Vetschera 1995: Die dritte Sichtweise von Modellen als Problembeschreibungen stellt einen Mittelweg zwischen beiden diesen Extremen dar. In dieser Sichtweise versteht man unter einem Modell die hinreichend allgemeine, meist mathematisch formulierte Beschreibung eines Problems.[...] In dieser Arbeit wird der dritten Sichtweise gefolgt, Modelle werden hier als allgemeine mathematische Problembeschreibungen definiert, [S. 131, ohne Fußnote.]

vom Brocke 2003a: Ein Modell ist die Verdichtung von Wahrnehmungen zu Inhalten eines Gegenstands, [...] um auf diese Weise einen spezifischen Zweck zu dienen. Die Gestaltung von Modellen erfolgt in Konstruktionsprozessen, [S. 16, ohne Fußnote.]

Wenzel 2000: Ein Modell ist eine vereinfachte Nachbildung eines geplanten oder real existierenden Systems mit seinen Prozessen in einem anderen begrifflichen oder gegenständlichen System. Es unterscheidet sich hinsichtlich der untersuchungsrelevanten Eigenschaften nur innerhalb eines vom Untersuchungsziel abhängigen Toleranzrahmens vom Vorbild, S. 6, Anlehnung an: VDI Richtlinie 3633.

Diese unvollständige Liste demonstriert die Diversität der Begriffsbildungen und Auffassungen selbst in einer Disziplin. Man kann jedoch eine Kategorisierung nach vier Facetten finden, in deren Kontext die jeweilige Ausprägung verstanden werden kann.

1.3.4.3 Die vier Facetten der Modelldefinition in der Informatik

Es gibt in der Informatik keine einheitliche Sichtweise, wie die vorangehenden 45 Definitionen des Modells belegen. Jedoch sind Ähnlichkeiten in den Definitionen feststellbar. So können in der Informatik folgende Facetten bei den Modellbegrifflichkeiten herausgearbeitet werden:

1. Allgemeine Modelldefinition (nach Stachowiak, u.a.): Abbildung, Verkürzung und pragmatische Eigenschaften, sowie die Herkunft der Modelle;
2. Axiomatische Modelldefinition (nach Abts, u.a.): Mathematische Logik; formale Systeme und Theorien; dabei repräsentieren Modelle einen bestimmten Teil der Wirklichkeit;
3. Abbildungsbezogene Modelldefinition (nach Mahr, u.a.): Direkte homomorphe Abbildung zwischen Ursprung und Modell zur Beschreibung (prescription) respektive implementiertes System der Realisierung;
4. Konstruktionsorientierte Modelldefinition (nach Alpar, Ortner, Zelewski, u.a.): Modell als Ergebnis einer Modellierung mit Hilfe von Community of Practice (CoP).

1.3.4.4 Die Beziehung der Modellbegriffe zu den Modelleigenschaften

Die Eigenschaften werden in unterschiedlicher Weise für die Definition des Modellbegriffes genutzt.

Abbildungseigenschaft: durch Assoziation
Verkürzungseigenschaft: durch Reduktion bzw. Abstraktion
pragmatische Eigenschaft: durch Beziehung zu Ziel, Gemeinschaft, Kontext (Zeit)
Erweiterungseigenschaft: durch allgemeine fokussierte Verfeinerung
Distortion-Eigenschaft: durch ziel-bezogene Art der Erweiterung
Idealisierungseigenschaft: durch abstrahierende und erweiternde Verfeinerung
Trägereigenschaft: durch Assoziation mit allgemeiner Beschreibung
Mehrwert-Eigenschaft: durch Ableitung von Modellqualitäten
Zweckeigenschaft: als Teil der pragmatischen Eigenschaft.

Neben den Ausprägungen kann man für Gegenstände auch Kriterien anhand von Eigenschaften herausarbeiten und diese benutzen, um Mindestanforderungen an die Nutzung des Gegenstandes als Modell zu postulieren. Ein typisches Beispiel ist die Definition von Stachowiak, die dem Herangehen in der Mathematischen Logik folgt:

Stachowiak 1973: Ein Modell ist seinem Wesen nach eine in Maßstab, Detailliertheit und/oder Funktionalität verkürzte bzw. abstrahierende Darstellung des originalen Systems.

H. Stachowiak fordert hierbei die drei Eigenschaften: Abbildung, Verkürzung / Abstraktion, Pragmatik. W. Steinmüller (Ste93) fügt diesen Forderungen noch die Erweiterungs- und Abweichungseigenschaften hinzu. B. Mahr (Mah09) fügt den Stachowiak-Eigenschaften die Träger-Eigenschaft hinzu.

Bei unseren Vergleichen haben wir festgestellt, dass sich die Abbildungseigenschaft nicht aufrechterhalten lässt (beispielsweise bei der Metapher). Man muss sie durch eine Adäquatheitsforderung ersetzen. Neben den Eigenschaften nach Stachowiak/Steinmüller/Mahr muss auch die Idealisierungseigenschaft mit herangezogen werden.

Die wichtigste Eigenschaft ist die Zweckeigenschaft. Dies wurde schon bei Steinmüller erkannt, hat aber wenig Eingang in die Literatur gefunden. Aus dem Zweck heraus lässt sich auch die Nutzeneigenschaft herausarbeiten. Diese kann im Mehrwert zusammengefasst werden. Wir sind damit bei neun Eigenschaften, durch die man berechtigt einen Gegenstand Modell nennen kann. Da diese obige Liste unvollständig sein kann, stellt sich die Frage, ob man nicht eine bessere Definition von Modellen finden kann.

1.3.5 Weitere Modellbegriffe

Der Begriff „Modell“ trägt viele Bedeutungen, je nach Disziplin und Background. So findet man in dem ‚synonyms.org‘-Wörterbuch für das Wort „Modell“ 111 Synonyme, die in 10 Gruppen zusammengefasst werden können. [5]

(1) Material, Repräsentation, Objekt [material, representation, object]: Bild, Statuen, Kunstwerk, Skulptur, Figur, Illustration, Gestalt, Marionette, Ornament [image, statuary, artwork, sculpture, figure, illustration, gestalt, marionette, ornament];
(2) abgeleitetes Objekt [derived object]: Derivat, ableitbar, Gabel, Spin-off, Nachkomme [derivative, derivable, fork, spinoff, descendant];
(3) produziertes Objekt [produced object]: Artefakt, Produkte, Artikel, Ergebnis, Erstellung, Ware, Leistung, Meisterwerk, Werk, Opus, arbeitet [artifact, product, article, result, creation, commodity, achievement, master piece, oeuvre, opus, works];
(4) abgeschlossenes Objekt [completed object]: Abschluß, Leistung, Design, Durchführung, Umsetzung, Umwandlung, Variante [completion, achievement, design, accomplishment, implementation, conversion, variant];
(5) konstruiertes Objekt [constructed object]: Konstruktion, Konstruktionsstil, Muster, Probe [construction, style of construction, pattern, sample];
(6) Konstruktionsklasse [class of construction]: Konstruktion, Muster, Mock-up, Archetyp, Typ, Art [construction, pattern, mock-up, archetype, type, kind];
(7) typisches Objekt [typical object]: Probe, Paradigma, Sonde, Prototyp, Schema [sample, paradigm, probe, prototype, schema];
(8) Initialobjekt [starting object]: erstes Release, original (Ausgabe), Entwurf, Leitlinie, Sonderling, komischer Kauz [initial release, original (edition), draft, guideline, oddball, fogy];
(9) Idealobjekt [ideal object]: ideal, Gesamtkonzept [ideal, overall concept, antetype, paragon];
(10) verallgemeinertes Objekt [generalised object]: Konzept, Muster, Plan, Prinzip-Schema-Standard [concept, pattern, plan, principle, schema, standard].

Die Bedeutung des Modells hängt also von der Verwendung ab. Die Anwendung kann durch Prozesse charakterisiert werden, also vom „Gebrauchsspiel“ in dem Sinne von Wittgenstein. Weitere Begriffsdefinitionen eines allgemeinen Modells findet man auch bei

---

5 Die Gruppenkategorien, die wir hier verwenden, sind unsere Verallgemeinerung. Wir verwenden die charakteristischsten Synonyme für die Darstellung der Kategorien.

Brockhaus Lexikon: 1) Vorbild, Muster, Gebrauchsmuster, z.B. Modellkleid. 2) der Aufbau, die Form, nach der das eigentliche Werk geschaffen wird, z.B. Gips-Modell zu Standbildern; Holzmodell zu Gußstücken. 3) Malerei, Bildhauerkunst: das gegenständliche Vorbild oder die lebende Person als Gegenstand des künstlerischen Nachbildens. 4) Wissenschaft: vereinfachende bildliche oder mathematische Darstellung von Strukturen, Funktionsweisen oder Verlaufsformen. [...] Auch Theorien heißen oft, unter dem Gesichtspunkt ihrer Gegenstände, Modelle. In der Mathematik und mathematischen Logik ergibt eine inhaltliche Deutung der Axiome ein Modell.

DIN 19226: Ein Modell ist die Abbildung eines Systems oder Prozesses in ein anderes begriffliches oder gegenständliches System, das aufgrund der Anwendung bekannter Gesetzmäßigkeiten, einer Identifikation oder auch getroffener Annahmen gewonnen wird und das System oder den Prozeß bezüglich interessierender Fragestellungen hinreichend genau abbildet.

Encyclopedia Britannica: (SYea03) verwendet zwei Hauptbedeutungen:

1. Ein Modell ist eine Miniatur-Darstellung von etwas (ein Modell eines Autos, das genau bis zum letzten Detail nachgebildet ist). Synonyme sind Miniatur und Taschenausgabe. Ähnliche Worte sind Kopieren, Mock-up, Replik, Reproduktion; Dummy und Bildnis.
2. Ein Modell dient zur Führung oder Nachahmung (Samuel Johnsons literarischer Stil wird oft als ein Modell für Autoren genannt, die Präzision und Klarheit suchen). Synonyme sind in diesem Fall Archetyp, beau ideal, Ensemble, beispielsweise Vorbild, ideal, Spiegel, Paradigma, Muster, Standard. Wir können diese Bedeutung mit dem Wort Vorbild [paragon] vergleichen. Ähnliche Worte sind (2.1) Apotheose, Nonesuch, nonpareil paragon; (2.2) Emblem, Symbol, Typ; (2.3) Ausführungsform, Inbegriff, Quintessenz; und (2.4) Kriterium, Manometer, Prüfstein.

Halloun 2006: Ein wissenschaftliches Modell ist ein konzeptuelles System, das im Kontext einer spezifischen Theorie auf einen Ausschnitt der realen Welt abgebildet wird, um diesen zuverlässig zu reflektieren und seine intendierten Funktionen zu leisten.

John von Neumann[6] beschreibt zur Begriffsbestimmung:

> „The sciences do not try to explain, they hardly even try to interpret, they mainly make models. By a model is meant a mathematical construct which, with the addition of certain

6 John von Neumann. *Method in the Physical Sciences, in The Unity of Knowledge*, edited by L. Leary (1955), 158. Reprinted in John Von Neumann, F. Bródy (ed.) and Tibor Vámos (ed.), The Neumann Compendium (2000), 628.

> verbal interpretations, describes observed phenomena. The justification of such a mathematical construct is solely and precisely that it is expected to work - that is correctly to describe phenomena from a reasonably wide area. Furthermore, it must satisfy certain aesthetic criteria - that is, in relation to how much it describes, it must be rather simple. I think it is worthwhile insisting on these vague terms - for instance, on the use of the word rather. One cannot tell exactly how ‚simple' simple is. Some of these theories that we have adopted, some of the models with which we are very happy and of which we are proud would probably not impress someone exposed to them for the first time as being particularly simple.“

Ist damit eine anerkennbare Begriffsbestimmung geglückt? Ist eine umfassende Formulierung gefunden, um vom U-Bahn-Fahrplan, Bohr'schen Atommodell, dem Modemodell oder dem Porsche 911 als Modellserie („Er fährt ein Fahrrad älteren Modells“) Modelle gleichermaßen zu beschreiben? Muß ein Modell immer eine Vereinfachung des gegenständlichen Vorbildes sein? So stellt der größte Computer ein Modell für ein vereinfachtes Regenwurmgehirn da. Bezüglich Material und Komplexität ist das sicherlich keine Reduzierung, da wir technisch noch nicht in der Lage sind, das Modell anders aufzubauen. Es fehlt damit etwas zur Beschreibung.

Im nun folgenden zweiten Abschnitt werden zwei Dutzend Kieler Kollegen aus ihren Fachbereichen Denkweisen und Jargon zum Modell, dem Modellieren und der Modellierung beschreiben. Auch wenn nun keine zwei Kapitel auf identischen Begrifflichkeiten aufbauen, gibt es einen Einklang in den Aussagen zu Modellen, der Technik Modellierung und dem aktiven Prozess des Modellierens über Disziplinen hinweg. Sicherlich kann die Rolle der Modellierung, wie in dem Diskurs für die Systembiologie in Abbildung 22.1 von Tom Theile und Olaf Wolkenhauer angegeben, auch auf viele andere Disziplinen übertragen werden. „Sobald ein Modell als ‚realistisch' erachtet wird, kann es verwendet werden, um Vorhersagen zu treffen, die über das hinausgehen, was aus Experimenten bekannt ist. Daraus können neue Hypothesen formuliert werden, die in iterativen Zyklen von datengetriebener Modellierung und modellgetriebene Experimente getestet werden können. Die Validierung eines Modells bedeutet nicht, dass es ‚wahr' ist, sondern dass es ‚wahrheitsgemäß' ist, also ob es sinnvolle, testbare Hypothesen über ein bestimmtes System erzeugt. In diesem Verfahren kann ein Modell verworfen oder durch detailliertere oder allgemeinere ersetzt werden. Auch wenn sich das ursprüngliche Modell als unrealistisch herausstellt, hat es dadurch einen nützlichen Zweck für die Entwicklung der Wissenschaft erfüllt.“ [Abschnitt 22.1.4, Seite 461].

Mathematisch analytische Modelle werden in fast allen Kieler Beiträgen als zu komplex beschrieben, um die Realität annähernd zu beschreiben. Es werden Einschränkungen eingeführt, die wiederum zu Fehlern führen, die Numerik unterstützt dabei mit ihren Modellierungstechniken. In Sensibilitätsanalysen wird die Abhängigkeit der Effekte untersucht. Graphenbasierte Modellierung kommt ebenfalls in mehreren Beiträgen zum Einsatz, ob nun bei der Kommunikation, wie von Jochen Leibrich und Peter Höher ausgeführt, in der Prozeßbeschreibung in der Wirtschaft, bei der Verbreitung von Seuchen, wie von Imke Traulsen beschrieben oder mit dem gleichen geographischen Bezug bei der Archäologie, wie von Oliver Nakoinz und Martin Hinz aufgezeigt. Dabei spielt die Visualisierung durch Bild, Foto und Graphik bei der Modellierung eine große Rolle, sicherlich zurückführend auf die kognitiv stark verknüpfte optische Verarbeitung im menschlichen Gehirn. Die Graphik wird dabei zum Modell.

Literatur

[AGWW02] P. Alpar, H.L. Grob, P. Weimann, and R. Winter. *Anwendungsorientierte Wirtschaftsinformatik: Eine Einführung in die strategische Planung, Entwicklung und Nutzung von Information und Kommunikationssystemen*. Vieweg, 2002.

[AM04] D. Abts and W. Mülder. *Grundkurs Wirtschaftsinformatik : Eine kompakte und praxisorientierte Einführung*. Vieweg, 2004.

[Bal01] H. Balzert. *Lehrbuch der Software-Technik : Software-Entwicklung*. Spektrum, 2001.

[BD97] B. Brügge and A. H. Dutoit. Communication metrics for software development. In *Pulling Together, Proceedings of the 19th International Conference on Software Engineering, Boston, Massachusetts, USA, May 17-23, 1997.*, pages 271–281. ACM, 1997.

[Bec95] J. Becker. Strukturanalogien in Informationsmodellen : Ihre Definition, ihr Nutzen und ihr Einfluß auf die Bildung von Grundsätzen ordnungsmäßiger Modellierung GoM. In *Wirtschaftsinformatik 95*, page 133-150. Physica, 1995.

[BS97] J. Becker and R. Schütte. Referenz-Informationsmodelle für den Handel: Begriff, Nutzen und Empfehlungen für die Gestaltung und unternehmensspezifische Adaption von Referenzmodellen. In *Wirtschaftsinformatik 97*, page 427-448. Physica, 1997.

[BS04] J. Becker and R. Schütte. *Handelsinformationssysteme : Domänenorientierte Einführung in die Wirtschaftsinformatik*. Landsberg/Lech, 2004.

[BoT08] E. Börger and B. Thalheim. A method for verifiable and validatable business process modeling. In *Software Engineering*, volume 5316 of *Lecture Notes in Computer Science*, pages 59 – 115. Springer, 2008.

[Dep09] W. Deppert. Theorie der Wissenschaft. Christian-Albrechts-University at Kiel, Lecture notes for academic year 2008/09, http://wolfgang.deppert.de, 2009.

[DMPS99] P. Donath, M. Moltrecht, J. Picht, and T. Seidel. *Prozeßorientiertes Management mit SAP R/3*. Hanser, 1999.

[DaT11] A. Dahanayake and B. Thalheim. Enriching conceptual modelling practices through design science. In *BMMDS/EMMSAD*, volume 81 of *Lecture Notes in Business Information Processing*, pages 497–510. Springer, 2011.

[Erz00] K. Erzen. *Ein Referenzmodell für die überbetriebliche Auftragsabwicklung in textilen Lieferketten*. PhD thesis, RWTH Aachen, Shaker, 2000.

[FH06] R. Frigg and S. Hartmann. Models in science. In *The Stanford Encyclopedia of Philosophy*. Stanford University, 2006. http://plato.stanford.edu/entries/models-science/.

[FHDNS02] J. Fischer, W. Herold, W. Dangelmaier, L. Nastansky, and L. Suhl. *Bausteine der Wirtschaftsinformatik: Grundlagen, Anwendungen, PC-Praxis*. Schmidt, 2002.

[Fle11] L. Fleck. *Denkstile und Tatsachen*. Surkamp, 2011.

[FS01] O. K. Ferstl and E. J. Sinz. *Grundlagen der Wirtschaftsinformatik*. Oldenbourg, 2001.

[GGGP74] E. Grochla, H. Garbe, R. Gillner, and W. Poths. *Integrierte Gesamtmodelle der Datenverarbeitung : Entwicklung und Anwendung des Kölner Integrationsmodells KIM*, chapter Das Kölner Integrationsmodell, page 189-421. Hanser, 1974.

[GKBF13] G. Greefrath, G. Kaiser, W. Blum, and R. Borromeo Ferri. *Mathematisches Modellieren für Schule und Hochschule*, chapter Mathematisches Modellieren - Eine Einführung in theoretische und didaktische Hintergründe, pages 11–37. Springer, 2013.

[Gri93] G. Grill, editor. *Meyers Neues Lexikon*, volume 1-10. Meyers Lexikonverlag, 1993.

[Hal06] I.A. Halloun. *Modeling Theory in Science Education*. Springer, Berlin, 2006.

[Har93] A. Hars. *Referenzdatenmodelle : Grundlagen effizienter Datenmodellierung*. PhD thesis, Saarbrücken, Gabler, 1993.

[Har08] S. Hartmann. Modeling in philosophy of science. In M. Frauchiger and W.K. Essler, editors, *Representation, Evidence, and Justification: Themes from Suppes*, pages 95–121. ontos, 2008. http://philsci-archive.pitt.edu/3630/.

[Har10] S. Hartmann. Modelle. In H.-J. Sandkühler, editor, *Enzyklopädie Philosophie, vol. 2*, pages 1627–1632. Meiner, 2010.

[HBvBKS94] W. Hesse, G. Barkow, H. von Braun, H.-B. Kittlaus, and G. Scheschonk. Terminologie der Softwaretechnik, Ein Begriffssystem für die Analyse und Modellierung von Anwendungssystemen, Teil 2: Tätigkeits- und ergebnisbezogene Elemente. *Informatik Spektrum*, 17(2):96–105, 1994.

[Hei01] L.J. Heinrich. *Wirtschaftsinformatik : Einführung und Grundlegung*. Oldenbourg, 2001.

[Her84] H. Hertz. *Die Prinzipien der Mechanik in neuem Zusammenhange dargestellt*. Akad. Verl.-Ges. Geest und Portig, Leipzig, 2. aufl., nachdr. der ausg. edition, 1984.

[Hes06] W. Hesse. Modelle - Janusköpfe der Software-Entwicklung - oder: Mit Janus von der A- zur S-Klasse. In *Modellierung 2006*, volume 82 of *LNI*, pages 99–113. GI, 2006.

[HKKR05] M. Hitz, G. Kappel, E. Kapsammer, and W Ritschitzegger. *UML@Work*. dPunkt, 2005.

[MSTW12] Hui Ma, K.-D. Schewe, B. Thalheim, and Q. Wang. Conceptual modelling of services. *Journal of Universal Computer Science*, 18(17):2361–2363, 2012.

[HN05] H.R. Hansen and G. Neumann. *Wirtschaftsinformatik*, volume 1: Grundlagen und Anwendungen. Lucius & Lucius, 2005.

[HWW04] T. Holey, G. Welter, and A. Wiedemann. *Wirtschaftsinformatik*. Kiehl, 2004.

[HR98] L.J. Heinrich and F. Roithmayr. *Wirtschaftsinformatik-Lexikon*. Oldenbourg, 1998.

[Jos92] W. Jost. *EDV-gestützte CIM-Rahmenplanung*. PhD thesis, Saarbrücken, Gabler, 1992.

[Kas03] R. Kaschek. *Konzeptionelle Modellierung*. PhD thesis, University Klagenfurt, 2003. Habilitationsschrift.

[Kas13] R. Kaschek. A semantic analysis of shared references. In *ER 2013*, volume 8217 of *Lecture Notes in Computer Science*, pages 88–95. Springer, 2013.

[KlB71] G. Klaus and M. Buhr, editors. *Philosophisches Wörterbuch*. VEB Bibliographisches Institut, Leipzig, 1971.

[KFHN08] D. Karagiannis, H.-G. Fill, P. Höfferer, and M. Nemetz. Metamodeling: Some application areas in information systems. In *UNISCON 2008*, volume 5 of *Lecture Notes in Business Information Processing*, pages 175–188. Springer, 2008.

[Kru96] C. Kruse. *Referenzmodellgestütztes Geschäftsprozeßmanagement : Ein Ansatz zur prozeßorientierten Gestaltung vertriebslogistischer Systeme*. PhD thesis, Saarbrücken, Gabler, 1996.

[Kuh62] T. Kuhn. *The Structure of Scientific Revolutions*. University of Chicago Press, Chicago, Illinois, 1962.

[Kuh99] A. Kuhn. *Referenzmodelle für Produktionsprozesse zur Untersuchung und Gestaltung von PPS-Aufgaben*. PhD thesis, Paderborn HNI, 1999.

[Lan96] K. Lang. *Gestaltung von Geschäftsprozessen mit Referenzprozeßbausteinen*. PhD thesis, Erlangen, Nürnberg, DUV, 1996.

[Mah09] B. Mahr. Information science and the logic of models. *Software and System Modeling*, 8(3):365–383, 2009.

[Mah15] B. Mahr. Modelle und ihre Befragbarkeit - Grundlagen einer allgemeinen Modelltheorie. *Erwägen-Wissen-Ethik*, forthcoming, 2015.

[Mit04] J. Mittelstraß, editor. *Enzyklopädie Philosophie und Wissenschaftstheorie*. J.B. Metzler, Stuttgart, 2004.

[MMS96] F. Matthes, R. Müller, and J. W. Schmidt. Towards a unified model of untyped object stores: Experience with the tycoon store protocol. In *ADBIS 1996*, pages 1–9. Moscow Egineering Physical Institute (Technical University), 1996.

[Mur01] G. L. Murphy. *The big book of concepts*. MIT Press, 2001.

[Non93] M.G. Nonnenmacher. *nformationsmodellierung unter Nutzung von Referenzmodellen : Die Nutzung von Referenzmodellen zur Implementierung industriebetrieblicher Informationssysteme*. PhD thesis, Hohenheim, Lang, 1993.

[Pos01] H. Poser. *Wissenschaftstheorie: eine philosophische Einführung*. Reclam, 2001.

[Ros96] M. Rosemann. *Komplexitätsmanagement in Prozessmodellen : Methodenspezifische Gestaltungsempfehlungen für die Informationsmodellierung*. PhD thesis, Münster, Gabler, 1996.

[Rum12] B. Rumpe. *Modellierung mit UML*. Springer, 2012.

[Sch90] A.W. Scheer. *EDV-orientierte Betriebswirtschaftslehre : Grundlagen für ein effizientes Informationsmanagement*. Springer, 1990.

[Sch97a] A. Scharl. *Referenzmodellierung kommerzieller Masseninformationssysteme : Idealtypische Gestaltung von Informationsangeboten im World Wide Web am Beispiel der Branche Informationstechnik*. Lang, 1997.

[Sch98] R. Schütte. *Grundsätze ordnungsmäßiger Referenzmodellierung : Konstruktion konfigurations- und anpassungsorientierter Modelle*. PhD thesis, Münster, Gabler, 1997.

[Sch99a] P. Schefe. Softwaretechnik und erkenntnistheorie. *Informatik Spektrum*, 22(2):122–135, 1999.

[Sch99b] B. Schlagheck. *Objektorientierte Referenzmodelle für das Prozess- und Projektcontrolling : Grundlagen - Konstruktion - Anwendungsmöglichkeiten*. PhD thesis, Münster, DUV, 1999.

[Sch99c] A. Schwegmann. *Objektorientierte Referenzmodellierung : Theoretische Grundlagen und praktische Anwendung*. PhD thesis, Münster, Gabler, 1999.

[Sch00] J. Schwarze. *Einführung in die Wirtschaftsinformatik.* Neue Wirtschafts-Briefe, 2000.

[Sim98] M. Simoneit. *Informationsmanagement in Universitätsklinika : Konzeption und Implementierung eines objektorientierten Referenzmodells.* PhD thesis, Tübingen, DUV, 1998.

[SK04] B. Schwarzer and H. Krcmar. *Wirtschaftsinformatik : Grundzüge der betrieblichen Datenverarbeitung.* Schäffer-Poeschel, 2004.

[SSP14] K. Sandkuhl, J. Stirna, and A. Persson. *Enterprise modeling.* Springer, 2014.

[SR90] B. Scholz-Reiter. *Konzeption eines rechnergestützten Werkzeugs zur Analyse und Modellierung integrierter Informations- und Kommunikationssysteme in Produktionsunternehmen.* PhD thesis, TU Berlin, 1990.

[SeR92] H. Seiffert and G. Radnitzky, editors. *Handlexikon zur Wissenschaftstheorie.* Deutscher Taschenbuch Verlag GmbH & Co. KG, München, 1992.

[SYea03] J.E. Safra, I. Yeshua, and et. al. *Encyclopædia Britannica.* Merriam-Webster, 2003.

[Sta73] H. Stachowiak. *Allgemeine Modelltheorie.* Springer, 1973.

[Sta92] H. Stachowiak. Modell. In Helmut Seiffert and Gerard Radnitzky, editors, *Handlexikon zur Wissenschaftstheorie*, pages 219–222. Deutscher Taschenbuch Verlag GmbH & Co. KG, München, 1992.

[Ste93] W. Steinmüller. *Informationstechnologie und Gesellschaft: Einführung in die Angewandte Informatik.* Wissenschaftliche Buchgesellschaft, Darmstadt, 1993.

[ScT05] K.-D. Schewe and B. Thalheim. Conceptual modelling of web information systems. *Data and Knowledge Engineering*, 54:147–188, 2005.

[ScT07] P. Schmidt and B. Thalheim. Towards ASM engineering and modelling. In *Proc. ASM07*, pages 191–210, 2007.

[Tha00] B. Thalheim. *Entity-relationship modeling – Foundations of database technology.* Springer, Berlin, 2000.

[Tha07] B. Thalheim. The conceptual framework to user-oriented content management. *Series Frontiers in Arificial Intelligence, 154, Information Modelling and Knowledge Bases*, XVII:30–49, 2007.

[Tha08] B. Thalheim. Achievements and problems of conceptual modelling. In *Active Conceptual Modeling of Learning, LNCS 4512*, pages 72–96, Berlin, 2008. Springer.

[Tha10] B. Thalheim. Towards a theory of conceptual modelling. *Journal of Universal Computer Science*, 16(20):3102–3137, 2010. http://www.jucs.org/jucs_16_20/towards_a_theory_of.

[Tha11] B. Thalheim. The theory of conceptual models, the theory of conceptual modelling and foundations of conceptual modelling. In *The Handbook of Conceptual Modeling: Its Usage and Its Challenges*, chapter 17, pages 547–580. Springer, Berlin, 2011.

[Tha12] B. Thalheim. The art of conceptual modelling. In *Information Modelling and Knowledge Bases XXII*, volume 237 of *Frontiers in Artificial Intelligence and Applications*, pages 149–168. IOS Press, 2012.

[Tha12] B. Thalheim. The science and art of conceptual modelling. In A. Hameurlain et al., editor, *TLDKS VI*, number 7600 in LNCS, pages 76–105. Springer, Heidelberg, 2012.

[Tha12"] B. Thalheim. Syntax, semantics and pragmatics of conceptual modelling. In *NLDB*, volume 7337 of *Lecture Notes in Computer Science*, pages 1–12. Springer, 2012.

[Tha13] B. Thalheim. The conception of the model. In *BIS*, volume 157 of *Lecture Notes in Business Information Processing*, pages 113–124. Springer, 2013.

[Tha14] B. Thalheim. The conceptual model ≡ an adequate and dependable artifact enhanced by concepts. In *Information Modelling and Knowledge Bases*, volume XXV of *Frontiers in Artificial Intelligence and Applications, 260*, pages 241–254. IOS Press, 2014.

[Tho05] O. Thomas. Das Modellverständnis in der Wirtschaftsinformatik: Historie, Literaturanalyse und Begriffsexplikation. Technical Report Heft 184, Institut für Wirtschaftsinformatik, DFKI, Saarbrücken, Mai 2005.

[TSM09] B. Thalheim, K.-D. Schewe, and Hui Ma. Conceptual application domain modelling. In *APCCM*, volume 96 of *CRPIT*, pages 49–57. Australian Computer Society, 2009.

[vB03] J. vom Brocke. *Referenzmodellierung : Gestaltung und Verteilung von Konstruktionsprozessen*. Logos, 2003.

[vDGOG09] C. von Dresky, I. Gasser, C. P. Ortlieb, and S Günzel. *Mathematische Modellierung: Eine Einführung in zwölf Fallstudien*. Vieweg, 2009.

[Ven10] J. R. Venable. Design science research post Hevner et al.: Criteria, standards, guidelines, and expectations. In *DESRIST*, volume 6105 of *Lecture Notes in Computer Science*, pages 109–123. Springer, 2010.

[Vet95] R. Vetschera. *Informationssysteme der Unternehmensführung*. Springer, 1995.

[Wen00] S. Wenzel. Referenzmodell für die Simulation in Produktion und Logistik. *ASIM Nachrichten*, 4(3):13–17, 2000.

[Whi94] R.T. White. Commentary: Conceptual and conceptional change. *Learning and instruction*, 4:117–121, 1994.

[Wit58] L. Wittgenstein. *Philosophical Investigations*. Basil Blackwell, Oxford, 1958.

2 Modelle, Modellieren, Modellierung - eine Kieler Begriffsbestimmung

In vielen Wissensgebieten - von den Agrarwissenschaften bis zur Astrophysik, von den Wirtschafts- bis zu den Meereswissenschaften, von der Pädagogik bis zur Altertumskunde aber auch im täglichen Leben - spielen Modelle, Modellentwicklung und -nutzung sowie die Modellierung eine wesentliche Rolle. So können z.B. Modelle zur Energiefreisetzung in den Zentren von Galaxien auch in anderen Anwendungsbereichen in angepasster Form verwendet werden. Damit kann ein solches Modell auch Aspekte der Ausbreitung von Tierseuchen oder die zeitliche Entwicklung von ökonomischen Phänomenen oder Ozeanströmungen repräsentieren. Jede dieser Wissenschaften hat ihre eigene, oft langerprobte Herangehensweise, die aber oft schon allein durch verschiedenen Sprachgebrauch auf die einzelnen Wissensgebiete beschränkt ist, ohne dass dies inhaltlich so sein müsste. Es ist dabei zu untersuchen, in welchem Umfang zum einen die (von den unmittelbaren, fachspezifischen Fragestellungen) abstrahierten Probleme ähnlich sind und worin sie sich unterscheiden. Darauf aufbauend soll das „Von-einander-Lernen" einen wichtigen Punkt ausmachen.

2.1 Modell

Modelle sind - häufig reduzierte - Abbilder eines Gegenstandes und/oder Prozesses, die dem Ersatz, als Proxy, der Vereinfachung oder überhaupt der Ermöglichung einer Auseinandersetzung mit diesem Gegenstand oder Prozess dienen. Sie sind gleichzeitig Gegenstände, die zu einem Zweck[1] als Modelle genutzt werden, und Produkte einer Entwicklung wie z.B. Vorbild für einen Gegenstand, der mit dem Modell hergestellt werden soll. Modelle stellen Abbilder von Urbildern dar und nutzen eine Sprache zur Darstellung. Die Sprache besitzt eine Kapazität, die die Modellwelt beschränkt. Modelle sind Gegenstände, die auf Grundlage einer Struktur-, Funktions- oder Verhaltensanalogie zu einem entsprechenden Urbild von einem Menschen eingesetzt und genutzt wird, um eine bestimmte Aufgabe lösen zu können, deren Durchführung mittels direkter Operationen am Urbild zunächst oder überhaupt nicht möglich bzw. unter gegebenen Bedingungen zu aufwendig ist.

1 In der Literatur wird auch der Begriff ‚Funktion' synonym zum Begriff ‚Zweck' verwendet.

Der Zweck des Modells determiniert sowohl (1) die Abstraktion, (2) die Reduktion und (3) die Pragmatik als auch (4) die Erweiterung und (5) die Idealisierung. Der allgemeinsprachliche Begriff des Modells zielt ab auf eine konkrete und „idealisierende“ Reduktion von Originalen auf relevante Züge und auf eine leichter faßliche bzw. realisierbare Darstellung von Originalen. Er führte mit (Sta92) zur Charakterisierung von Modellen durch die drei ersten Merkmale. Diese fünf Merkmale von Modellen charakterisieren die Beziehung zwischen Original und Modell. Modelle sind i.a. nicht außerhalb ihres Zweckes nutzbar. Aus der allgemeinen Modelldefinition lassen sich auch die Dimensionen für Modelle ableiten.

Während Ziele als gedanklich vorweggenommene zukünftige Zustände zu verstehen sind, ist der Zweck an die Absicht gebunden, bestimmte Mittel einzusetzen oder Handlungen auszuführen, die der Erreichung der Ziele dienen, d.h. der Mensch führt eine Handlung aus oder nutzt Mittel zur Erreichung eines Zweckes. Zwecke sind deshalb an die Mittel wie z.B. die Sprache gebunden, während ein Ziel davon unabhängig sein kann. Das führt zu der Definition von

2.1.1 Ziel und Zweck

Oft wird Ziel (goal) und Zweck (end) synonym verwendet. Ein Ziel (KlB71; Mit04) bezeichnet einen Sachverhalt, dessen Eintreten durch Handlungen herbeigeführt werden soll. Das Ziel ist deshalb eine ideelle Vorwegnahme real möglicher zukünftiger und wünschenswerter Zustände von (materiellen) Systemen. *Damit basiert eine Zielbeschreibung auf einer binären Relation von handelnden Individuen und Zielen.* Der Zweck (KlB71; Mit04) hängt darüber hinaus von der Existenz von Mitteln zur Erreichung der Sachverhalte ab. Der Zweck ist an die Absicht des Menschen gebunden, bestimmte Mittel einzusetzen bzw. bestimmte Handlungen auszuführen, die der Erreichung der Ziele dienen. *Damit basiert der Zweck auf einer ternären Beziehung zwischen Modellierer, Mittel bzw. Handlung und Zweck.* Zwecke erfordern deshalb über die Ziele hinaus eine inhaltliche Beschreibung der angestrebten Sachverhalte, wogegen Ziele auch abstrakt sein können. Der Begriff des Zwecks umfasst auch den der Funktion, des Sinnes, der Aufgabe und Bestimmung. Der Begriff des Zieles ist mit dem des Sinnes assoziierbar. Das Ende der ausgeführten Handlung kann in den Folgen (eingetretene Sachverhalte), im Ergebnis der Handlung (Sachverhalte, die mit der Ausführung der Handlung bestehen) oder im geordneten Ablauf der Handlung (Verwirklichung eines Tätigkeitsmusters) bestehen. Zwecksetzungen sind wie Zielsetzungen Resultate der gedanklichen Tätigkeit des Menschen. Sie sind nur durch menschliches Handeln und in diesem möglich. Ein Gegenstand wie z.B. ein Modell bzw. eine Handlung wie z.B. das Modellieren sind zweckmäßig, wenn er bzw. sie dem Zweck, zu dem sie gebraucht werden bzw. zu dem sie ausgeführt wird, entspricht und ihm genehm ist.

Modelle sind Instrumente, die für einen Modellzweck eingesetzt werden. Der Modellzweck basiert auf dem Modellziel, setzt aber das Vorhandensein von Mitteln zur Umsetzung des Zieles voraus. Modellziele sollen real möglicher zukünftiger und wünschenswerter Zustände von (materiellen) Systemen ideell vorweg nehmen und basieren damit auf einer binären Relation zwischen einem Ausschnitt der Welt (Originalen) und dem Modellierer.

Typische Modellzwecke sind die folgenden:

1. Erkenntnis: Mit dem Modell werden neue Kenntnisse über das Urbild gesucht. Durch Analogieschluss wird auf entsprechende Eigenschaften des Originals hypothetisch zurück geschlossen. Damit ist mit der Konstruktion des Modells auch die Aufgabe verbunden, eine Hypothese über das Original zu formulieren bzw. am Modell zu explizieren bzw. im Modell aus den Erkenntnissen eine neue Eigenschaft des Originals zu deuten.
2. Erklärung/Demonstration: Es werden Eigenschaften am Modell gefunden, die das Verständnis des Originals erleichtern oder ermöglichen. Dies kann z.B. durch Verwendung einer Transformation erfolgen, bei der in anderer Form die gleichen Eigenschaften gelten, wie z.B. im Maxwellschen Modell zur Erklärung der Elektrizität. Derartige Modelle haben den Charakter von Analogiemodellen.
3. Beherrschung des Originals: Mit dem Modell kann die Funktion und das Verhalten des Originals nachgebildet werden. Durch das Modell wird das Verhalten und die Funktion des Originals exemplarisch dargestellt, so dass das Original mit dem Modell gesteuert werden kann.
4. Indikation: Durch das Modell werden Eigenschaften meßbar, die im Original nicht in dieser Form sichtbar gemacht oder gemessen werden können. Ein typisches Beispiel ist ein Herzmodell, mit dem das Ansprechen auf Medikamente simuliert wird, siehe auch Punkt 7.
5. Variation/Optimierung/Reorganisation: Das Modell erlaubt die Ausführung von Operationen, mit denen eine Prinziplösung für Probleme des Originals erfolgen kann. Das Modell dient als Vorbild für eine Reorganisation des Originals. Damit kann z.B. eine Optimierung des Originals abgeleitet werden, wobei auch mit dem Versuch-Irrtum-Verfahren gearbeitet werden kann. Typische Beispiele dieser Funktion bestimmen Transportmodelle.
6. Verifikation: Eine Hypothese wird am Modell überprüft. Damit kann durch Analogieschluss auf das Verhalten des Originals zurück geschlossen werden.

7. Simulation: Mit einem impliziten Simulationsmodell wird das Verhalten des Originals am Modell dargestellt, womit Rückschlüsse für die Nutzung des Originals gezogen werden können.
8. Planung: Das Modell dient als Vorbild für ein zu entwickelndes Original. Es kann am Modell auch die Interaktion des Originals mit anderen Gegenständen untersucht werden.
9. Planung für, Rekonstruktion des und Prognose für das Original: Die Analogiebeziehung zwischen Modell und Original wird genutzt, um das Original anhand von Erkenntnissen am Modell zur Verbesserung des Originals oder der Erschließung seines Potentials zu nutzen.
10. Projektierung/Konstruktion: Es wird ein Modell eingesetzt, um eine Lösung durch ein zu produzierendes oder eines zu erarbeitendes Gegenstandes zu schaffen. Dieser Gegenstand soll zweckmäßig, rational und realisierbar sein. Die Informatik nutzt vorrangig diese Funktion.
11. Theorienbildung und Verifikation von Hypothesen: Das Modell wird genutzt, um theoretische Aussagen über das Original zu gewinnen, Aussagen über das Original am Modell auszutesten und die Struktur und das Verhalten des Originals zu lernen. Es werden Hypothesen je nach Analogiebeziehung und Adäquatheit des Modells für das Original abgeleitet und validiert.
12. Steuerung und Kontrolle: Durch das Modell wird eine Führung des Originals vorweggenommen oder eine Problemlösung erreicht. Lernmodelle stellen oft Steuerungsmodelle dar. Typische Bespiele sind Strömungsmodelle. Mit dem Modell kann eine Kontrolle des Originals vorgebildet werden.
13. Ersatzfunktion: Modelle können auch direkt als Ersatz für das Original eingesetzt werden.

Ziel der Modellbildung ist es, Eigenschaften und Verhalten materieller Objekte oder Systeme zu erfassen, indem ein Mechanismus vorgeschlagen wird, der sie imitiert. Das Modell repräsentiert dabei den betrachteten Untersuchungsgegenstand. Auf Analogien beruhenden Modellen kann eine Leitfunktion im Forschungsprozeß zukommen.

2.1.1.1 Funktionen eines Modells

Nach S. Hartmann (Har10) besitzen Modelle im Forschungsprozess eine Reihe von Funktionen, aus denen der Mehrwert der Modelle abgeleitet werden kann.

1. Modelle ermöglichen die Anwendung und den Test von Theorien.
2. Modelle sind ein Hilfsmittel zur Konstruktion von Theorien.
3. Modelle fördern das Verständnis abstrakter Theorien und Formalismen.

4. Modelle vermitteln zwischen einer Theorie und der Welt.
5. Modelle dienen als pragmatischer Ersatz für Theorien.
6. Modelle ermöglichen die Beschreibung und Aufbereitung von Daten.
7. Modelle sind ein Baustein von Computersimulationen.
8. Modelle helfen dabei, einen Kausalzusammenhang zwischen Ereignissen zu etablieren.
9. Modelle ermöglichen das Verständnis eines konkreten Objektes oder Systems.
10. Modelle sind Bestandteile von wissenschaftlichen Erklärungen.
11. Modelle werden als pädagogisches Hilfsmittel im Unterricht eingesetzt.
12. Modelle helfen bei der Konstruktion und Auswertung von Experimenten.

2.2 Modellieren

Aus der allgemeinen Modelldefinition lassen sich die erforderlichen Modellierakten/-aktivitäten/-handlungen herausarbeiten. Modellieren umfasst alle Formen

- des Gebrauchs von Modellen (Abstraktion, Adaption, Bewertung/Evaluation/-Zusicherung, Integration, Klassifikation/Instantiieren, Konzeptanreicherung, Optimierung, Selektion, Spezialisierung/Generalisierung sowie Verfeinerung und Verstehen), von Urbildern oder von nachfolgenden Bildern und
- der Entwicklung von Modellen (Abstraktion, Adaption, Definition, Integration, Klassifikation/Instantiieren Konstruieren, Konzeptanreicherung, Mutation, Optimierung, Rekombination, Spezialisierung/Generalisierung, Validieren/Verifizier- en/Testen sowie Verfeinerung und Verstehen).

Diese Aktionen können formal beschreiben werden.

Die Darstellung - insbesondere Visualisierung - und Transformation von Modellen stellt einen Bezug zu einem neuen Modell her. Daneben kann auch eine synchrone Betrachtung von Modellfamilien (Modell-Suiten) nach einer Dekomposition anhand von Aspekten und Betrachtungsweisen und nach einer Bildung von Hierarchien das Modellieren unterstützen. Die Bildung von Familien und die Fokusierung auf Aspekte erleichtert die Beherrschung der Komplexität.

Modellieren ist gleichzeitig zum einen eine Technik und basiert auf einer Technologie des Modellierens und zum anderen eine Herangehensweise („Kunst", „Kultur"). Modellieren kann als Gebrauchsspiel (nach Wittgenstein) verstanden werden.

Modellieren ist ein bewusstes, zielgerichtetes und zweckmäßiges Einwirken von Modellierern oder Gruppen von Individuen auf Gegenstände. Modellieren basiert auf einer systematischen Anwendung von Operationen je nach Zweck und nach einer vorgefassten finalen Konzeption. Modellieren ist zum einen das Resultat einer Wissenschaftsentwicklung und zum anderen determiniert durch das Umfeld wie z.B. die Einzelwissenschaften, durch die vorgefundenen Methoden und Modelle, durch die spezifische Ausprägung des Handelns in den Wissenschaften, durch die normative Konditionierung des Handelnden in seinem Umfeld und schließlich durch Begrenzung der Ressourcen.

Die Wissenschaftstheorie stellt auch eine Systematik für die Definition einer Methode bereit. Methoden sind Instrumente der Modellierung, denen sich im gegebenen Umfeld der Modellierer bedient, um einen Gegenstand, der als Modell dient, zweckmäßig zu verändern, einzusetzen, zu erfassen oder zu entwickeln. Mit Methoden wirkt der Modellierer auf die Modelle selbst, auf die Urbild-Abbild- bzw. Vorbild-Resultat-Beziehung, auf die Entwicklung und den Einsatz von Modellen. Der Reifegrad von Methoden und die Beherrschung ihres Einsatzes charakterisieren die Wissenschaften mit. Die Methoden erfahren eine Weiterentwicklung aufgrund sich ansammelnder Erfahrungen, Fertigkeiten und Kenntnisse der Modellierer, der Überlieferung der Erfahrungen sowie durch die systematische Anwendung der Erkenntnisse der Wissenschaften. In den modernen Wissenschaften gewinnt die systematische Anwendung von Modellier-Methoden eine entscheidende Bedeutung für die Qualität der Modelle sowie der Wissenschaften selbst.

Methoden können nur in einem Umfeld zweckdienlich eingesetzt werden. Ein Missbrauch wie z.B. außerhalb des Zweckes oder ein falscher Einsatz wie z.B. in einem unzureichenden Umfeld (Datenqualität, Hypothesen, Verfahren und Theorien, ...) oder eine kontextfreier Einsatz wie z.B. durch Verschweigen von Annahmen, unter denen die Methoden eingesetzt wurden, führt zu für den Zweck falschen Modellen und falschen Resultaten. Methoden sind durch „good practices“ und Erfolgsgeschichten mit beschrieben.

Durch eine systematische Erforschung von Methoden kann eine Synergie zwischen den Wissenschaften entstehen, so dass Modellier-Methoden einer Wissenschaft auch einer anderen Wissenschaft zugute kommen können. Methoden werden dadurch selbst „produktiv“. Damit kann sich eine Gemeinschaft Modellier-Methoden aneignen und erschließen. Modellieren ist eine zweckmäßige Tätigkeit, bei der das Ergebnis vorhersehbar ist, bei der Hintergrundtheorien systematisch genutzt werden und die Systematik der Nutzung selbst eine Qualität darstellt.

2.3 Modellierung

Die Modellierungsakte folgen i.a. Prinzipien des Modellierens und der Modelle und basieren auf Paradigmen. Sie werden durch den Modellierungszweck domiert, wie z.B. Deskription/Präskription, Dokumentation/Erklärung, Einbetten/Integrieren, Hypothesenprüfung, Optimierung, Simulation, Steuerung, Substitution und Verstehen/Unterlegen/Anreichern/Kontextualisieren. Damit reflektiert die Modellierung das Modellieren und Modelle. Es werden sowohl Techniken des Modellierens und Modelle systematisch aufbereitet.

Die Modellierung intendiert die Entwicklung von Rahmenwerken, mit denen Modelle systematisch erstellt, genutzt, weiterentwickelt und bewertet werden können. Modellierung legt Modelle und das Modellieren als Basis zugrunde. Sie stellt einen Zusammenhang zwischen Urbild und Modell. Es werden Postulate des Modellierens und der Modelle, Prinzipien dieser und Annahmen von Modellen und Modellier-Methoden eingesetzt. Damit wirkt die Modellierung auf die erstellten Modelle und die genutzten Methoden zurück.

Die Modellierung basiert auf einer Systematik der Modellnutzung und der Modellentwicklung. Sie nutzt dazu eigene theoretische Grundlagen. Sie ist gleichzeitig eine Ingenieurskunst und folgt Rahmenwerken zur Entwicklung und Nutzung von Modellen. Modelle können sowohl aus abstrakteren als auch aus konkreteren Modellen abgeleitet als auch durch Kombination von Modellen zusammengesetzt sowie beginnend mit zentralen Bestandteilen entwickelt werden.

2.4 Modelle, Modellieren und Modellierung als Einheit

Modelle, Modellieren und Modellierung (kurz: M^3) sind die drei Facetten der Modellnutzung und -entwicklung, die als Strukturierungsvorlage dienen. Grob zusammengefasst sind *Modelle* reduzierte Abbilder eines Gegenstandes und/oder Prozesses, die diesen ersetzen, vereinfachen oder überhaupt eine Auseinandersetzung mit diesem Gegenstand oder Prozess ermöglichen. Sie sind gleichzeitig Gegenstände oder allgemeine Dinge, die zu einem Zweck als Modelle genutzt werden und Produkte einer Entwicklung wie z.B. Vorbild für einen Gegenstand, der mit dem Modell hergestellt werden soll. Modelle nutzen eine Sprache zur Darstellung. Diese Sprache besitzt eine Kapazität, die die Modellwelt beschränkt. Modelle sind Gegenstände, die auf Grundlage einer Struktur-, Funktions- oder Verhaltensanalogie zu einem entsprechenden Urbild von einem Menschen eingesetzt und genutzt werden, um eine bestimmte Aufgabe lösen zu können, deren

Durchführung mittels direkter Operationen am Urbild zunächst oder überhaupt nicht möglich bzw. unter gegebenen Bedingungen zu aufwendig ist.

Der Zweck des Modells determiniert sowohl (1) die Abstraktion, (2) die Reduktion und (3) die Pragmatik als auch (4) die Erweiterung und (5) die Idealisierung. Modelle sind i.a. nicht außerhalb ihres Zweckes nutzbar. Das wichtigste Qualitätskriterium zur Bewertung eines Modells ist seine (syntaktische, semantische, pragmatische) Viabilität. Modellieren wird als Technologie des Modellierens und als Herangehensweise („Kunst" - praktisches Handeln, „Kultur" - als normenbasierte, prinzipiengestützte und systematisierende Formenlehre für Modelle und das Modellieren) verstanden. Damit können wir die drei Facetten wie in Abbildung 2.1 als Einheit in einem Kieler Modellhaus auffassen, welches wir im dritten Teil dieser Arbeit im Detail beschreiben werden.

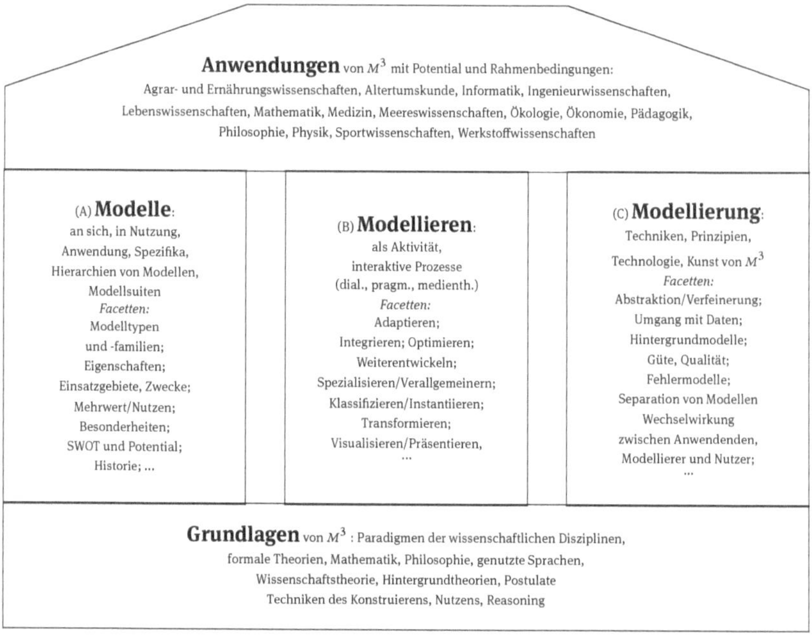

Abb. 2.1. Facetten von Modellen, Modellieren und der Modellierung im Kieler Modellhaus

3 Übersicht zu Forschungen zu Modellen, zum Modellieren und zur Modellierung

Die Literatur zu Modellen in unterschiedlichen Wissenschaften ist sehr umfangreich[1], jedoch meist auf einen Top-Down-Ansatz[2] orientiert. Modelle werden als Werkzeug und Hilfsmittel in allen Wissenschaften verwendet. Eine die Disziplinen übergreifende Betrachtung von Modellen ist jedoch nur mit dem Top-Down-Ansatz versucht worden.

3.1 Top-Down-Ansätze

Die wissenschaftsphilosophische Auseinandersetzung mit Modellen ist lange[3] eine Randerscheinung gewesen. Seit Anfang des 20 Jh. gibt es vereinzelte Beiträge, die bis zu den 1960er Jahren dem Diskurs über Theorien entstammen. Seit den 1980er Jahren werden Modelle im wissenschaftsphilosophischen Diskurs durchweg als eigenständige Elemente der wissenschaftlichen Praxis anerkannt, wobei ab dem Jahr 2000 eine deutliche Zunahme des Interesses zu verzeichnen ist[4]. Das zunehmende gegenwärtige wissenschaftsphilosophische Interesse an Modellen hat sich beispielsweise in zwei Sonderausgaben der Zeitschrift ‚Synthese - An International Journal for Epistemology, Methodology and Philosophy of Science' niedergeschlagen[5]. Es handelt sich in diesem Sinne also um ein vergleichsweise junges Themengebiet, so dass der Umfang der Publikationen verglichen mit der

---

1 Auf der Webseite http://www.muellerscience.com/MODELL/Literatur/Lit.Modell%281450-2001%29.htm wird die Literatur auf weit über 35.000 Titel seit den griechischen Klassikern geschätzt. Die Universitätsbibliothek der CAU verfügt über mehr als 1.000 Bücher, die sich u.a. mit Modellen bzw. dem Modellieren in unterschiedlichen Disziplinen auseinandersetzen. Die Analyse dieser Titel zeigte jedoch, dass nur ein kleiner Teil Beiträge zu einer M^3 liefert. In der Bibliothek des Leibniz-Zentrums Informatik in Dagstuhl, Stand 26.3.2012 Modelle 60; Modellierung 145; Modeling 1041; Modellieren 8; Modelling 521; Models: 857 führen etwa 2.600 Werke direkt einen der Aspekte von M^3 im Titel oder unter den Schlüsselworten. Es existiert jedoch auch innerhalb der Informatik bislang noch keine Aufarbeitung des M^3

2 Als Literaturübersicht eignet sich hier: http://www.phillwebb.net/topics/Nature/xPhilScience.htm

3 Dieser Trend kehrt sich derzeit um. Siehe z.B. S. de Chadarevian and N. Hopwood (Eds.): Models - The third dimension of science. Stanford University Press, Stanford, 2004.

4 S. Hartmann: Modelle. In: H.J. Sandkühler, (Hrsg.), Enzyklopädie Philosophie, 2010, Vol. 2, Meiner Verlag: Hamburg, S. 1627-1632

5 Synthese, Vol. 169, Bd. 3 (2009), Models and Simulation 1, Synthese, Vol. 180, Bd. 1 (2011), Models and Simulation 2.
So vertritt inzwischen Giere beispielsweise die Auffassung, dass Wissenschaft sogar primär mit

wissenschaftlichen Bedeutung und dem Umfang prominenterer Themen verhältnismäßig klein ist. Eine erste monographische Zusammenfassung der neueren Entwicklung ist inzwischen verfügbar und ermöglicht einen effektiven Zugriff[6]. Die gegenwärtige Diskussion ist durch unterschiedliche Aspekte der semantischen Struktur von Modellen bestimmt, wie etwa die Theorie oder Sprache, die Abbildungsbeziehung, das Subjekt, die Ziele oder die Funktionen von Modellen.

- Modelle werden aufgefasst als Interpretationen der Variablen einer Theorie; sie sind Bestandteile des Wissens einer Disziplin[7] und so in ihrem Gehalt primär durch Theorien bestimmt. Diese Auffassung geht auf P. Suppes[8] zurück.
- Als Klassiker des Ansatzes, Modelle als in ihrem Gehalt durch eine Abbildungsbeziehung auf ihr Original bestimmt aufzufassen, kann H. Stachowiak[9] angesehen werden. Neuere Publikationen dieser Richtung gibt es beispielweise von R. Giere[10]. Diese Ansätze sind einer Kritik unterzogen worden, die etwa den Charakter der Abbildungsbeziehung betrifft, oder es wird überhaupt in Frage gestellt, dass Repräsentation die primäre Funktion von Modellen sei. Insbesondere die Rolle des Subjekts und seine Ziele als zentrale Dimension der semantischen Struktur von Modellen wird ins Spiel eingeführt.[11].

Modellen arbeitet. Vgl. R.N. Giere: How Models Are Used to represent Reality. In: Philosophy of Science, Vol. 71 (December 2004), S. 742-752.
Für einen Überblick vgl. S. Hartmann: Modelle. In: H.-J. Sandkühler (Hrsg.), Enzyklopädie Philosophie, 2010, Vol. 2, Meiner Verlag: Hamburg, S. 1627-1632.

6 D. Bailer-Jones: Scientific Models in Philosophy of Science, University of Pittsburg Press: Pittsburg, 2009.

7 B.-O. Küppers: Nur Wissen kann Wissen beherrschen - Macht und Verantwortung der Wissenschaft. Fackelträger, Köln 2008.

8 P. Suppes: A Comparison of the Meaning and the Uses of Models in Mathematics and the Empirical Sciences. Synthese, Vol. 12, Bd. 2-3 (1960), S. 287-301.
B. van Fraassen: Structure and Perspective: Philosophical Perplexity and Paradox. In: Chiara et al. (Hrsg), Logic and Scientific Methods, Kluwer Academic Publishers: Dodrecht, 1997, 511-530.

9 H. Stachowiak: Allgemeine Modelltheorie, Springer Verlag, 1973, Wien, New York

10 R. Giere: Using Models to represent Reality. In: L. Magnani, N.J. Nersessian, P. Thagard (Hrsg), Model-Based Reasoning in Scientific Discovery. Kluwer / Plenum Verlag: New York, 1999, S. 41-57
R. Giere: (2004), How Models Are Used to represent Reality. In: Philosophy of Science, Vol. 71 (December 2004), S. 742-752.

11 R.N. Giere: An Agent-Based Conception of Models and Scientific Representation, in: Synthese, Vol. 172, Bd. 2 (2010), S. 269-281.
R. Frigg: (2006), Scientific Representation and the Semantic View of Theories. Theoria, Vl. 55 (2006). S. 49-65
B. C. van Fraassen: Science as Representation: Flouting the Criteria. In: Philosophy of Science, 2004, Vol. 71, Bd. 5, S. 794-804.

- Modelle können in ihrer morphologischen Struktur[12] untersucht werden. Der morphologische Ansatz ist nicht weitführend genug und wurde sowohl in den Einzeldisziplinen[13] als auch insgesamt[14] kritisiert.

3.2 Bottom-Up-Ansätze

Es gibt in fast allen Universitäten in Deutschland [15] und weltweit Arbeitsgruppen, die sich disziplinär mit Problemen der Modellierung auseinandersetzen[16]. Disziplinär sind in vielen Universitäten auch Kurse zur Modellierung in verschiedenen

M. Suárez: An Inferential Conception of Scientific Representation. In: Philosophy of Science, 2004, Vol. 71 (Dezember 2004), S. 767-779.
M. Suárez: Scientific Representation: Against Similarity and Isomorphism. In: International Studies in the Philosophy of Science, Vol. 17, Bd. 3 (2003), S. 225-243.
N. D. Cartwright: The Dappled World: A Study of the Boundaries of Science. Cambridge University Press, 1999, Cambridge.
M. S. Morgan and M. Morrison (Hrsg.): Models as Mediators: Perspectives on Natural and Social Sciences. Cambridge University Press, 1999, Cambridge.

12 P. Revitt: Principles of model building. John Wiley, 1982.
T. Ritchey: Outline for a morphology of modelling methods - Contribution to a general theory of modelling. Acta Morphologica Generalis, 2012, 1, 1, 1-20

13 Als Beispiel kann die Systembiologie gelten. Siehe z.B. O. Wolkenhauer and M. Ullah: All models are wrong. Systems Biology: Philosophical Foundations, Elsevier, 163–179, 2007.
Analoges gilt auch für andere Simulationsanwendungen von Modellen, z.B. http://simulpast.imf.csic.es/sp/ .

14 J. Agassi; Why there is no theory of models. Proc. of AFOS 1994 Workshop, August 15-26, Madralin, and IUHPS 1994 Conference, Warszawa, 17-26, 1995. G. Lakoff: Women, fire, and dangerous things - What categories reveal about the mind. The University of Chicago Pres, Chicago, 1987.

15 Beispielhaft seien hier genannt: http://www.informatik.uni-rostock.de/studium/MoSi.html, http://isgwww.cs.uni-magdeburg.de/lst/sim/sim.shtml, http://www.usf.uni-kassel.de/main.html, http://www.chemie.fu-berlin.de/chemistry/general/units.html .

16 Als Beispiel einer Disziplin, die Modelle intensiv nutzt und entwickelt, kann z.B. die Biologie betrachtet werden. Die Theoretische Biologie und die Struktur-/Systembiologie haben zu einer Vielzahl von physischen, Berechnungs-, Diagramm-, mathematischen und konzeptuellen Modellen geführt (siehe z.B. die Bestandsaufnahme in: M.D. Laubichler und G.B. Müller (Eds.): Modeling biology. MIT Press, London, 2007.), die auch Modellorganismen für das Experimentieren mit erschließen.
Siehe auch: W. Dubitzky, O. Wolkenhauer, H. Yokata, and K.-H. Cho (eds.): Encyclopedia of Systems Biology. Springer 2012. Ju.G. Antomonov: Modelling of biological systems. Naukova Dumka, Kiew, 1977 (in Russian).
M.D. Mesarovic and Y. Takahara: General systems theory: Mathematical foundations. Academic Press, 1975.
Sowie für die Informatik und Teile der Naturwissenschaften:

Studienprogrammen verankert. Interdisziplinäre Zentren existieren an einigen Universitäten, z.B. der Universität Hamburg (Zentrum für Modellierung und Simulation), der Universität Jena (Frege-Zentrum für Strukturwissenschaften) und der TU Berlin (Innovationszentrum Wissensforschung).

Viele Wissenschaften werden durch Forschungen zur Didaktik der Disziplin gestützt. Modelle sind in der Didaktik ein wichtiges Erklärungsinstrument. Eine die Disziplinen übergreifende Didaktik für die Modellierung existiert noch nicht.

Die Informatik nutzt als Ingenieurwissenschaft in vielfältiger Form Modelle insbesondere zur Konstruktion von Systemen und zur Betrachtung von Systemeigenschaften. Es wurden viele Werkzeuge zur Begleitung der Modellierung (z.B. das Ptolemy Projekt) entwickelt. Innerhalb der Gesellschaft für Informatik e.V. wird vom Querschnittsfachausschuß „Modellierung" seit 1998 eine Fachtagung „Modellierung" durchgeführt, die sich zu einem Forum für Grundlagen, Methoden, Techniken, Werkzeuge sowie Domänen und Anwendungen der Modellierung in der gesamten Informatik etabliert hat.

Diese Ansätze haben innerhalb Europas zu der Open Models Initiative geführt, in der Referenzmodelle aus unterschiedlichen Bereichen der Informatik innerhalb einer Kommunikationsplattform gesammelt und dokumentiert werden sollen.

Eine Ausnahmestellung nimmt die Berliner Gruppe des Innovationszentrums Wissensforschung ein, in dem Anstrengungen aus unterschiedlichen Wissenschaften gebündelt werden. Einer der Schwerpunkte ist die Modellierung, in dem u.a. auch Wissenschaftstheoretiker Beiträge liefern.

Es gibt eine Reihe von Wissenschaftlerkooperationen, in denen das Thema Modellierung meist disziplinär bearbeitet wird. So haben z.B. Gruppen aus der Kybernetik heraus eine second-order cybernetics entwickelt, bei der auch eine Veränderung der Realität durch die Modelle selbst mit beobachtet wird. Die Modellierung wurde im Rahmen der Mathematik intensiv untersucht, wobei meist die Problemstellung für die Modelle und auch die Anwendung der Modelle den Anwendungswissenschaften überlassen sind. Es wurde dagegen intensiv der Problemlösungsprozess untersucht. Die derzeit systematischste Herangehensweise stammt aus der Schule von A.N. Kolmogorow, deren Herangehensweise heute

D. Embley and B. Thalheim: Handbook of conceptual modelling. Springer 2011.
V.I. Judovitch: Mathematical models of natural sciences. Lan, St. Petersburg, 2011 (in Russian).

für Modellbildungen und Problemlösungen mit stochastischen Modellen zum Standard geworden ist. Es besteht durch den Herausgeber eine intensive Zusammenarbeit mit dieser renommierten Schule im Bereich der Modellierung.

Es gibt weder national noch international Forscherverbünde, die einen Bottom-Up-Ansatz über mehrere Disziplinen hinweg für Modelle, das Modellieren und die Modellierung verfolgen. Dagegen gibt es zu den einzelnen Aspekten der Modelle bzw. des Modellierens vielfältige Inititativen[17]. Der Thematik Modell, Modellierung, Modellversuche nehmen sich seit etwa den letzten zehn Jahren einige internationale Fachzeitschriften an. Z.B. führt der Elsevier Verlag auf seiner Internet-Seite 139 von 2673 Zeitschriften an, die sich mit Modellen und der Modellierung beschäftigen, 12 tragen das in ihrem Titel[18]. Hinzu kommen beispielsweise World Journal of Modelling and Simulation[19], Journal of Mathematical Modelling and Application[20], International Journal of Modelling, Identification and Control und weitere. Eine analoge Situation findet man auch bei anderen Verlagen wie z.B. dem Springer-Verlag[21] vor.

17 Als Beispiel kann das EU-Projekt ARRIVAL (Algorithms for Robust and Online Railway Optimization) [Deutsche Beteiligte: D. Wagner, P. Widmayer, R. Möhring und A. Schöbel] http://arrival.cti.gr/ gelten. Lösungen für eine robuste Optimierung werden u.a. durch die Arbeitsgruppen von R. Möhring (TU Berlin, z.B. im METHEON und ROBUKOM), A. Schöbel (Universität Göttingen) und D. Wagner (KIT) entwickelt. Besonders im Bereich der Informatik werden Modelle und die Techniken des Modellierens umfangreich untersucht, z.B. neben den oben genannten Initiativen auch Untersuchungen zu Modellverfeinerungen, Modellen in der Informatik und speziellen Grundlagen (E. Börger (Pisa), R. Breu (Innsbruck), M. Broy (München), H. Klein Büning (Paderborn), B. Möller (Augsburg) und M. Wirsing (München).

18 Applied Mathematical Modelling; Applied Mathematical Modelling with Simulation Modelling Practice and Theory (Combined Subscription); Drug Discovery Today: Disease Models; Ecological Modelling; Economic Modelling; Environmental Modelling & Software; Graphical Models; Journal of Molecular Graphics and Modelling; Journal of Policy Modeling; Mathematical and Computer Modelling; Ocean Modelling; Simulation Modelling Practice and Theory.

19 http://www.wjms.org.uk/

20 http://proxy.furb.br/ojs/index.php/modelling/issue/archive

21 Springer hat von den 2359 Zeitschriften mindestens neun im Programm, die Model im Titel haben. Exemplarisch sind zu nennen: Zeitschriften Biomechanics and Modeling in Mechanobiology, Computational Mathematics and Modeling, Environmental Modeling & Assessment, Journal of Mathematical Modelling and Algorithms, Journal of Molecular Modeling, Springer Mathematical Models and Computer Simulations, Software and Systems Modeling, Springer Theoretical Biology and Medical Modelling und BioMed User Modeling and User-Adapted Interaction.

4 Die Forschungsagenda

4.1 Überblick zur interdisziplinären Forschung in diesem Buch

Die Arbeit an diesem Band wurde durch eine interdisziplinäre, vernetzte Gemeinschaft an der CAU vorangetrieben. Mit einem Verständnis der Modelle, des Modellierens und auch der Modellierung kann schrittweise in einer Verallgemeinerung eine Wissenschaft und Kunst der Modellierung entstehen.

Die Entwicklung einer Wissenschaft und Kunst der Modellierung fokussiert

- Zum Ersten auf einer gemeinsamen Erschließung der „Kunst" der Modellierung im Sinne ‚*The art of programming*' von Knuth[1], um daraus auch ein gemeinsames transdisziplinäres Vorgehen zumindest bei verwandten Fragestellungen entstehen zu lassen,
- Zum Zweiten auf einer Entwicklung eigener Ansätze und Vorgehensweisen – über die aus der Literatur bekannten hinaus – und eine auf die Teilprojektgruppen zugeschnittene Systematik der Modellierung, um damit schrittweise eine „Science of Modelling" ohne Universalitätsanspruch abzuleiten und
- Zum Dritten auf das Finden und gemeinsame Propagieren einer „Kultur" der Modellierung im Spektrum der beteiligten Disziplinen.

Mit diesem Baustein für ein Kompendium soll die Kunst der Modellierung in den unterschiedlichen wissenschaftlichen Disziplinen verstanden, erfasst und aufbereitet werden. Modelle werden in allen Wissenschaften entwickelt und genutzt. Diese Entwicklung und Nutzung soll systematisch registriert, aufbereitet und verallgemeinert werden. Daraus entwickeln wir im letzten Teil des Buches einen allgemeinen Modellbegriff, der je nach Zweck oder Funktion des Modells im jeweiligen Anwendungsgebiet angepasst wird.

Die genutzten Modelle werden mit Erklärungen, gewonnenen Erfahrungen, Demonstrationen, ggf. Daten zur Dokumentation und für Lehrbeispiele zusammengestellt. Es wird versucht, die unterschiedlichen Facetten des Modellierens zusammenzubringen. Mit einer fachübergreifenden Klassifizierung wird eine Problemlösung über Disziplinen hinweg unterstützt und eine Systematik für den

---

1 D.E. Knuth versuchte mit seiner „The art of programming I-III" (Addison-Wesley, Reading, 1968-1973) eine enzyklopädische und systematische Darstellung des gesamten Informatikwissens in den 1970 Jahren.

Transfer und die Horizonterweiterung geschaffen. Diese Aufgaben sind nur zu bewältigen, wenn alle Wissenschaften in einer vernetzten Gemeinschaft interagierend zusammenwirken. Falls zur Problemlösung ein gemeinsames Projekt zweier oder mehrerer Fachdisziplinen nicht ausreicht, werden zielführende Ideen aus dem Expertenwissen der Gemeinschaft entwickelt. Es können damit auch Ideen zur Beschreibung der intrinsischen Struktur der Modelle selbst entwickelt und neue Modellierungsmöglichkeiten durch eine Kombination vorhandener Modelle entdeckt werden, wie sie auch beispielsweise aus der Bionik und anderen interdisziplinären Kreuzungen hervorgegangen sind.

4.1.1 Vorrangige Arbeitsaufgaben innerhalb der Problemfelder Modelle–Modellieren–Modellierung

Die Problemfelder Modelle, Modellieren und Modellierung in Abbildung 2.1 sind sehr umfangreich. Es gibt jedoch in diesen Feldern vorrangige Aufgaben:

Systematische Zusammenhänge von Modellen: Modelle bestehen in den meisten Wissenschaften aus Kompositionen von Teilmodellen. Diese Teilmodelle erlauben eine separate Betrachtung von Aspekten und damit auch eine Lösung der Teilprobleme. Zugleich sind die Zusammenhänge und das Zusammenwirken der Teilmodelle zu beherrschen. Deshalb orientiert der Forscherverbund an der CAU zuerst auf die Untersuchung von Modellen in ihren Zusammenhängen. Modelle werden meist spezifisch in den einzelnen Disziplinen verwendet und entwickelt. Das Herausarbeiten von Gemeinsamkeiten von Modellen eröffnet eine Übertragung von Methoden aus einer Wissenschaftsdisziplin in andere Wissenschaftsdisziplinen und damit eine Verbesserung der Modellierung.

Adäquatheit und Qualität von Modellen: Modelle dienen Zwecken und können nur im Kontext zu den Forschungsrahmenbedingungen betrachtet werden. Deshalb ist ein Verständnis der Tragweite, der Adäquatheit und der Qualität im Prozeß des Modellierens Voraussetzung für einzelne Modellieraktivitäten. Modelle umfassen i.a. viele Parameter mit z.T. schwierig zu beschreibenden Verlauf und sind stark abhängig von der Qualität der Daten. Modelle werden außerdem anhand von Beobachtungsdaten zu spezielleren Modellen verfeinert. Das Modellieren erfordert zum einen Techniken der Reduktion des Parameterraumes, der Approximation zur Beherrschung komplexer Modelle, Methoden der Adaption und Methoden zur Anpassung und Verfeinerung von Modellen an Daten sowie zum anderen Methoden zur direkten Berücksichtigung der Datenqualität.

Theoretische Aspekte der Modellierung: Die Modellierung orientiert auf eine systematische Modellentwicklung und -nutzung. Dazu ist sowohl für die Modelle in den Wissenschaften als auch für das Modellieren eine theoretische Grundlage notwendig. Im Vordergrund stehen dabei eine Systematisierung der Nutzbarkeit von Modellen im jeweiligen Kontext als auch die Erfassung des Spektrums genutzter Modelle innerhalb einzelner Wissenschaften sowie die Entwicklung von Techniken zur Nutzung von Modellen.

Die Projektbereiche orientieren sich an den Arbeitsaufgaben und Aspekten. Damit wird ein dualer Ansatz verfolgt,

- in dem zum einen auf der bislang vorherrschenden disziplinären Entwicklung und Nutzung von Modellen mit der entsprechenden Historie in den einzelnen Wissenschaften, auf den vorhandenen Kenntnissen und Erfahrungen aufgebaut wird und
- in dem zum anderen die Defizite disziplinärer Modellnutzung und -entwicklung bewusst behoben werden durch eine vernetzte interagierende wissenschaftliche Gemeinschaft, die von der Inspiration und der Weitergabe aufbereiteter Kompetenz profitiert.

Eine Orientierung auf die Problemfelder Modelle–Modellieren–Modellierung bedarf einer Integration und Zusammenführung des erarbeiteten Wissensfundus, einer systematischen Erfassung aller betrachteten Modelle und ihrer Bewertungen und einer Weitergabe der Erfahrungen.

In den unterschiedlichen Disziplinen wurden unterschiedliche Herangehensweisen an die Modellentwicklung und -nutzung entwickelt. Bei der Bestandsaufnahme der Modellierungsaktivitäten zeigte sich, daß viele dieser Methoden und Herangehensweisen fruchtbringend für andere Bereiche sein können. So können z.B. agentenbasierte Modelle der Ökonomie auch Anwendung finden bei der Erklärung historischer Vorgänge. Diese Form des Wissenstransfers und der Zusammenführung der Erfahrungen über die Projektbereiche hinweg ist in einem Teilprojekt Integration und Wissensmanagement systematisch zu unterstützten. Um das Potential von Modellen über die Wissenschaften hinweg zu erschließen, sollen in einem Modellkatalog alle Erfahrungen bei der Modellentwicklung und -nutzung zusammengeführt und systematisiert werden. Davon würde ein integriertes Graduiertenkolleg profitieren, in dem eine systematische Ausbildung zu den komplexen Modellen, dem Modellieren und der Modellierung schrittweise über alle Disziplinen entwickelt wird.

Teil II: **Modelle in den Wissenschaften**

Expertenbeiträge:

Heidrun Allert und Christoph Richter (Kapitel 5)
Rudolf Berghammer und Bernhard Thalheim (Kapitel 6)
Christine Blättler (Kapitel 7)
Steffen Börm (Kapitel 8)
Jan-Peter Brückner (Kapitel 9)
Thorsten Burkard (Kapitel 10)
Oliver Nakoinz und Martin Hinz (Kapitel 11)
Tobias F. Illenseer (Kapitel 12)
Andreas Kopp (Kapitel 13)
Mojib Latif (Kapitel 14)
Claas Lattmann (Kapitel 15)
Jochen Leibrich und Peter Adam Höher (Kapitel 16)
Roberto Mayerle und Gerd Bruss (Kapitel 17)
Jörn Kretschmer, Christoph Schranz, Axel Riedlinger, Dirk Schädler, Norbert Weiler, Knut Möller (Kapitel 18)
Ivor Nissen (Kapitel 19)
Sören Witt, Andreas Speck, Sven Feja, Elke Pulvermüller, Sven Niemand (Kapitel 20)
Michael Skusa und Bernhard Thalheim (Kapitel 21)
Tom Theile und Olaf Wolkenhauer (Kapitel 22)
Imke Traulsen (Kapitel 23)

5 Modellierung als sozio-materielle Praktik

Heidrun Allert und Christoph Richter

5.1 Kontext und Verortung: Die Disziplin und ihre Besonderheiten

Die Pädagogik als Disziplin wird zur Lösung realer Erziehungsprobleme angefragt von Personen, Institutionen und Gesellschaft. Die Lösung realer Erziehungsprobleme wiederum umfasst, die Voraussetzungen des Handelns zu erfassen und zu analysieren und Handlungsentscheidungen treffen zu können (Peterßen, 1994:14). Der Anspruch auf Analyse und Synthese zeigt sich in der Pädagogik prägnant in Normenkritik und in der Bestimmung von Normen und Zielen im Bildungs- oder Emanzipationsbegriff. Er findet sich auch im Verhältnis von Sozialisation zu Erziehung wieder. Erziehende, Lehrende, Intervenierende brauchen Theorien und Modelle, um Handlungsentscheidungen treffen zu können (vgl. Peterßen, 1994). Ein Modell unterstützt bei der Planung und Reflexion von Unterricht, von Interventionen, Prozessen und Strukturen und kann dem Lehrenden und Erziehenden „Klarheit über seine Handlungsmöglichkeiten und deren Konsequenzen verschaffen", ihm die Entscheidung jedoch nicht abnehmen (Peterßen, 1994:15).

Problemlösung erfordert ein Zusammenspiel von Analyse, Projektion und Synthese (Chow & Jonas, 2008). Geht es zum Beispiel um Lehrerbildung, so sieht die Bildungsforschung die Aufgabe darin: „durch die gründliche Analyse der an verschiedenen Universitäten angebotenen Lehramtsausbildung jenes Wissen zu identifizieren und empirisch zu überprüfen, das in der universitären Ausbildung der Lehrkräfte vermittelt wird (Ist-Zustand) und werden sollte (Soll-Zustand). Dabei geht es letztendlich um eine empirische Erhebung zum Professionswissen zukünftiger Lehrerinnen und Lehrer." (ZiBE, 2014). Empirische Erhebungen und der Entwurf von Zukunft sind eng miteinander verknüpft. Das Verhältnis zwischen Analyse, Projektion und Synthese, zwischen Erkenntnis und Handeln, Problem und Lösung, Untersuchen und Intervenieren, Planen und Durchführen ist hier wie auch in vielen anderen Vorhaben und Disziplinen damit noch nicht artikuliert und bleibt oft implizit.

Teilgebiete der Pädagogik arbeiten eng mit anderen Disziplinen zusammen, die wiederum implizit oder explizit das Verhältnis zwischen Analyse, Zukunftsentwurf, Implementierung und Evaluation konzeptionalisieren und bezüglich der Frage, welche Rolle Wissen und Erkenntnis in diesen Prozessen spielen, erkenntnistheoretische Positionen beziehen. Im Gegenstandsbereich *Lernen und Lehren mit neuen Medien* (eLearning) arbeitet die Pädagogik beispielsweise mit der Informatik bzw. Softwareentwicklung zusammen. Der vorliegende Beitrag wird sich mit grundlegenden Fragen der Modellierung in Wissensgenerierungs- und Entwurfsprozessen befassen, nimmt aber in Beispielen besonders auf den Gegenstandsbereich „Sozio-technischer Systeme“ Bezug.

Wissenschaftliche Disziplinen werden anhand ihres Gegenstandsbereichs oder ihres Erkenntnisinteresses unterschieden (Naturwissenschaft und Geisteswissenschaft, Erklären und Verstehen, vgl. Dilthey, 1900). Simon jedoch trennt in seinem Werk *„The Sciences of the Artificial“* (1982) („Die Wissenschaften vom Künstlichen“) die Naturwissenschaften von den Designwissenschaften. Während die Naturwissenschaften die Welt beschreiben, wie sie ist, arbeiten Designwissenschaften sowohl deskriptiv als auch präskriptiv, entwickeln Techniken, Technologien und Interventionen und beteiligen sich an der Transformation von Situationen. Simons Unterscheidung der Disziplinen läuft anhand ihrer Unternehmung von Analyse und Synthese. Pädagogik ist eine Designwissenschaft, da sie Synthese betreibt - sie grenzt sich unter anderem darin von den meisten ihrer Nachbar - oder Bezugsdisziplinen, wie der pädagogischen Psychologie oder Anthropologie, ab.

Seit der Veröffentlichung des Werks von Simon haben sich die Erwartungen an Wissenschaft erheblich gewandelt. Von Wissenschaft, auch von Naturwissenschaften, wird mehr und mehr erwartet, dass sie nicht nur Erklärungen über die Welt liefert und Vorhersagen in einer als statisch angenommenen Umgebung trifft, sondern auch, dass sie Antworten auf konkrete soziale, ökonomische oder ökologische Bedarfe formulieren und Innovation befördern kann. Von WissenschaftlerInnen wird erwartet, dass, sie ihre wissenschaftlichen Ergebnisse nicht nur auf praktische Probleme anwenden, sondern dass sie ihre Forschung aus gesellschaftlich relevanten Fragen und Perspektiven heraus definieren und sich der Komplexität lokaler Phänomene stellen. Die Probleme, mit denen sich WissenschaftlerInnen konfrontiert sehen und auf die Studierende vorbereitet werden müssen, sind nicht nur komplex in der Form, dass viele Variablen miteinander interagieren, sondern „wicked“ (wicked problems, übersetzt: verhexte Probleme) in der Form, dass jeder Versuch das Problem zu lösen das Problem an sich verändert, neue Probleme schafft, die Lösung objektiv weder richtig noch falsch ist, sondern anhand von Werthaltungen beurteilt wird. „Most of the pressing and important design problems of today’s world are systemic problems that make collaboration supported by new technologies not a luxury but a necessity. These systemic problems-including the design of policies to address environmental degradation, economic disparity, and the disappearance of local cultures in the age of globalization, to name a few - are complex, open-ended, and ill-defined“ (Rittel & Webber, 1984).

Die Probleme, die WissenschaftlerInnen untersuchen sollen, sind nicht gegeben, sondern grundlegend durch menschliche Intervention geformt und kontingent. Die Welt kann nicht mehr in ihrer Regelmäßigkeit erfasst werden, sondern wird als unfertig und in Veränderung beziehungsweise durch menschliche Intervention und Kultur in Entwicklung begriffen. Wir handeln und untersuchen in einem unfertigen Universum.

Neben der grundsätzlichen Unterscheidung von Synthese und Analyse ist damit der Bezug bzw. die Bezugnahme von Synthese zu Analyse noch nicht geklärt. Dem Handeln liegen implizit oder explizit Positionen und Prämissen zugrunde - dies kann die Annahme sein, die Analyse finde vor der Synthese statt, die Analyse des Problems sei abgeschlossen, bevor die Lösung entwickelt werde und das Problem sei objektiv gegeben. Aus der Analyse könne der Bedarf beschrieben und die Synthese abgeleitet werden. Das Verhältnis zwischen Analyse und Synthese ist eine Frage, der sich die Designtheorie zuwendet (vgl. Cross, 2007). Die Analyse systemischer Probleme muss unvollständig bleiben und Analyse findet durch Synthese statt, Problem und Lösung entwickeln sich miteinander und bilden einen Designraum. Cross (1995) findet, „(...) that problems and solutions in design are closely interwoven - that ‚the solution‘is not always a straightforward answer to ‚the problem‘“. Ein tieferes Verständnis des Problems wird durch das Testen vermuteter Lösungen gewonnen (Darke, 1979). Die Generierung einer Vielzahl von Lösungen wird nach Cross (1995) ein Mittel der Problemanalyse. Das Lösen schlecht strukturierter Probleme ist ein Dialog von Problem und Lösung und wird von Schön (1990) als Designprozess, nicht als systematische Suche nach einer Problemlösung, beschrieben. Diese Position geht davon aus, dass im Entwurf nicht schlicht bestehendes Wissen angewandt oder von Theorie deduktiv abgeleitet werden kann, sondern dass der Entwurfsprozess selbst ein epistemischer Prozess ist und Modelle ein Mittel sind. „(...) the need to use sketches, drawings, and models of all kinds as a way of exploring problem and solution together“ (Cross, 1995).

In diesem Kontext wird im vorliegenden Beitrag Modellierung besprochen: Modellbildung und Modellwerdung als und in Entwurfstätigkeit in einer Umwelt, die nicht als statisch im Sinne des Aufdeckens von Regelmäßigkeiten angesehen

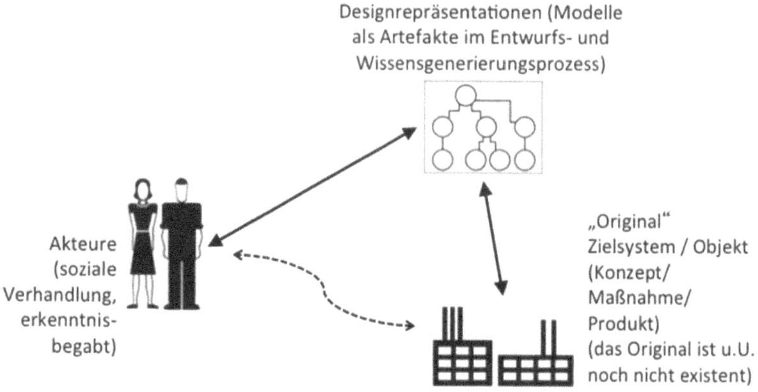

Abb. 5.1. Modellierung im Entwurfsprozess: Knuuttilas Konzeption von Modellen als epistemischen Artefakten folgend wird die Designrepräsentation in Relation gebracht zu a) dem Zielsystem/-objekt (d.h. der Entität, auf die sich das Modell/Designartefakt bezieht und b) den Akteuren, die das Modell/Designartefakt kreieren, modifizieren und nutzen.

werden kann. Zunächst wird im Beitrag das Modell als epistemisches Artefakt beschrieben, dann Modellierung als sozio-materielle Praktik herausgearbeitet. Anschließend wendet sich der Beitrag Entwurfsprozessen zu um die Rolle materialer Qualität von Artefakten in Tätigkeiten der Modellierung systematisch zu betrachten. Die Betrachtung bezieht sich im engeren Sinne auf den Gegenstandsbereich sozio-technischer Systeme.

5.2 Modelle als epistemische Artefakte

Trotz ihrer weit verbreiteten Verwendung in einer Vielzahl von Disziplinen und Wissensgebieten wird die epistemische Rolle von Modellen und Ontologien selten explizit diskutiert. Üblicherweise werden Modelle als Repräsentation eines bestimmten Gegenstandes behandelt. Ebenso gilt dies für Ontologien im Sinne konzeptioneller Modelle eines Gegenstandsbereichs. Entsprechend der traditionellen Auffassung sind wissenschaftliche Modelle also zumeist durch ihre Eigenschaft charakterisiert, das Zielsystem zu repräsentieren - das kann ein ausgewähltes Phänomen, ein Datensatz oder eine Theorie sein (vgl. Frigg & Hartmann, 2006). Dementsprechend ist die häufig formulierte Zielsetzung der Modellierung, relevante Aspekte des Zielsystems so akkurat als möglich darzustellen, um das Phänomen, das von Interesse ist, zu erklären oder vorherzusagen. Modelle, die in Entwurfs- und Entwicklungsprozessen genutzt werden, zum Beispiel Use Cases, sind üblicherweise ebenso durch ihr Potential charakterisiert, Eigenschaften des realen oder angedachten Zielsystems zu repräsentieren, obwohl es noch nicht existiert. Kritik an der Vorstellung von Modellen als Repräsentationen wurde von Frigg & Hartmann (2006) und Knuuttila (2005) formuliert.

Im Gegensatz zu dieser traditionellen Auffassung von Modellen als Repräsentationen schlägt Knuuttila (2005) vor, Modelle als epistemische Artefakte zu begreifen, und nicht auf die Repräsentation des schon vorhandenen Wissens zu beschränken. Sie bezieht sich auf Arbeiten von Morrison und Morgan (1999) und argumentiert, dass Modelle in der Wissenschaft als „*investigative instruments*“ oder „*productive things*“ verstanden werden können und dass sie teilweise unabhängig von Theorie und Welt sind. Modelle als epistemische Artefakte zu verstehen impliziert nach Knuuttila (2005), dass Modelle a) Manifestationen menschlicher Tätigkeit und in diesem Sinne absichtsvoll und zweckgebunden hergestellte Artefakte sind, b) dass sie eine materielle Form haben, wobei jedes Material spezifische Einschränkungen, aber auch Möglichkeitsstrukturen aufweist (affordances), und c) Wissensobjekte sind. Im Sinne von Wissensobjekten kann ihre Erstellung und Veränderung ein Prozess der Wissensgenerierung und des Lernens sein.

Knuuttila (2005) wählt einen praktikorientierten Ansatz zum Verständnis von wissenschaftlichen Modellen bzw. von Modellierung, um die Generierung und Veränderung von Modellen als genuin epistemische Tätigkeit aufzufassen, die über das Darstellen von Systemen zu kommunikativen Zwecken hinaus geht. Sie argumentiert, dass der Hauptzweck der Verwendung von Modellen nicht die Repräsentation des bereits vorhandenen Wissens, sondern die produktive Auseinandersetzung mit dem ist, was noch nicht gewusst wird. Modellierung ist also weniger die Übersetzung von einem Repräsentationssystem in ein anderes, sondern erfordert ein Verstehen des Dargestellten sowie der Möglichkeiten der Darstellung.

Modellierung ist ein sozialer Prozess, der die gestaltende Auseinandersetzung mit den verfügbaren Materialien, Medien und Sprachen erfordert. Modellieren schließt produktives, kreatives Denken ein: „[die geistigen Leistungen der Modellierung] sind offenbar hochkomplex und umfassen ein kompliziertes System analytischer und synthetischer Akte. Sie schließen empirisch-objektivierende Bemühungen ebenso ein wie hermeneutisch-verstehende, formal-logisches Operieren genauso wie phantasievoll ausgreifendes, konvergierendes Denken ebenso wie divergierendes, differenzierende Beobachtung von Einzelaspekten ebenso wie intuitive Zusammenschau des Ganzen.“ (Salzmann, 1975; Salzmann ist Bildungstheoretiker und bezieht sich auf die Allgemeine Modelltheorie Stachowiaks). Der Prozess der Modellierung ist ein kreativer (schöpferischer) Akt, da die Erstellung eines Modells stets die Übersetzung in ein neues Abbildsystem erfordert, welche durch die Eigenschaften der jeweiligen Abbildsysteme vermittelt werden (z.B. Hacker, 2002). So erfordert etwa die Modellierung von Systemanforderungen in Form einer formalen Modellierungssprache die Dekontextualisierung von Informationen über den Anwendungskontext, die etwa aus Interviews mit potentiellen Anwendern gewonnen wurden (vgl. Goguen, 1994). Bei der Modellierung bringen Akteure sowohl etwas über das Abbildsystem und den materialen Träger (Cargo) als auch über den Gegenstand in Erfahrung. „That a model is an epistemic artefact implies, firstly, that human agency, or rather traces of it, are more or less manifestly present in it. Secondly, it implies that models are somehow materialized inhabitants of the intersubjective field of human activity. Thirdly, it implies that models can function also as knowledge objects.“ (Knuuttila & Voutilainen, 2003).

Modelle als epistemische Artefakte zu konzeptionalisieren hat weitreichende Konsequenzen für das Verständnis von Modellen, bzw. der Praktiken der Modellierung. Im Gegensatz zur repräsentationalen Sicht auf Modelle, welche die Modellierung mehr oder weniger als Übersetzung in eine andere repräsentationale Form sieht, impliziert die Sicht auf Modelle als epistemische Artefakte, dass Modelle nicht existieren, bevor sie generiert werden. In einigen Fällen ist nicht einmal klar, ob das Modell überhaupt ein Objekt repräsentiert, bevor das Modell nicht finalisiert und in Verwendung ist (Knuuttila, 2005). Da Modelle sich in einem Medium manifestieren müssen, spielen die Qualitäten des Materials sowohl in Form von Einschränkungen als auch einem bestimmten Aufforderungscharakter eine bedeutende Rolle. Obwohl Modelle zweckgebunden hergestellt werden, ermöglicht ihre physische Existenz ihre Umnutzung, Zweckentfremdung und ihren unvorhergesehenen Einsatz. Durch ihre eigenständige Existenz können Modelle in verschiedene Kontexte bewegt werden, wo sie gänzlich unvorhergesehene Eigenschaften oder neue Fragen aufwerfen können (Knuuttila, 2005).

Dies entspricht dem Verständnis praktikorientierter Ansätze, die davon ausgehen, dass sich Qualitäten von Artefakten emergent in der Nutzung entwickeln. Die Eigenschaften des Modells sind gebunden an die Praktik der Verwendung und nicht im Modell/Artefakt selbst und objektiv gegeben.

Im folgenden Abschnitt wird die Vorstellung von Modellierung als sozio-materieller Praktik entwickelt. Praktiken sind sozio-historisch und medial vermittelte Muster und Stile von Interaktionen, die die Rahmung von Situationen erfordern und gleichzeitig herstellen und über die Verwendung von Methoden und Techniken hinausgehen.

5.3 Modellierung als sozio-materielle Praktik

In diesem Abschnitt wird eine Perspektive auf Modellierung als sozial vermittelter Praktik entwickelt. Der Prozess der Modellierung ist sozial, da einerseits Modelle so beschaffen sind, dass sie für mehrere Akteure zugänglich sind. Gleichzeitig können soziale Prozesse aber auch Gegenstand der Modellierung sein. Auch das für die Modellierung gewählte Format (z.B. die jeweilige Modellierungssprache) ist sozial vermittelt. Der soziale Kontext beeinflusst nicht zuletzt die Entscheidung darüber, was zu modellieren ist, aber auch, in welcher Form, zu welchem Zweck und mit welchen Mitteln die Modellierung erfolgen soll.

Modellierung wird nicht als Tätigkeit eines isolierten Individuums und seiner kognitiven Kapazitäten begriffen, sondern als Auseinandersetzung mit dem Material, dem sozialen und kulturellen Kontext und mit der Situation. Diese Perspektive beruht insbesondere auf den Arbeiten von Hörning (2001, 2004) und Schatzki (1996). Theorien über soziale Praktik stellen eine ganze Familie, aber keine einheitliche Theorie dar (e.g. Reckwitz, 2002). Gleichzeitig ist der Begriff der Praktik in der Alltagssprache und in verschiedenen wissenschaftlichen Communities mit unterschiedlicher Bedeutung in Gebrauch. Button und Harper (1996:171) arbeiten heraus, dass beispielsweise der Begriff „work-practice" sowohl auf formale Beschreibungen von Arbeit („formal specifications of work") wie auch auf die alltägliche Organisation von Arbeit bezogen wird („the practices through which participants organise their work in the face of the contingencies that unfold as part of the working day"). Die erstere Bedeutung begreift Praktik als Instrument oder Plan, der Arbeit präskribiert, in der zweiten wird sie als emergentes Phänomen begriffen, das lokal, kontingent und kontextuell gebunden ist (vgl. Schwandt, 2005; Gherardi, 2009). Die Perspektive, die Hörning (2001, 2004) und Schatzki (2001, 2012) vorschlagen, beruht eher auf der zweiten und versteht Praktik als ein im Prozess befindliches Arrangement, in dem Menschen durch aufeinander bezogene Handlungen erwartbare und nachvollziehbare Bezüge herstellen (Hörning, 2001). Gherardi bestimmt praktikorientierte Ansätze in Abgrenzung von Ansätzen, in denen Wissen als transferierbar in Anwendungskontexte gesehen wird: "Hence theories of practice assume an ecological model in which agency is distributed between humans and non-humans and in which the relationality between the social world and materiality can be subjected to inquiry. While theories of action start from individuals and from their intentionality in pursuing courses of action, theories of practice view action as 'taking place' or 'happening', as being performed through a network of connections-in-actions, as life-world and dwelling." (Gherardi, 2009:117).

Praktiken sind rekursiv gekoppelt in dem Sinne, dass jede Praktik kollektive Muster und Stile prägt, aber auch reproduziert (vgl. Schatzki, 1996; Hörning, 2001). Praktik ist jedoch nicht alleine als reproduzierend, sondern auch als sich dynamisch entwickelnd zu verstehen.

Die praktikorientierte Perspektive, die hier entwickelt wird, beruht auf einer pragmatischen Sicht und steht im Gegensatz zu teleologischen und repräsentationalen Vorstellungen menschlicher Tätigkeit, die davon ausgehen, dass zunächst ein Ziel gebildet wird und menschliches Handeln sich an diesem Ziel ausrichtet. Menschliches Handeln als Praktik ist nicht eine Sequenz in sich geschlossener und unabhängiger Akte, die vorgefertigte Pläne realisiert, vielmehr werden Intentionen und Ziele im Verlauf der Aktivitäten selbst geformt (Hörning, 2001, 2004). Es ist ein fortlaufender Prozess, in dem menschliche Akteure ein Verständnis der Situation entwickeln, in dieser Situation (re)agieren, sie transformieren und Gebrauch von Artefakten und verfügbaren Ressourcen machen. Das Verständnis der Situationen wohnt dieser nicht inne, sondern muss durch die Akteure in ihr entwickelt werden, wobei in uneindeutigen und komplexen Situationen das Handeln selbst das Verstehen ermöglicht. In dieser Perspektive werden Menschen nicht durch Intentionen und Ziele aktiviert, sondern stellen Ziele und Intentionen durch ihre Aktivitäten kontinuierlich her (vgl. Garrison, 2001). Oder wie Ehn (1988:145) formuliert: „It [practice] is the human form of life“. Aktivitäten entfalten sich in und durch die Situation, in die die Akteure involviert sind. Situationen sind weder zu verstehen als Container, in denen Akteure ihre vorgefertigten Ideen realisieren, noch als vordefinierte Strukturen, die ein bestimmtes Verhalten determinieren. Stattdessen können sie verstanden werden als Relation von Akteuren, Organismen, Körpern, Aktefakten und anderen Objekten, die im Tun hergestellt werden. Situationen lösen nicht bestimmte Aktionen aus, sondern die in ihr involvierten Akteure müssen Verständnis herstellen und die Bedeutung erzeugen, die die Situation erst rahmt. Handlungen sind so eher Antworten auf Fragen, die durch Situationen entstehen (Hörning, 2004).

Da Situationen nicht gegeben sind, sondern erst entstehen, wenn sie als solche durch Rahmung hergestellt werden, ist die Beziehung zwischen Akteur und Situation transaktional. Der menschliche Akteur formt die Situation - gleichzeitig werden in Auseinandersetzung mit dieser sein Modell und seine Beurteilung der Situation geformt. The human actor „shapes the situation, but in conversation with it, so that his own models and appreciations are also shaped by the situation“ (Schön, 1983:151). Da Situationen oft uneindeutig und unsicher sind, verlangt kompetentes Handeln nicht nur eine Adaption des Individuums an wiederkehrende Umstände und geteilte Interpretationen oder das Handeln nach Gewohnheit und Routine, sondern erfordert auch Vorgehensweisen, die dem Akteur Handeln erlauben, wenn seine übliche Art und Weise des Tuns nicht funktioniert. Situation und Handlungen sind sozial und kulturell geprägt. Muster und Stile, die aus wiederholter Interaktion entstehen, erlauben den Beteiligten, ein Verständnis der Situation in der sie involviert sind, in Form sozialer Praktik zu teilen (vgl. Hörning, 2001). Die Aktivitäten wiederum finden nicht abstrakt statt, sondern involvieren Körper und materielle Artefakte, von denen Gebrauch gemacht wird und die gestaltet und verändert werden.

Praktiken können verstanden werden als „embodied materially mediated arrays of human activity centrally organized around shared practical understanding“ (Schatzki, 2001:2). Praktiken sind nicht statisch. Struktur wird immer wieder hergestellt im konkreten Tun und Sprechen (vgl. Schatzki, 2012). Soziale Praktiken können verstanden werden als durch eine bestimmte Gruppe zu einem bestimmten Zeitpunkt aufgeführte Konventionen und Übereinkommen. Da Praktiken nicht vom konkreten Tun und Sprechen der Praktizierenden und den materiellen Gegebenheiten, in denen sie stattfinden, getrennt werden können, sind Praktiken notwendigerweise sozial und historisch geprägt. Da Situationen außerdem oftmals offen sind für verschiedene Interpretationen, erfordern sie eine Rahmung bzw. bedeutungsgenerierende Fassung durch die, die in ihr engagiert sind. Eine soziale Praktik erfordert deshalb nicht nur praktisches Wissen, sondern auch Wissen um übergreifende Schemata, die den Akteuren überhaupt erst erlauben, die Situation, in der sie sich befinden, zu fassen und handelnd zu definieren (vgl. Hörning, 2004). Das praktische Wissen und die interpretativen Schemata können als Repertoire der Akteure verstanden werden, um mit der Situation zu Recht zu kommen, in der sie sich befinden.

Modellieren, verstanden als sozio-materielle Praktik, ist sozial und historisch geprägt und gebunden an die Rahmung und Interpretation der Situation. Sie ist außerdem eine Auseinandersetzung mit dem Material, dessen Qualität sich in der Praktik emergent entwickelt. Als epistemische Artefakte sind Modelle dann nicht Externalisationen kognitiver Repräsentationen eines Gegenstands durch ein Individuum, sondern werden in der Situation und in der Auseinandersetzung mit dem Material transformiert.

Gherardi formuliert für praktikorientierte Ansätze: "Knowing is something that people do together, and it is done in every mundane activity, in organizations when people work together, and also in academic fields. To know is to be able to participate with the requisite competence in the complex web of relationships among people, material artefacts and activities (Gherardi, 2001). Acting as a competent practitioner is synonymous with knowing how to connect successfully with the field of practices thus activated.“ (Gherardi, 2009). Modellieren als sozio-materielle Praktik zu verstehen bedeutet, dass Wissen, soziale Interaktion, Materialität und Rolle der Artefakte im Erkenntnisprozess als gebunden an die Tätigkeit der Modellierung und Modellnutzung verstanden werden. Die materiale Qualität des Modells als Artefakt in Bezug auf die Tätigkeit spielt eine erhebliche Rolle im Erkenntnisprozess.

Während geteilte, also gemeinsam genutzte Artefakte sowohl in der Forschung über Lernen und Wissensgenerierung (e.g. Paavola & Hakkarainen, 2009) als auch über kollaboratives Design (e.g. Schmidt & Wagner, 2002; Hendry, 2004) Beachtung finden, ist wenig über verschiedene Typen und Arten von Artefakten bekannt. Das Interesse der folgenden Abschnitte ist ein besseres Verständnis der Rolle von Artefakten in Erkenntnisprozessen unter Berücksichtigung ihrer spezifischen materialen Qualität, ihrer Sprache und ihres Zweckes. Zuvor werden Besonderheiten der Modellierung sozio-technischer Systeme besprochen.

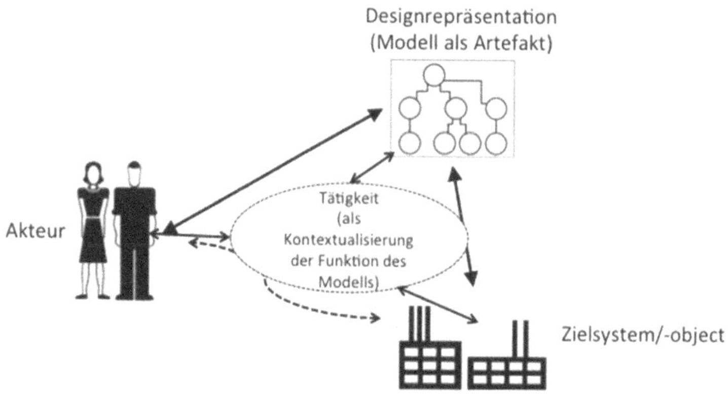

Abb. 5.2. Die Qualität eines Designartefakts kann nur in Relation zur Tätigkeit der Akteure bestimmt werden. Die Tätigkeit bildet den Kontext und spezifiziert die Rolle des Designartefakts, der Akteure und des Zielsystems/-objekts.

5.4 Die Wirksamkeit der Modellierung sozio-technischer Systeme

Bei der Modellierung sozio-technischer Systeme stellen sich besondere Herausforderungen. Sozio-technische Systeme sind soziale Systeme, in denen die Interaktion mit Technologien eine Rolle spielt. Lernarrangements sind ein Beispiel für sozio-technische Systeme, wobei die Technologie nicht elektronisch oder digital sein muss. Die an der Modellierung beteiligten Akteure sind in der Regel auch Teil des zu modellierenden Gegenstands und müssen sich somit teilweise selbst im Modell abbilden. Sie sind aber nicht kontrollierbar in Bezug darauf, wie sie mit der in der Modellierung gewonnenen Information umgehen und ob sie damit die modellierte Situation verändern. Zum Beispiel beschreibt eine Lehrkraft ihre eigene Rolle im Unterrichtsgeschehen. Das Vorhandensein des Modells als epistemischem Artefakt kann den Gegenstand der Modellierung (u.U. bereits allein durch den Modellierungsprozess) beeinflussen und verändern. Im Beispiel des Lernarrangements als sozio-technisches System melden Modelle Gegebenheiten und antizipierte Ergebnisse des aktuellen Lehr-/Lerngeschehens an die beteiligten Akteure z.B. im Rahmen von Evaluationen zurück.

Zumindest im Rahmen der Modellierung und Nutzung von Modellen sozio-technischer Systeme stellt sich die Frage nach der Wirksamkeit von Modellierung und Modell. Mit Wirksamkeit ist hierbei der Einfluss der Modellierungsaktivität bzw. des Modells auf das Original oder die vom Modellierungsprozess betroffenen Akteure gemeint. Die Frage der Wirksamkeit ist insbesondere bei der Modellierung sozio-technischer Systeme von Bedeutung, da hier einerseits die von der Modellierung betroffenen Personen Teil des zu modellierenden Originals sind und auch das Modell wiederum Teil des zu modellierenden Originals werden kann. Auf den Umstand, dass die Modellierung sozio-technischer Systeme, etwa im Bereich der Softwareentwicklung, nicht rein objektiv-rational, sondern immer auch von Machtinteressen und sozialen Aushandlungsprozessen geprägt ist, haben z.B. Floyd und Klischewski (1998) hingewiesen. Der Umstand, dass die Akteure innerhalb des sozio-technischen Systems an der Gestaltung eines Modells eben dieses Systems beteiligt sind oder aber mit entsprechenden Modellen konfrontiert werden, kann dabei sowohl zu einer Stabilisierung wie auch zu einer Transformation des sozio-technischen Systems führen. Der modellierende Akteur ist nicht kontrollierbar - er nutzt das in der Modellierung gewonnen Wissen in seinem zukünftigen Handeln. Übertragen auf die Gestaltung eines Unterrichtsmodells bedeutet dies z.B. dass sich der Lehrende als Teil des sozio-technischen Systems, in das er gestaltend eingreifen möchte, selbst mit berücksichtigen muss. Ebenso hat bereits die Entscheidung, ob Beteiligte in den Modellierungsprozess mit einbezogen werden sollen, einen Einfluss auf das sozio-technische System.

Neben der Modellierung an sich kann auch das Modell eines sozio-technischen Systems selbst Teil eben jenes Systems werden und dieses transformieren. Lehmann (1980) hat bereits auf den Umstand hingewiesen, dass der Einsatz von Computerprogrammen, als Gegenständlichung eines Anwendungsmodells sozio-technischer Systeme, eine Transformation eben jenes Systems notwendig macht. Modelle lassen sich dann nicht mehr an der Realität validieren, wenn die Erzeugung oder die Kenntnisnahme des Modells zu einer Transformation des Systems führt. Beispielsweise kann eine Stauvorhersage Entscheidungen und Verhalten der darin modellierten Agenten zur Folge haben. Die Prognose der Staugefahr anhand etwa des anstehenden Urlaubsbeginns, typischer Verkehrswege und Fahrzeiten muss im Prinzip auch die Auswirkungen der medialen Verbreitung dieser Prognose berücksichtigen, wobei gleichzeitig die angenommene Zuverlässigkeit der Prognose das Reiseverhalten mitbestimmt. In ähnlicher Weise bilden z.B. Systeme zur Erfassung kollaborativer Lerntätigkeiten die erfassten Ereignisse nicht nur ab, sondern zielen geradezu darauf ab, das erfasste Verhalten zu stabilisieren bzw. zu verändern, indem sie entsprechende Informationen bereitstellen.

Für die Modellierung von sozio-technischen Systemen ist nicht zuletzt auch relevant, dass sich das System und der Kontext schon während der Modellierung und in der Zeit verändern können und dadurch das in der Modellierung angestrebte Original (Zielsystem/-objekt, Produkt, Maßnahme) verändert wird. Mit der Zeit kann sich auch die Intention der Modellierung ändern.

5.5 Die materiale Qualität von Artefakten in Gestaltungsprozessen

Designartefakte umfassen all jene Artefakte, die in einem Entwurfsprozess generiert oder genutzt werden mit der Intention, ein Modell des Designraums oder des Designprodukts zu verkörpern, zu kommunizieren oder den Designraum zu explorieren.

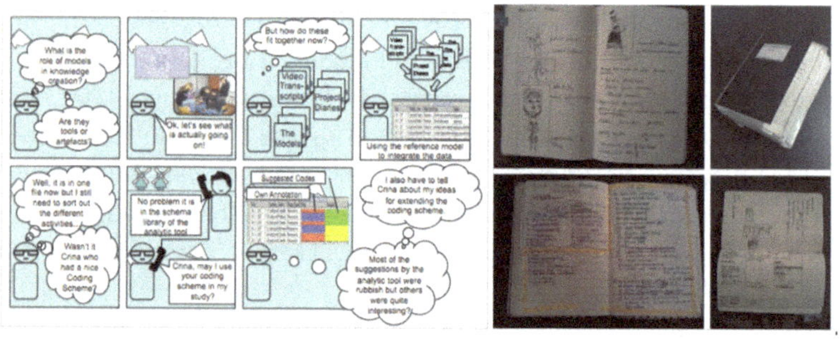

Abb. 5.3. Designrepräsentationen bzw. Designartefakte umfassen alle Arten von Zeichnungen, Illustrationen, Skizzen, materialisierten Formen, Prototypen und ähnliches.

Modelle, ihre Sprachen und materialen Trägermedien weisen spezifische Qualitäten, Angebots- und Aufforderungsstrukturen (sogenannte Affordances) auf, die verschiedene Modellierungstätigkeiten in spezifischer Art und Weise unterstützen und befördern können. Die Autoren haben Modelle aus Entwurfs- bzw. Gestaltungsprozessen gesammelt und auf Basis dieser empirischen Erhebung die Relationen zwischen Entitäten in Bezug auf die Modellierungstätigkeit systematisiert. Das Framework ist noch in Entwicklung begriffen und wird hier als Abschluss des Kapitels kurz eingeführt. Im Folgenden werden die in den Abbildungen dargestellten Relationen besprochen.

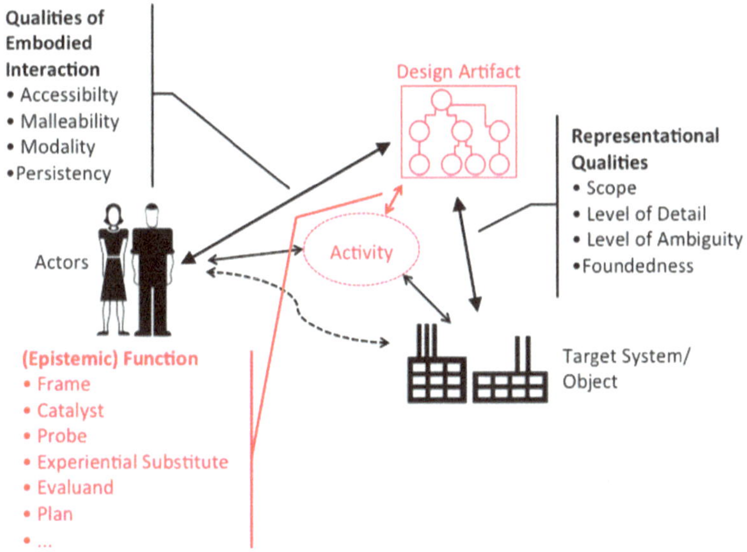

Abb. 5.4. Systematisierung der Qualitäten eines Designartefakts in Bezug auf die Tätigkeit.

Die epistemische Funktion beschreibt die Relation des Designartefakts zur Entwurfstätigkeit.

Frame: Das Artefakt kann verwendet werden, um einen Verständnishintergrund für das Team herzustellen im Sinne der Rahmung der Situation. So kann z.B. eine Anforderungsspezifikation Annahmen artikulieren, welche Funktionen eine als erfolgreich angenommene Lösung aufweisen muss.

Catalyst: Das Artefakt kann verwendet werden, um neue Ideen, Assoziationen oder Perspektiven zu evozieren und zu weiterer Exploration anregen, indem sie z.B. überraschende und unerwartete Elemente enthält.

Probe: Ein Artefakt kann verwendet werden, um eine Designidee in Frage zu stellen oder um zu testen, ob und wie sie unter bestimmten Bedingungen funktioniert.

Plan: Ein Artefakt kann verwendet werden, um die Implementierung eines Zielsystems/-objekts anzuleiten.

Experiential Substitute: Das Artefakt kann verwendet werden, um einen Eindruck zu gewinnen, wie es sein könnte, mit dem zukünftig existierenden Zielsystem/-objekt zu interagieren.

Evaluand: Ein Artefakt wird anstelle des Zielsystems/-objekts eingesetzt, um herauszufinden, ob und zu welchem Grad es bestimmten Kriterien entspricht. Ein Raumaufteilungs- oder Einrichtungsplan kann zum Beispiel genutzt werden, um herauszufinden, ob das Gebäude den Anforderungen des Brandschutzes genügen wird.

Die Qualität (Einschränkungen und Möglichkeiten) der Interaktion ist in der Relation zwischen Akteur und Material des Designartefakts realisiert.

Accessibility: Die Zugänglichkeit des Artefakts kann erschwert oder erleichtert werden aufgrund der materialen Qualität. Ein physikalisches Modell ist zum Beispiel nicht zugänglich für einen örtlich entfernten Teilnehmer eines Designmeetings; ein UML Modell setzt Kenntnisse beim Akteur voraus.

Malleability: Es kann mehr oder weniger aufwändig sein, das Artefakt zu verändern.

Modality: Je nach Material/Medium kann das Artefakt mit verschiedenen Sinnen wahrgenommen werden.

Persistency: Das Artefakt kann nur vorübergehend oder aber dauerhaft verfügbar sein.

Die Qualitäten der Beziehung zwischen Artefakt und Zielsystem/-objekt sind:

Scope: Das Artefakt kann sich auf eine oder mehrere Dimensionen des Zielsystems/-objekts beziehen, wie konzeptionelle, technische, ästhetische, ethische, soziale Aspekte.

Level of Detail: Der Detaillierungsgrad kann von vagen Hinweisen auf die Qualitäten des Zielsystems (e.g. ïts roughly a square") bis hin zu präzisen Beschreibungen des Systems und seiner Komponenten reichen.

Ambiguity: Artefakte können mehr oder weniger offen sein für vielfältige Interpretationen. Artefakte können ein Mapping der Eigenschaften zwischen Artefakt und Zielsystem erlauben oder auch (z.B. ein skalierbares Model) oder aber die aktive Interpretation und Assoziation erforderlich machen (z.B. ein Bild einer Raubkatze um die Qualitäten eines Sportwagens auszudrücken).

Foundedness: Artefakte können auf reale als auch fiktive Entitäten verweisen.

In der Ausbildung von Pädagoginnen und Pädagogen kann diese Systematisierung hilfreich sein, um entsprechende Qualitäten von Material, Akteur und Tätigkeit in Beziehung zu setzen und bestimmte Lernprozesse zu ermöglichen und zu befördern. Die folgenden zwei Beispiele sind aus diesem Kontext gewonnen.

5.6 Ein Modell als Katalysator

Das Modell in Abbildung 5.5 (Journey Framework als Katalysator) bietet eine formbare (malleable), aber auch fundierte (founded) Veranschaulichung der Nutzungserfahrung einer Social-Network-Site. Die Art und Weise der Aufbereitung und die materiale Qualität des Modells befördern und unterstützen eine tiefere Exploration des Designraums, da die einzelnen Teile schnell neu fixierbar sind und die Bleistiftzeichnungen veränderbar bleiben.

Abb. 5.5. Journey Framework als Katalysator.

5.7 Ein Modell als Mittel der Überzeugung

Das Modell in Abbildung 5.6 zeigt einen möglichen Handlungsablauf. Während das Produkt, das im Storyboard eine Rolle spielt, bereits existiert, ist der gezeigte Handlungsablauf fiktiv. Das Format des Modells wurde so gewählt, dass es einfach zugänglich ist (Accessibility), gleichzeitig ist es aber wenig formbar (malleable). Das Modell wurde im Rahmen eines Entwurfsprozesses erstellt. Die Studierendengruppe, die das Modell erzeugt hat, hatte einen aufwändigen Produktionsprozess mit Requisiten und Laienschauspielern an verschiedenen Orten geplant und realisiert. Jede Veränderung würde wiederum die erneute Organisation dieser Umgebung erfordern.

Abb. 5.6. Storyboard als Mittel der Persuasion.

5.8 Fazit

Wissen ist an lokale Praktiken gebunden (Lave & Wenger, 1991). Lernen bedeutet, die Praktiken einer Wissensgemeinschaft zu übernehmen und sie mitzuprägen, bzw. durch Übernahme und Entwicklung entsprechender Praktiken in die Wissensgemeinschaft hineinzuwachsen. Auch Praktiken der Modellierung sind an Wissensgemeinschaften gebunden. Die materiale Qualität der Artefakte entsteht in Relation zur Tätigkeit der Modellierung, wobei Artefakte Möglichkeiten und Einschränkungen bieten.

Der Prozess der Modellierung ist ein kreativer Akt (Hacker, 2002) - ein Prozess der Wissensgenerierung in Auseinandersetzung mit der materialen Qualität des Artefakts. Kreative Praktiken können als solche Interaktionen verstanden werden, mit denen Individuen oder Kollektive produktiv mit einer andernfalls unbestimmten Situation umgehen. Die Tätigkeit der Modellierung wird durch materielle Artefakte und soziale Interaktionen vermittelt und kann deshalb nicht als Externalisierung mentaler Repräsentationen verstanden werden. Der Beitrag legte ein Verständnis von Modellen als epistemische Artefakte dar, das von der Vorstellung von Modellen als Repräsentation oder Mittler der Kommunikation abweicht. Die Systematisierung der Relationen zwischen Artefakt, Akteuren und Zielsystem bezogen auf die Modellierungstätigkeit bzw. die epistemische Funktion, wie im letzten Abschnitt vorgestellt, kann nützlich sein, wenn Modellierungstätigkeiten in Gestaltungsprozessen beschrieben oder befördert werden sollen. Darüber hinaus können mit Hilfe der Systematisierung die intendierte und die tatsächliche Nutzung von Modellen in Lernprozessen betrachtet werden.

Literatur

[BuH96] Button, G., & Harper, R. (1996). *The Relevance of 'Work-Practice' for Design.* Computer Supported Cooperative Work, 4, 263-280.

[ChJ08] Chow, R. & Jonas, W. (2008). *Beyond Dualisms in Methodology: An Integrative Design Research Medium „MAPS" and some Reflections.* Undisciplined! Design Research Society Conference, Sheffield Hallam University, Sheffield, UK, 16-19 July 2008.

[Cro95] Cross, N. (1995). *Discovering Design Ability.* In: R. Buchanan & V. Margolin. (Eds.). Discovering Design. Explorations in Design Studies (105-120). Chicago: The University of Chicago Press.

[Cro07] Cross, N. (2007). *Designerly Ways of Knowing.* Basel: Birkhäuser.

[Dil73] Dilthey, W. (1973). *Die Entstehung der Hermeneutik.* In: G. Reiß (Hrsg.). Materialien zur Ideologiegeschichte der deutschen Literaturwissenschaft, Band 1. Tübingen: Max Niemeyer-Verlag.

[Dar79] Darke, J. (1979). *The Primary Generator and the Design Process.* Design Studies, Volume 1(1), 36-44.

[Ehn88] Ehn, P. (1988). *Playing the language-games of design and use-on skill and participation.* ACM SIGOIS Bull. 9, (2-3), pp.142-157. ACM.

[FlK98] Floyd, C.; Klischewski, R. (1998). *Modellierung - ein Handgriff zur Wirklichkeit: Zur sozialen Konstruktion und Wirksamkeit von Informatik-Modellen.* In: K. Pohl, A. Schürr, G. Vossen (Hrsg.). Modellierung '98 - Proceedings. Universität Münster, Bericht # 6/98-I, 21-26.

[FrH06] Frigg, R. & Hartmann, S. (2006). Models in Science. In: E.N. Zalta. (Eds.). The Stanford Encyclopedia of Philosophy. Abgerufen von: http://plato.stanford.edu/entries/models-science/.

[Gar01] Garrison, J. (2001). *An Introduction to Dewey's Theory of Functional „Trans-Action": An Alternative Paradigm for Activity Theory. Mind, Culture, and Activity*, 8(4), 275-296.

[Ghe09] Gherardi, S. (2009). *Introduction: The Critical Power of the 'Practice Lens'.* In: Management Learning, 40(2), 115-128.

[Gog94] Goguen, J. A. (1994). *Requirements Engineering as the Reconcilation of Technical and Social Issues.* In: M. Jirotka, & J.A. Goguen. (Eds.). Requirements Engineering: Social and Technical Issues (pp.165-200). London: Academic Press.

[Hac02] Hacker, W. (2002). *Konstruktives Entwickeln: Psychologische Grundlagen.* In W. Hacker (Hrsg.). Denken in der Produktentwicklung (S.11-25). Zürich: vdf.

[Hen04] Hendry, D.G. (2004). *Communication Functions and the Adaptation of Design Representations in Interdisciplinary Teams.* In Proceedings of the 5th Conference on

Designing interactive Systems: Processes, Practices, Methods, and Techniques DIS 2004, Cambridge Masschusetts, USA, August 01 - 04, 2004, ACM, 123-132.

[Hoe01] Hörning, K.H. (2001). *Experten des Alltags.* Weilerswist: Velbrück.

[Hoe04] Hörning, K.H. (2004). *Soziale Praxis zwischen Beharrung und Neuschöpfung. Ein Erkenntnis- und Theorieproblem.* In: K.H., & J. Reuter (Hrsg.). Doing Culture: Neue Positionen zum Verhältnis von Kultur und sozialer Praxis (S. 19-39). Bielefeld: Transcript.

[KnV03] Knuuttila, T. & Voutilainen, A. (2003). *A Parser as an Epistemic Artifact: A Material View on Models.* Philosophy of Science, 70(5), 1484-1495.

[Knu05] Knuuttila, T. (2005). *Models as Epistemic Artefacts: Toward a Non-Represenationalist Account of Scientific Representation,* PhD-Thesis. University of Helsinki, Helsinki, Finland.

[LaW91] Lave, J., & Wenger, E. (1991). *Situated learning. Legitimate peripheral participation.* Cambridge: Cambridge University Press.

[Leh80] Lehmann, M. M. (1980): *Programs, Life Cycles, and Laws of Software Evolution.* In: Proceedings of the IEEE, Vol. 68, No. 9, 1060-1076

[MoM99] Morrison, M., & Morgan, M.S. (1999). *Models as Mediating Instruments.* In: M.S. Morgan & M. Morrison. (Eds.). Models as Mediators - Perspectives on Natural and Social Science (pp.10-37). Cambridge: Cambridge University Press.

[PaH09] Paavola, S., & Hakkarainen, K. (2009). *From meaning making to joint construction of knowledge practices and artefacts - A trialogical approach to CSCL.* In Proceedings of the 9th international Conference on Computer Supported Collaborative Learning - Volume 1, Rhodes, Greece, June 08 - 13, 2009, International Society of the Learning Sciences, pp. 83-92.

[Pet94] Peterßen, W. H. (1994). *Lehrbuch Allgemeine Didaktik.* München: Ehrenwirth.

[RiW84] Rittel, H., & Webber, M. M. (1984). *Planning problems are wicked problems.* In: N. Cross. (Eds.), Developments in design methodology. New York: John Wiley & Sons.

[Sch96] Schatzki, T. R. (1996). Social Practices: *A Wittgensteinian Approach to Human Activity and the Social.* Cambridge: Cambridge University Press.

[Sch01] Schatzki, T. R. (2001). *Introduction: practice theory.* In: T.R. Schatzki, K. Knorr Cetina & E. v. Savigny. (Eds.). The Practice Turn in Contemporary Theory (pp. 1-14). Milton Park: Routledge.

[Sch12] Schatzki, T. R. (2012). *A primer on practices: theory and research.* In: J. Higgs et al. (Eds.). Practice-based education: perspectives and strategies. New York: Sense Publishers.

[ScW02] Schmidt, K. & Wagner, I. (2002). *Coordinative artifacts in architectural practice.* In Proceedings of the Fifth International Conference on the Design of Cooperative Systems (COOP 2002), Saint Raphael, France, June, 04-07, 2002, Amsterdam: IOS Press, pp. 257-274.

[Sch83] Schön, D.A. (1983). *The Reflective Practitioner.* New York: Basic Books.

[Sch05] Schwandt, T.A. (2005). *The Centrality of Practice to Evaluation.* American Journal of Evaluation, 26(1), 95-105.

[Sim82] Simon, H.A. (1982). *The Sciences of the Artificial.* 2nd ed. - Cambridge: MIT Press.

[ZiBE] ZiBE(2014). *Veranstaltungsplakat des Zentrum für empirische Bildungsforschung in den Geisteswissenschaften.* Abgerufen von www.uni-kiel.de/download/pm/2014/2014-051-2.pdf

6 Methodenbasierte mathematische Modellierung mit Relationenalgebren

Rudolf Berghammer und Bernhard Thalheim

Zusammenfassung: Eine spezifische Form der Modellierung ist die methodenbasierte mathematische Modellierung. Sie setzt ein wohlverstandenes Methodenspektrum, die Kenntnis des Potenzials und der Kapazität der Methoden voraus. Wir zeigen im Folgenden, wie die Relationenalgebra erweitert werden kann, um Modellieren, Spezifizieren und Problemlösen mit einem entsprechenden Methodenspektrum zu unterstützen. Die methodenbasierte mathematische Modellierung auf der Grundlage eines solchen Methodenspektrums erweitert die Theorie und Praxis der Modellierung.

6.1 Einleitung

Modelle sollen adäquat und verlässlich einen Sachverhalt in den Anwendungen repräsentieren. Das Finden eines geeigneten Modells - insbesondere für die Lösung von realen Problemen - ist eine zentrale und entscheidende Aufgabe. Der Prozess dieses Findens muss deshalb ebenfalls methodisch und systematisch aufgearbeitet werden. Wir wenden uns in dieser Arbeit diesem ersten Schritt zu. Zuerst untersuchen wir, worin eine systematische Herangehensweise bestehen kann. Daraus kann eine Charakterisierung von Modellen anhand der Kapazität dieser Modelle entwickelt werden. Modelle werden in bestimmter Funktion innerhalb von Nutzungsszenarios eingesetzt. Aus den Szenarios kann auch die Art, die Form und die Bewertung von Modellen abgeleitet werden. Die Ableitung von Modellen kann mit verschiedenen Vorgehensweisen erfolgen. In dieser Arbeit konzentrieren wir uns auf die methodenbasierte Modellierung, die bei bekanntem Potenzial des Methodenspektrums eingesetzt wird.

6.1.1 Systematische Modellierung

Die Modellierung ist eine der zentralen Methoden fast jeder wissenschaftlichen Disziplin. Anhand erfolgreicher Entwicklung und Nutzung von Modellen kann das Modellieren erlernt werden. Dabei entwickelt der Modellentwickler eine Expertise, die bislang weniger betrachtet wurde. Ein erfahrener Modellierer ‚sieht' einer Problemstellung aufgrund des Erfahrungshintergrundes an, ob eine spezielle Form von Modellen zur Modellierung geeignet ist oder ob dies nicht der Fall ist. Diese Intuition stellt das spezifische Know-how dar. Sie ist nicht formalisierbar. Auf dieser Intuition beruht auch die Methodik der Modellierung.

Viele Disziplinen nutzen Sprachen zur Darstellung von Modellen. Sprachen erleichtern oft die Darstellung der essentiellen Elemente des Anwendungsbereiches. Aufgrund der Ausdrucksstärke kann jedoch auch die Darstellung entweder nur sehr schwierig oder nur mit Tricks oder gar nicht vorgenommen werden. Mit der Auswahl einer geeigneten Sprache steht und fällt deshalb der Erfolg der Modellierung. Deshalb ist dieser Auswahlprozess ein wichtiger Schritt vor der Entwicklung eines Modells.

6.1.2 Charakterisierung von Modellen

Der Modellierungsprozess liefert hier einen Ansatz, den wir in dieser Arbeit folgen wollen. Jede mathematische Teildisziplin hat ihren spezifischen *Anwendungsbereich* und ihre spezifische *Kapazität*. Sie basiert auf einem spezifischen *Methodenspektrum*, z.B. die Theorie der gewöhnlichen Differentialgleichungen mit einer Menge von Lösungsansätzen. Dies ist dem Spezialisten bekannt, so dass dieser mit einer kurzen Betrachtung herausfinden kann, ob die Problemsituation überhaupt bewältigt werden kann, welche Methoden aus dem Spezialgebiet erfolgversprechend sind und welche Grundlagen vorhanden sind oder geschaffen werden können. Die übliche Aussage des Spezialisten ist dann, dass die Problemsituation mit der gegebenen Teildisziplin charakterisiert werden kann unter bestimmten Voraussetzungen und Beschränkungen oder eine andere Teildisziplin einbezogen werden muss. Wir werden im Folgenden anhand der Anwendung der Relationentheorie in der Modellierung aufzeigen, wie ein Problem für ein Modell aufbereitet werden kann, welche Erweiterungen innerhalb der Mathematik notwendig sind und wie Beschränkungen der entwickelten Modelle abgeleitet werden können.

6.1.3 Funktionen von Modellen

Nach S. Hartmann (Har10) besitzen Modelle im Forschungsprozess eine Reihe von Funktionen, aus denen der Mehrwert der Modelle abgeleitet werden kann: zur Anwendung und Tests von Theorien; als Hilfsmittel für die Konstruktion von Theorien; zum Verständnis von Theorien; als Ersatz von Theorien; zur Beschreibung von Daten oder Verhalten; zur Erklärung und zum Verstehen; zur Konstruktion und Auswertung von Experimenten; als pädagogisches Hilfsmittel.

Die Problemlösungsfunktion wird implizit in fast allen Fällen vorausgesetzt.

Die Funktion eines Modells in einem Nutzungsszenario (oder ‚Gebrauchsspiel' (Wit58)) determiniert die Anforderungen an das Modell. Das Modell wird als Instrument eingesetzt und erfüllt seinen Zweck durch diese Funktion. Modelle werden oft danach klassifiziert. So verwendet die Wirtschaftswissenschaft (1) Beschreibungsmodelle, mit deren Hilfe reale Objekte deskriptiv erfasst werden, (2) Erklärungsmodelle als Anwendung von Theorien auf mehr oder weniger typische Tatbestände, (3) Prognosemodelle und spezifischer Simulationsmodelle, mit denen das Verhalten von Systemen anhand von Konstellationen durchgespielt werden kann, und (4) Entscheidungsmodelle, in die (ggf. hypothetisch eingeführte) Zielvorstellungen in der Nutzung auf der Grundlage des Operation Research oder heuristischer Verfahren eingehen. Die Informatik nutzt auch (5) Konstruktionsmodelle als Abbild einer (ggf. vorhergesehenen erweiterten) Realität und als Vorbild für ein zu konstruierendes System. Die Verwendung von Modellen ausserhalb ihrer Funktion führt zum Modellplatonismus. Deshalb ergibt sich auch ein Einsatzverbot ausserhalb der intendierten Funktionen.

Der Modelleinsatz innerhalb eines Nutzungsszenarios wird durch Techniken und Methoden gestützt. Diese Methoden stammen aus einem Methodenspektrum der Disziplin, die den Hintergrund des Modells stellt. Typisch sind Stereotype und Vorgehensweisen, die sich als ‚good practice' eingebürgert haben.

Die Funktion eines Modells determiniert die Modellierungsaufgabe, d.h. die Entwicklung und Herleitung eines Modells. Ein Modell muss in einem Nutzungsszenario die geforderten Funktionen in einer entsprechenden Form erfüllen. Ein Nutzungsszenario kann sowohl auf einen schrittweisen als auch einen iterativen oder parallelen Vorgehen basieren.

6.1.4 Die Herleitung von Modellen

Eine der undurchsichtigsten Schritte in der Modellierung ist die Herleitung von Modellen. Es wird sehr oft ein Modell als eine Lösung einer Modellierungsaufgabe anhand einer Funktion präsentiert, ohne die Herleitung und die damit einhergehende Beschränkung und Fokussierung explizit vorzustellen. Die Modellierungsaufgabe resultiert aus der Funktion bzw. dem Zweck der Modelle. Dazu gehört auch eine Aussage, worin das Ziel besteht, z.B. in der Auffindung einer bestimmten Lösung oder aller möglichen Lösungen für eine Problemstellung.

Es wird zunächst ein Gegenstandsbereich auf essentielle Elemente im Rahmen der intendierten Funktion fokussiert. Die Fokussierung schliesst auch eine Schärfung und eine Idealisierung ein. Sie setzt eine Festlegung auf eine Abstraktionsstufe voraus. Anschliessend ist zu klären, welche Grössen eine essentielle und insbesonders eine qualitative Rolle spielen und wie der Einfluss quantitativ dargestellt werden kann. Einige der Parameter können im Anwendungsbereich nur mittelbar beobachtbar sein und werden deshalb durch ‚phenotypische' anstatt der eigentlichen (‚genotypischen') Parameter repräsentiert. Nach einer Herausarbeitung der Parametermenge sind die Beziehungen der Parametermengen zueinander bzw. deren Beziehungsgeflecht zu klären, z.B. ob Parametermengen andere Parameter dominieren oder ‚versklaven'. Beziehungsgeflechte können vielschichtig sein und auf unterschiedlichen Abstraktionsebenen wirken. Danach kann ein Methodenspektrum auf Eignung geprüft werden. Die Prüfung erfolgt meist auf Grundlage des bekannten Potenzials dieses Spektrums. Die Mathematik und die Informatik haben reichhaltige Methodenspektren entwickelt, deren Potenzial jedoch meist mit erfolgreichen Anwendungen und weniger mit Problemen derer Nutzung beschrieben ist.

Im Weiteren werden wir eine spezifische Form der Herleitung von Modellen mit einem Experten aus dem Bereich des Methodenspektrums betrachten. Es werden nicht alle in Frage kommenden Experten zusammengerufen, sondern ein Experte prüft anhand eines Situations- oder Realmodells aus dem Anwendungsbereich, ob das verfügbare Methodenspektrum ausreicht oder ggf. auch erweitert werden kann oder ob das Methodenspektrum ungeeignet für einen solchen Einsatz ist. Diese Prüfung erfolgt meist auf der Grundlage von aus einer durch positive und negativen Erfahrungen gespeisten Intuition heraus. Wir wollen jedoch zeigen, dass diese Prüfung auch explizit erfolgen kann.

Nach der Herleitung eines Modells kann dieses Modell analysiert und bewertet werden. Diese Bewertung erlaubt eine Abschätzung der Qualität des Modelleinsatzes. Typische Bewertungskriterien in der Mathematik sind die Lösbarkeit eines Modells, die Eindeutigkeit der Lösungen und der Sensitivität oder der Kondition innerhalb eines Einsatzspektrums. Diese drei Kriterien kennzeichnen ein sachgemäss gestelltes mathematische Problem (Had23), sind jedoch auch für Nutzungsszenarios von Modellen anwendbar. Hinzu kommt als Kriterium die Einfachheit der aus dem Modell ableitbaren Schlussfolgerungen.

6.1.5 Der Hintergrund von Lösungsmethoden

Jede Disziplin ist durch eine Reihe von Paradigmen, Postulaten, Annahmen, Beschränkungen, Konventionen und zugrundgelegte Theorien gekennzeichnet. Auf Lösungsmethoden trifft dies ebenso zu wie auf Modelle. Hinzu kommt auch die erprobte Praxis (Denkstil innerhalb einer Denkfamilie nach L. Fleck (Fle11)) und die Abhängigkeit von Authoritäten. Weiterhin sind viele der Methoden sprachbasiert und deshalb auch abhängig von der Kapazität der Sprache.

Zentraler Bestandteil von Methoden sind erfolgreich praktizierte Muster ihrer Anwendung, aus denen entsprechende Richtlinien, Methodiken und ‚good practices' abgeleitet werden. Diese Herangehensweisen bedürfen einer Hinterfragung bei Anwendung der Methoden. Oft wird der Fortschritt für diese Methoden durch eine Variation bei der Anwendung erreicht.

Methoden wie z.B. Ordnungsmethoden, Sammelmethoden, Planungsmethoden, intuitivbetonte oder diskursivbetonte Methoden sowie die entsprechenden Techniken führen bei ihrer Anwendung auch zu einer Beschränkung der Lösungsvielfalt. Deshalb benötigt man für Methoden auch eine Kenntnis ihrer Auswirkungen. Dies trifft nicht nur für experimentelle Methoden der Naturwissenschaften zu, sondern auch für Optimierungsmethoden z.B. der Datenbankorganisation oder der Zugriffsoptimierung für Datenbanksysteme.

6.1.6 Methodenbasierte Modellierung

Die Modellierung setzt eine Kenntnis des Potenzials von Methoden voraus. Im Hauptteil dieser Arbeit werden wir für die Relationenalgebra zeigen, wie tiefgründig die Grundlagen für Methoden gelegt werden müssen, damit man diese Methoden für die Modellierung einsetzen kann. Ein anderes Beispiel ist die Modellierung von Datenbank-Semantik mit Armstrong-Relationen (Lin12), durch die anstatt einer Angabe einer vollen Menge von Integritätsbedingungen nur eine Beispielrelation verwendet wird, in der alle Integritätsbedingungen dieser Menge gelten und auch nur die davon ableitbaren.

In der methodenbasierten Modellierung werden analog zum modellbasierten Schliessen (MCP1010; Ner08) Schlüsse durch das Erstellen, Verändern, Anpassen und Evaluieren der Methoden und Modelle gezogen. Dies ermöglicht eine Abstraktion und Integration von Eigenschaften der Realwelt. Es entstehen damit neue Kombinationen als mögliches Modell. Im Abschnitt 4 wird durch schrittweise Verfeinerung ein Modell eines speziellen Planungsproblems erstellt. Im Modellierungsprozess werden dabei Analogien nicht direkt auf das Modell übertragen, sondern fliessen als Quellen für die Bedingungen in das Modell ein. Damit wird, neben den üblichen Beweismethoden, auch die Abduktion genutzt, beispielsweise auf der Grundlage von konstruierbaren Konfliktfällen zum Nachweis einer Nichtplanbarkeit.

Eine methodenbasierte Modellierung bietet auch den Vorteil des Schliessens mit Analogien aufgrund der Ähnlichkeiten der Problemsituation und eines bekannten Konzeptes wie der Relationenalgebra. Vorteile von Analogieschlüssen sind der strukturelle Fokus (z.B. Erhaltung relationaler Strukturen), strukturelle Konsistenz (z.B. durch isomorphe Abbildung zwischen den Systemen) und die damit verbundene Systematik (z.B. Abbildung von Systemen höherer Ordnung sowie miteinander verbundene relationale Strukturen). Besonders produktiv werden dabei auch Analogien in Bezug auf die Systematik, z.B. durch eine Vielzahl miteinander verbundener Schlüsse, die auf das Ziel angewendet werden können. Damit kann ein iterativer Prozess unterstützt werden, in dem die Problemsituation mit den potentiellen günstigen Lösungen angepasst wird.

6.1.7 Das Potenzial eines Methodenspektrums

Einzelne Disziplinen, wie z.B. die Mathematik bzw. deren Teildisziplinen, werden durch eine Kollektion von Methoden - einem Methodenspektrum - charakterisiert (KlB71; Mit04). Methoden sind Instrumente, denen sich im gegebenen Umfeld der Mathematiker bedient, um einen Gegenstand zweckmässig zu verändern, einzusetzen, zu erfassen oder zu entwickeln. Der Reifegrad von Methoden und der Beherrschung ihres Einsatzes charakterisieren die Disziplinen mit. Die Methoden erfahren eine Weiterentwicklung aufgrund sich ansammelnder Erfahrungen, Fertigkeiten und Kenntnisse der Anwender, der Überlieferung der Erfahrungen sowie durch die systematische Anwendung der Erkenntnisse der Disziplinen.

Methoden können nur in einem Umfeld zweckdienlich eingesetzt werden. Ein Missbrauch, wie z.B. ausserhalb des Zweckes, oder ein falscher Einsatz, wie z.B. in einem unzureichenden Umfeld (Datenqualität, Hypothesen, Verfahren und Theorien, ...), oder ein kontextfreier Einsatz, wie z.B. durch Verschweigen von Annahmen, unter denen die Methoden eingesetzt wurden, führen zu falschen Modellen und falschen Resultaten. Methoden sind durch ‚good practices' und Erfolgsgeschichten mit beschrieben.

Jede Methode oder jedes Methodenspektrum besitzt ein *Potenzial*, das man bei einer Untersuchung auf deren Anwendbarkeit kennen sollte. Die Herausarbeitung des Potenzials, der Einsatzbedingungen und der Einsatzverbote, der Stärken und auch der Schwächen, der Möglichkeiten, der Grenzen und der Herausforderungen der Anwendung dieser Methoden ist nur für wenige Methoden systematisch versucht worden. Diese Herausarbeitung externalisiert das internalisierte Wissen des Problemlösers.

Das Potenzial einer Methode oder eines Methodenspektrums wird im Wesentlichen bestimmt durch

- den Nutzen im Rahmen einer Anwendung,
- die Lösungen bei theoretischen und praktischen Aufgaben,
- die nach Mittel und Zweck planmässigen (methodischen) Verfahren,
- die Bewertbarkeit des Fortschrittes, der mit der Anwendung erreicht wird,
- die Variations- und Optimierungsoptionen und
- die Validierbarkeit und Kontrolle der erreichten Lösungsqualität.

In der Wissenschaftstheorie wird dies zusammenfassend mit dem Begriff der ‚Fruchtbarkeit' der Explikation assoziiert (Pos01).

6.1.8 Übersicht zu dieser Arbeit

Die allgemeine Charakterisierung von Modellierung anhand der Kapazität und des Potenzials wird im Abschnitt 6.2 auf die mathematische Modellierung angewandt. Mathematische Modelle treten in der Regel als ein Bestandteil konzeptueller Modelle auf, bei dem Begriffe, Hypothesen und Gesetzesaussagen reflektiert werden, die wesentlichen Seiten der Struktur und des Verhaltens der untersuchten realen Systeme ideell reproduziert werden. Das mathematische Modell drückt die zwischen den Objektes eines Realmodells existierenden Zusammenhänge, Abhängigkeiten, Beziehungen in der Sprache der Mathematik aus und erlaubt, aus ihnen logisch-mathematische Folgerungen zu ziehen. Wir untersuchen deshalb im Abschnitt 6.2 zuerst die Besonderheiten der mathematischen Modellierung.

Mathematische Modelle können anhand der eingesetzten Mathematik charakterisiert werden. Wir unterscheiden deshalb statische bzw. dynamische, deterministische bzw. stochastische, kontinuierliche bzw. diskrete, makroskopische bzw. mikroskopische und exakte bzw. approximative Modelle. Im Abschnitt 6.3 stellen wir eine Form von eingesetzter Mathematik vor: die Relationenalgebra. Sie ist ein typisches Mittel zum Modellieren, Spezifizieren und Problemlösen. Sie verfügt über das entsprechende erweiterbare Methodenspektrum.

Jeder mathematischer Kalkül besitzt sein Methodenspektrum und sein Potenzial sowie seine Kapazität. Davon wird auch die Methodik und Vorgehensweise in der Modellierung beeinflusst. Im Abschnitt 6.4 untersuchen wir das Modellieren mit Mitteln der Relationenalgebra, die damit lösbaren Probleme und die einsetzbaren Methoden.

Im Abschnitt 6.5 wird anhand eines Beispiels aus der Praxis die schrittweise Ableitung und Verschärfung eines relationenalgebraischen Modells demonstriert. Die Problemstellung des Auffindens eines Belegungsplanes soll dies verdeutlichen. Am Anfang steht eine textuelle und unscharfe informale Beschreibung, die Konflikte in der Belegung in den Mittelpunkt stellt und auf die Darstellung der Optimierungsspielräume orientiert.

Relationenalgebren sind für viele Probleme in vielen Wissenschaften geeignet. Im Abschnitt 6.6 wird für einige weitere Beispiele gezeigt, worin das Potential und die Kapazität eines Methodenspektrums wie der Relationenalgebra bestehen kann.

Im Abschnitt 6.7 ordnen wir die relationenalgebraische Modellierung in eine allgemeine Theorie der Modellierung ein. Mit dieser Methode wird auch ein Beitrag zu einer solchen Theorie neben der spezifischen Form des Modellierens geleistet.

6.2 Die mathematische Modellierung

Die mathematische Modellierung ist eine spezifische Form der Modellierung. Sie ist eine der zentralen Formen der Modellierung und basiert auf einem vielfältigen Methodenspektrum. Sie kann deshalb als Vorbild für andere Formen der Modellierung gelten. In diesem Abschnitt beleuchten wir zuerst die Kapazität der Modellierung und das Potenzial des Methodenspektrums der Mathematik im Allgemeinen.

6.2.1 Die Funktionen mathematischer Modelle

Mathematische Modelle werden eingesetzt u.a.

(a) zur Analyse von zugrunde gelegten Entscheidungen und nicht berücksichtigten Aspekten eingesetzt, z.B. bei Anwendungsbereichen oder bei Eigenschaften von Systemen,
(b) zur Konstruktion z.B. von daten- oder berechnungsintensiven Systemen,
(c) zur Kommunikation z.B. über Systeme und deren Einsetzbarkeit,
(d) zur Lösung von Problemen z.B. anhand einer Aufgaben- und Problemstellung,
(e) zur Prüfung z.B. auf Eigenschaften oder Beziehungen zu anderen Gegenständen oder
(f) zur Dokumentation z.B. von erkannten Eigenschaften.

Jede dieser Funktionen von Modellen folgt dabei einem Stereotyp der Anwendung der Modelle. So können Modelle zur Kommunikation sowohl präskriptiv als auch deskriptiv eingesetzt werden. Ziel ist dabei eine Weitergabe von Information zu einem Gegenstand - wie z.B. der Aufdeckung von qualitativen Besonderheiten der untersuchten Gegenstände und Prozesse, ihrer Eigenschaften und Beziehungen - im Rahmen eines Kommunikationsaktes zwischen Partnern auf der Grundlage eines gemeinsamen Verständnisses über den Gegenstandsbereich und auf der Basis einer abstimmbaren Interpretation. Modelle sind dabei interpretierbare oder interpretierte Strukturen.

Eine zentrale Funktion von mathematischen Modellen ist die Nutzung von Modellen zum Lösen von Problemen. Es ist dazu als Grundvoraussetzung eine wohldefinierte Aufgaben- und Problemstellung erforderlich. Sowohl die Aufgabenstellung als auch die Problemstellung soll im Modell adäquat und verlässlich dargestellt werden (*Invarianz- oder Erhaltungseigenschaft*). Deshalb wird ein Modell auch auf diese Eigenschaft geprüft. Oft wird diese Eignung intuitiv erklärt. Eine systematische Modellierung umfasst jedoch die Prüfung der Modelle auf ihre Eignung, d.h. beispielsweise eine Prüfung auf Invarianz.

Ein zentraler Prozess in der mathematischen Modellierung ist die Suche jener mathematischen Struktur oder Form, mit deren Hilfe man z.B. die zwischen konkreten Grössen existierenden Abhängigkeiten abbilden kann. Diese Suche kann eine allgemeine Durchmusterung bekannter mathematischer Strukturen sein. Im Allgemeinen wird mit einem begrenzten Fokus eher eine mathematische Struktur auf ihre Eignung geprüft. Damit wird eine Form von ‚inverser Modellierung' praktiziert, bei der auf Grundlage von Erfahrungen und Einsichten innerhalb eines Methodenspektrums eine Aufgaben- und Problemstellung auf Darstellbarkeit geprüft und ggf. für die Anwendung aufbereitet wird. Erweist sich ein Methodenspektrum als inadäquat, dann besteht neben einer Betrachtung anderer

Methodenspektren die Aufgabe des Mathematikers in einer Entwicklung neuer Methoden und Beschreibungsmittel innerhalb der betrachteten mathematischen Strukturen.

Mathematische Modelle werden anhand des Inhaltes in jeder dieser Funktionen analysiert. Eine Analyse resultiert in der Ableitung von Folgerungen, wobei als Voraussetzungen Aussagen zu Gesetzmässigkeiten oder Hypothesen genutzt werden, die bereits in der Sprache der Mathematik formuliert sind. Mit dieser Analyse wird eine Aussage zur Verlässlichkeit der Modelle abgeleitet. Daraus folgend können die Analyseresultate interpretiert werden und mit dem Gegenstandsbereich mit Hilfe ‚empirischer' Termini und Aussagen formuliert werden. Damit können dann die Ergebnisse mit Beobachtungen innerhalb des Gegenstandsbereiches auf ihren Gültigkeitsgehalt überprüft werden. Diese Prüfung erlaubt die Ableitung eines Stereotypes für die Abbildung der Lösung z.B. innerhalb eines Problemlösungsprozesses. Der Charakter der Prüfung hängt in starkem Masse vom Modelltyp und von der Funktion des Modells ab, sowie daraus folgend von dem mit dem Modell verfolgten Zweck und den verwendeten Abstraktions- und Idealisierungsverfahren.

6.2.2 Die Vorgehensweise in der mathematischen Modellierung

Die Funktionen besitzen trotz der Verschiedenartigkeit Gemeinsamkeiten im Vorgehen, so dass eine allgemeine Vorgehensweise für die Modellierung herausgearbeitet werden kann. Diese Vorgehensweise ist keine Doktrin, sondern eher eine konfigurierbare Sammlung von Methoden der Anwendung. Die mathematische Modellierung folgt für einen Problemlösungsprozess in Verallgemeinerung von G. Polya (Pol45) nach (BBF09) im Wesentlichen einem 6-Phasen-Kreislauf (siehe beispielsweise (vDGOG09; EGK08; HBW11; Rut95)):

(1) Zuerst wird die Problemsituation erschlossen, verstanden, reformuliert, idealisiert und beschrieben.

(2) Dann wird ein Realmodell erstellt. Es beschreibt als Abbild abstrahierend die Problemsituation und die Aufgabenstellung möglichst genau und vernachlässigt irrelevante Sachverhalte.

(3) Das Realmodell wird anschliessend in ein streng formales (also widerspruchsfreies, konsistentes) mathematisches Modell übertragen, das eine bestimmte Mathematik(sprache) einsetzt.

(4) Das mathematische Modell und insbesondere das mathematisch beschriebene Problem wird nun einer Lösung zugeführt.

(5) Die Lösung wird zunächst in mathematischer Hinsicht verifiziert und durch eine Bezugnahme auf den untersuchten Sachverhalt validiert.
(6) Auf der Grundlage der Beziehung zwischen dem mathematischen Modell und dem Realmodell wird zuletzt noch untersucht, ob die mathematische Lösung einer Lösung für die Problemsituation entspricht, oder ob ggf. das Resultat verworfen werden muss, oder ob der Kreislauf mit einem neuen Modell wieder durchlaufen werden muss.

Dieser Stereotyp hat sich in der Mathematik als allgemeines Herangehen für die Problemlösung herausgebildet. Die Erschliessung der Problemsituation setzt auf den Erfahrungen des Modellierers und des Problemlösers auf, sowie auf Hilfen bei der Formulierung von Problemen. Es findet dabei auch eine Kategorisierung des Problems statt. Metadaten werden erfasst. Weiterhin fliessen Anwendungsbedingungen für die Lösungsmethoden implizit ein, wie z.B. die Datenqualität und die ‚Architektur' des Problems und der potentiellen Lösungen. Die Transformation eines Realmodells in ein mathematisches Modell folgt im Allgemeinen einer Extract-Transform-Load-Herangehensweise, bei der mit der gewählten Mathematik essentielle Teile des Realmodells herausgefiltert, diese dann in eine mathematisierbare Form überführt und dann zu einem mathematischen Modell zusammengeführt werden. Die schrittweise Lösung der Problemstellung innerhalb des mathematischen Modells folgt oft einer Schablone, die auch eine Verfeinerung des Modells mit einschliessen kann. Eine solche Schablone stellt ein Vorgehensmodell der Findung von Lösungen dar. Das Vorgehensmodell schliesst die Auswahl von Hypothesenräumen unter Berücksichtigung des Zieles innerhalb der Aufgaben- und Problemstellung mit ein.

Die Assoziation zwischen den Phasen basiert auf einer *Invarianzeigenschaft*, d.h. das Realmodell reflektiert die Problemsituation ebenso wie das mathematische Modell und die mathematische Berechnung. Die mathematische Lösung korrespondiert mit der realen Lösung und stellt eine Lösung für die Problemsituation dar. Diese Invarianzeigenschaft stellt einen Erhaltungssatz als Meta-Prinzip der mathematischen Modellierung dar.

Dieser 6-Phasen-Kreislauf wird in der einen oder anderen Art anhand von erfolgreichen Fallstudien demonstriert, wobei wenige Beispiele negativer Fallstudien bekannt sind. Eine systematische Unterlegung und eine lenkende Methodik des Modellierens im Sinne einer ‚Metamodellierung' (CoR11) ist für die mathematische Modellierung ein offenes Forschungsgebiet.

Zu einem Defizit der Literatur zur Modellierung wird die Orientierung auf das eigene Auditorium, d.h. z.B. Bücher zu Differentialgleichungen orientieren sich am Mathematiker bzw. mathematischen Analytiker, zu theoretischen Grundlagen der Informatik am theoretischen Informatiker und zur Datenbanktechnologie am Datenbänker. Es gibt wenig tiefgründige Literatur, die sich direkt an den Anwender und Nutzer der entsprechenden Methoden und Theorien richtet; zugleich auch nicht nur einen Definitionsrahmen bietet, sondern eine Fundierung der genutzten Methoden. Angewandte Theorien werden dagegen oft ohne einen Einblick in das Methodenspektrum der Theorien dargelegt, womit man sich die Erweiterung der Lösungen auf analoge Problemstellungen mit den gleichen Methoden erschwert. Hinzu kommt die unnütze Einführung von neuen sinnverwandten und oft auch missinterpretierbaren Begriffsbildungen wie „Assoziation", „Beziehung", „mehrwertige Funktion" für wohlgefasste Begriffe wie dem der „Relation".

Die eingesetzte Mathematik kann die gesamte Mathematik umfassen. Meist genügt es jedoch, sich für statische oder dynamische, für deterministische oder stochastische, für diskrete oder kontinuierliche, für exakte oder approximative bzw. für mikroskopische oder makroskopische Modelle zu entscheiden. Diese Entscheidung basiert auf der Intuition des Mathematikers und des Anwenders und hängt von der Durchsichtigkeit der verwendeten Modelle ab. Es bleibt dem Mathematiker überlassen zu entscheiden, welche Art von Mathematik eingesetzt wird, warum in dieser Form, mit welchen Vorteilen und Nachteilen, mit welchen Möglichkeiten und Beschränkungen und mit welchem Potenzial. Diese Entscheidung stellt das ‚Geheimnis' des Modellierers dar. Meist ist sich der Modellierer dieser Entscheidung selbst nicht bewusst. Oft wird mit einer neuen Modellsprache ein älteres (z.B. Finite Elemente), ein nicht mehr ausreichend erfolgreiches Modell obsolet, wobei selten beschrieben wird, warum das neue Modell besser ist und warum das alte nicht weiterentwickelbar ist.

6.2.3 Die Kapazität der mathematischen Modellierung

Die Kapazität der mathematischen Modellierung basiert auf vier Nutzungsszenarios, welche nachfolgend aufgeführt werden:

(1) Mathematische Modelle dienen zum einen der *Beschreibung* von Realmodellen. Sie erlauben eine präzise und redundanzarme Bestimmung des realen Problems. Es kann auf die benötigte Information reduziert und auf Überflüssiges verzichtet werden. Damit wird auch das Problem eindeutig formuliert.

(2) Zum zweiten können sie zur *Erklärung* von Phänomen der Realität herangezogen werden. Dazu werden auch Gesetzmässigkeiten des Originals genutzt.

(3) Zum dritten kann die mathematische Modellierung aufgrund eines breiten Methodenspektrums effektiv für die *Problemlösung* herangezogen werden. Es existieren z.B. Methoden zum Herausfiltern und zur adäquaten Entwicklung der essentiellen Modellvariablen und -parameter.
(4) Letztendlich erlaubt die mathematische Modellierung eine *Prognose* des Verhaltens der Lösung. Es ist damit möglich, Modelle anhand der gefundenen Lösungen und anhand der Bewertung dieser zu verändern.

In der Modellierung werden auch die vorgenommenen Vereinfachungen und die Gründe für diese (z.B. Zulässigkeit, Richtigkeit, Zweckmässigkeit) berücksichtigt. Damit kann das entstandene Modell verbessert und andere Problemsituationen explizit angepasst werden. Mit den Beschreibungs-, Erklärungs-, Einsatz- und der Prognoseszenarios erweist sich die mathematische Modellierung als Vorbild für andere Modellierungsarten.

6.2.4 Die Prüfung auf Eignung von mathematischen Methodenspektren

Die Problemstellung muss hier zuerst auf ihre Abbildbarkeit für ein gegebenes Methodenspektrum geprüft werden. Ein zentrales Kriterium ist hierbei die Adäquatheit, die eine Prüfung auf funktionale Adäquatheit, auf Vollständigkeit der Abbildung für das Realmodell, auf Stabilität der Modelle, auf Genauigkeit, auf Richtigkeit und auf Exaktheit in Anlehnung an das Software-Engineering (ISO01) mit einschliesst.

Diese Kriterien können mit den Adäquatheitsbedingungen für die Explikation verbunden werden (Pos01). Das mathematische Modell und das Realmodell sind ähnlich aufgrund einer expliziten Ähnlichkeitsrelation. Die Regeln für den Gebrauch des Modells sind in exakter Weise angegeben, so dass eine Einbettung des Modells in die Problemsituation fundiert ist. Das Modell soll ein hohes Potenzial bei der Problemlösung aufweisen. Es soll ausserdem so einfach wie möglich sein und keine zusätzlichen Eigenschaften ausser denen des Realmodells besitzen.

6.2.5 Das Potenzial eines mathematischen Methodenspektrums – ein Beispiel

Die Relationenalgebra erlaubt eine präzise und kompakte Formulierung eines stark vereinfachenden Modells. Es können damit z.B. diskrete und statische Zuordnungs- und Planungsprobleme relativ einfach gelöst werden, solange eine Separation von Aspekten innerhalb dieser Probleme möglich ist. Mit der Separationseigenschaft ist auch ein Einsatzverbot für Problembereiche verbunden. Aus diesem Zugang kann ein generisches Muster abgeleitet werden. Zugleich ist eine Bewertung des entstandenen Modells möglich. Ein Vorteil der hier betrachten Modellierung ist auch die Existenz von Werkzeugen zur Ableitung von Lösungen. Hinzu kommt die Entwicklung von Bewertungs- und Zielfunktionen. Es wird damit ein Bereich der Modellierung mit seinem Potenzial exemplarisch beschreibbar.

Im Folgenden werden wir anhand einer Problemstellung und der Relationenalgebra zeigen, wie man systematisch auf der Grundlage des Potenzials von Relationenmodellen ein Modell entwickeln, die Problemstellung iterativ methodenbasiert lösen kann und mit der Lösung die Problemstellung sowohl schärfen als auch gegenüber einer problematischen Problemstellung abgrenzen kann. Dazu wird die klassische Relationenalgebra erweitert zur heterogenen Relationenalgebra mit entsprechender Funktionalität.

6.2.6 Die Vorteile und Grenzen eines Methodenspektrums

Im Weiteren betrachten wir die Relationenalgebra. Die Modellierung mit der Relationenalgebra in den Abschnitten 6.5 und 6.7 ist ein typisches Beispiel für ein sachgemäss gestelltes mathematisches Problem, welches - wegen der Grösse der Eingabe - trotz der bewiesenen Schwierigkeit hinsichtlich der Laufzeit noch einigermassen effizient zu lösen ist. Es besitzt die folgenden Eigenschaften:

(1) Die Modelle sind formal und vermeiden deshalb Fehler. Die Allquantoren basieren auf Plausibilität anhand repräsentierbarer Beispiele.
(2) Das entwickelte Modell ist ausführbar und erlaubt deshalb auch eine Validierung gegen das Realmodell auf der Grundlage symbolischer Auswertung innerhalb eines Werkzeugs.
(3) Die mit dem Realmodell geforderten Eigenschaften sind mit mathematischen Mitteln formal beweisbar.
(4) Die mit dem Werkzeug abgeleiteten Beweise sind wiederverwendbar bei einer Veränderung der Bedingungen im Realmodell.
(5) Das Modell ist einfach und nur auf das Essentielle der Problemstellung fokussiert.
(6) Gleichzeitig haben die so entwickelten Modelle einen hohen Abstraktionsgrad.

Ein Vorteil dieses Methodenspektrums ist die einfache Veränderbarkeit bei einer Änderung der Parameter des Realmodells. Besonders ins Gewicht fällt die Effizienz des unterstützenden Systems. Ein Risiko, dem mit einer entsprechenden Ausbildung begegnet werden kann, ist der hohe Korrektheitsanspruch und die Formalität dieses Methodenspektrums.

Es existiert auch ein Einsatzverbot für diese Methoden: Sie sind nur bei Problemstellungen verwendbar, die sich relational repräsentieren lassen. Die Relationenalgebra verfügt über keine Arithmetik und verschliesst sich deshalb der Verarbeitung von Zahlen. Mehrstelligkeiten über Binarität ist nicht direkt darstellbar und erfordert eine spezielle Interpretation.

6.3 Relationenalgebra

In diesem Abschnitt wird, ausgehend von der Menge aller Relationen auf einer Menge, schrittweise eine Erweiterung von heterogenen Relationenalgebren eingeführt. Letztere wird im weiteren Verlauf der Arbeit als Mittel zum Modellieren, Spezifizieren und Problemlösen verwendet. Dabei setzen wir den Begriff einer binären Relation als Menge von Paaren als bekannt voraus. Ist R so eine Relation, so schreibt man üblicherweise $x\,R\,y$ oder $R_{x,y}$ statt $(x, y) \in R$ und sagt dann, dass x und y in der Relation R stehen. Weil es für unsere Zwecke vorteilhaft ist, verwenden wir im Folgenden immer die Schreibweise $R_{x,y}$.

6.3.1 Klassische homogene Relationenalgebren

Die von A. Tarski und seiner Gruppe begründete Theorie der klassischen (homogenen) Relationenalgebren betrachtet die Menge $2^{X \times X}$ aller Relationen auf einer vorgegebenen nichtleeren Menge X, dem Universum. Diese Menge von Relationen bildet hinsichtlich der drei mengentheoretischen Operationen einen Booleschen Verband $(2^{X \times X}, \cup, \cap, \overline{}, \mathsf{L}, \mathsf{O})$, wobei L die Allrelation bezeichnet, also die Menge $X{\times}X$ aller Paare auf X, und O die leere Relation bezeichnet, also die leere Menge $\emptyset$ der Paare auf X. Die Inklusion von Relationen entspricht somit der Ordnung dieses Verbands. Der Schritt vom Booleschen Verband zur Relationenalgebra $(2^{X \times X}, \cup, \cap, \overline{}, ;, {}^{\mathsf{T}}, \mathsf{L}, \mathsf{O}, \mathsf{I})$ geschieht durch die Hinzunahme einer Kompositionsoperation, welche für alle $R, S \in 2^{X \times X}$ und $x, y \in X$ definiert ist durch

$$(R;S)_{x,y} \iff \exists\, z \in X : R_{x,z} \wedge S_{z,y},$$

einer Transpositionsoperation, welche für alle $R \in 2^{X \times X}$ und $x, y \in X$ definiert ist durch

$$R^{\mathsf{T}}_{x,y} \iff R_{y,x},$$

und der identischen Relation $\mathsf{I} \in 2^{X \times X}$, welche für alle $x, y \in X$ definiert ist durch

$$\mathsf{I}_{x,y} \iff x = y.$$

Ausgehend von diesen, wie man sagt, *komponentenbasierten* Definitionen der Operationen und Konstanten einer Relationenalgebra kann man mittels logischer Umformungen eine Reihe von Eigenschaften herleiten, die sofort einsichtig erscheinen, wenn man sich Relationen als durch Boolesche Matrizen modelliert vorstellt. Beispiele sind

$$\begin{array}{lll} (R^\mathsf{T})^\mathsf{T} = R & (R \cup S)^\mathsf{T} = R^\mathsf{T} \cup S^\mathsf{T} & Q;(R \cup S) = Q;R \cup Q;S \\ (R;S)^\mathsf{T} = S^\mathsf{T};R^\mathsf{T} & (R \cap S)^\mathsf{T} = R^\mathsf{T} \cap S^\mathsf{T} & Q;(R \cap S) \subseteq Q;R \cap Q;S, \end{array}$$

wobei in den relationenalgebraischen Ausdrücken angenommen ist, dass die Komposition stärker bindet als die Vereinigung und der Durchschnitt.
In diesen sogenannten algebraischen (oder *komponentenfreien*) Gesetzen wird nirgends mehr verwendet, dass Elemente in einer Relation stehen, also Relationen Mengen von Paaren sind. Startend mit der grundlegenden Arbeit (Tar41) untersuchte A. Tarski mit seiner Gruppe die Frage, inwieweit eine Relationenalgebra als eine klassische algebraische Struktur $(\mathcal{R}, \cup, \cap, \overline{}, ;, ^\mathsf{T}, \mathsf{L}, \mathsf{O}, \mathsf{I})$ definiert werden kann, indem man die Potenzmenge $2^{X \times X}$ zu einer Menge $\mathcal{R}$ von *abstrakten Relationen* verallgemeinert und von den komponentenbasiert herleitbaren algebraischen Gesetzen eine geeignete endliche Teilmenge so als Axiome definiert, dass daraus alle anderen algebraischen Gesetze nur mehr unter Verwendung der Axiome und der üblichen mathematischen Mittel – man sagt auch komponentenfrei oder relationenalgebraisch – herleitbar sind.

Es stellte sich heraus, dass so eine Definition nicht möglich ist, da eine Axiomatisierung mit der gewünschten Eigenschaft nicht aus endlich vielen algebraischen Gesetzen bestehen kann. Jedoch wurde eine endliche Menge von algebraischen Gesetzen gefunden, aus der sich erfahrungsgemäss alle praktisch relevanten algebraischen Gesetze herleiten lassen. Wir geben nachfolgend nicht die originale Version dieser Axiomatisierung der Relationenalgebren an, wie sie sich in (Tar41) und auch in (TaG87) findet, sondern die eine Variante, deren Äquivalenz zur originalen Version in (ChT51) bewiesen wird:

(a) Es ist $(\mathcal{R}, \cup, \cap, \overline{}, \mathsf{L}, \mathsf{O})$ ein Boolescher Verband mit grösstem Element L und kleinstem Element O.
(b) Es ist $(\mathcal{R}, ;, \mathsf{I})$ ein Monoid.
(c) Für alle $Q, R, S \in \mathcal{R}$ gilt die folgende Inklusion (auch *Dedekind-Inklusion* genannt):

$$Q;R \cap S \subseteq (Q \cap S;R^\mathsf{T});(R \cap Q^\mathsf{T};S)\ .$$

Aufbauend auf den Bestandteilen einer Relationenalgebra kann man nun viele Eigenschaften von Relationen rein algebraisch charakterisieren. Beispielsweise ist $R \in 2^{X \times X}$ genau dann *eindeutig*, also eine partielle Funktion, wenn $R; \overline{\mathsf{I}} \subseteq \overline{R}$ gilt, und genau dann *total*, wenn $\mathsf{L} \subseteq R; \mathsf{L}$ gilt. Die Gruppe um A. Tarski untersuchte auch die Ausdrucksstärke der Relationenalgebren. In (Tar41) wird diese Frage geklärt. Es wird gezeigt, dass es zu einer Formel der Prädikatenlogik erster Stufe genau dann ein dazu äquivalentes relationenalgebraisches Gesetz gibt, wenn in den Formeln - nach einer Minimierung der Variablenanzahl durch entsprechende Umbenennungen - maximal drei Variablen vorkommen, von denen maximal zwei frei sein dürfen.

6.3.2 Typisierung und heterogene Relationenalgebren

Der Tarski'sche Ansatz betrachtet nur Relationen auf einem Universum. Verwendet man jedoch in der Praxis Relationen zum Lösen von Problemen, so wird man normalerweise mit dem Problem konfrontiert, dass verschiedene Mengen mit auf ihnen definierten Relationen vorliegen. Um diesen Gegebenheiten Rechnung zu tragen, wurden von einer Gruppe um G. Schmidt die klassischen (homogenen) Relationenalgebren zu den heterogenen Relationenalgebren verallgemeinert.

Bei dem letztgenannten Ansatz wird zuerst allen Relationen R (ob als Menge von Paaren oder als abstrakte Relation) ein eindeutiger *Typ* $X \leftrightarrow Y$ zugeordnet. Falls R eine Menge von Paaren ist, so bedeutet dies, dass X der Vorbereich und Y der Nachbereich von R ist, also $R \in 2^{X \times Y}$ gilt. Weiterhin wird $[X \leftrightarrow Y]$ als die Menge der Relationen des Typs $X \leftrightarrow Y$ definiert und $R \in [X \leftrightarrow Y]$, der Notation bei den Funktionen folgend, zu $R : X \leftrightarrow Y$ abgekürzt.

Eine Axiomatisierung der heterogenen Relationenalgebren ergibt sich nun fast unmittelbar aus der der homogenen Relationenalgebren vom Abschnitt 6.3.1, indem man noch die Typisierung berücksichtigt. Zur eleganten Formulierung bedient man sich oftmals der Sprache der Kategorientheorie und überlagert dabei auch, wie in der Mathematik oft üblich, die Bezeichnungen der Konstanten und Operationen. Bei so einer Vorgehensweise werden die Bestandteile der Typen zu den Objekten und die abstrakten Relationen zu den Morphismen. Somit ist, per Definition, für alle Objekte X, Y und Z und alle $R : X \leftrightarrow Y$ und $S : Y \leftrightarrow Z$ eine Komposition $R; S : X \leftrightarrow Z$ erklärt, welche assoziativ ist. Weiterhin existiert für jedes Objekt X die identische Relation $\mathsf{I} : X \leftrightarrow X$ und es gilt $\mathsf{I}; R = R = R; \mathsf{I}$ für alle $R : X \leftrightarrow Y$. Als die über die Kategorientheorie hinausgehenden Axiome werden gefordert:

(a) Für alle X, Y ist $([X \leftrightarrow Y], \cup, \cap, \overline{}, \mathsf{L}, \mathsf{O})$ ein Boolescher Verband mit grösstem Element L und kleinstem Element O.
(b) Für alle $R : X \leftrightarrow Y$ existiert $R^{\mathsf{T}} : Y \leftrightarrow X$, die Transponierte von R.
(c) Für alle $Q : X \leftrightarrow Z$, $R : X \leftrightarrow Y$ und $S : Y \leftrightarrow Z$ gilt:

$$Q; R \cap S \subseteq (Q \cap S; R^{\mathsf{T}}); (R \cap Q^{\mathsf{T}}; S) .$$

(d) Für alle $R : X \leftrightarrow Y$ und alle Allrelationen des Typs $U \leftrightarrow X$, $Y \leftrightarrow Z$ bzw. $U \leftrightarrow Z$ gilt die folgende Implikation (auch *Regel von Tarski* genannt):

$$R \neq \mathsf{O} \implies \mathsf{L}; R; \mathsf{L} = \mathsf{L}$$

Aufgrund der Regel von Tarski gilt $\mathsf{L}; \mathsf{L} = \mathsf{L}$ für alle Allrelationen mit passenden Typen. Im homogenen Fall ist diese Gleichung aus (a) bis (c) beweisbar, im heterogenen Fall existiert jedoch ein Modell von (a) bis (c), in dem die Gleichung $\mathsf{L}; \mathsf{L} = \mathsf{L}$ nicht gilt.

Beim mathematischen Vorgehen in heterogenen Relationenalgebren werden die Typangaben von Relationen in der Regel unterdrückt, wenn man sie aus dem Kontext rekonstruieren kann. So muss beispielsweise im Fall des oben genannten Gesetzes $\mathsf{I}; R = R = R; \mathsf{I}$, mit $X \leftrightarrow Y$ als dem Typ von R, aufgrund der Gesetze einer Kategorie das linke I den Typ $X \leftrightarrow X$ und das rechte I den Typ $Y \leftrightarrow Y$ besitzen. Werden heterogene Relationenalgebren implementiert, wie beispielsweise die mit mengentheoretischen Relationen als Morphismen im Kieler Computersystem RelView (siehe (BeN05; Mil03)), so wird die Typisierung normalerweise automatisch überprüft.

6.3.3 Erweiterung der Ausdrucksstärke

Durch das Einführen von Typen wird den Erfordernissen der Praxis nur zum Teil Rechnung getragen. Immer noch hinderlich bei vielen Anwendungen der heterogenen Relationenalgebren ist ihre beschränkte Ausdrucksstärke, welche sich im Vergleich zum homogenen Fall nicht verändert hat. Die Typisierung erlaubt jedoch die Einführung neuer Konstruktionen, durch welche die Ausdrucksstärke zu der der monadischen Prädikatenlogik zweiter Stufe wird, was für praktische Anwendungen oft ausreicht.

Um im homogenen Fall die Ausdrucksstärke der Prädikatenlogik erster Stufe zu erreichen, werden in (TaG87) sogenannte Quasiprojektionen eingeführt. Beim heterogenen Ansatz werden diese zu den relationalen Varianten der üblichen Projektionsfunktionen eines direkten Produkts, also zu Relationen $\pi : X \times Y \leftrightarrow X$

und $\rho : X{\times}Y \leftrightarrow Y$ mit den folgenden Eigenschaften für alle $(a,b) \in X{\times}Y$, $x \in X$ und $y \in Y$:

$$\pi_{(a,b),x} \iff a = x \qquad\qquad \rho_{(a,b),y} \iff a = x\,. \tag{6.1}$$

Komponentenbasiert kann relative einfach nachgerechnet werden, dass aus den Äquivalenzen von (6.1) die nachstehenden algebraischen Gesetze folgen:

$$\pi^{\mathsf{T}};\pi = \mathsf{I} \qquad \rho^{\mathsf{T}};\rho = \mathsf{I} \qquad \pi;\pi^{\mathsf{T}} \cap \rho;\rho^{\mathsf{T}} = \mathsf{I} \qquad \pi^{\mathsf{T}};\rho = \mathsf{L}\,. \tag{6.2}$$

Aus den Axiomen der heterogenen Relationenalgebren folgt weiterhin, siehe etwa (ScS93), dass (π,ρ) bis auf Isomorphie das einzige Paar von (auch abstrakten) Relationen ist, welches die Gesetze von (6.2) erfüllt. Diese Gesetze stellen also eine monomorphe relationenalgebraische Modellierung der mathematischen Konstruktion eines direkten Produkts dar.

Eine grundlegende mathematische Konstruktion in Verbindung mit direkten Produkten ist die Definition der *Paarung* $(f,g) : X{\times}Y \to U{\times}V$ von zwei Funktionen $f : X \to U$ und $g : Y \to V$, welche für alle $(x,y) \in X{\times}Y$ definiert ist durch $(f,g)(x,y) = (f(x),g(y))$. Diese verallgemeinert sich zur *parallelen Komposition*

$$R \,\|\, S := \pi_1;R;\pi_2^{\mathsf{T}} \cap \rho_1;S;\rho_2^{\mathsf{T}} : X{\times}Y \leftrightarrow U{\times}V \tag{6.3}$$

von zwei Relationen $R : X \leftrightarrow U$ und $S : Y \leftrightarrow V$. In Definition (6.3) ist (π_1,ρ_1) das Paar der Projektionsrelationen zu $X{\times}Y$ und (π_2,ρ_2) ist das Paar der Projektionsrelationen zu $U{\times}V$. Bei Verwendung der komponentenbasierten Schreibweise besagt (6.3), dass für alle $(x,y) \in X{\times}Y$ und $(u,v) \in U{\times}V$ die folgende Eigenschaft gilt:

$$(R \,\|\, S)_{(x,u),(y.v)} \iff R_{x,u} \wedge S_{y,v}\,. \tag{6.4}$$

Werden heterogene Relationenalgebren mittels (6.2) axiomatisch um die beiden *Projektionsrelationen* $\pi : X{\times}Y \leftrightarrow X$ und $\rho : X{\times}Y \leftrightarrow Y$ erweitert, so erreicht man die Ausdrucksstärke der Prädikatenlogik erster Stufe. Die der monadischen Prädikatenlogik zweiter Stufe wird erreicht, indem man das mengentheoretische Symbol „$\in$" für jede Menge X als Relation $\mathsf{E} : X \leftrightarrow 2^X$ auffasst, diese also wie folgt für alle $x \in X$ und $Y \in 2^X$ definiert:

$$\mathsf{E}_{x,Y} \iff x \in Y\,. \tag{6.5}$$

Führt man den *symmetrischen Quotienten* $syq(R,S) := \overline{R^{\mathsf{T}};\overline{S}} \cap \overline{\overline{R}^{\mathsf{T}};S} : Y \leftrightarrow Z$ von zwei Relationen $R : X \leftrightarrow Y$ und $S : X \leftrightarrow Z$ (mit dem gleichem Vorbereich!)

zu Vereinfachungszwecken ein, so kann komponentenbasiert nachgerechnet werden, dass aus (6.5) die folgenden algebraischen Gesetze für die *Potenzmengenrelation* E und alle Mengen Y gelten:

$$syq(\mathsf{E},\mathsf{E}) = \mathsf{I} \qquad \forall\, R \in [X \leftrightarrow Y] : \mathsf{L}; syq(\mathsf{E}, R) = \mathsf{L} \,. \tag{6.6}$$

Wiederum in (ScS93) ist bewiesen, dass E bis auf Isomorphie die einzige (auch abstrakte) Relation ist, welche die beiden Gesetze von (6.6) erfüllt. Sie stellen somit eine monomorphe relationenalgebraische Modellierung der mathematischen Potenzmengenkonstruktion dar.

Neben den eben gebrachten zwei relationenalgebraischen Modellierungen gibt es noch weitere solche Modelle für fundamentale mathematische Konstruktionen, etwa für direkte Summen oder lineare Listen. Weil sie im Rest dieser Arbeit keine Verwendung finden, verweisen wir auf die Literatur, etwa (Ber12), (ScS93) und (Sch10).

6.4 Relationales Modellieren und Entwickeln

Wenn wir im weiteren Verlauf dieser Arbeit von Relationenalgebren sprechen, dann meinen wir immer eine heterogene Relationenalgebra mit Projektions- und Potenzmengenrelationen. Da wir Relationen zum Lösen von konkreten Problemen verwenden wollen, werden wir weiterhin nur Relationenalgebren betrachten, deren Morphismen tatsächlich Relationen, also Mengen von Paaren, sind. In diesem Abschnitt skizzieren wir zuerst den Hintergrund und die allgemeine Vorgehensweise des relationenalgebraischen Ansatzes. Dann behandeln wir zwei spezielle Modellierungen, die später in Abschnitt 6.5 noch eine Rolle spielen.

6.4.1 Hintergrund und Vorgehensweise

Das Wort Modell wird in der Informatik in einer vielfältigen Weise verwendet. Allen Verwendungen ist aber gemeinsam, dass Modelle als Arbeitsinstrumente zur Lösung von bestimmten Problemen verwendet werden, sei es zum Verstehen von Zusammenhängen zwischen den Eigenschaften von Objekten, zum Entwerfen von Lösungsalgorithmen oder zum Analysieren von Problembeschreibungen. Weiterhin ist allen Verwendungen gemeinsam, dass Modelle auf ein gewisses Fundament aufbauen, etwa auf verwendete Methoden, Werkzeuge und mathematische Theorien, und in einem gewissen Kontext Anwendung finden, beispielsweise in einem Gebiet mit speziellen Randbedingungen oder durch ein Kollektiv mit gewissen Kenntnissen. Informatik-Modelle haben noch die Besonderheit, dass sie oftmals in einer speziellen Sprache formuliert werden. All dies hat auch Auswirkungen auf das Erstellen von Modellen.

Die Verwendung von Relationenalgebren als Mittel zum Modellieren, Spezifizieren und Problemlösen basiert auf den positiven Erfahrungen, die mit ihnen die letzten Jahrzehnte in vielen Bereichen der Mathematik und Informatik gemacht wurden. Eine Fülle von Anwendungsbeispielen findet man etwa in den Büchern (Ber12; Sch10; ScS93), wobei in (Ber12) das Entwickeln von algorithmischen Problemlösungen (beispielsweise Programmen) im Vordergrund steht und (Sch10; ScS93) sich mehr auf die relationenalgebraische Beschreibung von Konzepten (beispielsweise Präferenzstrukturen) und ihren Eigenschaften konzentrieren. Unter dem Blickwinkel der Modelle und des Modellierens bedeutet der relationenalgebraische Ansatz meist konkret, dass Modelle durch Ausdrücke über typisierten Relationen und entsprechende relationenalgebraische Gesetze angegeben werden. Die relationenalgebraischen Operationen und ihre Eigenschaften, sowohl die algebraischen als auch die komponentenbasierten, sind die Hauptmittel beim Konstruieren und Manipulieren von Modellen, beim Verifizieren von Eigenschaften und, falls dies der Zweck eines Modells ist, beim Berechnen von Lösungen.

Relationenalgebraische Modellbeschreibungen haben den Vorteil, dass sie oft sehr knapp, präzise und formal sind. Dies erleichtert den Einsatz von Werkzeugen beim Modellieren, etwa von (interaktiven oder automatischen) Beweissystemen oder von Systemen zur Auswertung. Jedoch sind sie im Fall komplexerer Aufgabenstellungen oft zu abstrakt, um sofort formuliert werden zu können. Es bietet sich in solchen Fällen an, mit anderen Beschreibungen zu beginnen, etwa prädikatenlogischen, und aus diesen dann die relationenalgebraischen herzuleiten.

6.4.2 Modellierung mittels Vektoren

Vom mathematischen Standpunkt aus betrachtet stellen Mengen das wichtigste Werkzeug zur Modellierung von Objekten dar. In der Regel bewegt man sich dabei in einem vorgegebenen Universum X. Relationenalgebraisch kann man Teilmengen von X sehr einfach durch sogenannte *Vektoren* im Sinn von (ScS93) beschreiben. Letztere sind Relationen $v : X \leftrightarrow Y$ (man verwendet für Vektoren kleine Buchstaben) mit $v; \mathsf{L} = v$. Stellt man sich v als Boolesche Matrix vor, so heisst dies, dass in einer Zeile entweder nur Nullen oder nur Einsen stehen. Folglich wird der Nachbereich Y bedeutungslos. Man arbeitet deshalb normalerweise immer mit Vektoren des Typs $X \leftrightarrow \mathbf{1}$, mit $\mathbf{1} := \{\bot\}$, und kürzt $v_{x,\bot}$ zu v_x ab, da x nur mit $\bot$ in der Relation v stehen kann. Dann entspricht v einem Booleschen Spaltenvektor und modelliert, per Definition, die Teilmenge $\{x \in X \mid v_x\}$ von X, also die Teilmenge, die zu den Einsen im Spaltenvektor gehört.

Es gibt genau zwei Vektoren des Typs $\mathbf{1} \leftrightarrow \mathbf{1}$. Modelliert man mit diesen die Wahrheitswerte, indem man $\mathsf{O} : \mathbf{1} \leftrightarrow \mathbf{1}$ als „falsch" und $\mathsf{L} : \mathbf{1} \leftrightarrow \mathbf{1}$ als „wahr" interpretiert, so entsprechen auf der Menge $[\mathbf{1} \leftrightarrow \mathbf{1}]$ die relationenalgebraischen Operationen „$\cup$", „$\cap$" und „$\overline{}$" genau den logischen Konnektiven „$\vee$", „$\wedge$" und „$\neg$". Weiterhin kann man die Inklusion von zwei Relationen $R : X \leftrightarrow Y$ und $S : X \leftrightarrow Y$ durch einen relationenalgebraischen Ausdruck beschreiben. Aufgrund der Regel von Tarski gilt nämlich die folgende Äquivalenz:

$$R \subseteq S \iff R \cap \overline{S} = \mathsf{O} \iff \mathsf{L};(R \cap \overline{S});\mathsf{L} = \mathsf{O} \iff \overline{\mathsf{L};(R \cap \overline{S});\mathsf{L}} = \mathsf{L}\,.$$

Wählt man nun im Ausdruck $\overline{\mathsf{L};(R \cap \overline{S});\mathsf{L}}$ die linke Allrelation vom Typ $\mathbf{1} \leftrightarrow X$ und die rechte Allrelation vom Typ $Y \leftrightarrow \mathbf{1}$, so bekommt der Ausdruck den Typ $\mathbf{1} \leftrightarrow \mathbf{1}$ und wertet sich zu $\mathsf{L} : \mathbf{1} \leftrightarrow \mathbf{1}$ genau dann aus, wenn $R \subseteq S$ gilt. In Abschnitt 6.5 werden wir dieses Resultat für Vektoren $v : X \leftrightarrow \mathbf{1}$ und $w : X \leftrightarrow \mathbf{1}$ verwenden. Weil auch $v \cap \overline{w} : X \leftrightarrow \mathbf{1}$ ein Vektor ist, gilt $v \subseteq w$ genau dann, wenn $\overline{\mathsf{L};(v \cap \overline{w})}$ den Wert $\mathsf{L} : \mathbf{1} \leftrightarrow \mathbf{1}$ besitzt.

Relationen sind Teilmengen von direkten Produkten. Also kann jede Relation $R : X \leftrightarrow Y$ durch einen Vektor $vec(R) : X{\times}Y \leftrightarrow \mathbf{1}$ in dem oben erklärten Sinn modelliert werden. Aus der Gültigkeit von

$$\begin{aligned} R_{x,y} &\iff \exists\, z \in Y : (\pi; R)_{(x,y),z} \wedge \rho_{(x,y),z} \wedge \mathsf{L}_z \\ &\iff ((\pi; R \cap \rho); \mathsf{L})_{(x,y)} \iff vec(R)_{(x,y)} \end{aligned}$$

für alle $x \in X$ und $y \in Y$ folgt die nachstehende relationenalgebraische Beschreibung des *Vektormodells* $vec(R)$ von R, mit (π, ρ) als dem Paar der Projektionsrelationen zu $X{\times}Y$:

$$vec(R) = (\pi; R \cap \rho); \mathsf{L}\,. \tag{6.7}$$

Die durch die Gleichung (6.7) festgelegte Abbildung vec ist ein Boolescher Verbandsisomorphismus von $([X \leftrightarrow Y]], \cup, \cap, \overline{}, \mathsf{L}, \mathsf{O})$ nach $([X{\times}Y \leftrightarrow \mathbf{1}], \cup, \cap, \overline{}, \mathsf{L}, \mathsf{O})$, mit der Umkehrfunktion

$$rel(v) = \pi^{\mathsf{T}}; (\rho \cap v; \mathsf{L}) \tag{6.8}$$

von $([X{\times}Y \leftrightarrow \mathbf{1}], \cup, \cap, \overline{}, \mathsf{L}, \mathsf{O})$ nach $([X \leftrightarrow Y]], \cup, \cap, \overline{}, \mathsf{L}, \mathsf{O})$ und die Eigenschaft

$$vec(Q; S; R) = (Q \parallel R^{\mathsf{T}}); vec(S) \tag{6.9}$$

gilt im Hinblick auf die Komposition. Die Boolesche Verbandsisomorphie wird beispielsweise in (ScS93) gezeigt und einen auf (6.2) und (6.3) aufbauenden Beweis der Gleichung (6.9) findet man in der Dissertation (Keh08).

6.4.3 Typanpassung und Modellierung von Mengensystemen

Beim Ansatz dieser Arbeit sind Relationen typisiert und damit ist es in bestimmten Situationen notwendig, Typanpassungen vorzunehmen. Gilt beispielsweise $U \subset X$ und modellieren die Vektoren $v : X \leftrightarrow \mathbf{1}$ und $w : U \leftrightarrow \mathbf{1}$ Teilmengen V von X bzw. W von U, so wird $V \cup W$ nicht durch $v \cup w$ modelliert, denn $v \cup w$ ist wegen der verschiedenen Vorbereiche nicht definiert. Man braucht also eine Möglichkeit, die Vor- und Nachbereiche von Relationen zu verändern, um notwendige Typanpassung vornehmen zu können. So eine Möglichkeit bietet die durch einen Vektor induzierte Einbettungsrelation, welche wir nachfolgend vorstellen.

Es sei $v : X \leftrightarrow \mathbf{1}$ ein Vektor, der die Teilmenge V von X im Sinn von Abschnitt 6.4.2 modelliert. Dann ist die durch v *induzierte Einbettungsrelation* $\mathit{inj}(v) : V \leftrightarrow X$ komponentenbasiert für alle $y \in V$ und $x \in X$ wie folgt festgelegt:

$$\mathit{inj}(v)_{y,x} \iff y = x\ . \tag{6.10}$$

Es entspricht also die Relation $\mathit{inj}(v)$ der identischen Funktion (im herkömmlichen Sinn) von V nach X und entsteht, in einer Matrixsprechweise, aus der identisachen Relation $\mathsf{I} : X \leftrightarrow X$, indem alle Zeilen entfernt werden, die nicht zu Elementen aus V gehören. Auch diese Konstruktion erlaubt eine monomorphe relationenalgebraische Modellierung, nämlich durch die folgenden beiden Gesetze, wie etwa in (BeW10) gezeigt wird:

$$\mathit{inj}(v); \mathit{inj}(v)^{\mathsf{T}} = \mathsf{I} \qquad \mathit{inj}(v)^{\mathsf{T}}; \mathit{inj}(v) = \mathsf{I} \cap v; v^{\mathsf{T}}\ . \tag{6.11}$$

Im Fall des obigen Beispiels wird nun $V \cup W$ durch der Vektor $v \cup \mathit{inj}(u)^{\mathsf{T}}; w : X \leftrightarrow \mathbf{1}$ als Teilmenge von X modelliert, wobei $u : X \leftrightarrow \mathbf{1}$ der Vektor ist, der U als Teilmenge von X modelliert. In der Auffassung als Boolesche Vektoren werden durch den Ausdruck $\mathit{inj}(u)^{\mathsf{T}}; w$ zu dem Vektor w zusätzliche Null-Einträge hinzugefügt, welche genau zu den Elementen aus $X \setminus U$ gehören. Andererseits werden, in der gleichen Auffassung, durch $\mathit{inj}(u); v : U \leftrightarrow \mathbf{1}$ aus v genau die Zeilen entfernt, welche nicht zu Elementen aus U gehören. Der Vektor stellt also $U \cap V$ als Teilmenge von U dar.

Typanpassungen sind nicht auf Vektoren und auch nicht auf Vorbereiche beschränkt. In Bezug auf Nachbereiche werden sie in der Praxis oft dazu verwendet,

Mengensysteme, also Teilmengen $\mathfrak{A}$ einer Potenzmenge 2^X, in einer speziellen Art zu modellieren. Wird $\mathfrak{A}$ durch einen Vektor $v : 2^X \leftrightarrow \mathbf{1}$ als Teilmenge von 2^X im Sinn von Abschnitt 6.4.2 modelliert, so hat dies den Vorteil, dass Manipulationen, etwa im Kieler Computersystem RelView, relationenalgebraisch oft einfach beschreibbar sind. Insbesondere für das Ausgeben von berechneten Resultaten ist die Vektormodellierung jedoch nicht sehr zweckmässig. Hier bietet es sich an, die einzelnen Mengen von $\mathfrak{A}$ durch Vektoren des Typs $X \leftrightarrow \mathbf{1}$ als Teilmengen von X zu modellieren und diese dann, mit dem Modell der Booleschen Matrizen für Relationen im Hinterkopf, spaltenweise zu einer Relation $A : X \leftrightarrow \mathfrak{A}$ zusammenzufügen. Es muss also für alle $x \in X$ und $Y \in \mathfrak{A}$ die Äquivalenz von $A_{x,Y}$ und $x \in Y$ gelten. Ist $\mathsf{E} : X \leftrightarrow 2^X$ die Potenzmengenrelation, so zeigt die Rechnung

$$x \in Y \iff \exists Z \in 2^X : x \in Z \wedge Y = Z$$

$$\iff \exists Z \in 2^X : \mathsf{E}_{x,Z} \wedge inj(v)_{Y,Z} \iff (\mathsf{E}; inj(v)^{\mathsf{T}})_{x,Y},$$

dass A relationenalgebraisch mittels $A = \mathsf{E}; inj(v)^{\mathsf{T}}$ beschreibbar ist. Stellt man sich E als eine Boolesche Matrix vor, so werden durch den Übergang von E zu $\mathsf{E}; inj(v)^{\mathsf{T}}$ aus E genau diejenigen Spalten entfernt, die nicht zu Mengen aus $\mathfrak{A}$ gehören.

6.4.4 Werkzeugunterstützung

Wir haben in Abschnitt 6.4.1 bereits erwähnt, dass relationenalgebraische Modellbeschreibungen den Einsatz von Werkzeugen beim Modellieren erleichtern.

Derzeit beschäftigen wir uns in Kiel hauptsächlich mit der effizienten Implementierung von Relationen und der Operationen auf ihnen, also dem mechanischen Auswerten von relationenalgebraischen Ausdrücken. Dazu wird seit 1993 das Werkzeug RelView entwickelt, welches dies unter Verwendung von ROBDDs (reduzierten geordneten binären Entscheidungsdiagrammen) zur Implementierung von Relationen und vieler Operationen und Tests auf ihnen bewerkstelligt. Im Prinzip stellt RelView ein Werkzeug dar, welches es erlaubt, Relationen zu definieren und zu visualisieren, relationenalgebraische Ausdrücke zu formulieren, welche auch Aufrufe von benutzerdefinierten relationalen Funktionen und Programmen enthalten können, und Ausdrücke auszuwerten. Die Anwendung erfolgt entweder interaktiv mittels verschiedener Befehlsknöpfe und Fenster, etwa zur Eingabe der auszuwertenden Ausdrücke, zum Anzeigen der Resultate und zum Lesen von bzw. Schreiben in Dateien, oder durch das Einbinden der C-Bibliothek Kure, welche den Kern von RelView enthält, in konventionelle Programmiersprachen wie C und Java. Sowohl RelView als auch Kure sind frei verfügbar über die URL (RelView). Für Details sei auf (ABS89; BeN05; Leo01) und (Mil03) verwiesen.

Aufgrund der positiven Resultate von (OhG97) im Hinblick auf das interaktive Beweisen in Relationenalgebren mittels Isabelle und von (HoS08) und (BeS10) im Hinblick auf das automatische Beweisen in Relationenalgebren mittels Prover9 beschäftigen wir uns seit einiger Zeit auch mit dem Einsatz von Werkzeugen beim Beweisen. Die Formeln von relationenalgebraischen Modell- und Problemspezifikationen sind in der Regel quantorenfrei. Dies hat sich als sehr vorteilhaft beim automatischen Beweisen herausgestellt.

Das mechanische Auswerten von relationenalgebraischen Ausdrücken und das systemunterstützte Beweisen in Relationenalgebren stellen eine sinnvolle Ergänzung der relationenalgebraischen Methode zum Modellieren, Spezifizieren und Problemlösen dar. Ersteres betrifft insbesondere die Analyse der entwickelten Modelle und Lösungsalgorithmen durch prototypisches Auswerten, beispielsweise um zu testen, ob sie den (in der Regel informellen ursprünglichen) Anforderungen entsprechen und ob mathematische Rechnungen Fehler enthalten. Letzteres ist etwa von Bedeutung bei der mathematischen Verifikation von geforderten Eigenschaften nach einer Formalisierung der Aufgabenstellung. Es betrifft aber auch die Verifikation von weiteren Eigenschaften, welche nicht Teil der Formalisierung der Aufgabenstellung sind, aber bei einer korrekten Umsetzung der ursprünglichen Anforderungen aus ihr folgen sollten. Durch all dies gewinnt man zusätzliche Sicherheit beim Modellieren, Spezifizieren und Problemlösen.

6.5 Ein Beispiel aus der Praxis

In diesem Abschnitt demonstrieren wir eine Anwendung der relationenalgebraischen Methode an Hand eines konkreten Beispiels aus der Praxis. Es wurde vor einigen Jahren im Rahmen der Dissertation (Keh08) und in Zusammenarbeit mit dem damaligen Rektorat der Universität Kiel durchgeführt. Zuerst beschreiben wir das Problem und eine erste informelle Modellierung. Dann modellieren wir das Problem relationenalgebraisch. Schliesslich zeigen wir, wie man vom relationenalgebraischen Modell zu einer Lösung des ursprünglichen Problems kommt. Alle wesentlichen Teile des Vorgehens sind auch in (BeK10) publiziert. Abschliessend diskutieren wir weitere Anwendungen für die vorgestellte Modellierung.

6.5.1 Problemstellung und informelle Modellierung

Mitte der 2000er Jahre existierten an der Universität Kiel 34 verschiedene Studienfächer für die Bachelor-Lehramtsausbildung der Sekundarstufe II. Nach den Prüfungsordnungen hat jede(r) Studierende zwei Fächer zu wählen. Aufgrund der Erfahrungen mit den früheren Magister-Studiengängen wurden alle möglichen Kombinationen in drei Klassen eingeteilt, nämlich in die Klasse K_1 derjenigen, welche sehr häufig gewählt wurden, wie Mathematik und Physik, die Klasse K_2 derjenigen, welche seltener gewählt wurden, wie Kunst und Englisch, und die Klasse K_3 derjenigen, welche fast nie gewählt wurden, wie Physik und Kunst. Das Problem bestand nun darin, einen Stundenplan zu konstruieren, welcher es erlaubt, die Fächerkombinationen aus K_1 in drei Jahren und die aus K_2 in vier Jahren zu studieren. Konkret bedeutete dies, dafür zu sorgen, dass es keine zeitlichen Konflikte zwischen den Vorlesungen von zwei Fächern in den gesamten drei Jahren gibt, wenn die durch sie gebildete Kombination zu K_1 gehört, und zeitliche Konflikte zwischen den Vorlesungen von zwei Fächern nur höchstens in einem der drei Jahre auftreten, wenn die entsprechende Kombination zu K_2 gehört. Zusätzlich sollte die Anzahl der zeitlichen Konflikte möglichst klein sein.

Zu diesem Zweck wurden von der zuständigen Stelle des Rektorats in einer ersten Modellierung die 34 Fächer in neun Gruppen unterteilt, welche mit $A, B, \ldots, H, I$ bezeichnet wurden. Weiterhin wurden die neun Gruppen wiederum in drei Blöcke B_1, B_2 und B_3 so aufgeteilt, wie es in den nachfolgenden drei Tabellen dargestellt ist. Die Bedeutung der drei Jahresspalten in den Tabellen sei dabei folgendermassen: Zuerst wurde jede Woche in drei sich nicht überschneidende Zeitschienen Z_1, Z_2 und Z_3 aufgeteilt, von denen angenommen wurde, dass sie in absehbarer Zeit nicht verändert werden. Dann wurde für jedes Studienjahr jedem Fach eine Zeitschiene so zugewiesen, dass alle Vorlesungen des Fachs in der gleichen Zeitschiene stattfanden. Die linke der nachfolgenden Tabellen zeigt an, dass für die Fächer von Block B_1 diese Zuordnung für alle drei Jahre konstant ist. Beispielsweise finden alle Vorlesungen eines Fachs aus Gruppe A immer in der Zeitschiene Z_1 statt. Aus den beiden anderen Tabellen erkennt man, dass für die Fächer der Blöcke B_2 und B_3 die Zuordnung zu den Zeitschienen hingegen zyklisch rotiert. Etwa finden alle Vorlesungen eines Fachs der Gruppe D im i-ten Jahr in Zeitschiene Z_i statt, $1 \leq i \leq 3$.

B_1 Gruppen	Jahr 1	2	3
A	Z_1	Z_1	Z_1
B	Z_2	Z_2	Z_2
C	Z_3	Z_3	Z_3

B_2 Gruppen	Jahr 1	2	3
D	Z_1	Z_2	Z_3
E	Z_2	Z_3	Z_1
F	Z_3	Z_1	Z_2

B_3 Gruppen	Jahr 1	2	3
G	Z_1	Z_3	Z_2
H	Z_2	Z_1	Z_3
I	Z_3	Z_2	Z_1

Eine unmittelbare Konsequenz des Ansatzes war, dass die Dauer eines Studiums genau dann drei Jahre beträgt, wenn die Fächer der gewählten Kombination zu verschiedenen Gruppen des gleichen Blocks gehören, und genau dann vier Jahre ist, wenn die Fächer der gewählten Kombination zu Gruppen verschiedener Blöcke gehören. Somit musste eine Zuordnung von den Fächern zu den Gruppen gefunden werden, welche die folgenden Eigenschaften erfüllt:

(a) Jedem Fach wird genau eine Gruppe zugeordnet.
(b) Wenn zwei Fächern die gleiche Gruppe zugeordnet wird, dann bilden sie eine Kombination der Klasse K_3.
(c) Wenn zwei Fächer eine Kombination der Klasse K_1 bilden, dann gehören ihre Gruppen zum gleichen Block.

Aus (b) und (c) folgt nämlich, dass alle Fächer der Kombinationen aus K_1 zu verschiedenen Gruppen des gleichen Blocks gehören.

Wir wurden vom damaligen Rektorat gebeten, eine Zuordnung zu bestimmen, die (a), (b) und (c) erfüllt, bzw. festzustellen, dass es eine solche Zuordnung nicht geben kann. Im zweiten Fall wurden wir gebeten, eine Zuordnung mit den Eigenschaften (a'), (b) und (c) zu bestimmen, bei der statt (a) als (a') nur gefordert wurde, dass jedem Fach höchstens eine Gruppe zugeordnet wird. Solche partiellen Zuordnungen existieren immer. Aus ihnen erhoffte das Rektorat genug Informationen zu bekommen, die es erlauben, die Klasseneinteilung der Fächerkombinationen geringfügig so zu verändern, dass schliesslich doch eine Zuordnung mit den gewünschten Eigenschaften (a), (b) und (c) existiert.

6.5.2 Formale relationenalgebraische Modellierung

Um das informelle Modell des Rektorats aus Abschnitt 6.5.1 mit relationenalgebraischen Mitteln formal-mathematisch angeben zu können, abstrahierten wir es zuerst durch die Einführung von drei Mengen $\mathfrak{F}$ (Menge der Fächer), $\mathfrak{B}$ (Menge der Blöcke) und $\mathfrak{G}$ (Menge der Gruppen). Die Einteilung der Gruppen in die drei Blöcke B_1, B_2 und B_3 modellierten wir dann durch eine eindeutige und totale Relation $E : \mathfrak{G} \leftrightarrow \mathfrak{B}$, die jeder Gruppe genau einen Block zuordnet. Durch $B := E; E^{\mathsf{T}}$ ergab sich daraus eine reflexive und symmetrische Relation $B : \mathfrak{G} \leftrightarrow \mathfrak{G}$ mit der folgenden Eigenschaft für alle Gruppen $g, h \in \mathfrak{G}$:

$$B_{g,h} \iff \text{Es gibt einen Block, zu dem } g \text{ und } h \text{ gehören .} \qquad (6.12)$$

Die Einteilung der Fächerkombinationen in die drei Klassen K_1, K_2 und K_3 modellierten wir durch zwei Relationen $J : \mathfrak{F} \leftrightarrow \mathfrak{F}$ und $N : \mathfrak{F} \leftrightarrow \mathfrak{F}$. Komponentenbasiert definierten wir J für alle Fächer $x, y \in \mathfrak{F}$ wie folgt:

$$J_{x,y} \iff x \text{ und } y \text{ bilden eine Kombination aus } K_1 \ . \tag{6.13}$$

Damit wurde J symmetrisch und, weil Kombinationen aus zwei Fächern bestehen, auch irreflexiv. Die Definition von N sah für alle Fächer $x, y \in \mathfrak{F}$ etwas anders aus:

$$N_{x,y} \iff x \text{ und } y \text{ sind gleich oder bilden eine Kombination aus } K_3 \ . \tag{6.14}$$

Ursprünglich war die Gleichheit von x und y in (6.14) nicht vorgesehen; ihre nachträgliche Hinzunahme vereinfachte das Modell und die Rechnungen. Aufgrund der Festlegung wurde N ebenfalls symmetrisch, jedoch nicht irreflexiv, sondern reflexiv.

Die drei Relationen B, J und N stellten die *Eingabe* des Stundenplanproblems dar. Eine gesuchte Zuordnung von den Fächern zu den Gruppen, also eine *Lösung*, modellierten wir durch eine Relation $S : \mathfrak{F} \leftrightarrow \mathfrak{G}$. Damit übertrugen sich die drei Forderungen (a), (b) und (c) aus Abschnitt 6.5.1 in die folgenden relationenalgebraischen Gesetze:

$$S; \overline{\mathsf{I}} \subseteq \overline{S} \qquad \mathsf{L} \subseteq S; \mathsf{L} \qquad \overline{N}; S \subseteq \overline{S} \qquad J; S \subseteq \overline{S; \overline{B}} \ . \tag{6.15}$$

Die ersten beiden Gesetze besagen nach Abschnitt 6.3.1, dass S eindeutig und total ist. Sie entsprechen also genau der Forderung (a). Wenn man das dritte Gesetz durch die Rechnung

$$\begin{aligned}
\overline{N}; S \subseteq \overline{S} &\iff \forall\, x \in \mathfrak{F}, g \in \mathfrak{G} : (\overline{N}; S)_{x,g} \to \overline{S}_{x,g} \\
&\iff \forall\, x \in \mathfrak{F}, g \in \mathfrak{G} : (\exists\, y \in \mathfrak{F} : \overline{N}_{x,y} \wedge S_{y,g}) \to \neg S_{x,g} \\
&\iff \forall\, x, y \in \mathfrak{F}, g \in \mathfrak{G} : \neg N_{x,y} \wedge S_{y,g} \to \neg S_{x,g} \\
&\iff \forall\, x, y \in \mathfrak{F}, g \in \mathfrak{G} : S_{x,g} \wedge S_{y,g} \to N_{x,y} \\
&\iff \forall\, x, y \in \mathfrak{F} : (\exists\, g \in \mathfrak{G} : S_{x,g} \wedge S_{y,g}) \to N_{x,y}
\end{aligned}$$

in eine prädikatenlogische Form überführt und die Festlegung (6.14) von N hinzunimmt, dann sieht man, dass es genau der Forderung (b) entspricht. In der gleichen Weise kann man zeigen, dass das vierte Gesetz von (6.15) die relationenalgebraische Beschreibung der Forderung (c) ist. Beim Erstellen des relationenalgebraischen Modells starteten wir natürlich mit den prädikatenlogischen Formalisierungen von (b) und (c) und entwickelten daraus schrittweise die beiden rechten Gesetze von (6.15).

6.5.3 Entwicklung einer relationenalgebraischen Lösung

Nach dem Erstellen der relationenalgebraischen Variante des ursprünglichen Modells des Rektorats galt es, um seinem Wunsch zu entsprechen, festzustellen, ob zu den aus seinen Tabellen und Daten konkret erstellbaren Relationen B, J und N eine Relation S mit den Eigenschaften von (6.15) existiert, und, wenn dies der Fall ist, so ein S auch zu berechnen. Wir bedienten uns dabei der in den Abschnitten 6.4.2 und 6.4.3 vorgestellten Modellierungen.

Die entscheidende Lösungsidee war, statt mit der Relation $S : \mathfrak{F} \leftrightarrow \mathfrak{S}$ mit ihrem Vektormodell $vec(S) : \mathfrak{F}\times\mathfrak{S} \leftrightarrow \mathbf{1}$ zu arbeiten. Es sei s eine Abkürzung für $vec(S)$. Unter Verwendung der Booleschen Verbandsisomorphie von vec, der Gleichung (6.9) und der Symmetrie von negierten identischen Relationen erhielten wir:

$$S;\overline{\mathsf{I}} \subseteq \overline{S} \iff vec(\mathsf{I};S;\overline{\mathsf{I}}) \subseteq vec(\overline{S})$$

$$\iff (\mathsf{I} \parallel \overline{\mathsf{I}}^{\mathsf{T}}); vec(S) \subseteq \overline{vec(S)} \iff (\mathsf{I} \parallel \overline{\mathsf{I}}); s \subseteq \overline{s}\ .$$

Weil beide Seiten der rechtesten Inklusion Vektoren sind, implizierte die in Abschnitt 6.4.2 vorgestellte Charakterisierung von Inklusionen durch relationenalgebraische Ausdrücke, dass

$$S;\overline{\mathsf{I}} \subseteq \overline{S} \iff \overline{\mathsf{L};((\mathsf{I} \parallel \overline{\mathsf{I}}); s \cap s)} = \mathsf{L}. \tag{6.16}$$

In der gleichen Weise behandelten wir die restlichen drei Gesetze von (6.15). Im Fall der Totalität von S bekamen wir (mit (π, ρ) als dem Paar der Projektionsrelationen zu $\mathfrak{F}\times\mathfrak{S}$), dass

$$\mathsf{L} \subseteq S;\mathsf{L} \iff \overline{\mathsf{L};\overline{\pi^{\mathsf{T}};s}} = \mathsf{L}, \tag{6.17}$$

im Fall der Inklusion zu Forderung (b) bekamen wir, dass

$$\overline{N};S \subseteq \overline{S} \iff \overline{\mathsf{L};((\overline{N} \parallel \mathsf{I}); s \cap s)} = \mathsf{L}, \tag{6.18}$$

und im Fall der Inklusion zu Forderung (c) bekamen wir, dass

$$J;S \subseteq \overline{S;\overline{B}} \iff \overline{\mathsf{L};((J \parallel \mathsf{I}); s \cap (\mathsf{I} \parallel \overline{B}); s)} = \mathsf{L}. \tag{6.19}$$

Die in den rechten Seiten der Äquivalenzen (6.16), (6.18) und (6.19) vorkommenden identischen Relationen ergaben sich vom Typ $\mathfrak{F} \leftrightarrow \mathfrak{F}$, falls sie in einer parallelen Komposition das linke Argument sind, und vom Typ $\mathfrak{S} \leftrightarrow \mathfrak{S}$, falls sie das rechte Argument sind. Weiterhin ergab sich aus der syntaktischen Struktur der rechten Seiten, dass die Nachbereiche der linken Allrelationen der Gleichungen von (6.16), (6.18) und (6.19) alle gleich zu $\mathfrak{F}\times\mathfrak{G}$ sind, und der Nachbereich der linken Allrelation der Gleichung von (6.17) gleich zu $\mathfrak{F}$ ist. Alle Vorbereiche der Allrelationen waren noch frei wählbar. Die einzige Bedingung war, dass sie alle gleich sind.

Nun spezialisierten wir die Vorbereiche aller verwendeten Allrelationen zur speziellen Menge **1** und erhielten somit, dass die rechten Seiten von (6.16) bis (6.19) zu Gleichungen über Relationen des Typs $\mathbf{1} \leftrightarrow \mathbf{1}$ wurden. Einige weitere einfache Überlegungen führten schliesslich zur Funktion $\Phi : [\mathfrak{F}\times\mathfrak{G} \leftrightarrow \mathbf{1}] \to [\mathbf{1} \leftrightarrow \mathbf{1}]$, definiert durch

$$\Phi(v) = \overline{\mathsf{L}; (((\mathsf{I} \parallel \overline{\mathsf{I}}); v \cap v) \cup \mathsf{L}; \overline{\pi^\mathsf{T}; v} \cup ((\overline{N} \parallel \mathsf{I}); v \cap v) \cup ((J \parallel \mathsf{I}); v \cap (\mathsf{I} \parallel \overline{B}); v))}\,,$$

welche zu einem Vektor $s : \mathfrak{F}\times\mathfrak{G} \leftrightarrow \mathbf{1}$ genau dann $\mathsf{L} : \mathbf{1} \leftrightarrow \mathbf{1}$ als Wert liefert, wenn s das Vektormodell einer Lösung des Stundenplanproblems ist.

Wenn man die syntaktische Struktur der rechten Seite der vorhergehenden Formel etwas genauer analysiert, dann stellt man fest, dass der relationenalgebraische Ausdruck aus der Variablen v nur durch Vereinigungen, Durchschnitte, Komplemente und Kompositionen von links mit anderen Relationen aufgebaut ist. In (Keh08) werden derartig definierte Funktionen von Vektoren eines Typs $X \leftrightarrow \mathbf{1}$ in das relationenalgebraische Modell der Wahrheitswerte $[\mathbf{1} \leftrightarrow \mathbf{1}]$ *Vektorprädikate* genannt. Weiterhin wird bewiesen, dass, in einer Matrixsprechweise, durch Vektorprädikate Resultate auch spaltenweise berechnet werden, wenn man statt eines Vektors $v : X \leftrightarrow \mathbf{1}$ eine Relation $R : X \leftrightarrow Y$ als Argument übergibt. In dem Fall des Stundenplanproblems bedeutet dies konkret, dass, wenn man die Funktion Φ mit der Potenzmengenrelation $\mathsf{E} : \mathfrak{F}\times\mathfrak{G} \leftrightarrow [\mathfrak{F} \leftrightarrow \mathfrak{G}]$ als Argument aufruft, durch $\Phi(\mathsf{E})$ eine Relation berechnet wird, deren Transponierte $\Phi(\mathsf{E})^\mathsf{T} : [\mathfrak{F} \leftrightarrow \mathfrak{G}] \leftrightarrow \mathbf{1}$ als Vektor genau die Teilmenge $\mathfrak{L}$ von $[\mathfrak{F} \leftrightarrow \mathfrak{G}]$ modelliert, welche aus den Lösungen des Stundenplanproblems besteht. Man beachte dabei, dass $[\mathfrak{F} \leftrightarrow \mathfrak{G}]$ nur eine andere Schreibweise für die Potenzmenge $2^{\mathfrak{F}\times\mathfrak{G}}$ ist. Also gilt:

$$\text{Das Stundenplanproblem besitzt eine Lösung} \iff \Phi(\mathsf{E}) \neq \mathsf{O}\,. \tag{6.20}$$

Ist das Kriterium von (6.20) erfüllt, so ist es relationenalgebraisch auch sehr einfach möglich, eine, mehrere oder sogar alle Lösungen anzugeben. Dazu modelliert man, der Technik von Abschnitt 6.4.3 folgend, zuerst die durch den Vektor $\Phi(\mathsf{E})^\mathsf{T} : [\mathfrak{F} \leftrightarrow \mathfrak{G}] \leftrightarrow \mathbf{1}$ beschriebene Teilmenge $\mathfrak{L}$ von $[\mathfrak{F} \leftrightarrow \mathfrak{G}]$ spaltenweise durch eine Relation $A := \mathsf{E}; \mathit{inj}(\Phi(\mathsf{E})^\mathsf{T})^\mathsf{T} : \mathfrak{F}\times\mathfrak{G} \leftrightarrow \mathfrak{L}$. Dann wählt man aus A eine Spalte in Form eines Vektors $s : \mathfrak{F}\times\mathfrak{G} \leftrightarrow \mathbf{1}$ aus. Schliesslich transformiert man dieses Vektormodell einer Lösung noch in die Lösung mittels $S := rel(s) : \mathfrak{F} \leftrightarrow \mathfrak{G}]$, mit der Funktion *rel*, wie sie in (6.8) als Umkehrfunktion zu *vec* angegeben ist.

Nach der Entwicklung der oben beschriebenen Lösung des Stundenplanproblems[1] übertrugen wir diese in ein RelView-Programm und berechneten mit diesem den Lösungsvektor $\Phi(\mathsf{E})^{\mathsf{T}}$. Da dieser leer war, änderten wir in Abstimmung mit dem Rektorat die Klasseneinteilung der Fächerkombinationen geringfügig, achteten dabei aber darauf, dass die Einteilung in „häufig gewählt" „seltener gewählt" und „fast nie gewählt" vernünftig blieb. Wieder existierte keine Lösung. Wir wiederholten den Prozess mehrmals und erhielten schliesslich 32 Lösungen. Eine dieser Lösungen dient seither in der Philosophischen Fakultät der Universität Kiel als Stundenplan für die Bachelor-Lehramtsausbildung der Sekundarstufe II.

6.6 Einige weitere Anwendungsbeispiele

Neben dem im letzten Abschnitt beschriebenen Beispiel des speziellen Stundenplanproblems wurden Relationen und Relationenalgebra in den letzten 20 Jahren noch zur Modellierung und Lösung von vielen weiteren Problemen insbesondere aus der diskreten Mathematik, der theoretischen Informatik, den Ingenieur-Wissenschaften und den Wirtschaftswissenschaften verwendet. Nachfolgend skizzieren wir einige Beispiele. Bezüglich der Details sei auf die jeweils angegebene Literatur verwiesen.

Untersuchung von Spielen: Bei der Frage nach Gewinn und Verlust bei Spielen wie Schach oder Nim werden solche Spiele oft durch eine Relation $R : Z \leftrightarrow Z$ modelliert, die alle Zugmöglichkeiten zwischen den Stellungen - den vorkommenden Zuständen - des betrachteten Spiels beschreibt. Es ist dann möglich, sowohl die Gewinnstellungen $G \subseteq Z$ als auch die Verluststellungen $V \subseteq Z$ durch relationenalgebraische Eigenschaften der sie als Mengen modellierenden Vektoren $g : Z \leftrightarrow \mathbf{1}$ und $v : Z \leftrightarrow \mathbf{1}$ zu spezifizieren, die zu Fixpunktgleichungen über den Letzteren führen. Dies ermöglicht das Berechnen durch die bekannten Fixpunkt-Iterationen von A. Tarski und S. Kleene, denn die Vekto-

1 um eine relationenalgebraische Modellierung. Der wesentliche Unterschied zur ersten Relationenalgebraischen Modellierung ist der, dass sie durch einen Ausdruck beschrieben ist, also Resultate durch simples Auswerten bekommen werden können.

ren des Typs $Z \leftrightarrow \mathbf{1}$ bilden einen vollständigen Verband. Ausgeführt wird dies etwa in (Ber12) und (ScS93).

Erfüllbarkeit von Formeln in konjunktiver Normalform: Eine Formel der Aussagenlogik in konjunktiver Normalform kann durch ein Paar (P, N) von Relationen modelliert werden, wobei $P : X \leftrightarrow K$ eine Variable x mit einer Klausel K in Verbindung setzt, wenn x in K als positives Literal vorkommt, und $N : X \leftrightarrow K$ eine Variable x mit einer Klausel K in Verbindung setzt, wenn x in K als negatives positives Literal vorkommt. In (Ber12) wird gezeigt, wie diese Modellierung es erlaubt, wichtige Probleme der Aussagenlogik relationenalgebraisch zu modellieren und Lösungen herzuleiten, beispielsweise zur Bestimmung der Mengen der erfüllenden Belegungen (also zur Lösung des SAT-Problems) oder zur Bestimmung von speziellen Variablen, wie beispielsweise den gefrorenen Variablen. Das Vorgehen kann auch auf Formeln in disjunktiver Normalform übertragen werden.

Wahlverfahren und Gewinnmengen: In der sogenannten Sozialwahltheorie werden Wahlsysteme oft durch ein Tripel $(W, K, (P_w)_{w \in W})$ modelliert, wobei W eine Menge von Wählern ist, K eine Menge von Kandidaten ist und P_w die Präferenz des Wählers w hinsichtlich der Kandidaten beschreibt. Bei vielen speziellen Wahlverfahren wird P_w als eine lineare Ordnung auf K angenommen, durch welche w eine Reihenfolge hinsichtlich seiner Präferenz angibt, normalerweise echt absteigend. Ein Problem der Sozialwahltheorie ist dann die Bestimmung der kollektiven Präferenz durch Aggregation der individuellen Präferenzen $P_w : K \leftrightarrow K$ in Form einer sogenannten Dominanzrelation $D : K \leftrightarrow K$, welche asymmetrisch und, bei Vermeidung von Unentschieden, vollständig sein sollte, also eine sogenannte Turnierrelation. Die Gewinner sind dann im Normalfall die nicht-dominierten Kandidaten; falls es solche nicht gibt, werden andere sogenannte Gewinnmengen festgelegt. Für manche Wahlverfahren ist das Bestimmen von D und der Gewinner einfach; solche Verfahren erfüllen aber oft nicht grundlegende Eigenschaften, die man von ‚guten' Wahlverfahren erwartet. Für ‚gute' Wahlverfahren kann die Bestimmung von D und der Gewinner schwierig werden und führte zur Theorie der sogenannten Turnierlösungen. In (BRS13) und (Ber13) wird gezeigt, wie die wichtigsten Turnierlösungen relationenalgebraisch modelliert und berechnet werden können.

Bildung von Koalitionen und Allianzen: Ein weiteres wichtiges Problemfeld, mit dem sich die Sozialwahltheorie beschäftigt, ist die Bildung von Koalitionen und Allianzen, wie sie in der Regel nach tatsächlichen Wahlen zum Zwecke der Mehrheitsbildungen stattfinden. Mathematisch modelliert werden solche Situationen durch sogenannte einfache Spiele (S, G). Dabei stellt S eine Menge von Spielern dar, im täglichen politischen Leben etwa eine Menge von Parteien, und G eine Teilmenge der Potenzmenge von S, genannt die Menge der gewinnenden Koalitionen. Im Fall von politischen Parteien kann G beispielsweise aus solchen Mengen von Parteien bestehen, die über mehr als die Hälfte der Sitze verfügen. In (BRS07) und (BBRS11) ist ausgeführt, wie man einfache Spiele relationenalgebraisch durch Vektoren $g : 2^S \leftrightarrow \mathbf{1}$ oder Relationen $E : S \leftrightarrow G$ modellieren kann und wie diese Modelle ausgetauscht und ineinander überführt werden können. Dies ermöglicht die algorithmische Spezifikation von Konzepten, welche verwendet werden können, die Macht von Spielern zu beschreiben, also von Schlüsselspielern, der Wünschenswertrelation, der Swinger-Relation und von Machtindizes, und auch die Macht von speziellen Koalitionen, etwa der minimal gewinnenden oder der maximal nicht-gewinnenden. Relationenalgebra erlaubt auch, den Einfluss von Spielern auf andere zu modellieren und zu berechnen, wie sich dies auf die Macht auswirkt.

Bei all diesen Untersuchungen fand in der Regel auch das Werkzeug RelView Verwendung, sowohl bei der Erarbeitung und Validierung der einzelnen Modelle als auch bei der Entwicklung der algorithmischen Lösungen aus ihnen und deren Ausführung. So wurde beispielsweise die Macht der einzelnen Parteien in konkreten politischen Situationen analysiert, u.a. im letzten und derzeitigen deutschen Parlament und in verschiedenen Parlamenten Spaniens und der Niederlanden.

6.7 Einordnung in eine allgemeine Theorie der Modellierung

Die in den letzten beiden Abschnitten behandelte Modellierung mit Hilfe der Relationenalgebra leistet für eine allgemeine Theorie der Modellierung u.a. die folgenden beiden Beiträge:

(1) Es wird mit den vorhergehenden Ausführungen gezeigt, wie eine intuitive Modellentwicklung aufgrund der Erfahrungen, der Expertise und des Wissens aus dem Bereich der Modellsprache und der damit genutzten Theorie verstanden werden kann und zu einer Kultur der Modellierung beitragen kann.

(2) Die Methodik der Entwicklung von Modellen mit der Relationenalgebra kann als Leitbeispiel gelten.

Die Modellierung wird heute oft als Kunst (Lud08) (im Sinne ‚*The art of computer programming*‘ nach D.E. Knuth) oder Handwerk verstanden. Das Entwickeln einer

Kultur[2] *der Modellierung* bedingt auch ein Erschliessen des Erfahrungsfundus der einzelnen Disziplinen. Eine Kultur des Modellierens ist dann eine normenbasierte, prinzipiengestützte und systematisierende Formenlehre für Modelle und das Modellieren. Dazu ist auch das implizite Wissen und Können so herauszuarbeiten, dass andere Disziplinen davon profitieren und dies anwenden können. Durch eine Entwicklung allgemeiner Prinzipien und Grundlagen der Modellierung wird anstatt eines routinemässigen Modellierens ein systematisches und systematisch reflektiertes Modellieren ermöglicht. Aus einer Kunst des Modellierens wird durch die explizite Darstellung und Beherrschung ihrer universeller Prinzipien eine Kultur des Modellierens entwickelt werden, die so auf einer unterschiedliche Wissenschaftsgebiete übergreifenden Theorie der Modellierung beruht.

In diesem Beitrag wird ein Weg aufgezeigt, wie auch *intuitive Methodik* verdichtet und erlernt werden kann. Daraus entsteht ein Vorgehen zumindest bei verwandten Fragestellungen der Modellierung. Aus disziplinären Ansätzen und Vorgehensweisen wird eine zugeschnittene Systematik oder auch Kunst der Modellierung herausgearbeitet. Diese Systematik kann verdichtet und schrittweise zu einer ‚Science of Modelling' ausgebaut werden ohne dabei eine Universalität zu beabsichtigen. Es wird zusätzlich die *Übertragbarkeit* von Herangehensweisen und Ansätzen auf andere Modellierungsmethoden demonstriert. Einzelne Disziplinen haben aus einem Methodenspektrum spezifische Methoden weiter entwickelt, ohne dass diese Weiterentwicklung als Anreicherung für das Methodenspektrum diente. Für eine Anreicherung und Übertragung fehlt eine Systematisierung und eine Methodik der Abstraktion, der Fallstudien vorausgehen. Gleichzeitig haben gleichartige Problemstellungen zu ähnlichen Anpassungen

2 Im allgemeinen, umgangssprachlichen Gebrauch wird mit dem Begriff Kultur als Synonym von ‚Hochkultur' geführt. Eine Kultur ist ein Sinn gebendes Orientierungssystem, das für die soziale Praxis einer Gesellschaft, Organisation oder (Berufs-) Gruppe ein kohärentes Regelwerk von Konventionen, Bedeutungs- und Interaktionsmustern bereitstellt, an dem die Mitglieder ihr alltagsweltliches Handeln ausrichten können. Sie definiert Normalität und Plausibilität, d.h. Verhaltenserwartungen, die den Mitgliedern vertraut sind und Routinehandeln ermöglichen. Kultur kann verstanden werden als *die Gesamtheit von Attitüden, Grundsätzen, Annahmen, Werten und Wertvorstellungen, Verhaltensnormen und Grundeinstellungen, die von einer Gruppe geteilt werden, die das Verhalten der Gruppenmitglieder beeinflussen und mit wessen Hilfe diese das Verhalten anderer interpretieren* (KoS07). Dieser Kulturbegriff nutzt ein Schichtenmodell. An der Aussenseite des Kulturmodells befinden sich die Rituale und Verhaltensweisen sowie die Artefakte und Produkte einer Kultur. Die darunter liegende Schicht bilden die Systeme und Institutionen einer Gesellschaft. Die dritte Schicht basiert auf Normen, Attitüden und Grundsätzen sowie allgemeinen Werten und Wertvorstellungen. Die vierte Schicht repräsentiert die Grundwerte und fundamentale Annahmen einer Kultur.

von Methoden geführt, ohne dass dieses offenkundig ist. Das Aufdecken von Ähnlichkeiten schafft Potenzial für ambitionierteres und effizienteres Modellieren.

Eine Systematisierung setzt eine Reduktion auf Grundprinzipien und Grundgleichungen voraus. Zugleich können Bedingungen und Grenzen der Übertragbarkeit herausgearbeitet werden. Damit können die Methoden einfacher und besser eingesetzt werden.

Die Entwicklung der Modelle mit der Relationenalgebra können als leitendes Beispiel für eine schrittweise Entwicklung von Modellen und spezifische Ausprägung der Methodik nach (Hal06; Mah10; Tha12) genutzt werden. Es wurde ein Modellierungszyklus bestehend aus fünf Etappen beschrieben:

Erforschung und Untersuchung der Problemsituation: Die Untersuchung des Problembereichs erfolgt durch eine explorative Betrachtung von essentiellen und hinreichend allgemeinen Beispielen. Dabei wird das Problem auf wichtige Bestandteile reduziert. Für den Problembereich wird der Hintergrund des Problembereichs, seine Theorien, seine Komposition, allgemeine Struktur und die spezielle Struktur erschlossen. Diese Information dient der Konditionierung des mathematischen Modells insbesondere für den Modellhintergrund (Tha14).

Nachweis der Darstellbarkeit: Es wird nach diesen Untersuchungen ein Realmodell entwickelt. Das Modell folgt im Wesentlichen den rhetorischen W-Fragen (wo, was, wann, wobei, warum, wie, weshalb) und deren Erweiterungen (Tha12; Tha13). Im Problembereich in Kapitel 6.5 wurde zuerst ein informelles Realmodell entwickelt. Es wird nun für das Realmodell und den Hintergrund analysiert, inwieweit sich das Methodenspektrum für eine Modellentwicklung eignet. Diese Analyse ist oft implizit, determiniert aber den Erfolg. Es kann dabei auf Methoden der Maieutik (Tha12) zurückgegriffen werden.

Modellformulierung: Aus dem Realmodell können schrittweise die entsprechenden Modellkomponenten entwickelt werden. Es wird dabei das Methodenspektrum (z.B. die verwendeten Sprachen (Tha12")) auf die Eignung geprüft (Tha10). Die Entwicklung von Modellen kann nun mit der Methodik nach (Gre09; Tha11) erfolgen. Das Modell wird analysiert. Es sollte den Haupteigenschaften nach (Mah09; Sta73) (Abbildung oder Adäquatheit (Tha14), Abstraktion, Pragmatik) genügen. Das Modell ist ein Gegenstand, der adäquat und verlässlich den Problembereich und die Problemsituation widerspiegelt (Tha11; Tha14). Mit dem Methodenspektrum wird das Modell effektiv und zweckmässig für die Problemsituation. Das Realmodell in Kapitel 6.5 wurde in die formal-mathematische Sprache der Relationen übertragen. Da das Resultat noch nicht algorithmisch war, wurde daraus ein algorithmisches Modell in der gleichen Sprache abgeleitet.

Modellanwendung: In einer ersten Phase wird das Modell anhand einfacher Fragestellungen aus dem Problembereich erprobt. Dieser Erprobung folgt die entsprechende Problemlösung. Ausserdem erlauben ein Modell und die entstandenen Lösungen auch eine Untersuchung des Problembereiches über die Problemsituation hinaus. Diese Analyse führt zu einer Erweiterung der Lösungen sowie ggf. auch zu einer iterativen Korrektur der betrachteten Problemsituation.

Bewertung des Modells und Problembereich-Prognose: Das Modell wurde im Wesentlichen für den speziellen Zweck eingesetzt. Die Stärken, Schwächen, Möglichkeiten und Herausforderungen werden für eine Analyse des Potenzials eines Modells herangezogen. Es wird dabei auch bewertet, inwieweit das Modell den Problembereich über die Problemsituation hinaus verlässlich widerspiegelt. Wichtige Kriterien sind neben den Qualitätskriterien die Rechtfertigungskriterien (begründet, kohärent und konform, falsifizierbar, stabil und plastisch). Neben der Ableitung eines weiteren Modells wurde in Kapitel 6.5 demonstriert, welche Rückschlüsse die Lösung innerhalb des Problembereichs erlaubt. Mit einer Lösung kann typischerweise auch eine Weiterentwicklung des Problembereichs und der zugrunde gelegten Theorien erfolgen.

Diese Entwicklungsmethodik ist universell. In dieser Arbeit wurde u.a. dargestellt, dass der Nachweis der Darstellbarkeit der Problemsituation ein zentraler Schritt ist. Der Hintergrund des Problembereichs, die tolerierbare Abstraktion und Approximation und die adäquate Abbildung der Daten determinieren inwieweit das Modell adäquat ist, die entsprechenden Theorien des Anwendungsbereiches reflektiert und eine iterative Lösung des Problems erlaubt. Die fünfte Etappe wird oft übersehen. Es wird eine Lösung damit zu breit akzeptiert und verallgemeinert, so dass damit unzulässige Zwecke verfolgt und falsche Schlussfolgerungen gezogen werden. Die Modelle werden auf ihre Adäquatheit oder Angemessenheit, ihre Gebrauchbarkeit und ihre Qualität evaluiert. Dabei werden auf unterschiedliche Art (1) die Reichweite von Modellen und deren Anwendungsspektrum bei unterschiedlichen Parameterausprägungen, (2) die Anpassung von Modellen an den Kontext, insbesondere die Approximation und die Optimierung von Modellen, (3) die Viabilität von Modellen im Hinblick auf die Gültigkeit, die Realisierbarkeit, die Effizienz und den Anwendungsbereich, (4) die Methoden zur Gewinnung von Modellen aus allgemeineren Modellen durch Verfeinerung anhand der beobachtbaren Daten mit Methoden der inversen Modellierung und (5) die Methoden zur Abschätzung und Bewertung der Datengüte und daraus resultierende Schlussfolgerungen für den Einsatz von Modellen abgeleitet, so dass daraus Schlussfolgerungen für die Gültigkeit von Modellen anhand des Zweckes und der beteiligten Akteure erfolgen kann, beispielsweise durch eine explizite Integration des fachlichen Hintergrundes und der unterlegten Paradigmen, des disziplinären und zeitlichen Kontextes und durch eine adäquate Unterlegung mit Daten.

Literatur

[ABS89] H. Abold-Thalmann, R. Berghammer, and G. Schmidt: Manipulation of concrete relations: The RelView-system. Bericht Nr. 8905, Fakultät für Informatik, Universität der Bundeswehr München (1989).

[BBF09] W. Blum and R. Borromeo Ferri: Mathematical Modelling: Can it Be Taught and Learnt? Journal of Mathematical Modelling and Application 1, 1, 45-58 (2009).

[BBRS11] R. Berghammer, S. Bolus, A. Rusinowska, and H. de Swart: A relation-algebraic approach to simple games. European Journal of Operational Research 210, 68-80 (2011).

[BeK10] R. Berghammer, B. Kehden: Relation-algebraic specification and solution of special university timetabling problems. Journal on Logic and Algebraic Programming 79, 722-739 (2010).

[BeN05] R. Berghammer and F. Neumann: RelView – An OBDD-based computer algebra system for relations. In: V.G. Gansha, E.W. Mayr, E. Vorozhtsov (eds.): Computer Algebra in Scientific Computing, LNCS 3718, Springer, 40-51 (2005).

[Ber99] R. Berghammer: Combining relational calculus and the Dijkstra-Gries method for deriving relational programs. Information Sciences 119, 155-171 (1999).

[Ber12] R. Berghammer: *Ordnungen, Verbände und Relationen mit Anwendungen*. 2. Auflage, Springer Vieweg Verlag (2012).

[Ber13] R. Berghammer: Computing and visualizing Banks sets of dominance relations using relation algebra and RelView. Journal on Logic and Algebraic Programming 82, 123-136 (2013).

[BeS93] R. Berghammer and G. Schmidt: Relational specifications. In: C. Rauszer (ed.): Algebraic Methods in Logic and Computer Science. Banach Center Publications, Volume 28, Institute of Mathematics, Polish Academy of Sciences, 167-190 (1993).

[BeS10] R. Berghammer and G. Struth: On automated program construction and verification. In: C. Bolduc, J. Desharnais, B. Ktari (eds.): Mathematics of Program Construction. LNCS 6120, Springer, 22-41 (2010).

[BeW10] R. Berghammer, M. Winter: Embedding mappings and splittings with applications. Acta Informatica 47, 77-110 (2010).

[BRS07] R. Berghammer, A. Rusinowska, and H. de Swart: Applying relational algebra and RelView to coalition formation. European Journal of Operational Research 175, 530-542 (2007).

[BRS13] R. Berghammer, A. Rusinowska, and H. de Swart: Computing tournament solutions using relation algebra and RelView. European Journal of Operational Research 226, 636-645 (2013).

[CoR11] M.T. Cox and A. Raja (eds.): *Metareasoning - Thinking about Thinking*. MIT Press, Cambridge (2011).

[ChT51] L.H. Chin and A. Tarski: Distributive and modular laws in the arithmetic of relation algebras. Univ. of California Publ. Math. (new series) 1, 341-384 (1951).

[vDGOG09] C. von Dresky, I. Gasser, C. P. Ortlieb, and S Günzel: *Mathematische Modellierung: Eine Einführung in zwölf Fallstudien*. Vieweg (2009).

[EGK08] C. Eck, H. Garcke, and P. Knabner: *Mathematische Modellierung*. Springer (2008).

[Fle11] L. Fleck: *Denkstile und Tatsachen*. Surkamp (2011).

[Gre09] S. Gregor: Building theory in the sciences of the artificial. In *DESRIST*, ACM, DoI: 10.1145/1555619.1555625 (2009).

[Had23] J. Hadamard: *Lectures on Cauchy's problem in linear partial differential equations*. Dover (1923).

[Hal06] I.A. Halloun: *Modeling Theory in Science Education*. Springer, Berlin (2006).

[Har10] S. Hartmann: Modelle. In H.-J. Sandkühler (ed.), *Enzyklopädie Philosophie, vol. 2*, 1627–1632, Meiner (2010).

[HBW11] K.-H. Hoffmann, M. Burger, and G. Witterstein: *Mathematische Modellierung: Grundprinzipien in Natur- und Ingenieurwissenschaften*. Birkhäuser (2011).

[HoS08] P. Höfner and G. Struth: On automating the calculus of relations. In: A. Armando, P. Baumgartner, G. Dowek (eds.): Automated Reasoning. LNAI 5195, Springer, 50-66 (2008).

[ISO01] ISO/IEC: 9126-3 (Software engineering - product quality - part 3: Internal metrics). ISO/IEC JTC1/SC7 N2416 (2001).

[Keh08] B. Kehden: Vektoren und Vektorprädikate und ihre Verwendung bei der Entwicklung relationaler Algorithmen, Dissertation, Christian-Albrechts-Universität zu Kiel (2008).

[KlB71] G. Klaus and M. Buhr (eds). *Philosophisches Wörterbuch*. VEB Bibliographisches Institut, Leipzig (1971).

[KoS07] H. Kotthoff and H. Spencer-Oatey (eds): *Handbook of Intercultural Communication*. Mouton de Gruyter (2007).

[Leo01] B. Leoniuk: ROBDD-basierte Implementierung von Relationen und relationalen Operationen mit Anwendungen. Dissertation, Christian-Albrechts-Universität zu Kiel (2001).

[Lin12] S. Link. Armstrong databases: Validation, communication and consolidation of conceptual models with perfect test data. In *APCCM*, volume 130 of *CRPIT*, 3–20. Australian Computer Society (2012).

[Lud08] B. Luderer (ed.): *Die Kunst der Moderllierens: Mathematisch-ökonomische Modelle*, Vieweg & Teubner (2008).

[Mah09] B. Mahr: Information science and the logic of models. *Software and System Modeling*, 8(3):365–383 (2009).

[Mah10] B. Mahr: On judgements and propositions. *ECEASST*, 26 (2010).

[MCP1010] L. Magnani, W. Carnielli, and C. Pizzi (eds.): *Model-Based Reasoning in Science and Technology: Abduction, Logic, and Computational Discovery*. Springer (2010).

[Mil03] U. Milanese: Zur Implementierung eines ROBDD-basierten Systems für die Manipulation und Visualisierung von Relationen. Dissertation, Christian-Albrechts-Universität zu Kiel (2003).

[Mit04] J. Mittelstraß (ed.): *Enzyklopädie Philosophie und Wissenschaftstheorie*. J.B. Metzler, Stuttgart (2004).

[Ner08] N. J. Nersessian: *Creating Scientific Concepts*. MIT Press (2008).
[OhG97] D. von Oheimb and T.F. Gritzner: RALL: Machine-supported proofs for relation algebra. In: W. McCune (ed.): Automated Deduction – CADE 14. LNCS 1249, Springer, 380-394 (1997).
[Pau77] S. Paul: Wesenszüge der mathematischen Modellierung physikalischer und biologischer Sachverhalte. *Dt. Z. f. Philosophie* 25/1, S. 212-226 (1977).
[Pol45] G. Polya: *How to solve it: A new aspect of mathematical method*. Princeton University Press, Princeton (1945).
[Pos01] H. Poser. *Wissenschaftstheorie: eine philosophische Einführung*. Reclam (2001).
[Rut95] A. Rutherford: *Mathematical Modelling Techniques*. Dover (1995).
[Sta73] H. Stachowiak: *Allgemeine Modelltheorie*. Springer (1973).
[Sch10] G. Schmidt: *Relational mathematics*. Encyclopedia of Mathematics and its Applications, vol. 132, Cambridge University Press (2010).
[ScS93] G. Schmidt and T. Ströhlein: *Relations and graphs, Discrete mathematics for computer scientists*. EATCS Monographs on Theoretical Computer Science, Springer (1993).
[TaG87] A. Tarski, S. Givant: A formalization of set theory without variables. AMS Colloquium Publications Vol. 41 (1987).
[Tar41] A. Tarski: On the calculus of relations. Journal of Symbolic Logic 6(3), 73-89 (1941).
[Tha10] B. Thalheim: Towards a theory of conceptual modelling. *Journal of Universal Computer Science*, 16(20):3102–3137 (2010). http://www.jucs.org/jucs_16_20/towards_a_theory_of.
[Tha11] B. Thalheim: The theory of conceptual models, the theory of conceptual modelling and foundations of conceptual modelling. In *The Handbook of Conceptual Modeling: Its Usage and Its Challenges*, chapter 17, 547–580. Springer, Berlin (2011).
[Tha12] B. Thalheim: The science and art of conceptual modelling. In A. Hameurlain et al., editor, *TLDKS VI*, number 7600 in LNCS, 76–105. Springer, Heidelberg (2012).
[Tha12"] B. Thalheim: Syntax, semantics and pragmatics of conceptual modelling. In *NLDB*, volume 7337 of *Lecture Notes in Computer Science*, 1–12. Springer (2012).
[Tha13] B. Thalheim: The conception of the model. In *BIS*, *Lecture Notes in Business Information Processing* 157, 113–124, Springer (2013).
[Tha14] B. Thalheim: The conceptual model ≡ An adequate and dependable artifact enhanced by concepts. In *Information Modelling and Knowledge Bases*, volume XXV of *Frontiers in Artificial Intelligence and Applications, 260*, 241–254, IOS Press (2014).
[Wit58] L. Wittgenstein: *Philosophical investigations*. Basil Blackwell, Oxford (1958).
[RelView] RelView homepage: http://www.informatik.uni-kiel.de/~progsys/relview/

7 Das Modell als Medium. Wissenschaftsphilosophische Überlegungen

Christine Blättler

Verschiedene Disziplinen denken heute darüber nach, was unter einem Modell zu verstehen sei. Immer wieder wird dabei die Frage aufgeworfen, wie das Modell begrifflich gegenüber Theorie, aber auch Hypothese, Konzept oder Simulation abzugrenzen wäre.[1] Wenn auch meist bemerkt wird, wie schwierig eine genaue Grenzziehung sei, und dass Modelle und Theorien auch fließend ineinander übergehen können, wird tendenziell von einer Theorie gesagt, dass sie – je nach Ansatz – wahr oder richtig sei und ein widerspruchsfreies System bilde.[2] Zugleich wird angeführt, dass sich Modelle auf lokale und spezifische empirische Situationen ausrichten und in ihrem Verhältnis zur empirischen Welt konkreter seien als abstraktere Theorien, die global auf etwas Allgemeines zielten.[3] Dem steht die Ansicht entgegen, dass im Unterschied zum allfälligen „Wahrheitskriterium“[4] einer Theorie es bei einem Modell gerade nicht darum gehe, dass es veri- bzw. falsifizierbar oder ein ‚richtiges‘ bzw. ‚falsches‘ Abbild der Realität sei. Stattdessen wird ein „pragmatisches Kriterium“ betont: ein Modell sei anwendungsstark oder -schwach, nützlich oder nutzlos, erfolgreich oder erfolglos, brauchbar oder unbrauchbar. Hier bildet das zentrale Kriterium seine Funktionalität;[5] es erstaunt nicht, dass Modellforschung in pragmatistischen Ansätzen ihre theoretische Ent-

1 Vgl. beispielsweise *Modelle des Denkens.* Streitgespräch in der Wissenschaftlichen Sitzung der Versammlung der Berlin-Brandenburgischen Akademie der Wissenschaften am 12. Dezember 2003. Redaktion Sonja Ginnow, Berlin 2005, gerade auch die Diskussion; Ulrich Dirks/Eberhard Knobloch (Hrsg.), *Modelle*, Frankfurt a.M. 2008; Roman Frigg/Stephan Hartmann, „Models in Science“, in: *The Stanford Encyclopedia of Philosophy* (http://plato.stanford.edu/entries/models-science/, 4. Models and Theory [12. August 2014]); Mary S. Morgan/Margaret Morrison (Hrsg.), *Models as Mediators*, Cambridge 1999, 18; Daniela M. Bailer-Jones, *Scientific Models in Philosophy of Science*, Pittsburgh/PA 2009, chap. 6.

2 Vgl. z.B. Martin Quack, „Modelle in der Chemie“, in: *Modelle des Denkens*, 21–34, 22; Jürgen Ehlers, „Modelle in der Physik“, in: *Modelle des Denkens*, 35–40, 35.

3 Bailer-Jones, *Scientific Models*, 3f. In diesem Sinne wird ein Modell auch als wahr oder falsch bezeichnet; ebd., 209.

4 Jürgen Mittelstraß, „Anmerkungen zum Modellbegriff“, in: *Modelle des Denkens*, 65–67, 67; in der englischsprachigen Wissenschaftsphilosophie wird diese Frage oft über eine Realismus-Antirealismus-Debatte gestellt, vgl. Frigg/Hartmann, „Models in Science“, Abschnitt 5.1.

5 Vgl. die vier Kriterien bei Morgan/Morrison, *Models as Mediators*, 10–37: construction, functioning, representing, learning; bei Herbert Stachowiak, *Allgemeine Modelltheorie*, Wien 1973, 131–133: Abbildungsmerkmal, Verkürzungsmerkmal, Pragmatisches Merkmal.

sprechung findet,[6] und letztlich ihrerseits deren Theoriebegriff bestimmt.

Darüber hinaus wird, gerade verglichen mit einem wahrheitsfähigen Theoriebegriff, auch immer wieder der sowohl bewusst artifizielle wie provisorische und kontingente Charakter des Modells hervorgehoben. Während in der wissenschaftsphilosophischen Diskussion vornehmlich über den praktischen Aspekt von Modellen als Instrumenten oder Hilfsmitteln verhandelt wird,[7] lässt sich erkenntnistheoretisch eine grundlegendere Dimension beobachten. Hier sollen dafür nur zwei Beispiele erwähnt werden. Ein Zeichentheoretiker wie Günter Abel fasst Modelle allgemein als besondere Zeichen und Symbole und bettet sie in seine philosophische Zeichen- und Interpretationstheorie ein: Menschen sind fähig, Zeichen zu erfinden und zu verstehen, sie zu verwenden und anzuwenden, und diese Fähigkeit lässt sich besonders darin beobachten, wie sie Modelle bilden und mit ihnen umgehen. Unter Modell im weiten Sinne versteht Abel eine „Re-Konstruktion zentraler Merkmale" einer konkreten Sache (Objekt, Prozess oder System), „die dann Gegenstand weiterer Untersuchungen werden"[8]. Das gelte prinzipiell auch für Modelle im engeren Sinn – gemäß der gängigen Unterscheidung Skalen- und Analogmodelle, theoretische und mathematische Modelle –, die Abel zugleich als zeichen- und interpretationsbedingt wie interpretationsabhängig fasst. Ein zweiter Ansatz, für den hier stellvertretend Theodor W. Adorno angeführt wird, versteht unter Modellen das Vorgehen, „Schlüsselbegriffe philosophischer Disziplinen" – wie beispielsweise Freiheit – zu „erörtern", „um in diese zentral einzugreifen"[9]. Modelle erfahren hier besondere Wertschätzung, da sie erstens Sachhaltigkeit aufweisen und sich doch vom Faktischen abheben können, da sie zweitens das Spezifische einer Fragestellung treffen, ohne dieses zu verabsolutieren, und da sie drittens verbindlich sind, ohne in ein festes System eingebaut zu sein. Diese Charakteristika, so Vertreter dieses Ansatzes, machen das Modell für die Philosophie besonders wichtig: „Philosophisch denken ist soviel wie in Modellen denken".[10]

Die drei zuletzt genannten Aspekte spielen auch dort eine Rolle, wo Modelle als Instrumente gefasst werden. Dabei wird das Artifizielle, Provisorische, Funktio-

---

6 Z.B. bei Stachowiak.

7 Vgl. Morgan/Morrison, *Models as Mediators*, und zwar bereits im Titel; Ehlers, „Modelle in der Physik", 35; mehr dazu s.u. 7.4.

8 Günter Abel, *Zeichen der Wirklichkeit*, Frankfurt a.M. 2004, 370–387, 372f.

9 Theodor W. Adorno, *Negative Dialektik*, in: ders., *Gesammelte Schriften*, Bd. 6, hrsg. von Rolf Tiedemann, Frankfurt a.M. 1973, 10.

10 Ebd., 39.

nale, Kontingente von Modellen betont und so der wissenschaftsphilosophisch dominante Fokus der Repräsentation,[11] der an ontologische Fragen nach dem Wesen von Modellen gebunden bleibt, auf eine prozesshafte Praxis hin verschoben, die hier als repräsentationskritische Operation ihre epistemologische Relevanz erweist. An derartigen philosophischen Modellkonzeptionen lässt sich eine epistemische Verschiebung ausmachen, wie sie später für die Computersimulation beansprucht wird.[12]

7.1 Instrumental turn

Die praktischen Naturwissenschaften legen den Schwerpunkt auf die Werkzeuge selbst. Auch wenn heute in der Wissenschaftsphilosophie über Theorien als wahrheitsunfähige Werkzeuge debattiert wird (Instrumentalismus vs. Realismus), bekümmern diese philosophische Subdisziplin Werkzeuge immer noch wenig, und bis heute interessiert sie sich vornehmlich für logische Begründungszusammenhänge, nicht für die praktischen Entstehungszusammenhänge. Hans Reichenbach hat diesen Hiatus als die Trennung von *context of justification* und *context of discovery* gefasst.[13] Den philosophischen Theorien wurde die Funktion zugeschrieben, die praktische Forschungsarbeit zu überprüfen; wie sie die Forschung selbst generieren oder unterstützen könnte, lag außerhalb ihres Fragehorizonts.[14] Die Folge war nicht nur die Verfestigung einer weitgehend voneinander abgeschotteten arbeitsteiligen Disziplinarität, sondern auch die fragwürdige Identifizierung von Genesis mit Praxis und Geltung mit Theorie. Quer zu diesem Gefüge stehen seit Mitte der achtziger Jahre die Science and Technology Studies mit Strategien, die die empirische Beforschung wissenschaftlicher Erkenntnispraxen mit Theorieentwicklung koppeln, indem sie Problematisierungsformate epistemologischen Wissens heranziehen. Dabei nehmen gerade Modelle einen wichtigen Stellenwert ein; inzwischen lässt sich auch von wissenschaftsphiloso-

---

11 Vgl. Frigg/Hartmann, „Models in Science“: 1. Semantics: Models and Representation, 2. Ontology: What Are Models? Selbst in ihrer mathematisierten Form; vgl. Stephan Hartmann/Chiara Lisciandra/Edouard Machery, „Editorial: Formal epistemology meets experimental philosophy“, in: *Synthese* 190/8 (2013), 1333–1335. Vgl. a. Ronald N. Giere, „Models, Metaphysics, and Methodology“, http://www.tc.umn.edu/ giere/R&Fpubs.html [12. August 2014].

12 S.u. 1.4.

13 Hans Reichenbach, *Experience and Prediction*, Chicago/IL 1938. Zur heutigen Diskussion s. Jutta Schickore/Friedrich Steinle (Hrsg.), *Revisiting Discovery and Justification*, Berlin 2006.

14 Marcel Weber, „Philosophie des biologischen Experiments“, in: Ulrich Krohs/Georg Toepfer (Hrsg.), *Philosophie der Biologie. Eine Einführung*, Frankfurt a.M. 2005, 359–378; Weber, *Philosophy of Experimental Biology*, Cambridge 2005, chap. 5, 127–153.

phischer Seite ein wachsendes Interesse an Modellen verzeichnen, denn: „models are one of the principle instruments of modern science“[15].

Ab Mitte der 1990er Jahre lässt sich in der Wissenschaftsphilosophie eine Art instrumentaler Wende beobachten, die auch die Modelltheorie betrifft. In „The Tool Box of Science“ konzipierte Nancy Cartwright einen antirealistischen Instrumentalismus „to undermine the domination of theory“: erklärtermaßen beabsichtigt sie, von einer „theory-driven view of models“ zu einer „phenomenologically-driven one“[16] zu gelangen. Allerdings zielt sie, wie bemerkt wurde, weniger auf in der wissenschaftlichen Forschungspraxis einsetzbare Werkzeuge denn auf Werkzeuge, mit denen sich in den konzeptuellen Bereich von Interpretation und Repräsentation eingreifen lasse.[17] Ihr Interesse gilt der Art und Weise, wie das wissenschaftliche Verständnis Instrumente, mathematische Verfahren, aber auch die Form von Labors und industriellen Entwicklungen prägt.[18] Bei diesen „bits of understanding“ gehe es nicht darum, ob sie wahr oder falsch seien und damit einem Theorieanspruch genügen sollten. Vielmehr betrachtet sie diese „bits“ als Modelle realer Dinge und in diesem Sinne als „adaptable tools“[19]. Diese Stoßrichtung, die das Instrument als Metapher einsetzt,[20] nehmen Margaret Morrison und Mary S. Morgan auf: „Just as we use tools as instruments to build things, we use models as instruments to build theory“[21]. Diese Autorinnen entwickeln einen wissenschaftsphilosophischen Ansatz, welcher Modelle im weitesten Sinn[22] als „mediating instruments“[23] konzipiert: Demnach sind Modelle weder nur Theorien noch Tatsachen, vielmehr sind sie zwischen den beiden situiert, und können gerade dadurch zwischen Theorie und Welt vermitteln. Deswegen komme ihnen eine „autonome Komponente“ zu, die es ermögliche, sie als ex-

15 Frigg/Hartmann, „Models in Science“, 1; vgl. a. Morgan/Morrison, *Models as Mediators*, 10.

16 Nancy Cartwright/Towfic Shomar/Mauricio Suarez, „The Tool Box of Science“, in: *Poznan Studies in the Philosophy of the Sciences and the Humanities* 44 (1995), 137–149, 138, 137. S.a. Cartwrights Behauptung, dass hoch idealisierten und unrealistischen Modelle (wie z.B. Denkexperimenten) ein Lerneffekt für „real-life“ zukomme; Cartwright, „Models: Parables v Fables“, in: R. Frigg/M.C. Hunter (Hrsg.), *Beyond Mimesis and Convention*, Dordrecht 2010, 19–31.

17 Evelyn Fox Keller, „Models of and Models for. Theory and Practice in Contemporary Biology“, in: *Philosophy of Science*, Proceedings, 67/2 (1998), 72–86, 73.

18 Nancy Cartwright u.a., „Tool Box“, 138.

19 Ebd.

20 So Keller, „Models“, 73, 74, 75.

21 Morgan/Morrison, *Models as Mediators*, 7.

22 Physische Objekte, mathematische Strukturen, Diagramme, Computerprogramme etc.; vgl. ebd., 32.

23 Ebd., chapter 2, 10–37.

plorative Instrumente in beiden Bereichen zu nutzen; in diesem Sinne sprechen Morgan/Morrison auch von Modellen als „autonomous agents“[24] und räumen ihnen eine gleichwertige Position neben Theorien und Daten[25] ein. Sie unterstreichen, dass Modelle zu einem beträchtlichen Teil unabhängig von Theorien entstehen[26] und dass dafür implizites und praktisches Wissen (tacit skill, craft skill[27]) verantwortlich sei; aus diesem Grund wird Modellieren oft als Kunst (art), Kunstfertigkeit oder Handwerk (craft) bezeichnet.[28]

Morgan/Morrisons systematischer Ansatz des Modells geht von vier Fragen aus: wie sind Modelle konstruiert, wie funktionieren sie, was repräsentieren sie, und wie lernen wir von ihnen? Entsprechend bestimmen sie als die vier grundlegenden Elemente von Modellen Konstruktion, Funktionieren, Repräsentieren und Lernen. Insgesamt betrachten sie das Modell als „both a means to and a source of knowledge“[29], nämlich als „an active agent in the production of scientific knowledge“[30]. In ihrer Definition von Instrumenten bzw. Werkzeugen sind diese als vom zu bearbeitenden Ding zwar unabhängig, aber doch mit ihm verbunden gefasst.[31] Zugleich ist Instrument jedoch nicht gleich Instrument. Damit ein Instrument als Untersuchungswerkzeug (tool of investigation[32]) und damit wissensgenerativ zu verstehen ist, müsse es eine gewisse Art von Repräsentation beinhalten: Modelle repräsentieren bei Morgan/Morrison entweder einen bestimmten Aspekt der Welt oder einen bestimmten Aspekt von Theorien über die Welt oder beides. Sie betonen, dass sie Repräsentation nicht als (passive) Spiegelung verstehen, sondern als „a kind of rendering“[33], und damit als (aktives) Tun, das von etwas anderem (der ‚realen Natur‘, einem System oder einer Theorie) abstrahieren, in etwas anderes übersetzen oder etwas anderes verkörpern kann. Modelle und Simulationen beschreiben sie als rekursiv aufeinander verwiesen: Modelle repräsentieren Systeme über Simulationen, die wiederum erst die Modelle herzustellen erlauben.[34] Den Lerneffekt, der im Forschungsprozess gesucht

---

24 Ebd., 10.
25 Vgl. ebd., 36.
26 Vgl. ebd., 13.
27 Ebd., 12.
28 Vgl. ebd., 31.
29 Ebd., 35.
30 Ebd., 29.
31 Als Beispiel dient Morgan/Morrison der Hammer: Obwohl er von beiden, Nagel wie Wand, getrennt ist, ist er zu der Aufgabe bestimmt, den Nagel in die Wand zu schlagen; vgl. ebd., 11.
32 Ebd., 11.
33 Ebd., 27.
34 Vgl. ebd., 30.

werde, machen Morgan/Morrison in der Prozessualität des Baus und der Handhabung eines Modells aus, dem damit eine Qualität des Eingreifens zukommt: „the power of the model only becomes apparent in the context of its use“[35]. Dabei ist das Modell ein technisches Ding, das seinerseits technisches Tun ermöglicht: „models function as a technology that allows us to explore, build and apply theories, to structure and make measurements, and to make things work in the world. It is in the process of using these technologies to interrogate the world or our theory that learning takes place.“[36]

Von Morgan/Morrisons Ansatz möchte ich im Folgenden drei Punkte aufnehmen und in einem erweiterten philosophischen Zusammenhang zur Diskussion stellen, um damit auf einen Begriff des Modells als Medium hinzuführen: 1. der experimentelle Einsatz des Modells – hier liefert die Experimentforschung bedenkenswerte Erkenntnisse; 2. das Modell als technisches Ding mit seinen Möglichkeiten für technisches Tun – dies erfordert eine technikphilosophische Reflexion des Modells; 3. Simulation – sie figuriert nicht nur computertechnologisch, auch medientheoretisch und differenzphilosophisch als Schlüsselbegriff.

7.2 Modell und Experiment

Modell und Experiment unterhalten Beziehungen, die in Morgan/Morrisons Buch erst auf den zweiten Blick ersichtlich werden. So führen sie an, dass Modelle als Instrumente für Experimente dienen und die erfolgreiche Manipulation eines Modells als äquivalent mit experimenteller Evidenz gelten kann.[37] Um die von ihnen aufgeworfene Fragestellung auszuloten, ist es lohnenswert, der Experimentforschung mehr Aufmerksamkeit zukommen zu lassen. Hier geht es nicht primär um die Frage, ob Modelle selbst als Experimente zu bezeichnen sind, sei es als „materielle“ oder „immaterielle“.[38] Vielmehr soll hier zum Einen der Bezug auf die

35 Ebd., 12.
36 Ebd., 32.
37 Ebd., 20. Vgl. a. das Beispiel S. 33.
38 Vgl. dazu Wendy S. Parker, „Does Matter Really Matter? Computer Simulations, Experiments, and Materiality“, in: *Synthese* 169/3 (2009), 483–496. Aktuell wird eine „experimental philosophy“ für eine philosophische Modellierung reklamiert, dabei wird jedoch sowohl ein anderer Ansatz wie eine grundsätzlich andere Stoßrichtung verfolgt als im vorliegenden Artikel; vgl. Hartmann u.a., „Editorial: Formal epistemology“. Zum Experimentbegriff in der Computersimulation s. Evelyn Fox Keller, „Models, Simulation, and ‚Computer Experiments‘“, in: Hans Radder (Hrsg.), *The Philosophy of Scientific Experimentation*, Pittsburgh/PA 2003, 198–215; s.a. Gabriele Gramelsberger, „Computersimulationen – Neue Instrumente der Wissensproduktion“, in: Renate Mayntz

Experimentforschung hergestellt werden, da offenkundig Modellierungen häufig in einem Experimentalzusammenhang getätigt werden. Zum Anderen steht in den Science Studies das Experiment im Fokus der „praktischen Wende"[39], und gerade in dieser Hinsicht lassen sich Erkenntnisse in die philosophische Reflexion über Modelle und Modellieren übertragen. Dieser Zugriff steht in Kontrast zur wissenschaftsphilosophischen Debatte unter dem dominierendem Einfluss des Logischen Empirismus, der das Experiment in den Hintergrund treten ließ. Obwohl das Experiment „spätestens seit Francis Bacon als das Wahrzeichen der neuzeitlichen Wissenschaften gilt"[40], wurde ihm allein die Rolle der Überprüfung von Theorien zugestanden.[41] Die *context distinction* mit ihrem wissenschaftsphilosophischen Fokus auf *justification* lief auf das Problem hinaus, wie Theorien zu rechtfertigen seien; was das Experiment leistete, war vergleichsweise irrelevant. Entsprechend wurde sogar von einer philosophischen „Unsichtbarkeit des Experiments"[42] gesprochen.

Seit den 1980er Jahren ist im Kontext wissenschaftshistorischer und dann zunehmend auch wissenschaftsphilosophischer Studien eine Aufwertung der wissenschaftlichen Praxis auszumachen. Insbesondere das Experiment wird für seinen „*wissensgenerierenden, schöpferischen* Charakter"[43] geschätzt. Entsprechend eröffnet sich mit dem Studium von Experimentalsystemen und -settings grundlegend die Möglichkeit einer „Epistemologie von unten"[44]. Wirkmächtig wurde in diesem Zusammenhang auch die wissenschaftsphilosophisch motivierte Reexamination der epistemologische Bedeutung des Experimentierens durch Ian Hacking mit seinem 1983 erschienen Buch *Representing and Interve-*

---

u.a. (Hrsg.), *Wissensproduktion und Wissenstransfer. Wissen im Spannungsfeld von Wissenschaft, Politik und Öffentlichkeit*, Bielefeld 2008, 75–95.

39 Hans-Jörg Rheinberger, *Epistemologie des Konkreten*, Frankfurt a.M. 2006, 17.

40 Rheinberger: „Wissensräume und experimentelle Praxis", in: Helmar Schramm u.a. (Hrsg.), *Bühnen des Wissens. Interferenzen zwischen Wissenschaft und Kunst*, Berlin 2003, 366–382, 366.

41 Vgl. Michael Heidelberger, „Die Erweiterung der Wirklichkeit im Experiment", in: ders./Friedrich Steinle (Hrsg.), *Experimental Essays – Versuche zum Experiment*, Baden-Baden 1998, 71–92, 71.

42 Heidelberger, „Erweiterung", 77. Heidelberger wich gerade im Punkt der philosophischen Einschätzung des Experiments von Peter Galison ab, der für die Zeit von 1920–1960 einen epistemischen Vorrang von Beobachtung und Experiment gegenüber der Theorie ausmachte. Nach Heidelberger erliege er hier der Gleichsetzung von Beobachtung und Experiment, denn für das Experiment würde dies keinesfalls zutreffen (78).

43 Ebd., 73.

44 Rheinberger, *Experimentalsysteme und epistemische Dinge*, Frankfurt a.M. 2006, 9.

ning. Hackings Formel „Experimentation has a life of its own“[45] zielt auf den Befund, dass ein großer Teil der experimentellen Praxis unabhängig von übergeordneten Theorien verläuft. Der *New Experimentalism*[46], den Hacking maßgeblich angestoßen hat, reklamiert für sich die Entdeckung des Experiments und der handwerklich-technischen Praxis im Labor als wissenschaftsphilosophisch relevantes Thema. Als Grundzüge einer ganzen Bandbreite von Ansätzen, die das Experiment ins Zentrum setzen, wird aufgelistet, dass 1. das Experiment andere Aufgaben hat, als Theorien zu belegen, dass es nämlich z. B. selbst erforschend ist, ohne dass es eine bestimmte vorher existierende und zu überprüfende Theorie verlangen würde; dass 2. experimentelles Wissen eine eigene interne Stabilität aufweist, die auch Veränderungen in der Theorie übersteht; dass 3. die Unterscheidung zwischen Beobachtung und Experiment eine Rolle spielt; dass sich 4. Theorien und Experimente zusammen entwickeln und aufstellen lassen; dass 5. die Details der experimentellen Praxis Beachtung finden.[47] Im Zuge dieses sogenannten *experimental turn* und nicht zuletzt durch die Beiträge der genannten Autoren ist es üblich geworden, zwischen theoriebestimmten (und der Überprüfung dienenden) und explorativen (wissensgenerierenden) Experimenten zu unterscheiden.[48]

Vergleicht man diese Diskussion mit dem Buch von Morgan/Morrison, so springen die Gemeinsamkeiten ihrer Anliegen ins Auge: Erstens und grundlegend die epistemologische Aufwertung der wissenschaftlichen Praxis, genauer von Instrumenten und technischem Eingreifen; zweitens eine gewisse Unabhängigkeit von Theorien, wie die Bezeichnung des Modells als „autonomous agent“ anzeigt; drittens der Aspekt der Wissensgenerierung, z.B. der Exploration als „active agent in the production of scientific knowledge“[49]. Dabei beziehen sich Morgan/Morrison 1999 weder auf die Experimentforschung im Allgemeinen noch auf Hacking im

45 Ian Hacking, *Representing and Intervening. Introductory Topics in the Philosophy of Natural Science*, Cambridge 1983, 150.

46 Robert Ackermann, „The New Experimentalism“, in: *British Journal for the Philosophy of Science* 40/2 (1998), 185–190.

47 Die Auflistung folgt Weber, *Philosophy of Experimental Biology*, 128ff.

48 Steinle, „Exploratives vs. theoriebestimmtes Experimentieren: Ampères erste Arbeiten zum Elektromagnetismus“, in: Heidelberger/ders., *Experimental Essays*, 272–297, 286. S.a. Steinle, *Explorative Experimente. Ampère, Faraday und die Ursprünge der Elektrodynamik*, Stuttgart 2005. Vgl. a. die Dreiteilung, die Elisabeth Pernkopf vorschlägt: Experimente als Prüfinstanzen, zur Bestimmung unbestimmter Parameter und als ein Spiel mit Möglichkeiten; Pernkopf, *Unerwartetes erwarten. Zur Rolle des Experimentierens in naturwissenschaftlicher Forschung*, Würzburg 2006, 47–72.

49 Morgan/Morrison, *Models as Mediators*, 29.

Besonderen.[50] Doch manifestiert sich in der Sache schon damals eine auffallende Übereinstimmung mit dessen Ansatz bis in einzelne Formulierungen hinein, so schreiben sie beispielsweise: „models can have a life of their own“[51]. Auch sehen sie Modelle aufgrund ihres relativ unabhängigen Status von Theorien und Daten in der Produktion wissenschaftlichen Wissens einen besonderen Stellenwert einnehmen. In ihrer Monographie *The World in the Model* von 2012 macht Morgan im ersten Kapitel Modellieren als Untersuchungsmethode stark und distanziert sich von einem prüfenden Modellierungsverständnis; es ist genau diese Unterscheidung zwischen prüfendem und forschendem Experiment, die aus der Experimentdebatte bekannt ist[52]. Im Sinne des explorativen Experiments fokussiert Morgan nun auf das Modellexperiment und widmet diesem ein eigenes Kapitel. Wie bereits im Titel *The World in the Model* markiert, spielt der Unterschied zwischen wirklicher Welt und Modellwelt auch beim Experiment eine wichtige Rolle. Morgan spricht „real experiments“ eine größere epistemologische Macht zu als Modellexperimenten, da diese – jedenfalls in ihrem Untersuchungsbereich, der Ökonomie – nicht in einer Welt mit realen Menschen und realen Märkten, sondern in einer Welt stattfinden, die aus mathematischen Gleichungen, Diagrammen etc. besteht. Doch Morgan unterstreicht die Möglichkeit von Modellexperimenten, überraschende, unerwartete Resultate zu produzieren und damit in der kleinen Welt eines Modells etwas Neues zu entdecken.[53]

Auch wenn sie, wie in der Experimentforschung, auf das Innovationspotential von Modellexperimenten abhebt, bleibt Morgan einem Repräsentationsdiskurs verpflichtet, was sich deutlich an zwei Merkmalen festmachen lässt. Zum Einen beschreibt sie Modelle prägnant als Artefakte und „working objects“ und stellt sie realen bzw. natürlichen Objekten gegenüber[54] – doch gerade bei Laborexperimenten hat man es mit vielfältigen Artefakten zu tun, was eine deutliche Scheidung von natürlichen und künstlichen Elementen problematisch werden lässt.

50 Später expliziert Morgan das Verhältnis von Modell und Experiment und referiert auch auf Hacking. Darin bleibt sie allerdings auf das Repräsentationsproblem fokussiert; vgl. Morgan, „Experiments Without Material Intervention: Model Experiments, Virtual Experiments and Virtually Experiments“, in: Radder (Hrsg.), *The Philosophy of Scientific Experimentation*, 216–235, bes. 217; dies., „Experiments versus Models: New Phenomena, Inference, and Surprise“, in: *Journal of Economic Methodology* 12/2 (2005) 317–329; dies., *The World in the Model. How Economists Work and Think*, Cambridge 2012, bes. Kap. 7 und 399.

51 Morgan/Morrison, *Models as Mediators*, 18.

52 Vgl. Christine Blättler, „Das Experiment im Spannungsfeld von Freiheit und Zwang“, in: *Deutsche Zeitschrift für Philosophie*, 58/6 (2010), 873–889.

53 Morgan, *World*, 296.

54 Vgl. ebd., Kap. 10.

Zum Anderen begründet sie die von ihr gegenüber dem materiell-empirischen Laborexperiment hervorgehobene Schwäche des virtuellen Modellexperiments ontologisch, obwohl sie gerade epistemologisch erhellend wäre, nämlich als Unterschied zwischen exaktem und unsicherem Wissen.[55]

Morgan/Morrison betonten am Modell sowohl seinen repräsentativen wie intervenierenden Charakter und markieren damit einen Zugriff, wie ihn Hacking in seiner Monographie *Representing and Intervening* titelgebend anzeigt: „Models function not just as a means of intervention but also as a means of representation."[56] Modellieren nennt dieser „eine äußerst umfassende Zwischentätigkeit" zwischen Spekulieren und Experimentieren.[57] Auch wenn er weniger von materiellen als von mentalen Modellen ausgeht, distanziert er sich von einem Verständnis, das Modelle für vereinfachende „Vermittlungsinstanzen"[58] auf dem Weg von realen Phänomenen zu ihren entsprechenden Theorien hält; die Beziehungen zwischen Modellen, Theorien und Phänomenen bezeichnet er als „verschiedenartig und komplex"[59] und nimmt dies pluralistisch gegen eine *unity of science* als Zeichen für die „unermessliche Überfülle"[60] der Wissenschaft.

Die Checklist, die Hacking für das Studium des Experimentierens entwickelt hat, unterscheidet verschiedene Elemente, in einer früheren Version acht, später fünfzehn. Darunter fallen Anfangsfragen (die nicht unbedingt beantwortet werden müssen, wenn das Experiment einen Weg nimmt, der zu anderen Fragen und Antworten führt); Hintergrundwissen; eine systematische Theorie; aktuelle Hypothesen; die in den Apparaturen verkörperten Theorien; eine Zielsetzung; Werkzeuge; Datengeneratoren; die Daten selbst; die Datenverarbeitung (Erhebung, Einschränkung, Analyse); und zuletzt die Dateninterpretation. Diese Checklist ließe sich in leicht erweiterter Fassung auf das Modellieren übertragen, um dessen Komplexität wie Diversität gerecht zu werden: Zusätzlich zu Daten, Theorien, Experimenten und Equipment wären auch Modelle zu den „plastic resources"[61]

---

55 S.a.u. 7.4.

56 Morgan/Morrison, *Models as Mediators*, 12.

57 Hacking, *Einführung in die Philosophie der Naturwissenschaften* (Originaltitel: *Representing and Intervening* 1983), Stuttgart 1996, 357, 358.

58 Ebd., 359.

59 Ebd., 361.

60 Ebd.; vgl. a. 363, wo Hacking davon ausgeht, dass Gesetze untereinander nicht widerspruchsfrei seien. Obwohl er sich auf den konstruktivistischen Ansatz von Cartwright bezieht, argumentiert Hacking auf einer realistischen Basis.

61 Hacking, „Living in the Material World: On Realism and Experimental Practice", in: David Gooding (Hrsg.), *The Uses of Experiment. Studies in the Natural Sciences*, Cambridge 1989, 481.

im Forschungsprozess zu zählen. Mit den von Hacking als für den Experimentalprozess charakteristisch ausgemachten Elementen lassen sich komplexe Muster von Ajustierungen beschreiben, und auch Modellieren würde fassbar als „potential modification of any of the elements“[62]. Dabei gilt: Auch wenn ein Element etabliert ist, muss es nicht unveränderlich sein. Bei Hacking resultiert durch das Zusammenspiel all dieser Elemente Stabilität, und er charakterisiert diesen Vorgang als „self-vindicating structure“.

Mit den Lebenswissenschaften, die – wie heute vielfach betont wird – die Physik als Leitwissenschaft abgelöst haben, tritt der Stellenwert der wissenschaftlichen Praxis noch einmal stärker und neuerlich akzentuiert hervor. Greifbar wird dies beispielsweise in Evelyn Fox Kellers Kritik an den Ansätzen von Cartwright und Morgan/Morrison; Keller moniert, dass diese von einer grundlegenden Trennung zwischen Theorien und Dingen ausgehen, womit sie ebenfalls auf den erwähnten Repräsentationsdiskurs zielt. Um der trotz aller Aufmerksamkeit für die Rolle von Forschungspraxen mitgeführten Theoriedominanz entgegenzutreten, bringt sie die Biologie „with its traditional refusal of a division between theory and experiment“[63] als besseres „Antidot“ in Anschlag. In diesem Sinne argumentiert Keller dafür, dass Modelle als Instrumente nicht nur der konzeptuellen Entwicklung dienen, sondern gleichzeitig Instrumente für materielle Veränderung und Intervention sein können.[64] Dies erläutert sie am Beispiel eines molekularbiologischen Modells, das zugleich als „Modell von“ sowie „Modell für“ die Regulierung der Genaktivität funktioniert. Der hier beobachtbare permanente Wechsel zwischen Formulierung des Modells auf der einen und Design wie Ausführung der Experimente auf der anderen Seite markiere den Prozess der Modellierung als Tätigkeit, „with the authors as subject, and the experiments and the conceptual schematic as a single, unparseable, composite object“[65]. Das Modell als eine eigene Entität stehe erst am Ende dieses Prozesses und könne seinerseits als „quasi-independent tool“ für weitere Experimente dienen. Die Vermischung

S.a. Hacking, „Philosophers of Experiment“, in: Arthur Fine/Jarrett Leplin (Hrsg.), *Proceedings of the biennial meeting of the Philosophy of Science Association* (PSA 1988), Bd. 2, East Lansing 1989, 147–156; ders., „The Self-Vindication of the Laboratory Sciences“, in: Andrew Pickering (Hrsg.), *Science as Practice and Culture*, Chicago/IL 1992, 29–64.

62 Hacking, „Self-Vindication“, 50.

63 Keller, „Models“, 75. Morgan in „Experiments Without Material Intervention“ unterscheidet zwar noch zwischen den Grenzfällen von „material laboratory experiments“ und „mathematical model-experiments“ (232), zollt aber den „Hybriden“ in der Forschungspraxis Rechnung (vgl. 233).

64 Ebd., 77.

65 Ebd., 82.

von konzeptuellen und materiellen Werkzeugen, wie sie Keller in der molekularbiologischen Forschungspraxis beobachtet, führt sie dazu, vom traditionellen wissenschaftsphilosophischen Fokus auf die Repräsentationsfrage und deren Wahrheitsanspruch den Blick auf die Fragen danach zu verschieben, welche Priorität welche Intervention warum hat.[66]

Dieselbe Stoßrichtung verfolgt Alfred Nordmann. Bei Cartwright, Morgan und Morrison kritisiert er, dass zwar ein wissenschaftsphilosophisch „neues technisches Idiom" einziehe und „große Fragen" wie diejenigen nach Realismus oder wahrer Welterkenntnis verschwänden, es aber immer noch um die traditionelle wissenschaftsphilosophische Leitfrage der Übereinstimmung von Darstellung und Wirklichkeit gehe.[67] Auch Tarja Knuuttila moniert am vielgelobten Lerneffekt von Modellen, dass dieser genau auf ihrer Repräsentationsfunktion basiere: „we can lern from models because they represent"[68]. Gegen repräsentationszentrierte Ansätze betont sie nicht nur, dass Modelle unabhängige Entitäten seien, vielmehr versteht sie sie als intentional konstruierte Dinge und fasst sie pragmatistisch als epistemische Artefakte, deren vielfache Materialisierungen die vorangehenden Intentionen durchkreuzen.[69] Denn werden nicht Modelle gerade dafür geschätzt, dass sie „produktiv" sind, sie etwas produzieren, das nicht beabsichtigt war, das nicht in dem intendierten Zweck steckte, als dass sie möglichst wahrheitsgetreu etwas abbilden?[70]

Eine „grundlegende Umorientierung unseres Blicks auf die inneren Abläufe des Forschungsprozesses"[71] fordert auch der von einer Auseinandersetzung mit der molekularbiologischen Forschung gespeiste wissenschaftshistorische Ansatz von Hans-Jörg Rheinberger. Er selbst wendet sich vornehmlich der experimentellen Praxis zu und hält fest, „dass das Modellbilden und Modellieren wesentlich zur experimentellen Praxis und damit zur Praxis aller modernen Wissenschaft

---

66 Ebd., 85.

67 Alfred Nordmann, „Im Blickwinkel der Technik: Neue Verhältnisse von Wissenschaftstheorie und Wissenschaftsgeschichte", in: *Berichte zur Wissenschaftsgeschichte* 35 (2012), 200–216, bes. 207–208.

68 Tarja Knuuttila, „Models, Representation, and Mediation", in: *Philosophy of Science*, 72/5 (2005), 1206–1271, 1265.

69 Zum Stellenwert epistemischer Artefakte s. a. Heidrun Allert/Christoph Richter, „Modellierung als sozio-materielle Praktik" in diesem Band.

70 Vgl. Knuuttila, „Models", 1267, 1268. Daraus gewinnt Knuuttila eine erklärtermaßen neue Sicht auf Repräsentation die sie als doppeltes Phänomen fasst, zu dem neben der intentionalen Repräsentationbeziehung ein „material sign-vehicle" gehöre (1269).

71 Rheinberger, *Experimentalsysteme*, 25.

gehört"[72]. Im Zusammenhang mit der experimentellen Praxis entwickelt Rheinberger sein Konzept des epistemischen Dings, das sich gewinnbringend in die Modelldiskussion aufnehmen lässt. „Epistemische Dinge sind die Dinge, denen die Anstrengung des Wissens gilt – nicht unbedingt Objekte im engeren Sinn, es können auch Strukturen, Reaktionen, Funktionen sein. Als epistemische präsentieren sich diese Dinge in einer für sie charakteristischen, irreduziblen Verschwommenheit und Vagheit."[73] Das epistemische Ding ist also ein noch unfixierter, oft nachgerade mysteriöser Forschungsgegenstand, der zugleich wie eine Art Motor des Forschungsprozesses wirkt: Er fordert forschende Anstrengungen heraus. Entsprechend macht Rheinberger am epistemischen Ding eine „Rehabilitation des ‚Entdeckungszusammenhangs'" aus, der „eine grundsätzliche Neubewertung der wissenschaftlichen Praxis"[74] erfordere. Epistemische Dinge können sich nach Rheinberger zu technischen Dingen verfestigen, und umgekehrt können technische Dinge zu epistemischen werden. Da es sich nicht um verschiedene ontologische Kategorien von Dingen handelt, hieße das für ein Modell, dass es nicht nur je nach dem jeweiligen Moment im Forschungsprozess, sondern auch je nach Perspektive als (Rheinbergersches) epistemisches oder technisches Ding zu bezeichnen wäre. Diese Unterscheidung steht dann jedoch selbst zur Disposition, wenn nämlich ein technisches Ding nicht allein oder primär als Mittel zum Zweck gefasst wird, sondern ihm selbst epistemische Kraft zugesprochen wird.

7.3 Modellieren als technisches Tun, das Modell als technisches Ding

Wenn das Modell als Werkzeug konzipiert wird, steht gemeinhin sein instrumenteller Charakter im Zentrum: Es wird hergestellt, um einem bestimmten Zweck zu dienen, es ist Mittel zum Zweck. Davon zeugt ein Großteil der eingangs erwähnten Modellkonzeptionen. Über Mittel-Zweck-Relationen wird philosophisch seit der Antike Technik verhandelt. Das altgriechische Verständnis von *technē* (lateinisch *ars*) hat allerdings eine bedeutend breitere Bedeutung als der heutige Technikbegriff, es umfasst in einem weiten Sinn Kunstfertigkeit, praktisches Können, professionelles Wissen.[75] Entsprechend zählen sowohl Werkzeug wie Kunstwerk zum vormodernen Technikverständnis. Alle drei Weisen des Tuns, wie sie Han-

72 Ders., *Epistemologie*, 13.

73 Ders., *Experimentalsysteme*, 27. Vgl. auch epistemische und technische Dinge, 27–34.

74 Ebd., 27.

75 „Techne", in: *Der Neue Pauly. Enzyklopädie der Antike*, hrsg. v. Hubert Cancik u. Helmuth Schneider, Bd. 12/1, Stuttgart 2001, 66–68.

nah Arendt im Rückgriff auf die Antike mit Arbeiten, Herstellen und Handeln unterscheidet, unterhalten ein Verhältnis zu Technik, auch wenn Arendt selbst Technik dem Herstellen zuordnet; *poiesis* wird mit Aristoteles als Hervorbringen bzw. Herstellen gemäß eines äußeren Zweckes gefasst. Dies entspricht dem heute gängigen instrumentellen Verständnis von Technik, welches wiederum in humanistischen und marxistisch argumentierenden technikkritischen Diskursen als Verdinglichung moniert wird. Aristoteles beschränkte allerdings seinen Technikbegriff nicht auf die *poiesis*, sondern bezog ihn ebenso auf die *praxis*, das Handeln. Der entscheidende Unterschied liegt darin, dass die Mittel-Zweck-Relation verschoben ist: Während beim Herstellen ein äußerer Zweck leitend ist, definiert sich das Handeln über einen inneren Zweck, einen Zweck in sich selbst.[76]

Was kann dies nun für das Verständnis heutigen technischen Tuns, für die Frage nach der Rolle des Eingreifens von Experiment und Modellierung in den heutigen Wissenschaften heißen? Diese Frage ist auch im Zuge des aktuellen „technological turn" zu verstehen: Analog zur Verschiebung von „science" zu „technoscience"[77] wird der repräsentationsfokussierten Wissenschaftsphilosophie die Perspektive auf eine „Technowissenschaftsphilosophie" gegenüber gestellt, die auf „das Verhältnis von Wissen und Können in den vielfältigen Fertigkeiten des Bauens und Machens, des Manipulierens und Modellierens" zielt.[78] Modellieren ist technisches Tun: eine Praxis, die Artefakte hervorbringt und mit ihnen umgeht, und deshalb lässt sich Modellieren als Kulturtechnik[79] verstehen. Diese Herangehensweise modifiziert den über eine Mittel-Zweck-Relation definierten Technikbegriff. In den Science and Technology Studies werden technische Dinge nicht als (passives) Zwischenglied, oder anders formuliert als Mittel zu einem äußeren Zweck gefasst, sondern sie sind als (aktive) „Mittler" konzipiert, die „gleichzeitig Mittel und Zweck"[80] sind. Dies markiert eine bemerkenswerte Verlagerung: Während (technisches) Handeln klassisch einem menschlichen Subjekt zugesprochen wird, kommt nun Handlungsmacht (agency) allen möglichen Entitäten und gera-

---

76 Vgl. Aristoteles, *Nikomachische Ethik*, 1094a.

77 Bernadette Bensaude-Vincent/Sacha Loeve/Alfred Nordmann/Astrid Schwarz, „Matters of Interest: The Objects of Research in Science and Technoscience", in: *Journal for General Philosophy of Science*, 42/2 (2011), 365–383.

78 Nordmann, „Blickwinkel", 200, 201.

79 Vgl. Harun Maye, „Was ist eine Kulturtechnik?", in: *Zeitschrift für Medien- und Kulturforschung* 2010/1, 121–135.

80 Bruno Latour, *Der Berliner Schlüssel*, Berlin 1996, 49.

de auch technischen Dingen zu. So problematisch diese Konzeption auch ist,[81] so signifikant ist ihre ontologische wie epistemologische Stoßrichtung: Ontologisch verabschiedet sie jeglichen Konstruktivismus und steht für einen Realismus, der wieder auf eine von konstruierenden Subjekten unabhängige, selbständige und objektive Wirklichkeit zählt. Epistemologisch favorisiert sie ein „Eigenleben der Dinge",[82] welches zu neuem Wissen führen kann, das Menschen von sich aus nicht verfügbar wäre und das sie ohne diese technischen Dinge gar nicht erlangen könnten. In diesem Sinne sind Modelle als technische Dinge nicht mehr hinreichend als theoriegebunden, zweckmäßig und ‚subjektiv' zu verstehen,[83] handelt es sich doch um Charakteristika, die an ein konstruierendes und verfügendes Subjekt gebunden sind.

Wenn vor diesem Hintergrund und mit Blick auf das Werkzeug eine „Rehabilitierung der instrumentellen Vernunft"[84] gefordert wird, geschieht dies in zweifacher Hinsicht: Einmal richtet es sich gegen ein verkürztes rationalisiertes, zweckbestimmtes und nutzenorientiertes Technikverständnis, wie es mit technikkritischem Impetus von einer Vielzahl recht unterschiedlicher Autoren vorgebracht wurde.[85] Zum anderen wird versucht, einen Technikbegriff stark zu machen, der Technik grundlegend als schöpferische Kulturleistung des sich selbst behauptenden Menschen versteht.[86] Die Reformulierung der instrumentellen Vernunft im Sinne eines *instrumental turn* skandalisiert mit diesem nicht mehr instrumentelle Verfügung, sondern will die Logik und das Wissen der Instrumente selber verstehen.

Pointiert lässt sich festhalten: Wir tun nicht nur etwas mit den Dingen, die Dinge tun auch etwas mit uns. Eine Wechselseitigkeit, die im Modell als operativem

81 S. dazu Blättler, „List der Technik", in: *Zeitschrift für Kulturphilosophie* 2013/2, 271–285; dies./Falko Schmieder (Hrsg.), *In Gegenwart des Fetischs. Dingkonjunktur und Fetischbegriff in der Diskussion*, Wien 2014.

82 Zum Eigenleben der Modelle s.a. *Modelle des Denkens*, 101, 117.

83 Vgl. den auf Peirce aufbauenden Ansatz von Claas Lattmann, „Die Welt im Modell: Zur Geburt der systematischen Modellierung in der antiken griechisch-römischen Kultur" in diesem Band, Kapitel 15, S. 307, bes. S. 308

84 Birgit Recki, „Auch eine Rehabilitierung der instrumentellen Vernunft. Blumenberg über Technik und die kulturelle Natur des Menschen", in: Michael Moxter (Hrsg.), *Erinnerung an das Humane. Beiträge zur phänomenologischen Anthropologie Hans Blumenbergs*, Tübingen 2011, 39–61.

85 Angeführt werden dafür immer wieder Max Horkheimer, Hannah Arendt, Günter Anders, Friedrich Georg Jünger.

86 Vgl. z.B. Ernst Cassirer und Hans Blumenberg.

Objekt, als besonderem technischen Ding der Erkenntnisgenese und -sicherung umso deutlicher zu beobachten ist: Wir stellen ein Modell als Instrument her bzw. verwenden es, aber dieses Modell wirkt zugleich auf uns zurück. Es kommt gerade hier sehr wohl darauf an, mit welchem konkreten Modell man es zu tun hat und wie es entstanden ist – handelt es sich um ein Denk- oder ein Skalenmodell, um ein analoges oder ein theoretisches, gar ein mathematisches Modell? Aus welchen Bestandteilen und warum wurde dieses bestimmte Modell gebildet? Die Unterscheidung in epistemische und technische Dinge implodiert bzw. wird rein analytisch, wenn ein Modell zugleich als Instrument seinen gezielten Einsatz findet und neues Wissen generiert, verfügbar und unverfügbar zugleich ist. Einander bedingende Verhältnisse lassen sich allerdings auch ohne Rekurs auf die Akteur-Netzwerk-Theorie denken. Diese arbeitet sich an einem einseitig verstandenen (Sozial-)Konstruktivismus ab und ignoriert weitgehend die lange philosophische Debatte der Problematisierung von Subjekt- und Objektbegriffen und ihrer jeweiligen Beziehungen. Diese Beziehungen sind technikphilosophisch lesbar und können dazu dienen, ein aktuelles Verständnis des Modellierens zu artikulieren. Bei dieser Tätigkeit greift die Frage zu kurz, ob nun eine Welt erschlossen oder erzeugt wird, vielmehr transformieren sich alle am Forschungsprozess beteiligten Instanzen, auch die Forscherin, das Modell, ‚die Welt'; sie alle verändern sich.[87] Es handelt sich um einen Verwiesenheitszusammenhang, der sich medientheoretisch illuminieren lässt: „Strategien des Wissens" werden sichtbar gemacht, „die in einem Geflecht von Medientechniken und Diskursregeln ihre Wirksamkeit entfalteten"[88].

7.4 Simulation: medientheoretisch, differenzphilosophisch, computertechnologisch

In der heutigen wissenschaftsphilosophischen wie fachwissenschaftlichen Modellliteratur fällt auf, wie die Bezeichnungen Modell und Simulation nahezu synonym verwendet werden. Das mag seinen Grund darin haben, dass unter Simulation gegenwärtig vornehmlich die „Modellierung eines dynamischen Systems mit Hilfe des Computers (‚computergestützte Simulation')"[89] verstanden wird. Doch sowohl Modell wie Simulation haben als philosophische Begriffe ihre

87 Vgl. Christoph Hubig, *Die Kunst des Möglichen* I, Bielefeld 2006, 198f.

88 Bernhard Siegert, „Schein versus Simulation, Kritik versus Dekonstruktion", in: Rheinberger/Michael Hagner (Hrsg.), *Die Experimentalisierung des Lebens. Experimentalsysteme in den biologischen Wissenschaften 1850/1950*, Berlin 1993, 226–240, 227.

89 Bernhard Dotzler, „Simulation", in: *Ästhetische Grundbegriffe*, hrsg. von Karlheinz Barck u.a., Bd. 5, Stuttgart 2003, 509–534, 509.

je eigene Geschichte, die in der Computersimulation auf spezifische Art und Weise zusammentreffen.

Medientheoretisch sensibilisierte Autoren spürten im Begriff der Simulation andere Dimension von Welthaltigkeit auf, nämlich einen Weltenüberschuss. Auch Computer geben nicht allein Hilfestellung bei der Simulation bestehender Systeme, vielmehr generieren sie auch die „mediale Konstruktion künstlicher Welten, virtueller Wirklichkeiten, irrealer Realitäten“[90]. Im Unterschied zu den meisten wissenschaftsphilosophischen Modellkonzepten, die vornehmlich als eine Repräsentationsbeziehung diskutiert werden, operiert der medientheoretische Simulationsbegriff gerade nicht über einen zwingenden, bzw. jeweils zu etablierenden Verweisungscharakter.[91] Simulationen repräsentieren insofern auch nicht notwendig Dinge, Tatsachen oder Theorien. In den radikalen Fassungen eines derartigen Ansatzes lassen Simulationen Phänomene entstehen „die keinen anderen Rückhalt haben als das Medium, das sie hervorbringt“[92]. Jean Baudrillard bezeichnete diese Epiphänomene als Simulakren, welche sich nicht mehr hinsichtlich einer vorausgesetzten Realität definieren, sondern über ihre Referenzlosigkeit in medial konstruierten künstlichen, auch hyperreal genannten Welten.[93] Simulakren bestehen aus referenzlosen Zeichen, die nicht mehr auf etwas anderes referieren. Sie sind im Gegenteil auf einer einzigen Ebene angesiedelt und zirkulieren außerhalb des hierarchischen Zeichenverhältnisses von Signifikat und Signifikant. Den Simulationsbegriff bezieht Baudrillard auf eine „Macht verselbständigter Zeichenprozesse“[94], diese wiederum fasst er de-referentiell und immateriell und unterstellt ihnen damit wohlwollend ambivalent die Potenz des Realitätsentzugs. Doch bei Baudrillard ist Simulation nicht mit Fiktion gleichzusetzen, vielmehr ist es der Einsatz der Simulation, die Opposition von real und fiktiv zu hintergehen. Die „Logik der Simulation“ unterscheidet er sowohl von einer Logik der Tatsachen wie einer Logik der Vernunft. In der Simulation haben Modelle nicht nur ihren Ort, darüber hinaus charakterisiert Baudrillard die Simulation selbst mit einer „*Präzession* des Modells“: diese macht er in einer andauernden verschiebenden Kreiselbewegung aus, die Modelle und Tatsachen

---

90 Ebd.

91 Vgl. a. John von Neumann, der nach der Ära der Repräsentation diejenige der Simulation kommen sah; Claus Pias (Hrsg.), *Cybernetics – Kybernetik. The Macy Conferences 1946–1953*, Zürich/Berlin 2001, Bd. 1, 171–202.

92 Dotzler, „Simulation“, 509.

93 Z.B. Jean Baudrillard, *Agonie des Realen*, Berlin 1978, 10; ders., *Simulacres et simulation*, Paris 1981, 12.

94 Dotzler, „Simulation“, 518.

nie zur Übereinstimmung gelangen lässt. Tatsachen schließlich „entstehen im Schnittpunkt von Modellen“[95] und verschmelzen in diesem Prozess mit ihnen.

Baudrillards zeitweise dominierende Simulationstheorie hat eine frühere „Ästhetik der Simulation“[96], mit welcher der emphatische Produktionsbegriff des 19. Jahrhunderts problematisiert wurde, und andere philosophische Ansätze, die sich darum bemüht haben, Kraftfelder des Simulakrums zu denken, in den Hintergrund treten lassen. Doch gerade hier finden sich bedenkenswerte Versuche, über das Merkmal der Ähnlichkeitsbeziehung den Modellbegriff philosophisch zu erweitern. Rolle und Funktion von Ähnlichkeitsbeziehungen werden auch in der angloamerikanischen Wissenschaftsphilosophie starkgemacht,[97] und es lässt sich gar ein modelltheoretischer „simulacrum account“[98] finden. Auf diesen rekurriert Cartwright, um ihren erklärtermaßen anti-realistischen Modellbegriff zu charakterisieren. Bemerkenswerterweise findet sich in ihrer Darstellung kein Verweis auf die französische Konjunktur dieses Begriffs seit den 1960er Jahren. Vielmehr führt sie eine Definition aus dem Oxford English Dictionary von 1933 (!) an: „something having merely the form or appearance of a certain thing, without possessing its substance or proper qualities.“[99] Diese Definition stimmt mit ihrem Verständnis von der Rolle von Modellen in der Physik überein: „A model is a work of fiction.“[100]

Zwischen diesem stellvertretend für die angelsächsische Debatte gewählten Beispiel und der französischen Diskussion um Simulakren bestehen grundlegende Unterschiede. Zwar wird in beiden Fällen mit den Termini Ähnlichkeit, Simulakrum und Fiktion gearbeitet und jeweils auch eine konstruktivistische Stoßrichtung verfolgt, doch im ‚französischen‘ Diskurs ist das Simulakrum grundsätzlich repräsentationskritisch gesetzt. Entsprechend soll, wie oben bei Baudrillard gezeigt, der Simulakrumbegriff die Dichotomie von real und fiktiv, aber auch diejenige von Idee und Ding sowie von Theorie und Praxis unterlaufen. Roland Barthes hatte dies bereits 1963 programmatisch als „activité structuraliste“ formuliert: Es gehe darum, reflexiv oder poetisch ein Objekt zu rekonstruieren, und zwar so, dass sich in dieser Rekonstruktion die Regeln seines Funktionierens manifestieren. In diesem Sinne bezeichnet er die Struktur als „*simulakrum* des Objekts, aber

95 Baudrillard, *Agonie*, 30; *Simulacres*, 32.
96 Vgl. Claus-Artur Scheier, *Ästhetik der Simulation*, Hamburg 2000.
97 Vgl. Morgan/Morrison, *Models as Mediators*, dazu s. u.
98 Cartwright, *How the Laws of Physics Lie*, Oxford 1983, 143–162.
99 Ebd., 152f.
100 Ebd., 153.

ein gezieltes, ‚interessiertes' Simulakrum, da das imitierte Objekt etwas zum Vorschein bringt, das im natürlichen Objekt unsichtbar, oder wenn man lieber will, unverständlich blieb"[101]. Diese „Imitation" unterliegt bestimmten Operationen: „Der strukturale Mensch nimmt das Gegebene, zerlegt es, setzt es wieder zusammen"[102]. Erkenntnis wird nicht als passiver, ursprünglicher Eindruck der Realität gefasst, sondern als Prozess, der in einer aktiven Operation ein Objekt intelligibel macht.

Neben Barthes' Vorschlag legten in Frankreich Pierre Klossowski und Gilles Deleuze genuin philosophische Konzeptionen des Simulakrums vor. Klossowski nahm zu Beginn der 1960er Jahre das lateinische *simulacrum* auf und suchte dessen Resonanzen für eine spezifische Konstellation zu aktualisieren: Schein- oder Trugbild/simulacre, Ähnlichkeit/similitude, Gleichzeitigkeit/simultanéité, Vortäuschung/Simulation, Verstellung/dissimulation.[103] Unter Simulakrum versteht Klossowski ein geschaffenes Objekt, das sich weder auf ein Original bezieht noch selbst Originalität beansprucht.[104] In der Schöpfung eines sinnlichen Objekts, primär einem Kunstwerk, sieht er einen befreienden Gestus, da in ihm Kräfte imaginativ objektiviert werden, die sonst in Wünschen und Ängsten eingeschlossen blieben.[105] Während Klossowski das Simulakrum ans künstlerische Schaffen bindet, lässt sich Deleuze von Kunstwerken zum Denken des Simulakrums anregen, insbesondere von Warhols „seriengenerierenden Serien"[106]. Deleuze beabsichtigt jedoch nicht wie später Baudrillard, Realität und Fiktion implodieren zu lassen, sondern zielt darauf, mit dem Simulakrum die klassische platonische Hierarchie von Urbild und Abbild, Idee und Phänomen aufzusprengen. Schon der antike Modellbegriff steht jedoch quer zu dieser Hierarchie; *paradeigma* kann je nach

---

101 Roland Barthes, „L'activité structuraliste", in: *Les lettres nouvelles* 1963, 211–219, hier 213; dt.: „Die strukturalistische Tätigkeit", übers. von Eva Moldenhauer, in: *Kursbuch* 5/1966, 190–196, 191.

102 Ebd.

103 So die Auflistung bei Michel Foucault, „Aktaions Prosa", in: *Schriften zur Literatur*, München 1974, 104–118, hier 108; „La prose d'Actéon" (1964), in: *Dits et écrits*, hrsg. von Daniel Defert/François Ewald, Bd. 1, Paris 2001, 354–365, 357. Foucault selbst gab dem Begriff Simulakrum gegenüber Alternativen wie etwa Imitation oder Fiktion den Vorzug; Foucault, „Distance, aspect, origine" (1963), in: ebd., 300–313, 303.

104 *Le peintre et son démon, entretiens avec Pierre Klossowski*, hrsg. von Jean-Maurice Monnoyer, Paris 1985, 40.

105 Vgl. Pierre Klossowski, „Sade et Fourier", in: *Les derniers travaux de Gulliver suivi de Sade et Fourier*, Montpellier 1974, 33–77, 46.

106 Gilles Deleuze, *Logik des Sinns*, Frankfurt a.M. 1993, 324; *Logique du sens*, Paris 1969, 306.

Zusammenhang Urbild/Vorbild wie Abbild heißen.[107] Deleuze durchkreuzt das hierarchische Verhältnis als Inbegriff der Repräsentation mit den Simulakren, den Schatten aus Platons Höhle: Sie gehorchen keiner Repräsentationslogik, sondern operieren über grundlegende Differenzen, die produktiv gemacht werden sollen. Entsprechend steht für Deleuze die Simulation als Kraft bzw. Macht, einen Effekt zu produzieren.[108] Diese kommt Simulation im Unterschied zu einfacher Nachahmung grundsätzlich zu; im Sinne schöpferischer Möglichkeiten verändert sie das, was sie nachahmt, indem sie ihm etwas eigenes hinzufügt.[109] Darin wird ihre Ambivalenz und „Doppelgesichtigkeit" gesehen: „Sie ist Spiel und Ernst, Täuschung und Großtat, Vorspiegelung und Kunst, Inszenierung und Vergegenwärtigung, Verstellung und Lernprozess."[110]

Die Repräsentationskritik, wie sie hier paradigmatisch über das Simulakrum formuliert wird, moniert, dass Zeichen, Symbole, Bilder oder allgemein Artefakte auf jeweils etwas anderes verweisen sollen; in ihrer metaphysischen Konsequenz betrifft dies auch höhere Realitäten oder ewige Wahrheiten. Simulakren repräsentieren nicht etwas anderes, vielmehr präsentieren sie sich selbst. An dieser Stelle sei angemerkt, dass der deutsche Begriff Darstellen ebenso wenig in einer Verweisungsfunktion einer identisch gefassten Mimesis zwischen Wort und Gegenstand aufgeht. Darstellung lässt vielmehr Raum für Gestaltung, auf den vorzugsweise die Künste setzen. Evident ist dies bei den sogenannten darstellenden Künsten wie Theater, Tanz oder Medienkunst und ihren Praxen der Werkinszenierung und des In-Szene-Setzens. Bedenkt man, welcher Stellenwert der Theatermetaphorik in der französischen Theorie zukommt,[111] wird ersichtlich, dass deren auf den Verweisungscharakter konzentrierte Repräsentationskritik das, was im Deutschen unter Darstellung fällt, nur bedingt betrifft.[112] Die „zwei Gesichter"

---

107 Vgl. „Paradeigma", in: *Der Neue Pauly*, Bd. 12/2, Stuttgart/Weimar 2002, 1078–1081; Lutz Käppel, „Die PARADEGMA-Inschrift im Tunnel des Eupalinos auf Samos", in: *Antike und Abendland* 45 (1999), 75–100. S.a.u. 7.5 drittens.

108 „La simulation désigne la puissance de produire un *effet*" (Deleuze, *Logique du sens*, 304; *Logik des Sinns*, 321).

109 Michel Serres/Nayla Farouki (Hrsg.), *Thesaurus der exakten Wissenschaften* (1997), Frankfurt a.M. 2001, 873.

110 Ebd., 874, 873.

111 Vgl. z.B. Foucault, „Theatrum philosophicum" (1970), in: *Dits et écrits*, Bd. 1, 943–967; Jacques Derrida, „Freud ou la scène de l'écriture", in: *L'écriture et la différance*, Paris 1967, 293–340/„Freud und der Schauplatz der Schrift", in: *Die Schrift und die Differenz*, Frankfurt a.M., 302–350.

112 Zu dieser Problematik s.a. Blättler, „Demonstration und Exploration. Aspekte der Darstellung im wissenschaftlichen und literarischen Experiment", in: *Experiment und Literatur: Themen, Methoden, Theorien. Ein Kompendium*, hrsg. von Michael Gamper, Göttingen 2010, 236–

machen sich auch bei der Computersimulation bemerkbar: Einerseits bietet sie laut dem *Thesaurus der exakten Wissenschaften* als Forschungsinstrument viele Möglichkeiten, Zeit, Geld und Realexperimente zu sparen; andererseits besteht eine Tendenz zu Verselbständigung, womit Simulationen von (experimenteller) Erfahrung entkoppelt und nur noch durch sich selbst legitimiert werden.[113] Um Simulation als wissenschaftliches Verfahren zu rechtfertigen, empfiehlt der *Thesaurus*, das jeweilige Modell im Blick zu behalten und insbesondere zu bedenken, dass Simulation ein „vorläufiges Verfahren", „eine Inszenierung" ist, die auf einem Modell basiert, und der Geltungsbereich des Modells immer von bestimmten Bedingungen abhängt.[114]

Während Computertechnologien weite Bereiche wissenschaftlicher Forschung bestimmen, hat sich Computersimulation als maßgebliches neues Instrument der Wissensproduktion durchgesetzt: „a new means of knowledge production and especially representation of complex dynamics in science and technology as well as a tool for the development of new and better technical artifacts in a rapidly expanding range of fields".[115] Auch bei dem (synonym verwendeten) Mittel, Werkzeug oder Instrument der Computersimulation ist die Rede von einem Weltüberschuss, und zwar insofern, als es sich um ein „generic instrument" handelt: „a device that incorporates and highlights a general instrumentation principle or concept".[116] Die Generizität sehen Küppers et al. darin, dass Computersimulation eine Affinität zu hyperrealistischen Modellen aufweist, die nicht nur eine bestehende Welt repräsentieren, sondern genauso eine neue, nämlich eine virtuelle Welt schaffen.[117] Daran macht Gabriele Gramelsberger eine Verschiebung von Präzision zu Vagheit aus: Wenn Newtonsche Physik sich an einem Ideal exak-

---

251. Rheinberger, *Experimentalsysteme*, Kap. 6: Räume der Darstellung unterscheidet drei Bedeutungen von Repräsentation: Stellvertretung, Verkörperung, Realisierung, die Rheinberger mit Peirces Semiotik korreliert: symbols, icons, indices (127–130). In der Modelldiskussion der Berlin-Brandenburgischen Akademie der Wissenschaften hat diesen Punkt Horst Bredekamp eingebracht; Diskussionsbeitrag Bredekamp, „Diskussion", in: *Modelle des Denkens*, 91–120, 97.

113 Serres/Farouki, *Thesaurus*, 875.

114 Ebd., 876. Mit Überprüfbarkeit wird hier allerdings ein einseitiges Experimentverständnis zugrunde gelegt.

115 Vgl. Günter Küppers/Johannes Lenhard/Terry Shinn, „Computer Simulation: Practice, Epistemology, and Social Dynamics", in: Lenhard/Küppers/Shinn (Hrsg.), *Simulation. Pragmatic Construction of Reality*, Dordrecht 2006, 3–22, 4. Zu Computersimulation als neuem Mittel der Wissensproduktion s.a. Gramelsberger, „Computersimulationen".

116 Küppers u.a., „Computer Simulation", 18; vgl. Baudrillard, *Agonie*, 10; ders., *Simulacres et simulation*, Paris 1981, 12.

117 Küppers u.a., „Computer Simulation", 21.

ten Wissens orientierte, in dem sie es mit einem „exakten Berechenbarkeitsraum monokausaler und linearer Zusammenhänge" zu tun hatte, führt der Computer, dieses neue Instrument der Wissensproduktion, sehenden Auges in einen Bereich „unsicheren Wissens", in nichtlineare Dynamiken von „komplexen Wechselwirkungen, Approximationen, Heuristiken".[118]

Computertechnologien fordern die philosophische Reflexion besonders in ontologischer und epistemologischer Hinsicht heraus. Wenn allerdings die neue Technik der Computersimulation bis heute gerne für einen epistemologischen Bruch weg vom Repräsentationsdenken in den Wissenschaften verantwortlich gemacht wird,[119] ist Vorsicht geboten. So entgegnet dieser Behauptung Evelyn Fox Keller: „no single technical innovation can be held responsible"[120], und spricht stattdessen von einem stufenweisen Transformationsprozess: „the epistemological novelty of computer simulation in fact emerged only gradually – not as a consequence of the introduction of any single technique, but as the cumulative effect of an ever-expanding and conspicuously malleable new technology"[121]. Zu diesem Schluss kommt sie, indem sie einerseits den Simulationsbegriff verfolgt sowie sein Verhältnis zu demjenigen des Modells befragt. Im Unterschied zur früheren Bedeutung von Simulation im Sinne von falschem Schein beobachtet Keller seit dem zweiten Weltkrieg einen entscheidenden Wandel: der trügerische Charakter wurde durch einen produktiven ersetzt, und zwar „in particular, designating a technique for the promotion of scientific understanding"[122]. Diese neue Bedeutung motivierte offenbar dazu – wie die heutige wissenschaftsphilosophische und -historische Literatur zeigt – die Termini Simulation und Modell austauschbar werden zu lassen. Keller analysiert dafür drei Etappen, die je eigene Signaturen von „epistemological novelty" tragen: Zuerst Computer wurden eingesetzt, um mit numerischer Analyse mathematische Gleichungen zu lösen; dann wurden sie für Computerexperimente verwendet, um Modelle zu identifizieren; und letztlich dienten Computer zur Konstruktion von Modellen selbst.[123] Umgekehrt gilt mit Blick auf die Simulation einer kontinuierlichen Lösung, dass

118 Gramelsberger, „Computersimulationen", 78, 77.

119 Vgl. z.B. Peter Galison, „Computer Simulations and the Trading Zone", in: ders./David J. Stump (Hrsg.), *The Disunity of Science. Boundaries, Contexts, and Power*, Stanford/CA 1996, 118–157; Claus Pias, „On the Epistemology of Computer Simulation", in: *Zeitschrift für Medien- und Kulturforschung* 2011/1, 29–54, 30, 31.

120 Keller, „Models, Simulation", 202.

121 Ebd., 201.

122 Ebd., 198.

123 Ebd., 202ff.

deren numerische Berechnung „unabhängig davon, ob diese per Hand, mit einfachen Rechenmaschinen oder mit elektronischen Computern“[124] getätigt wird; die heutigen Computersimulationen verlangen nur ganz andere Quantitäten von Rechnungsleistungen. Demnach trennt auch das vielzitierte neue und transdisziplinäre „Mode 2“ Wissen vom traditionell und disziplinär genannten „Mode 1“ Wissen kein epistemologischer Bruch. Abgesehen davon, dass die disziplinäre Ausdifferenzierung sich erst im Lauf des 19. Jahrhunderts etabliert hat,[125] wird moniert, dass das „Mode 2“ Wissen eine „konservative, methodologische Weiterentwicklung“ darstellt: „Komplexität, synoptische Erkenntnis und Reflexivität“ basieren „weiterhin auf mathematisch explizierbaren und numerisch abbildbaren Theoriezusammenhängen“[126], wobei die Mathematisierbarkeit es erleichtert, Wissen zu integrieren. Diese Ausführungen machen auch deutlich, wie mathematisch enggeführt ein von der Computersimulation her konzipierter Modellbegriff ist. Zugleich wird Wissen so jedoch spezifisch mathematisch definiert, nämlich „entscheidungslogisch präfiguriert“ und „algorithmisch prozessiert“[127], als binär codierte eindeutige Information, die in der „Abstraktheit des Gesamtprozesses“ weder Mehrdeutigkeit und Ambivalenz noch reziproke und responsive Kommunikation erlaubt, aber in Form der Rekursion versucht.[128] Aufgrund der engen „Verquickung von Technizität mit Mathematizität“ in der Kybernetik spricht Dieter Mersch von der „mathematischen Bedingung“[129] des computertechnologischen Zeitalters. Wenn gemäß der mathematischen Bedingung auch Denken mit Rechnen identifiziert wird, konfligiert dies mit dem philosophischen Selbstverständnis verschiedenster Traditionen, die zwar gerne auf Mathematik als Ideal referieren, Denken jedoch keineswegs mit entscheidungslogischer Determination und algorithmischen Prozessen gleichsetzen.

---

124 Gramelsberger, „Computersimulationen“, 81.

125 Vgl. Wolf Lepenies, *Das Ende der Naturgeschichte. Wandel kultureller Selbstverständlichkeiten in den Wissenschaften des 18. und 19. Jahrhunderts*, München 1976.

126 Gramelsberger, „Computersimulationen“, 93. Den aktuellen Wandel macht Gramelsberger in neuen Schnittstellen zwischen Politik und Wissenschaft aus, aber nicht im „epistemologischen Kern der Wissensproduktion“ (76). Zum alten und neuen Modus von Wissen vgl. bes. Michael Gibbons/Camille Limoges/Helga Nowotny/Simon Schwertzmann/Peter Scott/Martin Trow, *The New Production of Knowledge. The Dynamics of Science and Research in Contemporary Societies*, London u.a. 1994.

127 Dieter Mersch, *Ordo ab chao – Order from Noise*, Zürich 2013, 65.

128 Baudrillard, „Requiem für die Medien“ (1972), in: *Kool Killer oder Der Aufstand der Zeichen*, Berlin 1978, 83-118, bes. 91f., 104f., 108.

129 Dieter Mersch, *Ordo ab chao*, 46.

Angesichts von Computertechnologien mag einigen deutlich geworden sein, wie repräsentationszentriert weite Teile der Wissenschaftsphilosophie sind. Philosophisches Denken in Modellen konnte und kann allerdings sehr wohl ohne Kybernetik praktiziert werden, und die philosophische Tradition kennt verschiedene repräsentationskritische Ansätze. Es lässt sich aber auch nicht umgekehrt sagen, dass dieses Denken mit der Computersimulation sein technisches Äquivalent erhalten hätte. Einmal ist der Unterschied zwischen einem einzelnen Werkzeug bzw. Modell und einem „large technological system“[130] der computerbasierten Wissenschaften zu berücksichtigen; man würde fehlgehen, ein einzelnes Modell für eine einfache Computersimulation und das große System Computersimulation für ein zusammengesetztes Modell zu halten.[131] Es handelt sich hier nicht nur um einen Skalenunterschied, sondern ebenso um eine andere Qualität, die Wahrnehmung und Erfahrung betrifft. Deshalb kann Computersimulation nicht additiv von einem einzelnen Modell her adäquat verstanden werden. Ein epistemologischer Bruch ist nicht darin auszumachen, dass Computersimulation die philosophische Reflexion von ihrem Repräsentationsdenken weg- und damit zu einem neuen Wissensbegriff führt, die Technik sozusagen den Bruch verursacht. Vielmehr wäre der Bruch in einer durch Computersimulation spezifisch historisch-technisch markierten Produktion von Wissen zu sehen, die quantitativ und qualitativ neu ist, wobei diese Technik den Bruch ausdrückt. Im Kontext der Computersimulation wird offensichtlich eine ihrerseits artefaktische mathematische Matrix verselbständigt, insofern diese Technik zunehmend die verschiedenen Wissenschaften vereinheitlicht[132] und unterschiedliche Lebensbereiche technisiert[133]. Deshalb reicht es nicht aus, lediglich Genesen dieses Wissens zu untersuchen, genauso dringlich ist es, dessen Geltungsansprüche in den Blick zu nehmen. Wenn zugunsten eines komplexen, rekursiven, approximativen und heuristischen Wissens das Ideal exakten Wissens verabschiedet wird, geht leicht vergessen, dass das Wissen, welches Computersimulation erzeugt, mathematisch definiert und produziert ist, also durch Rechnen gekennzeichnet ist und

---

130 Thomas P. Hughes, „The Evolution of Large Technological Systems“, in: Wiebe E. Bijker/Thomas P. Hughes/Trevor Pinch (Hrsg.), *The Social Construction of Technological Systems. New Directions in the Sociology and History of Technology*, Cambridge 1989, 51–82.

131 Vgl. a. Blättler, „List“.

132 Gramelsberger, „Computersimulationen“, 93. Darin sieht Gramelsberger auch den Grund für Interdisziplinarität und Problemorientierung – diese folgten weniger aus institutionellen und strukturellen Veränderungen als daraus, dass algorithmische und mathematische Darstellungsstrukturen die verschiedenen Wissenschaften zunehmend durchdringen: „Kompatibilität wird als Interdisziplinarität interpretiert und Algorithmisierung als Problemorientierung.“ (ebd.)

133 S. dazu Gernot Böhme, *Invasive Technisierung. Technikphilosophie und Technikkritik*, Zug/Schweiz 2008.

„einer rein funktionalen Sichtweise“[134] unterliegt; ungefähres oder provisorisches Wissen bedeutet hier letztlich statistisch gemitteltes Wissen. Dieses Wissen bzw. treffender diese numerische Information ist weiter operationalisierbar, auch ungeachtet der Probleme, welche die Auswahl der Parameter sowie fehlerhafte Anfangsdaten zeitigen.[135]

7.5 Ansätze einer medialen Epistemologie des Modells

Technikphilosophisch ist das Modell nicht adäquat zu begreifen, wenn es nur hinsichtlich seines instrumentellen Einsatzes betrachtet wird. Deshalb ist es gerade hinsichtlich des Modells angebracht, „Technikphilosophie auch als Medienphilosophie“[136] zu betreiben. Die dazu nötige „Reflexion der Medialität“ muss nicht auf eine „Kunst des Möglichen“ hin zielen und letztlich in eine Technikethik als „provisorische Moral“ münden.[137] Hier soll es nicht um eine den Freiraum von Gestaltungsmöglichkeiten erkundende Ethik gehen, ebenso wenig um eine mit der Repräsentationsfrage besetzte Ontologie. Vielmehr wird auf ein epistemologisches Problem fokussiert, nämlich die Genese und Geltung von Wissen. Dabei liegt der Akzent auf der Zwischenstellung des Modells. Im Folgenden sollen unterschiedliche Dimensionen eines medial gefassten Modells rekapituliert und zur Diskussion gestellt werden.

Erstens: *Das Modell als Mittel.* Darunter fällt zunächst sowohl umgangssprachlich wie praktisch die Konzeption des Modells als Instrument, über das zu einem bestimmten Zweck verfügt wird. Über das Verhältnis von Mittel und Zweck artikuliert sich historisch seit der Antike philosophisches Fragen nach der Technik. Das Nachdenken über Technik geht allerdings weder damals noch heute in einer

134 Gramelsberger, „Computersimulationen“, 87.

135 Zum Anfangswertproblem und Parametrisierungen s. ebd., 86, 87.

136 Hubig, *Die Kunst des Möglichen* II, Bielefeld 2007, 231. Diese thesenhafte Forderung zieht Christoph Hubig aus dem philosophischen Nachdenken über Technik: Einerseits begreift klassische Technikphilosophie „Technik als Inbegriff der Mittel (Fähigkeiten und Fertigkeiten, Weisen des Herstellens oder Veränderns“, das Wissen darüber „sowie konkrete Akte des Bewirkens und Einsatz von Artefakten“ (ebd.). Andererseits richtet sich menschliche Tätigkeit darauf, „die *Möglichkeit* des Mitteleinsatzes abzusichern“, wobei sie „die natürlichen Medien (gestaltet)“ (ebd.). Hubig setzt, gegen eine „technomorphe“ Verkürzung, auf den Möglichkeitsaspekt von Technik. Von Technik als „Inbegriff der Mittel“ gelangt Hubig zu seinem Konzept von Technik als „Reflexionsbegriff“ (Hubig, *Kunst* I, 229–234).

137 Vgl. Hubig, *Kunst*, I und II.

„technizistischen“ oder „technomorphen“ Verkürzung auf,[138] denn es zielt nicht allein auf das Herstellen von etwas, sondern auch auf das Handeln; in beiden Fällen wird das Modell als Mittel verstanden, jedoch zwischen Herstellen und Handeln unterschieden. Entsprechend lässt sich Modellieren gemäß eines dem Modell äußerlichen Zwecks (Herstellen) von einem Modellieren als besonderem technischen Tun mit einem Zweck in sich selbst (Handeln) unterscheiden.[139] Jedoch wird auch grundsätzlich die Mittel-Zweck-Relation in Frage gestellt und deshalb vom Terminus Mittel abgerückt, um sich konzeptuell von einem oft einseitigen Mittel-Verständnis zu distanzieren, das als passiv, verfügbar und einem bestimmten Zweck unterworfen gefasst wird.

Zweitens: *Das Modell als Mittler*. Medientheoretisch transportiert das Modell weder einen „Cargo“[140] von seiner Herstellung zu seiner Anwendung, noch geht es um eine ideale Kommunikation, bei der eine ursprüngliche Nachricht möglichst ‚rein' von einem Sender an einen Empfänger übermittelt wird. Vielmehr bringt ein Medium die in Rede stehende Triade erst hervor. Gerade der Fokus auf Materialität und Technik lässt nicht nur den intendierten Zweck, genauso die kommunikationstheoretisch favorisierte Botschaft zwischen Sender und Empfänger zugunsten eines technischen bzw. medialen A priori zurücktreten. Spätestens seit Marshall McLuhans „the medium is the message“ handelt es sich beim Medium weder um etwas Neutrales noch Passives, sondern um eine Instanz, die speichert, überträgt und verarbeitet,[141] bzw. zirkuliert,[142] übersetzt und übermittelt.[143] Der Fokus liegt vorwiegend auf der jeweiligen Technik. Gerne ist von einem (aktivem) Mittler (mit oder ohne Zweck in sich selbst) und entsprechender Unverfügbarkeit oder sogar Eigenleben die Rede. Damit wird einer sowohl philosophischen wie forschungspraktischen Erfahrung Rechnung getragen, dass Mittel und Zwecke nicht eindeutig und definitiv zuzuordnen sind, sie sich vielmehr in ihrer Unter-

---

138 Vgl. Hubig, *Kunst I*, bes. 139–142.

139 Vgl. 1.

140 Bernd Mahr, „Cargo. Zum Verhältnis von Bild und Modell“, in: Ingeborg Reichle/Steffen Siegel/Achim Spelten (Hrsg.), *Visuelle Modelle*, München 2008, 17–40.

141 Vgl. z.B. Friedrich Kittler, *Die Wahrheit der technischen Welt*, Frankfurt a.M. 2013, 188.

142 Gerhard Gamm, „Technik als Medium. Grundlinien einer Philosophie der Technik“, in: Michael Hauskeller/Christoph Rehmann-Sutter/Gregor Schiemann (Hrsg.), *Naturerkenntnis und Natursein*, Frankfurt a.M. 1998, 94–106 .

143 Sibylle Krämer, „Übertragen als Transfiguration oder: Wie ist die Kreativität von Medien erklärbar?“, in: *Zeitschrift für Medien- und Kulturforschung* 2010/2, 77–93.

scheidung und Relation dauernd verändern.[144] Entsprechend wird die Medialität von Mittel-Zweck-Verbindungen auch Transformations- und Möglichkeitsraum genannt, der es erlaubt, „Möglichkeitsräume technischen Handelns"[145] zu gestalten. Indem das Modell als Mittler konzipiert wird, lässt sich grundsätzlich eine praktische Dimension akzentuieren: sei dies medienapriorisch bzw. sogar mediendeterministisch verursachend, oder kulturtechnisch konstituiert wie konstituierend; sei dies im Sinne eines Akteurs, der mit Handlungsmacht (agency) ausgestattet ist, oder eines Boten, der etwas anderes sichtbar macht und dabei selbst verschwindet.[146]

Drittens: *Das Modell als Mittleres*. Wissenschaftsphilosophisch wird besonders die Zwischenstellung sowie seine Rolle als Vermittler ins Feld geführt: so vermitteln Modelle zwischen Theorie und Welt bzw. Realität, und zwar als „mediating instruments";[147] ebenso wurde darauf hingewiesen, dass sie zwischen Allgemeinem („general accounts") und Einzelnem („particular descriptions"),[148] zwischen Theorie und Erfahrung[149] sowie Spekulieren und Experimentieren[150] vermitteln. Die je nach theoretischem Ansatz unterschiedlichen und auch unterschiedlich komplexen Vermittlungsfunktionen kommen durch die spezifische Zwischenstellung von Modellen zustande, die in ihrer Zweiseitigkeit liegt. Diese zeichnet schon das antike Modell aus; *paradeigma* steht je nach Zusammenhang sowohl für Abbild von etwas wie Vorbild für etwas. Es ist genau diese zweifache Valenz, die auch heute von verschiedenster Seite dem Modell zugeschrieben wird und die Frage der Repräsentation der Wirklichkeit von innen heraus problematisiert:

So markieren diese Zweiseitigkeit unabhängig voneinander die Wissenschaftsphilosophin Evelyn Fox Keller und der Technikphilosoph Christoph Hubig, aber auch der Informatiker Bernd Mahr mit „Modellen von" und „Modellen für". In

---

144 Vgl. a. eine klassische Formulierung bei Hegel im „unendlichen Progress der Vermittlung"; Georg Wilhelm Friedrich Hegel, *Wissenschaft der Logik* II, in: ders., *Werke*, Red. Eva Moldenhauer/Karl Martens Michel, Bd. 6, Frankfurt a.M. 1986, 456.

145 Hubig, *Kunst* II, 231; s.a. Gerhard Gamm, „Technik als Medium", 102.

146 Krämer bezeichnet als „*definitorischen Kern*" ihres ‚metaphysischen' Medienverständnisses und „‚Grundgesetz' medialer Leistungen" das Wechsel- und „Bedingungsverhältnis von ‚etwas Vergegenwärtigen' und ‚sich selbst dabei Ausblenden'", von „‚Erscheinenlassen' und ‚Sich-Zurücknehmen'"; Krämer, *Medium, Bote, Übertragung. Kleine Metaphysik der Medialität*, Frankfurt a.M. 2008, 274.

147 Morgan/Morrison, *Models as Mediators*.

148 Morgan, *World*, 389.

149 Vgl. Serres/Farouki, *Thesaurus*, 627–629.

150 Vgl. Hacking, *Einführung*, 357.

seinem auf ein Modellsein zielenden Ansatz hält Mahr es für entscheidend, dass die „beiden konzeptuellen Beziehungen“ verknüpft werden.[151] Hubig insistiert auf einem „Doppelcharakter von Modellen“[152], der analog zu den äußeren wie inneren Mitteln Modelle als Gegenstände für etwas von Modellen als Abstraktionen von etwas unterscheidet. Er bezieht sich dabei auf einen Prozess, bei dem sich die beteiligten Entitäten verändern, und auf das Modell als ein Realisat, das weiterhin veränderbar ist.[153] Fox Keller sieht den molekularbiologischen Modellierungsprozess nicht nur eine strikte Trennung von Theorien und Realität bzw. Konzepten und materiellen Dingen aufsprengen. Vielmehr gehört zu diesem Prozess selbst, dass das entstehende Modell andauernd zwischen Ab- und Vorbild hin- und herspringt und sich gerade in dieser Bewegung erst ein Modell als solches konstituiert. Ähnlich formuliert der Chemiker Martin Quack ein zweiseitiges Verhältnis zwischen Modell und Realität: „Das Modell kann nachträglich als Abbild einer vorher bestehenden Realität geschaffen werden oder aber eine Realität (z.B. ein Gebäude) kann nach einem vorher entworfenen Modell (im Geiste, auf dem Papier, im Atelier, im Labor) später ‚erstellt‘ werden. Diese Zweiseitigkeit ist auch in der Chemie sehr geläufig, je nachdem, ob der Chemiker zum Beispiel analytisch einen in der Natur bestehenden Stoff als Modell ‚nachbaut‘ oder ein Molekül nach einem in seinem Geiste (oder auf dem Papier) entworfenen Modell als ‚Molekülarchitekt‘ neu aufbaut.“[154] Der Wissenschafts- und Technikhistoriker Eberhard Knobloch pointiert dieses Verhältnis als Form umgekehrter Blickrichtungen: „Das Modell ist ein Abbild, es ahmt nach, es ist retrospektiv.“[155] Und umgekehrt: „Das Modell ahmt vor, es ist prospektiv.“[156] Der Kunsthistoriker Horst Bredekamp schließlich gesteht beiden, Modellen für etwas wie Modellen von etwas, zu, dass sie sowohl ermöglichend wie defizitär seien und zwischen Modell und avisiertem Gegenstand immer eine „Lücke“ verbleibe: Weder können Modelle etwas Reales in seiner ganzen Fülle vorwegnehmen noch abbilden. Zudem sieht er eine gewisse Dramatik eintreten, wenn sich das Modell „gegen das Modellierte“[157] wendet: Das für schöner und besser gehaltene Modell führt

151 Z.B. Mahr, „Ein Modell des Modellseins. Ein Beitrag zur Aufklärung des Modellbegriffs“, in: Dirks/Knobloch, *Modelle*, 187–218, 205.

152 Hubig, *Kunst* I, 198.

153 Ebd., 199.

154 Quack, „Modelle in der Chemie“, 22.

155 Knobloch, „Modelle in der Geschichte der Wissenschaften“, in: Dirks/ders., *Modelle*, 85–101, 92.

156 Ebd., 93.

157 Horst Bredekamp, „Modelle der Kunst und der Evolution“, in *Modelle des Denkens*, 13–20, 15. Vgl. ders., „Das Modell als Fetisch und Fessel“, in: *Nova Acta Leopoldina* NF 113 = 386 (2012), 61–69.

nicht nur zu einer problematischen „Verkehrung der Hierarchie von Modell und Zielobjekt", die in den Künsten und Wissenschaften bis heute als „Fesselung" thematisiert wird. Als für besonders anfällig werden „schöne" Visualisierungen gehalten, seien es architektonische Modelle, bildgebende Verfahren oder mathematische Formeln; derartige Modelle repräsentierten „vor allem sich selbst"[158]. Noch die Modelle in der Computersimulation repräsentieren etwas genauso wie sie etwas schaffen.[159]

Viertens: *Mediale Epistemologie des Modells.* Die verschiedenen in dieser Skizze angeführten Ansätze stimmen in ihrer Einschätzung der wissensgenerativen und edukativen Qualität von Modellen überein, nicht jedoch darin, was unter Wissen verstanden wird, ob überhaupt und inwiefern es etwa mathematisch definiert ist. Dabei lässt der epistemologische Fokus ontologische Fragen sowohl bezüglich Wesensdefinition wie Realitätsbezug zugunsten der Betonung ihrer produktiven Qualitäten zurücktreten. Die Experimentforschung hat den Blick weg vom etablierten theoriegeleiteten und prüfenden Experiment auf den Experimentalprozess und das Experimentieren als eingreifende und forschende Tätigkeit hin verlagert. Eine analoge Blickverschiebung ist in der philosophischen Modelldebatte angezeigt. Anstatt sich ausschließlich auf die logische Begründung (justification) von Wissen zu konzentrieren und mit dem ontologischen Fokus in der Repräsentationsfrage stecken zu bleiben, muss auch philosophisch Praxis und Technik des Modellierens Rechnung getragen werden. Für die Modellforschung heißt dies: Es stehen nicht mehr nur die Modelle als Produkte im Zentrum, vielmehr wird der Blick auf die Entstehungsbedingungen gelenkt, und damit auch auf die Praktiken, welche die in Rede stehenden Artefakte hervorbringen und mit ihnen umgehen.

Dieser Zugriff lässt sich in der bislang vor allem mit der Experimentforschung etablierten praktischen Wende in der Wissenschaftsforschung verorten und ermöglicht es, in der Modellforschung einem „bottom up"-Prinzip wissenschaftsphilosophisch mit einem epistemologischen Ansatz „von unten" gerecht zu werden. Dies verlangt allerdings, die wissenschaftsphilosophische Verengung der *context distinction* wieder auf ihre weitere und ältere philosophische Frage nach

---

158 Ders., „Diskussion", in: *Modelle des Denkens*, 97. Als Beispiel führt er die Nanotechnologie an: „an sich unanschaulich, bringt (sie) aber eine ungeheure Produktion von visuellen Modellen hervor, die ihren Modellcharakter zu negieren versuchen." (97)
159 Vgl. Küppers u.a., „Computer Simulation", 21.

Genesis und Geltung hin auszuweiten.[160] Der ganz den Regeln der Produktivität gehorchende Innovationsdiskurs der Wissensgenese, der Produktion von neuem Wissen, lässt rasch nicht nur die Entstehungsbedingungen, genauso den Geltungsanspruch eben dieses Wissens vergessen. Es ist gerade die Philosophie, die ihre Aufmerksamkeit für Bedingtheit und Geschichtsverwiesenheit von Faktizität wie Wissen neuerlich eskalieren kann. Insbesondere wäre zu bedenken, wie materielle und mathematische, diskursive und imaginative Gewordenheit auch auf ihre Geltungsmacht hin zu befragen ist, daraufhin, wie Wissen normativ und normierend und gerade in diesem Sinne als „Fessel" funktioniert: als das, was sich durch die Zeit hindurch durchsetzt und gerade dadurch legitimiert.[161] Dabei ist es nicht entscheidend, ob dieses Wissen provisorisch, vage, unsicher oder statistisch gemittelt genannt wird, sondern wie es entstanden ist und was es beansprucht. So stellt sich auch der Wissenschaftsphilosophie erneut die Aufgabe, Genesis und Geltung in ihrem Spannungsverhältnis zu bedenken und aktuell zu reformulieren.

Die Reflexion über den medialen, formierten wie formierenden Charakter von Modellierungspraktiken und Modellen scheint in diesem Zusammenhang Aufschluss zu versprechen: Das Modell als Medium bedingt Wissen, handle es sich um ein Denk- oder ein Skalenmodell, ein analoges oder ein theoretisches, ein einfaches mathematisches oder ein computerbasiertes Modell. Reichhaltiges Material aus den Modellierungspraktiken der verschiedenen Disziplinen in den Geistes-, Sozial- und Naturwissenschaften steht zur Verfügung. Praktizieren sie doch alle eine Kunst des Modellierens und zeugen, über die Klassifizierungen in zwei oder drei Wissenschaftskulturen[162] hinaus, von einer zugleich pluralen und uneinheitlichen aber doch gemeinsamen Kultur des Modellierens. Diese ist keineswegs mit der vereinheitlichenden Computersimulation identisch, deren algorithmisch-mathematische Darstellungsstruktur verschiedenste Disziplinen im Sinne einer neuerlichen *unity of science* strukturell und epistemologisch normieren. Inwiefern sich von einem Modellierungsdispositiv sprechen lässt,[163] mit dem sich als entschieden heterogenem Ensemble auch beim Modellieren Menschen wie Dinge,

---

160 Vgl. den Schwerpunkt „Genesis, Geltung und Geschichte", hrsg. von Christine Blättler/Cornelius Borck, *Zeitschrift für Kulturphilosophie*, 2014/1.

161 Eine Frage, die Foucault machtanalytisch formulierte; vgl. Foucault, *Der Wille zum Wissen*, Frankfurt a.M. 1977.

162 Vgl. Charles P. Snow, *The Two Cultures and the Scientific Revolution*, Cambridge 1959; Wolf Lepenies, *Die drei Kulturen*, München 1985.

163 Zum Dispositiv s. Foucault, „Le jeu de Michel Foucault" (1977), in: ders., *Dits et écrits*, Bd. 2, 298–329, hier 299.

Diskurse wie Praktiken, Aussagen wie Ungesagtes, aber auch Institutionen, administrative Maßnahmen und anderes mehr aufeinander beziehen lassen, wird zu zeigen sein. Eine vielversprechende Aufgabe einer zukünftigen Wissenschaft der Modellierung scheint es jedenfalls zu sein, Gemeinsamkeiten und Unterschiede aufzusuchen, auszukartieren und von philosophischer Seite zu modellieren.

8 Wissenschaftliches Rechnen: Simulationen mittels mathematischer Modelle

Steffen Börm

Zusammenfassung: Mit der zunehmenden Verbreitung leistungsfähiger Computer sind numerische Simulationen ein wichtiges Werkzeug in fast allen Bereichen der Natur- und Ingenieurwissenschaften geworden. Derartige Simulationen beruhen in der Regel auf mathematischen Modellen: Der Zustand eines Systems wird durch Variable beschrieben, die durch mathematische Gleichungen miteinander interagieren. Die Analyse dieser Gleichungen ermöglicht es uns, das Verhalten des Systems vorherzusagen.

8.1 Einleitung

Ein wichtiger Aspekt der naturwissenschaftlichen Forschung ist die Suche nach Regeln, die das Verhalten der uns umgebenden Welt bestimmen oder es zumindest zu bestimmen scheinen.

Um ein bestimmtes natürliches Phänomen zu beschreiben, beispielsweise die Veränderung der Positionen der im Nachthimmel erkennbaren Sterne, wählt man eine Anzahl relevanter Größen aus, beispielsweise die Positionen der Himmelskörper, und formuliert Regeln, die ihre Beziehungen zueinander beschreiben, beispielsweise die Keplerschen Gesetze.

In der Sprache der Mathematik erhalten wir damit eine Anzahl von Variablen, die durch ein System von Gleichungen miteinander wechselwirken. Indem wir dieses Gleichungssystem auflösen, können wir das betreffende Phänomen beschreiben. Wir sprechen davon, dass die Variablen und Gleichungen gemeinsam ein *mathematisches Modell* des natürlichen Phänomens bilden.

In diesem Kontext ist das von Isaac Newton (NE87) und Gottfried Wilhelm Leibniz (LE84) eingeführte Differentialkalkül von besonderer Bedeutung, das sich sehr gut eignet, um beispielsweise die Entwicklung eines zeitabhängigen Systems zu beschreiben. Dementsprechend erfordert die Analyse eines mathematischen Modells häufig das Lösen von Differential- oder Integralgleichungen. Obwohl eine Reihe eleganter mathematischer Werkzeuge für diese Aufgabe entwickelt wurde, ist die Behandlung derartiger Gleichungen „per Hand“ in der Regel nicht mehr möglich, wenn das mathematische Modell realistischer und damit auch komplexer wird.

Glücklicherweise können uns Rechenmaschinen bei der Analyse mathematischer Gleichungssysteme einen großen Teil der anfallenden Arbeit abnehmen. Mechanische Kalendermaschinen scheinen schon im alten Griechenland (SO74) verwendet worden zu sein, später gefolgt von anderen mechanischen Rechenmaschinen für spezielle Anwendungen.

Heute verwenden wir programmierbare Computer, die ein breites Spektrum unterschiedlicher Aufgaben bearbeiten können. Das Forschungsgebiet des „Wissenschaftlichen Rechnens" untersucht, wie sich Computer für die Behandlung wissenschaftlicher Fragestellungen einsetzen lassen, also wie sich wissenschaftliche Phänomene durch mathematische Modelle beschreiben lassen, wie diese Modelle gelöst werden können und wie man diese Lösungen in einer für die Beantwortung der relevanten Fragestellungen geeigneten Form darstellen kann. Diese drei Aspekte stehen häufig in enger Beziehung zueinander: Bestimmte Modelle sind für bestimmte Lösungsverfahren besser geeignet als andere, und bestimmte Verfahren führen zu Ergebnissen, die den Anforderungen eines Wissenschaftlers besser als andere genügen.

In diesem Kapitel stelle ich einige typische Beispiele für mathematische Modelle in verschiedenen wissenschaftlichen Disziplinen vor und erläutere die Prinzipien, die hinter den korrespondierenden Lösungsverfahren stehen.

8.2 Kraft, Beschleunigung, Geschwindigkeit

Die grundlegenden Axiome der Newtonschen Mechanik werden durch *Kräfte* ausgedrückt: Falls keine Kraft auf ein Objekt wirkt, befindet sich das Objekt entweder in Ruhe oder bewegt sich entlang einer geraden Linie. Wenn wir die Position des Objekts zu einem Zeitpunkt t mit $x(t)$ bezeichnen, lässt sich diese Aussage mathematisch durch die Gleichung

$$x(t) = x_0 + vt \tag{8.1}$$

ausdrücken, in der x_0 die Position zu dem Zeitpunkt $t = 0$ bezeichnet und v seine *Geschwindigkeit.*

Falls dagegen eine Kraft auf das Objekt wirkt, resultiert eine *Beschleunigung* des Objekts, also eine Veränderung seiner Geschwindigkeit. Da die Geschwindigkeit in diesem Fall nicht mehr konstant ist, ist die einfache Gleichung (8.1) nicht mehr gültig, lässt sich aber noch als *Näherung* verwenden: Wir wählen ein kleines $h > 0$ und untersuchen, wie sich die Position zwischen den Zeitpunkten t und $t + h$ verändert. Falls die Zeitspanne hinreichend kurz ist, können wir annehmen, dass sich die Position näherungsweise entsprechend (8.1) verhält, dass also

$$\begin{aligned} x(t+h) &\approx x_0 + vt + vh, \\ x(t) &\approx x_0 + vt, \\ x(t+h) - x(t) &\approx \qquad\qquad vh \end{aligned}$$

gilt. Indem wir durch h dividieren erhalten wir

$$\frac{x(t+h) - x(t)}{h} \approx v. \tag{8.2}$$

Die grundlegende Idee der Differentialrechnung besteht nun darin, das Verhalten des Quotienten auf der linken Seite zu untersuchen, wenn die Länge des Zeitintervalls gegen null strebt. Der Grenzwert

$$\frac{x(t+h) - x(t)}{h} \overset{h \to 0}{\to} \frac{\partial x}{\partial t}(t)$$

wird als die *Ableitung* der Position x nach der Zeit t bezeichnet. Aufgrund der Gleichung (8.2) können wir diese Ableitung als die verallgemeinerte Geschwindigkeit $v(t)$ des Objekts zu der Zeit t interpretieren, geschrieben als

$$v(t) = \frac{\partial x}{\partial t}(t). \tag{8.3}$$

Wir haben damit eine *Differentialgleichung* erhalten, die die Position eines Objekts in Beziehung zu seiner Geschwindigkeit setzt.

In derselben Weise, in der die Geschwindigkeit die Veränderung der Position eines Objekts beschreibt, beschreibt die Beschleunigung eine Veränderung seiner Geschwindigkeit. Wir beschreiben diesen Zusammenhang mit der Differentialgleichung

$$a(t) = \frac{\partial v}{\partial t}(t), \tag{8.4}$$

die die Beschleunigung $a(t)$ zu einem Zeitpunkt t als Ableitung der Geschwindigkeit darstellt.

Nach den Regeln der Newtonschen Mechanik wird ein Objekt beschleunigt, falls es einer *Kraft* ausgesetzt ist. Die Kraft, die aufgewendet werden muss, um eine gewisse Beschleunigung zu erreichen, ist proportional zu der *Masse* des Objekts. Wenn wir die zu einem Zeitpunkt t wirkende Kraft mit $f(t)$ bezeichnen und die Masse des Objekts mit m, erhalten wir die Gleichung

$$f(t) = ma(t). \tag{8.5}$$

Ein einfaches Beispiel ist die Erdbeschleunigung: Wenn wir den Abstand eines Objekts vom Erdboden mit $x(t)$, mit $v(t)$ seine nach oben gerichtete Geschwindigkeit und mit $a(t)$ seine Beschleunigung bezeichnen, ist die durch die Massenanziehung der Erde bewirkte Kraft durch

$$f_{\text{grav}}(t) = -gm \tag{8.6}$$

gegeben, wobei g als eine Konstante angenommen werden kann, die von dem Radius und der Masse der Erde abhängt. Indem wir (8.5), (8.4) und (8.3) kombinieren, erhalten wir das folgende mathematische Modell:

$$a(t) = -g, \qquad \frac{\partial v}{\partial t}(t) = a(t), \qquad \frac{\partial x}{\partial t}(t) = v(t).$$

Wenn die Position x_0 und die Geschwindigkeit v_0 des Objekts zu dem Zeitpunkt $t = 0$ bekannt sind, können wir dieses Gleichungssystem auflösen und erhalten

$$v(t) = v_0 - gt, \qquad x(t) = x_0 + v_0 t - \frac{g}{2}t^2.$$

Diese Gleichungen ermöglichen es uns, Geschwindigkeit und Position des Objekts zu jedem beliebigen Zeitpunkt direkt zu berechnen.

Damit haben wir ein erstes einfaches mathematisches Modell kennen gelernt, das sich verwenden lässt, um die Flugbahn eines geworfenen Körpers zu beschreiben. Wie viele andere Modelle auch lässt es bestimmte Effekte außer Acht, beispielsweise die Luftreibung oder die mit zunehmender Flughöhe abnehmende Anziehungskraft der Erde. Trotz dieser *Modellfehler* stellt es für viele praktische Fragestellungen eine gute Näherung der Realität dar.

8.3 Mehrkörpersysteme und numerische Approximation

Die Gleichung (8.6), mit der wir die Erdbeschleunigung beschrieben haben, ist lediglich eine Näherung eines allgemeineren Zusammenhangs: Nach der Regeln der klassischen Gravitationstheorie übt ein Objekt der Masse m_1 an einem Punkt x_1 eine Kraft auf ein Objekt der Masse m_2 an einem Punkt x_2 aus, die durch

$$f_{21} = \gamma m_1 m_2 \frac{x_1 - x_2}{\|x_1 - x_2\|^3}, \tag{8.7}$$

gegeben ist. Hier ist γ eine universelle *Gravitationskonstante*, während $\|x_1 - x_2\|$ den Abstand zwischen den Punkten x_1 und x_2 angibt.

Wir interessieren uns für ein *Mehrkörpersystem*, also für ein System aus n Körpern der Massen $m_1, \dots, m_n$, die sich zu dem Zeitpunkt t an den Punkten $x_1(t), \dots, x_n(t)$ befinden. Ein Beispiel könnten die Planeten und Monde des Sonnensystems sein oder die Sonnen der Milchstraße. Unser Ziel ist es, die Bewegung dieser Körper vorauszusagen, die durch die gegenseitigen Anziehungskräfte entsteht.

Nach dem *Superpositionsprinzip* der Physik addieren sich die verschiedenen auf den i-ten Körper wirkenden Kräfte auf, so dass die Gesamtkraft durch

$$f_i(t) = \gamma m_i \sum_{\substack{j=1 \\ j \neq i}}^{n} m_j \frac{x_j(t) - x_i(t)}{\|x_j(t) - x_i(t)\|^3}$$

gegeben ist. Mit (8.5) erhalten wir so für die Beschleunigung des i-ten Körpers die Gleichung

$$a_i(t) = \gamma \sum_{\substack{j=1 \\ j \neq i}}^{n} m_j \frac{x_j(t) - x_i(t)}{\|x_j(t) - x_i(t)\|^3}.$$

Gemeinsam mit den Gleichungen (8.4) und (8.3) gelangen wir zu dem folgenden mathematischen Modell für die Bewegung sich gegenseitig anziehender Körper:

$$a_i(t) = \gamma \sum_{\substack{j=1 \\ j \neq i}}^{n} m_j \frac{x_j(t) - x_i(t)}{\|x_j(t) - x_i(t)\|^3}, \qquad \frac{\partial v_i}{\partial t}(t) = a_i(t), \qquad \frac{\partial x_i}{\partial t}(t) = v_i(t). \tag{8.8}$$

In sich geschlossene Lösungsformeln für dieses Gleichungssystem sind nur unter besonderen Bedingungen bekannt, deshalb kommen im allgemeinen Fall *numerische Approximationen* zum Einsatz. Dabei handelt es sich um Rechenregeln, mit denen für eine konkrete Ausgangskonfiguration des Systems eine Näherung des Zustands zu einem gegebenen Zeitpunkt ermittelt werden kann.

Ein besonders einfaches Beispiel ergibt sich aus dem in (8.2) eingeführten Differenzenquotienten, wenn wir für h einen hinreichend kleinen Wert einsetzen, statt den Grenzwert für $h \to 0$ zu suchen. Wir erhalten die Näherungen

$$\frac{v_i(t+h) - v_i(t)}{h} \approx a_i(t), \qquad \frac{x_i(t+h) - x_i(t)}{h} \approx v_i(t).$$

Wenn wir annehmen, dass $v_i(t)$ und $x_i(t)$ zu einem Zeitpunkt t bekannt sind, können wir die Gleichungen umstellen, um zu

$$v_i(t+h) \approx v_i(t) + h a_i(t), \qquad x_i(t+h) \approx x_i(t) + h v_i(t)$$

zu gelangen, wir können also Näherungen der Geschwindigkeit und Position zu einem zukünftigen Zeitpunkt $t + h$ praktisch berechnen.

Indem wir diese Vorgehensweise wiederholen, gelangen wir zu dem *Euler-Verfahren* (EU68), einem der einfachsten Verfahren für die näherungsweise Lösung einer Differentialgleichung: Wir zerlegen das für uns interessante Zeitintervall in *Zeitschritte* der Länge h und suchen Näherungen $\tilde{v}_i(t)$ und $\tilde{x}_i(t)$ der Geschwindigkeiten und Positionen der Körper lediglich zu Zeitpunkten, die Vielfache der Schrittweite h sind. Falls Anfangswerte $v_i(0)$ und $x_i(0)$ gegeben sind, ergibt sich die folgende Rechenregel:

$$\begin{aligned}\tilde{a}_i(kh) &= \gamma \sum_{\substack{j=1\\j\neq i}}^{n} m_j \frac{\tilde{x}_j(kh) - \tilde{x}_i(kh)}{\|\tilde{x}_j(kh) - \tilde{x}_i(kh)\|^3},\\ \tilde{v}_i((k+1)h) &= \tilde{v}_i(kh) + h\tilde{a}_i(kh),\\ \tilde{x}_i((k+1)h) &= \tilde{x}_i(kh) + h\tilde{v}_i(kh),\end{aligned}$$

die wir der Reihe nach für $k = 0, 1, 2, \ldots$ anwenden. Da die Anwendung dieser Rechenregeln keinerlei Kreativität erfordert, kann sie von einem Computer ausgeführt werden.

Es stellt sich natürlich die Frage, wie gut die so berechneten Näherungswerte sind, wie weit sie also von der Lösung abweichen. Das Euler-Verfahren ist ein *Verfahren erster Ordnung*, der Fehler der Näherungswerte verhält sich nämlich ungefähr proportional zu der Schrittweite h. Insbesondere können wir jede beliebige Genauigkeit erreichen, solange wir dazu bereit sind, hinreichend viele sehr kleine Zeitschritte zu berechnen.

Um die gewünschte Genauigkeit mit einer möglichst geringen Zahl an Rechenoperationen zu erreichen, also nach einer möglichst kurzen Wartezeit, werden in der Praxis häufig Verfahren höherer Ordnung eingesetzt, also Verfahren, bei denen sich der Fehler wie h^p für ein $p > 1$ verhält. Ein einfaches Beispiel ist das *Leapfrog-Verfahren*, das wohl schon Isaac Newton bekannt war (NE87). Es unterscheidet sich von dem Euler-Verfahren lediglich in dem Detail, dass Geschwindigkeiten und Positionen zu unterschiedlichen Zeitpunkten berechnet werden: die Geschwindigkeiten zu den Zeitpunkten $0, h, 2h, 3h, \ldots$, die Positionen zu Zeitpunkten $h/2, 3h/2, 5h/2, 7h/2, \ldots$, also jeweils gerade um $h/2$ verschoben. Es ergibt sich die folgende Rechenvorschrift:

$$\tilde{a}_i(kh + h/2) = \gamma \sum_{\substack{j=1 \\ j \neq i}}^{n} m_j \frac{\tilde{x}_j(kh + h/2) - \tilde{x}_i(kh + h/2)}{\|\tilde{x}_j(kh + h/2) - \tilde{x}_i(kh + h/2)\|^3},$$

$$\tilde{v}_i((k + 1)h) = \tilde{v}_i(kh) + h\tilde{a}_i(kh + h/2),$$

$$\tilde{x}_i((k + 1)h + h/2) = \tilde{x}_i(kh + h/2) + h\tilde{v}_i((k + 1)h),$$

die wir wieder für $k = 0, 1, 2, \ldots$ anwenden. Die erste Näherung $\tilde{x}_i(h/2)$ können wir mit Hilfe eines Euler-Schritts aus den gegebenen Anfangswerten gewinnen, also mit

$$\tilde{x}_i(h/2) = x_i(0) + h/2 v_i(0).$$

Obwohl das Leapfrog-Verfahren dem Euler-Verfahren sehr ähnlich zu sein scheint, handelt es sich um ein Verfahren zweiter Ordnung, der Fehler verhält sich nämlich ungefähr proportional zu h^2.

Wenn wir also die Genauigkeit des Leapfrog-Verfahrens um den Faktor 100 verbessern wollen, müssen wir zehnmal so viele Schritte ausführen, während das Euler-Verfahren für dieselbe Verbesserung hundertmal so viele Schritte bräuchte. Angesichts der Tatsache, dass beide Verfahren im Wesentlichen denselben Rechenaufwand pro Schritt erfordern, ist das Leapfrog-Verfahren offensichtlich die deutlich bessere Wahl.

Das durch die numerische Approximation entstandene Gleichungssystem können wir als ein weiteres Modell für das von uns untersuchte Phänomen interpretieren, das aus dem durch die Naturgesetze gegebenen Modell (8.8) durch eine Näherung entsteht. Das genäherte System lässt sich mit dem Computer einfach analysieren, das ursprüngliche dagegen nicht.

8.4 Vielkörpersysteme und schnelle Summation

Falls die Anzahl n der Körper in der Gleichung (8.8) sehr groß wird, wächst der Rechenaufwand weit über die Kapazität selbst der schnellsten heute verfügbaren Computer hinaus. Die Simulation der mehr als $100\,000\,000\,000 = 10^{11}$ Sterne der Milchstraße würde es beispielsweise erforderlich machen, in jedem Zeitschritt unserer Näherungsverfahren ungefähr 10^{22} einzelne Kräfte auszuwerten. Ein aktueller Prozessor wird kaum mehr als 10^9 Kräfte pro Sekunde berechnen können, so dass mindestens 10^{13} Sekunden erforderlich wären, also ungefähr 300 000 Jahre für einen einzelnen Zeitschritt. Derartige Rechenzeiten sind offenbar für

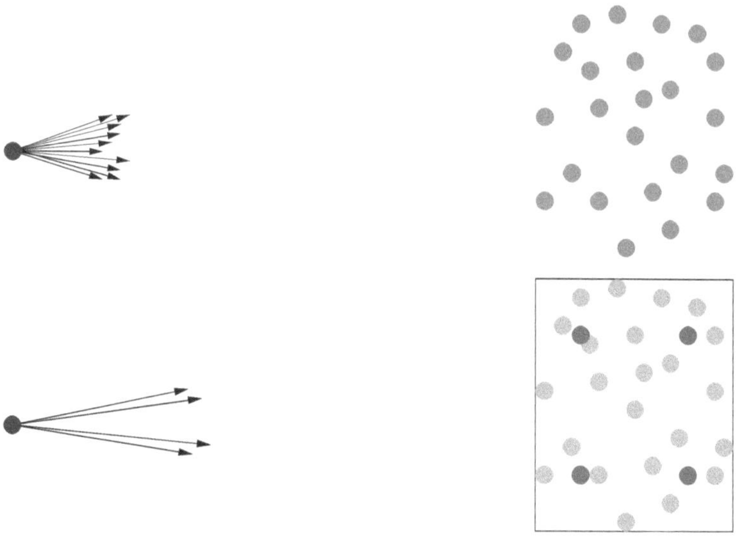

Abb. 8.1. “Ersatzsterne” (rot) können das Gravitationsfeld großer Cluster realer Sterne approximieren (grün).

praktische Anwendungen inakzeptabel.

Die Rechenzeit lässt sich allerdings reduzieren, indem wir eine weitere Näherung vornehmen: Aus hinreichend großer Entfernung betrachtet erscheint eine Ansammlung von Sternen, auch *Cluster* (aus dem Englischen) genannt, wie ein einziger Punkt, und die von diesem Cluster ausgeübten Kräfte sind denen sehr ähnlich, die ein einzelner Stern mit einer entsprechend größeren Masse ausüben würde.

Diese Beobachtung erlaubt es uns, wenige „Ersatzsterne“ einzuführen, deren Gravitationsfeld eine Näherung des von einem Cluster hervorgerufenen Feldes bietet (EW20; RO85; HANO89).
Zur Illustration der Idee wählen wir einen Würfel $s \subseteq \mathbb{R}^3$ und bezeichnen mit

$$\hat{s} := \{i \in \{1, \dots, n\} \ : \ x_i \in s\}$$

die Indizes der Sterne, die in ihm enthalten sind. Unser Ziel ist es, die von diesen Sternen auf einen Stern der Masse m an einem Punkt y ausgeübten Kräfte anzunähern, also

$$f := \gamma m \sum_{j \in \hat{s}} m_j \frac{y - x_j}{\|y - x_j\|^3}. \tag{8.9}$$

Der einfachste Ansatz besteht darin, einen „Ersatzstern" der Masse m_s im Mittelpunkt x_s des Würfels s zu verwenden. Falls y hinreichend weit von s entfernt ist, macht es kaum einen Unterschied, wenn wir den j-ten Stern an die Position x_s verschieben, denn es gilt

$$m_i \frac{y - x_j}{\|y - x_j\|^3} \approx m_i \frac{y - x_s}{\|y - x_s\|^3}.$$

Durch Einsetzen in (8.9) ergibt sich

$$f = \gamma m \sum_{j \in \hat{s}} m_j \frac{y - x_j}{\|y - x_j\|^3} \approx \gamma m \sum_{j \in \hat{s}} m_j \frac{y - x_s}{\|y - x_s\|^3} = \gamma m \left(\sum_{j \in \hat{s}} m_j \right) \frac{y - x_s}{\|y - x_s\|^3}.$$

Wenn wir die Masse unseres Ersatzsterns durch

$$m_s = \sum_{j \in \hat{s}} m_j$$

definieren, ergibt sich insgesamt

$$f \approx \gamma m m_s \frac{y - x_s}{\|y - x_s\|^3},$$

die auf den Körper am Punkt y wirkende Kraft entspricht also ungefähr der, die der einzelne Ersatzstern hervorrufen würde.

Unter günstigen Bedingungen können wir deshalb einen Cluster aus Milliarden von Sternen durch einen einzigen Ersatzstern simulieren. Um die von *allen* Sternen $x_1, \ldots, x_n$ ausgeübte Kraft zu berechnen, zerlegen wir den gesamten Raum in eine Anzahl von Würfeln, auf die sich unsere Konstruktion anwenden lässt. Man kann beweisen, dass dabei in großer Entfernung von y sehr große Würfel gewählt werden können, so dass sich für n Sterne ein Gesamtaufwand in der Größenordnung von $n \log(n)$ ergibt.

In unserem Beispiel mit $n = 100\,000\,000\,000$ Sternen würde damit der Rechenaufwand ungefähr um den Faktor 2 000 000 000 sinken und wäre damit wieder im Bereich dessen, was ein heute übliches Computersystem bewältigen kann.

Der hier vorgestellte Ansatz lässt sich erheblich erweitern: Wir können mehrere Ersatzsterne pro Cluster einsetzen, um die Genauigkeit zu erhöhen. Falls wir die Gravitationskräfte an vielen Punkten gleichzeitig auswerten wollen, können wir auch diese Punkte zu Clustern zusammenfassen und so den Rechenaufwand weiter reduzieren. Und schließlich können wir die Rechenoperationen auf mehrere Rechner verteilen, die gemeinsam an der Lösung der Aufgabe arbeiten.

Im Rahmen der hier als Beispiel verwendeten Mehrkörpersysteme bezeichnet man die Methode als *schnelles Multipolverfahren* (RO85; GRRO87). Eng verwandte Techniken kommen bei der Simulation von Kristallstrukturen und bei der Behandlung von Integralgleichungen zum Einsatz, wo sie als *Ewald-Summation* (EW20) beziehungsweise als *Paneel-Clusterungsverfahren* (HANO89) bekannt sind. Mit einigen Anpassungen lassen sich auch allgemeinere partielle Differentialgleichungen mit der hier beschriebenen Idee behandeln, dieser Ansatz führt zu der Technik der *hierarchischen Matrizen* (HA99; HAKH00; GRHA02) beziehungsweise der $\mathcal{H}^2$-*Matrizen* (HAKHSA00; BO10).

8.5 Grundwasserströmung

Bisher haben wir uns lediglich mit Gleichungen beschäftigt, die die zeitabhängige Entwicklung eines Systems beschreiben. Als Nächstes befassen wir uns mit einem System, das einen Gleichgewichtszustand erreicht hat, in dem keine Veränderungen mehr auftreten.

Ein gutes Beispiel ist die Simulation einer Grundwasserströmung, denn bei derartigen Strömungen dürfen wir in der Regel davon ausgehen, dass sich ein stabiles Gleichgewicht eingestellt hat. Wir bezeichnen das zu simulierende Gebiet mit Ω.

Mathematisch gesehen besteht ein Gebiet aus unendlich vielen Punkten, eine bestimmte Strömung wäre durch ihren Verlauf in diesen Punkten beschrieben. Damit müssten wir theoretisch unendlich viele Werte abspeichern und berechnen.

Da einem Computer nur endlich viel Speicher zur Verfügung steht und dem Anwender in der Regel nur endlich viel Zeit, werden in der Praxis *Diskretisierungen* verwendet: Man nähert das Verhalten durch eine endliche Anzahl von Werten an.

Im Fall der Grundwasserströmung bietet es sich an, das Gebiet Ω, auf dem die Simulation durchgeführt werden soll, in Teilgebiete Ω_i für Indizes i aus einer endlichen Menge $\mathcal{I}$ zu zerlegen. Im Interesse einer einfachen Handhabung sollen diese Teilgebiete Polygone sein, beispielsweise Tetraeder oder Quader, und der Schnitt zweier Teilgebiete soll entweder leer, ein Eckpunkt, eine vollständige Kante oder eine vollständige Seitenfläche der beteiligten Gebiete sein.

Von besonderem Interesse sind für unsere Simulation die Seitenflächen der Teilgebiete, denn über diese Seitenflächen fließt das Grundwasser von einem Teilgebiet in ein benachbartes. Wir bezeichnen die Seitenflächen mit Γ_j für Indizes j aus einer endlichen Menge $\mathfrak{J}$.

Nun können wir daran gehen, die Beziehungen zwischen den Gebieten in Gleichungen darzustellen. Zunächst befassen wir uns mit der *Massenerhaltung*: In unserem Gebiet darf Wasser nicht spontan entstehen oder verschwinden, die Menge des in ein Teilgebiet Ω_i eintretenden Wassers muss mit der des austretenden übereinstimmen.

Dieses Naturgesetz stellen wir dar, indem wir für jede Seitenfläche Γ_j eine Variable f_j einführen, die beschreibt, wieviel Wasser binnen eines gegebenen Zeitintervalls in einer gegebenen Richtung n_j durch diese Seitenfläche fließt. Für jedes Gebiet Ω_i und jede Seitenfläche Γ_j definieren wir einen Koeffizienten b_{ij}, den wir gleich 1 setzen, falls Wasser durch Γ_j in Richtung n_j in das Gebiet Ω_i hinein fließt, gleich -1, falls Wasser aus dem Gebiet heraus fließt, und gleich 0, falls Γ_j keine Seitenfläche des Gebiets Ω_i ist. Dann können wir die Massenerhaltung knapp durch die Gleichung

$$\sum_{j \in \mathfrak{J}} b_{ij} f_j = 0 \tag{8.10}$$

beschreiben, die für alle Teilgebiete, also alle $i \in \mathfrak{I}$ gelten muss.

Das zweite für unsere Simulation relevante Naturgesetz ist das *Gesetz von Darcy* (DA56), das beschreibt, dass die Menge des über eine Seitenfläche Γ_j fließenden Wassers proportional zu dem Druckunterschied zwischen den beiden angrenzenden Gebieten ist. Um dieses Gesetz in eine mathematische Gleichung zu übersetzen, führen wir für jedes Teilgebiet Ω_i eine neue Variable p_i ein, den mittleren Druck in diesem Teilgebiet.

Wir wollen für eine Seitenfläche Γ_j ausdrücken, wieviel Wasser diese Seite durchfließt. Seien dazu Ω_k und Ω_ℓ die beiden angrenzenden Teilgebiete mit der Konvention, dass Ω_k in der Richtung n_j angrenzt. Der Druckunterschied beträgt dann $p_\ell - p_k$: je höher der Druck in p_k ist, desto schwächer ist der Fluss, und je höher der Druck in p_ℓ ist, desto stärker. Das Darcy-Gesetz nimmt die Form

$$f_j = k_j(p_\ell - p_k)$$

an, wobei k_j unter anderem die Durchlässigkeit des Materials beschreibt.

Diese Gleichung lässt sich eleganter formulieren, indem wir auf die bereits eingeführten Koeffizienten b_{ij} zurückgreifen: Nach Definition gelten gerade $b_{kj} = 1$ und

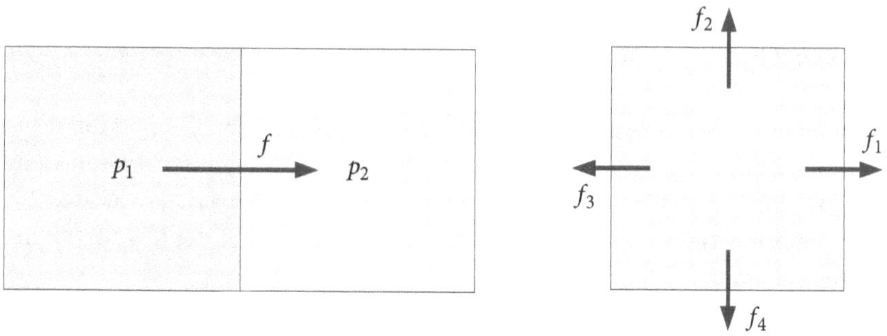

Abb. 8.2. Grundwasserströmung modelliert durch das Darcy-Gesetz: Der Fluss über eine Seite ist durch den Druck in den angrenzenden Gebieten bestimmt, die Flüsse über alle Seiten addieren sich zu null auf.

$b_{\ell j} = -1$ sowie $b_{ij} = 0$ für alle $i \neq k, \ell$. Wir erhalten

$$f_j = k_j(p_\ell - p_k) = -k_j(b_{\ell j}p_\ell - b_{kj}p_k) = -k_j \sum_{i \in \mathfrak{I}} b_{ij}p_i. \tag{8.11}$$

Diese Gleichung entspricht dem Darcy-Gesetz.

Unser durch (8.10) und (8.11) gegebene Modell ist noch nicht vollständig: Es fehlen *Randbedingungen*, die beschreiben, wieviel Wasser über die äußeren Seitenflächen in das Gebiet hinein und aus dem Gebiet heraus fließt. Dazu sammeln wir die Indizes der inneren Seitenflächen in einer Menge $\mathcal{J}_{\text{in}}$, die restlichen Indizes $\mathcal{J}_{\text{ex}} = \mathcal{J} \setminus \mathcal{J}_{\text{in}}$ müssen dann zu den Randflächen gehören. Auf diesen Randflächen geben wir den Fluss vor und schreiben (8.10) in der Form

$$\sum_{j \in \mathcal{J}_{\text{in}}} b_{ij}f_j + \sum_{j \in \mathcal{J}_{\text{ex}}} b_{ij}f_j = \sum_{j \in \mathcal{J}} b_{ij}f_j = 0,$$

die gerade der Gleichung

$$\sum_{j \in \mathcal{J}_{\text{in}}} b_{ij}f_j = -\sum_{j \in \mathcal{J}_{\text{ex}}} b_{ij}f_j$$

entspricht. Wir können unser mathematisches Modell wie folgt zusammenfassen:

$$\sum_{j \in \mathcal{J}_{\text{in}}} b_{ij}f_j = -\sum_{j \in \mathcal{J}_{\text{ex}}} b_{ij}f_j \qquad \text{für alle } i \in \mathfrak{I}, \tag{8.12a}$$

$$f_j + k_j \sum_{i \in \mathfrak{I}} b_{ij}p_i = 0 \qquad \text{für alle } j \in \mathcal{J}_{\text{in}}. \tag{8.12b}$$

Dieses Gleichungssystem müssen wir auflösen, um die Flüsse und Drücke zu bestimmen.

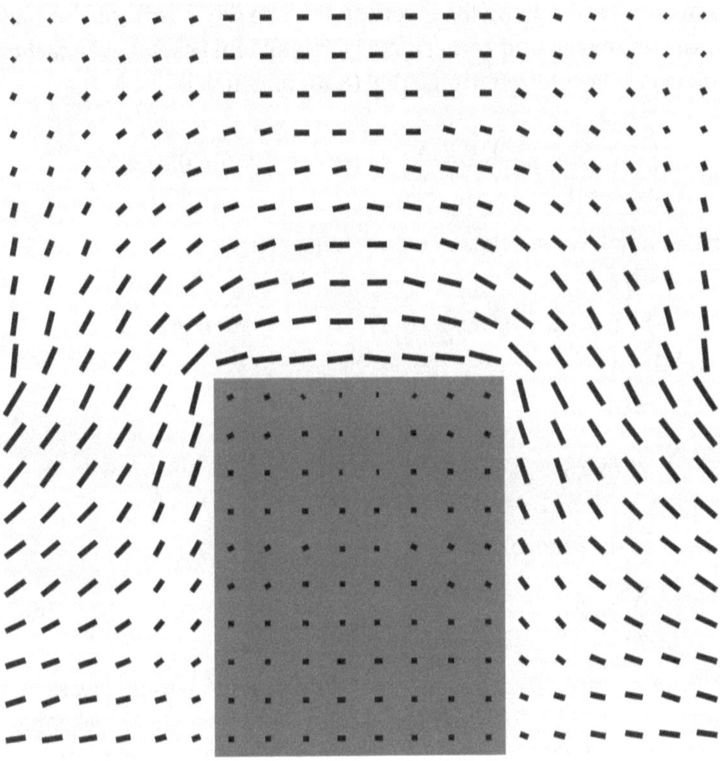

Abb. 8.3. Grundwasserströmung in einem einfachen zweidimensionalen Beispiel: Das Wasser fließt um ein Hindernis mit einer geringeren Durchlässigkeit herum.

8.6 Lineare Gleichungssysteme

Das System (8.12) lässt sich im Prinzip mit dem Eliminationsverfahren von Gauß auflösen, indem man der Reihe nach jede einzelne Variable eliminiert. Allerdings wird dieser Ansatz sehr aufwendig, falls viele Unbekannte zu bestimmen sind. Genau das ist im Fall der Grundwassersimulation gegeben: Um eine hohe Genauigkeit zu erreichen, müssen wir die Teilgebiete Ω_i sehr klein wählen, benötigen dementsprechend also sehr viele, um das Gesamtgebiet darzustellen.

Deshalb erfreuen sich *iterative Lösungsverfahren* großer Beliebtheit (HA93), die sich häufig mit wesentlich geringerem Aufwand durchführen lassen.

Die meisten iterativen Verfahren beruhen auf bestimmten Eigenschaften des linearen Systems, die das System (8.12) zunächst nicht aufweist. Das können wir ändern, indem wir die Gleichung (8.11) verwenden, um die Flüsse aus der Gleichung (8.10) zu eliminieren und so zu einem kleineren und besser zugänglichen System zu gelangen. Dazu setzen wir (8.11) in (8.10) und finden

$$\sum_{j\in\mathcal{J}_{\text{in}}} b_{ij}\left(-k_j \sum_{k\in\mathcal{I}} b_{kj}p_k\right) = -\sum_{j\in\mathcal{J}_{\text{ex}}} b_{ij}f_j \qquad \text{für alle } i \in \mathcal{I}.$$

Indem wir die Summen vertauschen und die Vorzeichen umkehren, erhalten wir

$$\sum_{k\in\mathcal{I}}\left(\sum_{j\in\mathcal{J}_{\text{in}}} b_{ij}k_jb_{kj}\right)p_k = \sum_{j\in\mathcal{J}_{\text{ex}}} b_{ij}f_j \qquad \text{für alle } i \in \mathcal{I}.$$

Zur Abkürzung führen wir

$$s_{ik} := \sum_{j\in\mathcal{J}_{\text{in}}} b_{ij}k_jb_{kj}, \qquad c_i := \sum_{j\in\mathcal{J}_{\text{ex}}} b_{ij}f_j \qquad \text{für alle } i,k \in \mathcal{I}$$

ein und gelangen zu der kompakten Form

$$\sum_{k\in\mathcal{I}} s_{ik}p_k = c_i \qquad \text{für alle } i \in \mathcal{I}. \tag{8.13}$$

Die Idee des *Gradientenverfahrens* (CA47) besteht darin, die Lösung dieses Systems als Minimum einer Funktion darzustellen. Dazu fassen wir die Unbekannten p_i zu einem Vektor $p = (p_i)_{i\in\mathcal{I}}$ zusammen und betrachten die Funktion

$$\varphi(p) = \frac{1}{2}\sum_{i,k\in\mathcal{I}} p_is_{ik}p_k - \sum_{i\in\mathcal{I}} p_ic_i.$$

Das Minimum einer derartigen Funktion ist dadurch charakterisiert, dass alle Ableitungen verschwinden, und da die Ableitungen gerade durch

$$\frac{\partial\varphi}{\partial p_i}(p) = \sum_{k\in\mathcal{I}} s_{ik}p_k - c_i$$

gegeben sind, ist das äquivalent dazu, dass p unser Gleichungssystem löst.

Für die Suche nach dem Minimum der Funktion φ eignen sich *Abstiegsverfahren*: Wir gehen davon aus, dass eine Näherung $\tilde{p}$ der Lösung gegeben ist, und versuchen, daraus eine verbesserte Näherung zu konstruieren. Dazu wählen wir eine Suchrichtung q und bestimmen einen Parameter λ so, dass $\varphi(\tilde{p} + \lambda q)$ so klein wie möglich wird. Dann wird es auf jeden Fall kleiner als der ursprüngliche Wert $\varphi(\tilde{p})$ sein, wir können also $\tilde{p} + \lambda q$ als verbesserte Näherung verwenden.

Bei der Bestimmung des Parameters λ können wir uns an einer geometrischen Eigenschaft orientieren: Eine Näherungslösung $\tilde{p}$ lässt sich in einer Richtung q nicht mehr verbessern, falls der durch

$$r_i := c_i - \sum_{k \in \mathcal{I}} s_{ik} \tilde{p}_k \qquad \text{für alle } i \in \mathcal{I}$$

gegebene Fehlervektor $r = (r_i)_{i \in \mathcal{I}}$ senkrecht auf q steht. Das ist gerade der Fall, wenn

$$\sum_{i \in \mathcal{I}} q_i r_i = 0$$

gilt. Wenn wir anstreben, dass $\tilde{p} + \lambda q$ in diesem Sinn optimal ist, muss

$$0 = \sum_{i \in \mathcal{I}} q_i \left(c_i - \sum_{k \in \mathcal{I}} s_{ik} (\tilde{p}_k + \lambda q_k) \right)$$

erfüllt sein, und durch Auflösen dieser Gleichung erhalten wir

$$\lambda = \frac{\sum_{i \in \mathcal{I}} q_i r_i}{\sum_{i,k \in \mathcal{I}} q_i s_{ik} q_k}.$$

Es bleibt noch zu klären, wie wir die Suchrichtung q möglichst geschickt wählen könnten. Eine einfache Wahl ist $q = r$, und diese Wahl führt tatsächlich zu einer Folge von Näherungslösungen, die gegen die exakte Lösung des linearen Gleichungssystems strebt. Die Anzahl der Schritte lässt sich deutlich reduzieren, indem man sicherstellt, dass die einmal in einer Richtung erzielte Optimalität einer Lösung nicht wieder verloren gehen kann. Das resultierende *Verfahren der konjugierten Gradienten* (ST52; HEST52) zählt zu den erfolgreichsten Lösungsverfahren für lineare Gleichungssysteme.

In unserem Fall entsteht das System (8.13) aus dem gekoppelten System (8.12), und es ist möglich, die einzelnen Schritte des Abstiegsverfahrens so zu arrangieren, dass nicht nur der Vektor p der Drücke in den Teilgebieten, sondern gleichzeitig auch der Vektor f der Flüsse über die Seitenflächen berechnet wird. Das resultierende Verfahren trägt den Namen *Uzawa-Iteration* (UZ58).

8.7 Parallelisierung

Unsere Simulation der Grundwasserströmung beruht auf einer Diskretisierung, also auf einer Näherung, bei der das kontinuierliche Rechengebiet durch endlich viele Teilgebiete ersetzt wird, auf denen wir den Druck als im Wesentlichen konstant annehmen. Es lässt sich nachweisen, dass der dabei auftretende Fehler von der Anzahl der Teilgebiete abhängt, insbesondere müssen wir sehr viele Teilgebiete verwenden, um eine für praktische Anwendungen ausreichende Genauigkeit zu erreichen. Dementsprechend stellt sich die Frage, wie sich *sehr* große Gleichungssysteme mit Millionen oder Milliarden von Unbekannten effizient behandeln lassen.

Die Speicherkapazität modernen Computersysteme ist für viele derartige Probleme ausreichend, allerdings ist ein einzelner Prozessor häufig nicht dazu in der Lage, die anfallenden großen Datenmengen in akzeptabler Zeit zu verarbeiten.

Ein sehr erfolgreiche Lösungsansatz wird häufig als *Parallelisierung* bezeichnet: Statt sämtliche Rechenoperationen von einem einzelnen Prozessor ausführen zu lassen, verteilt man die anfallende Arbeit auf mehrere Prozessoren. Bei dieser Vorgehensweise lohnt es sich häufig sogar, die Geschwindigkeit der einzelnen Prozessoren zu reduzieren, um mehr Prozessoren mit der verfügbaren elektrischen Leistung betreiben zu können.

Dabei stellt sich natürlich die Frage, ob es überhaupt möglich ist, eine Berechnung auf mehrere Prozessoren zu verteilen. Bei Zeitschrittverfahren wie dem in Abschnitt 8.3 vorgestellten Euler-Verfahren ist das sehr schwierig, da die Lösung zu einem Zeitpunkt $t + h$ erst berechnet werden kann, wenn die Lösung zu dem vorangehenden Zeitpunkt t bekannt ist. Demzufolge kann jeweils nur ein Zeitschritt zur Zeit berechnet werden, so dass sich der Einsatz mehrere Prozessoren in der Regel nicht rentiert.

Die Situation verbessert sich, falls der Rechenaufwand pro Zeitschritt wächst und die anfallenden Operationen sich von mehreren unabhängig agierenden Prozessoren ausführen lassen. Das ist beispielsweise bei den in Abschnitt 8.4 behandelten Techniken für Vielkörpersysteme der Fall: Die Auswertung der Gravitationskraft in einem Punkt y ist zwar durchaus aufwendig, aber auch völlig unabhängig von der Auswertung in anderen Punkten. Falls wir also die Wechselwirkungen zwischen allen Sonnen einer Galaxie simulieren wollen, lassen sich die Sonnen gleichmäßig auf die vorhandenen Prozessoren verteilen, so dass sich eine Beschleunigung ergibt, die im Idealfall proportional zu der Prozessoranzahl ausfällt.

Die Parallelisierung der in Abschnitt 8.5 behandelten Grundwassersimulation ist etwas aufwendiger: Für die Durchführen eines Schritts des Abstiegsverfahrens muss unter anderem der Parameter λ berechnet werden, also eine einzelne Zahl.

Das ist auf einem Parallelrechner nur möglich, indem die einzelnen beteiligten Prozessoren ihre Ergebnisse miteinander austauschen. Dieser Datenaustausch erfordert bei vielen modernen Parallelrechnern mehr Zeit als die eigentlichen Berechnungen, so dass nach Ansätzen gesucht wird, mit denen sich die Anzahl der Rechenoperationen im Verhältnis zu Kommunikationsoperationen steigern lässt.

Die größten heute verfügbaren Rechnersysteme sind *verteilte Rechner*, also Systeme, die sich aus mehreren einzelnen Computern zusammensetzen, die durch ein Kommunikationsnetzwerk miteinander verbunden sind. Jeder Computer kann relativ schnell auf seinen eigenen Speicher zugreifen, der Zugriff auf den Speicher der anderen Computer des Gesamtsystems muss über das Netzwerk erfolgen und in der Regel bei der Programmierung explizit veranlasst werden.
Im Fall der Grundwassersimulation besteht der typische Ansatz darin, jedem beteiligten Computer einen Teil des Rechengebiets zuzuordnen und ihn damit zu beauftragen, die Drücke (und bei Bedarf auch Flüsse) in diesem Gebiet zu berechnen. Da die Menge des über eine Seitenfläche fließenden Wassers von der Druckdifferenz zwischen den beiden angrenzenden Teilgebieten abhängt, wird ein Datenaustausch erforderlich, falls diese Teilgebiete in die Zuständigkeitsbereiche unterschiedlicher Prozessoren fallen.

Es bietet sich an, die nötige Kommunikation von der eigentlichen Berechnung zu trennen. Ein einfacher Ansatz besteht darin, auf jedem beteiligten Computer neben den Variablen, für die er zuständig ist, auch Kopien der Variablen seiner Nachbarn anzulegen, die er benötigt, um seinen Anteil der Rechenoperationen auszuführen. In diesem Modell würden zunächst in einer Kommunikationsphase alle Computer untereinander Kopien austauschen und dann in einer Berechnungsphase beispielsweise die nächste Näherungslösung eines Abstiegsverfahrens bestimmen, vgl. Abbildung 8.4.

8.8 Zusammenfassung

An effizienten und zuverlässigen Simulationen sind in der Regel mehrere wissenschaftliche Disziplinen beteiligt:
– Das zu beschreibende Phänomen muss durch die entsprechenden Fachleute, beispielsweise aus der *Physik* oder der *Chemie*, durch ein mathematisches Modell beschrieben werden. Diese Modelle nehmen häufig die Form von Differential- oder Integralgleichungen an, die sich nicht explizit lösen lassen.

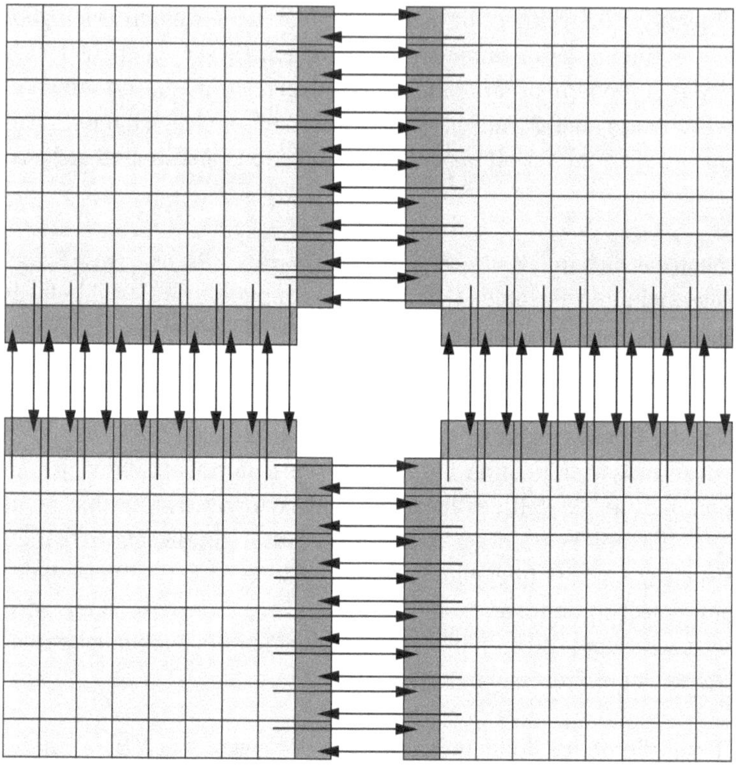

Abb. 8.4. Verwendung lokaler Kopien der Druckvariablen bei der Grundwassersimulation mit vier Rechnerknoten: Jeder Rechner ist für ein Teilgebiet verantwortlich. In der Kommunikationsphase aktualisiert er lokale Kopien (grün) der Werte seiner Nachbarn, die er für die nächste Rechenphase benötigt.

- Deshalb kommen Näherungsverfahren aus der *Mathematik* zum Einsatz, die beispielsweise Differentialgleichungen durch algebraische ersetzen, die Auswertung nicht-lokaler Kraftfelder beschleunigen oder die Lösungen großer Gleichungssysteme effizient approximieren.
- Viele dieser Verfahren führen zu sehr großen Gleichungssystemen, die mit Hilfe eines Computers oder eines verteilten Rechnersystems gelöst werden müssen. In diesem Fall kann mit den Methoden der *Informatik* die Berechnung so organisiert werden, dass sie den gegebenen Rechner möglichst effizient nutzt, beispielsweise indem sie in parallel ausführbare Teile zerlegt wird.

Optimale Ergebnisse werden in der Regel nur durch eine enge Kooperation erreicht: Numerische Näherungsverfahren können so konstruiert werden, dass wichtige physikalische Erhaltungsgrößen auch in der Näherungslösung erhalten bleiben, beispielsweise die Wassermenge bei der Grundwassersimulation. Manche Eigenschaften der Lösung lassen sich ausnutzen, um den erforderlichen Rechenaufwand zu reduzieren, beispielsweise genügen dem Leapfrog-Verfahren wesentlich weniger Schritte als dem Euler-Verfahren, um eine hohe Genauigkeit zu erreichen, falls die Lösung zweimal stetig differenzierbar ist. Schließlich lassen sich bestimmte Eigenschaften eines Lösungsverfahrens ausnutzen, um es besonders effizient auf einem Rechnersystem auszuführen, beispielsweise indem man bei einem Abstiegsverfahren für die Grundwassersimulation ausnutzt, dass der Fluss über eine Seitenfläche nur von den beiden angrenzenden Teilgebieten abhängt, so dass bei einer Parallelisierung nur relativ wenige Daten übermittelt werden müssen.

Literatur

[BO10] S. Börm. *Efficient Numerical Methods for Non-local Operators: $\mathcal{H}^2$-Matrix Compression, Algorithms and Analysis*, volume 14 of *EMS Tracts in Mathematics*. EMS, 2010.

[CA47] A. Cauchy. Méthode générale pour la résolution des systémes d'équations simultanées. *C. R. Acad. Sci. Paris*, 25:536–538, 1847.

[DA56] H. Darcy. *Les fontaines publiques de la ville de Dijon*. V. Dalmont, 1856.

[SO74] D. de Solla Price. Gears from the Greeks. The Antikythera mechanism: A calendar computer from ca. 80 B.C. *Trans. Am. Phil. Soc.*, 64(7):1–70, 1974.

[EU68] L. Euler. *Institutionum calculi integralis*. Lipsiae Et Berolini, 1768.

[EW20] P. P. Ewald. Die Berechnung optischer und elektrostatischer Gitterpotentiale. *Annalen der Physik*, 369(3):253–287, 1920.

[GRHA02] L. Grasedyck and W. Hackbusch. Construction and arithmetics of $\mathcal{H}$-matrices. *Computing*, 70:295–334, 2003.

[GRRO87] L. Greengard and V. Rokhlin. A fast algorithm for particle simulations. *J. Comp. Phys.*, 73:325–348, 1987.

[HA93] W. Hackbusch. Iterative Lösung großer schwachbesetzter Gleichungssysteme. 1993.

[HA99] W. Hackbusch. A sparse matrix arithmetic based on $\mathcal{H}$-matrices. Part I: Introduction to $\mathcal{H}$-matrices. *Computing*, 62:89–108, 1999.

[HAKH00] W. Hackbusch and B. N. Khoromskij. A sparse matrix arithmetic based on $\mathcal{H}$-matrices. Part II: Application to multi-dimensional problems. *Computing*, 64:21–47, 2000.

[HAKHSA00] W. Hackbusch, B. N. Khoromskij, and S. A. Sauter. On $\mathcal{H}^2$-matrices. In H. Bungartz, R. Hoppe, and C. Zenger, editors, *Lectures on Applied Mathematics*, pages 9–29. Springer-Verlag, Berlin, 2000.

[HANO89] W. Hackbusch and Z. P. Nowak. On the fast matrix multiplication in the boundary element method by panel clustering. *Numer. Math.*, 54:463–491, 1989.

[HEST52] M. R. Hestenes and E. Stiefel. Methods of conjugate gradients for solving linear systems. *J. Res. Nat. B. Stand.*, 49(6), 1952.

[HE00] K. Heun. Neue Methode zur approximativen Integration der Differentialgleichungen einer unabhängigen Veränderlichen. *Zeitschrift für Mathematik und Physik*, 45:23–38, 1900.

[LE84] G. F. Leibniz. Nova methodus pro maximis et minimis, itemque tangentibus, quae nec fractas nec irrationales quantitates moratur, et singulare pro illis calculi genus. *Acta Eruditorum*, pages 467–473, 1684.

[NE87] I. Newton. *Philosophiæ Naturalis Principia Mathematica*. 1687.

[RO85] V. Rokhlin. Rapid solution of integral equations of classical potential theory. *J. Comp. Phys.*, 60:187–207, 1985.

[ST52] E. Stiefel. Über einige Methoden der Relaxationsrechnung. *Z. Angew. Math. Phys.*, 3:1–33, 1952.

[UZ58] H. Uzawa Iterative methods for concave programming, *K. J. Arrow and L. Hurwicz and H. Uzawa, Studies in linear and nonlinear programming* Stanford University Press, 1958

9 Modelle in der Trainingswissenschaft

Jan-Peter Brückner

9.1 Einleitung

Die Trainingswissenschaft ist diejenige Teildisziplin der Sportwissenschaft, die sich mit der Entwicklung und empirischen Prüfung von Theorien zum sportlichen Training befasst. Hierbei nimmt sie vielfältige Perspektiven ein und verwendet Methoden verschiedener sozial- und naturwissenschaftlicher Disziplinen. Dementsprechend vielfältig sind auch die Gegenstände der theoretischen Ansätze und Modelle in der Trainingswissenschaft, die sich z.B. auf die Struktur der sportlichen Leistungsfähigkeit, auf die Prozesse des Trainings und der Leistungsentwicklung oder Strukturen und Prozesse des Wettkampfs beziehen (für einen einführenden Überblick siehe z.B. Hohmann, Lames & Letzelter, 2010).

Der vorliegende Beitrag stellt exemplarisch ausgewählte trainingswissenschaftliche Modelle vor, die sich auf Trainingsprozesse beziehen und hier speziell die Beziehung von Trainingsbelastung und -beanspruchung einerseits und der sportlichen Leistungsfähigkeit bzw. den psychischen oder physischen Anpassungsreaktionen andererseits modellieren. Zurückführen lassen sich die aktuellen Ansätze auf Arbeiten von Roux, der bereits 1905 Mechanismen der Anpassung von Organismen beschrieben hat, und die sich auch noch mit heutigen Vorstellungen zur Selbstregulation von Organismen und Systemen decken. Training kann vor diesem Hintergrund als Entwicklungsprozess verstanden werden, bei dem die gesteigerte Nutzung eines Systems zur Anpassung seines Bestands an funktioneller Maße und damit seiner Funktionskapazität führt bzw. bei dem energetische Ressourcen verbraucht, anschliessend regeneriert und für zukünftige Belastungen aufgebaut werden müssen.

Ein Modell zur vorwiegend theoretischen Analyse von Adaptationsprozessen hat Mader (1990) vorgestellt. Sein Modell der Proteinbiosynthese basiert auf der Vorstellung, dass die Funktionssysteme von Organismen zum großen Teil aus Proteinen bestehen und dass spezielle Proteine die Aufgaben des jeweiligen Systems erfüllen. Die Leistungsfähigkeit des Organismus und seiner Teilsysteme hängt dementsprechend im Wesentlichen vom Bestand an funktioneller Proteinmasse der betreffenden Systeme ab. Mader (1990) beschreibt einen biologischen Mechanismus, der die Aktivierung der Synthese von Proteinen in Abhängigkeit von der spezifischen Beanspruchung erklärt: Danach kommt es einerseits durch die gesteigerte Beanspruchung zu einem verstärkten Proteinabbau, der auch als vorübergehende Abnahme der spezifischen Leistungsfähigkeit anzusehen ist. Andererseits bewirkt der Proteinabbau die Zunahme der Proteinsyntheserate und somit einen Anstieg der spezifischen Leistungsfähigkeit. Training schafft also über die kurzzeitige Abnahme der Leistungsfähigkeit die Voraussetzungen für eine anschliessende Leistungssteigerung.

Diese Vorstellungen zur Regelung der Proteinsynthese hat Mader (1990) in ein System von Differentialgleichungen umgesetzt, um damit den Proteinbestand eines Funktionssystems in Abhängigkeit von der Belastungseinwirkung simulieren zu können. Wird bei solchen Simulationen die Belastung kontinuierlich erhöht, so ist ab einem gewissen Belastungsgrad der belastungsbedingte Strukturverschleiß nicht mehr durch eine gesteigerte Proteinsyntheserate kompensierbar und es kommt zum Zusammenbruch des Systems. Damit sind mit diesem Modell Anpassungs- und Überlastungsprozesse sowie die Belastbarkeit des Systems analysierbar. Allerdings sind diese Analysen nur bei theoretischen Systemen möglich, denn für die Simulation von konkreten Adaptationsprozessen eines Sportlers und den Einsatz in der praktischen Trainingsteuerung erscheint das Modell zu komplex. Hierfür dürften die im Folgenden vorgestellten sogenannten antagonistischen Trainings-Wirkungs-Modelle eher geeignet sein.

9.2 Antagonistische Trainings-Wirkungs-Modelle

Zu den antagonistischen Trainings-Wirkungs-Modellen zählen das fitness-fatigue-Modell (z.B. Banister, Calvert, Savage & Bach, 1975), das LeiPot-Modell (z.B. Mester & Perl, 2000) und das SimBEA-Modell (z.B. Brückner, 2007). Gemeinsames Merkmal dieser Modelle ist, dass Trainingsbelastungen einen negativen wie einen positiven Einfluss auf die modellierte Leistungsfähigkeit haben. Die Modelle unterscheiden sich allerdings u.a. erheblich hinsichtlich der Komplexität ihrer Modellstruktur: Banister et al. (1975) haben mit dem fitness-fatigue- Modell einen der ersten Ansätze überhaupt vorgestellt, der den Trainingszustand eines Sportlers kalkulierbar machen sollte und der eine relativ einfache Struktur aufweist. Deutlich komplexer und abstrakter ist das Meta-Modell LeiPot, während das SimBEA-Modell hinsichtlich seiner Komplexität zwischen diesen beiden Modellen anzusiedeln ist. Einige ausgewählte Kennzeichen dieser drei Modelle werden im Folgenden vorgestellt.

9.3 Das fitness-fatigue-Modell

Das fitness-fatigue-Modell setzt an den Beobachtungen an, dass der Vorbereitungszustand eines Athleten gewissen Schwankungen unterliegt, die durch die Trainingsbelastungen verursacht werden. Jede Belastung hat im fitness-fatigue-Modell eine positive und eine negative Auswirkung, beide Effekte treten impulsartig auf und überlagern sich gegenseitig (vgl. Banister et al., 1986): Einerseits erhöht das Training unmittelbar nach der Belastung die Leistungsfähigkeit, andererseits führt es zu einer Ermüdung, die den Vorbereitungszustand beeinträchtigt. Beide Effekte werden im Laufe der Zeit abgebaut. Dabei unterliegt die Leistungsfähigkeit einem langsamen und die Ermüdung einem schnelleren Abbau. Der positive Effekt des Trainings ist also stabiler als die negative Ermüdungswirkung.

Die mathematische Beschreibung dieser beiden Belastungsnachwirkungen erfolgt in Analogie zum radioaktiven Zerfall über Exponentialfunktionen mit geeigneten Halbwertzeiten, wodurch sich zu einem beliebigen Zeitpunkt t nach einer Trainingseinheit die Größe der Leistungsfähigkeit und der Ermüdung berechnen lässt. Der Vorbereitungszustand zum Zeitpunkt t ergibt sich dann aus der Differenz von Leistungsfähigkeit und Ermüdung. Mit dem fitness-fatigue-Modell lässt sich nicht nur der in der Trainingswissenschaft bekannte Superkompensations-Effekt simulieren (Banister et al., 1975, Banister & Hamilton, 1985, Banister et al., 1986), mittlerweile liegen auch mehrere Studien vor, in denen das Modell erfolgreich zur Modellierung und Analyse von Belastungs- und Anpassungsprozessen eingesetzt wurde (Banister, Carter & Zarkadas, 1999; Banister et al., 1986; Banister & Hamilton, 1985; Busso, Benoit, Bonnefoy, Feasson & Lacour, 1997, 2002; Candau, Busso & Lacour, 1992; Fitz-Clarke, Morton & Banister, 1991; Ganter, Witte & Edelmann-Nusser, 2006; Millet et al., 2002; Millet, Groslambert, Barbier, Rouillon & Candau, 2005; Morton et al., 1990; Mujika et al., 1996; Thomas & Busso, 2005).

Dennoch ist kritisch festzustellen, dass die einfache Modellstruktur es nicht ermöglicht, Überlastungseffekte im Sinne eines Übertrainings (Israel, 1976) zu simulieren, die wie im Modell der Proteinbiosynthese von Mader (1990) zu einem Verlust der Funktionskapazität und letztlich zum Zusammenbruch des Systems führen können: Jede noch so hohe Belastung hat im fitness-fatigue-Modell zwar einen Ermüdungseffekt, dieser geht jedoch allmählich zurück und wird dann vom langsamer abnehmenden leistungssteigernden Effekt übertroffen. So kommt es selbst bei solchen Belastungen zur Superkompensation, die den Athleten eigentlich überfordern würden. Ein entsprechender Überlastungsmechanismus ist im fitness-fatigue-Modell nicht vorgesehen, anders als bei dem im Folgenden vorgestellten LeiPot- bzw. SimBEA-Modell.

9.4 Das Metamodell LeiPot

Auch das so genannte **Lei**stungs-**Pot**ential-Modell LeiPot (oder PerPot für **Per**formance **Pot**ential) simuliert die belastungsabhängige Veränderung der Leistungsfähigkeit. Im Gegensatz zu anderen Ansätzen handelt es sich beim LeiPot-Modell aber um ein abstrakteres Metamodell (z.B. Mester & Perl, 2000; Perl, 1998, 2002 b; Perl & Mester, 2001). Das bedeutet, das LeiPot-Modell hat kein konkretes, real existierendes System zum Vorbild wie es sonst bei Modellen der Fall ist, sondern es stellt ein Modell von Modellen dar, die ähnliche Eigenschaften aufweisen und ähnliche Verhaltensweisen zeigen. Das Metamodell hat das Ziel eben diese ähnlichen Verhaltensweisen zu modellieren. Das erwartete Modellverhalten stand beim LeiPot-Modell damit von vornherein im Blickpunkt der Modellentwicklung.

Ein weiterer Unterschied zum fitness-fatigue-Modell und zum Modell der Proteinbiosynthese betrifft die mathematischen Umsetzung des Modells: Die Berechnung der einzelnen Modellzustände erfolgt beim LeiPot-Modell über Differenzengleichungen in diskreten Schritten. D.h. der jeweilige Zustand ergibt sich aus dem jeweils vorhergehenden Zustand und wird durch entsprechende Flußraten bestimmt. Die Schrittweite δt lässt sich bei der Simulation je nach modelliertem Gegenstand so wählen, dass der entsprechende Prozess adäquat abgebildet wird.

Wesentliches Merkmal des LeiPot-Modells ist wiederum die antagonistische Grundstruktur, ähnlich wie im fitness-fatigue-Modell (vgl. Abb 1): Training hat einen positiven und einen negativen Effekt auf die Leistungsfähigkeit. Die Trainingsbelastung wirkt sich in diesem Modell allerdings nicht sofort auf die Leistungsfähigkeit aus, sondern wird zuvor in zwei Potentialen zwischengespeichert. Erst mit einer spezifischen zeitlichen Verzögerung treten dann die positiven und die negativen Effekte der Belastung ein und wirken sich auf das Leistungspotential aus. Bei einem konstanten Belastungsprofil und bei geeigneter Wahl der Verzögerungen wird durch diese Struktur ein Anstieg der Leistungsfähigkeit modellierbar, der dem Superkompensationseffekt ähnelt (vgl. Abb. 2 sowie Mester & Perl, 2000). Die Anpassungsdynamik des Systems wird entscheidend durch die Verzögerungswerte beeinflusst.

Als weitere Strukturkomponenten sorgen Potentialgrenzen schon in der Grundversion des Modells dafür, dass die Leistungsfähigkeit und die Belastbarkeit des Systems begrenzt sind. Wird die Obergrenze des so genannten Belastungspotentials bei hohen Belastungsraten überschritten, so sorgt ein Überlaufmechanismus im Modell dafür, dass die Leistungsfähigkeit rapide reduziert wird. Bei stetig steigender Belastung kommt es so zu einem umgekehrt U-förmiger Verlauf

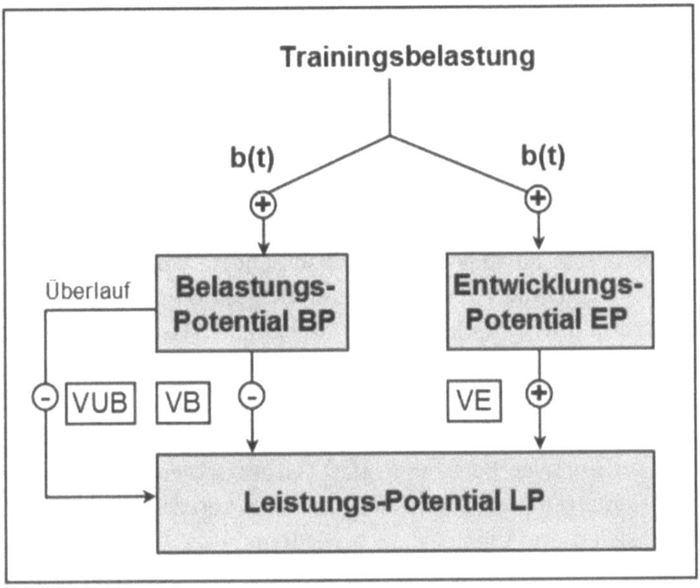

Abb. 9.1. Grundstruktur des LeiPot-Metamodell nach Mester und Perl (2000, S. 48). Die Balastung $b(t)$ wird im Belastungs- und Entwicklungspotential zwischengespeichert, bevor sie sich mit spezifischen Verzögerungen auf das Leistungspotential auswirkt (VB: Verzögerung des Abbaus des BP; VE: Verzögerung des Abbaus des EP; VUB: Verzögerung des Überlaufs des BP).

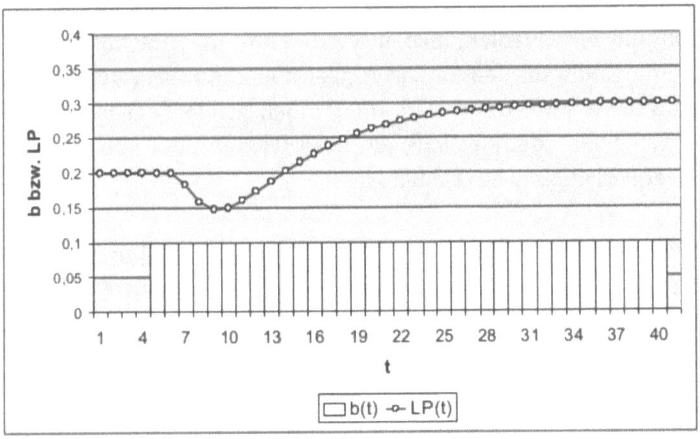

Abb. 9.2. Entwicklung des Leistungspotentials LP bei konstanter Belastung b im LeiPot-Modell (in Anlehnung an Mester & Perl, 2000). Es zeigt sich erst eine verzögerte Abnahme des Leistungspotentials LP und anschliessend, noch während der Belastung, ein Anstieg über das Ausgangsniveau.

der Leistungsentwicklung (vgl. Mester & Perl, 2000). Erst passt sich das System durch eine Steigerung der Leistungsfähigkeit an, langfristige Überlastung führt dann aber zum Zusammenbruch des Systems.

Neben der Grundversion des LeiPot-Modells liegen vielfältige Erweiterungen und Modifikationen des Modells vor (Perl, 2002 a; 2003; 2004; Perl, Dauscher & Hawlitzky, 2003): Die strukturelle Erweiterung um Atrophiekomponenten macht so z.B. auch Atrophieprozesse modellierbar, was insbesondere bei Langzeitsimulationen mit Phasen mit geringer Belastung notwendig ist (Perl, 2002 a; Perl, Dauscher & Hawlitzky, 2003). Die Einführung zeitvariabler Verzögerungen ist eine Modifikation, durch die Genauigkeit der Simulation gegenüber Simulationen mit konstanten Verzögerungen erhöht werden kann (Perl & Mester, 2001; Perl, 2004). Hierbei werden für jedes Simulationsintervall die optimalen Verzögerungen aus den vorliegenden Belastungs- und Leistungsdaten bestimmt. Bei systematischen Beziehungen zwischen Modellzuständen und zeitvariablen Verzögerungen lassen sich diese Abhängigkeiten wiederum durch entsprechende Modelle beschreiben (Perl, 2005). In einer Erweiterung des einfachen LeiPot-Modells benutzt Perl (Perl, 2002 a; 2003; Perl et al. 2003) ein zweites, internes LeiPot-Modell, um in Abhängigkeit von der Belastung die zeitlichen Veränderungen der Verzögerungen des ursprünglichen, externen LeiPot-Modells zu modellieren. D.h. die Verzögerungen des ursprünglichen LeiPot-Modells werden selbst durch ein eigenes internes LeiPot-Modell berechnet. Simulationsversuche mit diesem sog. 2-level-PerPot ergeben ähnlich gute Übereinstimmungen von simulierten und vorgegebenen Leistungswerten wie bei den Simulationen mit dem einfachen Modell und zeitvariablen, lokalen Verzögerungen, ohne dass beim 2-level-Modell allerdings die lokalen Verzögerungen direkt an die vorgegebenen Daten angepasst werden müssen (vgl. Perl, 2003). Auch sich im Lebenslauf eines modellierten Systems verändernde Verzögerungen werden über entsprechend modifizierte 2-level-PerPot-Modelle darstellbar.

Bisherige Anwendungen des LeiPot-Modells zeigen, dass sich hierüber reale Anpassungsprozesse modellieren lassen (z.B. Perl und Mester, 2001; Perl, 2004, 2005). Insbesondere allmähliche, zeitlich verzögerte Anpassungsreaktionen, wie beispielsweise die Anpassung der Herzfrequenz an äußere Belastungsanforderungen sind mit dem LeiPot-Modell gut simulierbar (Perl & Endler, 2006 a, b). Problematisch ist es dagegen, wenn nicht nur allmähliche Prozesse nachgebildet werden sollen, sondern wenn darüber hinaus auch kurzfristige Zustandsänderungen zu modellieren sind, die sich im Profil der Leistungsfähigkeit als „Zacken“ zeigen. Diese kurzfristigen Prozesse sind über LeiPot-Modellierungen aufgrund der verzögert einsetzenden Belastungseffekte nicht simulierbar (Perl & Mester,

2001, S. 56), so dass es zu entsprechend großen Abweichungen von simulierten und real gemessenen Leistungsdaten kommen kann (z.B. Ganter et al., 2006). Einerseits können solche Zacken zwar auf Messfehler zurückgeführt werden, andererseits sind kurzfristige Sprünge im Leistungsprofil aufgrund vielfältiger theoretischer Überlegungen (bspw. Jakowlew, 1977; Mader, 1990; Schönpflug, 1987, 1991) aber zu erwarten, so dass sie auch durch Trainings-Wirkungs-Modelle entsprechend darstellbar sein sollten. Unter anderem diesen Anforderungen sollen das SimBEA-Modell (Brückner, 2007) und auch das AEROPROG-Modell (Marshall, Müller & Koglin, 2009, zitiert nach Ferger, 2010) gerecht werden. Auf das SimBEA-Modell wird im folgenden Abschnitt eingegangen

9.5 Das SimBEA-Modell

Das Modell zur **Sim**ulation von **B**eanspruchungs-, **E**rmüdungs- und **A**npassungsprozessen (SimBEA-Modell) verbindet einzelne Merkmale des fitniss-fatigue- und des LeiPot-Modells (vgl. Brückner, 2007, 2009; Brückner & Wilhelm, 2008 a, b): Die mathematische Berechnung der Modellzustände orientiert sich am LeiPot-Modell und erfolgt schrittweise aus den vorhergehenden Zuständen unter Berücksichtigung der von außen auf das System einwirkenden Belastung (s. Abb. 3).

Auch im SimBEA-Modell hat Training sowohl negative als auch positive Effekte auf die Leistungsfähigkeit. Wie auch im fitness-fatigue-Modell liegt dem SimBEA-Modell die Annahme zugrunde, dass Trainingsbelastungen unmittelbar zur Abnahme der sportlichen Leistungsfähigkeit führen, d.h. ohne zeitliche Verzögerung; hierin ist ein wesentlicher Unterschied zum LeiPot-Modell zu sehen: So reduziert die zum Zeitpunkt t absolvierte Trainingsbelastung B(t) im Modell unter Berücksichtigung eines Umrechnungsfaktors BF (BelastungsFaktor) die Leistungsfähigkeit $L(t)$ um den Betrag $BF * B(t)$. Zum Zeitpunkt $t+\delta t$ ergibt sich dann eine entsprechend verminderte Leistungsfähigkeit $L(t + \delta t)$. Wie im Modell der Proteinsynthese von Mader (1990) schafft die Belastung die Voraussetzung für die anschliessend stattfindenden Anpassungsprozesse, die schließlich zur verbesserten Leistungsfähigkeit führen. Die Belastung wird deshalb im sogenannten AnpassungsPotential AP zwischengespeichert. Eine Belastung zum Zeitpunkt t erhöht das Anpassungspotential im Intervall $[t, t+\delta t]$ um den Betrag $B(t)$. Ähnlich wie im LeiPot-Modell (Mester & Perl, 2000) unterliegt die Anpassung des Systems in der Erholungsphase einer spezifischen Verzögerung, die die Erholungsfähigkeit des Athleten charakterisiert. Diese Verzögerung VA bestimmt die Höhe der

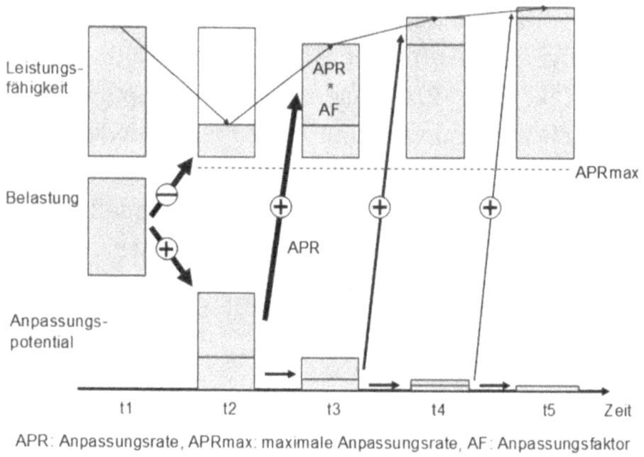

Abb. 9.3. Schematische Darstellung des Anpassungsmechanismus im SimBEA-Modell an Hand der Ermüdungs- und Anpassungsreaktionen auf eine Einzelbelastung. Training reduziert unmittelbar die aktuelle Leistungsfähigkeit und erhöht das Anpassungspotential. Die Flüsse vom Anpassungspotential zur Leistungsfähigkeit erhöhen in der Folge die Leistungsfähigkeit. Die Anpassungsraten werden dabei mit einem Anpassungsfaktor (AF) modifiziert und durch die maximale Anpassungsrate des Systems (APRmax) beschränkt.

AnpassungsPotentialRate $APR(t)$ im Verhältnis zum aktuellen Bestand des Anpassungspotentials $AP(t)$:

$$APR(t) = AP(t)/VA \tag{9.1}$$

Einerseits wird das Anpassungspotential im Intervall $[t, t+\delta t]$ nun um den Betrag APR(t) vermindert, so dass sich zum Zeitpunkt $t + \delta t$ folgender Bestand ergibt:

$$AP(t + \delta t) = AP(t) + B(t) - APR(t) \tag{9.2}$$

Anderseits bewirkt die Anpassungspotentialrate eine Leistungssteigerung. Dazu wird der Betrag $APR(t)$ mit dem Umrechnungsfaktor BF und mit einem AnpassungsFaktor AF modifiziert, so daß sich die Leistungsfähigkeit um den Betrag $AF * BF * APR(t)$ erhöht. AF charakterisiert das Anpassungsverhalten des Athleten. Je größer AF, umso höher ist der Leistungsgewinn in Folge einer Trainingsbelastung und damit die Anpassungsfähigkeit des Athleten. Die Leistungsfähigkeit zum Zeitpunkt $t + \delta t$ kann dann folgendermaßen berechnet werden:

$$L(t + \delta t) = L(t) - BF * B(t) + AF * BF * APR(t) \tag{9.3}$$

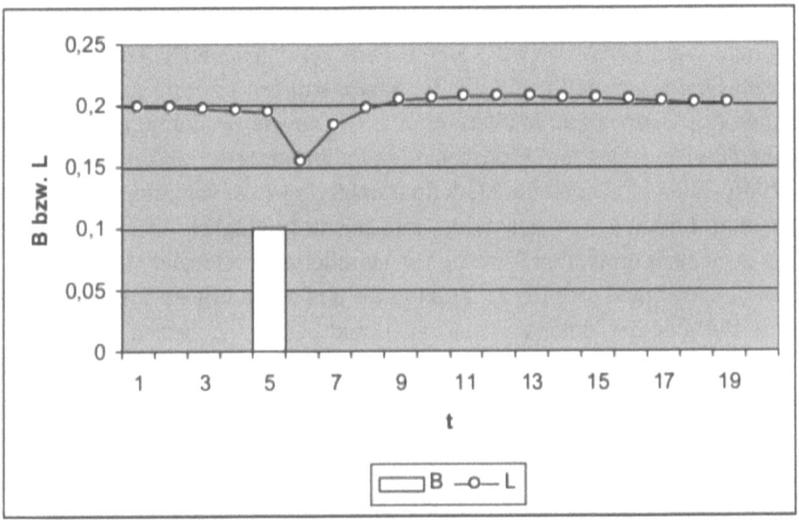

Abb. 9.4. Fiktives Beispiel für die Simulation der Leistungsfähigkeit als Reaktion auf eine Einzelbelastung mit dem SimBEA-Modell. Als Parameter und Startwerte wurden $VA = 2, AR = 0.001, AF = 1.2, L(0) = 0.2, AP(0) = 0$ gewählt. Die Anpassungsrate wurde im Beispiel nicht beschränkt. B: Belastung, L: Leistungsfähigkeit

Bereits durch diese Grundstruktur des SimBEA-Modells lässt sich der bekannte Superkompensationseffekt (Jakowlew, 1977) modellieren (s. Abb. 4 sowie Brückner, 2007). Zusätzlich erweitert wird das Modell durch eine Atrophierate AR sowie eine maximale Anpassungsrate APRmax, die Anpassungen nach oben begrenzt:

$$L(t + \delta t) = L(t) - BF * B(t) + AF * BF * min(APR(t), APRmax) - AR \quad (9.4)$$

Durch diese Erweiterungen wird abgebildet, dass biologische Anpassungsprozesse reversibel sind und Belastungen zur Überlastung führen können. So können starke Abbauprozesse nach sehr großen Trainingsbelastungen ggf. nicht mehr durch Anpassungsvorgänge ausgeglichen werden, wenn die dafür erforderlichen Anpassungsraten die maximale Anpassungsrate deutlich überschreiten.

9.6 Modellkalibrierung und Modellprüfung

Für den Einsatz der vorgestellten Modelle im Rahmen von Simulationen von Anpassungsprozessen sind die Modellparameter numerisch zu bestimmen. Im Fall des fitness-fatigue-Modells betrifft dies vor allem die Halbwertzeiten der Zerfallsfunktionen, beim LeiPot-Modell z.B. die Verzögerungen und Potentialgrenzen und beim SimBEA-Modell ebenfalls die Verzögerungen und die Atrophie- und maximale Anpassungsrate. Als Verfahren zur Parameterbestimmung wird in allen Fällen der Weg der simulationsbasierten Kalibrierung gewählt (vgl. Mester & Perl, 2000). Hierbei werden die Modellparameter im Zuge von Simulationsrechnungen mithilfe von realen Belastungs- und Leistungsfähigkeits-Daten optimiert, so dass es zu einer optimalen Passung von simuliertem und realem Leistungsverlauf kommt. Während sich die Parameter des einfachen fitness-fatigue-Modells über die Methode der kleinsten Quadrate direkt bestimmen lassen, müssen bei den anderen Verfahren iterative Verfahren angewendet werden. Für das LeiPot-Modell wurde auch ein genetischer Anpassungsalgorithmus entwickelt, über den sich ein gut geeigneter Parametersatz generieren lässt (vgl. Perl & Mester, 2001).

Während ein mittels simulationsbasierte Kalibrierung erfolgreich angepasstes Modell gut geeignet sein sollte, die zur Kalibrierung genutzten Anpassungsdaten selbst zu analysieren, ist dagegen für prospektive Einsatzzwecke zu fordern, dass zusätzlich auch die prognostische Validität von Simulationen zu prüfen ist. Nur wenn ein Trainings-Wirkungs-Modell auch zukünftige Anpassungsprozesse zutreffend simulieren kann, sollte es für prognostische Zwecke eingesetzt werden.

Zur quantitativen Beurteilung der Simulationsgüte werden verschiedene Abweichungs- bzw. Übereinstimmungsmaße herangezogen: der mittlere Fehler (z.B. root mean square error, RMSE), die Pearson-Korrelation und die Intraklassen-Korrelation von Simulations- und Messwerten. Der mittlere Fehler erfaßt die mittlere Abweichung der simulierten und gemessenen Werte, dies erfolgt allerdings unabhängig vom Verlauf der Daten. Die Pearson-Korrelation beschreibt dagegen das Ausmaß der gemeinsamen Varianz beider Datenreihen, die sich aus einem ähnlichen Verlaufsmuster ergibt. Der Grad der zahlenmäßigen Übereinstimmung wird hierbei nicht berücksichtigt. Die Intraklassen-Korrelation integriert beide Herangehensweisen und erfasst sowohl die Übereinstimmung hinsichtlich des mittleren Niveaus als auch die gemeinsame Varianz, weshalb dieses Maß beim SimBEA-Modell zur Beurteilung der Güte der Modellanpassung genutzt wird.

Was in der Trainingswissenschaft allerdings noch fehlt sind Standards zur Bewertung der jeweiligen Abweichungs- und Übereinstimmungsmaße, so wie sie beispielsweise für die Beurteilung der Modellanpassung bei statistischen Strukturgleichungsmodellen oder die Bewertung von diagnostischen Testverfahren vorliegen. Solche Standards für verschieden Anwendungsfelder könnten helfen, die Qualität von Modellen einzuschätzen und Modelle zu beurteilen.

9.7 Anwendungsbereiche

Im folgenden Abschnitt werden einige Anwendungsmöglichkeiten von antagonistischen Trainings-Wirkungs-Modellen skizziert (vgl. Brückner, 2009): Vor allem im Leistungs- und Hochleistungssport besteht im Training die Gefahr der Überlastung, da zum Erschliessen von Anpassungsreserven immer höhere Belastungen im Training zu absolvieren sind. Einerseits liegen zwar viele empirische Erkenntnisse zur Wirkung von Trainingsbelastungen vor, andererseits aber sind diese Erkenntnisse häufig nicht direkt auf den jeweiligen Einzelfall übertragbar. Das Risiko eines Fehltrainings oder einer Überlastung ist entsprechend hoch. Hier ist ein möglicher Anwendungsbereich für antagonistische Trainings-Wirkungs-Modelle zu sehen. Denn statt diesem Risiko nur umfassende Kontroll- und Korrekturmaßnahmen in der Trainingssteuerung entgegenzusetzen, könnten zusätzlich am Einzelfall kalibrierte Trainings-Wirkungs-Modelle genutzt werden, um das Risiko eines Fehltrainings von vorn herein zu reduzieren. Über ein an die Bedingungen des Sportlers angepasstes Modell lässt sich im konkreten Einzelfall die Wirkung des geplanten Trainings simulieren und ein ungeeignetes Belastungsmaß korrigieren, ohne dass es zur Überlastung oder Unterforderung des Sportlers kommt. Auch kann durch eine systematische Variation der Trainingsbelastung und die Simulation der Leistungsentwicklung schrittweise ein optimales Trainingsgramm entwickelt werden.

Neben dieser prospektiven Trainings-Wirkungssimulation ist die retrospektive Trainingsanalyse ein weiteres Einsatzfeld im praktischen Training. So lassen sich im Nachhinein Trainingsprozesse analysieren, um Phasen zu identifizieren, in denen es zur Unterforderung oder Überforderung gekommen ist. Letzteres ist beispielsweise dann der Fall, wenn es im LeiPot-Modell zu einem Überlauf des Belastungspotentials kommt, was zur Abnahme der Leistungsfähigkeit führt, oder wenn im SimBEA-Modell die maximale Anpassungsrate deutlich überschritten wird. Andererseits lassen sich auch Phasen zu geringer Belastung identifizieren, z.B. dadurch dass Trainingsbelastungen über längere Zeit immer deutlich unterhalb der maximalen Anpassungsrate liegen.

Auch für leistungsdiagnostische Zwecke liessen sich antagonistische Trainings-Wirkungs-Modelle nutzen, insbesondere dann wenn Referenzwerte für die Modellparameter vorlägen und wenn diese inhaltlich interpretierbar sind. Die Verzögerungen des LeiPot- oder SimBEA-Modells bzw. die Zeitkonstanten des fitness-fatigue-Modells beschreiben beispielsweise die Erholungsfähigkeit eines modellierten Athleten und erlauben damit eine Bewertung des aktuellen Trainingszustands oder der Fähigkeit zur Belastungsverarbeitung. Die Füllhöhe der Potentiale beschreibt dagegen im LeiPot-Modell, in welchem Maße Belastungen gesteigert und damit noch weitere Anpassungsprozesse ausgelöst werden können. Ähnliche Schlüsse lassen sich auch beim SimBEA-Modell aus der maximalen Anpassungsrate und dem Anpassungsfaktor ziehen.

Modellparameter von am Einzelfall kalibrierten Modellen liefern damit nicht nur Informationen, die sich auf die aktuelle Leistungsfähigkeit eines Sportlers beziehen. Die umfassende Analyse des Anpassungsprozesses ermöglicht eine weitergehende Abschätzung über das zukünftige Anpassungspotential eines Sportlers. Zurzeit fehlen allerdings noch groß angelegte Untersuchungen die Längs- und Querschnittdesigns miteinander verbinden und so umfassende Daten zu Trainings- und Anpassungsprozessen für eine repräsentative Zahl an Sportlern liefern könnten und aus denen sich entsprechende Referenzwerte für die Modellparameter ermitteln liessen.

Weitere interessante Perspektiven für Forschung und Trainingspraxis ergeben sich durch die Kombination der verschiedenen hier skizzierten Modellansätze sowie weiterer Modelle aus anderen sportwissenschaftlichen Teildisziplinen wie insbesondere der Sportmedizin und –psychologie. So könnten über das LeiPot-Modell ausgewählte Parameter des SimBEA-Modells zeitvariabel modelliert werden, wie z.B. die Verzögerungen und die maximale Anpassungsrate. Andere Modellkomponenten wie das Leistungspotential oder die Belastung könnten dagegen durch physiologische oder psychologische Modelle ersetzt oder erweitert werden, z.B. durch Modelle zum Stoffwechsel, zur Ermüdung oder zum Beanspruchungsempfinden. Auf diese Weise liessen sich verschiedene theoretische Ansätze verbinden und entsprechende, etablierte Meßverfahren zur Kalibrierung der Trainings-Wirkungs-Modelle nutzen, so dass sie dadurch mit vertretbarem Aufwand in Trainingspraxis einsetzbar werden.

Literatur

[BCS75] Banister, Eric W., Calvert, Thomas W., Savage, Margaret V. and Bach, Tim M. *A system model of training for athletic performance.* Australian Journal of Sports Medicine, 7(3), 57-61. (1975)

[BCZ99] Banister, Eric W., Carter, James B. and Zarkadas, Peter C. *Training theory and taper: validation in triathlon athletes.* European Journal of Applied Physiology, 79, 182-191. (1999).

[BGHH86] Banister, Eric W., Good, Pat, Holman, Geoffrey and Hamilton, Cindy L. *Modeling the training response in athletes.* In Daniel M. Landers (Ed.), 1984 Olympic Scientific Congress proceedings; v. 3. Sport and elite performers (pp. 7-23). Champaign: Human Kinetics. (1986).

[BH85] Banister, Eric W. and Hamilton, Cindy L. *Variations in iron status with fatigue modelled from training in female distance runners.* European Journal of Applied Physiology, 54(1), 16-23. (1985).

[Bru07] Brückner, Jan-Peter. *Training im Leistungssport: Modellierung und Simulation von Adaptationsprozessen.* Dissertation, Christian-Albrechts-Universität zu Kiel. (2007).

[Bru09] Brückner, Jan-Peter. *Trainingssimulationen in der Trainingssteuerung.* In Martin Engelhardt, Birgit Franz, Georg Neumann & Arndt Pfützner (Red.), 23. Internationales Triathlon-Symposium Erding 2008 (S. 31-43). Feldhaus: Hamburg. (2009).

[BrW08a] Brückner, Jan-Peter und Wilhelm, Andreas. *Modellierung und Simulation von Adaptationsprozessen.* Bewegung und Training 1, 10-23. (2008 a).

[BrW08b] Brückner, Jan-Peter und Wilhelm, Andreas. *Modellierung von individuellen Anpassungsprozessen.* Leistungssport, 38(2), 21-26. (2008 b).

[BBBFL97] Busso, Thierry, Benoit, Henri, Bonnefoy, Regis, Feasson, Leonard and Lacour, Jean-Rene. *Modeling of adaptations to physical training by using a recursive least squares algorithm.* Journal of Apllied Physiology, 82, 1685-1693. (1997).

[BBBFL02] Busso, Thierry, Benoit, Henri, Bonnefoy, Regis, Feasson, Leonard and Lacour, Jean-Rene. *Effects of training frequency on the dynamics of performance response to a single training bout.* Journal of Apllied Physiology, 92, 572-580. (2002).

[CBL92] Candau, Robin, Busso, Thierry and Lacour, Jean-Rene. *Effects of training on iron status in cross-country skiers.* European Journal of Applied Physiology, 64(6), 497-502. (1992).

[Fer10] Ferger, Katja. *Dynamik individueller Anpassungsprozesse. Eine vergleichende Analyse statistischer Zeitreihenverfahren und modellbasierter Dynamikanalysen.* Sportwissenschaft 40(1), 9-18. (2010).

[FCMB91] Fitz-Clarke, John R., Morton, R. Hugh and Banister, Eric W. *Optimizing athletic performance by influence curves.* Journal of Apllied Physiology, 71, 1151-1158. (1991).

[GWEN06] Ganter, Nico, Witte, Kerstin and Edelmann-Nusser, Jürgen. *Performance prediction in cycling using antagonistic models.* International Journal of Computer Science in Sport, 5(2), 56-59. (2006).

[HLL10] Hohmann, Andreas, Lames, Martin und Letzelter, Manfred. *Einführung in die Trainingswissenschaft.* (5. unveränd. Aufl.). Wiebelsheim: Limpert. (2010).

[Isr76] Israel, Siegfried. *Zur Problematik des Übertrainings aus internistischer und leistungsphysiologischer Sicht.* Medizin und Sport, 16(1), 1-12. (1976).

[Jak77] Jakowlew, Nikolai N. *Sportbiochemie.* Leipzig: Barth. (1977).

[Mad90] Mader, Alois. *Aktive Belastungsadaptation und Regulation der Proteinsynthese auf zellulärer Ebene. Ein Beitrag zum Mechanismus der Trainingswirkung und der Kompensation von funktionellen Mehrbelastungen von Organen.* Deutsche Zeitschrift für Sportmedizin, 41(2), 40-58. (1990).

[MMK09] Marschall, Franz, Müller, Hermann und Koglin, Ebba. *AEROPROG – Entwicklung eines Modells zur quantitativen Vorhersage der Leistungsentwicklung durch aerobes Ausdauertraining.* Unveröffentlichtes Manuskript. (2009).

[MeP00] Mester, Joachim und Perl, Jürgen *Grenzen der Anpassungs- und Leistungsfähigkeit des Menschen aus systemischer Sicht.* Leistungssport, 30(1), 43-51. (2000).

[MiA02] Millet, Gregoire P., Candau, Robin B., Barbier, Brigitte, Busso, Thierry, Rouillon, Jean-Denis and Chatard, J. C. *Modelling the transfers of training effects on performance in elite triathletes.* International Journal of Sports Medicine, 23, 55-63. (2002).

[MiA05] Millet, Gregoire P., Groslambert, Alain , Barbier, Brigitte, Rouillon, Jean-Denis and Candau, Robin B. *Modelling the relationships between training, anxiety, and fatigue in elite athletes.* International Journal of Sports Medicine, 26, 492-498. (2005).

[MFCB90] Morton, R. Hugh, Fitz-Clarke, John R. und Banister, Eric W. *Modeling human performance in running.* Journal of applied Physiology, 69, 1171-1177. (1990).

[MuA96] Mujika, Ingo, Busso, Thierry, Lacoste, Lucien, Barale, Frederic, Geyssant, Andre and Chatard, Jean-Claude. *Modeled responses to training and taper in competitive swimmers.* Medicine & Science in Sports & Excercise, 28, 251-258. (1996).

[Per98] Perl, Jürgen *Anwendung der EDV in Sportmedizin und Sportwissenschaft: Entwicklung und Perspektiven.* Deutsche Zeitschrift für Sportmedizin, 49(Sonderheft 1), 322-326. (1998).

[Per02a] Perl, Jürgen *Adaptation, antagonism, and system dynamics.* In Gretchen Ghent, Darlene Kluka and Denise Jones (eds.), Sport and information technology. Perspectives, 4 (pp. 105-125). Aachen: Meyer und Meyer. (2002 a).

[Per02b] Perl, Jürgen *Physiologische Modelle der Adaptation.* In Jürgen Perl, Martin Lames und Ulrich Glitsch (Hrsg.), Modellbildung in der Sportwissenschaft (S. 162-178). Schorndorf: Hofmann. (2002 b).

[Per03] Perl, Jürgen *On the long term behaviour of the Performance-Potential-Metamodel PerPot: New results and approaches.* International Journal of Computer Science in Sport, 2(1), 80-92. (2003). Zugriff am 25. Juli 2006 unter http://www.informatik.uni-mainz.de/perpot/Full2003__Perl_Longterm.pdf.

[Per04] Perl, Jürgen *PerPot – a meta-model and software tool for analysis and optimisation of load-performance-interaction.* International Journal of Performance Analysis of Sport, 4(2), 61-73. (2004).

[Per05] Perl, Jürgen *Dynamic simulation of performance development: Prediction and optimal scheduling.* International Journal of Computer Science in Sport, 4(2), 28-37. (2005).

[PDH03] Perl, Jürgen, Dauscher, Peter and Hawlitzky, Michael. *On the long term behaviour of the Performance-Potential-Metamodel PerPot.* International Journal of Computer Science in Sport, Special Ed. 2003, 12-21. (2003). Zugriff am 25. Juli 2006 unter http://www.informatik.uni-mainz.de/perpot/Full2003__Perl_Dauscher_Hawlitzky.pdf.

[PeE06a] Perl, Jürgen und Endler, Stefan. *Trainings- und Wettkampf-Planung in Ausdauersportarten mit Hilfe von Streckenprofilen und PerPot-gestützter Analyse.* In Jürgen Edelmann-Nusser & Kerstin Witte (Hrsg.), Sport und Informatik IX, (S. 37-42). Shaker: Aachen. (2006 a).

[PeE06b] Perl, Jürgen and Endler, Stefan. *Training- and contest-scheduling in endurance sports by means of course profiles and PerPot-based analysis.* International Journal of Computer Science in Sport, 5(2), 42-46. (2006 b).

[PeM01] Perl, Jürgen und Mester, Joachim. *Modellgestützte und statistische Analyse der Wechselwirkung zwischen Belastung und Leistung.* Leistungssport, 31(2), 54-62. (2001).

[Rou05] Roux, Wilhelm. *Vorträge und Aufsätze über Entwicklungsmechanik der Organismen.* Leipzig. (Hrsg.). (1905).

[Sch87] Schönpflug, Wolfgang. *Beanspruchung und Belastung bei der Arbeit – Konzepte und Theorien.* In Uwe Kleinbeck & Josef Rutenfranz (Hrsg.), Arbeitspsychologie. Enzyklopädie der Psychologie, Bd. 1 (S. 130-184). Göttingen: Hogrefe. (1987).

[Sch91] Schönpflug, Wolfgang. *Von der Aktivierungstheorie zur Ressourcentheorie: Die Regulation von Aktivierungszuständen.* In Jan-Peters Janssen, Erwin Hahn & Hanno Strang (Hrsg.), Konzentration und Leistung (S. 27-36). Göttingen: Hogrefe. (1991).

[ThB05] Thomas, Luc and Busso, Thierry. *A theoretical study of taper characteristics to optimize performance.* Medicine & Science in Sports & Exercise, 37, 1615-1621. (2005).

10 Der Blick des Philologen. Modelle ‚Literatur als Text‘ in der Klassischen Philologie

Thorsten Burkard

10.1 Einleitung

Die vornehmste, aber auch anspruchsvollste Pflicht des Philologen und Literaturwissenschaftlers ist das Interpretieren[1]. Dass der Interpret aber nie unvoreingenommen an einen Text herantreten kann und die Interpretation daher immer Gefahr läuft, zu einem eigennützigen Ge- oder gar Missbrauch des Interpretandum zu werden,[2] ist eine Binsenweisheit, die anhand dreier Beispiele illustriert sei: (1) Die intellektuelle Elite Europas entdeckte bis weit ins 19. Jahrhundert hinein in den heidnischen Texten der Antike christliche Sinnebenen, ohne die Problematik dieses Vorgehens zu reflektieren[3]. (2) Die verschiedenen Strömungen des Humanismus wollten ganze Welt- und Menschenbilder aus der lateinischen und griechischen Literatur herauslesen. (3) Die Deutung antiker Lobgedichte auf Herrschergestalten wie Kaiser Augustus (reg. 27 v. Chr. – 14 n. Chr.) hat sich in den Altertumswissenschaften – kaum zufällig – spätestens nach 1945 grundlegend gewandelt. Diese Beispiele, die zeigen, wie Interpreten häufig ihre eigene Welt und ihre eigenen Lebensumstände in Texte hineinlegen, wie sie also Literatur für ihre eigenen Zwecke verwenden und missbrauchen, ließen sich leicht vermehren.

Dieser Mangel an Unvoreingenommenheit gilt sogar für den professionellen Interpreten, den reinen Philologen, der vorgibt, sich nur als Philologe einem Text

1 Zwischen ‚Philologe‘ und ‚Literaturwissenschaftler‘ wird zuweilen in der Weise polemisch unterschieden, dass man unter ersterem eher denjenigen versteht, der den Text und sein primäres Verständnis durch Editionen und Kommentare sichert, während der Literaturwissenschaftler diese als eher uninspiriert geltenden Kärrnerarbeiten als Grundlage für seine Interpretationen verwendet. Man kann diese Logik auch – ebenfalls polemisch – umkehren: Viele Literaturwissenschaftler beherrschen die elementaren Fähigkeiten ihres Faches nicht mehr. In diesem Beitrag werden beide Begriffe synonym verwendet, da die Grenzen in Wirklichkeit fließend sind: ohne eigene Sprachbeherrschung, ohne Kenntnisse in der Editionstechnik, ohne selber zu kommentieren kann man nicht interpretieren – und umgekehrt.

2 Zur wichtigen Unterscheidung zwischen Interpretation und Gebrauch vgl. Eco 1987, 72-74. 224-232; 1992, 47f.

3 Das berühmteste Beispiel ist die Deutungsgeschichte von Vergils um 40 v. Chr. entstandener vierter Ekloge, die seit dem 4. Jahrhundert als Verkündigung der Geburt Christi gelesen wurde.

zu nähern: Auch er schleppt einen kulturellen Ballast mit sich, wenn er daran geht, dem auszulegenden Text einen Sinn zu verleihen, der über die erste, die wörtliche Bedeutungsebene hinausreicht – ja, vielleicht ist er sogar blinder für seine eigenen Vorurteile, weil er sich für die letztgültige Instanz hält, die über die Deutung eines Textes entscheiden darf: *Caesar non est supra grammaticos*, frei übersetzt: Gegen Philologen können nur Philologen in Berufung gehen. Diese autoritative und fast schon priesterliche Position des Literaturwissenschaftlers gilt auf jeden Fall für Literaturen, die aus dem öffentlichen Diskurs weitgehend verschwunden sind – wie eben die antiken Literaturen. Umso wichtiger ist es, die – womöglich unsicheren – Grundlagen des philologischen Denkens zu erkunden. Worin besteht die spezifische Voreingenommenheit des Literaturwissenschaftlers, was genau ist der Blick des Philologen? Die für den Literaturwissenschaftler spezifische Herangehensweise manifestiert sich in der Tendenz, Literatur als Literatur wahrzunehmen, einer Tendenz, die in seinem Geschäft begründet liegt: Der Philologe muss sich durch seine Interpretationen von den Wissenschaften, die ihn umgeben und denen er nahesteht, abgrenzen. Arbeitet er zu historisch oder zu archäologisch-kunsthistorisch, wildert er in den Jagdgründen des Historikers, Archäologen oder Kunsthistorikers, fragt er nach der philosophischen Fundierung von Texten, so dilettiert er auf dem Gebiet der Philosophie, analysiert er Stil und Sprache eines literarischen Werkes, ist er Sprachwissenschaftler, aber noch nicht Literaturwissenschaftler. Der Philologe ist mit dem Problem konfrontiert, dass sein Untersuchungsgegenstand, der Text, am Kreuzungspunkt mehrerer kultureller Wege steht: Alle Texte bestehen trivialerweise aus Wörtern und somit aus Sprache; die meisten Texte referieren irgendwie auf ihre historische Realität und sind irgendwie Produkte des geistigen Klimas ihrer Zeit. Um seine Existenzberechtigung nachweisen zu können, literarisiert der Philologe die zu deutenden Texte und schafft sich so eine Nische im geisteswissenschaftlichen Fächerspektrum. Mit anderen Worten: Das genuine Interesse des Philologen ist es – insofern er seiner wichtigsten Aufgabe, dem Deuten, nachkommen will –, Texte nicht einfach als Repräsentanten von Wirklichkeit oder als Vertreter eines gedanklichen Systems aufzufassen, sondern als Texte, als Literatur. Dieses Anliegen ist nicht nur legitim, sondern auch wichtig, weil es uns davor schützt, Literatur und Kunst ausschließlich als heteronome Gebilde zu betrachten, die immer fremdbestimmt im Dienste einer anderen, höheren Sache stehen (Christentum, Politik, Humanismus, Erziehung des Menschengeschlechts usw.). Wenn man diese selbstgestellte Aufgabe in einigermaßen pathetische Worte fassen möchte, so ist das höchste Ziel des Philologen, die Autonomie des Kunstwerks zu erkennen und für alle Zeiten zu wahren. Andererseits liegt auf der Hand, dass dieses Denkmodell ‚Literatur als Text' (LaT), wie es hier genannt werden soll, auch seine Kehrseite hat, dass eine zu konsequente Fixierung auf einen Text und seine *literarischen* Bedingungen den Blick für andere, vielleicht wichtigere Aspekte verstellen könnte. Wer Literatur als Literatur liest, liest Literatur nur allzu häufig vor dem Hintergrund *seiner* Auffassung von Literatur – und diese Auffassung ist stets zeitgebunden. Literatur ist nicht gleich Literatur, ein Text ist vielmehr ein zeitverhaftetes, kulturelles Phänomen. Ein lateinisches Gedicht des 1. Jahrhunderts v. Chr. ist nicht dasselbe wie ein deutsches Gedicht des 18. Jahrhunderts, mögen sie auch scheinbar dieselben Stoffe behandeln und dasselbe Versmaß verwenden, ja, mag das eine sogar die Übersetzung des anderen sein. Bei aller Ähnlichkeit oder scheinbaren Identität ist der Stellenwert im jeweiligen literarischen und kulturellen System ein völlig anderer.

Da sich daher die Frage stellt, inwieweit die konkreten Ausformungen des Interpretationsmodells ‚LaT‘ nicht den Gegebenheiten der antiken Literatur, sondern der Gedankenwelt der modernen Philologen geschuldet sind, soll im Folgenden analysiert werden, wo dieses Modell, dessen grundsätzliche Berechtigung außer Frage steht, zu viel leistet, wo es also Literatur so stark literarisiert, dass die Interpretation empfindlich darunter leidet. Dieses Scheitern des Modells soll anhand des Gattungsproblems vorgeführt werden, speziell am Beispiel der sogenannten elegischen Gattung.

10.2 Das Modell ‚Literatur als Text‘ und die Gattung der römischen Elegie

„Schon mit dem ersten Wort [scil. *ridebis* – „du wirst lachen“] ordnet Plinius seinen Brief der Gattung der heiteren Episteln zu“[4]. Dieses durchaus typische Zitat ist ein Paradebeispiel für das Modell ‚Literatur als Text‘. Der Blick des Philologen richtet sich weder auf die textexterne Intention des Briefautors noch auf die Rezeptionshaltung der damaligen Leser,[5] sondern zuallererst auf seine eigenen literaturhistorischen Interessen, also nicht etwa auf den Inhalt des Satzes, sondern darauf, was er über die Gattung des Textes aussagt, damit der Text kategorisiert und typologisch abgeheftet werden kann. Der Text verweist in dieser Interpretation vor allem, vielleicht sogar primär oder ausschließlich auf andere Texte, hier auf seine Gattung. Wenn man den oben zitierten Satz liest, gewinnt man

4 Von Albrecht 1995, 190 zu Plinius, *Epistulae* 1,6,1.

5 Wir sprechen bewusst allgemein vom „damaligen Leser“, da sich Plinius’ zwischen 100 und 110 n. Chr. veröffentlichte Briefe nicht nur an den jeweiligen Empfänger richteten, sondern an ein weiteres Publikum, wie man an ihrer Veröffentlichung durch den Autor erkennen kann.

geradezu den Eindruck, Plinius habe das Wort *ridebis* nur deswegen verwendet, damit spätere Philologen seinen Brief literaturhistorisch auch richtig einordnen können. Dass *ridebis* vor allem der Leserlenkung dient, gerät bei dieser Deutung völlig aus dem Blick.

Dieses Modell, das hier ‚LaT' (Literatur als Text) genannt werden soll, bezieht Texte nicht auf die außerliterarische Wirklichkeit, beschreibt Literatur nicht als Repräsentation einer wie auch immer gearteten Außenwelt, sondern als selbstbezügliches Spiel mit eigenen Regeln.[6] Dabei werden Aussagen auch dann selbstreferentiell oder intertextuell gedeutet, d.h. auf den jeweils zu interpretierenden oder andere Texte bezogen, wenn dieser Bezug im Text selbst nicht explizit gemacht wird. Der zitierte Satz sieht in Plinius' *ridebis* ein Beispiel für implizite Selbstreferentialität und nichtmarkierte (also ebenfalls implizite) Intertextualität: Dem Interpreten zufolge ordnet der Text sich selbst ein (Selbstreferentialität), und zwar in eine Gruppe von anderen Texten (Intertextualität). Diese Interpretation illustriert ein Dilemma des Modells: Wie lassen sich diese impliziten Bezugnahmen nachweisen? Diese Fragestellung stellt auf der theoretischen Ebene ein zweistufiges semiotisches Problem dar: (1) Inwiefern lässt sich beweisen, dass ein Text auf sich selbst oder andere Texte referiert, dass er also zu einem Zeichen für Texte wird, wenn keine entsprechenden Metaaussagen des Autors oder der zeitgenössischen Rezipienten erhalten sind? Auf unser Beispiel angewendet: Wie kann man nachweisen, dass ausgerechnet *ridebis* selbstreferentiell und intertextuell aufzufassen ist? (2) Wie lässt sich entscheiden, in welcher Art der Text auf sich selbst oder auf andere Texte verweist? Affirmiert er seine Vorbilder, kritisiert er sie, parodiert er sie? Die Möglichkeiten sind in vielen Fällen zahlreicher, als man denkt. Sobald der Autor mit einem Wort oder einem Satz implizit auf seinen eigenen Text oder auf andere Texte anspielt, räumt er dem Rezipienten eine große Freiheit ein und gibt de facto die Kontrolle über die Interpretation aus der Hand – und zwar aus einem ganz einfachen Grund: Im Gegensatz zum primären Zeichensystem der menschlichen Sprache gibt es in der Regel kein kodifiziertes Zeichensystem der Intertextualität,[7] so dass verschiedene Leser Anspielungen und Zitate verschieden deuten werden, falls nicht der (beispielsweise parodis-

6 Wer davon ausgeht, dass ohnehin alles Text ist, mag diese Feststellung einem naiven Realismus zuschreiben. Dieser naive Realismus erweist sich aber in der Praxis als sehr erkenntnisfördernd. Zudem ist es ein fundamentaler Unterschied, ob ein Autor – sei er Prosaschriftsteller, sei er Dichter – über sein Werk oder über einen textexternen Gegenstand spricht.

7 Ein elaboriertes sekundäres Zeichensystem stellte beispielsweise die spätantik-mittelalterliche Allegorese dar, deren Kenntnis unabdingbar war und ist, um die entsprechenden Werke richtig interpretieren zu können.

tische) Kontext eindeutige Leseanweisungen vorgibt und somit letztlich doch explizite Verweisverfahren verwendet.

Man sollte nun erwarten, dass sich philologisch geschulte Interpreten mit diesen Fragen gründlich auseinandersetzen und jeden Einzelfall genau prüfen, bevor sie implizite Bezugnahmen postulieren. Wir werden aber in diesem Beitrag ausschließlich solche Fälle vorführen, in denen das Modell ‚LaT' unreflektiert angewendet wird, weil es sich hier keineswegs um Einzelfälle handelt und diese Deutungen das Funktionieren des Modells ‚LaT' und seinen Missbrauch idealtypisch demonstrieren können. In der Extremform dieses Modells redet jeder Text ununterbrochen nur noch über sich selbst oder über andere Texte; der literarische Verweischarakter hat sozusagen jegliche textexterne Referenz der Zeichen verschlungen. Was die theoretische Ebene angeht, so lassen sich aber durchaus Unterschiede im Reflexionsniveau bezüglich Selbstreferentialität bzw. Intertextualität feststellen: Während die literaturwissenschaftliche Forschung im Falle der impliziten Selbstreferentialität sehr zurückhaltend ist,[8] geht sie in der Intertextualitätsforschung zumeist recht selbstverständlich davon aus, dass Texte andere Texte nicht einfach nur gebrauchen, sondern auch auf sie verweisen und so mit ihnen ‚in einen Dialog treten.' In der Praxis werden aber häufig implizite Bezugnahmen sowohl selbstreferentieller als auch intertextueller Natur unterstellt, ohne dass die Berechtigung dieser Behauptungen methodisch reflektiert würde.

Bevor wir zur Analyse der Anwendungen des Modells kommen, noch einige Bemerkungen zum hier verwendeten Modellbegriff. Im Gegensatz zu vielen naturwissenschaftlichen, sozialwissenschaftlichen und sprachhistorischen Forschungsgegenständen ist das Objekt der literaturwissenschaftlichen Interpretation unmittelbar zugänglich. Atome kann man nicht hören, sehen oder riechen, in die Gedankengänge von Tieren haben wir keinen Einblick, Organe kann man nicht in beliebiger Weise am Lebewesen untersuchen, das Funktionieren von Gesellschaften lässt sich nicht wahrnehmen, Sprachwandel ist zwar beobacht- und beschreibbar, aber für eine systematische Erklärung werden spezifische Modelle herangezogen (z. B. Wellentheorie, Stammbaumtheorie, S-Kurve, Rudi Kellers Gesetz der unsichtbaren Hand). In allen diesen Disziplinen werden struktur-,

---

8 So weist Wolf 2007, 42f. und 45 darauf hin, dass für implizite Selbstreferentialität Metaisierungsmarkierungen wie etwa Paratexte vorliegen müssten; i.d.R. werde sie aber durch explizite Selbstreferentialität markiert. In Monographien und Sammelbänden zur Selbstreferentialität wird, wie der Verfasser dieses Beitrags bei einer kursorischen Durchsicht feststellen konnte, fast ausschließlich die explizite Selbstreferentialität untersucht.

funktions- oder verhaltensanaloge Modelle entworfen, um sich dem jeweiligen Gegenstand adäquat zu nähern. Dahingegen hat die Literaturwissenschaft einen unmittelbaren Zugriff auf ihre Gegenstände: Texte können, die Kenntnis der entsprechenden Sprache vorausgesetzt, gelesen und zumindest in einer vorläufigen Art und Weise verstanden werden. Der Literaturwissenschaftler benötigt kein Modell, um einen ersten Zugang zu finden, um den Text wenigstens rudimentär auf der wörtlichen Ebene zu erfassen. Da er aber nicht bei einem ersten Verständnis stehen bleiben darf, muss er ein Modell entwickeln, wie der Text zu verstehen ist, wie der Text in seiner Entstehenszeit konzipiert und verstanden wurde, mit anderen Worten: er muss ein Zeichenmodell entwickeln, das ihm sagt, was die Zeichen bedeuten und welche Zeichen überhaupt relevant für eine Interpretation sind. Dieses Zeichenmodell ist aber kein analoges Modell, sondern ein induktiv-deduktives Modell. Jede von einem Text in Gang gesetzte Kommunikation ist eine Vertreterin des entsprechenden Modells. Wenn jemand beispielsweise der Überzeugung ist, dass in einer bestimmten Kultur ausnahmslos jeder Text eine religiöse Funktion besitzt, wird er alle greifbaren Einzeltexte nach diesem Modell deduktiv interpretieren. Vom Modell zum ‚Original' gelangt man also nicht durch Analogieschlüsse, sondern auf deduktivem Wege. Die hier vorgeführten Modelle sind keine reduzierten Abbilder, sondern allgemeine Dinge, die über den Prozess der Verallgemeinerung modelliert worden sind.[9] Lediglich in einem Fall werden wir einem – kritisch zu bewertenden – Modell mit Abbildfunktion begegnen, der Verdeutlichung der Strukturen und Funktionen der römischen Liebeselegie mithilfe des Kriminalromans (10.2.1, S. 184 f). Aber selbst dabei handelt es sich nicht um ein analoges Modell in der Art eines Atom- oder Herzmodells: Kriminalroman und Elegie wären nichts anderes als Vertreter eines bestimmten Literaturtypus.

Das literaturwissenschaftliche Modell ist also in aller Regel kein Abbild eines Urbildes, sondern lediglich die abstrakte Beschreibung dessen, wie alle oder bestimmte Texte funktionieren. Dabei wird die kulturelle Wirklichkeit notwendig reduziert: Es gibt kein Textmodell, das allen Facetten eines Textes gerecht werden kann, wie bereits die Vorstellung des Modells ‚LaT' gezeigt hat: Die Sprache dieses Modells beschränkt die solchermaßen modellierte Welt.[10] Mit dieser Reduktion ist, wie sich im Laufe der Untersuchung erweisen wird, auch eine Idealisierung verbunden: Das Modell ‚LaT' erfüllt den pragmatischen Zweck, Literatur auf eine höhere Ebene zu heben, ihr weiteres intellektuelles Potential zu verleihen. Literaturwissenschaftliche Modelle erfüllen also nicht das Kriterium der Analogie, aber

9 Vgl. dazu in diesem Sammelband 1.3.5, Nr. 10 (S. 21), 2.4 (S. 35 f)
10 Vgl. dazu in diesem Sammelband 2.4, S. 35.

die Kriterien der Abstraktion, Reduktion und Idealisierung.[11] Darüber hinaus sind sie ein Hilfsmittel für die Konstruktion übergeordneter literatur- oder kulturwissenschaftlicher Theorien, werden also zu Vermittlern zwischen den Texten und der Welt und ermöglichen das Verständnis der konkreten Texte und im besten Fall ganzer kultureller Systeme.[12] Im Mittelpunkt dieses Modellbegriffs steht also nicht die Abbildfunktion, sondern die Zweckfunktion.[13] „Das wichtigste Qualitätskriterium zur Bewertung eines Modells ist seine [...] Viabilität."[14] Genau darum soll es in diesem Beitrag gehen. Das Modell ‚LaT' soll in allen seinen Facetten auf seine Viabilität geprüft werden. Wenn dabei die kritische Auseinandersetzung überwiegt, so hängt diese Einseitigkeit damit zusammen, dass das Modell nur allzu oft ein gefährliches Eigenleben gewinnt, das es zu korrigieren gilt.

Im Folgenden soll zunächst gezeigt werden, wie eine Gattung, die römische Liebeselegie, zunächst konstruiert und sodann literarisiert wurde, d.h. wie man sie aus ihrem gesellschaftlichen Kontext weitgehend herausgelöst hat, um das Funktionieren als Literatur zu betonen (10.2.1). Dann wird darzustellen sein, wie einzelne Begriffe als gattungstypisch (‚elegisch') aufgefasst worden sind und somit als Gattungsmarkierungen gelten konnten (10.2.2). Die Kapitel 10.2.3 und 10.2.4 widmen sich fragwürdigen Formen der Intertextualität, nämlich dem Vorgehen, Strukturen einer Gattung (der Liebeselegie) in anderen Gattungen zu identifizieren, ohne über die Art der strukturellen Parallelität Rechenschaft abzulegen. Das nächste Kapitel (10.2.5) beschäftigt sich kurz mit einem Spezialfall der impliziten Selbstreferentialität, der sogenannten Metapoiese. In 10.2.6 wird demonstriert, wie die konsequente Anwendung des Modells ‚LaT' nicht nur zu einer Realitätsreduktion, sondern sogar zu einer Umkehrung des Verhältnisses von Literatur und Wirklichkeit führt. In 10.2.7 soll schließlich gezeigt werden, welchen Zweck die extreme Literarisierung von Literatur verfolgen kann: den Gewinn von Macht über den Text und die darin dargestellte Welt.

10.2.1 Die Literarisierung der römischen Liebeselegie

Die Antike hat die Elegie rein formal definiert als ein Gedicht, das als Versmaß das aus einem Hexameter und einem Pentameter bestehende elegische Disti-

11 Vgl. dazu in diesem Sammelband 2.1, S. 29 f.
12 Vgl. dazu in diesem Sammelband 2.1.1.1, S. 32 f, Nr. 2, 4 und 9.
13 Vgl. dazu in diesem Sammelband 2.1, S. 29f.
14 In diesem Sammelband 2.4, S. 36.

chon verwendet.[15] Antike – griechische wie lateinische – Elegien behandelten verschiedenartige Inhalte, beispielsweise Politik, Trauer (insbesondere in Grabepigrammen), Liebe, Lebensweisheiten. Umgekehrt konnten alle diese Stoffe auch in anderen Metra dargestellt werden. Die Entsprechung von Inhalt und Metrum lässt sich also nur mit Tendenzen, nicht mit festen Regeln beschreiben. Schon in griechischer Zeit waren vor allem Klagegedichte und Epigramme primär mit dem elegischen Distichon assoziiert.[16] In Rom wurde eine weitere Tendenz zu einer Regelhaftigkeit. Während die römischen Liebesdichter ursprünglich unterschiedliche Versmaße verwendeten, um ihrer Liebe Ausdruck zu verleihen[17] oder über die Liebe anderer oder im Allgemeinen zu schreiben, beschränken sich seit den Vierziger Jahren des 1. Jahrhunderts v. Chr. vier Dichter (Gallus, Properz, Tibull, Ovid) zur Gänze auf das elegische Distichon und somit – in einer formalen Betrachtungsweise – auf die Elegie.[18] Wenn die Forschung heute von der ‚Gattung' der römischen Liebeselegie spricht, so sind es insbesondere zwei Aspekte, die sie dazu berechtigen: Zum einen sind alle diese Werke im elegischen Distichon verfasst, zum anderen stellt der jüngste der drei Elegiker, Ovid (43 v. Chr. – 18 n. Chr.), sich selbst in eine Reihe mit den anderen drei Dichtern, was man durchaus als eine Art Gattungsbewusstsein deuten kann.[19] Allerdings bringt diese Auffassung Probleme mit sich: Ovids wenige Jahre älterer Freund Properz stellt sich keineswegs ausschließlich in eine Reihe mit Gallus und Tibull, sondern nennt in zwei Elegien auch andere Liebesdichter, in deren Nachfolge er sich sieht.[20] Ebenso zählt Ovid selbst in seinem Trauergedicht auf den Tod des Elegikers (!) Tibull

15 Ein deutsches Beispiel für ein elegisches Distichon ist Hölderlins Zweizeiler *Täglich geh' ich heraus und such' ein Anderes immer, / Habe längst sie befragt, alle die Pfade des Lands* (*Elegie*, v.1f.). Da die antike Metrik nicht akzentuierend gewesen ist, sondern quantitierend, entspricht eine deutsche betonte Silbe einer lateinischen langen, eine unbetonte Silbe einer kurzen.

16 Einen knappen Überblick über die Geschichte der Elegie bietet Vretska 1975.

17 In der Forschung ist heftig umstritten, inwieweit es sich bei der römischen Liebesdichtung wirklich um Erlebnisdichtung handelt. Für unsere Zwecke können wir die Beantwortung dieser Frage auf sich beruhen lassen; vgl. Fußn. 26.

18 Erhalten sind lediglich die Werke von Properz, Tibull und Ovid.

19 Vgl. die Aufzählungen Ovid, *Ars amatoria* 3,333f.; 535-538; *Remedia amoris* 763-766; *Tristia* 2,445f. 463-468 und 4,10,51-54; 5,1,15-18. Wohl in der Nachfolge Ovids steht die Stelle in Quintilians ‚Literaturgeschichte' (*Institutio oratoria* 10,1,93).

20 Properz 2,25,3f. und 2,34,85-94. Properz bezieht sich ansonsten auch nicht auf Cornelius Gallus, der in der heutigen Forschung als Begründer der Liebeselegie angesehen wird, sondern auf griechische Liebesdichter (die allerdings immerhin im elegischen Distichon geschrieben haben): den archaischen Dichter Mimnermos (Properz 1,9,11) sowie die hellenistischen Poeten Kallimachos und Philetas (Properz 3,1,1f.).

neben Gallus auch Calvus und Catull auf.[21] Es stellt sich somit die Frage, ob die Rede von der Gattung der römischen Liebeselegie nicht zu eng ist: Handelt es sich vielleicht nur um Liebesgedichte, die lediglich eines eint: das gemeinsame Versmaß? Die *communis opinio* lautet indessen anders: Man hat – legitimerweise – nach Gemeinsamkeiten bei den drei erhaltenen Elegikern gesucht und geglaubt, gemeinsame und typische Begriffe und Motive identifizieren zu können. Des Weiteren hat man die Frage nach dem Ursprung der römischen Liebeselegie gestellt und zu ihrer Lösung Beziehungen zu verschiedenen literarischen Gattungen analysiert – ja, man schreckte auch nicht vor der essentialistischen Frage zurück, ob ein lateinisches Liebesgedicht in elegischen Distichen, das etwa zehn Jahre vor der Entstehung der postulierten Gattung ‚Liebeselegie' entstanden ist (Catulls *Carmen* 76), als Liebeselegie bezeichnet werden dürfe.[22]

Die Problematik dieser Ansätze (Identifizierung von Begriffen und Motiven, Ursprungssuche) besteht – trotz der großen Verdienste der betreffenden Einzelforschung im Detail – in der fast schon hypertrophen Anwendung des Modells ‚LaT': Die einzelnen Gedichte und Gedichtcorpora werden innerliterarisch und in ihrer literarischen Filiation analysiert, sie interessieren lediglich in ihren intertextuellen Bezugnahmen auf andere Gedichte oder als Repräsentanten eines literarischen Spiels. Notwendigerweise entsteht so der Eindruck einer *creatio* wenn auch nicht *ex nihilo*, so doch *ex litteris*, der Schöpfung einer Gattung rein aus der Literatur ohne jeglichen Bezug zur psychologischen und gesellschaftlichen Realität der damaligen Zeit. Diese Spielart des Modells ‚LaT' möchte ich als Literarisierung bezeichnen, die sich hier an zwei Aspekten zeigt: Zunächst werden mehrere Einzeltexte (in diesem Fall: Gedichte) aufgrund einer formalen Eigenschaft (Identität des Metrums) zu einer Gattung zusammengefasst, sodann werden die Eigenschaften dieser Gattung fast ausschließlich aus diesen Texten abgeleitet.[23]

---

21 Ovid, *Amores* 3,9,62. Properz wird in diesem Trauergedicht auf Tibull deswegen nicht genannt, weil er noch am Leben ist, während die von Ovid aufgezählten Liebesdichter im Elysium bereit stehen, um Tibull zu empfangen.

22 Um nicht missverstanden zu werden: Natürlich ist die Frage legitim, ob dieses Catullgedicht bei Properz, Tibull oder Ovid stehen könnte. Bejaht man diese Frage (woran bei unvoreingenommener Betrachtung kaum ein Weg vorbeiführt), stellt sich das Problem, warum der nach Tibull schreibende und uns kaum fassbare Gallus der Begründer der Gattung sein soll. Seriös kann man diese Frage nur mit dem Hinweis auf das Versmaß beantworten, womit wir wieder bei einer rein formalen Bestimmung angelangt wären.

23 Diese Darstellung der Forschungsgeschichte ist zugegebenermaßen extrem verkürzend, da man durchaus auch die Beziehungen zwischen der Liebeselegie und der textexternen Realität

In diesem Zusammenhang ist aufschlussreich, welche Gattung als Modell herangezogen wurde, um die Strukturen und die Funktionen der Liebeselegie zu erklären: der Kriminalroman in der Tradition Agatha Christies (der sogenannte Whodunnit). Laut Niklas Holzberg operieren beide Gattungen„ als eine Art Gesellschaftsspiel mit eindeutig festgelegten Regeln",[24] mit vorgegebenen Strukturen, Motiven und Charakteren. Dieser Vergleich ist deswegen dekuvrierend, weil der klassische Detektivroman in der Tat ein rein literarisches Werk ist und ohne Bezug zur Realität nach strengen Regeln funktioniert. Er kommt in seinen wesenhaften Zügen nicht aus der Realität und referiert auch nicht auf diese, er bedient sich ihrer lediglich als Staffage: Die Personen des Romans sprechen und kleiden sich so wie die Menschen, denen der Leser in der Realität begegnet, sie sind aber nicht mehr als Schachfiguren in einem Detektivspiel, die nur insoweit interessant sind, wie sie die Lösung des Falls verzögern oder fördern. Im Gegensatz dazu heben die Autoren der Liebeselegie immer wieder den unmittelbaren Alltagsbezug ihrer Werke hervor.[25] Mögen die von ihnen geschilderten Erlebnisse nun autobiographisch sein oder fiktiv:[26] Auf jeden Fall sollen sie die Lebenswelt des Publikums widerspiegeln und dieses teilweise sogar in Sachen Liebe unterweisen. Die römische Realität ist nicht einfach nur Hintergrund der Liebeselegie, sondern ihr zentraler Bestandteil. Interessant ist, dass dieser Aspekt in der Forschung überhaupt nicht geleugnet wird;[27] er wird nur gerne vergessen, wie man an dem Vergleich mit der Gattung des Kriminalromans erkennen kann.

---

untersucht hat. In vielen Darstellungen wird aber das Literarische der Gattung entweder ausschließlich behandelt oder sehr stark in den Vordergrund gerückt – und auf diese Darstellungen werden wir uns hier beschränken.

24 Holzberg (1998, 20) entlehnt diese Vorstellung vermutlich aus Spoths Dissertation: In elegischen Salons sei die Dichtung ein Gesellschaftsspiel gewesen; hier habe eine Zeichengemeinschaft existiert, „aus der heraus alle weitere elegische Produktion verstanden werden muß" (Spoth 1992, 16). Diese „elegischen Salons" sind reine Phantasieprodukte; zu Spoths Deutung vgl. 10.2.4 a.E. 201 und vor allem 10.2.7.

25 Vgl. Properz 1,7,23f.; 2,34,81f.; 3,3,19f.; 3,9,45f.; Ovid, *Amores* 1,15,37f.; 2,1,5-10.

26 Wenn zumindest ein Teil der römischen Liebeselegien einen autobiographischen Hintergrund hat (wofür sehr viel spricht), kommt die Realität noch viel stärker ins Spiel. Da diese Komponente von einem Teil der Forschung – zumeist unter dem Einfluss von ‚LaT' – vehement bestritten wird, wollen wir sie hier ausblenden.

27 Dies lässt sich etwa daran erkennen, dass man – zu Recht – sehr viel Mühe darauf verwendet hat, den gesellschaftlichen Status der Geliebten zu identifizieren. Eine solche Fragestellung setzt voraus, dass den geschilderten Liebesbeziehungen ein hohes Maß an Realitätsbezug zukommt. In strenger Anwendung des Modells ‚LaT' müsste man davon ausgehen, dass es sich nur um literarische Modelle handelt, etwa um die mechanische Übertragung von Verhältnissen in der griechischen Literatur.

Eine Gattung wie der Whodunnit hat feste strukturelle Regeln, so dass die einzelnen Werke immer nach einem bestimmten Schema ablaufen: Mord – mehrere Verdächtige – weitere Morde – falsche Fährten – Auflösung. Für die Liebeselegie lassen sich solche Schemata nicht einmal ansatzweise identifizieren, weil sie in viele Subgenres zerfällt - oder noch treffender formuliert: weil nahezu jedes Gedicht einen Sonderfall darstellt und es zu jeder angeblich gattungskonstituierenden Regel unzählige Ausnahmen gibt. Neben werbenden Gedichten stehen beispielsweise Gedichte, die das eigene Unglück oder die Untreue der Geliebten beklagen, die den eigenen Triumph in der Liebe besingen, die die Geliebte belehren sollen, die über die Liebe im Allgemeinen räsonieren, die über Liebesdichtung reflektieren – um nur einige wenige Spielarten aufzuzählen. An dieser Heterogenität, die durch die gängigen Aufzählungen der Gattungsmerkmale in den Einführungen und Literaturgeschichten nivelliert wird, zeigt sich zweierlei: (1) dass der Vergleich mit dem Kriminalroman verfehlt ist; er könnte unter rein strukturellen Gesichtspunkten allenfalls für jedes einzelne Subgenre sinnvoll sein; (2) dass die Konstitution einer Gattung ‚Liebeselegie' oder ‚römische Liebeselegie' methodisch gesehen gar nicht so unproblematisch ist.[28] Mit diesem Aspekt werden wir uns im folgenden Kapitel (10.2.2) zu beschäftigen haben.

Das Vergleichsmodell des Kriminalromans ist noch in einer ganz anderen Hinsicht aufschlussreich. Eine rein literarische Gattung wie der Whodunnit entsteht ja nicht nur aus der Literatur, sondern entwickelt auch kreativ bestimmte Motive ganz neu oder zumindest eigenständig weiter. Dieses Denkmodell findet sich auch in der Forschung zur römischen Liebeselegie, und es manifestiert sich zuweilen in recht kuriosen Aussagen. So hätten nach Erich Burck die Liebeselegiker den Typus des liebenden Menschen überhaupt erst geschaffen[29] – eine völlige Ausblendung der Wirklichkeit vor und um die Elegiker herum. Ein solcher Satz ist das Kennzeichen einer Philologie, die nur auf die Literatur schaut, für die nur die Literatur Realität hat und für die der Mensch nur durch und in der Literatur lebt. Nicht die Realität schafft Literatur, sondern die Literatur schafft Realität. In Burcks soeben zitierter Aussage lässt sich eine spezifische, gerade in der Altphilologie häufig anzutreffende Ausprägung des ‚LaT'-Modells erkennen, die ich als *quod non est in litteris, non est in mundo*-Modell bezeichnen möchte. Dieses Submodell lässt sich so fassen: Historische Realität besitzt nur das Belegte, nicht aber

---

28 Umso unverständlicher ist die Aussage Spoths (1992, 16), die Liebeselegie sei so konturiert wie kaum eine andere Gattung. Das ist reines Wunschdenken.

29 Burck 1952, 166. Burck spricht davon, dass die Elegiker eine neue Lebensform in die römische Gesellschaft eingeführt hätten. Die Vorstellung, dass auch Gefühle gesellschaftlich oder eben literarisch konstruiert werden, ist also mitnichten eine ‚Errungenschaft' der Postmoderne.

das Erschließbare; überspitzt formuliert: das Reale gewinnt erst oder ausschließlich durch seine Verschriftlichung Realität. Dieses Modell fragt nicht danach, inwiefern die Liebeselegiker der Realität um sie herum, also dem Liebesleben der römischen Jugend, durch ihre Dichtungen Gestalt zu verleihen suchten, obwohl diese in Selbstaussagen immer wieder auf diesen Zweck ihrer Poesie hinweisen.[30] Nach diesem Modell wird in der Regel der erste Beleg für eine Sache nicht als das betrachtet, was er ist: als erster Beleg, sondern als eine (zum Teil ingeniöse) Innovation des Autors: Wenn etwas erst zum Zeitpunkt x belegt ist, kann es vorher nicht existiert haben, ergo handelt es sich um eine Innovation. Wenn die „Lebensform des Liebenden" vor Gallus nicht belegt ist (was nicht einmal stimmt),[31] so müssen die Liebeselegiker sie eingeführt haben.[32] Ein Leben außerhalb der Literatur ist mithin nicht denkbar. Eine weitere Kritik dieses Modells erübrigt sich wohl.

10.2.2 Die Elegisierung von Begriffen

Auch wenn die Konstitution einer Gattung namens ‚römische Liebeselegie' angesichts der großen Vielfalt der einzelnen Elegien methodische Schwierigkeiten mit sich bringt, ist es selbstverständlich legitim, gemeinsame Merkmale in den Gedichten der drei erhaltenen Elegiker zu identifizieren. An einem dieser Merkmale sei im Folgenden kurz demonstriert, welche Schwierigkeiten mit diesem Vorgehen verbunden sind.

In Überblicksdarstellungen zur römischen Liebeselegie werden häufig drei ‚Konzepte' als gattungstypisch angeführt: das *servitium amoris*, die *militia amoris* und das *foedus aeternum*.[33] Nimmt man den deutschen Begriff ‚Konzept' ernst, der ja etwas Geplantes bezeichnet, so ist er schon für sich genommen entlarvend: Dahinter scheint die Vorstellung zu stehen, dass die Dichter ihre Elegien am Reißbrett entworfen und im Laufe dieses Prozesses bestimmte Konzepte entwi-

30 Vgl. Properz 1,7,23f.; 2,34,81f.; 3,3,19f.; 3,9,45f.; Ovid, Amores 1,15,37f.; 2,1,5-10.

31 Der Hinweis auf Catull mag an dieser Stelle genügen, den man nur sehr gezwungen gegen die Liebeselegiker ausspielen kann.

32 Diese Ausformung des Modells wird besonders in der Analyse sprachlicher Elemente verwendet: Wenn eine Form, ein Wort, eine Wendung oder eine Konstruktion zum ersten Mal bei einem Autor belegt ist, so heißt es oft, dass dieser Autor dieses Element geprägt habe – in den meisten Fällen (zumal in der Prosa) so unwahrscheinlich wie unbeweisbar.

33 Zur Verwendung des Begriffs ‚Konzept' in diesem Zusammenhang vgl. etwa Wildberger 1998, 11.

ckelt haben.[34] Auch diese Vorstellung basiert auf einer Literarisierung der Elegie, also auf dem Modell ‚LaT'. Es wird nämlich zumindest insinuiert, dass diese Konzepte weitgehend unabhängig von der Realität entstanden sind, ja, dass die Liebeselegiker sie womöglich überhaupt erst geschaffen haben.[35] Inwiefern diese Sichtweise einseitig, wenn nicht sogar fragwürdig ist, soll im Folgenden am Beispiel des Begriffs[36] *servitium amoris* gezeigt werden.[37] Schon die Tatsache, dass es sich bei diesem Begriff um eine Metapher handelt, wirft die Frage auf, ob er überhaupt als Terminus einer wissenschaftlichen Beschreibungssprache taugen kann. Und in der Tat stiftet das *servitium amoris* – man möchte sagen: erwartungsgemäß – Verwirrung in den Köpfen. So ist häufig zu lesen, dass dieser Ausdruck die Unterwerfung des gesellschaftlich eigentlich besser gestellten Liebhabers unter die (vermutlich) nicht-standesgemäße Geliebte bezeichne.[38] Diese Begriffsbestimmung ist aber nur teilweise richtig und beruht auf einer zu wörtlichen Übersetzung des Wortes *servitium* (‚Knechtschaft, Sklaverei, Dienst').[39] Gemeint ist hiermit in erster Linie die emotionale Abhängigkeit, das Verfallensein an die Liebe und die Geliebte.[40] Dass nun dieses Motiv in Liebeselegien auftritt, kann wenig verwundern: Leidenschaftliche Liebe ist wohl eine menschliche Grunder-

34 Beim Detektivroman lässt sich dagegen in der Tat von ‚Konzepten' sprechen, weil er eben im Reagenzglas als ein rein literarisches Produkt geschaffen wurde; solche Konzepte sind etwa die geringe Zahl der Verdächtigen, die ein Mitraten überhaupt erst garantiert, das *locked room mystery* sowie das finale Zusammenrufen aller Verdächtigen durch den überlegenen Ermittler. Die Eigenheiten und Spleens beispielsweise, über die die meisten Detektive verfügen, stellen auch keine Aussage über die Realität dar, sondern sind rein literarisch zu begründen.

35 Vgl. das Zitat von Erich Burck am Ende des letzten Kapitels. Dass diese ‚Konzepte' auch in der antiken Literatur schon seit langem zu belegen sind, wird zwar oft pflichtschuldig vermerkt, aber zumeist heruntergespielt.

36 Das ist vermutlich ganz schlicht mit dem Ausdruck ‚Konzept' gemeint, bei dem es sich hier letztlich um eine Lehnübersetzung des englischen Wortes ‚concept' handeln dürfte. Übrigens lässt der Begriff auch in der Schwebe, ob es um Signifikate oder Signifikanten geht. Diese unentschiedene Einstellung gegenüber Kategorien ist ein Kennzeichen vieler erfolgreicher Modevokabeln – und die Ursache ihres Erfolgs. Vgl. dazu auch unten im Haupttext.

37 Auch die anderen beiden Begriffe sind problematisch, da sie nur einen Teil der Inhalte der römischen Liebeselegie abdecken. Die Metapher *militia amoris* wird zudem in der Forschung sehr unscharf verwendet: die Vergleichspunkte der jeweiligen Metaphern oder Vergleiche changieren sehr stark.

38 Ein Beispiel möge genügen: Holzberg 1998, 21.

39 Wie schon im Falle der Entscheidung für eine Metapher als Terminus technicus wird auch hier durch Nachlässigkeit gegen grundlegende methodische Prinzipien gesündigt: Metaphern lassen sich als einzelsprachliche Phänomene nicht so ohne weiteres wörtlich übersetzen.

40 Dabei soll nicht bestritten werden, dass die Liebesdichter mit dem Begriff *servus* (‚Sklave') auch auf das Unwürdige, gesellschaftlich Anstößige ihrer Situation hinweisen. Wichtig ist nur, dass das *servitium* keine *willentliche* Unterwerfung darstellt, sondern den Verliebten überfällt

fahrung und die Voraussetzung für unzählige Liebesdichtungen nicht nur in der Antike, sondern (wahrscheinlich) aller Zeiten und Völker, aber mitnichten eine *differentia specifica* der römischen Liebeselegie[41] (ebenso wenig übrigens der metaphorische Ausdruck *servitium*).[42] Hier liegt die Verwechslung von ‚typisch' i.S.v. ‚in einer Gattung regelmäßig vorkommend' mit ‚typisch' i.S.v. ‚ausschließlich für diese Gattung spezifisch' vor. Kämpfe und Kriege sind typisch für das Epos, aber keineswegs spezifisch.

Was nun das *servitium amoris* in der Liebeselegie beispielsweise vom Mord im Detektivroman unterscheidet, ist, wie bereits ausgeführt, der Realitätsbezug. Der Mord zu Beginn eines Kriminalromans hat nur eine einzige Funktion: Er soll die Handlung auslösen; die möglichen gesellschaftlichen Implikationen des Mordes werden entweder überhaupt nicht oder nur oberflächlich thematisiert (weil ein tieferes Eindringen vom Handlungsmuster ablenken würde), oder aber das Schema des Kriminalromans wird verwendet, um ganz andere Aussagen zu transportieren. Wenn hingegen Liebesdichter von ihrer eigenen Verliebtheit oder der Verliebtheit anderer sprechen, so stehen sie automatisch in dem entsprechenden gesellschaftlichen Diskurs; ihre Gedichte sind *per se* Teil des gesellschaftlichen Redens über Liebe – völlig unabhängig davon, ob sie (auto)biographische Fakten verwenden oder von fiktiven Geschichten und Gefühlen erzählen. Wichtig ist, dass der Rezipient die Darstellung an und für sich für realistisch hält. Um es in der Sprache des New Historicism zu formulieren: Die Liebeselegie ‚verhandelt' im gesellschaftlichen Diskurs ihrer Zeit das Thema ‚Liebe', aber der klassische Whodunnit im Stile der Romane von Agatha Christie ‚verhandelt' keineswegs die gesellschaftlichen Probleme ‚Mord' und ‚Tätersuche' (bzw. nur sehr oberflächlich oder in aufgesetzter Art und Weise).

---

und im Griff hat wie eine Krankheit. Bezeichnend ist auch, dass in der Forschung aufgrund der o.g. defizienten Begriffsbestimmung das *servitium amoris* zuweilen mit dem völlig anders zu verstehenden *obsequium* in eins gesetzt wird.

41 Vgl. etwa Büchner 1968, 328f.: Als Gattung werde die römische Liebeselegie durch ihren Gegenstand, das eigene Liebeserlebnis, zusammengehalten. Hierbei handelt es sich um eine minimalistische Bestimmung, die, wie man leicht sehen wird, auf jede Art von Liebesdichtung zutrifft, die die eigene Liebe bzw. die Liebe eines Ich behandelt. Die von Büchner gegebene Bestimmung ist in Wahrheit das implizite Zugeständnis, dass sich die Liebeselegie nur sehr schwer trennscharf definieren lässt.

42 Wenn man das Signifikat betrachtet, erübrigen sich Beispiele aus der antiken Liebesdichtung. Wer sich für Wortuntersuchungen interessiert (*servitium*, *servus* usw.), sei auf die materialreichen Studien von Copley 1947, Lyne 1979, Murgatroyd 1981, Veyne 1983, 132-150 und McCarthy 1998 verwiesen.

Wie das *servitium amoris* lassen sich auch die anderen beiden ‚Konzepte' (*militia amoris, foedus aeternum*) zweifellos in der römischen Liebeselegie finden, sie sind aber zu unspezifisch, als dass sie diese Gattung konstituieren könnten, anders formuliert: Ein wirklich spezifisches Gattungsmerkmal der Liebeselegie im Rahmen der übergeordneten Gattung Liebesdichtung müsste dieses Subgenre von den anderen Typen der Liebesdichtung abgrenzen. Bisher ist es aber nicht gelungen, ein solches inhaltliches Merkmal zu entdecken; zu disparat sind die einzelnen Gedichte, die das Auf und Ab der Liebe (und eben nicht nur das Unglück, wie in der Forschung gerne behauptet wird) darstellen sollen. Streng genommen liegt hier (wie wir schon gesehen haben) der Definitionsfehler des zu weiten Definierens vor. Dieser Definitionsfehler lässt sich aber gut mit einem beliebten Philologentrick kaschieren, der dazu dient, Spezifizität vorzutäuschen: Man macht die Objektsprache zur Metasprache. Es genügt nicht, einfach ‚obsessive Verliebtheit', ‚ewiger Bund' oder einen anderen treffenden deutschen Begriff zu verwenden, es muss *servitium amoris, foedus aeternum* usw. heißen. So erweist sich durch die Verwendung des Lateinischen als Metasprache implizit die Spezifizität der *römischen* Liebeselegie – und man überhebt sich der Notwendigkeit, nach der genauen Bedeutung der Begriffe zu fragen. Die Analyse verbleibt oberflächlich auf der Ebene der Signifikanten, während die Bedeutungsebene, und das heißt die Ebene der (wie auch immer zu bestimmenden) Realität, nicht tangiert wird. Das Modell ‚LaT' sorgt hier für einen fragwürdigen Hermetismus.

Die Tendenz, Elemente, die sich in verschiedenen Gattungen und im römischen Alltag finden lassen, für typisch elegisch zu erklären, betrifft nicht nur spezifisch erotisches Vokabular, sondern erstreckt sich auch auf andere Ausdrücke. Hier seien nur einige wenige besonders bizarre, aber nichtsdestoweniger repräsentative Fälle herausgegriffen. Betty Rose Nagle bezeichnet eine ganze Reihe von Wörtern aus René Pichons *Index verborum amatoriorum* als elegisch, die sich sowohl in der Liebeselegie als auch in Ovids Exildichtung finden lassen,[43] so etwa *tristis, miser, maestus, cura, labor, dolor, lacrima, cupido, spes*. Nagle stellt auch fest, dass die Begriffe *crimen, scelus, culpa, error, poena*, mit denen Ovid die Ursachen und die Konsequenzen seiner Verbannung bezeichnet, auch im erotischen Kontext vorkommen.[44] Nun wird es aber de facto wohl schwer fallen, irgendeine Gattung

---

43 Mit Ovids Exildichtung werden wir uns in 10.2.3 eingehender zu beschäftigen haben.

44 Nagle 1980, 63. Des Weiteren macht Nagle a.O. die wenig überraschende Entdeckung, dass ein und derselbe Ausdruck je nach Kontext verschiedene Bedeutungen haben kann: *molle cor* bezieht sich einmal auf Ovids Unfähigkeit, vor lauter Heimweh das Exil zu ertragen (*Epistulae ex Ponto* 1,3,32), einmal auf seine Neigung, sich schnell zu verlieben (*Tristia* 4,10,65f.). Was soll diese ‚Entdeckung' beweisen?

der römischen Literatur zu finden, in denen diese Allerweltsvokabeln,[45] die Nagle als „erotic elegiac diction" bezeichnet,[46] nicht vorkommen – von der alltäglich gesprochenen, uns direkt nicht mehr zugänglichen Umgangssprache einmal ganz zu schweigen.[47] Wie kann also auch nur eine einzige dieser Vokabeln irgendetwas für die Beziehung zwischen der Exildichtung und der Liebeselegie beweisen?[48] Hat Ovid diese Vokabeln deswegen verwendet, weil sie schon in der römischen Liebeselegie vorkamen, oder deswegen, weil sie in seiner Muttersprache jeweils die angemessenen Ausdrücke, die Verba propria, gewesen sind? Kaum jemand wird daran zweifeln, dass die zweite Antwort das Richtige trifft. Wie kann man also auf den abwegigen Gedanken kommen, dass diese Lexeme typisch elegisch sind? Die Lösung dieses Rätsels ist einfach: Die entsprechenden Forscher schauen – wie wir bereits bei der Analyse der ‚Konzepte' der Liebeselegie gesehen haben – auf das Wort, den Signifikanten, nicht aber auf dessen Bedeutung, das Signifikat.[49] Hinzu kommen eine Blindheit für das Lateinische als Sprachsystem[50] und eine geradezu obsessive Konzentration auf das sogenannte elegische

---

45 Man könnte einwenden, dass es sich sowohl bei der Liebeselegie als auch bei Ovids Exildichtung um Dichtersprache und nicht um die alltägliche Umgangssprache handelt. Das ist richtig, aber die oben zitierten Wörter sind allesamt nicht typisch poetisch, sondern ‚gemeinlateinisch'.

46 Nagle 1980, 64. Wäre diese lexikalische Analyse zutreffend, würde auch jedes philosophische Werk, jede Rede, jedes Geschichtswerk (sofern nach der Blütezeit der Elegie verfasst) von erotisch-elegischem Vokabular überquellen.

47 Hier wirkt wieder das Modell *quod non est in litteris, non est in mundo*. Für die gesprochene Umgangssprache haben wir keine direkten Zeugnisse, also interessiert man sich nicht oder kaum für die Beziehungen zwischen dieser und der Liebesdichtung. So ist z.B. die Frage interessant, inwiefern in der Alltagssprache gebräuchliche Ausdrucksweisen einen Niederschlag in der Dichtung gefunden haben – allerdings ist zuzugestehen, dass diese Frage eben mangels direkter Zeugnisse große methodische Probleme aufwirft.

48 Diese unwissenschaftliche Deutungsmethode erfreut sich derzeit leider großer Beliebtheit. In einer studentischen Abschlussarbeit musste ich lesen, dass das Nomen *puella* „eindeutig [!] ein Terminus [!] aus der Welt der Liebeselegie" sei. Wem die Absurdität dieser Aussage nicht sofort einleuchtet, ersetze *puella* durch ‚Mädchen' und ‚Liebeselegie' durch ‚Liebesdichtung des Sturm und Drang und der Klassik'.

49 Es soll hier nicht bestritten werden, dass in sich homogene Teilsysteme einer Sprache alltägliche Begriffe so usurpieren können, dass sie zu Erkennungszeichen werden und sozusagen eingefärbt sind, man denke etwa an die Sprache des Nationalsozialismus (z.B. ‚Führer', ‚Vorsehung', ‚Rasse'). Diese Okkupation von Wörtern durch spezielle Diskurse (in unserem Falle: durch die Liebeselegie) muss aber nachgewiesen werden und erscheint im Falle der oben aufgezählten Allerweltsvokabeln nicht nur unwahrscheinlich, sondern nahezu ausgeschlossen (abgesehen davon, dass dieses methodische Reflexionsniveau, soweit ich sehe, von den Vertretern dieser These noch nicht erreicht wurde).

50 Diese Nachlässigkeit in linguistischen Fragen tritt auch zutage, wenn etwa Spoth von einem „elegischen Sprachsystem" spricht und die Liebeselegie als „charakteristisch definiertes Sprach-

System.[51] Dass auch hier unbewusst die beiden Bedeutungen von ‚typisch' verwechselt werden, tut dann ein Übriges.

Interessant ist nun des Weiteren, welchen Schluss Nagle aus diesen angeblichen Bezügen zieht: „By thus demonstrating the amenability of conventional erotic elegiac diction to a superficially [!] quite different situation, Ovid affirms the correctness of his choice of genre."[52] Ovid hätte also das angeblich ‘ elegische' Vokabular nur deswegen gewählt, um zu zeigen, dass man seine Situation, die im Grunde wesensgleich mit der Lage des unglücklich Liebenden ist, auch mit diesen Worten beschreiben kann und er daher berechtigt ist, das elegische Distichon zu wählen![53] Man wird bemerken, welche Aspekte in dieser kaum mehr nachvollziehbaren Aussage im Vordergrund stehen: die Gattung und Ovids Selbstreferentialität. Somit ist dieser Satz ein – in seiner konkreten Zielrichtung allerdings extremes – Paradebeispiel für die selbstreferentielle Ausprägung des Modells ‚LaT' und erinnert nicht von ungefähr an das Zitat am Anfang von 10.2.[54] Interessant ist übrigens, wie die Gewichte verschoben werden: Ovid hat im Exil

system"bezeichnet (1992, 121 und 122). Vgl. auch die Verwendung von „langue" in dem in der folgenden Fußnote angeführten Zitat.

51 Bezeichnend für diese Obsession etwa Spoth 1992, 16: „Die elegische ‚langue' [...] befrachtete die Vokabeln mit unverwischbaren Konnotationen [...] die bei jedem Nachsprechen aufklingen mußten." Beweisführungen sind übrigens entweder nicht die Stärke dieser Forschungsrichtung oder sie hält sie grundsätzlich für unnötig.

52 Nagle 1980, 64.

53 Ovid begründet die Wahl des Metrums allerdings anders, nämlich damit, dass die Elegie auch das Medium der Klage sei (*Tristia* 5,1,5f.48). Nagle behauptet auch, Ovid schildere seine Leiden im Exil in Begriffen, die erotischen *dolores* angemessen seien, um dem Leser das Pathos der Situation vor Augen zu führen (a.O. 70). Warum sollte dieser gedankliche Umweg nötig sein? Wäre der römische Leser nicht in der Lage gewesen, anhand von Begriffen wie *dolor* und *labor* das Pathos der Situation zu erfassen, wenn die Vokabeln nicht auch in der erotischen Poesie gebraucht würden? Ein absurder Gedanke! Die Entstehung dieses Gedankens wird aber verständlich, wenn man eben bedenkt, dass Nagle teils bewusst, teils unbewusst das ‚LaT'-Modell verwendet.

54 Die Vorstellung von einem Rechtfertigungszwang, dem Ovid unterlag, wird auch auf die Themenwahl bezogen (Nagle 1980, 70). Nagle glaubt nämlich, dass sich Ovid dafür rechtfertigen müsse, in der Exildichtung die *amicitia* unter Männern zu behandeln, weil diese kein Thema in der Liebeselegie gewesen ist. Wie Nagle auf diesen Gedanken kommt, sei einmal dahingestellt; vermutlich steckt die Vorstellung dahinter, dass es äußerst rigide Gattungsnormen gab. Interessanter ist die Lösung, die Nagle a.O. vorschlägt: Ovid rechtfertige sich durch die Bezugnahme auf Catull! Auch hier findet sich also wieder eine rein literarische Begründung. Nebenbei sei bemerkt, dass schon Nagles Prämisse falsch ist, da sich im Properz'schen Elegiencorpus mehrere Briefe an Freunde finden. Wenn Nagle auf die Briefcorpora von Cicero und Horaz als „andere Modelle" verweist, widerlegt sie sich schließlich selbst: Es geht nicht um die Normen in einem angeblichen elegischen System, sondern erstens um die triviale soziale Norm des Briefschreibens an Freunde

viel Mühe darauf verwandt nachzuweisen, dass er entweder zu Unrecht verbannt oder zumindest zu hart bestraft wurde. Ein Großteil der Gedichte dreht sich um diese sehr reale Form der Rechtfertigung. Nagle interessiert sich aber – getreu dem Modell ‚LaT' – nicht für diese trivialen Umstände der Verbannung, sondern für die Rechtfertigung der Wahl des Versmaßes. Hier treffen wir fast schon auf das Phänomen der Umkehrung des Verhältnisses von Literatur und Realität, dem wir uns in 10.2.6 widmen wollen.

Wir haben gesehen, wie problematisch es ist, von der Gattung der römischen Liebeselegie zu sprechen. Welcher ontologische Status einer literarischen Gattung auch zukommen mag (seien sie Realien, seien sie Etiketten – um nur die beiden Extreme auf der Skala der Möglichkeiten zu nennen), wie auch immer man sie kategorisieren möchte, eines leisten Gattungen für Autoren auf alle Fälle: Sie stellen bequeme Schemata zur Verfügung, die man verwenden, abwandeln, erweitern, evozieren oder spielerisch dekonstruieren kann. Solche Schemata sind einzelne Formulierungen, Motive, literarische Techniken, dispositionelle Strukturen. Aber erst wenn sich zeigen lässt, dass ein Schema wirklich gattungsspezifisch ist, darf man auch von ‚typisch elegisch, episch, tragisch, komisch' sprechen. Wir haben exemplarisch ein solches Schema oben untersucht, das sogenannte ‚Konzept' des *servitium amoris*. Dieses Konzept hat sich als irrelevant für eine Gattungskonstitution erwiesen, da es kein Spezifikum der römischen Liebeselegie darstellt, sondern ein Kennzeichen von Liebesdichtung im Allgemeinen ist – wie etwa das Komische zwar ein notwendiges Konstituens der Komödie darstellt, aber nicht für sie spezifisch ist, da es auch einen notwendigen Bestandteil anderer komischer Gattungen darstellt. Das ‚Konzept' des *servitium amoris* ist sozusagen ein triviales Ingredienz von Liebesdichtung.

Ein vergleichbares, auf dem Modell ‚LaT' basierendes Vorgehen konnten wir im Falle einzelner Vokabeln feststellen: Zweifelsohne sind bestimmte Wörter, die Gefühle oder deren Symptome beschreiben, notwendig, wenn ein Dichter von unglücklicher Liebe spricht, aber sie sind deswegen noch lange nicht spezifisch für das jeweilige Subgenre. Die Elegisierung dieser Begriffe dient letztlich, wie wir gesehen haben, dazu, Beziehungen zwischen Texten herzustellen, anstatt sich Gedanken über den Bezug zwischen Wort und Bedeutung zu machen. Da man die vermeintliche Identität der Begriffe verwendet, um Beziehungen innerhalb einer zu diesem Zweck mehr oder minder konstruierten Gattung (der Elegie) her-

---

und zweitens um die weniger triviale Frage der sozialen Akzeptanz der Veröffentlichung dieser Freundschaftsbriefe.

zustellen, liegt auch hier die selbstreferentielle Form des Modells ‚LaT' vor: Wenn Ovids Exilelegie von den Unbilden seiner Verbannung spricht, referiert sie nach diesem Modell in erster Linie auf seine Liebeselegie – dass Ovid auch über seine Verbannung spricht, nimmt das Modell allenfalls zur Kenntnis (über dieses Missverhältnis zwischen Literatur und Realität wird noch zu reden sein, vgl. 10.2.6).

Trotz all dieser theoretischen Probleme hat es der Forschung bisher nicht genügt, von einer Gattung der römischen Liebeselegie zu sprechen, die bestimmte Begriffe kreiert, einzelne Wörter usurpiert und so mit einem elegischen Firnis überzieht. Man ging noch einen Schritt weiter und entdeckte die ‚elegische Welt' oder das ‚elegische System', um so das Eigene und Spezifische der Gattung auch auf einer übergeordneten Ebene zu betonen. Die Insinuation ist unüberhörbar: Die elegische Welt ist – fast vergleichbar der Welt eines Fantasyromans oder eines klassischen Whodunnits – etwas anderes als die Realität, eine Parallelwelt, die von den Elegikern mit einer nachgerade eskapistischen Intention geschaffen worden sein soll. Diese Vorstellung lässt sich leicht als falsch erweisen: Selbst wenn man alle Geliebten der Liebeselegiker für Fiktionen erklärt (was der Verfasser dieses Beitrags in dieser Pauschalität für verfehlt hält), beanspruchen die Liebeselegien dennoch, die reale Welt widerzuspiegeln und den Leser im richtigen Umgang mit der Liebe zu unterweisen.[55] Kurzum: Die elegische Welt ist nichts anderes als die Welt, die die Elegiker umgibt. Sie ist weder eine Parallelwelt noch eine rein fiktive Welt (mögen auch die geschilderten Erlebnisse des elegischen Ichs teilweise erfunden sein). Dieses Modell der ‚elegischen Welt', ein typisches Produkt des Modells ‚LaT', ist aber so attraktiv, dass es zur Beschreibung anderer Dichtungen herangezogen wurde. Das soll im Folgenden an zwei Beispielen illustriert werden.

10.2.3 Die ‚elegische Welt' in Ovids Exilelegien: Die Suche nach der *puella*

Im Jahre 8 n. Chr. wurde Ovid wegen seiner erotischen Dichtungen von Kaiser Augustus an das Schwarze Meer verbannt, und diese Verbannung wurde bis zum Tod des Dichters im Jahre 18 n. Chr. nicht wieder aufgehoben.[56] In diesem

55 Vgl. Properz 1,7,23f.; 2,34,81f.; 3,3,19f.; 3,9,45f.; Ovid, *Amores* 1,15,37f.; 2,1,5-10. Tibulls Elegie 1,4 ist eine Liebeslehre für die Knabenliebe. Der didaktische Aspekt der Liebeselegie ist zentral in Ovids *Ars amatoria*.

56 Die Historizität der Verbannung kann nicht ernsthaft in Zweifel gezogen werden. Die wenigen Gegenstimmen (Fitton Brown, Hofmann) haben keine durchschlagenden Argumente vorlegen können; vgl. dazu Chwalek 1996, 28-30 mit Literatur. Mit der Leugnung der Realität von Ovids Exil feiert das Modell ‚LaT'einen triumphalen Erfolg: Eine vollkommenere Literarisierung eines

Jahrzehnt sind Ovids Exilgedichte entstanden, insbesondere seine Klagelieder (*Tristia*) und seine Briefe vom Schwarzen Meer (*Epistulae ex Ponto*). Diese beiden in neun Büchern veröffentlichten Gedichtsammlungen verwenden ausschließlich das elegische Distichon – nicht zuletzt deswegen, weil das Sujet der Klage bereits in der griechischen Literatur eng mit dem elegischen Distichon verknüpft gewesen ist.[57] Da sich nun die Forschung nur schwer von dem aus den Liebeselegien gewonnenen Modell von der ‚elegischen Welt' trennen konnte, hat man versucht, diese in der ebenfalls im elegischen Distichon gehaltenen Exildichtung wiederzuentdecken. Diese Elegisierung soll anhand eines Beispiels vorgeführt werden.

Sowohl Ovids Exildichtung als auch seine Liebespoesie sind formal gesehen Elegien. Ovid hat sich zudem zeit seines Lebens in erster Linie als Liebesdichter verstanden. Da lag es durchaus nahe, in seinem Spätwerk nach Bezügen und Entsprechungen zu den poetischen Anfängen zu suchen. Vor allem Niklas Holzberg hat in seiner Ovid-Monographie die These vertreten, dass das „Gattungsregelwerk" der Elegie auch im Spätwerk immer präsent bleibe.[58] Ovids frühe Liebesdichtungen, die *Amores*, kreisten insbesondere um zwei Protagonisten: den männlichen Liebenden, den *amator*, und die umworbene Geliebte, die *puella*. Hielt man nun in der Exildichtung Ausschau nach einem Pendant für den Liebenden, so war dieses nicht allzu schwer zu finden: Ovid bzw. das von ihm geschaffene elegische Ich. Bei der Identifikation der *puella* der Exilgedichte endete allerdings die Einmütigkeit unter den Forschern. Laut Wilfried Stroh übernehmen die Rolle der Geliebten in der Exildichtung die Gattin, die Freunde und der Kaiser. Das verbindende Element der beiden Elegientypen sei die elegische Werbung:[59] Wie früher Ovid der *puella* Ruhm versprochen habe, so nunmehr den eben

Werkes ist kaum mehr denkbar; erklärt man Ovids Exilpoesie für rein fiktiv, kann die Interpretation auf jeglichen Realitätsbezug verzichten.

57 Vgl. etwa die auf griechische Quellen zurückgehende Stelle in der horazischen *Ars poetica* (v. 75f.): *Versibus impariter iunctis querimonia primum, / post etiam inclusa est voti sententia compos;* Ovid, *Amores* 3,9,3f.

58 Holzberg 1998, 22 und 181f. Man beachte den Ausdruck „Regelwerk", der eigentlich ein kodifiziertes System von Regeln wie etwa den Duden oder die FIFA-Regeln bezeichnet. Ein solches explizit normierendes „Gattungsregelwerk" hat es für die Liebeselegie natürlich nie gegeben. Indem ein Philologe selber Regularitäten nicht nur konstatiert, sondern sie sogar für verbindlich erklärt, bekommt er eine Gattung in den Griff.

59 Stroh 1971, 250-253. Man beachte, wie hier mithilfe des Adjektivs ‚elegisch' Bezüge geschaffen werden sollen. Stroh spricht in einem ersten Schritt in Bezug auf die erotischen Gedichte nicht von ‚Liebeswerbung', sondern von ‚elegischer Werbung'. Dieser Begriff lässt sich zweitens ohne Anstoß auf die Exildichtung übertragen (was bei ‚Liebeswerbung' schwierig wäre), weil der Leser nicht merkt, dass zwischen der Werbung um eine Frau und Bitten, die ein Exilierter an Frau,

genannten Personengruppen; in beiden Fällen verpflichte er sein Gegenüber dadurch zu einer Gegenleistung.[60] Niklas Holzberg sieht in dem hartherzigen Kaiser das einzige Pendant zu Ovids *puella dura* (etwa ‚spröde Geliebte'); Ovid sei der *exclusus amator* („der ausgeschlossene, vor der Tür liegende Liebhaber"), zuweilen entspreche aber auch Ovids Gattin der *puella*.[61] Ulrich Schmitzer sieht zwar wie Stroh das verbindende Element der beiden Corpora in der elegischen Werbung, aber er identifiziert die *puella* nicht mit Ovids Adressaten, sondern mit dem römischen Publikum im Allgemeinen: Wie der Dichter früher um (ein) Mädchen werben musste, so jetzt um die Gunst des Publikums.[62] Alle diese Deutungen wurden von Sabine Lütkemeyer in ihrer Dissertation für „nicht ganz überzeugend" erklärt, da in der Liebeselegie das begehrte Objekt und der Gegenstand der Poesie identisch seien (die *puella*), sie es aber in der Exildichtung den genannten Interpretationen zufolge nicht wären. Daher fällt die Rolle der Geliebten laut Lütkemeyer Rom und Italien zu.[63]

Schon diese Vielzahl an möglichen, auf den ersten Blick jeweils überzeugenden Identifikationen macht stutzig. Können alle zugleich zutreffen, oder muss man sich für eine entscheiden? Doch die eigentlich – und einzig – relevante Frage lautet, was diese Identifikationen für einen Erkenntnisgewinn versprechen? Was ist der tiefere Sinn hinter diesen Rollenanalogien? Mehr noch: Ist die Suche nach derartigen Analogien überhaupt eine legitime wissenschaftliche Fragestellung? Gleichsetzen und vergleichen lässt sich vieles, wenn nicht sogar alles, die Frage ist aber, welcher Sinn in einer Identifikation oder in einer Analogie liegt. Mit anderen Worten: Ohne den Nachweis kausaler Beziehungen sind Analogien zwar ansprechend, aber wissenschaftlich irrelevant. Allen vier Forschern ist aber gemeinsam, dass sie über ihre Gleichsetzungen keine oder nur selten Rechenschaft ablegen, sie belassen es im Wesentlichen bei der Formel ‚puella = x, Ovidius amator = Ovidius exul'. Immerhin hat Stroh – und ihm folgend Schmitzer – auf das Element der elegischen Werbung hingewiesen. Dieser Hinweis auf eine Gemeinsamkeit der beiden Gedichttypen könnte sich durchaus als fruchtbar erweisen,

---

Freunde oder Herrscher richtet, ein Unterschied besteht – letzteres ist keine Werbung. Zuzugeben ist freilich, dass es sich in beiden Fällen um persuasive Gedichte handelt. Vgl. auch die folgende Fußnote.

60 Die Darstellung der jeweiligen persuasiven Strategien bei Stroh ist notwendigerweise verkürzt – ansonsten würde die Gesuchtheit der Analogie offensichtlich werden. Vgl. auch die vorige Fußnote.

61 Holzberg 1998, 181f.

62 Schmitzer 2011, 187.

63 Lütkemeyer 2005, 156-158.

wenn sich zeigen ließe, dass Ovid *spezifische* Motive der Liebeswerbung oder wenigstens der Liebeselegie im Allgemeinen in seine Exilpoesie übernimmt.

Schauen wir uns daher eines dieser Motive an, die in der Forschung zu diesem Zweck angeführt wurden. Nagle weist darauf hin, dass der Liebeskranke in der römischen Liebeselegie und der exilierte Ovid an denselben psychosomatischen Symptomen litten: an *languor* (Mattigkeit, Antriebslosigkeit), an Schlaf- und Appetitlosigkeit, an Gewichtsverlust und an *pallor* (weißer, bleicher Hautfarbe).[64] Die Beschreibung einer Krankheit, die Ovid im Exil befallen hat, würde laut Nagle auch in eine Liebeselegie passen:[65]

Aeger enim traxi contagia corpore mentis,
  libera tormento pars mihi ne qua vacet.
Perque dies multos lateris cruciatibus utor (Ov. trist. 5,13,3-5)

Meine seelische Krankheit hat nämlich meinen Körper angesteckt, damit kein Teil von mir frei von Qualen sei. Seit mehreren Tagen leide ich unter quälendem Seitenstechen.

Ovid hat Nagle zufolge diese drei Verse bewusst so gestaltet, um den Leser an die „amatory convention" zu erinnern.[66] Diese uns schon vertraute Interpretationsweise orientiert sich am Modell ‚LaT': Nagle ist nicht wichtig, dass Ovid mit diesen Versen Mitleid für sein Schicksal in der Verbannung erregen will, der Bezug auf die vom Autor dargestellte oder behauptete Realität ist ihr allenfalls zweitrangig. Im Zentrum der Deutung steht die Bezugnahme auf andere Texte (hier die Liebeselegie) und somit die Selbstreferentialität. Wir erkennen dasselbe Denkschema wie im Falle des angeblich elegischen Vokabulars (s. 10.2.2).

Kommen wir aber zu einer prinzipielleren Kritik dieser Herangehensweise: Worin läge der Sinn dieser intertextuellen Bezüge? Hat der exilierte Ovid überhaupt nicht an diesen Symptomen gelitten und musste sich daher die entsprechende Symptomatik aus der Liebeselegie borgen? Diese Möglichkeit wäre immerhin denk-, aber nicht beweisbar. Ovid hätte dann seine Situation als gravierender dar-

---

64 Nagle 1980, 61-63. Diese Symptome finden sich in den *Tristia* 3,8,24-31; 4,6,41f. und in den *Epistulae ex Ponto* 1,10,3f.7f.21-28.

65 Nagle 1980, 62. Den Nachweis dafür, dass sich die Formulierung in v. 5 (*perque dies multos lateris cruciatibus uror*) theoretisch auch auf Liebeskummer beziehen könnte (a.O.), bleibt Nagle übrigens schuldig.

66 Nagle 1980, 62.

gestellt, als sie in Wirklichkeit gewesen ist, um bei seinen Lesern in Rom Mitgefühl zu erregen, und sich zu diesem Zweck der Schilderungen aus der Liebeselegie bedient, weil ihm die entsprechenden realen Erfahrungen fehlten. Ob Ovid dann aber wirklich wollte, dass seine Leser diese intertextuellen Bezüge erkennen, ist fraglich: Diese Entdeckung hätte seine Darstellung unglaubwürdig werden lassen. Dieselbe Überlegung gilt auch, wenn Ovids Darstellung der Wahrheit entsprechen sollte. Da Nagle nicht explizit sagt, worauf ihre Parallelisierungen zielen, bleibt nur das Fazit, dass es sich hier um identische oder zumindest ähnliche Symptome bei unterschiedlichen Ursachen handelt und dass nichts gegen die Annahme spricht, dass Ovid die Beschreibung seiner Exilkrankheit unabhängig von den elegischen Darstellungen eines unglücklich Verliebten konzipiert hat und keineswegs wollte, dass seine Leser sich an den leidenden *amator* der Liebeselegie erinnert fühlten. Dass ähnliche Symptome in ähnlicher poetischer Sprache dargestellt werden, ist nicht weiter verwunderlich. Die zitierte Passage kann ohne weiteres ohne den Einfluss der Liebeselegie entstanden sein.

Prüft man nun die Ergebnisse, die die Suche nach Parallelen zwischen Ovids Liebesdichtung und seiner Exilpoesie im Allgemeinen sowie die Fragestellung, wer denn der *puella* in der Exildichtung entspreche, zutage gefördert haben, so bleibt nichts als die Trivialität, dass Ovid (oder das elegische Ich) in den Liebesdichtungen ein Mädchen durch seine Werbung erobern, also überzeugen möchte, während er in der Exildichtung appellative Briefe an seine Gattin, seine Freunde und den Kaiser schreibt, die auch einem breiteren Publikum zugänglich gemacht werden – um all diese Adressaten zu überzeugen, d.h. zu einem bestimmten Verhalten zu bewegen. Diese Exilsituation wurde aber nicht etwa literarisch geschaffen, sondern ist eine ganz reale, historisch fixierbare Lebenslage des Individuums Publius Ovidius Naso (was von den genannten Forschern auch nicht bestritten wird).[67] Hätte Ovid die Exilsituation wirklich fingiert,[68] so könnte man sich zumindest vorstellen, dass er das Modell ‚werbender Liebender – spröde Geliebte' als Vorlage für die Konstellation ‚bittender Exilierter – verbannender, unerbittlicher Kaiser' verwendet haben könnte. Sehr wahrscheinlich wäre diese Vermutung allerdings auch in diesem Falle nicht, weil man einem begabten Dichter durchaus zutrauen darf, dass er die Personen und die Situationen nach dem Decorum zu gestalten weiß, ohne zu einer eher weit hergeholten Analogie Zuflucht nehmen zu

67 Tornau 2007, 258 Fußn. 8 äußert wegen der mangelnden Vergleichbarkeit der Situationen deutliche Skepsis an den erwähnten intertextuellen Deutungen.
68 Vgl. Fußn. 56.

müssen.[69] Dass einzelne Formulierungen übernommen werden, besagt für einen Abhängigkeits- oder Verweischarakter überhaupt nichts.

Diese Vergleiche zwischen Liebeselegie und Exildichtung sind also sinnlos. Die Konstellation in der Verbannung ist vorgegeben, aber nicht vom Dichter konzipiert.[70] Sinnvoll wären diese Vergleiche nur, wenn sich eindeutige Parallelen, etwa identische Argumentationsmuster oder strukturelle Gemeinsamkeiten, nachweisen ließen, die dann weiterer Interpretation bedürften. Da eine solche Untersuchung bisher nicht vorgenommen wurde, wird man schließen müssen, dass man das Modell ‚LaT' unbesehen auf einen Fall übertragen hat, in dem Literatur gerade auf Wirklichkeit (nämlich die Verbannung) reagiert.[71] Bei den referierten, leichthin gezogenen Parallelen dringen das Feuilleton und der Essay in den Wissenschaftsdiskurs ein: „Wie Ovid einst um die Gunst seiner Angebeteten warb, so wirbt er jetzt um die Gnade des Kaisers" – solche Sätze machen sich gut in einer Festrede zu einem Ovidjubiläum, in einer wissenschaftlichen Arbeit sind sie ohne eingehende Begründung fehl am Platz. Wissenschaft ist gerade nicht das Denken in Analogien, sondern in kausalen und logischen Kategorien.

10.2.4 Die ‚elegische Welt' der ovidischen *Heroidenbriefe*

Bei den sogenannten *Heroidenbriefen* (oder *Heroides*) handelt es sich um 21 von Ovid konzipierte Briefe im elegischen Distichon. Die ersten vierzehn Briefe stammen von Frauen des Mythos (‚Heroiden') an ihre Ehemänner oder Geliebten, der fünfzehnte Brief von der Dichterin Sappho an den Mann, der sie verlassen hat. Bei den Briefpaaren 16/17, 18/19 und 20/21 handelt es sich jeweils um den Brief eines Mannes und den Antwortbrief einer Frau. Wir werden uns bei der Analyse

---

69 Das schließt natürlich nicht aus, dass Einzelzüge einander ähneln können, wie wir gesehen haben.

70 Ganz anders liegt beispielsweise der Fall von Vergils *Aeneis*. Wenn die Forschung z. B. Turnus mit Menelaos oder Achill, Dido mit Medea vergleicht, so sind diese Parallelen erkenntnisfördernd, weil die entsprechende Konzeption der genannten Figuren ausschließlich der Dichter zu verantworten hat.

71 Auch wenn derzeit die Tendenz besteht, die Literarizität von Ovids Exildichtung zu betonen (vgl. etwa Nagle, die Arbeit von Chwalek und den dortigen Forschungsüberblick auf S. 14-31), kommt man doch nicht an der schlichten Tatsache vorbei, dass der reale Ovid mit seinen Gedichten die realen Adressaten und das historische römische Lesepublikum beeinflussen und über seinen Zustand informieren wollte. Wenn Ovid hier flunkert, übertreibt oder sich sogar bei handfesten Lügen ertappen lässt, so hat das nota bene nichts mit Fiktion zu tun. Der römische Leser sollte glauben, was er liest.

in diesem Kapitel und in 10.2.7 durchgehend auf die sogenannten Einzelbriefe 1-15 konzentrieren.

In der Forschung zu den *Heroides* wird häufig das angebliche „Spannungsverhältnis zwischen elegischer Liebe und mythischer Realität" hervorgehoben.[72] Da wir uns hier nur für ‚das Elegische' interessieren, können wir das Problem beiseite lassen, dass diese Opposition etwas seltsam anmutet.[73] Schauen wir uns eine typische ‚LaT'-Interpretation des ersten *Heroidenbriefs* an.[74] In diesem Brief bittet Odysseus' Gattin Penelope, die seit 20 Jahren auf die Rückkehr ihres Mannes aus dem Trojanischen Krieg wartet, diesen, so schnell wie möglich in die Heimat zurückzukehren. Die Situation ist durch den Mythos vorgegeben, insbesondere durch den kanonischen Text von Homers *Odyssee*. Daher fragt man sich, welchen Erkenntnisgewinn man sich davon erhoffen kann, wenn Holzberg dieses Gedicht mit einem Subgenre der Liebeselegie vergleicht, nämlich mit dem Paraklausithyron, einem Gedichttypus, in dem der Dichter sich selbst als vor der Tür der spröden Geliebten klagenden Liebhaber darstellt. Bei keinem einzigen Detail des Penelopebriefes ist die Annahme notwendig, dass es der Gattung des Paraklausithyrons entnommen ist. Ebenso wenig lässt sich behaupten, dass Ovid dieses Gedicht zumindest formal an ein Paraklausithyron angenähert hätte. Hier liegt also wieder dasselbe Denkmodell vor wie im Falle der Suche nach der *puella* in Ovids Exildichtung: das Ziehen unnützer Parallelen auf rein literarischer Ebene.

Im letzten Verspaar des Briefs warnt Penelope Odysseus mit dem Hinweis auf die lange Zeit, die seit seiner Abfahrt verstrichen ist: Er werde sie, die er einst als junges Mädchen verlassen habe, als alte Frau wiedersehen (v. 115f.). Auch wenn – zu Recht – in der hier zur Debatte stehenden Deutung diese Mahnung als eine „durchaus [...] tiefsinnige und als solche ernst zu nehmende Aussage" bezeichnet wird, geht es nach der Auffassung des Interpreten vor allem um ein literarisches Spiel, mithin um Komik: „die eskapistische Lebensphilosophie des

72 Vgl. etwa Holzberg 1998, 79-99; Spoth 1992, passim, etwa S. 12: die Grundstruktur des Werkes sei die Begegnung von Elegie und Mythos; S. 13 Fußn. 11: „Die Heroinen argumentieren ‚elegisch' gegen die ‚Mythographie'" (man beachte die Elegisierung von Argumentationstechniken). Das im Haupttext gegebene Zitat stammt aus Holzberg 1998, 80.

73 Die von den Briefschreiberinnen in ihren Episteln behandelte Liebe ist ja durch den jeweiligen Mythos vorgegeben. Konflikte entstehen nicht zwischen Elegie und Mythos – auch hier bewegt sich die entsprechende Forschung wieder im ‚LaT'-Modell –, sondern zwischen unvereinbaren Lebensformen. So steht im 13. Brief Laodamias innige Liebe zu ihrem abwesenden Mann in scharfem Kontrast zu dessen militärischer Aktivität im Trojanischen Krieg.

74 Im Folgenden wird Bezug genommen auf Holzberg 1998, 80-84.

elegischen Systems" werde „beim Wort" genommen und „ein wirklichkeitsfremdes Ideal mit der Realität einer mythischen Biographie konfrontiert". Diese Spannung rufe Komik hervor.[75] Auch diese Interpretation bewegt sich wieder gänzlich im Rahmen von ‚LaT'(wie schon der Begriff des literarischen Spiels zeigt), da selbst die „Realität einer mythischen Biographie" als ein Aspekt einer fiktionalen Figur aufgefasst wird,[76] die lediglich dazu verwendet wird, das „elegische System" zu dekonstruieren. In dieser – erneut obsessiven und nicht notwendigen[77] – Rückbeziehung eines Textes auf die elegische Gattung unterläuft dem Interpreten zudem ein Kardinalfehler: Odysseus und Penelope sind verheiratet – mit der freien elegischen Liebe hat die Epistel also herzlich wenig zu tun.[78] Die angebliche Spannung entsteht also nur durch den – willkürlichen – Vergleich mit der Liebeselegie, und selbst wenn man hier eine Spannung konstatieren möchte:[79] Warum sollte es sich um eine komische Spannung handeln? Der Aspekt der angeblichen Komik der *Heroidenbriefe* wird uns weiter unten noch beschäftigen.[80]

Der Ausgangspunkt all dieser Deutungen ist die Elegisierung der *Heroidenbriefe*, der geradezu zwanghafte Versuch, in den *Heroides* auf Schritt und Tritt das Elegische zu entdecken, wie er sich insbesondere in Friedrich Spoths Dissertation mit

---

75 Holzberg 1998, 81.

76 Übrigens hat kein antiker Leser die ovidischen Briefschreiberinnen als fiktionale Personen aufgefasst, vgl. dazu u. Fußn. 110.

77 An einer Stelle wünscht sich Penelope, dass Troja noch stehen möge: Dann wüsste sie wenigstens, wo sich ihr Mann aufhält. Diesem nachvollziehbaren Wunsch schleudert der Interpret ein „Das ist ja geradezu Verrat am elegischen System!" entgegen (Holzberg 1998, 82). Vielsagend ist hier allein schon, mit welcher Sicherheit Holzberg davon ausgeht, dass Penelope auf ein elegisches System geschworen hat. Holzberg findet „das Aufeinanderprallen von allzu starrem Festhalten am elegischen System mit der Realität" „lächerlich" – dem ist fast nichts hinzuzufügen, außer dass nicht Penelope starr an diesem System festhält, sondern ihr zwei Jahrtausende später schreibender Interpret.

78 Nebenbei sei bemerkt, dass die Liebe in diesem Brief keine allzu zentrale Rolle spielt, man hat sogar behauptet, dass Penelopes Liebe erloschen sei (Dörrie 1967, 45; vgl. Jacobson 1974, 262f.; Sallmann 1982, 298).

79 Nur am Rande sei darauf hingewiesen, dass sich Penelopes Angst vor dem Altern bereits in der *Odyssee* findet (18,180f.).

80 Wir werden sehen, dass die Vertreter der hier kritisierten Deutungsrichtung die Fähigkeit besitzen, über die Leiden der Heroinen herzhaft zu lachen. Wenn Penelope bitter feststellt (v. 51), dass Troja für andere zerstört wurde, aber für sie allein noch stehe (weil ihr Gatte noch nicht zurückgekehrt ist), so wird die in diesem „Vers zum Ausdruck kommende Paradoxie" als „lustig genug" beurteilt (Holzberg 1998, 82, für den die in Fußn. 77 zitierte Passage dann eine Steigerung der Komik darstellt). – Die Fähigkeit zur Empathie sollte bei einem Philologen eigentlich keine Schande sein.

dem bezeichnenden Titel „Ovids *Heroides* als Elegien" findet. Hier werden die Elegisierung und die damit einhergehende Literarisierung so weit getrieben, dass die Grenzen zwischen der Darstellung und dem Dargestellten verschwimmen: Nicht Ovid ist es, der sich in einer Gattung bewegt, sondern die Heroinen sind in der elegischen Gattung gefangen.[81] Nun kann es eine solche Aufhebung der Darstellungsebenen, die man als narrative Metalepse bezeichnet, durchaus geben – allerdings ausschließlich in komischen Gattungen und moderner experimenteller Literatur.[82] Es ist daher nur konsequent, wenn Spoth die *Heroides* als Parodien interpretiert; mit dieser Deutung werden wir uns in 10.2.7 zu beschäftigen haben. Hingewiesen sei noch auf den psychologisch gesehen interessanten Befund, dass Spoth die eigene Obsession für das Elegische auf Ovids Heroinen projiziert: Die Frauen könnten nur elegisch sprechen und denken, weil sie in ihrer Liebeskonzeption und der elegischen Gattung gefangen seien.[83]

Über die Tendenz der Forschung, Ovids *Heroidenbriefe* zu elegisieren, könnte man ein ganzes Buch schreiben. Die bisherigen Beispiele für die Elegisierung sollten gezeigt haben, dass diese Ausprägung des Modells ‚LaT' nicht nur keinerlei Erkenntnisgewinn verspricht, sondern sogar den Weg zur Erkenntnis versperrt. Hier wird ohne Not und ohne methodische Rückkopplung ein intertextuelles Modell über Texte gestülpt, das diesen Texten nicht einmal ansatzweise gerecht zu werden vermag.

10.2.5 Die Metapoiese

Im Modell ‚LaT' verweisen Texte auf Texte, entweder selbstreferentiell (oder intratextuell) auf sich selbst oder intertextuell auf andere Texte oder ganze Gattungen. Dieses Modell hat aber noch eine weitere Facette. In den bisher vorgeführten Deutungen waren die Signifikate eines Textes im Wesentlichen Elemente eines literarischen Spiels, die in diesem Spiel bestimmte Positionen besetzten; dem Bezug zur Realität wurde allenfalls durch die Hintertür Einlass gewährt. Wir haben diese Realitätsreduktion mit dem Desinteresse der Philologen an den Inhalten erklärt. Desinteresse an den Inhalten von Literatur führt häufig zu Deutungen auf zweiten Ebenen, zu symbolischen Deutungen. Der Interpret kann der ersten Bedeutungsebene nichts abgewinnen und macht den Text für sich und seine Leser dadurch interessant, dass er sozusagen zwischen den Zeilen relevante Ebenen ent-

81 Spoth 1992, 107.
82 Vgl. zur Metalepse Genette 1998, 167-169.
83 Spoth 1992, 107. Vgl. auch Fußnote 77.

deckt. Die unübersehbare Flut christlicher Deutungen heidnischer Texte hat seit der Spätantike zahllose Beispiele für diese ‚Methodik' hervorgebracht. Die intellektuelle Elite des Mittelalters konnte beispielsweise mit der Liebesgeschichte von Pyramus und Thisbe nichts anfangen. Ließ sich nun aber Pyramus als Christus, Thisbe als Seele des Gläubigen und der Löwe als Teufel deuten, so war der Text entscheidend aufgewertet und somit für den literarischen Kanon gerettet. Diese christliche Ovid-Lektüre gilt heutzutage – glücklicherweise – als unwissenschaftlich, leider erfreut sich aber das zugrunde liegende Deutungsprinzip immer noch großer Beliebtheit – leider, weil eine methodische Reflexion immer noch unterbleibt (s. auch u.). Da seit einiger Zeit nicht mehr der Klerus die Deutungshoheit über antike Texte innehat, sondern der Altphilologe, wird allerdings die zweite Ebene nicht mehr in einem theologischen System verankert.[84] Der Literaturwissenschaftler interessiert sich vielmehr, wie wir schon gesehen haben, für Literatur und das Reden über Literatur. In seinen symbolischen Interpretationen verweisen die Figuren eines Textes und ihre Handlungen nicht mehr auf Glaubenswahrheiten, sondern auf poetologische Aussagen. Vordergründig sprechen Penelope, Dido, Phaedra und die anderen Briefschreiberinnen über ihre Situation und ihre Gefühle – aber auf einer tieferen Ebene geht es dem Autor selbstverständlich um seine Dichtung. Diese Art der symbolischen Deutung bezeichnet man als Metapoiese.[85] Diese Interpretationsmethode sei wiederum an einer Deutung des ersten Heroidenbriefs vorgeführt. Penelope verflucht in diesem Brief den Trojanischen Krieg. Wer nun in den entsprechenden Passagen Komik zu entdecken meint (s.o. 10.2.4), dem stellt sich die drängende Frage, ob der Dichter auch eine ernste Botschaft zu verkünden hat. In der Tat, sagt der Metapoietiker: Penelope steht hier für den Dichter, der Krieg für das Epos (weil ja Epen vom Krieg handeln). Ergo will uns Ovid mitteilen, dass er nicht bereit sei, ein Epos zu schreiben.[86] Überflüssig zu erwähnen, dass ein Beweis nicht geführt wird; die Behauptung ersetzt den Beweis.[87] Eine so bündige wie vernichtende Widerlegung der metapoetischen Deu-

---

84 Diese Beibehaltung der Methode unter Austausch der untauglich gewordenen zweiten Ebene erinnert an ein in einem anderen Zusammenhang geäußertes Diktum Whiteheads: „Obskurantentum ist die Weigerung, frei über die möglichen Begrenztheiten traditioneller Methoden zu spekulieren"; die Wissenschaftler seien als Repräsentanten des Obskurantentums an die Stelle der Geistlichen getreten (Whitehead 1974, 38).

85 Wie viele Modebegriffe unterliegt auch dieser Terminus zuweilen einer Aufweichung. Hier ist mit ‚Metapoiese'ausschließlich der nicht-explizite Bezug auf das Dichten gemeint. Eine Aussage wie „ein Epos übersteigt meine poetischen Kräfte" ist nicht metapoietisch, sondern explizit poetologisch. Metapoiese bedarf also immer der Interpretation.

86 Holzberg 1998, 83.

87 Die ‚Beweisführung' der Metapoietiker besteht häufig darin, dass man die Aussagen, auf die das Gedicht eines Autors angeblich qua Metapoiese verweist, in anderen Werken desselben Au-

tungsmethode hat Markus Asper für die hellenistische Dichtung vorgenommen, der ebenfalls auf die Verwandtschaft zur Allegorese der Antike und des Mittelalters verweist.[88]

10.2.6 Die Umkehrung des Verhältnisses von Literatur und Realität

Wir haben bereits gesehen, dass das Modell ‚LaT' auf die römische Liebeselegie häufig in der Weise angewendet wird, dass die Forschung so tut, als ob die Dichter die Realität nach ihren eigenen Vorstellungen erschaffen, ja eine eigene Welt entworfen hätten. In gewissem Sinne werden in derartigen Analysen die Verhältnisse von Literatur und Realität umgekehrt und der Realitätsgehalt der Liebeselegie stark reduziert. Während im Falle der Liebeselegie immerhin noch die These vertretbar ist, dass die Autoren nicht ihre eigene Realität schildern, sondern die allgemeine Realität der Liebe und sich zu diesem Zweck an vorgegebenen Mustern orientieren müssen, ist eine solche Behauptung im Falle von Ovids Exildichtung ausgeschlossen. Interpretationen, in denen die intertextuelle Referenz der Exildichtung analysiert wird und gegen deren Berechtigung *a limine* nichts einzuwenden ist (vgl. 10.2.3), stehen aber am Anfang einer Entwicklung, die zu einer Umkehrung von Literatur und Realität führt. Anstatt zu fragen, inwiefern Ovid bei seiner Darstellung der Realität des Exils auf frühere Formulierungen und Gedanken zurückgreift, um diese für seinen neuen Zwecke zu adaptieren, analysiert man angebliche direkte Beziehungen zwischen seiner Verbannungs- und Liebespoesie – als ob die primäre Referenz seiner Verbannungselegien nicht seine bedrückende Lebenssituation, sondern die Gattung der erotischen Elegie gewesen wäre. Diese Behandlung der *Tristien* und der *Epistulae ex Ponto* ist umso fragwürdiger, als fast alle Ovidforscher davon ausgehen, dass Ovid wirklich im Exil gewesen ist; und dennoch werden seine Hilferufe aus eben diesem Exil in neuerer Zeit oft so behandelt, als ob es sich um reine Literatur handeln würde. Wie sich dabei die Gewichtungen in geradezu kurioser Weise verschieben können, sei an einem bezeichnenden Satz illustriert: „In der vermutlich letzten Rolle, die Ovid als Ich-Sprecher in seinen Werken spielte, spiegelt sich die reale Situati-

tors nachweist (so gibt sich die Metapoiese zumindest einen seriöseren Anstrich als die religiöse Allegorese heidnischer Texte). Das Mögliche ist aber noch lange nicht das Notwendige; vgl. auch S. 215 mit Fußnote 115.

88 Asper 1997, 224-234, zur Parallele zwischen theologischer Allegorese und Metapoiese 230f.

on des schreibenden Dichters wider".[89] ‚Mehrfach um die Ecke gedacht'ist noch eine milde Umschreibung für diese Formulierung.[90] Auch der römische Politiker Cicero musste knapp zwei Jahre seines Lebens in der Verbannung verbringen. Es darf aber bezweifelt werden, ob sich in der einschlägigen Forschung eine vergleichbare Aussage über seine Briefe aus der Verbannung finden ließe. Dabei kann dieser verkrampft formulierte und umständliche Satz in anderen Kontexten durchaus sinnvoll sein. Natürlich kann man behaupten, dass sich in den fiktiven Frauenfiguren in Ovids Liebesdichtung seine Erfahrungen mit realen Frauen widerspiegeln und dass er hier in die Rolle des Liebenden geschlüpft ist, ohne bewusst autobiographische Aussagen treffen zu wollen; aber im Falle von Ovids Exilliteratur sind weder der „Ich-Sprecher" noch die Rolle als Verbannter noch die Situation fiktiv. Wenn in der Forschung dennoch zuweilen von Ovids „Rolle" oder der „Fiktivierung der tatsächlichen Erfahrungen" die Rede ist, so handelt es sich um nichts anderes als um die nachlässige Verwendung wissenschaftlicher Termini. Sicherlich: Ovid übertreibt, äußert Halbwahrheiten, sagt hier und da, vermutlich auch bewusst, sogar die Unwahrheit und stilisiert sich in einer ganz bestimmten Art und Weise – aber das alles ist keine Fiktion! Fiktion beruht auf einem stillschweigenden Einverständnis zwischen dem Autor und dem Leser. Beide wissen beispielsweise, dass es die Figuren eines Romans nie gegeben hat, dass sie fiktiv sind; sie behandeln sie aber für die Dauer der Lektüre wie reale Personen. Im Gegensatz dazu ist eine Färbung oder Verdrehung der Tatsachen, wie Ovid sie in seiner Exildichtung mit hoher Wahrscheinlichkeit betrieben hat, keine Fiktion, da der Leser das falsche Spiel ja gerade nicht durchschauen soll.

Wie sich die Begriffe verschieben, zeigt auch die Tatsache, dass der Autor des zitierten Satzes, nachdem er seinen Leser 20 Zeilen lang durchaus zu Recht davor gewarnt hat, alle Aussagen der Exildichtung für bare Münze zu nehmen, schließlich den wahrhaft mutigen Entschluss fasst, den „Sprecher der Exilelegien" „ganz einfach" und trotz allem doch als „den Verbannten" zu bezeichnen – und damit andeutet, dass er das Bedürfnis hat, diese eigentlich selbstverständli-

89 Alle folgenden Zitate stammen aus Holzberg 1998, 181. Ein ähnlicher Satz findet sich bei Spoth, dort allerdings bezogen auf die *Heroidenbriefe*: „Die Heroinen spielen die *puella relicta* oder *inclusa*" (Spoth 1992, 107).

90 Ein ähnlicher Satz in Bezug auf die *Ars amatoria*, ein Lehrbuch der Liebeskunst, lautet: Ovid nehme „betont die Pose des Verfassers eines didaktischen Epos ein [...] um [vor allem] den intertextuellen Bezugsrahmen seiner Erotodidaktik vom Bereich der Elegie auf den des Lehrgedichts zu erweitern"(Holzberg 1998, 101). Die Intention Ovids soll sich ausschließlich auf die Intertextualität richten; dass er die Liebe lehrt, ist natürlich nur eine Pose, also eine Rolle (wie die des Verbannten), und ergibt sich nicht etwa zwanglos aus dem Text selbst.

che Begriffsverwendung vor sich und seinen Lesern rechtfertigen zu müssen! (Die moderne Literaturwissenschaft pflegt ihre Berührungsängste gegenüber der Realität und dem Biographismus sehr sorgfältig.)[91] Diese Wendung hin zur Realität der Verbannung bedeutet allerdings keineswegs, dass der betreffende Autor die Exildichtung vor deren Hintergrund deuten würde – ganz im Gegenteil: Die Welt dieser Gedichte „funktioniert" in seinen Augen „auf der Basis des elegischen Systems [...] aber es ist eine verkehrte elegische Welt."

Die Umkehrung von Wirklichkeit und Literatur speist sich vermutlich noch aus einer anderen Quelle. Auch hier scheint eine ganz bestimmte Befürchtung der Antrieb zu sein, nämlich die – entweder explizit formulierte oder zumindest zwischen den Zeilen erkennbare – Angst vor simplizistischen oder naiven Deutungen. Die Wahrheit wird schon fast programmatisch nicht beim Offensichtlichen gesucht, sondern beim Entlegenen und weit Hergeholten. Der Priester der Literatur darf nicht so sprechen und denken wie der normale, naiv realitätsfixierte Mensch, dem die Tiefe eines Textes nur dann in ihrer ganzen Helligkeit erstrahlen kann, wenn er sich einem kundigen Führer anvertraut hat.[92] Die Entrücktheit sowohl der Darstellung als auch der Diktion verbürgt den Expertenstatus und sichert den Machterhalt. Wie auch das Streben nach Macht und Kontrolle über den Text durch das Modell ‚LaT' garantiert werden kann, soll im nächsten Abschnitt dargestellt werden.

10.2.7 Interpretation als Machtinstrument

Im zehnten Buch der platonischen *Politeia* drückt Sokrates seine Verwunderung darüber aus, dass Leser oder Zuschauer von der gelungenen Darstellung leidender Menschen in der Literatur oder auf der Bühne berührt und affiziert werden: Wenn beispielsweise jemand in einer Tragödie eine lange Trauerrede hält, so hört man dieser Rede nicht nur gerne zu, sondern man gibt sich ihr ganz hin, leidet mit der Person und lobt den Dichter dafür, dass er es versteht, das Publikum in

91 Hier fällt einem ein Satz aus der *Dialektik der Aufklärung* ein, der freilich in einem ganz anderen Zusammenhang geäußert wurde: „Der Furcht wähnt er [scil. der Mensch] ledig zu sein, wenn es nichts Unbekanntes [das wäre in unserem Falle die textexterne Realität] mehr gibt [...] Es darf überhaupt nichts mehr draußen sein, weil die bloße Vorstellung des Draußen die eigentliche Quelle der Angst ist"(Horkheimer / Adorno 1969, 22).

92 Hier passt die Warnung von Edgar Allan Poes Auguste Dupin: „Thus there is such a thing as being too profound. Truth is not always in a well" (The murders in the Rue Morgue, in: Thomas Ollive Mabbott (Hg.): The Collected Works of Edgar Allan Poe 2. Tales and Sketches 1831-1842, Cambridge (Mass.) / London 1978, 521-574, hier 544).

eine solche Stimmung zu versetzen.[93] Dieser Befund beunruhigt Sokrates: Seiner Meinung nach sollte Dichtung die Aufgabe erfüllen, Menschen moralisch zu stärken und sie so etwa zu unterweisen, wie sie ihr Schicksal heldenhaft, gleichsam philosophisch meistern können. Nun sieht man aber dem larmoyanten Verhalten eines Mannes zu, das man sich selber wohl nicht erlauben würde, wodurch sich schlechte Gewohnheiten einschleichen und verfestigen könnten. Würde Sokrates seine Bedenken in der Sprache der modernen Psychologie formulieren, so würde er wohl sagen, dass die attischen Tragödiendichter und überhaupt die meisten Poeten ihren Zuschauern mehr als fragwürdige Rollenmodelle zumuten. Sokrates' Vorschlag, wie man in einem idealen Staat Abhilfe schaffen könnte, ist bekannt: Da die entsprechenden Dichter ihrem Erziehungsauftrag nicht nachkommen, sind sie mitsamt ihren Produkten zu verbannen;[94] nur noch moralisch bedenkenlose Poesie sollte zulässig sein wie etwa Götterhymnen und Preisgedichte auf vorbildliche Heroen. Sokrates geht in seiner Radikalität so weit, dass er fordert, dass in diesen gereinigten dichterischen Produkten jammernde Helden überhaupt nicht mehr dargestellt werden sollten – nicht einmal, wenn sie um einen erschlagenen Freund klagen.[95]

Sokrates' Unbehagen an der Dichtung und an der Kunst im Allgemeinen ist nicht das Unbehagen eines amusischen, pragmatischen Ideologen, der Kunst nur als Mittel zum Zweck, nämlich als Instrument zur Verbreitung heilsamer Wahrheiten, billigen kann. Sokrates kennt durchaus den ästhetischen Wert von Kunstwerken; er gibt zu, dass Homer und die anderen großen Dichter die Fähigkeit haben, ihn in ihren Bann zu schlagen, ihn zu bezaubern.[96] Aber gerade darin besteht ja seiner Auffassung nach die Gefahr der Poesie: Sie gewinnt Macht über den Menschen, sie macht ihn ohnmächtig und wehrlos gegenüber seinen Affekten. Diese Entmachtung des Geistes kann der Intellektuelle, der rationale Philosoph nicht hinnehmen. Die Verbannung der Dichter aus dem Staat ist daher auch ein Mittel des Intellektuellen, um die Macht über sich selbst wiederherzustellen und von jeder Gefährdung abzuschotten.[97]

---

93 Vgl. hierzu und zum folgenden Platon, *Politeia* 10,605d-606b.

94 Bei diesem drakonischen Verdikt spielen noch andere Gründe eine Rolle, die uns hier aber nicht zu interessieren brauchen.

95 Sokrates' bzw. Platons berühmte Dichterkritik findet sich an den folgenden Stellen der *Politeia*: 3,377b-398b; 408b-c; 10,595a-608b (vgl. dazu Murray 1996).

96 Daher würde er ihre Verbannung auch mit einem weinenden Auge verfolgen.

97 Nicht von ungefähr vertritt Sokrates das Ideal des autarken Helden. Der ideale Protagonist der Literatur wird hier zum Spiegelbild des Philosophen.

Die Gewalt der durch die Literatur hervorgerufenen Gefühle hat auch Platons Schüler Aristoteles analysiert, nämlich im berühmten sechsten Kapitel seiner Poetik, in dem sich die wirkungsmächtige Definition der Tragödie findet. Dort wird das Ziel dieser dramatischen Gattung bestimmt als das Erregen von Mitleid und Schrecken (*eleos kai phobos*).[98] Was Sokrates im platonischen *Staat* zunächst kritisch beargwöhnt und schließlich aus dem öffentlichen Leben ausgeschlossen hat, wird bei Aristoteles auf einer anthropologischen Grundlage empirisch konstatiert und als entschiedener Vorzug mimetischer Kunst proklamiert. War der Kontrollverlust der Vernunft – „l'esprit est toujours la dupe du cœur" hat Rochefoucauld einmal gesagt[99] – für Sokrates ein Skandalon, ist er für Aristoteles die *condicio sine qua non*; die Kunst wird so wieder in ihre Rechte eingesetzt.

Der Philologe befindet sich nun in derselben Situation wie Sokrates: Lässt er sich emotional auf ein Kunstwerk und damit auf die entfesselten, aber ihn fesselnden Affekte ein, spürt er den daraus entstehenden Kontrollverlust; der Text und seine Figuren gewinnen Macht über ihn. Dieses Verhältnis passt aber denkbar schlecht zu seinem Berufsethos, definiert er sich doch dadurch, dass er die Interpretationshoheit über den Text besitzt, dass er den Text kontrolliert und nicht etwa dieser ihn. Und in der Tat: Die meisten ernsthaften[100] Texte, die keine reinen Sachbücher sind, appellieren nicht nur an unseren Intellekt, sondern sprechen auch unsere Gefühle an: Wir leiden mit den Opfern, erschaudern vor den Verbrechern, schütteln den Kopf über die Unverschämten und rümpfen die Nase über die allzu Schlauen – und sind in demselben Moment Gefangene unserer Gefühle. Und wie schon Sokrates richtig beobachtet hat, handelt es sich um Gefühle, die wir uns ansonsten nicht gestatten würden: Wo wird heutzutage schon so hemmungslos geweint wie im Kino? Der Philologe, der mit gutem Recht gewohnt ist, zu sezieren und zu analysieren, muss also den Verstand schützen, um seine Macht über den Text zu wahren, um nicht von ihm überwältigt zu werden. Diese seine Macht kann er nun aber durch ein kleines Manöver retten: Er muss lediglich den Anspruch des Textes auf emotionalen Nachvollzug negieren. Damit dieses Manöver

---

98 Aristoteles, *Poetik* 6,1449b27. Wenn hier Aristoteles zitiert wird, soll damit nicht insinuiert werden, dass Ovid dessen *Poetik* gekannt hat (das ist nicht beweisbar). Die aristotelische Deutung steht vielmehr paradigmatisch für eine ganz bestimmte Rezeption von Literatur, die sich fundamental etwa von der Brecht'schen Dramentheorie unterscheidet, die sich ja bekanntlich nicht von ungefähr in der Abgrenzung von Aristoteles konstituiert hat.

99 La Rochefoucauld: Réflexions ou sentences et maximes morales et réflexions diverses (Auflage 5, 1678), hg. v. Laurence Plazenet, Paris 2005, Maxime 102, S. 147.

100 Wir sprechen hier nur von ernsthaften Texten, weil das Lachen über komische Texte fast immer ein Ausdruck der Überlegenheit ist.

überhaupt gelingen kann, ist es notwendig, dass er sich über den Text und das darin Dargestellte erhebt und von einer höheren Warte aus urteilt. Der Text wird nach dem Modell ‚LaT' als Literatur betrachtet, die darin dargestellte Realität (sei sie fiktiv, sei sie nicht-fiktiv) seinem philologischen Urteil unterworfen. Wie sich dieses Urteil konkret gestaltet, hängt vom Status des jeweiligen Textes ab. Betrachten wir hier nur die beiden Extremfälle: Genießt der Text ein niedriges Prestige, gehört er also zur sogenannten Trivialliteratur oder zu einer Art der *litterature engagée*, die sich einem Ziel verschrieben hat, das in der Gesellschaft des Literaturwissenschaftlers uneingeschränkt negativ bewertet wird, so werden die sprachlichen, stilistischen, inhaltlichen und logischen Schwächen des Textes und die biographischen, literarischen sowie intellektuellen Defizite des Autors in der philologischen Analyse gnadenlos vorgeführt und der Lächerlichkeit preisgegeben.[101] Der Kritiker erhebt sich gemeinsam mit seinem Lesepublikum über einen unzulänglichen, allenfalls gut gemeinten Versuch.[102] Handelt es sich dagegen um einen klassischen Text, der zum unantastbaren Kanon einer Kultur gehört, so sind Text und Autor sakrosankt. Versinkt nun der Literaturwissenschaftler in stille Verehrung vor dem Text, wird er zum passiven Rezipienten, der sich gefallen lassen muss, in den mächtigen emotionalen Sog einer Tragödie oder eines Liebesromans hineingezogen zu werden. Und doch gibt es noch einen Gegenstand, an dem sich die Macht des Philologen erweisen kann: die dargestellten Personen und ihre Äußerungen. Im Falle des kanonischen Textes erhebt sich der seiner Emotionalität entkleidete Kritiker mit seinem Publikum *und* mit dem Autor über die mit Fehlern behafteten Figuren, die der Autor seinem Urteil überantwortet hat. Der Kritiker empfindet diesen Gestalten gegenüber keine starken Gefühle mehr, kein echtes Mitleiden, keine Furcht, nicht einmal mehr Abscheu, sondern nur noch das Gefühl schmunzelnder Überlegenheit. Im Gegensatz zur Reaktion des Sokrates auf die Klagereden im griechischen Drama ist diese Reaktion gesellschafts-, ja sogar salonfähig: Man inkommodiert seine Mitmenschen und den gebildeten Leser nicht mit Gefühlswallungen und affektiven Paroxysmen, sondern trägt den nonchalanten Gestus des überlegenen, leicht arroganten Spotts zur Schau, der sich der Zustimmung der Zuhörer gewiss ist. Mit dieser Einstellung lassen sich wissenschaftliche Vorträge schreiben. Wer möchte schon

101 Nebenbei sei bemerkt, wie häufig Kritiker (bei denen es sich keineswegs ausschließlich um Literaturwissenschaftler handelt) bei Texten, die sie aus ideologischen, also inhaltlichen Gründen ablehnen, den Stil unnachsichtig und zuweilen pedantisch kritisieren – als ob ideologischer Schund erst dann vollständig entlarvt wäre, wenn man ihm guten Gewissens eine schlechte Deutschnote ins Zeugnis schreiben kann.

102 Dieses Verfahren wird auch von Ikonoklasten angewendet, die – zumeist ohne die gewünschte Breitenwirkung – kanonische Texte aus inhaltlichen Gründen desavouieren wollen.

einem Shakespeare-Forscher zuhören, der während seines Vortrags weinend zusammenbricht, weil er sich zu stark mit *King Lear* identifiziert?

Diese den Interpreten vom Text distanzierende Interpretationsrichtung soll keineswegs lächerlich gemacht werden; sie hat durchaus ihre Berechtigung. Viele Werke Thomas Manns funktionieren nach diesem Prinzip der Verbrüderung des bildungsbürgerlichen Autors mit seinem Leser, man denke nur an Figuren wie Frau Stöhr aus dem *Zauberberg*, die vor allem durch die falsche Verwendung von Fremdwörtern auffällt, oder an Alois Permaneder aus den *Buddenbrooks*, dessen Dialekt ebenso wie seine mangelhafte Bildung (so hält er etwa *Romeo und Julia* für ein Drama von Schiller) dem bildungsbürgerlichen Spott preisgegeben werden. Und selbstverständlich gab es auch in der Antike Werke, in denen die dargestellten Figuren diskreditiert wurden; so parodiert Petron in der *Cena Trimalchionis*, einem Kernstück seines Romans *Satyricon*, die ungeschliffene Sprache und das von dürftigen Klischees strotzende Denken von Freigelassenen, zu denen Thomas Manns Frau Stöhr nicht schlecht passen würde. Der Philosoph Seneca hat sich in seiner Funktion als Erzieher und Berater Neros nicht gescheut, eine bitterböse Satire auf den soeben verschiedenen Kaiser Claudius zu verfassen, die sogenannte ‚Verkürbissung‘ (*Apokolokyntosis*) – eine komische Verzerrung des Begriffs ‚Vergöttlichung‘ (*apotheosis*).

Problematisch wird das Distanzierungsmodell jedoch, wenn es unterschiedslos angewendet wird, wenn es zu Unrecht zum Einsatz kommt, um Macht über den Text zu erlangen, wenn Interpretation zu allumfassendem Missbrauch wird. Diese Art des Missbrauchs sei an den Einzelbriefen aus der bereits behandelten *Heroides*-Sammlung vorgeführt (vgl. 10.2.4). Diese 15 Briefe von Frauen an ihnen nahestehende Männer entstehen in extremen Krisensituationen: Die Frauen sind gerade verlassen worden und hoffen, durch ihren Brief den Geliebten umstimmen zu können; oder aber eine Frau schreibt an ihren in der Ferne weilenden Mann, so etwa (wie schon gesehen) Penelope an Odysseus, der sich zehn Jahre im Trojanischen Krieg und weitere zehn Jahre auf Irrfahrt befand. Die Situation der Briefschreiberinnen verdient unser Mitgefühl und sowohl in der Jahrhunderte währenden Rezeptionsgeschichte als auch in der traditionellen Forschung wurde die Intention der Briefe sozusagen gut aristotelisch aufgefasst: Sie sollen Mitleid erwecken, im Falle der Medea (Brief 12), die bekanntlich zur Kindesmörderin wird, auch Abscheu und Schauder (den aristotelischen *phobos*).

In der Forschung gibt es nun aber in neuester Zeit Tendenzen, einzelne oder alle Briefe zu Parodien zu erklären. Stellvertretend werden wir uns im Folgenden mit dem Ansatz von Friedrich Spoth auseinandersetzen.[103] In seiner 1992 erschienenen Dissertation finden sich beispielsweise die folgenden Aussagen: Ovids Poetik in den *Heroides* sei weder romantisch noch rhetorisch, sondern „genuin literarisch" und stehe „souverän über ihren Schöpfungen: Ovid ist nicht Spielball zeitgenössischer (elegischer, rhetorischer)[104] Moden, sondern ihr überlegener Meister"; die *Heroides* seien als Elegien Parodien und als Parodien eine Weiterentwicklung der elegischen Gattung.[105] In diesen Äußerungen lassen sich verschiedene Modelle wiedererkennen: Spoth verwirft dezidiert eine identifikatorische (also aristotelische) Lesart der *Heroides* (eine solche ist mit dem Ausdruck „romantisch" gemeint) und betont ausdrücklich deren Literarizität – und hier schließt sich für uns der Kreis: Das Modell ‚LaT' garantiert die Machterhaltung des Philologen, und der Begriff ‚Parodie' fällt nicht von ungefähr: Verweisen Parodien doch auf nichts anderes als auf Texte, deren Gestus sie nachahmen; in gewisser Weise ist die Parodie die literarischste aller Gattungen (und als solche nicht zu verwechseln mit der Satire). Diese Konzentration auf das Literarische bringt nicht nur ein Desinteresse gegenüber den Leiden der Briefschreiberinnen mit sich, sondern auch Überhebung über die emotionalen Niederungen, in denen sie sich bewegen: Zusammen mit Ovid und seinen damaligen Lesern „steht" der moderne Philologe „über den Schöpfungen" des römischen Dichters. Durch diese Deutung wächst nicht nur dem Interpreten Macht zu, sondern auch dem kanonischen Autor selbst – und zwar nicht nur über seine Frauengestalten, sondern auch innerhalb des literarischen Diskurses seiner Zeit: Ovid wird zum „überlegenen Meister zeitgenössischer Moden". Die Macht über den Gegenstand und die Verfügungsgewalt über die Gattungen vereinen sich im Begriff der Parodie: Parodiert werden nicht nur die Frauengestalten, sondern auch noch die Gattung der Elegie.

Lassen wir Ovids angebliche Bemächtigung der elegischen Gattung beiseite und konzentrieren wir uns im Folgenden auf die ihm unterstellte Überhebung über die dargestellten Heroinen. Spoths Rhetorik der Macht kulminiert in einer bezeichnenden Metapher: „Mag die Oberfläche der Heroinen-Reden mitunter überzeugend oder rührend erscheinen, darunter, daneben und darüber hinweg spielen

103 Vor Spoth ist etwa die Monographie von Verducci von 1985 zu nennen.

104 Schon an der Vorliebe für unscharfe literaturwissenschaftliche Gattungsbegriffe wie „romantisch", „rhetorisch" und „elegisch" erkennt man die Wirksamkeit des Modells ‚LaT', das mit dem Ausdruck „genuin literarisch" trefflich beschrieben ist. Vgl. auch die Spiegelfechtereien um ‚rhetorisch' und ‚elegisch' bei Spoth 1992, 102f.

105 Spoth 1992, 183 und 219.

sich Ovid und seine Hörer augenzwinkernd immerfort Bälle zu."[106] Zuerst also ein Fingerzeig für den zur Naivität neigenden Leser, sich nur ja nicht von der emotionalen Oberfläche der Briefe gefangen nehmen zu lassen.[107] Ihr wahrer Kern liegt nämlich ganz woanders: sie sollen die Unbeholfenheit der Briefschreiberinnen verdeutlichen. Auf diese Weise werden sie zum Opfer des überlegenen Geistes des Autors und seines Publikums – und damit auch des neuzeitlichen Interpreten, dessen scharfer Blick selbstverständlich nicht an der Textoberfläche endet, sondern weit tiefer zu dringen vermag. Diese Arroganz gegenüber den Protagonistinnen der ovidischen *Heroides* ist nun aber wenig angebracht. Zunächst einmal lässt sich *jeder* Text als Parodie lesen, man muss nur den entsprechenden Lektürewillen mitbringen. Da jeder Text (ob als Einzeltext oder als Vertreter einer Gattung) spezifische, zuweilen sogar idiosynkratische Merkmale aufweist und nur einen Teil der Wirklichkeit unter einigen wenigen Aspekten behandelt, lassen sich automatisch in jedem Text Defizite, Lücken und unangemessene Elemente finden. Es gibt keinen unmarkierten Idealtext; jeder Text, auch der konventionellste, verändert und gestaltet sprachlich und gedanklich die Wirklichkeit in einer ganz bestimmten Weise. Selbst einen Einkaufszettel kann man zum Gegenstand einer Parodie machen, indem man ihn kommentarlos abdruckt und so zumindest seine Konventionalität parodiert. Diese Art der Parodie geht vom Rezipienten aus, es handelt sich um die unfreiwillige, da vom Autor nicht intendierte Parodie.

Im Falle der *Heroides* stellt sich aber die Frage, ob Ovid wirklich eine Parodie intendiert hat. Eindeutige Textsignale gibt es nicht, was allein die Tatsache zeigt, dass man diese Briefe jahrhundertelang als ernsthafte Literatur rezipiert hat. Wirklich überzeugende Parodiesignale hat bisher jedoch noch kein Forscher in den *Heroides* entdecken können.[108] Die Parodiehypothese hat aber auch wenig Wahrscheinlichkeit für sich, wenn man das Setting dieser Briefe berücksichtigt: Alle fünfzehn Frauen befinden sich in einer extremen Situation, an einem Wendepunkt ihres Lebens, das sich nur in zwei Fällen zum Guten wenden wird (bei Penelope und – unverhofft – bei Ariadne); mehrere Frauen werden Selbstmord

106 Spoth 1992, 20. An anderer Stelle spricht er von der „geistvollen Kumpanei" des Lesers mit dem Autor (1992, 168).
107 Letztlich handelt es sich hier um Einschüchterungsversuche, also um für diese Deutungsart typische Machtspiele, vgl. auch: „Ohne diese (literarisch-literaturgeschichtliche Dimension) [scil. der Elegie] wird man die ovidischen Seelengemälde nur plan wahrnehmen" (Spoth 1992, 62).
108 Es handelt sich hierbei im Kern um dasselbe Problem wie im Falle der impliziten Selbstreferentialität (vgl. Fußn. 8 mit dem zugehörigen Haupttext) und im Falle der Metapoiese (vgl. 10.2.5).

begehen, wie wir aus den anderen Versionen des jeweiligen Mythos wissen, Medea wird ihre Rivalin, deren Vater und ihre eigenen Kinder ermorden. Sind diese verzweifelten, teilweise sogar grauenhaften Situationen nun dazu angetan, mit den betreffenden Frauen Spott zu treiben und sich hinter ihrem Rücken „augenzwinkernd Bälle zuzuwerfen"?[109] Es gehört schon viel Geschmack-, Gedanken- und Gefühllosigkeit dazu, sich über tief gestürzte Menschen und ihre desperaten Versuche, ihr aus den Fugen geratenes Leben wieder in geordnete Bahnen zu lenken, lustig zu machen. Diese schmunzelnde Arroganz der Macht entsteht nun nicht etwa aus einem persönlichen Interesse (wie im Falle der geschmacklosen Satire Senecas auf Kaiser Claudius), sondern im Gegenteil aus einem Desinteresse an den behandelten Personen. Den heutigen Philologen lassen die Geschicke Didos, Penelopes, Medeas und ihrer Leidensgenossinnen herzlich kalt, gelten sie ihm doch lediglich als beliebige Erfindungen eines archaischen Mythos, als fiktionale Figuren und somit geradezu als eine Art Spielobjekte. Die Antike betrachtete diese Frauen aber mit einem ganz anderen Blick: Niemand zweifelte an ihrer Realität, niemand bezweifelte die historische Realität ihrer Situation.[110] Antike Mythen waren dem zeitgenössischen Rezipienten viel historischer, als sie uns heute erscheinen.[111] Es ist verräterisch, wenn Spoth in dem oben angeführten Zitat von „Ovids Schöpfungen" spricht. Ovids *Heroidenbriefe* sind mitnichten freie Schöpfungen, sie sind Kolorierungen des Mythos, an dem sie sich aber sehr eng orientieren. Ovids Briefe sind mögliche Äußerungen, die im Wesentlichen im Einklang stehen mit den überlieferten Zügen der jeweiligen Geschichte. Ovid wählt gewissermaßen den tragischsten Augenblick des jeweiligen Mythos, den Moment der Krisis vor der Katastrophe, um seinen Heroinen eine Klage in den Mund zu legen, die einen Sokrates vermutlich gerührt hätte (aber auch veranlasst hätte, Ovid aus seinem Idealstaat zu verbannen). Aus diesen Stoffen wurden in der Antike Tragödien geschaffen, nur der so gedanken- wie gefühllose moderne Philologe schmiedet sie durch seine Deutung zu Parodien, dem literarischen

---

109 Natürlich macht Ovid zuweilen (wie andere antike Autoren auch) Heldengestalten und sogar die Götter lächerlich, so etwa die Lüsternheit männlicher Gottheiten (etwa Iuppiters oder Apolls) in den *Metamorphosen*. Die Leiden der Menschen respektiert er aber; hier kennt Ovid seine Grenzen sehr wohl. Zudem scheint mir Ovids Humor grundsätzlich gutmütig und wohlwollend zu sein; das überhebliche, durchschauende Lachen von oben herab, das etwa ein Thomas Mann in seinen Erzählungen zuweilen pflegt, ist ihm fremd.

110 Für nicht-real hielt der gebildete Leser in der Antike lediglich die unmöglichen, also die phantastischen Ingredienzien des Mythos wie etwa Mischwesen oder Verwandlungen. Vgl. dazu grundsätzlich Veyne 1987.

111 So erklärt sich auch, warum der 15. Brief von einer nicht-mythologischen, auch in unserem Sinne historischen Schreiberin, nämlich Sappho, stammen kann.

Genre schlechthin, und unterwirft in diesem Akt der Bemächtigung die mythische Realität einer „genuinen Literarizität" – eben dem Modell ‚LaT'.[112]

10.3 Zusammenfassung

Die hier vorgetragene Kritik am Modell ‚Literatur als Text' (LaT) sollte dieses Modell keineswegs grundsätzlich diskreditieren oder gar als unwissenschaftlich denunzieren, sondern vielmehr anhand einiger weniger Beispiele illustrieren, dass das Modell Grenzen hat und es nicht unbesehen auf alle Texte angewendet werden kann. Die textimmanenten und strukturalistischen Herangehensweisen haben sich ebenso wie Studien zu Motiven, Topoi und Gattungsmerkmalen große Verdienste bei der hermeneutischen Texterschließung erworben, gerade auch durch ihren methodischen Reduktionismus, liefen aber andererseits immer schon Gefahr, die lebensweltliche und historische Verortung eines Textes aus dem Blick zu verlieren. Texte sind nicht einfach nur Ansammlungen und Wiederholungen von Strukturen und Motiven, Texte entstehen – auch – aus einem Autorwillen heraus[113] und bewirken etwas bei ihren Rezipienten – und zwar nicht nur in den Köpfen der Leser und Hörer, sondern auch in deren Gefühlswelt. Das Modell ‚LaT' hat dazu beigetragen, die Gattung der römischen Liebeselegie unnötig stark zu literarisieren und die sie umgebende soziale Realität weitgehend auszublenden, obwohl doch das relevante System in Wirklichkeit die ganze Kultur mit der Lebenswelt der einzelnen Akteure sein müsste. Diese Realitätsausblendung war von einer starken Skepsis gegenüber der Realität bedingt: Man befürchtete einerseits das Verdikt, man würde zu naiv biographisch interpretieren; andererseits kannte man von der Realität zu wenig (und das fast nur aus den zu interpretierenden Texten), als dass man zu glauben wagte, sie guten Gewissens in die Interpretation einbeziehen zu dürfen. Dieser scheinbar methodisch abgesicherte Verzicht auf die textexterne Wirklichkeit führte dazu, die Liebeselegie als eine rein künstliche Gattung aufzufassen und sie allen Ernstes mit dem Whodunnit zu vergleichen. Im Zuge dieser Realitätsreduktion wurden auch der reale Autor und seine historischen Rezipienten unwichtig und durch Abbilder des Interpreten ersetzt. In

112 Auch Ovid selbst hat seine *Heroides* in die Nähe von Tragödien gerückt: In einem *Amores*-Gedicht (2,18) placiert er sie im Panoptikum der Gattungen zwischen seiner Liebesdichtung und der von ihm geplanten Tragödie (zur *tragoedia* vgl. v. 13f.): Mit den *Amores* haben die *Heroides* das Sujet der Liebe, mit der Tragödie das hohe Personal gemeinsam.

113 ‚Autorintention' war lange Zeit ein Tabuwort in den Literaturwissenschaften. Aber inzwischen kehrt die Einsicht zurück, dass man – trotz aller Probleme – ohne diese Kategorie nicht auskommt.

dieser Deutung verfolgten die Leser lateinischer Literatur bei der Lektüre genau dieselben Interessen wie ein Philologe – sie lasen und hörten Dichtung oder Prosa selbstverständlich nach dem Modell ‚LaT'.

In einem nächsten Schritt wurde die Gattung der Liebeselegie hypostasiert und zu einer Art Archetyp nahezu aller Dichtungen verklärt, die in ihrem Umfeld entstanden sind. Der Einfluss der Liebeselegie beschränkte sich aber keineswegs auf literarische Werke: Auch ganze Begriffsfelder wurden für das elegische System vereinnahmt. Die hier vorgestellten Deutungen gehen bei dieser weitgehenden Elegisierung von der Grundannahme aus, dass Texte als Zeichen (Signifikanten) für andere Texte aufgefasst werden. Die im Text verwendeten Zeichen denotieren demzufolge nicht einfach Objekte der externen oder mentalen Realität, erfüllen also nicht nur ihre primäre Zeichenfunktion, sondern verweisen darüber hinaus oder gar ausschließlich auf andere Zeichen, und diese sekundäre Zeichenfunktion wird als die eigentlich bedeutsame angesehen. Plinius' *ridebis* wird nicht so sehr als eine Wendung angesehen, die die Rezeptionshaltung des Lesers steuern soll, denn als ein Verweis auf die „Gattung der heiteren Episteln"; der Leser soll nicht so sehr in eine bestimmte Stimmung versetzt werden als vielmehr eine intellektuelle Operation vornehmen, indem er die Gattung ‚Brief' analysiert. Das Wort *puella* referiert allenfalls in zweiter Linie auf einen jungen Menschen weiblichen Geschlechts, primär hat es die Funktion, auf die Gattung der Liebeselegie zu verweisen. Wir haben in unserem Beitrag zu zeigen versucht, wie dieser Deutungsansatz auch dazu führt, die Rezeptionshaltung zu intellektualisieren, sie zu entemotionalisieren: Der Verweis auf einen anderen Text oder auf eine Gattung aktiviert beim Rezipienten weniger das emotionale Engagement als vielmehr die gedankliche Arbeit.[114] Auch hier gilt: Die Methode an und für sich ist nicht zu problematisieren, die unreflektierte praktische Anwendung hingegen schon. Allzu oft wird der Zeichencharakter nur behauptet, aber nicht nachgewiesen. Wenn ein Zeichen auf der primären, der wörtlichen Ebene hinreichend motiviert ist, muss man schon sehr präzise argumentieren, um Selbstreferentialität oder Intertextualität mit Verweisfunktion unterstellen zu können. Und selbst wenn sich etwa ein intertextueller Verweis wahrscheinlich machen lässt: Mit der Entdeckung der Zeichenfunktion ist noch lange nicht geklärt, wie die Rezipienten auf die Bezüge zwischen Text und Prätext reagieren sollen, wie also der intertextuelle Verweis überhaupt funktioniert. Die Behauptung, ein Autor verwende Elemente einer Gattung (heiterer Brief, Liebeselegie), um auf diese Gattung zu verweisen, ist nichts

114 Vgl. etwa von Albrecht 1981, 228: „Der Leser erlebt sie [scil. Zitate] als Denkanstoß, meist als Anregung zur Distanzierung, zum kritischen Aufnehmen des Textes."

als eine Behauptung; in Wirklichkeit sind auch andere Autorintentionen denkbar (etwa qualitativer Vergleich, Neukonzeptionierung, Parodie).

Beide Behauptungen bedürfen also eines Beweises, sowohl die Behauptung, dass ein Text auf sich selbst oder auf andere Texte verweist, als auch die Behauptung, dass die Textreferenz eines Textes in einer bestimmten Art und Weise zu fassen sei. Mustert man nun einige solcher ‚Beweisführungen', so entsteht der Eindruck, dass viele Literaturwissenschaftler glauben, dass das Modell ‚LaT' schon für sich genommen beweiskräftig genug sei. Dieses Modell wird daher leicht zu einer Interpretationsmaschine, die Deutungen generieren und zugleich legitimieren soll. Man kann auf der Grundlage dieser Modelle wie Betty Nagle behaupten, Ovid verwende das Vokabular der Liebeselegie, um seine Gattungswahl plausibel zu machen; man kann aber auch behaupten, Ovid wolle durch diese Bezugnahmen die Liebeselegie parodieren und den Leser darauf hinweisen, dass er sich von dieser Gattung nunmehr verabschiedet habe – ist man mit einer entsprechenden Phantasie gesegnet, lassen sich unzählige weitere Möglichkeiten konzipieren. Diese Vielfalt ist wohl als ein deutlicher Hinweis darauf zu werten, dass keine dieser Deutungen zutrifft und man seine Neigung zur unendlichen Semiose besser zügeln sollte. Das Mögliche und Denkbare ist noch lange nicht das Notwendige, auch wenn man diese Argumentationsfigur häufig antrifft.[115]

Wir haben auch die Frage gestreift, woher der Erfolg des Modells ‚LaT'rühren könnte. Die Antwort ist vermutlich recht einfach: Der interpretierende Philologe nimmt hier genau die Rolle ein, die er am besten beherrscht: die des Philologen. Es liegt ihm näher, ein Liebesgedicht oder einen Verbannungsbrief als Philologe zu lesen als mit den Augen eines historischen Lesers. Der historische Leser besitzt zahllose Informationen und Voraussetzungen, die uns heute nicht mehr zugänglich sind; der nach ‚LaT' operierende Philologe vergleicht einfach – nach dem Modell *quod non est in litteris, non est in mundo* – die ihm zur Verfügung stehenden Texte miteinander und stellt ihnen die Fragen, die ihn interessieren, beispielsweise Gattungsfragen. Wie unzählige andere Interpreten vor und neben ihm verwandelt der Philologe den Autor in sein zweites Ich. Der mittelalterliche Theologe hat in den kanonischen heidnischen Texten auf Schritt und Tritt Zeichen für die christliche Welt gesehen, der Historiker verwendet den Text als Quelle, der Phi-

115 Diese Kautel steht in einem antiproportionalen Verhältnis zur Selbstsicherheit, mit der diese Deutungen zumeist vorgetragen werden; immer wieder hört man dabei das absurde Argument, „es spreche ja nichts dagegen"! *Probare debet qui dicit, non qui negat.*

lologe liest Literatur als Literatur – aber als Literatur, die nur für seinesgleichen geschrieben ist. Diesem Trugschluss unterliegt vermutlich nur er.

Literatur

[Asp97] Asper, Markus: Onomata allotria. Zur Genese, Struktur und Funktion poetologischer Metaphern bei Kallimachos, Stuttgart 1997.

[Bue68] Büchner, Karl: Römische Literaturgeschichte. Ihre Grundzüge in interpretierender Darstellung, Stuttgart Auflage 4, 1968.

[Bur52] Burck, Erich: „Römische Wesenszüge der augusteischen Liebeselegie", Hermes 80, 1952, S. 163-200.

[Chw96] Chwalek, Burkard: Die Verwandlung des Exils in die elegische Welt, Studien zu den Tristia und Epistulae ex Ponto Ovids, Frankfurt a.M. u.a. 1996.

[Cop47] Copley, Frank Olin: Servitium amoris in the Roman Elegists, TAPhA 78, 1947, 285-300.

[Doe67] Dörrie, Heinrich: Die dichterische Absicht Ovids in den Epistulae Heroidum, A&A 13, 1967, 41-55.

[Eco87] Eco, Umberto: Lector in fabula. Die Mitarbeit der Interpretation in erzählenden Texten. München / Wien 1987 (aus dem Ital. übers. von Heinz-Georg Held).

[FiD85] Fitton Brown, Anthony David: The unreality of Ovid's Tomitan Exile, LCM 10, 1985, 18-22.

[Gen98] Genette, Gérard: Die Erzählung, München, Auflage 2, 1998 (aus dem Franz. übers. von Andreas Knop).

[Hof87] Hofmann, Heinz: The unreality of Ovid's Tomitan exile once again, LCM 12, 1987, 23.

[Hol98] Holzberg, Niklas: Ovid. Dichter und Werk, München, Auflage 2, 1998.

[HoW88] Horkheimer, Max / Theodor Wiesengrund Adorno: Dialektik der Aufklärung. Philosophische Fragmente, Frankfurt a.M. 1969 (Nachdruck 1988).

[Jac74] Jacobson, Howard: Ovid's Heroides, Princeton 1974.

[Lue05] Lütkemeyer, Sabine: Ovids Exildichtung im Spannungsfeld von Ekloge und Elegie. Eine poetologische Deutung der Tristia und Epistulae ex Ponto, Frankfurt a.M. 2005.

[Lyn79] Lyne, Richard O.A.M.: Servitium amoris, CQ 29, 1979, 117-130.

[McC98] McCarthy, Kathleen: Servitium amoris: amor servitii, in: Sandra R. Joshel / Sheila Murnaghan (Hgg.): Women and slaves in Greco-Roman culture. Differential equations, London u.a. 1998, 174-192.

[Mur81] Murgatroyd, Paul: Servitium amoris and the Roman elegists, Latomus 90, 1981, 589-606.

[Mur96] Murray, Penelope: Plato on Poetry. Ion; Republic 376e-398b9; Republic 595-608b10, Cambridge 1996.

[Nag88] Nagle, Betty Rose: The poetics of exile. Program and polemic in the Tristia and Epistulae ex Ponto of Ovid, Brüssel 1980.

[Pic66] Pichon, René: Index verborum amatoriorum, Paris 1902 (Nachdruck Hildesheim 1966).

[Sal82] Sallmann, Klaus: Penelope oder die Anamorphose der Heroides Ovids, AAntHung 30, 1982, 283-302.

[Sch11] Schmitzer, Ulrich: Ovid, Hildesheim, Auflage 2, 2011.

[Spi30] Spies, Alfons: Militat omnis amans. Ein Beitrag zur Bildersprache der antiken Erotik, Diss. Tübingen 1930.

[Spo92] Spoth, Friedrich: Ovids Heroides als Elegien, München 1992.

[Str71] Stroh, Wilfried: Die römische Liebeselegie als werbende Dichtung, Amsterdam 1971.

[Tor07] Tornau, Christian: Die Liebeskunst in den Tristia. Überlegungen zur Intertextualität in der Exildichtung Ovids, in: Markus Janka / Ulrich Schmitzer / Helmut Seng (Hgg.): Ovid. Werk – Kultur – Wirkung, Darmstadt 2007, 257-282.

[Ver85] Verducci, Florence: Ovid's toyshop of the heart. Epistulae Heroidum, Princeton 1985.

[Vey83] Veyne, Paul: L'élégie érotique romaine. L'amour, la poésie et l'Occident, Paris 1983.

[Vey87] Veyne, Paul: Glaubten die Griechen an ihre Mythen? Frankfurt a.M. 1987 (aus dem Franz. übers. von Markus May).

[voA95] von Albrecht, Michael: Meister römischer Prosa von Cato bis Apuleius, Tübingen 1995.

[voA81] von Albrecht, Michael: Dichter und Leser – am Beispiel Ovids, Gymnasium 88, 1981, 222-235.

[Vre75] Vretska, Karl: Art. ‚Elegie', in: Der Kleine Pauly 2, hg. v. Konrat Ziegler / Walter Sontheimer, München 1975, 237-241.

[Whi74] Whitehead, Alfred North: Die Funktion der Vernunft, Stuttgart 1974 (aus dem Engl. übers. von Eberhard Bubser).

[Wil98] Wildberger, Jula: Ovids Schule der ‚elegischen' Liebe. Erotodidaxe und Psychagogie in der Ars amatoria, Frankfurt am Main 1998.

[Wol07] Wolf, Werner: Metaisierung als transgenerisches und transmediales Phänomen. Ein systematischer Versuch. Ein Systematisierungsversuch metareferentieller Formen und Begriffe in Literatur und anderen Medien, in: Janine Hauthal u.a. (Hgg.): Metaisierung in Literatur und anderen Medien. Theoretische Grundlagen – Historische Perspektiven – Metagattungen – Funktionen, Berlin/New York 2007, 25-64.

11 Modelle in der Archäologie

Oliver Nakoinz und Martin Hinz

11.1 Einleitung und Forschungsgeschichte

In den letzten Jahren haben Modelle und hat Modellierung in der Archäologie erheblich an Popularität gewonnen. Dennoch ist es eine eher kleine Gruppe, die aktiv und bewusst Modellierung betreibt und den Modellbegriff gezielt einsetzt. Neben dieser überschaubaren expliziten Nutzung von Modellen spielt jedoch die implizite Modellnutzung in der Archäologie, wie in allen anderen Disziplinen, eine große Rolle. Diese steht im Vordergrund des vorliegenden Beitrages. Es wird versucht die wichtigsten latenten Modelle zu identifizieren und in ihrem forschungsgeschichtlichen Kontext darzustellen. Anschließend werden beispielhaft einige explizite Modelle von Raumstrukturen vorgestellt.

11.1.1 Archäologie zwischen Geistes- und Naturwissenschaften

Ebenso wie die Geographie und einige andere Fächer nimmt die Archäologie eine besondere Stellung zwischen Geistes- und Naturwissenschaften ein. Die Archäologie versteht sich einerseits als historische Wissenschaft, die historische Fragestellungen zu klären hat. Die Besonderheit der archäologischen Quellen führen zu einem spezifischen Schwerpunkt der Fragestellungen. Während Ereignisgeschichte anhand archäologischer Quellen meist nur sehr schwer zu schreiben ist, so ist die Strukturgeschichte ein natürliches Anwendungsfeld der Archäologe. Die archäologischen Quellen unterscheiden sich andererseits sehr deutlich von den historischen Quellen und machen die Archäologie zu einem nativen Mitglied der Naturwissenschaften. Archäologische Funde und Befunde sind zunächst nicht mit Bedeutung ausgestattet, wie es historische Quellen sind. Das hermeneutische Ausdeuten archäologischer Quellen und deren Interpretation erscheint demnach oft eher als wilde Spekulation denn als Wissenschaft. *Per se* sind archäologische Quellen dieser geisteswissenschaftlichen Herangehensweise nicht zugänglich. Sie erlauben jedoch die Anwendung naturwissenschaftlicher Konzepte. Während die Geisteswissenschaften im Wesentlichen auf dem Deuten und Aushandeln prädefinierter Bedeutungen gegebener Gegenstände beruhen, setzt die Naturwissenschaft mit einer Strukturanalyse zunächst bedeutungsloser Gegenstände ein und stattet diese im Laufe des Forschungsprozesses mit Bedeutung aus. Anders formuliert werden die Beobachtungsdaten in einer Weise transformiert, dass sie im Kontext des gegebenen theoretischen Rahmens sinnhaft und damit auf die Fragestellung anwendbar werden.

Der archäologische Forschungsprozess beginnt also mit einer im weiten Sinne historischen Fragestellung, die in entsprechende geschichts- oder kulturwissenschaftliche oder auch soziologische Theorien eingebunden ist. Die verfügbaren empirischen Daten werden nun in Hinblick auf diese Grundlagen transformiert, wobei formale naturwissenschaftliche Konzepte zum Tragen kommen, und beantworten schließlich die historische Fragestellung durch Anwendung des semantischen Netzes auf die transformierten Daten. In der historischen Archäologie kann parallel zur formalen Analyse noch eine hermeneutische Bearbeitung prädefinierter Bedeutungen erfolgen. Die Schwachstelle dieses Forschungsprozesses ist, dass Wissenschaftler oft nur in einem der Bereiche umfassende Kompetenz besitzen, da die von Snow(Sno64) beobachtete Trennung in zwei wissenschaftliche Kulturen noch heute wirksam ist und mitten durch Disziplinen wie die Archäologie läuft. Ist die Kompetenz nur im geisteswissenschaftlichen Bereich gegeben, so werden anspruchsvollste Fragestellungen bearbeitet und geniale Interpretationen vorgelegt. Die Ergebnisse überzeugen aber nicht, da ihre Herleitung aus den Beobachtungen zweifelhaft ist. Die notwendige Datentransformation oder Strukturanalyse wird nicht als solche erkannt und halbherzig, unbewusst und mangelhaft durchgeführt. Ist die Kompetenz auf den naturwissenschaftlichen Bereich beschränkt, so werden virtuose formale Analysen durchgeführt, deren Anbindung an Theorie und Fragestellung allerdings unzureichend ist, womit das Ergebnis belanglos wirkt. Valide Ergebnisse kommen nur dann zustande, wenn es gelingt Konzepte aus beiden Bereichen zu verzahnen und sachgemäß anzuwenden. Auch wenn dieser Sachverhalt vielfach nicht bewusst ist oder zumindest kaum explizit angesprochen wird, ist er sehr wirkungsmächtig. Dies zeigt sich zunächst darin, dass Ideen, in Form von Modellen anderen Disziplinen, entliehen und adaptiert werden. Zweifellos ist die Archäologie eine der Disziplinen, die am extensivsten den Import von Modellen betreibt. Nur wenige indigene Modelle existieren. Diese Abhängigkeit von anderen Disziplinen, beziehungsweise die Empfindlichkeit für Entwicklungen in anderen Fächern, schlägt sich besonders in der Forschungsgeschichte nieder. Impulse aus anderen Disziplinen werden in vielfältiger Weise aufgenommen und miteinander in Beziehung gesetzt. Die entstehenden Spannungen bieten ein bislang kaum genutztes Potential der Rückwirkung.

11.1.2 Konjunktur des Modellbegriffs

Sehen wir uns diesen Zusammenhang anhand des Begriffs Modell etwas näher an. Hierzu untersuchen wir dieses Schlagwort für unterschiedliche Disziplinen im Katalog der Library of Congress (Abb. 1). Deutlich ist das Auftreten des Modellbegriffs in den 1960er Jahren zu erkennen. Die Mathematik und die Soziologie weisen Ende der 1960er und Anfang der 1970er Jahre starke und die Ethnologie und Geographie schwache lokale Maxima auf.

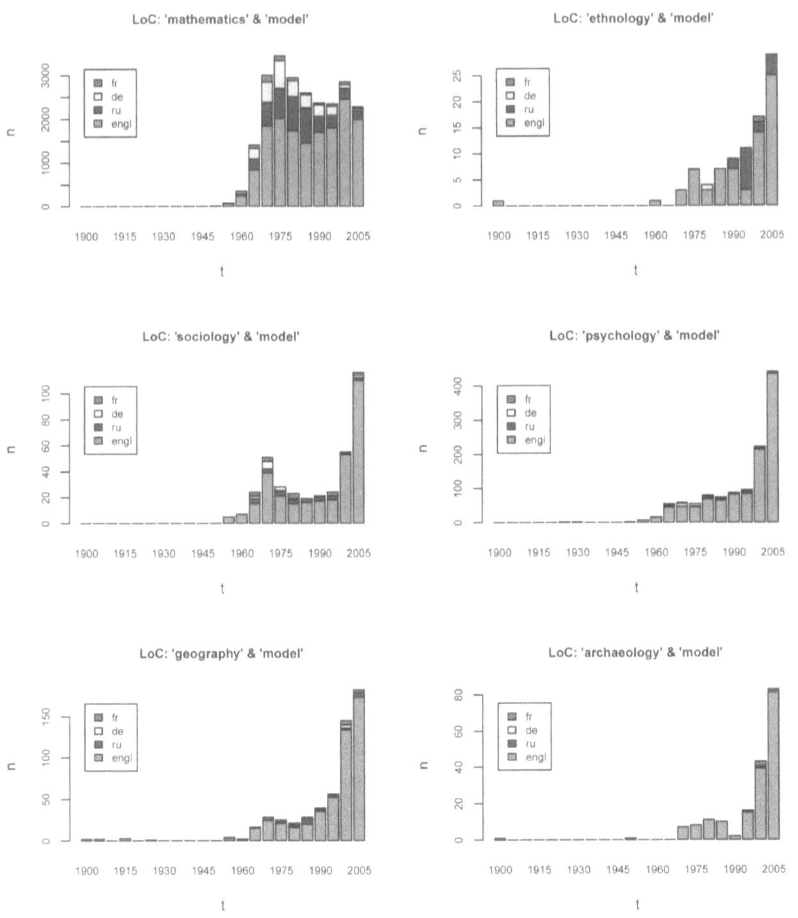

Abb. 11.1. Vorkommen von „Modell“ als Schlagwort in der Library of Congress (Stand 2012).

Nach einem Einbruch steigen die Werte seit der Jahrtausendwende wieder stark an, um im letzten Zeitabschnitt absolute Maxima zu erreichen. Diesem Trend eines in den letzten Jahren sehr populär gewordenen Modellbegriffs folgt lediglich die Mathematik nicht. Die drei beobachteten Phasen lassen sich gut wissenschaftsgeschichtlich erklären. In den 1960er Jahren fand eine quantitative Revolution statt, die in vielen Fächern mathematische Methoden und Konzepte etabliert hat. Im Zuge dieser Entwicklung spielten formale Analysen und die Arbeit mit Modellen zunehmend eine wichtige Rolle. Die aus der Philosophie kommende Postmoderne stellte sich dieser als positivistisch eingeschätzten Tendenz energisch entgegen. Die Folge war ein in der Ethnologie, Soziologie, Geographie und Archäologie sichtbarer Rückgang der Verwendung quantitativer Ansätze und formaler Modelle. Seit der Jahrtausendwende ändert sich das Bild wieder sehr deutlich. Nun wird kein Paradigmenwechsel propagiert, sondern, mehr oder weniger stillschweigend, werden die älteren Ansätze weiterentwickelt. Es kann aber nicht von einer Verdrängung postmoderner Ansätze oder wissenschaftlicher Konterrevolution die Rede sein. Vielmehr ist eine Koexistenz der vermeintlich inkommensurablen Ansätze zu beobachten und zunehmend wird die Komplementarität der Konzepte deutlich. Es zeichnet sich ein neues Paradigma ab, wenn wir diesen Begriff verwenden wollen, dass Integrativität unterschiedlicher Ansätze zum Kern hat. In diesem Zuge wird der Modellbegriff nicht nur wieder vermehrt verwendet, sondern er wird mit Inhalten gefüllt, die weit über die Ansätze der 1960er und 1970er Jahre hinausgehen, da sie eine Verbindung geistes- und naturwissenschaftlicher Ansätze ermöglichen. Hier kann der Modellbegriff seine besondere Stärke ausspielen, was in dem Anstieg der Werte seit der Jahrtausendwende deutlich wird. Diese betrifft Disziplinen, die zwischen Natur- und Geisteswissenschaften angesiedelt sind, wie der Ethnologie, der Soziologie, der Psychologie, der Geographie und der Archäologie.

In den reinen Natur- und Geisteswissenschaften ist dieser Trend keineswegs so deutlich zu beobachten, was hier lediglich durch die Mathematik belegt wird, sich aber einfach vom Leser überprüfen lässt. Die Archäologie folgt diesem Trend, weist jedoch zwei wichtige Unterschiede zu den anderen Disziplinen auf. Zum einen beginnt die Nutzung des Modellbegriffs später und zum anderen ist der postmoderne Einbruch heftiger, aber kürzer.

11.1.3 Das Aufkommen des expliziten Modellbegriffs in der Archäologie

Der Vergleich der Disziplinen zeigt eine gewisse Parallelität der Entwicklung. Diese hat zwei Ursachen. Einerseits gibt es sicher eine allgemeine Entwicklung, der alle Disziplinen folgen, andererseits liegt eine gegenseitige Beeinflussung vor. Ersteres spielt sicher eine Rolle bei der Intensivierung quantitativer Ansätze in den „quantitativen Revolutionen“ der 1950er und 1960er Jahren. Computer schafften neue Rahmenbedingungen für die Anwendung rechenintensiver Methoden und quantitativer Modelle. Auch in der Archäologie spielt das zweifellos eine Rolle, wenngleich mit einem gewissen zeitlichen Versatz. Wichtiger für die Einführung quantitativer Methoden und der expliziten Anwendung von Modellen dürften jedoch Impulse aus anderen Disziplinen sein, die in der Archäologie immer gerne, aber verzögert aufgenommen wurden.

Ein Schauplatz dieses Wissenstransfers in die Archäologie in den 1960er Jahren ist Cambridge (UK). Der Archäologie David L. Clarke war besonders offen gegenüber Ideen aus anderen Disziplinen und nahm viele Konzepte auf. Zu nennen sind hier vor allem der Austausch mit dem Biologen Peter H. A. Sneath, der vor allem Gedanken der numerischen Taxonomie vermittelte, und mit dem Geographen Peter Haggett, der ihn mit Konzepten der Standorttheorie vertraut machte. Derartige Gedanken nahm Clarke in seinen naturwissenschaftlich geprägten Entwurf der Archäologie auf. Hiermit war er ein Hauptvertreter der damals „New Archaeology“ und später „Processual Archaeology“genannten Strömung. Wie schon angedeutet verbindet diese Strömung der Archäologie quantitative Ansätze mit expliziten Modellen, womit sie an eine naturwissenschaftliche Herangehensweise anschließt. Clarke ist dementsprechend der erste Archäologe gewesen, der sich intensiv mit theoretischen Überlegungen zu Modellen in der Archäologie beschäftigt hat (Cla72b). Hierbei lehnte er sich an Konzepte Haggetts für die Geographie an. Dieser Vorgang wird besonders deutlich, wenn wir zwei Publikationen vergleichen. R. J. Chorley und P. Haggett gaben 1967 einen Sammelband (ChH67) zu Modellen in der Geographie heraus. Clarke tat dies 1972 für die Archäologie (Cla72a). Die beiden Konzepte sind ähnlich. Sehen wir uns einige Punkte genauer an:

Auf eine Definition von Modell verzichtet Clarke zugunsten von Charakterisierungen und Beschreibungen. Die Aufgabe des Modells im Forschungsprozess ist es, eine Verbindung zwischen Theorie und Beobachtung herzustellen. Das Modell expliziert diese Verbindung, die in der traditionellen kulturhistorischen Forschungstradition oftmals unausgesprochen im Hintergrund wirkte. Modelle lassen sich vor allem durch vier Parameter charakterisieren. Die Reichhaltigkeit gibt den Umfang der Situationen an, auf die ein Modell anwendbar ist, die Vorhersagbarkeit gibt den Umfang der Schlüsse auf nicht beobachtete Fakten, die Effizienz ist das Verhältnis von Vorhersagbarkeit und eingesetzten Informationen, während die Genauigkeit angibt, wie groß der Fehler der Vorhersagen ist. Diese vier Punkte machen deutlich, dass für Clarke Vorhersagen die entscheidende Funktion von Modellen ist. Hierbei geht er jedoch nicht von dem Gedanken der Archäoprognose aus, der erst Jahre später Verbreitung findet, sondern von Modellen, wie sie in der Geographie, beispielsweise in der Standorttheorie, Verwendung finden. Seine Modellcharakterisierung ist jedoch funktioneller als jene von Chorley und Haggett (ChH67). Diese führen Auswahl, Strukturierung, Suggestivität, Approximation, Analogie und Replikation als Stichworte auf und orientieren sich damit mehr an einer Abbildungsfunktion von Modellen. Die Modelle der „New Archaeology" teilt Clarke in vier Gruppen ein, die grundlegenden Paradigmen folgen. Er nennt das Morphologische Paradigma, das Anthropologische Paradigma, das Ökologische Paradigma und das Geographische Paradigma. Auch hier wird wieder deutlich, das viele Impulse und Modelle aus anderen Disziplinen entlehnt sind. Als weitere Protagonisten der „New Archaeology" seien Binford (Bin62) und Renfrew (Ren73; ReC79) genannt.

11.1.4 Niedergang und Wiederentdeckung des expliziten Modellbegriffs in der Archäologie

Die „New Archaeology" wurde in Deutschland und in Osteuropa zunächst weitgehend ignoriert und dann eher schleppend rezipiert. Vor allem in Großbritannien wurde sie allerdings um 1980 sehr schnell beendet. Vielleicht sollte man eher sagen, dass eine andere Strömung modern und als neues Paradigma ausgerufen wurde. Der entscheidende Protagonist dieser als Postprozessuale Archäologie bekannten Schule ist Ian Hodder (Hod86), der selbst aus der „New Archaeology" kommt. Seine Kritik ist, dass kulturelle Bedeutungen, soziale Praktiken und Symbole in der „New Archaeology" nicht berücksichtigt werden und die Subjektivität der Forschung stärker betont werden müsse. Mit dieser Kritik lehnt er sich eng an die Mode der Postmodernen Philosophie an, die als disziplinenübergreifender Trend in den 1990er Jahren Verbreitung fand. Die Postprozessuale Archäologie lehnt quantitative zugunsten qualitativer Ansätze ab, sowie Modelle, die als zu positivistisch gelten. Diesen Einbruch sehen wir in den Schlüsselbegriffen der Kongressbibliothek.

Seit der Postprozessualen Archäologie ist kein neues Paradigma ausgerufen worden. Ein schleichender Wandel ist dennoch festzustellen. Zunächst gewinnen Konzepte der „New Archaeology" wieder an Bedeutung. Nur einer der Gründe ist, dass die seit den 1990er Jahren vermehrt angewendeten Geographischen Informationssysteme die Anwendung quantitativer räumlicher Analysen einfach machen und damit die explizite Anwendung entsprechender Modelle nahelegen.

Ein anderer ist, dass die Postprozessuale Archäologie erhebliche Mängel hat. Aus Sicht des Paradigmenbegriffs kommen wir zunehmend zu der Erkenntnis, dass kein Paradigmenwechsel stattgefunden hat, der ja Inkompatibilität der Theorien voraussetzt, sondern lediglich andere Themen bearbeitet wurden. Kuhns (Kuh70) Buch zur Wissenschaftlichen Revolution wurde gewissermaßen als Handbuch gelesen, das aufzeigt, dass man sich mit einem Paradigmenwechsel gegenüber älteren Kollegen in der wissenschaftlichen Welt durchsetzen kann. Das dürfte nicht die Intention Kuhns gewesen sein. Derzeit etabliert sich die Ansicht, dass es sich um komplementäre Herangehensweisen handelt, die sich gegenseitig ergänzen müssen (Pea11; Nak13a). Damit gewinnen Modelle nicht nur erneut an Bedeutung, sondern auch an Qualität, da sie auf einer integrativen theoretischen Grundlage beruhen. Ein Sammelband von Timothy A. Kohler und Sanders E. van der Leeuw (KvL07) zur Modellierung Sozionatureller Systeme in der Archäologie ist ein gutes Beispiel dieser neuen Ausrichtung und der Wiederbelebung des Modellbegriffs. Ein weiteres Beispiel ist das Arbeitsfeld der komplexen Systeme, das gewissermaßen zur Verbindung der vermeintlich inkommensurablen Paradigmen zwingt und das zunehmend an Bedeutung gewinnt (Smi12).

Dieser forschungsgeschichtliche Überblick veranschaulicht ein wenig die Mechanismen, denen die Anwendung des Modellbegriffs unterliegt. Neben der bewussten, expliziten Anwendung dieses Begriffs werden Modelle natürlich immer auch in einer teils unbewussten, zumindest aber impliziten Weise benutzt. Eine kleine Auswahl dieser impliziten Modelle, die wichtigsten, gewissermaßen paradigmatischen, werden im Folgenden knapp besprochen. Wir wollen sie latente Modelle nennen, da sie immer im Hintergrund wirken.

11.2 Latente paradigmatische Modelle

11.2.1 Das Typenkonzept

Archäologische Funde besitzen Merkmale. Funde mit gleichen diagnostischen Merkmalen werden zu Typen zusammengefasst. Gegenstände, die dem selben Typ angehören, haben und hatten die gleiche Bedeutung. Die Grundidee des Typenkonzeptes ist also, dass gleichartige Gegenstände die gleiche Bedeutung besitzen. Das wird aus zwei möglichen Ursachen abgeleitet. Einerseits können gleiche Rahmenbedingungen zu gleichen Typen führen, da die entsprechenden Formen zweckmäßig sind. Andererseits kann Interaktion einen Wissenstransfer mit der Folge des Angleichs der Typen bewirken. Der Zweck des Typenkonzeptes, wie von Klassifikation im Allgemeinen, ist es, Aussagen zu einer bestimmten

Menge von Gegenständen zu ermöglichen. Drei triviale Beispiele mögen dies verdeutlichen:

- „Alle Funde von Typ 1 sind Beile, die der Holzbearbeitung dienten."
- „Funde von Typ 2 datieren mit einer Wahrscheinlichkeit von 0,73 in Phase 3."
- „Funde von Typ 3 sind hauptsächlich in Region 4 verbreitet."

Bestimmte Typen werden meist durch eine Auflistung diagnostischer Merkmale definiert. Gelegentlich, und das gilt natürlich eher als unwissenschaftlich, da unklar bleibt, welche Merkmale wichtig sind, begnügte man sich mit der Abbildung repräsentativer Exemplare. Die Abbildung von sogenannten Typentafeln ist jedoch in jedem Fall eine übliche und zweckmäßige Darstellungsform (Abb. 2).

Der Ursprung dieses Konzeptes dürfte in der funktionalen Ansprache liegen. Bestimmten gleichartigen Funden wurde die gleiche Funktion zugesprochen. Besondere Bedeutung erlangte das Typenkonzept mit der anschließend zu besprechenden Typochronologie. Hier wird deutlich, dass Typen mehr sind als Klassen oder eine terminologische Grundlage. Sie sind mit einer Interpretation oder zumindest einem interpretatorischen Rahmen verbunden. Wir können demnach definieren: *Typen sind interpretierte Klassen.* Die Interpretation findet hierbei in unterschiedlichen Kategorien statt. Die Bedeutung eines Typs kann funktional, chronologisch, räumlich, sozial und kulturell beziehungsweise symbolisch sein. In der Praxis ergeben sich Probleme daraus, dass in einer Typologie diese Kategorien oft nicht klar getrennt werden und meistens nicht klar trennbar sind. So kann in einer bestimmten hierarchischen Klassifikation das erste Niveau funktional interpretiert werden, das zweite sozial und das dritte chronologisch. Von der Möglichkeit der Facettenklassifikation, die die gleichzeitige Erfassung unterschiedlicher Interpretationskategorien erlauben würde, wird selten Gebrauch gemacht.

Traditionell werden Typologien intuitiv erstellt. Bewusst oder unbewusst fließen hier zahlreiche Vorkenntnisse und die Fragestellung mit ein. Naturgemäß ist es schwierig die Grundlagen intuitiver Typologien offenzulegen. Qualitative Merkmale erlauben die formale Definition von Typen. Zudem werden quantitative Merkmale im Rahmen der numerischen Taxonomie verwendet. In den meisten Fällen ist es das Ziel natürliche Typen gegeneinander abzugrenzen, da in diesem Fall die Interpretation sehr viel eindeutiger sein kann. Nehmen wir als funktionales Beispiel Hals- und Armringe, die wir anhand ihres Durchmessers klassifizieren. Stellen wir fest, dass sich die Durchmesser um 6 cm und um 15 cm häufen, aber kaum Werte um 10 cm vorliegen, so können wir klar eine Grenze ziehen. Ab 10 cm soll von einem Halsring gesprochen werden. In diesem Fall handelt es sich

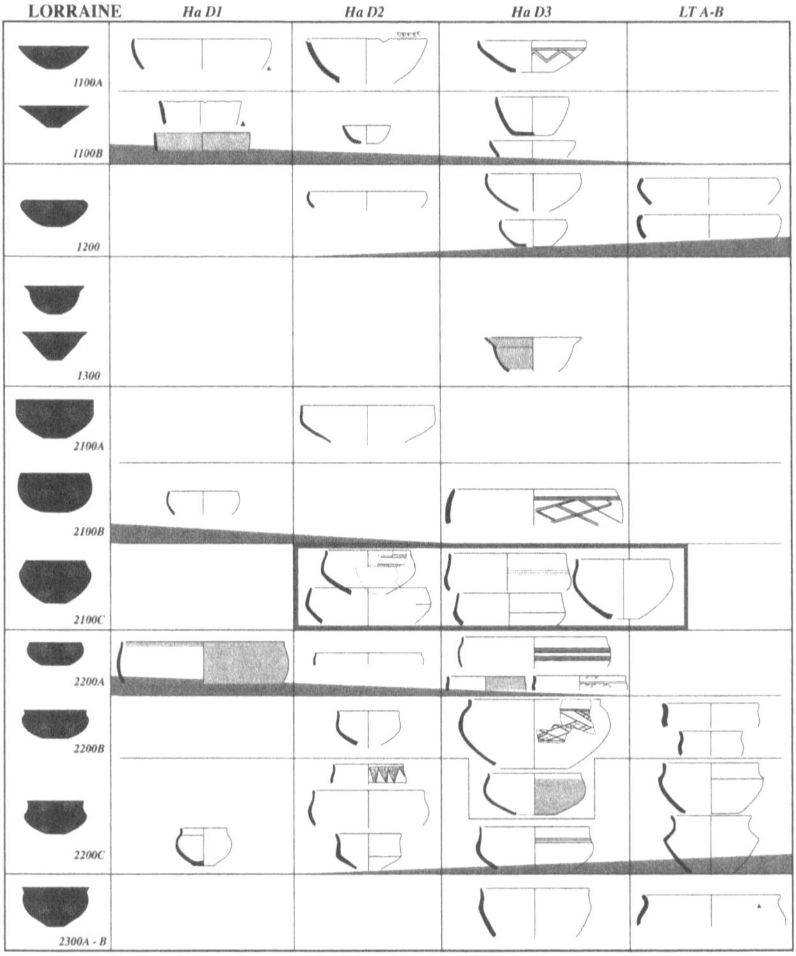

Abb. 11.2. Typentafel einiger eisenzeitlicher Keramikgefäßformen aus Lothringen (Def09, Fig. 12).

um natürliche Typen, deren Abgrenzung sich aus den Beobachtungen ergibt und die demnach auch in vorgeschichtlicher Zeit bewusst war. Liegen allerdings die gleichen Zahlen für alle Durchmesserklassen vor, dann können wir einen Ring mit einem Durchmesser von 11 cm nicht einem Typ zuweisen, von dem wir annehmen, dass er damals klar von einem 9 cm Ring unterschieden wurde.

Die jeweiligen Typologien sind in einem bestimmten Gebiet für eine bestimmte Epoche gültig und werden innerhalb der Gemeinschaft verwendet, die sich auf dieses Gebiet und diese Zeit spezialisiert hat. Während allerdings manche Typen zur archäologischen Gemeinbildung gehören und eine subdisziplinübergreifende Kommunikation ermöglichen, können andere Typen in unterschiedlichen Regionen beziehungsweise Zeiten unterschiedlich definiert oder unterschiedlich interpretiert werden.

Das Typenkonzept ist das einfachste und grundlegendste latente Modell der Archäologie. Die weiteren latenten Modelle, die besprochen werden sollen, beruhen hierauf. Es setzt jedoch voraus, dass Typen, also letztlich die Kombination von Einzelmerkmalen, mindestens ebenso signifikant sind wie die Einzelmerkmale selbst.

In diesem Abschnitt haben wir nicht nur das paradigmatische Typenkonzept als Modell besprochen, sondern mit den Typen selbst eine Gruppe weiterer Modelle angesprochen. Ein Typ ist ein Modell für eine bestimmte Menge ähnlicher Objekte. Hiermit beziehen wir uns auf eine andere Ebene. Das Typenkonzept ist ein Modell, das angibt, wie man mit den unterschiedlichen Typen, die ihrerseits Modelle sind, umgehen kann. Typen haben den Zweck, gleichartige Objekte möglichst einfach zu charakterisieren, um formale Vergleiche, quantitative Auswertungen und Zuweisungen zu ermöglichen. Sie stellen eine nützliche und sehr erfolgreiche Vereinfachung dar. Natürlich wäre es möglich, nur von Eigenschaften der Objekte zu sprechen und multivariate Betrachtungen durchzuführen. Das wäre aber mit den traditionellen intuitiven Ansätzen der Archäologie eher schwierig umzusetzen. Typen reduzieren die Informationen zu univariaten Datenbeständen, in denen anstatt zahlreicher Merkmale nur Typenbezeichnungen verwendet werden. Die projizieren gewissermaßen Informationen aus einem multidimensionalen Merkmalsraum in einen univariaten Merkmalsraum. Hiermit wird es einfach Hierarchien zu generieren. Randformen von Keramikgefäßen lassen sich in Typen untergliedern. Auf der Basis dieser Randtypen und weiterer Informationen lassen sich Typen von Keramikgefäßen definieren, die ihrerseits charakteristisch für bestimmte Kulturen sind. Auf jeder einzelnen Ebene wird das Zusammenspiel unterschiedlicher Merkmale berücksichtigt, für die Bearbeitung der nächsten Ebene aber in möglichst aussagekräftige Typen zusammengefasst. Den Vorteilen steht als Nachteil entgegen, dass typübergreifende Merkmale oft kaum in Auswertungen einfließen.

11.2.2 Typochronologie

Der Grundgedanke der Typochronologie lässt sich zusammenfassen mit: „Gleiche Gegenstände stammen aus der gleichen Zeit und ähnliche Dinge aus ähnlicher Zeit". Es ist eine Sonderform des Typenkonzeptes, das auf eine chronologische Interpretation festgelegt ist und die Datierung von Funden und Fundstellen mit ausschließlich der typologischen Ansprache der Funde ermöglicht. Wir können drei Varianten unterscheiden, die in unterschiedlichen Umfang Prämissen einsetzen. Die erste Annahme ist also, dass Funde des gleichen Typs aus der gleichen Zeit stammen. Dies reicht aus, um zeitliche Zuweisungen treffen zu können, macht aber keine Aussagen zur Ursache der zeitlichen Signifikanz der Typen. In der nächsten Variante kommt eine weitere Annahme hinzu. Diese ist, dass Typen sich zeitlich aufreihen lassen, wobei sich die benachbarten Typen am ähnlichsten sind. Es wird also vorausgesetzt, dass die Distanzen zwischen den Typen im multidimensionalen Merkmalsraum bei einer eindimensionalen Anordnung weitgehend erhalten bleiben, zumindest wenn die richtigen Merkmale ausgewählt wurden. Diese Anordnung wird als typologische Reihe (Abb. 3) bezeichnet. Die dritte Variante geht davon aus, dass die typologische Reihe das Ergebnis eines Evolutionsprozesses ist. Hierbei werden also Selektionsprozesse vorausgesetzt. Es ist offensichtlich, dass diese Varianten einen unterschiedlichen Anwendungsbereich haben. Modischer Wandel beispielsweise wird sich kaum mit der dritten Variante abbilden lassen. Der ersten Variante gelingt selten eine feinchronologische Einordnung, wie sie mit der zweiten Variante möglich sein kann. Die Auswahl des Konzeptes hängt prinzipiell von den verwendeten Daten und der gerade vorherrschenden Theorie ab. Selten aber wird diese Auswahl bewusst getroffen und begründet. Die verwendeten Methoden sind Gemeingut aller archäologischen Teildisziplinen.

Meistens werden die Typologie, also die Klassifikation der Funde mit dem Ziel der chronologischen Einordnung, und die Typochronologie, also die Klassierung der Typen in chronologische Einheiten, unabhängig voneinander vorgenommen. Zunächst ist das Dreiperiodensystem Christian Jürgensen Thomsens (Tho37) zu nennen, das die Steinzeit, Bronzezeit und Eisenzeit definiert. Hierzu wurde die Beobachtung, dass bestimmte Fundtypen bevorzugt gemeinsam auftreten, während andere sich ausschließen, als Grundlage verwendet. Oskar Montelius (Mon85; Mon03) entwickelte diesen Ansatz weiter. Zum einen definierte er, wie

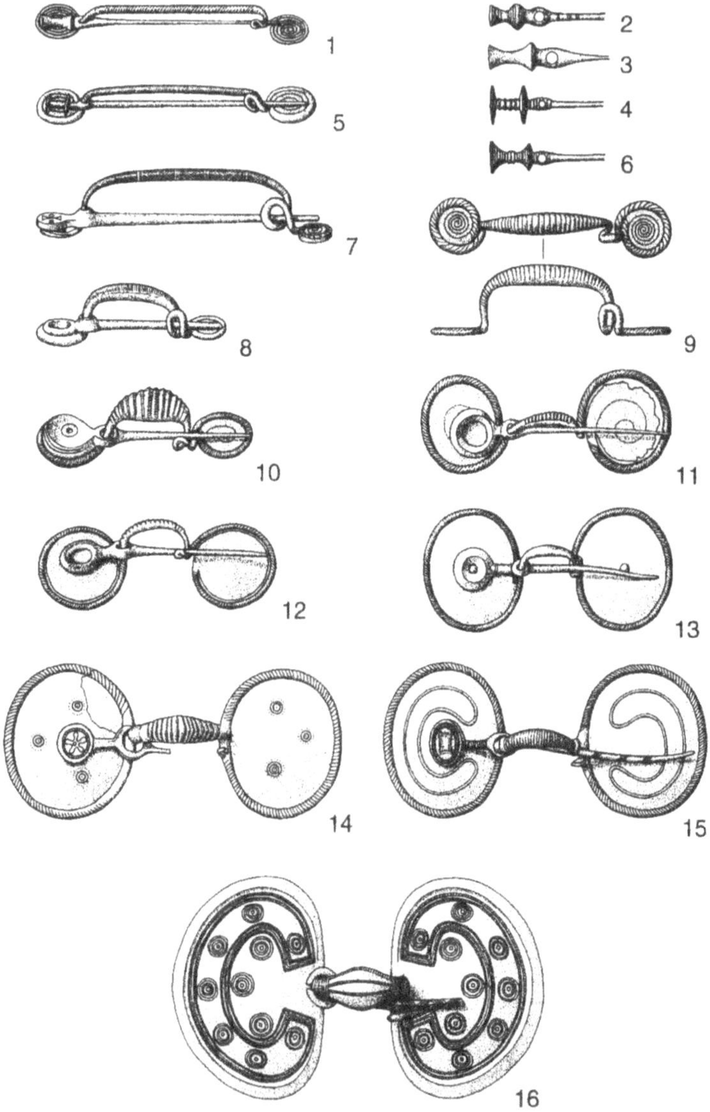

Abb. 11.3. Typologische Reihe bronzezeitlicher Fibeln (Egg01, Abb. 40).

zuvor schon Jens Jacob Asmussen Worsaae, den geschlossenen Fund, der ein Ensemble gemeinsam niedergelegter Objekte darstellt. Wenngleich diese Objekte nicht gleichzeitig produziert worden sein müssen, so stellt der geschlossene Fund doch eine erheblich bessere Grundlage für die Beobachtung gemeinsam auftretender Typen dar, als beispielsweise Siedlungsschichten, in denen Sedimente und Funde sich über einen längeren Zeitraum akkumuliert haben können. Zum anderen führte er den Gedanken der Typologischen Reihe ein. Dies ist eine Abfolge unterschiedlicher Typen, die einer zeitlichen Abfolge entsprechen wobei die benachbarten Typen sich sehr ähnlich sind. Die Idee der natürlichen Abfolge von Typen ist sicher durch jene der Evolution in der Biologie inspiriert.

Das Vorgehen, aus dem gemeinsamen Vorkommen von Typen eine Abfolge zu konstruieren, wurde von Sir William Matthew Flinders Petrie (Pet99) formalisiert. Dieser Ansatz wird als Seriation bezeichnet und besteht darin, die Einträge in einer Kombinationstabelle mit geschlossenen Funden und Typen so zu sortieren, dass sich eine optimale Diagonalform ergibt. Hierbei wird eine zeitliche Entwicklung, nicht jedoch ein Evolutionsprozess, vorausgesetzt. Peter Ihm (Ihm83) schlug vor die Korrespondenzanalyse als robuste Schätzung der Seriation zu verwenden. Dies ist heute üblich und bietet den Vorteil, mehrere Interpretationsebenen in Form der einzelnen Eigenvektoren verwenden zu können.

Die Entwicklungen auf dem Gebiet der absoluten Datierung, wie Radiokarbonmethode und Dendrochronologie, haben uns sowohl die Grenzen und Mängel als auch den Erfolg des Typochronologischen Modells vor Augen geführt. Auch wenn heute absolute Datierungen zunehmend an Bedeutung gewinnen, spielt die Typochronologie in der Archäologie noch eine wichtige Rolle und wird diese auch in den kommenden Jahrzehnten diese nicht verlieren. Anders als noch vor zwei Jahrzehnten werden heute standardmäßig unterschiedliche Interpretationsansätze für Typenabfolgen ausgelotet. Evolutionistische Typenreihen werden derzeit wenig diskutiert.

11.2.3 Kultur

Die Grundidee des Typenkonzeptes kann man auch auf höherem Grad anwenden. Das gemeinsame Vorkommen von Fundtypen als Merkmale kann zu Kulturen zusammengefasst werden. Hierbei wird angenommen, dass Kulturen in irgendeiner Weise historisch relevante Einheiten repräsentieren. Kulturen haben also die Aufgabe die archäologischen Funde mit bestimmten Gruppen von Menschen in Verbindung zu bringen, um historische Prozesse beschreiben zu können. Traditionell werden archäologische Kulturen als räumlich scharf abgegrenzte und geschlossene Gebiete verstanden, in denen alle oder fast alle Menschen einer Kultur angehören und damit auch die gleiche materielle Kultur besitzen (Abb. 4). In diesem Sinne verstanden, ermöglichen Kulturen Grenzen, räumliche Veränderungen und Fremdes zu erkennen. Der Spielraum zur Interpretation von Kulturen ist weit und hängt von der verwendeten Kulturtheorie ab. Kulturen können als reine klassifikatorische Einheit aufgefasst (Cla68) und individuell interpretiert werden. Sie können als Gültigkeitsbereich von Chronologien (Lun72) oder als Interaktionsraum (Nak05; Nak13a) angesehen werden.

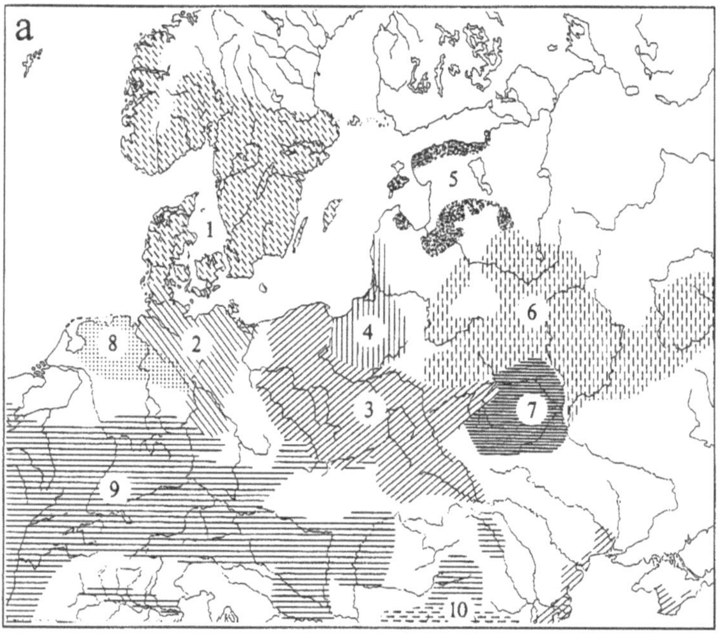

Abb. 11.4. Karte ältereisenzeitlicher Kulturen (Mey10, Abb. 1), die Nummern verweisen auf einzelne eisenzeitliche Kulturen, die mit unterschiedlichen Signaturen angezeigt sind.

Schließlich können Kulturen auch als historische Akteure (z. B. Kos11) verstanden werden. Wir können diese unterschiedlichen Varianten des archäologischen Kulturmodells etwas vereinfacht als Kulturgleichung darstellen (Nak13a, 115-117). Die Tradition des archäologischen Kulturbegriffs geht letztlich auf Herder zurück, der Kultur und Ethnos gleichsetzte. Ein Volk besitzt eine spezifische Kultur, die von den Umweltbedingungen und der Volksseele abhängt. In der Archäologie (Montelius), der Völkerkunde (Tylor, Frobenius) und der Geographie (Ratzel) wurde in der zweiten Hälfte des 19. Jahrhunderts erkannt, dass die materielle Kultur, wie sie in archäologischen Funden besteht, als Indikator für Kultur im Ganzen verwendet werden kann. Unter dem Einfluss der Evolutionstheorie gewann der Rassenbegriff Ende des 19. Jahrhunderts an Bedeutung und wurde in die Kulturgleichung aufgenommen (Kossinna). Dies war scheinbar eine Verwissenschaftlichung des zuvor schwammig-philosophischen Kulturbegriffs, da hier Konzepte der Naturwissenschaften auf geisteswissenschaftliche Fragestellungen angewendet wurden. Im frühen 20. Jahrhundert kam nun im Zuge einer Politisierung des Rassenbegriffs eine Wertung der Rassen (Kossinna) hinzu. In dieser Form lautet die Kulturgleichung Fundprovinz=Kultur=Ethnos=Rasse=Wert. An dieser Form der Kulturgleichung gab es naturgemäß viel Kritik und sie wurde nach und nach wieder demontiert. Heute sehen wir für räumlich geschlossene archäologische Fundprovinzen eine vage Kopplung mit Kulturen und von diesen mit Ethnien vorliegen, aber keine feste Zuordnung mehr. Kulturen erscheinen uns nicht mehr als historische Akteure, sondern eher kollektive Identitäten. Schließlich erscheint die archäologische Kultur als eine Sonderform von Kultur. Für einen allgemeinen Kulturbegriff müssen wir die Forderungen nach räumlicher Geschlossenheit, scharfer Abgrenzung und eindeutiger Zuordnung aufgeben (Nak13a, vgl.).

Zur Abgrenzung archäologischer Kulturen gibt es unterschiedliche Methoden. Bis in die jüngste Vergangenheit war die intuitive Begrenzung des Verbreitungsraums anhand intuitiv ausgewählter diagnostischer Typen die übliche Methode. Mathematische Ansätze, wie die Auswahl von Dichteisolinien, objektivieren die Abgrenzung. Aber das subjektive Element der Auswahl der kulturellen Leitform, beziehungsweise des diagnostischen Typs, stellt ein Problem dar. Um dieses zu umgehen, werden seit etwa einem Jahrzehnt verstärkt Cluster- und Korrespondenzanalysen für die multivariate Analyse aller verfügbaren oder vieler Fundtypen angewendet. Eine wichtige Errungenschaft ist auch, dass wir nicht mehr zwingend die Existenz archäologischer Kulturen erwarten, sondern auch unscharf abgegrenzte Kulturräume in Betracht ziehen.

Das Kulturkonzept war weit über ein Jahrhundert hinaus ein wichtiges Werkzeug und ein Motor der archäologischen Forschung. Auch wenn Kritik an den unterschiedlichen Ausprägungen dieses Konzeptes berechtigt ist, bedeutet dies nicht eine Aufgabe des Kulturkonzeptes, sondern eine Weiterentwicklung. Die oben angedeutete moderne Auffassung von Kultur in der Archäologie erweist sich derzeit wieder als wichtiges Werkzeug und nützlicher Impulsgeber. Unabhängig von expliziten theoretischen Überlegungen ist das Kulturkonzept in der Archäologie in verschiedenen der genannten Varianten überall latent wirksam und wird in vielfältiger Weise angewendet.

11.2.4 Sozialer Rang

Das Modell des sozialen Rangs ist weniger bedeutend als die vorgenannten, aber sicher eines der wichtigsten in der Archäologie. Der Gedanke ist, dass der soziale Rang mit dem in den Gräbern erkennbaren Reichtum korreliert. Je wertvoller das Grabinventar ist, umso bedeutender war der beziehungsweise die Bestattete in ihrer Gesellschaft (Abb. 5). Hiermit wird eine Beziehung zwischen Sozialstruktur und archäologischem Fundmaterial hergestellt und die Möglichkeit prähistorische Sozialgeschichte zu schreiben erschlossen. Dieses intuitive und schlichte Modell wurde schon früh in der Geschichte der Archäologie angewendet. Erst im 20. Jahrhundert und vor allem in den letzten Jahrzehnten wurde dieses Modell explizit diskutiert. Im Wesentlichen gehen zwei Annahmen in das Modell ein. Zunächst wird die Korrelation von Reichtum und sozialem Rang als naturgesetzgleiche Regel vorausgesetzt. Diese Regel gilt sicher nicht uneingeschränkt und so wurde ihr auch widersprochen. Kossack (Kos74) beispielsweise nimmt an, dass Prunk in Gräbern vor allem in kulturellen Kontaktzonen vorkommt. Bedeutende Persönlichkeiten in konsolidierten Gesellschaften benötigen nicht unbedingt Prunk, um sich zu legitimieren, sozial aufstrebende Individuen hingegen schon eher. Das nächste Problem ist, dass wir geneigt sind unsere Wertvorstellungen in prähistorische Zeit zu übertragen. Dies zu umgehen gibt es zwei Strategien (Ste12). Einerseits kann die Diversität der Fundtypen verwendet werden. Es geht also nicht nur darum, dass viele Gegenstände in einem Grab sind, sondern viele unterschiedliche. Andererseits kann die Exklusivität verwendet werden. Objekte die besonders selten sind, haben einen höheren Wert als häufige Typen.

Kann man die Rangunterschiede auf einer Skala bestimmen, wie sie soeben beschrieben wurde, so ist es möglich anzugeben, ob die Individuen eher die gleiche Bedeutung hatten oder ob eine hierarchische Gesellschaft vorlag. Darüber hinaus kann versucht werden die Hierarchie zu rekonstruieren. Hierbei werden vor allem aus der Ethnologie Theorien hinzugezogen. Das Modell des sozialen Rangs ist zweifellos ein nützliches und vielfach intuitiv angewandtes Werkzeug in der Archäologie. Eine explizitere Nutzung und eine gute Begründung der beiden Annahmen wäre wünschenswert.

Abb. 11.5. Rekonstruktion des reichen eisenzeitlichen Grabes von Clemency (Met91, Fig. 109).

11.3 Explizite Modelle von Raumstrukturen in der Archäologie

11.3.1 Siedlungsstandortmodelle

Die Lage prähistorischer Siedlungsplätze ist nicht zufällig. Sie sind das Ergebnis bewusster Entscheidungsprozesse, bei denen unterschiedliche Parameter eine Rolle spielen. Aus den Anforderungen an den idealen Siedlungsplatz lässt sich für jede Zeit und Funktion ein Idealtyp, ein Modell herausarbeiten. Auch hier bildet wieder das Zusammenspiel von theoretischen und empirischen Modellen den Kern des Forschungsprozesses. Im Kopf des prähistorischen Menschen wird es ein auf den Anforderungen basierendes theoretisches Modell der Lage einer Siedlung gegeben haben, die es erlaubte geeignete Plätze auszuwählen. Aus der Lage der bekannten Siedlungen erarbeitet der Archäologe ein empirisches Modell, das dazu dient ein theoretisches Modell zu finden, das jenem der prähistorischen Menschen möglichst nahe kommt. Das eine dient dazu Siedlungsstandorte zu planen, das andere sie zu verstehen. Natürlich gibt es in diesem einfach skizzierten Prozess einige Probleme. Das erste Problem besteht in der Konstruktion des theoretischen Modells in der Prähistorie. Uns ist unbekannt, welche Methoden hierbei angewendet wurden, wie viele Individuen hieran mitwirkten, wer diese waren und vor allem, über welche Informationen sie verfügten und welche Parameter als relevant erachtet wurden. Weiterhin ist unklar, wie exakt das theoretische Modell umgesetzt wurde, also wie genau die tatsächliche Siedlungsortwahl dem theoretischen Modell entspricht. Aus der Gegenwart ist bekannt, dass die politischen Entscheidungen nicht immer den Expertenempfehlungen folgen. Dem

Archäologen ist nur ein Teil der damaligen Siedlungen bekannt. Ist diese Auswahl repräsentativ? Welche Verzerrungen des Bildes ergeben sich durch diesen Quellenfilter? Wir sollten also nicht zu großes Vertrauen darein setzen, dass das Modell des Archäologen und das des prähistorischen Menschen sich im Detail entsprechen. Aber auch mangelhafte Modelle in dem Sinne, dass sie nicht genau jenen der prähistorischen Zeit entsprechen, sind für die Forschung hilfreich. Zwei einfache Beispiele mögen das untermauern.

Mesolithische Küstensiedlungen im Ostseeraum weisen charakteristische Übereinstimmungen auf (Gro95). Das Modell kann folgendermaßen beschrieben werde: Die Siedlung liegt im Uferbereich am Süßwasserzufluss zu einem Strandsee. Hieraus ergibt sich, dass der Zugriff auf Süßwasser, auf binnenländische Ressourcen, auf maritime Ressourcen und eine vor der offenen See geschützte Lage gewünscht waren. Zwar ist nun klar, dass diese Parameter eine wichtige Rolle spielten, aber nicht, ob es die einzigen waren. Die entsprechenden Ufersiedlungen oder zumindest ihre Abfallzonen haben sich gut erhalten, da der Meeresspiegel schnell anstieg, die Siedlung zunächst im Strandsee lag und von Torfen überdeckt wurde und später der Strandwall über sie hinwegwanderte. Zu der Zeit, als die Siedlungsreste wieder frei kamen, waren sie so weit unter Wasser, dass die Brandung keine vollständige Zerstörung mehr bewirken konnte. Dieses Modell der Prozesse, die auf eine Küstensiedlung wirken, macht die gute Erhaltung plausibel. Siedlungen mit schlechteren Erhaltungsbedingungen können uns ganz unbekannt sein. Damit ist nicht zu entscheiden, wie gut unser Siedlungsplatzmodell tatsächlich ist.

Ein ähnliches Siedlungsstandortmodell betrifft die protourbanen Wikingersiedlungen. Diese liegen bevorzugt am inneren Ende von Fjorden mit Anbindung an Binnenverkehrswege, wie sich an Haithabu sehr gut erkennen lässt. Hierin kommen einerseits die Bedeutung von Handel und Verkehr und andererseits die Bedrohung durch Angreifer von See zum Ausdruck.

In beiden Fällen ist die praktizierte Methode recht schlicht. Die Lageparameter werden mit einem Blick auf die Karte ermittelt und meist intuitiv oder gelegentlich in Tabellen ausgewertet. In jüngerer Zeit werden GIS-Analysen angewendet.

11.3.2 Archäoprognose

Archäoprognose ist eng mit den Siedlungsstandortmodellen verwandt, geht aber darüber hinaus und zielt auf die Vorhersage von bislang unbekannten Fundstellen ab. Standortmodelle können in die Archäoprognose integriert beziehungsweise für diesen Zweck umgenutzt werden. Wesentlich ist auch hier, dass die Standortwahl für Siedlungen, Nekropolen und Horte rational erfolgt und dementsprechend bestimmte Muster aufweist. Die Verfahren der Archäoprognose wurden vor allem in den USA und den Niederlanden entwickelt. Etwa seit der Jahrtausendwende wird Archäoprognose auch in Deutschland angewendet und weiterentwickelt. Hervorzuheben ist hier die Arbeitsgruppe um Jürgen Kunow und Johannes Müller (KuM12). Es wird grundsätzlich zwischen zwei Ansätzen unterschieden. Die induktive Methode leitet aus den bekannten Fundstellen Lagepräferenzen ab. Hierbei kommt vor allem die logistische Regression zum Einsatz (Mue12), die es schließlich erlaubt jedem Punkt im Arbeitsgebiet einen Wert zwischen 0 und 1 zuzuweisen, der den Grad des archäologischen Potentials angibt. Dieses Verfahren setzt voraus, dass ein repräsentativer Bestand archäologischer Fundstellen bekannt ist. Als Nachteil dieses Ansatzes wird gelegentlich empfunden, dass angegeben werden kann wo Fundstellen zu erwarten sind, aber nicht, warum. Hieraus leitet man den deduktiven Ansatz ab, der von einem theoretisch begründeten Wissen zu den Lagepräferenzen ausgeht und hieraus Potentialkarten ableitet. Eine Überprüfung des Ergebnisses mit bekannten Fundstellen stellt die Validierung der deduktiven Archäoprognosemodelle dar. Dieser Ansatz setzt umfassendes Wissen zu den jeweiligen Kulturen voraus. Zwischen Experten wird vielfach diskutiert, welcher Ansatz zu bevorzugen ist.

Zwischen Experten und Nichtexperten fokussiert sich die Diskussion auf die Anwendung von Archäoprognose. In der Denkmalpflege kann Archäoprognose zur Abschätzung der benötigten Finanzmittel für baumaßnahmenflankierende archäologische Untersuchungen genutzt werden. Diese Anwendung ist ohne Frage zweckmäßig. Archäoprognose lässt sich aber auch zur Planung des Mitteleinsatzes nutzen. In diesem Fall werden Mittel für archäologische Untersuchungen entsprechend der Archäoprognose bereitgestellt. Hieraus kann abgeleitet werden, dass Untersuchungen, inklusive Prospektionen in Gebieten geringer Fundstellenwahrscheinlichkeit, gar nicht erfolgen. Unerwartete Fundstellen, die besonders wichtig für die Entwicklung neuer Erkenntnisse sind, werden nicht sachgemäß untersucht und dokumentiert. Hiermit beschränkt das bekannte Wissen den Wissenszugewinn. Eine derartige Nutzung von Archäoprognosemodellen ist offensichtlich problematisch und führt gelegentlich zur Ablehnung der Archäoprognose. In der Forschung lässt sich die Archäoprognose zur gezielten Fundstellensuche einsetzen. Geht es beispielsweise darum mesolithische Küstensiedlungen zu finden, wird man vorrangig in Bereichen suchen, die den oben beschriebenen Präferenzmustern entsprechen. Hier entsteht die Gefahr des Zirkelschlusses. Eine Bevorzugung bestimmter Regionen bei der Fundstellensuche führt dazu, dass auch dort mehr gefunden wird. Hieraus lassen sich keine Lagepräferenzen ableiten, sondern hauptsächlich Prospektionspräferenzen. Andererseits helfen gezielt erschlossene Fundstellen der Klärung spezifischer Fragestellungen. Für das Beispiel der mesolithischen Küstensiedlungen bedeutet das, dass wir zwar die neuen Fundstellen nicht unbedingt nutzen können, um Lagepräferenzen abzuleiten, aber sehr gut dafür, Fragen nach dem Aufbau der möglicherweise saisonal genutzten Lagerplätze der mittleren Steinzeit zu klären. Die Methodik der Archäoprognose lässt sich jedoch auch dazu einsetzen die Siedlungsmuster besser zu verstehen. In diesem Fall dient das Archäoprognoseergebnis nicht weiterführenden Zwecken, sondern der Erkundung und vielleicht auch Vermittlung von Zusammenhängen der Standortwahl. Hieraus lassen sich beispielsweise kulturhistorische Deutungen ableiten.

11.3.3 Zentralität als Organisationsstruktur

Wie organisiert man die Beziehungen zwischen Punkten in einem Raum? Auf diese Frage geben uns Konzepte der Zentralität eine Antwort, indem sie Modelle zur Anordnung und Verbindung wichtiger und weniger wichtiger Punkte im Raum anbieten. Um ein häufig auftretendes Missverständnis zu vermeiden, müssen wir zuvor universelle von partikulären Modellen unterscheiden. Erstere sind allgemeingültig, letztere nicht. Ein schlichtes universelles Modell für unseren Fall könnte lauten: Wichtige Punkte werden im Raum so angeordnet, dass der Aufwand, um mit ihnen zu interagieren, minimiert wird. Wir können annehmen, dass dies dann allgemeingültig ist, wenn die Lage der Punkte nicht durch Gesichtspunkte festgelegt ist, die außerhalb des Fokus der räumlichen Organisation von Punkten unterschiedlicher Bedeutung liegt, insbesondere, da wir weder definiert haben, was „wichtig“, noch, was „Aufwand“ ist. Partikuläre Modelle bieten uns Lösungen für konkrete Ausprägungen der beiden Variablen.

Ein bekanntes partikuläres Modell der Zentralität stammt vom Geographen W. Christaller (Chr33). Zentralität ist hierbei die Eigenschaft der wichtigen Punkte. Christaller (Chr33, 26-27) definiert: „Wir wollen in diesem Sinne kurzweg von der Zentralität eines Ortes sprechen und verstehen darunter die relative Bedeutung eines Ortes in Bezug auf das ihn umgebende Gebiet, oder den Grad, in dem die Stadt zentrale Funktionen ausübt.“ Eine Stadt ist also dann wichtig, wenn sie zentrale Funktionen für ihr Umland erfüllt. Der Aufwand wird für Christaller durch die Transportkosten wiedergegeben, die bei der Erfüllung zentraler Funktionen auftreten. Für diesen Fall beschreibt Christaller ein theoretisches Modell, aus dem wir hier zwei Komponenten herausgreifen und besprechen. Zunächst gibt Christaller an, wie die Transportkosten im System minimiert werden können. Hierzu fordert er, dass jeder Zentralort ein Einzugsgebiet hat, das er mit zentralen Funktionen versorgt. Die zugrunde liegende Idee ist einfach: Für die meisten Punkte gibt es nur ein Zentrum, das eine kostengünstigste Versorgung ermöglicht. Nur wenige Punkte, und diese bilden die Grenzen zwischen den Einzugsgebieten, die Christaller Ergänzungsgebiete nennt, weisen bis zu drei Zentren mit gleichen minimalen Transportkosten auf. Auf die Grenzziehung kommen wir gleich zu sprechen; zunächst wenden wir uns einem anderen Aspekt zu. Da die Transportkosten im Vergleich zu den Erlösen sehr unterschiedlich sein können, ergeben sich unterschiedliche maximale Reichweiten der Funktionen. Hieraus ergibt sich nun wieder eine Hierarchie der Zentralorte. Es gibt viele Zentren für Funktionen kleiner Reichweite und wenige für Funktionen großer Reichweite. An letzteren werden auch Funktionen kleiner Reichweite angeboten. Die wichtigsten Zentren weisen nun besonders viele zentrale Funktionen, und darunter auch jene mit großer Reichweite, auf. Ergänzend sei angemerkt, dass Christaller drei Hierarchiestrukturen unterscheiden, die er mit sogenannten k-Werten charakterisiert.

Aber nun zurück zu den Grenzen der Ergänzungsgebiete. Um die Kosten im Gesamtsystem zu minimieren, werden die Grenzen da gezogen, wo die Transportkosten zu zwei Zentren gleich sind. Nun können weitere Annahmen gemacht und damit das Modell weiter konkretisiert werden. Für den Fall, dass die Transportkosten ausschließlich linear von der geometrischen Distanz zwischen den Punkten abhängt, wird die Grenze auf der geographischen Karte genau in der Mitte zwischen zwei Zentren gezogen. Hierzu lässt sich die Methode der Voronoi-Graphen anwenden, wobei die wohl bekannten Hexagone (Abb. 6) entstehen. Hieran gab es seit 1933 viel Kritik. Die Transportkosten hängen sicher auch vom Relief ab. Trotz aller Kritik lässt sich Christallers Verfahren auch hier anwenden. Seine durch die Voronoi-Graphen erfüllte Forderung der gleichen Distanz zu den Zentren kann ebenso auf einen ökonomischen Raum angewendet werden. Genau dies ist sicher die Intention Christallers gewesen, da er ein ausführliches Kapitel zu ökonomischen Distanzen, die eben nicht nur linear von der Luftlinien-Distanz abhängen, geschrieben hat. Least Cost-Analysen liefern uns die Transportkosten, die Pfadlänge und Steigung berücksichtigen. Verwenden wir diese minimalen Kosten als Distanz für die Berechnung der Voronoi-Graphen, so ergeben sich die Hexagone im ökonomischen Raum. Im geographischen Raum hingegen zeigen sich unregelmäßige Grenzverläufe (Abb. 7). Am Rande sei bemerkt, dass die vielfach, allerdings nicht von Christaller, vorgebrachte Forderung nach Homogenität des Raumes als Voraussetzung für Christallers Modell hiermit hinfällig wird, da Inhomogenitäten in den ökonomischen Kosten abgebildet werden können. Christallers Modell erweist sich daher als sehr viel leistungsfähiger als vielfach angegeben. In der Anwendung ist es gelegentlich mit Problemen verbunden, da es als universell gedacht wird. Es ist jedoch ein partikuläres theoretisches Modell. Die Lage wichtiger Punkte kann auch von anderen Aspekten bestimmt oder in einer von den Transportkosten unabhängigen Weise organisiert werden. Es gilt also zu prüfen, ob das empirische Modell einem theoretischen Christaller-Modell entspricht - letzteres kann nicht vorausgesetzt werden.

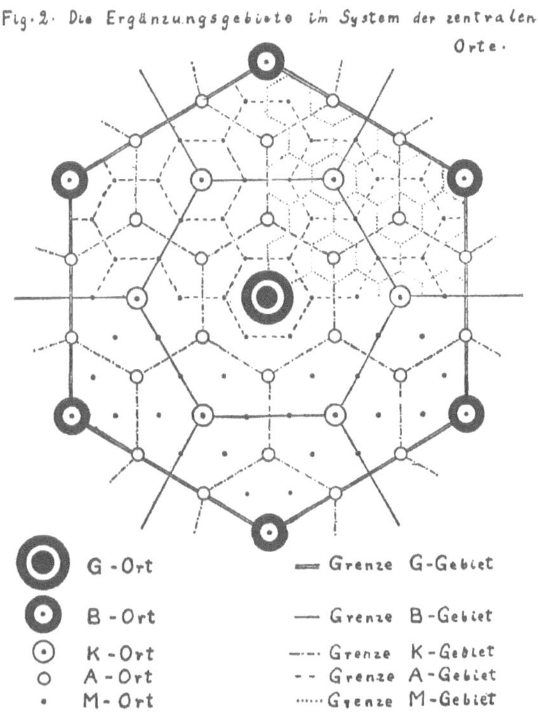

Abb. 11.6. Hierarchie zentraler Orte (Chr33, Fig. 2).

Die nächsten partikulären Modelle der Zentralität sind auf Netzwerke bezogen. Wichtige Punkte liegen an einer strategisch günstigen Lage im Netzwerk, die es erlaubt möglichst viele Kontakte aufzubauen. Um diese Lagegunst zu messen wurden verschiedene Zentralitätsindizes (Fre79) eingeführt. Die Verortung der Punkte im geographischen Raum spielt hierbei allenfalls eine marginale Rolle. Wichtig ist die Lage im Beziehungsgeflecht der Punkte. Punkte sind hier besonders wichtig, wenn sie beispielsweise besonders viele Nachbarn besitzen

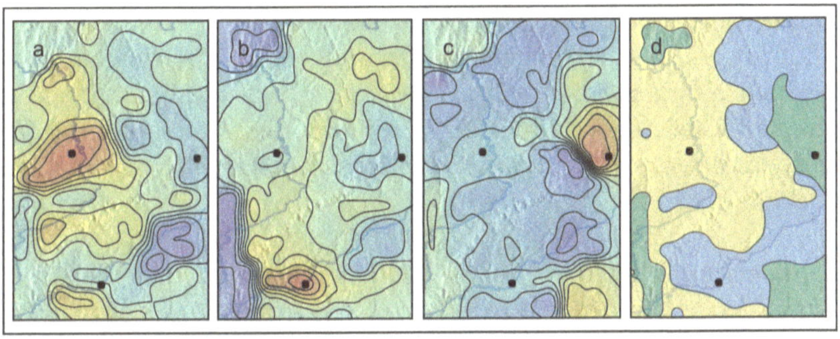

Abb. 11.7. Isolinien kultureller Distanzen zu Zentren und Voronoi-Graph im ökonomischen Raum, kartiert im geographischen Raum.

(Degree-Zentralität), möglichst kurze Verbindungen zu allen anderen Punkten besitzen (Closeness-Zentralität) oder an möglichst viel kürzesten Verbindungen zwischen allen Punktpaaren liegen (Betweenness-Zentralität). Diese Zentralitätsindizes sind Modelle unterschiedlicher Ausprägungen von Netzwerkzentralität. Die Optimierungsregeln sind gewissermaßen trivial: „Stelle möglichst viele Beziehungen der Art her, die im benutzten Zentralitätsindex gemessen wird." Klar machen müssen wir uns jedoch, dass die üblichen Zentralitätsindizes messen, wie intensiv bestimmte Beziehungstypen maximal sein können, und nicht, wie intensiv die Beziehungen tatsächlich sind. Es handelt sich also eigentlich um ein Zentralitätspotential, um ein theoretisches Modell, wie jenes von Christaller. Wie aber sieht das Verhältnis zu Christallers Theorie genau aus? Vielfach wird ein Paradimgenwechsel von der Theorie zentraler Orte zur Netzwerkzentralität propagiert. Nach dem bisher gesagten ist klar, dass dem sicher nicht so ist. Einerseits liegen unterschiedliche Zentralitätsdefinitionen vor und andererseits werden unterschiedliche Zielfunktionen für die Optimierung verwendet. Bei Christaller sind es die Interaktionskosten, die im Wesentlichen aus Transportkosten bestehen. Bei der Netzwerkzentralität sind es die Interaktionskosten, die im Wesentlichen aus dem Aufwand bestehen, Beziehungen über Zwischenknoten zu realisieren und fremde Interaktionen zu kontrollieren. Aus Sicht des Systems wird bei Christaller eine Kostenminimierung dadurch hervorgerufen, dass die Interaktionen an den Zentren gebündelt werden. Einfach gesagt, können in großen Städten mehr Aufgaben erledigt werden als in kleinen Dörfern. Im Fall der Netzwerkzentralität entsteht die Synergie bei der Bündelung der Transporte. Es ist effizienter, die Kommunikation über ausgewählte Netzwerkknoten laufen zu lassen, als jeder-mit-jedem-Verbindungen zu nutzen. Der Perspektivwechsel vom Akteur zum System, in der Beurteilung von Zentralität, macht das große

Erklärungspotential des Zentralitätsbegriffs deutlich. Entscheidend hierfür ist, dass sich unterschiedliche Varianten von Zentralität, wie auch unterschiedliche Perspektiven, ergänzen. Ein Paradigmenwechsel liegt sicher nicht vor, vielmehr ist von einem Wandel der Wissenschaftsmode zu sprechen. Die Chancen und das große Potential der Zentralitätsmodelle bestehen aber in der Komplementarität (Tay10; Nak12).

In diesem Abschnitt haben wir bisher Modelle der Geographie und der Sozialwissenschaften besprochen. Wir haben einige Probleme ihrer Anwendung angesprochen und die unterschiedliche Funktion einiger Modelle aufgezeigt. Zentralitätsmodelle werden auch in der Archäologie rezipiert. Hier wird besonders deutlich, welchen Einfluss die Forschungsgeschichte auf die Anwendung und Ausprägung von Modellen hat (Nak13b) (Abb. 8). Den Ausgangspunkt für die Anwendung der zentralörtlichen Theorie bildet die Dissertation Christallers. In den 1950er und 1960er Jahren wird diese in der Geographie intensiv diskutiert und insbesondere auf Probleme der Raumplanung angewendet. Christallers Konzept der ökonomischen Distanzen wird hierbei kaum berücksichtigt. Es werden vermeintliche Verbesserungen eingeführt. Darunter die Homogenitätsbedingung, deren Berechtigung wir widerlegen konnten. Weiterhin wurde die Definition von Zentralität manipuliert. Da relative Bedeutung schwer zu messen ist, wurde absolute Bedeutung verwendet und anhand der Rang-Größen-Regel eine Hierarchie entwickelt. In diesen Varianten der Zentralörtlichen Theorie ist wenig vom Geist der Arbeit Christallers aus dem Jahr 1933 erhalten geblieben. Aber auch die positiven Beispiele erweisen sich als Problem. Hier ist die Arbeit Haggetts (Hag65) zur Standorttheorie zu nennen. Diese systematische Darstellung widmet auch den Ansätzen Christallers einigen Raum. Im Vordergrund stehen hier natürlich standorttheoretische Ansätze, worunter die Grenzziehung zwischen Einzugsgebieten eine wichtige Rolle einnimmt. Hierfür werden Voronoi-Graphen diskutiert, wohlgemerkt nur im geographischen Raum. Diskussionen zwischen Haggett und Clarke führten zur Einführung der Zentralörtlichen Theorie in die britische Archäologie. In Anbetracht des Umweges über die Standorttheorie Haggetts ist es kein Wunder, dass die Grenzziehung mit Voronoi-Graphen hier eine dominante Rolle einnimmt (Cun74). Während in der Geographie der planerische Zweck ganz offenkundig ist, ist in der Archäologie nicht immer klar, dass es sich um theoretische Modelle handelt, die an sich nichts über die Vergangenheit aussagen können. Der mehrfache Wechsel von Modellierungszweck und Community kann hier als Ursache ausgemacht werden. Christaller möchte die Lage der Städte erklären und vergleicht hierfür das empirische mit theoretischen Modellen. Haggett stellt die Grundlagen der Raumplanung vor und konzentriert sich hier auf theoretische Modelle. In der Archäologie wird dieser Ansatz übernommen.

Fairerweise muss gesagt werden, dass nicht alle Archäologen so naiv Methoden der Raumplanung einsetzten, wie es sich hier anhört. Zudem erfolgten methodische Weiterentwicklungen. So führte man gewichtete Voronoi-Graphen - in der Archäologie als X-Tent-Modell bekannt - ein, um der unterschiedlichen Bedeutung einzelner Zentren gerecht zu werden (ReC79).

In den 1980er Jahren erfasste die Postmoderne die britische Archäologie und beendete diese Schule der archäologischen Zentralortforschung. 1989 entstand in Skandinavien eine neue Schule. Das Jahr lässt sich angeben, da eine Tagung auf Schloss Sandbjerg Slot der Anlass war (FaR91). Die in den 1980er betriebene Siedlungsarchäologie, die sich auf Regionalstudien konzentrierte, war in eine Krise geraten. Sie hatte ein Problem herausragende Siedlungen zu erklären. Die zentralörtliche Theorie, vermittelt durch die Literatur der britischen Schule, wurde als Ausweg gesehen. Wenngleich die britische Ausrichtung Impulsgeber war, waren die Inhalte der skandinavischen Schule ganz andere. Man konzentrierte sich auf die empirische Identifikation von Zentralorten und die Rekonstruktion von Hierarchien. Das soziale Modell sieht eine dreistufige Gesellschaft vor, deren Schichten anhand archäologischer Funde indizierbar sind. Diesen drei sozialen Stufen entsprechend wird eine Siedlungshierarchie konstruiert. Seit einigen Jahren ist auch hier ein Paradigmenwechsel von der zentralörtlichen Theorie zu Netzwerktheorien in der Diskussion. Seit den späten 1990er Jahren kann man auch in Deutschland von einer Schule der archäologischen Zentralortforschung sprechen. Ältere Arbeiten, die es seit etwa 1970 gab, blieben singulär. Erst in den 1990er Jahren entwickelte sich eine entsprechende Mode in Deutschland. Der wichtigste Impulsgeber dürfte ein Artikel von Gringmuth-Dallmer (GrD96) gewesen sein. Hier vereinfacht er den Christallerschen Ansatz radikal. Er definiert zehn anhand archäologischer Indikatoren nachweisbare zentrale Funktionen und spricht von einem komplexen Zentrum, wenn alle Funktionen nachweisbar sind. Letzteres ist eine rudimentäre Form der Hierarchie. Offensichtlich machten der archäologische Bezug und die einfache Anwendbarkeit die Attraktivität dieses Ansatzes aus. Neben dieser Strömung, die in der Christallerschen Tradition verwurzelt ist, gibt es eine, die die skandinavischen Impulse aufnimmt. Sie ist an der fehlerhaften Rückübersetzung „Zentralplatz“ statt „Zentralort“ zu identifizieren. In jüngerer Zeit stehen komplementäre Ansätze, die Christallerzentralität und Netzwerkzentralität verbinden, im Vordergrund (Nak13a). Grundsätzlich kann man für jede Siedlung nach dem Grad der Christallerzentralität und dem Grad der Netzwerkzentralität fragen. Beide Modelle ergänzen sich und gliedern sich in ein Metamodell der Zentralität ein. Oft wird man feststellen, dass sich die Organisationsstrukturen im näheren Umfeld der Siedlungen durch das Christallermodell und jene in weiterer Entfernung durch Netzwerkmodelle am besten beschreiben lassen. Aus einer anderen Sicht ist das Christallermodell ein Sonderfall von Netzwerkzentralität. Hierbei ist das Netzwerk ein Baum und die Zentren weisen hohe Closeness und Betweenness auf. Die Probleme der Grenzziehung und der Hierarchiebildung können aber mit den Netzwerkmodellen nicht adäquat behandelt werden.

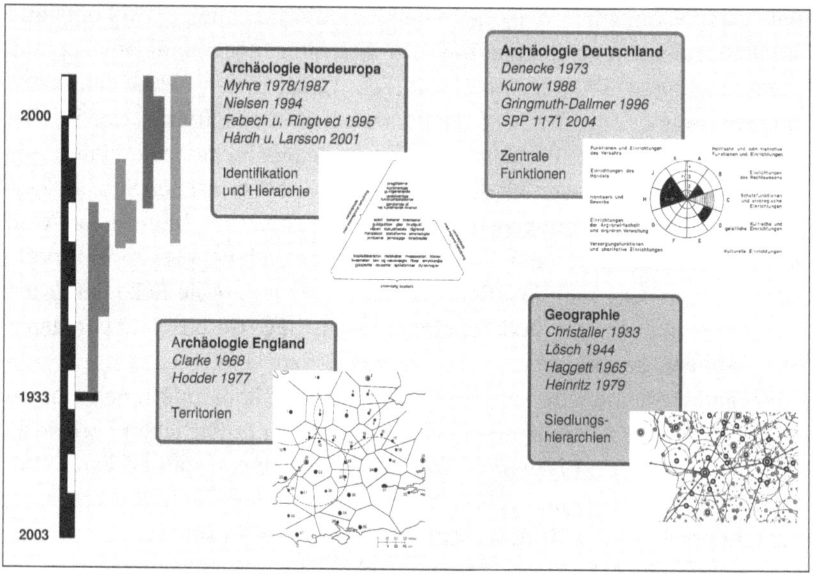

Abb. 11.8. Schulen der Archäologischen Zentralortforschung.

11.3.4 Interaktionsmodelle

Interaktionsmodelle wurden in unterschiedlichen Disziplinen entwickelt und in die Archäologie übertragen (Nak13c). Interaktion ist ein sehr abstrakter und vielseitiger Begriff, der in unterschiedlichsten Bereichen Anwendung findet. Der hohe Abstraktionsgrad erlaubt die relativ einfache Übertragung in andere Anwendungsbereiche und die Vernetzung der unterschiedlichen Facetten des Begriffs. Auch inhaltlich ist Interaktion ein wichtiger Begriff, da er auf die Triebkräfte historischer, ökonomischer, sozialer und kultureller Prozesse Bezug nimmt. Einige Interaktionsmodelle seien kurz aufgelistet. Zunächst sind jene der Physik zu nennen, wie etwa das bekannte Gravitationsgesetz Newtons oder das Hamada-

Johnston-Potenial, das Kräfte im Atomkern beschreibt. In der Humanökologie wird die Mensch-Umwelt-Interaktion thematisiert. In der Soziologie sind der Symbolische Interaktionismus Blumers oder die Analyse sozialer Netzwerke zu nennen und in der Psychologie die Interaktion in Dyaden und die Modellierung von Dialogen. In der Ethnologie sind es die Interaktionstheorie Malinowskis und Polanyis. In der Ökonomie sind die Modelle von Fetter, Weber und Krugman zu nennen und in der Geographie sind das Migrationsmodell Ravensteins, das Gravitationsmodell Stewards, das Diffusionsmodell Hägerstrands und das Zentralitätsmodell Christallers erwähnenswert. Diese kleine Auswahl gibt einen Eindruck von der Diversität der Interaktionsmodelle. Wir beschränken uns an dieser Stelle auf einen Aspekt und greifen auch hier wieder auf Arbeiten der Geographie zurück. Grundsätzlich nehmen wir eine Distanzabhängigkeit der Interaktion an. Je weiter die Interaktionspartner voneinander entfernt sind, um so geringer ist die Interaktionswahrscheinlichkeit beziehungsweise die Interaktionsintensität. Unser erstes Modell lautet also: *die Interaktionswahrscheinlichkeit/Interaktionsintensität ist proportional zur inversen Distanz der Interaktionspartner.* Wie im Fall der Zentralität haben wir hier die Variablen wohlweislich noch nicht definiert. Es ist unklar was genau mit Interaktionswahrscheinlichkeit/Interaktionsintensität und Distanz gemeint ist. Es ist also ein fast universelles Modell, das zahlreiche partikuläre Varianten abdeckt, aber auch viel Raum für Missverständnisse lässt. Interaktionsintensität kann die Anzahl der Interaktionsbeziehungen oder die im Interaktionsprozess ausgetauschte Information sein. In der Archäologie können wir beides nicht direkt messen und verwenden daher beispielsweise die Menge der Importgüter als Proxy für die Interaktionsintensität. Auch die Distanz kann unterschiedlich interpretiert werden. Es kann sich um eine geographische, soziale, ökonomische, kulturelle und sogar zeitliche Distanz handeln. Verwenden wir geographische Distanzen zum Produktionsort und die Anzahl der Funde in bestimmten Distanzen erhalten wir sogenannte Fall Off Curves (Ren77). Hiermit haben wir ein empirisches Modell, dass die Distanzabhängigkeit der Interaktion recht gut beschreibt. Renfrew (Ren77) entwickelte für unterschiedliche Interaktions- beziehungsweise Austauschmechanismen theoretische Interaktionsmodelle auf der Basis von Distance Decay-Funktionen. Der Vergleich der theoretischen Modelle mit dem empirischen Modell erlaubt nun zu ermitteln, welcher Austauschmechanismus tatsächlich zum Einsatz kam. Diese Vorgehensweise hat zwei wesentliche Nachteile. Zunächst ist das empirische Interaktionsmodell vom Einfluss naturräumlicher und kultureller Interaktionshemmnisse überlagert. Diese müssen zuvor ermittelt und in die theoretischen Modelle integriert werden. Weiterhin ist die Distanz zum Produktionsort oft nicht hinreichend genau bekannt. Statt der Anzahl der Importfunde kann die inverse kulturelle Distanzen als Proxy der Interaktionsintensität verwendet werden. Diese

Distanz ist einfacher zu ermitteln, da sie zahlreiche archäologische Informationen zum Fundmaterial an unterschiedlichen Orten verwendet. Hierbei gehen wir immer von einem festen Standort als Ausgangspunkt unserer Modelle aus. Verzichten wir darauf und erlauben die Verwendung der kulturellen und geographischen Distanzen für alle Punktpaare, so erhalten wir einen anderen Typ von Interaktionsmodell. Bei einem fixen Standort bilden wir konkrete Beziehungen zu einem bestimmten Ort und den Einfluss bestimmter räumlich fassbarer topographischer Elemente ab. Bei der Verwendung aller Standorte hingegen steht die Distanz selbst im Vordergrund. Interaktionsdistanzschwellenwerte werden beispielsweise sichtbar und zeigen an, welche Größe die üblichen Interaktionsräume hatten. Dieser Ansatz ist mit Methoden der Punktmusteranalyse wie Ripley's K- oder der G-Funktion eng verwandt, womit die enge Beziehung zwischen den unterschiedlichen Interaktionsmodellen deutlich wird.

11.4 Zusammenfassung

Es ist klar, dass die Archäologie, wie viele andere Disziplinen auch, implizite wie explizite Modelle anwendet. Die hier vorgestellten Beispiele beschränkten sich auf die zeitliche (z.B. Typochronologie) bzw. räumliche (z.B. Zentralität) Dimension. Gerade im Bereich „soziale Dimension" wird interpretativ-hermeneutisch sehr stark mit impliziten Modellen gearbeitet, in erster Linie sicherlich mit unserer heutigen Gesellschaft oder solchen des ethnologischen Präsenz als Modell. Hier, aber auch bei bewährten Methoden wie der Typochronologie, stellt sich die Frage nach der Explifizierbarkeit, und muss an dieser Explifikation gearbeitet werden. Nur so kann das beschriebene Phänomen der Trennung in zwei wissenschaftliche Kulturen überwunden, oder zumindest fruchtbar genutzt werden. Ob dies allerdings ein weiteres Pendeln zwischen den Polen verhindern kann, sei dahingestellt.

Andererseits ist es gerade das Spannungsfeld, dass sich in der Konfrontation solcher Konzepte wie Kultur und Archäoprognose, zwischen Typ und Netzwerkzentralität ergibt, welches ein hohes kreatives Potential hat. Dieses gilt es in Zukunft stärker zu nutzen. Einerseits bietet sich die Archäologie als Testfeld für verschiedene Ansätze und Modelle sowohl aus dem geistes- wie auch aus dem naturwissenschaftlichen Raum an, da eine lange Perspektive gegeben ist und gleichzeitig häufig das Modell an die Grenzen gebracht wird. Andererseits stellt gerade diese Brückenstellung einen vielversprechenden Standort da, um aus der Verbindung unterschiedlichster Schulen originär eigene Ansätze zu schaffen. Nachdem die Archäologie nun lange von anderen modellierenden Disziplinen profitiert hat, wäre dies der Weg, sich zu revanchieren.

Literatur

[Bin62] Lewis R. Binford. Archaeology as anthropology. *American Antiquity*, 28:217–225, 1962.

[ChH67] R.J. Chorley and P. Haggett. *Models in geography*. Methuen, London, 1967.

[Chr33] W. Christaller. *Die zentralen Orte in Süddeutschland*. Fischer, Jena, 1933.

[Cla68] D. L. Clarke. *Analytical archaeology*. Methuen, London, 1968.

[Cla72a] D. L. Clarke, editor. *Models in Archaeology*. Methuen, London, 1972.

[Cla72b] D. L. Clarke. Models and paradigms in contemporary archaeology. In D. L. Clarke, editor, *Models in Archaeology*, page 1-60. Methuen, London, 1972.

[Cun74] B. Cunliffe. *Iron age communities in Britain; an account of England, Scotland and Wales from the seventh century BC until the Roman conquest [by] Barry Cunliffe*. Routledge & K. Paul, London, Boston, 1974.

[Def09] S. Deffressigne, M.-P. Koenig, and M. Roth-Zehner. Quelques ensembles céramiques d'alsace et de lorraine, du hallstatt d1 à la tene a: première synthèse typo-chronologique. In B. Chaume, editor, *La céramique hallstattienne. Approches typologique et chrono-culturelle*, pages 249–295, Dijon, 2009. Actes du colloque international de Dijon 21-22 novembre 2006.

[Egg01] M.K.H. Eggert. *Prähistorische Archäologie: Konzepte und Methoden*. UTB für Wissenschaft: Grosse Reihe. A. Francke, Tübingen, 2001.

[FaR91] C. Fabech and J. Ringtved. *Samfundsorganisation og regional variation. Norden i romersk jernalder og folkevandringstid*. Jutland Archaeological Society publications. Aarhus Univ.-Forl., Aarhus, 1991.

[Fre79] L. C. Freeman. Centrality in social networks. conceptual clarification. *Social networks*, 1:215-239, 1978/1979.

[GrD96] E. Gringmuth-Dallmer. Kulturlandschaftsmuster und Siedlungssysteme. *Siedlungsforschung. Archäologie-Geschichte-Geographie*, 14:7-31, 1996.

[Gro95] O. Grøn. *The Maglemose culture : the reconstruction of the social organization of a mesolithic culture in Northern Europe*, volume 616 of *BAR international series*. Tempus Reparatum, Oxford, 1995.

[Hag65] P. Haggett. *Locational analysis in human geography*. Arnold, London, 1965.

[Hod86] I. Hodder. *Reading the past : current approaches to interpretation in archaeology*. Cambridge University Press Cambridge, Cambridge, 1986.

[Ihm83] P. Ihm. Korrespondenzanalyse und Seriation. *Archäologische Informationen*, 6/1: 8-21, 1983.

[KvL07] T.A. Kohler and S.E. van der Leeuw. *The model-based archaeology of socionatural systems*. School for Advanced Research resident scholar series. School for Advanced Research Press, 2007.

[Kos74] Georg Kossack. Prunkgräber: Bemerkungen zu Eigenschaften und Aussagewert. In Georg Kossack and Günter Ulbert, editors, *Studien zur Vor- und Frühgeschichte Archäologie*, pages 3–33. Beck, München, 1974.

[Kos11] G. Kossinna. Anmerkungen zum heutigen Stand der Vorgeschichtsforschung. *Mannus*, 3:127–130, 1911.

[Kuh70] Thomas S. Kuhn. *The Structure of Scientific Revolutions*. University of Chicago Press, Chicago, 1970.

[KuM12] J. Kunow and J. Müller, editors. *Landschaftsarchäologie und geographische Informationssysteme*, volume 1 of *Archäoprognose Brandenburg*. Brandenburgisches Landesamt für Denkmalpflege und Archäologisches Landesmuseum, Wünsdorf, 2012.

[Lun72] J. Lüning. Zum Kulturbegriff im Neolithikum. *Prähist. Zeitschr.*, 47:145–173, 1972.

[Met91] J. Metzler, R. Warigo, R. Bis, and N. Metzler-Zens. *Clemency et les tombes de l'aristocratie en Gaule Belgique*, volume 1 of *Dossiers d'Archeologie du Musée National d'Histoire et d'Art*. Musée National d'Histoire et d'Art Luxembourg, Luxembourg, 1991.

[Mey10] M. Meyer. *Haus, Gehöft, Weiler, Dorf: Siedlungen der Vorrömischen Eisenzeit im nördlichen Mitteleuropa ; Internationale Tagung an der Freien Universität Berlin vom 20.-22. März 2009*. Berliner archäologische Forschungen. Verlag Marie Leidorf, Rahden/Westf, 2010.

[Mon85] O. Montelius. *Om tidsbestämning inom bronsåldern: med särskildt afseendepå Skandinaiven. Avec en résumé français*. Kong. Vitterhets historie och antiqvitets akademiens Handlingar. Kongl. boktr., Norstedt, Stockholm, 1885.

[Mon03] O. Montelius. Die Methode. In *Die älteren Kulturperioden im Orient und in Europa 1*. Beckman, Berlin, 1903.

[Mue12] U. Münch. *Quellenkritik als eingrenzender Faktor der Archäoprognose: die Entwicklung und Bewertung von Prognosemodellen für Testgebiete im Land Brandenburg und ihre Anwendbarkeit in der Bodendenkmalpflege*, volume 3 of *Archäoprognose Brandenburg*. Brandenburgisches Landesamt für Denkmalpflege und Archäologisches Landesmuseum, Wünsdorf, 2012.

[Nak05] O. Nakoinz. *Studien zur räumlichen Abgrenzung und Strukturierung der älteren Hunsrück-Eifel-Kultur*, volume 118 of *Universitätsforschungen zur prähistorischen Archäologie*. Rudolf Habelt, Bonn, 2005.

[Nak12] O. Nakoinz. Models of centrality. In W. Bebermeier, R. Hebenstreit, E. Kaiser, and J. Krause, editors, *Landscape Archaeology. Conference (LAC 2012).*, volume 3 of *eTopoi Special Volume*, page 217–223. Topoi, 2012.

[Nak13a] O. Nakoinz. *Archäologische Kulturgeographie der ältereisenzeitlichen Zentralorte Südwestdeutschlands*, volume 224 of *Universitätsforschungen zur prähistorischen Archäologie*. Habelt, Bonn, 2013.

[Nak13b] O. Nakoinz. Zentralorte in parallelen Raumstrukturen. In S. Hansen and M. Meyer, editors, *Parallele Raumkonzepte*, Topoi, page 83-104. De Gruyter, Berlin, 2013.

[Nak13c] O. Nakoinz. Räumliche Interaktionsmodelle. *Prähist. Zeitschr.*, 88:im Druck, 2013.

[Pea11] M. Pearce. Have rumours of the 'death of theory' been exaggerated? In J. Bintliff and M. Pearce, editors, *The Death of Archaeological Theory?*, page 80-90. Oxbow Books, Oxford, 2011.

[Pet99] W. M. F. Petrie. Sequences in prehistoric remains. *The Journal of the Anthropological Institute of Great Britain and Ireland*, 29:295–301, 1899.

[Ren73] C. Renfrew. *Before civilization: the radiocarbon revolution and prehistoric Europe*. Cape, London, 1973.

[Ren77] C. Renfrew. Alternative models for exchange and spatial distribution. In T.K. Earle and Jonathon E. Ericson, editors, *Exchange systems in prehistory*, Studies in archeology, page 71-90. Academic Press, New York, San Francisco, London, 1977.

[ReC79] C. Renfrew and K.L. Cooke, editors. *Transformations: mathematical approaches to culture change*. Academic Press, New York, San Francisco London, 1979.

[Smi12] M.E. Smith. *The Comparative Archaeology of Complex Societies*. Cambridge University Press, Cambridge, 2012.

[Sno64] C. P. Snow. *The two cultures: and a second look*. Cambridge Univ. Press, Cambridge, 1964.

[Ste12] C. Steffen. *Gesellschaftswandel während der älteren Eisenzeit*. Materialhefte zur Archäologie in Baden-Württemberg. Theiss, Konrad, Stuttgart, 2012.

[Tay10] P. Taylor, M. Hoyler, and R. Verbruggen. External urban relational process: introducing central flow theory to complement central place theory. *Urban Studies*, 47: 2803–2818, 2010.

[Tho37] C.J. Thomsen. *Ledetraad til nordisk Oldkyndighed (1836*. Kongelige Nordiske oldskriftselskab, København, 1837.

12 Astrophysikalische Modellbildung am Beispiel aktiver galaktischer Kerne

Tobias F. Illenseer

12.1 Modellbildung in der Astrophysik

Die Beobachtung und Beschreibung der Himmelserscheinungen gehört zu den ältesten kulturellen Leistungen der Menschheit. Wir wissen heute, dass nicht nur die frühen orientalischen und chinesischen Hochkulturen, sondern auch Kulturen im heutigen Lateinamerika den Gang der Gestirne sehr genau studiert haben. Auch die Menschen im neolithischen Mitteleuropa besaßen offenbar astronomisches Wissen, das ihnen die Vorhersage von Ereignissen wie der Sommer- und Wintersonnenwende gestattete. Mangels schriftlicher Überlieferungen kann über die Beweggründe für dieses Interesse an der Astronomie oftmals nur spekuliert werden. Eine große Rolle spielte vermutlich, dass dieses Wissen es ermöglichte einen Kalender zu erstellen (Sch08). Allein das Erkennen solcher Zusammenhänge kann als ein Indiz dafür angesehen werden, dass die Menschen schon sehr früh damit begonnen haben ihre Beobachtungen zu interpretieren. Die daraus resultierenden Erklärungsversuche für das kosmische Geschehen waren noch stark von mythologischen und religiösen Vorstellungen durchsetzt (Kan84, Kap. 2), aber dennoch kann man hier von ersten kosmologischen Modellen sprechen.

Den entscheidenden Schritt hin zu einer wissenschaftlich rationalen Modellbildung vollzogen die griechischen Naturphilosophen ab dem 6. Jhd. v. Chr (Kan84, Kap. 3). Sie waren wahrscheinlich die ersten, die erkannten, dass die Gesetze der Mathematik, und dabei insbesondere die der Geometrie, dazu dienen können, die Vorgänge in der Natur und eben auch im Kosmos zu erklären. Dadurch wurden die Vorhersagen der Modelle quantifizierbar und mussten einer Überprüfung durch astronomische Beobachtungen standhalten. Dies ist auch heute noch ein wesentlicher Grundpfeiler der Modellbildung.

Allerdings haben weder die antiken Griechen noch die europäischen Astronomen zu Beginn der Neuzeit die Unterscheidung zwischen irdischen Phänomenen und den Vorgängen am Himmel aufgegeben. Erst das Newtonsche Gesetz der Gravitation hebt diese Trennung auf, indem es *ein* Erklärungsmodell sowohl für das Herabfallen von Gegenständen auf der Erde als auch für die Bewegung der Planeten im Sonnensystem liefert. Dies kann als der eigentliche Beginn der modernen astrophysikalischen Modellbildung angesehen werden.

12.1.1 Naturwissenschaft unter erschwerten Bedingungen

Die Astronomie nimmt unter den naturwissenschaftlichen Disziplinen eine gewisse Sonderrolle ein, da sie ihre empirischen Erkenntnisse fast ausschließlich auf Beobachtungen gründet. Eine experimentelle Überprüfung von Modellvorhersagen ist nur in Ausnahmefällen möglich, nämlich nur dann, wenn die beschriebenen astrophysikalischen Systeme so beschaffen sind, dass man sie im Labor nachbilden kann. Darüber hinaus können nahezu keine in situ Beobachtungen durchgeführt werden. Lediglich bei den Objekten, die wir mit Hilfe von Raumsonden erreichen können, lassen sich Experimente vor Ort durchführen.

Die Hauptinformationsquelle ist für Astronomen daher die elektromagnetische Strahlung, die von den Himmelsobjekten emittiert wird. Seit den Anfängen der astronomischen Beobachtung ist dies das sichtbare Licht, das, wie wir heute wissen, allerdings nur einen kleinen Teil des elektromagnetischen Spektrums ausmacht. Im 20. Jhd. wurde daher durch den Bau immer neuer Teleskope und Detektorsysteme sukzessive ein immer größerer Wellenlängenbereich für die Beobachtungen erschlossen, der sich mittlerweile über viele Größenordnungen von den langwelligen Radiowellen bis zu den extrem kurzwelligen Gammastrahlen erstreckt. Ferner gibt es eine Reihe von Teleskopen, die dem Nachweis kosmischer Partikel, z. B. von Neutrinos, dienen.

Die Strahlung vom weit entfernten Himmelsobjekt wird allerdings durch atmosphärische und interstellare Extinktion, also Absorption und Streuung, verändert und in der Regel geschwächt. Während sich der von der Erdatmosphäre verursachte Informationsverlust mit Hilfe von im Weltraum stationierten Teleskopen weitgehend vermeiden lässt, kann man die Abschwächung im interstellaren Raum nicht verhindern. Jede Interpretation von Beobachtungen setzt daher voraus, dass diese Prozesse entsprechend modelliert und berücksichtigt werden.

Eine weitere Schwierigkeit bei der Interpretation von Beobachtungen ergibt sich aus den oftmals sehr großen Distanzen zu den beobachteten Objekten. Diese sehen wir in vielen Fällen nicht aufgelöst, sondern lediglich als punktförmige Quelle. Hinzu kommt, dass selbst bei aufgelösten Objekten keine dreidimensionale Information zur Verfügung steht, da man nur die Projektion an der Himmelssphäre sieht. Bei weit entfernten Objekten gibt es also keine Möglichkeit zur selben Zeit einen anderen Blickwinkel einzunehmen[1] und damit möglicherweise relevante räumliche Informationen zu gewinnen.

Neben der unvollständigen räumlichen Information, mangelt es bei zeitabhängigen Phänomen häufig an Daten. Schon die Zeitspanne für eine vollständige Vermessung der Neptun-Bahn überschreitet ein Menschenalter nennenswert. Die Entwicklungszeitskalen für die allermeisten astronomischen Objekte sind noch um Größenordnungen länger, so dass es vollkommen aussichtslos ist, deren zeitliche Entwicklung durch Beobachtungen an einem Objekt erfassen zu wollen. Dennoch ist es möglich auch die Vorhersagen zeitabhängiger Modelle durch Beobachtungen zu überprüfen. Dabei hilft den Astronomen die schiere Größe des Weltalls und die unermessliche Anzahl von zu beobachtenden Objekten. Läuft ein Prozess, wie z. B. die Entstehung eines Sterns, häufig genug ab, so kann man erwarten, diesen Entstehungsprozess an unterschiedlichen Objekten in verschiedenen Stadien der Entwicklung beobachten zu können. Daraus lässt sich dann eine allgemeine zeitliche Abfolge rekonstruieren. Auf ähnliche Weise kann man auch zusätzliche räumliche Informationen gewinnen, wenn man davon ausgeht, dass die beobachteten Objekte einer bestimmten Klasse eine von uns aus gesehen beliebige Orientierung am Himmel einnehmen. Wir werden in Kapitel 12.2.2 sehen, dass dies im Fall aktiver galaktischer Kerne für die Modellbildung eine ganz entscheidende Rolle spielt.

12.1.2 Das numerische Experiment

Die Basis jedweder astrophysikalischen Modellierung bildet die Verallgemeinerung der Newtonschen Hypothese, nämlich dass *alle* physikalischen Gesetze eine universelle Gültigkeit besitzen, unabhängig davon, ob sie auf Systeme im Labor oder auf weit entfernte Himmelsobjekte angewandt werden. Dies ist eine sehr weitreichende Hypothese, deren Gültigkeit es immer wieder auf Neue zu überprüfen gilt. Nichtsdestotrotz ist sie unverzichtbar, da sich die Objekte der astrophysikalischen Modellbildung als äußerst komplex herausstellen. In der Regel muss eine Vielzahl physikalischer Gesetze berücksichtigt werden, um ein einigermaßen vollständiges Modell entwickeln zu können. Die verwendeten Theorien umfassen unter anderem sowohl die klassischen Gebiete der Mechanik, der Gas- und Thermodynamik sowie der Elektrodynamik, als auch die Quantenmechanik

1 Für recht nahe gelegene Objekte wie die Sonne gilt das nicht. Ein gutes Beispiel hierfür ist die Satellitenmission STEREO, bei der sich zwei Raumsonden zur Sonnenbeobachtung auf unterschiedlichen Sonnenorbits befinden.

und deren Anwendungsgebiete Atom-, Kern- und Elementarteilchenphysik.

Ein großes Problem der Universalitätshypothese ist, dass die Gesetze der Physik im Labor nur innerhalb eines bestimmten Parameterbereichs überprüft werden können. Für die allermeisten astrophysikalischen Phänomene gelten aber gänzlich andere Längen und Zeitskalen als sie in Laborexperimenten realisierbar sind. Ferner sind die Bedingungen im Universum häufig so extrem, dass sie an den Grenzen des überprüfbaren Parameterbereichs oder auch schon weit jenseits dessen liegen. Astrophysiker postulieren also nicht nur, dass die physikalischen Gesetze in weit entfernten Galaxien und über enorme Distanzen ihre Gültigkeit behalten, sondern dass sie beispielsweise im Inneren von Sternen gelten, also auch dort, wo die Materie Temperaturen und Drücken ausgesetzt ist, die wir im Labor nicht erzeugen können. Darüber hinaus existiert für manche Systeme noch keine geschlossene physikalische Theorie. Beispielsweise ist das Verhalten von turbulenten Strömungen, ein Phänomen, das sehr häufig im Kosmos beobachtet wird und welches auch für die aktiven Galaxienkerne von großer Bedeutung ist, noch nicht einmal für Strömungen im Labor restlos geklärt.

Wegen der großen Komplexität der astrophysikalischen Systeme war es lange Zeit ganz wesentlich für die Modellbildung, die diesen Modellen zugrunde liegenden Gleichungen zu vereinfachen. Dies war meistens der einzige Weg, um überhaupt eine Lösung zu finden und überprüfbare Vorhersagen zu machen. Der rasante Fortschritt bei der Entwicklung von Computern in den vergangenen 50 Jahren hat allerdings ein gänzlich neues Fenster aufgestoßen. Die numerische Lösung von hoch komplexen partiellen Differentialgleichungssystemen mit Hilfe von leistungsstarken Computern macht es möglich, das Verhalten der astrophysikalischen Systeme zu simulieren. Dabei können wie bei einem Laborexperiment die Simulationsbedingungen fast beliebig variiert werden, so dass man den Einfluss bestimmter Prozesse sehr genau untersuchen kann. Ferner ist es möglich, den im Laborexperiment sehr eingeschränkten Parameterbereich zu erweitern, so dass man die Entwicklung der Objekte auf den relevanten Längen und Zeitskalen sowie unter den erforderlichen extremen Bedingungen simulieren kann. Die aus diesen *numerischen Experimenten* resultierenden Modelle liefern dann sehr präzise Vorhersagen, die durch Beobachtungen verifiziert oder widerlegt werden können.

12.2 Die Zentren aktiver Galaxien

Das Phänomen der aktiven Galaxien wurde zum ersten Mal von Carl Seyfert (Sey43) beobachtet, der in einigen Galaxienspektren ausgeprägte Emissionslinien fand. Diese Spektren unterschieden sich deutlich von denen anderer Galaxien, bei welchen man die Spektren sehr gut durch eine Superposition von Sternspektren beschreiben konnte. Schon Seyfert fand heraus, dass diese auffälligen Emissionslinien aus den zentralen Regionen jener Galaxien stammte. Es war aber lange Zeit umstritten, welche Prozesse diesen Beobachtungsbefund erklären können.

Die Entdeckung der Quasare[2] durch Matthews und Sandage (Mat63) sowie Schmidt (Sch63) im Jahr 1963 brachte wieder Bewegung in die Diskussion, da man eine neue Objektklasse gefunden hatte, die ähnliche Charakteristika aufwies, wie die von Seyfert entdecken Galaxien, allerdings bei deutlich höheren Rotverschiebungen. Zunächst konnte man keine Galaxien identifizieren, in die diese Objekte eingebettet waren, was, wie sich später herausstellte, an der enormen Leuchtkraft lag, die zum Teil das 10^{14}-fache der Sonnenleuchtkraft überschritt. Damit waren die Zentralbereiche dieser Galaxien heller als die sie umgebenden Galaxien. Lynden-Bell (Lyn69) entwickelte basierend auf diesen Befunden ein Modell, nach dem in den Zentren dieser Galaxien ein sehr massereiches Schwarzes Loch existiert, das Materie aus einer umgebenden Gasscheibe aufsammelt. Diesen Vorgang bezeichnet man als *Akkretion* und die Gasscheibe dementsprechend als *Akkretionsscheibe*.

12.2.1 Astrophysikalische Prozesse

Die Grundlage für die Modellierung aktiver Galaxienkerne bilden wie bei vielen astrophysikalischen Objekten die Gleichungen der kompressiblen Hydrodynamik (HD)[3]. Diese beschreiben die Massen-, Impuls- und Energieerhaltung in neutralen Fluiden. Sind die Temperaturen im Fluid so hoch, dass die Atome zumindest teilweise ionisiert sind, so bezeichnet man das Fluid als Plasma. Die Gleichungen müssen in diesem Fall entsprechend erweitert werden, da im Plasma Magnetfelder entstehen können, die einen großen Einfluss auf dessen Dynamik haben. Bei der Modellierung kommen hier in der Regel die Gleichungen der idealen

---

2 gängige Bezeichnungen sind auch *quasi-stellares Objekt* bzw. das Akronym QSO

3 Treffender wäre hier eigentlich der weniger gebräuchliche Ausdruck *Gasdynamik*, denn astrophysikalische Fluide sind selten Flüssigkeiten im üblichen Sinne.

Magnetohydrodynamik (MHD) zum Einsatz. Sowohl im Gas als auch im Plasma finden permanent Umwandlungen von thermischer Energie in Strahlung und umgekehrt statt. Diese Prozesse können einen maßgeblichen Einfluss auf den Energietransport in den aktiven Galaxienkernen haben. Der Transport von Energie durch Strahlung ist aber auch aus einem anderen Grund von großer Bedeutung. Ein Teil dieser Strahlung kann nämlich aus dem System entweichen und genau diese Strahlung ist es, die von Astronomen beobachtet wird. Eine korrekte Modellierung dieses Energieverlusts durch Abstrahlung ist also Voraussetzung dafür, dass Beobachtungen überhaupt mit den Modellen verglichen werden können. Kombiniert man die Gleichungen der Hydrodynamik bzw. Magnetohydrodynamik mit denen für den Strahlungstransport, so spricht man von Strahlungs(magneto)hydrodynamik.

Darüber hinaus benötigt man noch eine Theorie für die gravitative Wechselwirkung des Gases einerseits mit sich selbst und andererseits mit dem massereichen Schwarzen Loch im Zentrum. Sofern man daran interessiert ist, die Vorgänge in unmittelbarer Nähe des Schwarzen Lochs zu modellieren, müssen hier die Gleichungen der allgemeinen Relativitätstheorie zur Anwendung kommen. Das bedeutet aber auch, dass man die oben aufgeführten Gleichungen in ihrer relativistischen Form verwendet. Modelliert man hingegen die großskaligen Strukturen der aktiven galaktischen Kerne, so sind die Effekte der allgemeinen Relativitätstheorie vernachlässigbar und man greift daher meistens auf die Newtonsche Theorie der Gravitation zurück.

Die oben aufgeführten astrophysikalischen Prozesse werden mathematisch durch ein System von gekoppelten partiellen Differentialgleichungen beschrieben. Diese Gleichungen sind hier bewusst nicht explizit angegeben worden, da sie der gängigen Fachliteratur wie z. B. (Fra02; Kat08) entnommen werden können.

12.2.2 Das Standardmodell

Nach der Entdeckung der Seyfert-Galaxien und Quasare zeigte sich sehr bald, dass es eine ganze Reihe von Objekten gibt, die ähnliche Merkmale haben. Gleichzeitig weisen diese Objekte aber auch deutliche Unterschiede auf. Sollte es folglich eine einheitliche Erklärung für diese Beobachtungen geben, so muss das dem zugrunde liegende Modell in der Lage sein, diese Unterschiede im Erscheinungsbild zu erklären. Eine wesentliche Rolle für den heute allgemein akzeptierten Erklärungsansatz spielt der eingangs erwähnte Projektionseffekt (Ant93). Er führt dazu, dass je nach Blickwinkel des Beobachters gewisse Bereiche des aktiven galaktischen Kerns zu sehen sind und andere verdeckt werden. Daneben gibt es aber auch intrinsische Unterschiede, deren Ursachen noch nicht restlos geklärt sind (Bec12, S. 122 ff.).

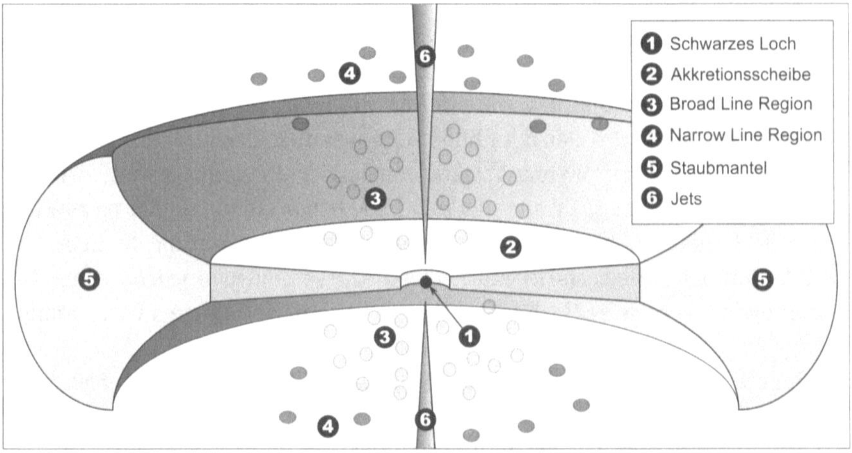

Abb. 12.1. Schematische Darstellung des Standardmodells für aktive Galaxienkerne. Die Abbildung zeigt einen Schnitt senkrecht zur Äquatorialebene. Man beachte, dass die einzelnen Komponenten nicht maßstabsgetreu abgebildet sind. Tatsächlich ist der innere Bereich um das Schwarze Loch deutlich kleiner als die Akkretionsscheibe und diese wiederum ist um Größenordnungen kleiner als der sie umgebende Staubmantel.

Im Kern basiert das Standardmodell nach wie vor auf der grundlegenden Hypothese von Lynden-Bell (Lyn69), nach der im Zentrum dieser Galaxien ein sehr massereiches Schwarzes Loch existiert. In den letzten Jahrzehnten sind große Anstrengungen unternommen worden, die Massen dieser Schwarzen Löcher zu bestimmen. Dazu hat man eine Vielzahl von Methoden entwickelt, die im Großen und Ganzen zu ähnlichen Resultaten mit Schwarzlochmassen im Bereich von $10^6 - 10^{10}$ Sonnenmassen führen (Bec12, S. 37 ff.).

Die zentrale Energiequelle der aktiven Galaxien ist die Akkretionsscheibe, die sich um das Schwarze Loch herum bildet (siehe Abb. 12.1). Die viskose Reibung in dieser differentiell rotierenden dünnen Gasscheibe sorgt dafür, dass das Material in der Scheibe Drehimpuls nach außen abgeben und somit langsam nach innen driften kann. Die dabei frei werdende Gravitationsenergie wird durch die viskose Reibung in Wärme umgewandelt. Befindet sich die Scheibe im Gleichgewicht, so halten sich Aufheizung innerhalb der Scheibe und Energieverlust durch Abstrahlung an ihrer Oberfläche die Waage und es stellt sich ein charakteristisches radiales Temperaturprofil ein. Die höchsten Temperaturen von typischerweise einigen 10^5 Kelvin werden in der Nähe des inneren Randes erreicht (Net06). Das

Maximum der thermischen Abstrahlung liegt also im ultravioletten Wellenlängenbereich.

Ober- und unterhalb der Akkretionsscheibe sind die Gasdichten sehr gering und das Gas ist optisch dünn, so dass die Strahlung aus dem System entweichen kann. Die gemessene Dopplerverbreiterung von Emissionslinien aus diesen Bereichen belegt, dass das Gas mit hohen Geschwindigkeiten strömt und dass die Geschwindigkeiten in größerem Abstand von der Scheibe geringer werden. Daher unterscheidet man im Spektrum die *broad line region* (BLR) von der *narrow line region* (NLR) (siehe Abb. 12.1). Entlang einer vertikalen Achse durch das Schwarze Loch finden sich äußerst stark gebündelte Ausflüsse, sogenannte *Jets*, die mit Geschwindigkeiten nahe der Lichtgeschwindigkeit vom Zentralobjekt weg strömen.

Die äußeren Bereiche der Akkretionsscheibe gehen in einen torusförmigen Mantel über, der verhältnismäßig kalt ist und viel Staub enthält. Die Bedingungen dort sind vergleichbar mit denen in großen kalten Molekülwolken (Net06) wie wir sie in der Milchstraße finden. Dort können die Moleküle und Gase zu Staubpartikeln kondensieren, die die kurzwellige Strahlung aus den inneren Bereichen der Akkretionsscheibe nahezu vollkommen absorbieren. Die Staubwolken heizen sich dadurch auf und reemittieren die Strahlung dann bei infraroten Wellenlängen. Neuere Untersuchungen deuten darauf hin, dass dieser Staub nicht homogen verteilt ist, sondern sich eher in filamentartigen Strukturen oder Wolken findet (Bec12, S. 58). Entscheidend für das Standardmodell ist, dass dieser Staubmantel den Blick auf die Akkretionsscheibe verdecken kann, so dass abhängig vom Blickwinkel des Beobachters unterschiedliche Bereiche des aktiven galaktischen Kerns zu sehen sind.

12.3 Modellierung von Akkretionsscheiben

Aufgrund der Komplexität der physikalischen Prozesse in aktiven Galaxienkernen folgen nahezu alle Modellierungsansätze einer Strategie, nach der die einzelnen Komponenten separat modelliert und an den entscheidenden Stellen miteinander verknüpft werden. Wir werden uns im Folgenden näher mit der Modellierung von Akkretionsscheiben befassen, um einen Einblick in die Methoden der astrophysikalischen Modellbildung zu geben.

12.3.1 Mathematische Formulierung des Problems

Unabhängig davon, welche der in Abschnitt 12.2.1 genannten physikalischen Prozesse bei der Modellierung berücksichtigt werden, basieren alle Ansätze auf der Lösung von partiellen Differentialgleichungen. Diese Gleichungen beschreiben in der Mehrzahl Transportprozesse, im Fall der Hydrodynamik sind das beispielsweise Transportgleichungen für die Massendichte des Gases, die sogenannte Kontinuitätsgleichung

$$\frac{\partial \varrho}{\partial t} + \nabla \cdot \left(\varrho \vec{v}\right) = 0, \tag{12.1}$$

die Impulsdichte und die Energiedichte (Kat08). Die mathematische Struktur dieser Transportgleichungen ähnelt sich. Sie enthalten immer eine Ableitung erster Ordnung nach der Zeit von der zu transportierenden Größe – in Gleichung (12.1) ist das die Massendichte ϱ – und einen Divergenzterm mit räumlichen Ableitungen erster Ordnung. Gibt es keine weiteren Terme, so spricht man von einer Erhaltungsgleichung. In diesem Fall kann sich die Transportgröße an einem bestimmten Ort nur dann zeitlich ändern, wenn sie advektiert wird, also mit dem Geschwindigkeitsfeld $\vec{v}$ mitgetragen wird.

Die partiellen Differentialgleichungen müssen durch entsprechende Anfangs- und Randbedingungen komplettiert werden. Nur dann handelt es sich um ein mathematisch wohldefiniertes Problem.

Gravitation

In den meisten Fällen enthalten die Gleichungen allerdings zusätzliche Terme. Beispielsweise erzeugt das zentrale Schwarze Loch eine Gravitationsbeschleunigung

$$\vec{g}(\vec{r}) = -\frac{GM}{r^3}\vec{r}, \tag{12.2}$$

die einen Impulsbeitrag liefert. Dabei ist M die Masse des Schwarzen Lochs, G die Gravitationskonstante und $\vec{r}$ der Ortsvektor. Wird die Gravitationsbeschleunigung durch die Massendichte in der Scheibe dominiert, so spricht man von einer selbstgravitierenden Akkretionsscheibe (Lod07) und man muss neben den Transportgleichungen die Poisson-Gleichung

$$\Delta\Phi = 4\pi G\varrho \tag{12.3}$$

für das Newtonsche Gravitationspotential Φ lösen. Die Gravitationsbeschleunigung ergibt sich dann als dessen Gradient. Diese elliptische Differentialgleichung unterscheidet sich von den Transportgleichungen, da sie keine Ableitungen erster Ordnung enthält, sondern nur räumliche Ableitungen zweiter Ordnung. Die hier verwendeten Lösungsverfahren unterscheiden sich daher maßgeblich von denen für Transportgleichungen (näheres siehe Abschnitt 12.3.3).

Viskosität und Turbulenz

Wie in Abschnitt 12.2.2 bereits erwähnt spielen diffusive Prozesse, also die Umverteilung von Impuls und Energie durch Reibung, eine entscheidende Rolle bei der Modellierung von Akkretionsscheiben. Eine einfache Abschätzung der Entwicklungszeitskalen für den Drehimpulstransport in Akkretionsscheiben zeigt, dass die allein durch molekulare Viskosität verursachte Reibung nicht ausreicht. Die Zeitskalen für die Entstehung solcher Akkretionsscheiben würden die Hubble-Zeitskala, ein Maß für das Alter des Universums, um einige Größenordnungen überschreiten (Kat08, S. 72). Solche Scheiben können folglich in der durch das Weltalter begrenzten Zeit nicht entstanden sein. Da wir diese Objekte aber tatsächlich beobachten, muss es eine andere, viel stärkere Viskosität geben.

Ein möglicher Ausweg ist die Annahme, dass die Strömung in Akkretionsscheiben hochgradig turbulent ist. In der Tat zeigen einfache Abschätzungen, dass die zu erwartenden *Reynolds-Zahlen* in Akkretionsscheiben in der Größenordnung von über 10^{14} liegen (Fra02, S. 70). Aus Laborexperimenten weiß man, dass viele Strömungen schon bei *Reynolds-Zahlen* oberhalb von einigen 10^{3} turbulent werden, so dass diese Annahme gerechtfertigt erscheint. Turbulente Strömungen bereiten allerdings große Probleme bei der Modellierung und zwar in zweierlei Hinsicht. Erstens bedeutet es, dass die Strömung in der Akkretionsscheibe auf jeden Fall dreidimensional ist und zweitens haben wegen der enorm hohen *Reynolds-Zahlen* extrem kleinskalige Strukturen einen großen Einfluss auf die Energiedissipation in der Akkretionsscheibe und spielen damit eine entscheidende Rolle bei deren Entwicklung. Es ist selbst mit den derzeit leistungsstärksten Computern vollkommen unmöglich, eine direkte numerische Simulation einer derartigen Strömung durchzuführen.

Auf der anderen Seite kann man die durch die Turbulenz hervorgerufenen Effekte ebenso wenig ignorieren. Der einzige Ausweg ist daher, diese Prozesse zu modellieren. Ein sehr einfacher und auch erfolgreicher Ansatz findet sich in der Arbeit von Shakura und Sunyaev (Sha73). Darin parametrisieren sie die Effekte der Turbulenz, indem sie eine turbulente Viskosität gemäß

$$\nu = \alpha c_s h \tag{12.4}$$

einführen und so durch die lokale Schallgeschwindigkeit und Scheibenhöhe ausdrücken. Der Modellparameter α ist positiv und kleiner 1 zu wählen. Es war lange Zeit unklar, welche Mechanismen die Turbulenz erzeugen, bis Balbus und Hawley

(Bal91) entdeckten, dass Magnetfelder in diesen Scheiben eine Instabilität erzeugen, die sehr rasch zu einer voll ausgebildeten Turbulenz führt. Daneben werden aber auch noch eine Reihe weiterer Instabilitäten diskutiert. Ein guter Überblick über den aktuellen Stand der Diskussion und die relevante Literatur findet sich in (Kat08, S. 72 ff.).

Strahlung

Die Wechselwirkung des Gases in der Akkretionsscheibe mit dem Strahlungsfeld spielt eine wesentliche Rolle für deren Energiebilanz. Eine simultane Lösung der Strahlungstransportgleichung mit dem oben beschriebenen System der Transportgleichungen für das Gas liegt allerdings jenseits des zur Zeit technisch machbaren. Daher werden auch hier diverse Modellierungsansätze verfolgt, um die wesentlichen Effekte zu berücksichtigen.

Die einfachsten Ansätze modellieren den Beitrag der Strahlung mit Hilfe von Heiz- und Kühlfunktionen in der Energiegleichung. Im Fall von opaken Scheiben kann der Strahlungstransport durch eine verhältnismäßig einfache Diffusionsgleichung beschrieben werden. Diese Näherung lässt sich allerdings spätestens an der Scheibenoberfläche nicht mehr halten. Moderne numerische Verfahren verwenden daher die *Flux-limited Diffusion* Methode (Lev81), die zwar nach wie vor eine Approximation ist, aber auch im Falle optisch dünner Medien brauchbare Resultate liefert.

12.3.2 Analytische Methoden

Das oben erwähnte Gleichungssystem, das für die Modellierung von Akkretionsscheiben verwendet wird, ist im Allgemeinen zu komplex für einen Lösungsansatz mittels analytischer Methoden. Analytische Ansätze können nur dann zum Ziel führen, wenn sehr starke Vereinfachungen des Modells in Kauf genommen werden. In der Regel gibt es zwei Möglichkeiten: Entweder reduziert man die Anzahl der relevanten physikalischen Variablen oder es werden gewisse Annahmen über Symmetrien der Modelle gemacht, um die unabhängigen Variablen (Zeit und Ortskoordinaten) zu minimieren[4]. Meistens wird beides kombiniert.

Am häufigsten beschreiben die analytischen Modelle flache und axialsymmetrische Scheiben. Das bedeutet, dass die physikalischen Variablen in den Gleichun-

4 Die Reduktion eines dreidimensionalen Problems auf zwei- bzw. eindimensionale Gleichungen wird durch die im letzten Abschnitt erwähnte Parametrisierung der turbulenten Effekte ermöglicht.

gen nur noch von der Zeit und dem radialen Abstand zum Schwarzen Loch abhängen. Nimmt man zusätzlich an, dass die Lösungen stationär sind, so kann man auch die Zeitabhängigkeit vernachlässigen und man erhält ein System von im Allgemeinen nicht-linearen gewöhnlichen Differentialgleichungen. Ein solches Modell wird beispielsweise in (Sha73) entwickelt und explizit gelöst. Weitere analytische Lösungen für einfache eindimensionale zeitabhängige Akkretionsscheibenmodelle und Verweise auf die entsprechende Literatur finden sich z. B. in (Kat08, S. 100 ff.). Die Aussagekraft dieser Modelle ist allerdings sehr begrenzt, da die Vereinfachungen manchmal so weitreichend sind, dass für die Akkretion relevante physikalische Prozesse vollständig ausgeblendet werden. Trotz alledem haben sie ihre Berechtigung, denn sie liefern einen wichtigen Beitrag zum Verständnis der komplexeren Modelle.

12.3.3 Numerische Simulationen

Numerische Lösungsansätze für das Akkretionsscheibenproblem nutzen im Wesentlichen zwei Methoden: *Smoothed Particle Hydrodynamics* (SPH) (Mon93) und Gittermethoden. Auf letztere soll im Folgenden näher eingegangen werden. Für SPH-Simulationen sei auf die entsprechende Literatur verwiesen, z. B. werden in (Lod07) Resultate von SPH-Rechnungen für selbstgravitierende Akkretionsscheiben gezeigt.

Bei den Gittermethoden unterscheidet man ferner zwischen Finite-Differenzen (FD) und Finite-Volumen (FV) Verfahren (Lev02). In beiden Fällen wird eine zeitliche und räumliche Diskretisierung durchgeführt, die die kontinuierlichen partiellen Differentialgleichungen in diskrete Differenzengleichungen überführt. Diese werden dann mit Hilfe von Computern numerisch gelöst.

Der wesentliche Unterschied zwischen beiden Methoden ist, dass im Fall der FV-Verfahren an Stelle diskreter Punktdaten räumlich gemittelte Daten zeitlich entwickelt werden. Dazu zerlegt man das Rechengebiet in kleine aneinander grenzende Bereiche und mittelt die physikalischen Größen über diese Gebiete. Dieser Ansatz ist für Transportgleichungen vom Typ der Kontinuitätsgleichung (12.1) besser geeignet, weil er im Allgemeinen bessere Erhaltungseigenschaften hat. Das bedeutet, dass eine echte physikalische Erhaltungsgröße, wie z. B. die Massendichte, auch nach der Diskretisierung der Gleichungen im Wesentlichen rein advektiv transportiert wird. Ein weiterer Vorteil der FV-Verfahren ist, dass an Stelle der Differentialgleichungen die entsprechenden Integralgleichungen gelöst werden. Im Unterschied zu herkömmlichen FD-Verfahren bereiten daher Unstetigkeiten in den Daten keine Probleme (Lev02, S. 5).

Wie oben bereits erwähnt, muss im Fall von selbstgravitierenden Akkretionsscheiben zusätzlich die Poisson-Gleichung für das Gravitationspotential gelöst werden. Hier kommen entweder spektrale Methoden zum Einsatz, die Algorithmen für schnelle Fourier-Transformation nutzen oder man verwendet finite Differenzen in Kombination mit einem Mehrgitterverfahren.

Trotz der enormen Steigerung der Rechenkapazität in den letzten Jahrzehnten ist es nicht möglich, das oben skizzierte astrophysikalische Problem mit allen möglicherweise relevanten physikalischen Effekten vollständig zu simulieren. Die numerische Modellierung bewegt sich daher immer an der Grenze des technisch Machbaren, ähnlich wie die beobachtende Astronomie immer in dem Maße neue Erkenntnisse liefert, wie die technische Entwicklung der Teleskope voranschreitet. So ist es heutzutage zwar möglich dreidimensionale Simulationen von Akkretionsscheiben mit Magnetfeldern durchzuführen. Allerdings werden dabei nicht einmal ansatzweise viskose Zeitskalen erreicht. Sofern man also an der kosmologischen Entwicklung dieser Objekte interessiert ist, müssen wie bei den analytischen Modellen gewissen Symmetrien vorausgesetzt werden, um dadurch die Dimensionalität des Problems zu reduzieren. In zweidimensionalen axialsymmetrischen Simulationen erreicht man in einzelnen Simulationen so durchaus viskose Zeitskalen. Allerdings eignen sich solche Ansätze nicht für Parameterstudien, bei denen viele tausend Modelle gerechnet werden müssen. In dem Fall greift man wiederum zurück auf eindimensionale Modelle, die allerdings durchaus sehr viel komplexer sein können als die eingangs erwähnten analytischen Modelle.

Sämtliche Modellierungsansätze haben ihre Berechtigung. So werden die dreidimensionalen Modelle dazu genutzt, die Turbulenzbildung im Detail zu untersuchen und auf diese Weise bessere Parametrisierungen der turbulenten Viskosität zu finden. Diese werden dann in den ein- und zweidimensionalen Simulationen verwendet, um die kosmologische Entwicklung der aktiven galaktischen Kerne zu rekonstruieren.

Literatur

[Ant93] Antonucci, R.: Unified models for active galactic nuclei and quasars. ARA&A **31**, 473–521 (1993)

[Bal91] Balbus, S., Hawley, J.: A powerful local shear instability in weakly magnetized disks. I - Linear analysis. II - Nonlinear evolution. ApJ **376**, 214–233 (1991)

[Bec12] Beckmann, V.: Active galactic nuclei. Wiley-VCH (2012)

[Fra02] Frank, J., King, A., Raine, D.: Accretion Power in Astrophysics, 3rd edn. Cambridge University Press (2002)

[Kan84] Kanitscheider, B.: Kosmologie, *Universal-Bibliothek*, vol. 8025. P. Reclam (1984)

[Kat08] Kato, S., Fukue, J., Mineshige, S.: Black-Hole Accretion Disks. Kyoto University Press (2008)

[Lev02] LeVeque, R.J.: Finite volume methods for hyperbolic problems. Cambridge texts in applied mathematics. Cambridge University Press (2002)

[Lev81] Levermore, C.D., Pomraning, G.C.: A flux-limited diffusion theory. ApJ **248**, 321–334 (1981)

[Lod07] Lodato, G.: Self-gravitating accretion discs. Nuovo Cimento Rivista Serie **30**, 293 (2007)

[Lyn69] Lynden-Bell, D.: Galactic nuclei as collapsed old quasars. Nature **223**, 690–694 (1969)

[Mat63] Matthews, T., Sandage, A.: Optical Identification of 3c 48, 3c 196, and 3c 286 with Stellar Objects. ApJ **138**, 30 (1963)

[Mon93] Monaghan, J.J.: Smoothed particle hydrodynamics. ARA&A **30**, 543–574 (1992)

[Net06] Netzer, H.: Active Galactic Nuclei: Basic Physics and Main Components. In: D. Alloin (ed.) Physics of Active Galactic Nuclei at all Scales, *Lecture Notes in Physics*, vol. 693, p. 1. Berlin Springer Verlag (2006)

[Sch63] Schmidt, M.: 3c 273 : A star-like object with large red-shift. Nature **197**, 1040–+ (1963)

[Sch08] Schmidt-Kaler, T.: Die Entwicklung des Kalender-Denkens in Mitteleuropa vom Paläolithikum bis zur Eisenzeit. In: W. Menghin (ed.) Astronomische Orientierung und Kalender in der Vorgeschichte, *Acta Praehistorica et Archaeologica*, vol. 40. Staatliche Museen zu Berlin, Preußischer Kulturbesitz, Berlin (2008)

[Sey43] Seyfert, C.: Nuclear Emission in Spiral Nebulae. ApJ **97**, 28 (1943)

[Sha73] Shakura, N.I., Sunyaev, R.A.: Black holes in binary systems. observational appearance. A&A **24**, 337–355 (1973)

13 Modelle in der Weltraumphysik

Andreas Kopp

13.1 Einleitung

Die Weltraumphysik verbindet, räumlich betrachtet, die Geophysik, thematisch betrachtet, die Plasmaphysik mit der Astrophysik. Die innere Grenze bildet hierbei die Atmosphäre der Erde, die äußere Grenze die Heliopause, der Rand der Heliosphäre. Als Heliosphäre bezeichnet man die Plasmaumgebung der Sonne, d.h. den durch die Teilchenstrahlung des Sonnenwindes gefüllte Bereich um die Sonne herum (siehe Abbildung 13.1). Im Spätsommer 2012 erreichte mit Voyager 1 erstmals eine von Menschen erbaute Raumsonde diese äußere Begrenzung unseres Sonnensystems.

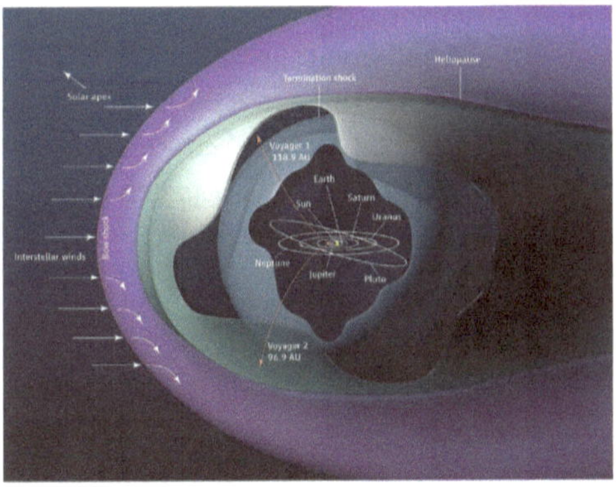

Abb. 13.1. Schematische Darstellung der Heliosphäre (aus (Lin11)). Die Bahnen der Voyager-Sonden sind bis September 2011 eingezeichnet.

Die Weltraumphysik befasst sich einerseits mit der Sonne und ihrer Aktivität, dem Sonnenwind und den plasmaphysikalischen Vorgängen in der Heliosphäre, andererseits mit den Magnetosphären der Planeten, vor allem der Erde und der Gasplaneten Jupiter und Saturn. Als Magnetosphäre bezeichnet man dabei die Strukturen, die sich durch die Wechselwirkung des planetaren Magnetfeldes mit dem anströmenden Sonnenwind ausbilden und gewissermaßen den Einflussbereich des Planeten definieren. Das weitaus größte Objekt unseres Sonnensystems ist die Magnetosphäre des Jupiter, die sich über die Saturnbahn hinaus erstreckt. Innerhalb der Magnetosphären der Gasplaneten befasst sich die Weltraumphysik ferner auch mit der Wechselwirkung der Monde der Planeten mit dem sie umgebenden magnetosphärischen Plasma. Eine solche konnte man bereits Mitte der 50er Jahre des letzten Jahrhunderts in Form von Radiostrahlung beobachten, die durch den Jupitermond Io hervorgerufen wird. In jüngerer Zeit werden Konzepte der Weltraumphysik auch auf Astrosphären (dem äquivalent zur Heliosphäre) um andere Sterne und auf extrasolare Planeten übertragen. Teilweise umkreisen diese ihren Stern auf solch engen Bahnen, dass zu einer magnetischen Wechselwirkung zwischen Stern und Planet kommen kann.

Thematisch nimmt die Weltraumphysik eine Brückenfunktion zwischen der Plasma- und der Astrophysik ein, indem sie Modelle beider Disziplinen miteinander verbindet. Gegenüber der (Labor-)Plasmaphysik grenzt sich die Weltraumphysik durch gänzlich verschiedene Parameterregimes ab, insbesondere durch extrem geringe Teilchendichten von wenigen Teilchen pro cm^{-3}, weitaus dünner als jedes auf der Erde herstellbare Vakuum. Im Gegensatz zur Astrophysik sind die Objekte direkten In-Situ-Beobachtungen zugänglich. Ein Problem ist hierbei allerdings, dass die Größen nur entlang der Bahn eines Satelliten gemessen werden können, so dass räumliche und zeitliche Variationen einer Größe kaum unterschieden werden können. Eine solche Unterscheidung wird erst durch Beobachtungensmissionen möglich, die aus Satelliten bestehen, wie Cluster, SWARM (Start im November 2013) oder Stereo A/B.

13.2 Plasmaphysikalische Modelle

Ein Plasma wird gerne als der vierte Aggregatzustand bezeichnet. Es handelt sich hier um den Zustand eines Gases, dessen Temperatur so hoch ist, dass seine Moleküle zerfallen und die Atome ionisiert werden, bis schließlich ein Gebilde ($\pi\lambda\acute{\alpha}\sigma\mu\alpha$) vorliegt, das sich aus den freigesetzten Elektronen und ihren – nachfolgend als Ionen bezeichneten – Atomkernen zusammensetzt. Im Prinzip ließe sich ein Plasma dadurch beschreiben, dass man von jedem Teilchen Ort und Impuls zu jeder Zeit kennt. Selbst unter Weltraumbedingungen sind die Teilchenzahlen jedoch so hoch, dass man auf vereinfachende Modellvorstellungen angewiesen ist.

13.2.1 Statistische Modelle

Ort $\vec{r}$ und Impuls $\vec{p}$ eines Teilchens als Funktion der Zeit t beschreiben eine Bahn im sechsdimensionalen Phasenraum, der sich aus den drei Orts- und den drei Impuls-Komponenten zusammensetzt. Man verwendet den Impuls anstelle der Geschwindigkeit, da hierdurch der Fall relativistischer Teilchenbewegungen eingeschlossen ist. Ein Ensemble von Teilchen wird analog durch eine sich durch den Phasenraum bewegende Punktewolke beschrieben. In Anbetracht der praktischen Unbeschreibbarkeit eines aus großen Teilchenzahlen bestehenden Ensembles geht man zu einer statistischen Beschreibung über und definiert eine Verteilungsfunktion $f(\vec{r}, \vec{p}, t)$. Die Wahrscheinlichkeit, ein Teilchen in einem Volumenelement $d^3r d^3p$ um den Ort $\vec{r}_0$ und den Impuls $\vec{p}_0$ zur Zeit t_0 anzutreffen, beträgt $f(\vec{r}_0, \vec{p}_0, t_0)d^3r d^3p$. Da sich das Teilchen zu jedem Zeitpunkt t_0 innerhalb des Phasenraumes befinden muss, gilt

$$\int f(\vec{r}, \vec{p}, t_0)d^3r d^3p = 1. \tag{13.1}$$

Alternativ kann man $f(\vec{r}_0, \vec{p}_0, t_0)d^3r d^3p$ als die Anzahl der Teilchen in diesem Volumenelement definieren. In diesem Fall ergibt das Integral in Gleichung (13.1) die Gesamtanzahl der Teilchen. Wechselwirken die Teilchen nicht miteinander, so muss die totale Zeitableitung df/dt von f verschwinden, und man erhält die Vlasov-Gleichung:

$$\frac{\partial f}{\partial t} + \frac{\vec{p}}{m} \cdot \vec{\nabla} f + \vec{F} \cdot \vec{\nabla}_p f = 0. \tag{13.2}$$

Hierbei bezeichnet m die (relativistische) Masse der Teilchen und $\vec{\nabla}_p$ den Gradienten im Impulsraum. Den wichtigsten Beitrag zu den externen Kräften $\vec{F}$ liefert die Lorentz-Kraft:

$$\vec{F} = \vec{E} + \frac{\vec{p}}{m} \times \vec{B} \tag{13.3}$$

mit dem elektrischen Feld $\vec{E}$ und dem Magnetfeld $\vec{B}$.

Wechselwirken die Teilchen untereinander, etwa durch Stöße, so verschwindet die rechte Seite nicht, und man erhält anstelle der Vlasov- die Boltzmann-Gleichung:

$$\frac{\partial f}{\partial t} + \frac{\vec{p}}{m} \cdot \vec{\nabla} f + \vec{F} \cdot \vec{\nabla}_p f = \left(\frac{\delta f}{\delta t}\right)_{Stoss} \tag{13.4}$$

mit dem Boltzmann'schen Stoßterm auf der rechten Seite.

In der Heliosphäre sind die elektromagnetischen Felder in der Regel nicht glatt, sondern von Fluktuationen überlagert, so dass sich die externen Kräfte $\vec{F}$ als Summe eines glatten Hintergrundbeitrages und stochastischer Fluktuationen darstellen lassen: $\vec{F} = \vec{F}_0 + \delta\vec{F}$. Der Beitrag der Fluktuationen lässt nach geeigneter Mittelung über das Teilchenensemble und die Richtungen des Impulses durch einen diffusiven Term formulieren, und man erhält die Fokker-Planck-Gleichung

$$\frac{\partial f}{\partial t} + \frac{\vec{p}}{m} \cdot \vec{\nabla} f + \vec{F} \cdot \vec{\nabla}_p f - \vec{\nabla} \cdot \left(\mathcal{K} \cdot \vec{\nabla} f\right) - \frac{1}{p^2} \frac{\partial}{\partial p} \left(p^2 D_{pp} \frac{\partial f}{\partial p}\right) = 0. \tag{13.5}$$

Hierin bezeichnet $\mathcal{K}$ den räumlichen Diffusionstensor und D_{pp} die Impulsdiffusion mit dem Betrag p des Impulses. In der Heliosphärenphysik verwendet man die Fokker-Planck-Gleichung gewöhnlich in Form der Parker-Gleichung (Par65):

$$\frac{\partial f}{\partial t} = -(\vec{u}_{sw} + \vec{u}_{dr}) \cdot \vec{\nabla} f + \frac{p}{3} \left(\vec{\nabla} \cdot \vec{u}_{sw}\right) \frac{\partial f}{\partial p} + \vec{\nabla} \cdot \left(\mathcal{K} \cdot \vec{\nabla} f\right) + \frac{1}{p^2} \frac{\partial}{\partial p} \left(p^2 D_{pp} \frac{\partial f}{\partial p}\right) = S. \tag{13.6}$$

mit der Sonnenwindgeschwindigkeit $\vec{u}_{sw}$, Driftgeschwindigkeiten $\vec{u}_{dr}$, die beispielsweise in inhomogenen Magnetfeldern auftreten und einem Quellterm S. Der zweite Term auf der rechten Seite bezeichnet die adiabatische Kühlung des Plasmas im expandierenden Sonnenwind.

13.2.2 Fluidmodelle

Während die Parker-Gleichung vor allem dazu verwendet wird, die Ausbreitung energiereicher Teilchen im Plasma der Heliosphäre zu beschreiben, werden zur Beschreibung von letzterem Fluidmodelle verwendet. Der Begriff Fluid meint dabei eine kollektive Bezeichnung für Flüssigkeiten und Gase. Anstelle der Verteilungsfunktion f verwendet man seine Geschwindigkeitsmomente

$$M_n(\vec{r}, t) = \int f(\vec{r}, \vec{p}, t) \left(\frac{\vec{p}}{m}\right)^n d^3 p. \tag{13.7}$$

Das nullte Moment ($n = 0$) ist die Teilchenzahldichte $n(\vec{r}, t)$, das erste Moment die makroskopische Fluidgeschwindigkeit $\vec{u}(\vec{r}, t)$. Das zweite Moment

$$P(\vec{r}, t) = m \int f(\vec{r}, \vec{p}, t) \left(\frac{\vec{p}}{m} - \vec{u}(\vec{r}, t)\right)^2 d^3 p. \tag{13.8}$$

ist abweichend definiert und beschreibt den kinetischen Druck (i.a. ist der Druck ein Tensor) als quadratische Abweichung der individuellen Bewegungen der Einzelteilchen von der (gemittelten) Fluidgeschwindigkeit. Das dritte Moment, die Wärmeleitung (ein Vektor), beschreibt die Ausbreitung dieser thermischen Fluktuationen.

Die Beschreibbarkeit eines Plasmas als Fluid setzt ein kollektives Verhalten des Teilchenensembles voraus. Dies kann beispielsweise dadurch sichergestellt werden, dass charakteristische Längenskalen, z.B. solche auf denen sich die oben definierten makroskopischen Plasmagrößen ändern, groß gegen zwei charakteristische Längen sind, die in der normalen Hydrodynamik nicht auftreten, sondern der Tatsache Rechnung tragen, dass es sich um ein Ensemble geladener Teilchen in Anwesenheit elektromagnetischer Felder handelt: Der Larmor-Radius r_L ist der Radius der Kreisbahn (Gyration, s.u.), den ein geladenes Teilchen um ein Magnetfeld beschreibt, die Debye-Länge λ_D gibt an, auf welchen Skalen elektrische Felder infolge von Ladungsfluktuationen in Anwesenheit thermischer Fluktuationen abgeschirmt werden.

Sind diese Voraussetzungen erfüllt, so erhält man die Transportgleichungen für die Teilchenzahldichte $n(\vec{r}, t)$, die Fluidgeschwindigkeit $\vec{u}(\vec{r}, t)$ und den Plasmadruck $P(\vec{r}, t)$, indem man Geschwindigkeitsmomente der Vlasov-Gleichung oder der Boltzmann-Gleichung bildet. Da jede Gleichung aufgrund des Terms $\vec{F} \cdot \vec{\nabla}_p f$ immer auch das nächsthöhere Moment enthält, vernachlässigt man in der Regel die Wärmeleitung und alle höheren Momente. Man geht dabei gewöhnlich so vor, dass man diese Momentengleichungen für Elektronen (Index e) und Ionen (Index i) getrennt aufstellt und die Plasmagrößen dadurch definiert, dass man die Elektronen- und Ionen-Beiträge mit den jeweiligen Teilchenmassen gewichtet mittelt. Unter der Annahme der Quasineutralität, d.h. gleicher Teilchenzahldichten für beide Species ($n_e = n_i = n$), verschwindet der Beitrag des elektrischen Feldes, und in der Lorentz-Kraft tritt die elektrische Stromdichte $\vec{j} = n_e(\vec{u}_i - \vec{u}_e)$ auf und verbindet die Teilchenbewegungen über die Maxwell-Gleichungen mit dem Magnetfeld. Auf diese Weise erhält man das Modell der Magnetohydrodynamik (MHD) mit den Gleichungen:

$$
\begin{aligned}
\frac{\partial \rho}{\partial t} &= -\vec{\nabla} \cdot (\rho \vec{u}) && (13.9)\\
\frac{\partial (\rho \vec{u})}{\partial t} &= -\vec{\nabla} \cdot \left(\rho \vec{u} \otimes \vec{u}\right) - \vec{\nabla} P + \vec{j} \times \vec{B} && (13.10)\\
\frac{\partial \vec{B}}{\partial t} &= \vec{\nabla} \times \left(\vec{u} \times \vec{B}\right) + \eta \Delta \vec{B} && (13.11)\\
\frac{\partial P}{\partial t} &= -\vec{\nabla} \cdot (P\vec{u}) + (\gamma - 1)\left(-P\left(\vec{\nabla} \cdot \vec{u}\right) + \eta \vec{j}^2\right). && (13.12)
\end{aligned}
$$

Neben den bereits eingeführten Größen treten hier noch die Massendichte $\rho = mn$, der Adiabatenindex γ, sowie die Resistivität η (Diffusivität, Kehrwert der Leitfähigkeit) auf, ein Maß für Stöße zwischen Elektronen und Ionen. Das Symbol $\otimes$ steht für das Tensorprodukt zweiter Vektoren: $(\vec{a} \otimes \vec{b})_{ij} = a_i b_j$. Verschwindet die Resistivität, so spricht man von der idealen MHD, ansonsten von der resistiven MHD. Die ideale und die resistive MHD unterscheiden sich vor allem dadurch, dass die Gleichungen der idealen MHD sämtlich hyperbolisch sind. In der resistiven MHD wird die Induktionsgleichung (13.11) infolge des Terms $\eta \Delta \vec{B}$ parabolisch. Elliptische Gleichungen treten dagegen nur bei Gleichungen ohne Zeitableitung, etwa für das elektrische Feld im nicht-quasineutralen Falle (Poisson-Gleichung), auf.

In der Kontinuitätsgleichung (13.9) tritt der konvektive Fluss $\vec{s} - k = \rho \vec{u}$ auf, und man kann die Gleichung in der Form $\partial \rho / \partial t = \vec{\nabla} \cdot \vec{s}_k$ schreiben. Für ein System ohne makroskopische Geschwindigkeit, d.h. $\vec{u} = \vec{0}$, in dem diffusive Flüsse mögliche Dichtegradienten ausgleichen, wird der konvektive Fluss $\vec{s}_k$ durch den diffusiven Fluss $\vec{s}_d = -\kappa \vec{\nabla} \rho$ ersetzt (1. Fick'sches Gesetz). Man erhält dann die diffusive Transportgleichung

$$
\frac{\partial \rho}{\partial t} = \vec{\nabla} \kappa \cdot \vec{\nabla} \rho + \kappa \Delta \rho, \tag{13.13}
$$

das 2. Fick'sche Gesetz, in dem der Gradient des Diffusionskoeffizienten κ formal die Rolle einer Konvektionsgeschwindigkeit einnimmt, d.h. je größer der Diffusionskoeffizient (bzw. sein Gradient), desto schneller wird ein Dichtegradient ausgeglichen.

13.3 Numerische Modelle

In der Weltraumphysik ist man häufig vor die Aufgabe gestellt, mit Hilfe von Messungen durch Raumsonden Rückschlüsse auf die Eigenschaften der beobachten

Objekte oder die zugrundeliegenden physikalischen Prozesse zu ziehen. Die Tätigkeit des Modellierens besteht dann darin, die genannten plasmaphysikalischen Modelle für die jeweilige Anwendung zu adaptieren oder miteinander zu kombinieren, um daraus Modelle zur Beschreibung der konkreten Situation zu konstruieren. Von einigen wenigen Beispielen abgesehen, sind die darzustellenden Konfiguration zu komplex, um sie mit analytischen Mitteln adäquat beschreiben zu können. Es werden daher in der Regel numerische Modelle eingesetzt.

13.3.1 Magnetohydrodynamische Modelle

Mit Hilfe von MHD-Modellen lässt sich eine größere Konfiguration, bspw. die innere Heliosphäre oder die Umgebung eines Planeten oder Mondes modellieren. Ausgehend von einem Gleichgewichtszustand als Startlösung wird das System in geeigneter Weise gestört. Damit kann man einerseits erreichen, dass das System in einen neuen Gleichgewichtszustand relaxiert, andererseits, dass dynamische Phänomene dargestellt werden. Als Beispiele seien die Umströmung eines Mondes genannt, die in Anwesenheit eines Magnetfeldes analytisch nicht mehr selbstkonsistent beschrieben werden kann, oder koronale Massenauswürfe auf der Sonne, die sich die Heliosphäre hinein ausbreiten.

Die Vorgehensweise besteht darin, aus den Modellrechnungen synthetische Messdaten entlang einer Satellitenbahn zu extrahieren und mit den realen Satelliten-Messungen zu vergleichen. Dieser Vergleich wird anschließend dazu verwendet, um unbekannte Parameter zu bestimmen oder zumindest den Parameterraum einzugrenzen oder Rückschlüsse auf Größen zu ermöglichen, die einer Messung nicht zugänglich sind. MHD-Simulationen können ferner dazu verwendet werden, die Hintergrund-Konfiguration für die im nächsten Abschnitt beschriebenen Testteilchen-Simulationen zu modellieren.

Numerische MHD-Modelle lösen den Satz der MHD-Gleichungen (13.9) – (13.12) in drei Dimensionen und der Zeit. Es sei angemerkt, dass die Gleichungen in der hier angegebenen Form streng genommen nur gültig sind, solange sich keine Schockstrukturen aufsteilen und die Entropie-Erhaltung nicht verletzt ist. Um den Einfluss der endlichen Zahlendarstellung im Rechner und von Rundungsfehlern zu minimieren, verwendet man die Gleichungen in normierter Form, d.h. alle Größen sind in Einheiten typischer Werte angegeben. Zur Lösung der Gleichungen werden die Verfahren Finiter Differenzen oder Finiter Volumina eingesetzt. In beiden Fällen wird das darzustellende Rechengebiet in Gitterzellen eingeteilt. Bei Finiten Differenzen kennt man die Werte der einzelnen Größen lediglich in den Mittelpunkten der Zellen, bei Finiten Volumina kennt mit Hilfe von Polynom-Rekonstruktionen auch den Verlauf innerhalb der Zellen. Die in den Gleichungen auftretenden räumlichen und zeitlichen Ableitungen werden mit Hilfe eines Zeitschrittes bzw. von Gitterabständen als Differenzenquotient diskretisiert. Bei expliziten Verfahren lassen sich die Gleichungen nach dem Wert einer Größe zum neuen Zeitpunkt auflösen, beim impliziten ist in der Regel eine Matrix-Inversion erforderlich. Der Vorteil dieser Herangehensweise ist, dass man zu jeder Zeit die Lösung im gesamten Raum kennt. Die Nachteile bestehen im hohen Speicherbedarf und darin, dass Zeitschritt und Gitterauflösung über Bedingungen für die numerische Stabilität, insbesondere bei expliziten Verfahren, miteinander verknüpft sind.

13.3.2 Testteilchen-Modelle

Im Gegensatz zur selbstkonsistenten Beschreibung des MHD-Bildes ist man bei Testteilchen-Rechnungen daran interessiert, das Verhalten eines Ensembles von Teilchen in vorgegebenen Feld- und Plasmakonfigurationen zu untersuchen. Eine Rückwirkung der Teilchen auf diese Konfiguration wird dabei vernachlässigt. Im Falle der Heliosphäre beschreibt die Parker-Gleichung (13.6) die Ausbreitung energiereicher Teilchen im Plasma des Sonnenwindes $\vec{u}_{sw}$. Hierbei kann es sich bspw. um energiereiche Teilchen Galaktischen Ursprungs, die sogenannte Galaktische Kosmische Strahlung oder Elektronen aus der Magnetosphäre des Jupiter (kurz Jupiter-Elektronen) handeln, die sich entlang des heliosphärischen Magnetfeldes ausbreiten.

Handelt es sich bei den MHD-Gleichungen um sein System hyperbolischer und ggf. parabolischer Gleichungen, so ist die Parker-Gleichung, oder allgemeiner die Fokker-Planck-Gleichung eine einzelne parabolische Gleichung. Zur Lösung der Gleichung stehen verschiedene Ansätze zur Verfügung: Direkte Verfahren lösen die Parker-Gleichung mit Transportparametern, die mit Hilfe analytischer Modelle aus den fluktuierenden Magnetfeldern abgeleitet wurden. Indirekte Verfahren transportieren Testteilchen in diesen Feldern und leiten aus deren Verhalten die Transportparameter, insbesondere die Komponenten des Diffusionstensors $\mathcal{K}$ ab.

Zu den indirekten Verfahren mit Hilfe sogenannter Full-Orbit-Simulationen sei auf (LDM13) und (Tau10) und die dort zitierte Literatur verwiesen. Streng genommen handelt es sich nur bei diesen Verfahren um wirkliche Testteilchen, bei den nachfolgenden beschriebenen Verfahren ist der Begriff Testteilchen in dem Sinne zu verstehen, dass es keine Rückwirkung auf die Konfiguration betrachtet wird, in der sich diese Teilchen bzw. Pseudoteilchen (s.u.) bewegen.

Bei den direkten Verfahren besteht zum einen die Möglichkeit, die Parker-Gleichung mit Hilfe Finiter Differenzen zu lösen (Ste11; Str11b), zum anderen mit Hilfe Stochastischer Differentialgleichungen (SDEs, Kop12; Zha99): Anstatt die Parker-Gleichung zu lösen, berechnet man in diesem Verfahren Trajektorien sogenannter Pseudoteilchen in der Form

$$d\vec{r} = \vec{A}dt + \mathcal{B} \cdot \vec{h}\sqrt{dt}. \tag{13.14}$$

Der Ausdruck Pseudoteilchen weist auf die Tatsache hin, dass es sich hierbei um Phasenraumelemente handelt, welche die mathematische Gleichung abbilden und nicht etwa um physikalische Teilchen, deren Verteilung durch diese Gleichung beschrieben wird. Anschließend wendet man ein Data-Binning an, um aus diesen Trajektorien die Verteilungsfunktion f an einem vorgegebenen Punkt $(\vec{r}_0, \vec{p}_0, t_0)$ im Phasenraum zu ermitteln. SDEs sind in der Hinsicht indirekt, dass zwar die Transportparameter vorgegeben sind, die Verteilungsfunktion aber erst das Ergebnis des Binning-Prozesses ist.

In Gleichung (13.14) beschreiben $d\vec{r}$ und dt Orts- bzw. Zeitschritt (mit einer analogen Gleichung für den Impuls). Der Vektor $\vec{A}$ bezeichnet den deterministischen, d.h. den konvektiven Anteil der Parker-Gleichung, während der zweite Summand für den stochastischen, d.h. diffusiven Teil steht. Der Tensor $\mathcal{B}$ ist hierbei die Wurzel des Diffusionstensors in dem Sinne, dass

$$\mathcal{B}^t\mathcal{B} = \mathcal{K} + {}^t\mathcal{K}, \tag{13.15}$$

dabei ist ${}^t\mathcal{X}$ der transponierte Tensor von $\mathcal{X}$. Man beachte, dass die Zerlegung (13.15) nicht eindeutig ist. Des weiteren ist $\vec{h}$ ein Vektor normalverteilter Zufallszahlen. Quellen S und lineare Verlustterme der Form $-Lf$ in der Transportgleichung können durch eine Amplitude bzw. Wichtung der Pfade der Pseudoteilchen im Phasenraum berücksichtigt werden (Einzelheiten sind in (Kop12) beschrieben).

Ein Vorteil der Lösung mit Hilfe von SDEs ist die Unabhängigkeit von einem numerischen Gitter und dem daraus resultierenden Speicherbedarf sowie von numerischen Stabilitätsproblemen, die zudem die Wahl des Zeitschrittes einschränken. Diese Unabhängigkeit erkauft man sich mit dem zur Auswertung notwendigen Data-Binnings. Weitere Vorteile sind die einfache Parallelisierbarkeit und die Tatsache, dass man die Gleichung auch rückwärts in der Zeit lösen kann. Dies erhöht bspw. die Statistik, wenn Teilchen von zahlreichen Quellen an einer Stelle ausgewertet werden müssen. Wie in (Kop12) ausführlich erläutert, sind für die Vorwärts- und Rückwärts-Integration unterschiedliche SDEs der Form (13.14) zu lösen.

Eine Mischform aus beiden Verfahren stellen Monte-Carlo-Simulationen von Teilchen dar, die sich wie bei Full-Orbit-Simulationen in den vorgegebenen Feldern bewegen, aber Pseudoteilchen in dem Sinne sind, dass ihre Bewegung über die Gyrationsbewegung gemittelt wurde (z.B. AgV13). Die Bewegung der Teilchen relativ zum Magnetfeld ist hier im sogenannten Pitch-Winkel ϑ sichtbar, der gewöhnlich nur in der Form $\mu = \cos\vartheta = v_{\|}/v$ auftritt. Dabei bezeichnet v den Betrag der Teilchengeschwindigkeit und $v_{\|}$ die Komponente entlang des Magnetfeldes. Auf selbstkonsistete Verfahren, bei denen aus den Positionen und Geschwindigkeit über die Ladungs- bzw. Stromdichte die elektromagnetischen Felder und somit die Rückwirkung berechnet werden sogenannte PIC-Simulationen (Particle-in-Cell) soll hier nicht weiter eingegangen werden.

13.4 Beispiele

Als Beispiele für das Modellieren in der Weltraumphysik sollen zunächst MHD-Simulationen zur Wechselwirkung des Jupitermondes Europa mit der Magnetosphäre des Planeten vorgestellt werden. Hieran schließen sich Testteil-chen-Simulationen in Form von SDEs an, mit deren Hilfe die Ausbreitung von Jupiter-Elektronen in der Heliosphäre modelliert wird.

13.4.1 Der Jupitermond Europa

Noch vor Anbruch des Raumfahrt-Zeitalters beobachteten (BuF55) eine intensive Radiostrahlung, als dessen Quelle sich der Planet Jupiter herausstellte. Aufgrund der Tatsache, dass es sich um Synchrotronstrahlung handelt, war damit erstmals ein planetares Magnetfeld außerhalb der Erde nachgewiesen. Ursache der Radiostrahlung ist ein Stromsystem zwischen dem Mond Io und der Ionosphäre des Planeten. Ein solches Stromsystem wird wiederum durch Alfvén-Wellen hervorgerufen, die dadurch entstehen, dass Io aufgrund seiner aktiven Vulkane eine leitende Atmosphäre besitzt, die das Magnetfeld Jupiters stört (Kop09; Neu80). Im Zuge der Galileo-Mission, die in den Jahren 1995 bis 2003 das Jupiter-System detailliert untersuchte, rückten auch drei übrigen Galilei'schen Monde Europa, Ganymed und Callisto in den Fokus des Interesses. Ganymed, der größte Mond unseres Sonnensystems besitzt ein eigenes Magnetfeld, das sogar dasjenige Merkurs übersteigt. Auch zwischen Ganymed und Jupiter besteht ein Stromsystem aus, und es bildet eine Magnetosphäre innerhalb der Jupiter-Magnetosphäre (z.B IpK04; KoI04). Der Mond Europa rückte durch die Tatsache in den Mittelpunkt des Interesses, dass man aufgrund von Magnetfeldmessungen einen Ozean unterhalb seiner Oberfläche nachweisen konnte (siehe Kiv99, und die dort zitierte Literatur). Nachfolgend soll die Vorgehensweise mit Hilfe numerischer Modelle aufgezeigt werden.

Rotationsachse und Dipolachse Jupiters sind um knapp 10 Grad gegeneinander geneigt. Infolgedessen sehen die Galilei'schen Monde, die sich in der Rotationsebene bewegen, eine zeitlich veränderliche Komponente des Magnetfeldes. Wie das Modell von (Neu99) zeigen konnte, wird in den Monden ein der zeitlich variablen Komponente entgegengesetztes Magnetfeld induziert, sofern das Mondinnere leitend ist und hinreichend schnell auf die zeitlichen Veränderungen reagieren kann.

Abbildung 13.2 zeigt Ergebnisse von MHD-Simulationen der Vorbeiflüge E4 und E11 der Raumsonde Galileo an Europa. Dargestellt sind die drei Komponenten und der Betrag des Magnetfeldes Funktion der Zeit, d.h. entlang der Flugbahn der Raumsonde. Die grauen Kurven zeigen die Messungen von (Kiv99), die violetten Kurven die Simulationsergebnisse. Hierbei wurden zwei verschiedene Situationen untersucht: Bei den durch gestrichelte Kurven dargestellten Rechnungen wurde lediglich das Hintergrund-Magnetfeld Jupiters als Startlösung verwendet, bei den durchgezogenen Kurven wurde zusätzlich ein induziertes Magnetfeld gemäß (Neu99) berücksichtigt. Letzteres wurde mit Hilfe des sich im Laufe der Zeit einstellenden Umgebungsfeldes berechnet. Auf diese Weise konnte durch Simulationsrechnungen die Interpretation von (Kiv99) bestätigt werden: Nur wenn zusätzlich ein induziertes Magnetfeld berücksichtigt wird, kann man die Galileo-Messungen erklären, wenngleich eine Unsicherheit bleibt. Dabei ist zu berücksichtigen, dass hier ein vereinfachtes, stromfreies Hintergrundmagnetfeld als Startlösung verwendet wurde und die Umströmung Europas dadurch realisiert wurde, dass das magnetosphärische Plasma am Ort des Mondes abgebremst wurde. Ferner wurde keine Parameterstudie zur Leitfähigkeit des Mondinneren durchgeführt, um eine möglichst gute Übereinstimmung zwischen Simulationsergebissen und Messwerten zu erreichen. Stattdessen sei auf die Arbeit von (SNS07) verwiesen. Mit einer sehr ähnlichen Herangehensweise, aber einem weitaus detaillierteren Modell, das u.a. auch den inneren Aufbau Europas berücksichtigt, konnte sogar die Tiefe des Ozeans zu $\lesssim$100 km abgeschätzt werden. Die gute Leitfähigkeit dieses Ozeans wird auf darin gelöste Salze wie $MgSO_4$ zurückgeführt (z.B. Kop09, und die dort zitierte Literatur).

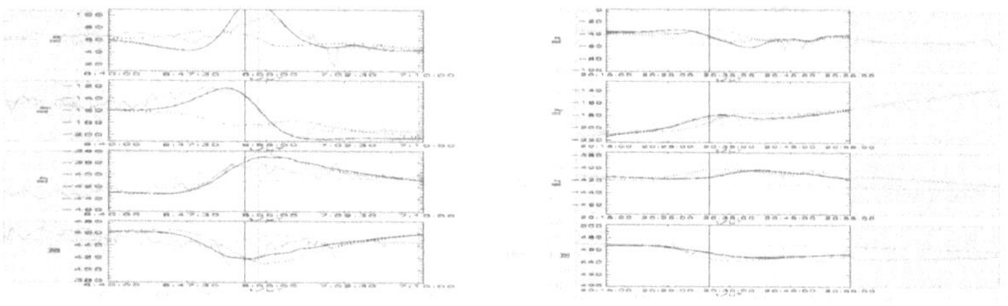

Abb. 13.2. Verlauf des Magnetfeldes (drei Komponenten und der Betrag, angegeben in nT) entlang der Bahn der Raumsonde Galileo für die Europa-Vorbeiflüge E4 (links) und E11 (rechts). Die grauen Kurven zeigen die Messungen, die violetten die Simulationsergebnisse. Die Bahn ist durch die lokale Zeit parametrisiert.

13.4.2 Jupiter-Elektronen

Auf ihrem Weg in die äußere Heliosphäre stellte die Raumsonde Pioneer 10 im Jahre 1973 einen starken Anstieg der Zählraten energiereicher Elektronen in der Umgebung des Jupiter fest (PyS77). Als Quelle dieser sogenannten Jupiter-Elektronen wurde die Magnetosphäre des Gasplaneten identifiziert, wenngleich der genaue Entweichmechanismus noch nicht abschliessend geklärt werden konnte (z.B. Dun13, und die dort zitierte Literatur). Diese energiereichen Teilchen breiten sich in die gesamte Heliosphäre hinein aus und spiegeln dabei die großskalige Magnetfeldstruktur der Heliosphäre wider (z.B. Owe10; Str11a).

Das heliosphärische Magnetfeld ergibt sich aufgrund der Tatsache, dass das Kreuzprodukt $\vec{u}_{sw} \times \vec{B}$ verschwindet (man spricht hier vom sogenannten eingefrorenen Fluss), aus der Kombination der Bewegungen des abströmenden Sonnenwindes und der Rotation der Sonne (Par58) in einem raumfesten, d.h. nicht mitrotierenden Bezugssystem. Hieraus ergeben sich die sogenannten Parker-Spiralen des Magnetfeldes (siehe Abbildung 13.3).

Geladene Teilchen, die wie die Jupiter-Elektronen in eine Magnetfeldstruktur hinein injiziert werden, führen aufgrund der Lorentz-Kraft eine Gyrationsbewegung aus, der Radius dieser Kreisbahn ist der oben eingeführte Larmor-Radius. Besitzt die Teilchenbewegung zusätzlich eine Geschwindigkeitskomponente entlang des Magnetfeldes, so ergibt sich eine schraubenförmige Bewegung. Die Teilchen können diese Magnetfeldlinie nur infolge von Stößen verlassen. Im dünnen Plasma der Heliosphäre kommt es in der Regel nicht zu Stößen untereinander, sondern an Fluktuationen des Hintergrundmagnetfeldes. Solche Stöße sorgen für die diffusive Komponente der Teilchenbewegung, und es ist anschaulich klar, dass die diffusive Ausbreitung entlang des Magnetfeldes stärker ist als senkrecht zu den Feldlinien.

Die Abhängigkeit der Komponenten des Diffusionstensors vom Magnetfeld und das Verhältnis der Parallelkomponente zu den beiden Senkrechtrichtungen kann einerseits mit Hilfe von Turbulenz- und Transportmodellen berechnet werden, andererseits kann der pragmatischere Ansatz verfolgt werden, eine Abhängigkeit mit Hilfe der Anpassung von Simulations- und Messdaten zu ermitteln (z.B. Man11a; Man11b; Ste11).

Die Ausbreitung von Jupiter-Elektronen wurde von (Str11a) mit Hilfe von SDEs untersucht. Hierbei wurde die Propagation von Pseudoteilchen rückwärts in der Zeit berechnet, indem sie an der auszuwertenden Stelle in der Heliosphäre injiziert und in einen stationären Bild solange verfolgt wurden, bis sie entweder das Rechengebiet über den äußeren Rand hinaus verlassen oder den Jupiter erreicht haben, der als weiterer Rand innerhalb des Rechengebietes formuliert wurde. Durch ein Data-Binning lässt sich die Verteilungsfunktion f am der entsprechenden Stelle berechnen. Darüber hinaus bietet die Lösung der Transport-Gleichung mit Hilfe von SDEs die Möglichkeit, die Trajektorien der Pseudoteilchen auszuwerten und so weitere Informationen, etwa über die räumliche Verteilung der Trajektorien oder Laufzeiten zu erhalten.

In der Weltraumphysik verwendet man anstelle der Verteilungsfunktion f in der Regel die differentielle Intensität $j = P^2 f$ mit der Steifigkeit $P = pc/q$. Diese ist definiert als Impuls p pro Ladung q und wird häufig mit der Lichtgeschwindigkeit c multipliziert. In diesem Falle hat die Steifigkeit die Einheit Volt, und es gilt der Zusammenhang:

$$P = \frac{1}{q}\sqrt{E(E + 2E_0)} \tag{13.16}$$

zwischen Steifigkeit und kinetischer Energie E der Teilchen. $E_0 = m_0 c^2$ bezeichnet die Ruheenergie der Teilchen mit der Ruhemasse m_0. Abbildung 13.3 zeigt links den Fluss $\varphi = \int j dE$ der Jupiter-Elektronen (aus (Owe10)). Jupiter ist dabei durch den schwarzen Punkt rechts angedeutet, der weiße Kreis steht für die Erdbahn. Die Kurven daneben geben den Verlauf entlang der Erdbahn in Grad (unten) und in Einheiten der synodischen Umlauflaufperiode Jupiters um die Sonne (oben) an, welche die Relativbewegungen der Planeten zueinander berücksichtigt. Diese Tatsache ist im rechten Teil der Abbildung (aus (Str11a)) berücksichtigt und zeigt in unteren Teil, dass Jupiter-Elektronen an der Erde nicht eine Periodizität von einem Jahr, sondern von 13 Monaten aufweisen, was der synodischen Umlaufzeit Jupiters entspricht. Der obere Teil zeigt die Position der beiden Planeten entlang ihrer Bahn (in Bogenmaß).

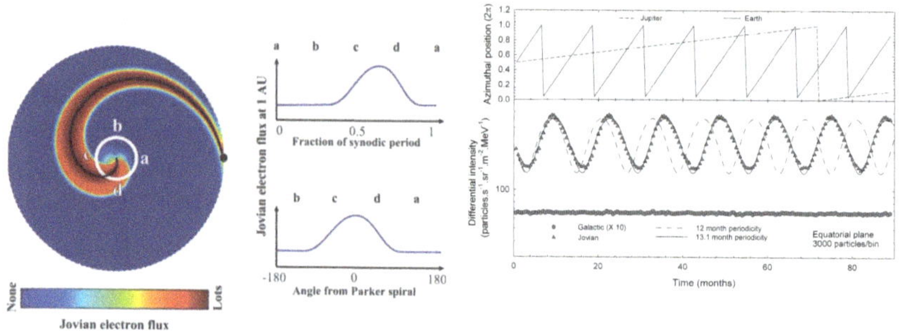

Abb. 13.3. Verteilung von Jupiter-Elektronen entlang der Parker-Spirale (links, aus (Owe10)) und der zeitliche Verlauf ihrer Intensität an der Erde (rechts, aus (Str11a)).

Darüber hinaus zeigt die Abbildung, dass im betrachteten Energiebereich von 7-10 MeV (einem eV entsprechen 1.602×10^{-19} J) die differentielle Intensität der Jupiter-Elektronen gegenüber derjenigen der Galaktischen Kosmischen Strahlung dominiert.

Während der Ansatz mit Finiten Differenzen nur die Verteilungsfunktion bzw. die differentielle Intensität liefert, lassen sich mit Hilfe von SDEs weitere Informationen erhalten. Dies sei hier am Beispiel der Abhängigkeit der Trajektorien der Pseudoteilchen von der Polarität des Sonnenmagnetfeldes erläutert. Da ein Effekt erst bei höheren Energien sichtbar ist, sind nachfolgend Untersuchungen für Elektronen aus der Galaktischen kosmischen Strahlung mit einer Energie von 100 MeV gezeigt.

Die Sonne wechselt regelmäßig die Richtung (Polarität) ihres Magnetfeldes. Dabei wechseln sich ruhige Zeiten mit einem klar definierten Magnetfeldfeld und aktive Zeiten während des Umpolens mit einer Periodizität von 11 Jahren einander ab, so dass die Gesamtkonfiguration eine Periodizität von 22 Jahren aufweist. Die Zyklen werden je nach Polarität mit $A < 0$ (Feldlinien zeigen am Nordpol aus der Sonne heraus) und $A > 0$ (Feldlinien zeigen hinein) bezeichnet. Damit verbunden ist in der Heliosphäre eine Veränderung der Driftbewegung geladener Teilchen senkrecht zur Ekliptik. Sie hängt ab vom Produkt qA und ist in Abbildung 13.4 für

Elektronen ($q < 0$) dargestellt. Der linke Teil zeigt den Fall $A < 0$ ($qA > 0$), der rechte den Fall $A > 0$ ($qA < 0$). Der obere Teil skizziert die Modellvorstellung der Driftbewegungen für die beiden Zyklen: Im Zyklus $A < 0$ treten die Elektronen an den Polen in die Heliosphäre ein und driften entlang der heliosphärischen Stromschicht (angedeutet durch eine wellenartige Bewegung, auf die Stromschicht sei hier nicht weiter eingegangen) nach außen. Dagegen erfolgt die Driftbewegung entlang der Stromschicht im Zyklus $A > 0$ nach innen, so dass die Elektronen in der Nähe der Ekliptik in die Heliosphäre gelangen.

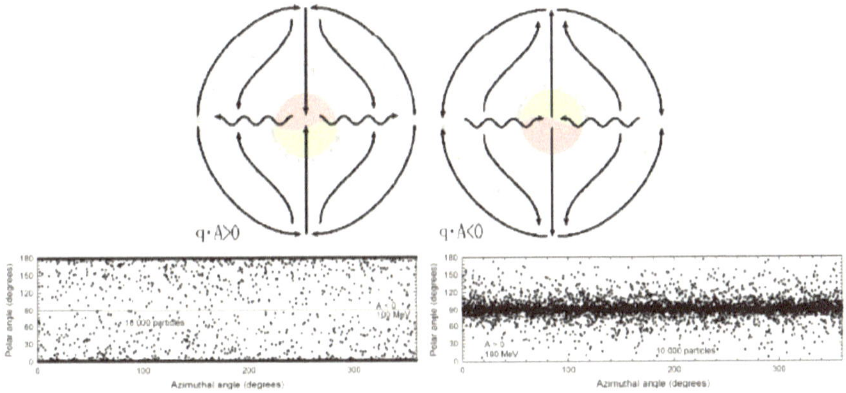

Abb. 13.4. Driftbewegung energiereicher Elektronen (100 MeV) der Galaktischen Kosmischen Strahlung in der Heliosphäre in Abhängigkeit vom solaren Zyklus (links $A < 0$, rechts $A > 0$). Der obere Teil skizziert die Modellvorstellung dieser Teilchenbahnen, der untere Teil (aus (Str11a)) zeigt die Durchstoßpunkte der Trajektorien der Pseudoteilchen durch den äußeren Rand des Rechengebietes.

Der untere Teil von Abbildung 13.4 zeigt die Ergebnisse von SDE-Simula-tionen (aus (Str11a)). Dargestellt ist die Winkelverteilung der Durchstoßpunkte der Pseudoteilchen-Trajektorien durch den äußeren Rand des Rechengebietes. Es ergibt sich eine Struktur, die im Einklang mit der Modell-vorstellung steht: Im Zyklus $A < 0$ erreichen die Elektronen die Heliosphäre bevorzugt an den Polen, im Zyklus $A > 0$ dagegen in der Ekliptik.

Literatur

[AgV13] Agueda, N. & R. Vanio, 2013, J. Space Weather Space Clim. 3, A10.
[BuF55] Burke, B.F. & K.L. Franklin, 1955, J. Geophys. Res., 60, 213.

[Dun13] Dunzlaff, F., B. Heber, A. Kopp & M.S. Potgieter, 2013, Ann. Geophys., *im Druck*

[IpK04] Ip W.-H., & A. Kopp, 2004, J. Geophys. Res., 107, 1491.

[Kiv99] Kivelson, M.G. et al., 1999, J. Geophys. Res., 104, 4609.

[Kop09] Kopp, A., 2009, Physik Journal, 8, 37.

[Kop12] Kopp, A., I. Büsching, R.D. Strauss & M.S. Potgieter, 2012, Computer Phys. Commun., 183, 530.

[KoI04] Kopp, A., & W.-H. Ip, 2004, J. Geophys. Res., 107, 1490.

[LDM13] Laitinen, T., S. Dalla, and M.S. Marsh, Astrophys. J. Lett., 773, L29.

[Lin11] Linsky, J.L., 2011, Science, 334, 1647.

[Man11a] Manuel, R. et al., 2011a. Adv.Space Res., 47, 1529.

[Man11b] Manuel, R., S.E.S. Ferreira & M.S. Potgieter, 2011b. Adv.Space Res., 48, 874.

[Neu80] Neubauer, F.M., 1980, J. Geophys. Res., 85, 1171.

[Neu99] Neubauer, F.M., 1999, J. Geophys. Res., 104, 28671.

[Owe10] Owens, M.J., T.S. Horbury & C.N. Arge, 2010, Astrophys. J., 714, 1617.

[Par58] Parker, E.N., 1958, Astrophys. J., 128, 664.

[Par65] Parker, E.N., 1965, Planet. Space Sci, 13, 9.

[PyS77] Pyle, K.R. & J.A. Simpson, 1977, Astrophys. J. Lett., 215, L89.

[SNS07] Schilling, N., F.M. Neubauer & J. Saur, 2007, Icarus, 192, 41.

[Ste11] Sternal, O. et al., 2011, Astrophys. J., 741, 23.

[Str11a] Strauss, R.D., M.S. Potgieter, I. Büsching & A. Kopp, 2011a, Astrophys. J., 735, 83.

[Str11b] Strauss, R.D., M.S. Potgieter, A. Kopp & I. Büsching, 2011b, J. Geophys. Res., 116, A12105.

[Tau10] Tautz, R.C., 2010, Computer Phys. Commun., 181, 71.

[Zha99] Zhang, M., 1999, Astrophys. J., 513, 409.

14 Klimamodelle

Mojib Latif

„Die Menschen führen momentan ein großangelegtes geophysikalisches Experiment aus, das so weder in der Vergangenheit hätte passieren können noch in der Zukunft wiederholt werden kann.“ Roger Revelle (New York Times, 1957)

14.1 Einführung

Mit dem obigen Satz hatte Roger Revelle vom kalifornischen „Scripps Institution of Oceanography“ schon vor über 50 Jahren die ungeheure Dimension der Beeinflussung des Erdsystems durch den Menschen treffend beschrieben. Er bezog sich auf den anthropogenen Ausstoß von Kohlendioxid (CO_2), der sich nach dem 2. Weltkrieg rasant erhöht hatte. Das CO_2 entsteht hauptsächlich durch die Verbrennung der fossilen Brennstoffe - Kohle, Erdöl und Erdgas - zur Energiegewinnung. Inzwischen ist der CO_2-Gehalt der Luft so hoch wie nie zuvor in der Geschichte der Menschheit. Maß er zu Beginn der Industrialisierung noch 280 ppm (parts per million), betrug er im Jahr 2013 schon fast 400ppm. Würde der CO_2-Gehalt der Luft weiterhin mit dieser Geschwindigkeit steigen, sagen wir auf Werte von 700 ppm oder mehr bis zum Ende des 21. Jahrhunderts, wäre das seit vielen Millionen von Jahren einmalig in der Erdgeschichte. Es gäbe somit für diese Rasanz auch kein paläoklimatsches Analogon. So hat sich der CO_2-Gehalt selbst während sehr warmer Phasen wie etwa der Kreidezeit (145-66 Millionen Jahre vor heute) viel langsamer entwickelt. Die einzige Möglichkeit die Auswirkungen eines derart schnellen CO_2-Anstiegs abzuschätzen sind deswegen Rechnungen mit Klimamodellen.

Mehr CO_2 in der Luft verstärkt den irdischen Treibhauseffekt und führt zwangsläufig zu einer globalen Erwärmung. Das hat schon der schwedische Nobelpreisträger Svante Arrhenius vor über 100 Jahren berechnet und im Jahr 1896 publiziert. Wir stehen zwar mit einem Temperaturanstieg von ca. 0,8°C seit 1900 erst am Anfang der globalen Klimaänderung. Dennoch sind die Auswirkungen der Erderwärmung von nicht einmal einem Grad Celsius unübersehbar: Die arktische Eisbedeckung hat sich während der letzten 30 Jahre um knapp ein Drittel verringert. Die kontinentalen Eisschilde Grönlands und der Antarktis zeigen bereits erschreckende Massenverluste und der Meeresspiegel ist seit Beginn des 20.

Jahrhunderts um etwa 20 Zentimeter gestiegen. Darüber hinaus führt die marine CO_2-Aufnahme nachweislich zur Meeresversauerung, mit unkalkulierbaren Risiken für das Leben in den Ozeanen.

Wie wird sich das Klima der Zukunft entwickeln? Welche Rolle wird der Mensch dabei spielen? Gibt es so etwas wie einen „Point of no Return"? Eine Erwärmung, bei deren Überschreitung irreversible Folgen zu erwarten sind. Werden bald ganze Regionen wegen des Meeresspiegelanstiegs von der Landkarte verschwinden? Diese und all die anderen Fragen im Zusammenhang mit dem anthropogenen Klimawandel können wir nur mit Hilfe von mathematischen Modellen beantworten, die das Klima mit Hilfe der naturwissenschaftlichen Gesetze abbilden. In der Öffentlichkeit sind sie als Klimamodelle bekannt. Die sind Gegenstand dieses Kapitels.

14.2 Von der Klima- zur Erdsystemforschung

In vielen Forschungsnetzwerken findet sich eine bunte Mischung von Wissenschaftlern verschiedener Disziplinen, die gemeinsam an Studien zur globalen Erwärmung und ihren Auswirkungen arbeiten. Ein integrierender Faktor ist dabei die Klimamodellierung. Klimamodelle sind in gewisser Weise ein Nukleus, um den sich Forschergruppen aus ganz unterschiedlichen Disziplinen versammeln. Diese Entwicklung reflektiert den Übergang der Klimaforschung der letzten Jahrzehnte mit ihren weitgehend physikalischen Inhalten zu einer Erdsystemforschung mit zunehmend biogeochemischen Inhalten und der Einbeziehung weiterer neuer Wissensgebiete wie den Sozial- und Wirtschaftswissenschaften. Das Problem der globalen Erwärmung erfordert eine fachübergreifende Zusammenarbeit, um einerseits mögliche Auswirkungen zu berechnen und andererseits Anpassungs- und Vermeidungsstrategien zu entwickeln. Diese Notwendigkeit äußert sich auch darin, dass der zwischenstaatliche Ausschuss für Klimaänderungen, das „Intergovernmental Panel on Climate Change" (IPCC), der sogenannte Weltklimarat, die folgenden drei Arbeitsgruppen unterhält:

- Die Arbeitsgruppe 1 „Wissenschaftliche Grundlagen" befasst sich mit den Aspekten des physikalischen Wissens zur Klimaänderung, die für politische Entscheidungsträger als am sachdienlichsten eingeschätzt werden.
- Die Arbeitsgruppe 2 „Auswirkungen, Anpassung und Verwundbarkeit" konzentriert sich auf die Folgen für die Umwelt sowie die sozialen und ökonomischen Konsequenzen der Klimaänderung und mögliche Anpassungsmaßnahmen.

- Die Arbeitsgruppe 3 „Verminderung des Klimawandels" befasst sich mit kurz- und langfristigem Klimaschutz in den Sektoren Energie, Verkehr, Gebäude, Industrie, Land- und Forstwirtschaft und Abfall, mit den Zusammenhängen zwischen Klimaschutz und nachhaltiger Entwicklung sowie mit politischen Anstrengungen, Maßnahmen und Instrumenten für den Klimaschutz.

Der anthropogene Ausstoß von Treibhausgasen führt neben der globalen Erwärmung zu Änderungen der Winde und der Meeresströmungen. Daneben schmilzt das Eis der Erde. Die als Kryosphäre bezeichnete Eissphäre umfasst die kontinentalen Eisschilde mit den ins Meer ragenden Schelfeisen, die Gebirgsgletscher, das Meereis, den Permafrost, das Eis auf Seen und Flüssen und den Schnee. Die Vorgänge in der Atmosphäre, dem Ozean und der Kryosphäre folgen den physikalischen Grundgesetzen. Die sind bekannt und können mit Hilfe der Mathematik ausdrückt werden. Die zeitliche Entwicklung der physikalischen Größen (Geschwindgeit, Temperatur, Niederschlag, Meereisbedeckung, usw.) ist an jedem Ort durch einen Satz mathematischer Gleichungen gegeben, den man als gekoppeltes partielles Differentialgleichungssystem bezeichnet. Zu dessen Lösung muss man die entsprechenden Anfangsbedingungen (der heutige Zustand) und Randbedingungen (wie etwa die Land-Meer Verteilung, das Bodenrelief oder die Spurengaskonzentrationen) spezifizieren. Die Gleichungen sind allerdings in hohem Maße nichtlinear (siehe unten), sodass man sie nur näherungsweise mit Hilfe der Methoden der numerischen Mathematik und von Hochleistungscomputern lösen kann. Die numerische Lösung ist per Definition nicht exakt und führt zu Fehlern. Man benötigt enorme Rechnerressourcen, um die Fehler möglichst klein zu halten. Daher gibt es in der Klimamodellierung immer mehr Berührungspunkte mit Fächern wie der Informatik und dem wissenschaftlichen Rechnen.

Die Erforschung der Ursachen und Auswirkungen der globalen Erwärmung erfordert die enge Zusammenarbeit zahlreicher Wissenschaftsdisziplinen. Ein Beispiel: Nicht das gesamte Kohlendioxid, das wir Menschen in die Atmosphäre entlassen, verweilt dort für sehr lange Zeit. Die Meere und auch die Pflanzen nehmen einen beträchtlichen Teil des von uns emittierten Kohlendioxids auf und dämpfen dadurch die Erwärmung. So haben die Meere etwa die Hälfte des von uns durch die Verbrennung der fossilen Brennstoffe seit dem Beginn der Industrialisierung in die Atmosphäre entlassenen Kohlendioxids aufgenommen, weswegen seine atmosphärische Konzentration weniger schnell gestiegen ist. Wir müssen uns daher zwangsläufig mit dem Kohlenstoffkreislauf befassen. Er bestimmt den Gehalt von Kohlendioxid in der Atmosphäre und letztlich mit darüber, wie stark die globale Erwärmung ausfällt. Entsprechende Überlegungen gelten für die Treibhausgase Methan (CH_4) und Lachgas (N_2O) und deren Kreisläufe. Neben den physikalischen Prozessen werden aus diesem Grund in den heutigen Klimamodellen zunehmend die biogeochemischen Wechselwirkungen mit einbezogen. Die so erweiterten Modelle werden als Erdsystemmodelle bezeichnet.

Die Stoffkreisläufe sind jedoch nur unzureichend verstanden. Es existieren im Gegensatz zu den physikalischen Vorgängen oftmals keine allgemeingültigen Gesetze, welche die biogeochemischen Vorgänge beschreiben und in Form mathematischer Gleichungen in die Modelle eingefügt werden könnten. Unsere Wissenslücken hinsichtlich der biogeochemischen Kreisläufe sind zum Teil auch darin begründet, dass viele Prozesse sehr kleinräumiger Natur sind und ihre Bedeutung erst jüngst erkannt worden ist. Daraus erklärt sich das Aufkommen ganz neuer Forschungsfelder im Bereich der Klima- und Erdsystemwissenschaften wie etwa das der biologischen Ozeanographie oder der Mikrobiologie, die sich u. a. mit Vorgängen auf der planktonischen oder sogar der noch kleineren Zellskala befassen. Bestimmte Bakterienarten beispielsweise können den im Meer vorhandenen Stickstoff aufnehmen und als eine Art Dünger für Plankton wirken, das ein wichtiges Glied in der Nahrungskette und damit auch für den Stickstoff- und Kohlenstoffkreislauf ist. Es gibt zwar reichlich gasförmigen Stickstoff in der Atmosphäre, die zu etwa 78% aus Stickstoff besteht, er muss jedoch im Meer „fixiert" werden, damit er als Nahrung für das Phytoplankton dienen kann. Die heutigen Modelle müssen solche Prozesse, zumindest ansatzweise, berücksichtigen.

Betrachten wir die Meereskomponente des Kohlenstoffkreislaufs noch etwas genauer, um die komplizierte Wechselwirkung mit dem physikalischen System besser zu verstehen. Die sich vor allem wegen des steigenden atmosphärischen Kohlendioxidgehalts entwickelnde Erwärmung ändert die Löslichkeit des Meerwassers für Gase: Je wärmer das Wasser, umso geringer die Löslichkeit. Die Aufnahmefähigkeit für CO_2 nimmt also mit der Erwärmung ab. Die CO_2-Aufnahme durch die Meere führt andererseits zu ihrer Versauerung, eine Belastung für die Ökosysteme. Die Entfernung von Kohlendioxid aus der Atmosphäre erfolgt durch das Meer sowohl auf chemischem als auch biologischem Wege. Die chemische wie auch die biologische „Kohlendioxidpumpe" werden nach heutigem Kenntnisstand im Laufe der Zeit infolge der Erwärmung und Versauerung beide an Effektivität verlieren, sodass ein größerer Anteil der anthropogenen CO_2-Emissionen in der Atmosphäre verbleiben wird. Das wäre eine positive Rückkopplung und die globale Erwärmung würde sich beschleunigen.

Ähnliche Überlegungen gelten für die als terrestrisch bezeichnete Landkomponente des Kohlenstoffkreislaufs. Pflanzen nutzen Kohlendioxid für ihre Photosynthese und können bei einem verstärkten Angebot dieses Gases besser wachsen.

Trotzdem wird vermutlich auch die CO_2-Aufnahme durch die Vegetation in den kommenden Jahrzehnten an Effektivität verlieren. Viele Pflanzen werden zunehmend unter Hitze- und Trockenstress geraten, was den „Düngeeffekt“ vermutlich übertreffen wird. Im Extremfall könnten sich einige der heutigen terrestrischen Senken noch während dieses Jahrhunderts zu Kohlendioxidquellen entwickeln. Die Klima-Kohlenstoff-Wechselwirkung verdeutlicht die komplexen Vorgänge im Erdsystem. Sie ist nur ein Beispiel für das Zusammenspiel zwischen den physikalischen und den biogeochemischen Prozessen, deren Berücksichtigung unerlässlich für das Verständnis des Klimas der Zukunft aber auch der Vergangenheit ist. Das stellt eine riesige Herausforderung für die Klimamodellierung dar, nicht zuletzt deswegen, weil es sich dabei auch um die Modellierung von Leben handelt.

Die Möglichkeit der Destabilisierung von Permafrost auf den Landflächen und der in begrenzten Gebieten an den Kontinentalabhängen im Meer vorkommenden und als Hydrat bezeichneten Methanvorkommen erfordert ebenfalls deren Einbeziehung in die Modelle. Ein Auftauen der Methanhydrate würde im Sinne einer positiven Rückkopplung zu einer beschleunigten globalen Erwärmung führen. Ein anderes sehr wichtiges und gesellschaftlich relevantes Beispiel der anthropogenen Klimabeeinflussung ist die Zerstörung der als UV-Filter wirkenden stratosphärischen Ozonschicht durch die Fluorchlorkohlenwasserstoffe (FCKW). Die Stratosphäre ist die Atmosphärenschicht zwischen etwa 10 und 50km Höhe. Infolge des anthropogenen Ausstoßes von CO_2 kühlt sich die Stratosphäre ab, während sich die Erdoberfläche und die unteren Luftschichten erwärmen. Die Temperaturabnahme in den oberen Atmosphärenschichten fördert die Ozonzerstörung und kann somit die Erholung der Ozonschicht nach dem internationalen Verbot der FCKW verlangsamen. Andererseits könnte die Erholung der Ozonschicht wiederum einen Einfluss auf die Erwärmung ausüben. Die vermutlich durch den Ozonverlust verursachte stärkere atmosphärische Winterzirkulation über der Antarktis könnte sich wieder normalisieren, was eine beschleunigte Erwärmung der oberflächennahen Antarktis infolge eines verstärkten atmosphärischen Wärmetransports aus den mittleren Breiten nach sich zöge. Die Antarktis hat sich während der letzten Jahrzehnte im Vergleich zur Arktis deutlich weniger stark erwärmt und könnte gewissermaßen nachziehen. Insofern muss auch die Luftchemie in die Klimamodelle mit einbezogen werden so wie viele andere Prozesse, die hier nicht benannt werden.

14.3 Klimaschwankungen

An dieser Stelle soll zunächst der Begriff Klima definiert werden. Klima bezieht sich im Vergleich zum Wetter auf längere Zeiträume. Die Weltorganisation für Meteorologie (WMO) definiert das Klima als die Statistik des Wetters über einen Zeitraum, der lang genug ist, um die statistischen Eigenschaften zu bestimmen. Hierbei geht es nicht nur um das erste statistische Moment, den Mittelwert, sondern auch um die höheren Momente wie beispielsweise die Varianz oder die Schiefe. Eine Klimaänderung besteht entsprechend dieser Definition in der Änderung der Statistik des Wetters. Das Klima ist nicht statisch, es schwankt von Jahreszeit zu Jahreszeit, von Jahr zu Jahr, von Jahrzehnt zu Jahrzehnt und auf noch längeren Zeitskalen. Eine wichtige Aufgabe der Klimaforschung besteht darin, die Dynamik der natürlichen Klimaschwankungen zu verstehen und ihre Vorhersagbarkeit zu untersuchen. Beispiele für natürliche Klimaschwankungen während des letzten Jahrtausends sind die Mittelalterliche Warmzeit und die Kleine Eiszeit. Und auch hier sind die Klimamodelle von unschätzbarem Wert. Flächendeckende instrumentelle Messungen gibt es erst seit etwa 150 Jahren und Proxydaten aus Meeressedimenten oder Eiskernen sind mit großer Unsicherheit behaftet und nur an wenigen Orten verfügbar. Die Klimamodelle sind in gewisser Weise ein virtuelles Labor, in dem man experimentieren kann, um die Dynamik des Klimas besser zu verstehen.

Man unterscheidet prinzipiell interne und externe Klimaschwankungen. Änderungen der Randbedingungen sind die Ursache externer Schwankungen. Vulkanausbrüche oder Änderungen der Solarkonstante etwa beeinflussen die Strahlungsbilanz der Atmosphäre, eine wichtige Ursache für natürliche Klimaschwankungen. Man zählt auch die anthropogenen Einflüsse zu den externen Faktoren. Die internen Schwankungen sind allein der nichtlinearen Dynamik des Erdsystems geschuldet. Eines äußeren Antriebs bedürfen sie nicht. Die interne Klimavariabilität entsteht entweder durch chaotische Prozesse innerhalb einzelner Erdsystemkomponenten (Atmosphäre, Land, Ozean, Land- und Meereis, etc.) oder durch die Wechselwirkung verschiedener Klimakomponenten miteinander. Von besonderem Interesse sind dabei die Schwankungen, die als Folge der Wechselwirkung zwischen der Atmosphäre und dem Ozean zustande kommen, denn diese verursacht gerade auch Schwankungen auf der Zeitskala von Jahrzehnten und selbst Jahrhunderten. Das ist genau der Zeitskalenbereich, auf dem sich die globale Erwärmung entwickelt.

Die natürliche Variabilität spielt aus verschiedenen Gründen in der Klimaforschung und damit auch in der Klimamodellierung eine sehr wichtige Rolle. Gerade die Auswirkungen der globalen Erwärmung auf der regionalen Skala sind heute oft nur schwer erkennbar, weil das möglicherweise bereits existierende anthropogene Signal klein gegen das natürliche „Rauschen" ist. Der Regen in der Sahelzone ist hierfür ein gutes Beispiel. Diese Region wird immer wieder von jahrelangen Dürrekatastrophen heimgesucht. Allerdings dominieren noch die natürlichen, vermutlich internen, dekadischen Schwankungen, ein klarer Trend ist seit Beginn der instrumentellen Messungen zu Beginn des 20. Jahrhunderts nicht zu erkennen. Der Meeresspiegel im tropischen Pazifik ist ein weiteres Beispiel für die wichtige Rolle der natürlichen Klimaschwankungen. Im tropischen Ostpazifik ist der Meeresspiegel während der letzten Jahrzehnte gefallen, im tropischen Westpazifik dagegen dreimal schneller gestiegen als der globale Mittelwert. Der Unterschied ist die Folge, wahrscheinlich interner, Windschwankungen über dem Pazifik: Stärkere Winde haben warme Wassermassen im Westpazifik aufgestaut und zu einem Defizit im Osten geführt.

Die interne Variabilität wird auf der anderen Seite selbst vom Klimawandel beeinflusst. Daher kommt der Projektion der Änderung der Statistik der internen Variabilität eine besondere Bedeutung zu. Hier wäre das Klimaphänomen El Niño zu nennen, eine quasiperiodische, im Mittel etwa alle vier Jahre wiederkehrende natürliche Erwärmung im äquatorialen Ost- und Zentralpazifik, die zu weltweiten Klimaanomalien führt, wie etwa monatelange Dürre in Südostasien, starke Regenfälle in Kalifornien oder Frost in Florida. Darüber hinaus sind die internen Klimaschwankungen interessant, um einige Rückkopplungen im Erdsystem besser zu verstehen. Und schließlich bieten die Simulation und Vorhersage kurzfristiger interner Klimaschwankungen, z. B. des El Niño-Phänomens, einen willkommenen Test zur Überprüfung von Klimamodellen, die ein breites Spektrum von internen Schwankungen simulieren.

14.4 Klimavorhersagbarkeit

In wieweit ist das Klima überhaupt vorhersagbar? Man unterscheidet zwei Typen von Klimavorhersagbarkeit (siehe z. B. Palmer 1993): Die Vorhersage der 1. Art und die Vorhersage der 2. Art. Erstere resultiert aus den Anfangsbedingungen. Die Vorhersage der internen Schwankungen zählt zu diesem Typ. Bei der Vorhersage der 2. Art möchte man wissen, wie sich die Statistik des Wetters, also das Klima, ändert, wenn sich eine oder mehrere Randbedingungen ändern. Anhand des von Lorenz im Jahr 1963 formulierten einfachen mathematischen Modells wollen wir die Klimavorhersagbarkeit aus theoretischer Sicht näher betrachten. Das Modell veranschaulicht einige fundamentale Eigenschaften der Atmosphäre. Das aus der

Chaosforschung bekannte und gut analysierte Lorenz-Modell ist dafür geeignet, Begriffe wie Wetter, Klima, Klimaänderung und Klimavorhersagbarkeit in einen konzeptuellen Zusammenhang zu bringen. Das Lorenz-Modell lautet (gestrichene Größen kennzeichnen die zeitliche Ableitung dieser Größen):

$$\begin{aligned} X' &= -\sigma X + \sigma Y + \alpha F_x \\ Y' &= -XZ + rX - Y + \alpha F_y \\ Z' &= XY - bZ + \alpha F_z \end{aligned}$$

Die drei Variablen X, Y und Z charakterisieren den Zustand des Systems, während die Parameter σ, r und b vorgegeben werden. Der Parameter α gibt die Stärke des Antriebs F_i an. Es sei an dieser Stelle bemerkt, dass Lorenz sein Modell ursprünglich ohne den Antrieb F_i formuliert hatte. Palmer (1993) erweiterte das Modell um den Antrieb zum Studium der Klimavorhersagbarkeit. Infolge der Nichtlinearität kommt es im Lorenz-Modell (ohne Antrieb) zu einem Phänomen, das man heutzutage als „Sensitivität gegenüber den Anfangsbedingungen" bezeichnet oder auch als den „Schmetterlingseffekt". Infinitesimal kleine Störungen in den Anfangsbedingungen führen innerhalb recht kurzer Zeit zu einer Divergenz der Modelltrajektorien, d. h. selbst sehr ähnliche Anfangszustände entwickeln sich schnell innerhalb weniger Tage auseinander. Eine kleine Störung im Anfangsfeld wie etwa der nicht erfasste Flügelschlag eines Schmetterlings genügt, um eine Vorhersage nach einigen Tagen wertlos werden zu lassen, woraus sich die Bezeichnung Schmetterlingseffekt ableitet. Wettervorhersagen sind prinzipiell auf im Mittel zwei Wochen limitiert, weil man den Anfangszustand niemals exakt bestimmen kann. Selbst wenn das möglich wäre, würden Modellfehler die Vorhersage in der gleichen Art und Weise beeinträchtigen. Dieses Resultat ist universell und mit komplexen Wettervorhersagemodellen bestätigt worden.

Das Lorenz-Modell enthält viele qualitative Ähnlichkeiten mit der tatsächlichen großräumigen atmosphärischen Zirkulation. Es simuliert beispielsweise ein sog. „Regimeverhalten", d. h. das System neigt dazu, in bestimmten Zuständen zu verharren. Solche Regime, auch Großwetterlagen genannt, sind ein typisches Merkmal des Wetters. So kennen wir wochenlange winterliche Westwindphasen, während derer es in unseren Breiten relativ feucht und warm ist, oder stabile winterliche Hochdrucksituationen, die durch kaltes sonniges Wetter gekennzeichnet sind. Die Übergänge zwischen solchen Regimen erfolgen meistens schnell. Für bestimmte Werte der Parameter r, σ, b ergibt die Entwicklung des Systems den berühmten Lorenz-Attraktor (Abb. 14.1). Die beiden Regime sind durch die beiden „Schmetterlingsflügel" gegeben.

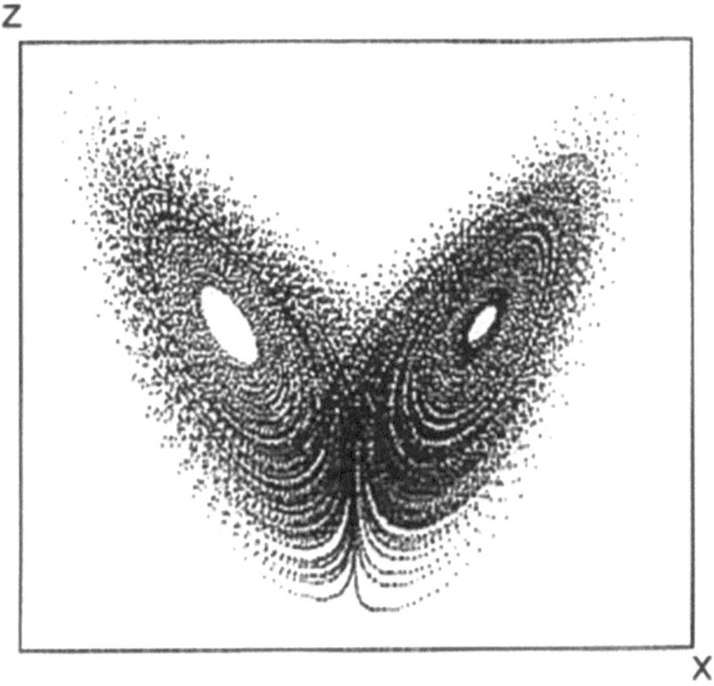

Abb. 14.1. Der Lorenz-Attraktor. Dargestellt ist die zeitliche Entwicklung, in der X-Z Ebene. Berechnet aus den obigen Gleichungen mit den Parametern $r = 28, \sigma = 10, b = 8/3$. Die Z-Achse zeigt in die Vertikale. Aus Palmer (1993).

Während Lorenz sein Modell einführte, um die Vorhersagbarkeit der ersten Art interner Schwankungen zu studieren, werden wir im Folgenden das Modell verwenden, um den Einfluss eines externen Faktors näher zu untersuchen. Dazu erweitern wir jetzt das Modell um den Antriebsvektor F_i. Der externe Antrieb kann beispielsweise die Veränderung der atmosphärischen CO_2-Konzentration und eine damit im Zusammenhang stehende globale Erwärmung sein. Wir berechnen, wie sich das Klima mit der Stärke des Antriebs ändert, d .h. wenn der Parameter α variiert. Fehlerhaftes lineares Denken würde nahelegen, dass sich zwar die Lage des Attraktors ändert, seine Form selbst jedoch nicht. Die Variabilität um den neuen Klimazustand würde sich daher nicht ändern.

Das tatsächliche Resultat ist in der Abbildung 14.2 gezeigt, die die Wahrscheinlichkeit dafür angibt, den Zustandsvektor an einem bestimmten Punkt in der X-Z Ebene des Phasenraums zu finden. Betrachten wir zunächst den Fall ohne Antrieb ($\alpha = 0$). Es gibt zwei bevorzugte Gebiete im Phasenraum, die zu den beiden Zentren der „Schmetterlingsflügel" (Abb. 14.1) gehören. Die Verteilung ist nahezu symmetrisch, d. h. die Wahrscheinlichkeit, den Zustandsvektor in dem einen oder anderen Regime zu finden ist fast gleich (Abb. 14.2 a).

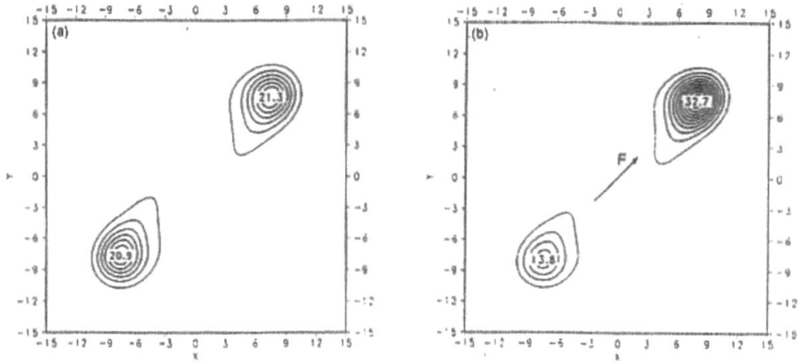

Abb. 14.2. Änderung der Wahrscheinlichkeitsverteilungen in der X-Y Ebene, wenn ein Antrieb in Richtung des Pfeils berücksichtigt wird. Links: $\alpha = 0$; rechts: konstanter Antrieb ($F_x = F_y = 1/\sqrt{2}, F_z = 0$) und $\alpha = 2\sqrt{2}$. Ein Tiefpassfilter wurde verwendet, um die Resultate zu glätten. Aus Palmer (1993).

Die rechte Teilabbildung zeigt die Resultate für den Fall mit Antrieb, d.h. $\alpha > 0$ (Abb. 14.2 b). In der dargestellten Rechnung zeigt der Antrieb von einem Regime zu dem anderen. Die Wahrscheinlichkeitsverteilung ist nicht mehr symmetrisch, und der Zustandsvektor wird häufiger in dem Regime zu finden sein, in das der Antrieb zeigt. Allerdings sind die Phasenraumkoordinaten der Wahrscheinlichkeitsmaxima praktisch identisch zu denen in der Rechnung ohne Antrieb. Die zunehmenden winterlichen Westwindlagen während der letzten Jahrzehnte in Nordeuropa sind möglicherweise schon ein Zeichen des Einflusses der globalen Erwärmung auf die Statistik der Regime. Mehr winterliche Westwindlagen bedeuten in unseren Breiten wärmere Winter. Das ist eine dynamische Rückkopplung, die die strahlungsbedingte Erwärmung verstärkt. Die konzeptionellen Überlegungen mit dem Lorenz-Modell zeigen, dass die Reaktion des Klimasystems auf erhöhte Treibhausgaskonzentrationen auf der regionalen Skala erheblich durch die Nichtlinearität der Atmosphäre geprägt wird. Auf der anderen Seite verdeutlicht das obige Beispiel eindrucksvoll, was man unter Klimavorhersage versteht. Es handelt sich eben nicht um eine Wettervorhersage über lange Zeiträume. Insofern haben Argumente, dass das Klima längerfristig wegen der stark limitierten und auf einige Tage beschränkten Wettervorhersagbarkeit nicht vorhersagbar sei, keine Basis.

14.5 Geschichte der Klimamodellierung

Das erste auf physikalischen Grundlagen beruhende Klimamodell war das eindimensionale Strahlungskonvektionsmodell von Manabe und Möller (1961), in dem nur die Wärmeübergänge durch Strahlung und Konvektion in einer vertikalen Luftsäule Berücksichtigung finden. Moderne Versionen von Ein-Säulen-Modellen umfassen daneben die Effekte von horizontaler Konvergenz und Bewölkung. Eine andere Klasse einfacher Klimamodelle sind jene, die nur eine globale Gleichgewichtstemperatur an der Erdoberfläche aus der Energiebilanz berechnen. Die ersten dieser Energiebilanzmodelle wurden 1969 unabhängig voneinander von Budyko und Sellers entwickelt (siehe North 1975). Obwohl die Modelle in ihrer einfachsten Form die Wirkung von horizontalen Transporten ignorieren, erlauben sie eine grobe Abschätzung der Sensitivität der Gleichgewichtstemperatur der Erdoberfläche gegenüber Änderungen der solaren Einstrahlung. Das einfachste Energiebilanzmodell lautet wie folgt:

$$\epsilon\sigma T_o^4 = Q_o(1 - \alpha_p) \tag{14.1}$$

Hierin sind T_o die Oberflächentemperatur der Erde, Q_o die Solarkonstante dividiert durch 4, α_p das Reflexionsvermögen des Planeten (Albedo), σ die Boltzmann Konstante und ϵ die sog. Emissivität, ein Maß für den irdischen Treibhauseffekt. Die rechte Seite entspricht der kurzwelligen solaren Einstrahlung, die linke Seite der langwelligen Abstrahlung der Erde. Eine Erhöhung des atmosphärischen CO_2-Gehalts wäre in diesem simplen Modell durch eine Verringerung des Parameters ϵ zu realisieren. Andere Versionen wurden von Held und Suarez (1974) und von North (1975) entwickelt, wobei diese Modelle mehrere Gleichgewichtslösungen erlauben, in Abhängigkeit der solaren Strahlung und der angenommenen Abhängigkeit des Reflexionsvermögens α_p von der Temperatur. Wieder andere Energiebilanzmodelle repräsentieren die horizontale Struktur der Atmosphäre mit Hilfe von zonalen Mittelwerten (Mittelung über Breitenkreise), wobei man den polwärtigen Wärmetransport in Abhängigkeit der zonalen Mittelwerte parametrisiert.

Inzwischen verwendet man wetterauflösende Zirkulationsmodelle für Klimastudien. Ihr Ursprung liegt in der numerischen Wettervorhersage, und es besteht auch weiterhin eine enge Verwandtschaft zwischen der Wettervorhersage und der modernen Klimamodellierung; beide umfassen die numerische Lösung ähnlicher Gleichungssysteme und die raumzeitliche Struktur des Klimas und seiner Variabilität ist ohne das Verständnis der Wetterabläufe nicht zu verstehen. Phillips (1956) stellte sich die Frage, ob die Wettervorhersagemodelle eventuell auch die mittlere Zirkulation der Atmosphäre wiedergeben würden. Obwohl Phillips in seinem heute klassischen Experiment seine Integration nicht über mehr als 30 Tage ausführen konnte, weil in der Integration die nichtlineare Instabilität auftrat, war sie aus heutiger Sicht die erste Klimasimulation.

Eine bahnbrechende frühe Anwendung dieser Generation von Modellen war die Simulation der Auswirkungen einer Verdopplung des Kohlendioxids in der Atmosphäre durch Manabe und Wetherald (1967). Obwohl ihr Modell eine idealisierte Land-Meer Verteilung und nur einen Sumpfozean benutzte, d. h. jegliche Ozeandynamik ignorierte, und sowohl den täglichen als auch den saisonalen Zyklus der Sonneneinstrahlung vernachlässigte, zeigte die Berechnung bereits einen starken Land-See Kontrast in der Erwärmung (mit stärkerer Erwärmung über Land) und den stärksten Temperaturanstieg in den hohen nördlichen Breiten. Beides haben wir tatsächlich in den letzten Jahrzehnten beobachtet, in denen der CO_2-Gehalt der Luft rapide angestiegen ist. Eine zweite bedeutsame frühe Anwendung der Zirkulationsmodelle war die erste Untersuchung der Auswirkungen von Waldrodungen in den Tropen durch Charney (1975). Er zeigte anhand eines Zirkulationsmodells mit vereinfachter Hydrologie, dass mit der Entfernung der Wälder eine Erwärmung der Landoberfläche und eine Austrocknung einhergehen, so wie man es heute auch in komplexeren Modellen findet. Gates (1976) untersuchte als Erster mit einem Zirkulationsmodell eine paläoklimatische Fragestellung im Zusammenhang mit der letzten Eiszeit. Schließlich entwickelten Manabe und Bryan (1969) das erste gekoppelte Atmosphäre-Ozean Zirkulationsmodell, die man mit Fug und Recht als „Mutter" der heutigen Klimamodelle bezeichnen kann.

14.6 Zirkulationsmodelle

An dieser Stelle werden nun die Zirkulationsmodelle etwas genauer beschrieben. Eine ausführlichere Beschreibung findet man beispielsweise in den Lehr-büchern von Trenberth (1992) und Storch et al. (1999). Im Folgenden werden die Grundgleichungen ausschließlich für den Ozean und die Atmosphäre angegeben. Die zusätzliche Angabe der Gleichungen für die anderen Erdsystemkomponenten würde den Rahmen dieses Kapitels sprengen. Die Modelle basieren auf den Erhaltungssätzen für Masse, Impuls und Energie. Die Kontinuitätsgleichung (Massenerhaltung) und die Bewegungsgleichungen (Impulserhaltung) sind für den Ozean und die Atmosphäre identisch. Die thermodynamische Gleichung (Energieerhaltung) und die Zustandsgleichung, die die verschiedenen thermodynamischen Variablen miteinander verknüpft, unterscheiden sich. Darüber hinaus gibt es noch einen weiteren Unterschied durch die Tatsache, dass die Atmosphäre

Wasserdampf und der Ozean Salz enthält; beide sind sehr wichtige Größen für die Dynamik in der jeweiligen Komponente. Eine detaillierte Herleitung der Gleichungen findet man in einschlägigen Lehrbüchern wie denen von Gill (1982) oder Pedlosky (1982).

Der folgende Satz von partiellen Differentialgleichungen bildet das Fundament heutiger Klimamodelle:

Atmosphäre und Ozean:

Kontinuitätsgleichung

$$\frac{D\rho}{Dt} = -\rho\,\vec{\nabla} \cdot \vec{U}$$

Bewegungsgleichung

$$\rho \frac{D\vec{U}}{Dt} = -2\rho\,\vec{\Omega} \times \vec{U} - \vec{\nabla}\,p + \rho\,\vec{\nabla}\,\phi + \vec{F} \;\text{ mit }\; \vec{F} = \vec{\nabla} \cdot \underset{=}{\overset{turb}{\sum}}$$

Nur Ozean:

Zustandsgleichung

$$\rho = \hat{F}(S, \theta, p)$$

Salz

$$\rho \frac{DS}{Dt} = \vec{\nabla} \cdot J_S^{turb}$$

Temperatur

$$\rho \frac{D\theta}{Dt} = -\,\vec{\nabla} \cdot \left(\vec{J}_\theta^{turb} + \frac{J_{rad}}{C_p^o} \right)$$

Nur Atmosphäre:

Zustandsgleichung

$$\rho = \frac{p}{R \cdot T} = \frac{p^{1-k}}{R \cdot \theta}$$

Feuchte

$$\rho\frac{Dq}{Dt} = -\vec{\nabla}\cdot\vec{J}_q^{turb} + C_V$$

Temperatur

$$\rho\frac{D\theta}{Dt} = -\vec{\nabla}\cdot\vec{J}_q^{turb} - \frac{\theta}{T}\left[\vec{\nabla}\cdot\frac{J_{rad}}{c_p} + L_V C_V\right]$$

Hierin sind $\vec{U}$ der dreidimensionale Geschwindigkeitsvektor, $\vec{\Omega}$ der Vektor der Erdrotation, ρ die Dichte, p der Druck, t die Zeit, $\vec{F}$ die Divergenz des Schubspannungstensors, θ die potentielle Temperatur, T die in situ Temperatur, S der Salzgehalt, q die spezifische Feuchte, R die Gaskonstante, k das Verhältnis der spezifischen Wärmen bei konstanten Druck und konstanter Temperatur, J_i Flussvektoren (dabei steht „rad" für Strahlung, „turb" für turbulent), C_v Phasenübergänge, c_p die spezifische Wärme bei konstantem Druck („o" bedeutet in diesem Zusammenhang, dass man sich auf einen Referenzzustand bezieht). Die Zustandsgleichung kann im Ozean nicht geschlossen formuliert werden und ist daher nur in sehr allgemeiner Form angegeben. Die physikalischen Prozesse, beispielsweise im Zusammenhang mit der Strahlungsübertragung finden sich in den Flusstermen auf der rechten Seite. Pfeile über einer Größe zeigen Vektoren an, und ∇ ist der Nabla Operator. Letzterer ist ein Operations-Symbol, das in der Vektoranalysis benutzt wird, um die drei Differentialoperatoren Gradient, Divergenz und Rotation darzustellen. Es existiert keine allgemeine analytische Lösung für dieses Gleichungssystem. Man ist deswegen auf numerische Verfahren angewiesen, um die Gleichungen approximativ zu lösen. Dabei handelt es sich im Allgemeinen entweder um „finite Differenzen" oder um „spektrale" Verfahren. Die numerische Lösung ist allerdings sehr rechenaufwändig und erfordert deswegen Großrechner.

Die Anwendung eines Klimamodells für alle Fragestellungen wäre wegen der limitierten Rechnerressourcen nicht realisierbar, selbst in einigen Jahren noch. Je nach der beabsichtigten Anwendung und der benötigten oder gewünschten Wiedergabe von räumlichen Details gibt es eine Vielzahl von Vorgehensweisen. Dabei steht der Hierarchiegedanke im Vordergrund. Wegen der Komplexität des Erdsystems und der Vielzahl von Prozessen können relativ komplette Modelle selbst bei Verwendung von Höchstleistungsrechnern nur für sehr kurze Zeiträume von einigen wenigen Jahrzehnten gerechnet werden. Daher verwendet man für die kurzen Zeiträume die vollständigen Modelle und für längere Zeiträume reduzierte Modelle. Einige Modelle vernachlässigen bestimmte Komponenten des Erdsystems, andere vernachlässigen bestimmte Prozesse in einzelnen Komponenten und noch andere reduzieren die horizontale oder vertikale Auflösung, mit der die numerische Lösung der Gleichungen vorgenommen wird, alles um längere Zeiträume von bis Jahrtausenden simulieren zu können. Für regionale Studien oder Berechnungen über kurze Zeiträume strebt man auf der anderen Seite die höchstmögliche Auflösung mit möglichst kompletter Physik und/oder Biogeochemie an. Die Simulation von Hurrikanen in regional eng begrenzten Gebieten über einige Monate zählt zu diesen Anwendungen. Man verwendet regionale Klimamodelle auch, um etwa die Rolle von spezifischen Prozessen zu identifizieren, die in komplexeren Modellen, in denen mehr Wechselwirkungen und Rückkopplungsmechanismen möglich sind, schwieriger zu diagnostizieren sind.

14.6.1 Atmosphärische Zirkulationsmodelle

Die umfassendsten Modelle der Atmosphäre sind die AGCMs (Atmospheric General Circulation Models). Sie sind wie oben bereits erwähnt aus den Modellen für die numerische Wettervorhersage hervorgegangen und finden seit den 1960er Jahren weite Verbreitung und Anwendung. Sie sind heute die „Arbeitspferde" in der Klimaforschung und bilden den Kern von Erdsystemmodellen. Die subskaligen, d. h. nicht explizit aufgelösten Prozesse wie die Konvektion oder die turbulenten Flüsse zwischen der Atmosphäre und den angrenzenden Erdsystemkomponenten werden parametrisiert, d. h. aus den zur Verfügung stehenden Größen an den Stützstellen des numerischen Gitters mit Hilfe empirischer oder theoretischer Ansätze abgeleitet. Die Parametrisierung der nicht aufgelösten Prozesse ist eine der großen Unsicherheiten in den Klimamodellen und erklärt einen Teil der Unterschiede zwischen den Simulationen mit verschiedenen Modellen unter gleichen Randbedingungen. Insbesondere die Darstellung der Wolken und ihre Wechselwirkung mit dem Strahlungsfeld oder den Aerosolen sind nicht hinreichend gut verstanden und deren Darstellung in den AGCMs verbesserungswürdig. Systematische Untersuchungen zeigen jedoch, dass die Simulation der atmosphärischen Zirkulation schon allein dadurch erheblich verbessert werden kann, indem man einfach die Auflösung erhöht. So können bei einem hinreichend feinen horizontalen Gitter die Fronten, das sind Gebiete mit starken Gradienten der Meeresoberflächentemperatur, aufgelöst werden, was dann zu einer Verbesserung der Darstellung der turbulenten Wärmeflüsse an der Grenzfläche zum Ozean führt und in der Folge die Simulation der Niederschläge in der Region und der großräumigen globalen Windsysteme verbessert. Dabei spielt insbesondere die bessere Güte der Darstellung kurzfristiger Wetterereignisse eine entscheidende Rolle, denn deren Statistik wird von den Fronten beeinflusst.

Ein anderes Beispiel für eine Parametrisierung ist der Treibhauseffekt. Er wird in den AGCMs nicht etwa als anpassbarer Parameter dargestellt, so wie es in den einfachen Energiebilanzmodellen in Form des Parameters ϵ der Fall ist (siehe oben). Vielmehr wird der Treibhauseffekt und seine mögliche Verstärkung, etwa durch mehr CO_2 in der Luft, im Rahmen der notwendigen Berechnungen des Energietransportes durch Strahlung in den Modellen simuliert. Es existiert für die Strahlungsübertragungsgleichung allerdings keine einfache Lösung für den allgemeinen Fall von Emission, Absorption und Streuung bei räumlich variierenden Werten der optischen Parameter. Wegen des hohen Rechenaufwandes verbietet sich auch eine sehr genaue numerische Berechnung der Strahlungsübertragung und es müssen geeignete Nährungen verwendet werden. Es wird immer wieder die genügend genaue Kenntnis der Strahlungsgrundparameter, wie etwa der Wellenlängenverlauf des Absorptionskoeffizienten von Spurengasen wie CO_2 in Zweifel gezogen. Diese werden in großen Datenbanken gesammelt und alle paar Jahre entsprechend dem aktuellen Entwicklungsstand aktualisiert. Die Datenbanken enthalten Informationen über eine Million Spektrallinien von 37 Gasen. Allein für das CO_2 sind über 60000 Linien in 589 Banden von 8 verschiedenen Isotopen erfasst. Die energetisch relevanten Ergebnisse der Strahlungsrechnungen, die Strahlungsflussdivergenzen (siehe die obige thermodynamische Gleichung), gehen in die Temperaturgleichung ein und können so die Dynamik der Atmosphäre beeinflussen. Es gibt eine Vielzahl anderer Parametrisierungen in den AGCMs, auf die wir hier nicht eingehen können.

14.6.2 Ozeanische Zirkulationsmodelle

Parallel zur Entwicklung der AGCMs wurden Ozeanmodelle entwickelt. Die Ozeane sind wegen ihrer thermischen und dynamischen Trägheit eine enorm wichtige Komponente im Klimasystem. Sie spielen eine herausragende Rolle für die Klimavariabilität auf Zeitskalen von Jahren bis hin zu einigen wenigen Jahrtausenden. Ozeanmodelle wurden jedoch vergleichsweise spät entwickelt, da es kein ozeanisches Äquivalent zur numerischen Wettervorhersage gab. Es existiert heute eine Reihe von Ozeanmodellen unterschiedlicher Komplexität, von einfachen Box-Modellen über Deckschichtmodelle ohne Berücksichtigung der Ozeandynamik bis hin zu dreidimensionalen ozeanischen Zirkulationsmodellen (OGCMs). Letztere werde heute standardmäßig als Teilkomponenten in Klimamodellen verwendet.

Das erste dynamische Modell der Ozeanzirkulation wurde von Munk (1950) für windgetriebene Gleichgewichtsströmungen entwickelt. Obwohl er ein idealisiertes Ozeanbecken annahm, erfasste es die dynamische Natur der westlichen Randströme, das sind besonders starke an den Westrändern der Ozeane konzentrierte Strömungen. Beispiele sind der Golfstrom im Atlantik oder der Kuroshio im Pazifik. Bryan (1969) entwickelte das erste Zirkulationsmodell des Ozeans. In dieser bahnbrechenden Studie löste er zum ersten Mal die obigen Gleichungen für den globalen Ozean unter der vereinfachenden Annahme einer festen oberen Randfläche (rigid lid approximation). Er legte damit den Grundstein für die moderne Ozeanmodellierung. Mesoskalige Wirbel (Eddies) mit Ausdehnungen von 100-200km in den Subtropen und 50 km oder weniger in den höheren Breiten stellen ein dominierendes Signal im ozeanischen Bewegungsspektrum dar. In den meisten Regionen des Weltozeans übertrifft ihre Energie die der zeitlich gemittelten Strömungen bei Weitem. Die erste erfolgreiche Simulation von ozeanischen Eddies in einem globalen Ozeanzirkulationsmodell gelang Semtner and Chervin (1988). Die OGCMs beinhalten meistens auch die Meereiskomponente. Semtner (1976) war der Erste, der ein thermodynamisches Meereismodell in einem globalen Ozeanzirkulationsmodell verwendete, während Hibler (1979) das erste dynamische Meereismodell mit Eis-Rheologie entwickelte. Versionen des Hibler Modells findet man auch heute noch in zahlreichen ozeanischen Zirkulationsmodellen.

Eine Hauptschwierigkeit in der Klimamodellierung im Allgemeinen und der ozeanischen Zirkulation im Speziellen besteht in der nichtlinearen Verknüpfung von Mechanismen äußerst unterschiedlicher räumlicher und zeitlicher Skala. Für die langen Integrationszeiten im Zusammenhang mit zahlreichen klimatischen Fragestellungen werden heute immer noch standardmäßig relativ grob auflösende OGCMs verwendet, die viele Prozesse wie die Eddies nur unzureichend oder gar nicht auflösen. Insofern spielt die Parametrisierung von subskaligen Prozessen nicht nur in AGCMs sondern auch in den OGCMs eine äußerst wichtige Rolle. Die globale Umwälzung der ozeanischen Wassermassen aufgrund der „thermohalinen Zirkulation" beispielsweise, angetrieben durch die der Meeresoberfläche aufgeprägten Dichteunterschiede, bestimmt die hydrographischen Eigenschaften der Tiefsee auf Zeitskalen von Jahrhunderten bis Jahrtausenden und auch den ozeanischen Wärmetransport aus den Tropen in die höheren Breiten. Die Struktur und Stärke der Umwälzbewegung hängen aber entscheidend von mikro- und mesoskaligen Prozessen wie der Durchströmung enger Passagen und Tiefseegräben oder der kleinskaligen Vermischung aufgrund brechender interner Wellen ab. Die Randströme mit weniger als 100 km Breite sind ebenfalls integraler Bestandteil der großräumigen Zirkulation. Und schließlich dominieren mesoskalige Wirbel in manchen Regionen die Wärme-, Stoff- und Impulsflüsse und haben einen darüber hinaus einen starken Einfluss auf die großräumige Zirkulation. Die kleinskaligen Transporte von Beimengungen (Tracer) einschließlich Temperatur und Salzgehalt werden in der Regel durch diffusive Ansätze dargestellt. Für die Transporte durch Wirbel gibt es seit einigen Jahren einige erfolgversprechende Parametrisierungen, die zu einer Energiedissipation ohne gleichzeitige dichterelevante Vermischung führen. Dadurch kann der Effekt der Instabilität von Strömungen (siehe beispielsweise Pedlosky 1982) erheblich besser wiedergegeben werden (Gent and McWilliams 1990), ohne eine insgesamt zu starke Vermischung verwenden zu müssen.

Absinken in eng begrenzten polaren und subpolaren Regionen erneuert das Tiefenwasser und ist damit entscheidend für die Reservoir-Funktion des Ozeans für Wärme und Spurenstoffe, beispielsweise CO_2. Derzeit erfassen die OGCMs der Klimamodelle, die für mehrere tausend Jahre integriert werden, nur Skalen oberhalb von ca. 100km. Globale Wirbel auflösende Modelle können typischerweise nur einige Jahrzehnte gerechnet werden, während Prozessmodelle zur Simulation von Konvektion und dreidimensionaler Turbulenz im Ozean auf idealisierte Geometrien und Zeiträume von Tagen bis Wochen beschränkt sind. Der Anstieg der Rechnerkapazität in den kommenden Jahren wird allerdings die Integration Wirbel auflösender Modelle für Simulationen zum globalen Wandel ermöglichen, d. h. für Simulationen von einigen Jahrhunderten Länge. Dennoch werden OGCMs bis auf weiteres auf eine Reihe von Parametrisierungen angewiesen bleiben. Darüber hinaus sind auch Details der numerischen Darstellung von Bedeutung, wie etwa die Wahl der Vertikalkoordinate im Zusammenhang mit der Darstellung der Dichteschichtung oder der Bodentopographie oder Finite Elemente als Alternative zu Finiten Differenzen.

14.6.3 Gekoppelte Atmosphäre-Ozean Zirkulationsmodelle

Eine sinnvolle intern konsistente Betrachtung von Klimaprozessen auf Zeitskalen von Jahreszeiten bis hin zu Jahrtausenden macht eine Kopplung der Atmosphären- und Ozeanmodelle notwendig. So kann man zwar einerseits relativ hoch auflösende OGCMs für die Simulation der letzten Jahrzehnte einsetzen, die Formulierung der atmosphärischen Randbedingungen geschieht jedoch in einer Art und Weise (durch sog. „Bulkformeln"), die beispielsweise die Verifikation der simulierten Meeresoberflächentemperatur nicht erlaubt, da sie implizit vorgegeben wird. Schwierigkeiten mit der Wahl der Randbedingungen limitieren ebenfalls die Anwendbarkeit von OGCMs etwa im Hinblick auf die Stabilität der thermohalinen Zirkulation in einem Treibhausszenario, da man bei den oft verwendeten „gemischten Randbedingungen" wichtige Rückkopplungen vernachlässigt.

Umgekehrt macht es andererseits keinen Sinn AGCMs allein für die Simulation des zukünftigen Klimas einzusetzen, etwa für den Fall einer Verdopplung der atmosphärischen CO_2-Konzentration, da weder die Trägheit der Meere noch die für regionale Klimaänderungen wichtigen Änderungen in den Mustern der Ozeanzirkulation Berücksichtigung fänden. Daher ist die Kopplung der Modelle von Atmosphäre und Ozean unerlässlich. Wenn man heute von Klimamodellen spricht, sind derartige gekoppelte Atmosphäre-Ozean Zirkulationsmodelle (AO-GCMs) gemeint. Diese enthalten außerdem entweder als Teil des Ozeanmodells ein Meereismodell oder verfügen über eine getrennte Meereiskomponente. Die Kopplung verschiedener Modellkomponenten erfordert darüber hinaus die Entwicklung von spezieller Software, sog. Kopplern, die den Austausch der Variablen an den Grenzflächen übernehmen.

Trotz der großen Fortschritte in der gekoppelten Modellierung war man lange Zeit auf Techniken angewiesen, die eine Klimadrift vermeiden. Als Klimadrift bezeichnet man die Tendenz der gekoppelten Modelle sich rasch vom Anfangszustand zu entfernen und in einen unrealistischen Klimazustand laufen. Dieser kann komplett andere Eigenschaften besitzen als der heutige Klimazustand. Eine Möglichkeit die Drift zu vermeiden ist das Konzept der Flusskorrektur (Sausen et al. 1988), nach dem konstante Werte zu den Flüssen an der Grenzfläche Atmosphäre-Ozean hinzugefügt werden. Diese sind so gewählt, dass das gekoppelte Modell im Mittel das heutige Klima als „Arbeitspunkt“ hat. Das würde die Dynamik des Systems in einem linearen Sinne nicht beeinflussen. Ein Treibhausexperiment mit erhöhtem atmosphärischem CO_2-Gehalt mit einem solchen Modell wäre dann in gewisser Weise ein Störungsexperiment.

Heute haben die einzelnen Modellkomponenten eine Qualität erreicht, dass man auf Korrekturverfahren verzichten kann. Allerdings weisen die Modelle immer noch beträchtliche Fehler auf. So zeigen die meisten Modelle viel zu warme Meeresoberflächentemperaturen in den östlichen tropischen Ozeanen. Letztere sind durch Aufquellen kalten Wassers an die Oberfläche und damit relativ kalte Temperaturen charakterisiert sowie durch tiefe Wolken geringer Mächtigkeit, sog. Stratuswolken. Die individuellen Komponenten zeigen bereits systematische Fehler bzgl. dieser Phänomene. Positive Rückkopplungen zwischen dem Ozean und der Atmosphäre führen zu einer Verstärkung der anfänglichen Fehler im gekoppelten System. Ein weiterer typischer Fehler in Klimamodellen besteht in einer zu starken „Kaltwasserzunge“ längs des Äquators im Pazifik, mit zu niedrigen Meeresoberflächentemperaturen im westlichen Pazifik. Schließlich wird der Weg des Nordatlantikstroms in den meisten Modellen nicht richtig wiedergegeben, was zu kalte Meeresoberflächentemperaturen im Nordatlantik zur Folge hat. Insofern besteht weiterhin ein sehr großer Entwicklungsbedarf bei den Klimamodellen. Trotz der Probleme zeigen die gekoppelten Zirkulationsmodelle aber eine Variabilität, die in vielen Regionen konsistent mit den Beobachtungen ist. Außerdem werden die Klimamodelle inzwischen routinemäßig für die El Niño Vorhersage eingesetzt, und das mit großem Erfolg.

14.6.4 Gekoppelte Klima-Kohlenstoffkreislauf-Modelle

Wir wissen aus der Betrachtung der Vergangenheit, dass es immer wieder starke Klimaänderungen gegeben hat. Die Eiszeitzyklen sind ein Beispiel. Während des Höhepunkts der letzten Eiszeit vor etwa 20000 Jahren war der atmosphärische CO_2-Gehalt deutlich unter dem heutigen Wert bei knapp unter 200 ppm. Umgekehrt lag er während Warmzeiten wie der Eem Warmzeit vor 125000 Jahren bei typischerweise etwa 300ppm. Die Anregung dieser Zyklen erfolgt durch Änderungen der sog. Orbitalparameter wie die Änderung der Erdbahn um die Sonne oder Neigung der Erdachse. Die mit der Änderung des CO_2-Gehalts verbundene Modifikation der Stärke des Treibhauseffekts stellt eine positive Rückkopplung dar und lieferte einen wichtigen Beitrag zur Temperaturänderung während dieser Klimaepochen. Auch die Konzentration anderer Treibhausgase hat sich im gleichen Rhythmus geändert. Wir wollen uns hier auf die Rückkopplung durch den Kohlenstoffkreislauf beschränken. Klimamodelle, die einen interaktiven Kohlenstoffkreislauf besitzen, werden als Erdsystemmodelle bezeichnet (siehe IPCC 2013).

Diejenigen Erdsystemkomponenten, aus denen man der Atmosphäre treibhauswirksame Gase zuführt, bezeichnet man als Quellen. Fossile Energieträger wie Erdöl oder Kohle, die heute in großem Maßstab durch den Menschen verbrannt werden, oder die Brandrodung der tropischen Regenwälder sind Beispiele. Den Quellen stellt man die Senken gegenüber. Senken, wie zum Beispiel die Ozeane, die Böden oder Pflanzen, sind bis zu einem bestimmten Grad in der Lage, aus der Atmosphäre CO_2 aufzunehmen und zu speichern. Beispielsweise binden Wälder während ihrer Wachstumsphase CO_2. Wenn man dann zu einem späteren Zeitpunkt das Holz verbrennt, kommt das CO_2 wieder in die Atmosphäre. Den Prozess der Zersetzung, beim dem ebenfalls CO_2 frei kommt, bezeichnet man als Respiration.

Am Beispiel der Ozeane kann man die Begrenztheit der Senken veranschaulichen. Ohne diese Senkenfunktion der Meere wäre der bisherige CO_2-Anstieg in der Atmosphäre seit Beginn der Industrialisierung viel stärker ausgefallen. Mit zunehmender Erwärmung und CO_2-Anreicherung der Meere nimmt aber ihre Senkenfunktion ab. Außerdem droht die Versauerung, und diese ist bereits messbar. Die Versauerung führt zu Veränderungen der Meeresökosysteme und ebenfalls zur Verminderung der CO_2-Aufnahmekapazität der Meere. Derartige Prozesse sind in sehr einfacher Form in Modellen erfasst und werden an die Klimamodelle gekoppelt. Ein gekoppeltes Klima-Kohlenstoffkreislaufmodell benötigt nur die CO_2-Emissionen - beispielsweise ein Szenario für das 21. Jahrhundert - als Antrieb. Das Kohlenstoffmodul berechnet daraus die atmosphärische CO_2-Konzentration, die als Input für das Klimamodul dient. Dieses berechnet schließlich den Strahlungsantrieb für das Klimasystem und daraus die Klimaänderung, welche schließlich wiederum an das Kohlenstoffmodul weitergegeben wird.

14.6.5 Kopplung von naturwissenschaftlichen mit sozioökonomischen Modellen

Die Gesamtbewertung des globalen Klimawandels erfordert unweigerlich die Kopplung der naturwissenschaftlichen Modelle mit sozioökonomischen Modellen. Ein ungebremster Klimawandel wird Schäden nach sich ziehen, die nicht nur die Umwelt sondern auch die Weltwirtschaft betreffen werden. Dies hat Stern (2006) in seinem vielbeachteten, für die britische Regierung erstellten, Bericht „Die Ökonomie des Klimawandels" gezeigt. Die Auswirkungen auf die Weltwirtschaft werden wiederum Auswirkungen auf die Treibhausgasemissionen haben, sodass die Kopplung von Klima und Wirtschaft offensichtlich notwendig ist. Diese Art von Modellkopplung steht allerdings erst am Anfang und wir können sie hier nur kurz in ihren Grundzügen beschreiben.

Bisher hat man vergleichsweise niedrigdimensionale Modelle zum grundlegenden Studium elementarer Beziehungen zwischen dem anthropogenen Treibhauseffekt und der Weltwirtschaft formuliert (siehe Hasselmann et al. 2004). Dabei handelt es sich typischerweise um sehr einfache Modelle, die beispielsweise nur die global gemittelte Temperatur (Energiebilanzmodelle, siehe oben) oder äquivalente CO_2-Konzentration kennen, bei denen der Effekt aller Treibhausgase auf den von CO_2 umgerechnet werden. Solche Modelle zeigen die groben Strukturen des gekoppelten Problems und führen zu einfachen Kernaussagen über die Grenzen des Wachstums, die heutige Bewertung möglicher zukünftiger Veränderungen und die Machbarkeit langfristigen Klimaschutzes. Man betrachtet dabei die Abhängigkeit kosten-nutzenoptimierender Klimaschutzstrategien von grundsätzlichen Modellannahmen, wie dem betrachteten Zeithorizont, die Trägheit der Wirtschaft, und insbesondere die ethische Bedeutung der Diskontierung (Abzinsung) langfristiger Schadenskosten. Das Erdsystemmodul stellt dabei die Zusammenhänge zwischen Treibhausgasemissionen und Klimawandel sowie das potenzielle Ausmaß der Klimaänderung bei weiter wachsender Nutzung fossiler Brennstoffe dar. Das Wirtschaftsmodul simuliert, in ähnlich niedrigdimensionaler Kompaktdarstellung, die Wachstumsdynamik des materiellen Versorgungsapparates der globalen Zivilisation und die Positionen und Einflussmöglichkeiten verschiedener Interessengruppen, aber beispielsweise auch den Effekt einer Kohlenstoffsteuer und von Investitionen in Klimaschutz sowie die grundsätzliche Machbarkeit langfristiger Treibhausemissionen. Die Modelle können konsequent verfeinert werden: etwa durch die Einbeziehung regionaler Unterschiede in der Klimaänderung, von Welthandel zwischen verschieden entwickelten Regionen oder Konjunkturzyklen im Zusammenhang mit Klimaschutzmaßnahmen. Die Modelle werden ebenfalls dazu verwendet, um mögliche Handlungsstrategien zur Vermeidung eines sehr starken Klimawandels zu entwickeln, die die Weltwirtschaft nicht über Gebühr belasten.

14.6.6 Ensemble Vorhersagen

Klimasimulationen und –vorhersagen werden typischerweise im Ensemble Modus durchgeführt, d. h. man führt eine Vielzahl von Rechnungen mit gleichen Randbedingungen aus, wobei man entweder die Anfangsbedingungen oder die Modellphysik ändert. Dies liegt zum einem an dem chaotischen Charakter einiger Komponenten des Klimasystems, insbesondere der Atmosphäre, die, wie anhand des Lorenz-Modells verdeutlicht, eine starke Sensitivität gegenüber kleinen Störungen in den Anfangsbedingungen aufweisen. Man versucht daher, durch die Mittelung über viele Simulationen mit unterschiedlichen Anfangsbedingungen den alleinigen Effekt der sich ändernden Randbedingungen zu identifizieren. Die Klimamodelle weisen daneben beträchtliche Fehler auf, sowohl was die Simulation des mittleren Klimas als auch der Variabilität angeht. Man mittelt daher auch über die Ergebnisse verschiedener Klimamodelle in der Hoffnung, dass die Modellfehler zufällig verteilt sind und sich die Modellunsicherheit durch die Mittelwertbildung reduzieren lässt.

In der Tat zeigen verschiedene Studien, dass dies der Fall sein kann. So hat ein synthetisches Atmosphärenmodell, das einfach aus der Mittelung vieler AGCMs hervorgegangen ist, den kleinsten Fehler bzgl. der Simulation wichtiger atmosphärischer Aspekte wie die dreidimensionale Windzirkulation. Ähnliches gilt für die Jahreszeitenvorhersage, beispielsweise für die El Niño Vorhersage. Die Konsensvorhersage, die einfach aus der Mittelung der Vorhersagen mit verschiedenen Modellen berechnet wird, zeigt die beste Vorhersagegüte (siehe Palmer et al. 2004). Daher werden heute üblicherweise die Simulationen zum Globalen Wandel der Öffentlichkeit immer als Ensemble vorgestellt, wobei man die Ensembles mit individuellen Modellen, in denen meistens nur die Anfangsbedingungen variiert wurden, zu einem Superensemble zusammenfasst, das auch die Modellunsicherheit berücksichtigt. Der Mittelwert ist dann in gewisser Weise die beste Schätzung für das zu erwartende Treibhaussignal. Die Streuung um den Mittelwert ist ein Maß für die Unsicherheit in den Projektionen.

Die zukünftigen Treibhausgasemissionen sind von ökonomischen, sozialen und politischen Entwicklungen abhängig, die grundsätzlich nicht vorhersagbar sind. Man betrachtet daher eine breite Palette von Annahmen über die künftige Entwicklung der Menschheit, aus denen eine Vielfalt von Emissionsszenarien abgeleitet wird, die wiederum die Grundlage für die Projektionen über die künftige Klimaentwicklung bilden. Die Abbildung 14.3 zeigt ein Beispiel aus dem letzten Bericht des IPCC aus dem Jahr 2013. Dabei sind die Rechnungen für die beiden Extremszenarien gezeigt, um den möglichen Handlungsspielraum abzudecken. Man kann sie sich als die „beste“ (Strahlungsantrieb von 2.6 W/m^2 und „schlechteste“ (Strahlungsantrieb von 8.5 W/m^2) aller Welter vorstellen. Dabei muss man aber betonen, dass das erste Szenario mit einem Strahlungsantrieb von 2.6 W/m^2 praktisch nicht mehr zu erreichen ist. Man erkennt anhand der Abbildung die große Unsicherheit in der zukünftigen Klimaentwicklung, die allein aus der Unkenntnis der zukünftigen Treibhausgasemissionen resultiert. Klar ist aber auch, dass Klimaschutz im Sinne von reduzierten Treibhausgasemissionen kurzfristig wegen der Trägheit des Klimas keinen großen Effekt haben wird.

Langfristig, d. h. gegen Ende des 21. Jahrhunderts, kann Klimaschutz allerdings eine große Wirkung entfalten. So unterscheidet sich die globale Mitteltemperatur im Jahr 2100 um mehrere Grad zwischen den beiden Szenarien (Abb. 14.3 a). Eine ähnlich starke Sensitivität findet man im Oberflächen pH-Wert des Ozeans (Abb. 14.3 c), während die nordhemisphärische Meereisbedeckung (Abb. 14.3 b) wegen der starken positiven Rückkopplungen weniger empfindlich reagiert.

14.7 Schlussbemerkung

Wo stehen wir heute in Sachen Klimamodellierung? Die Modelle haben sicherlich einen Stand erreicht, der sie zu einem geeigneten Mittel für politische Entscheidungsprozesse macht. Klimamodelle basieren auf naturwissenschaftlichen Gesetzen und sind deswegen belastbarer als Wirtschaftsmodelle, die rein empiri-

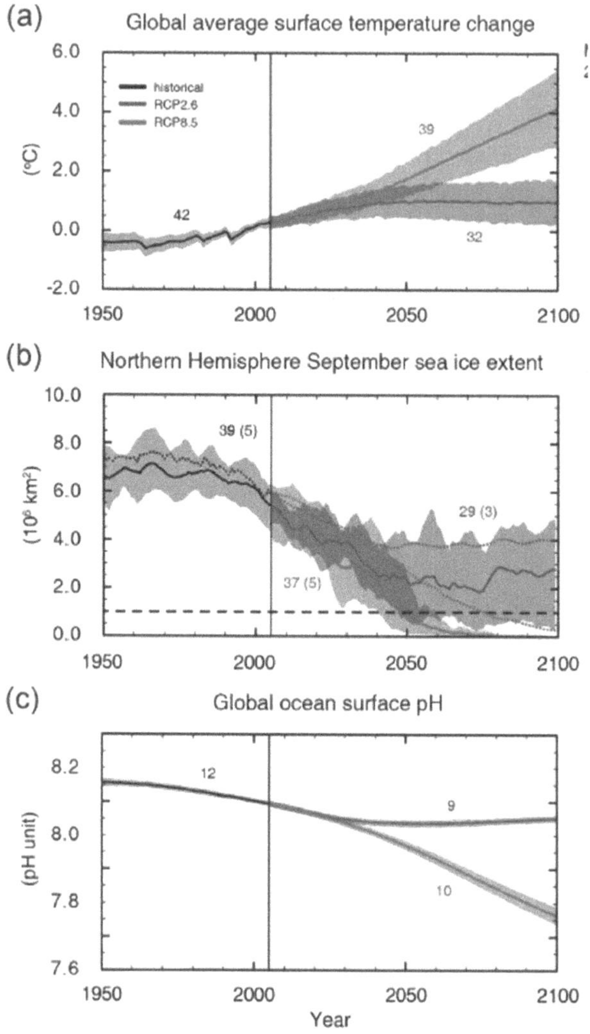

Abb. 14.3. Historische Simulationen und Projektionen bis 2100 (a) der global gemittelten oberflächennahen Lufttemperatur, (b) der nordhemisphärischen (arktischen) Meereisausdehnung im September (dem Monat mit der geringsten arktischen Meereisausdehnung) und (c) des Oberflächenozean pH-Wertes mit einer Reihe von Klimamodellen. Dargestellt sind die beiden Extremszenarien. Die Zahlen in den Abbildungen geben die Zahl der Modelle an, die für das jeweilige Szenario gerechnet wurden. Die dicken Linien geben den Ensemblemittelwert an, die Schattierung den Unsicherheitsbereich. Mehr Details finden sich in IPCC (2013). Aus IPCC (2013).

scher Natur sind. Darüber darf man aber nicht vergessen, dass die Klimamodelle noch erhebliche Fehler aufweisen. Insofern sind Projektionen für die Zukunft, insbesondere auf der regionalen Skala mit Vorsicht zu genießen. Die Unsicherheiten resultieren aus drei Quellen: Modellfehler sind eine. Die Unkenntnis des menschlichen Handels in der Zukunft eine weitere. Wir wissen nicht, welches der in Abbildung 14.3 gezeigten Szenarien wir realisieren werden. Und schließlich gibt es die natürlichen Klimaschwankungen, die die anthropogene Klimaänderung überlagern. Einige sind vorhersagbar. Andere sind es nicht wie beispielsweise die Stärke der Sonnenstrahlung oder Vulkanausbrüche. Letztere haben nur kurzfristige Auswirkungen. Die Sonnenstrahlung hat während der letzten 1000 Jahre kaum geschwankt, zumindest nicht in einem Maße, das die anthropogene Erwärmung selbst unter Annahme eines moderaten Treibhausgasszenarios kompensieren könnte. Die Zeichen stehen auf globale Erwärmung, und das erfordert die Entwicklung verlässlicher Klimamodelle, um vor allem die regionalen Auswirkungen besser abschätzen zu können. Das ist noch ein langer Weg aber durchaus in den kommenden Jahren durch multi-disziplinäre Zusammenarbeit realisierbar.

Literatur

[Arr96] Arrhenius, S. A. (1896): *On the influence of carbonic acid in the air upon the temperature of the ground.* The London, Edinburgh and Dublin Philosophical Magazine and Journal of Science, 5, 237–276.

[Bry69] Bryan K. (1969): A numerical method for the study of the circulation of the world ocean. J. Comput. Phys., 4, 347-376.

[Cha75] Charney J. G. (1975): Dynamics of deserts and drought in Sahel. Quarterly Journal of the Royal Meteorological Society, 101 (428), 193-202.

[Gat76] Gates W. L. (1976): Numerical-simulation of ice-age climate with a global general circulation model. Journal of the Atmospheric Sciences, 33, 1844-1873.

[GeM90] Gent, P. R. and J. C. Mcwilliams (1990): Isopycnal Mixing in Ocean Circulation Models. J. Phys. Oceanogr., 20, 150–155.

[Gil82] Gill A. E. (1982): Atmosphere-ocean dynamics. Academic Press, London, 662pp.

[Has03] Hasselmann K., M. Latif, G. Hooss, C. Azar, O. Edenhofer, C. C. Jaeger, O. M. Johannessen, C. Kemfert, M. Welp and A. Wokaun (2003): The challenge of long-term climate change. Science, 302, 1923-1925.

[HeS74] [Held I. M. and M.J. Suarez (1974): Simple albedo feedback models of ice-caps. Tellus, 26 (6), 613-629.

[Hib979] Hibler W. D. III. (1979): A dynamic thermodynamic sea ice model. Journal of Physical Oceanography, 9, 815-846.

[IPCC13] IPCC (2013): Intergovernmental Panel on Climate Change 2013: The Physical Science Basis. IPCC Working Group I Contribution to AR5. Cambridge University Press, Cambridge. www.ipcc.ch

[Lor63] Lorenz, E. N. (1963): Deterministic Nonperiodic Flow. J. Atmos. Sci., 20, 130–141.

[MaM61] Manabe S. and F. Möller (1961): On the radiative equilibrium and heat balance of the atmosphere. Monthly Weather Review, 31, 118-133.

[MaW67] Manabe S. and R. T. Wetherald (1967): Thermal equilibrium of the atmosphere with a given distribution of relative humidity. Journal of the Atmospheric Sciences, 241-259.

[MaB69] Manabe S. and K. Bryan (1969): Climate calculations with a combined ocean-atmosphere model. Journal of the Atmospheric Sciences, 26, 786-789.

[Mun50] Munk W. H. (1950): On the wind-driven ocean circulation. J. Met., 7, 79-93.

[Nor75] North G. R. (1975): Analytical Solution to a Simple Climate Model with Diffusive Heat Transport. Journal of Atmospheric Science, 32, 1301-1307.

[Pal93] Palmer, T. N. (1993): Extended-range atmospheric prediction and the Lorenz model. Bulletin of the American Meteorological Society, 74, 49-65.

[Pal04] Palmer T., U. Andersen, P. Cantelaube, M. Davey, M. Deque, F. J. Doblas-Reyes, H. Feddersen, R. Graham, S. Gualdi, J.-F. Gueremy, R. Hagedorn, M. Hoshen, N. Keenlyside, M. Latif, A. Lazar, E. Maisonnave, V. Marletto, A.P. Morse, B. Orfila, P. Rogel, J.-M. Terres and M. C. Thomson (2004): Development of a European Multi-Model Ensemble System for Seasonal to Inter-Annual Prediction (DEMETER). Bulletin of the American Meteorological Society, 85, 853-872.

[Ped82] Pedlosky J. (1982): Geophysical Fluid Dynamics. Springer Verlag, 624pp.

[Phi56] Phillips N. A. (1956): The General Circulation of the Atmosphere: A Numerical Experiment. Quarterly Journal of the Royal Meteorological Society, 82, 123-164.

[SBH88] Sausen R., K. Barthel and K. Hasselmann (1988): Coupled ocean–atmosphere models with flux adjustment. Climate Dynamics, 2, 145–163.

[Sem76] Semtner A. J. (1976): A model for the thermodynamic growth of sea ice in numerical investigations of climate. Journal of Physical Oceanography, 6, 27–37.

[SeC88] Semtner A. J. Jr. and R. M. Chervin (1988): A Simulation of the Global Ocean Circulation with Resolved Eddies. Journal of Geophysical Research, 93, C12,15,502–15,522.

[Ste06] Stern N. H. (2006): The economics of climate change. The Stern Review. London, HM Treasury.

[SGH99] Storch H., S. Güss and M. Heimann (1999): Das Klimasystem und seine Modellierung: eine Einführung. Springer, Heidelberg, 255pp.

[Tre92] Trenberth, K. E. (1992): Climate System Modeling. Cambridge University Press, Cambridge.

15 Die Welt im Modell. Zur Geburt der systematischen Modellierung in der Antike

Claas Lattmann[1]

15.1 Einleitung

Modelle sind nicht nur in der modernen Naturwissenschaft und in der zeitgenössischen Wissenschaftsphilosophie von immenser Bedeutung[2], sondern auch für die historischen Wissenschaften. Speziell für die Klassische Philologie – diejenige Wissenschaft, die mit Hilfe der erhaltenen Textzeugnisse die (Schrift-)Kultur der griechischen und römischen Antike erforscht – sind Modelle von höchstem Interesse: In der Antike liegt der Anfang des systematischen, „wissenschaftlichen" Zugriffs auf die Natur mit Hilfe von Modellen. Entsprechend sind zahlreiche Modelle aus den verschiedensten Bereichen der antiken Kultur bezeugt, beginnend spätestens mit den Vorsokratikern ab ungefähr dem sechsten Jahrhundert v.Chr. bis in die Spätantike im fünften Jahrhundert n.Chr.[3]

Zwar sind viele dieser Modelle in irgendeiner Form schon Gegenstand der Forschung gewesen. In der Regel wurden sie jedoch nicht dezidiert als „Modelle" betrachtet, und ebenso wenig aus dem Blickwinkel der aktuellen Wissenschaftsphilosophie, die gerade in der letzten Zeit immense Fortschritte in der Erforschung des Modells gemacht hat. Als äußerst lohnenswert erscheint es daher, mit Hilfe eines modernen Instrumentariums die Modelle der griechisch-römischen Antike systematisch als „Modelle" zu identifizieren und sie, parallel hierzu, zielgerichtet

---

1 Herzlich gedankt sei Lutz Käppel für seine fortwährende Unterstützung. Ebenfalls herzlich gedankt sei der Alexander von Humboldt-Stiftung, deren großzügiges Feodor Lynen-Stipendium mir einen wunderschönen und ertragreichen Forschungsaufenthalt an der Emory University erlaubt hat. Das dortige Department of Classics und speziell mein Gastgeber Peter Bing haben mich mit vorbildlicher Gastfreundschaft aufgenommen. Und schließlich sei den American Friends of the Alexander von Humboldt Foundation für die Verleihung des William M. Calder III Fellowships 2013 gedankt, das mir erlaubt hat, einige der hier skizzierten Aspekte der antiken Modellnutzung auf internationalen Konferenzen zur Diskussion zu stellen.

2 Siehe etwa Frigg/ Hartmann (2009).

3 Modelle zur Erklärung der Welt finden sich sogar schon bei Homer und Hesiod, mithin am Anfang der im engeren Sinne historischen griechischen Kultur überhaupt. Siehe zu einem wichtigen Aspekt der Modellverwendung in der Frühzeit dieser Zeit Lattmann (in Vorbereitung).

in ausgewählten Aspekten aus einer modelltheoretischen Perspektive zu analysieren, mit der Aussicht auf einen potentiellen Erkenntnisgewinn in philologischer, wissenschaftshistorischer und wissenschaftsphilosophischer Hinsicht.

Das Ziel der folgenden Ausführungen ist, in diesem Sinn einen ersten Einblick in die Bedeutung von Modellen in der griechisch-römischen Antike zu geben und so zugleich einen Beitrag zur skizzierten Forschungsaufgabe zu leisten.

In einem ersten Schritt erfolgt hierzu als Grundlage die Vorstellung einer geeigneten Modelltheorie (Abschnitt 15.2). In einem zweiten Schritt wird hierauf aufbauend ein kurzer, notwendig ausschnittshafter Einblick in die spezifische Relevanz von Modellen für die griechische (Wissenschafts-)Kultur gegeben (Abschnitt 15.3). Drittens werden schließlich beispielhaft Fragen formuliert, die an diese Modelle gestellt werden könnten, um sie einerseits als historisch bezeugte, in einem spezifischen kulturellen Kontext produzierte und genutzte Modelle an sich und andererseits in ihrer Differenz zu in den modernen Naturwissenschaften gebrauchten Modellen besser verstehen zu können (Abschnitt 15.4).

15.2 Ein modelltheoretischer Ansatz

Die Wissenschaftsphilosophie beschäftigt sich seit etwa den 1980er Jahren verstärkt mit der Theorie des Modells. Obwohl zahlreiche Vorschläge zur Klärung des Modellbegriffs gemacht worden sind, ist nichtsdestoweniger noch immer stark umstritten, was ein Modell überhaupt ist und welchen epistemologischen Status es hat. Zwischen den verschiedenen, teils stark divergierenden Ansätzen konnte bisher kein Konsens hergestellt werden[4].

Die um das Modell geführte Debatte kann und soll hier nicht – auch nur ansatzweise – referiert werden. Anstatt dessen soll als Grundlage der weiteren Ausführungen ein semiotischer, im Rahmen der Zeichentheorie des amerikanischen Philosophen Charles S. Peirce operierender Ansatz vorgestellt werden. Dieser erlaubt zum einen eine hinreichend adäquate Bestimmung des Modells und vermag zum anderen einflussreiche und bedeutende frühere Modelltheorien zu integrie-

4 Siehe etwa den Überblick bei Frigg / Hartmann (2009), auch Bailer-Jones (2009). Vgl. den Abschnitt „Übersicht zu Forschungen zu Modellen, zum Modellieren und zur Modellierung“ sowie C. Blättlers Beitrag in diesem Kompendium.

ren[5]. In diesem Sinne scheint er im Gegensatz zu vielen anderen Vorschlägen im besonderen Maße dafür geeignet zu sein, einerseits historische Modelle als ‚Modelle' identifizieren und andererseits ihre entscheidenden Spezifika benennen und systematischer Analyse zugänglich machen zu können. Entsprechend wird der nächste Abschnitt 15.3 zeigen, dass sich mit diesem Ansatz in der Tat bisher nicht verstandene signifikante Aspekte des antiken Modellgebrauchs erklären lassen.

Mit Peirce ist ein Zeichen (mehr oder weniger) definiert als ein beliebiger Gegenstand, der in einer spezifischen Beziehung zu zwei anderen beliebigen Gegenständen steht (wobei ‚Gegenstand' in einem weitestmöglichen Sinn zu verstehen ist, nicht nur als raumzeitlich existente Materieansammlung):[6] erstens zu einem Gegenstand, auf den er verweist oder, anders formuliert, für den er steht; und zweitens zu einem Gegenstand, den er hervorruft oder -bringt. Peirce bezeichnet den ersten dieser beiden Gegenstände als *object*, den zweiten als *interpretant* (hier in der Regel wiedergegeben als „Objekt" bzw. „Interpretant").

Ein Beispiel ist ein gewöhnliches Wort: ein Wort wie „Wort" verweist (jedenfalls in gewissen Kontexten und in einem gewissen Sinn) auf den (semantischen) Inhalt dieses Wortes als sein Objekt (in gewissem Sinn die „Bedeutung")[7] und ruft in demjenigen, der es vernimmt, als Interpretant die Vorstellung „Wort" hervor – wobei nicht nur das primäre Zeichen, sondern auch Objekt und Interpretant im Rahmen der semiotischen Relation Zeichen sind, sich also insgesamt eine Kette von Zeichen ergibt, die jeweils wieder in einer eigenen Zeichenrelation stehen. Ein anderes, von Peirce oft angeführtes Beispiel für ein Zeichen ist der Wetterhahn (Peirce CP 2.286): Er zeigt durch seine Richtung in einem bestimmten Augenblick die aktuell vorliegende Windrichtung an. Als Zeichen verweist er in dieser Hinsicht auf das Objekt „gegenwärtige Windrichtung" und ruft im Betrachter zugleich die Vorstellung einer bestimmten Windrichtung hervor. Andererseits – und dies zeigt, dass Zeichen je nach konkretem Zweck in einem spezifischen Kontext grundsätzlich verschieden interpretiert werden können, die Beziehung von

5 Dieser modelltheoretische Ansatz wird eingehend entwickelt in Kralemann/ Lattmann (2013a); Kralemann/ Lattmann (2013b).

6 Für eine Einführung in die Peircesche Zeichentheorie siehe zum Beispiel Short (2007).

7 Die Beschreibung der Relata einer Zeichenrelation im Sinne von Peirce mit Begrifflichkeiten linguistischer Theorie ist grundsätzlich problematisch, da unterschiedliche, in gewissem Sinne inkommensurable konzeptuelle Vorstellungen zugrunde liegen. Die hier vorgenommene Parallelisierung ist daher nur als Hilfestellung zu einem ersten Verständnis der Peirceschen Theorie zu verstehen.

Zeichen und Interpretation mithin nicht notwendig von vornherein starr determiniert ist – kann der Wetterhahn jedoch auch als Zeichen interpretiert werden, das bildlich einen Hahn abbildet, und zwar ungeachtet (und gegebenenfalls zusätzlich zu) seiner in anderen Hinsichten als entscheidend angesehenen Funktion, die Windrichtung anzuzeigen.

Diese drei Zeichen dienen freilich nicht nur als Beispiele für „Zeichen", sondern beleuchten zugleich – zumindest in einem wichtigen Aspekt – auch die Spannbreite dessen, was Zeichen im Sinne der Peirceschen Zeichentheorie sein können. Mit ihnen sind nämlich drei grundlegende Formen des Zeichens gegeben, die zusammen eine erschöpfende Klassifikation aller Zeichen ergeben:[8]

1) das *symbol*, ein Zeichen, das kraft einer gewohnheitsmäßigen Verbindung zwischen dem Zeichen und seinem Objekt als Zeichen fungiert. Dies ist unter anderem bei gewöhnlichen Wörtern der Fall, denn das Wort „Wort" bezeichnet ein Wort durch nichts anderes als durch eine gewohnheitsmäßige, in diesem Fall arbiträre Verbindung von Bezeichnendem und Bezeichnetem.

2) der *index*, ein Zeichen, das kraft einer als bestehend gedachten existentiellen – das heißt mehr oder weniger auch unabhängig von der Zeichenbeziehung bestehenden – Beziehung zwischen dem Zeichen und seinem Objekt eine Zeichenfunktion erfüllt. Dies ist zum Beispiel der Fall beim Wetterhahn, wenn er als Zeichen für die gegenwärtige Windrichtung dient; denn er fungiert ja ganz evident nur insoweit als ein derartiges Zeichen mit diesem spezifischen Objekt, als er in irgendeiner Weise von eben dieser Windrichtung real beeinflusst ist.

3) das *icon*, ein Zeichen, das kraft einer – wie auch immer in konkreter Hinsicht gearteten – subjektiv festgestellten Ähnlichkeit zwischen dem Zeichen und seinem Objekt als Zeichen fungiert. Dies ist zum Beispiel dann der Fall, wenn der Wetterhahn als Abbildung eines Hahns interpretiert wird (was im Übrigen prinzipiell unabhängig davon ist, ob und inwiefern diese Ähnlichkeit ‚objektiv', das heißt außerhalb des Interpretationsaktes, besteht; dies gilt *mutatis mutandis* selbstverständlich auch für den *index*).

So weit eine – allzu – knappe Skizze der allgemeinen Grundzüge der Peirceschen Zeichentheorie. In diesem Rahmen ist es nun möglich, Modelle in allgemeiner

8 Für diese Klassifikation siehe zum Beispiel Peirce CP 2.247–249; für weitere Stellen siehe Kralemann/ Lattmann (2013b) 3404f.

Weise hinreichend adäquat in ihrem Wesen zu bestimmen. Es lässt sich nämlich zeigen, dass Modelle und *icons* identisch sind: Modelle sind, mit anderen Worten, nichts anderes als Zeichen, die primär dadurch auf ihr Objekt verweisen, dass sie eine (wie auch immer geartete) Ähnlichkeit zu ihrem Original besitzen – jedenfalls subjektiv für diejenige Instanz, für die etwas als Modell fungiert. Modelle sind in diesem Sinne Abbildungen eines anderen Gegenstandes, ihres Originals.[9]

Modelle lassen sich jedoch nicht nur allgemein als *icons* bestimmen (und *vice versa*). Insofern nämlich Peirce die Klasse der *icons* ihrerseits in drei Unterklassen unterteilt, ergibt sich zugleich auch eine dreiteilige Klassifizierung von Modellen:

1) Modelle, die – wie ein Bild – das dargestellte Objekt bloß „abbilden", das heißt es in seiner äußeren, der Wahrnehmung zugänglichen Beschaffenheit in (mehr oder weniger stark modifizierender) Weise replizieren. Sie geben in diesem Sinne primär einen unanalysierten Sinneseindruck wieder und zielen insbesondere nicht darauf ab, eine innere Struktur (oder ähnliches) des dargestellten Objekts aufzuzeigen. Insofern Peirce diese Form von *icons* als *images* bezeichnet, ergibt sich die Klasse der ‚bildhaften Modelle'.

2) Modelle, die ihr Objekt so repräsentieren, dass im Rahmen der Zeichenbeziehung gewisse zweistellige (das heißt im Rahmen der Peirceschen Theorie mehr oder weniger: real existierende oder auf solche reduzierte bzw. als solche betrachtete) Relationen offenbar werden, die für die Beschaffenheit des Objekts als kennzeichnend erscheinen. Derartige Modelle zeigen eine innere Struktur ihres Originals auf. Ein Beispiel sind Diagramme. Insofern Peirce in seiner Klassifikation von *icons* den Terminus *diagram* benutzt, lassen sich diese Modelle als „diagrammatische Modelle" benennen. Angesichts ihres Charakters ließen sie sich aber auch als „mathematische Modelle" bezeichnen – was auch deshalb gerechtfertigt wäre, weil für Peirce insbesondere mathematische Formeln diesen Charakter haben. Entsprechend fallen auch Computersimulationen in diese Gruppe.

3) Modelle, deren äußere Beschaffenheit eine ungewöhnliche (das heißt nicht habitualisierte) Zeichenbeziehung zwischen einem weiteren Objekt, das als Zeichen fungiert, und einem durch ein drittes Zeichen repräsentierten Objekt, das

9 Insofern ein Zeichen im Rahmen der Peirceschen Theorie *per definitionem* eine Mittelstellung zwischen dem Objekt und dem Interpretant hat, ergibt sich eine signifikante Ähnlichkeit zur Konzeption des „Modells als Medium", wie C. Blättler sie in ihrem Beitrag zu diesem Kompendium entwickelt.

als ansonsten ungebräuchliches Objekt dieses zweiten Zeichens fungiert, impliziert. Mit anderen, einfacheren Worten: Modelle, die implizit (da abbildhaft) eine ungewöhnliche semiotische Zeichenrelation repräsentieren. Diese Art von *icons* bezeichnet Peirce als *metaphors*. So ergibt sich als dritte Form von Modell das „metaphorische Modell"[10].

So weit eine kurze Skizze einer Modelltheorie im Rahmen der Peirceschen Zeichentheorie. Sie erlaubt nicht nur eine hinreichende Bestimmung des Modells, sondern ebenso eine Integration von anderen Modelltheorien, zumindest der Modelltheorie der modernen Logik und von abbildungsbasierten Modelltheorien – und so die Möglichkeit, deren Einsichten in das Wesen des Modells in einen vereinheitlichenden übergreifenden theoretischen Rahmen zu integrieren[11]. Besonders wichtig ist dabei die Erkenntnis, dass Modelle immer Modelle einer Theorie sind (wobei ‚Theorie' in diesem Rahmen in einem dezidiert allgemeinen Sinne zu fassen ist), sie also immer einen konzeptuellen Hintergrund haben; und dass sich die Ähnlichkeitsbeziehung zwischen Modell und Original nicht nur global verstehen lässt, sondern ganz konkret als (mathematisch interpretierbare) Abbildung einzelner Attribute von Modell und Original aufeinander. Dabei lassen sich die für die Zeichenbeziehung relevanten Attribute auf der Seite des Originals als ‚Modellattribute' bezeichnen, die auf der Seite des Modells als ‚syntaktische Attribute'. Die spezifische Verbindung von Modell- und syntaktischen Attributen ist dann für die konkrete Beschaffenheit der im Einzelnen vorliegenden Modellrelation entscheidend und charakteristisch.

Auf der anderen Seite erlaubt die skizzierte Modelltheorie dadurch, dass Modelle als Zeichen im Peirceschen Sinne verstanden werden, die Erkenntnis, dass jedes Modell bestimmte allgemeine Eigenschaften prinzipiell immer schon *qua* Zeichen besitzt. Unter anderem: Modelle sind immer (mehr oder weniger stark) abhängig von einem subjektiven Urteil einer Betrachterin, die etwas in einem bestimmten Kontext und zu einem bestimmten Zweck als Modell identifiziert – und das heißt: als Zeichen für denjenigen Gegenstand, für den sie etwas als ein Modell ansieht; und dieses Modell ist entsprechend nicht identisch mit seinem Original noch steht es für dieses Original in allen Hinsichten.

---

10 Zur metaphorischen Form von *icons* und mithin Modellen siehe Lattmann (2012) mit einer eingehenden Explikation der Peirceschen Metapherntheorie.

11 Siehe hierzu ebenfalls Kralemann/ Lattmann (2013a) und Kralemann/ Lattmann (2013b); Beispiele für solche Theorien sind etwa Balzer (1997) bzw. Stachowiak (1973).

In Schlagworten besitzt jedes Modell damit *qua* Zeichen notwendig unter anderem die folgenden Merkmale: Subjektivität; Zweckhaftigkeit; Nicht-Identität mit seinem Original; (partielle) Abbildhaftigkeit; und – aus Sicht einer historisch ausgerichteten Wissenschaft zentral – Kontextabhängigkeit, mithin Geschichtlichkeit im weitesten Sinne: Modelle – seien es antike, seien es moderne – sind immer Produkte einer spezifischen Kultur und in dieser Hinsicht prinzipiell immer auch ein Gegenstand der historischen Wissenschaften. Es sind schließlich immer *Menschen*, die im Rahmen eines konkreten (insbesondere wissenschafts-)kulturellen Kontextes bestimmte Dinge zu Modellen erklären.[12]

15.3 Aspekte der Modellnutzung in der Antike

Wenn Modelle und *icons* gleichzusetzen sind, ist im Rahmen der Peirceschen Zeichentheorie offenbar, dass jegliches menschliches Denken notwendig (mittelbar) auf Modellen beruht – ja, dass Modelle die eigentliche und einzige Quelle jeglicher neuer Erkenntnis sind[13]. Insofern wäre eine Geschichte des vom Menschen genutzten Modells eine Geschichte der Menschheit.

Eine solche Geschichte der Menschheit kann und soll hier natürlich nicht geleistet werden – zumal eine andere Frage im gegebenen Rahmen weitaus interessanter ist: die danach, wann Modelle das erste Mal systematisch zum Zwecke des Erwerbs von objektivem (oder vielmehr: als objektiv konzipiertem) Wissen genutzt wurden. Mit anderen Worten: Wann begannen Menschen, das erste Mal systematisch ‚Wissenschaft' zu betreiben, und dies intentional durch den Einsatz von Modellen?[14]

Zumindest für die europäische Kultur ist die Antwort einfach: im antiken Griechenland, speziell in der frühen griechischen Naturphilosophie, spätestens je-

12 Vgl. insbesondere die Abschnitte „Instrumental Turn" und „Ansätze einer medialen Epistemologie des Modells" in C. Blättlers Beitrag in diesem Kompendium sowie H. Allerts und C. Richters Beitrag „Modellierung als sozio-materielle Praktik".

13 Vgl. Peirce CP 2.222: „Every symbol is, in its origin, either an image of the idea signified, or a reminiscence of some individual occurrence, person or thing, connected with its meaning, or is a metaphor"; in Verbindung mit CP 2.278: „The only way of directly communicating an idea is by means of an icon; and every indirect method of communicating an idea must depend for its establishment upon the use of an icon".

14 Gleichwohl wäre es selbstverständlich aus *philosophischer* Sicht äußerst lohnenswert, die allem Anschein nach bestehende grundlegende *Modell*-Basiertheit menschlicher Erkenntnis aus einer modelltheoretischen Perspektive systematisch zu untersuchen.

doch mit der Erfindung der mathematischen Wissenschaften im engeren Sinne im Laufe des fünften und vierten Jahrhunderts v.Chr. Dies soll im Folgenden summarisch anhand einiger ausgewählter Fallbeispiele illustriert werden[15].

Ein herausragendes frühes Zeugnis für die Nutzung von Modellen findet sich bei Anaxagoras, einem Naturphilosophen aus der ersten Hälfte des fünften Jahrhunderts v.Chr.: Programmatisch sind für ihn die Phänomene eine „Schau des Verborgenen“ (ὄψις ἀδήλων τὰ φαινόμενα; s. DK46 B21a). Traditionell gilt diese Formulierung als eines der zentralen Zeugnisse für das sogenannte Tekmerien- („Indizien-“)Verfahren der griechischen Naturphilosophie, die zentrale Methode zur Gewinnung von Erkenntnissen in dieser frühesten Phase des Versuchs einer ‚objektiven‘ Beschreibung der Welt, das heißt mehr oder weniger einer Beschreibung, die sich von der direkten Zuweisung der Ursachen für Naturphänomene an die ‚homerischen‘ Götter löst. Diese Methode lässt sich wie folgt beschreiben:

> Das Verfahren besteht, allgemein und schematisch gesprochen, darin, daß ein angenommener Vorgang *a*, der in Thesenform apodiktisch entwickelt worden ist, einem zweiten anschaulichen Vorgang *b* – zuweilen tritt ein zweiter und dritter anschaulicher Vorgang *b*1 *b*2 dazu – verglichen wird, mit dem deutlichen Zweck, die Richtigkeit der Annahme bezüglich des unanschaulichen Vorgangs *a* dadurch zu beweisen.[16]

Kurze konkrete Beispiele für die Anwendung dieser Methode finden sich etwa beim Naturphilosophen Empedokles, der ebenfalls im fünften Jahrhundert v.Chr. wirkte:

> Dasselbe sind Haare und Blätter und der Vögel dichte Federn
> und Schuppen auf starken Gliedern.[17]

> Und so legen die großen Bäume Eier: zuerst Oliven.[18]

Leicht zu erkennen ist, dass das Tekmerienverfahren nicht nur ein Analogieverfahren ist – so die traditionelle Sicht –, sondern vor allem ein Verfahren, das auf der Benutzung von Modellen basiert. Der Zweck ist, einen bisher nicht erklärten Sachverhalt besser – oder überhaupt – beschreiben und dadurch erklären zu können.

15 Eine eingehende Analyse kann im gegebenen Rahmen nicht erfolgen und soll an anderer Stelle durchgeführt werden. Die folgenden Ausführungen widmen sich dem Thema daher eher thesenartig und gehen nicht auf die – zum Teil äußerst kontroversen und/ oder modelltheoretisch erst noch zu explizierenden – Details ein, verzichten also in diesem Sinne insbesondere auf eine ausführliche Auseinandersetzung mit der Forschungsliteratur.
16 Regenbogen (1961) 153; siehe insgesamt 153–155.

In diesem Sinne erlaubt der skizzierte modelltheoretische Rahmen, das Tekmerienverfahren genauer als bisher zu beschreiben, und zwar wie folgt: Zur Erklärung eines bestimmten, ansonsten unerklärlichen Sachverhalts wird ein anderer, als zu diesem Zweck als ähnlich postulierter, aber der Beobachtung zugänglicher Sachverhalt herangezogen, und dieser zweite Sachverhalt dient als Modell des ersten Sachverhalts. Der zweite Sachverhalt ist dabei jedoch dezidiert „anders" und bewahrt seine Andersartigkeit im Modellierungsakt, ja: gerade auf dieser Andersartigkeit beruht die in diesem Prozess gewonnene Erkenntnis.

Damit nutzt das Tekmerienverfahren nicht nur Modelle, sondern speziell *metaphorische* Modelle: Zu erklärende Eigenschaften des einen Gegenstandes werden mit dem Zweck der Erklärung in einem anderen Gegenstand gesucht, der (in dieser Hinsicht) als ähnlich postuliert wird, und die entsprechenden Eigenschaften werden in einer impliziten Abbildungsrelation aufeinander abgebildet – und zwar gerade so, dass mittels des Postulats der prinzipiellen Gleichheit der zu erklärenden Phänomene eine indirekte ‚Schau des (im ersten Gegenstand) Verborgenen' erfolgt. Im Ergebnis wird das den Sinnen Zugängliche – die „Phänomene" – als Modell für das noch nicht Verstandene, den Sinnen nicht Zugängliche genutzt.

Am Anfang der griechischen Naturphilosophie stehen also metaphorische Modelle, und für deren Verwendung ließen sich außer Anaxagoras und Empedokles noch zahlreiche weitere Naturphilosophen anführen[19]. Die systematische Verwendung metaphorischer Modelle war in diesem Sinne allem Anschein nach die gewöhnliche Methode zur Erkenntnisgewinnung und -darstellung in dieser Zeit.

Fraglich ist allerdings, ob für den Metapherngebrauch der Einfluss der griechischen Dichtung ursächlich war, es sich also um ein dichterisches Residuum in der von der Sache her eigentlich nicht für Metaphern geeigneten, da auf ‚objektive' Erkenntnis ausgerichteten Naturphilosophie handelte: Während zur Verbreitung bestimmte Texte fast in der gesamten archaischen Epoche fast ausschließlich in Form von Dichtung verfasst waren, erfand man erst ungefähr zur Mitte des sechsten Jahrhunderts v.Chr. die Prosa, und zwar allem Anschein nach im naturphilosophischen Kontext.

Im modelltheoretischen Rahmen drängt sich eine andere Vermutung auf: Zu einer Zeit, in der noch kein begriffliches Instrumentarium mit (explizit oder implizit) klar definierten Termini existierte – wie es eben insbesondere im sechsten und

19 Vgl. Lattmann (2010) 44–59.

fünften Jahrhundert v. Chr. der Fall war –, blieb zur sprachlichen, theoretischen Erschließung des Unbekannten ganz offensichtlich nur der Weg, Ähnlichkeiten zu erkennen, das heißt schon Bekanntes auf bisher Unbekanntes zu übertragen. Hierfür ist aber eines der primären sprachlichen (oder allgemeiner semiotischen) Mittel die Metapher.

Die Verwendung metaphorischer Modelle ist damit weniger ein Indiz für die Verbundenheit griechischer Naturphilosophie mit der archaischen Dichtung oder für eine in dieser Zeit überschäumende, ungebundene Phantasie[20], sondern in erster Linie ein Indiz für das Fehlen einer Fachsprache – und das heißt im Peirceschen Rahmen: eines Systems von sprachlichen Zeichen, die hinreichend habitualisiert für die zu naturphilosophisch zu beschreibenden Sachverhalte hätten verwendet werden können.

Dies hatte sich bekanntlich insbesondere bis zu Aristoteles' Zeiten im vierten Jahrhundert v.Chr. geändert – in den circa zweihundert Jahren der Entwicklung griechischer Wissenschaftlichkeit bis dahin hatte sich nach und nach und insbesondere in Platons Schule, der Akademie, und in Aristoteles' Schule, dem Peripatos, ein philosophisches und fachwissenschaftliches terminologisch mehr oder weniger klar festgelegtes begriffliches Instrumentarium herausgebildet. Und so verwundert es auch nicht, dass speziell im Peripatos dezidiert Kritik an der frühen naturphilosophischen Verwendung metaphorischer Modelle geübt wurde. Zum Beispiel tadelte Aristoteles Empedokles dafür, dass er das Meer als den Schweiß der Erde beschrieben, mithin (implizit, da mittels einer Metapher) die Salzigkeit des Meeres über das Modell des menschlichen Schweißes erklärt hatte:[21]

> Gleichermaßen ist es lächerlich, wenn man das Meer den Schweiß der Erde nennt und damit etwas Klares gesagt zu haben glaubt, wie zum Beispiel Empedokles. Für die Dichtung nämlich hat er auf diese Weise vielleicht hinreichend gesprochen (denn die Metapher ist etwas Dichterisches), für das Erkennen der Natur jedoch nicht hinreichend.

Offenkundig interpretiert Aristoteles in der Rückschau die Verwendung von Metaphern als Indiz dafür, dass die frühen Naturphilosophen wie Empedokles noch zu sehr von der Dichtung geprägt waren, und spricht in diesem Sinne der von Empedokles formulierten Aussage von vornherein die Adäquatheit für den angestrebten Zweck ab. Seine Kritik läßt sich im modelltheoretischen Rahmen dahingehend wiedergegeben, dass metaphorische Modelle nur äußere Ähnlichkeiten beschreiben, nicht jedoch innere, real existierende Wirkzusammenhänge aufzei-

---

20 Zu letzterem siehe etwa Regenbogen (1961) 160–169.
21 *Meteorologica* 357a24–28; vgl. *Topica* 139b34f., *Analytica posteriora* 97b31–39.

gen können, jedenfalls nicht in (wie auch immer) garantierter Weise korrekt – und mithin prinzipiell nicht sichere und verlässliche Erkenntnisse generieren. Metaphorische Modelle führen, für sich genommen, nur zu *potentiellen* Erklärungen mit Bezug auf direkt äußerlich zugängliche Attribute, und dies, ohne deren Aktualität zu implizieren.

Doch unabhängig davon (und von der Frage, ob und wie Metaphern in der frühen griechischen Dichtung verwendet wurden oder nicht) ist eine Nutzung von metaphorischen Modellen insbesondere am Anfang von Wissenschaft im Großen und Ganzen naheliegend: Sie erlauben, neue Gegenstandsbereiche so weit zu erschließen, dass es schließlich möglich wird, diese mit spezifischem Vokabular ohne Hilfe von Metaphern beschreiben zu können – wie es dann insbesondere im Peripatos erfolgte.

Doch nicht erst in der Zeit des Aristoteles, sondern spätestens schon bei Platon stand eine hinreichend ausgebaute Fachsprache zur Verfügung. So war auch dieser nicht mehr auf metaphorische Modelle angewiesen, um Erkenntnisse über die Welt gewinnen und darstellen zu können. Ganz im Gegenteil findet sich bei ihm sogar ein komplexer expliziter Ansatz der mathematischen Modellierung, und diese nimmt im Rahmen seiner Philosophie eine wichtige Funktion zur Erkenntnis der Welt ein.

Zentrales Zeugnis hierfür ist – auch wenn es bisher noch nicht von einer modelltheoretischen Perspektive aus interpretiert worden ist – das Liniengleichnis in der *Politeia* (509d–511e):[22] Man solle sich, so Platon, die gesamte Welt – bestehend aus dem Bereich des Denkens (einschließlich der sogenannten „Ideen“) und dem Bereich des Sichtbaren (mehr oder weniger der wahrnehmbaren, empirischen Welt) – in Form einer Linie vorstellen und diese in zwei ungleiche Teile teilen, und diese selbst wiederum jeweils in demselben Verhältnis. Im Bereich des Sichtbaren repräsentiere ein Segment Bilder (etwa Schatten, Spiegelungen im Wasser etc.), das andere dasjenige, dem diese Bilder gleichen (etwa die Tiere und Pflanzen um uns herum oder alle künstlichen Gegenstände).

Aus dem Blickwinkel der Modelltheorie ist dabei unschwer zu erkennen, dass sich hier die obige ‚bildliche‘ Form von Modell zeigt: Platons „Bilder“ sind (zumindest

22 Für einen (wenngleich etwas älteren) Überblick zur Forschungssituation zum Liniengleichnis siehe Lafrance (1987), Lafrance (1994); zum Gleichnis (und seiner Problematik) im Kontext Annas (1981) 242–271.

in der alltäglichen Wahrnehmung der meisten Menschen) einfache Abbildungen (Modelle) von anderen, gewöhnlichen, das heißt der empirischen Welt angehörigen Gegenständen (ihren Originalen), ohne einerseits primär innere Struktur zu offenbaren (diagrammatisches Modell) und ohne andererseits in der Modellrelation als etwas ‚anderes' zu fungieren (metaphorisches Modell).

Auf der anderen Seite, so Platon weiter, solle man auch den Bereich des Denkens teilen, und zwar in Ideen und mathematische Objekte. Dabei stünden die mathematischen Objekte ebenfalls in einer Abbildungsrelation zu den Ideen, den zentralen und höchsten Elementen der platonischen Ontologie und Epistemologie. In diesem Sinne fungieren die mathematischen Objekte als Modelle von Ideen. Das Verhältnis zwischen beiden ist freilich nicht ‚bildhaft' wie das zwischen den Objekten der empirischen Welt und ihren Bildern, sondern „diagrammatisch": Die Abbildung von Original und Modell basiert nicht auf einer empirisch wahrnehmbaren einfachen Ähnlichkeit, sondern allem Anschein nach die sich auf einer Strukturgleichheit, und diese lässt sich allem Anschein nach wiederum im Rahmen der Relationen der (antiken) Mathematik beschreiben lässt (zu diesen selbst siehe unten).

Wie die Konstruktion der Linie in Verbindung mit der von Platon selbst gegebenen Deutung weiter impliziert, herrscht nun auch zwischen den beiden großen (ungleichen) Liniensegmenten dasselbe Verhältnis von Original und Abbildung. Dabei fungiert der Bereich des Sichtbaren als ikonisches Abbild als Modell des Bereichs des Denkbaren; die empirische, der Wahrnehmung zugängliche Welt ist mithin ein Modell des Bereichs des Denkens. Freilich (unter anderem) mit dem entscheidenden Vorbehalt, dass sich ein entscheidender Unterschied hinsichtlich des Grades von (ontologisch) ‚Wirklichkeit' sowie (epistemologisch) ‚Deutlichkeit'/ ‚Richtigkeit' zeigt. Im Akt der Erkenntnis wird für Platon also die verborgene (relationale) Struktur der Dinge freigelegt, ausgehend von der primär auf den ersten Blick unstrukturiert erscheinenden empirischen Welt. Erkenntnis und Denken sind in diesem Sinne insbesondere das Auffinden von mathematisch beschreibbarer Struktur.

All dies kann hier jedoch nicht weiter ausgeführt werden, insbesondere nicht in Hinsicht auf die Kontinuitäten mit und Differenzen zu moderner Naturwissenschaft. Im gegebenen Rahmen reicht jedoch, dass deutlich geworden ist, dass im Liniengleichnis eine der ersten expliziten Modelltheorien vorliegt und dass diese Modelltheorie epistemologisch verschiedene Arten von Modell im Sinne der Peirceschen Theorie differenziert, nämlich einmal bildliche, einmal diagrammatische Modelle. Und ebenso wichtig ist die Erkenntnis, dass Platon an dieser Stelle zugleich explizit mathematische Modelle als zentrales Instrument zur Gewinnung von Erkenntnis ausweist – diese stellen die entscheidende Zwischenstufe zwischen der Empirie und den Ideen dar, und zwar gerade dadurch, dass sie erlauben, mittels der Erkenntnis der verborgenen Struktur Einblick in das wahre Wesen der Dinge zu erlangen.

Dies zeigt sich freilich schon programmatisch im Liniengleichnis selbst: Ganz evident dient die mathematische ‚Linie' intentional als diagrammatisches Modell der Welt, sowohl in ihrer Gesamtheit als auch ihrer Teile, und erlaubt so grundlegende Erkenntnisse über die Struktur ihres Originals, der Welt. Und dies wohlgemerkt in Ablösung von der frühen Naturphilosophie nicht mehr in der Form eines metaphorischen Modells: Während eine ‚Linie' dort offenbar eine Metapher gewesen wäre und sich Aristoteles' Vorwurf der Unwissenschaftlichkeit eingehandelt hätte, hat sie im Rahmen der Platonischen Philosophie (insbesondere angesichts von deren mathematischer Fundierung[23] und den zwischenzeitlich gemachten revolutionären Fortschritten in der Fachmathematik) eine terminologisch klar umrissene Bedeutung. So transportiert das Modell in transparenter Wiese eine eindeutig erschließbare philosophische Einsicht: die Welt wird über das Modell in ihrer relationalen Strukturiertheit greifbar. Sie wird mathematisch erschlossen.

Dies führt zu einem letzten repräsentativen Beispiel für antike Modellierungstätigkeit: die mathematischen Modelle im engeren Sinne, speziell die antiken mathematischen „Diagramme". Sie finden sich etwa bei Euklid (drittes Jahrhundert v.Chr.) und begleiten dort jeden einzelnen der sequentiell aufeinander aufbauenden Beweise[24]. Als Beispiel sei der erste Beweis des ersten Buches der *Elemente* angeführt:

> Auf der gegebenen geraden begrenzten Linie ein gleichseitiges Dreieck konstruieren.
> Es sei die gegebene gerade begrenzte Linie, AB.
> Auf der geraden Linie AB soll ein gleichseitiges Dreieck konstruiert werden.
> Mit einem Zentrum, A, und einem Radius, AB, sei ein Kreis gezeichnet, BCD, und wiederum mit einem Zentrum, B, und einem Radius, BA, ein Kreis, ACE, und vom Punkt C, in dem sich die Kreise schneiden, seien zu den Punkten A und B gerade Linien als Verbindungslinien, CA und CB, gezogen.
> Und da der Punkt A Zentrum des Kreises CDB ist, hat AC die gleiche Länge wie AB; andererseits, da der Punkt B Zentrum des Kreises CAE ist, hat die gerade Linie BC die gleiche Länge wie die gerade Linie BA. Gezeigt wurde aber auch, dass die gerade Linie CA die gleiche Länge wie AB hat. Jede einzelne also der geraden Linien CA und CB hat die gleiche Länge wie

---

23 Zu diesem Zug der Philosophie Platons siehe etwa White (2006).
24 Siehe zum Beispiel Netz (1999).

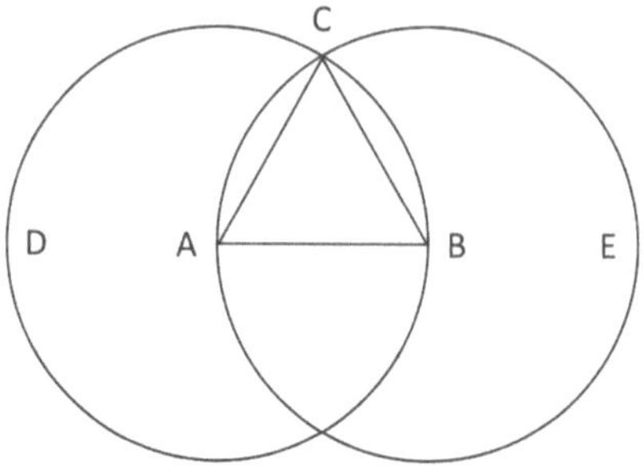

> die gerade Linie AB. Dinge aber, die demselben gleich sind, sind auch einander gleich. Auch die gerade Linie CA ist also der geraden Linie CB gleich. Die drei geraden Linien CA, AB, BC sind also einander gleich.
> Folglich ist das Dreieck ABC gleichseitig, und es ist auf der gegebenen begrenzten geraden Linie AB konstruiert worden. [...] Was zu tun war.

Zwar ist das antike mathematische Diagramm in wesentlichen Aspekten wissenschaftsphilosophisch und -historisch noch nicht hinreichend durchdrungen und erklärt. Dies betrifft insbesondere das Verhältnis zum Text des Beweises und seinen ontologischen und epistemologischen Status. Evident ist jedoch im aufgezeigten Rahmen, dass – wie bisher noch nicht hinreichend berücksichtigt wurde[25] – antike Diagramme „diagrammatische Modelle" im Sinne der oben skizzierten Modelltheorie sind.

Auch wenn dies hier nicht in den Einzelheiten expliziert werden kann, lässt sich ihr spezifischer Modellcharakter in aller Kürze tentativ wie folgt beschreiben: Antike mathematische Diagramme zeigen in ikonischer Art und Weise die innere (relational beschriebene) Struktur eines mathematischen Sachverhalts und, in ihren Teilen, derjenigen mathematischen Gegenstände, die diesen Sachverhalt bedingen. Dabei bilden sie nicht metrisch quantifiziert quantitative Relationen ab, sondern vielmehr *qualitativ* quantitative Relationen (ähnlich wie Platons „mathematische Diagramme", die in diesem Sinne in der Tat eine enge Verbindung zur Fachmathematik aufweisen: siehe oben). So finden sich im obigen Beispiel Relationen zwischen den einzelnen Teilen des Diagramms wie „gleich groß"; „enthalten in"; oder „liegt auf". Ziel ist dabei nicht die exakte quantitative Messung im modernen naturwissenschaftlichen Sinn, sondern die Erkenntnis grund-

---

25 Als Ausnahme ist anzuführen Mahr/ Robering (2009), allerdings auf der Grundlage einer anderen Modelltheorie und, hieraus folgend, mit wissenschaftshistorisch weniger adäquaten Ergebnissen.

legender Relationen zwischen einzelnen allgemeinen mathematischen Objekten – und damit die Erkenntnis von generellen, nicht von numerisch quantifizierten Größen abhängigen mathematischen Sachverhalten, und dies am Gegenstand des jeweiligen allgemeinen mathematischen Objekts[26].

Antike Mathematik ist in diesem Sinne grundlegend modellbasiert. Diese Erkenntnis wiederum erlaubt im gegebenen Rahmen – abweichend von der traditionellen Sicht, die die antike Mathematik als streng axiomatisch-deduktives Unterfangen betrachtet[27], das Erkenntnis induktiv am partikularen Beispieldiagramm gewinnt[28] – ein neues Verständnis von Aufbau und Zweck eines antiken mathematischen Beweises: Allem Anschein nach wird in einem ersten Teil das Modell eines zweckdienlichen mathematischen Sachverhalts konstruiert, an dem sodann in einem zweiten Schritt spezifische Relationen (einschließlich von im Zuge der Modellkonstruktion erzeugten neuen mathematischen Objekten, wie hier) aufgezeigt werden. Der gesamte mathematische Sachverhalt wird dabei im diagrammatischen Modell repräsentiert – wobei das vorliegende, gedruckte Diagramm als ein weiteres, sekundäres diagrammatisches Modell des abstrakten, mathematisch primär relevanten abstrakten diagrammatischen Modells dient.

Die hier skizzierte modelltheoretische Perspektive erlaubt damit sowohl eine Klärung des ontologischen und epistemologischen Status des antiken mathematischen Diagramms als auch ein besseres Verständnis des allgemeinen Charakters griechischer Mathematik: Sie operiert in der Regel nicht induktiv, sondern ist grundlegend modellbasiert und als solche an der Erforschung allgemeiner Eigenschaften der in Modellform traktierten allgemeinen mathematischen Objekte interessiert.

So weit zu einem kurzen Einblick in die antike griechische Modellierungstätigkeit im Bereich von Naturphilosophie und Wissenschaft. Die gegebenen Beispiele erlauben abschließend, tentativ die historische Entwicklung der Entstehung von ‚Wissenschaftlichkeit' in der antiken griechischen Kultur zu skizzieren: Nachdem zu Beginn bei den Vorsokratikern die erste systematische Auseinandersetzung

---

26 In der Forschung wird der Befund anders erklärt. Als Beispiel ist Manders Deutung anzuführen, dass in Diagrammen ko-exakte Eigenschaften relevant seien, das heißt Eigenschaften, „that are insensitive to the effects of a range of variation in diagram entries", von denen man also sagen könne, dass „they express the topology of the diagram" (Manders 2008a 69 bzw. 2008b 93; siehe insgesamt Manders 2008b, insbesondere 91–94).
27 Vgl. zum Beispiel Mueller (1981).
28 Vgl. zu Letzterem die Diskussion bei: Unguru (1991); Fowler (1994).

mit der Natur mit Hilfe von metaphorischen Modellen erfolgte – hauptsächlich deswegen, weil erste Theorien und ‚wissenschaftliche' Fachsprachen noch nicht existierten und erst noch erfunden werden mussten –, wandte man sich mit der Zeit von dieser inhärent uneindeutigen, da prinzipiell undeterminierten Form von Modellen ab und ging anstatt dessen – insbesondere in der Zeit Platons (?) – dazu über, die Welt mittels mathematischer Modelle zu beschreiben, argumentativ abgesichert durch die ersten Ansätze einer bewussten modelltheoretischen Reflexion.

Mit diesen mathematischen Modellen beginnt freilich – trotz der zahlreichen signifikanten Unterschiede zu den heutzutage in der Naturwissenschaft verwendeten Modellen – die Geschichte der Naturwissenschaft in einem modernen Sinne: Es ist die Grundlage dafür geschaffen, die Welt ‚mathematisch' zu beschreiben.

Dies soll an dieser Stelle für einen kurzen Einblick in den reichen systematischen Modellgebrauch in der griechischen Antike genügen – auch wenn zahlreiche Modelle hier keine Erwähnung finden konnten. Zu erinnern ist etwa an den technischen Bereich mit der ersten Bezeugung des griechischen Wortes für „Modell", *paradeigma* (παράδειγμα), im sechsten Jahrhundert v.Chr. im Zuge des Baus des Wassertunnels des Eupalinos auf Samos;[29] und an den ‚Mechanismus von Antikythera', den ersten bekannten, wohl im ersten Jahrhundert v.Chr. oder früher verfertigten Analogcomputer zur kalendarischen Berechnung astronomischer Ereignisse[30].

Insgesamt kann als knappes Fazit festgehalten werden, dass Modelle in der griechischen Antike zum Zweck der Beschreibung und Erklärung der Natur nicht nur von entscheidender Bedeutung waren: Vielmehr fand allem Anschein nach in diesem spezifischen historischen Kontext sogar ganz grundlegend die Erfindung der systematisch-‚wissenschaftlichen' Nutzung von insbesondere mathematischen Modellen statt – und zugleich die erste theoretische Beschäftigung mit der Theorie des Modells[31].

In Bezug auf beide Aspekte steht die moderne Naturwissenschaft – trotz aller Unterschiede – noch immer in der Tradition der griechisch-römischen Antike.

---

29 Käppel (1999); siehe auch Käppel (1989).

30 Siehe Freeth et al. (2006); Freeth et al. (2008).

31 Auf Platons Ideenlehre, die ganz evident auch modelltheoretisch von höchstem Interesse ist, konnte hier nur am Rande eingegangen werden. Insbesondere mit den mathematischen Aspekten werde ich mich an anderer Stelle beschäftigen.

15.4 Einige Fragen zur Erschließung der antiken Modellierungstätigkeit

Obwohl systematische Modellierung, wie hier in ersten Ansätzen plausibel gemacht werden sollte, in zahlreichen Bereichen der antiken griechisch-römischen Kultur und insbesondere in Naturphilosophie und Wissenschaft weit verbreitet war und einen immensen Einfluss auf die folgenden Zeiten ausgeübt hat, ist festzustellen, dass die antiken Modelle – wenn überhaupt – bisher nur selektiv autor- und/ oder disziplinenspezifisch aufgearbeitet wurden, und dies oftmals ahistorisch-positivistisch und ohne wissenschaftsphilosophische Fundierung[32]. In der Regel wurde noch nicht einmal die Identifizierung dieser Modelle als „Modelle" vollzogen, mit all den Konsequenzen, die dies für die adäquate Erschließung ihrer *Modell*-Eigenschaften hat.

Als Desiderat muss in diesem Sinn eine systematische, kulturgeschichtliche und wissenschaftssoziologische Aspekte berücksichtigende Analyse gelten, die die Diachronie der Modelle über die gesamte griechisch-römische Antike unter Einschluss ihrer Rezeptionsgeschichte erschließt, speziell hinsichtlich übergreifender Paradigmen (Kuhn), Denkkollektive (Fleck) oder Forschungsprogramme (Lakatos).[33]

Für diese Aufgabe scheint, wie die angeführten Fallbeispiele nahelegen, die skizzierte, auf der Peirceschen Zeichentheorie basierende semiotische Modelltheorie eine adäquate Grundlage darzustellen: Sie scheint nicht nur in allgemeiner Hinsicht eine hinreichende Beschreibung und Differenzierung von Modellen zu ermöglichen, sondern auch mit speziellem Bezug auf den vorliegenden Gegenstandsbereich eine neue Perspektive auf zahlreiche problematische und bislang nicht adäquat verstandene Aspekte antiker Modellierungstätigkeit zu eröffnen.

Wissenschaftshistorisch und -philosophisch scheinen dabei insbesondere die folgenden, freilich nicht als erschöpfende Aufzählung zu verstehenden Aspekte interessant zu sein – auch und vor allem im Vergleich mit der in den modernen Naturwissenschaften praktizierten Modellierungstätigkeit:

---

32 Ein Indiz: Im „Neuen Pauly", der zwischen 1996 und 2003 erschienenen „Enzyklopädie der Antike" in 18 Bänden, besteht der Artikel „Modell" aus einem Verweis auf „Bildhauertechnik"; vgl. zum Beispiel auch Ekschmitt (1990).

33 Siehe Kuhn (1996) bzw. Fleck (1994) bzw. Lakatos (1980); vgl. Rheinberger (2007).

Wo und wie wurden Modelle entwickelt und genutzt? Lassen sich spezielle Modellfamilien und -dynamiken feststellen? – Bisher fehlt eine umfassende systematische Übersicht über die Arten von Modellen, die für die griechisch-römische Antike bezeugt sind. Interessant wäre insbesondere, den Unterschied von qualitativen und quantitativen, sprachlichen und mathematischen, wissenschaftlichen und Alltagsmodellen zu beleuchten und, bezüglich der Diachronie, der Frage nachzugehen, welche historischen Dynamiken der Modellierung sich zeigen, auch und gerade in Hinsicht auf Rückkopplungsprozesse mit dem allgemeinen kulturellen Kontext.

Zu welchen Zwecken und in welchem Umfang wurden Modelle entwickelt und genutzt? – Unklar ist, zu welchen Zwecken und in welchem Umfang im Einzelnen Modelle in der Antike entwickelt und genutzt wurden. Interessant wäre insbesondere, ob sich signifikante Unterschiede zwischen den einzelnen Fachwissenschaften zeigen (Mathematik, Astronomie, Logik, Biologie, Medizin, Sprachwissenschaft etc.).

Welche Strategien zum Umgang mit (über- und unterkomplexen) Daten wurden verfolgt? – In der Antike verfügte man im Vergleich zu heute über eine verschwindend geringe Menge an quantitativen Daten. Trotzdem gelang es nicht selten, überraschend verlässliche und hinreichend genaue quantitative Modelle zu erstellen, insbesondere im astronomischen Bereich (man denke an Ptolemaios' Beschreibung des Planetensystems vor dem Hintergrund von Kuhns wissenschaftshistorischer Analyse)[34]. Zu fragen ist insbesondere: 1) Welche Strategien wurden zum Umgang mit Daten und zur Beherrschung der Komplexität (der Daten wie im Gegenzug der Empirie) entwickelt? 2) Wie unterscheiden sich diese von den entsprechenden heutzutage verfolgten Strategien?

Wie wurde die Qualität von Modellen bewertet? – Auch in der Antike stellte sich das Problem, die Qualität von Modellen bewerten zu müssen, sei es explizit, sei es implizit. Nach welchen Kriterien diese Bewertung erfolgte, ist bisher nicht systematisch erforscht worden. Für ein adäquates Verständnis antiker Modelle und Modelltheorie wäre dies jedoch zentral. Dies betrifft insbesondere die Frage danach, ob aus moderner Sicht ‚erfolgreiche' oder ‚richtige' Modelle tatsächlich als ‚qualitativ besser' galten (und, wenn nicht, vor allem: *warum* nicht).

Wie wurden Modelle visualisiert? – Die Prinzipien der Visualisierung von Modellen unterscheiden sich in Antike und Moderne grundlegend. Dies ist insbesondere

34 Siehe Kuhn (1996).

in der Mathematik handgreiflich, wo Diagramme (als Modelle eines mathematischen Sachverhalts: siehe oben) teilweise deutlich anders gestaltet sind (vgl. Euklid, Archimedes etc.): Zum Beispiel scheint bei einem dreidimensionalen Sachverhalt die Abbildung der Dreidimensionalität weniger wichtig zu sein als die semantische, ‚unanschauliche' Abbildung der zentralen mathematischen Relationen. Bisher fehlt eine genaue Analyse der Grundsätze der Visualisierung von Modellen, auch wenn diese etwa speziell im Fall des mathematischen Diagramms momentan im Fokus der Forschung steht (freilich nicht in einem modelltheoretischen Rahmen)[35].

Welche (expliziten und impliziten) Modelltheorien wurden entwickelt und was galt explizit als ein Modell? – Bisher fehlt eine systematische Aufarbeitung der diversen antiken Modelltheorien. Dies betrifft zum einen explizite philosophische Theorien (zum Beispiel bei Platon: siehe oben; interessant wäre auch, wie Aristoteles' Kritik an Platons Ideenlehre aus einer modelltheoretischen Perspektive zu deuten wäre), zum anderen auch und gerade die mannigfaltigen impliziten Modelltheorien, die sich aus den bezeugten antiken Modellen erschließen ließen. Hier spielt auch die Frage mit hinein, wie jeweils der Unterschied von Theorie und Modell konzipiert wurde.

15.5 Fazit

Der hier gegebene Einblick in die antike Modellierungstätigkeit hat auf der Grundlage der Vorstellung einer hinreichend adäquaten Modelltheorie (Abschnitt 15.2) die Bedeutung von Modellen in der Antike in den Bereichen der (Natur-)Philosophie und der Mathematik diskutiert und Aspekte der allgemeinen historischen Entwicklung der Modellnutzung in diesen Bereichen aufgezeigt (Abschnitt 15.3), um sodann in einem letzten Schritt Leitfragen zu skizzieren, mit deren Hilfe die antike Modellierungstätigkeit systematisch erschlossen werden könnte (Abschnitt 15.4).

Eine Beschäftigung mit antiker Modellierung könnte in diesem Sinne Erkenntnisse insbesondere in vier Hinsichten erlauben: 1) philologisch zu einem zentralen, bis heute wirkenden Bereich antiker Kultur; 2) wissenschaftshistorisch zu einem epochenübergreifenden Vergleich von Modellierung einschließlich transdisziplinärer Übertragungsprozesse; 3) wissenschaftsphilosophisch zu einer Überprüfung und Verfeinerung zeitgenössischer modelltheoretischer Ansätze. Und

35 Vgl. etwa Saito (2006), auch Netz (1999).

schließlich könnten 4) der naturwissenschaftlichen Forschung zwar nicht unmittelbar Anregungen zu einer Verbesserung der eigenen Modellierungstätigkeit gegeben werden, aber sehr wohl ein kreativer Horizont im Sinne des „nächsten Fremden" eröffnet werden.

Literatur

[AnJ81] Annas, J.: *An Introduction to Plato's Republic*, Oxford 1981.

[BaJ09] Bailer-Jones, D.: *Scientific models in philosophy of science*, Pittsburgh, PA 2009.

[Bal97] Balzer, W.: *Die Wissenschaft und ihre Methoden: Grundsätze der Wissenschaftstheorie*, Freiburg/ München 1997.

[Dil71] Diller, H.: *Ὄψις ἀδήλων τὰ φαινόμενα*, in: ders.: Kleine Schriften zur antiken Literatur, München 1971, 119–143.

[Eks90] Ekschmitt, W.: *Weltmodelle. Griechische Weltbilder von Thales bis Ptolemäus*, 2. Aufl., Mainz 1990.

[Fle94] Fleck, L.: *Entstehung und Entwicklung einer wissenschaftlichen Tatsache*, 3. Aufl., Frankfurt 1994.

[Fow94] Fowler, D.H.: *Could the Greeks Have Used Mathematical Induction? Did They Use It?*, Physis 1994, 31: 253–265.

[Fre06] Freeth, T. et al.: *Decoding the ancient Greek astronomical calculator known as the Antikythera Mechanism*, Nature 2006, 444: 587–591.

[Fre08] Freeth, T. et al.: *Calendars with Olympiad display and eclipse prediction on the Antikythera Mechanism*, Nature 2008, 454: 614–617.

[FrH09] Frigg, R., S. Hartmann: *Models in science*, in: E. N. Zalta (Hrsg.): The Stanford Encyclopedia of Philosophy (Summer 2009 edition); http://plato.stanford.edu/entries/models-science/ (2009).

[Kae89] Käppel, L.: *Das Theater von Epidauros. Die mathematische Grundidee des Gesamtentwurfs und ihr möglicher Sinn*, Jahrbuch des Deutschen Archäologischen Instituts 1989, 104: 83–106.

[Kae99] Käppel, L.: *Die PARADEGMA-Inschrift im Tunnel des Eupalinos auf Samos*, Antike und Abendland 1999, 45: 75–100.

[KrL11] Kralemann, B., C. Lattmann: *The Semantics of Models: a Semiotic Philosophy of Science Approach*, in: K.-D. Schewe, B. Thalheim (Hrsg.): Semantics in Data and Knowledge Bases. 5th International Workshop SDKB 2011, Zurich, Switzerland, July 3, 2011. Revised Selected Papers, Berlin 2013 (Lecture Notes in Computer Science 7693), 50–69 (2013a).

[KraL12] Kralemann, B., C. Lattmann: *Models as Icons: Modeling Models in the Semiotic Framework of Peirce's Theory of Signs*, Synthese 2013, 190: 3397–3420, DOI: 10.1007/s11229-012-0176-x (Online First: 12.09.2012) (2013b).

[Kuh96] Kuhn, T. S.: *The structure of scientific revolutions*, 3. Aufl., Chicago 1996.

[Laf87] Lafrance, Y.: *Pour interpréter Platon. I. La Ligne en Republique VI, 509d–511e. Bilan analytique des études (1804–1984)*, Montréal/ Paris 1987.

[Laf80] Lafrance, Y.: *Pour interpréter Platon. II. La Ligne en Republique VI, 509d–511e. Le texte et son histoire*, Saint-Laurent 1994.

[Lak80] Lakatos, I.: *Philosophical papers. Vol. 1: The methodology of scientific research programmes*, Cambridge 1980.

[Lat10] Lattmann, C.: *Das Gleiche im Verschiedenen*, Berlin 2010.

[Lat12] Lattmann, C.: *Icons of novel thought. A new perspective on Peirce's definition of metaphor (CP 2.277)*, Semiotica 2012, 192: 535–556.

[Lat14] Lattmann, C.: *From the Micro- to the Macrocosm – And Back Again. Some Remarks on the Use of Models in Ancient and Modern Times*, in: B. Strobel, G. Wöhrle (Hrsg.): Proceedings of the international conference "Applied Epistemology in Ancient Science and Philosophy", Trier, 03–05 July 2014, Trier (AKAN Einzelschriften), (in Vorbereitung).

[LoS87] Long, A. A., D. N. Sedley (Hrsg.): *The Hellenistic philosophers*, 2 Bde., Cambridge 1987.

[MaR09] Mahr, B., K. Robering: *Diagramme als Bilder, die Modelle repräsentieren: Diagrammgebrauch in der Elementargeometrie*, Zeitschrift für Semiotik 2009, 31: 275–309.

[Man08] Mancosu, P. (Hrsg.): *Philosophy of Mathematical Practice*, Oxford 2008.

[Mad08b] Manders, K.: *Diagram-Based Geometric Practice*, in: Mancosu (2008) 65–79 (2008a).

[Mad08b] Manders, K.: *The Euclidean Diagram* (1995), in: Mancosu (2008) 80–133 (2008b).

[MuellerI81] Mueller, I.: *Philosophy of Mathematics and Deductive Structure in Euclid's Elements*, Cambridge, MA 1981.

[Net99] Netz, R.: *The Shaping of Deduction in Greek Mathematics: a Study in Cognitive History*, Cambridge 1999.

[Pei58] Peirce CP, C. Hartshorne et al. (Hrsg.): *Collected Papers of Charles Sanders Peirce*, 8 Bde., Cambridge, MA 1931–1958.

[Reg61] Regenbogen, O.: *Eine Forschungsmethode antiker Naturwissenschaft*, in: ders.: Kleine Schriften, München 1961, 141–194.

[Rhe07] Rheinberger, H.-J.: *Historische Epistemologie*, Hamburg 2007.

[Sai07] Saito, K.: *A preliminary study in the critical assessment of diagrams in Greek mathematical works*, SCIAMUS 2006, 7: 81–144.

[Sho07] Short, T. L.: *Peirce's theory of signs*, Cambridge 2007.

[Sta73] Stachowiak, H.: *Allgemeine Modelltheorie*, Wien/ New York 1973.

[Ung91] Unguru, S.: *Greek Mathematics and Mathematical Induction*, Physis 1991, 28: 273–289.

[Whi06] White, M. J.: *Plato and Mathematics*, in: H. Benson (Hrsg.): A Companion to Plato, Malden, MA 2006, 228–243.

16 Modelle in der Kommunikationstechnik

Jochen Leibrich und Peter Adam Höher

16.1 Darstellung und Abgrenzung des Fachgebiets

Die Kommunikationstechnik, auch Informationstechnik genannt, ist ein Teilgebiet der Elektrotechnik. Traditionell wurde das Fachgebiet mit „Nachrichtentechnik" bezeichnet, was primär daher rührt, dass über die entsprechenden technischen Anlagen auch tatsächlich Nachrichten im engen Sinne verschickt wurden. Die Kommunikationstechnik im Informationszeitalter wird mit dieser engen Definition jedoch nicht mehr angemessen beschrieben: Die über die weltweiten Kommunikationsanlagen verschickten Inhalte sind heute sehr vielfältig und reichen von Nachrichten im engen Sinne bis zu anwendungsspezifischen Inhalten, die z.B. durch die Kommunikation von räumlich verteilten Recheneinheiten entstehen, die ein wissenschaftlich-mathematisches Problem gemeinsam lösen (z.B. Modellrechnungen zu Wettervorhersagen und klimatischen Fragestellungen).

Durch den Übergang von der Analogtechnik zur Digitaltechnik kann der zu übertragende Inhalt unabhängig von seinem eigentlichen Charakter durch eine Folge von binären Symbolen dargestellt werden, die als Binärzeichen (kurz: Bits) bezeichnet werden. Dies vereinheitlicht und vereinfacht das Angehen der technisch-wissenschaftlichen Problemstellungen enorm. Während in der Analogtechnik das optimale Design der technischen Anlage stark vom Inhalt abhängt (z.B. Sprache, Musik, bewegte Bilder), geht es in der Digitaltechnik beinahe ausschließlich um die schnelle und sichere Übertragung von Bits. Der durch die Gesamtheit der Bits repräsentierte Inhalt ist davon entkoppelt und für die Aufgabenstellung der Übertragung in der Regel gänzlich uninteressant. Verstärkt wird diese Sichtweise durch die Tatsache, dass die nacheinander übertragenen Bits gerade bei Weitverkehrsübertragung nicht mehr am Stück einem Inhalt zugeordnet werden können, sondern ein Gemisch vieler Inhalte sind, die aus ökonomischen Gründen zusammengefasst werden. Dieser Vorgang ist als Multiplextechnik bekannt.

Ursprünglich bestanden die technischen Anlagen zur Übertragung von Nachrichten aus elektrischen bzw. elektronischen Bauelementen wie Widerständen, Kondensatoren, Spulen, Röhren, später dann Halbleiterbauelementen. Daher rührt die nach wie vor übliche Zuordnung der Kommunikationstechnik zur Elektrotechnik. Mit der Zeit rückten aber die mit diesen technischen Anlagen realisierten theoretischen Verfahren in den Vordergrund, die in abstrakter Weise den Vorgang der Nachrichtenübertragung beschreiben, ohne explizit auf die auftretenden physikalischen Größen einzugehen. Heutzutage werden diese Verfahren in der Hauptsache mittels Software implementiert, so dass die eigentliche Umsetzung auf physikalisch messbare Größen zu einem Randgebiet geworden ist. Dieser Tatsache wird meist dadurch Rechnung getragen, dass die Elektrotechnik als Disziplin um den Begriff der Informationstechnik erweitert wird, der dadurch auch die Nähe zur Informatik verdeutlicht.

16.2 Motivation für die Modellierung

Die physikalisch-technischen Vorgänge in der Kommunikationstechnik sind mit den menschlichen Sinnen nicht direkt erfassbar. Die auftretenden physikalischen Größen wie z.B. die des elektrischen Stroms können vom Menschen ohne weitere Hilfsmittel quasi nicht wahrgenommen werden. Die meisten Vorgänge laufen sehr schnell ab (je nach Menge der Daten pro Zeiteinheit treten mehrere Milliarden Ereignisse pro Sekunde auf) und sind nicht direkt zugänglich (z.B. durch Implementierung auf einem Chip). Lediglich die Auswirkungen des Kommunikationsvorgangs sind erfassbar, indem eine Nachricht oder Information letztendlich erhalten wird.

Um Kommunikationsanlagen konzeptionell entwerfen und schließlich errich-ten zu können, bedarf es daher indirekter Beschreibungsmethoden, die die technisch zu realisierenden Vorgänge auf andere Weise darstellbar machen. Diese Beschreibungsmethoden, die in der Kommunikationstechnik prinzipiell als Modelle im weitesten Sinne bezeichnet werden, sind vielfältig und hängen neben der Art des zu beschreibenden Sachverhalts stark von dem Zweck ab, dem das entsprechende Modell zu dienen hat.

Qualitative Modelle, die meist visueller Natur sind, sollen helfen, sich einem Sachverhalt verständnismäßig zu nähern. Da technische Aufgabenstellungen häufig in Teamarbeit zu lösen sind, wird hier gleichzeitig eine Diskussionsgrundlage geschaffen. Quantitative Modelle verwenden in der Regel mathematische Werkzeuge, wobei die Kommunikationstechnik hier ihren spezifischen theoretischen Rahmen hat, der als Signal-, System- und Informationstheorie bezeichnet wird.

Im folgenden Abschnitt werden die Modelle aufgrund ihrer Vielfältigkeit ohne Anspruch auf Vollständigkeit wie folgt klassifiziert: Zunächst erfolgt eine Unterschei-

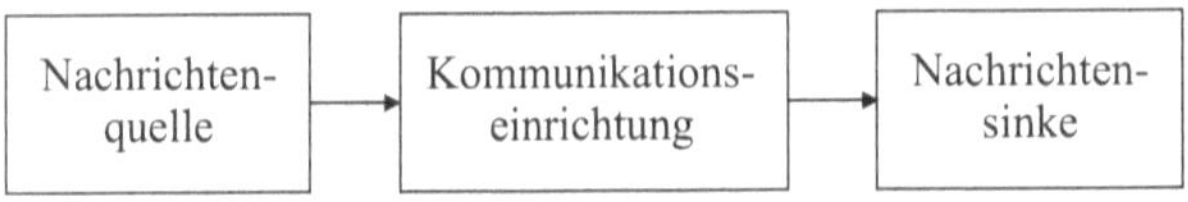

Abb. 16.1. Blockschaltbild eines Kommunikationssystems.

dung in realitätsnahe und abstrakte Modelle. Der Charakter realitätsnaher Modelle lässt sich am einfachsten anhand einiger Beispiele verdeutlichen. Abstrakte Modelle dagegen weisen weiterhin eine starke Diversität auf und werden deswegen entsprechend dem Modellzweck noch in visualisierende und mathematisch-theoretische Modelle unterschieden.

16.3 Klassifizierung und Detailbeschreibung der Modelle

16.3.1 Realitätsnahe Modelle

Realitätsnahe Modelle zeigen eine unmittelbare Ähnlichkeit zwischen dem Modell und dem modellierten Sachverhalt. Das Modell geht aus dem Sachverhalt durch Reduktion auf das Wesentliche hervor.

16.3.1.1 Blockschaltbilder

Im Fall der Kommunikationstechnik sind die zu beschreibenden Vorgänge Kommunikationsereignisse. Hierfür bedarf es zunächst einmal der an diesem Vorgang beteiligten Akteure. Ursprünglich sind diese Akteure Menschen, die eine Information besitzen und an einen anderen Menschen übermitteln möchten. Zwar unterscheiden sich Menschen in vielerlei Hinsicht, z.B. Alter, Geschlecht und Sprache. Da bei der Umsetzung des Kommunikationsvorgangs diese Unterschiede jedoch in der überwiegenden Zahl der Fälle unerheblich sind, findet eine Verallgemeinerung statt, so dass die Kommunikation zwischen einer abstrakten Nachrichtenquelle und einer ebenso abstrakten Nachrichtensinke stattfindet (siehe Abbildung 16.1). Der Vorteil dieser Verallgemeinerung gerade für die moderne Kommunikationstechnik liegt darin, dass auf diese Weise die Akteure nicht mehr nur Menschen, sondern ebenso technische Einrichtungen sein dürfen. Dies können Computer sein, die das Ergebnis einer Berechnung weitergeben, oder auch Sensoren, die einen Messwert übermitteln. Alle diese Einrichtungen sind unter der abstrakten Bezeichnung einer Nachrichtenquelle subsumierbar. Ähnliches gilt für die Nachrichtensinke.

In Abbildung 16.1 wurde der eigentlich physikalisch ablaufende Kommunikationsvorgang visuell dargestellt. Bei der Abbildung handelt sich somit um ein qualitatives Modell mit dem Zweck der Verständlichmachung des zu beschreibenden technischen Vorgangs. Die gewählte Art der Darstellung mithilfe von Rechtecken (sog. Blöcken), in denen textlich (wie in der Abbildung) oder auch formelmäßig die Bedeutung dieses Elements verdeutlicht wird, wird als Blockschaltbild bezeichnet und ist ein weit verbreitetes Werkzeug in allen Bereichen der Kommunikationstechnik. Die Flussrichtung der Information wird dabei durch Pfeile gekennzeichnet.

Das oben dargestellte Modell ist ein extrem vereinfachtes Modell mit nur drei Blöcken. Konsequenterweise besitzen die Blöcke eine sehr hohe Mächtigkeit. Das bedeutet, dass sehr viele technische Details in einem Block zusammengefasst werden. Dies hat den Vorteil eines sehr übersichtlichen Blockschaltbildes, das aber nur wenige Informationen enthält. Daher werden zweckmäßigerweise Teile des Gesamtsystems (hier zum Beispiel der Teil „Kommunikationseinrichtung") ihrerseits mithilfe von Blockschaltbildern dargestellt. Beispielsweise kann der Block „Kommunikationseinrichtung" in drei Teile „Sender", „Kanal" und „Empfänger" unterteilt werden. So wird iterativ der Detailgrad erhöht, bis das Blockschaltbild für die aktuell zu bearbeitende Aufgabenstellung (zum Beispiel die Optimierung eines Empfängers) geeignet ist.

Unabhängig davon, wie detailliert die zu beschreibende technische Einrichtung mithilfe eines Blockschaltbilds dargestellt wird, bleibt die Realitätsnähe erhalten. Ein Blockschaltbild kann beispielsweise einen Laboraufbau wiederge-ben. Jedem technischen Gerät in dem Aufbau, das z.B. ein Informationssignal erhält, dies verarbeitet und ausgibt, ist ein Block direkt zuzuordnen. Bei Blockschaltbildern mit höherem Detailgrad werden wiederum Teile der elektronischen Schaltungen, die in ihrer Gesamtheit ein Gerät realisieren, durch einen Block repräsentiert.

16.3.1.2 Kommunikationsnetze

Der in Abbildung 16.1 dargestellte Kommunikationsvorgang geht davon aus, dass die Kommunikationseinrichtung lediglich eine Nachrichtenquelle mit einer Nachrichtensinke verbindet. Dies wird auch als Punkt-zu-Punkt-Verbindung bezeichnet. Nun ist die Anzahl der Kommunikationsteilnehmer in der heutigen Zeit enorm hoch. Weiterhin kommuniziert ein einzelner Teilnehmer mit wechselnden anderen Teilnehmern. Aus ökonomischen Gründen verbietet sich daher die Bereitstellung je einer Punkt-zu-Punkt-Verbindung für jedes mögliche Kommunikationsszenario. Stattdessen bedient eine Kommunikationseinrichtung eine große

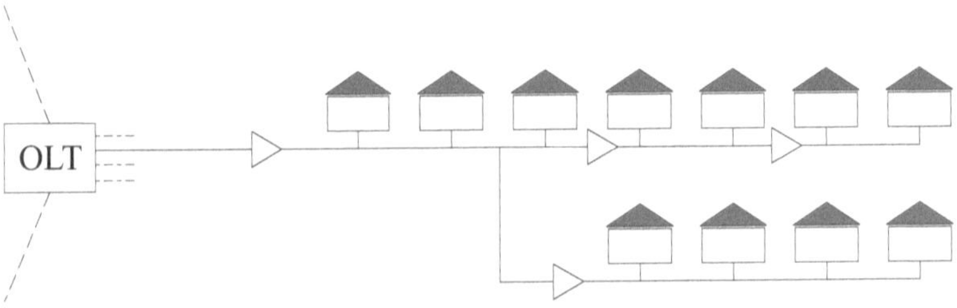

Abb. 16.2. Beispiel für ein Kommunikationsnetz.

Anzahl an Teilnehmern und ermöglicht die Kommunikation dieser Teilnehmer untereinander. Weiterhin sind Verbindungen zu anderen Kommunikationseinrichtungen möglich. Auf diese Weise entstehen so genannte Kommunikationsnetze.

Die Wahl der Topologie eines Kommunikationsnetzes (d.h. die Frage, wie sich das Kommunikationsnetz aus einzelnen Punkt-zu-Punkt-Verbindungen zusammensetzt) wie auch die Ausgestaltung der Elemente des Netzes sind Optimierungsprozesse, die heuristisch oder auch systematisch angegangen werden können. Diesbezüglich bilden Blockschaltbilder eine Möglichkeit der Visualisierung. Ein Beispiel ist in Abbildung 16.2 zu finden, die die Anbindung einer großen Zahl von Haushalten an das weltweite Glasfasernetz darstellt. Abstraktere visuelle Modelle und mathematisch motivierte Modelle eignen sich hingegen typischerweise besser für Optimierungsaufgaben.

Die Visualisierung in Abbildung 16.2 basiert im Hinblick auf die verwendeten Werkzeuge prinzipiell auf denen der Blockschaltbilder: Verschiedene Elemente der Kommunikationseinrichtung (z.B. Verstärker, Verteiler oder auch Endnutzer) werden mit Linien verbunden, die den Informationsfluss darstellen. Die starre Konvention der Verwendung von Rechtecken wird hier zu Gunsten des besseren Verständnisses aufgegeben, da stilisierte Darstellungen wie z.B. die von Häusern den eigentlich Sinn des Zeichnungselements schnell und intuitiv verstehen lassen. Grundsätzlich herrschen daher keine festen Regeln. Stattdessen wird die Gestaltung des visuellen Modells in pragmatischer Weise dem Modellzweck der Verständlichmachung untergeordnet.

16.3.2 Abstrakte Modelle

Im Gegensatz zu realitätsnahen Modellen besitzen abstrakte Modelle keine physikalisch vorhandene Entsprechung, aus der sie sich durch Reduktion und Verallgemeinerung ableiten. Sie haben vielmehr abstrakte Sachverhalte zum Gegenstand der Beschreibung. Nichtsdestotrotz sind besonders bei denjenigen Modellen, die der Visualisierung dienen, die Darstellungswerkzeuge denjenigen der realitätsnahen Modelle ähnlich. Dies erfordert die gedankliche Überführung des Sachverhaltes in eine aus der Realität bekannte Anschauungsform. Um das Ergebnis dieser Überführung darstellen, werden zunächst visuelle Darstellungsformen gewählt. Bei den im folgenden beschriebenen visualisierenden Modellen ist der Modellzweck damit erfüllt. Die daraufhin beschriebenen mathematisch-theoretischen Modelle haben darüber hinaus einen quantitativen Zweck, so dass eine visuelle Darstellung (meist auch mit komplexeren Werkzeugen wie mathematischen Symbolen) lediglich einen Zwischenschritt darstellt.

16.3.2.1 Visualisierende Modelle

16.3.2.1.1 Kommunikationsmodelle am Beispiel des OSI-Schichtenmodells

Um einen Kommunikationsvorgang wie in Abbildung 16.1 dargestellt zu realisieren, sind sehr viele ineinander greifende Aufgaben von der Kommunikationseinrichtung zu erfüllen. Die von der Nachrichtenquelle übermittelten Informationen müssen in mehreren Schritten aufbereitet werden, so dass sie über das Übertragungsmedium (z.B. Luft, elektrische oder optische Leitung) verschickt werden können. Umgekehrt müssen nach der Übertragung die Informationen wieder in eine für die Nachrichtensinke verständliche Form gebracht werden. Geht man von einer kontinuierlichen Übertragung aus, so laufen diese Schritte ähnlich einem Fließband gleichzeitig ab. Die in diesen Schritten angewendeten Methoden sind entsprechend der zu realisierenden Aufgabe höchst unterschiedlich. Die dafür erforderlichen Kompetenzen sind daher selten bei einer Person, einem Entwicklerteam oder auch einer Technologiesparte gleichzeitig vorhanden. Stattdessen muss eine Form der Zusammenarbeit gefunden werden, die die Aufgabenbereiche an sich und die Schnittstellen zwischen den verschiedenen Aufgabenbereichen definiert. Hierfür haben sich Schichtenmodelle wie das Open Systems Interconnect (OSI)-Schichtenmodell als geeignet erwiesen.

Das OSI-Schichtenmodell trägt dem Umstand Rechnung, dass bei der Durchführung eines Kommunikationsvorgangs einer Aufgabenstellung auf der Seite des Senders stets ein entsprechendes Pendant auf der Seite des Empfängers gegenübersteht. Dies gilt zunächst für die Kombination Nachrichtenquelle und

Nachrichtensinke. Die Nachrichtenquelle übergibt die zu übersen-dende Nachricht über eine definierte Schnittstelle an die Kommunikationseinrichtung. Dies ist z.B. bei einem Telefonat die in das Mikrofon gesprochene Sprache. Die Nachrichtensinke erhält diese Nachricht über die Schnittstelle des Lautsprechers. Auf welche Weise die Kommunikationseinrichtung in der Lage ist, diesen Dienst zu erfüllen, ist für Nachrichtenquelle und -sinke nicht von Interesse.

Die Kommunikationseinrichtung erhält die Nachricht und führt einen ersten Verarbeitungsschritt durch. In dem hier verwendeten Beispiel ist das die Umwandlung der gesprochenen Sprache in ein elektrisches Signal durch das Mikrofon. Das entsprechende Pendant auf Empfängerseite ist der Lautsprecher, der die umgekehrte Umwandlung durchführt. Für die Entwicklung und die Produktion von Mikrofonen und Lautsprechern sind relativ ähnliche Kompetenzen erforderlich, die sich aber stark von den Kompetenzen unterscheiden, die die darauffolgenden Verarbeitungsschritte (Umwandlung des elektrischen Signals in einen Bitstrom und dessen Übertragung) erfordern. Daher ist wiederum für das aus Mikrofon und Lautsprecher gebildete Paar die konkrete technische Umsetzung der Übermittlung des elektrischen Signals durch den darauffolgenden Teil der Kommunikationseinrichtung nicht von Interesse. Die mit diesem Denkansatz entstehenden Paare innerhalb eines Kommunikationsvorgangs werden als Schichten des Modells bezeichnet.

Das OSI-Schichtenmodell verdeutlicht diese Denkweise mithilfe einer zweidimensionalen visuellen Darstellung. Dabei wird willkürlich der Sachverhalt des Paares auf ein horizontales Nebeneinander abgebildet, während die Informations- bzw. Signalübergabe durch ein vertikales Untereinander dargestellt wird (siehe Abbildung 16.3). Nachrichtenquelle und -sinke sind jeweils oben angeordnet, so dass der Signalfluss auf der linken Senderseite von oben nach unten und auf der rechten Empfängerseite von unten nach oben verläuft. Konkret kennt das OSI-Schichtenmodell sieben Schichten, deren Details hier nicht behandelt werden.

16.3.2.1.2 Visualisierung signaltheoretischer Sachverhalte am Beispiel des Zeigerdiagramms

Ein Teilgebiet der Kommunikationstechnik ist die Übertragungstechnik. Ihre Aufgabe ist es, informationstragende Signale über einen Übertragungskanal zu transportieren (z.B. eine elektrische Leitung). In vielen Fällen findet dabei eine Übertragung im Bandpassbereich statt. Das bedeutet, dass die zu übertragende Information einer Trägerwelle aufgeprägt wird, die sich in dem Kanal gut ausbrei-

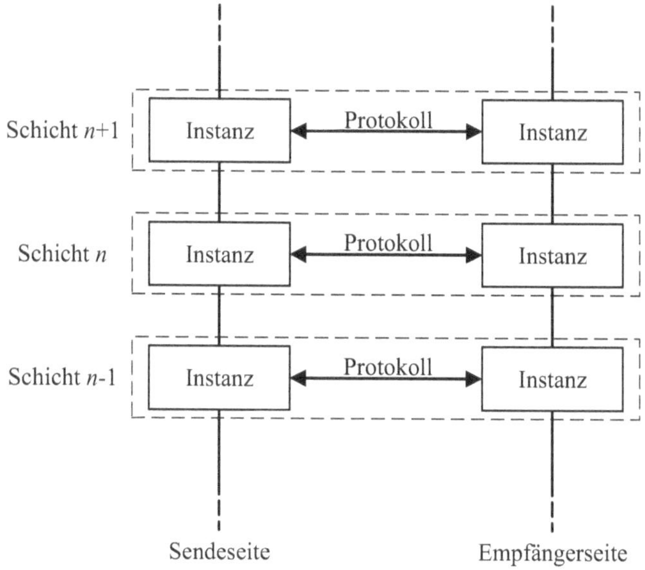

Abb. 16.3. Ausschnitt aus dem OSI-Schichtenmodell.

ten kann (z.B. eine Lichtwelle in einer optischen Glasfaser). Der zeitliche Verlauf der physikalischen Größe der Lichtwelle wird mit der Sinus- bzw. mit der Cosinus-Funktion beschrieben.

Die Sinus- und die Cosinus-Funktion sind orthogonal zueinander. Für die Übertragungstechnik bedeutet das konkret, dass dem Sinus- und dem Cosinus-Anteil einer Welle jeweils ein informationstragendes Signal aufgeprägt werden kann, ohne dass eine gegenseitige Beeinflussung stattfindet. Die Darstellung zweier paarweise orthogonaler Größen ist visuell mithilfe eines zweidimensionalen Koordinatensystems möglich, bei dem je eine Größe einer der beiden Achsen zugeordnet wird. Durch eine systemtheoretische Transformation ist es möglich, die beiden orthogonalen Größen auf eine einzige komplexwertige Größe abzubilden, deren Real- bzw. Imaginärteil bekanntermaßen orthogonal zueinander sind. In der Folge stellt sich das angesprochene zweidimensionale Koordinatensystem als die gaußsche Zahlenebene der komplexen Zahlen dar.

Bei der Signalübertragung treten verschiedenste störende Phänomene auf, aber auch Veränderungen des Signals durch gezielte Signalverarbeitung. Diese lassen sich in der gaußschen Zahlenebene besonders anschaulich darstellen, wenn die komplexen Größen als Zeiger dargestellt werden. So kann z.B. die Überlagerung

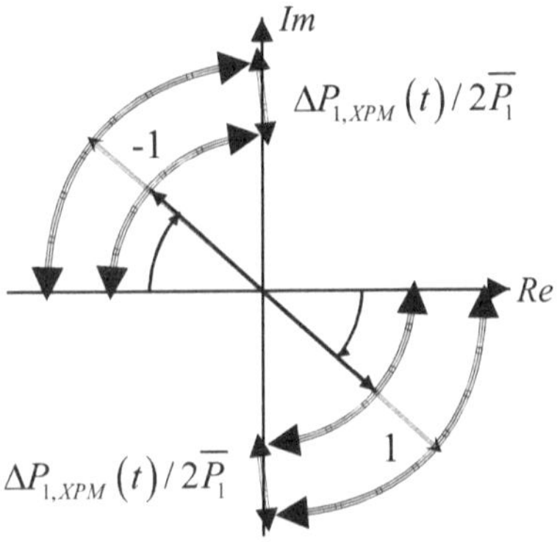

Abb. 16.4. Verdeutlichung der Vorgänge bei Bandpassübertragung unter Benutzung eines Zeigerdiagramms in der komplexen Zahlenebene. Im Beispiel wird der Einfluss einer nichtlinearen Störung bei faseroptischer Übertragung verdeutlicht.

(d.h. Addition) mehrerer Signale als Aneinanderreihung dieser Zeiger dargestellt werden. Der Einfluss einer Störung wie im Beispiel in Abbildung 16.4 für eine nichtlineare Störung bei optischer Übertragung kann dagegen durch Drehung, Verlagerung etc. der entsprechenden Zeiger verdeutlicht werden.

16.3.2.1.3 Visualisierung physikalischer Größen am Beispiel der Visualisierung der Polarisation einer transversalen Lichtwelle auf der Poincaré-Kugel

Die Übertragung informationstragender Signale geschieht in der Kommunikationstechnik häufig mithilfe von elektromagnetischen Wellen. Diese breiten sich z.B. in Luft (bei Funkübertragung) oder auch in optischen Glasfasern als Lichtwellen aus. In guter Näherung handelt es sich dabei um Transversalwellen. In diesem Fall besteht die sich ausbreitende Welle aus zwei linear unabhängigen (=zueinander orthogonalen) Anteilen, die in zwei zueinander orthogonalen Ebenen schwingen.

Dieser Sachverhalt lässt sich mit der Vorstellung veranschaulichen, dass die entsprechende Welle direkt auf einen Beobachter zuläuft. Bei Transversalwellen existiert kein Wellenanteil, der in Ausbreitungs- (also Blickrichtung) schwingt. Von den drei Dimensionen des Raumes verbleiben also lediglich zwei, so dass der Beobachter zwei unabhängige Anteile der auf ihn zulaufenden Welle feststellt, die z.B. jeweils horizontal und vertikal schwingen. Bei Überlagerung (d.h.

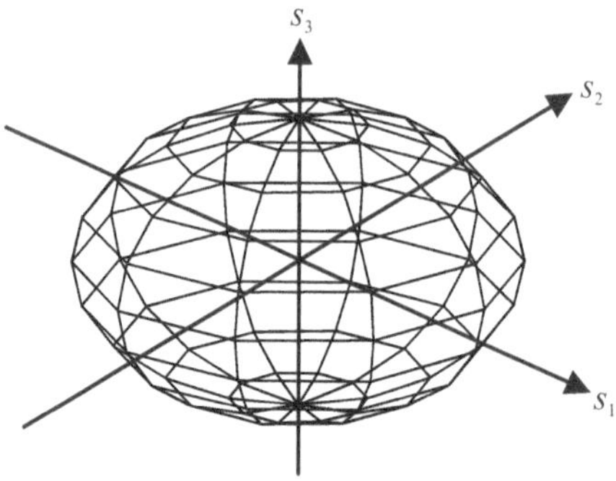

Abb. 16.5. Poincaré-Kugel zur Darstellung des Polarisationszustand einer elektromagnetischen Welle.

Addition) dieser beiden Anteile ergibt sich für die Gesamtwelle ein bestimmtes Schwingungsbild, das als Polarisation bezeichnet wird. Je nach relativer Intensität und gegenseitigem Versatz der beiden Anteile ergeben sich unterschiedliche so genannte Polarisationszustände. Diese können linear, zirkular oder auch elliptisch sein.

Für die Übertragung der Wellen ist ihr Polarisationszustand eine wichtige Kenngröße. Daher ist eine einsichtige visuelle Darstellungsmöglichkeit dieses Zustands wichtig. Hier hat sich die folgende Darstellung auf der Poincaré-Kugel als geeignetes Werkzeug erwiesen: Grundsätzlich lässt sich der Polarisationszustand einer Welle mithilfe zweier Winkelwerte eindeutig darstellen. Da Winkel periodische Größen sind, ist eine Darstellung in einem zweidimensionalen kartesischen Koordinatensystem nicht sinnvoll, da die Periodizität durch Beschränkung des Koordinatensystems auf $\pm 180^o$ in jeder der beiden Dimensionen künstlich ist und die Darstellung unübersichtlich macht. Stattdessen werden die zwei Winkel in den dreidimensionalen Raum auf den so genannten Stokes-Vektor abgebildet. Die Abbildung ist so gewählt, dass die Länge dieses Vektors für alle Werte der Winkel gleich Eins ist. Somit erfolgt eine Abbildung auf eine Kugeloberfläche im dreidimensionalen Raum (siehe Abbildung 16.5). Jedem möglichen Polarisationszustand ist genau ein Punkt auf der Kugeloberfläche zugeordnet. Die Kugeloberfläche selbst ist ein zweidimensionales Gebilde, kann also zwei Freiheitsgrade darstellen. Der große Vorteil gegenüber der kartesischen Darstellung in der Ebene liegt darin, dass die Periodizität inhärent erfüllt ist. Bewegt man sich von jedem beliebigen Punkt der Kugeloberfläche konstant in einer Richtung um den Wert 2π (also um 360°), so erreicht man exakt wieder den Ausgangspunkt.

16.3.2.2 Mathematisch-theoretische Modelle

16.3.2.2.1 Modellierung digitaler Daten

Digitale Kommunikationssysteme werden während ihrer Entwicklung und vor ihrem Einsatz intensiv getestet - sowohl in der Simulation als auch messtechnisch. Dies bedeutet, dass die Randbedingungen möglichst realistisch sein müssen. Dazu gehört insbesondere, dass die in den Tests übertragenen Daten dem späteren realen Datenverkehr möglichst ähnlich sein müssen.

Realer Datenverkehr zeichnet sich dadurch aus, dass er kontinuierlich ist. Es gibt also nach der Installation und Inbetriebnahme des Systems theoretisch kein Ende der Übertragung. Diesem Umstand kann in einem Test nicht exakt Rechnung getragen werden - der Test beginnt zu einem bestimmten Zeitpunkt und endet nach einer gewissen Zeit wieder. In dieser Zeit kann nur eine begrenzte Anzahl an digitalen Daten übertragen werden. Diese Daten dürfen also nicht willkürlich gewählt werden, sondern müssen in ihren Eigenschaften so gewählt werden, dass sie trotz ihrer Begrenztheit das System einem realistischen Test unterziehen.

Gelöst wird diese Problematik, indem realer Datenverkehr mit statistischen Mitteln quantifiziert wird. Die zu Testzwecken übertragenen Daten werden dann so erzeugt, dass ihre statistischen Kenngrößen mit denjenigen des realen Datenverkehrs größtmöglich übereinstimmen.

Die statistische Quantifizierung ist somit ein mathematisches Modell für den im realen Betrieb vorkommenden Datenverkehr. Ein wesentlicher Bestandteil sind die Auftrittswahrscheinlichkeiten der Daten, die hier kurz skizziert werden:

- Die Wahrscheinlichkeiten für das Auftreten einer '1' und das Auftreten einer '0' sind gleich und somit gleich 0,5. Dies ist eine Forderung, die von den zu Testzwecken generierten Daten ohne größere Umstände erfüllt werden kann.
- Teilt man die Daten in aufeinanderfolgende Paare, so sollen die Wahrscheinlichkeiten für das Auftreten der Paare '00', '01', '10' und '11' gleich sein. Diese Forderung wird erweitert auf Tupel beliebiger Länge. Diese Forderung ist wichtig, um die gegenseitige Beeinflussung benachbarter Daten korrekt abzubilden. Sie kann von Datenfolgen begrenzter Länge nur näherungsweise erfüllt werden, wobei der Erfüllungsgrad höher ist, je länger die Testfolge ist.

16.3.2.2.2 Graphenbasierte Modelle

Ursprünglich in der Informatik entwickelt, gewinnen graphenbasierte Modelle immer mehr an Bedeutung auch in anderen Disziplinen. Graphen sind abstrakte Strukturen. Sie bestehen aus einer Menge von Knoten, von denen einige durch ge-

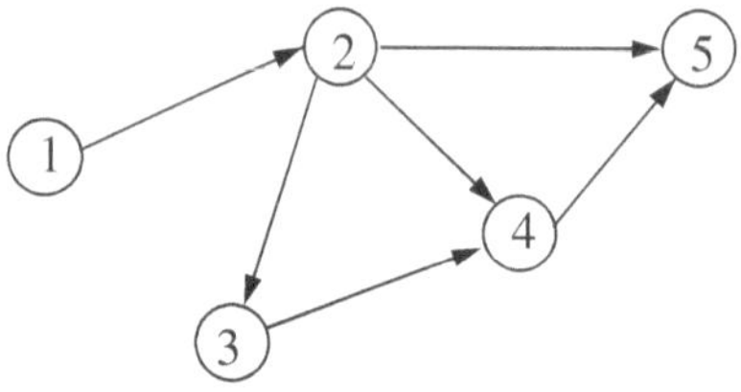

Abb. 16.6. Gerichteter Graph mit fünf Knoten.

richtete oder ungerichtete Kanten verbunden sind (siehe Abbildung 16.6). Hiermit gelingt es, eine Beziehung zwischen Zuständen (z.B. Speicherinhalten in einem Automaten) mathematisch zu modellieren. Beispiele umfassen Markoff-Modelle in der Sprachverarbeitung, Faktor-Graphen in der Detektions- und Schätztheorie oder Trellisdiagramme in der Codierungstheorie, um nur einige Anwendungen zu nennen.

16.3.2.2.3 Kanalmodelle

Wie bereits erwähnt, kann man ein Übertragungssystem in einen Sender, einen physikalischen Kanal und einen Empfänger separieren. In der optischen fasergebundenen Übertragungstechnik besteht der physikalische Kanal aus einer Lichtquelle, einer Glasfaser und einem Fotodetektor, in der Mobilfunktechnik aus Antennen und einer Funkstrecke. Kanalmodelle beschreiben den Einfluss des physikalischen Kanals auf das übertragene Signal, und stellen somit eine Nachbildung des physikalischen Kanals dar. Man unterscheidet zwischen deterministischen und stochastischen Kanalmodellen. Bei deterministischen (d.h. reproduzierbaren) Kanalmodellen versucht man, den physikalischen Kanal möglichst naturgetreu nachzubilden. Ein illustratives Beispiel ist die aus der Mobilfunktechnik bekannte Ray-Tracing-Methode: Da sich am Ort des Empfängers aufgrund von Reflektion, Streuung und Beugung eine Überlagerung von Funkwellen ergibt, identifiziert die Ray-Tracing-Methode jeden einzelnen Ausbreitungspfad zwischen Sender und Empfänger. Bei einfachen Raumgeometrien mit bekannten Reflektionseigenschaften und geringer Mobilität (wie z.B. in Innenräumen) sind relativ exakte Vorhersagen zum Beispiel über die Stärke des Empfangssignals zu bestimmten Zeitpunkten möglich. In großräumigen Umgebungen mit hoher zeitlicher Varianz (wie z.B. in Innenstädten) wäre diese Art der Modellierung viel zu aufwändig und ungenau. Mit Hilfe einer stochastischen Modellierung, oft auf Basis einer Vielzahl von Feldmessungen gewonnen, gelingt es jedoch, Vorhersagen zum Beispiel über die mittlere Stärke des Empfangssignals zu treffen. Eine exakte zeitliche Zuordnung („wie ist die Empfangsqualität um 12:00 Uhr“) ist hierbei nicht gewollt, sondern das eigentliche Ziel ist es, das mittlere Verhalten des physikalischen Kanals nachzubilden. Auf diesem Prinzip beruhen Mobilfunkkanalsimulatoren, mit denen die Qualität von Smartphones und Handys in unterschiedlichsten Umgebungen wie städtischen Gebieten, ländlichen Gebieten und Bergland unter Laborbedingungen bestimmt werden kann.

Ferner unterscheidet man zwischen zeitkontinuierlichen Kanalmodellen und zeitdiskreten Kanalmodellen. Zeitkontinuierliche Kanalmodelle beschreiben den Einfluss des physikalischen Kanals auf ein analoges Sendesignal. Bei einem analogen Sendesignal kann es sich zum Beispiel um das Ausgangssignal eines Lasers (in der optischen Übertragungstechnik), ein Funksignal (in der Mobilfunktechnik) oder um Sprache (in der zwischenmenschlichen Kommunikation) handeln. Erfahrungsgemäß weicht das Empfangssignal immer vom Sendesignal ab: Sämtliche Veränderungen, auch Störungen genannt, ordnet man dem physikalischen Kanal zu. Zu den bekanntesten Störungen zählen Rauschen, Signaldämpfung (z.B. aufgrund der Entfernung) und Interferenzen durch andere Nutzer, wie bei einer Party. Hinzu kommen systemabhängige Störungen wie Abschattungen in der Mobilfunkkommunikation, Phasenrauschen in trägermodulierten Systemen und viele mehr.

Zeitdiskrete Kanalmodelle beschreiben den Einfluss des physikalischen Kanals auf Datensymbole (wie z.B. Buchstaben) oder Datenbits. In der digitalen Übertragungstechnik repräsentiert man jegliche Inhalte, wie bereits erwähnt, durch eine Folge von Binärsymbolen. Dabei ist es irrelevant, ob die Inhalte analoger Natur (wie bei Sprache, Videos oder zeitkontinuierlichen Messwerten) oder in Form von diskreten Ereignissen (wie Buchstaben) vorliegen. Grundlage hierfür ist das in der Signaltheorie wichtige Abtasttheorem, das in seiner Verallgemeinerung Anwendung in vielen Disziplinen finden kann: Gemäß dem Abtasttheorem kann jedes bandbegrenzte analoge Signal, egal ob es deterministisch und somit reproduzierbar oder stochastisch ist, durch äquidistante Abtastwerte repräsentiert werden, solange die Abtastrate hinreichend groß ist. Jeder wertkontinuierliche Abtastwert wiederum kann quantisiert und somit durch eine endliche Anzahl an Bits approximiert werden. Analog-Digital-Wandler sowie Digital-Analog-Wandler sind heutzutage für höchste Abtastraten und Auflösungen erhältlich. Bei einer effizienten Form der Abtastung, Compressed Sensing genannt, kann die Datenrate bereits bei der Abtastung erheblich reduziert werden, wenn das abzutastende Signal in einer Domäne (wie dem Zeit- oder Frequenzbereich oder im Raum) dünn besetzt ist.

Zeitdiskrete Kanalmodelle eignen sich hervorragend zur Simulation komplexer digitaler Übertragungssysteme auf Digitalrechnern. Im einfachsten Fall modelliert das Kanalmodell den Unterschied zwischen den senderseitigen Eingangsbits und den empfängerseitigen Ausgangsbits. Je nach physikalischem Übertragungskanal können die Bitfehler statistisch unabhängig sein, oder es können Bündelfehler auftreten. Bei einer CD/DVD/Blu-ray führen Materialdefekte typischerweise zu Einfachfehlern, während Kratzer immer Bündelfehler bewirken. Bündelfehler können zum Beispiel durch ein Markoff-Modell approximiert werden, welches die mittlere Länge und den mittleren Abstand der Fehlerbündel emuliert. In diesem Falle liegt ein gedächtnisbehaftetes Kanalmodell vor. Im Unterschied hierzu modelliert man Einzelfehler mit einem gedächtnislosen Kanalmodell. Alternativ zur Modellierung von Bitfehlern kann in zeitdiskreten Kanalmodellen auch das Verhalten des Kanals auf hochstufige Datensymbole modelliert werden. Das sog. äquivalente zeitdiskrete Kanalmodell berücksichtigt sämtliche (analoge und digitale) Komponenten und Störquellen zwischen dem senderseitigen Modulator und der Abtastung im zugehörigen Demodulator. Dieses Konzept ist auf viele andere Disziplinen übertragbar, z.B. der Exploration von Bodenschätzen mit Hilfe von Schallgebern oder in medizinischen Anwendungen.

Kanalmodelle können einen sehr unterschiedlichen Abstraktionsgrad auf-weisen. Kanalmodelle mit hohem Abstraktionsgrad sind oft sehr simpel, während physikalisch orientierte Kanalmodelle sehr detailliert sein können. Erstere eignen sich u.a. für mathematisch geschlossene Lösungsaufgaben, zweitere für rechnergebundene Optimierungen. Kanalmodelle können linear oder nichtlinear, zeitinvariant oder zeitveränderlich sein.

16.3.2.2.4 Informationstheoretische Modelle

In der Informationstheorie verwendet man gerne stochastische Modelle mit hohem Abstraktionsgrad. Dies sei am Beispiel des (zeit)diskreten gedächtnisfreien Kanalmodells erläutert (siehe Abbildung 16.7). Bei diesem Kanalmodell sind sowohl die Eingangsgrößen x_i als auch die Ausgangsgrößen y_j Zufallsvariablen, die jeweils über einem vorgegebenen Alphabet definiert sind. Eingangs- und Ausgangsalphabet müssen nicht notwendigerweise übereinstimmen. Die Eingangsgröße ist über einem endlichen Alphabet definiert, man spricht von einem Eingangssymbol, während die Ausgangsgröße auch wertkontinuierlich sein kann, wie im Falle von Rauschen. Im Falle eines endlichen Ausgangsalphabets ist die Beziehung zwischen der Eingangsgröße x_i und der Ausgangsgröße y_j vollständig durch die bedingte Wahrscheinlichkeit $P(y_j|x_i)$ (lies y_j gegeben x_i) definiert. Mit anderen Worten: Bei gegebenem Eingangssymbol x_i tritt das Ausgangssymbol y_j

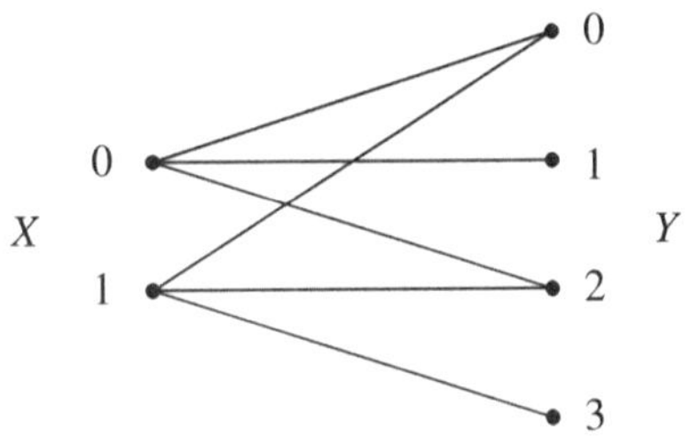

Abb. 16.7. Beispiel für ein diskretes gedächtnisfreies Kanalmodell mit zwei Eingangssymbolen und vier Ausgangssymbolen.

mit der Wahrscheinlichkeit $P(y_j|x_i)$ zufällig auf. Im Falle eines wertkontinuierlichen Ausgangsalphabets ist die Beziehung zwischen der Eingangsgröße x_i und der Ausgangsgröße y_j vollständig durch die bedingte Wahrscheinlichkeitsdichtefunktion $p(y_j|x_i)$ definiert.

Eine im Sinne der Informationstheorie wichtige Größe ist die mittlere wechselseitige Information $I(X;Y)$ zwischen der diskreten Zufallsvariable X am Kanaleingang und der diskreten oder stetigen Zufallsvariable Y am Kanalausgang. Die wechselseitige Information ist ein Maß für den Informationsgewinn, den man über X erhält, indem man Y beobachtet. Während dieser Gewinn im Sinne einer fehlerarmen Übertragung zu maximieren ist, sollte $I(X;Y)$ in einem Chiffriersystem möglichst gleich null sein, damit ein Angreifer durch Beobachtung des Geheimtextes nicht auf den Schlüssel schließen kann. Das Maximum der wechselseitigen Information wird Kanalkapazität genannt. Die Kanalkapazität ist die maximale Übertragungsrate, mit der Daten quasi fehlerfrei über einen beliebig gestörten Kanal übertragen werden können. Mögliche Anwendungen dieser Art der Modellierung gehen aber weit über die klassischen Aufgaben der digitalen Informationsübertragung (Datenkomprimierung, Fehlerschutz und Datensicherheit) hinaus. Man kann Plagiate aufdecken, den mittleren Informationsaustausch zwischen verschiedenen Punkten im Gehirn feststellen, ein Portfolio optimieren, komplexe Regelungssysteme optimieren oder DNA-Sequenzen analysieren, um nur einige Beispiele zu nennen.

16.3.2.2.5 Modelle in Form mathematischer Formeln

Kommunikationssysteme zeichnen sich in der Regel durch eine sehr große Zahl an Parametern aus, die das Verhalten des Gesamtsystems beeinflussen und die daher einem Optimierungsprozess unterworfen werden. Beispiele für derartige Parameter sind die Länge der Übertragungsstrecke, Materialeigenschaften des Übertragungsmediums, Datenmenge pro Zeiteinheit etc..

Während der Übertragung kommt es zu verschiedenartigsten Störungen des Signals, das die zu übermittelnden Daten enthält. Um das Kommunikationssystem daraufhin anzupassen, ist ein hohes Maß an Verständnis der Ursache und des Wirkmechanismus dieser Störungen wichtig. Dazu gehört einerseits ein qualitatives Verständnis. Andererseits sind gerade für die Optimierung der Systemparameter quantitative Abhängigkeiten essentiell. Diese Abhängigkeiten werden in Form algebraischer Zusammenhänge modelliert.

Ausgangspunkte bei der Entwicklung dieser Modelle sind in der Regel wissenschaftlich anerkannte mathematische Beschreibungsformen physikalischer Phänomene, wie z.B. die Maxwell-Gleichungen. Diese weisen einen hohen Grad an Allgemeingültigkeit auf und liefern für das Anwendungsproblem erst einmal keine konkreten Aussagen. Daher ist eine Anpassung an das spezielle Anwendungsproblem erforderlich. Dies geschieht in der Regel durch die Einarbeitung von Randbedingungen. In der Folge entstehen zumeist lineare oder nichtlineare Differentialgleichungen. Diese sind in manchen Fällen direkt lösbar und liefern damit eine mathematische Beschreibung des Sachverhalts.

In den meisten Fällen ist eine direkte Lösung nicht möglich. Hier muss hingenommen werden, dass der Sachverhalt nicht exakt beschreibbar ist. Stattdessen sind Näherungen erforderlich, die die Gleichungen so vereinfachen sollen, dass eine Lösung möglich wird. Dies sind sehr gängige Vorgehensweisen in den Ingenieurwissenschaften, da approximative Beschreibungen eines technischen Systems erlaubt sind, so lange das Ziel eines seine Aufgabe erfüllenden Systems damit erreicht werden kann. Die erforderlichen Kompetenzen stammen dabei aus dem Bereich der angewandten Mathematik. Der sichere Umgang mit algebraischen Umformungen, der in der Regel in der Sekundarstufe I erlernt wird, ist essentiell. Ebenso sind Intuition und Geduld gefragt, da nach Anwendung einer Näherung erst mit einigen mehr oder weniger geschickten Umformungen ersichtlich wird, ob das Ziel der geschlossenen Näherungslösung erreicht werden kann. Nicht selten treten dabei umfangreiche Ausdrücke auf (siehe z.B. Abbildung 16.8), die erst auf den zweiten Blick und nach gründlicher Strukturierung einen Erkenntnisgewinn ermöglichen. Dieser Erkenntnisgewinn besteht zumeist darin, dass der konkrete Einfluss der Systemparameter durch z.B. Proportionalitäten o.ä. ersichtlich wird.

$$
\begin{aligned}
\Delta P_{out}^{(2)}(f) = \overline{P_{out}} \Big[& \left(\exp\left(-j2\pi^2\beta_2 f^2 L\right)\cdot\phi_{in}(f)\right) * \left(\exp\left(j2\pi^2\beta_2 f^2 L\right)\cdot\phi_{in}(f)\right) - \cos\left(2\pi^2\beta_2 f^2 L\right)\cdot\left(\phi_{in}(f) * \phi_{in}(f)\right)\Big] \\
& + \frac{1}{4\overline{P_{out}}}\Big[\left(\exp\left(-j2\pi^2\beta_2 f^2 L\right)\cdot\Delta P_{in}(f)\right) * \left(\exp\left(j2\pi^2\beta_2 f^2 L\right)\cdot\Delta P_{in}(f)\right) \\
& - \cos\left(2\pi^2\beta_2 f^2 L\right)\cdot\left(\Delta P_{in}(f) * \Delta P_{in}(f)\right)\Big] \\
& - \sin\left(2\pi^2\beta_2 f^2 L\right)\left(\Delta P_{in}(f) * \phi_{in}(f)\right) \\
& + \frac{j}{2}\Big[\left(\exp\left(-j2\pi^2\beta_2 f^2 L\right)\cdot\phi_{in}(f)\right) * \left(\exp\left(j2\pi^2\beta_2 f^2 L\right)\cdot\Delta P_{in}(f)\right) \\
& - \left(\exp\left(-j2\pi^2\beta_2 f^2 L\right)\cdot\Delta P_{in}(f)\right) * \left(\exp\left(j2\pi^2\beta_2 f^2 L\right)\cdot\phi_{in}(f)\right)\Big]
\end{aligned}
$$

Abb. 16.8. Modellierung der Kreuzphasenmodulation unter Verwendung einer Näherungslösung zweiter Ordnung als Beispiel eines mathematischen Modells, bei dem auf den ersten Blick unübersichtliche algebraische Ausdrücke auftreten.

16.4 Fazit

Die Kommunikationstechnik als eine der zentralen Disziplinen der Informationsgesellschaft lebt davon, dass die relevanten Sachverhalte durch Modelle beschrieben werden. Der Hauptgrund liegt in der Tatsache, dass technische Vorgänge mit den fünf menschlichen Sinnen direkt nicht erfasst werden können. Trotzdem sind Ingenieure der Kommunikationstechnik in der Lage, technische Systeme zu errichten, die Informationen in erstaunlicher Geschwindigkeit, über enorme Distanzen und unter schwierigen Bedingungen übertragen. Die dazu nötigen Denk- und Arbeitsweisen spiegeln sich in der Art der verwendeten Modelle wieder, über die in dieser Abhandlung ein stichpunktartiger Überblick gegeben wird.

Literatur

[Hoe13] Peter Adam Höher *Grundlagen der digitalen Informationsübertragung*. Wiesbaden: Springer Vieweg, 2. Auflage, 2013.

[Kam11] Karl-Dirk Kammeyer *Nachrichtenübertragung*. Wiesbaden: Vieweg+Teubner, 5. Auflage, 2011.

17 Küstenmodelle: Stand der Technik und zukünftige Entwicklung

Roberto Mayerle und Gerd Bruss

Zusammenfassung: Der Beitrag gibt einen Überblick über den gegenwärtigen Stand und zukünftige Trends in der Entwicklung und Anwendung prozessbasierter Modelle für den Küstenbereich. Der Schwerpunkt wird auf Modelle zur Simulation von Strömungen, Wellen, Sedimenttransport und Morphodynamik gelegt. Die gelösten Gleichungen und die wesentlichen Strategien zur Entwicklung von Modellen werden ebenso vorgestellt wie die wesentlichen Einschränkungen und die Qualitätsstandards, die bei der Prüfung der Modellgenauigkeit herangezogen werden. Strategien, um Aussagekraft und Vorhersagefähigkeit von Küstenmodellen zu verbessern werden diskutiert. Beispiele aus der Anwendung von Modellen zur Behandlung praktischer Probleme werden vorgestellt, um deren Potential für die Unterstützung von Entscheidungsträgern beim Management von Küstenzonen darzustellen.

17.1 Einleitung

Das Management von Küstenzonen stützt sich zunehmend auf eine Kombination von Feldmessungen und Vorhersagen, die mit numerischen Modellen ausgeführt werden. Dies hat in den vergangenen Jahren zugenommen, in Anbetracht der Notwendigkeit die Auswirkungen menschlicher Eingriffe und die prognostizierten Klimaänderungen einzuschätzen. Projekte im Küstenbereich beinhalten typischerweise hohe Kosten und hohe Risiken. Ein sachgerechtes Management sowie Werkzeuge, die In-Situ Messungen und Modelle einbinden, sind Voraussetzungen für deren erfolgreiche und kosteneffiziente Durchführung.

Im Verlauf der letzten Dekade gab es signifikante Fortschritte in der Messtechnik, was die Messung der meisten Größen im Bereich des Küstenraumes ermöglicht. Es gab eine Entwicklung von punktförmigen zu räumlichen Messungen, die große Flächen mithilfe nicht-invasiver Techniken abdecken. Darüber hinaus verbessert sich die Genauigkeit von Messinstrumenten unter Feldbedingungen stetig. Zusammen mit diesen Entwicklungen gab es auch, verbunden mit einem beträchtlichen Forschungsaufwand, große Fortschritte in der Entwicklung von numerischen Modellen für die Küstenzone. Fortschritte in der Computertechnik und der Leistungsfähigkeit von Algorithmen führten zur Simulation von Problemen aus der realen Welt unter Verwendung dreidimensionaler Modellannäherungen. In einer frühen Phase wurde der Schwerpunkt auf Ingenieur-Anwendungen gelegt, die sich vor allem mit Problemen des Küstenschutzes, der Bemessung von Küstenbauwerken, der Verschlammung und Ausbaggerung von Häfen und Schifffahrtsstraßen, der Abschätzung von Beeinflussungen infolge von Küstenstrukturen oder Landgewinnung und dergleichen beschäftigten. In jüngster Zeit ist auch in anderen Arbeitsgebieten das Potential von Strömungs- und Seegangsmodellen zur Verbesserung des Verständnisses physikalischer Systeme zur Kenntnis genommen worden. Küstenmodelle werden beispielsweise beim Management der Marikultur, zur Abschätzung der Nachhaltigkeit von Küstennutzungskonzepten oder auf dem Gebiet der erneuerbaren Ozean-Energie eingesetzt.

Küstenmodelle können in zwei prinzipiell unterschiedliche Klassen eingeteilt werden, nämlich in verhaltensorientierte und prozessbasierte Modelle (deV03). Verhaltensorientierte Modelle werden als eine Art phänomenologische Modelle angesehen, in denen einige der Prozesse vereinfacht durch die Verwendung ausgewählter semi-empirischer Gleichungen erfasst werden. Sie sind vorrangig verwendet worden, um morphodynamische Vorhersagen über lange Zeiträume auszuführen. Prozessbasierte Modelle oder Flächenmodelle simulieren einzelne im Küstenbereich relevante Prozesse und deren Interaktion. Sie verbinden Strömungen, Wellen und Sedimenttransport und beinhalten die Aktualisierung der Modell-Bathymetrie. Prozessbasierte Küstenmodelle haben sich als effektiv für die Vorhersage von Wasserständen, Strömungsgeschwindigkeiten und Wellen und den damit verbundenen Sedimenttransportraten und morphologischen Änderungen über kurze und mittlere Zeiträume erwiesen.

Dieser Beitrag stellt die Entwicklung und Anwendung prozessbasierter Modelle dar. Er liefert eine Übersicht über die gelösten Gleichungen und die wesentlichen Annahmen und Vereinfachungen, die verwendet werden. Die Phasen der Entwicklung von prozessbasierten Modellen für die Küstenräume werden dargestellt. Der Beitrag behandelt auch die Erfordernisse an Messdaten und deren wesentliche Defizite sowie Strategien, die gegenwärtig für die Sammlung von Feld-Daten zum Zwecke der Weiterentwicklung bestehender Modelle herangezogen werden. Die Standards, die üblicherweise verwendet werden, um die Leistung eines Modells zu verifizieren sowie Methoden zur Verbesserung ihrer Vorhersagefähigkeit werden ebenfalls umrissen. Laufende Entwicklungen und zukünftige Trends auf dem Gebiet werden diskutiert. Ergebnisse aus der Anwendung von Küsten-Modellen auf reale Probleme sind beispielhaft dargestellt, um die Eignung von Modellen aufzuzeigen, Entscheidungsträger im Management von Küstenzonen zu unterstützen.

17.2 Prozessbasierte Modelle im Küstenbereich

Prozessbasierte Modelle stützen sich auf die mathematische Beschreibung der zugrundeliegenden Prozesse. Die mathematischen Formulierungen, meist in Form partieller Differentialgleichungen, werden auf einem diskreten räumlichen Gitter und mit diskreten Zeitschritten gelöst. Am gebräuchlichsten sind semi-implizite Schemata finiter Differenzen oder finiter Elemente. Zur Diskretisierung in der vertikalen Dimension werden entweder der Topografie folgende sigma-Koordinaten oder z-Koordinaten mit konstanter Schichtdicke herangezogen, wobei letztere vornehmlich in tiefem Wasser Anwendung finden.

Prozessbasierte Küstenmodelle setzen sich üblicherweise aus Modelkomponenten zur Simulation von Strömungsfeldern, Wellen, Sediment-Transport und morphologischer Entwicklung zusammen. Sie sind in der Lage die komplexen Muster der Hydrodynamik, Sedimentdynamik und Morphodynamik und deren Wechselwirkungen zu simulieren. Heutzutage decken Küstenmodelle Flächen von bis zu 10,000km^2 ab und sie sind in der Lage, Zeiträume bis hin zu mehreren Monaten zu simulieren. Die horizontale Auflösung des Gitters variiert von einigen hundert bis zu wenigen Metern, insbesondere in Regionen mit starker Variation des Meeresgrundes und hohen Geschwindigkeitsgradienten. Bislang ist, im Gegensatz zu Ozeanmodellen, eine Vielzahl von Anwendungen im Küstenbereich mit tiefengemittelten Modellen ausgeführt worden. Bei der Untersuchung dreidimensionaler Strömungen wie z.B. in geschichteten Ästuaren gewinnen dreidimensionale Annäherungen jedoch zunehmend an Bedeutung.

Das Strömungsmodell für die Simulation der Wasserbewegung infolge von Gezeiten, baroklinen und barotropen Gradienten sowie meteorologischen Einflüssen, bildet das Kernstück von Küstenmodellen. Das Model löst die unstetigen Flachwassergleichungen für die primitiven Variablen Geschwindigkeit und Wasserstand. Die Gleichungen werden für gewöhnlich unter der Annahme einer hydrostatischen Druckverteilung und der Boussinesq Approximation gelöst. Die Schließung des zugrundeliegenden Gleichungssystems wird durch die Integration von Turbulenzmodellen erreicht. Bei Küstenmodellen werden hauptsächlich Ein- oder Zweigleichungs-Wirbelviskositätsmodelle oder sogenannten 'Large Eddy Simulations' verwendet. Die Salinität- und Temperaturfelder erhält man durch die Lösung der Advektions-Diffusions-Gleichung (Les04; RoB94).

Seegangsmodelle lassen sich prinzipiell in phasenauflösende und phasenmittelnde Modelle unterscheiden. Bei den phasenauflösenden Modellen wird das Wellenfeld deterministisch anhand der Boussinesq Gleichung bestimmt. Dabei werden einzelne Wellen aufgelöst, was eine entsprechend hohe Auflösung des Modellgitters erfordert und damit die praktische Anwendung bislang auf die Untersuchung kleinskaliger Bereiche wie z.B. Hafeneinfahrten beschränkt. Häufiger und für größere Gebiete werden phasenmittelnde Seegangsmodelle verwendet. In ihnen wird der Seegang anhand einer spektralen Energiedichtefunktion bzw. bei Anwesenheit von Strömungen einer Impulsdichtefunktion für eine definierte Anzahl von Richtungssektoren und Frequenzintervallen bestimmt (Ris97; Boo99). In den spektralen Wellenmodellen enthaltene physikalische Prozesse sind: Generierung von Wellen durch Wind, Refraktion, Shoaling, Dissipation durch white-capping, tiefeninduziertes Wellenbrechen, Bodenreibung und nichtlineare Vierfach- und Dreifach-Wellen-Welleninteraktionen.

Die Kopplung zwischen Wellen und Strömungsmodell wird realisiert mithilfe des welleninduzierten Impulsflusses. Die resultierenden Strömungs- und Wellenfelder werden für die Simulation des Sedimenttransports genutzt. Die Menge an Sediment, das als Bodenfracht und in Suspension transportiert wird, wird üblicherweise separat berechnet. Zudem wird zwischen kohäsiven (Schlicke und Tone) und nicht kohäsiven Sedimenten (Sande und Kiese) unterschieden.

Die Konzentration an suspendiertem Sediment der Schlick- und Sandfraktionen ergibt sich aus der Lösung der Advektions-Diffusionsgleichung. Die Effekte von suspendierten Sedimenten werden zudem in die Zustandsgleichung für die Seewasserdichte einbezogen. Der vertikale Austausch von Sediment zwischen dem Meeresboden und der Wassersäule, also Erosion und Sedimentation, wird durch Quellen und Senken nahe des Bodens simuliert. Im Falle von sandigen Sedimenten folgt man z.B. dem Ansatz von (vaR93). Für die Schlickfraktion wird der vertikale Austausch häufig mithilfe der Formulierung von (Par65) abgeschätzt. Prozesse wie Flockenbildung von Partikeln und behindertes Absinken können ebenfalls parametrisiert erfasst werden. Das Fehlen von Feld- oder Labordaten über das exakte Verhalten kohäsiver Sedimente macht deren modelltechnische Beschreibung und damit genaue Vorhersagen schwierig. Der Sedimenttransport in Form von Bodenfracht wird für alle sandigen Sedimente mit einer der vielen empirischen Gleichungen berechnet (vaR93).

Nach Berechnung des Sedimenttransports werden morphologische Entwicklungen anhand der Bilanz des Massenaustausches mit dem Untergrund bestimmt. Kurzfristige Vorhersagen können durch kontinuierliche Rechnungen ausgeführt werden. Insbesondere mittel- und langfristige Modellierungen der Morphodynamik sind jedoch derzeit noch mit erheblichen Unsicherheiten verbunden und es besteht weiterer Forschungsbedarf (deV93; SoB01; deV03). Aufgrund der Tatsache, dass morphodynamische Vorhersagen rechnerisch einen hohen Zeitaufwand erfordern, müssen Simulationen, die Jahre oder Dekaden abdecken, für die praktische Anwendung beschleunigt werden. Da relevante Veränderungen des Meeresbodens generell wesentlich langsamer ablaufen als die auslösenden hydrodynamischen Prozesse, sind verschiedene Ansätze vorgeschlagen worden, die beiden Zeitskalen zu entkoppeln. Die früheren Ansätze basieren auf der klassischen Mittelung für Tide- und Wellenbedingungen in Verbindung mit einer Kontinuitäts-Korrektur (Lat95).

In jüngerer Zeit wurde der Ansatz von morphologischen Multiplikatoren vorgeschlagen, der einen Beschleunigungsfaktor mit repräsentativen hydrodynamischen Bedingungen kombiniert (Les04; Roe06). Sediment-Austauschraten mit dem Meeresboden werden mit einem bestimmten Faktor multipliziert, womit der morphologische Zeitschritt effektiv verlängert wird. Bei der Auswahl der repräsentativen Periode müssen die wesentlichen Antriebskräfte für die morphologischen Änderungen im betrachteten Gebiet berücksichtigt werden. In diesem Fall hängt die Vorhersagefähigkeit des Models zu einem großen Teil von der richtigen Auswahl der repräsentativen Bedingungen für das Untersuchungsgebiet ab. Diese Technik ermöglicht die Berechnung langer morphologischer Entwicklungen indem Hydrodynamik und Sedimenttransport für lediglich einen Bruchteil der geforderten Zeit simuliert werden müssen.

17.3 Aufbau von Küstenmodellen

Der Aufbau von Modellen für bestimmte Küstenbereiche umfasst generell die folgenden Schritte: 1) Auswahl der Modellstrategie, 2) Aufbau des Modells und Sensitivitätsstudien, 3) Modellkalibrierung und 4) Verifikation des Modells. Der erste Schritt setzt sich zusammen aus der Analyse der verfügbaren Daten, um ein gutes Verständnis der physikalischen Gegebenheiten des betrachteten Systems zu gewinnen und der Auswahl der relevanten Modellkomponenten, um die Prozesse im Untersuchungsgebiet angemessen abzubilden. Lücken in den Daten werden identifiziert und die Strategie für den Aufbau des gesamten Modells wird festgelegt. Der Aufbau des Modells beinhaltet die Festlegung der Modellausdehnung und die Lage der offenen Modellgrenzen, die Erstellung des numerischen Gitters, der Modelltopographie und die Durchführung erster Simulationen, um das grundsätzliche Verhalten des Modells zu verifizieren. Der Zweck dieser Sensitivitätsanalysen ist es, Erkenntnisse zu sammeln über das generelle Verhalten aller Modellbestandteile sowie die Reaktion auf Änderungen in der physikalischen und numerischen Parametrisierung. Auf Grundlage der Sensitivitätsanalyse ist es möglich, einzelne physikalische Parameter zu identifizieren, die signifikanten Einfluss auf die berechneten Werte haben. Bei Kalibrierung und Verifikation werden üblicherweise Modellresultate mit Messdaten verglichen. Die Übereinstimmung wird anhand von statistischen Schlüsselgrößen ermittelt. Die Prozedur der Modellkalibrierung beinhaltet die Anpassung der sensitiven Parameter, um eine bestmögliche Reproduktion der aus Messdaten abgeleiteten Hydro- und Sedimentdynamik im Untersuchungsgebiet zu erreichen. Zeiträume und Orte, die für die Modellkalibrierung gewählt werden, sollten so beschaffen sein, dass sie eine möglichst große Bandbreite für das Modellgebiet typischer Zuständen abdecken. Die Fähigkeit eines Modells, die realen Bedingungen richtig zu reproduzieren, wird in der Verifizierung überprüft. Dabei werden Modellierungsergebnisse und Messwerte für Simulationsperioden verglichen, die von der Kalibrierungsperiode verschieden sind. Die numerischen und physikalischen Parameter, die in der Kalibrierung definiert wurden, bleiben im Verifizierungsprozess unverändert.

Allgemein erfolgt der Aufbau eines vollständigen prozessbasierten Küstenmodells, indem zunächst die Strömungs- und Wellenmodelle als selbständige Einheiten, ohne deren Wechselwirkung zu berücksichtigen, entwickelt werden. Dies erfolgt entsprechend der Prozeduren, die zuvor beschrieben wurden. Sobald die Genauigkeit der Strömungs- und Wellenmodells zufriedenstellend ist, werden sie gekoppelt und es werden Sensitivitätsstudien durchgeführt, um die Bedeutung der Interaktionen zwischen Wellen und Strömungen zu prüfen. Im Anschluss daran wird ein Modul für die Berechnung des Sedimenttransportes und die bestehenden Strömungs- und Wellenmodelle gekoppelt. Schließlich wird das morphodynamische Modell für die kurzfristige Vorhersage aufgestellt. Aufgrund der Interaktionen zwischen den einzelenen Prozesse kann eine erneute Eichung des Gesamtsystem notwendig werden. Falls Vorhersagen, die Jahre oder Jahrzehnte abdecken, benötigt werden, werden die im vorigen Abschnitt beschriebenen Methoden der morphologischen Beschleunigung implementiert.

17.4 Naturdaten, Erfordernisse und Defizite

Heute gibt es eine Vielfalt qualitätskontrollierter Daten aus globalen Modellen. Neben Gezeitenmodellen (EgE02) , sind Ozean-Klima Modelle (Car08) und operationell betriebene meteorologische Modelle wie z. B. das Global Forecast System (GFS) des National Weather Service (NWS) der National Oceanic and Atmospheric Administration (NOAA) frei verfügbar. Zudem existieren globale bathymetrische Datensätze (z. B. General Bathymetric Chart of the Oceans (GEBCO) oder ETOPO der NOAA), die kontinuierlich an neue Daten angepasst werden. Diese Daten ermöglichen es hinreichend genaue Modelle größeren Maßstabs mit, im Vergleich zu früheren Zeiten, geringem Aufwand zu erstellen. Die Auflösung dieser Daten ist jedoch weiterhin zu grob, um komplexe kleinskalige Küstenprozesse aufzulösen.

Obwohl prozessbasierte Modelle zunehmend Anwendung im Küstenmanagement finden, besteht in vielen Fällen ein Mangel an hinreichenden Messdaten, um derartige Modelle umfassend zu verifizieren. Der Grund für diese Situation ist, dass die meisten konventionellen Messungen den Zweck haben, das Verständnis der zugrunde liegenden Prozesse zu verbessern und nicht vorrangig für die Entwicklung von Modellen bestimmt sind. Die Evaluierung von Küstenmodellen stellt besondere Anforderungen an Feldmessdaten, wie z.B. detaillierte Messung entlang der offenen Modellgrenzen sowie eine dichte räumliche und zeitliche Abdeckung innerhalb der Modelldomäne. Weil die Vorhersagekraft von Modellen mit Hilfe von angemessenen Felddaten signifikant verbessert werden kann, sollte die Aufmerksamkeit auf die Sammlung vollständiger und vertrauenswürdiger Sätze von Messdaten gerichtet werden, um die verschiedenen prozessbasierten Modelle besser aufbauen, antreiben und um ihre Leistungsfähigkeit besser verifizieren zu können. Die richtige räumliche Abdeckung der relevanten Größen stellt dabei weiterhin eine wesentliche Begrenzung in der Entwicklung von Küstenmodellen dar.

Fächerecholote, Side-Scan Sonare, Probengreifer und Boomer werden wirkungsvoll eingesetzt, um Informationen hinsichtlich der Bathymetrie, der Bodenformen, der Verteilung von Meeresboden-Sediment-Charakteristiken und der Schichtenfolge des Untergrundes zu erlangen. Akustische Profiler, CTDs und optische Transmissometer haben sich als nützlich erwiesen, um Informationen über Variationen der Strömungsgeschwindigkeit, Salinität, Temperatur und der Konzentration suspendierten Materials zu sammeln.

Die beschriebenen Geräte werden konventionell von fahrenden Wasserfahrzeugen aus eingesetzt. Um große Flächen abzudecken, können mehrere Schiffe mit vergleichbarer Ausrüstung zeitgleich eingesetzt werden. Wenn man berücksichtigt, dass schiffsgestütze Messungen auf ruhige Wetterbedingungen beschränkt sind, so können einige der Instrumente auch stationär verankert ausgebracht werden, um Informationen über längere Zeiträume und während ungünstiger Wetterperioden aufzuzeichnen. Im stationären Betrieb können durch Schwimmer, Bojen oder akustische Signale die zeitliche Entwicklung von Wasserstand und Seegang gemessen werden.

Die zeitliche Auflösung von Messungen hängt im Fall hydrodynamischer Parameter von der jeweils typischen Frequenz ab. Im Falle morphologischer Größen sind die Messintervalle von Aufgabenstellung und lokalen Verhältnissen vor Ort bestimmt. Um eine räumliche Abdeckung der wesentlichen Messwerte über, z. B. eine Tideperiode zu erhalten, werden kontinuierlich schiffsgestützte Messungen auf definierten Querschnitten vorgenommen. Anzahl und Häufigkeit dieser Querschnittsmessungen, die während eines Tidezyklus erfasst werden, hängen im Wesentlichen von der Länge des Querschnitts und den Messbedingungen ab.

Da in situ Messungen im Regelfall mit erheblichen Kosten verbunden sind, ist es wichtig, Kriterien für optimale Messstrategien zu entwickeln. Simulationen auf der Grundlage von vorläufigen Modellen haben sich hierfür als angemessen erwiesen. Weil die Anwendung von Modellen auf abgelegene Küstenregionen mit begrenzter Datenverfügbarkeit stetig zunimmt, müssen daneben Mindestanforderungen für Eingangsdaten definiert werden, die noch den Aufbau angemessener Modelle und hinreichend genauer Simulationen erlauben.

Neuere Techniken der Fernerkundung erlauben die Abdeckung großer Seegebiete. Die Anwendung von Hochfrequenzradarsystemen (HFR), die zur Messung von Strömungsgeschwindigkeiten und Wellen entlang der Küstenlinie installiert werden, und die Nutzung von satellitengestützten Techniken nehmen stetig zu (Hel09; LLR10). Die HFR Technik hat in der letzten Dekade signifikante Fortschritte gemacht und ist erfolgreich in Küstenregionen auf der ganzen Welt angewendet worden. Die Methode ermöglicht zeitlich hochaufgelöste Messungen mit Datenübertragung in nahezu Echtzeit über große Flächen. Typische Arbeitsbereiche erstrecken sich auf bis zu 200km mit einer horizontalen Auflösung von 0.3 bis 1. 2km. Darüber hinaus sind heutige fortgeschrittene Radarsysteme an Bord von Satelliten in der Lage, Wind und Wellenfelder mit Auflösungen bis zu 1m zu erfassen. Die Satellitendaten können wirkungsvoll genutzt werden, um Windfelder, Seegang, Strömungen und Änderungen der Küstenlinie aufzuzeichnen oder Ölunfälle frühzeitig zu entdecken (Ave11). Aus Satellitendaten können mit Hilfe komplexer Algorithmen neben statistischen Seegangsgrößen (LLR10) auch individuelle Wellen extrahiert werden (Leh08; Leh12). (Ple11) entwickelten eine Methode um Bathymetrien in Flachwasserbereichen anhand der Refraktion langer Dünungswellen aus Satellitendaten abzuleiten. Die Möglichkeiten der satellitengestützten RS Systeme sind zudem auf die Identifikation und das Monitoring von Ölverschmutzungen, der Ozeanfärbung und der Konzentration suspendierter Stoffe in Küstenregionen ausgedehnt worden.

Betrachtet man komplexere Prozesse in der Küstenzone, so sind bestimmte Größen unter Feldbedingungen weiterhin nur ungenau oder schwierig zu messen. Zum Beispiel sind Messungen des in freier Natur als Bodenfracht transportierten Materials nicht hinreichend genau realisierbar. Ein weiteres Beispiel ist das Verhalten (Bewegungsbeginn, Sinkgeschwindigkeit und Sedimentation) kohäsiven Sediments, welches nur sehr schwer in situ zu messen ist. Die ungenaue modelltechnische Beschreibung dieser Prozesse bleibt aufgrund der fehlenden Felddaten eine der wesentlichen Einschränkungen in der derzeitigen Küstenforschung. Um das Wissen vor allem im Bereich des Sedimenttransportes zu erweitern, besteht daher Bedarf an der Entwicklung innovativer Messinstrumente und Konzepte.

Die zeitliche Abdeckung von Datensätzen stellt eine andere Begrenzung dar, insbesondere bei der Anwendung morphodynamischer Modelle, wenn Simulationen über längere Zeiträume durchgeführt werden sollen. Für den atmosphärischen Antrieb von Langzeitmodellen können Reanalysefelder aus meteorologischen Modellen verwendet werden. Typische Beispiele sind die 40-jährigen Zeitreihen der HYPOCAS Datensätze für Wind, Wasserstände und Seegang (WeG07) oder die globalen meteorologische Datensätze ERA40 (Upp05) und NCEP/NCAR Reanalysis (Kal96). Diese Datensätze reichen zurück bis in die späten 40 Jahre des letzten Jahrhunderts. Sie erlauben gewöhnlich die Reproduktion statistischer Trends, außergewöhnliche Einzelereignisse wie z.B. Stürme können darin jedoch ungenau abgebildet sein. Für die Überprüfung längerer morphologischer Modellrechnungen sind zudem entsprechende Informationen über die Entwicklung der Küstenlinie und über bathymetrische Veränderungen erforderlich. Hier bestehen die Hauptdefizite. Teilweise konnten ältere Techniken erfolgreich zur Rekonstruktion bathymetrische Veränderungen über längere historische Zeitspannen angewendet werden (RiA05).

17.5 Qualifizierung der Modellgüte

Die Genauigkeit der Modelle für Strömungen und Wellen wird verifiziert, indem gemessene und berechnete Wasserstände, Strömungsgeschwindigkeiten und Wellendaten verglichen werden. Je nach Datenverfügbarkeit können Zeitreihen an bestimmten Orten, räumliche Verteilungen zu bestimmten Zeitpunkten oder selten auch mehrdimensionale Daten verglichen werden. Üblicherweise werden einfache statistische Größen herangezogen, um die Qualität von Modellresultaten abzuschätzen.

Häufig verwendet werden der mittlere Fehler (ME), die Standardabweichung des Fehlers (STDE), der mittlere absolute Fehler (MAE), der relative mittlere absolute Fehler (RMAE) und der berichtigte relative mittlere absolute Fehler (ARMAE). Der ME dient dazu, eine generelle Tendenz des Modells zur Über- oder Unterschätzung anzuzeigen. Die Standardabweichung der Differenzen zwischen modellierten und beobachteten Werten (STDE) gibt die Streuung des Fehlers um dessen Mittelwert an. Als dimensionsbehafteter Parameter ist dieser Wert ein Maß des Modellfehlers und gibt somit die generelle Genauigkeit einer Simulation wieder. Der Quotient aus MAE und dem mittleren Absolutwert der Messwerte ergibt den dimensionslosen RMAE. Um weiterhin den Einfluss von Messfehlern zu berücksichtigen, wird der RMAE entsprechend korrigiert, woraus sich der ARMAE ergibt.

(Wal01) und (vaR03) haben eine Reihe von Standards für die Beurteilung der Modell-Leistung vorgeschlagen. Tabelle 1 stellt die Qualifikationen von Strömungs-, Wellen- und morphologischen Modellen nach (vaR03) dar. Die Signifikanz dieser Standards hängt von der Komplexität der Bedingungen im Untersuchungsgebiet ab.

Aufgrund der Ungenauigkeiten, die bei der Messung und Modellierung des Sedimenttransportes bestehen, wird die Qualität von Sedimenttransportmodellen auf der Grundlage eines Diskrepanz-Verhältnisses bewertet. Dies ist der Prozentanteil der berechneten (Cc) gegenüber gemessenen (Cm) Werten, die sich innerhalb eines bestimmten Bereiches um Gleichheit bewegen (Cc/Cm bzw. Cm/Cc = 1, Gleichheitskriterium). Als typische Abweichungen gelten Faktoren von 2 bis 5 (Dam02). In diesem Bereich werden Modellergebnisse noch als akzeptabel angesehen.

Die Fähigkeit morphodynamischer Modelle morphologische Änderungen relativ zu einem bestimmten Ausgangszustand beschreiben zu können, wird mit dem sogenannten Brier Skill Score (BSS) (Pee02; vaR03) bewertet. Dieser Leistungswert vergleicht den Mittelwert des Quadrats der Differenz zwischen Voraussage und Beobachtung mit dem Mittelwert des Quadrats der Differenz zwischen Ausgangszustand und Beobachtung wie folgt: $BSS = 1 - (\langle(|z_c - z_m| - \Delta z_m)^2\rangle)/(\langle(z_0 - z_m)^2\rangle)$. Darin ist z_m die gemessene Höhe des Meeresbodens, z_c die berechnete Höhe, z_0 das Anfangsniveau, Δz_m der Fehler der gemessenen Meeresbodenhöhe und $\langle..\rangle$ bedeutet ein Verfahren zur Mittelwertbildung über eine Zeitreihe. Der Fehler, der bei bathymetrischen Messungen auftritt wird ebenfalls berücksichtigt. Die Qualitätskriterien für morphodynamische Modelvoraussagen nach (vaR03) sind ebenfalls in Tabelle 1 aufgelistet.

Tab. 17.1. Qualifikation der Modellierung einzelner Prozessparameter (nach (vaR03))

Qualifikationen	Wellenhöhe (RMAE)	Strömungsgeschwindigkeit (RMAE)	morphologische Änderung (BSS)
Sehr gut	< 0.05	< 0.1	1.0 – 0.8
Gut	0.05 – 0.1	0.1 – 0.3	0.8 – 0.6
Akzeptabel	0.1 – 0.2	0.3 – 0.5	0.6 – 0.3
Mangelhaft	0.2 – 0.3	0.5 – 0.7	0.3 – 0
Schlecht	> 0.3	> 0.7	< 0

Ergebnisse aus der Anwendung von Modellen für Küstengewässer zeigen, dass heute Wasserstände, Strömungsgeschwindigkeiten und Wellen mit zur Beantwortung üblicher Fragestellungen angemessener Genauigkeit modelliert werden können. Simulationen von Wasserständen über Zeiträume von mehreren Jahren können mit Genauigkeiten von ca. 10cm durchgeführt werden. Simulationen von Sturmflut-Wasserständen sind aufgrund erhöhter Unsicherheiten in den meteorologischen Antriebsdaten und einer Unschärfe in der Parametrisierung des Impulstransfers schwieriger (Bru09; Bru09). Sturmflut-Scheitelwasserstände können mit Genauigkeiten von ca. 15cm modelliert werden. Mittlere absolute Fehler für tiefengemittelte Strömungsgeschwindigkeiten und signifikante Wellenhöhen bewegen sich innerhalb von etwa 20cm/s beziehungsweise 10-20cm (Pal05; Wil04).

Aufgrund der Komplexität, die bei der Modellierung des Sedimenttransportes besteht, ist die Vorhersagegenauigkeit von Sedimenttransportmodellen für gewöhnlich nicht besser als mit einem Faktor von 2 (s. o.) realisierbar. Die Modellierung morphologischer Entwicklungen ist in den letzten Jahren fortgeschritten, allerdings ist weiterhin, vor allem in Bezug auf langfristiges morphologisches Verhalten, umfangreicher Forschungsbedarf vorhanden (deV93; SoB01; deV03; Han01).

Zusammenfassend ist festzustellen, dass Ergebnisse aus der Küstenmodellierung einem gewissen Grad an Unsicherheit unterliegen. Ihre Verwendung und sachgerechte Interpretation erfordert daher ein hohes Maß an Fachkenntnissen und Erfahrung aus Wissenschaft, Ingenieurwesen und Management.

17.6 Strategien zur Verbesserung der Modellgüte

Strömungs- und Wellenmodelle sind heute in der Lage, Wasserstände, Strömungsgeschwindigkeiten und Wellen im Küstennahbereich mit für die meisten

Anwendungen hinreichender Genauigkeit zu berechnen. Nachfolgend werden verschiedene Strategien vorgestellt mit denen die Aussagekraft prozessbasierter Küstenmodelle weiter verbessert werden kann.

Voraussetzungen für eine hohe Modellgenauigkeit sind zunächst die ausreichend genaue Darstellung der realen Topographie im Modell, die entsprechende Strukturierung des Giters mit der optimalen Platzierung der offenen Modellgrenzen und die Verfügbarkeit von Felddaten, die eine umfangreiche Modellkalibrierung und -Validierung erlauben. Entscheidend ist zudem die Qualität der Randbedingungen (Pal05). Küstenmodelle können mit Messdaten, durch übergeordnete größere Modelle oder mit harmonischen Signalen wie zum Beispiel Partialtiden angetrieben werden. Um Modellergebnisse zu verbessern gewinnt die Technik der Datenassimilation an Bedeutung. Die Anpassung der Randbedingungen an den offenen Seegrenzen auf Grundlage von Messdaten innerhalb der Modelldomäne hat sich ebenfalls als wirkungsvoll erwiesen.

Obwohl Wasserstände infolge der Gezeiten unter gemäßigten Windbedingungen gut vorhergesagt werden können, bleibt die genaue Voraussage von Sturmflut-Wasserständen entlang der Küste schwierig. Dies ist im Wesentlichen begründet durch die Ungenauigkeiten der verwendeten Windfelder und die Unsicherheiten hinsichtlich der Parametrisierung des Windschubs an der Meeresoberfläche. Trotz der Verbesserungen, die in der Entwicklung von meteorologischen Modellen erreicht wurden, bleiben Zweifel hinsichtlich der Variation des Windschub Koeffizienten bei hohen Windgeschwindigkeiten. Aufgrund der Schwierigkeit, Feldmessungen unter Sturmbedingungen auszuführen, sind die meisten der empirischen Gleichungen zur Beschreibung des Windschubs nur für Windgeschwindigkeiten bis ungefähr 20m/s gültig. Die zumeist linearen Extrapolationen der Gleichungen für höhere Windgeschwindigkeiten, die üblicherweise bei Sturmflutmodellen zur Anwendung kommen, können eine erhebliche Unschärfe in den berechneten Wasserständen verursachen. (Bru09) kombinierten ein dreidimensionales Strömungsmodell mit einem spektralen Seegangsmodell, um das Verständnis über die Variation dieser Koeffizienten bei stärkerem Wind zu verbessern. Die Windschubspannung an der Wasseroberfläche wurde iterativ nach (Jan89; Jan91) mithilfe des Wellenmodells bestimmt und direkt als Randbedingung an der freien Oberfläche des Strömungsmodells angesetzt. Die Ergebnisse zeigen eine hohe Variabilität des Windschubs für Windstärken bis ungefähr 40m/s und halfen, die bestehenden Gleichungen zu erweitern.

Um Strömung und Sedimenttransportbedingungen in Küstenzonen richtig zu beschreiben, ist eine möglichst realistische Charakterisierung oberflächennaher

Sedimente des Meeresgrundes und der geologischen Gegebenheiten des Untergrundes nötig (May05). Feldmessungen stellen ein wertvolles Instrument dar, um heterogene Eingangsparameter zu beschreiben. Jedoch steigen die Kosten von Feldmessungen mit zunehmenden Anforderungen an Genauigkeit und räumlich-zeitlicher Ausdehnung. Um dieses Problem zu lösen,sind verschiedene Hypothesen vorgeschlagen worden, die eine Verbindung zwischen der räumlichen Verteilung von Korngrößen und der Strömungsenergie nahelegen (Hju39; Shi36). Einige der Hypothesen sind erfolgreich auf tidebeeinflusste Flächen angewendet worden (Hir98). Andere Ansätze, basierend auf der Wellencharakteristik, wurden vorgeschlagen, um die selektive Sediment-Klassierung rechtwinkelig zur Küstenlinie zu beschreiben (Hor92). (EsM06) schlugen einen funktionalen Zusammenhang zwischen Sedimentverteilung und Wellencharakteristik vor, der für gezeitenbeeinflusste Flachwassergebiete anwendbar ist. In diesem Fall können auf Basis von Sedimentproben, die an Schlüsselpositionen genommen werden, und Simulationen mit einem Wellenmodell Sedimentkarten erstellt werden.

Vorangegangene Untersuchungen haben deutlich die Bedeutung einer korrekten Parametrisierung der Sohlrauheit in Küstenmodellen gezeigt, insbesondere hinsichtlich der Vorhersage des Sedimenttransportes. Es zeigte sich, dass eine Zunahme der Bodenrauheit eine nahezu zweifache Abnahme bei der maximalen tiefengemittelten Konzentration suspendierter Sedimente bewirkte. Ein numerisches Verfahren zur Bestimmung der Dimensionen von Bodenstrukturen und der damit verbundenen Bodenrauheit ist von (Esc07) vorgeschlagen worden. Anhand von iterativen Modellrechnungen wird dabei die räumliche Verteilung der Sohlrauheit auf Basis angenommener initialer Verteilungen von Rauheit und Bodenformtyp abgeschätzt.

Die Etablierung von Modellen für das Nowcasting begünstigt ebenfalls Entwicklungen in Mess- und Modellierungsstrategien. Die Möglichkeit des Monitorings und der Modellierung von Zuständen in nahezu Echtzeit kann bei Entwurf und Durchführung von Feldmesskampagnen entscheidend helfen, um speziell für die weitere Modell-Verbesserung erforderliche Daten zu erheben.

17.7 Anwendungsbeispiele

Um einen Überblick über praktische Anwendungen von Küstenmodellen zu geben, werden einige Beispiele typischer Modellstudien, die am Forschungs- und Technologiezentrum Westküste der Universität Kiel durchgeführt wurden, präsentiert. Der Schwerpunkt liegt auf ingenieurtechnischen Anwendungen, die sich auf den Küstenschutz, die Verschlickung von Häfen und Schifffahrtsstraßen und auf die Morphodynamik im Bereich von tidebeeinflussten Wattgebieten beziehen. Die beschriebenen Studien wurden unter Verwendung der Delft3D Modellumgebung (Del11) durchgeführt.

17.7.1 Extremereignisse für den Küstenschutz

Die wichtigsten Prozesse, die zu hohen Wasserständen an der deutschen Nordseeküste beitragen, sind Tiden, Windstau, generiert durch Stürme über der Nordsee, Fernwellen, die im Nordost-Atlantik entstehen und ein möglicher Anstieg des mittleren Meeresspiegels. Treten diese Prozesse gleichzeitig auf, können sich Ihre Effekte ungünstig überlagern und zu extrem hohen Wasserständen führen (Goe03). Ziel der Untersuchung war es, neue Erkenntnisse über die Wechselwirkung zwischen den verschiedenen Prozessen zu sammeln und ungünstigste Prozessüberlagerungen zu ermitteln (Bru10).

Durch die Verwendung prozessbasierter Modelle kann die Überlagerung verschiedener Prozesse einschließlich deren nichtlinearer Interaktionen simuliert und untersucht werden. In der vorgeschlagenen Methode werden die beteiligten Prozesse zunächst jeweils isoliert modelliert und verifiziert. Um das wechselseitige Zusammenwirken zu untersuchen, werden die isolierten Prozesse zeitlich gegeneinander verschoben und in verschiedenen Kombinationen überlagert. Unterschiedliche Bedingungen der astronomischen Tide, drei große Sturmereignisse über der Nordsee, verschiedene Fernwellen und ein Anstieg des mittleren Meeresspiegels wurden untersucht.

Die Ergebnisse liefern neue Erkenntnisse über die nichtlinearen Wechselwirkungen zwischen den beteiligten Prozessen. Danach fällt der Windstau am höchsten aus, wenn er zu Beginn der Flutphase sein Maximum erreicht. Die Auswirkungen eines erhöhten Meeresspiegels sind räumlich variabel und sollten nicht als konstanter Faktor in Küstenschutzbemessungen eingehen. Grundsätzlich erscheinen die Effekte der Prozesse in Überlagerungen mit hohen absoluten Wasserständen vermindert zu sein. Durch die iterative Maximierung der Scheitelwasserstände aus verschiedenen Überlagerungen im Umfeld von Spring-Hochwasser konnten neue, konsistente, extreme Szenarien gewonnen werden. Die Ergebnisse der Untersuchung tragen zur Verbesserung des Systemverständnisses bei und können damit zukünftig die Bestimmung von Bemessungswasserständen für den Hochwasserschutz im Bereich der Deutschen Nordseeküste unterstützen.

17.7.2 Hydromorphologische Untersuchungen der Unterems

Im Rahmen des Projektes wurden alternative Lösungsvorschläge hinsichtlich ihres Potentials für eine nachhaltige Verminderung der Verschlickung sowie für eine Verbesserung der Gewässergüte in der Unterems untersucht. Ursache für die nachteilige Entwicklung in der Unterems sind Veränderungen der Tidedynamik und des Sedimenttransportes, welche überwiegend auf anthropogene Eingriffe in die natürliche Morphologie und Geometrie des Systems zurückgeführt werden (TdS06; deJ83).

Nach einer Vorauswahl, basierend auf dem Vergleich hydrodynamischer Simulationen, wurde die morphologische Wirkung folgender drei Lösungsvarianten untersucht: Tidespeicherbecken entlang der Unterems, eine Sohlschwelle im Nahbereich des Emssperrwerkes und die Steuerung des Ems-Sperrwerks. Unter Verwendung eines dreidimensionalen baroklinen Modells wurden morphologische Simulationen durchgeführt. Das Modell wurde umfangreich kalibriert, wobei besonderes Augenmerk auf die Formulierung der Turbulenz und die Parametrisierung der Sinkgeschwindigkeit feinkörnigen Sediments gelegt wurde. Anhand einer eingehenden Verifizierung konnte die angemessene Reproduktion der maßgebenden Prozesse durch das Modell bestätigt werden.

Aus den Modellergebnissen konnten folgende Aussagen über die Wirkungsweise der untersuchten Lösungsvarianten abgeleitet werden. Die Sohlschwelle wirkt generell dämpfend auf die Systemdynamik. Tidevolumen, Salz- und Suspensionsgehalte, Transportraten und Sedimentation in der Unterems werden reduziert. Die Tidespeicher wirken generell verstärkend auf die Systemdynamik. Das von außen in die Unterems vordringende Tidevolumen und damit auch der Eintrag von Salz wird verstärkt. Der Einfluss auf Suspensionsgehalte und Transportraten ist, abhängig von Oberwasserabfluss und Schlickverfügbarkeit, variabel. Sedimentation in der Unterems wird reduziert und teilweise in Erosion umgekehrt. Zu beachten ist die zu erwartende Verschlickung innerhalb der Speicherbecken. Die Tidesteuerung wirkt, ähnlich wie die Sohlschwelle, zeitweise dämpfend auf die Systemdynamik. Das Tidevolumen und der Eintrag von Salz in die Unterems werden dabei jedoch nicht wesentlich verändert. Suspensionsgehalte, Transportraten und Sedimentation in der Unterems werden durch die Schwächung des Flutstromes reduziert.

Auf Basis der ermittelten Ergebnisse und unter Berücksichtigung abgestimmter Indikatoren wurde eine Bewertung der Lösungsvarianten gegenüber dem Ausgangszustand vorgenommen. Das Bewegungsverhalten kohäsiver Sedimente und bodennaher Flüssigschlicke ist Gegenstand aktueller Forschung und stellt in derartigen Untersuchungen weiterhin einen Unsicherheitsfaktor dar. Die ungenügende Modellierung der Flüssigschlickdynamik sowie der Einfluss der Unsicherheiten in der Sedimentverteilung und Untergrundbeschaffenheit erlauben daher keine absolut-quantitativen Aussagen. Dennoch bilden die gewonnenen Erkenntnisse eine wertvolle Erweiterung der Grundlage für die Entscheidungsfindung wirksamer Lösungen.

17.7.3 Migration von Gezeitenrinnen im Norddeutschen Wattenmeer

Die Untersuchungen erfolgten im Bereich um den Außensand Trischen im Norddeutschen Wattenmeer mit dem Ziel, das morphologische Verhalten des lokalen Rinnensystems besser zu verstehen. Prozessbasierte Modelle für Strömung, Seegang, Sedimenttransport und Bodenevolution wurden entwickelt und mit Naturmessungen von Strömung, Seegang, Schwebstoff und Sediment kalibriert und verifiziert. Besondere Beachtung wurde der richtigen Repräsentation des Untergrundes, insbesondere den verschiedenen Sedimentschichten unterhalb des Meeresbodens geschenkt. Um praktikable Rechenzeiten zu gewährleisten, wurden die morphologischen Simulationen anhand mehrerer repräsentativer Perioden nach (Boo02) beschleunigt. Die Qualitätskontrolle der Modelle erfolgte nach internationalen Gütestandards und zeigte gute Ergebnisse.

Die Ergebnisse zeigen, dass die Migration von Gezeitenrinnen im Untersuchungsgebiet im Wesentlichen von Sedimenttransporten auf den Watten angetrieben wird. Sedimente, die von einer Seite in einen Priel einwandern, verengen zunehmend dessen Strömungsquerschnitt, so dass die Durchflussgeschwindigkeit ansteigt und sich der Prielboden durch Erosion vertieft. Behindern oder verhindern kohäsive Bodenschichten solche Vertiefungen, weitet sich der Prielquerschnitt einseitig aus, um Durchflussrate und Durchflussquerschnitt aufrecht zu erhalten. Die erzielten Modellergebnisse deckten sich weitgehend mit Naturbeobachtungen im Untersuchungsgebiet. Die Prognose der zukünftigen Entwicklung kann als Hilfestellung bei der lokalen Raumplanung dienen.

17.8 Zukünftige Entwicklungen

In den vergangenen Jahren sind bedeutende Fortschritte in der Entwicklung und Anwendung von prozessbasierten Modellen für Küstenregionen gemacht worden. Modelle für Strömungen und Wellen sind bereits weit entwickelt und erfolgreich auf eine Vielzahl unterschiedlicher Küstenräume angewendet worden. Die Modellierung von Wasserständen, Strömungsgeschwindigkeiten und Wellen kann heute mit guter Genauigkeit durchgeführt werden, sofern die wesentlichen Daten für die Entwicklung dieser Modelle verfügbar sind.

Aufgrund der Schwierigkeiten bei der Erhebung von Felddaten im Bereich der Sediment- und Morphodynamik und wegen der inhärenten Komplexität von Sedimenttransportprozessen ist die Modellierung dieser Prozesse weiterhin Gegenstand aktueller Forschung. Die Anpassungen, die nötig wären, um mit existierenden Formeln, die im Wesentlichen auf Laborexperimenten beruhen, den Sediment-Transport unter Naturbedingungen angemessen zu beschreiben, werden vor allem durch unzureichende Naturmessdaten erschwert. Es ist daher angezeigt, die Techniken zur Messung von Sediment-Konzentrationen und des bodennahen Transportes zu verbessern. Dies würde die Anpassung bestehender Gleichungen oder die Entwicklung neuer Sedimenttransportgleichungen ermöglichen und damit die Aussagekraft von Sedimenttransportmodellen verbessern.

Die Modellierung morphologischer Änderungen wird je nach betrachtetem Zeitraum differenziert durchgeführt. Die Modellierung kurzfristiger Morphodynamik im Bereich von einigen Wochen wird für gewöhnlich kontinuierlich ausgeführt, indem die Modellkomponenten mit gleicher Zeitskala gekoppelt werden. Ihre Aussagekraft hängt im Wesentlichen von der Leistungsfähigkeit der Modelle und der anfänglichen Bathymetrie ab. Infolge des Mangels an Daten und der Ungenauigkeiten bei der Messung von kurzfristigen Höhenänderungen des Meeresbodens werden solche Modelle nur selten direkt gegen Messungen verifiziert.

Gängige Praxis für die Ausführung längerfristiger morphologischer Untersuchungen ist derzeit die Trennung der Zeitskalen zwischen Hydrodynamik und Morphologie. Dies erfordert die Reduzierung der Randbedingungen anhand geeigneter Methoden. Die Aussagekraft dieser Modelle hängt daher zudem von der angemessenen Auswahl repräsentativer Bedingungen ab. Die Verbesserung der bestehenden und die Entwicklung alternativer Methoden für die Durchführung morphologischer Langzeitsimulationen ist Gegenstand aktueller Forschung. Zudem ist die Verfügbarkeit bathymetrischer Messungen auf regelmäßiger Basis notwendig, um die Vorhersagemöglichkeiten und die Vertrauenswürdigkeit solcher Modelle zu verbessern. Obgleich in einigen Gebieten Fernerkundungstechniken eingesetzt wurden, um Änderungen der Küstenlinie zu rekonstruieren, besteht weiterhin der Bedarf, Monitoring-Programme einzurichten, um genauere bathymetrische Messungen auf regelmäßiger Grundlage zu erhalten.

Die generelle Verwendung von Fernerkundungs-Informationen für die Entwicklung und Anwendung prozessbasierter Modellen ist vielversprechend und sollte intensiviert werden. Trotz der raschen Entwicklungen in diesem Bereich besteht weiterhin Bedarf an Forschung und Entwicklungsarbeit. Besonders mit Blick auf globale Entwicklungen, fortschreitende Klimaänderungen und die Intensivierung von Umweltgefahren besteht zunehmender Bedarf, Modelle auch in abgelegenen Regionen anzuwenden, in denen direkte Messungen rar oder nicht verfügbar sind. Überdies sollte die Entwicklung von Frühwarnsystemen intensiviert werden, die zur Alarmierung der Bevölkerung vor extremen Ereignissen dienen.

Literatur

[Ave11] Avezzano, R., Velotto, D., Soccorsi, M., Del Frate, F. Lehner, S. (2011): Neural network for oil spill detection using TerraSAR-X data. In: Proceedings of SPIE-SAR Image Analysis, Modeling, and Techniques XI, 8179 (817911), SPIE. SPIE Conference on Remote Sensing 2011, 19-22 September 2011, Prague, Czech Republic, pp. 1-7.

[Boo99] Booij, N., R.C. Ris, and L.H. Holthuijsen. (1999). A third generation wave model for coastal regions, Part I, Model description and validation, Journal of Geophysical Research, 104(C4), 7649-7666.

[Boo02] Boon, J., H. Kerkamp, and L . Dardengo. (2002). Alternative dumping sites in the Ems-Dollard estuary, WL-Delft Hydraulics Report, Z3328. 2002.

[Bru09] Bruss, G. and Mayerle, R. (2009): Investigations on the influence of the wind drag coefficient in storm surge models. Proceedings of International Conference in Ocean Engineering, IIT Madras, Chennai, India.

[Bru10] Bruss, G., Goennert, G. and Mayerle, R. (2010). Extreme scenarios for costal protection at the North Sea a numerical model study. 32nd ICCE, Shanghai, China

[Bru09] Bruss, G. und Bork, I. (2009): Comparison of the two hydrodynamic model systems applied in the framework of the project MUSTOK. Die Kueste 75, 231-254. in German.

[Car08] Carton, J.A. and Giese, B.S. (2008): A reanalysis of ocean climate using Simple Ocean Data Assimilation (SODA), Monthly Weather Review, 136, 2999-3017.

[Dam02] Damgaard, J. S.; Dodd, N.; Hall, L. J., and Chesher, T. J., (2002). Morphodynamic modelling of rip channel growth. Coastal Engineering, 45, 199-221.

[deJ83] de Jonge, V. N. (1983). "Relations Between Annual Dredging Activities, Suspended Matter Concentrations, and the Development of the Tidal Regime in the Ems Estuary."Canadian Journal of Fisheries and Aquatic Sciences 40(S1): 289-300.

[Del11] Deltares (2011). Delft3D-FLOW User Manual. Version: 3.15. Revision: 18392. 7 September 2011. Delft, Deltares.

[deV93] de Vriend, H.; Capobianco, M.; Chesher, T.; De Swart, H.; Latteux, And Stive, M., (1993). Approaches to long-term modelling of coastal morphology: A review. Coastal Engineering, 21, 225-269.

[deV03] de Vriend, H.J. (2003), Advances in Morphodynamics in Tidal Rivers and Estuaries, International Conference on Estuaries and Coasts, Hangzhou [deV03] de Vriend, H. J., Copabianco, M., Chesher, T., De Swart, H. E., Latteux, B., Stive, M.J.F. (1993): Long-term modelling of coastal morphology: a review. Coastal Enginnering 21, 225-269

[EgE02] Egbert, G.D., and Erofeeva, S.Y. (2002): Efficient inverse modeling of barotropic ocean tides, J. Atmos. Oceanic Technol., 19, 2, p.183-204.

[Esc07] Escobar Sierra, C.A., (2007). Modelling of Sediment Dynamics in the Dithmarschen Bight, German North Sea Coast. PhD Thesis, Coastal Research Laboratory, University of Kiel, Germany.

[EsM06] Escobar Sierra, C.A. and Mayerle R. (2006): Procedures for improving the prediction of equilibrium grain sizes, bed forms and roughness in tidally dominated areas, 30th Int. Conference on Coastal Engineering, ICCE, San Diego, USA.

[Goe03] Goennert, G. (2003). Sturmfluten und Windstau in der Deutschen Bucht - Charakter, Veraenderungen und Maximalwerte im 20. Jahrhundert. Die Kueste. Archive for research and technology on the North Sea and Baltic coast. Heft 67, p.185-366. In German.

[Han01] Hanson, H.; Larson, M.; Steetzel, H.; Nicholls, R.; Capobianco, M.; Jimenez, J.; Plant, N.; Stive, M.; Southgate, H., And Aarninkhof, S. (2001). Modelling of coastal evolution on yearly to decadal time scales. Journal of Coastal Research

[Hel09] Helzel, T., Petersen, L., Mariette, V. and Thomas, N. (2009): Accuracy and Reliability of Ocean Current and Wave Monitoring with the Coastal Radar WERA, IEEE Oceans Conference Proceedings (ISBN 978-1-4244-2523-5), Bremen, 2009.

[Hir98] Hirschhaeuser, T., P. Mewis, and U. Zanke. (1998). Determination of the initial distribution of particle size in morphodynamic modeling in tidal areas, International Conference on Hydro-science and Engineering, ICHE, 16 pp.

[Hju39] Hjulstroem, F. (1939). Transportation of detritus by moving water, Recent Marine Sediments, Edited by P.D. Trask, Dover, New York.

[Hor92] Horn, D.P. (1992). A review and experimental assessment of equilibrium grain size and the ideal wave-graded profile, Marine Geology, 108, 161-174.

[Jan89] Janssen, P.A., (1989): Wave-Induced Stress and the Drag of Air Flow over Sea Waves. J. Phys. Oceanogr., 19, 745-754.

[Jan91] Janssen, P.A., (1991): Quasi-linear Theory of Wind-Wave Generation Applied to Wave Forecasting. J. Phys. Oceanogr., 21, 1631-1642.

[Kal96] Kalnay, E., M. Kanamitsu, R. Kistler, W. Collins, D. Deaven, L. Gandin, M. Iredell, S. Saha, G. White, J. Woollen, Y. Zhu, M. Chelliah, W. Ebisuzaki, W. Higgins, J. Janowiak, K.C. Mo, C. Ropelewski, J. Wang, A. Leetmaa, R. Reynolds, R. Jenne, and D. Joseph, (1996): The NCEP / NCAR 40-year reanalysis project. Bull. Amer. Meteor. Soc., 77, 437-471.

[Lat95] Latteux, B. (1995). Techniques for Long-Term Morphological Simulation under Tidal Action, Marine Geology, 126, 129-141. 1995.

[Leh08] Lehner, S., Schulz-Stellenfleth, J., Brusch, S. and Li, X. M. (2008): Use of TerraSAR-X Data for Oceanography. EUSAR2008, 7th European Conference on Synthetic Aperture Radar, Friedrichshafen, Germany.

[Leh12] Lehner, S., Pleskachevsky, A. and M. Bruck (2012): High resolution satellite measurements of coastal wind field and sea state, International Journal of Remote Sensing, in press.

[Les04] Lesser, G.R., J.A. Roelvink, J.A.T.M. van Kester, and G.S. Stelling. (2004). Development and validation of a three-dimensional morphological model. Coastal Engineering, 51, 883-915. 2004.

[LLR10] Li, X., Lehner, S. and Rosenthal, W. (2010): Investigation of ocean surface wave refraction using TerraSAR-X data. IEEE Transactions on Geosciences and Remote Sensing, Vol. 48 (2): pp 830-840.

[May08] Mayerle, R. (2008): Strategies for enhancing the predictive ability of coastal area sediment transport models. US-China Workshop on Advanced Computational Modeling in Hydroscience and Engineering, Hawaii, USA

[MaZ05] Mayerle, R. and W. Zielke. (2005). Predictions of Medium Scale Morphodynamics: Promorph Project Overview, Die Kueste, 69, 1-23. 2005.

[May05] Mayerle, R. Pramono, G. and Escobar, C. (2005): Dimension and Roughness Distribution of Bed Forms in Tidal Channels in the German Bight. Die Kueste, Heft 69.

[Pal05] Palacio, C., Mayerle, R., Toro, M. and Jimenez, N. (2005) : Modelling of Flow in a Tidal Flat Area in the South Eastern German Bight. Die Kueste 69 : 141-174.

[Par65] Partheniades, E., (1965). Erosion and Deposition of Cohesive Soils. Journal of the Hydraulics Division, ASCE 91 (HY 1): 105-139.

[Pee02] Peet, A.H., J. Sutherland, and R.L. Soulsby. (2002). Skill Assessment in Coastal Models. HR Wallingford. 2002.

[Ple11] Pleskachevsky A., Lehner, S., Heege, T. and C. Mott (2011): Synergy of Optical and Synthetic Aperture Radar Satellite Data for Underwater Topography Estimation the in Costal Areas, Ocean Dynamics, DOI: 10.1007/s10236-011-0460-1.

[RiA05] Ricklefs, K. and Asp, N. (2005): Geology and morphodynamics of a low macrotidal environment along the German North Sea coast. Die Kueste, 69, 93 - 127.

[Ris97] Ris, R. C., (1997). Spectral Modelling of Wind Waves in Coastal Areas. Communications on Hydraulic and Geotechnical Engineering, report 97-4. Delft University of Technology, Delft, The Netherlands. Ph.D. thesis.

[Roe06] Roelvink, J.A. (2006). Coastal morphodynamic evolution techniques. Coastal Engineering, 53, 277-287. 2006.

[RoB94] Roelvink, J.A. and van Banning, G.K.F.M. (1994). Design and development of DELFT3D and application to coastal morphodynamics. Proc. Hydroinformatics '94, Balkema, Rotterdam, pp. 451-456.

[Shi36] Shields, A. (1936). Anwendung der Aehnlichkeitsmechanik und der Turbulenzforschung auf die Geschiebebewegung, Mitteilungen Preussischen Versuchsanstal fuer Wasserbau und Schiffbau, 26, 1-26. In: W.P. Ott and J.C. van Uchelen (translators), U.S. Dep. of Agric. Soil Conser. Serv. Coop. Lab., California, Inst. of Technol., Pasadena, 36 pp.

[SoB01] Southgate, H.N. and Brampton, A.H. (2001). Coastal Morphology Modelling: A Guide to Model Selection and Usage. HR Wallingford Report SR570, June 2001.

[TdS06] Talke, S. A. and H. E. de Swart (2006). Hydrodynamics and Morphology in the Ems/Dollard Estuary: Review of Models, Measurements, Scientific Literature, and the Effects of Changing Conditions. Utrecht, University of Utrecht, Institute for Marine and Atmospheric Research Utrecht (IMAU).

[Upp05] Uppala, S. M., Kållberg, P. W., Simmons, A. J., Andrae, U., Bechtold, V. D. C., Fiorino, M., Gibson, J. K., Haseler, J., Hernandez, A., Kelly, G. A., Li, X., Onogi, K., Saarinen, S., Sokka, N., Allan, R. P., Andersson, E., Arpe, K., Balmaseda, M. A., Beljaars, A. C. M., Berg, L. V. D., Bidlot, J., Bormann, N., Caires, S., Chevallier, F., Dethof, A., Dragosavac, M., Fisher, M., Fuentes, M., Hagemann, S., Hólm, E., Hoskins, B. J., Isaksen, L., Janssen, P. A. E. M., Jenne, R., Mcnally, A. P., Mahfouf, J.-F., Morcrette, J.-J., Rayner, N. A., Saunders, R. W., Simon, P., Sterl, A., Trenberth, K. E., Untch, A., Vasiljevic, D., Viterbo, P. and Woollen, J. (2005), The ERA-40 re-analysis. Q.J.R. Meteorol. Soc., 131: 2961-3012. doi: 10.1256/qj.04.176

[vaR93] Rijn, L. C. van, (1993). Principles of Sediment Transport in Rivers, Estuaries and Coastal Seas. Aqua Publications, The Netherlands.

[vaR03] Van Rijn, L.C., D.J.R. Walstra, B. Grasmeijer, J. Sutherland, S. Pan, and J.P Sierra. (2003). The predictability of cross-shore bed evolution of sandy beaches at the time scale of storms and seasons using process based profile models. Coastal Engineering, 47, 295-327. 2003.

[Wal01] Walstra, D.J.R., Sutherland, J., Hall, L., Blogg, H. and van Ormondt, M. (2001). Verification and comparison of two hydrodynamic area models for an inlet system. Proceedings of Coastal Dynamics 1, 433-442. 10

[WeG07] Weisse, R. and Guenther, H. (2007): Wave climate and long-term changes for the Southern North Sea obtained from a high-resolution hindcast 1958-2002, Ocean Dynamics, Springer Heidelberg, 2007, 57, 161-172

[Wil04] Wilkens, J. (2004). Medium Scale Morphodynamics of the Central Dithmarschen Bight, PhD thesis, University of Kiel, Germany. 2004.

18 Hierarchische Modellsysteme zur Optimierung der Beatmungstherapie

Jörn Kretschmer, Christoph Schranz, Axel Riedlinger, Dirk Schädler, Norbert Weiler, Knut Möller

Zusammenfassung: Auf das Gesundheitssystem kommen durch die Demographieentwicklung enorme Kosten zu, die sich nur durch geschickte Rationalisierung und einen effizienten Einsatz der Therapietechnik beherrschen lassen. Ein Ansatz hierzu ist die modellbasierte Therapie, bei der physiologische Modelle zur Unterstützung bei Diagnose und Therapie herangezogen werden. Am Beispiel der Beatmungstherapie soll dieser Ansatz demonstriert werden. Dabei werden neben der Einführung einer hierarchischen Modellordnung auch die wesentlichen Probleme wie Identifizierbarkeit und Effizienzbetrachtungen erörtert. Die im Gegensatz zur theoretischen Betrachtung eingeschränkte Verfügbarkeit von Daten am Krankenbett sowie die Notwendigkeit einer zeitnahen Entscheidungsfindung führen zu dem Grundsatz, Modelle „so einfach wie möglich und nur so komplex wie nötig“ für den individuellen Patienten auszulegen. Zusätzlich darf die Modellbetrachtung nicht auf einen physiologischen Prozess beschränkt sein, sondern sollte alle wichtigen, durch die Beatmungstherapie beeinflussten Bereiche umfassen.

18.1 Einleitung

Die Gesundheitssysteme weltweit sind durch wachsende Anforderungen an die Versorgung mit hieraus resultierenden, steigenden Kosten konfrontiert. Verstärkt wird dieser Trend durch die demographische Entwicklung in der westlichen Welt, durch die sich die Zahl und Schwere der Krankheits- und Pflegefälle erhöht.

Ca. 10% der Gesundheitskosten werden derzeit nur für die akute und Intensivpflege aufgebracht, dies entspricht in vielen EU-Ländern ca. 1% des Bruttosozialproduktes. Auf Intensivstationen leisten hochspezialisierte Kliniker Dienst, die eine teure und zunehmend rare Ressource darstellen. Die Entlastung des Personals und die Verbesserung der Pflege durch eine effiziente Kombination von Automatisierungsverfahren mit moderner Informationstechnologie ist daher eine Herausforderung mit hohem ökonomischen Potential.

Einsparungen lassen sich in der modernen Gesundheitsversorgung unter anderem erzielen, indem Patienten nach medizinischen Richtlinien (Guidelines) basierend auf statistischen Beobachtungen behandelt werden. Das zugrunde liegende Regelsystem basiert also auf Wissen, welches durch die Auswertung großer Patientenbestände gewonnen wurde. Dieses Wissen wird mit Hilfe von WENN-DANN-Beziehungen in Anweisungen übersetzt (CBJ01; DPG97; HHBB12; LGH11). Solche *wissensbasierte* Systeme haben den Vorteil, dass sie direkt in die klinische Routine integrierbar und einfach zu erweitern sind. Hierbei wird jedoch typischerweise ein evidenzbasierter Ansatz (eine Größe passt auf alle) verfolgt, was nicht unbedingt zu einer Verbesserung der Versorgung für jeden einzelnen Patienten führt, sondern nur im *Durchschnitt* Verbesserungen verspricht. Dadurch muss im Falle einer automatisierten Therapieregelung nach dem Trial-and-Error Verfahren vorgegangen werden, da die Folgen der applizierten Therapieänderungen für den individuellen Patienten nicht vorhergesagt werden können.

In der klinischen Umgebung steht den Klinikern eine große Zahl von Instrumenten, Geräten und Sensordaten zur Verfügung, mit deren Hilfe er ein abstraktes mentales Patientenmodell gewinnen kann, welches dann als Grundlage von diagnostischen und therapeutischen Entscheidungen dient. Aus einer unüberschaubaren Fülle von unzusammenhängenden Einzeldaten kann jedoch nur beschränkt ein Vorteil gezogen werden, da insbesondere durch die Komplexität der nichtlinearen Zusammenhänge in physiologischen Systemen die Verknüpfung zu einem konsistenten Gesamtbild schwerfällt. Noch komplexer wird die Aufgabe, auf der Basis dieses mentalen Modells individuell optimierte Therapien zu entwickeln. Das Problem liegt somit weniger in fehlender Technik, sondern eher in der fehlenden Vernetzung von Informationen und deren intelligenter Auswertung.

Die mechanische Beatmung soll im Folgenden als Beispiel für die beschriebene Problematik dienen. Einerseits stellt die Beatmung eine primär lebensrettende Therapie in vielen klinischen Situationen dar, andererseits hat sich gezeigt, dass diese Behandlung selbst über ein hohes Schädigungspotential verfügt. So können durch die Beatmung zusätzliche Traumata der Lunge einhergehend mit potentiell lebensgefährlichen Entzündungsreaktionen entstehen. Patienten mit akutem Lungenversagen (engl. Acute Respiratory Distress Syndrome, ARDS) leiden beispielsweise unter einer Derekrutierung (Kollaps) der Alveolen, ausgelöst durch Schädigungen des Lungengewebes. Die daraus resultierende Verschlechterung der Oxygenierung und die Gefahr einer systemischen Entzündungsreaktion kann lebensbedrohlich sein. Hohe Beatmungsdrücke zur Wiedereröffnung (Rekrutierung) der Alveolen können jedoch gleichzeitig bereits offene Areale überdehnen und Beatmungsschäden verursachen (GVC03; SlT98; DrS98).

Die *modellbasierte* Therapie (MBT) begegnet dieser Problematik, indem Entscheidungen aufgrund individueller, also an den Patienten angepasster, mathematischer Modelle getroffen werden. Diese individualisierten Modelle ermöglichen die Vorhersage der physiologischen Reaktion eines Patienten auf Änderungen der Therapieeinstellungen. Verknüpft mit einer zielgerichteten Suche kann so eine optimale Therapieeinstellung gefunden werden. Eine solche Suche wird realisiert, indem Optimierungsalgorithmen mehrere Vorwärtssimulationen mit unterschiedlichen Therapieeinstellungen auf das Erreichen eines vom Kliniker vorgegebenen Ziels hin testen. Der Kliniker wird somit von den „low-level" Aufgaben (Anpassen der einzelnen Einstellungen) entlastet und gibt nun „high-level" Ziele wie beispielsweise die schnelle Entwöhnung vom Beatmungsgerät vor. Die Analyse der identifizierten Modellparameter kann dem Kliniker zusätzlich einen Rückschluss auf den aktuellen Zustand des Patienten gewähren. Eine schematische Darstellung eines solchen Systems ist in Bild 18.1 gezeigt. In diesem Fall kommt eine Kombination aus interagierenden Modellen zur Abbildung des Patienten zum Einsatz. Dies erlaubt eine umfassendere Analyse des Krankheitszustandes und bezieht alle relevanten physiologischen Bereiche in die Entscheidungsfindung mit ein. Ist das Modellsystem an den Patienten angepasst, kann das Entscheidungssystem verschiedene Therapieszenarien im Modell testen. Die Beatmungseinstellungen, mit denen das vom Arzt vorgegebene Ziel erreicht wird, werden dann als Vorschlag zurückgegeben. Da die physiologischen Prozesse im Menschen nicht als zeitinvariantes System abgebildet werden können, sondern einer ständigen Änderung unterliegen, ist in regelmäßigen Abständen eine Nachkalibrierung der Modelle nötig. Die Notwendigkeit einer solchen kann beispielsweise durch ein Abweichen der Prädiktion von der tatsächlichen Patientenreaktion erkannt werden.

Die praktische Umsetzung einer modellbasierten Entscheidungsunterstützung stellt einige Anforderungen an die eingesetzten Modelle. Im Idealfall sollten diese den individuellen pathophysiologischen Zustand von Patienten in Bezug auf Anatomie, Physiologie, Metabolismus, Genetik usw. abbilden, gleichzeitig aber eine Individualisierung anhand der am Krankenbett routinemäßig verfügbaren Patientendaten möglich sein. Ein einzelnes, hochkomplexes Modell ist nicht in der Lage, diesen Konflikt zu lösen. Vielmehr sollten statt eines allumfassenden Modells jeweils auf die vorliegende klinische Situation angepasste Modelle eingesetzt werden. Bezogen auf die Beatmungstherapie bedeutet dies, dass im Wesentlichen Lungenmechanik, Gasaustausch und - zumindest vereinfacht - die Hämodynamik einbezogen werden sollten. In der Literatur finden sich zu jedem dieser Bereiche vielfältige Modelle (Bat09)-(SCH08) mit unterschiedlicher Spezialisierung und Komplexität. Diese gilt es sinnvoll zu ordnen und dem Entscheidungssystem zu ermöglichen, das zur jeweiligen Situation am besten passende Modell auszuwählen. Darüber hinaus ist die strukturelle wie auch

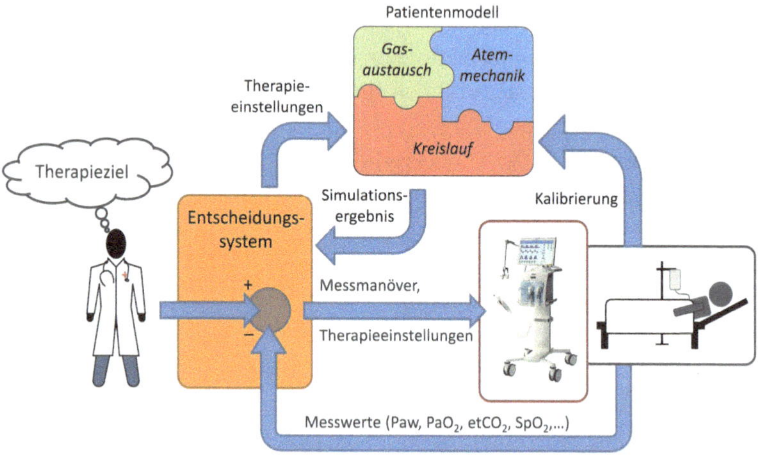

Abb. 18.1. Modellbasierte Therapieoptimierung. Das Patientenmodell besteht aus einer Kombination aus interagierenden Modellen der Bereiche Atemmechanik, Gasaustausch und Kreislaufdynamik. Durch Modellsimulationen kann das Ergebnis verschiedener Therapieeinstellungen am Patienten vorhergesagt werden. Die Einstellung, bei der das vom Kliniker vorgegebene Ziel erreicht wird, wird dann vorgeschlagen.

die praktische Identifizierbarkeit jedes dieser Modelle sicherzustellen. Es muss also unter idealen, rauschfreien Bedingungen eine eindeutige Lösung bei der Modellidentifikation vorliegen (strukturelle Identifizierbarkeit) sowie diese unter realen klinischen Bedingungen, also mit verrauschten Daten, reproduzierbar auffindbar sein (praktische Identifizierbarkeit). Der Nachweis der strukturellen Identifizierbarkeit eines Modells ist eine rein mathematische Überprüfung der Modellstruktur, die praktische Identifizierbarkeit muss hingegen anhand der real vorliegenden Daten und der eingesetzten Identifizierungsroutinen nachgewiesen werden. Um eine robuste Konvergenz zum globalen Minimum, also die praktische Identifizierbarkeit eines Modells, zu garantieren, ist es unabdingbar, entsprechend passende Startwerte zu definieren. Diese liegen idealerweise in der Nähe des - zu Beginn der Identifikation selbstverständlich unbekannten - globalen Minimums. Je mehr Vorwissen über die Lage dieses Minimums also vorhanden ist, desto besser können die Startwerte definiert werden. Besitzen die einzelnen Modelle eine Verwandtschaft zueinander, so lassen sich daraus ebenfalls Zusammenhänge zwischen den Parametern der einzelnen Modelle ableiten. Aus den identifizierten Parameterwerten wenig komplexer Modelle können somit aufgrund dieser Verwandtschaften geeignete Startwerte für die Identifikation der Parameter komplexerer Modelle berechnet werden. Eine entsprechend geordnete Reihenfolge der einzelnen Modelle kann in diesem Fall also eine robuste Identifikation unterstützen.

Im Folgenden sollen Ansätze zur Ordnung, Kopplung und Identifikation von Modellen der relevanten Bereiche Lungenmechanik, Gasaustausch und Hämodynamik dargestellt und Ergebnisse gezeigt werden.

18.1.1 Hierarchische Modellfamilien

Um die im vorangegangenen Abschnitt beschriebenen Vorteile einer flexiblen Patientenmodellierung umzusetzen, gilt es, die in der Literatur beschriebenen Modelle sinnvoll zu ordnen. Der erste Schritt ist dabei, jeweils zueinander gehörige Modelle in einer eigenen Gruppe zusammenzufassen. Im Falle der Simulation von beatmeten Patienten würden also Modelle der Atemmechanik, des Gasaustauschs und der Kreislaufdynamik je eine Gruppe oder Modellfamilie darstellen. Werden diese Modelle nun innerhalb ihrer Familie weiter hinsichtlich ihrer Eigenschaften, ihrer Komplexität und der Verwandtschaft zueinander geordnet, führt dies zu einer Hierarchie innerhalb der Modellfamilie. In der klinischen Anwendung kann damit je nach benötigtem Fokus ein passendes Modell der Hierarchie ausgewählt und mittels entsprechender Patientendaten und Identifikationsverfahren individualisiert werden. Im Folgenden werden die Hierarchien nach den Definitionen der Graphentheorie als Halbordnung abgebildet. Die konkret implementierten Modelle stellen die Knoten der Hierarchieordnung dar, die Kanten definieren die Verwandtschaft zwischen den Modellen. Die Graphen sind gerichtet, da die Verwandtschaftshierarchie eindeutig definiert ist. Der Ausgangspunkt jeder Verbindung ist jeweils ein einfacheres Modell, Zielpunkt ist ein komplexeres Modell. Mehrfachkanten sind möglich, Modelle können also mehrere Eltern (nächst einfachere Variante) oder Kinder (nächst komplexere Variante) besitzen. Die Modelle einer Ebene (Ei) der Hierarchie stellen somit als Ableitung immer eine Vererbung und Erweiterung der Modelle der darüber liegenden Ebene (Ei-1) dar. Abgeleitete Modelle besitzen damit immer neue Funktionalitäten gegenüber dem darüber liegenden vererbenden Modell. Die Erweiterungen können nicht durch beliebiges Hinzufügen neuer Elemente geschehen, vielmehr müssen die Modelle stets einen Bezug zur klinischen Realität besitzen. Sie müssen also relevant für eine therapeutische Entscheidung bei einem Krankheitsbild sein. Die im Folgenden gezeigten beispielhaften Modelle sind im Vergleich zu vielen in der Literatur beschriebenen Modellen nur wenig komplex und beinhalten daher zahlreiche Vereinfachungen. Dies erlaubt jedoch einen Einsatz in der klinischen Praxis, da die Modelle aufgrund ihrer geringen Komplexität durch klinische Daten identifizierbar bleiben.

18.1.2 Atemmechanik

Atemmechanikmodelle werden meist in Form elektrischer Ersatzschaltbilder dargestellt. Ein Widerstand (R) spiegelt dabei die obstruktiven (Resistance), eine Kapazität (C) die restriktiven (Compliance) Eigenschaften der Lunge ab. Ein sehr einfaches Modell der Lunge besitzt jeweils eines der beiden Elemente, um das grundlegende Verhalten der Lunge unter mechanischer Beatmung abzubilden (Bild 18.2, E1).

Dieses grundlegende Modell kann in seiner Funktionalität in (mindestens) zwei Richtungen erweitert werden. Werden die bisher konstanten Elemente als veränderliche Größen modelliert, erhöht sich die Modellkomplexität und die Abbildungsgenauigkeit des in der Praxis beobachtbaren physiologischen Verhaltens. Wird beispielsweise die Kapazität zu einer druckabhängigen Kapazität erweitert (Bild 18.2, E2 links), erlaubt dies die Modellierung von Rekrutierungsmechanismen wie sie besonders bei ARDS-Patienten sichtbar sind (Hi98; SDC12). Neben der Modifikation vorhandener Elemente kann das einfache Lungenmodell auch durch Addition zusätzlicher Elemente erweitert werden. Die Addition jeweils eines weiteren Widerstandes und einer Kapazität (Bild 18.2, E2, Mitte) ermöglicht die Modellierung viskoelastischen Verhaltens des Lungengewebes, insbesondere sichtbar als exponentiellen Druckabfall während der Einatempause (Bat09). Eine alternative Anordnung der beiden zusätzlichen Elemente erlaubt die Abbildung einer heterogenen Lunge, die das Pendelluftphänomen nachbilden kann (Bild 18.2, E2, rechts) (Bat09; OMB56).

Die genannten Erweiterungen können kombiniert werden, um ein noch komplexeres Modell zu bilden, das alle Eigenschaften der vererbenden Modelle vereint. Wird beispielsweise eine der beiden Kapazitäten des viskoelastischen Modells als druckabhängiges Element modelliert, entsteht ein Modell, das sowohl viskoelastisches Verhalten in der Einatempause als auch Rekrutierungsvorgänge in der Einatmung abbilden kann (Bild 18.2, E3) (SKM13). Bild 18.2 zeigt eine schematische Übersicht der beschriebenen Atemmechanikmodelle. Die Komplexität der Modelle steigt von oben nach unten, ebenso wie die Anzahl der zu identifizierenden Parameter.

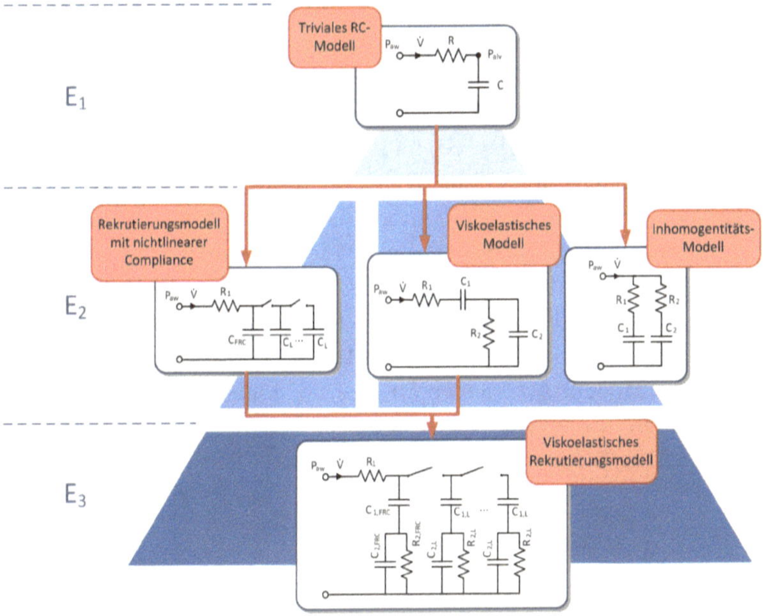

Abb. 18.2. Hierarchisch geordnete Familie von Atemmechanikmodelle. Die Komplexität der Modelle steigt von oben nach unten. Die Pfeile zeigen die Vererbung der Modelle. P_{aw} - Atemwegsdruck, C - Compliance, R - Resistance, $\dot{V}$ - Luftfluss.

18.1.3 Gasaustausch

Die Familie der Gasaustauschmodelle lässt sich nach einem ähnlichen Prinzip wie die zuvor gezeigte Familie der Atemmechanikmodelle aufbauen. Basierend auf dem jeweils gleichen Körpergasaustauschmodell wird der Lungengasaustausch in jeder Ebene detaillierter abgebildet. In komplexeren Modellen kann dann zusätzlich die Modellierung des Körpergasaustausch erweitert werden. An der Spitze der Hierarchie steht hier ein einfaches Shunt-Modell, das den Lungengasaustausch über zwei Kompartimente abbildet (CAU97). Diese sind ein alveoläres Kompartiment, das normalbelüftet und durchblutet ist ($\dot{V}/Q \approx 1$), sowie ein Shunt-Kompartiment, das durchblutet, aber nicht belüftet ist ($\dot{V}/Q = 0$).

Der Körpergasaustausch wird in den ersten beiden Ebenen mit einem Kompartiment abgebildet, in dem der im arteriellen Blut transportierte Sauerstoff im Gewebe gelöst und verbraucht, sowie entstandenes Kohlenstoffdioxid mit dem venösen Blut abtransportiert wird (CAU97). Das Grundmodell, bestehend aus dem Shunt-Modell für die Modellierung des Lungengasaustauschs sowie dem Körpergasaustausch mit einem Kompartiment (Bild 18.3, E1) kann nun um verschiedene Aspekte erweitert werden. So ist beispielsweise ein separates Totraumkompartiment (keine Durchblutung, $\dot{V}/Q = \infty$) im Lungengasaustausch denkbar, durch das Konzentrationsänderungen während Ein- und Ausatmung modelliert werden können (Bild 18.3, E2, rechts) (BDP02). Alternativ lässt sich ein zweites Alveolarkompartiment hinzufügen (Bild 18.3, E2, links). Dieses ermöglicht die Abbildung von Lungenarealen mit unterschiedlichen $\dot{V}/Q$-Verhältnissen (KKA11; MLC93). In der dritten Hierarchieebene können wieder Eigenschaften zweier Modelle kombiniert werden (Bild 18.3, E3, Mitte) (KRM13). Eine Erweiterung des Körpergasaustauschs der Modelle der zweiten Ebene erlaubt alternativ die Simulation der CO_2-Equilibrierungsvorgänge im Gewebe bei Änderung der Atemfrequenz oder des applizierten Tidalvolumens bei der Beatmung (Bild 18.3, E3, links und rechts) (KRB13).

18.1.4 Hämodynamik

Kreislaufmodelle werden, ähnlich dem Vorgehen in Atemmechanikmodellen, über elektrische Analogien wie Widerstände, Spulen und Kondensatoren dargestellt. Widerstände bilden dabei den Flusswiderstand, Kondensatoren die Dehnbarkeit der jeweils betrachteten Gefäßabschnitte ab, Spulen modellieren die Trägheit des Blutes. Einzelne anatomische Strukturen des Gefäßbaumes werden im Modell zu jeweils größeren Gesamteinheiten - so genannte Kompartimente - zusammengefasst, denen man eine gemeinsame Kapazität, einen Flusswiderstand und eine Induktivität zuordnen kann. Die Kompartimente, die den kardialen Bereich abbilden, besitzen dabei eine sich über den Zeitraum eines Herzschlags verändernde Kapazität, um die Pumpvorgänge des Herzmuskels nachzubilden. Das Verhalten der Klappen wird über Dioden simuliert, die den Blutstrom nur in eine Richtung passieren lassen.

Drei Kompartimente (arteriell, venös, kardial) bilden die einfachst mögliche Kombination zur Simulation der Kreislaufdynamik (PaV05). Das Herz ist in diesem Modell durch ein einzelnes Kompartiment dargestellt, der separate pulmonale Blutkreislauf entfällt. Wird diese serielle Struktur des einfachen Modells auf sechs Kompartimente erweitert, lässt sich eine detailliertere Beschreibung der

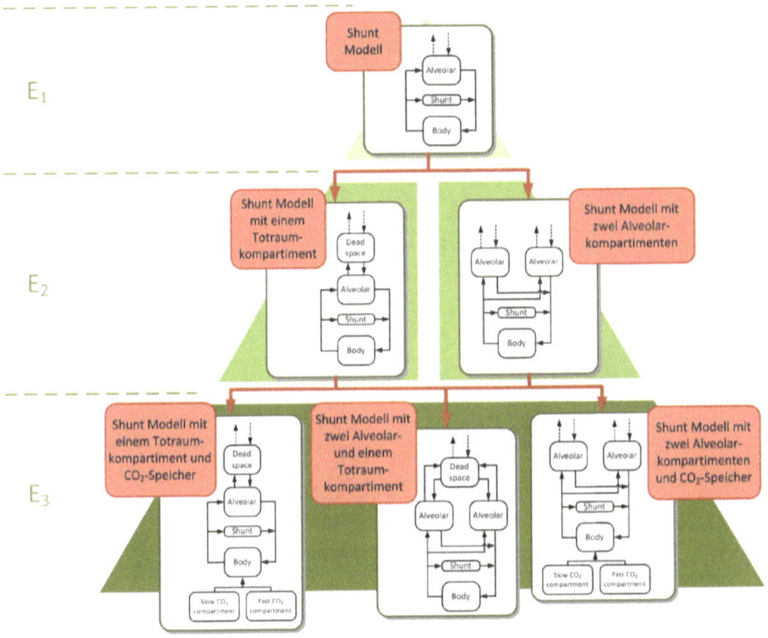

Abb. 18.3. Hierarchisch geordnete Familie von Gasaustauschmodelle. Die Komplexität der Modelle steigt von oben nach unten. Die Pfeile zeigen die Vererbung der Modelle.

Volumen- und Druckverteilungen erreichen. Damit lassen sich der rechte und linke Ventrikel getrennt abbilden, sowie ein pulmonaler Kreislauf einfügen. Von diesem 6-Kompartiment-Modell ausgehend, lassen sich quasi beliebig Kompartimente hinzufügen, indem bestehende Kompartimente aufgeteilt werden (KrM11). Die Erweiterungen können sowohl seriell, d.h. es bestehen keine parallel verlaufenden Verbindungen zwischen Kompartimenten, oder parallel, d.h. an der realen anatomischen Struktur angelehnt, ausgeführt werden. Als Beispiele für beide Varianten dienen in Bild 18.4 das serielle 14-Kompartiment-Modell nach Daniel et al. (DaO04) sowie das parallele 19-Kompartiment-Modell nach Leaning et al. (LPC83).

Die modellbasierte Optimierung der Beatmungstherapie muss zwar die Einflüsse der Beatmungseinstellungen auf die Hämodynamik des Patienten berücksichtigen, in der klinischen Realität muss dies jedoch nur selten mit so hochkomplexen und dynamischen Modellen wie den zuvor beschriebenen geschehen. Alternativ sind auch Modelle denkbar, die nicht auf Differentialgleichungen beruhen, sondern den menschlichen Kreislauf als zeitdiskretes System betrachten. Diese sogenannten Beat-to-Beat Modelle berechnen den Kreislaufzustand herzschlagbasiert. Ein Beispiel dafür liefert das Modell nach deBoet et al. (deB87).

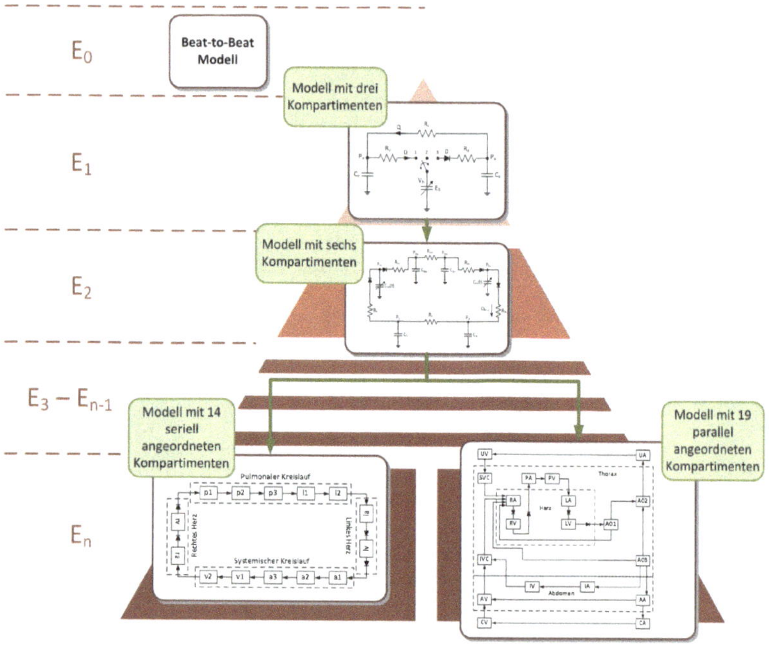

Abb. 18.4. Hierarchisch geordnete Familie von Kreislaufmodellen. Die Komplexität der Modelle steigt von oben nach unten. Die Pfeile zeigen die Vererbung der Modelle. Ebene E0 beinhaltet ein zeitdiskretes Beat-to-Beat Modell, das nicht direkt mit den anderen Modellen in ein Verwandtschaftsverhältnis zu setzen ist. Ebenen E3 bis En-1 sind frei skalierbar, indem Kompartimente eines einfacheren Modells aufgespalten werden, um den Detailgrad des Modells schrittweise zu erhöhen. Die Modelle der Ebene En wurden für eine bessere Übersichtlichkeit als schematische Kreisläufe dargestellt.

18.1.5 Hierarchische Identifikation

Mit der Komplexität eines Modells steigt gleichzeitig die Zahl der individualisierenden Parameter und damit ebenfalls die Zahl der Freiheitsgrade dieses Modells. Dadurch lässt sich beispielsweise für einfache Modelle der Lungenmechanik (Bild 18.5) zeigen, dass sich -wenig überraschend- komplexere Modelle bei nichtlinearen Beatmungskurven schwerkranker Patienten besser eigenen, um die patientenindividuelle Pathologie zu erfassen, als weniger komplexe Modelle. Durch die Bestimmung der Parameterwerte können zeitliche Entwicklungen sichtbar gemacht werden oder auch Reaktionen aufgrund von Änderungen der Beatmungseinstellungen vorhergesagt werden.

Grundsätzlich muss jedoch vor Interpretation der Daten oder Abgabe einer Therapieempfehlung gesichert sein, dass die Parameterwerte, die während der Systemidentifikation ermittelt werden, sowohl eindeutig als auch korrekt sind. Erstere Bedingung - die Eindeutigkeit der Modellparameter - wird als *strukturelle Identifizierbarkeit* bezeichnet. Der Nachweis dieser kann unter anderem mit Hilfe des Computeralgebrasystems DAISY (Differential Algebra for Identifiability of Systems) erfolgen (BSA07; SAB10). In diese Analyse fließen sowohl die zu identifizierenden Parameter eines Modells als auch die für die Identifikation verfügbaren Messsignale ein. Die Atemmechanikmodelle der Ebenen E1 und E2 können damit hinsichtlich ihrer strukturellen Identifizierbarkeit geprüft werden (SDC12; SDC12; SKK11). Da die Modelle für eine Prüfung mit DAISY als rationale Polynome vorliegen müssen, sind nichtlineare Modelle wie das Rekrutierungsmodell mit nichtlinearer Compliance umzuformulieren. Dies kann beispielsweise über eine Annäherung durch Taylor-Reihen geschehen (SDC12). Die Gasaustauschmodelle sind ebenfalls nichtlinear aufgrund ihrer Implementierung der Sauerstoffbindungskurven. Diese Modelle lassen sich nicht in Polynomform umwandeln, wodurch alternative Ansätze nötig werden. So können beispielsweise synthetische Datensätze dazu dienen, die Fehleroberfläche auf das Vorhandensein multipler globaler Minima hin zu untersuchen und damit die strukturelle Identifizierbarkeit zumindest innerhalb physiologischer Grenzen zu garantieren (RSM13). Neben diesem praktischen Nachweis kann der Beweis struktureller Identifizierbarkeit auch erfolgen, indem für jeden der Modellparameter ein mathematischer Beweis erfolgt, dass bei einer definierten Gruppe von Messsignalen nur eine einzige Lösung für diesen Parameter vorliegt. Pironet et al. beweisen dies beispielsweise für ein Kreislaufmodell mit sechs Kompartimenten (PDC14).

Mit dem Nachweis der strukturellen Identifizierbarkeit ist nicht notwendigerweise auch der robuste Einsatz unter klinischen Bedingungen gewährleistet. Die in der klinischen Realität verrauschten Messsignale sowie die bereits in der Einleitung beschriebene Startwertproblematik können zu einem Abbruch der Parameteridentifikation weit weg vom globalen Minimum des Fehlerraums - also der Differenz zwischen den gemessenen und den mit der aktuellen Parameterwerten simulierten Daten - führen. Die *praktische Identifizierbarkeit* beschreibt das Vermögen, dieses globale Minimum auch unter realen klinischen Bedingungen zu finden. Einfache Modelle, wie beispielsweise das triviale RC-Modell der Atemmechanik, lassen sich durch Multiple Lineare Regression identifizieren, eine einfache Vorwärtsmethode, die bei ausreichendem Informationsgehalt der Messdaten eine praktische Identifizierbarkeit garantiert. Für komplexere Modelle hingegen müssen Optimierungsverfahren wie z.B. der Levenberg-Marquardt-Algorithmus eingesetzt werden, um das globale Minimum zu finden. Je komplexer das zu identifizierende Modell ist, d.h. je mehr Dimensionen der zu untersuchende Fehlerraum besitzt, desto höher ist die Wahrscheinlichkeit, dass das eingesetzte Optimierungsverfahren zu einem lokalen Minimum konvergiert, wodurch die dann gefundenen Parameterwerte möglicherweise keine Relation zu den physiologisch relevanten patientenindividuellen Werten besitzen. Das Auffinden des globalen Minimums ist hier vorwiegend abhängig von der Wahl der Parameterwerte, an denen das Optimierungsverfahren die Suche beginnt (Initialwerte). Je näher diese Initialwerte dem globalen Minimum sind, desto robuster, also reproduzierbar auch bei verrauschten Messsignalen, kann dieses gefunden werden. Da diese Information a-priori zumeist nicht verfügbar ist, müssen die Initialwerte anderweitig abgeschätzt werden. Hierzu kann unter anderem die hierarchische Struktur der Modellfamilien genutzt werden, um aus den Parameterwerten der einfachen Modelle Informationen über die Initialwerte bei der Identifikation der komplexeren Modelle abzuleiten. Da bekannt ist, wie die abgeleiteten Modelle das jeweils übergeordnete Modell strukturell erweitern, können die ermittelten Parameter des Basismodells die Startwertsetzung bei der Identifikation der abgeleiteten Modelle durch Setzen von Rahmenbedingungen unterstützen.

Die vorgestellten Modelle der Atemmechanik lassen sich alle mit Hilfe des beschriebenen Verfahrens identifizieren (SKM13; SDC12; SDC12). Das Gasaustauschmodell mit Shunt ist für alle Shunt-Inititalwerte <50% praktisch identifizierbar, der identifizierte Parameterwert kann dann als Initialwerte für die Identifikation der komplexeren Modelle genutzt werden (RKM13). Die gezeigten Kreislaufmodelle sind zum Großteil komplexer als die Modelle der Atemmechanik und des Gasaustauschs, wodurch eine wesentliche größere Datenmenge zur Identifikation benötigt wird. Hann et al. zeigten, dass ein Kreislaufmodell mit sechs Kompartimenten anhand standardmäßig verfügbarer Messwerte praktisch identifizierbar ist (HCD10). Sind zusätzliche Messdaten vorhanden, wäre eine Identifikation komplexerer Modelle mit Hilfe der etablierten Modellhierarchien möglicherweise durchführbar. Die hierarchische Struktur erlaubt dabei jederzeit ein quasi stufenloses Zurückspringen auf einfachere Modelle, sollten die vorhandenen Daten für die Identifikation eines komplexen Modells nicht ausreichend sein.

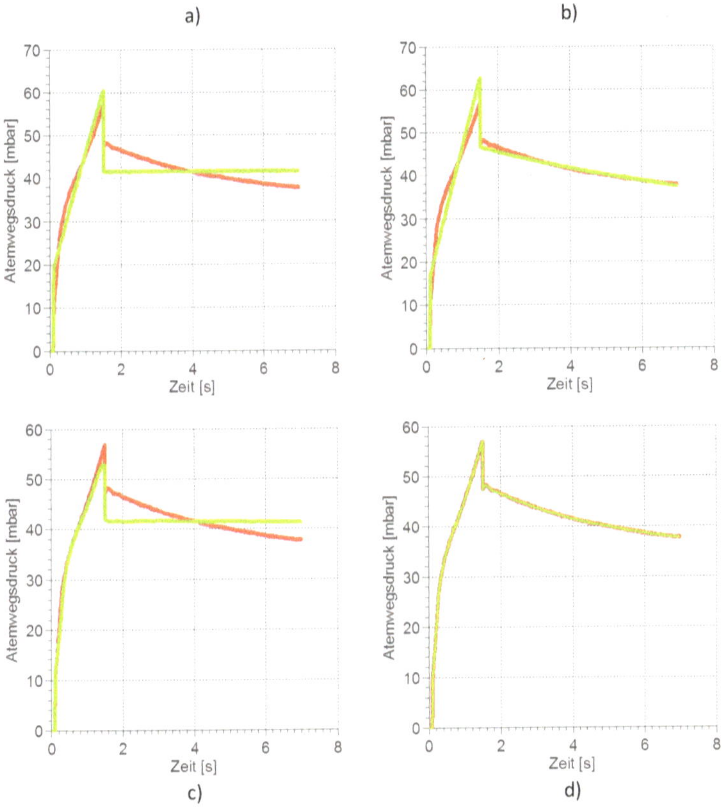

Abb. 18.5. Vergleich zwischen gemessenen (rot) und simulierten (grün) Atemwegsdrücken (Paw). a) Triviales RC-Modell, b) Viskoelastisches Modell, c) Rekrutierungsmodell mit nichtlinearer Compliance, d) Viskoelastisches Rekrutierungsmodell.

18.2 Modellselektion

Die vorgestellten Modellfamilien erlauben die Anpassung der Modellsimulationen an die aktuelle klinische Situation und den Krankheitszustand des Patienten. Zur Umsetzung in einem automatisierten Entscheidungssystem ist nun die Implementierung eines Selektionsalgorithmus notwendig, der das aktuell am besten passende Modell anhand numerischer Bewertungskriterien aus den vorhandenen Modellen wählt. Die Einhaltung der Direktive „*so einfach wie möglich, so komplex wie nötig*" bedingt die Wahl des einfacheren Modells, sollten zwei unterschiedlich komplexe Modelle das vorliegenden Datensatz gleich genau abbilden. Zur Modellselektion eignen sich grundsätzlich drei Kriterien, die im Folgenden beschrieben werden sollen.

Das *Bestimmtheitsmaß* (Coefficient of Determination - CD) beschreibt die Qualität des Modellfits, also die Eignung eines Modells, einen bestimmten Datensatz nachzubilden. Dieses wird berechnet als (Bat09):

$$CD = 1 - \frac{SSE}{\sum_{i=1}^{N} (Y_{meas} - Y'_{meas})^2} \tag{18.1}$$

SSE beschreibt hier die quadrierte Differenz zwischen gemessenen Daten (Y_{meas}) und simulierten Werten. Y'_{meas} ist der Mittelwert der gemessenen Daten. Das Bestimmtheitsmaß kann Werte zwischen 0 (keine Übereistimmung zwischen Modell und Daten) und 1 (perfekte Übereinstimmung) annehmen. Der CD-Wert hilft demnach, eine primäre Selektion der Modelle hinsichtlich ihrer generellen Abbildungsleistung der gemessenen Daten vorzunehmen. Je höher die Anzahl der Freiheitsgrade eines Modells, desto besser ist dessen Abbildungsleistung, d.h. komplexere Modelle erreichen natürlicherweise bessere CD-Werte als weniger komplexe Modelle. Das *Akaike Informationskriterium* (Corrected Akaike Information Criterion - AICc) hilft, den Einfluss der Freiheitsgrade abzuschätzen, indem die Anzahl der freien Modellparameter als Strafmaß mit einfließen (Aka74; BuA02):

$$AICc = 2 \cdot m + n \cdot [ln(2\pi) \cdot MSR + 1] + \frac{2 \cdot m \cdot (m + 1)}{n - m - 1} \tag{18.2}$$

MSR ist hier die mittlere quadrierte Abweichung zwischen gemessenen und simulierten Werten, m ist die Anzahl der Modellparameter, n ist die Anzahl der gemessenen Patientenwerte. Die berechneten AICc-Werte sind jeweils nur auf einen Datensatz anwendbar, ein Vergleich der AICc-Werte anderer Datensätze ist also nicht möglich.

Anhand der CD- und AICc-Werte der Modelle einer Modellfamilie kann somit das jeweils am besten auf die gemessenen Patientendaten passende Modell ermittelt werden. Für den klinischen Einsatz ist jedoch noch ein drittes Kriterium, die Bestimmtheit der ermittelten Modellparameter, hinzuzufügen. Das *Konfidenzintervall* (Confidence Interval - CI) eines Modellparameters beschreibt ein geschätztes Werteintervall, in dem sich der unbekannte Parameterwert mit 95% Wahrscheinlichkeit befinden kann. Je größer dieses Intervall im Verhältnis zum Parameterwert, desto unsicherer ist der berechnete Parameterwert, d.h. desto schlechter kann der Wert anhand der gemessenen Patientendaten bestimmt werden. Sind ein oder mehrere Parameter eines Modells nicht ausreichend durch die Daten bestimmbar, so kann den Parameterwerten selbst als auch der Modellprädiktion nicht vertraut werden. In diesem Fall darf das gewählte Modell nicht zur Prädiktion herangezogen werden, es muss auf ein konkurrierendes Modell zurückgegriffen oder weitere Daten für die Identifikation erhoben werden.

18.3 Modellkombination

Die bisher beschriebenen Aspekte der hierarchischen Modellierung erlauben die Wahl des jeweils am besten auf die aktuelle klinische Situation passenden Modells aus jeder der vorhandenen Modellfamilien. Wird den gewählten Modellen nun ermöglicht, zu interagieren, können sie wichtige physiologische Prozesse und deren Reaktion auf Veränderungen in den Therapieeinstellungen nachbilden, die damit in den Entscheidungsprozess einfließen. In der Literatur finden sich mehrere zu betrachtende physiologische Wechselwirkungen, von denen die wichtigsten im Folgenden beispielhaft vorgestellt werden sollen. Dies sind der Einfluss des intrathorakalen Druckes (Pth) auf die Kreislaufdynamik, das Herzzeitvolumen (Cardiac output - CO) auf den Gasaustausch im Lungen- und Körpergewebe, sowie der alveoläre Gasfluss ($\dot{V}_A$) und das alveoläre Volumen (V_A) auf den Gasaustausch in der Lunge (KWM11). Die Modelle der Atemmechanik müssen zu diesem Zweck um die Berechnung des intrathorakalen Drucks erweitert und die Sensitivität auf diesen in den Kreislaufmodellen implementiert werden (KHD14). Die so gekoppelten Modelle sollen im Folgenden *Modellsystem* genannt werden. Bild 18.6 zeigt eine Übersicht über die Schnittstellen des Modellsystems.

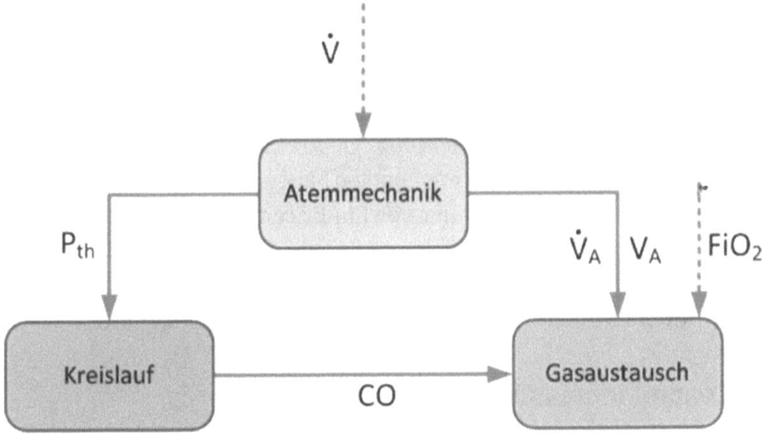

Abb. 18.6. Schnittstellen zur Interaktion der Modellfamilien. Die gestrichelten Pfeile zeigen zusätzliche Eingangsgrößen. $\dot{V}$ - Luftfluss vom Beatmungsgerät kommend, FiO_2 - In der Einatemluft enthaltene Sauerstoffkonzentration.

Bild 18.7 zeigt Ergebnisse zweier unterschiedlich komplexer Modellsysteme. Die jeweils kombinierten Modelle sind in Tabelle 1 aufgeführt.

Tabelle 1: Beispiele für verschieden komplexe Modellsysteme.

Modellsystem	Atemmechanik	Gasaustausch	Kreislauf
K1	Triviales RC-Modell	Shunt-Modell mit Totraum-kompartiment	–
K2	Viskoelastisches Modell	Shunt-Modell mit zwei Alveolar- und einem Totraum-kompartiment	Modell mit 19 Kompartimenten

System K1 kombiniert das triviale RC-Modell mit dem Shunt-Modell. Der Blutfluss im Kreislauf wird als konstant angenommen, ein dezidiertes Kreislaufmodell ist also nicht implementiert. Die Ergebnisse zeigen sich ändernde Sauerstoffkonzentrationen im Blut während Ein- und Ausatmung, bedingt durch Änderungen des Alveolarvolumens und dem Verbrauch von Sauerstoff sowie der Produktion von Kohlenstoffdioxid im Gewebe. Dieses System liefert wichtige Erkenntnisse bei mechanisch beatmeten Patienten, indem die Atemmechanik und die Wirkung von Veränderungen in Lungenvolumen und Luftfluss auf den Gasaustausch von den eingesetzten Modellen nachgebildet werden können. System K2 implementiert neben komplexeren Modellen der Atemmechanik und des Gasaustauschs zur detaillierteren Abbildung der Patientenphysiologie auch ein Kreislaufmodell mit 19 Kompartimenten. Dieses reagiert auf den sich ändernden Thoraxdruck während der Beatmung, was sich in den Ergebnissen als überlagerte Welle im arteriellen Blutdruck zeigt. Das nun pulsatile Verhalten des Blutflusses hat darüber hinaus einen deutlichen Einfluss auf die errechneten Sauerstoffkonzentrationen im Blut. Dieses System erlaubt eine Abbildung von Einflüssen auf den Gasaustausch durch schnelle Änderungen des Herzzeitvolumens oder des Blutdrucks und ist besonders bei Patienten mit instabilem Kreislauf einzusetzen, um Beatmungseinstellungen im Hinblick auf das Herzzeitvolumen optimieren zu können.

18.4 Zusammenfassung und Ausblick

Die modellbasierte Entscheidungsunterstützung bietet eine - im Gegensatz zum wissensbasierten Ansatz - an den individuellen Patienten angepasste Optimierung der Therapie. Die identifizierten Werte der freien Modellparameter erlauben darüber hinaus einen Einblick in den aktuellen Krankheitszustand des Patienten und können den Arzt damit in der Festlegung der zu erreichenden Ziele unterstützen. Die gezeigten Aspekte einer modellbasierten Entscheidungsfindung offenbaren die vielschichtigen Herausforderungen an einen solchen Ansatz. Aus-

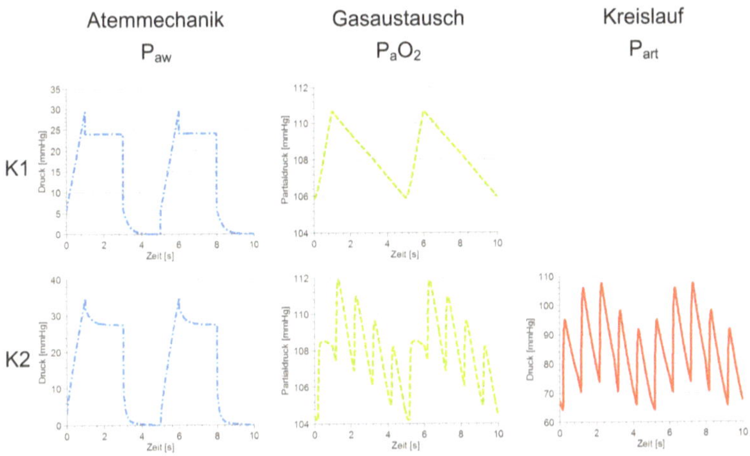

Abb. 18.7. Ergebnisse zweier unterschiedlich komplexer Modellsysteme. Paw - Atemwegsdruck, PaO2 - Arterieller Sauerstoffpartialdruck, Part - Arterieller Blutdruck.

schlaggebend für einen erfolgreichen Einsatz in der klinischen Praxis sind die Anpassbarkeit des für die Vorhersagen genutzten Modellsystems an den aktuellen Krankheitszustand des Patienten und das vorliegende Therapieziel, die eindeutige Identifizierbarkeit der Modellparameter sowie die praktische Durchführbarkeit anhand der verfügbaren Messdaten am Krankenbett und schlussendlich die Effizienz der Modellsimulationen. Die hier vorgestellten Modelle sind im Vergleich zu einer Vielzahl der in der Literatur zu findenden Modelle nur von geringer Komplexität und beinhalten dadurch einige Vereinfachungen. Die dadurch nur geringe Anzahl an zu identifizierenden Modellparametern erlaubt jedoch einen praktischen Einsatz in einer klinischen Umgebung, in der die verfügbaren Messdaten zur Identifikation begrenzt sind.

Die gezeigten Modellfamilien wurden anhand einer hierarchischen Struktur organisiert, durch die die Einzelmodelle in einen Verwandtschaftsbezug zueinander gesetzt werden. Die modellbasierte Entscheidungsunterstützung basiert dadurch nicht auf einem einzelnen, hochkomplexen und damit in der Praxis schwer zu individualisierenden Modell, sondern kann je nach benötigter Information, vorliegenden Daten und der aktuell zu fällenden Entscheidung die jeweils passenden Modelle aussuchen. Diese Entscheidung lässt sich anhand der vorgestellten Selektionskriterien treffen, die sowohl die Abbildungsgenauigkeit eines Modells im Bezug auf die gemessenen Daten als auch die dazu benötigten Parameter und die Eindeutigkeit der ermittelten Parameterwerte evaluieren.

Der Nachweis struktureller Identifizierbarkeit ist für jedes der in die Modellfamilie zu implementierenden Modelle unabdingbare Voraussetzung. Dies kann entweder durch algebraische Analysen wie beispielsweise DAISY geschehen oder muss zumindest im Hinblick auf die praktische Anwendung für einen definierten Wertebereich sichergestellt werden können. Die praktische Identifizierbarkeit kann durch die hierarchische Struktur der Modellfamilien unterstützt werden, indem Informationen aus der Identifikation einfacher Modelle zur Festlegung passender Startwerte bei der Identifikation komplexerer Modelle herangezogen werden. Dabei sollte jedoch nicht außer Acht gelassen werden, dass zur Identifikation komplexer Modelle stets auch ein entsprechender Informationsgehalt in den Daten vorhanden sein muss. Die zur Gewinnung der notwendigen Daten erforderlichen Messmanöver sollten daher immer mit den Modellen hinterlegt werden, so dass bei Einsatz dieser Modelle auch stets die erforderlichen Daten vorliegen.

Die Verfügbarkeit von Messdaten, sowie die Notwendigkeit der Durchführung verschiedener Messmanöver zur Gewinnung aussagekräftiger Datensätze, begrenzt die klinisch realisierbare Modellkomplexität. Dies ist besonders in der Familie der Kreislaufmodelle sichtbar, in der eine Vielzahl zu identifizierender Parameter einer nur geringen Datendichte am Krankenbett gegenübersteht. Eine Sensitivitätsanalyse der Modellparameter sollte hier weiteren Aufschluss geben, welche Parameter zwingend individualisiert werden müssen und welche Parameter unter Einführung einer bestimmten Fehlertoleranz aus gesellschaftlichen Mittelwerten gespeist werden können. Die vorgestellten Schnittstellen erlauben eine flexible Kombination von Modellen der Bereiche Atemmechanik, Gasaustausch und Hämodynamik. Die entsprechenden Modelle müssen lediglich so angepasst werden, dass sie die definierten Schnittstellen bedienen können. Damit bleibt das Gesamtsystem stets erweiterbar, sollten weitere Modelle oder Modellfamilien hinzugefügt werden müssen. Die Berechnung komplexer Modellsysteme mit einer großen Anzahl Differentialgleichungen sowie unterschiedlichen Systemdynamiken kann aufgrund der aufwendigen Berechnung eine zeitnahe Entscheidungsfindung behindern. Die Ausnutzung der hierarchischen Familienstruktur kann hier zu einer Verkürzung der benötigten Berechnungszeit führen, indem einfache Modellkombinationen zur Initialsierung der Schnittstellen genutzt und die komplexen Modellkombinationen nur zur Verfeinerung der Simulationsergebnisse herangezogen werden (KSK13).

Trotz der erkennbaren Vorteile einer modellbasierten Entscheidungsunterstützung ist eine praktische Umsetzung nur in Verbindung mit wissensbasierten und prozessorientierten Komponenten realisierbar.

Literatur

[CBJ01] R. S. Campbell, R. D. Branson, and J. A. Johannigman, „Adaptive support ventilation“, *Respir Care Clin N Am*, vol. 7, pp. 425-40, ix, Sep 2001.

[DPG97] M. Dojat, F. Pachet, Z. Guessoum, D. Touchard, A. Harf, and L. Brochard, „NeoGanesh: a working system for the automated control of assisted ventilation in ICUs“, *Artif Intell Med*, vol. 11, pp. 97-117, Oct 1997.

[HHBB12] R. Hatko, J. Baumeister, V. Belli, and F. Puppe, „Diaflux: A graphical language for computer-interpretable guidelines“, in *Knowledge representation for Health-Care*. vol. 6924, D. Riaño, A. Teije, and S. Miksch, Eds., ed Berlin: Springer, 2012, pp. 94-107.

[LGH11] S. Lozano, D. Gottlieb, C. Haberthur, J. Guttmann, and K. Möller, „Automated mechanical ventilation: adapting decision making to different disease states“, *Med Biol Eng Comput*, vol. 49, pp. 349-58, Mar 2011.

[GVC03] L. Gattinoni, F. Vagginelli, D. Chiumello, P. Taccone, and E. Carlesso, „Physiologic rationale for ventilator setting in acute lung injury/acute respiratory distress syndrome patients“, *Crit Care Med*, vol. 31, pp. 300-304, Apr 2003.

[SIT98] A. S. Slutsky and L. Tremblay, „Multiple System Organ Failure - is mechanical ventilation a contributing factor“, *Am J Respir Crit Care Med*, vol. 157, pp. 1721-1725, June 1, 1998 1998.

[DrS98] D. Dreyfuss and G. Saumon, „From ventilator-induced lung injury to multiple organ dysfunction“, *Intensive Care Med*, vol. 24, pp. 102-104, 1998/02/01 1998.

[Bat09] J. H. T. Bates, Lung mechanics - *An inverse modeling approach*. Cambridge: Cambridge University Press, 2009.

[BDP02] H. Benallal, C. Denis, F. Prieur, and T. Busso, „Modeling of end-tidal and arterial PCO2 gradient: comparison with experimental data“, *Med Sci Sports Exerc*, vol. 34, pp. 622-629, Apr 2002.

[Ben06] A. Ben-Tal, „Simplified models for gas exchange in the human lungs“, *J Theor Biol*, vol. 238, pp. 474-495, Jan 21 2006.

[CAU97] L. Chiari, G. Avanzolini, and M. Ursino, „A comprehensive simulator of the human respiratory system: validation with experimental and simulated data“, *Ann Biomed Eng*, vol. 25, pp. 985-999, Nov-Dec 1997.

[DaO04] M. Danielsen and J. T. Ottesen, „A cardiovascular model“, in *Applied mathematical models in human physiology*, J. T. Ottesen, M. S. Olufsen, and J. K. Larsen, Eds., ed Philadelphia: Society for Industrial and Applied Mathematics, 2004, pp. 113-126.

[deB87] R. W. deBoer, J. M. Karemaker, and J. Strackee, „Hemodynamic fluctuations and baroreflex sensitivity in humans: a beat-to-beat model“, *Am J Physiol*, vol. 253, pp. H680-689, 1987.

[HCD10] C. E. Hann, J. G. Chase, T. Desaive, C. B. Froissart, J. Revie, D. Stevenson, et al., „Unique parameter identification for cardiac diagnosis in critical care using minimal data sets“, Comput Methods Programs Biomed, vol. 99, pp. 75-87, Jul 2010.

[HSK02] T. Heldt, E. B. Shim, R. D. Kamm, and R. G. Mark, „Computational modeling of cardiovascular response to orthostatic stress“, *J Appl Physiol*, vol. 92, pp. 1239-1254, Mar 2002.

[KKA11] D. S. Karbing, S. Kjaergaard, S. Andreassen, K. Espersen, and S. E. Rees, „Minimal model quantification of pulmonary gas exchange in intensive care patients“, *Med Eng Phys*, vol. 33, pp. 240-248, Mar 2011.

[LPC83] M. S. Leaning, H. E. Pullen, E. R. Carson, and L. Finkelstein, „Modelling a complex biological system: the human cardiovascular system — 1. Methodology and model description“, T I Meas Control, vol. 5, pp. 71-86, 1983.

[PaV05] T. Parlikar and G. Verghese, „A simple cycle-averaged model for cardiovascular dynamics“, Conf Proc IEEE Eng Med Biol Soc, vol. 5, pp. 5490-5494, 2005.

[ReA05] S. E. Rees and S. Andreassen, „Mathematical models of oxygen and carbon dioxide storage and transport: the acid-base chemistry of blood“, Crit Rev Biomed Eng, vol. 33, pp. 209-264, 2005.

[SCH08] C. Starfinger, J. G. Chase, C. E. Hann, G. M. Shaw, P. Lambert, B. W. Smith, et al., „Prediction of hemodynamic changes towards PEEP titrations at different volemic levels using a minimal cardiovascular model“, *Comput Methods Programs Biomed*, vol. 91, pp. 128-134, Aug 2008.

[Hi98] K. G. Hickling, „The pressure-volume curve is greatly modified by recruitment. A mathematical model of ARDS lungs“, *Am J Respir Crit Care Med*, vol. 158, pp. 194-202, July 1, 1998 1998.

[SDC12] C. Schranz, P. D. Docherty, Y. S. Chiew, K. Möller, and J. G. Chase, „Identifiability Analysis of a Pressure-Depending Alveolar Recruitment Model“, in *8th IFAC Symposium on Biological and Medical Systems*, Budapest, Hungary, 2012.

[OMB56] A. B. Otis, C. B. McKerrow, R. A. Bartlett, J. Mead, M. B. McIlroy, N. J. Selver-Stone, et al., „Mechanical factors in distribution of pulmonary ventilation“, *J Appl Physiol*, vol. 8, pp. 427-443, Jan 1956.

[SKM13] C. Schranz, J. Kretschmer, and K. Möller, „Hierarchical Individualization of a Recruitment Model with a Viscoelastic Component for ARDS Patients“, in Engineering in Medicine and Biology Society, EMBC, 2013 Annual International Conference of the IEEE, Osaka, Japan, 2013, pp. 5220-5223.

[MLC93] M. F. V. Melo, J. A. Loeppky, A. Caprihan, and U. C. Luft, „Alveolar ventilation to perfusion heterogeneity and diffusion impairment in a mathematical model of gas exchange“, *Comput Biomed Res*, vol. 26, pp. 103-120, 1993.

[KRM13] J. Kretschmer, A. Riedlinger, and K. Möller, „Predicting etCO2 response in a model of ventilation-perfusion mismatch“, *Biomed Tech 2013*, vol. 58 (Suppl. 1), 2013.

[KRB13] J. Kretschmer, A. Riedlinger, T. Becher, D. Schadler, N. Weiler, and K. Möller, „A Family of Physiological Models to Simulate Human Gas Exchange“, *Biomed Tech*, vol. 58 (Suppl. 1), Sep 7 2013.

[KrM11] J. Kretschmer and K. Möller, „A Hierarchical Model Family of Cardiovascular Dynamics“, in *5th European Conference of the International Federation for Medical and Biological Engineering*, Budapest, Hungary, 2011, pp. 295-298.

[BSA07] G. Bellu, M. P. Saccomani, S. Audoly, and L. D'Angio, „DAISY: a new software tool to test global identifiability of biological and physiological systems“, *Comput Methods Programs Biomed*, vol. 88, pp. 52-61, Oct 2007.

[SAB10] M. P. Saccomani, S. Audoly, G. Bellu, and L. D'Angio, „Examples of testing global identifiability of biological and biomedical models with the DAISY software“, *Comput Biol Med*, vol. 40, pp. 402-407, Apr 2010.

[SDC12] C. Schranz, P. D. Docherty, Y. S. Chiew, J. G. Chase, and K. Möller, „Structural Identifiability and Practical Applicability of an Alveolar Recruitment Model for ARDS Patients", *IEEE Trans Biomed Eng.*, vol. 59, pp. 3396-3404, Dec 2012.

[SKK11] C. Schranz, C. Knobel, J. Kretschmer, Z. Zhao, and K. Moller, „Hierarchical parameter identification in models of respiratory mechanics", *IEEE Trans Biomed Eng*, vol. 58, pp. 3234-3241, Nov 2011.

[RSM13] A. Riedlinger, C. Schranz, and K. Moeller, „Robustheitsanalyse der Parameter-Identifizierung eines Gasaustausch-Modells", in *AUTOMED 2013*, Dresden, Germany, 2013.

[PDC14] A. Pironet, P. C. Dauby, J. G. Chase, J. A. Revie, P. D. Docherty, and T. Desaive, „Structural Identifiability Analysis of a Cardiovascular System Model", in *19th IFAC World Congress*, Cape Town, 2014, pp. 3869-3874.

[SDC12] C. Schranz, P. D. Docherty, Y. S. Chiew, K. Möller, and J. G. Chase, „Iterative Integral Parameter Identification of a Respiratory Mechanics Model", *Biomed Eng Online*, vol. 11, Jul 2012.

[RKM13] A. Riedlinger, J. Kretschmer, and K. Moeller, „Hierarchical Identification Process of a Two-Parameter Gas Exchange Model", in *International Conference on Biomedical Engineering (ICBME 2013)*, Singapore, 2013, pp. 136-139.

[Aka74] H. Akaike, „A new look at the statistical model identification", Automatic Control, IEEE Transactions on, vol. 19, pp. 716-723, 1974.

[BuA02] K. P. Burnham and D. R. Anderson, Model selection and multimodel interference: A practical information-theroretic approach vol. 2. New York: Springer, 2002.

[KWM11] J. Kretschmer, A. Wahl, and K. Moller, „Dynamically generated models for medical decision support systems", *Comput Biol Med*, vol. 41, pp. 899-907, Oct 2011.

[KHD14] J. Kretschmer, T. Haunsberger, E. Drost, E. Koch, and K. Moller, „Simulating physiological interactions in a hybrid system of mathematical models", *J Clin Monit Comput*, vol. 28, pp. 513-23, Dec 2014.

[KSK13] J. Kretschmer, C. Schranz, C. Knöbel, J. Wingender, E. Koch, and K. Möller, „Efficient Computation Of Interacting Model Systems", *J Biomed Inform*, vol. 46, pp. 401-409, Feb 5 2013

19 Hydroakustische Modellierung

Ivor Nissen

19.1 Einleitung

In den Ozeanen herrscht absolute Finsternis, sie sind nahezu undurchdringlich für elektromagnetische RADAR-, Röntgen- und Gammastrahlen. Für Anwendungen zur Detektion, Navigation und Kommunikation unter der Wasseroberfläche über mehr als Meterdistanzen sind sie unbrauchbar. Die elektromagnetische Welle erfährt beim Eindringen ins Wasser eine derart starke Absorption, dass sie nur im Längstwellensegment unter 25 kHz und im optischen Bereich genutzt werden kann. Aber nach hundert Metern ist auch dort ihre Energie aufgezehrt. Einzig die Akustik mit der Nutzung von Schallwellen breitet sich im (Meer-)Wasser - zumindestens bei niedrigen Frequenzen - mit nur geringen Absorptionsverlusten aus. Bei günstigen Schallwetterbedingungen können im Tiefwasser auch Distanzen von Hunderten von Kilometern überbrückt werden (Konvergenzzonen, SOFAR[1]-Kanal). Im Flachwasser, wo Schall an Meeresoberfläche und den Meeresboden porös gestreut wird, potenzieren sich verschiedenste physikalische Effekte, so dass Signale nach ihrer Aussendung durch Mehrwegeausbreitung, frequenzselektive Schwunderscheinungen und Abschattungen verformt und bis zur Unkenntlichkeit verstümmelt werden. Die Schallgeschwindigkeit, abhängig von Temperatur, Salzgehalt und Druck, variiert in der Wassersäule der Weltmeere mit maximal $\pm$ 6% um $1,5$ km/s und führt damit zu unterschiedlichen Dopplerausprägungen auf jedem einzelnen Ausbreitungsweg. Mit unterschiedlichsten Wassertiefen, Schichtungen in Wassersäule und Sediment, Seegangsausprägungen, Regen-, Wind- und Strömungsintensitäten bis hin zu pH-Wertvariationen steigt die Komplexität zusätzlich, so dass einfache Erfahrungsregeln und Tafelwerke nicht greifen. Reichweite wird durch Ausnutzung von Zeit-, Frequenz- und Raumdiversität (z.B. Richtungsbildung) und Verwendung tiefer Frequenzen auf Kosten der Frequenzbandbreite erzielt. Die stark mit Zeit und Ort fluktuierenden umweltbedingten Ausbreitungsbedingungen führen zu mindestens drei wichtigen Anwendungsfeldern der Modellierung:

---

1 SOund Fixing And Ranging - von Mensch und Tier genutztes Naturphänomen, bei dem im Schallgeschwindigkeitsminimum in der Wassersäule einzig durch Beugung und ohne Brechungen und Reflextionen die Energie über große Distanzen transportiert wird, ähnlich zu einem Lichtwellenleiter, siehe auch (EwW48).

- Verstehen der Natureffekte und -gesetze nebst deren Ausbildung;
- A priori-Vorhersagen für Planungen und Prävention;
- Adaptive Systeme und Maschinen, die sich auf den Umweltzustand einstellen können.

Die physikalischen Randbedingungen erfordern technische Innovation und raffinierte Verfahrensweisen, um eine robuste allwettertaugliche Infrastruktur für die Anwendung bereitstellen zu können. Durch die Komplexität und die meist nicht bekannten naturgegebenen Randbedingungen muß abstrahiert, reduziert sowie idealisiert werden. Dabei bestimmt sich durch diese Abstraktion, Reduktion und Idealisierung inwieweit das entstehende Modell noch auf andere Fälle als auf die bewusst in Kauf genommen Einschränkung angewendet werden kann, wo Fehlergrenzen liegen und wie sensitiv auf Parameteränderungen reagiert wird. Hierzu können analoge und digitale Experimente unterstützend herangezogen werden.

19.2 Computergestützte Modellierung mittels Numerik

Auf heutigen Rechnern bietet sich ein diskretisierter digitaler Zugang mittels der Lösung mathematischer Gleichungen und Optimierungsaufgaben an. Dieser computergestützte Zugang ist aus der modernen Arbeit nicht wegzudenken. Ohne sich in Details zu verlieren, hierfür sei auf die bekannte Fachliteratur verwiesen, vorzugsweise (JKPS93), soll in diesem Beitrag die Vielfalt aber auch Methodik der Modellierung kurz beschrieben werden. Ausgehend von der Wellengleichung, existieren derzeit mehr als 35 Modellklassen, die sich aus fünf tragenden Familien der Modellierung in der Hydroakustik ableiten lassen.

Signale sind durch Schwingungen unterschiedlicher Frequenz aufgebaut. Je höher die Frequenz, umso feiner ist das zugehörige Diskretisierungsgitter bei der Modellierung aufzusetzen, die Anzahl an Unbekannten wächst. Damit steigt neben Ressourcen wie Berechnungsspeicher und -zeit jedoch zusätzlich auch der Wissensdurst an Randbedingungen aus Umwelt- und Systemdaten. Diese müssen simultan - zum gleichen Zeitpunkt - an allen Diskretisierungsorten geschätzt oder gemessen werden, oft eine nicht umsetzbare Forderung. Daher werden Abstraktion, Reduktion und Idealisierung notwendig, deren Auswirkungen wiederum analysiert und mit Modelldaten (Benchmark), insbesondere durch Messungen auf See, evaluiert werden müssen. Das Ziel realistischer Aussagen über die Signalausbreitung gelingt nur durch Nutzung validierter Modelle und Datenbanken in Verbindung mit kalibrierenden Messungen in einer realen Welt.

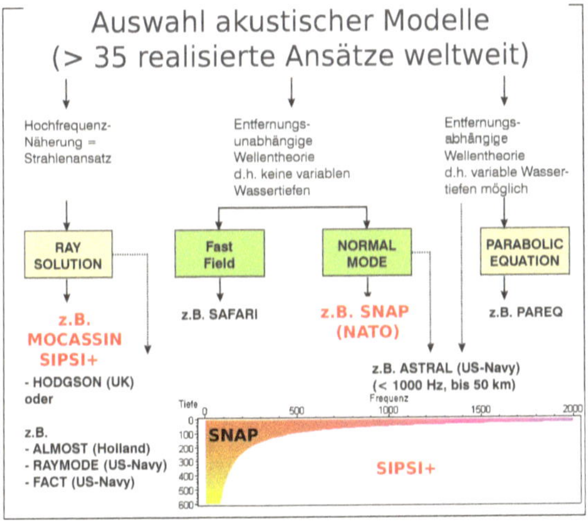

Abb. 19.1. Schematische Darstellung einer Auswahl an Modellfamilien in der Hydroakustik. Dabei können auch Modelle disjunkter Anwendung sich gegenseitig ergänzen, wie SIPSI+ und SNAP über Wassertiefe am Ort und Frequenz des genutzten Signales.

19.2.1 Allgemeine Wellentheorie mittels Wellengleichung

Das Fundament aller numerischen hydroakustischen Modellierungen ist die Wellengleichung, abgeleitet aus der Hydrodynamik und der adiabatischen Beziehung von variierender Dichte $\rho = \rho_0 + \rho'$ und Druck $p = p_0 + p'$ bezüglich Ort und Zeit. Aus der Massenerhaltung und Euler'schen Gleichung ergibt sich

$$\frac{\partial \rho}{\partial t} = -\nabla \rho v \text{ und } \frac{\partial v}{\partial t} + v\nabla v = -\frac{1}{\rho}\nabla p(\rho) \tag{19.1}$$

mit der Reihenentwicklung unter Ausnutzung der Schallgeschwindigkeit c:

$$p = p_0 + \rho' c^2 + \frac{1}{2}\left(\rho'\right)^2 c^4 + \ldots \tag{19.2}$$

Die numerische Lösung dieses partiellen Gleichungssystems scheitert neben der Komplexität bereits an der Randproblematik, dass die Schallgeschwindigkeit im Sediment und Wasserkörper nicht in jedem Diskretisierungspunkt zu jedem Zeitpunkt bekannt ist, zudem ständig mit Strömung, Sonneneinstrahlung, Seegang usw. - also dem Unterwasserwetter - variiert.

Verzichtet man auf höherwertige Terme, so erhält man eine Formulierung als nichtlineare Wellengleichung, mit Berücksichtigung der Inhomogenität als Quellenterm der Schallerzeugung im Raum:

$$\Delta p - \Delta c^2 \left(\rho' + \frac{1}{c} \frac{\partial c}{\partial \rho} (\rho_0)(\rho')^2 \right) = S_r(t). \tag{19.3}$$

Auch hier ist in realistischen Umgebungen eine Lösung nicht trivial. Eine lineare Approximation führt zu einer Formulierung als lineare Wellengleichung

$$\Delta p - \frac{1}{c^2} \frac{\partial^2 p}{\partial t^2} = S_r(t) \tag{19.4}$$

und kann in geeigneten Koordinatensystemen zu einer Helmholtz-Gleichung umformuliert werden, die nun Ausgangspunkt unterschiedlicher Ansätze ist.

19.2.2 Modellierung von Effekten

Es treten eine Fülle von Effekten bei der Schallübertragung auf, die bei gewähltem Ansatz individuell modelliert werden müssen. In diesem Beitrag kann nur unvollständig illustriert werden, für tiefergehende Zusammenhänge sei auf das Fundamentalwerk (Uri83) respektive Folgeliteratur verwiesen:

- Nichtlineare Effekte bei der Signalgenerierung: Die Generierung von Druckschwankungen, auch wenn Blasenerzeugung durch beispielsweise Seegang, Lebewesen oder Kavitation ausgeblendet werden, geht immer mit Dichteänderungen einher. Da sich höhere Drücke im Medium schneller ausbreiten als niedrigere, verformen sich harmonische Schwingungen nichtlinear. Beim parametrischen Sonar wird die nichtlineare Interaktion mit zwei Frequenzen explizit ausgenutzt, bei Breitbandanwendungen wie bei der Kommunikation muß dieser Effekt ebenfalls berücksichtigt gegebenenfalls kompensiert werden; gleiches gilt für die herstellungsbedingte nichtlineare Wandlercharakteristik.
- Dopplereffekt, durch Bewegung von Sender und Empfänger sowie der Wassersäule (Strömung): Diffuse Frequenzverschiebungen durch Mehrwegeausbreitung bei unterschiedlichen Schallgeschwindigkeiten führen zu einer verschmiert wabernden Hauptdopplerverschiebung (Dopplershift und -spread). Im Zeitbereich wird das durch Spreizung und Stauchung des Signals sichtbar. Anders als in terrestrischen Anwendungen ist der Effekt beim Wasserschall um den Faktor 25 000 höher, muß daher viel detailgetreuer modelliert werden. So ist das Verhältnis zwischen Fahrzeug- und Lichtgeschwindigkeit

beim Funk verschwindend gering, anders als bei der Fahrzeug- und Schallgeschwindigkeit getauchter Teilnehmer.

- Absorption im destillierten Wasser als Umwandlung akustischer Energie in Wärme ist ein einfacher nur von der Frequenz abhängender linearer Zusammenhang. Im Seewasser führen $MgSO_4$ und $B(OH)_3$-Ionisationsprozesse bis hin zur pH-Verteilung zu nichtlinearen Effekten, die mit mehrtermigen Fittings beschrieben werden können, im Bereich ab 100 Hz durch Formeln nach F.H. Fisher-V.P Simmons (JASA 62/7 1977).
- Die Bestimmung der Schallgeschwindigkeit im Seewasser, durch genau meßbare Primärgrößen wie Druck, Temperatur und Salinität, kann mittels Fitting-Formeln von Leroy, Medwin, Mackenzie, Chen, Millero und Kremling (1976) unterschiedlich genau modelliert werden. Auch jüngste Anpassungen der Zustandsgleichungen zur Thermodynamik des Meerwassers, einschließlich der Eigenschaften von Eis und feuchter Luft, von der UNESCO unter der Bezeichnung TEOS-10 (International Thermodynamic Equation of Seawater - 2010) verabschiedet, zeigen den Bedarf an genauen Rechenmodellen auch zur Bestimmung der Brechung nach Snellius beim Übergang unterschiedlicher Dichteschichten.
- An Grenzflächen wird Schall scharf reflektiert, diffus gestreut, gebrochen, aber auch zum Teil in Schattenzonen gebeugt (Diffraktion). Streuung wird bezogen auf den Sender in Vor- und Rückwärtsstreuung getrennt; der Empfänger sammelt gegebenenfalls das direkte Signal (Line of Sight) und den vierdimensionalen Hall in Raum und Zeit ein. Die zurückgestrahlte Schallenergie von lokalen und ausgedehnten Inhomogenitäten in der Wassersäule wie Dichteschichtungen, internen Wellen, Turbulenzen, Blasenschleiern, Plankton- oder Fischwolken, aber auch die von Meeresoberfläche und -boden(bewuchs und -aufbau) sowie von sich in dem Medium befindlichen Objekten hängt von den Abmessungen und Strukturbeschaffenheiten ab. Diese Diversität muß durch Reflektions- und Rückstreumaßmodelle über den Einfallswinkel abgebildet werden. Das Lambertsche Gesetz berücksichtigt hierzu den Glanzwinkel als Strukturbeschreibung; Resonanzen bei Blasen sind gegebenfalls einzubeziehen. Es ist im Einzelfall zu entscheiden, ob eine Einfachstreuung oder eine genaue Vielfachstreuung, die mehrere Wege berücksichtigt wie beim Lloyd-Mirror-Effekt, bei der Modellierung benötigt wird.

Es kann grob unterschieden werden in 2D- und 3D-Modelle, die die Bodenkontur mit einbeziehen (entfernungsabhängig), die Modellierung von horizontal und vertikal geschichteten Medien erlauben, Rauigkeiten an den Grenzflächen berücksichtigen, mono-, bi- oder multistatische Szenarien unterstützen, die aktive respektive passive Modellierung (Ein- oder Zweiwegeausbreitung) dem Nah- und Fernfeld genügt. Je nach genutztem Ansatz und spezifischem Abstraktions-, Reduktion- und Idealisierungsgrad sind die einzelnen Effekte abzubilden, ein Strauß an Modellfamilien entsteht mit Vorzügen bei der Anwendung aber auch mit Einschränkungen bei der Übertragbarkeit der Resultate auf die Realität. Analog zur Reduktion am Abschnittsende auf Seite 295, verwendet man auch in diesem Fachgebiet Modelle mit fixierten spezifischen Prozessen, um die Diagnose zu vereinfachen. Komplementär werden Kopplungen mit beispielsweise Zirkulationsmodellen (Kapitel 14.6) durchgeführt, um die Schallgeschwindigkeit in den Ozeanen vorherbestimmen zu können, mit in Kaufnahme der Unübersichlichkeit durch den Komplexitätsaufwuchs.

19.2.3 Modellierung der Signalgenerierung

Die Signalgenerierung ist von der Anwendung abhängig. Durch die Verzerrung der Signale durch Transmission und Reflektion im Wasserkörper müssen A-priori-Vorkehrungen getroffen werden, um einen späteren Empfang und eine Signalverarbeitung zu vereinfachen. Wird bei der Detektion mit relativ simplen Signalen gearbeitet, werden komplexere Verfahren für Kommunikationsanwendungen eingesetzt, die Redundanz in Form von Kodierungen einbringen. Eine Modellierung wird üblich durch linear verkettete Subsysteme in Graphen realisiert, die jeweils die Signale des Vorgängersystems in Form eines Fließbandes weiter aufbereiten, wie auch in Abschnitt 16.3.2.2.2, Seite 339, respektive Abschnitt 20.2.2, Seite 409, beschrieben.

19.2.4 Modellierung des Signalweges

Es folgen nun Hauptrichtungen der Modellierung mit der Nennung jeweiliger Beispielimplementierungskandidaten. Wichtig ist dabei zu betonen, dass zwar jedes Signalwegteilstück einen Kenntnisgewinn durch Modelle generiert, jedoch erst die Gesamtkette ein Verständnis des Zusammenhanges erlaubt. Beispielsweise wird eine Signalreflektierung an einem sich bewegenden Fahrzeug an der Breitseite die größten Zielmaßzahlen generieren, der Doppler- und Vermischungseffekt am reflektionsärmeren Bug und Heck werden dennoch die höhere Detektionswahrscheinlichkeit nach sich ziehen, dadurch dass das fahrende Objekt das Schallübertragungsmedium verändert und Anomalien hervorruft. Analytische Methoden führen derart schnell zu unhandhabbar komplexen Formulierungen, wie auch in Kapitel 12.3.2 (Seite 261) beschrieben, dass numerische

Methoden mit semianalytischen Zugängen Verwendung finden können. Trotz der enormen Steigerung der Rechenkapazität ist es dennoch nicht möglich, alle physikalischen Effekte vollständig zu modellieren. Zusätzlich zu Abschnitt 12.3.1 auf Seite 259 fehlen Umweltdaten als Randbedingungen für die mathematische Formulierung. Diese müssen a priori angenommen, geschätzt oder historisch aus Datenbankwissen interpoliert sowie per Statistik generiert werden. Der Lösung werden Periodizitäten und Stetigkeiten unterstellt und sind dann immer eine Reihenentwicklung methodenspezifischer Basisfunktionen, die je nach Anwendung unterschiedlich schnell konvergieren.

19.2.4.1 Techniken mittels Finiten Differenzen und Elementen

Finite-Element- und Differenzen-Methoden sind in der (Hydro-)Akustik ein mächtiges Instrument, da sie direkt, flexibel und detailliert einen Sachverhalt modellieren können. Im Gegensatz zu anderen Verfahren kann mit finiten Elementen die volle elastische Reaktion eines beliebig aufgebauten Objektes im Wasserkörper berechnen, das in Schwingungen versetzt wird. Insbesondere wenn die elastische Reaktion mit ausgewertet werden soll, stellen sich die Stärken dieses Ansatzes ein. Es gibt Euler-Lagrange-Implementierungen für die Strukturdynamik wie beispielsweise `DYSMAS` der Firma Industrieanlagen Betriebsgesellschaft mbH (IABG), Ottobrunn, welches auf `DYNA 3D` der Lawrence Livermore Laboratories basiert. Bei dreidimensionalen Rechnungen steigt die Anzahl der Elemente mit der dritten Potenz der Frequenz an. Somit überfordern FE Rechnungen bei höheren Frequenzen die Leistungsgrenzen heutiger Rechnersysteme. Stellt man sich den Ozean als eine Tischplatte vor, so erkennt man bei einem Standardgebiet mit $90\,km^2$ Ausdehnung sowie $30\,m$ bis $300\,m$ Wassertiefe schnell die Skalierungsunterschiede. Eine äquidistante Gitterzellenaufteilung bedeutet eine heute unbeherrschbare Anzahl von Gleichungen, verzerrte Gitterzellen führen auch zu verzerrten Ergebnissen. Zudem müssen in jedem finiten Element die Schallgeschwindigkeiten zum gleichen Zeitpunkt vorliegen.

Weitere Beispielimplementierungen sind für den Finite-Differenz-Ansatz `2DFD` vom Woods Hole Oceanographic Institution, USA, für die FEM `FOAM` vom Naval Ocean Research and Development Activity, NSTL STN, USA, und `ISVRFEM` vom Royal Aerospace Establishment, Farnborough, Hampshire und Institute of Sound and Vibration Research, Southampton, UK, zu nennen. Da diese Modellierungsform auch in anderen Bereichen erfolgreich eingesetzt werden, sei auf Kapitel 8 verwiesen.

19.2.4.2 Techniken mittels Normalmoden [Basis: $sin * sin$]

Aufbauend auf den von (Pek48) entwickelten einfachen Zweischichtmodellen, führt das nun folgende zu den Normalmoden („Normal Modes"):

Formuliert man in 2D in zylindrischen Koordinaten die Gleichung (19.4) um, so gelangt man mit der ersten Dimension r, der Entfernung, und der zweiten Dimension z, der Tiefe in der Wassersäule, zu einer Formulierung eines Querschnittes:

$$\frac{1}{r}\frac{\partial}{\partial r}\left(r\frac{\partial p}{\partial r}\right) + \rho(z)\frac{\partial}{\partial z}\left(\frac{1}{\rho(z)}\frac{\partial p}{\partial z}\right) + \frac{\omega^2}{c^2(z)}p = -\frac{1}{2\pi r}\delta(r)\delta(z - z_{TX}). \quad (19.5)$$

Dabei ist mit ω die Frequenz des Sendesignals und mit z_{TX} die Tiefe des Senders in der Wassersäule gegeben. Mit Annahme der Separierung des Druckes kann gekürzt werden und die Modengleichung führt zu den gut analysierten Sturm-Lioville-Eigenwertaufgaben. Die einzelnen Moden, also orthogonalen Eigenwertfunktionen, bilden eine Basis. Der gesuchte Druck kann als Reihenentwicklung dieser Moden dargestellt werden. Dabei gestaltet sich die Modellierung unterschiedlicher Wassertiefen und Sedimentprofile schwierig, man spricht von range-dependent-models und von coupled modes. In jedem Fall wächst die Rechenzeit mit der Tiefe und Frequenz, da die Separierungsentwicklung immer mehr Moden benötigt, um den Approximationsfehler klein zu halten. Die Nachbildung von Antennencharakteristiken ist schwierig, analog verhält es sich mit der Modellierung vom Nachhall. Im Gegenzug sind Phasenbeziehungen und Interferenzen bei tiefen Frequenzen sehr gut nachbildbar. Es wird ein stückweise lineares Schallgeschwindigkeitsprofil über die Wassertiefe verwendet und über die gesamte Wassersäule in den anderen beiden Dimensionen als unveränderlich angesehen, bei den coupled modes kann es variieren.

Ein Vertreter dieser Modellklasse ist das Programm `(Super-)SNAP`, das SACLANTCEN Normal-mode Acoustic Propagation model, ein weiterer ist `KRAKEN`, beide vom NATO CMRE, La Spezia. `COUPLE` vom Naval Ocean Research and Development Activity, NSTL STN, USA, ist zwar rechenintensiv und kann Scherwellen nicht berücksichtigen, liefert jedoch detaillierte Rechenergebnisse für tieffrequente Anwendungen.

19.2.4.3 Techniken mittels Parabolic Equations, PE-Modelle

Auch hier finden sich die ersten Arbeiten aus den 1940ern. Als Pioniere sind Leontovich und Fock (LeF48) zu nennen, die diesen Ansatz auf Funk angewendet haben, 30 Jahre später konnte durch Hardin und Tappert der Zugang auf die Hydroakustik adaptiert werden.

Ausgangspunkt ist ebenfalls die Helmholtzgleichung (19.5)

$$\frac{1}{r}\frac{\partial}{\partial r}\left(r\frac{\partial p}{\partial r}\right)+\rho(z)\frac{\partial}{\partial z}\left(\frac{1}{\rho(z)}\frac{\partial p}{\partial z}\right)+\frac{\omega^2}{c^2(z)}p=-\frac{1}{2\pi r}\delta(r)\delta(z-z_{TX}). \quad (19.6)$$

Die Einführung eines Schallgeschwindigkeitsverhältnisses $n = c_0/c(z)$, dem Index, in zylindrischen Koordinaten, bei harmonischer Punktquelle $exp(-\iota\omega t)$ und unterstellter Symmetrie führt zu

$$\frac{\partial^2 p}{\partial r^2}+\frac{\partial^2 p}{\partial z^2}+\frac{1}{r}\frac{\partial p}{\partial r}+\frac{\omega^2}{c_0^2}n^2 p=0. \quad (19.7)$$

Der separierte Lösungsansatz $p(r,z)=\psi(r,z)H_0^{(1)}(k_0 r)$ mit der Wellenzahl $k_0 = \frac{\omega}{c_0}$ und Hankelfunktion liefert bei Unterstellung der Fernfeld-Annahme $k_0 r \gg 1$ und einer Kleinstglanzwinkelannahme dann die Formulierung als parabolische Gleichung (PE)

$$\frac{\partial^2\psi}{\partial z^2}+2\iota k_0\frac{\partial\psi}{\partial r}+k_0^2(n^2-1)=0. \quad (19.8)$$

Nun gibt es eine Mehrzahl an Lösungswegen. Hardin und Tappert haben diese PE in eine lineare gewöhnliche DGL umgeschrieben und lösen diese mit Hilfe der Fast-Fourier-Transformation. Es verwundert daher nicht, dass auch unterschiedliche PE-Implementierungen entstanden sind: `PAREQ` als Urvater vom SACLANT Undersea Research Centre, heute NATO CMRE, `IFD` von den Bell Laboratories, Whippany, und der Stanford University, Stanford, USA, sowie seinem Nachfolger `FOR3D` von Renseelear Polytechnic Institute, Troy, USA, die auch an dem Code `WA3DPE` geschrieben haben. Zu nennen sind ebenso `Nx2DPE` und `3DPE` Naval Research Laboratory, Washington, `RB3DPE` von Naval Ocean Research and Development Activity, NSTL STN, USA, `PESOGEN` Daubin Systems Corporation, Key Biscayne, USA, `CANAPES` und `PECAN` der Defense Research Establishment Pacific, FMO Victoria, Kanada, `RAM` sowie `PESSim` des FWG. Der letzte Kandidat zeichnet sich dadurch aus, dass neben Effizienz auch gute Übereinstimmung zu den Tankexperimenten vorliegt (Sch12).

19.2.4.4 Techniken mittels Strahlenansatz

Strahlenansätze (Ray tracer) sind als Hochfrequenzansätze in der Hydroakustik weit verbreitet, da sie in zeitkritischen Anwendungen schnell Resultate produzieren, obgleich Phasen- und Interferenztreue nicht vollständig abgebildet werden können. Wieder startend mit der Helmholtzformulierung in kartesischen Koordinaten $x \in X$:

$$\Delta p(x) - \frac{\omega^2}{c^2(x)} p(x) = -\delta(x - x_{TX}) \tag{19.9}$$

kann mit der Kreisfrequenz ω, der Schallgeschwindigkeit c und der Sendequelle bei x_{TX}, durch Nutzung des Strahlenreihenentwicklungsansatzes der Druck angegeben werden zu

$$p(x) = e^{\iota\omega\tau(x)} \sum_{j=0}^{\infty} \frac{\psi_j(x)}{(\iota\omega)^j}.$$

Eingesetzt in (19.9) wird die Gleichung nur erfüllt, wenn

1. die nichtlineare Eikonalgleichung
$$|\nabla\tau|^2 = \frac{1}{c^2(x)}$$
2. die Transportanfangsbedingung
$$\psi_0 \Delta\tau = -2\nabla\tau\nabla\psi_0$$
3. und die linearen Transportbeziehungen
$$\Delta\psi_{j-1} + \psi_j \Delta\tau = -2\nabla\tau\nabla\psi_j;\ j = 1, 2, \ldots$$

erfüllt werden.

Die Lösungen der Eikonalgleichung und die der Transportanfangsbedingung sind numerisch einfach zu bestimmen. Die Transportbeziehungen werden hingegen typischerweise komplett vernachlässigt. Hierbei geht die Frequenz im Kehrwert mit dem entstandenen Fehler quadratisch ein, so dass bei hohen Frequenzen diese Beziehung faktisch keine Rolle mehr spielt. Es wird von einer Hochfrequenznäherung gesprochen, die bei optischen Modellierungen daher beruhigt eingesetzt werden darf, im Wasserschall signifikant von der Wassertiefe und der Frequenz des Sendesignals abhängt. So führen Rechnungen bei zu tiefen Frequenzen im Flachwasser mit dieser Vereinfachung im roten Bereich der Abbildung 19.1 mit diesem Modell zu nicht tolerierbaren Fehlern.

Wenn bei Anwendungen die Position vom Empfänger respektive Reflektor relativ zum Sender bekannt ist, so werden nur die Eigenstrahlen benötigt. Ein deterministischer Modellrepräsentant, welcher diesen Weg beschreitet, ist `ALMOST` - Acoustic Loss Model for Operational Studies and Tasks, heute in `APPROXA` unbenannt. Dieser Vorteil geht jedoch schnell verloren, wenn Positionen nicht bekannt sind. Dann müssen an jeder Position Eigenstrahlen bestimmt werden; der Aufwand wächst im 2D-Fall quadratisch, im 3D-Fall kubisch.

Daher wird nun ein stochastischer Ansatz vorgestellt: Werden mit der vorgegebenen Antennencharakteristik in alle Richtungen Strahlen abgeschossen und das vorgegebene stückweise lineare Schallgeschwindigkeits- und Bodenkonturprofil mit kontrollierten Pseudozufallsabweichungen versehen, so wird die Berechnung tausendfach angestoßen, um statistische Diversität zu erzeugen. Damit liefert es auch für komplexe Randmeere sinnvolle Ergebnisse, auch wenn die exakten Randbedingungen nicht bekannt sind. Dieser Aufwand ist vertretbar; jede Einzelrechnung ist schnell und Fehlberechnungen werden statistisch herausgemittelt.

Ein Vertreter dieser stochastischen Zugangsart ist `MOCASSIN` - MOnte-Carlo-Schall-Strahlen-Intensitäten mit dem Rechenkern SIngle-Profile-StochastIc, den der FWG seit 40 Jahren weiterentwickelt und pflegt. Hier ist der Einfluß von Blasen, der Streuverlust durch Reflexion am Boden und der Wasseroberfläche nach Beckmann-Spizzichino, sowie Nachhall berücksichtigt. Eine zusätzliche Korrektur des Beckmann-Spizzichino-Ansatzes bei Dünung, d.h. Facetten-Streuung nach Lynch-Wagner mittels eines gebietsabhängigen Dünungsfaktors führte mit weiteren detailgetreuen Modellierungen von Effekten komplexer Randmeere dazu, dass die NATO dieses Modell seinen Partnern für den aktiven Einsatz empfiehlt. `MOCASSIN` wird von der Deutschen Marine und weiteren Marinen operative für monostatische aktive und passive Szenarien, zur Berechnung von Detektions- und Entdeckungswahrscheinlichkeit, zur Bestimmung von Übertragungsraten bei akustischer Unterwasserkommunikation und -navigation, sowie zur Bestimmung des Einflusses auf Meeressäuger genutzt.

19.2.4.5 Techniken mittels Wavenumber Integration [Basis: Hankelfunktionen]

Die Integration der Wellenzahl führt auf einen Ansatz, bei dem die Lösung der Aufgabe

$$\Delta p(x) - \left(k^2 - \frac{\omega^2}{c^2(x)}\right) p(x) = -\delta(x - x_{TX}) \tag{19.10}$$

als Superposition eines homogenen Anteils und dem rechtsseitigen Quellterm. In (ScJ85) wird der Ansatz horizontal geschichteter Medien beschrieben, der auf unterschiedliche Algorithmen führt; die Fast-Field-Approximation und die Fast-Hankel-Transform sind zwei prominente Vertreter.

Als Platzhirsch der Implementierungen ist sicherlich `OASES` zu nennen. Seit knapp 30 Jahren als upgrade-Version vom stellenweise instabilen `SAFARI` vom SACLANT-CEN gepflegt und nun am MIT weiterentwickelt, liefert dieser seismo-akustische Programmkode für eine Vielzahl an Anwendungen belastbare Resultate.

19.2.5 Modellierung der Signalreflektierung an Körpern

Für geometrisch einfach geformte Körper wie Kugeln oder Zylinder kann das Rückstreufeld analytisch leicht ermittelt werden. Um das Rückstreuverhalten von Objekten komplizierterer Geometrien zu bestimmen, sind Modelle notwendig. Hierzu führt eine harmonische Anregung einer Welle in einer Flüssigkeit bei der Zeitabhängigkeit $exp(-\imath\omega t)$ im eingeschwungenen Zustand auf die bekannte Helmholtz-Gleichung:

$$\left(\Delta - k_0^2\right) p(r) = q(r) \text{ mit } r, k_0 \in X \tag{19.11}$$

Da die Abmessungen auch am Boden und in der Wassersäule überschaubar sind, können Finite Differenzen, Volumen und Elemente eingesetzt werden und liefern bekannt schwachbesetzte Diskretisierungssysteme. Eine Umformulierung als Randelementaufgabe mit Abklingbedingung ist jedoch vorzuziehen - mindestens anzukoppeln. Für eine zweimal stetig differenzierbare Funktion p unter Verwendung von Greenscher Funktion kann, solange man sich außerhalb des Streukörpers befindet, die folgende Formulierung als Fredholmsche Integralgleichung zweiter Art herangezogen werden

$$p(r) = Q(r) - \int\limits_{r' \in \partial S} dS(r') \left(G(r,r')\nabla p(r') - p(r')\nabla G(r,r')\right) \tag{19.12}$$

mit angepaßter Kernrepräsentationen G, beispielsweise $G(r,r') = \frac{cos(k_0|r-r'|)}{4\pi|r-r'|}$ oder $G(r,r') = \frac{exp(-\imath k_0|r-r'|)}{4\pi|r-r'|}$, einem von S nach außen ins Universum zeigendes dS und einer Quellverteilung Q als Integralformulierung über q. Dank des generierten Hauptvorteils, einer Problemdimensionreduzierung um eins, muß nur noch eine Oberfläche diskretisiert und mit von-Neumann- respektive Dirichlet-Randbedingungen bestückt werden, nicht mehr der gesamte Raum; erkauft wird sich das durch vollbesetzte Gleichungssysteme, oft ohne Symmetriebeziehungen.

Da die BEM bei vielen (Feld-)Problemaufgaben herangezogen wird, sei auf allgemeine Literatur, beispielsweise (SaS04) verwiesen.

19.2.6 Modellierung des Signalempfangs

Allen Anwendungen ist gemeinsam, dass für ein gegebenes Signal sechs Informationen zur Amplitude, der Phase sowie des Shifts und Spreads in Zeit und Frequenz mehr oder weniger genau modelliert werden müssen. Je nach Anwendung zur Ortung, Navigation oder Kommunikation ist die Signalverarbeitung inkoherent oder koherent (mit Phaseninformation) aufgebaut und es können analog zur Signalgenerierung Verarbeitungsblöcke (iterativ) verkettet zusammengeschaltet werden.

19.2.7 Modellierung von Umgebungssignalen

Signale von Quellen anderer Herkunft als der eigenen Anwendung werden langläufig als Umweltgeräusche bezeichnet. Vom Menschen erzeugte Geräusche wie entfernter Schiffsverkehr, von Bohrinseln, Rammungen, Lotungen, aber auch hydrodynamisch angeregter Schall von Strömungen, Seegang, Brandungen und Regen sowie auch biologische Quellen vom Shrimps bis zur Walschule erzeugen einen Geräuschmix, der ebenfalls bei tiefen Frequenzen weit getragen wird und damit zu einem rosa Spektrum führt. Die in den Weltmeeren gemessenen Spektren konnten mit Schiffsverkehr, Wind und Seegang gefittet und durch Modellgleichungen und Look-up-Table angegeben werden; siehe hierzu Landold-Börnstein und die gängigen Knudsen-Spektren.

19.3 Modellierung durch Tank-Experimente

Die Modellierung der gesamten Prozeßkette von der Erzeugung, über die Übertragung im Medium bis zum Empfang ist nicht trivial. Das kontinuierliche Senden und Empfangen im „Analogrechner" Testtank unter kontrollierten Umgebungsbedingungen (beispielsweise im homogenen Medium) ermöglicht eine analoge echtzeitfähige Modellierungsform. Die Nutzung von Versuchstanks zur Akustikmodellierung, abgeschaut aus den Schiffbauversuchen, hat erst vor zirka 60 Jahren an Attraktivität gewonnen, nachdem schallabsorbierende Materialien eine angemessene Echounterdrückung ermöglichten. Durch die kleineren Abmessungen gegenüber der Realität sind gegebenenfalls Frequenzen um den gleichen Faktor zu erhöhen, damit Wandlereinflüsse mitskalieren. Ein Maßstab 1:100 dieses Modells führt zu einer 100-fach höheren Frequenz, aus Wassertiefen von 300 Meter werden realistische drei Meter Tanktiefe, die Wellenlänge schrumpft entsprechend. Einzig für die Entfernung von 10 Kilometern werden dann 100 Meter Tanklänge benötigt (Tischplattenproblematik), auch skalieren Blasengrößen und Strömungen mit. Höhere Maßstäbe führen zu höheren - technisch schwerer realisierbareren - Abtastraten. Das ist donnoch ein gängiges Instrument, um die Vorgänge unter Echtzeit begreifen und kalibrieren zu können, sowie die numerischen Modelle zu validieren.

19.4 Modellierung durch Seeexperimente

Der Tank hat durch seine Abmessungen natürlich gegebene Beschränkungen. Demonstrationen durch Seeexperimente mit Messungen zur gesamten Signalkette in einem anwendungstypischen Szenario (Seegebiet, Geometrie) sind unverzichtbar, um eine Validierung der Konzepte und Verfahren durchzuführen. Auch das Abspeichern der fluktuierenden Übertragungsfunktionen bei gerade vorliegenden Wetterbedingungen mit anschließendem Replay im Labor von der Festplatte ermöglichen eine historische Modellierung durch Benchmarktests. Dieses Zusammenspiel aus Messung von realen Effekten und die Kombination mit synthetischen auf Modellen basierenden Abläufen sei in dem nächsten Abschnitt vertieft. Die Demonstratorversuche stellen daher ein repräsentatives Modell für den operativen Einsatz von Algorithmen dar und sind die aussagekräftigste Kalibrierungsform von genutzter Modellvorstellung auf Papier und Rechner in der realen Welt.

19.5 Hybrid-Modellierung

In Teilen der Forschung, bei denen nicht ursächlich die Naturgesetze zu formulieren im Fokus stehen, sondern die Natureffekte zu beschreiben respektive diese nachzubilden, kann auch ein hybrider Modellierungsansatz nützlich sein, der hier für die hydroakustische Modellierung vorgestellt werden soll. Technische Systeme haben unerwünschte Effekte durch Umwelteinflüsse zu kompensieren. In schnellvariierenden Umwelten ist der simultane Vergleich technischer Systeme für die gleiche Aufgabe oft nicht möglich, der sequenzielle durch die Umweltänderung nicht mehr gegeben. So treten beim ersten Experiment mit System A andere Umweltgeräusche auf, als später mit System B, beispielsweise durch querenden Schiffsverkehr oder umschlagende Wetterbedingungen. Ein Benchmark in einer reproduzierbaren festgelegten also modellierten Umwelt ist notwendig. Auch wenn die Vorgänge und Gesetzmäßigkeiten bekannt sind, jedoch Randbedingungen fehlen oder der Gesamtprozeß zu kompliziert zur Nachstellung (Rechnerkapazität) ist, können aus Messungen Stellvertreterinformationen extrahiert werden. In (Nis05), (Nis08) wird beschrieben, wie Übertragungsfunktionen von konkret in See gemessenen Unterwasserschallkanälen auf Festplatten gebannt werden, in denen alle bei dieser Messung beteiligten Effekte aus 19.2.2 untrennbar ineinander verschmolzen archiviert werden. Damit sind Modellschallkanäle vorhanden, die eine Identifizierung der Leistungsfähigkeit technischer Systeme erlauben.

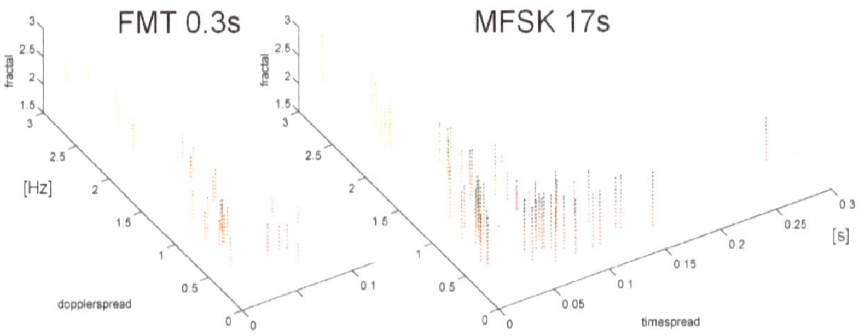

Abb. 19.2. Unterwasserkommunikationsmodulationsverfahren bei erfolgreicher Übertragung in Modellschallkanälen unterschiedlicher Kanalfarbe. Die RGB-Farbe repräsentiert dabei die zeitliche Verzerrung (Time-Spread), die Frequenzverzerrung (Doppler-Spread) und das Signal-Rausch-Verhältnis (SNR). Je größer das Farbspektrum eines Verfahrens, desto robuster ist es. In diesem Beispiel ist ein kohärentes Filtered-MultiTone-Modulationsverfahren mit einer Effizienz von 0.1 einem inkohärenten MFSK-Verfahren mit einer Effizienz von 0.0035 gegenübergestellt. Durch die 57-fache Spreizung in der Zeit wird genügend Redundanz geschaffen, um in einer Vielzahl von Energie- und Spreizungskonstellationen in den Modellkanälen eine fehlerfreie Dekodierung zu gestatten. Damit kann mittels der Hybrid-Modelle eine Leistungsevaludierung unterschiedlichster Verfahren synthetisch aber realitätsnah durchgeführt werden, wofür eine numerische Berechnung aufgrund der fehlenden Rechenkapazität heute noch scheitert.

19.6 Zusammenfassung

Modellierung in der Hydroakustik ist eine essentielle Tätigkeit, da in der unseren Sinnen verborgenen Dunkelheit dieses schnellvariierenden Mediums Wasser eine Fülle von Effekten zusammentreffen. Wurden in den 1970ern bis 1990ern die physikalischen Grundlagen mit Hilfe von mathematischen Modellen beschrieben und per Numerik für den Menschen begreifbar (Abschnitt 2), so fehlen Rechenkapazitäten und Datenrandbedingungen für ein umfassendes Verständnis der Zusammenhänge mittels computergestützter Modellierung. Über den Weg der skalier- und kontrollierbaren Tank-Modelle (Abschnitt 3) werden Seeexperimente mit Demonstrationen als Modellierung (Abschnitt 4) des operativen Einsatzes von Wissen und Technologie nicht ersetzbar sein. Als Zwischenstufe stellen hybride Modelle (Abschnitt 5) speziell für den repetierbaren Vergleich verschiedener Zugänge einen sinnvollen Realitätsbezug her. Der Ausbau der Interaktion zwischen diesen Modellierungsformen wird die Güte und Zuverlässigkeit aber auch die optimale Echtzeit-Anpassung von Mensch und Maschine bei Anwendungen von Detektion, Navigation und Kommunikation unter der Wasseroberfläche steigern.

Literatur

[EwW48] W. M. Ewing, J. L. Worzel. *Long-range sound transmissions.* Geol. Soc. Am. Mem. 27. 1948.

[JKPS93] Finn B. Jensen, William A. Kuperman, Michael B. Porter, Henrik Schmidt. *Computational Ocean Acoutics.* Modern Acoustics and Signal Processing. Springer 1993.

[LeF48] M. A. Leontovich, V. A. Fock. *JETP Solution of the problem of propagation of electromagnetic waves along the earths surface by the method of parabolic equation.* Zh. Eksp. Teor. Fiz. 16, 557–573. 1946.

[Nis05] I. Nissen. *Pilot-Based OFDM Systems for Underwater Communication Applications*, Proceedings Conference on New Concepts for Harbour Protection, Littoral Security and Underwater Acoustic Communications, Istanbul, Turkey. 2005 Available at SSRN: http://papers.ssrn.com/sol3/papers.cfm?abstract_id=2188243

[Nis08] I. Nissen. *Lecture notes on System Identification: Adaptive Systems for Mobile Underwater Communications with a p(oste)riori Channel Knowledge, First Half.* FWG-Report 59, 2008. Available at SSRN: http://papers.ssrn.com/sol3/papers.cfm?abstract_id=2188236

[Pek48] C. L. Pekeris. *Theory of propagation of explosive sound in shallow water.* Geol. Soc. Am. Mem. 27. 1948.

[SaS04] Stefan Sauter, C. Schwab. *Randelementmethoden. Analyse, Numerik und Implementierung schneller Algorithmen.* Vieweg+Teubner, 2004

[Sch12] Alexandra Schäfke. *Validierung des Parabolic Equation Models PESSim.* FB 0115/2012, WTD71/FWG, Kiel 2012.

[ScJ85] Henrik Schmidt and Finn B. Jensen. *A full wave solution for propagation in multilayered viscoelastic media with application to Gaussian beam reflection at fluid-solid interfaces.* J Acoust. Soc. Am., 77:813–825, 1985.

[Sch90] Hans-Georg Schneider. *Mocassin, Sound Propagation and Sonar Range Prediction Model for Shallow Water Environments.* Users Guide, Technical Report 1990–9, FWG, Kiel 1990.

[Uri83] Robert J. Urick. *Principles of underwater sound.* McGraw-Hill, 1983.

20 Modellierung von Regeln für die Prüfung von Prozessmodellen

Sören Witt, Andreas Speck, Sven Feja, Elke Pulvermüller, Sven Niemand

Zusammenfassung: In betrieblichen Anwendungssystemen stellen Geschäftsprozesse die zentralen Funktionsabläufe dar. Mittels Geschäftsprozessmodelle werden diese Abläufe beschrieben. Diese Geschäftsprozessmodelle sind in der Regel bei größeren Systemen wie E-Commerce-Systemen oder Warenwirtschaftssystemen sehr umfangreich und unübersichtlich. Eine menschliche Prüfung ist daher sehr aufwändig. Trotzdem ist die Korrektheit der Geschäftsprozessmodelle von großer Bedeutung, da sie die grundlegende Beschreibung der Systemfunktionalität darstellen.

Mittels automatisierter Verfahren können die Geschäftsprozessmodelle gegenüber Regeln überprüft werden. Ein derartiges Werkzeug ist der *Business Application Modeler* (BAM). Dieses Werkzeug überträgt die Geschäftsprozessmodelle und Regeln in ein Eingabeformat für formale Prüfsysteme wie beispielsweise Modellprüfer. Im Fehlerfall wird dann ein Beispiel für einen Fehlerpfad im Geschäftsprozessmodell visualisiert.

Bei diesem Vorgehen ergibt sich die Frage nach der Abstraktion und Wiederverwendbarkeit der Regeln. Hierzu werden entsprechende Operatoren eingeführt. Durch diese Abstraktionsmechanismen können dann Regelhierarchien mit Regeln auf unterschiedlichen Abstraktionsstufen erstellt und automatisiert geprüft werden.

20.1 Einleitung

Prozessmodelle werden in den verschiedensten wissenschaftlichen Disziplinen verwendet. Zum Einsatz gelangen sie beispielsweise in ingenieurswissenschaftlichen Disziplinen wie der Digitaltechnik, in den Natur- und den Wirtschaftswissenschaften. Eine große Bedeutung in den Wirtschaftswissenschaften und insbesondere in der Wirtschaftsinformatik haben dabei vor allem die Geschäftsprozessmodelle. Sie beschreiben die Abfolge geschäftlicher Aktivitäten und sind neben Modellen der Datenstrukturierung und -speicherung die zentralen Modelle bei der Entwicklung und Dokumentation betrieblicher Anwendungssysteme (Sch98). Dabei gibt es Geschäftsprozessmodelle in verschiedenen Ausprägungen. Relativ abstrakte Modelle wie Wertschöpfungsketten und Geschäftsmodellnotationen, die sich beispielsweise von dem *i** Modellierungsframework (Yu95) ableiten, werden hauptsächlich in der Anforderungsanalyse zusammen mit Domänenexperten genutzt. Andere Modelle sind konkreter und beschreiben betriebliche Abläufe im Detail. Dieses sind beispielsweise ARIS EPK (**E**reignisgesteuerte **P**rozess**k**etten) und BPMN-Modelle (**B**usiness **P**rocess **M**odel and **N**otation) (BPMN06). Für BPMN Modelle gibt es Ausführungsmaschinen wie *Activi*. Für die vernetzte Kommunikation zwischen Services wurde BPEL (**B**usiness **P**rocess **E**xecution **L**anguage) (APA10) entwickelt. Mit BPEL werden Prozessmodelle erstellt, die das Zusammenwirken von Webservices beschreiben. BPEL ist damit ebenfalls ausführungsfähig.

Wie bei der Entwicklung von Softwaresystemen besteht aber auch bei der Entwicklung von Geschäftsprozessmodellen die Problematik, dass Fehler in den Modellen enthalten sein können. Das Ziel unserer Arbeit ist es, eine automatisierte, formale Überprüfung der Geschäftsprozessmodelle zu ermöglichen. Dabei sollen auch Spezialisten der jeweiligen Geschäftsdomäne (Fachexperten) das Validierungskonzept nutzen können, die selbst keine Experten für formale Verifikationsverfahren sind. Das automatisierte Validierungswerkzeug wird **BAM** (**B**usiness **A**pplication **M**odeler) genannt. Zur Überprüfung der Geschäftsprozessmodelle werden Regeln genutzt, die auf Erfahrungen mit möglichen Fehlern oder erfolgreicher Prozessmodellierung basieren.

Für diesen Bericht verwenden wir überwiegend ARIS EPK-Modelle (Fej11), die im Vergleich mit BPMN-Modellen anschaulicher sind und eine einfachere Semantik besitzen. Die beschriebenen Konzepte können allerdings auch auf BPMN-Modelle übertragen werden (Stu12) - das vorgestellte Validierungswerkzeug unterstützt beide Notationen.

20.2 Geschäftsprozessmodellierung mit ARIS

Geschäftsprozessmodelle beschreiben die Funktionalitäten eines Prozesses. Es existieren unterschiedliche Geschäftsprozessmodelltypen, die unterschiedlich abstrakte Darstellungen eines Geschäftsprozesses sind. Beispiele sind die sehr implementierungsnahen UML Aktivitätsdiagramme und die Sequenzdiagramme. Üblicherweise können die Modelltypen sowohl von Fachexperten als auch von Implementierungsexperten verstanden werden. In der industriellen Realität sind die Abstraktionsebenen des Verständnisses der beiden Personengruppen allerdings nicht notwendigerweise identisch.

20.2.1 ARIS Modellierungskonzept

Ein umfassender Ansatz zur Beschreibung von Geschäfts- und Geschäftsprozessmodellen ist ARIS (**Ar**chitecture of Integrated **I**nformation **S**ystems). ARIS bietet ein Methodenframework für den Entwurf und die Entwicklung von betrieblichen Anwendungssystemen. Ursprünglich wurde ARIS zur Modellierung bei der Entwicklung von sehr großen betrieblichen Systemen (wie dem ERP-System SAP R/3) eingesetzt (Sch98). Heute werden ARIS-Modelle auch zur Entwicklung anderer Systeme z.B. in der öffentlichen Verwaltung oder für elektronische Handelssysteme genutzt.

Zur besseren Anpassung an wichtige Domänen sind entsprechende ARIS-Profile gebildet worden. Eine derartige Anpassung ist *ARIS for Enfinity* (BC02). Intershop Enfinity ist ein auf Standardkomponenten basierendes Hochleistungs-E-Commerce-System, das beispielsweise zur Realisierung großer Shopsysteme wie von Quelle oder Conrad benutzt wird.

20.2.2 ARIS EPK-Modelle

Die ARIS EPK-Notation wird zur Darstellung von Geschäftsprozessen einer Organisation genutzt. Da die Modelle sowohl von den Fachexperten als auch den Entwicklern eines Anwendungssystems verstanden werden sollen, muss die Notation mit den verwendeten Elementen einfach und intuitiv nachvollziehbar sein.

In Abbildung 20.1) ist ein vereinfachtes EPK-Modell des Verkaufs- und Lieferprozesses in einem E-Commerce-System dargestellt. Die Abbildung umfasst die grundlegenden Elemente von EPK-Modellen. Dabei handelt es sich um die folgenden Elemente:

- **Funktionen** sind die aktiven Element in den Geschäftsprozessen und beschreiben Geschäftsaktivitäten. Die Funktionen entsprechen Tasks oder Aktivitäten und werden entsprechend des Kontrollflusses abgearbeitet. Funktionen können durch unterlagerte Teilgeschäftsprozesse weiter detailliert werden. Als grafische Repräsentation werden abgerundete Rechtecke verwendet.
- **Ereignisse** sind passive Elemente, die die Konditionen für die Übergänge zwischen den Funktionen beschreiben. Es werden entweder Ergebnisse von Funktionen oder die Bedingungen für die Aktivierung von Funktionen dargestellt. Ereignisse werden grafisch durch Sechsecke repräsentiert.

- Der **Kontrollfluss** verbindet Funktionen und Ereignisse sowie den logischen Operatoren. Da der Kontrollfluss gerichtet ist, wird er grafisch durch Pfeile dargestellt.
- **Logische Operatoren** beschreiben die Art von Verzweigungen im Kontrollfluss. Diese Verzweigungsoperatoren sind analog den Operatoren der Booleschen Logik UND, ODER sowie XOR gewählt. Abbildung 20.1 zeigt die grafische Darstellung des XOR Operators. Die Operatoren UND sowie ODER werden analog dargestellt. Alle logischen Operatoren werden durch einen Kreis umschlossen.
  Der XOR Operator bestimmt im Kontrollfluss einen Verzweigungspunkt oder eine Verzweigung. Nur einer der mit XOR verzweigten Pfade kann ausgeführt werden. Somit muss eine Entscheidung erfolgen. Als Gegenstück zur Verzweigung gibt es die Zusammenführung. Hier werden die verschiedenen Pfade wieder zusammengefasst und vereint weitergeführt. Eine Zusammenführung einer XOR-Verzweigung wird durch das gleiche XOR-Symbol angezeigt.

  Bei einer UND Verzweigung werden alle ausgehenden Pfade des Kontrollfluss aktiv weitergeführt. Die ausgehenden Pfade werden also parallel ausgeführt. Bei einer Zusammenführung werden die eingehenden Pfade synchronisiert. Die ODER-Verzweigung aktiviert einen oder mehrere ausgehende Pfade im Kontrollfluss und deaktiviert die anderen Pfade. Eine ODER-Zusammenführung wird weitergeschaltet sobald ein eingehender Pfad des Kontrollflusses aktiv ist.

Weitere EPK-Modellelementtypen, die normalerweise mit Funktionen verknüpft werden, sind:
- **Daten Cluster** repräsentieren die Eingangs- und Ausgangsdaten eines Prozesses. Diese Daten werden durch hellrote Rechtecke mit seitlichen Streifen dargestellt.
- **Anwendungssysteme** führen die Funktionen aus. Anwendungssysteme werden durch blaue Rechtecke mit seitlichen Streifen dargestellt.

Typische Geschäftsprozessmodelle können durchaus bis zu mehrere hundert Elemente umfassen. Die Prüfung solcher großer Modelle ist manuell sehr schwierig und garantiert keine umfassende Sicherheit über die Korrektheit der Modelle.

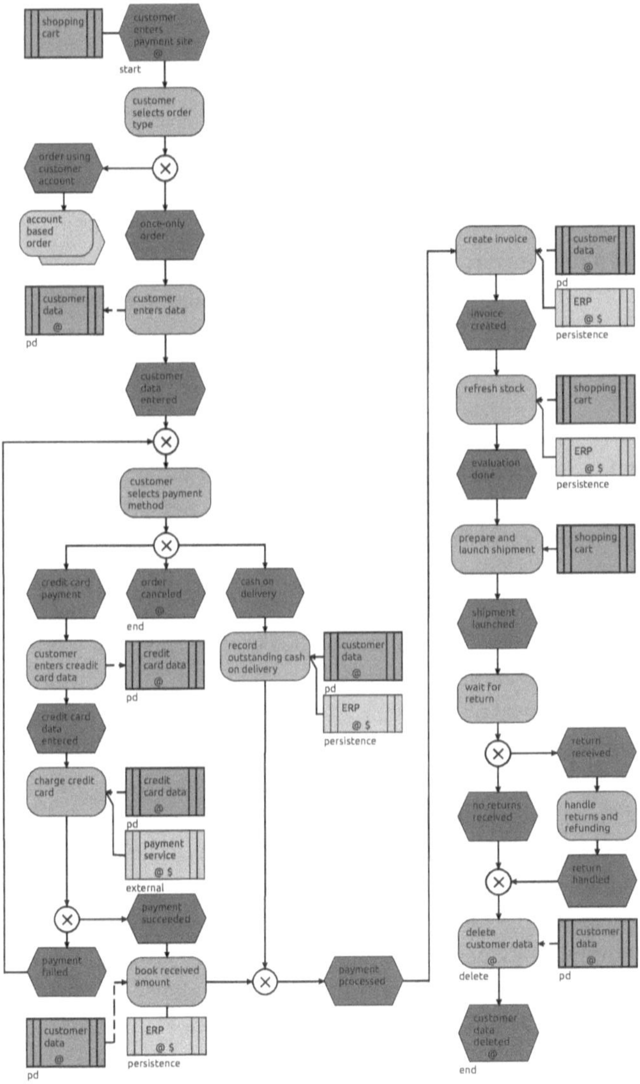

Abb. 20.1. EPK Modell für Bezahlen und Ausliefern

20.3 Regelbasierte Validierung von Geschäftsprozessmodellen

20.3.1 Anwendungsszenario

Zur Beschreibung eines Szenarios für den Einsatz der automatisierten Prüfung von Geschäftsprozessmodellen soll die Einführung komplexer E-Commerce-Systeme betrachtet werden. Grundsätzlich ist das Vorgehen analog zu den typischen Einführungsverfahren anderer betrieblicher Anwendungssysteme wie von Warenwirtschafts- oder ERP-(Enterprise Ressource Planing-)Systemen wie SAP R/3.

Im Beispiel-Einführungsverfahren des E-Commerce-Systems werden zunächst die wichtigsten Anwendungsszenarien des einzuführenden Systems bestimmt und daraus erste Geschäftsprozessmodelle abgeleitet. An diesen Arbeiten sind Fachexperten aus den beteiligten Abteilungen und Experten für Geschäftsabläufe (*Business Experts*) beteiligt. Die Experten können die betrieblichen Anforderungen aufgrund ihrer Kenntnisse und Erfahrungen zumeist sehr gut beschreiben. Ein recht abstraktes Modell ist das in Abbildung 20.1) dargestellte EPK-Modell. Offen bleibt, ob die in den Geschäftsprozessmodellen definierten Anforderungen tatsächlich auch konsistent im Anwendungssystem realisiert werden können. Diese Überprüfung wird nach der Modellierung manuell von den Entwicklungsexperten durchgeführt. Das Ergebnis bildet die Grundlage eines Entwicklungsvertrages. Bestehen Fehler in den bis dahin definierten Modellen, sind diese Fehler auch im Vertrag enthalten. Eine Korrektur der Fehler im späteren Entwicklungsverlauf ist sehr aufwändig. Eine Validierung der entworfenen Geschäftsprozessmodelle gegenüber bekannter Regeln in einer frühen Phase ist daher sehr wünschenswert. Zur Minimierung des Aufwands sollte die Validierung automatisiert sein. Zusätzlich sollte das Ergebnis der Prüfung, insbesondere die gefunden Fehler, so dargestellt sein, dass die Fehlerursachen von den Fachexperten nachvollzogen werden können.

Im weiteren Verlauf des Einführungsvorgehens werden dann vorhandene Software-Module kombiniert und durch spezielle Entwicklungen ergänzt. Dieses wird im Wesentlichen durch Entwicklungsexperten ausgeführt. Der Kontakt zu den Fachexperten ist eingeschränkt. Daher besteht auch die Gefahr, dass die zunächst bestimmten Anforderungen nicht korrekt umgesetzt werden. Im heutigen Vorgehen werden derartige Fehler durch Präsentationen der Entwicklungsstände bei den Fachexperten oder durch Integrationstests gesucht. Wünschenswert wäre eine automatisierte Prüfung, ob die spezifizierten Anforderungen auch tatsächlich in den (detaillierteren) Systemen umgesetzt sind. Werden die Anforderungen als Regeln dargestellt, können diese Regeln mit Hilfe des Validierungskonzepts auf die Geschäftsprozesse angewendet werden. Die Fachexperten können damit die Umsetzung der durch sie bestimmten Anforderungen in den Implementierungsmodellen überprüfen. Eine automatisierte Prüfung bietet zudem den Vorteil, dass sehr große Prozessmodelle von einem formalen System zuverlässig geprüft werden, die menschlich nur sehr schwer überblickt werden können.

20.3.2 Validierung von Geschäftprozessmodellen

Bei der Entwicklung von Softwaresystemen hat die Qualitätssicherung eine große Bedeutung. Bislang erfolgt die Qualitätssicherung in der industriellen Systementwicklung und Systemeinführung jedoch nur zu einem sehr geringen Anteil automatisiert. Automatisiert ausgeführt werden meist Regressionstests gegenüber dem Code und Integrationstests (*Build-Test*) der verschiedenen Code-Module. Eine automatisierte Prüfung von Prozess- und Geschäftsprozessmodellen ist hingegen Gegenstand der Forschung.

Wünschenswert ist die automatisierte Verifikation eines Gesamtsystems oder zumindest seiner Teilkomponenten. Die Korrektheit von besonderen, insbesondere technischen Systemen, kann durchaus automatisiert bewiesen werden. Allerdings wird für ein derartiges Vorgehen eine vollständige Spezifikation benötigt - eine vollständige Regelbasis, die alle Möglichkeiten abdeckt. Beispiel für ein derartiges Beweisen der Korrektheit eines Systems ist die Verifikation der Funktionalität eines Rangierbahnhofs der Eisenbahn. Hier können für alle möglichen Betriebs- und Fehlerzustände entsprechende Regeln definiert werden. Die Regeln basieren dabei auf langjährigen Erfahrungen. Ausgehend von einer derart umfassenden Regelbasis kann bewiesen werden, dass beispielsweise ein bestimmter Rangierauftrag korrekt ausgeführt oder im Fehlerfall der Fehler korrekt identifiziert wird und das System das richtige Verhalten für den Fehlerfall durchführt.

Für betriebliche Anwendungen bestehen üblicherweise keine vollständigen Regelbasen. Zwar gibt es klare gesetzliche Bestimmungen, beispielsweise die Beschreibung eines abstrakten Kaufvorgangs im bürgerlichen Gesetzbuch der Bundesrepublik Deutschland, oder Regeln, die bestimmte Verhaltensmuster wie die Präsentation von Waren in einem E-Commerce-System darstellen. Trotzdem können nicht alle Aspekte betrieblicher Anwendungen erfasst werden. Beispielsweise wird es sehr schwierig sein, das korrekte Verhalten für ein maximal erfolgreiches elektronisches Handelssystem eindeutig zu definieren. Gerade Systeme, die Endkunden bedienen, sollen möglichst individuell gehalten sein und klare Alleinstellungsmerkmale aufweisen. Eine vollständige Regelbasis für betriebliche Systeme ist daher sehr schwer und allenfalls unter einem unwirtschaftlich hohen Aufwand erreichbar.

Für das nachfolgend vorgestellte Validierungskonzept BAM zur Validierung von Geschäftsprozessmodellen ist daher von unvollständigen Regelbasen auszugehen. Demnach kann BAM die Korrektheit eines Systems nicht vollständig beweisen. Gezeigt werden kann aber die Korrektheit bezüglich einzelner Regeln. Daher wird das Konzept auch als Validierung bezeichnet. Zum Nachweis der Korrektheit einzelner Regeln werden formale Techniken eingesetzt, die bei einer vollständigen Regelbasis auch einen vollständigen Korrektheitsbeweis erbringen können.

20.4 Business Application Modeler (BAM) – Validierungskonzept

20.4.1 Grafische Darstellung der Validierungsregeln

Damit eine automatisierte, formale Überprüfung der Geschäftsprozessmodelle anhand definierter Regeln möglich ist, müssen die Regeln in einer für ein Validierungswerkzeug interpretierbaren Form vorliegen. In diesem Abschnitt wird die grafische Darstellung von Regeln zur Beschreibung temporärer Abhängigkeiten vorgestellt, wie sie im BAM-Validierungskonzept umgesetzt ist. Die temporären Abhängigkeiten werden durch Operatoren von Modellprüfern, genauer der CTL-Modellprüfung (*Computational Tree Logic* (ClE81) (CES86)), ausgedrückt.

CTL verwendet Operatoren der Booleschen Logik:

$$\Phi ::= \bot \mid \top \mid p \mid (\neg\Phi) \mid (\Phi \wedge \Psi) \mid (\Phi \vee \Psi) \mid (\Phi \rightarrow \Psi)$$ [1]

Dazu kommen die temporalen Operatoren, die in CTL immer paarweise verwendet werden und als *Temporal Connectives* bezeichnet werden:

$$\Phi ::= AX\Phi \mid EX\Phi \mid A\,[\Phi\, U\, \Psi] \mid E\,[\Phi\, U\, \Psi] \mid AG\Phi \mid EG\Phi \mid AF\Phi \mid EF\Phi$$

A bedeutet *Always*, *E* bedeutet *Eventually*, *G* bedeutet *Globally*, *X* bedeutet *Next* und *U* bedeutet *Until*. Die Pfadquantoren *Always* und *Eventually* können beliebig mit den anderen Operatoren kombiniert werden.

1 $\Phi \rightarrow \Psi$ bedeutet in CTL eine Implikation.

In Tabelle 20.1 werden vier grundsätzliche CTL Aussagen dargestellt. $EF\Phi$ zeigt, dass Φ potentiell hält. Durch $AF\Phi$ wird gezeigt, dass Φ unausweichlich ist, d.h. auf jedem möglichen Pfad halten wird. Φ ist bei $EG\Phi$ in jedem Zustand eines vollständigen Pfads erfüllt. $AG\Phi$ kann als Invariante betrachtet werden (CES86).

Tab. 20.1. Beispiele der grundlegenden CTL Operatoren (*Temporal Connectives*) (CGP01)

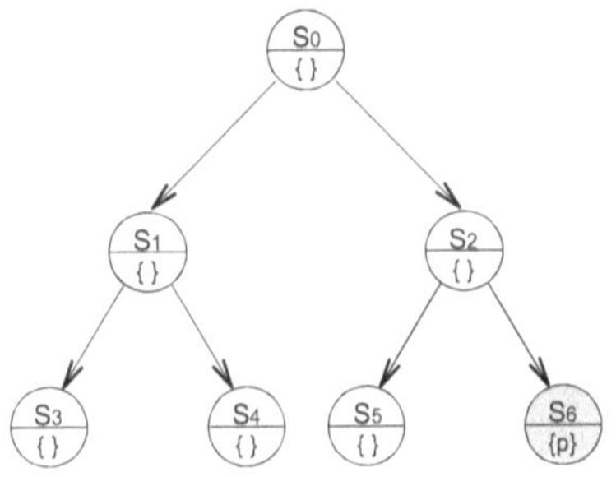

$s_0 \models EF\ p$

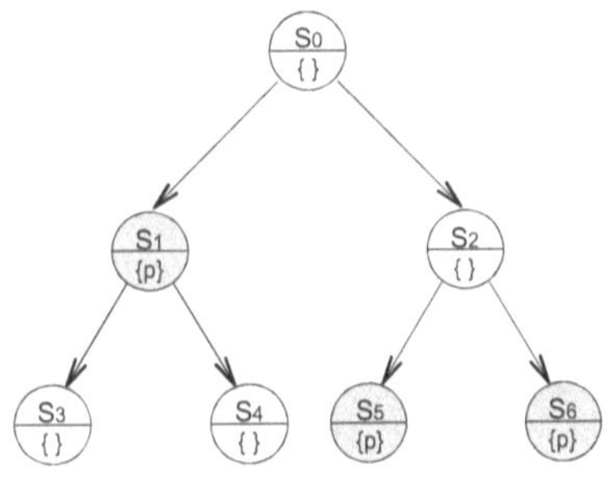

$s_0 \models AF\ p$

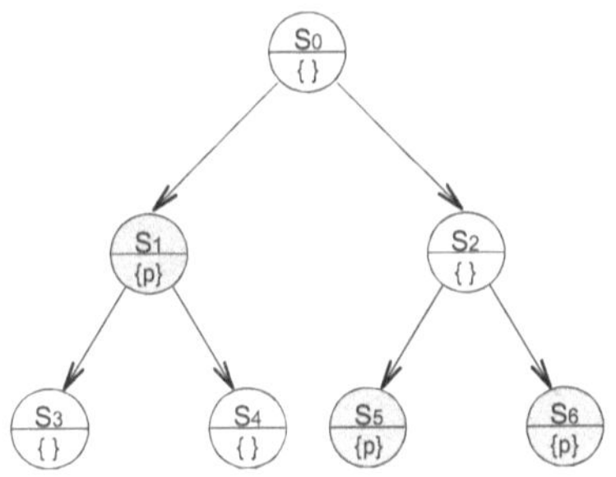

$s_0 \models EG\ p$

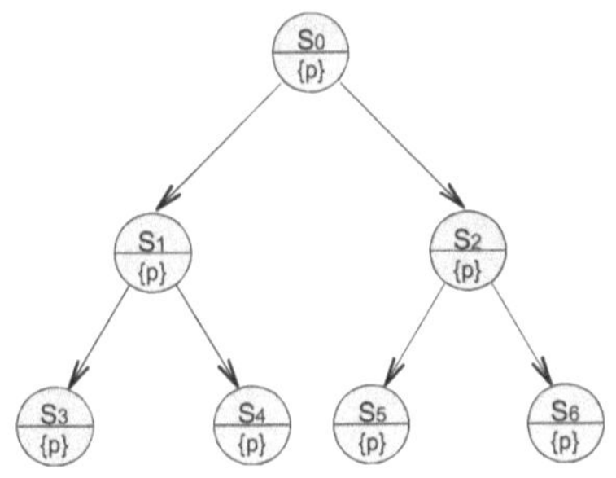

$s_0 \models AG\ p$

Die Regeln in CTL als eine Anweisung (*Statement*) in einer temporalen, denotationellen oder Ereignis-Logik (Ast93) werden meist nur textuell oder mit einfachen Symbolen dargestellt. Diese Darstellungen werden nun mit den grafischen Notationen der Geschäftsprozessmodelle zusammengeführt. Die resultierende grafische Darstellung der Regeln wird G-CTL (**g**rafisches **CTL**) genannt.

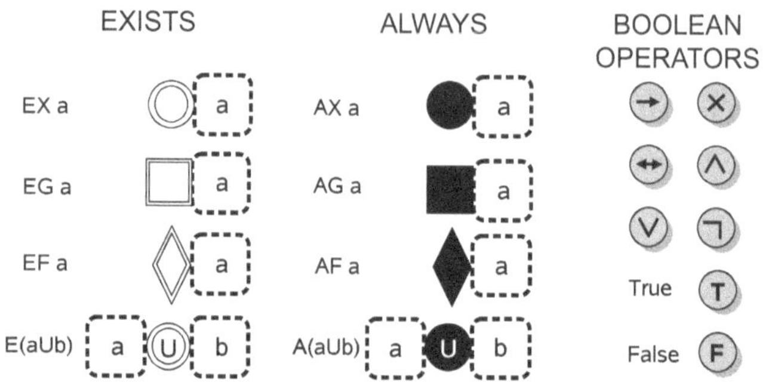

Abb. 20.2. Überblick über G-CTL Operatoren.

G-CTL wird von den CTL-*Operatorsymbolen* und den *Platzhaltern* realisiert. Die Operatorsymbole sind die grafische Repräsentation der textuellen CTL Operatoren, Quantoren und Boolesche Operatoren. Dazu kommen die Platzhalter, die die Verbindung zum Prozessmodell herstellen und in der jeweiligen Prozessmodellnotation realisiert werden. Platzhalter können mit entsprechenden Prozessmodellelementen belegt werden.

Die *Container*, dargestellt durch gestrichelte, abgerundete Rechtecke, werden den Operatorsymbolen zugeordnet (siehe Abbildung 20.2). Diese Container können mit weiteren G-CTL Anweisungen oder atomaren Ausdrücken gefüllt werden.

Ein einfaches Beispiel für eine vollständige G-CTL Regel wird in Abbildung 20.3 gezeigt. In der Regel wird dargestellt, wie Boolesche Operatoren (hier eine Implikation) innerhalb von Container verwendet werden. Die Implikation verbindet verschiedene Regelelemente. Eine derartige Verbindung wird als Regel (*Pattern*) bezeichnet.

Tatsächlich sind im Beispiel zwei derartige Regeln dargestellt: Erstens gibt es eine Assoziation der Funktion `customer enters data` mit dem Daten Cluster `customer data`. Dargestellt wird hier ein Einlesen von Daten. Das zweite Muster ist die Funktion `delete customer data`, welche mit dem oben genannten Daten Cluster `customer data` assoziiert ist. Hier wird eine Ausgabe von Daten gezeigt.

Die Regel in der Abbildung ist nun folgendermaßen zu interpretieren: Für den gesamten Prozess gilt (AG Operator), dass wenn das erste Muster im Prozess vorkommt impliziert wird, dass auf allen Pfaden in der Zukunft das zweite Muster gelten muss.

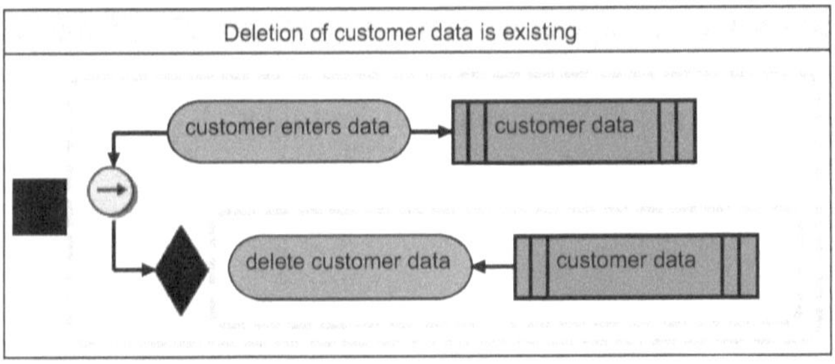

Abb. 20.3. G-CTL-Sybole und einfache Beispielregel

Umgangssprachlich: Wenn eine Funktion `customer enters data` im Prozess vorhanden ist, welche eine Eingabe von Daten durchführt `customer data`, dann muss auch gelten, dass im weiteren Verlauf des Prozesses auf allen Pfaden Die Funktion `delete customer data`, welche die zuvor eingegebenen Daten (`customer data`) wieder löscht. Eine derartige Regel kann beispielsweise eine Anforderung im Datenschutz beschreiben.

Die Regel ist nun zwar formal eindeutig ausgedrückt. Allerdings werden dabei die Elemente aus der Geschäftsprozessnotation und Symbole für die Booleschen und temporallogischen Operatoren verwendet. Für Fachexperten hat sich diese Notation als eingängiger erwiesen. Textuelle Beschreibungen werden von den Geschäftsexperten nur ungern verwendet, da diese erheblich von der bekannten Geschäftsprozessnotation abweicht.

20.4.2 Werkzeugbasierte Validierung von Geschäftsprozessmodellen

Eine wichtige Voraussetzung für den sinnvollen Einsatz einer automatisierten Validierung ist die leichte Verständlichkeit der Ergebnispräsentation im Fehlerfall und eine Verständlichkeit der Regelbeschreibungen bzw. -modelle. Für den Einsatz des formalen Prüfwerkzeugs muss zuerst eine Transformation der Modelle und Regeln in die Eingabesprache des Prüfwerkzeugs erfolgen. Dann muss die Rücktransformation des Verifikations-Ergebnisses (im Fehlerfall) stattfinden.

Aus diesen Anforderungen ergibt sich für das Validierungskonzept BAM das folgende Vorgehen (siehe Abb. 20.4):

1. Das Geschäftsprozessmodell wird in einem Editorsystem modelliert. Die Regeln werden in einem weiteren Editorsystem modelliert. Beide Editorsysteme sind integriert. BAM verwendet dazu das Eclipse-Framework.

2. Geschäftsprozessmodell und die Regel(n) werden transformiert und von einem formalen Verifikationswerkzeug geprüft.
3. Das Ergebnis der Prüfung wird rücktransformiert, im Fehlerfall wird der Fehlerpfad im Editor für Geschäftsprozessmodelle angezeigt.

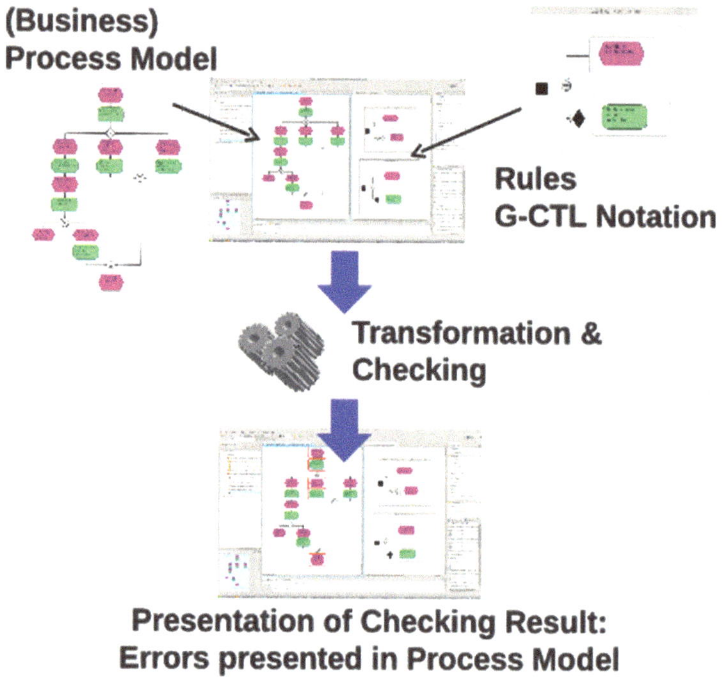

Abb. 20.4. BAM: Werkzeuggestütztes Prüfvorgehen

BAM transformiert die Prozessmodelle und Regelmodelle in die Eingabesprache der unterstützten Verifikationswerkzeuge und übersetzt die Fehlermeldungen dann wieder zurück in die Prozessmodellnotation (zur Anzeige in der Prozessmodelldarstellung). Als eigentliches Verifikationswerkzeug können verschiedene Systeme durch BAM verwendet werden. Zur Prüfung von Prozessabläufen werden Modellprüfer verwendet, die für diese Prüfverfahren optimiert sind - aktuell sind dies die Modellprüfer *NuSMV* und *Cadence SMV* [2].

Durch BAM bleibt das eigentliche Vorgehen zur Prüfung der Regel(n) versteckt von den Fachexperten, diese brauchen kein vertieftes Wissen über formale Verifikati-

2 Als leistungsfähigeres System hat sich *Cadence SMV* herausgestellt.

on. Trotzdem können Sie diese Techniken nutzen und deren Ergebnis bewerten.

Wird nun die Regel aus Abbildung 20.3 auf das EPK-Modell für Bezahlen und Ausliefern in Abbildung 20.1 angewendet, so wird ein Fehler erkannt und entsprechend dargestellt. Konkret wird ein Gegenbeispiel im Geschäftsprozessmodell gezeigt, das gegen die Regel verletzt. Abbildung 20.5 zeigt einen Ausschnitt des EPK Modells, in dem der gefundene Regelverstoß visualisiert wird. Die Elemente auf dem Fehlerpfad des Kontrollflusses sind rot umrandet. In der Visualisierung wird aufgezeigt, dass anstelle der Ausführung von *delete customer data* der Prozess mit dem Ereignis `order canceled` enden kann. Die persönlichen Daten des Kunden würden dann nicht wie gefordert gelöscht.

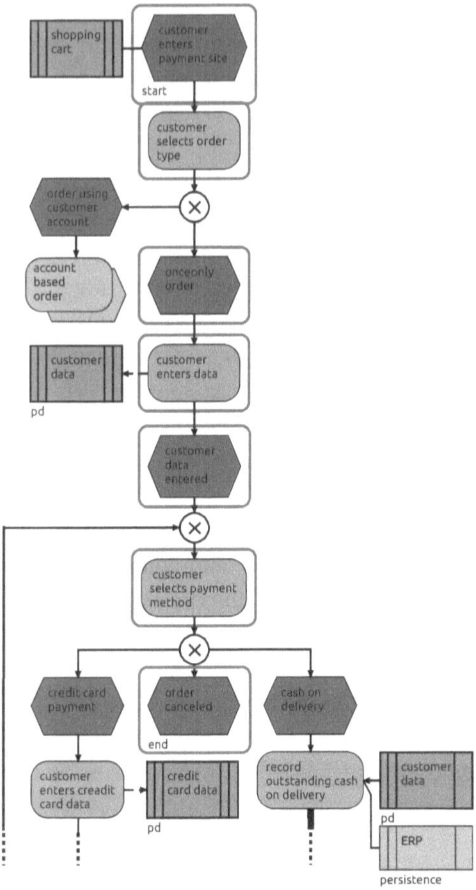

Abb. 20.5. Auszug aus EPK Modell für Bezahlen und Ausliefern mit Anzeige des Regelverstoßes

20.5 Wiederverwendung von Regeln durch Abstraktion

Die in Abschnitt 20.4.1 vorgestellte Notation ermöglicht die Beschreibung genau einer konkreten temporalen Regel. Nicht möglich ist die Erfassung abstrakterer Regelgruppen. Dies wird möglich durch die Einführung generischer Elemente. Abstrakte Regeln können besser als konkrete Regeln wiederverwendet und für verschiedene Geschäftsprozessmodelle eingesetzt werden. Darüberhinaus ist es möglich, Regelhierarchien zu bilden, in denen abstraktere Regeln die konkreteren Regeln zusammenfassen.

20.5.1 Elemente zur Abstraktion und Wiedereinschränkung von Regeln

Zur Abstraktion von Regeln untertstützt G-CTL spezifische Elemente und Mechanismen. Dazu gibt es aber auch Mechanismen, mit denen eine zu starke Abstraktion wieder eingeschränkt werden kann. Alle bisher eingeführten Notationselemente können selbstverständlich weiter genutzt werden.

Als erstes Element einer abstrakten Regelnotation wird der Stern '∗' (als Platzhalter) eingeführt. Dieser kann zur Beschreibung von Elementbezeichnungen verwendet werden und ersetzt damit den konkreten Elementnamen. Bei der Validierung wird nicht mehr auf ein konkretes Element mit einem eindeutigen Namen, sondern lediglich noch auf den Elementtypen sowie die Beziehungen des Elements geprüft. Da auch die Beziehungen des Elements beachtet werden, kann auf Muster, in denen das Element bzw. der Elementtyp vorkommt, geprüft werden. Beispielsweise können alle Funktionen, die auf Datencluster schreibend zugreifen, betrachtet werden.

Abbildung 20.6 stellt eine generalisierte Variante der Regel in Abbildung 20.3 dar. In dieser abstrahierten Regel wird der '∗'-Platzhalter allerdings wieder eingeschränkt, da ansonsten das Muster zu allgemein wird und für die Validierung keine relevante Aussage mehr ergibt. Eine erste Einschränkung ist die Einführung von Attributen zu Elementen. Ein Beispiel für Attribute ist `pd`, eine Kurzfassung von `private data` - also privater Daten, die geschützt werden sollen. `pd` wird auch als Attribut zu den Datencluster-Elementen geführt. Auf diese Weise können beispielsweise alle Datencluster (mit verschiedenen Namen) (wegen des '∗'-Platzhalters) betrachtet werden, die private Daten (`pd`) behandeln.

Ein weiteres Beispiel der Attribut-Anwendung in Abbildung 20.6 ist die Zuordnung des Attributs `delete function` zu einer Funktion mit Platzhalter. Damit werden alle Funktionen mit beliebigen Namen in dem zu validierenden im Prozessmodell

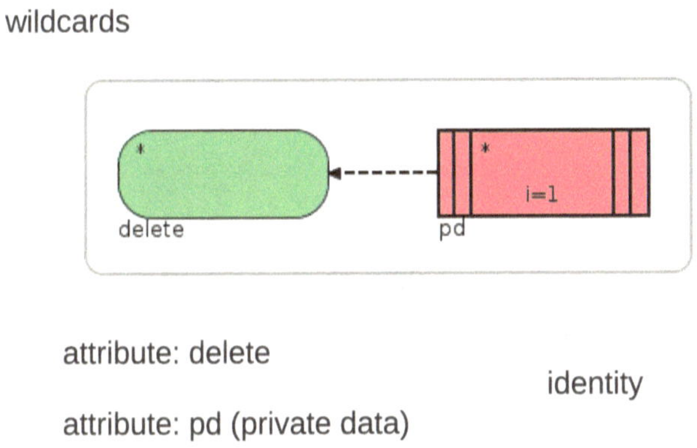

Abb. 20.6. Generalisierte Regel, Abstraktion der Regel in Abbildung 20.3

angesprochen, denen dieses Attribut zugeordnet ist. Bei der Betrachtung der gesamten Regel werden nun zuerst alle Funktionen gesucht, die schreibend auf ein Datencluster-Element mit dem Attribut `pd` zugreifen. Die Regel impliziert, dass im weiteren Prozessverlauf auf allen Pfaden eine Funktion mit dem Attribut `delete function` löschend auf ein Datencluster-Element mit dem Attribut `pd` zugreifen muss.

Damit ist eine Datenschutzregel fast vollständig formuliert, die besagt, dass private Daten, die gespeichert werden, im späteren Verlauf auch wieder gelöscht werden müssen.

Werden im Prozess bestimmte persönliche Daten gespeichert, dann sollen nur die identischen Daten auch wieder gelöscht werden. Es fehlt daher noch die Übereinstimmung der persönlichen Daten. Dazu wird ein weiteres einschränkendes Element eingeführt - die Identität, bzw. Multizplität. Die Identität wird durch ein `i=1` in der graphischen Regel dargestellt. Da das Daten Cluster bei der schreibenden Funktion und auch das Daten Cluster bei der löschenden Funktion beide die gleiche Identität aufweisen, werden auch die identischen Daten betrachtet. Es müssen die gleichen Daten, die gespeichert worden sind, im weiteren Verlauf des Prozesses wieder gelöscht werden.

Die Anwendung der abstrahierten Regel aus Abbildung 20.6 auf das Geschäftsprozessmodell in der Darstellung 20.1 führt bei der Prüfung durch den Modellprüfer zum gleichen Gegenbeispiel wie bei der Prüfung der konkreten Regel aus Abbildung 20.3. Es besteht das gleiche Problem, dass das Prozessmodell mit dem Er-

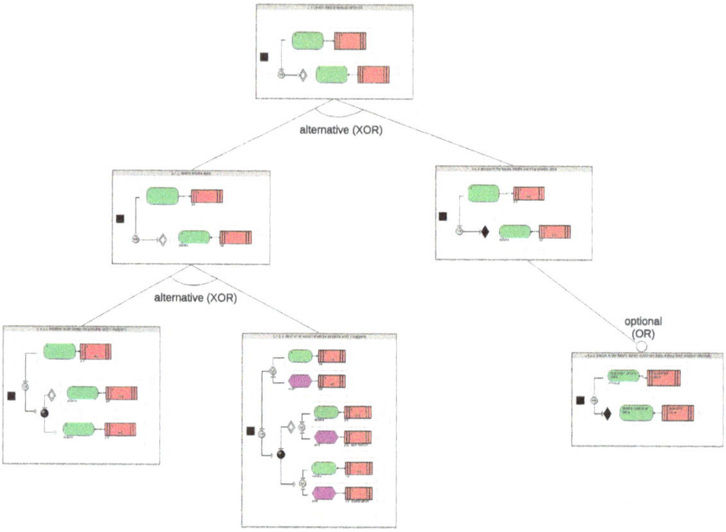

Abb. 20.7. Logische Modellierung einer Regelhierarchie

eignis `order canceled` terminieren kann und die privaten Daten nicht gelöscht werden (vergleiche Abbildung 20.5).

20.5.2 Aufbau von Regelhierarchien

Mit den im vorigen Abschnitt gezeigten Techniken zur Abstraktion und Einschränkung von abstrakten Regelbeschreibungen können Hierarchien von Regeln auf unterschiedlichen Abstraktionsstufen gebildet werden. Die Abhängigkeiten zwischen den Regeln auf den verschiedenen Abstraktionsstufen können entsprechend der Beschreibung von Prozessfamilien erfolgen. Jede Regel auf einer Abstraktionsebene kann dabei in eine oder mehrere konkretere Regeln zerlegt werden.

Durch Regelhierarchien können Muster für die Anordnung von Regeln einer Anwendungsdomäne aufgebaut werden. Derartige Muster sind insgesamt abstrakt und enthalten optionale oder alternative Beziehungen. Damit kann aus einer abstrakten Hierarchie ein reale Testfallmenge abgeleitet werden und damit ein konkretes System aus der Anwendungsdomäne getestet werden. Die Hierarchie ist baumförmig. Alle Knoten in der Hierarchie können für Tests herangezogen werden, falls sie durch alternative oder optinale Auswahl für den Test ausgewählt werden.

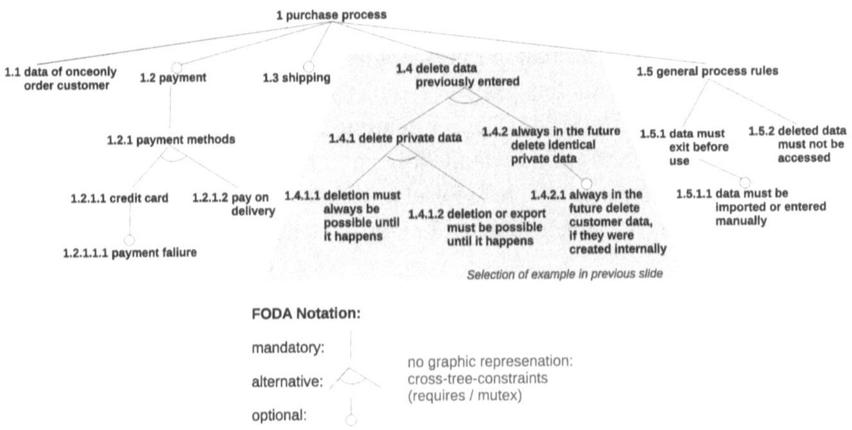

Abb. 20.8. Abstrahierte Beschreibung einer Regelhierarchie

Eine Notation zur Darstellung kann hier die FODA Notation (*Feature-Oriented Domain Analysis*) [21] sein. Abbildung 20.8 zeigt exemplarisch eine solche Regelhierarchie für einen Verkaufsprozess im elektronischen Handel. Die oberste, abstrakteste Regel 1 beschreibt die zentralen Merkmale eines derartigen Verkaufsprozesses. Unterlagerte Regeln können entweder zwingend (*madatory*, dieses wird durch einen Strich dargestellt) oder alternativ (XOR, dies wird durch ein Kreissegment über den Verbindungen zu den betreffenden Regeln dargestellt) sein. Bei Alternativen wird nur eine unterlagerte Regel im Test verwendet. Eine optionale Beziehung (OR) kann realisiert werden, d.h. die unterlagerte Regel kann, muss aber nicht zwingend in einem Test berücksichtigt werden.

Abstrahiert man die Darstellung der Regelhierarchie aus Abbildung 20.7 weiter, so kann man Regelhierarchien wie in Abbildung 20.8 modellieren. Das konkrete Modell der jeweiligen Regeln tritt in den Hintergrund und wird durch einen eindeutigen, sprechenden Namen ersetzt. Dieser Name repräsentiert dann die Semantik der Regel und dient der Wiedererkennung.

In der abstrahierten Darstellungform von Abbildung 20.8 können umfangreiche Regelhierarchien übersichtlich dargestellt werden. Die Darstellungsmächtigkeit orientiert sich an den Feature Modellen nach FODA. Diese werden generell baumförmig orientiert sein, haben aber Querbeziehungen (*cross-tree-constraints*).

Die Querbeziehungen stellen Abhängigkeiten zwischen einzelnen Knoten in unterschiedlichen Zweigen dar. In FODA werden zwei generelle Arten der Querbeziehungen angeboten: Die Abhängigkeitsbeziehung (*requires*) erwartet, dass beide Knoten in einem Modell vorhanden sind. Auf Regeln bezogen bedeutet dies, dass alle Regeln der in einer Abhängigkeitsbeziehung stehenden Knoten korrekt erfüllt sein müssen. Die zweite Art der Querbeziehung ist der gegenseitige Ausschluss (*mutex*). Diese Beziehung wirkt wie XOR. Bei den mit dieser Beziehung verbundenen Knoten muss die bezeichnete Regel in genau einem Knoten korrekt erfüllt sein, die Regeln der jeweiligen anderen Knoten dürfen hingegen nicht erfüllt sein.

Beispiele für derartige Abhängigkeitsbeziehungen finden sich etwa im E-Commerce. Beispielsweise besteht eine Abhängigkeitsbeziehung (*requires*) zwischen der Berechnung der Lieferkosten und der Lieferung von Waren. Sinnvollerweise sollten die Regeln aber in unterschiedlichen Zweigen bearbeitet werden: Die Berechnung der Lieferkosten im Zweig der Kostenberechnungen und die Regeln zur Lieferung im Zweig mit verschiedenen Lieferoptionen (wie beispielsweise dem elektronischen Herunterladen, Versenden per Post, Selbstabholung, usw.).

Einen gegenseitigen Ausschluss (*mutex*) gibt es bei Regeln zum elektronischen Herunterladen und Regeln zur Bezahlung per Nachnahme. Beides schließt sich gegenseitig aus. Allerdings sind beide Regeln wiederum sinnvollerweise in unterschiedlichen Zweigen einer Regelhierarchie angesiedelt. Der Zweig mit den Liefermöglichkeiten bleibt getrennt vom Zweig mit den Bezahloptionen, da dieses sehr unterschiedliche Funktionalitäten darstellt.

20.5.3 Regelhierarchien im Business Application Modeler

Im Business Application Modeler gibt es aktuell zwei Möglichkeiten Regelhierarchien auszudrücken. In einer zukünftigen Arbeit sollen die beiden Varianten ausgewertet und weiterentwickelt werden.

Die Regeln in den Hierarchien können durch Boolesche Operatoren verbunden werden. Dieses Vorgehen wird in Abbildung 20.9 dargestellt. In diesem Fall werden alle Regeln in dieser Hierarchie automatisch entsprechen der Booleschen Logik durch das Verifikationswerkzeug geprüft.

Alternativ können die Regeln auch spezifisch geprüft werden. Dazu bietet das Werkzeug BAM eine interaktive Nutzerschnittstelle, durch die die zu prüfenden Regeln entsprechend ausgewählt werden.

Sind auf die eine oder andere oben beschriebene Vorgehensweise mehrere Regeln zur Prüfung ausgewählt worden, dann werden diese Regeln sequentiell geprüft

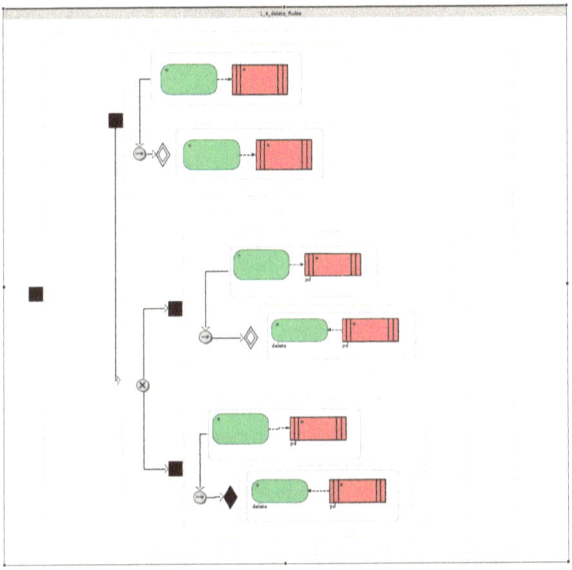

Abb. 20.9. Auszug: Abbildung der Regelhierarchie in BAM

und das Ergebnis summarisch dargestellt. Treten mehrere Fehler auf, so werden die einzelnen Fehlerpfade nicht getrennt dargestellt. Durch eine geeignete Auswahl der zu prüfenden Regeln (Reduktion) kann ein Fehler eingegrenzt werden.

20.6 Verwandte Arbeiten

Der Einsatz von menschlichen Experten in der Modellierung und beim Testen bei der Softwareentwicklung ist in der Industrie nach wie vor üblich und weit verbreitet. Menschliche Code Reviews (Formale Inspektionen) gelten als besonders effiziente Vorgehen zum Finden von Fehlern (Lig09). Der manuelle Test ist jedoch nicht zwingend erforderlich. Ein Beispiel für automatisierte Testkonzepte ist das Software Testing Automation Framework (STAF) (STAF12). Aus diesem generischen, offenen Multiplattform-Framework können reale Testsysteme abgeleitet werden.

Eine wichtige Technik zum Test von dynamischen Eigenschaften von Software und dem Verhalten von Hardware ist die Modellprüfung. Modellprüfen ist eine formale Methode zur Überprüfung von Modellen gegenüber Regeln. Modellprüfung wurde 1980 eingeführt ((EmC80) und (McM93)). Die Modellprüfungstechnik ist auch die Basis unserer Arbeit. Aufbauend auf der automatisierten Technik des Modellprüfens wurden Konzepte zur Entwicklung von Regelmustern erarbeitet

(Dwy09). Diese Konzepte sind auch hilfreich bei der Beschreibung von Regeln für Geschäftsprozesse. Das Konzept der Regelmuster ist in die Entwicklung der G-CTL Regelnotation eingeflossen, die Regelmuster unterstützt. Vor eine Prüfung der Geschäftsprozessmodelle muss allerdings deren Semantik formalisiert werden und damit die Modelltypen überhaupt formal verifizierbar gemacht werden. Exemplarisch für diese Arbeiten sollen hier für ARIS EPK (Men07) und für BPMN (Bor08) genannt werden. In letzterer Arbeit werden die Geschäftsprozesse in abstrakte Zustandsmaschinen (*Abstract State Machines*, ASM) übertragen und können daher als allgemeine Prozessbeschreibungen betrachtet werden. Bei der Übertragung erfolgt eine semantische Kontrolle.

In verschiedenen Arbeiten werden Geschäftsprozesse durch Modellprüfer geprüft. Beispiele für diese Ansätze sind (KTK02), (AHLS05) sowie eigene Vorarbeiten wie (Spe04) und (Spe06). Weitere Ansätze sind (Aa99), (Pu02), bei denen die Geschäftsprozessmodelle in Verifikationsmodelle (Petri-Netze bzw. SMV Kripke Strukturen) umgewandelt werden.

Neben dem Einsatz von Modellprüfungstechniken zum Test von Geschäftsprozessen existieren Ansätze wie (KTK02), bei dem die Korrektheit auf verschiedenen Abstraktionsebenen verifiziert und gegeneinander abgeglichen wird.

Aufgrund unterschiedlicher Semantiken der verschiedenen Geschäftsprozessmodelltypen sind verschiedene Testtechniken entwickelt worden (DoJ07). In (FFJKLVW09) werden Validierungstechniken in Abhängigkeit der Prozessmodelltypen vorgeschlagen. Beispiele für diese spezifischen Validierungstechniken sind die Petri-Netz-basierten Ansätze oder Bisimulation und algebraische Verfahren (Mor08). Letztere vergleichen die zu prüfenden Modelle mit der Spezifikation.

Techniken, durch die die semantische Ausdruckskraft der Spezifikationssprachen verbessert werden kann, sind beispielsweise das μ-Kalkül (BrS01), (Ko83) und die Multiwertlogik (multi-valued logic) (MDEG03).

Ein weiterer Ansatzpunkt ist die Beschreibung von Prozessmustern durch Prolog (GL07). Nach unserer Erfahrung eignet sich Prolog allerdings besser für die Prüfung von statischen Eigenschaften und, daher haben wir die Prologprüfung in unser Prüfungskonzept eingearbeitet.

Die Überprüfung von Geschäftsprozessmodellen sollte durch eine automatische Übertragung der zu prüfenden Modelle und Regeln in die Eingangssprache eines Prüfwerkzeugs erfolgen. Ein derartiger Ansatz wird beispielsweise in (FESS07) dargestellt, und ist auch eine Basis unserer Arbeiten (Spe06).

20.7 Zusammenfassung

Die betrieblichen Abläufe in kommerziellen Informationssystemen werden durch Geschäftsprozessmodelle modelliert. Die Datenhaltung wird durch die entsprechenden Datenmodelle dargestellt. Die Korrektheit ist für beide Modelltypen von großer Bedeutung. Im Bericht liegt der Fokus auf Geschäftsprozessmodellen.

Die Qualitätssicherung ist daher von großer Bedeutung, wobei allerdings der Aufwand sehr hoch ist. Eine Unterstützung durch automatische Werkzeuge ist daher wünschenswert und Gegenstand unserer Arbeit. Das Validierungswerkzeug Business Application Modeler (BAM) ermöglicht die automatisierte Prüfung von Geschäftsprozessmodellen gegenüber zuvor definierten Regeln.

Die Regeln beschreiben statische Abhängigkeiten (Modellierung durch Boolesche Logik) oder zentrale Aspekte der dynamischen Abläufe (Modellierung durch temporale Logik). Durch die temporale Logik wird der zeitliche Ablauf eines Prozesses partiell bestimmt. Dabei werden nur einzelne Aspekte in einem zeitlichen Zusammenhang dargestellt. Die Regelmodelle basieren auf den Modellierungselementen der Geschäftsprozessmodelle, die um Operatoren für die Boolesche und temporale Logik erweitert sind.

Die Modelle und die Regeln (bzw. die Regelmodelle) werden in die Eingabesprache des Verifikationswerkzeugs (u.a. ein Modellprüfer) übertragen und mittels dieses Werkzeugs geprüft. Im Fehlerfall wird ein Beispiel des Fehlerpfads zurückübersetzt und im Modell visualisiert. Damit können Experten, die Geschäftsprozessmodelle erarbeiten, erkennen, wo das Prozessmodell die Regel verletzt.

Durch diese Art der Regeln wird ein Sachverhalt eindeutig beschreiben. Damit sind diese Regeln allerdings spezifisch und können nicht unbedingt auf andere Modelle generisch übertragen werden. Durch entsprechende Techniken zur Abstraktion können generische Regeln bestimmt werden. Der Grad der Abstraktion kann variiert werden. Damit können Regeln auf verschiedenen Ebenen hierarchisch in Beziehung gesetzt werden. Aus abstrakten Regeln können konkrete Regeln abgeleitet werden. Abstrakte Regeln können auf eine größere Menge von Modellen (oder eine Klasse von Modellen) geprüft werden.

Die Regeln auf den verschiedenen Hierarchieebenen können miteinander in Beziehung gesetzt werden. Dieses geschieht durch Boolesche Operatoren. Alternativ bietet BAM auch die Möglichkeit bei der Prüfung eine einzelne oder mehrere Regeln. Somit können Regeln in einer Hierarchie geprüft werden und festgestellt werden auf welcher Hierarchieebene möglicherweise ein Fehler auftritt. Durch die Hierarchisierung können die abstrakten Regeln erleichtert wiederverwendet werden.

Durch die automatisierte Prüfung durch das BAM Werkzeug kann der Aufwand einer manuellen Prüfung eingespart werden. Fehler können damit effizient ermittelt werden. Sehr große Modelle können automatisiert zuverlässig geprüft werden. Damit wird die Qualitätssicherung von großen Geschäftsprozessmodellen deutlich erleichtert. Die Qualität der betrieblichen Systeme kann dadurch gesteigert werden. Regeln können wiederverwendet und auf eine Klasse von Modellen effizient angewendet werden.

Literatur

[BPMN06] Business Process Modeling Notation Specification. dtc/2006-02-01 http://www.omg.org/technology/documents/spec catalog.htm, 2006

[STAF12] Software Testing Automation Framework (STAF) 2012. – Forschungsbericht `http://staf.sourceforge.net/index.php`

[Aa99] Aalst, Will M. P. d.: Formalization and Verification of Event-driven Process Chains. In: *Information and Software Technology* 41 (1999), Nr. 10, S. 639–650

[AHLS05] Anderson, Bonnie B. ; Hansen, James V. ; Lowry, Paul B. ; Summers, Scott L.: Model checking for design and assurance of e-Business processes. In: *Decision Support Systems* 39 (2005), Nr. 3, S. 333–344

[APA10] Angelis, Francesco D. ; Polini, Andrea ; Angelis, Guglielmo D.: A Counter-Example Testing Approach for Orchestrated Services. In: *Third International Conference on Software Testing, Verification and Validation, ICST 2010*, IEEE Computer Society, 2010, S. 373–382

[Ast93] Astesiano, Egidio ; Reggio, Gianna: A Metalanguage for the Formal Requirement Specification of Reactive Systems. In: *FME '93: Proceedings of the First International Symposium of Formal Methods Europe on Industrial-Strength Formal Methods.* London, UK : Springer-Verlag, 1993, S. 110–128

[Bor08] Börger, Egon ; Thalheim, Bernhard: A Method for Verifiable and Validatable Business Process Modeling. In: Börger, Egon (Hrsg.) ; Cisternino, Antonio (Hrsg.): *Advances in Software Engineering.* Berlin : Springer Verlag, 2008, 59–115

[BrS01] Bradfield, Julian ; Stirling, Colin: Modal logics and mu-calculi: an introduction. In: *Handbook of Process Algebra.* Elsevier Science Publishers, 2001, S. 293–33

[BC02] Breitling, Markus: Business Consulting, Service Packages & Benefits / Intershop Customer Services, Jena, Germany. 2002. – Forschungsbericht

[MDEG03] CHECHIK, Marsha ; DEVEREUX, Benet ; EASTERBROOK, Steve ; GURFINKEL, Arie: Multi-Valued Symbolic Model-Checking. In: *ACM Transactions on Software Engineering Methodology* 12 (2003), October, Nr. 4, S. 371–408

[ClE81] CLARKE, Edmund M. ; EMERSON, E. A.: Synthesis of synchronization skeletons for branching time temporal logic. In: KOZEN, D. (Hrsg.): *Proceedings of Logic of Programs Workshop*, Springer Verlag, 1981 (LNCS 131), S. 52–71

[CES86] CLARKE, Edmund M. ; EMERSON, E. A. ; A.P., Sistla: Automatic Verification of Finite-State Concurrent Systems Using Temporal Logic Specifications. In: *ACM Transactions on Programming Languages and Systems* 8 (1986), April, Nr. 2, S. 244–263

[CGP01] CLARKE, Edmund M. ; GRUMBERG, Orna ; PELED, Doron: *Model Checking*. third. Cambridge, Massachusetts; London, England : The MIT Press, 2001

[DoJ07] DONGEN, Boudewijn F. ; JANSEN-VULLERS, Monique H. ; VERBEEK, H. M. W. ; AALST, Wil M. P. d.: Verification of the SAP reference models using EPC reduction, state-space analysis, and invariants. In: *Computers in Industry* 58 (2007), Nr. 6, S. 578–601

[Dwy09] DWYER, M. ; AVRUNIN, G. ; CORBETT, J.: *A System of Specification Patterns*. http://santos.cis.ksu.edu/spec-patterns/, February 2009

[EmC80] EMERSON, E. A. ; CLARKE, Edmund M.: Characterizing Correctness Properties of Parallel Programs Using Fixpoints. In: *ICALP 1980, Automata, Languages and Programming, 7th Colloquium*, Springer LNCS 85, 1980, S. 169–181

[FFJKLVW09] FAHLAND, Dirk ; FAVRE, Cédric ; JOBSTMANN, Barbara ; KÖHLER, Jana ; LOHMANN, Niels ; VÖLZER, Hagen ; WOLF, Karsten: Instantaneous Soundness Checking of Industrial Business Process Models. In: *Proceedings of the 7th International Conference on Business Process Management (BPM 2009)*, Springer, LNSC 5701, 2009, S. 278–293

[Fej11] FEJA, Sven ; WITT, Sören ; SPECK, Andreas: BAM: A Requirements Validation and Verification Framework for Business Process Models. In: *BAM: A Requirements Validation and Verification Framework for Business Process Models*. Madrid, Spain : IEEE Computer, 2011, S. 186–191

[FESS07] FÖRSTER, Alexander ; ENGELS, Gregor ; SCHATTKOWSKY, Tim ; VAN DER STRAETEN, Ragnhild: Verification of Business Process Quality Constraints Based on Visual Process Patterns. In: *Proceedings of the First Joint IEEE/IFIP Symposium on Theoretical Aspects of Software Engineering (TASE '07)*, 2007, S. 197–208

[GL07] GRUHN, Volker ; LAUE, Ralf: Checking Properties of Business Process Models with Logic Programming. In: *5th International Workshop on Modeling, Simulation, Verification and Validation of Enterprise Information Systems (MSVVEIS'07)*, INSTICC PRESS, 2007, S. 84–93

[KTK02] KÖHLER, Jana ; TIRENNI, Giuliano ; KUMARAN, Santhosh: From Business Process Model to Consistent Implementation: A Case for Formal Verification Methods. In: *6th International Enterprise Distributed Object Computing Conference (EDOC 2002)*, 2002, S. 96–106

[Ko83] KOZEN, Dexter: Results on the propositional mu-calculus. In: *Theoretical Computer Science* 3 (1983), December, Nr. 27, S. 333–354

[Lig09] LIGGESMEYER, Peter: *Software-Qualität: Testen, Analysieren und Verifizieren von Software*. Springer, 2009

[McM93] MCMILLAN, Kenneth L.: *Symbolic Model Checking*. Kluwer Academic Publishers, 1993

[Men07] Mendling, Jan: *Detection and Prediction of Errors in EPC Business Process Models*, Vienna University of Economics and Business Administration, Dissertation, 2007

[Mor08] Morimoto, Shoichi: A Survey of Formal Verification for Business Process Modeling. In: *ICCS 2008, 8th International Conference*, Springer LNCS 5102, 2008, S. 514–522

[Pu02] Pulvermüller, Elke: Composition and Correctness. In: *SC 2002: Workshop on Software Composition* Bd. 65, Elsevier Science Publishers, April 2002 (Electronic Notes in Theoretical Computer Science (ENTCS))

[Sch98] Scheer, August-Wilhem: *ARIS - Modellierungsmethoden, Metamodelle, Awendungen*. Berlin, Germany : Springer, 1998

[Spe04] Speck, Andreas: *Variabilitäten in dynamischen Abläufen, Habilitation*. Friedrich-Schiller-University, Jena, Germany, 2004

[Spe06] Speck, Andreas: Modelling and Verifying of e-Commerce Systems. In: *Proceedings of International Workshop on Regulations Modelling and their Validation and Verification (REMO2V'06) in conjunction with CAiSE'06*, 2006, S. 857–863

[Stu12] Stuht, Thomas ; Speck, Andreas ; Feja, Sven ; Witt, Sören ; Pulvermüller, Elke: Rule Determination and Process Verification using Business Capabilities. In: *PoEM 2012 - The 5th IFIP WG8.1 Working Conference on the Practice of Enterprise Modelling*. Rostock, Germany : Springer, LNBIP, to appear, 2012

[Yu95] Yu, Erik S.-K.: *Modelling strategic relationships for process reengineering*, Universität Toronto, Diss., 1995

21 Kohärente Multi-Modell-Entwicklung

Michael Skusa und Bernhard Thalheim

Zusammenfassung: Bei der Modellierung von Informationssystemen werden die unterschiedlichen Aspekte und Facetten des zu entwickelnden Systems getrennt betrachtet und entsprechend getrennt voneinander modelliert. Eine wiederkehrende Herausforderung in der Softwareentwicklung ist die Zusammenführung der so entstandenen Teilmodelle zu einem konsistenten Gesamtmodell des Informationssystems. Wir stellen hierzu mit den Modell-Suiten einen Ansatz vor, mit dessen Hilfe sich solche Modelle integrieren, auf Konsistenz prüfen und konsistent weiterentwickeln lassen. Die Beiträge bestehender Entwicklungswerkzeuge und Arbeitsumgebungen zur Unterstützung dieses Ansatzes werden dazu untersucht. Die sich daraus ergebenden Ergänzungen bestehender Arbeitsumgebungen werden diskutiert und an Beispielen demonstriert. Die Arbeit zeigt, wie Risiken, Mehrdeutigkeiten und Widersprüche, die bei Verwendung unterschiedlicher Modellierungssprachen und Modellierungswerkzeuge entstehen, durch den Einsatz von Modell-Suiten reduziert und vermieden werden.

21.1 Überblick

Bei der Entwicklung von Informationssystemen entstehen Spezifikationen unter anderem von Datenstrukturen, Funktionalität, Gliederung der Funktionalität in Komponenten, Kommunikation zwischen Komponenten, Schichtung, Verteilung, Benutzerinteraktion usw.. Jede dieser Spezifikationen repräsentiert ein Modell für einen Teilaspekt der zu entwickelnden Software. Würden alle Spezifikationen in einer einzigen, einheitlichen Modellierungssprache entwickelt, ließen sie sich mit den Mitteln dieser Sprache zu einem einzigen zusammenhängenden Modell zusammenfügen. Dieselben Mittel, mit denen sich die Konsistenz der Einzelmodelle prüfen und erreichen ließe, ständen auch für die Konsistenzprüfung des Gesamtmodells zur Verfügung.

Die Verwendung eines einzigen, homogenen Modellierungsansatzes ist in realen Entwicklungsprojekten nur selten anzutreffen. Dort werden unterschiedliche Modellierungsmethoden nebeneinander eingesetzt. Diese sind einerseits optimal auf spezifische Teilaspekte der Modellierung abgestimmt, führen andererseits aber zur Entstehung von Teilmodellen, für die kein Zusammenhang spezifiziert ist. Widersprüche zwischen Teilmodellen werden dadurch nicht oder zu spät erkannt und eskalieren schlimmstenfalls erst bei der Implementierung des Informations-

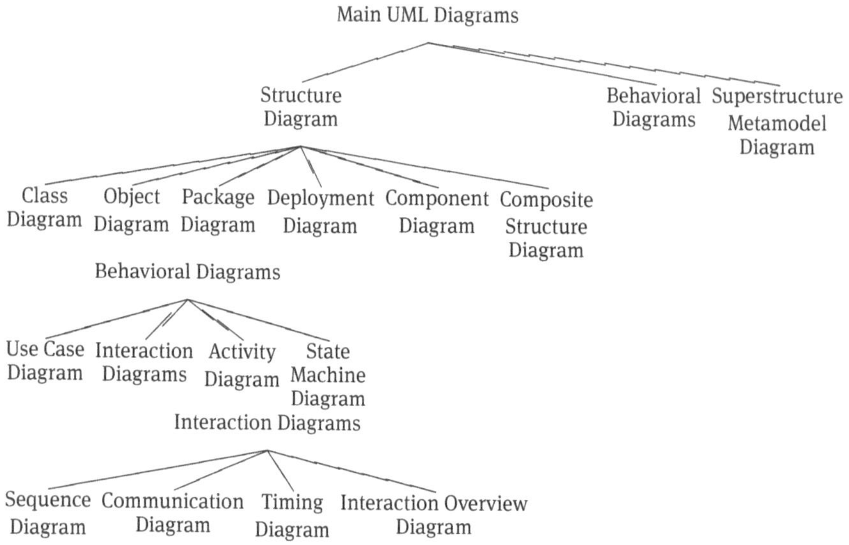

Abb. 21.1. UML-Diagrammtypen

systems, da die Implementierung eine implizite Zusammenführung von Teilmodellen erzwingt. Eine modellübergreifende Konsistenzsicherung oder gar automatisierte Unterstützung des Entwicklers bei der Änderung und Entwicklung von Teilmodellen stellt eine bisher nur unzureichend bewältigte Herausforderung dar.

21.1.1 Modellvielfalt in der Softwareentwicklung

Als Beispiel für die in praktischen Entwicklungsprojekten anzutreffende Vielfalt von Modellierungsansätzen mag die UML dienen. Obwohl diese Sprache den Begriff *unified* im Namen führt, ist sie keine homogene Sprache mit einheitlicher Syntax und Semantik. Vielmehr besteht sie aus unterschiedlichen Sprachen, die ursprünglich unabhängig voneinander entstanden sind und die untereinander nur vergleichsweise lose gekoppelt sind.

Abbildung 21.1 zeigt diese Variationsbreite anhand der in der UML definierten Diagrammtypen. Die unterschiedliche formale Fundierung beeinflusst zudem die Entscheidung des Entwicklers für einen bestimmten Diagrammtyp und seine Interpretation des gewählten Diagrammtyps. In (SiG99) wird gezeigt, wie bestimmte Eigenschaften der UML Entscheidungen des Entwicklers beeinflussen und ihn auch fehlleiten können. Selbst bei Beschränkung auf einen einzigen Diagrammtyp besteht für den Entwickler noch erheblicher Interpretationsspielraum. (DaT10) verweist auf allein 48 mögliche Interpretationen für UML-Zustandsdiagramme.

Die Semantik diagrammübergreifender Beziehungen ist in der UML teilweise formal, teilweise informal, teilweise überhaupt nicht spezifiziert. Eine Entwicklung von zusammenhängenden UML-Artefakten unterschiedlicher UML-Teilsprachen gelingt dadurch nur partiell (SME09; ScT06).

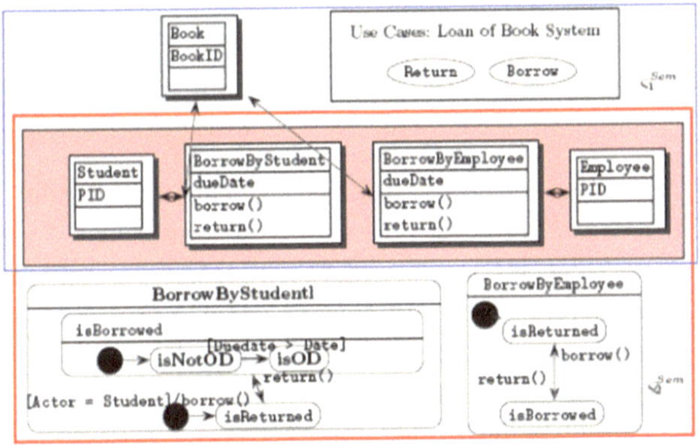

inherent integrity constraints in diagrams

$$EC_1^{states(SC,CT)}: \texttt{StateChart}(States) \subseteq \texttt{ClassDiagram}(\pi_X(RulingClass))$$

$$State' \notin \texttt{ClassDiagram}(\pi_X(RulingClass)) \longrightarrow F\ \texttt{modify}(\texttt{StateChart}(State, State'))$$

$$O\ \texttt{cascade}(\texttt{modify}(\texttt{ClassDiagram}(RulingClass, X)), \texttt{modify}(\texttt{StateChart}(State)))$$

$$\texttt{do}(Agent_1, \texttt{modify}(\texttt{ClassDiagram}(RulingClass, X)) \frown \texttt{do}(\texttt{notify}(Agent_2, \texttt{modify}(\texttt{ClassDiagram}(RulingClass, X))))$$

$$\texttt{StateChart}(\{IsBorrowed, IsReturned\}) \subseteq \texttt{ClassDiagram}(\pi_{LendingState}(Book))$$

Abb. 21.2. Zusammengehörige UML-Diagramme

Die Abbildungen 21.2 und 21.3 zeigen einen Satz von UML-Diagrammen, die bei der Entwicklung eines Informationssystems entstanden sein könnten. Ein Anwendungsfalldiagramm benennt die vom Informationssystem abzudeckenden und für den Nutzer des Systems sichtbaren Anwendungsfälle und ggf. deren Abhängigkeiten. Ein Klassendiagramm dient der Spezifikation der beteiligten Entitäten, ihres Zustandes, ihrer Beziehungen und Teilaspekten ihres Verhaltens. Ein Zustandsdiagramm modelliert hingegen ausschließlich das Verhalten einer Entität. Ändert der Entwickler beispielsweise ein Element des Zustandsdiagramms,

Generelle inhärente Integritätsbedingungen zwischen den Diagrammen
$\mathrm{EC}_1^{states(SC,CT)}$: $\texttt{StateChart}(\boldsymbol{States}) \subseteq \texttt{ClassDiagram}(\pi_X(\boldsymbol{RulingClass}))$
Resultierende Erzwingungsbedingungen
$\boldsymbol{State'} \notin \texttt{ClassDiagram}(\pi_X(\boldsymbol{RulingClass})) \longrightarrow F\ \texttt{modify}(\texttt{StateChart}(\boldsymbol{State}, \boldsymbol{State'}))$
$O\ \texttt{cascade}(\texttt{modify}(\texttt{ClassDiagram}(\boldsymbol{RulingClass}, X)), \texttt{modify}(\texttt{StateChart}(\boldsymbol{State})))$
Abgeleitete Aktionsbedingungen für Kooperation von Entwicklungsagenten
$\texttt{do}(\boldsymbol{Agent}_1, \texttt{modify}(\texttt{ClassDiagram}(\boldsymbol{RulingClass}, X))) \curvearrowright$
$\texttt{do}(\texttt{notify}(\boldsymbol{Agent}_2, \texttt{modify}(\texttt{ClassDiagram}(\boldsymbol{RulingClass}, X))))$
Instantiierte Integritätsbedingung zwischen Statechart und Klassendiagramm
$\texttt{StateChart}(\{\boldsymbol{IsBorrowed}, \boldsymbol{IsReturned}\}) \subseteq \texttt{ClassDiagram}(\pi_{LendingState}(\boldsymbol{Book}))$

Abb. 21.3. Deklaration, resultierende Integritätsbegingungen, Erzwingung, Aktionsbedingungen und Kohärenzbedingungen zwischen den Diagrammen in Bild 21.2

das aus einer Eigenschaft des Klassendiagramms abgeleitet wurde, so muss diese Änderung auch im Klassendiagramm nachvollzogen werden. Wir nutzen dazu eine deontische Logik mit den Operatoren O (obliged), P (permitted) und F (forbidden). Sind derartige Beziehungen formal spezifiziert und werden sie von den beteiligten Teilmodellen eingehalten, dann bezeichnen wir die Teilmodelle im Folgenden als kohärent. Werden die Teilmodelle eines Informationssystems unter Verwendung unterschiedlicher Modellierungssprachen entwickelt, dann müssen Beziehungen zwischen den Modellen explizit spezifiziert werden, bevor ihre Einhaltung mit entsprechenden Entwicklungswerkzeugen überwacht und sichergestellt werden kann. Das Beispiel UML zeigt, dass dies selbst innerhalb einer vermeintlich einheitlichen Sprache notwendig ist.

Der in (JaT10) entwickelte Rahmen dient hier als Vorlage. Integritätsbedingungen werden deklariert. Aus dieser Deklaration kann die Menge der resultierenden Erzwingungsregeln abgeleitet werden. Dazu nutzen wir die Herangehensweise in (ScA99). Diese Erzwingungsregeln werden je nach Umgebung eingesetzt. Zur Umgebung gehört auch die Kollaborationsform. Es kann z.B. eine Aktion eines Agenten eine Aktion bei einem anderen Agenten erforderlich machen. Die Pattern für die Integratätsbedingungen können nun mit den Modellelementen verknüpft werden. Diese Verknüpfung wird genutzt, um die konkreten Integritätsbedingungen abzuleiten.

21.1.2 Kohärenz in der Modellierung

Bisher existieren Modelle eines Entwicklungsprozesses vorwiegend nebeneinander, ohne dass zwingend ein formal spezifizierter Zusammenhang zwischen den Modellen besteht. Um einen Entwicklungsprozess zu erreichen, bei dem Modelle nicht nur zusammen existieren (Co-Existence), sondern auch zusammen konsistent weiterentwickelt werden (Co-Evolution), sind laut (DaT10) unter anderem folgende Aufgaben zu lösen:

1. Explizite Spezifikation des Zusammenwirkens von Modellen.
2. Integrierte Entwicklung unterschiedlicher Modelle.
3. Datenaustausch zwischen Modellen, insbesondere zur Propagierung von Änderungen.
4. Werkzeugunterstützung für die Spezifikation, Speicherung und Propagierung von Modelländerungen.

Ziel der oben skizzierten Entwicklung ist die Erzielung von Kohärenz. Diese wird in (DaT10) als feste Beziehung zwischen Modellen definiert: Zwei Modelle sind genau dann kohärent, wenn jede Änderung in einem der Modelle zum jeweils anderen Modell propagiert wird. Durch die Änderung dürfen die jeweils für die Einzelmodelle definierten Integritätsbedingungen nicht verletzt werden.

21.1.3 Gliederung

Im Abschnitt 21.2 werden wir mit den Modell-Suiten einen Ansatz vorstellen, auf dessen Grundlage modellübergreifende Zusammenhänge explizit spezifiziert werden können. In Abschnitt 21.3 werden daraus konkrete Anforderungen an die Arbeitsumgebungen abgeleitet, in denen die Modellierung von Informationssystemen praktisch durchgeführt wird. Wie eine bestehende Arbeitsumgebung zur Softwareentwicklung inkrementell für die modellübergeifende Konsistenzsicherung angepasst werden kann, zeigt der Abschnitt 21.4.

21.2 Modell-Suiten

Um die im vorigen Abschnitt geforderte Spezifikation von Kohärenz, ihre Überwachung und ihre Durchsetzung zu gewährleisten, werden mehrere Modelle zu einer modellübergreifenden Struktur, einer so genannten Modell-Suite (DaT10) zusammgefasst. Modell-Suiten sind eine Erweiterung von Model Ensembles

(PrH07), die unter anderem in verteilten oder föderierten Datenbanken zum Einsatz kommen (ScT07). Eine derartige Modell-Suiten besteht aus
- einer Menge von Modellen $\{M_1, \ldots, M_n\}$,
- Schemata für Assoziationen und Kollaborationen zwischen den Modellen,
- Controllern, welche für die Kohärenz der Modell-Suite sorgen,
- Bearbeitungsschemata, welche explizit die Bearbeitung und Weiterentwicklung der Modell-Suite beschreiben, und
- Tracern, mit denen sich die Herstellung von Kohärenz verfolgen lässt.

Ein Modell M ist in diesem Zusammenhang eine Struktur,
- die auf einem Ausdruck in einer Sprache $\mathcal{L}_{\mathbb{S}}$ basiert, welcher die für die Sprache definierten Wohlgeformtheitsbedingungen $\sum_{\mathcal{L}_{\mathbb{S}}}$ erfüllt und
- die eine Menge von in der zur Sprache gehörigen Logik definierten Integritätsbedingungen $\sum_M$ erfüllt.

$\mathbb{S}$ ist die Signatur von $\mathcal{L}_{\mathbb{S}}$, also die Menge der Konstanten, Funktionssymbole und Relationssymbole beziehungsweise Prädikate, aus denen sich Ausdrücke in $\mathcal{L}_{\mathbb{S}}$ bilden lassen. Sind die Modelle einer Modell-Suite in einer einheitlichen Sprache notiert, so lässt sich diese auch zur Definition modellübergreifender Assoziationen verwenden. Sind zwei Modelle in unterschiedlichen Sprachen $\mathcal{L}_{\mathbb{S}_i}$, $\mathcal{L}_{\mathbb{S}_j}$ repräsentiert, sind zunächst partielle Abbildungen $\mathbb{R}_{i,j} : \mathcal{L}_{\mathbb{S}_i} \to \mathcal{L}_{\mathbb{S}_j}$ zwischen den Elementen der beteiligten Sprachen zu definieren, mit deren Hilfe dann Assoziationen zwischen den Modellen definiert werden.

Der für Modell-Suiten eingeführte Begriff des Kollaborationsschemas geht über die reine Spezifikation von Assoziationen zwischen Modellen und modellübergreifenden Bedingungen hinaus. Kollaboration zwischen Modellen beinhaltet neben der Spezifikation gültiger Zustände auch explizite Spezifikationen von ungültigen Zuständen und von Maßnahmen zu deren Korrektur und Vermeidung. In (DaT10) wird dazu der Begriff des Vertrages (Contract) verwendet. Ein solcher Vertrag umfasst:
- eine Menge von Integritätsbedingungen,
- eine Beschreibung eines Mechanismus zu deren Durchsetzung,
- eine Beschreibung von Änderungsoperationen, durch die eine Modell-Suite ausgehend von einem kohärenten Startzustand in einen kohärenten Folgezustand überführt wird.

Übertragen auf die Bestandteile einer Modell-Suite
- sind die Integritätsbedingungen des Vertrages Bestandteil des Kollaborationsschemas der Modell-Suite,

- spezifiziert die Beschreibung des Durchsetzungsmechanismus des Vertrages das Verhalten von Controllern der Modell-Suite,
- sind die Beschreibungen kohärenter Änderungsoperationen Teil des Bearbeitungsschemas der Modell-Suite.

Als Tracer der Modell-Suite können die Daten aufgefasst werden, die bei der Erstellung und Änderung von Modellen entstehen und zur Bestimmung und gegebenenfalls Wiederherstellung der Kohärenz der Modell-Suite genutzt werden. Sind die Beschreibungen der kohärenzerhaltenden Änderungsoperationen eindeutig, lassen sich Änderungen eines Modells maschinell auf weitere Modelle übertragen. Sind unterschiedliche Operationen zur Wiederherstellung der Kohärenz nach Änderung eines Modells möglich, ist die Mitarbeit des Softwareentwicklers nötig. Dieser muss dann entweder manuell eine Operation aus der Liste der möglichen kohärenzerhaltenden Operationen auswählen oder er muss bei der Erzeugung der Modell-Suite bereits ein Bearbeitungsschema wählen, das solche Wahlmöglichkeiten ausschließt.

21.3 Spezifikation und Nutzung von Modell-Suiten

Um eine Menge von Modellen wie im Beispiel aus den Abbildungen 21.2 und 21.3 zu einer Modell-Suite zusammenzufügen, sind folgende Schritte erforderlich:
- Definition bzw. Auswahl eines Assoziations- und Kollaborationsschemas,
- Definition bzw. Auswahl eines Bearbeitungsschemas für die konsistente Weiterentwicklung der Modell-Suite,
- Bereitstellung und Nutzung von Controllern, welche die Einhaltung des durch die Schemata definierten Vertrages gewährleisten,
- Bereitstellung und Nutzung von Tracern, welche eine Verfolgung der Entwicklung erlauben.

Für jedes Modell existiere ein entsprechender Modelltyp $\mathcal{T}_{\mathcal{L}_\mathbb{S}} = (\mathcal{L}_\mathbb{S}, \sum_{\mathcal{L}_\mathbb{S}})$ bestehend aus der basierend auf einer Signatur $\mathbb{S}$ definierten Sprache $\mathcal{L}_\mathbb{S}$ und einer Menge von Integritätsbedingungen $\sum_{\mathcal{L}_\mathbb{S}} \in \mathcal{L}(\sum_\mathbb{S}^{WellFormed})$, welche alle in $\mathcal{L}_\mathbb{S}$ erzeugten Modelle erfüllen müssen. Mit Hilfe der Typen der Einzelmodelle lässt sich nun der Typ der Modell-Suite definieren als Tupel $\mathcal{ST} = (\mathcal{T}_{\mathcal{L}_{\mathbb{S}_1}}, \ldots, \mathcal{T}_{\mathcal{L}_{\mathbb{S}_n}}, \sum_{\mathcal{L}_{\mathbb{S}_1},\ldots,\mathcal{L}_{\mathbb{S}_n}}$). Die Menge $\sum_{\mathcal{L}_{\mathbb{S}_1},\ldots,\mathcal{L}_{\mathbb{S}_n}}$ beinhaltet die modellübergreifenden Integritätsbedingungen, die also nicht Bestandteil eines einzelnen beteiligten Modelltyps sind. Der Typ der Modell-Suite definiert das Assoziationsschema der Modell-Suite.

Seien beispielsweise die Integritätsbedingungen des Model Suite Typs durch prädikatenlogische Formeln ausgedrückt und konkrete Modelle seien eine Interpretation dieser Formeln. Dann bilden diese Modelle eine gültige Modell-Suite, falls alle durch den Typ der Modell-Suite definierten Formeln unter der Interpretation der konkreten Modelle erfüllt sind. Mit einer derartigen Erfüllbarkeitsprüfung lässt sich also feststellen, ob die Modell-Suite in ihrem aktuellen Zustand kohärent ist. ändert sich eines der beteiligten Modelle, wird die Modell-Suite dadurch potentiell inkohärent. Um dies zu verhindern, müssen zulässige Änderungsoperationen oder Operationen zur Erhaltung der Kohärenz definiert werden. Da in der Sprache der Prädikatenlogik keine Elemente zur Darstellung von Begriffen wie Verpflichtung, Erlaubnis oder Verbot verfügbar sind, bietet sich zur Repräsentation derartiger Vertragsverpflichtungen die Verwendung deontischer Logik an. Die Abbildungen 21.2 und 21.3 zeigen ein Beispiel einer solchen in deontischer Logik notierten Integritätsbedingung. Falls ein Zustand des Zustandsdiagramms so geändert wird, dass er nicht mehr in der Menge der aus dem Klassendiagramm ableitbaren Zustände enthalten wäre, dann ist die Änderung des Zustandsdiagramms verboten. Derartige Regeln für die konsistente Weiterentwicklung der Modell-Suite sind Bestandteil des Bearbeitungsschemas der Modell-Suite.

Um das Bearbeitungsschema anzuwenden, müssen Änderungen der beteiligten Modelle bemerkt (Tracer) und sie müssen zwischen den Modellen kommuniziert werden. Das Kollaborationsschema legt dazu fest, auf welche Art Änderungen kommuniziert werden (z.B. Master/Slave, Publish/Subscribe) und auf welche Weise eine koordinierte Änderung innerhalb der Modell-Suite abzulaufen hat (z.B. synchron/asynchron, transaktional).

Die Tracer einer Modell-Suite sind in einer konkreten Entwicklungsumgebung Softwarekomponenten, welche Änderungen an beteiligten Modellen registrieren und an andere Komponenten (Controller) kommunizieren könnnen. Die Controller einer Modell-Suite sind Softwarekomponenten, welche das Assoziations- und Bearbeitungsschema der Modell-Suite auf deren Teilmodelle anwenden.

Die Bestandteile einer Modell-Suite insbesondere ihre Schemata, Tracer und Controller müssen nicht für jede konkrete Modell-Suite erneut definiert werden. Tracer werden einmalig pro Modelltyp definiert. Controller können generisch für die zur Schemadefinition genutzte Sprache entwickelt werden und lassen sich danach mit konkreten Assoziations-, Bearbeitungs- und Kollaborationsschemata parametrisieren. Assoziations-, Bearbeitungs- und Kollaborationsschemata sind pro Modell-Suite Typ zu spezifizieren, können danach aber, wie der gesamte Modell-Suite Typ wiederverwendet werden.

21.4 Werkzeugunterstützung

Die praktische Spezifikation und Nutzung von Modell-Suiten in realen Arbeitsumgebungen erfordert sowohl Anpassungen der bereits existierenden Entwicklungswerkzeuge als auch der Art und Weise, in der diese Werkzeuge genutzt werden.

21.4.1 Veränderung herkömmlicher Arbeitsumgebungen

Wir gehen davon aus, dass eine Arbeitsumgebung zur Softwareentwicklung niemals aus einem einzigen Werkzeug besteht, mit dem sich alle Produkte des Softwareentwicklungsprozesses bearbeiten lassen. Eine solche Arbeitsumgebung besteht immer aus mehreren Werkzeugen, die jeweils optimal entweder an die Bearbeitung bestimmter Artefakte oder an die Unterstützung bestimmter Entwicklungsschritte angepasst sind. Als Artefakt werden im Folgenden alle Produkte aufgefasst, die während eines Entwicklungsschrittes hergestellt werden (von lat. arte factum - "durch Kunst Hergestelltes") und in einer maschinell verarbeitbaren Repräsentation vorliegen. Wir unterstellen mit dieser Begriffsbildung, dass Softwareentwicklung kein deterministischer, vollständig automatisierbarer Vorgang ist, sondern letztlich immer das Ergebnis einer kreativen Tätigkeit, nämlich der des Softwareentwicklers. Durch die Auswahl bestimmter Werkzeuge in der Anfangsphase eines Softwareentwicklungsprojekts wird bestimmt, welche Artefakte überhaupt produziert werden können, wie diese Artefakte repräsentiert werden und welche Arten von Beziehungen zwischen Artefakten verschiedener Werkzeuge denkbar sind. Sollen in einer solchen Arbeitsumgebung artefakt- und werkzeugübergreifende Konsistenzprüfungen stattfinden, dann muss die Arbeitsumgebung an diesen Zweck angepasst sein. Die erforderlichen Anpassungen lassen sich grob in

- Anpassungen der Werkzeuge,
- Ergänzungen der Arbeitsumgebung und
- projektspezifische Anpassungen

unterteilen. Werkzeugspezifische Anpassungen erweitern das jeweilige Werkzeug so, dass es Inhalte in einer Repräsentation produzieren kann, die für eine artefaktübergreifende Konsistenzsicherung innerhalb der Arbeitsumgebung geeignet ist. Außerdem wird das Werkzeuge um Funktionalität erweitert, durch die Änderungen eines Artefakts an andere Werkzeuge bzw. an eine artefaktübergreifende Konistenzprüfung kommuniziert werden können. Ein so erweitertes Werkzeug übernimmt damit unter anderem die Rolle eines Tracers einer Modell-Suite.

Eine Ergänzung der Arbeitsumgebung ist die Bereitstellung eines geeigneten Werkzeugs zur Verwaltung und Prüfung artefaktübergreifender Konsistenzbedingungen. Dieses übernimmt die Rolle eines Controllers im Sinne einer Modell-Suite. Die Definition artefaktübergreifender Integritätsbedingungen stellt eine weitere Ergänzung der Arbeitsumgebung dar. Die für eine Arbeitsumgebung getroffene Auswahl an Werkzeugen bestimmt, welche Artefakte produziert werden können und über welche Artefakteigenschaften überhaupt Konsistenzbedingungen formuliert werden können. Einmal konfiguriert ist eine solche Arbeitsumgebung aus einer konkreten Auswahl an Werkzeugen und einem konkreten Satz an zwischen den Artefakten der Werkzeuge definierten Konsistenzbeziehungen grundsätzlich für mehrere Softwareentwicklungsprojekte einsetzbar. Abhängig vom jeweiligen Projekt kann die Definition weiterer Konsistenzbeziehungen oder eine änderung bestehender Definitionen von Konsistenzbeziehungen nötig werden. Konsistenzbedingungen können projektspezifisch verschärft, abgeschwächt, neu hinzugefügt oder ganz entfernt werden.

Vor Beginn der Entwicklungsarbeiten in einer Arbeitsumgebung mit artefaktübergreifender Konsistenzprüfung müssen also folgende Schritte stattgefunden haben:

1. Auswahl der zu verwendenden Werkzeuge,
2. Auswahl des Werkzeugs zur Verwaltung und Prüfung der artefakt-übergreifenden Konsistenz,
3. Anpassung der unter 1) gewählten Werkzeuge an die Repräsentation des unter 2) gewählten Werkzeugs,
4. Definition der im Projekt zu prüfenden Konsistenzbedingungen.

Nicht alle Schritte sind bei jedem neuen Softwareentwicklungsprojekt zu durchlaufen. Hat sich eine bestimmte Kombination von Entwicklungswerkzeugen (Schritt 1) bewährt, kann davon ausgegangen werden, dass sie in mehr als einem Projekt zum Einsatz kommt. Auch die Festlegung auf ein bestimmtes Verfahren zur Konsistenzprüfung (Schritt 2), zum Beispiel auf Basis von Abstract State Machines (Bor03), kann über mehrere Projekte beibehalten werden. Anpassungen eines Werkzeugs (Schritt 3) sind nur dann notwendig, wenn das betreffende Werkzeug die für die Konsistenzprüfung erforderliche Repräsentation nicht erzeugen kann. In Folgeprojekten werden solche Anpassungen des Werkzeugs nur dann noch erneut nötig, falls sich die zur Konsistenzprüfung genutzte Repräsentation im Folgeprojekt geändert hat oder gegen einen völlig andere ausgetauscht worden ist. Ergänzungen oder Veränderungen bestehender Konsistenzbedingungen (Schritt 4) sind in Folgeprojekten nur dann notwendig, wenn neue Artefakttypen zur Arbeitsumgebung hinzukommen, deren Eigenschaften von den bisher definierten Konsistenzbedingungen nicht erfasst werden. Der Austausch eines Entwicklungswerkzeugs durch ein anderes, das Artefakte desselben Typs produziert, führt nicht zu einer Änderung bestehender Definitionen von Konsistenzbedingungen. Die für die Konsistenzprüfung genutzte Repräsentation von Artefakten dieses Typs ist unabhängig vom Werkzeug, mit dem das Artefakt produziert wird. Kommt in unterschiedlichen Softwareentwicklungsprojekten dieselbe Arbeitsumgebung oder zumindest eine Arbeitsumgebung auf Basis derselben Repräsentation von Konsistenzbeziehungen zum Einsatz, so besteht der Zusatzaufwand in der Anfangsphase des Projekts verglichen mit Projekten ohne diese Form der Integritätssicherung lediglich in der Auswahl und gegebenenfalls der Definition projektspezifischer Konsistenzbedingungen. Hat sich die in Schritt 2 gewählte Form der Konsistenzprüfung bewährt, so können die Schritte 1 und 2 in späteren Entwicklungsprojekten auch vertauscht sein. Das heißt, ausgehend von der gewählten Methode der Konsistenzsicherung werden gezielt solche Werkzeuge für die Arbeitsumgebung ausgewählt, welche die gewählte Form der Konsistenzsicherung bereits unterstützen.

Alle Daten, die aus Produkten bestehender Werkzeuge abgeleitet werden (z.B. die zur Konsistenzprüfung verwendete Repräsentation von Artefakten) oder die artefakt-übergreifende Eigenschaften einer Modell-Suite beschreiben (z.B. Assoziations- und Bearbeitungsschema) werden von einer zentralen Instanz verwaltet, die allen beteiligten Werkzeugen zugänglich ist. Spezielle Content Management Systeme wie sie unter anderem in (Seh03; BSSS05) entwickelt werden, können als eine solche zentrale Instanz fungieren. Neben der Speicherung abgeleiteter und übergreifender Inhalte gestatten sie auch die Annotierung von Inhalten mit Schlagwörtern, die den Verwendungszweck der Inhalte näher beschreiben, und eine Verwaltung von Verweisen auf die ursprünglichen Artefakte, aus denen die im Content Management System verwalteten Daten abgeleitet sind. Inhalte, die der Entwickler als *wert*voll für seine Tätigkeit erachtet und die mit entsprechenden Schlagworten zur Kennzeichnung dieses Werts versehen sind, werden in der Terminologie derartiger begriffsorientierter Inhaltsverwaltungssysteme als *Assets* bezeichnet.

Eine Arbeitsumgebung zur Softwareentwicklung, die mit Hilfe eines derartigen zentralen Verwaltungssystems für die Bearbeitung von Modell-Suiten angepasst wurde, folgt damit der in Abbildung 21.4 gezeigen Architektur. Bestehende Modellierungs- und Entwicklungswerkzeuge kommuizieren dabei mit einem zentralen Dienst, über den sowohl Verweise auf Modelldaten, deren Verschlagwortung- und Aggregation (Asset Service) als auch Spezifikation und

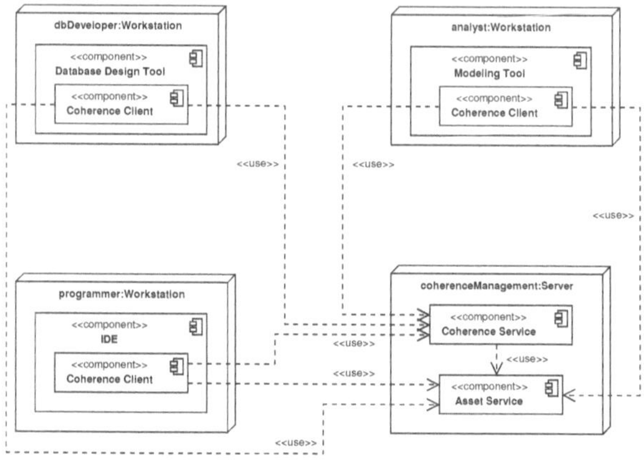

Abb. 21.4. Komponenten einer integrierten Arbeitsumgebung

Anwendung von Schemata einer Modell-Suite (Coherence Service) abgewickelt werden.

21.4.1.1 Anpassungen von Werkzeugen

Wird ein Softwareentwicklungswerkzeug erstmalig einer Arbeitsumgebung hinzugefügt, in welcher der Zusammenhalt von Artefakten unterschiedlicher Werkzeuge dokumentiert und deren Konsistenz überprüft werden soll, muss es für den Gebrauch in dieser Umgebung angepasst werden. Die erforderlichen Anpassungen des Werkzeugs werden unter dem Dach einer speziellen Komponente, des Coherence Clients, zusammengefasst. Wie die Funktionalität eines Coherence Clients implementiert wird, hängt von folgenden Faktoren ab:

- Identifizierbarkeit von Artefakten des Entwicklungswerkzeugs,
- Übersetzbarkeit von Artefakteigenschaften in eine für die Konsistenzprüfung geeignete Repräsentation,
- Erkennbarkeit von relevanten Artefaktänderungen.

Um Konsistenzbeziehungen zwischen Artefakten beschreiben zu können, müssen sich die beteiligten Artefakte identifizieren lassen. Um ein Artefakt überhaupt mit einem Werkzeug bearbeiten zu können, muss der Benutzer angeben können, welches Artefakt er bearbeiten möchte. Er übergibt dem Werkzeug also entweder einen Identifikator für ein bestehendes Artefakt oder er erzeugt ein neues Artefakt, während dessen Erstellung dann ein Identifikator vergeben wird. Dieser Identifikator kann ein Dateiname, ein Pfad innerhalb eines Dateisystems, ein Schlüsselwert einer Datenbanktabelle und ähnliches mehr sein. Es kann davon ausgegangen werden, dass jedes Werkzeug, mit dem sich Artefakte bearbeiten lassen, auch einen Mechanismus zur Identifikation von Artefakten implementiert. Für das Entwicklungswerkzeug selber reicht es aus, wenn die Identifikation innerhalb seines spezifischen Arbeitsbereichs eindeutig ist, beispielsweise innerhalb des Dateisystem-Ordners, in dem das Entwicklungswerkzeug seine Artefakte ablegt. Für die Beschreibung einer werkzeugübergreifenden Konsistenzbeziehung reicht diese Form der Identifikation noch nicht aus. Innerhalb der globalen Arbeitsumgebung können Identifikatoren mehrfach auftreten, die innerhalb der lokalen Umgebung des jeweiligen Werkzeugs bereits eindeutig wären. Ein Beispiel wären zwei unterschiedliche Werkzeuge, die in ihrem jeweiligen Arbeitsbereich ihre Artefakte nach demselben Schema benennen und deren Artefakte nur anhand der unterschiedlichen Arbeitsbereiche der beiden Werkzeuge unterschieden werden könnten. Falls also die Werkzeuge einer Arbeitsumgebung noch keine artefakt- und werkzeugübergreifend eindeutigen Identifikatoren erzeugen können, muss für die Arbeitsumgebung ein entsprechend eindeutiges Identifikationsschema definiert werden. Jeder Coherence Client wird dann mit der nötigen Funktionalität versehen, um Abbildungen zwischen der Werkzeug-lokalen Identifikation und der globalen Identifikation der Arbeitsumgebung zu gewährleisten. Dieser innerhalb der Arbeitsumgebung eindeutigen Identifikatoren werden dann an den Asset Service der Arbeitsumgebung übermittelt.

Sollen innerhalb einer Arbeitsumgebung nicht nur artefaktübergreifende Beziehungen definiert, sondern auch Konsistenzprüfungen auf Basis dieser Beziehungen durchgeführt werden, müssen die an einer Konsistenzprüfung beteiligten Artefakte in einer Form beschrieben sein, die für eine solche Konsistenzprüfung geeignet ist. Beispielsweise lässt sich die zu prüfende Integritätsbedingung als Regel einer Abtract State Machine (ASM) formulieren. Falls ein Werkzeug seine Artefakte noch nicht in der für Konsistenzprüfungen genutzten Sprache darstellen kann, muss sein Coherence Client entsprechende Funktionalität zur Erzeugung einer solchen Repräsentation erhalten. Im Falle der ASM-basierten Konsistenzprüfung würde der Coherence Client dann Artefakteigenschaften beispielsweise als Wertbelegungen dynamischer ASM-Funktionen darstellen. Die Ausführung der Prüfung entspräche einem konkreten Lauf der ASM. Das Ergebnis der Prüfung ergäbe sich dann aus dem Endzustand der ASM.

Ein Entwicklungswerkzeug, das Artefakte in der oben beschriebenen Weise identifizieren und repräsentieren soll, muss auch relevante Veränderungen eines Artefakts erkennen können. Wird ein Artefakt mit dem Werkzeug bearbeitet, ändert sich möglicherweise auch die zur Konsistenzprüfung genutzte Repräsentation des Artefakts oder gar seine Identifikation. Der Coherence Client muss also die Konsistenz zwischen der "internen" Artefaktrepräsentation des Werkzeugs und der für die “externe” Konsistenzprüfung genutzten Artefaktrepräsentation aufrechterhalten. Um solche Änderungen zu erkennen, müssen Ereignisse definiert werden, die der Coherence Client des Werkzeugs erkennen kann, beispielsweise das Speichern eines Artefakts oder das Verlassen eines Bearbeitungsdialogs. Bei Auftreten eines solchen Ereignisses synchronisiert dann der Coherence Client die Artefaktrepräsentation des Werkzeugs mit der werkzeugunabhängigen Artefaktrepräsentation der Arbeitsumgebung.

Die Erweiterung eines bestehenden Entwicklungswerkzeugs um einen Coherence Client setzt voraus, dass das jeweilige Entwicklungswerkzeug geeignete Schnittstellen bereitstellt, um die erforderlichen Daten zu gewinnen, die für eine einheitliche Identifikation und Repräsentation erforderlich sind. Entwicklungswerkzeuge, die auf einer offenen Plattform wie beispielsweise Eclipse basieren, erlauben das Hinzufügen neuer Funktionalität über so genannte PlugIns. Diese Module können Funktionalität anderer Module mitnutzen, sich also beispielsweise als Beobachter von änderungsereignissen registrieren (vgl. Beobachter-Entwurfsmuster in (GHJV96)) und selber neue Funktionalität zur Plattform hinzufügen.

Kann ein Entwicklungswerkzeug die für den Coherence Client erforderlichen Daten nicht über interne Schnittstellen liefern, so lässt sich keine direkte Kommunikation zwischen Entwicklungswerkzeug und Coherence Service implementieren. Falls aber die Repräsentation dokumentiert ist, in der die mit dem Werkzeug erzeugten Artefakte gespeichert werden, lässt sich ein aus der Sicht des Werkzeugs externer Coherence Client implementieren. Dieser wäre ein eigenständiger Konverter, der unabhängig vom ursprünglichen Werkzeug arbeitet und der die werkzeugspezifische Repräsentation interpretiert und daraus eine für die Konsistenzprüfung geeignete Repräsentation erzeugt. Speichert beispielsweise das Werkzeug Artefakte als XML-Dateien und ist das Schema oder die Dokumententypdefiniton der XML-Dateien bekannt, können relevante Inhalte mit Hilfe eines XML-Parsers ausgelesen und in Elemente einer ASM-Spezifikation transformiert werden. Die Erkennung relevanter Artefaktänderungen würde in diesem Fall nicht über einen Benachrichtigungsmechanismus des Entwicklungswerkzeugs laufen (Push-Mechanismus), sondern der Konverter müsste selber in regelmäßigen Abständen oder auf Anfrage des Entwicklers überprüfen, ob sich das jeweilige Artefakt verändert hat (Pull-Mechanismus). Verfügt ein Entwicklungswerkzeug weder über dokumentierte Schnittstellen zu seiner Artefaktverarbeitung, noch über eine dokumentierte externe Repräsentation seiner Artefakte, ist es für eine werkzeugübergreifende Konsistenzprüfung nur bedingt geeignet. Der Entwickler könnte die für die Konsistenzprüfung erforderliche Repräsentation auch manuell erzeugen, müsste dann aber auch manuell die Konsistenz zwischen werkzeugspezifischer und werkzeugunabhängiger Artefaktrepräsentation gewährleisten. Da dies einen aus Sicht des Entwicklers unerwünschten, wiederkehrenden Zusatzaufwand verursacht, würde man ein solches Werkzeug vermutlich nicht in einer Arbeitsumgebung verwenden, in der werkzeugübergreifende Konsistenzsicherung betrieben werden soll.

Alle in diesem Abschnitt beschriebenen Anpassungen eines Entwicklungswerkzeugs verursachen lediglich einmalig Entwicklungsaufwand. Entsprechend modifizierte Entwicklungswerkzeuge können danach in jeder Arbeitsumgebung eingesetzt werden, welche dieselbe formale Methode zur Konsistenzsicherung verwendet. Änderungen an bestehenden Coherence Clients werden nur dann nötig, wenn sich die Schnittstellen zur Asset- und Konsistenzverwaltung ändern oder wenn sich die formale Repräsentation von Konsistenzbeziehungen ändert, durch einen anderen Formalismus ersetzt oder um einen zusätzlichen Formalismus ergänzt wird.

21.4.1.2 Definition von Konsistenzbedingungen

Ein Aufwand, der einmalig für jede Arbeitsumgebung anfällt, ist die Beschreibung der artefaktübergreifenden Integritätsbedingungen, die in der Arbeitsumgebung bzw. für bestimmte Typen von Modell-Suiten gelten sollen. Anzahl, Form und Detailgrad dieser Integritätsbedingungen hängen von mehreren Einflussgrößen ab:

- Anzahl der in der Arbeitsumgebung auftretenden Artefakttypen,
- für die Spezifikation von Konsistenzbedingungen gewählte Sprache,
- der Fähigkeit der verwendeten Werkzeuge, Artefakte in der zur Konsistenzprüfung gewählten Sprache zu repräsentieren.

Die Anzahl der auftretenden Artefakttypen beeinflusst die Anzahl der möglichen Bezie-hungstypen zwischen Artefakten unterschiedlichen Typs. Sie wächst polynomiell mit der Anzahl der vorhandenen Artefakttypen. Im Fall von binären Artefaktbeziehungen wächst die Zahl der möglichen Beziehungstypen beispielsweise quadratisch mit der Zahl der vorhandenen Artefakttypen. In der Praxis wird nur ein Bruchteil aller möglichen Artefaktbeziehungen auch tatsächlich auftreten. Außerdem muss nicht jedes Artefakt in einer direkten, explizit repräsentierten Beziehung zu jedem beliebigen anderen Artefakt des Softwareentwicklungsprozesses stehen. Der Zusammenhalt zweier Artefakte kann sich auch transitiv ergeben. Zu beachten ist hierbei, dass die in dieser Arbeit vorgestellte Form der Kohärenzprüfung nur für Artefaktmengen gilt, die explizit zu einer entsprechenden Modell-Suite zusammengefasst wurden.

Existieren für einen Softwareentwicklungsschritt unterschiedliche Implementierungsalternativen, dann kann jede der Alternativen durch eine eigene Modell-Suite mit eigenen, anderen Alternativen widersprechenden Integritätsbedingungen dargestellt sein. Spielt ein Entwickler solche Alternativen durch, dann ist das Ausgangsartefakt an der Entstehung unterschiedlicher Zielartefakte beteiligt, die jeweils unterschiedlichen Implementierungsalternativen entsprechen. Dadurch sind die unterschiedlichen Zielartefakte indirekt über das Ausgangsartefakt verbunden. Würde man nun das Ausgangsartefakt mit allen Zielartefakten zusammenfassen und für diese Artefaktmenge die Konsistenzbedingungen aller beteiligten Modell-Suiten überprüfen, ergäben sich Widersprüche, obwohl alle Artefakte bezogen auf die einzelnen Modell-Suiten konsistent wären. Solche Inkonsistenzen ließen sich beheben, wenn beispielsweise eine Kennzeichnung der unterschiedlichen Implemementierungsalternativen Teil der jeweiligen Konsistenzbeziehung wären. Dies würde aber bedeuten, dass nicht nur alle möglichen Kombinationen bekannter Artefakttypen, sondern auch noch alle möglichen Kombinationen bekannter Artefaktbeziehungen zu komplexeren Modell-Suiten vor Beginn der Softwareentwicklung vorausgesehen und formalisiert werden müssen. Die Gewinnung einer "globalen Modell-Suite", die alle Artefakte des Entwicklungsprozesses umfasst und kohärent ist, ist folglich ein wenig realistisches Szenario.

Die zur Spezifikation von Konsistenzbeziehungen gewählte Sprache bestimmt, wie Konsistenzbedingungen formuliert werden müssen und welche Konsistenzbedingungen sich überhaupt formulieren lassen. Eigenschaften konkreter Artefakte müssen sich auf Ausdrücke der gewählten Sprache abbilden lassen und die entsprechenden Ausdrücke müssen sich in einer Weise zu formalen Aussagen kombinieren lassen, welche eine Bestimmung der Gültigkeit einer Integritätsbedingung erlauben.

Eine weitere Voraussetzung für die Konsistenzprüfung innerhalb einer Arbeitsumgebung besteht darin, dass sich nicht nur Aussagen über die in der Umgebung auftretenden Artefakte formal formulieren lassen, sondern dass die beteiligten Werkzeuge solche formalen Aussagen auch tatsächlich produzieren. Die Qualität solcher Aussagen wird wesentlich vom Funktionsumfang des Coherence Clients des jeweiligen Werkzeugs bestimmt. Dieser kann nur solche Beschreibungen in der formalen Sprache der Arbeitsumgebung produzieren, für die das jeweilige Entwicklungswerkzeug auch die nötigen Daten liefert. Je mehr Daten das jeweilige Werkzeug liefert, desto spezifischere Aussagen kann sein Coherence Client produzieren.

Zwischen den von Coherence Clients produzierbaren Aussagen und den in der formalen Sprache formulierbaren Integritätsbedingungen besteht eine wechselseitige Abhängigkeit. Können beispielsweise unterschiedliche Werkzeuge dasselbe Artefakt bearbeiten, produzieren dabei aber unterschiedlich detaillierte formale Aussagen, dann kann der Entwickler einer Konsistenzbeziehung entscheiden, ob er eine Konsistenzbeziehung:

- auf Basis der detaillierten Beschreibung des einen Werkzeugs,
- auf Basis der gröberen Beschreibung des anderen Werkzeugs,
- oder auf Basis gemeinsamer Eigenschaften beider Beschreibungen formuliert.

Je nachdem, welche dieser Möglichkeiten gewählt wird und mit welchem Werkzeug das Artefakt dann tatsächlich bearbeitet wird, ändert sich auch die Aussagekraft einer Konsistenzprüfung. Basiert die Konsistenzprüfung auf einer detaillierten Artefaktbeschreibung, die das verwendete Werkzeug nicht liefern kann, schlägt die Konsistenzprüfung möglicherweise fehl oder ist nicht ausführbar. Basiert die Konsistenzprüfung auf einer groben Artefaktbeschreibung, das Werkzeug liefert aber feinere Angaben, bleiben unter Umständen Teile der Artefaktbeschreibung für die Konsistenzprüfung ungenutzt. Der Detaillierungsgrad, der bei der Formulierung von Konsistenzbeziehungen genutzt wird, kann in einem weiten Bereich schwanken. Folgende Liste zeigt beispielhaft einige mögliche Granularitätsstufen für artefaktübergreifende Beziehungen:

- grob, untypisiert, keine Konsistenzprüfung:
  Die Beziehung dokumentiert, dass Artefakte zueinander in Beziehung stehen. Ob die Artefakte einem bestimmten Typ angehören oder zwischen den Eigenschaften der Artefakte bestimmte Integritätsbedingungen erfüllt sind, wird nicht geprüft.
- grob, typisiert, keine über die Typprüfung hinausgehende Konsistenzprüfung:
  Der Typ der Konsistenzbeziehung schreibt nicht nur vor, dass Artefakte zueinander in Beziehung stehen, sondern auch, welchem Artefakttyp die Artefakte angehören müssen. Eine derartige Beziehung kann also nur zwischen Artefakten bestimmter Typen hergestellt werden.
- fein, auf Standardeigenschaften basierende Konsistenzprüfung:
  Zusätzlich zum Typ der an der Beziehung beteiligten Artefakte definiert der Beziehungstyp auch eine Integritätsbedingung. Existiert zum jeweiligen Artefakt eine Repräsentation, die mit dem Formalismus zur Konsistenzprüfung kompatibel ist, kann die Einhaltung der Integritätsbedingung zwischen den an dieser Beziehung beteiligten Artefakten geprüft werden. Werden in der Konsistenzbedingung ausschließlich Artefakteigenschaften genutzt, die für

Artefakte des jeweiligen Typs in offiziellen Standards festgelegt sind, dann kann die Konsistenzprüfung für alle Werkzeuge genutzt werden, die sich an den jeweiligen Standard halten.

- sehr fein, spezialisierte Konsistenzprüfung:
  Die für eine Konsistenzbeziehung definierte Integritätsbedingung nutzt spezielle Artefakteigenschaften, die nur für Artefakte eines speziellen Werkzeugs definiert sind. Hierdurch lässt sich eine enge Kopplung von Entwicklungswerkzeugen erreichen. Allerdings sinkt dadurch auch die Wiederverwendbarkeit von Integritätsbedingungen, da sie in diesem Fall nur für eine spezielle Arbeitsumgebung mit einem speziellen Satz von Werkzeugen definiert sind.

Die Notwendigkeit, für eine artefaktübergreifende Konsistenzsicherung entsprechende Beziehungen und Integritätsbedingungen zu definieren oder aus bestehenden Definitionen auszuwählen beeinflusst den Ablauf herkömmlicher Entwicklungsprozesse und damit die Nutzung der Arbeitsumgebung. Der folgende Abschnitt fasst die entsprechenden Veränderungen zusammen.

21.4.2 Veränderung herkömmlicher Arbeitsweisen

Die Veränderung einer Arbeitsumgebung durch zusätzliche Mechanismen zur Konsistenzprüfung bewirkt Veränderungen der Arbeitsweise der Softwareentwickler in einer solchen Umgebung.

21.4.2.1 Definition von Beziehungstypen

Vorgehensmodelle für die Softwareentwicklung wie das V-Modell (DrHM98) oder der Rational Unified Process (JaBR99) sehen am Anfang der Entwicklung eine Phase des Zurechtschneiderns (Tailoring) des Vorgehensmodells für das konkrete Entwicklungsprojekt vor. In diese Phase fällt auch die Festlegung, welche Artefakttypen während des Entwicklungsprozesses entstehen können oder sollen. Die Definition oder Auswahl artefaktübergreifender Integritätsbedingungen fällt auch in diese Phase. Sobald bekannt ist, welche Typen von Artefakten entstehen können, lässt sich auch festlegen, zwischen welchen Artefakttypen Konsistenzbeziehungen möglich sind. Die möglichen Beziehungstypen stellen dabei eigenständige Artefakttypen dar, die der Menge der bereits ausgewählten Artefakttypen hinzugefügt werden. Sofern in dieser Phase bereits die Arbeitsumgebung im Sinne einer Menge einzusetzender Werkzeuge feststeht, können diese bereits auf ihre Unterstützung für die bekannten Beziehungstypen hin überprüft und gegebenenfalls angepasst werden. Nach der Anpassung des Vorgehensmodells kann es instanziiert werden, es wird also eine konkrete Entwicklung bzw. ein konkretes Vorgehen begonnen. Während der Instanziierung werden weitere Festlegungen getroffen, unter anderem

- welche Artefakte im Einzelnen zu produzieren sind,
- für welchen Entwicklungsschritt welches Artefakt relevant ist,
- in welcher Beziehung Artefakte zueinander stehen sollen.

Aus der Menge der möglichen Artefakttypen und -beziehungen wird in dieser Entwicklungsphase also noch einmal eine Auswahl der tatsächlich zu produzierenden Artefakte und der tatsächlich einzuhaltenden Artefaktbeziehungen getroffen. Ein Großteil der zu prüfenden Integritätsbedingungen lässt sich damit festlegen, noch bevor das erste Artefakt produziert wird. Da Konsistenzbeziehungen zwischen konkreten Artefakten hier ihrerseits als Artefakte aufgefasst werden, lassen sie sich auch während des Entwicklungsprozesses noch um spezielle Konsistenzprüfungen erweitern. Dies kommt insbesondere solchen Entwicklungsprozessen zu Gute, bei denen Artefakte iterativ überarbeitet und inkrementell verfeinert werden.

21.4.2.2 Erzeugen konkreter Artefaktbeziehungen

Die kausale Reihenfolge von Entwicklungsschritten ändert sich durch die Einführung zusätzlicher Konsistenzprüfungen nicht. Die Gewinnung der für die Konsistenzprüfung notwendigen Artefaktdaten erfolgt automatisiert durch den Coherence Client des jeweiligen Entwicklungswerkzeugs. Die Ausführung der Konsistenzprüfung kann ebenfalls vom Coherence Client zu bestimmten Zeitpunkten automatisch angestoßen werden, beispielsweise beim Speichern, Einchecken oder Kompilieren eines Artefakts. Für den Entwickler ändert sich bei der Bearbeitung existierender Artefakte lediglich die Menge der Meldungen, die er nach einem entsprechenden Ereignis bekommt. Neben den bisherigen Fehlermeldungen, Warnungen und Reports erhält er jetzt zusätzlich die Ergebnisse der artefaktübergreifenden Konsistenzprüfung.

Ein geringer Zusatzaufwand entsteht für den Entwickler beim Erzeugen neuer Artefakte. Diese verfügen noch über keinerlei Beziehungen zu anderen Artefakten. Der Entwickler muss also aus den möglichen Beziehungstypen für das neue Artefakt diejenigen auswählen, die künftig für das Artefakt geprüft werden sollen. Diese Auswahl kann auch für alle Artefakte dieses Typs fest vorgegeben werden, so dass ein Coherence Client beim Erzeugen eines neuen Artefakts automatisch alle für diesen Artefakttyp vorgeschriebenen Beziehungen anlegen kann. Diese vom Entwickler manuell oder automatisch festgelegten Beziehungen sind noch nicht vollständig initialisiert. Ihnen fehlen noch die übrigen an der Beziehung beteiligten Artefakte. Existieren die fehlenden Artefakte noch gar nicht, braucht der Entwickler zunächst nichts weiter zu tun. Die artefaktübergreifenden Beziehungen seines neuen Artefakts sind partiell initialisiert und damit zunächst nur eingeschränkt überprüfbar. Existieren aber bereits Artefakte, deren Typ zur fraglichen Beziehung passt und die ihrerseits eine partiell initialisierte Beziehung desselben Typs besitzen, dann erzeugt der Entwickler keine neue, partiell initialisierte Konsistenzbeziehung, sondern er fügt sein neues Artefakt der partiell initialisierten Beziehung des anderen Artefakts hinzu und vervollständigt damit dessen Beziehung. Dadurch, dass dem Entwickler nicht alle existierenden Artefakte eines bestimmten Typs angezeigt werden, sondern nur diejenigen, die quasi noch auf eine Vervollständigung ihrer Beziehungen warten, reduziert sich die Anzahl der auswählbaren Artefakte. Die Grad der möglichen Unterstützung bei der Herstellung neuer Artefaktbeziehungen wird durch das eingesetzte Content Management System bestimmt.

21.4.2.3 Nutzung bestehender Konsistenzbeziehungen

Sind Artefakte einmal erfasst und über entsprechende explizite Beziehungen verbunden, lassen sich diese Beziehungen in weiteren Entwicklungsschritten nutzen. Eine Anwendung ist die so genannte Impact Analysis, also die Bewertung der Auswirkungen, die eine Veränderung eines Artefakts hätte.

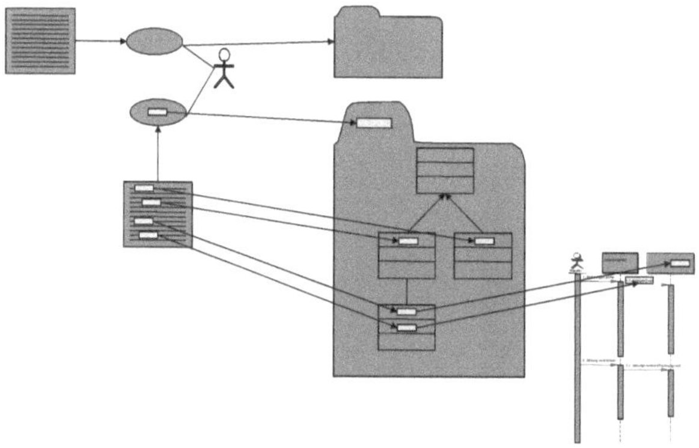

Abb. 21.5. Modelle einer Modell-Suite.

Abbildung 21.5 zeigt ein Beispiel. Einige Artefakte, hier ein Text, ein Use Case-Diagramm, Klassendiagramme und ein Interaktionsdiagramm sind erzeugt und als Assets erfasst worden. Dabei wurden speziell die markierten Teile erfasst und zueinander in Beziehung gesetzt. Die Richtung und Bedeutung der einzelnen Beziehungen werden vom Benutzer definiert (z.B. "wird modelliert durch"). Angenommen, eines der gezeigten Artefakte

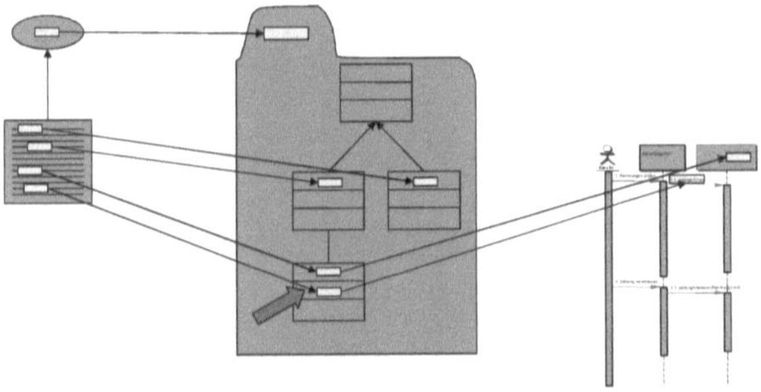

Abb. 21.6. Ein Modell wird verändert.

soll nun in einer folgenden Iteration der Softwareentwicklung an der in Abbildung 21.6 gezeigten Stelle verändert werden. Eine Änderung in einem Artefaktbestandteil, im Beispiel die Veränderung einer Methodensignatur in einem Klassendiagramm, bedeutet auch eine Veränderung des umgebenden Artefakts. Nicht nur die einzelne Methode, auch die Signatur der umgebenden Klasse ändert sich. Innerhalb desselben Artefakts werden solche Auswirkungen typischerweise vom Entwicklungswerkzeug erkannt und behandelt. Auswirkungen zwischen Artefakten unterschiedlicher Werkzeuge können so nicht behandelt werden. Wurde das im Beispiel gezeigte Interaktionsdiagramm mit einem anderen Werkzeug erstellt, wird die notwendige Anpassung nach einer Änderung des Klassendiagramms nicht erkannt. Hier kommen nun die zuvor erfassten Beziehungen zum Tragen. Bevor der Entwickler das Klassendiagramm ändert, kann er sich eine Liste aller Artefakte anzeigen lassen, die von diesem Artefakt abhängen.

In Abbildung 21.7 sind die relevanten Beziehungen gestrichelt dargestellt. In einem vorwärtsgerichteten, iterativen Entwicklungsprozess würde die ursprüngliche Artefaktversion nicht gelöscht, sondern durch eine neue, veränderte Version ersetzt werden. Für die neue Artefaktversion ist also zu prüfen, ob die in der Vorgängerversion noch konsistenten Beziehungen zu Folgeartefakten auch nach der Änderung noch gültig sind. Das Asset-Verwaltungssystem liefert dazu eine Agenda aller Beziehungen, die auf mögliche Konsistenzverletzungen zu prüfen sind. Ist auch die Prüfung maschinell durchführbar, beispielsweise in Form einer

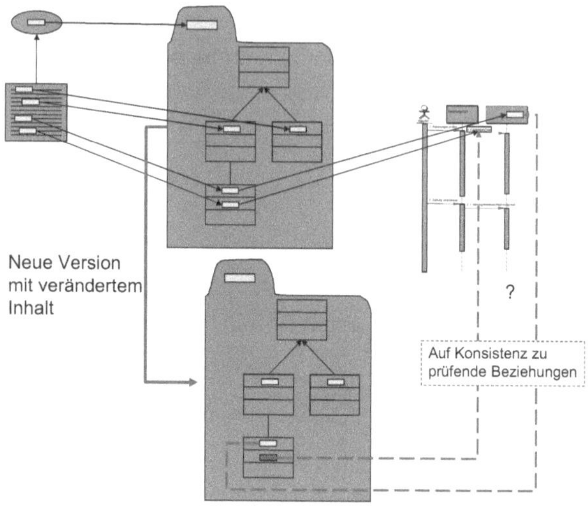

Abb. 21.7. Von Änderung potentiell betroffene Teilmodelle.

ASM-Spezifikation, wird sie ausgeführt und dem Entwickler das Ergebnis angezeigt.

Ist die ursprüngliche Konsistenzbeziehung durch die neue Artefaktversion nicht mehr gegeben, müssen auch für die betroffenen Folgeartefakte neue Versionen erzeugt werden.

Wie in Abbildung 21.8 gezeigt, wird dann diese neue Version des Folgeartefakts, im Beispiel das Interaktionsdiagramm, mit der neuen Version des Vorläuferartefakts verbunden. Die neuen Beziehungen sind auch konsistent, da das Folgeartefakt explizit zur Wiederherstellung der Konsistenz zum Vorläuferartefakt erzeugt wurde.

Hat die Veränderung eines Artefakts hingegen keine Auswirkungen auf die Gültigkeit der auf der Agenda befindlichen Beziehungen, kann eine neue Artefaktversion erzeugt werden, ohne dass zusätzliche Beziehungen oder neue Folgeartefakte hergestellt werden müssen. Die ursprünglichen Beziehungen bleiben erhalten, lediglich zwischen den beiden unterschiedlichen Versionen des geänderten Artefakts existiert eine Beziehung, die den Versionssprung anzeigt. Die Forderung nach Kohärenz, nach dem konsistenten Zusammenhalt aller Artefakte ist hierdurch bereits erfüllt.

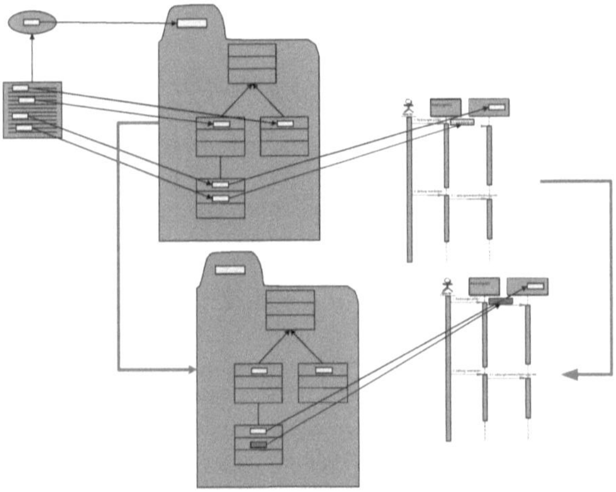

Abb. 21.8. Konsistenz durch neue Version des abhängigen Modells wiederhergestellt.

21.5 Zusammenfassung

Wir haben gezeigt, wie sich Teilmodelle, die während der Entwicklung eines Informationssystems entstehen, zu einer Modell-Suite zusammenfassen lassen. In einer derartigen gemeinsamen Struktur lässt sich nicht nur die Zusammengehörigkeit der Teilmodelle im Sinne einer Koexistenz ausrücken, sondern in dieser Struktur sind auch die Randbedingungen einer konsistenten Ko-Evolution der beteiligten Modelle spezifiziert. Eine derartige Ko-Evolution wird in Arbeitsumgebungen für Softwarentwickler bisher nicht oder bestenfalls partiell unterstützt.

Wir haben an Beispielen gezeigt, dass eine derartige Unterstützung unter Zuhilfenahme bereits existierende Werkzeuge und Content-Management-Systeme möglich ist. Durch Definition spezifischer Typen von Modell-Suiten, erhält der Softwareentwickler eine Art Skelett, entlang dessen er seine Entwicklungsschritte planen, ausführen und ihre Gültigkeit überprüfen kann. Die Gefahr der Entstehung unerwünschter oder gar widersprüchlicher Modellierungsergebnisse wird reduziert. Risiken für die spätere Implementierung eines Informationssystems werden verringert oder gar vollständig vermieden.

Literatur

[Bor03] Egon Börger. The ASM refinement method. *Formal Aspects of Computing*, 15(2-3):237–257, 2003.

[BSSS05] Sebastian Bossung, Hans-Werner Sehring, Michael Skusa, and Joachim W. Schmidt. Conceptual Content Management for Software Engineering Processes. In *Proceedings of the 9th East-European Conference on Advances in Databases and Information Systems, ADBIS 2005*, volume 3631 of *Lecture Notes in Computer Science*, page 309 ff. Springer, 2005.

[DaT10] Ajantha Dahanayake and Bernhard Thalheim. Co-evolution of (information) system models. In *Enterprise, Business-Process and Information Systems Modeling*, volume 50 of *Lecture Notes in Business Information Processing*, pages 314–326. Springer, 2010.

[DrHM98] Wolfgang Dröschel and Walter Heuser. *Inkrementelle und objektorientierte Vorgehensweisen mit dem V-Modell 97*. Oldenbourg, 1998.

[GHJV96] E. Gamma, R. Helm, R. Johnson, and J. Vlissides. *Design Patterns - Elements of Reusable Object-Oriented Software*. Professional Computing Series. Addison-Wesley, 1996.

[JaT10] H. Jaakkola and B. Thalheim. A framework for high quality software design and development: A systematic approach. *IET Software*, pages 105–118, April 2010.

[JaBR99] Ivar Jacobson, Grady Booch, and James Rumbaugh. *The Unified Software Development Process*. Object Technology Series. Addison-Wesley, Reading, Massachusetts, 1999.

[PrH07] S. Prochnow and R. von Hanxleden. Statechart development beyond WYSIWYG. In *MoDELS*, volume 4753 of *Lecture Notes in Computer Science*, pages 653–649. Springer, 2007.

[SME09] Rick Salay, John Mylopoulos, and Steve Easterbrook. Using macromodels to manage collections of related models. In *Advanced Information Systems Engineering, 21st International Conference CAiSE 2009*, volume 5565 of *Lecture Notes in Computer Science*, pages 141–155. Springer, 2009.

[ScA99] K.-D. Schewe and B. Thalheim. Towards a theory of consistency enforcement. *Acta informatica*, 36:97–141, 1999.

[ScT07] K.-D. Schewe and B. Thalheim. Development of collaboration frameworks for web information systems. In *IJCA'07, 20th Int. Joint Conf. on Artifical Intelligence, Section EMC'07 (Evolutionary models of collaboration*, pages 27–32, Hyderabad, 2007.

[ScT06] Peggy Schmidt and Bernhard Thalheim. Management of UML clusters. In Jean-Raymond Abrial and Uwe Glässer, editors, *Rigorous Methods for Software Construction and Analysis*, volume 5115 of *Lecture Notes in Computer Science*, pages 111–129. Springer, 2009.

[Seh03] Hans-Werner Sehring. *Konzeptorientierte Inhaltsverwaltung – Modell, Systemarchitektur und Prototypen*. PhD thesis, Technische Universität Hamburg-Harburg, 2003.

[SiG99] Anthony J. H. Simons and Ian Graham. 30 things that go wrong in object modelling with UML 1.3. In Haim Kilov, Bernhard Rumpe, and Ian D. Simmonds, editors, *Behavioral Specifications of Businesses and Systems*, pages 237–257. Kluwer Academic Publishers, 1999.

22 Mehrebenensysteme in der Biomedizin

Tom Theile und Olaf Wolkenhauer

22.1 Die Suche nach Organisationsprinzipien

Die Entwicklungen der Biomedizin waren bisher weitestgehend von neuen Technologien bestimmt. Diese Technologien haben immer detailliertere Einblicke in molekulare und zelluläre Prozesse mit sich gebracht. Die Theorie dynamischer Systeme hat dabei geholfen, Mechanismen subzellulärer Prozesse begreifbar zu machen. Das Ziel der Biologen geht jedoch oft über das Verständnis zellulärer Prozesses hinaus. Die Untersuchung von Signalkaskaden dient z.B. einem Verständnis von Zellfunktionen (z.B. Apoptose), was jedoch in den meisten Fällen wieder in einem weiteren Kontext, z.B. der Metastasierung steht. Die aktuelle Praxis der Systembiologie ist deshalb in vielen Fällen dadurch bestimmt, dass subzelluläre Mechanismen untersucht werden - mit dem Ziel physiologische Phänomene auf der Gewebeebene zu erklären.

Eine Betrachtung der aktuellen Praxis führt uns zu dem Schluss, dass es für die Zukunft essentiell sein wird, die „Mikroskope“ der Biologie, d.h. Technologien zur Datengewinnung, mit neuen „Makroskopen“ der Systemtheorie zu ergänzen. Diese neu zu entwickelnden Ansätze sollten es ermöglichen, von Mechanismen zellulärer Prozesse auf Prinzipien der Gewebeorganisation zu schliessen (Wol13).

Unserer Ansicht nach ist die große Herausforderung für den Übergang von der Systembiologie hin zur Systemmedizin die Enwicklung von Methoden zur Untersuchung von Mehrebenensystemen. Wir denken dabei nicht nur an mathematische Modelle aus der Theorie dynamischer Systeme (Differentialgleichungen, Agenten-basierte Simulationen, etc.), die Prozesse über mehrere räumliche und zeitliche Skalen hinweg beschreiben. Vielmehr sollten auch Methoden entwickelt werden, die mit einem höheren Abstraktionsgrad Verallgemeinerungen erlauben, die es möglich machen, zelluläre Mechanismen zu gesetzesartigen Organisationsprinzipien zu verallgemeinern (Wol13b; Wol13d).

Die Entstehung der Systembiologie signalisierte eine Verschiebung des Fokus weg von der Charakterisierung von Einzelkomponenten hin zu einem Verständnis der funktionellen Aktivität durch die Beschreibung zellulärer Mechanismen. Heutzutage ist das Gebiet hauptsächlich auf Signalweg-zentrierte Ansätze und das mechanistische Modellieren von subzellulären Prozessen fokussiert. Es wird jedoch immer offensichtlicher, dass das Verhalten von Zellen größtenteils von Einflüssen der Umgebung, dem Gewebe und somit höheren Organisationstrukturen abhängt. Die Entwicklung der Systemmedizin sollte deshalb durch die Erkenntnis geprägt sein, dass ein Verständnis von physiologischen, krankheitsbezogenen Prozessen nur dann möglich ist, wenn Experimente und Modellierung solche Systeme *als Ganzes* über multiple strukturelle und funktionale Organisationsebenen hinweg betrachten(Wol13c).

22.1.1 Biologische Komplexität: Zelluläre Wettervorhersagen

Die Komplexität, die aus Mehrebenen-Prozessen und den vielfältigen Wechselwirkungen zwischen zueinander in Beziehung stehenden biologischen Systemen folgt, führt dazu, dass aktuelle experimentelle und theoretische Ansätze nicht genügen, um die offenen Fragen der Biomedizin zu beantworten. Insbesondere Mehrebenen-Prozesse erfordern es, unsere Sicht auf die Art und Weise, wie zelluläre Systeme mit Hilfe von mathematischer Modellierung untersucht werden, zu überdenken.

In der Molekular- und Zellbiologie können wir zwischen verschiedenen Typen biologischer Komplexität unterscheiden:

Einschränkungen in Experimenten: Auflösung, Genauigkeit, Reproduzierbarkeit, Variabilität, Anzahl an Komponenten, die gleichzeitig gemessen werden können, fehlende Unterscheidbarkeit von molekularen Zuständen, etc.

Einschränkungen in der Modellierung: Die Anzahl der Variablen (Dimensionalität), Unsicherheiten der geschätzten Parameterwerte, Mangel an analytischer Handhabbarkeit, Numerische Ineffizienz, eingeschränkte Unterscheidbarkeit von Modell-Strukturen

Lebende Systeme sind komplex. Nicht nur wegen der großen Zahl und Vielfalt an Komponenten, sondern weil (i) jeder Aspekt und jede Komponente eines lebenden Systems einer ständigen und andauernden Transformation unterworfen ist; (ii) es nichtlineare Rückkopplungsbeziehungen zwischen Variablen in Raum und Zeit gibt.

Darüber hinaus gibt es eine starke Beziehung zwischen Teil und Ganzem, die pragmatische, reduktionistische Ansätze verhindert, mit denen wir das komplexe Ganze in handhabbare Teile zerlegen könnten, aus denen sich wiederum ein Verständnis des gesamten Systems ergäbe:

> Lebende Systeme, Organismen, Organe, Gewebe und Zellen sind komplexe Sammlungen von interagierenden Objekten, deren Beziehungen und Eigenschaften größtenteils von ihren Funktionen im Ganzen bestimmt sind.

Das Ganze bestimmt die Funktion seiner Teile, so dass es zur einer engen Kopplung von Teil und Ganzem kommt. In einem Gewebe verdankt jede Zelle ihre Existenz den anderen Zellen des Gewebes. Umgekehrt existiert sie für die anderen Zellen und das ganze Organ. In einem selbstorganisierten System produzieren sich das Ganze (Organ) und seine Teile (Zelle, Gewebe) gegenseitig; bestimmen gegenseitig ihr Verhalten und ihre Funktion. Die Selbstorganisation lebender Systeme ist somit durch regressive sowie progressive Kausalität bestimmt. Die progressive Kausalität verweist in diesem Zusammenhang auf die Konstruktion eines Systems aus dem Zusammenwirken der Teile. In unserem biomedizinischen Kontext werden die Gewebe aus dem Zusammenwirken von Zellen konstruiert (z.B. Teilung und Differenzierung von Stammzellen). Die physiologische Funktion des Gewebes wiederum nimmt Einfluss auf die Funktion einzelner Zellen (regressive Kausalität).

Besonders problematisch sind solche reziproken Interaktionen für unser intuitives Verständnis und das mathematische Modellieren aufgrund ihres zirkulären, selbst-referentiellen Charakters: In biologischen Systemen ist das Ganze das Produkt seiner Teile, aber die Teile sind abhängig vom gesamten System, für deren eigene Existenz und dessen richtige Funktion (Wol07). Daraus ergibt sich auch unmittelbar eine praktische Hürde, nämlich die Schwierigkeit, eine geeignete Grenze um ein System zu ziehen, das in einem Experiment observiert werden kann und ein komplexes System in experimentell erfassbare Einheiten aufteilt.

22.1.2 Die Konsequenzen biologischer Komplexität

Aus der biologischen Komplexität folgt, dass echte wissenschaftliche Erkenntnis über lebende Systeme weder sicher, noch *a priori* gerechtfertigt sein kann. Stattdessen müssen Hypothesen formuliert und dann durch Experimente getestet werden. Hypothesen müssen in einer Sprache ausgedrückt werden, die sich für hypothesengeleitetes Experimentieren eignet. Diese Sprache ist die Systemtheorie.

In der Biologie können nie vollkommene Präzision und Gewissheit erlangt werden. Biologisches Wissen wird so formuliert, dass es auf plausible Weise mit der phänomenalen Welt korrespondiert. Als Konsequenz aus der Komplexität sind

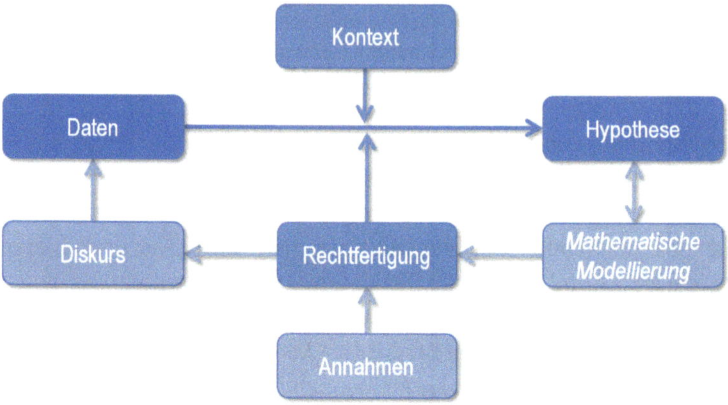

Abb. 22.1. Der wissenschaftliche Diskurs in der Systembiologie

lebende Systeme, wie wir sie kennen, eine Interpretation von wahrnehmbaren Fakten im Licht eines konzeptuellen Rahmens, den wir uns selbst konstruieren.

Die Systembiologie ist ein Ansatz, um die räumlich-zeitlichen Wechselwirkungen zwischen den Komponenten einer Zelle, den Zellen und ihren Interaktion mit der Umwelt zu verstehen (Wol09). Molekular- und Zellbiologie sind überwiegend empirische, experimentelle und Beobachtungswissenschaften. Angetrieben durch den technologischen Fortschritt ist der primäre Fokus in der Molekular- und Zellbiologie die Identifizierung und molekulare Charakterisierung zellulärer Komponenten. Die Systembiologie entstand, als klar wurde, dass keiner der strukturellen Aspekte der Moleküle ausreichen wird, um auf dessen Funktion in zellulären Prozessen schließen zu können. Auch der Fokus auf einzelne Gene oder Proteine kann nicht ausreichen, um zu verstehen, wie Zellen wachsen, sich differenzieren, teilen oder sterben. Diese Verschiebung des Fokus hin zu funktioneller Aktivität (Zellfunktionen wie z.B. Proliferation und Apoptose) motivierte die mathematische Modellierung und Computersimulation subzellulärer Prozesse im Sinne von Signalwegen oder Netzwerken (Wol14).

22.1.3 Die Rolle der Modellierung in der Systembiologie

Die Struktur eines wissenschaftlichen Diskurses in der Systembiologie ist in der Abbildung 22.1 umrissen[1]. Der Fokus liegt hier auf der Rolle von Modellen als Untersuchungsinstrument. Mathematische Modelle, im Gegensatz zu verbalen Be-

1 Die Abbildung ist von Toulmin's Argument-Diagramm abgeleitet (Osb10)

schreibungen, erläutern Beweise für die Validierung von Hypothesen, indem sie explizite Entscheidungen treffen, Annahmen, Vereinfachungen und Näherungen erläutern und die gewählten Systemvariablen und ihre Beziehungen beschreiben.

Die Rechtfertigung stellt die Beziehung der Daten zu der Hypothese her. Sie liefert die Erklärung, warum und wie die Daten die Forderung oder die These unterstützen. Oft ruhen Beweise auf Kontextannahmen, die nur stillschweigend anerkannt sind. Der Kontext zeigt die Grenzen der Validität der Hypothese und gibt damit den Bereich der Anwendbarkeit für Hypothese und Modell vor. Auseinandersetzungen entstehen, wenn versucht wird, durch einen Angriff auf die Gültigkeit der Daten oder die Gültigkeit des Beweises die Hypothese zu widerlegen.

In der Systembiologie werden experimentelle Daten erzeugt, um ein spezielles Phänomen zu untersuchen. Die Hypothese kann zu einer bestimmten Behauptung/Vorhersage führen (z. B. über einen zugrundeliegenden Mechanismus). Oder die Hypothese unterstützt eine allgemeinere Theorie. Im Zusammenhang mit der Krebsentstehung zum Beispiel kann man entweder eine Hypothese über einen Mechanismus (z.B. wie ein bestimmter Signal-Übertragungs-Weg Informationen verarbeitet) formulieren oder der Diskurs geht über die Daten. In jedem Fall erfordert die Argumentation iterative Zyklen datengetriebener Modellierung und modellgetriebener Experimente.

Der Diskurs zielt auf ein tieferes Verständnis eines experimentell beobachteten Phänomens. Die Rolle des Modells ist dabei zentral: Die Berechtigung für eine Hypothese ergibt sich aus der Modellierung, also durch die Umwandlung einer Realität in eine andere. In der Systembiologie kann das Modell verschiedene Formen annehmen:
- grafisch (z.B. die schematische Darstellung von Informationen oder die Daten eines biochemischen Reaktionsnetzwerk)
- mathematisch (z.B. ein Modell der Zelle in Bezug auf die Kategorienlehre)
- rechnergestützt (z.B. agentenbasierte Simulationen)
- mathematisch/rechnergestützt (z. B. die numerische Simulationen von Differentialgleichungen)

Experimentatoren generieren Daten während Theoretiker die Konzepte und Werkzeuge entwickeln, um experimentelle Beobachtungen zu interpretieren und zu verwerten. Modelle sind somit Vermittler zwischen Experten in interdisziplinären Teams. Modelle sind auch Vermittler zwischen Hypothese und denjenigen, die diese These zurückweisen.

Aus der obigen Diskussion kann man entnehmen, dass Modelle nicht so sehr durch Qualitäten wie Allgemeinheit, Einfachheit, Abstraktion, Realismus oder Genauigkeit bewertet werden sollten. Stattdessen sollten die Vorzüge eines Modells auf der Grundlage ihrer Erklärungskraft und der Fähigkeit, den kreativen Prozess der Wissensgewinnung zu vereinfachen, beurteilt werden (Wol14).

Die Wahl, welcher Modellierungsansatz berücksichtigt wird, hängt vom Kontext der biologischen Frage, den zur Verfügung stehenden Daten und praktischen Erwägungen ab. Für die meisten zellbiologischen Phänomene wird nicht ein einziges Modell das volle Verständnis bringen. Stattdessen wird eine Reihe von Modellen benutzt, welche für eine Reihe sich ergänzender Fragen verwendet werden. Die Kombination der Modelle kann zu neuem Wissen führen. Die Situation ist ähnlich bei experimentellen Daten: für die meisten Experimente ist es notwendig, diese im Lichte anderer Beweismittel zu prüfen (z. B. andere Daten in der Literatur, Experimente, Modelle).

22.1.4 Die Fragen der Systembiologie

Lebende Systeme sind in mehreren räumlich-zeitlichen Skalen strukturell und funktional in verschiedene Verhaltensebenen organisiert.

Die beiden zentralen Fragen der Systembiologie sind:
- Wie interagieren die Komponenten innerhalb einer Zelle, um deren Struktur und Funktionsweise zu realisieren?
- Wie interagieren Zellen, um höhere strukturelle und funktionelle Organisation (z. B. Gewebe und Gewebephysiologie) zu entwickeln und zu pflegen?

In der Systembiologie versteht man unter der strukturellen Organisation die biophysikalische Organisation von Molekülen, Organellen, Zellen, Geweben und Organen. Die funktionelle Organisation einer Zelle bezieht sich auf die Prozesse, die die Funktionen einer Zelle organisieren (z.B. Wachstum, Proliferation, Differenzierung und Apoptose).

In der Systemtheorie wird die Organisation eines Systems durch eine formale (mathematische) Darstellung der Wechselwirkungen und Zusammenhänge zwischen den Objekten, die das System definieren, untersucht. Ein System in seiner allgemeinsten Form wird somit als eine Reihe von in Wechselbeziehung stehenden Objekten definiert (Mes75).

In der Systembiologie ist die Modellierung nicht das letzte Ziel, sondern ein Werkzeug, um das Verständnis eines Systems zu erhöhen, um somit z.B. zielgerichtetere Experimente entwickeln zu können. Ein Modell kann das aktuelle Wissen in Form einer Hypothese (bspw. über einen Mechanismus, der eine bestimmte Zellfunktion realisiert) kodieren, die anschließend mit Experimenten und iterativen Zyklen von verfeinerten Hypothesen, Modellen und Experimenten getestet wird. Verstehen ist somit das Ergebnis eines Prozesses, der eine Erklärung für beobachtete Phänomene bietet.

Ein parametrisches Modell selbst ist also weder eine Hypothese noch eine Theorie. Im Gegensatz zu einer wissenschaftlichen Hypothese ist ein solches Modell nicht direkt durch ein Experiment nachprüfbar. Stattdessen werden Experimente durchgeführt, um die Parameterwerte zu schätzen und eine enge Übereinstimmung zwischen experimentellen Beobachtungen und numerischen Vorhersagen zu erzielen. Sobald ein Modell als „realistisch" erachtet wird, kann es verwendet werden, um Vorhersagen zu treffen, die über das hinausgehen, was aus Experimenten bekannt ist. Daraus können neue Hypothesen formuliert werden, die in iterativen Zyklen von datengetriebener Modellierung und modellgetriebener Experimente getestet werden können. Die Validierung eines Modells bedeutet nicht, dass es „wahr" ist, sondern dass es „wahrheitsgemäß" ist, also ob es sinnvolle, testbare Hypothesen über ein bestimmtes System erzeugt. In diesem Verfahren kann ein Modell verworfen oder durch detailliertere oder allgemeinere ersetzt werden. Auch wenn sich das ursprüngliche Modell als unrealistisch herausstellt, hat es dadurch einen nützlichen Zweck für die Entwicklung der Wissenschaft erfüllt.

22.2 Raum-zeitliche Modellierung

Gewöhnliche Differentialgleichungen sind ein effektives Instrument bei der Modellierung biologischer Netzwerke. In solchen Modellen werden räumliche Aspekt im Allgemeinen vernachlässigt. Da sich biologische Prozesse *immer* in Raum und Zeit abspielen und in vielen Fällen Effekte auftreten, die auf den Raum zurückzuführen sind (z.B. *Crowding*, Membrangrenzen, räumliche Organisation von Zellen, Konzentrationsgradienten, etc. (Tak05)), reichen gewöhnliche Differentialgleichungen in vielen Fällen nicht aus. Für ein realitätsnahes Modell eines solchen Prozesses muss der Raum in sinnvoller Weise abgebildet werden.

Je nach Fragestellung spielen unterschiedliche Effekte eine Rolle. Daher haben sich verschiedene räumlich-zeitliche Modellierungsmethoden etabliert. Sie un-

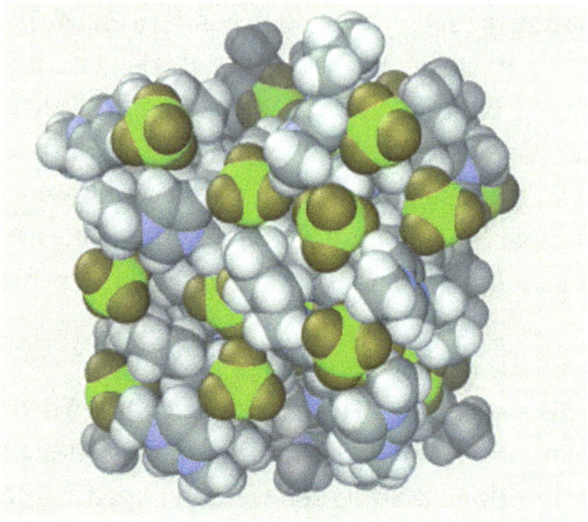

Abb. 22.2. Moleküldynamisches Modell einer ionischen Flüssigkeit in der Software Ascalaph (Quelle: (Wik14))

terscheiden sich darin, wie der Raum in der Simulation implementiert ist und welche Form und Handlungsmöglichkeiten die simulierten Objekte besitzen. Jede dieser Methoden hat Vor- und Nachteile, die im Folgenden kurz erläutert werden.

22.2.1 Moleküldynamik (MD)

Die Moleküldynamik bietet die höchste räumliche Auflösung für biologische Modelle: Jedes Atom wird einzeln in einem kontinuierlichen Raum repräsentiert. Die Regeln für die Bewegungen und Interaktionen der virtuellen Atome basieren auf fundamentalen physikalischen Gesetzen. Normalerweise werden dabei die Newtonschen Gesetze numerisch gelöst (Kar90). Die Methode wurde bereits in den 1950er Jahren von Physikern entworfen (Ald59md) und findet seitdem in vielen Bereichen Anwendungen. Es existieren mehrere ausgereifte Software-Systeme, die auf die Modellbildung und Simulation mittels Moleküldynamik spezialisiert sind. In der Biologie wurde die Moleküldynamik zur Simulation von Proteinfaltung (Fre10), Liganden-Docking (Hom13), microRNA-target Interaktion (Kre05), Virus-Wirt-Interaktionen (Ode12) und vielen weiteren Abläufen benutzt.

Wegen der hohen räumlichen und zeitlichen Auflösung (ein Zeitschritt umfasst üblicherweise nur wenige Femtosekunden (Cho00)) ist der Rechenaufwand enorm bzw. die Modellgröße entsprechend limitiert. Trotz fortschrittlicher Software, die die Rechenkapazität von Grafikprozessoren und Supercomputern nutzt, kann die Methode nur auf sehr kleine Zeitskalen angewandt werden. Eine der bisher aufwändigsten Projekte simulierte ein einzelnes Virus über den Zeitraum von nur einer Mikrosekunde (Got12). Für eine umfassendere Liste an Beispielen von MD-Simulationen verweisen wir auf Ode et al. (Ode12).

Langevindynamik und Brownsche Dynamik sind reduzierte Versionen der Moleküldynamik. Anstelle der Newtonschen Gesetze werden hierbei die Langevin-Gleichungen gelöst. Bei der Brownschen Dynamik werden zusätzlich noch Beschleunigungen vernachlässigt. Da der Rechenaufwand immer noch sehr groß ist, sind diese Methoden nicht so weit verbreitet wie die Moleküldynamik.

22.2.2 Zellbasierte Modelle

In zellbasierten Modellen werden biologische Zellen als eine Einheit aufgefasst. Details und Mechanismen innerhalb einzelner Zellen werden weitgehend vereinfacht. Das hat zwei Vorteile: Der Rechenaufwand für große Modelle ist um viele Größenordnungen kleiner als in Moleküldynamik-Simulationen. Das ermöglicht die Simulation ganzer Zellsysteme mit Tausenden von Zellen über lange Zeiträume (bis zu Jahrzehnten (Bas09; EscO12)). Zweitens sind die für die Funktion einer Zelle wichtigen Prozesse innerhalb von Zellen noch lange nicht vollständig verstanden. Das Verhalten einer Zelle kann heute nicht direkt aus physikalischen Gesetzen abgeleitet werden. Erst durch das Ignorieren (fast) aller subzellulären Ebenen (Funktionen/Prozesse) kann ein simulationsfähiges Modell einer Zelle erstellt werden. Mit diesem Modell einer Zelle können Prozesse auf höheren Ebenen untersucht werden, z.B. die Interaktion zwischen Zellen oder Zellen und ihrer Umgebung. Diese Vorgehensweise wird „Bottom-Up“ genannt.

Es kann aber auch versucht werden, das Zellmodell auf unterer Ebene solange anzupassen, bis sich das gesamte System so verhält, wie es sich in Experimenten gezeigt hat. Damit können Hypothesen zu Mechanismen getestet werden, die sich durch ihre kleinen Skalen sonst nicht direkt beobachten ließen. Diese Vorgehensweise nennt sich „Top-Down“.

Da die Regeln für das Zellverhalten nicht direkt aus validiertem Wissen abgeleitet werden können, fällt der Verifikation und Validation von zellbasierten Modellen ein besonderer Stellenwert zu.

Die Verifikation stellt sicher, dass das Modell an sich funktioniert. Die Validation weist mittels Experiment-Modell-Abgleich nach, dass das Modell die Wirklichkeit abbildet.

In zellbasierten Modellen kann der Raum entweder diskret (zelluläre Automaten) oder kontinuierlich (agentenbasierte Modelle) sein.

22.2.2.1 Zelluläre Automaten (ZA)

Bei Zellulären Automaten ist der Raum in ein Gitter diskretisiert. Jede Gitterzelle enthält mindestens eine Variable, die den Zustand dieser Gitterzelle bestimmt (z.B. lebende Zelle, sterbende Zelle, keine Zelle, für verschiedene Zelltypen). Die Zeit verläuft in diskreten Zeitschritten. Innerhalb jedes Zeitschrittes wird der Zustand jeder Gitterzelle geprüft und dann in Abhängigkeit der Zustände der Nachbargitterzellen aktualisiert (OCABC03).

Dieser Aufbau passt sehr gut zu der Art, wie in Computern Daten gespeichert und verarbeitet werden. Zelluläre Automaten lassen sich daher gut parallelisieren und auf Mehrkernprozessoren und Supercomputern ausführen. Nachteilig ist, dass in einem Modell die Bereiche, in denen sich keine aktiven Zellen befinden, trotzdem Speicher und Rechenkapazität belegen.

Obwohl die Idee der ZA seit den 1950ern bekannt ist (Ino05), enstanden erst Ende der 2000er Jahre ZA-Modelle, die experimentell nachprüfbare Voraussagen über biologische Systeme liefern konnten. Basanta et al. (Bas09) untersuchten das Wachstumsverhalten von Prostata-Krebszellen mit einem sogenannten *hybriden Zellulären Automaten*. In diesem zweidimensionalen ZA entspricht eine Gitterzelle genau einer biologischen Zelle. Die Verteilung von Konzentrationen von Biomolekülen und Hormonen werden als partielle Differentialgleichungen über die Fläche des ZA modelliert. Aus den Simulationen ergab sich die erstaunliche Vorhersage, dass eine hohe Konzentration des Wachstumshormons TGF-ß *keinen* Einfluss auf das Tumorwachstum habe. Basanta et al. konnten in Experimenten, bei denen Prostata-Zelllinien in Mäuse mit hoher TGF-ß-Produktion eingepflanzt wurden, zeigen, dass diese Vorhersage tatsächlich zutraf.

Klassische Zelluläre Automaten

John Conways „Game of Life“-Automat ist das bekannteste Beispiel für einen klassischen ZA (Con70). Er zeigte, wie aus sehr einfachen Regeln komplexe Muster und Strukturen entstehen können. Jede Zelle des Automaten kann zu einem Zeitpunkt nur in einem von zwei Zuständen sein: lebendig oder tot. Andere klassische ZA erlauben mehr als zwei Zustände, jedoch kann der Zustand immer einer natürlichen Zahl zugewiesen werden.

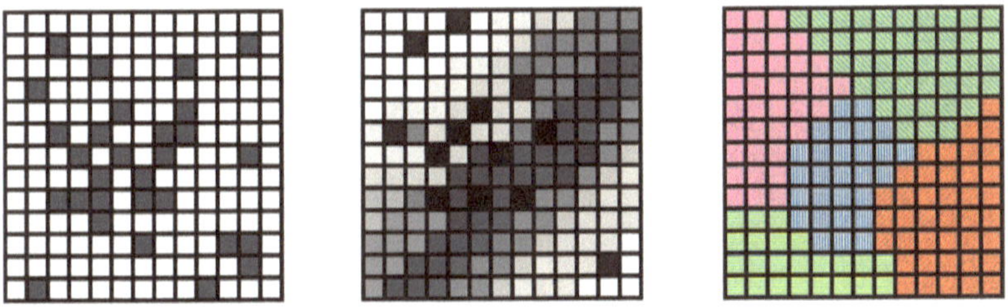

(a) Klassischer ZA (b) Moderner ZA (c) Cellular-Potts-Modell

Abb. 22.3. Verschiedene Arten Zellulärer Automaten, die Eigenschaften der einzelnen Varianten ist im Text beschrieben

Moderne Zelluläre Automaten

Modernere ZA benutzen viele verschiedenartige Variablen pro Zelle. So können nicht nur klar abgegrenzte Zustände, sondern auch Gradienten, Konzentrationen, Alter und beliebige andere Daten für jede Zelle gespeichert werden (Tak05).

Hybride Zelluläre Automaten

eignen sich besonders für Multiskalen-Modelle. Bei den von Weimar et al. (Wei02) eingeführten ZA wird das feinmaschige zelluläre Gitter für die Modellierung einzelner Zellen benutzt. Gradienten wie Molekülkonzentrationen werden als partielle Differentialgleichungen über das Gitter gelegt. In jedem Zeitschritt werden zunächst die beiden Ebenen einzeln gelöst. Anschließend interagieren die Differentialgleichungen mit dem ZA-Gitter. So kann die Größe der Gitterzellen im Bereich eines Zelldurchmessers liegen, während trotzdem die Konzentration und Verteilung von Molekülen adäquat simuliert werden kann.

Das Zelluläre Potts-Modell

wurde ursprünglich in den Materialwissenschaften zur Simulation von Kristallisationsvorgängen benutzt (Raa02). Eine biologische Zelle wird hierbei durch viele beieinanderliegende Gitterzellen repräsentiert. Somit können und müssen auch subzelluläre Prozesse modelliert werden. Durch die höhere Auflösung erhöht sich auch der Rechenaufwand, so dass die Maße des kompletten Modells verkleinert werden müssen.

Szabo et al. haben einen exzellenten Übersichtsartikel über Potts-Modelle in der Tumorzellen-Forschung geschrieben (Sza13). Sie stellen interessante Projekte vor und betonen die Fähigkeiten gute Bedienbarkeit von CompuCell3D, einer open-source Software für Potts-Modelle.

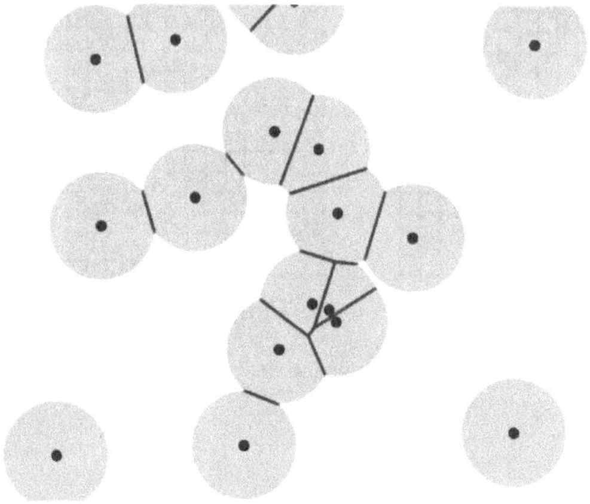

Abb. 22.4. Agentenbasiertes Modell - Zellen als Agenten, die sich frei in einem virtuellen Raum bewegen können und ihr eigenes Verhalten bestimmen.

22.2.2.2 Agentenbasierte Modelle (ABM)

In agentenbasierten Modellen wird jede biologische Zelle als ein eigenständiges Objekt abgebildet. Der Raum ist jedoch meist kontinuierlich und im Speicher des Computers kein eigenes Objekt.

Eine agentenbasierte Simulation besteht aus einer Reihe eigenständiger Agenten, die in (meist) großer Zahl einen virtuellen Raum bevölkern. Anders als bei Zellulären Automaten muss der Raum dabei nicht in einzelne Gitterzellen diskretisiert sein. Die virtuellen Agenten erhalten vom Simulationsprogramm Informationen über ihre Umgebung (insbesondere über andere Agenten in unmittelbarer Nachbarschaft) und entscheiden dann selbstständig darüber, welche Aktionen sie daraufhin ausführen. Diese Aktionen können vielfältig sein.

Die Agenten können beliebige Objekte repräsentieren. Deswegen eignet sich diese Simulationsmethode für verschiedenste Anwendungen wie z.B. in der Ökonomie (Dei08), Spieltheorie, Ökologie(Grim05), Systembiologie(Wal04; Byr09; EscO12), Soziologie(Eps99) und weiteren Gebieten. In der Systembiologie repräsentiert ein Agent meist eine biologische Zelle. Ein Agent kann jedoch auch für ein Molekül oder eine Menge von Molekülen stehen, für eine funktionelle Einheit innerhalb einer Zelle, für eine Ansammlung von Zellen, oder für ein ganzes Organ.

Byrne und Drasdo untersuchten mit agentenbasierten Simulationen den Einfluss von mechanischen Kräften auf das Wachstum von Zellkulturen (Byr09). Das komplette Verhalten der virtuellen Zellen wird dabei durch fünf Regeln bestimmt. Sie konnten zeigen, dass bei Monolayer-Zellkulturen die mechanischen Kräfte, die Zellen gegenseitig aufeinander ausüben, einen größeren Einfluss auf das Wachstum einzelner Zellen haben, als ihre Versorgung mit wichtigen Nährstoffen. Interessanterweise vergleichen sie das ABM-Modell mit einem Zellulären Automaten des selben Systems. Die fünf Regeln für das Verhalten der Zellen müssen dafür umformuliert werden, so dass sich die Modelle unterscheiden. Die Ergebnisse stimmen aber wie erwartet größtenteils überein. Sie merken jedoch an, dass ihre Implementation des agentenbasierten Modellierungsansatzes zu rechenintensiv ist, um eine Parametersensitivitätsanalyse durchzuführen. Dieses Problem ließe sich teilweise mit der Verwendung eines effizienten Simulationswerkzeuges wie FLAME (FlW13) lösen.

22.2.3 Partielle Differentialgleichungen und die Finite-Elemente Methode

Partielle Differentialgleichungssysteme können unterschiedlichste physikalische Felder modellieren. Die verbreitetste Methode zur Aufstellung und numerischen Lösung dieser Gleichungssysteme ist die Finite-Elemente-Methode (FEM). Diese Methode wird seit Jahrzehnten in Wissenschaft und Industrie eingesetzt. Es gibt umfangreiche Software-Produkte, die eine effiziente Umgebung für die Erstellung und Simulation von Modellen nach der FE-Methode bieten. Bei der FE-Methode wird die räumliche Struktur in ein Netz aus zahlreichen, einfachen und miteinander verbundenen Elementen aufgeteilt. Die analytischen Lösungen für die einzelnen Elemente sind bekannt. Daraus und aus den Randbedingungen ergibt sich ein großes, spärlich besetztes, partielles Differentialgleichungssystem, das effizient gelöst werden kann. Die Lösung beinhaltet die komplette räumliche Verteilung von Feldstärken und Feldvektoren des physikalischen Feldes der Fragestellung.

Die Validierung der Ergebnisse ist meistens unkomplizierter als bei anderen hier vorgestellten Simulationsmethoden, da die gesamte Vorgehensweise erprobt ist. Die Software liegt bereits getestet vor und validierte Materialmodelle sind für viele Gewebetypen in der Literatur verfügbar. Nur die Vernetzung und die Randbedingungen müssen gegebenenfalls durch einen Experiment-Simulationsabgleich validiert werden.

In der Biologie wird die Methode benutzt, um die Ausbreitung von elektrischen Feldern oder von mechanischen Kräften in Geweben zu berechnen. Beispielsweise für die Berechnung der Tragfähigkeit von Knochen ((Key97; Lui14)), der Verformungen von Muskeln ((Ber12; Naz11)), oder elektrischer Felder in Gehirngewebe ((Hau97; Opi13)).

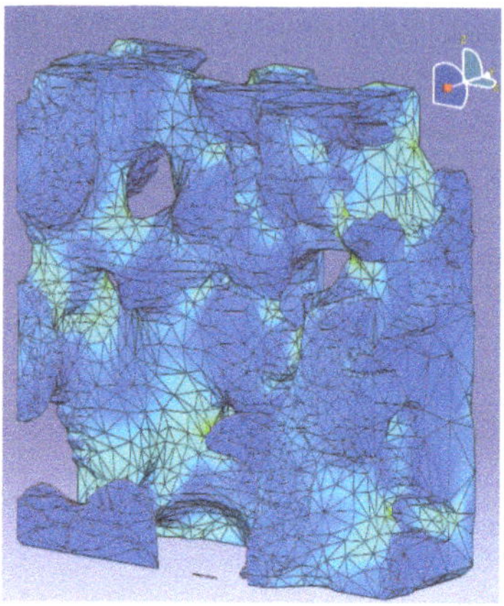

Abb. 22.5. Finite-Elemente Methode, Bildschirmfoto eines mechanischen Spongiosa-Modells, Vergleichsspannungen werden als Falschfarben dargestellt.

Bei diesen Projekten wird auf Skalen operiert, in denen man die Beschaffenheit eines Gewebes als homogen und kontinuierlich betrachten kann. Für die Systembiologie interessanter sind Größenordnungen, in denen die Beschaffenheit einzelner Zellen eine Rolle spielt. Auch hier wurde bereits die FE-Methode eingesetzt.

22.2.3.1 Weitere Methoden zur numerischen Lösung partieller Differentialgleichungen

Die Randelemente-Methode, die Finite-Differenzen-Methode (Smi85) und das Finite-Volumen-Verfahren (FV) eignen sich auch für das Lösen partieller Differentialgleichungen und besitzen ähnliche Eigenschaften wie die FE-Methode, sind jedoch je nach Anwendungsgebiet nicht so weit verbreitet. Das FV-Verfahren bietet Vorteile bei der Berechnung von Strömungsproblemen.

22.2.4 Kompartment Methode - Compartmental Method(CM)

Die gröbste Methode ist die Kompartment-Methode (engl.: compartmental method). Der Raum wird hierbei lediglich durch wenige sogenannte Kompartements nachgebildet (Jac85). Diese Kompartements stehen durch Verbindungen miteinander in Wechselwirkung. Innerhalb eines einzelnen Kompartments werden jegliche räumliche Aspekte vernachlässigt (Sch13). Ein Kompartement stellt meist einen auch in der Natur klar begrenzten Bereich dar, wie z.B. Zellkern, Zellplasma, Extrazellularraum, etc..

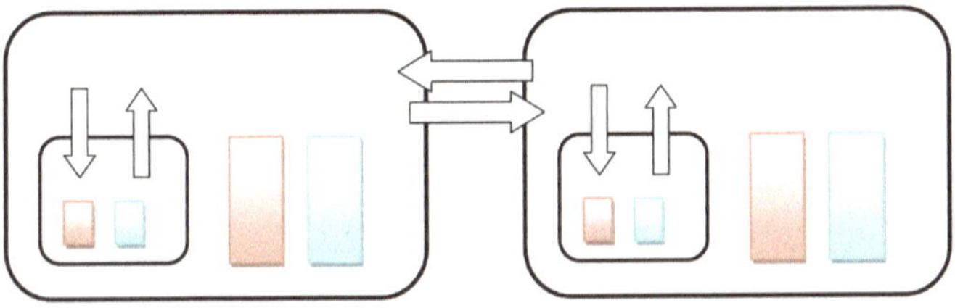

Abb. 22.6. Die Kompartment-Methode im Schema. Dieses Modell besteht aus 4 einzelnen Kompartments innerhalb derer keine räumlichen Aspekte zum tragen kommen. Erst durch das gezielte Einsetzen von Verbindungen der einzelnen nicht-räumlichen Modelle kann eine räumliche Struktur nachgebildet werden.

Die Vorteile dieser Methode liegen in der einfachen Erweiterbarkeit von bestehenden, nichträumlichen Methoden und Modellen in Modelle, die räumliche Aspekte mit berücksichtigen, ohne zu viele Details hinzuzufügen.

22.3 Diskussion

Räumlich-zeitliche Modelle haben sich in ihren Gebieten bewährt und sind mittlerweile unverzichtbare Werkzeuge in der Systembiologie. Allerdings decken sie aufgrund von praktischen Beschränkungen der Modellgröße immer nur einen kleinen Ausschnitt eines funktionellen Systems ab. Wirkliche Multiskalen-Modelle, die über einen großen Bereich funktionieren und ein ganzes System komplett modellieren (z.B. ein ganzes Organ auf Molekularer Ebene) existieren nicht und werden in absehbarer Zukunft aus praktischen Gründen auch nicht zu realisieren sein.

Deswegen sind neben räumlichen Modellen immer auch abstraktere Methoden notwendig, die auf die explizite Repräsentation aller räumlichen Details bewusst verzichten und damit das Simulieren eines über viele Skalen reichenden Modells erst ermöglichen. Dabei ist zu bedenken, dass alle Merkmale eines Modells immer durch Daten gestützt und falsifizierbar sein müssen.

22.3.1 Die Arbeitsweise in der Systembiologie

Die Arbeitsweise in der Systembiologie ist geprägt von iterativen Zyklen datengetriebener Modellierung und modellgetriebener Experimente, unterstützt durch schematische Darstellungen der Modelle.

Der Ausgangspunkt für viele Forschungsprojekte in der Systembiologie ist eine schematische Darstellung der betrachteten Systeme (z. B. ein Signalweg oder Netzwerk) in einem Diagramm. Dieses Diagramm listet die wichtigsten Systemvariablen auf und skizziert ihre Beziehungen zueinander. Diese Beziehungen können einfache Zuordnungen (z. B. basierend auf einer Korrelation zwischen Proteinen, die durch eine Proteomik-Analyse ermittelt wurden), physikalische Wechselwirkungen (z. B. Bindung, Aktivierung, Phosphorylierung usw.) und ähnliches sein. Die Diagramme stellen oft auch räumliche Aspekte, einschließlich der Kompartmentierung und die Bewegung von Systemkomponenten dar (z. B. durchdringen Signalmoleküle die innere Membran, um ein Signal in den Zellkern und an das Genom einer eukaryotischen Zelle zu übertragen).

Für zelluläre Signalwege und Netzwerke kodieren diese Diagramme meist eine Hypothese über den Mechanismus, der einem experimentell beobachteten Phänomen oder einer Zellfunktion zugrunde liegt. Diese Diagramme enthalten Molekülarten und Pfeile, welche die Art der Interaktion kennzeichnen. Die schematische Netzdarstellung wird oft als Netzwerk biochemischer Reaktionen interpretiert. Dies kann anschließend in ein mathematisches, simulierbares Modell überführt werden. Die Übersetzung eines Netzwerkdiagramms in ein mathematisches Modell ist ein *one to many-Mapping*, mit zahlreichen Entscheidungsmöglichkeiten wie die biologische Realität (oder das, was wir davon durch Beobachtungen wissen) durch das mathematische Modell interpretiert werden sollte.

Für die aktuelle Praxis der Systembiologie spielt das Konzept von Signalweg und Netzwerk eine zentrale Rolle im Verständnis der Zellfunktionen (z.B. Wachstum, Proliferation, Differenzierung und Apoptose) in Bezug auf subzelluläre Prozesse. Der abstrakte Begriff eines Netzwerks wird verwendet, um subzelluläre Prozesse mit den Zellfunktionen zu verbinden. Ein Netzwerk definiert eine Gruppe von molekularen Spezies.

Deren Wechselwirkungen bestimmen die Funktion der Zelle.

Der Umfang eines Netzwerkmodells ist nicht immer klar umrissen und ist oft von praktischen Überlegungen beeinflusst. Der Fokus liegt nicht deshalb auf einem bestimmten Netzwerk weil es (und nur dieses) Netzwerk die betrachtete Zellfunktion bestimmt, sondern weil es pragmatische Überlegungen (was kann in einem bestimmten Labor gemessen werden; persönliche Präferenzen; etc.) erfüllt. Wenn ein bestimmter, ausgesuchter Signalübertragungsweg mit einem anderen Weg interagiert, spricht man oft vom „cross-talk" zwischen diesen Signalwegen. Wenn die Komponenten dieser beiden Pfade tatsächlich so zusammenwirken, dass die

Funktion der Zelle von beiden Pfaden bestimmt wird, dann stellt sich die Frage, ob diese beiden Signalwege isoliert untersucht werden können und warum dies getan werden sollte. Bis heute ist die Definition der Grenzen und Elemente von Netzwerken sehr selten durch rationale Kriterien gerechtfertigt. Während es für Stoffwechselwege eine größere Modularität zu geben scheint, ist die gängige Praxis für den Umgang mit Signalübertragungswegen eher fraglich.

Die vorhergehende Diskussion zeigt, dass eine vollständige Abbildung aller für eine Zellfunktion wichtigen Prozesse in der Praxis derzeit nicht möglich ist. Hieraus ergibt sich die Frage, wie Modelle subzellulärer Prozesse dann in geeigneter Weise in ein Mehrebenenmodell integriert werden können. Weil eine biochemische bzw. biophysikalische Beschreibung über mehrere raumzeitliche Ebenen nicht möglich ist, ergibt sich ein Bedarf an neuen mathematischen und computergestützten Ansätzen.

Die Entwicklung dieser Methoden zur Überbrückung der Skalengrenzen ist der entscheidende Schritt auf dem Weg zur Systemmedizin. Wie diese Entwicklung genau aussehen sollte wird zurzeit interdisziplinär diskutiert (Eis11; Wol14b). Die Anwendung dieser Methoden wird die Aufgabe für die nächsten Jahre in der Systemmedizin. Dies wird Möglichkeiten liefern um letztendlich die Mechanismen und Organisationsprinzipien des Menschlichen Körpers und dessen Krankheiten von den molekularen Grundlagen über subzelluläre Zellfunktionen, über die Zusammenarbeit der Zellen und dem Funktionieren von Geweben und Organen bis hin zum Zusammenspiel des ganzen Körpers zu untersuchen und zu verstehen.

Literatur

[OCABC03] Mark S. Alber, Maria A. Kiskowski, James A. Glazier, and Yi Jiang. *Mathematical Systems Theory in Biology, Communications, Computation, and Finance*, chapter On Cellular Automaton Approaches to Modeling Biological Cells, pages 1–5. Springer New York, 2003.

[Ald59md] Berni J Alder and TE Wainwright. Studies in molecular dynamics. i. general method. *The Journal of Chemical Physics*, 31:459, 1959.

[Bas09] David Basanta, Douglas W. Strand, Ralf B. Lukner, Omar E. Franco, David E. Cliffel, Gustavo E. Ayala, Simon W. Hayward, and Alexander R. A. Anderson. The role of TGF-ß mediated tumor-stroma interactions in prostate cancer progression: an integrative approach. *NIH Public Access*, 69(17):1–18, 2009.

[Ber12] Yacine Berranen, Mitsuhiro Hayashibe, Benjamin Gilles, and David Guiraud. 3d volumetric muscle modeling for real-time deformation analysis with fem. In *Engineering in Medicine and Biology Society (EMBC), 2012 Annual International Conference of the IEEE*, pages 4863–4866. IEEE, 2012.

[Byr09] Helen Byrne and Dirk Drasdo. Individual-based and continuum models of growing cell populations: a comparison. *Journal of mathematical biology*, 58(4-5):657–687, 2009.

[Cho00] Jong-In Choe and Byungchul Kim. Determination of proper time step for molecular dynamics simulation. *BULLETIN-KOREAN CHEMICAL SOCIETY*, 21(4):419–424, 2000.

[Con70] John Conway. The game of life. *Scientific American*, 223(4):4, 1970.

[Dei08] Christophe Deissenberg, Sander Van Der Hoog, and Herbert Dawid. Eurace: A massively parallel agent-based model of the european economy. *Applied Mathematics and Computation*, 204(2):541–552, 2008.

[Eis11] Thomas Eissing, Lars Kuepfer, Corina Becker, Michael Block, Katrin Coboeken, Thomas Gaub, Linus Goerlitz, Juergen Jaeger, Roland Loosen, Bernd Ludewig, et al. A computational systems biology software platform for multiscale modeling and simulation: integrating whole-body physiology, disease biology, and molecular reaction networks. *Frontiers in physiology*, 2, 2011.

[Eps99] Joshua M Epstein. Agent-based computational models and generative social science. *Generative Social Science: Studies in Agent-Based Computational Modeling*, 4(5):4–46, 1999.

[EscO12] María Elena Escobar Ospina and Jonatan Gómez Perdomo. A growth model of human papillomavirus type 16 designed from cellular automata and agent-based models. *Artificial intelligence in medicine*, 2012.

[Fre10] Peter L Freddolino, Christopher B Harrison, Yanxin Liu, and Klaus Schulten. Challenges in protein-folding simulations. *Nature physics*, 6(10):751–758, 2010.

[Got12] Andreas W Götz, Mark J Williamson, Dong Xu, Duncan Poole, Scott Le Grand, and Ross C Walker. Routine microsecond molecular dynamics simulations with amber on gpus. 1. generalized born. *Journal of Chemical Theory and Computation*, 8(5):1542, 2012.

[Grim05] Volker Grimm and Steven F Railsback. Individual-based modeling and ecology:(princeton series in theoretical and computational biology). 2005.

[Hau97] J. Haueisen, C. Ramon, M. Eiselt, H. Brauer, and H. Nowak. Influence of tissue resistivities on neuromagnetic fields and electric potentials studied with a finite element model of the head. *IEEE Transactions on Biomedical Engineering*, 44(8):727–735, 1997. cited By (since 1996)153.

[Hom13] Nadine Homeyer and Holger Gohlke. Advances in molecular dynamics simulations and free energy calculations relevant for drug design. 2013.

[Ino05] JI Inoue. Modeling reality: How computers mirror life, 2005.

[Jac85] John A Jacquez. *Compartmental analysis in biology and medicine*. University of Michigan Press Ann Arbor, 1985.

[Kar90] Martin Karplus and Gregory A Petsko. Molecular dynamics simulations in biology. *Nature*, 347(6294):631–639, 1990.

[Key97] Joyce H Keyak, Stephen A Rossi, Kimberly A Jones, and Harry B Skinner. Prediction of femoral fracture load using automated finite element modeling. *Journal of Biomechanics*, 31(2):125 – 133, 1997.

[Kre05] Azra Krek, Dominic Grün, Matthew N Poy, Rachel Wolf, Lauren Rosenberg, Eric J Epstein, Philip MacMenamin, Isabelle da Piedade, Kristin C Gunsalus, Markus Stoffel, et al. Combinatorial microrna target predictions. *Nature genetics*, 37(5):495–500, 2005.

[Lui14] B. Luisier, E. DallAra, and D.H. Pahr. Orthotropic hr-pqct-based {FE} models improve strength predictions for stance but not for side-way fall loading compared to isotropic qct-based {FE} models of human femurs. *Journal of the Mechanical Behavior of Biomedical Materials*, 32(0):287 – 299, 2014.

[Mes75] Mihajlo D Mesarovic and Yasuhiko Takahara. *General systems theory: mathematical foundations*, volume 113. Academic Press New York, 1975.

[Naz11] Mohammad Ali Nazari, Pascal Perrier, Matthieu Chabanas, Yohan Payan, et al. A 3d finite element muscle model and its application in driving speech articulators. *Proceedings of ISB2011*, 2011.

[Ode12] Hirotaka Ode, Masaaki Nakashima, Shingo Kitamura, Wataru Sugiura, and Hironori Sato. Molecular dynamics simulation in virus research. *Frontiers in microbiology*, 3, 2012.

[Opi13] Alexander Opitz, Wynn Legon, Abby Rowlands, Warren K. Bickel, Walter Paulus, and William J. Tyler. Physiological observations validate finite element models for estimating subject-specific electric field distributions induced by transcranial magnetic stimulation of the human motor cortex. *NeuroImage*, 81(0):253 – 264, 2013.

[Osb10] Jonathan Osborne. Arguing to learn in science: The role of collaborative, critical discourse. *Science*, 328(5977):463–466, 2010.

[Raa02] Dierk Raabe. Cellular automata in materials science with particular reference to recrystallization simulation. *Annual review of materials research*, 32(1):53–76, 2002.

[Sch13] Yvonne Schmitz, Katja Rateitschak, and Olaf Wolkenhauer. Analysing the impact of nucleo-cytoplasmic shuttling of< i> β</i>-catenin and its antagonists apc, axin and gsk3 on wnt/< i> β</i>-catenin signalling. *Cellular signalling*, 25(11):2210–2221, 2013.

[Smi85] Gordon D Smith. *Numerical solution of partial differential equations: finite difference methods*. Oxford University Press, 1985.

[FlW13] Rutherford Appleton Laboratory Software Engineering Group. Flame website. Internet, 2 2014.

[Sza13] András Szabó and Roeland MH Merks. Cellular potts modeling of tumor growth, tumor invasion, and tumor evolution. *Frontiers in oncology*, 3, 2013.

[Tak05] Kouichi Takahashi, Satya Nanda Vel Arjunan, and Masaru Tomita. Space in systems biology of signaling pathways–towards intracellular molecular crowding in silico. *FEBS letters*, 579(8):1783–1788, 2005.

[Wal04] DC Walker, J Southgate, G Hill, M Holcombe, DR Hose, SM Wood, S Mac Neil, and RH Smallwood. The epitheliome: agent-based modelling of the social behaviour of cells. *Biosystems*, 76(1):89–100, 2004.

[Wei02] Jörg R Weimar. Cellular automata approaches to enzymatic reaction networks. In *Cellular Automata*, pages 294–303. Springer, 2002.

[Wik14] Wikipedia. Hardware-accelerated-molecular-modeling, 02 2014.

[Wol13] Olaf Wolkenhauer. The role of theory and modeling in medical research. *Frontiers in physiology*, 4:377, 2013.

[Wol13b] Olaf Wolkenhauer. The role of theory and modelling in medical research. *Frontiers in Physiology*, 4(377), 2013.

[Wol14] Olaf Wolkenhauer. Why model? *Frontiers in physiology*, 5, 2014.

[Wol14b] Olaf Wolkenhauer, Charles Auffray, Olivier Brass, Jean Clairambault, Andreas Deutsch, Dirk Drasdo, Francesco Gervasio, Luigi Preziosi, Philip Maini, Anna Marciniak-Czochra, et al. Enabling multiscale modeling in systems medicine. *Genome Medicine*, 6(3):21, 2014.

[Wol13c] Olaf Wolkenhauer, Charles Auffray, Robert Jaster, Gustav Steinhoff, and Olaf Dammann. The road from systems biology to systems medicine. *Pediatric research*, 73(4-2):502–507, 2013.

[Wol09] Olaf Wolkenhauer, D Fell, P De Meyts, N Blüthgen, H Herzel, N Le Novère, T Höfer, K Schürrle, and I Van Leeuwen. Sysbiomed report: advancing systems biology for medical applications. *IET systems biology*, 3(3):131–136, 2009.

[Wol13d] Olaf Wolkenhauer and Sara Green. The search for organizing principles as a cure against reductionism in systems medicine. *FEBS Journal*, 280(23):5938–5948, 2013.

[Wol07] Olaf Wolkenhauer and Jan-Hendrik S Hofmeyr. An abstract cell model that describes the self-organization of cell function in living systems. *Journal of theoretical biology*, 246(3):461–476, 2007.

23 Modellierung von Tierseuchen

Imke Traulsen

23.1 Einleitung

Simulationsmodelle sind für die Tierseuchenbekämpfung ein wichtiges Hilfsmittel. Sie werden genutzt um Seuchenzüge zu analysieren und angewendete Bekämpfungsmaßnahmen zu reflektieren. Des Weiteren helfen sie in seuchenfreier Zeit Vorbereitungen für eine effektive Bekämpfung eines neuen Seuchenausbruchs, z.B. die Nutzung neuer Methoden zur Tierseuchenbekämpfung, zu treffen. Auch Abschätzungen des größtmöglichen Seuchenumfanges, sog. „worst-case" Szenarien sind dabei wichtig. Unterschiedliche Modelle wurden von verschiedenen Forschergruppen entwickelt. Diese Tierseuchenmodelle zeichnen sich im Wesentlichen dadurch aus, die Epidemiologie und die Viruseigenschaften realitätsnah zu beschreiben. Dabei bestimmt das Ziel der jeweiligen Simulation die Methodik und auch den Grad der Auflösung in der die Seuche modelliert wird. Begrenzt wird die Modellierung ggf. durch das Fehlen von Daten zur Parametrisierung und die Verfügbarkeit von Betriebsdaten. Reale Betriebsdaten sind besonders in Deutschland aus Datenschutzgründen schwer bis gar nicht zu bekommen. Für die Validierung der Modelle stehen nur begrenzt reale Daten zur Verfügung. Hier wird auf die Nutzung von Expertenwissen, beispielsweise in Sensitivitätsanalysen, zurückgegriffen.

In diesem Kapitel wird zunächst der epidemiologische Hintergrund zur Modellierung von Tierseuchen beschrieben. Anschließend folgen Anwendung und Grundzüge der Tierseuchenmodelle am Beispiel eines Maul- und Klauenseuchemodells. Insbesondere wird auf die Nutzung von stochastischen Elementen und der Netzwerktheorie eingegangen. Abschließend werden Validierungsmöglichkeiten von Tierseuchenmodellen beschrieben.

23.2 Epidemiologischer Hintergrund

In den Agrarwissenschaften und der Veterinärmedizin sind Tierseuchen wie die Maul- und Klauenseuche (MKS) oder die Klassische Schweinepest (KSP) von großer Bedeutung. Beide Tierseuchen werden von einem viralen Erreger ausgelöst und stehen bei der OIE (Office International Epizootic) auf der Liste A. Dies bedeutet ein weltweites Monitoring der Krankheiten. In Deutschland sind die Krankheiten melde- und anzeigepflichtig. In Europa ist die KSP seit 2008 bei Hausschweinen in Bulgarien, Kroatien, Serbien, Litauen und der Slowakei aufgetreten. Seit 2006 wurde in Deutschland kein Virus auf landwirtschaftlichen Betrieben gefunden. Trotzdem besteht immer die Gefahr einer Epidemie, nicht zuletzt weil die Wildschweinbestände ein ständiges Reservoir in mehreren EU Mitgliedsstaaten, auch in Deutschland, bilden (Moennig, 2000). Von den letzten MKS-Ausbrüchen in Europa waren Großbritannien, Irland, Frankreich sowie die Niederlande betroffen. In der Epidemie 2001 wurden in Großbritannien ca. 10 Millionen Tiere von mehr als 2000 Betrieben getötet (Kitching et al., 2006). Die Gesamtverluste für die Agrarwirtschaft und den Lebensmittelsektor sowie Kompensationszahlungen für getötete Tiere und Reinigungsmaßnahmen werden auf über 5,6 Billionen Dollar geschätzt (Gloster et al., 2003). Die indirekten Kosten einer Epidemie können die direkten Kosten für Bekämpfungsmaßnahmen um ein Vielfaches übersteigen (Saatkamp et al., 2000, Hop et al., 2013a).

Eine routinemäßige Impfung gegen MKS und KSP ist in der EU verboten (Anonym, 2001, 2003). Dies führt dazu, dass die Tierbestände zu 100% empfänglich sind und im Falle einer Viruseinschleppung eine schnelle und weitreichende Ausbreitung des Erregers zu erwarten ist. Um Seuchenausbrüche schnell unter Kontrolle zu bringen, sind somit effektive Bekämpfungsmaßnahmen notwendig. Diese sind in den EU-Richtlinien 2001/89/EG (KSP) und 2003/85/EG (MKS) (Anonym, 2001, 2003) definiert und zielen auf die schnelle Ausrottung des Virus ab. Im Seuchenfall werden Exportembargos für das Land mit der Tierseuche verhängt. Erst wenn bei den Tieren keine Antikörper gegen das Virus mehr nachgewiesen werden, werden die Handelsrestriktionen aufgehoben. Die EU-Richtlinien umfassen als Basismaßnahmen die Sperrung und Tötung von allen Tieren auf Seuchenbetrieben sowie die Einrichtung von Sperr- und Beobachtungsgebieten im Umkreis von 3 bzw. 10 km um Seuchenbetriebe in diesem Gebiet. Tierbewegungen sind untersagt und es werden die Betriebe gezielt untersucht. In den letzten Epidemien wurde zusätzlich die präventive Tötung von Tieren in Hochrisikobeständen durchgeführt (Anonym 2006). Fortschritte in der Entwicklung labordiagnostischer Tests sowie Impfstoffe oder Diskussionen über den Erfolg und die Akzeptanz von Bekämpfungsmaßnahmen vergangener Seuchenzüge ermöglichen eine konsequente Verbesserung von Bekämpfungsprogrammen in seuchen-freier Zeit. Beispiele sind die Entwicklung von Markerimpfstoffen, die eine Unterscheidung von geimpften und mit Feldvirus infizierten Tieren ermöglichen (Beer et al., 2007, Dong und Chen, 2007, Leifer et al., 2009, van Oirschot, 2003) und die Anwendung der real-time reverse transcriptionpolymerase chain reaction (rRT-PCR) als sensitive Methode um KSP Viren direkt nachzuweisen. Mit der letzteren Methode kann in kurzer Zeit eine große Anzahl von Proben analysiert werden (Greiser-Wilke et al., 2007). Zur Vermeidung der präventiven Keulung in zukünftigen Epidemien werden derzeit die Anwendung der Notimpfung (Impfung von Tieren im Seuchenfall) mit ggf. Markerimpfoffen oder das Freitesten von Tieren mit der rRT-PCR (Vermeidung von Tötungen aus Tierschutzgründen) diskutiert (z.B. Brosig et al., 2012, Mangen et al., 2001, Traulsen et al., 2011).

23.3 Anwendung von Simulationsmodellen

Praktische Experimente, um neue Bekämpfungsmöglichkeiten zu testen, sind nur im Labor möglich und somit sind die Tierzahlen sehr beschränkt. Wichtig ist aber auch die Analyse und Reflektion vergangener Seuchenausbrüche, um für die Zukunft zu lernen. Simulationsmodelle sind ein adäquates und oft genutztes Hilfsmittel für Epidemiologen um Bekämpfungsmöglichkeiten zu vergleichen. In diesen Modellen werden sowohl Informationen aus Laborexperimenten als auch aus vergangenen Epidemien genutzt. Für MKS (z.B. Bates et al., 2003a, Ferguson et al., 2001, Harvey et al., 2007, Kobayashi et al., 2007, Traulsen et al., 2010) und KSP (z.B. Brosig et al., 2012, Karsten et al., 2005, Mangen, et al. 2001, 2002) wurden zahlreiche Simulationsmodelle entwickelt. Diese wurden mit unterschiedlichen Zielen entwickelt und bilden spezifische Regionen oder Länder ab. Die Übertragung der Ergebnisse von einem Land ins andere ist begrenzt (Schoenbaum and Disney, 2003). Betriebsdichte, Größe der Betriebe sowie Kontaktstrukturen sind unterschiedlich. Somit ist oft nicht nur das Ergebnis eines Modells sondern auch das Modell selbst nicht oder nur begrenzt ohne Genauigkeitsverlust übertragbar.

Klassische epidemiologische Modelle sind die SIR-Modelle (Susceptible, Infected, Recovered). Diese beschreiben Übergänge zwischen definierten Zuständen bei denen Individuen (einzelne Tiere oder landwirtschaftliche Betriebe) mit einer bestimmten Wahrscheinlichkeit von einem Zustand in einen anderen wechseln (Markow-Ketten). So können empfängliche Tiere mit einer bestimmten Wahrscheinlichkeit infiziert oder gekeult werden. Mit Hilfe von Differentialgleichungen werden diese Modelle analytisch untersucht. Das allgemeine SIR Modell hat drei Zustände: empfänglich (S), infiziert (I) und genesen (R). Weitere Zustände können hinzugefügt werden (Durand und Mahul, 2000; Ferguson et al., 2001). Erweiterungen beinhalten oft einen Status „exposed" (E) in dem die Individuen das Virus schon tragen, aber keine weiteren Tiere anstecken können. In SIR Modellen kann Heterogenität zwischen den Individuen nicht berücksichtigt werden. Die räumliche Verteilung, Unterschiede in der Dichte der landwirtschaftlichen Betriebe in einem Gebiet oder der Bestandsgröße kann in einem einfachen SIR

Modell nicht abgebildet werden (Jørgensen et al., 2000; Höhle und Jørgensen, 2002).

In den Modellen wird vorrangig die Ausbreitung über direkte und indirekte Kontakte abgebildet. Der wichtigste Übertragungsweg ist die Einbringung eines infizierten Tieres in einen Bestand von empfänglichen Tieren. Das Virus kann direkt von einem Tier zum nächsten weitergegeben werden. Indirekte Virusübertragung ist, abhängig vom Erreger, über infiziertes Fleisch oder Milch sowie über Fahrzeuge oder Personen möglich. Des Weiteren ist das MKS Virus auch über die Luft über weite Entfernungen übertragbar (Donaldson et al., 2001; Alexandersen et al., 2003). Die Luftausbreitung wird oft gesondert in speziellen Modellen abgebildet. Beispiel sind das Gauß'sche Verbreitungsmodell oder das Lagrange'sche Partikel Modell (Gloster et al., 2003; Sørensen et al., 2000; Mayer et al., 2008). Harvey et al. (2007) und Traulsen et al. (2010) berücksichtigen die Ausbreitung über die Luft simultan zu anderen Übertragungswegen in ihren Modellen.

23.4 Grundzüge eines Tierseuchenmodells

Die Grundlage eines Modells für die Ausbreitung einer Tierseuche ist die Abbildung der Epidemiologie des Erregers, wie Ausbreitungswege und Infektionswahrscheinlichkeiten.

Die Epidemiologie kann im Flussdiagramm (Abb. 23.1) am Beispiel der MKS nachvollzogen werden. Betrieben wird zu jeden Zeitpunkt ein Status zugeordnet. In diesem Beispiel können Betriebe „empfänglich"(gesund), „infiziert" (erkrankt, aber noch keine Virusübertragung oder Symptome), „infektiös" (Virusübertragung möglich, noch keine Symptome), „symptomatisch" (Symptome sichtbar, Diagnose möglich), „diagnostiziert" (Seuche ist festgestellt, Bekämpfung wird eingeleitet) oder „gekeult" (alle Tiere getötet, vom Infektionsgeschehen ausgeschlossen) sein. Der Status eines Betriebes bestimmt seine aktuelle Rolle am Infektionsgeschehen. Der Status kann sich entweder durch das Infektionsgeschehen selber oder durch eingeleitete Bekämpfungsmaßnahmen ändern. Meist arbeiten die Modelle auf Tagesbasis, so dass täglich für jeden Betrieb mögliche Änderungen von Status und Bekämpfungsmaßnahmen berechnet werden.

Für die Anwendung der Modelle müssen Betriebsdaten zur Verfügung stehen. Die Betriebe müssen räumlich explizit lokalisiert werden und Informationen zur gehaltenen Tierart und Tierzahl sind wünschenswert. Ob in den Modellen reale georeferenzierte (GIS-)Daten oder simulierte Daten verwendet werden, ist meist nur

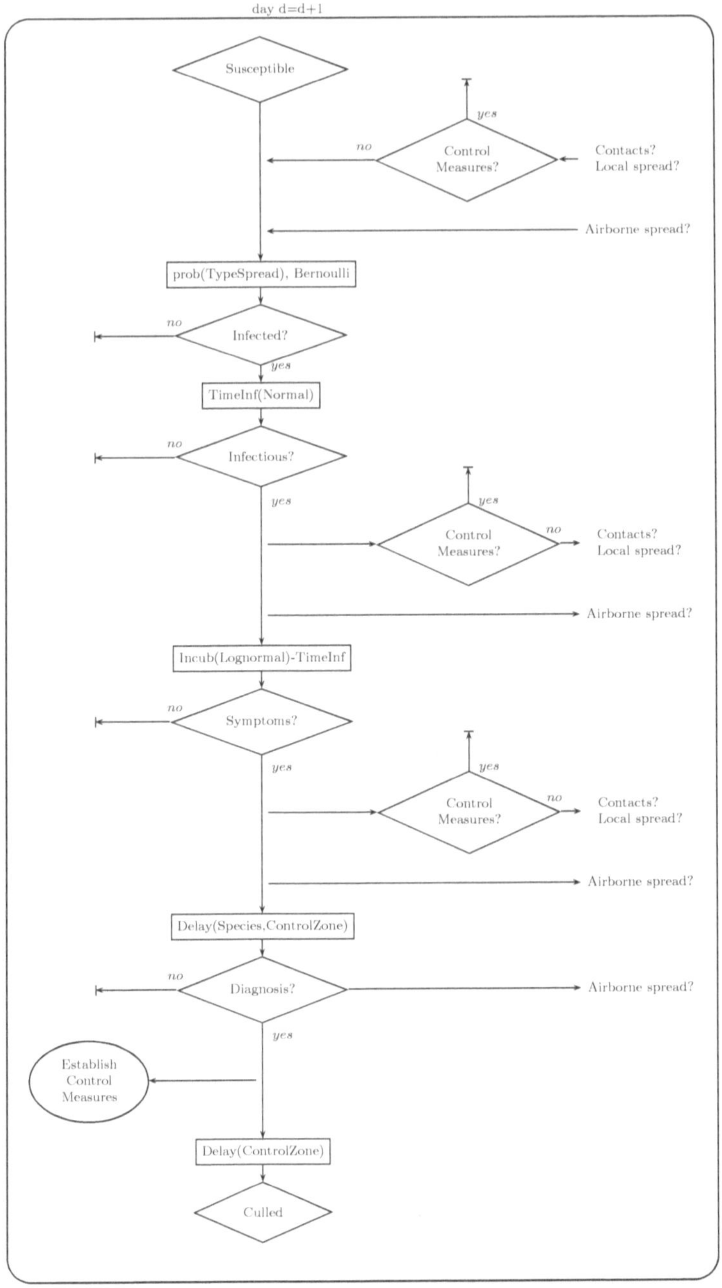

Abb. 23.1. Epidemiologie-Flussdiagramm am Beispiel der MKS

durch die Datenverfügbarkeit bestimmt. In einigen Ländern stehen georeferenzierte Betriebsdaten für Forschungszwecke zur Verfügung (z.B. Niederlande), in anderen Ländern kann aus Datenschutzgründen nur auf angenäherte simulierte Daten zurückgegriffen werden (z.B. Deutschland) (Hop et al., 2013b).

23.5 Stochastik in den Tierseuchenmodellen

Die meisten aktuell entwickelten Modelle basieren auf stochastischen Methoden, beispielsweise der Monte-Carlo Methode (z.B. Bates et al., 2003a, Harvey et al., 2007, Kobayashi et al., 2007, Karsten et al., 2005, Traulsen et al., 2010). Monte-Carlo Techniken bilden stochastische Elemente durch das Ziehen von Zufallszahlen ab. Für Parameter, die biologischen Schwankungen unterliegen, beispielsweise der Inkubationszeit, oder Parameter deren Schätzung einer gewissen Unsicherheit unterliegt, beispielsweise die Zeitspanne von der Infektion bis zur Diagnose eines Seuchenbetriebes, werden Verteilungen angenommen, aus denen in den einzelnen Simulationsläufen Zufallszahlen gezogen werden (Thrusfield, 1995). Eingabeparameter, die die Virusübertragung beschreiben, können aus vergangenen Epidemien oder aus Laborexperimenten geschätzt werden. Beide Schätzungen sind mit Unsicherheiten behaftet. Laboranalysen stützen sich meist auf sehr kleine Stichprobenumfänge, so dass eine Übertragung der Ergebnisse auf reale Seuchenzüge limitiert ist (Sørensen et al., 2000; French et al., 2002). Schätzungen aus realen Seuchenzügen können ebenfalls verzerrt sein. Die exakte Bestimmung des Infektionsdatums eines Betriebes ist oft schwer oder unmöglich. Meist wird der Infektionszeitpunkt aus dem Alter oder der Stärke von Krankheitssymptomen bei der Diagnose (Gloster et al., 2003) geschätzt, z.B. bei der Maul- und Klauenseuche anhand des Alters der Läsionen im Maul von Rindern. Sind Angaben über mögliche Einschleppungswege, z.B. Lieferung von Tieren anderer Seuchenbetriebe, aus der näheren Vergangenheit bekannt, kann auch daran ein Infektionszeitpunkt abgeleitet werden. Diese Untersuchungen können genutzt werden um (biologische) Grenzen von Parametern zu bestimmen und ggf. auch eine Häufigkeitsverteilung der Werte abzuschätzen. Diese Informationen können in den stochastischen Modellen eingepflegt und für die Vorhersage von Seuchenausbrüchen verwendet werden.

23.6 Netzwerke zur Modellierung von Kontakten

Der wichtigste Übertragungsweg von Tierseuchen ist der Kontakt zwischen infizierten und empfänglichen Betrieben. Dieser kann direkt durch ein infiziertes

Tier oder indirekt durch Personen oder Fahrzeuge, die sich von einem Betrieb zum nächsten bewegen, erfolgen. Während der Epidemie der Klassischen Schweinepest von 1993-1997 in Deutschland konnten mehr als 25% der Ausbrüche auf den direkten Kontakt von infizierten und empfänglichen Tieren zurückgeführt werden (Fritzemeier et al., 2000). In Simulationsmodellen werden diese Kontakte unterschiedlich abgebildet.

Das Modell von Karsten et al. (2005) nutzt beispielsweise entfernungsunabhängige Übertragungswahrscheinlichkeiten zur Modellierung von Kontakten. Entfernungsunabhängige Kontakte beinhalten eine konstante Übertragungswahrscheinlichkeit pro Kontakt unabhängig von der Distanz über die der Kontakt erfolgt (Staubach et al., 1997). Andere Modelle, z.B. Bates et al. (2003a) und Kobayashi et al. (2007), nutzen für die Virusübertragung durch Kontakte eine Wahrscheinlichkeit für einen Kontakt pro Betrieb an einen bestimmten Tag sowie eine kontaktspezifische Übertragungswahrscheinlichkeit. Das Modellierungsschema nimmt für die Betriebe unabhängige Übertragungswahr-scheinlichkeiten an. Bei der Modellierung von Kontakten für Fahrzeuge und Personen sind explizite Routen ein realitätsnäheres Modell (Traulsen et al. 2010). Betriebe werden in einer bestimmten Reihenfolge nacheinander besucht. Ist ein Betrieb infiziert, so hat sein erster Nachfolger eine höhere Chance sich zu infizieren als der darauffolgende Betrieb, da sich die Virusdosis verdünnt. Höhere Virusdosen führen mit einer höheren Wahrscheinlichkeit zu einer Infektion als niedrige (Donaldson, 1997, Sørensen et al., 2000). French et al. (2002) entwickelten Dosis-Wirkung Beziehungskurven für Rinder und Schafe für die Parametrisierung von Modellen zur Verfügung stehen.

Aktuelle Modellierungen betrachten Kontakte als ein Netzwerk. Die Betriebe bilden die Knoten des Netzwerkes, die Tier-, Fahrzeug- oder Personenbewegung dazwischen die Kante. Die Netzwerktheorie wurde in unterschiedlichsten Forschungsbereichen angewendet. Aus den Feldern der sozialen, Informations- und Technologischen Netzwerke sind beispielhaft E-Mail Netzwerke, das World Wide Web und das Internet zu nennen. Die Modellierung der Ausbreitung von humanen Infektionserregern und Krankheiten wie Mycoplasma pneumoniae, HIV oder SARS gehört zu den Biologischen Netzwerken (Brockmann et al., 2006, Ebel et al., 2002, Eubank et al., 2004, Klovdahl, 1985, Klovdahl et al. 1994, Meyers et al., 2003, Pourbohloul et al., 2005). Die Einführung der Dokumentationspflicht von Rinder- und Schweinebewegungen (EU Richtlinie 2000/15/EG, Anonym 2000) verbesserte die Rückverfolgbarkeit der Kontakte wesentlich. In den letzten Jahren wurden intensive Analysen von solchen Tierhandelsnetzwerken in Deutschland (Büttner et al., 2013a,b,c, Lentz et al., 2009) sowie international (z.B. Bajardi et al., 2011, Bigras-Poulin et al., 2006, 2007; Brennan et al., 2008; Kiss et al., 2006; Martinez-Lopez et al., 2009, Natale et al., 2009, Nöremark et al., 2011, Rautureau et al., 2011, Robinson und Christley, 2007; Webb, 2005, 2006) durchgeführt.

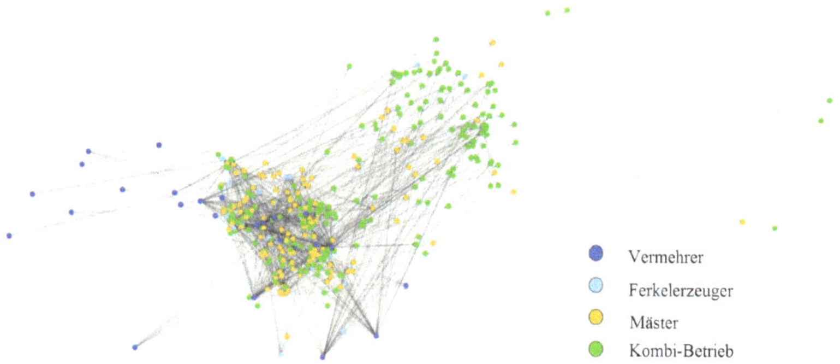

Abb. 23.2. Handelsnetzwerk einer Schweineerzeugergemeinschaft mit 483 Betrieben und 926 Handelsbeziehungen, bei den Betrieben wird zwischen den vier Betriebstypen Vermehrer, Ferkelerzeuger, Mäster und Kombi-Betriebe unterschieden, die sich in der Art der gehandelten Tiere unterscheiden (verändert nach Büttner et al., 2013d)

In Abbildung 23.2 ist ein Beispiel eines Schweinehandelsnetzwerkes zu sehen. Die Betriebe sind als Punkte entsprechend ihrer geografischen Lage dargestellt (Büttner et al., 2013d). Analysen wie diese zeigen, dass Kontaktcluster in einer Region bestehen und dass die Entfernung zwischen zwei Handelspartnern nicht gleichverteilt ist (Büttner 2013d, Lentz et al., 2009, 2011).

Für die Modellierung von Tierseuchen bieten Kontaktnetzwerke die Möglichkeit Kontakte sehr realitätsnah abzubilden und detaillierte Fragestellungen hinsichtlich des Einfluss der Struktur auf die Seuchenausbreitung zu analysieren. Auch zeigen die Untersuchungen der Handelsnetzwerke Schwächen der bisherigen Modellierung auf. Individuelle Muster der Betriebe oder Betriebstypen sollten berücksichtigt werden (Büttner et al., 2013a,b).

23.7 Validierung von Tierseuchenmodellen

Ziel einer Validierung ist es festzustellen, ob ein Simulationsmodell eine akzeptable Repräsentation von realen Epidemien ist, unter Beachtung der Modellierungsziele (Law und Kelton, 1982). Problematisch für die Validierung von Tierseuchenmodellen ist, dass wenig reale Datensätze zur Verfügung stehen. Des Weiteren sind die vorhandenen Seuchenverläufe sehr unterschiedlich und abhängig vom jeweiligen Serotyp des Virus. Jede Epidemie ist einzigartig, zwei identische Verläufe gibt es nicht. Somit können vorhandene Daten nur einen Anhaltspunkt für die Validierung bieten, d.h. auch diese Seuchenverläufe sollten abgebildet werden, sind aber nicht die einzig möglichen Ergebnisse. Des Weiteren kann Expertenwissen von Epidemiologen zur Validierung genutzt werden. In Diskussionen kann festgestellt werden, ob die Experten die Ergebnisse des Modells für sinnvoll und schlüssig halten. Für diese Situationen, in denen wenige Daten und ggf. Expertenwissen vorliegt empfiehlt Kleijnen (1999) die Nutzung einer Sensitivitätsanalyse. Gezielte Analysen mit Regressionsmodellen oder Bootstrappingmethoden können nicht durchgeführt werden, da reale Daten nur in geringem Umfang verfügbar sind (Kleijnen, 1999). In Sensitivitätsanalysen wird der Einfluss von Änderungen der Eingabeparameter auf die Modellergebnisse betrachtet und von Experten bewertet. Des Weiteren können die Haupteinflussfaktoren bestimmt werden. Bates et al. (2003b), Karsten et al. (2005), Menach et al. (2005) und Traulsen et al. (2010) nutzten eine Sensitivitätsanalyse, um ihr jeweiliges Modell für MKS oder KSP zu validieren. Diese stochastischen Modelle haben oft eine Vielzahl von Eingabeparametern, z.B. für die Viruseigenschaften oder die Beschreibung der Bekämpfungsmaßnahmen. Hier können fraktioniert faktorielle Designs oder Plackett und Burman Designs helfen, um die Zahl der notwendigen Simulationsläufe zu reduzieren. Selbst bei Annahme von nur zwei Levels für einen Parameter (z.B. kurze und lange Inkubationszeit) wächst die Zahl der Szenarien für ein volles Design exponentiell. Sind nur Haupteffekte von Interesse sind Plackett und Burman Designs zu empfehlen wie am Beispiel eines Modells zur Ausbreitung von Samonellen von (Hotes et al., 2012) genutzt wurde. Hier können elf Einflussfaktoren in nur zwölf Szenarien evaluiert werden (Plackett and Burman, 1946). Fraktioniert faktorielle Designs bieten die Möglichkeit auch Interaktionen zu schätzen (Box und Hunter, 1961a,b). Diese nutzen Interaktionen zwischen Haupteffekten, um andere Haupteffekte zu schätzen. Karsten et al. (2005) und Traulsen et al. (2010) nutzen ein fraktioniert faktorielles Design, um Tierseuchenmodelle zu evaluieren. Die Berücksichtigung von Interaktionen ist unbedingt notwendig. Das Plackett und Burman Design kann nur grobe Anhaltspunkte geben.

23.8 Zusammenfassung

Die aktuelle Entwicklung in der Modellierung von Tierseuchen ist durch die Nutzung der Netzwerktheorie geprägt. Die Verfügbarkeit von Daten ermöglicht ein detailliertes Abbild der Kontakte. Die Validierung der Tierseuchenmodelle ist schwierig und basiert zurzeit im Wesentlichen auf der Nutzung von Expertenwissen in Sensitivitätsanalysen. Bessere Methoden sind bisher unbekannt. Die Modelle stellen ein wichtiges Instrument für Epidemiologen und eine Entscheidungshilfe in der Tierseuchenbekämpfung und im Tierseuchenmonitoring dar.

Literatur

[Ale03] Alexandersen, S., Zhang, Z., Donaldson, A., Garland, A.J. 2003. The pathogenesis and diagnosis of foot-and-mouth disease. Journal of Comparative Pathology 129, 1–36.

[Ano00] Anonym, 2000. Directive 2000/15/EC of the European Parliament and the Council of 10 April 2000 amending Council Directive 64/432/EEC on health problems affecting intra-Community trade in bovine animals and swine.

[Ano01] Anonym, 2001. EU Council Directive 2001/89/EC of 23 October 2001 on Community measures for the control of classical swine fever.

[Ano03] Anonym, 2003. Council Directive 2003/85/EC of 29 September 2003 in Community measures for the control of foot-and-mouth disease. Official Journal of the European Union.

[Ano06] Anonym, 2006. 2006/346/EC: Commission Decision of 15 May 2006 concerning certain protection measures relating to classical swine fever in Germany and repealing Decision 2006/274/EC.

[Baj11] Bajardi, P., Barrat, A., Natale, F., Savini, L., Colizza, V., 2011. Dynamical Patterns of Cattle Trade Movements. PLoS ONE 6, e19869.

[Bat03a] Bates, T., Thurmond, M., Carpenter, T., 2003a. Description of an epidemic simulation model for use in evaluating strategies to control an outbreak of foot-and-mouth disease. American Journal of Veterinary Research 64 (2), 195–204.

[Bat03b] Bates, T., Thurmond, M., Carpenter, T., 2003b. Results of epidemic simulation modeling to evaluate strategies to control an outbreak of foot-and-mouth disease. American Journal of Veterinary Research 64 (2), 205–210.

[Bee07] Beer, M., I. Reimann, B. Hoffmann, K. Depner, 2007. Novel marker vaccines against classical swine fever. Vaccine 25, 5665-5670.

[BiP07] Bigras-Poulin, M., Barfod, K., Mortensen, S., Greiner, M., 2007. Relationship of trade patterns of the Danish swine industry animal movements network to potential disease spread. Preventive Veterinary Medicine 80, 143-165.

[BiP06] Bigras-Poulin, M., Thompson, R., Chriel, M., Mortensen, S., Greiner, M., 2006. Network analysis of Danish cattle industry trade patterns as an evaluation of risk potential for disease spread. Preventive Veterinary Medicine 76, 11-39.

[BoH61a] Box, G., Hunter, J., 1961a. The 2 k−p fractional factorial designs: Part I. Technometrics 3 (3), 311–351.

[BoH61b] Box, G., Hunter, J., 1961b. The 2 k−p fractional factorial designs: Part II. Technometrics3 (4), 449–458.

[BKC08] Brennan, M., Kemp, R., Christley, R., 2008. Direct and indirect contacts between cattle farms in north-west England. Preventive Veterinary Medicine 84, 242-260.

[BHG06] Brockmann, D., Hufnagel, L., Geisel, T., 2006. The scaling laws of human travel. Nature 439, 462-465.

[BTK12] Brosig, J., Traulsen, I., Krieter, J.; 2012 Control of Classical Swine Fever Epidemics Under Varying Conditions – With Special Focus on Emergency Vaccination and Rapid PCR Testing Transboundary and Emerging Diseases 10.1111/tbed.12028

[B13a] Büttner, K., Krieter, J., Traulsen, A., Traulsen, I. 2013a. Static network analysis of a pork supply chain in Northern Germany - Characterisation of the potential spread of infectious diseases via animal movements. Preventive Veterinary Medicine 110, 418-428.

[B13b] Büttner, K., Krieter, J., Traulsen, I. 2013b. Characterisation of contact structures for the spread of infectious diseases in a pork supply chain in Northern Germany by dynamic network analysis of yearly and monthly networks. Transboundary and Emerging Diseases, doi:10.1111/tbed.12106.

[B13c] Büttner, K., Krieter, J., Traulsen, A., Traulsen, I. 2013c. Efficient interruption of infection chains by targeted removal of central holdings in an animal trade network. PLoS ONE, 8, e74292.

[B14] Büttner, K., Krieter, J., Traulsen, A., Traulsen, I. 2014. Epidemic spreading in an animal trade network - Comparison of distance-based and network-based control measures, Transboundary and Emerging Diseases, doi:10.1111/tbd.

[Don01] Donaldson, A., 1997. Risks of spreading foot and mouth disease through milk and dairy products. Rev. sci. tech. Off. int. Epiz. 16 (1), 117–124. Donaldson, A., Alexandersen, S., Sørensen, J., Mikkelsen, T., 2001. Relative risk of the uncontrollable (airborne) spread of FMD by different species. The Veterinary Record 148, 602-604.

[Don07] Dong, X.N., Y.H. Chen, 2007. Marker vaccine strategies and candidate CSFV marker vaccines. Vaccine 25, 205-230.

[DuM00] Durand, B., Mahul, O., 2000. An extended state-transition model for foot-and-mouth disease epidemics in France. Preventive Veterinary Medicine 47, 121–139. Ebel, H., Mielsch, L.-I., Bornholdt, S., 2002. Scale-free topology of e-mail networks. Physical Review E 66.

[Eub04] Eubank, S., Guclu, H., Kumar, V., Marathe, M., Srinivasan, A., Toroczkai, Z., Wang, N., 2004. Modelling disease outbreaks in realistic urban social networks. Nature 429, 180-184.

[Fer01] Ferguson, N., Donnelly, C., Anderson, R., 2001. The foot-and-mouth epidemic in Great Britain: Pattern of spread and impact of interventions. Science 292, 1155–1160.

[Fre02] French, N., Kelly, L., Jones, R., Clancy, D., 2002. Dose-response relationships for foot and mouth disease in cattle and sheep. Epidemiology and Infection 128, 325–332.

[Fri00] Fritzemeier, J., Teuffert, J., Greiser-Wilke, I., Staubach, C., Schlüter, H., Moennig, V., 2000. Epidemiology of classical swine fever in Germany in the 1990s. Vet. Microbiol. 77, 29-41.

[Glo01] Gloster, J., Champion, H., Sørensen, J., Mikkelsen, T., Ryall, D., Astrup, P., Alexandersen, S., Donaldson, A., 2003. Airborne transmission of foot-and-mouth disease virus from Burnside Farm, Heddon-on-the-Wall, Northumberland, during the 2001 epidemic in the United Kingdom. The Veterinary Record 152, 525–533.

[GrW07] Greiser-Wilke, I., S. Blome, V. Moennig, 2007. Diagnostic methods for detection of Classical swine fever virus - Status quo and new developments. Vaccine 25, 5524-5530.

[Har07] Harvey, N., Reeves, A., Schoenbaum, M., Zagmutt-Vergara, F., Dubé, C., Hill, A., Corso, B., McNab, W., Cartwright, C., Salman, M., 2007. The North American Animal Disease Spread Model: A simulation model to assist decision making in evaluating animal disease incursions. Preventive Veterinary Medicine 82, 176-197.

[HJ02] Höhle, M., Jørgensen, E., 2002. Estimating parameters for stochastic epidemics. Dina Research Report No. 102, November 2002.

[Hop13b] Hop, G.E., Mourits, M.C.M., Oude Lansink, A.G.J.M., Saatkamp, H.W. 2013b. Future structural developments in Dutch and German livestock production and implications for contagious livestock disease control, Technological Forecasting and Social Change, http://dx.doi.org/10.1016/j.techfore.2013.05.011.

[Hop13a] Hop, G.E., Mourits, M.C.M., Slager, R., Oude Lansink, A.G.J.M., Saatkamp, H.W. 2013a. Prospects for cost reductions from relaxing additional cross-border measures related to livestock trade. Preventive Veterinary Medicine 109, 278-292.

[Hot12] Hotes, S.; Traulsen, I.; Krieter, J. 2012. An individual-based model for Salmonella transmission along the pig production chain. Archives Animal Breeding 55, 48-63.

[Jør00] Jørgensen, E., Søllested, T., Toft, N., 2000. Evaluation of SIR epidemic models in slaughter pig units using Monte Carlo simulation. In: Proceedings of the International Symposium on Pig Management Modelisation, Lleida, Spain, 18-20 September 2000.

[Kar05] Karsten, S., Rave, G., Krieter, J., 2005. Monte Carlo simulation of epidemics and control of classical swine fever. I. General concepts and description of the model. Vet. Microbiol., 108, 187-198.

[Kis06] Kiss, I., Green, D., Kao, R., 2006. The network of sheep movements within Great Britain: network properties and their implications for infectious disease spread. Journal of the Royal Society Interface 3, 669-677.

[Kit06] Kitching, R., Thrusfield, M., Taylor, N., 2006. Use and abuse of mathematical models: an illustration from the 2001 foot and mouth disease epidemic in the united kingdom. Rev. sci. tech. Off. int. Epiz. 25 (1), 293–311.

[Kle99] Kleijnen, J., 1999. Validation of models: statistical techniques and data availability. In: WSC '99: Proceedings of the 31st conference on Winter simulation. ACM Press, New York, NY, USA, pp. 647–654.

[Klo85] Klovdahl, A.S., 1985. Social networks and the spread of infectious diseases: The AIDS example. Social Science and Medicine; 21(11):1203-1216.

[Klo94] Klovdahl, A.S., Potterat, J., Woodhouse, D., Muth, J., Muth, S., Darrow, W., 1994. Social networks and infectious diseases: The Colorado Springs study. Social Science and Medicine; 38:79-88.

[Kob07] Kobayashi, M., Carpenter, T., Dickey, B., Howitt, R., 2007. A dynamic, optimal disease control model for foot-and-mouth disease: I. Model description. Preventive Veterinary Medicine 79, 257–273.

[Law82] Law, A., Kelton, W., 1982. Simulation modeling and analysis. McGraw-Hill Book Company.

[Lei09] Leifer, I., E. Lange, I. Reimann, S. Blome, S. Juanola, J.P. Duran, M. Beer, 2009. Modified live marker vaccine candidate CP7_E2alf provides early onset of protection against lethal challenge infection with classical swine fever virus after both intramuscular and oral immunization. Vaccine 27, 6522-6529.

[LKS09] Lentz, H., Kasper, M., Selhorst, T., 2009. Beschreibung des Handels mit Rindern in Deutschland mittels Netzwerkanalyse - Ergebnisse von Voruntersuchungen. Berl Münch Tierärztl Wochenschr 122, 193-198.

[Len11] Lentz, H., Konschake, M., Teske, K., Kasper, M., Rother, B., Carmanns, R., Petersen, B., Conraths, F.J., Selhorst, T., 2011. Trade communities and their spatial patterns in the German pork production network. Prev. Vet. Med. 98, 176-181.

[Man01] Mangen, M.J.J., A.W. Jalvingh, M. Nielen, M.C.M. Mourits, D. Klinkenberg, A.A. Dijkhuizen, 2001. Spatial and stochastic simulation to compare two emergency vaccination strategies with a marker vaccine in the 1997/1998 Dutch Classical Swine Fever epidemic. Preventive Veterinary Medicine 48, 177-200.

[Man02] Mangen, M.J.J., M. Nielen, A.M. Burrell, 2002. Simulated effect of pig-population density on epidemic size and choice of control strategy for classical swine fever epidemics in The Netherlands. Preventive Veterinary Medicine 56, 141-163.

[Mar09] Martínez-López, B., Perez, A.M., Sánchez-Vizcaíno, J.M., 2009. Combined application of social network and cluster detection analyses for temporal-spatial characterization of animal movements in Salamanca, Spain. Prev. Vet. Med. 91, 29-38.

[MRR08] Mayer, D., Reiczigel, J., Rubel, F., 2008. A Lagrangian particle model to predict the airborne spread of foot-and-mouth disease virus. Atmospheric Environment. 42, 466-429

[Men05] Menach, A. L., Legrand, J., Grais, R., Viboud, C., Valleron, A.-J., Flahault, A., 2005. Modeling spatial and temporal transmission of foot-and-mouth disease in France: Identification of high-risk areas. Veterinary Research 36, 699–712.

[Mey03] Meyers, L., Newman, M.E.J., Martin, M., Schrag, S., 2003. Applying network theory to epidemics: control measures for mycoplasma pneumoniae outbreaks. Emerging Infectious Diseases 9 (2), 204-210.

[Moe00] Moennig, V., 2000. Introduction to classical swine fever: virus, disease and control policy. Veterinary Microbiology 73, 93-102.

[Nat09] Natale, F., Giovannini, A., Savini, L., Palma, D., Possenti, L., Fiore, G., Calistri, P., 2009. Network analysis of Italian cattle trade patterns and evaluation of risks for potential disease spread. Prev. Vet. Med. 92, 341-350.

[N11] Nöremark, M., Hakansson, N., Lewerin, S.S., Lindberg, A., Jonsson, A., 2011. Network analysis of cattle and pig movements in Sweden: measures relevant for disease control and risk based surveillance. Prev. Vet. Med. 99, 78-90.

[PlB46] Plackett, R., Burman, J., 1946. The design of optimum multifactorial experiments. Biometrika 33 (4), 305–325.

[Pou05] Pourbohloul, B., Meyers, L., Skowronski, D., Krajden, M., Patrick, D., Brunham, R., 2005. Modeling control strategies of respiratory pathogens. Emerging Infectious Diseases 11 (8), 1249-1256.

[RDD11] Rautureau, S., Dufour, B., Durand, B., 2011. Structural vulnerability of the French swine industry trade network to the spread of infectious diseases. Animal 6, 1152-1162.

[RoC07] Robinson, S.E., Christley, R.M. 2007. Exploring the role of auction markets in cattle movements in Great Britain. Preventive Veterinary Medicine, 81, 21-37.

[SBH00] Saatkamp, H.W., P.B.M. Berentsen, H.S. Horst, 2000. Economic aspects of the control of classical swine fever outbreaks in the European Union. Veterinary Microbiology 73, 221-237.

[SD03] Schoenbaum, M., Disney, W., 2003. Modeling alternative mitigation strategies for a hypothetical outbreak of foot-and-mouth disease in the United States. Preventive Veterinary Medicine 58, 176-197.

[STT97] Staubach, C., Teuffert, J., Thulke, H.-H., 1997. Risk analysis and local spread mechanisms of classical swine fever. Epidémiol. Santé Anim. 31-32.

[Sør00] Sørensen, J., Mackay, D., Jensen, C. O., Donaldson, A., 2000. An integrated model to predict the atmospheric spread of foot-and-mouth disease virus. Epidemiol. Infect. 124, 577–590.

[Thr95] Thrusfield, M., 1995. Veterinary epidemiology. Blackwell Wissenschafts-Verlag Berlin, Second Edition.

[Tra10] Traulsen, I., Rave, G., Krieter, J. 2010. Sensitivity Analysis of a stochastic simulation model for foot and mouth disease. Archives Animal Breeding 53, 529-544.

[Tra11] Traulsen, I., Rave, G., Teuffert, J., Krieter, J. 2011. Consideration of different outbreak conditions in the evaluation of preventive culling and emergency vaccination to control foot and mouth disease epidemics. Research in Veterinary Science 91, 219-224

[vaO03] van Oirschot, J.T., 2003. Vaccinology of classical swine fever: from lab to field. Veterinary Microbiology 96, 367-384.

[Webb05] Webb, C.R. 2005. Farm animal networks: unravelling the contact structure of the British sheep population. Preventive Veterinary Medicine, 68, 3-17.

[Webb06] Webb, C.R. 2006. Investigating the potential spread of infectious diseases of sheep via agricultural shows in Great Britain. Epidemiology and Infection, 134, 31-40.

Teil III: **Ausblick auf die Kunst der Modellierung**

Bernhard Thalheim und Ivor Nissen (Kapitel 24–27)

24 Ein neuer Modellbegriff

Was sind Modelle, wie modelliert man, wie geht man vor? Das waren die Eingangsfragen, die immer noch unbeantwortet sind und eine formale Definition verlangen. Im ersten Abschnitt wurde ein Zugang zu Modellen, dem Modellieren und zur Modellierung entwickelt. Ein einfaches Überstülpen von festen Strukturen mittels Top-Down-Herangehensweise über alle Disziplinen und Anwendungen hinweg, scheiterte in Kiel. Ein anschließender intensiver mehrjähriger Erfahrungsaustausch verfolgte dann dem neu aufgebauten Bottom-up-Ansatz. Im zweiten Abschnitt wird diese Diversität von Modellen, dem Modellieren und der Modellierung sichtbar. Dennoch ist ein interoperabler übergreifender Modellbegriff notwendig, damit Schnittstellen zwischen Forschergruppen aber auch den benutzten Instrumenten möglich ist. Betrachten wir nochmals die Aufgaben der Forschungsagenda im ersten Teil Abschnitt 4.1.1 (Seite 44). Es sind systematische Zusammenhänge von Modellen, deren Adäquatheit und Qualität von großer Bedeutung, die nur in einem stetigen Wechselprozess von Bottom-Up- und Top-Down-Zugang erarbeitet werden können, analog der Spezialisierung und Verallgemeinerung in der Mathematk. Hierzu werden wir im Weiteren einen neuen Modellbegriff entwickeln, begründen und anhand von wenigen Beispielen aus der Informatik konkret durchdeklarieren. Für weitere Disziplinen steht diese Arbeit noch aus.

Die obigen Fragen können anhand des *rhetorischen Rahmens* nach Hermagoras von Temnos (quis, quid, quando, ubi, cur, quem ad modum, quibus adminiculis; wer, was, warum, wo, wann, wie, auf welche Weise, womit) ergänzt werden um weitere Fragen: Wer entwickelt und nutzt Modelle auf welche Weise? Warum werden die Modelle genutzt? Wann und wofür werden Modelle eingesetzt? In welchem Kontext werden Modelle verwendet, wie setzt man Modelle ein? Welche Funktion haben Modelle beim Gebrauch? In welchen Nutzungsszenarien werden sie verwendet? Welches Einsatzspektrum findet man üblicherweise für Modelle? Worin besteht der Wert und der Mehrwert von Modellen? Der rhetorische Rahmen kann erweitert werden zum W*H-Rahmen (DaT12):

(1) Instrument oder Gegenstand/Artefakt (was, worin, wovon, welches, worauf);
(2) Ausprägung (Bestandteile, Sichten, Details, Varianten, Fokus, Ein- und Durchsichtigkeit);
(3) Umfang (Ganzes-Teile, inwieweit, Qualität, Beschränkung);

(4) Zweck (warum, wozu, wobei, wofür, wieso, weshalb, Mehrwert, aus welchem Grund);
(5) Zeit- und Raumkontext (wohin, woher, wann, während, wohingegen, nachdem, sobald, wobei, alsobald);
(6) Nutzungsszenarien und Einsatzspektrum (wobei, in welcher Disziplin, in welcher Funktion, für welche Anwendung, worauf, wobei, wenn, immer wenn);
(7) Nutzergemeinschaft (wer, wo, durch wen, für wen, wem, Rollen, Verantwortung, Wahrnehmung der Rollen);
(8) Methoden (wie, inwiefern, womit, wer mit wem, mit welcher Unterstützung).

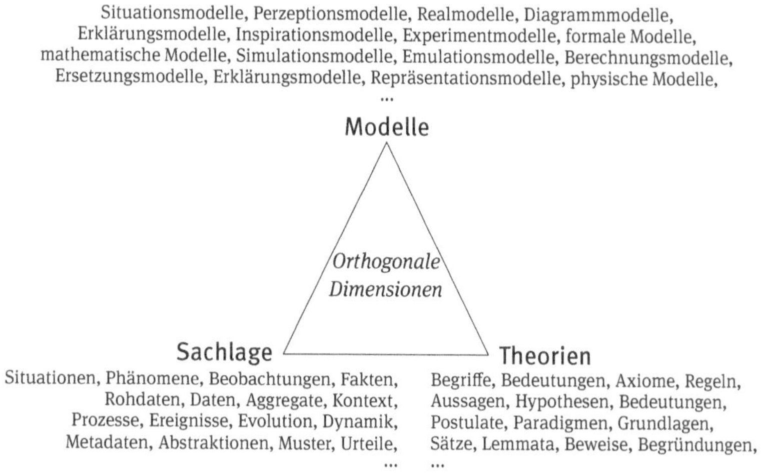

Abb. 24.1. Modelle als die dritte Dimension der Wissenschaften

Der zu entwickelnde Modellbegriff soll dabei das breite Spektrum von Modellen hinreichend gut reflektieren. Es sind dabei mathematisch-naturwissenschaftliche Modelle ebenso zu erfassen wie Modelle in den Sozial- und Geisteswissenschaften, Modelle im Ingenieurwesen und Modelle in anderen Bereichen des Lebens wie z.B. visuelle oder prototypische Modelle oder auch übertragene, charakterisierende Modelle. Modellieren umfasst alle Formen des Entwickelns und des Gebrauchs, so dass entsprechende Methoden für diese Formen bereitgestellt werden müssen und mit einem Handlungsrahmen eine zweckentsprechende Nutzung von Modellen erfolgen kann. Modellieren umfasst Techniken, basiert auf einer Technologie und ist eine bewußte, zielgerichtete und zweckmäßige Herangehensweise. Die Modellierung intendiert als Kunst oder Wissenschaft auf die Entwicklung von Rahmenwerken, mit denen Modelle systematisch erstellt, genutzt, weiterentwickelt und bewertet werden können.

Modelle stellen eine *dritte Dimension in den Wissenschaften* (CH04) zwischen Theorien und der Sachlage bzw. relevanten Situationen der Realwelt dar (siehe Bild 24.1). Theorien werden durch Daten belegt. Eine Theorie stellt eine Gesamtheit miteinander verbundener allgemeiner Sätze und spezieller Zusammenhänge in der Welt dar. Ein Modell wird dagegen von Menschen/Modellierern geschaffen, von ihm als Repräsentation eines Ausschnitts der Realwelt mit einer bestimmten Motivation als Werkzeug oder Instrument[1] genutzt[2], demzufolge aufgrund einer Arbeitsaufgabe ausgewählt und ggf. von entsprechenden Theorien gestützt. Wie jedes Instrument bedarf ein Modell einer entsprechenden Unterstützung zur Nutzung und ist entsprechend gebildet bzw. entwickelt worden. Wie jedes Instrument wird auch die Nutzung eines Modells mit Methoden - genauer einem Spektrum von Methoden - unterstützt. Methoden gehören deshalb zur Ausrüstung, zur Ausstattung und zum Rüstzeug eines Modells.

24.1 Der Forschungsauftrag

Nach wie vor fehlt ein allgemein akzeptierter und zugleich umfassender Modellbegriff[3]. B. Mahr beendet die Arbeit (Mah15) mit dem Forschungsauftrag[4]

Entwicklung einer aussagenkräftigen allgemeinen Theorie der Modelle.

---

1 Da Modelle nicht nur materielle Gegenstände sondern auch Lebewesen und ideelle Gebilde darstellen können, greift der Begriff Gegenstand nicht weit genug. Zwar werden auch Gegenstände genutzt, jedoch die Nutzung von Modellen durch Methoden wird besser durch den Begriff „Instrument" im Sinne eines Arbeitswerkzeuges wiedergegeben. Er umfasst damit die praktische Funktion als Werkzeug respektive als Mittel der Wissenschaften als auch die theoretische Funktion als spezifisches Bild der Realwelt.

2 Mit der Nutzung wird das Instrument zu einem Mittel i.a. bzw. Arbeitsmittel bzw. Hilfsmittel, zur Handhabe, zur Hilfsquelle und zum Medium im Rahmen von entsprechenden Nutzungsszenarien, in denen es eine Funktion erfüllt.

3 Als Beispiel die Abschlußbemerkung von R. Frigg und S. Hartmann in der Stanford Encyclopedia of Philosophy (FrH12):
„Models play an important role in science. But despite the fact that they have generated considerable interest among philosophers, there remain significant lacunas in our understanding of what models are and of how they work."

4 *„Die Ergebnisse dieser Untersuchungen sind ein Hinweis dafür, dass es möglich ist, eine aussagekräftige allgemeine Modelltheorie zu entwickeln, die in allen konkreten Fällen der Modellbildung und des Modellgebrauchs und in allen Fällen der Beurteilung des Modellseins die auftretenden Phä-*

Es erscheint in der Vielzahl der entwickelten Modellbegriff-Verwendungen kaum eine Möglichkeit zu geben, einen separaten Begriff für die jeweilige Teildisziplin zu entwickeln. Dieser Eindruck entsteht auch mit den unterschiedlichen Herangehensweisen im zweiten Abschnitt. Dieser Forschungsauftrag ist ein Teil der Forschungsagenda in Kapitel 4. In diesem Kapitel entwickeln wir eine Modelldefinition entsprechend dem Forschungsauftrag.

Dieser Forschungsauftrag muss bei interdisziplinärer Forschung erweitert werden: *Es ist ein gemeinsames Verständnis aller benutzten Modelle innerhalb einer Nutzergemeinschaft, deren Adäquatheit und Verlässlichkeit, deren Zweckmäßigkeit, deren Effizienz und deren Beschränkungen zu entwickeln, damit Modelle als Kommunikations-, Arbeits- und als Hilfsmittel genutzt werden können.*

In der Zusammenarbeit müssen nicht nur gleiche bzw. synonyme Begriffe verwendet werden, sondern auch deren Hintergrund und deren Grundannahmen abgestimmt und intuitiv verstanden sein. Aus den Beschränkungen und den Zwecken resultieren auch Verwendungsbeschränkungen von Modellen.

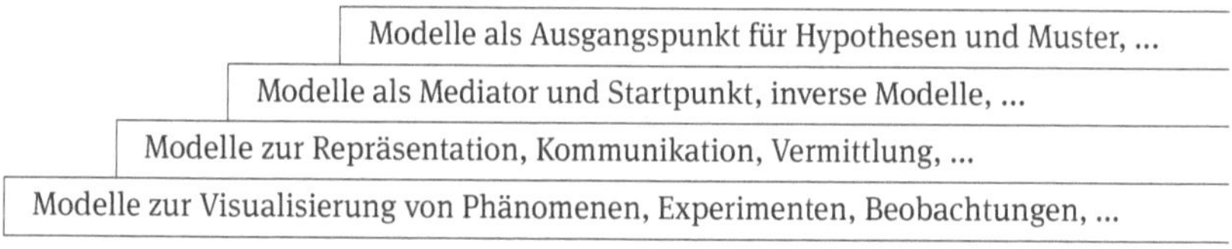

Abb. 24.2. Modelle in den vier Stufen der Wissenschaftsentwicklung

Modelle werden in unterschiedlichen Funktionen ihrer Verwendung je nach Einsatzspektrum bzw. Nutzungsszenario eingesetzt. Diese Nutzungsszenarien entsprechen auch der Entwicklung der Wissenschaften nach Bild 1.1 in Kapitel 1.2. In Bild 24.2 wird beispielhaft diese Änderung der Rolle und damit der Funktion in den Wissenschaften dargestellt. Je nach Entwicklung der Disziplin spielen Modelle eine unterschiedliche Rolle. In empirischen Disziplinen werden Modelle vor allem zur Visualisierung genutzt, während später vor allem eine Repräsentations- oder Vermittlungsfunktion hinzukommt. Das Funktionsspektrum von Modellen wird in berechnungsintensiven Wissenschaften um die Mediatorfunktion bzw. als Startpunkt oder als Ausgangspunkt in der inversen Modellierung erweitert. Datenintensive Wissenschaften nutzen Modelle auch für die Untersuchung von Hypothesen und die Ableitung von Mustern.

nomene und Zusammenhänge, die dem Modellsein in seiner Allgemeinheit entspringen, mit Genauigkeit und Klarheit erklärt.".

Nun werden wir einen in Kiel erarbeiteten Modellbegriff zur Diskussion stellen. Dazu sind Vorarbeiten in Form von Begriffsdefinitionen notwendig. Wir beginnen mit dem Instrument, welches nicht nur Gegenstand oder Artefakt, sondern auch Lebewesen sein kann. Wir entleihen uns aus der mathematischen Logik den Begriff des Urteils, zählen die Eigenschaften von Instrumenten auf und erfassen den mit Instrumenten verbundenen Hintergrund. Danach führen wir die beiden wichtigen Begriffe von Wohlgeformt- und Adäquatheit ein, die uns dann den Modellbegriff liefern. Es werden dann Profile und Nutzungsszenarien, die Analogie zwischen Instrumenten und Originalen und Komplexitäten behandelt. Verlässliche, gerechtfertigte, befriedigende und zweckmäßige Instrumente schließen die Begriffsbestimmung zum Model ab.

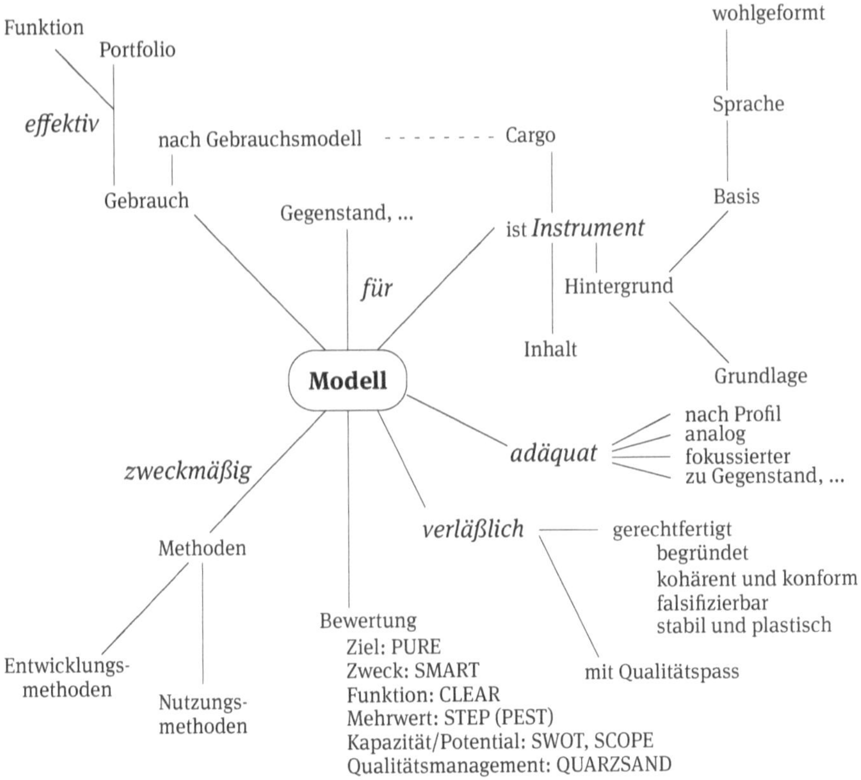

Abb. 24.3. Das Begriffsgerüst des neuen Modellbegriffes (sprachbasierte Modelle): Ein Modell ist ein Instrument, das adäquat und verläßlich sowie zweckmäßig und ggf. effektiv ist

Für die Modellierung stehen Entwicklungs- und Nutzungsmethoden, sowie Funktionen von Modellen und Nutzungsszenarien sowie Einsatzspektren im Vordergrund.

In den zwei letzten Abschnitten dieses Kapitels wird die Bewertung und Reifegrade eines Modells, sowie Kapazität und das Potential mit dem wichtigen Begriff des Cargo erörtert. Das Bild 24.3 stellt im Überblick das Begriffsgerüst dar.

24.2 Das Modell als Instrument

In diesem Abschnitt entwickeln wir auf der Grundlage und in Verallgemeinerung von (Tha13; Tha14), in Zusammenfassung von (Tha10; Tha11; Tha12; Tha12; Tha12") und vor dem Hintergrund von (BoT08; MSTW12; ScT05; ScT07; Tha00; Tha07; Tha08; TSM09)

einen neuen Modellbegriff,
der ein Modell auffasst als

Instrument, das *adäquat* und *verlässlich* andere Originale *repräsentiert* je nach beabsichtigtem *Zweck* (oder Funktion in der Nutzung dieses Instrumentes oder auch damit verbundenem Ziel).

Instrumente bringen ihren eigenen *Inhalt* mit. Der Inhalt erlaubt eine epistemische Einordnung des Instrumentes in den Gebrauchskontext. Der Inhalt basiert auf einem *Hintergrund* des Instrumentes, wird innerhalb einer *Nutzergemeinschaft* akzeptiert und ist innerhalb eines *Kontextes* gültig. Der Inhalt wird im *Cargo* zusammengefasst.

Zweckmäßige Instrumente sollen für den Zweck tauglich sein, d.h. ihnen sind Methoden zur Nutzung und zur Entwicklung zugeordnet.

Instrumente sollen als Modelle in Nutzungsszenarien effektiv eingesetzt werden. Solche Instrumente sind dann *effektive* Modelle.

Konzeptuelle Modelle werden um entsprechende Konzepte angereichert und unterstützen ihr Verständnis und ihre Nutzung.

24.2.1 Instrumente $\mathfrak{I}^*$ und ihre Eigenschaften

24.2.1.1 Die Auffassung des Modellseins und das Urteil

Jedes Instrument[5] kann unter gewissen Bedingungen[6] als Modell angesehen und verwendet werden. Ein Instrument kann auch virtuell sein. Um ein Instrument als Modell durch ein Subjekt anzuerkennen, bedarf es eines *Urteils* durch ein Subjekt. Mit dem Urteil, als Form einer Feststellung, entliehen der mathematischen Logik, ist eine Aussage zur Nutzbarkeit verbunden, d.h. zu den Aufgaben dieses Instrumentes. Die Aufgaben können wir in einem Portfolio zusammenfassen. Wir werden das Urteil im Weiteren auf die Adäquatheit und Verlässlichkeit von Instrumenten zurückführen. Im Allgemeinen (Kas03) kann ein Urteil u als Quintupel

$$u = (\mathfrak{I}^*, O, B(a, m, c), \mathfrak{P}, \mathfrak{W})$$

bestehend aus

- dem Instrument $\mathfrak{I}^*$,
- dem Original O (bzw. den Originalen),
- der Bewertung $B(a, m, c)$ mit Aussagen zur Anwendbarkeit a, zur Striktheit bzw. Modalität m und zur Konfidenz c der Assoziation von $\mathfrak{I}^*$ mit O,
- für eine Nutzergemeinschaft $\mathfrak{P}$,
- innerhalb einer Nutzerwelt $\mathfrak{W}$ mit dem entsprechenden Kontext $\mathfrak{C}$

definiert werden.

Ein Instrument $\mathfrak{I}^*$ soll entsprechende andere Instrumente, Gegenstände/Artefakte/Lebewesen oder i.a. Originale repräsentieren. Diese Repräsentation erlaubt eine Aussage, *wovon* das Instrument eine Repräsentation darstellt, i.a. von anderen Instrumenten (artifacts), Gegenständen oder i.a. Originalen $\mathfrak{A}$. Wird das Instrument als Mittler zwischen Originalen und Objekten genutzt, dann kann innerhalb dieser Assoziation den Instrumenten auch eine Rolle zugeordnet werden. Diese Rolle bezieht sich auf eine Funktion, die das Instrument in einem Nutzungsszenario besitzt.

5 Diese Auffassung vom Modellsein eines Instrumentes ist sehr weitgehend, zum anderen aber ausreichend begrenzend. Ein Instrument ist nicht a priori ein Modell. Adäquatheit und Verlässlichkeit kann anhand eines Instrumentes wie z.B. einem UML-Diagramm oder einem Datenbank-Schema erläutert werden. Gegeben sei ein informales Realmodell, das z.B. eine Strukturierung von Daten für ein Situationsmodell in natürlicher Sprache beschreibt. Ein Datenbank-Strukturmodell ist nicht etwa jedes Schema, sondern nur ein solches, das zum einen adäquat, dem Zweck entsprechend in fokussierter Form und analog das Realmodell repräsentiert, zugleich auch eine Begründung für diese Art von Schema beibringt und den Qualitätsanforderungen genügt. Wählt man für das Schema z.B. die Entity-Relationship-Modellierungssprache, dann sind mit dem Schema auch Annahmen, eine Kultur usw. verbunden, die nicht durch das Realmodell gefordert sind.

6 Adäquatheit und Verlässlichkeit (s.u.)

Ein Instrument - auch ein virtuelles - bringt seinen *eigenen Inhalt* mit. Der Inhalt ist verbunden mit der Gemeinschaft der Subjekte, die dieses Instrument entwickeln und nutzen, mit dem Kontext, in den das Instrument gestellt ist, und mit dem Hintergrund für das Instrument an sich. Der Inhalt umfasst (1) das Substrat, d.h. die Gesamtheit der das Instrument bildenden Elemente, (2) die Struktur, d.h. die Gesamtheit der Beziehungen und Zusammenhänge zwischen den Elementen und (3) die Dynamik, d.h. das Verhalten des Instrumentes als Ganzes unter entsprechenden äußeren Bedingungen.

Die Nutzergemeinschaft $\mathfrak{P}$ ($\subseteq$ $\mathcal{P}$ für alle möglichen Gemeinschaften)[7] umfasst alle Subjekte, die mit dem Instrument verbunden sind. Dazu gehören der Autor, Modellierer oder Schöpfer des Instrumentes ebenso wie der Vermittler/Anwender mit unterschiedlichen Rollen, die ein Benutzer einnehmen kann.

In der Nutzergemeinschaft werden unterschiedliche Rollen wahrgenommen, z.B. die des Modellentwicklers und die des Modellnutzers, der durch freigegebene Parameterwahl ebenfalls im beschränkteren Maße modellieren kann. Die Wahrnehmung der Rollen hängt auch vom Profil des jeweiligen Subjektes, insbesondere dem Wissens- und Informationsprofil, dem Verständnis innerhalb der Gemeinschaft mit den Gemeinsamkeiten und den Fähigkeiten zur Nutzung des Instrumentes ab.

Instrumente in der Modellierung sind mit einem *Kontext* assoziiert. Dieser Kontext $\mathfrak{C}$ umfasst neben den räumlichen und zeitlichen Einordnungen der Instrumente auch die entsprechende Anwendungsumgebung wie z.B. die Disziplin, die Denkschule, die Infrastruktur und den Handlungsspielraum in der Realwelt.

24.2.1.2 Der mit dem Instrument verbundene Hintergrund $\{\mathfrak{G}, \mathfrak{B}\}$

Der Inhalt eines Instrumentes wird explizit angegeben, bestimmt jedoch den Nutzen und den Mehrwert, den das Instrument als Modell beibringt. Der Inhalt wiederum wird durch den *Hintergrund* determiniert. Der Hintergrund ist oft nur implizit gegeben und mitunter schwer zu bestimmen. Mit dem Hintergrund sind aber auch das *Profil* und das *Einsatzspektrum* des Instrumentes eingegrenzt. Instrumente mit einem ungeeigneten Hintergrund sind auch als Modelle disqualifiziert. Wir unterscheiden beim Hintergrund zwischen der unstrittigen bzw. nicht veränderbaren Grundlage G und der veränderbaren und anpassbaren Basis $\mathfrak{B}$. Die unstrittige Grundlage ist allgemein akzeptiert und relativ stabil. Die

7 Wir verwenden im Weiteren „community of practice" CoP als Synonym.

veränderbare und anpassbare Basis selbst kann geändert werden je nach Zweck, Nutzergemeinschaft und Kontext. Sie ist deshalb vereinbart, während die Grundlage als fixiert angesehen wird.

Bestandteile der unstrittigen *Grundlage* 𝔊 sind Paradigmen, Postulate, Theorien, die Fundierung, Prinzipien, die Kultur, Autoritäten, die Beschränkungen und der commonsense (gesunder Menschenverstand). An der Grundlage wird i.a. festgehalten und erst ein Grundlagenwechsel (z.B. Paradigmenwechsel (Kuh62)) angestrebt, wenn die Grundlagen sich nicht mehr aufrecht erhalten lassen.

Bestandteile der veränderbaren und anpassbaren *Basis* 𝔅 sind Annahmen, der Denkstil und das Denkkollektiv (Fle11), Konzepte und Konzeptionen, Konventionen, Sprachen, Methodiken, die gängigen und akzeptierten Praktiken inklusive „good practices" und Anleitungen.

Wir nennen deshalb das Instrument auch ein (𝔊, 𝔅, ℭ, 𝔓)-**Instrument.**

Instrumente sind ggf. durchsichtig (‚glas box'), undurchsichtig (‚black box') oder nur partiell einsichtig (‚gray box'). Deshalb kategorisieren wir Instrumente aufgrund ihres Inhaltes anhand

des gewählten **Abstraktionsgrades** z.B. anhand einer Anforderungsliste oder einer Spezifikation wie bei einer ‚gray box' oder mit einer detaillierten Einsicht in eine Realisierung,

der genutzten **Granularität und Präzision,** mit der ein Instrument betrachtet werden kann,

der **Beschreibungssprache,** mit der ein Instrument erfasst werden kann,

den relevanten **Aspekten,** die für die Nutzung des Instrumentes ausgewählt werden,

den **Qualitätskriterien,** die von einem Instrument gefordert werden wie z.B. der Qualität in der Nutzung, der externen Qualität oder auch der internen Qualität und

der **Komposition** bzw. der Einsicht in die Komposition und damit der strukturellen oder dynamischen Nachvollziehbarkeit von Eigenschaften.

Instrumente können während der Entwicklung und Nutzung auch verändert, ergänzt oder fokussiert werden, je nach Anforderungen für die Nutzung als Modell, je nach akzeptierten Leitlinien, je nach Entwicklungsplan, je nach verwendeter Theorie, je nach Qualitätsanforderungen und je nach Abbildungs- oder Assoziationsvorstellungen für die Betrachtung in Beziehung auf andere Instrumente, können sich auch selbst verändern.

Die Grundlage und die Basis umfassen eine Reihe von Begriffen, die in unserem Kontext spezifisch verwendet werden[8]. Da Sprachen die Nutzbarkeit von Modellen ermöglichen und beschränken, werden wir die sprachliche Basis genauer beleuchten.

Paradigmen bestehen aus den Grundauffassungen einer Teildisziplin. Sie bleiben über einen längeren Zeitraum bestehen. *Postulate* sind unbedingte Forderungen, deren Erfüllung geboten ist. Sie umfassen auch notwendige logische, methodische und erkenntnistheoretische Voraussetzungen, die nicht (oder noch nicht) streng bewiesen werden können. *Theorien* umfassen sowohl die in ihr formulierten Gesetzesaussagen über eine Disziplin als auch Aussagen über empirische Zusammenhänge. Sie sind systematisch geordnet. Die *Fundierung* nutzt Begründungen und Untermauerungen für Konzepte und Konzeptionen, wobei auch Mittel zur Nutzung bereitgestellt werden. *Prinzipien* nutzen als Ausgangspunkt Einsichten, Ziele und Handlungsregeln, die eine methodische Orientierung geben und einen praktischen Begründungszusammenhang darstellen.

Eine *Kultur* umfasst die Gesamtheit von Attitüden, Grundsätzen, Annahmen, Werten und Wertvorstellungen, Verhaltensnormen und Grundeinstellungen, die von einer Gruppe geteilt werden, die das Verhalten der Gruppenmitglieder beeinflussen und mit dessen Hilfe diese das Verhalten anderer interpretieren. Sie ist ein Orientierungssystem mit einem kohärenten Regelwerk von Konventionen, Bedeutungs- und Interaktionsmustern. Sie definiert Normalität und Plausibilität. Jedes Instrument ist gebunden an *Autoritäten*, die maßgeblich an der Entwicklung, Einführung und Durchsetzung mitgewirkt haben. *Beschränkungen* begrenzen die Nutzbarkeit von Elementen und Begriffen innerhalb einer Disziplin, deren Gültigkeit, Existenz und Bedingungen. Der *commonsense* (gesunder Menschenverstand) innerhalb einer Disziplin orientiert sich an den allgemein akzeptierten Normen und Urteilen. Er dient als Leitfaden und Ausgangspunkt für das wissenschaftliche Arbeiten.

Annahmen werden aufgrund einer Erfahrung innerhalb einer Disziplin und schon bekannter Gesetzmäßigkeiten getroffen. Sie sollen den Teilbereich für den Normalfall hinreichend gut erklären, sollen fruchtbar für die weitere Entwicklung sein, sollen neue Erklärungs- bzw. Herangehensweisen liefern, müssen widerspruchsfrei und so einfach wie möglich sein und dürfen bereits bekannten Er-

---

8 Wir nutzen als Quellen für unsere Begriffsbestimmungen die Arbeiten (Dep09; Gri93; KlB71; Mit04; SYea03; SeR92).

kenntnissen nicht widersprechen. Der *Denkstil* (Fle11) determiniert die Angemessenheit, die Evidenz und die Bedeutung von Urteilen, Problemen und Methoden für eine Gemeinschaft. Das *Denkkollektiv* ist einem Denkstil verpflichtet und damit durch diesen beschränkt. *Konzepte* können zur Klassifikation genutzt werden oder als Abstraktum des Wissens, das ein Subjekt mit dem Konzeptnamen assoziiert. *Konzeptionen* (Whi94) sind dagegen Systeme der Erklärung. *Konventionen* basieren auf dem im Kontext üblichen Gebrauch, auf Übereinkünften und Erwartungen innerhalb der Nutzergemeinschaft und den üblicherweise genutzten Verhaltensmustern.

24.2.1.3 Sprachbeschriebene Instrumente

Instrumente werden meist für die Nutzung auch sprachlich beschrieben, wobei nicht nur natürliche oder formale *Sprachen* zur Anwendung kommen. Mit dem Urteil, ein Instrument als Modell für ein Original zu verwenden, geht eine Auswahl der relevanten Elemente des Originals einher, die man auf die Vorgaben, die ein Instrument als Modell erfüllen soll, abbildet. Gleichzeitig erfüllen Instrumente Eigenschaften. Somit erhalten wir für die Beschreibung der Instrumente eine Strukturierung wie in Bild 24.4. Ein Instrument $\mathfrak{I}^*$ wird in einer geeigneten Sprache $\mathcal{L}_{\mathfrak{I}^*}$ beschrieben. Diese Sprache sollte auch eine Beschreibung der Eigenschaften $\Phi(\mathfrak{I}^*)$ und Vorgaben $\Psi(\mathfrak{I}^*)$ erlauben.

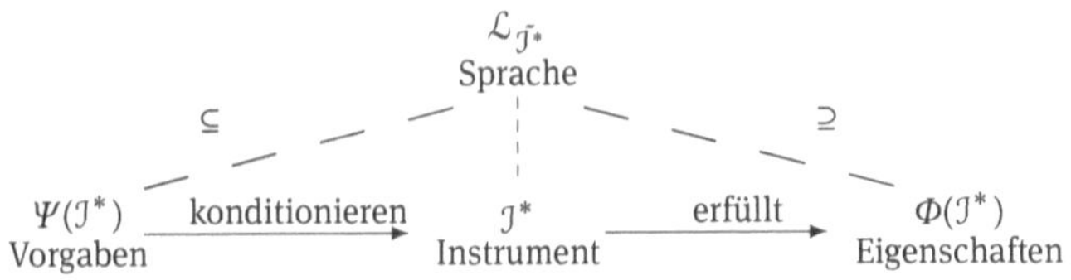

Abb. 24.4. Instrumente mit der Sprache zur Beschreibung des Instrumentes, zur Darstellung der Eigenschaften und Vorgaben

Sprachen spielen für viele Anwendungen von Modellen eine zentrale Rolle. Wird ein Instrument als Mittler für eine Konstruktion eines Systems benutzt, dann sind Vorgaben aus dem Realmodell oder dem Situationsmodell ableitbar. Die Eigenschaften des Instrumentes dienen dann auch als Vorlage für das zu konstruierende System. Die Auswahl der Sprachen wird durch die anderen Entscheidungen für die veränderbare und anpassbare Basis determiniert.

Methodiken kombinieren Methoden, die in den einzelnen Disziplinen entwickelt wurden, zu Handlungsabläufen. Die gängigen und akzeptierten *Praktiken* inklusive „good practices“ bestehen aus allgemein praktizierten Verfahren und Handlungen und umfassen auch Tricks und Kunstgriffe. *Anleitungen* geben Hinweise auf den Gebrauch und die Nutzung.

24.2.1.4 Wohlgeformtheit von Instrumenten γ_{form}

Die Realwelt kann beliebig heterogen, verschiedenartig und komplex sein. Modelle sollen jedoch eine fokussierte Nutzung relativ zu dieser Komplexität erlauben. Deshalb ist es sinnvoll auch von vornherein nur solche Instrumente zu betrachten, die innerhalb einer Sprache $\mathcal{L}_{\mathfrak{I}^*}$ orthonormiert dargestellt werden. Eine Orthonormierung beschränkt sich dann auf solche sprachlichen Konstrukte, die sich der Nutzergemeinschaft im gegebenen Kontext hinreichend einfach erschließen. Sie basiert auf den Konventionen der Gemeinschaft im gegebenen Kontext. Die Orthonormierung kann zur Wohlgeformtheit verallgemeinert werden. Z.B. sind XML-Dokumente wohlgeformt, wenn zu einer öffnenden Klammer $< x >$ genau eine schließende Klammer $< /x >$ gehört z.B. $< Autor > \ldots < /Autor >$ (d.h. eine Fitch-Struktur ist).

Die Wohlgeformtheit kann auch für Instrumente, die nicht sprachbeschrieben[9] sind und durch andere Gebrauchbarkeitsbegriffe je nach Profil definiert werden, wie z.B. ästhetische („schön“, wohlgeordnet, symmetrisch, ...) oder erkenntnistheoretische (faßlich, faßbar, verständlich, einleuchtend, ...).

Gegeben sei für ein Instrument $\mathfrak{I}^*$ eine entsprechende Sprache $\mathcal{L}_{\mathfrak{I}^*}$ und für diese Sprache ein Wohlgeformtheitskriterium γ_{form}, das den Konventionen einer Nutzergemeinschaft innerhalb eines Kontextes entspricht. Das Instrument $\mathfrak{I}^*$ heißt wohlgeformt (bzw. wohlgestaltet), wenn es dieses Kriterium erfüllt.

Für beliebige Instrumente kann die Wohlgeformtheit auch durch eine syntaktische, semantische bzw. pragmatische Wohlgestalt erklärt werden. Ein Instrument ist *syntaktisch wohlgestaltet*, wenn es entsprechend den syntaktischen Regeln der Sprache oder des entsprechenden Erzeugungssystems zur Erzeugung von Ausdrücken korrekt gebildet wurde und ein syntaktisches Wohlgeformtheitskriterium innerhalb der Sprache oder des Erzeugungssystems erfüllt. Ein Instrument ist *semantisch wohlgestaltet*, wenn es entsprechend den semantischen Regeln der

9 Da fast alle Modelle in den Wissenschaften sprachbeschrieben sind, konzentrieren wir uns im Weiteren auf solche Modelle, wollen allerdings die nicht sprachbeschriebenen Modelle auch potentiell erfassen. Sind Modelle nicht sprachbeschrieben, dann kann die Wohlgeformtheit durch die Wohlgestaltheit ersetzt werden. Letztes fungiert dann als ästhetisches Kriterium während ersteres eher ein semiotisches Kriterium darstellt. Wohlgeformtheit ist deshalb einfacher zu beschreiben.

Sprache oder des Systems korrekt gebildet wurde und wenn es einem semantischen Wohlgeformtheitskriterium genügt. Z.B. kann das semantische Kriterium eine Wohlfundiertheit einschließen. Ein Instrument ist für eine Nutzergemeinschaft *pragmatisch wohlgestaltet*, wenn es nach entsprechend den pragmatischen Regeln dieser Nutzergemeinschaft geformt wurde und wenn es dem Vorgehen in dieser Gemeinschaft entspricht.

In einigen Disziplinen wie z.B. der Informatik wird das Kriterium der Wohlgeformtheit zur *Wohldefiniertheit* präzisiert. In der Softwaretechnik und Logik soll z.B. ein Diagramm nicht nur syntaktische Qualitätscharakteristiken erfüllen, sondern jedes verwendete Element und jede Konstruktion soll interpretierbar sein und zu einer Interpretation zu einer Struktur führen, die keine Widersprüche zulässt.

24.2.2 Adäquate Instrumente

24.2.2.1 Das Profil $\mathfrak{D}$ und das Nutzungsszenario $\mathfrak{N}$

Wir fassen Ziele, Zwecke und Funktionen des Instrumentes (als Modell) zum *Profil* zusammen. Ein Profil kann auch unvollständig gegeben sein. *Ziele* sind - wie bereits im Abschnitt 2.1 erläutert - auf Sachverhalte, die es zu erreichen gilt, ausgerichtet. Ein *Zweck*[10] setzt ein Ziel voraus, sowie auch Mitteln zur Erreichung der Sachverhalte. In einem Nutzungsszenario - auch „Gebrauchsspiel" in Anlehnung an das „Sprachspiel" von L. Wittgenstein (Wit58) genannt - hat ein Instrument eine *Funktion*[11]. Ein Instrument kann zu unterschiedlichen Zielen, Zwecken und Funktionen eingesetzt werden. Die Beziehung von Ziel, Zweck und Funktion können wir dann wie in Bild 24.5 darstellen.
Damit stellt

- das Ziel eine dreistellige Relation von *(Istzuständen, Zielzustand, Nutzergemeinschaft)*,
- der Zweck eine zweistellige Relation von *(Ziel, Mittel)* bzw. mit der Ziel-Relation eine vierstellige Relation von *(Istzuständen, Zielzustand, Nutzergemeinschaft, Mittel)* und

---

10 In der Literatur zur Philosophie und zur Wissenschaftstheorie (z.B. (KlB71; Mit04; SeR92)) existiert keine Übereinkunft über diesen Begriff. Wir lehnen uns an den Begriff in (KlB71) an, wodurch wir Zweck und Ziel voneinander separieren können.

11 Wir folgen hier der Literatur zur Modellierung. Das Wort Funktion ist i.a. vieldeutig. Im Weiteren meinen wir mit „Funktion" die Funktion eines Instrumentes in einem Nutzungsszenario oder Szenarien. Die gleichbleibende Aufgabe, die ein Instrument in einem Szenario erledigt, ist die Funktion, die das Instrument erfüllt.

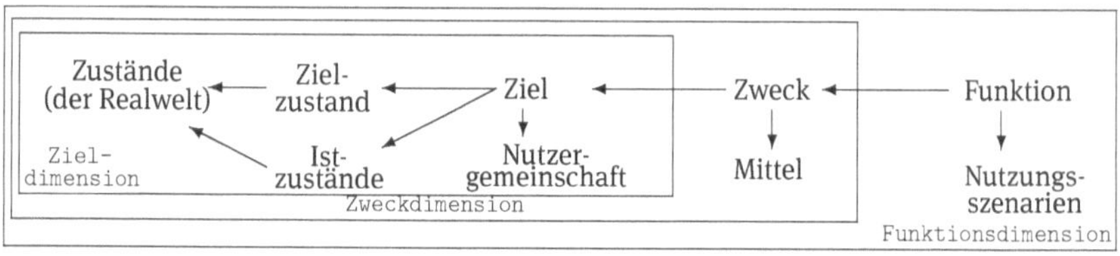

Abb. 24.5. Ziel, Zweck, Funktion eines Modells

- die Funktion eine zweistellige Relation von *(Zweck, Nutzungsszenarien)* bzw. eine fünfstellige Relation von *(Istzuständen, Zielzustand, Nutzergemeinschaft, Mittel, Nutzungsszenarien)*

Wenn ein Instrument entwickelt wird, dann wird es nach gewissen Regel und Gesetzen unter Zuhilfenahme von Erfahrungen - getrieben von den Zielen - geformt. Wird ein Instrument zur Benutzung ausgewählt, dann gründet sich diese Auswahl auf Merkmale, Eigenschaften, Strukturen und Regelmäßigkeiten des Instruments, die zur Befriedigung des Zieles herangezogen werden können. Damit sind nicht alle anderen möglichen Ziele ausgeschlossen. Es werden allerdings von vornherein nur einige intendiert. Damit ergibt sich aus dem Profil auch ein *„Antiprofil"*, aus dem sich Einsatzverbote für das Instrument als Modell ergeben können.

In der Informatik dient z.B. die Turing-Maschine aufgrund der Church-Turing-These als Modell der Berechenbarkeit bzw. berechenbarer Funktionen. Dieses Instrument ist sogar ein minimales Modell, weil es keine überflüssigen oder redundante Elemente enthält. Damit kann die Turing-Maschine nicht zur Programmentwicklung genutzt werden. Die Turing-Maschine kann auch nicht für eine allgemeine Komplexitätstheorie entsprechend der erweiterten Church-Turing-These genutzt werden. Zum Antiprofil gehören auch die Verwendung dieses Instruments zum Testen von Software, zur Validierung, zum Erklären und Verstehen von Software, zur Realisierung und der Effektivität von Spezifikationen.

Üblicherweise sind mit dem Instrument auch Methoden zu seiner Entwicklung und Nutzung verbunden. Deshalb stellen wir den Zweck in den Mittelpunkt für das Profil. Manchmal sind Ziele nur abstrakt und noch nicht ausformuliert. Man kann dann den Begriff *Motiv* (bzw. auch breiter: Motivation) zur Charakterisierung der Beweggründe, Ursachen bzw. Antriebe der Nutzung eines Instrumentes heranziehen.

Das *Profil* $\mathfrak{D}$ eines Instrumentes umfasst die Zwecke (ggf. auch nur die Ziele (oder in vollständiger Form neben dem Ziel und Zweck auch Funktionen)) zur Nutzung eines Instrumentes.

Ein Instrument $\mathfrak{I}^*$ wird *zielgerecht* eingesetzt, wenn der Einsatz entsprechend dem Profil erfolgt.

Ein Instrument wird in Nutzungsszenarien $\mathfrak{N}$ in unterschiedlichen Formen (s.u. Funktionen) angewandt. Es muss dazu geeignet sein. Die Eignung basiert auf der Adäquatheit und Verlässlichkeit sowie der Existenz entsprechender Nutzungsmethoden.

24.2.2.2 Analogie zwischen Instrumenten und Originalen

Das Profil eines Instruments bestimmt auch seine Einsetzbarkeit als Modell. Inwieweit ein Instrument analog zu einem Original ist hängt von Profil direkt ab.

Der Modellbegriff von H. Stachowiak nutzt die Existenz einer Abbildung eines Originals auf ein anderes Instrument. Die Abbildungseigenschaft wird oft auch verschärfend mit einer Homomorphieforderung verbunden. Für einen allgemeinen Modellbegriff sind diese Eigenschaften jedoch zu einschränkend. Deshalb nutzen wir den Begriff der Analogie, um eine Beziehung zwischen Instrumenten und Originale darstellen zu können.

Modelle haben z.T. Eigenschaften wie kleine Theorien. Mit dieser Betrachtungsweise können wir die Adäquatheitskriterien der Methode der Explikation nach R. Carnap (Pos01) auch für Modelle anwenden: Ähnlichkeit zwischen Original und Modell; Regelhaftigkeit durch exakte Gebrauchsregeln; Fruchtbarkeit, da möglichst viele generelle Aussagen gemacht werden können; Einfachheit bzw. Angemessenheit bzw. Fokussiertheit, d.h. so angemessen wie möglich.

In allgemeinen kennzeichnen *Analogien* besondere Beziehungen zwischen den Elementen von Instrumenten und Originalen hinsichtlich ihrer Eigenschaften ohne dass die Entsprechung zwischen den Instrumenten und Originalen zu bestehen braucht. Analogien existieren (i) auf der Ebene der Resultate, die mit einem Instrument erreicht werden können, (ii) auf der Ebene des Verhaltens, die zu diesen Resultaten führen, (iii) auf der Ebene der Strukturen, die dieses Verhalten ermöglichen und (iv) auf der Ebene der Elemente, aus denen diese Strukturen bestehen. Gewöhnlich besteht keine Kongruenz zwischen allen diesen Ebenen.

Gegeben sei ein Instrument $\mathfrak{J}^*$ und eine Kollektion $\mathfrak{A}$ anderer Originale. Wir unterscheiden zwischen

- einer *Strukturanalogie*, die eine ggf. partielle Übereinstimmung der Strukturen von $\mathfrak{J}^*$ und $\mathcal{A} \in \mathfrak{A}$ feststellt, wobei von der konkreten Form der Instrumente und Originale abstrahiert wird, und
- einer *Funktionsanalogie*, die eine ggf. partielle Übereinstimmung des Verhaltens oder der Funktionen, die die Instrumente erfüllen können, von $\mathfrak{J}^*$ und $\mathcal{A} \in \mathfrak{A}$ feststellt, wobei sich die Instrumente und Originale sowohl in ihrem strukturellen Aufbau als auch in den Elemente, die sie enthalten, unterscheiden können.

Die Analogie ist eine Ähnlichkeit, wenn sie reflexiv, symmetrisch und unter gewissen Bedingungen auch transitiv ist. Die Abstraktion von Struktur und Funktion trifft sowohl auf $\mathfrak{J}^*$ als auch auf $\mathcal{A} \in \mathfrak{A}$ zu. Damit kann auch eine Analogie trotz der Gültigkeit einer Erweiterungseigenschaft bestehen, einer Idealisierungs- und einer Abweichungseigenschaft. Durch die Art der Übereinstimmung wird auch die Reduktionseigenschaft determiniert. Aus der Analogie lassen sich Kriterien für die *Richtigkeit* eines Modells mit einem *Gültigkeitsbereich* und *Gültigkeitsbedingungen* ableiten. Wir unterscheiden dabei empirische Gültigkeit (Analogie mit den Beobachtungsdaten), Verhaltensgültigkeit (analoges qualitatives Verhalten wie das Original), Strukturgültigkeit (analoge Wirkungsstrukturen ohne Berücksichtigung der inneren Wirkungsmechanismen des Originals) und Anwendungsgültigkeit (zweckentsprechendes Instrument mit Invarianz der Fragestellungen) (vDGOG09).

Analogien können unterschieden werden in positive (solche, die dem Original und Instrument gemeinsam sind), negative (solche, die die beiden voneinander unterscheiden) und neutrale (solche, die möglicherweise z.B. bei Verfeinerungen oder Abstraktionen hinzugefügt werden können) Analogien. Der Analogieschluß erlaubt nur eine Ableitung aufgrund von Plausibilität. Sind A und B analog z.B. für die Eigenschaften a, b, c und besitzt A die Eigenschaft d, dann kann mit einer gewissen Glaubwürdigkeit und einer gewissen Plausibilität auch die Eigenschaft d für B vermutet werden.

Die Analogiebeziehung kann i.a. auch quantitativ erfasst werden neben der qualitativen Beschreibung. Wir nutzen dazu ein Maß[12] der Übereinstimmung der für

12 Das Maß kann auf besondere Merkmale („features“) zurückgeführt oder ggf. auch mit Mitteln der mathematischen Maßtheorie konstruiert werden.

die Analogie der relevanten Eigenschaften $relevant(\Phi(\mathcal{I}^*))$ und $relevant(\Phi(\mathcal{A}))$, wobei wir noch eine Gewichtsfunktion $weight(\Sigma)$ für Eigenschaften nutzen können. Dieses Maß kann analog zu Methoden des Information Retrieval definiert werden z.B. für ein Original-Instrument $\mathcal{A}$ und ein Instrument $\mathcal{I}^*$

$$analogy(\mathcal{I}^*, \mathcal{A}) = \frac{weight(relevant(\Phi(\mathcal{A})) \Cup relevant(\Phi(\mathcal{I}^*)))}{weight(relevant(\Phi(\mathcal{A})) \Cap relevant(\Phi(\mathcal{I}^*)))},$$

wobei $\Cup, \Cap$ einen Durchschnitt bzw. eine Vereinigung relativ zu den genutzten Sprachen der Instrumente und Originale darstellen. Oft ist jedoch eine maßtheoretische Messung der Analogie im mathematischen Sinne nicht möglich.

Gegeben sei ein hinreichend großer Schwellwert $\Theta_{analogy}(0 \ll \Theta_{analogy} \leq 1)$. Ein Original $\mathcal{A}$ und ein Instrument $\mathcal{I}^*$ sind *analog* für ein Analogiemaß *analogy*, falls $analogy(\mathcal{I}^*, \mathcal{A}) \geq \Theta_{analogy}$.

Die Analogiebeziehung kann auch in einem Kalkül des analogen bzw. plausiblen Schließens verwendet werden (Tha11), so dass damit auch ähnliche Eigenschaften abgeleitet werden können. Es werden dazu auch Abstraktions- und Brückenableitungsregeln erforderlich.

Welche Art von Maß geeignet ist, hängt vom Profil des Instrumentes $\mathcal{I}^*$ ab. So wird z.B. in der Informatik Vollständigkeit und Korrektheit mit der Analogieeigenschaft verbunden, wobei die beiden Kriterien eine Qualitätsaussage liefern.

24.2.2.3 Fokussierung von Originalen und Komplexität von Instrumenten

Instrumente, die als Modell verwendet werden, sollen leicht handhabbar und so einleuchtend und komfortabel wie möglich sein. Diese Forderung geht über die Reduktions- und Vereinfachungseigenschaft nach (Sta73) hinaus[13]. Vorrangig ist eine Vereinfachung in der Nutzung des Modells, d.h. für das Portfolio. Damit korreliert die Fokussierung mit den Funktionen, die ein Modell als Instrument innerhalb eines Nutzungsszenarios besitzt.

Ein Instrument muß nicht von vornherein einfacher sein. Es kann wesentlich komplexer sein als die Originale. Ein Nutzungsszenario und das Profil determi-

---

13 Typische Beispiele sind Repräsentationsmodelle, bei denen insgesamt komplexere Instrumente genutzt werden aber für die Repräsentation und das Erklären eine Reduktion auf einfachere Konstrukte erfolgt.

nieren inwieweit ein Instrument besser zu nutzen ist als Originale.

Ein Instrument ist einfacher zu nutzen verglichen mit dem Original, insbesondere
- wenn es an sich einfacher ist,
- wenn es präziser ist,
- wenn es abstrakter ist oder
- wenn es konzentrierter ist.

Ein Instrument, das als Modell für andere Originale dienen soll, muß sowohl strukturell als auch funktionell bezüglich des Profils und des Portfolio wesentlich fokussierter sein als die Originale. Fokussierung orientiert auf
- eine bessere Überschaubarkeit,
- eine höhere Angemessenheit und Erfassbarkeit,
- eine leichtere Benutzbarkeit und Verständlichkeit,
- eine relative Einfachheit
- und auf Unmissverständlichkeit und Deutlichkeit.

Die Reduktions-, die Präzisions-, die Abstraktions- und die Konzentrationseigenschaften bezüglich der Originale können zu einer *Fokussierungseigenschaft* zusammengefasst werden. Wir nutzen diese vier Ansätze zur Definition speziellerer Maße für die Fokussiertheit. Sie ist eine Verallgemeinerung der Vereinfachungseigenschaft.

Gegeben sei ein Fokussiertheitskriterium *focus*, das anhand eines Profils $\mathfrak{D}$ und eines Nutzungsszenarios $\mathfrak{N}$ determiniert, ob ein Instrument $\mathfrak{I}^*$ *fokussierter* ist als das Original $\mathcal{A}$. Ist dies der Fall, dann nennen wir das Instrument *fokussiert* bezüglich $(\mathfrak{D}, \mathfrak{N}, \mathcal{A})$. Dieses Kriterium kann auf Kollektionen von Originalen $\mathfrak{A}$ angewandt werden mit der Forderung, dass dies für jedes Original gilt.

Damit wird eine Betrachtung des Instruments anstelle der Originale möglich. Die Fokussierungseigenschaft orientiert sich je nach Profil auf das Wesentliche und das je nach Portfolio Geeignete. Sie geht damit entgegen der Reduktionseigenschaft nur von denjenigen Eigenschaften aus, die mit dem Profil (und Portfolio) gefordert werden. Aufgrund der Erweiterungseigenschaft und der Abweichungseigenschaft wird die Komplexität nur modulo dem Profil und dem Portfolio betrachtet. So kann z.B. ein Instrument auch mit Erläuterungen zur Nutzung und zum Verstehen versehen sein, um besser einem Portfolio gerecht zu werden.

Mit einer Fokussierung geht stets eine Beschränkung einher, die eine Beschränkung der Nutzung eines Instrumentes anstelle der Nutzung der Gegenstände mit sich bringt. So sind z.B. empirische Disziplinen stark an die Beschränkungen der Beobachtungen (Daten etc.) wie Vollständigkeit, Korrektheit und Präzision gebunden.

Spezifische Fokussiertheitsmaße sind
- die Komplexität bzw. die einfachere Darstellung,
- die Abstraktion,
- die Konzentriertheit und
- die Präzision innerhalb einer Schwerpunktsetzung bzw. auch die Kombination dieser speziellen Typen einer Fokussierung.

Welche Art von Maß geeignet ist, hängt vom Profil des Instruments $\mathfrak{I}^*$ und insbesondere von den Funktionen von $\mathfrak{I}^*$ im Nutzungsszenario ab[14]. Ein Instrument kann so fokussiert sein wie für die Erfüllung der Funktion erforderlich ist. Typischerweise ist ein Modell präziser als seine Originale. Es erlaubt z.B. weniger Freiheiten, ist einfacher zu erfassen und zu verstehen, orientiert auf das Essentielle und kann sogar spartanisch nur auf dieses reduziert sein (minimal).

Gegeben seien *Komplexitätsmaße complexity* für Instrumente und Originale. Diese Maße sind ggf. auch quantitativ mit dem Mitteln der Maßtheorie[15] beschreibbar. Ggf. kann man auch diskrete Maße nutzen, die nur die Komplexität der relevanten Elemente der Instrumente und Originale summiert.

Gegeben sei ein hinreichend kleiner Schwellwert $\Theta_{complexity}(0 < \Theta_{complexity} \ll 1)$. Das Instrument $\mathfrak{I}^*$ ist *einfacher* als das Original $\mathcal{A}$ für ein Komplexitätsmaß *complexity*, falls $complexity(\mathfrak{I}^*, \mathcal{A}) \leq \Theta_{complexity}, \mathcal{A} \in \mathfrak{A}$.

Eine andere spezifische Form der Fokussierung ist die *Abstraktion*, bei der Gegenstände in den wesentlichen Aspekten zu einem bezeichneten Ganzen ggf. unter Vernachlässigung des Kontextes, der Struktur und des Verhaltens zusammengefasst werden, wobei die Bezeichnung dann für die Gegenstände innerhalb des Fokus steht. Ein Instrument steht dann als Abstraktum für die einzelnen Gegenstände. Oft wird gefordert, dass die zusammengefassten Gegenstände einer

14 Damit erklärt sich auch das Mode-Modell „Claudia Schiffer" als stärker fokussiert auf das Wesen (z.B. zur Präsentation bestimmter Kleidung oder zur Propagierung einer bestimmten Auffassung zu Schönheit). Analog ist eine Gußform fokussiert auf den Vorgang der Herstellung und stellt damit einen konzentrierten Prototypen dar (ggf. auch als „Falschform").

15 In diesem Fall kann die Beschreibungskomplexität von relevanten Elementen der Instrumente und Originale als Kolmogorow-Komplexität genutzt werden.

Äquivalenzrelation genügen. Mit dem Instrument sind strukturell einfachere Aussagen innerhalb des Abstraktionsschemas über Eigenschaften des Instruments möglich. Wir können zwischen verallgemeinernder Abstraktion, analytischer oder isolierender Abstraktion und idealisierender Abstraktion unterscheiden.

Ein Instrument kann z.B. Beobachtungen reflektieren. So wird z.B. im Rahmen des induktiven (algorithmischen) Lernens als Spezialfall der Epagoge schrittweise aus Beobachtungen ein Abstraktum abgeleitet, das am besten die bislang betrachteten Beobachtungen erklärt. Mit einer Verwendung des Instruments als Abstraktums werden Eigenschaften für die zusammengefassten Gegenstände im Rahmen einer Interpretation des Instruments ableitbar.

Die *Konzentration* ist eine Form der Fokussierung, bei der Gegenstände auf ihren Kern reduziert, kompakt und verdichtet zusammengefasst und auf eine bestimmte Form der Ausprägung angereichert werden. Es erfolgt dabei auch eine Ausschälung solcher Eigenschaften, solcher Strukturen und solchen Verhaltens, das weniger relevant im Rahmen der Nutzungsszenarien erscheint sowie eine Ausweitung der essentiellen Eigenschaften, Strukturen und des Verhaltens. Es wird die Aufmerksamkeit auf die essentiellen Bestandteile ausgerichtet.

Eine spezifische Form der Konzentration ist die Kompaktifizierung z.B. das Zooming Out innerhalb von Datenbankanwendungen. Eine andere Form ist die Beschreibung schlecht faßbarer Eigenschaften durch Anleihen aus einem Spendergebiet, in denen diese Eigenschaften einfacher zu beschreiben und zu nutzen sind. So werden z.B. für eine Metapher Gegenstände auf wesentliche Aspekte reduziert, die sich mit einem anderen Gegenstand, den diese Aspekte auszeichnen, besser mit den betrachteten Gegenständen bezeichnen lassen.

Instrumente sind in einem Nutzungsszenario einfacher nutzbar, wenn sie eine verbesserte *Präzision* besitzen. Instrumente sind dann z.B. genauer angeben, eindeutig ausgedrückt, exakter, unzweideutig, bis ins einzelne gehend, wissenschaftlich korrekt, eindeutig und klar oder auch genauer als die Originale, die damit beschrieben werden. Der Fehler ist dann eine Abweichung der Gegenstände vom Original z.B. aufgrund von Meß- und Beobachtungsfehlern. Fehler sind deshalb weder systemisch noch systematisch. Ein Präzision setzt stets eine Ausrichtung auf einen Zweck oder ein Ziel voraus.

24.2.2.4 Adäquate Instrumente

Wir können die betrachteten Eigenschaften zusammenfassen. Gegeben seien

- eine Kollektion $\mathfrak{A}$ von Originalen,
- ein Profil $\mathfrak{D}$,
- ein Nutzungsszenario $\mathfrak{N}$,
- ein Analogiekriterium oder ein Analogiemaß *analogy*,
- ein Fokussiertheitskriterium *focus* für das Profil, das Nutzungsszenario
- und die Originale, sowie ein Wohlgeformtheitskriterium γ_{form} (für sprachbasierte Instrumente).

Ein γ_{form}-wohlgeformtes $(\mathfrak{G}, \mathfrak{B}, \mathfrak{C}, \mathfrak{P})$-Instrument $\mathfrak{I}^*$ heißt $\mathfrak{A}$-adäquat (bzw. $(\mathfrak{A}, \mathfrak{D},$ *analogy*, *focus*)-*adäquat*) wenn es zielgerecht, analog und fokussierter entsprechend diesen Kriterien ist.

24.2.3 Verläßliche Instrumente

Die Adäquatheit von Modellen bzw. Instrumenten ist in der Literatur ausreichend untersucht und begründet worden. Modellen soll man jedoch vertrauen können, mit diesem Vertrauen ggf. Probleme lösen oder auch Systeme entwickeln und auch kohärent erweitern und weiterentwickeln können. Deshalb müssen Instrumente, die man als Modelle nutzen soll, auch eine Verlässlichkeit bieten. Verlässlich- und Zuverläßigkeit haben mindestens zwei Aspekte: eine Nachvollziehbarkeit der Struktur und Funktionen zum einen und eine ausreichende Qualität zum anderen.

Ein Instrument wird *verlässlich* genannt, falls es gerechtfertigt mit einer Rechtfertigung $\mathcal{R}$ ist und eine befriedigende Qualität anhand eines Qualitätspasses $(\mathcal{Q}, \mathcal{E})$ (siehe „Befriedigende Instrumente") besitzt.

24.2.3.1 Gerechtfertigte Instrumente

In Verallgemeinerung des Begriffs der Viabilität (Hal06) entwickeln wir eine Begründung der Nutzung von Instrumenten als Modelle auf der Grundlage einer *Rechtfertigung* $\mathcal{R}$ (justification) mit vier Eigenschaften:

(Empirische) Begründung: Auf der Grundlage des Profils und des Hintergrundes eines Instrumentes kann eine Begründung für die Verwendbarkeit dieses Instrumentes gegeben werden. Diese Begründung reflektiert die Eigenschaften und das Verhalten von Originalen. Die Begründung kann einen Argumentkalkül verwenden

$$(\text{BasicArguments}, \Gamma_{\text{Corroboration}})$$

mit Basisargumenten und einem Begründungskalkül.

Rationale Kohärenz und Konformität: Die Elemente des Instruments sind stimmig. Die Kohärenz kann ggf. durch eine Formel $\gamma_{\text{coherence}}$ konstatiert werden. Außerdem sollte das Instrument den Normen, den Standards und den Praktiken der Nutzergemeinschaft folgen. γ_{conform},

Falsifizierbarkeit/Validierbarkeit: Das Instrument ist validierbar (oder auch falsifizierbar) gegen den Bereich der Originale und beschreibt mindestens die Originale im Fokus. Die Validierbarkeit kann mit einem abduktiven Kalkül, ggf. um Methoden des induktiven Schließens, ergänzt werden.

Stabilität und Plastizität: Das Instrument repräsentiert nicht nur ein Original, sondern viele auf anschauliche und allgemeine Art und Weise. Es braucht nicht für Originale ständig modifiziert werden. Materielle Instrumente folgen der Analogiebeziehung. Gedankliche Instrumente widerspiegeln eine Klasse ähnlicher Originale auf nachvollziehbare Art und Weise.

Ein typisches Beispiel

- für eine Begründung sind Datenbankschemata, für die eine Strukturierung aus den Beobachtungen (bzw. Anwendungen) direkt abgeleitet wird und eine Separation von Datentypen erfolgt, sobald dies auch in der Anwendungswelt gilt. Eine typische Konformitätseigenschaft für Datenbankoperationen ist die der Redundanzfreiheit, d.h. Datentypen in Schemata sind nur einmal vorhanden und werden nicht wiederholt verschieden definiert.
- der Falsifizierbarkeit von Instrumenten ist das *model checking* in der Informatik, bei dem Modelle gegen Eigenschaften getestet werden und bei dem im Falle des Nichtzutreffens der Eigenschaften ein Gegenbeispiel konstruiert werden kann.
- für Stabilität sind Modelle, die als Vorbild für die Fertigung von anderen Gegenständen dienen.

Die Nutzung eines Instrumentes ist *gerechtfertigt*, sobald eine Rechtfertigung beigebracht wird.

24.2.3.2 Befriedigende Instrumente

Instrumente sind gewöhnlich mit einem Qualitätspass versehen. Eine solche Charakterisierung wird auch für Modelle gefordert. Wir können die Qualität auf zwei Arten einführen: (a) explizit durch eine Reihe von Kriterien oder (b) kombiniert durch eine Charakterisierung mit Qualitätskategorien. Instrumente, die als Modelle genutzt werden, sollen *nachhaltig*, hinreichend *dauerhaft*, *überprüfbar* und *konsensual* innerhalb einer Nutzergemeinschaft sein sowie ein *Evolutionspotential* für die Weiterentwicklung besitzen.

Die explizite Charakterisierung anhand von Eigenschaften kann z.B. mit den Eigenschaften in Bild 24.6 vorgenommen werden. Diese Liste der Qualitätscharakteristiken ist exemplarisch. Sie umfasst jedoch die wesentlichen Eigenschaften wie Korrektheit und innere Widerspruchsfreiheit, allgemeine Charakteristiken wie Vollständigkeit, Charakteristiken zur Begründung der Nutzung, Charakteristiken zur „Phonetik" bzw. zur Verständlichkeit und Charakteristiken zum Wert des Instruments.

Abb. 24.6. Qualitätseigenschaften anhand des Zweckes von Modellen: Generelle Eigenschaften, Eigenschaften für die Nutzung und Eigenschaften für die Kommunikation

Wir können auch eine abstraktere Liste von Qualitätskriterien analog zu Informatikstandards nutzen:

Interne Qualität: Die interne Qualität stellt die inneren Werte eines Instruments dar. Dazu gehören Werte wie innere Wohlstrukturierung, Redundanzarmut, Einfachheit der Konstruktion, Evolutionssicherheit, Konstruierbarkeit, Modularisierung, Kohärenz und Effizienz.

Externe Qualität: Erweiterbarkeit, Adaptierbarkeit, Ersetzbarkeit, Effizienz, Stabilität, Validierbarkeit, Testbarkeit, Exaktheit, Fehlertoleranz, zeitliches und räumliches Verhalten, Zuverläßigkeit, Pflegbarkeit, Sicherheit und Analysierbarkeit.

Qualität in der Nutzung: Performanz für die Nutzung, Verständlichkeit, Eignung, Reiz, Benutzbarkeit, Effektivität, Integrierbarkeit, Funktionalität, Stabilität, Wert je nach Nutzungsszenarien, Nebenbedingungsarmut für das

Zusammenwirken mit anderen Instrumenten bzw. Originalen und Mehrwert durch die Nutzung.

Eine Liste von Charakteristika kann nicht vollständig hier angegeben werden, sondern wird auch durch die Disziplin mit bestimmt.

Wir geben die Qualität durch eine explizite Liste $\mathcal{Q}$ von *Qualitätscharakteristika* an.

Eine Bewertung von Qualität ist nicht absolut. Sie wird i.a. relativiert durch
- eine Beschreibung von tolerierten Abweichungen,
- durch eine Einschränkung auf eine Modalität wie z.B. Notwendigkeit, Möglichkeit, Kontingenz, Relativierung der Aussage anhand des Kontextes und der Nutzergemeinschaft und
- Konfidenz der Bewertung.

Wir integrieren die Bewertung $\mathcal{E}$ mit der Aussage zur Qualität $\mathcal{Q}$ in einem *Qualitätspass* $(\mathcal{Q}, \mathcal{E})$ für ein $(\mathfrak{G}, \mathfrak{B}, \mathfrak{C}, \mathfrak{P})$-Instrument $\mathcal{I}^*$.

Ein Instrument $\mathcal{I}^*$ heißt $(\mathcal{R}, \mathcal{Q}, \mathcal{E})$-**verlässlich** für eine Rechtfertigung $\mathcal{R}$ und einen Qualitätspass $(\mathcal{Q}, \mathcal{E})$, wenn es auf diese Art gerechtfertigt ist und mindestens dem Qualitätspass erfüllt.

24.2.4 Das Modell ≡ ein adäquates und verlässliches Instrument

Kommen wir nun zu der wichtigsten Definition in diesem Abschnitt:

Ein wohlgeformtes Instrument ist ein Modell einer Kollektion von Originalen, falls es adäquat und verlässlich ist bzw. präziser:

Ein γ_{form}-wohlgeformtes $(\mathfrak{G}, \mathfrak{B}, \mathfrak{C}, \mathfrak{P})$-Instrument $\mathcal{I}^*$ ist ein **Modell** einer Kollektion von Originalen $\mathfrak{A}$, falls es $(\mathfrak{A}, \mathfrak{D}, \textit{analogy}, \textit{complexity})$-*adäquat* und $(\mathcal{R}, \mathcal{Q}, \mathcal{E})$-*verlässlich* ist.

Die Kriterien für die Adäquatheit und die Verlässlichkeit werden im Wesentlichen vom Zweck des Modells determiniert. Es kann ein relativ schwacher Qualitätspass zur Anwendung kommen und die Rechtfertigung nur schemenhaft skizziert sein, wie z.B. bei der Verwendung von Metaphern, als Modell für eine Situation. Bei der Verwendung einer Gußform als Modell in der verarbeitenden Industrie oder im Handwerk ist gewöhnlich ein sehr guter Qualitätspass erforderlich. Ein Entity-Relationship-Schema erfordert als Modell eine sehr gute Adäquatheit, eine hinreichend gute Rechtfertigung und verwendet oft einen implizit gegebenen Qualitätspass aufgrund der Verankerung in einen Hintergrund dieses Instrumentes. Fehlt dagegen die Rechtfertigung und der Qualitätspass - wie dies manchmal für Instrumente der empirischen Wissenschaften der Fall ist - , dann ist dieses Instrument als Modell ungeeignet.

Unser Modellbegriff korreliert mit dem Modellbegriff von H. Hertz von 1894 (Her84; vDGOG09). Heinrich Hertz fordert für das Modellsein eines Instruments die Analogie, Zuläßigkeit, Zweckmäßigkeit, Richtigkeit, Einfachheit, eine Verlässlichkeit und partiell eine explizite Angabe des Hintergrunds. Damit sind Instrumente ohne eine Begründung und eine Angabe des Gültigkeitsbereiches - wie z.B. in der neoklassischen Methodologie - keine Modelle.

24.2.5 Zweckmäßige Modelle

Modelle verfügen über ein Einsatzspektrum (oder mehrere Einsatzspektren) je nach Zwecken; sie sind entwickelt worden und werden genutzt. Damit können wir zwei verschiedene Aktivitäten bzw. Methodenspektren unterscheiden, die mit dem Modellsein eines Instrumentes gekoppelt sind:

Entwicklungsmethoden werden bereitgestellt, um ein Instrument zu entwickeln oder es als Modell zu qualifizieren.
Nutzungsmethoden werden bereitgestellt, um ein Instrument je nach Profil dieses Instrumentes im Nutzungsszenario einzusetzen.

Diese beiden Formen werden wir nun genauer beleuchten:

24.2.5.1 Entwicklungsmethoden

Entwicklungsmethoden sind im Rahmen der Praktischen Informatik für Modelle mit entsprechenden Methodologien und Frameworks ausgearbeitet und im Rahmen der Design Science (DaT11; Tha12; Ven10) kondensiert worden. Für die mathematische Modellierung kann man Entwicklungsmethoden aus den Fallstudien ableiten. Eine explizite Darstellung von Entwicklungsmethoden ist ansonsten in der Literatur weniger gut zu finden. Wir stellen für Entwicklungsmethoden fünf Arten vor, ohne einen Anspruch auf Vollständigkeit liefern zu können.

Gestaltungsmethoden dienen der Ausgestaltung von Modellen. Mit diesen Methoden werden Instrumente abgeleitet, geschaffen, geformt, organisiert und gestaltet. Da ein Instrument für seine Nutzung als Modell nicht eindeutig sein muß, benötigen wir auch Methoden zur Modifikation, Reorganisation und zum Arrangieren von Instrumenten. Die Gestaltungsmethoden umfassen auch Methoden zur Beschreibung von Modellen sowie zur Behandlung unvollständiger Modelle.

Darstellungsmethoden werden für die adäquate Darstellung und Kalibration von Modellen genutzt. Modelle können durch andere Modelle repräsentiert werden. Damit verbunden ist auch eine flexible Benutzung von Sprachen, Beziehungen und Anleihen. Die Beschreibung wird mit einer entsprechenden Charakterisierung und Spezifikation ergänzt.

Evolutionsmethoden erlauben das Weiterentwickeln von Modellen anhand von Anforderungen, Korrekturen bzw. Ergänzungen, dienen der Migration von Modellen in andere Portfolio und Profile und unterstützen das Sanieren existierender Modelle. Sie nutzen einfache Methoden wie Rekombination, Mutation, Selektion und Veränderung der Ausprägung von Modellen nach dem Baldwin-Effekt sowie Integration.

Begründungsmethoden unterstützen die Rechtfertigung des Einsatzes von Modellen. Typische Methoden dienen der Rechtfertigung, dem Nachweis der Brauchbarkeit, der Entwicklung einer Rechtfertigung, der Ableitung des Hintergrunds, der Unterstützung der Nutzung, einer Anreicherung um eine Motivation und der Erklärung von Modellen. Sie erlauben aufzuzeigen, warum ein Modell genutzt werden kann.

Bewertungsmethoden dienen der Beurteilung und einer Entwicklung des Qualitätspasses von Modellen. Es werden die Elemente bzw. das Gesamtmodell bewertet und beurteilt, Eigenschaften nachgewiesen, Argumente für den Qualitätspass akkumuliert und tolerierte Abweichungen angegeben, so dass eine Beurteilung der unterschiedlichen Formen von Qualitätscharakteristika und die Vertrauenswürdigkeit des Modells abgeleitet werden kann. Mit einem Qualitätspass wird atestiert, dass ein Modell auch ausreichend für das Profil ist.

Mit diesen Methoden werden *Modellierungsaktionen* unterstützt wie z.B.
- das *Konstruieren* eines Modells oder seiner Teile,
- die *Kommunikation* von Urteilen, Entscheidungen und Konzepten,
- das *Verstehen* einer Realwelt bzw. der genutzten Originale,
- das *Entdecken* von Eigenschaften, Zusammenhängen und Problemen,
- das *Herausstellen* von relevanten, bedeutenden bzw. signifikanten Eigenschaften,

- das *Kalibrieren* (Optimieren) und *Variieren* einer Lösung, eines Urteils oder eines Modells,
- das *Steuern* der Erstellung eines Modells anhand des Hintergrunds und weiterer Modelle,
- das *Verändern, Wechseln, Ersetzen* bzw. *Substituieren* von Modellen oder derer Elemente und
- das *Bewerten* und *Begründen* eines Instruments.

24.2.5.2 Nutzungsmethoden

Nutzungsmethoden werden in der Literatur z.B. auch an erfolgreichen Fallstudien genauer erläutert. Es existieren mindestens sechs verschiedene Arten von Nutzungsmethoden:

Lösungmethoden werden für die Lösung von Problemen herangezogen. Typische Methoden dabei sind planen, konstruieren und fachmännisch nutzen. Es wird für den Einsatz von Modellen bei der Problemlösung zusätzlich eine *Probleminvarianz* für die Assoziation von Modellen wie dem Situationsmodell, dem realen Modell, dem formalen Modell und dem mathematischen Modell gefordert. In allen Modellen sind nicht nur die Elemente dieser Modelle miteinander assoziiert, sondern mit den gegebenen Assoziationen auch die Beschreibung der Probleme übertragbar.

Prognostikmethoden werden oft für die Beschreibung des dynamischen Verhaltens genutzt, insbesondere verknüpft mit einem Hintergrund, in dem Annahmen etc. für die Vorhersage vorgenommen werden. Typische Methoden sind
- prognostizieren,
- simulieren,
- schätzen,
- vorhersagen,
- zu Dynamikmuster zu abstrahieren und
- diese adäquat aufzubereiten.

Prognosemethoden setzen einen geeigneten Hintergrund der Instrumente voraus. Z.B. werden stochastische Modelle stets unter Annahmen zu möglichen Arten von Verteilungsfunktionen (z.B. mit Exponentialfunktionen beschreibbar) genutzt.

Schlußmethoden dienen auf der Grundlage eines Schlußsystems zum Schlußfolgern, verstehen, begreifen, explorieren, erfassen, schließen von Zusammenhängen und Wissen bzw. dem Integrieren von neuen Erkenntnissen in das Wissen.

Das Schlußsystem kann auf (verallgemeinerten) logischen Kalkülen beruhen, kann aber auch analytische ebenso wie algebraische Methoden nutzen.

Validierungs-, Verifikations- und Testmethoden dienen der Erklärung, Kontrolle, Beurteilung, Experimentgestaltung und dem Nachweis bestimmter Eigenschaften.

Diese Methoden setzen i.a. mehrere Modelle voraus neben dem genutzten Modell. So wird z.B. beim „model checking" in der Theoretischen Informatik ein Modell auf ein Wohlverhalten, das einem allgemeinen Modell unterlegt wird, geprüft bzw. im Falle der negativen Aussage ein Gegenbeispiel für das allgemeine Modell mit einer Spezialisierung dieses Modells konstruiert.

Konstruktionsmethoden erlauben eine Integration eines Instruments in ein System nach einem Abgleich bzw. einer Harmonisierung.

Damit garantieren diese Methoden die verlässliche Nutzung von Modellen innerhalb von Systemen ggf. nach einer Transformation.

Erklärungsmethoden erlauben Eigenschaften anhand des Modells zu erschließen, zu interpretieren, nachzuvollziehen, abzuklären und zu rationalisieren sowie allgemein zu erklären.

Erklärungsmethoden sind an eine Nutzergemeinschaft und den Kontext gebunden. Der Hintergrund des Modells wird allgemein akzeptiert.

24.2.5.3 Der Zweck von Modellen und das Methodenspektrum

Unterschiedliche Zwecke werden durch unterschiedliche Methoden unterstützt. Wird z.B. ein Instrument als Abbild eines Realmodells und als Vorbild zur Konstruktion eines Systems benutzt, dann benötigt man entsprechende Methoden zur Konstruktion des Instruments, seiner Bewertung und seiner Begründung sowie auch Methoden zur Transformation, zur Integration und zur Nutzung des Instrumentes bei der Konstruktion. Analog werden bei einem Einsatz eines Instrumentes zur Problemlösung Methoden zur Beschreibung, Begründung, Beurteilung, Problemlösung, Interpretation und Abklärung des Wertes der Lösung erforderlich. Die unterschiedlichen Zwecke verlangen unterschiedliche Nutzungsmuster. So kann wie im Kapitel 1 ein Vierschrittverfahren nach (vDGOG09) oder ein Sechsschrittverfahren nach (GKBF13) ein unterschiedliches Methodenspektrum erforderlich machen. Eine Darstellung des Methodenspektrums anhand der verfolgten Zwecke bei der Modellierung kann nur für die Disziplinen im Rahmen einer Fallstudie erfolgen z.B. in den Abschnitten 25.1 und 25.2.

Ein Modell ist ein zweckmäßiges Modell,

- wenn mit ihm Methoden zur Entwicklung und Qualifikation des Instruments verbunden sind und
- wenn für den Zweck ausreichende Nutzungsmethoden bereitgestellt werden können.

Damit ist die Auffassung eines Instruments als Modell gekoppelt an den Zweck und an die Möglichkeit, diesen Zweck auch zu erreichen. Es wird dabei nicht auf einer Bewertung der Methoden aufgesetzt. Methoden sind zu einem entsprechenden Zeitpunkt gegeben und können weiterentwickelt werden. Kann jedoch ein Zweck mit den vorhandenen Methoden nicht befriedigt werden, dann kann auch das Instrument nicht zweckmässig sei.

24.2.6 Effektive Modelle

Ein Modell wird in einem Nutzungsszenario[16] $\mathfrak{N}$ als *Werkzeug* bzw. als *Instrument* des (wissenschaftlichen und technischen) Arbeitens genutzt. Es dient als Hilfsmittel zur leichteren, kontrollierten und systematischen Bewältigung von Aufgaben anhand von Zwecken. Mit dem Einsatz von Instrumenten wird ein Zielzustand erwartet. Damit existiert ein Zieltest für die Kontrolle, ob ein Ziel bereits erreicht ist, sowie eine Steuerung für den Ablauf, die auch über ein Abbruchkriterium für das Beenden des Einsatzes besitzt.

24.2.6.1 Funktionen von Modellen in einem Nutzungsszenario und in Einsatzspektren

S. Hartmann (Har10) verweist auf Funktionen wie (siehe auch Kapitel 2.1.1.1): Konstruktion und Ersatz von Theorien; Verstehen, Erklären und Testen von Theorien und Formalismen; Verstehen der Realwelt bzw. von Systemen, der Beziehungen in dieser und der Beobachtungen; Instrumente in Simulationen, Ersetzungsprozessen; Hilfsmittel in Prozessen wie z.B. im Unterricht. Diese Liste kann beliebig erweitert werden z.B. die Funktion der Respektive und der Prognose. Ein Modell besitzt eine Funktion in einem Szenario. Das Modell wird in dieser Funktion aufgrund einer gleichbleibenden Aufgabe genutzt. Ein Szenario stellt dagegen eine Gesamtheit von Gegebenheiten und Umständen dar, in denen sich ein Geschehen

16 Ein Szenario ist die Beschreibung oder der Plan einer möglichen Abfolge von Ereignissen und Handlungen in einer Anwendung.

abspielt. Wir können die Funktionen von Modellen auch kategorisieren je nach generellem Einsatz und Nutzung:

Beschreibungs- und Vorbildfunktion: Modelle werden als Abbild von Real- oder Situationsmodellen und als Vorbild für eine Erweiterung der Realwelt genutzt. Typische Szenarien sind Konstruktionsszenarien für die Konstruktion von Systemen (z.B. Modelle im Software-Engineering als Vorlage zur Entwicklung von Systemen).

Erklärungsfunktion: Modelle dienen zur Erklärung von Phänomenen, Theorien, Ansätzen und Methoden. Sie werden dabei beschränkt auf das Erklärungsziel. Typische Szenarien sind pädagogische Szenarien, in denen Modelle zur Demonstration herangezogen werden (z.B. das Bohr'sche Atommodell).

Optimierungs- und Variationsfunktion: Modelle dienen zum Austesten von möglichen Veränderungen von Systemen anhand von Verbesserungszielen. Typische Szenarien sind Kalibirierungsszenarien (z.B. Modelle von chemischen Prozessen).

Verifikations-, Validierungs- und Testfunktion: Modelle dienen zum Nachweis der Adäquatheit von Lösungen. Typische Szenarien sind Prüfszenarien, in denen die Gültigkeit von Aussagen überprüft wird (z.B. das „model checking" in der Informatik zur Prüfung auf allgemeine Systemeigenschaften).

Stellvertreterfunktion: Modelle werden anstelle von Teilsystemen benutzt aufgrund einer analogen Struktur oder eines analogen Verhaltens. Typische Szenarien sind Ersetzungsszenarien und Experimente (z.B. die (genmanipulierte) Maus als Modell des Verhaltens von Menschen bei Entzündungsprozessen).

Reflexionsfunktion: Modelle werden genutzt als Prototyp und Vorlage für die Erstellung von Lösungen oder Produkten. Typische Szenarien sind Designprozesse (z.B. Architekturmodelle).

Erschließungsfunktion: Modelle werden zur Ableitung von Schlußfolgerungen über die dargestellten Systeme benutzt. Typische Szenarien sind das Finden von Lösungen (z.B. mit mathematischen Modellen).

Hypothetische Funktion: Modelle werden genutzt, um Vermutungen oder Hypothesen zu überprüfen und damit allgemeine Aussagen über Systeme zu gewinnen. Typische Szenarien sind Experimente und Erschließung von Systemeigenschaften (z.B. mit Simulationsmodellen).

Dokumentations- und Visualisierungsfunktion: Modelle werden als Repräsentationsmodelle zur Darstellung von Eigenschaften von Systemen genutzt. Typische Szenarien sind die Erstellung von Dokumentationen und die Darstellung von zentralen Eigenschaften (z.B. mit Ablaufdiagrammen, Illustrationen, Geometriemodellen).

24.2.6.2 Nutzungsszenarien und Einsatzspektren von Modellen

Im Allgemeinen wird ein Modell nicht nur einem Nutzungsszenario zugeordnet sondern vielen. Wir fassen diese Nutzungsszenarien im *Einsatzspektrum* des Modells zusammen.

In der Angewandten Informatik werden Modelle in vier unterschiedlichen Szenarien eingesetzt:

Erklärungsszenarien dienen der Ableitung von Eigenschaften z.B. zur Struktur und zum Verhalten von Systemen und der Ableitung einer hinreichend basierten Erklärung auf der Grundlage von Beschreibungen.

Gestaltungsszenarien dienen der Konstruktion von Systemen anhand einer Zielvorstellung für die Systeme.

Prognoseszenarien dienen der Entwicklung von Vorhersagen über Systeme auf der Grundlage von Erklärungen und Beschreibungen.

Beschreibungsszenarien dienen der Beschreibung, Dokumentation und Darstellung von Systemen.

Diese Szenarien lassen sich auch für andere Disziplinen beobachten. Erklärungsszenarien sind typische Szenarien in der Physik. Konstruktionsszenarien sind typisch für die Informatik. Prognoseszenarien sind typisch für viele Naturwissenschaften z.B. auch die Klimaforschung. Beschreibungsszenarien sind typisch für die Pädagogik und die wissenschaftliche Vermittlung.

Einsatzspektren werden im Modell-*Portfolio* zusammengefasst. Eine Nutzergemeinschaft bedient sich aufgrund der Historie der Modelle anhand von deren Portfolio. Modelle haften an paradigmen- und postulat-determinierten Denkschulen, die sich dieser auf ihre spezielle Art bedienen und aufgrund ihrer Auffassung und Methodik je nach akzeptierter Funktion (Gebrauchsspiel) einbringen; Die Weiterentwicklung von Modellen orientiert sich an Anwendungserfolgserfahrung, an den Fertigkeiten und damit an den Methoden sowie den Kenntnissen, der Überlieferung dieser Erfahrungen. Damit erfolgt auch implizit eine systematische Verdichtung der Erkenntnisse zu Modellierung. Die Modellierung umfasst auch die Wechselwirkung sachlich-gegenständlicher, disziplinärer und menschlich-subjektiver Elemente in einer Modell-Disziplin-Nutzergemeinschaft-Kollaboration. Paradigmen-/Postulat-/Annahmen-Veränderungen wirken deshalb auch auf die Modelle zurück und bewirken auch das Verwerfen existierender Modelle.

24.2.6.3 Effekte von Modellen und effektive Modelle

Die Nutzung von Modellen bringt einen Mehrwert aufgrund der Wirkung des Modells im Nutzungsszenario. Der *Effekt* eines Modells in einem Portfolio ist der Beitrag oder die Wirkung des Modells in diesem Portfolio.

Ein Modell $\mathfrak{I}^*$ ist **effektiv** in einem Portfolio, wenn mit dem Modell das Ziel innerhalb dieses Portfolio erreicht und ohne dieses Modell dieses Ziel nicht erreicht werden kann.

Ein Instrument kann für unterschiedliche Funktionen und Nutzungsszenarien genutzt werden[17] z.B. als Modell für einige spezifische Originale, als Modell für die Nutzung an sich oder als Modell für die erfolgreiche Nutzung. Deshalb kann auch eine Menge von Maßen verwendet werden. Daraus resultieren auch unterschiedliche Sichtweisen innerhalb der Nutzergemeinschaft auf das Modell.

24.2.7 Das Modell des Modells

Die Adäquatheit, Verlässlichkeit, Zweckmäßigkeit und die Effektivität von Instrumenten erlaubt die Nutzung des Instruments als Modell auf

1. einer unstrittigen Grundlage und einer veränderbaren und anpassbaren Basis des Instrumentes,
2. einer Reflektion einer Kollektion von Originalen, die durch das Modell repräsentiert werden,
3. einem Kontext sowie
4. den Aufgaben innerhalb einer Nutzergemeinschaft (community of praxis).

Der Gebrauch ist erlaubt auf der Grundlage von

5. Entwicklungsmethoden und
6. Nutzungsmethoden.

Der Gebrauch wird realisiert durch ein

7. Portfolio an Aufgaben, in denen dieses Modell verwandt wird.

Damit kann ein *Modell eines Modells* abgeleitet werden, das zum einen eine veränderbare und anpassbare Basis und eine unstrittige Grundlage besitzt, das mit

---

17 Wird z.B. ein Instrument zur Problemlösung herangezogen, dann muß mit dem Instrument auch das Problem ebenso darstellbar sein wie mit dem Original. Für eine Funktion eines Instruments wie z.B. dem Problemlösen gilt dann eine *Invarianz bezüglich der Funktion*.

entsprechenden Methoden assoziiert ist, das Direktiven (repräsentierte Originale, Profil des Modells, Kontext und Nutzergemeinschaft) genügen muß und das (als Abschluß(dach)) in Nutzungsszenarien und Einsatzspektren eingesetzt wird. Bild 24.7 repräsentiert dieses Modell eines Modells als „Kieler Modellhaus".

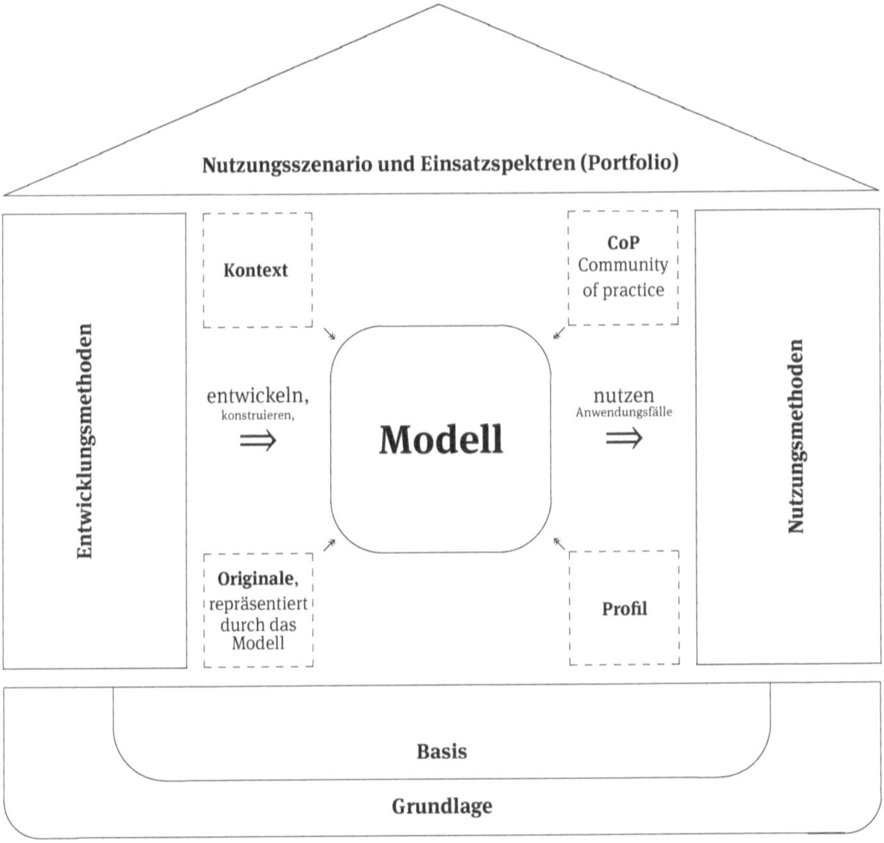

Abb. 24.7. Das Modell des Modells

Der Hintergrund des Instruments bildet das Fundament. Aufgrund der Wichtigkeit des Hintergrundes stellen wir im „Modellhaus" die Grundlagen und die Basis explizit dar. Die Direktiven dienen als Leitkriterium für die Adäquatheit und Verlässlichkeit. Die Säulen erlauben eine explizite Darstellung der Methoden sowohl für die Entwicklung als auch die Nutzung. Gewöhnlich sind Entwicklungs- und Nutzungsmethoden voneinander abgrenzbar.

Dieses Modell des Modells genügt wiederum den Anforderungen an das Modellsein eines Instruments und wir können auch den Begriff des Modells von anderen Begriffen abgrenzen. Ein Modell ist keine unreife, noch nicht ausgearbeitete Theorie, kein vorläufiger Entwurf und keine Variante einer zukünftigen Theorie (Štoff69). Modelle haben Eigenschaften wie Erklärungseigenschaften mit Theorien gemeinsam, jedoch auch Unterschiede in der Abgeschlossenheit, Beziehung zur Praxis oder Beweisformierung. Modelle haben unterschiedliche Abstraktionen und Vereinfachungen als Theorien. Ein Modell stellt Gesetzmäßigkeiten mit typischen Situationen, Strukturen, Schemata, Gesamtheiten etc. dar.

Ein Modell ist keine Hypothese. Eine Hypothese hat ein Profil, das nicht für Modelle zutrifft. Hinzu kommen Funktionen wie die Widerspiegelungsfunktion, die eine Hypothese nicht besitzt.

Ein Modell ist kein Formalismus und keine qualitative Theorie. Es ist nicht einfach ein mathematisches Schema, das zur Beschreibung angewandt wird. Ein Modell kann auch nicht als formalisiertes oder formales System aufgefasst werden, hingegen jedoch sein Abbild (siehe DIN-Definition, Seite 22). Der Hintergrund ist mit einem Modell gegeben.

In Bild 24.8 werden die Facetten eines Modells im Detail vorgestellt.
- Jedes Instrument besitzt seinen eigenen Hintergrund. Dieser Hintergrund kann aufgespalten werden in einen relativ stabilen Hintergrund (Grundlage), der sich innerhalb einer Disziplin nur selten (z.B. bei Paradigmenwechsel) ändert, und einen Hintergrund (Basis), der sich mit einer Verbreiterung der Erfahrungsbasis evolutionär schrittweise ändert.
- Die Auffassung, dass ein Instrument als Modell genutzt wird, wird von vier Direktiven getragen:
  1. Das Instrument repräsentiert Originale in entsprechender Form und kann für bestimmte Aufgaben in der Disziplin anstelle dieser Originale verwendet werden.
  2. Die Auffassung des Modellseins dieses Instruments wird im Wesentlichen determiniert durch das Profil. Das Profil umfasst mindestens das Ziel der Modellierung, sollte auch den Zweck mit einschließen und kann ggf. auch die Funktion des Modells innerhalb der Disziplin enthalten.
  3. Die Auffassung wird durch eine Nutzergemeinschaft getragen. Nutzer agieren in Rollen und nutzen ihre spezifische Prägung innerhalb der Rolle. Eine spezielle Rolle ist die des Modell(weiter)entwicklers. Nutzer haben für die Ausübung ihrer Rolle sowohl Rechte als auch Obligationen.

4. Das Modellsein eines Instruments ist abhängig von seinem speziellen Kontext. Dieser Kontext schließt sowohl disziplinäre Belange als auch die Infrastruktur und den Handlungsspielraum mit ein. Außerdem steht das Modellsein in einem Raum-Zeit-Kontext (Mode).

- Ein Instrument ist gewöhnlich mit Mitteln zu seiner Nutzung und Weiterentwicklung ausstaffiert. Ein Instrument an sich ohne solche Mittel ist nicht gebrauchbar. Deshalb setzen wir das Vorhandensein einer entsprechenden Ausstattung voraus. In Anlehnung an die Ingenieurwissenschaften nennen wir diese Ausrüstung Methoden. Eine Zweckbefriedigung setzt die Existenz eines ausreichenden Handwerkzeugs voraus (Arbeits- und Hilfsmittel). Wir können dabei Methoden kategorisieren in Entwicklungsmethoden und Nutzungsmethoden sowie entsprechende Teilkategorien.
  - Entwicklungsmethoden schließen Methoden zur Beschreibung von Instrumenten, zur Konstruktion dieser, zur Anpassung und Weiterentwicklung, zur Rechtfertigung und zur Bewertung mit ein.
  - Nutzungsmethoden schließen Methoden zum Einsatz von Instrumenten, zur Ableitung von Prognosen, zum Schlußfolgern, zur Exploration, zur Integration und zur Deutung mit ein.
- Der Einsatz von Instrumenten als Modelle folgt akzeptierten Nutzungsszenarien. Mit diesen Nutzungsszenarien ist auch ein Einsatzspektrum verbunden. Da Modelle in unterschiedlichen Funktionen eingesetzt werden, fassen wir die Nutzung zum Portfolio zusammen.

Für das Modell des Modells können wir analoge Eigenschaften zu den Eigenschaften in Kapitel 1 (Abbildungs-, Abstraktions-, Reduktions-, Pragmatik-, Erweiterungs-, Idealisierungs-, Träger-, Abweichungs-, Mehrwert- und Zweckbindungseigenschaften) betrachten. Wir können diese Eigenschaften nutzen, um Forderungen an Modelle abzuleiten:

Abstrahierung: Das Modell des Modells abstrahiert von spezifischen Formen und orientiert sich an den wesentlichen Facetten eines Modells.

(Intuitive) Verständlichkeit: Das Modell des Modells erlaubt ein Verstehen des Modellseins, des Einsatzes und der Entwicklung von Modellen und orientiert sich an den Funktionen der Modelle in den Disziplinen.

Akkuratheit: Das Modell des Modells orientiert sich am typischen Gebrauch der Modelle, umfasst alle üblichen Aspekte und fasst diese so präzise wie möglich.

Prognostizierbarkeit: Mit einem Modell des Modells ist es auch möglich, weitere Eigenschaften, Bewertungen und auch Beschränkungen abzuleiten. Ein Instrument kann zu einem Modell ausgebaut werden.

Ökonomie: Das Modell des Modells erlaubt eine effizientere Betrachtung von Kollektionen von Modellen anstelle einer wiederholenden Einzelbetrachtung.

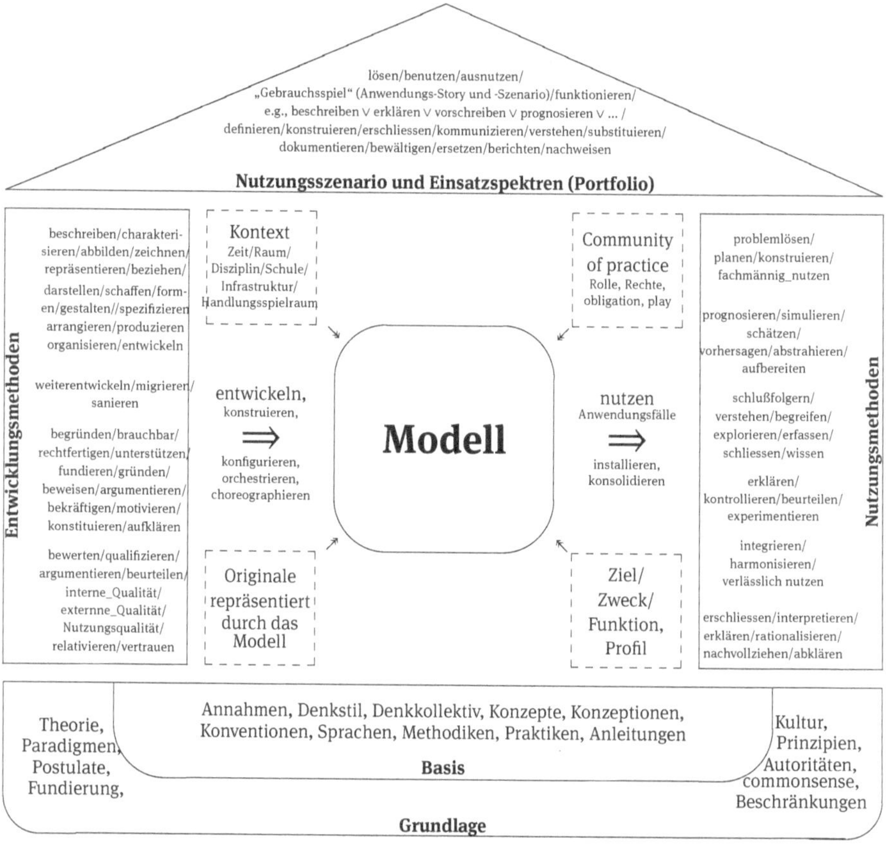

Abb. 24.8. Die Facetten eines Modells mit Grundlage und Basis als Hintergrund, mit vier leitenden Direktiven (repräsentierte Originale, Profil des Modells, Kontext und Nutzergemeinschaft), mit technischen und technologischen Säulen zur Entwicklung und Nutzung und mit den Nutzungsszenario-Dach.

Das Modell des Modells stellt ausreichend detailliert alle notwendigen Facetten eines Modellbegriffes vor. Für unterschiedliche Modelltypen beobachten wir jedoch, dass nicht alle Facetten voll ausgeprägt sein müssen, damit ein Instrument auch Modell sein kann.

Sprachbasierte Modelle sind die prominentesten Modelle. Sie können als semiotisches Zeichen aufgefasst werden (KrL13; KrL13'; Tha12"). Damit wird ein Modell charakterisiert durch seine

Syntax mit einer Morphologie seiner Elemente, eine Lexikographie und einem Namensraum,

Semantik mit einem spezifischen Verständnis von Semantik und einer Lexikologie der Konstruktion des Modells und

Pragmatik mit dem spezifischen Herangehen der Nutzergemeinschaft und entsprechenden unterschiedlichen Repräsentationsformen (Phonetik) für die unterschiedlichen Nutzungsszenarien.

Mit einer Sprachbasierung von Modellen wird das Potential der gegebenen Sprache ausgenutzt. Gleichzeitig beschränkt eine Sprache ein Modell auf die Möglichkeiten genau dieser Sprache.

24.2.7.1 Modelle von Modellen

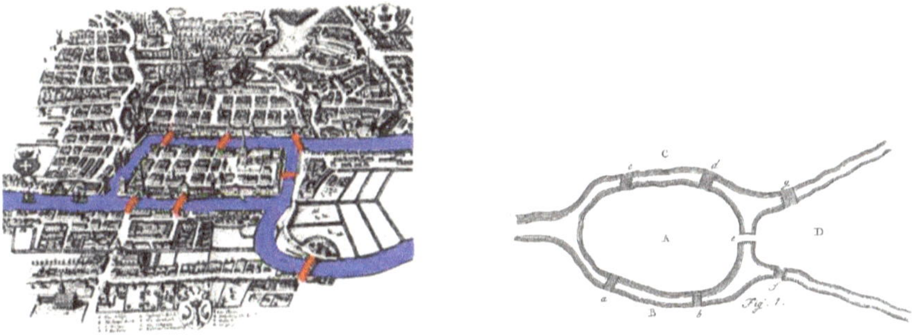

Abb. 24.9. Das Stadtbild von Königberg als Situationsmodell und das topographische Modell als Realmodell.

Modelle können wiederum Modelle repräsentieren. Wir haben bereits im Kapitel 1 auf die unterschiedlichen Modelltypen und ihre Beziehungen verwiesen (Bild 1.2). Dabei können auch alternative Modelle betrachtet werden. Wir können dies am zentralen Beispiel von (Mah08) in Bild 24.9 und 24.11 illustrieren. Bekanntlich ist die Existenz einer konkreten Lösung für das Brückenproblem, ob es möglich ist einen Weg durch Königsberg so zu finden, dass jede Brücke genau einmal benutzt wird, zu verneinen. Es wird ein Perzeptionsmodell bzw. ein Situationsmodell als Abstraktion des realen Stadtbilds erstellt. Diesen Modellen kann ein topographisches Modell gegenüber gestellt werden, in dem von allen Details abstrahiert wird, zugleich aber mit der Einführung der Variablen A, B,C, D bzw. a,b,c,d,e,f,g entsprechende Territorien bzw. Brücken gekennzeichnet werden.

Im Graphenmodell wird eine Abstraktion des topographischen Modells erstellt. Die Bezeichnungen, Distanzen, Richtungen und Dimensionen werden nicht mehr benötigt. Territorien werden als Knoten dargestellt, Brücken als Kanten. Mit diesem Modell kann eine mathematische Theorie für alle Eulerpfade in einem Graphen illustriert werden. Die Beziehung der drei Modelle impliziert eine Invarianzeigenschaft für dieses Problem, d.h. dieses Problem ist in allen drei Modellen darstellbar.

Mit dieser mathematischen Eigenschaft kann nachgewiesen werden, dass kein Eulerpfad existiert (card({n | degree(n) is odd}) = 4 > 2).

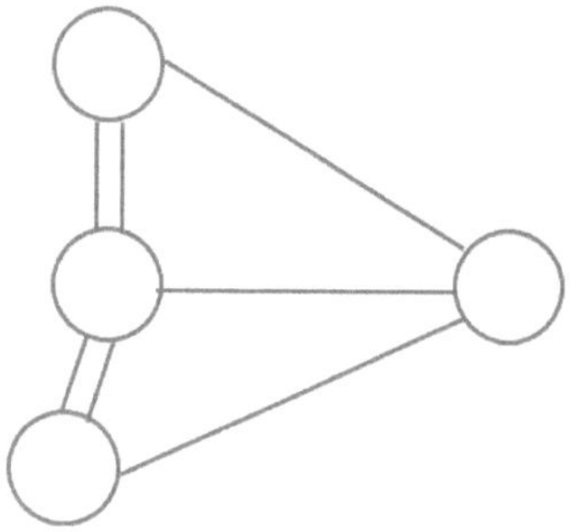

Abb. 24.10. Das Graphenmodell als mathematisches Modell des topographischen Modells

Das Emulationsmodell der nachfolgenden Seite stellt das topographische Modell ebenfalls dar. Die Lösung für das Brückenproblem ist jedoch nicht einsichtig. Das Modell ist jedoch adäquat und verlässlich. Der Qualitätspass dieses Modells berücksichtigt die Einsichtigkeit und Verständlichkeit nicht. Jeder Pfad von der Wurzel zu einem Blatt im Baum führt zu einem Widerspruch. Das Modell abstrahiert nicht von der Benennung des topographischen Modells, sondern verwendet diese explizit für die Knoten im Baum z.B. für einen Weg C-(g)-D-(f)-B-(a)-A-(e)-D ohne Fortsetzbarkeit. Es wird bei der Konstruktion eines Weges aus der Anfangsliste (a,b,c,d,e,f,g) der genutzte Weg entfernt, z.B. für den Weg C-D-B-A-D die Liste (b,c,d) ohne (↯) Anbindung an den Knoten D erhalten.

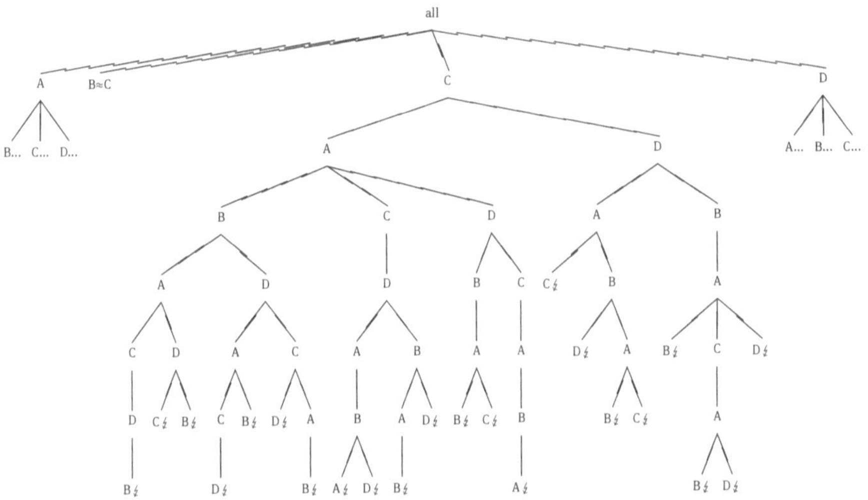

Abb. 24.11. Ausschnitt aus dem Berechnungsmodell als Emulationsmodell des topographischen Modells

24.2.8 Konzeptuelle Modelle

In der Modellierung übernehmen oft Anleihen aus anderen Bereichen die Rolle von Definitionen oder Teilen von Definitionen. Die konzeptionelle[18] Modellierung ist ein typisches Beispiel dafür. Die konzeptionelle Modellierung stellt sich das Ziel, eine abstrakte oder formale Repräsentation eines Real- oder eines Situationsmodells entsprechend den Urteilen eines Subjektes vorzunehmen.

Konzeptuelle Modelle erweitern (i.a. formale) Modelle um *Konzepte*[19], die innerhalb einer Nutzergemeinschaft (community of practice) hinreichend einheitlich

---

18 Die Bedeutung von „konzeptuell" und „konzeptionell" ist verschieden. Das erste stellt dar, dass etwas eine Konzeption aufweist, d.h. austauschbar und unabhängig von der Realisierung ist. „Konzeptionell" betrifft eine Konzeption. Konzeptionelle Modellierung orientiert auf die Charakterisierungshandlung, insbesondere auf die Assoziierung eines Instruments bzw. seiner Elemente mit einem Konzept.

19 Konzepte(Mur01; Tha07) sind üblicherweise auf mehrere Arten und Weisen definiert bzw. beschrieben. Definitionen oder Beschreibungen sind Ausdrücke in einer ggf. auch natürlichen Sprache. Die Zuordnung dieser Ausdrücke zu einem Konzept kann modal sein, d.h. notwendig oder hinreichend, kann unscharf sein, kann mit einer Präferenz und Striktheit erfolgen, kann in unterschiedlichen Situationen relevant sein, wird mit einer relativen Gültigkeit versehen, kann auch kategorisiert werden, kann temporal erfolgen, kann an die Akzeptanz und Vorlieben in ei-

verstanden werden. Konzeptuelle Modelle werden nicht nur in der Informatik breit genutzt, sondern in fast allen Disziplinen. Logistik-Modelle in der Betriebswirtschaftslehre nutzen den Korpus und Fundus der Konzepte und erlauben damit ein intuitives Verständnis der entwickelten mathematischen Modelle, mit denen z.B. Optimierungsprobleme gelöst werden können. Die Elemente der Modelle werden Konzepten zugeordnet z.B. um diese einfacher zu verstehen oder effektiver zu kommunizieren oder zu erklären. Die Konzepterweiterung von Modellen ist orthogonal zur Nutzung oder zur Nutzbarkeit von Modellen. Konzepte sind oft mit dem allgemeinen Verständnis innerhalb einer Realwelt und einer Disziplin gekoppelt. Die *Konzeptionalisierung* ist die Erweiterung von Modellen mit Konzepten.

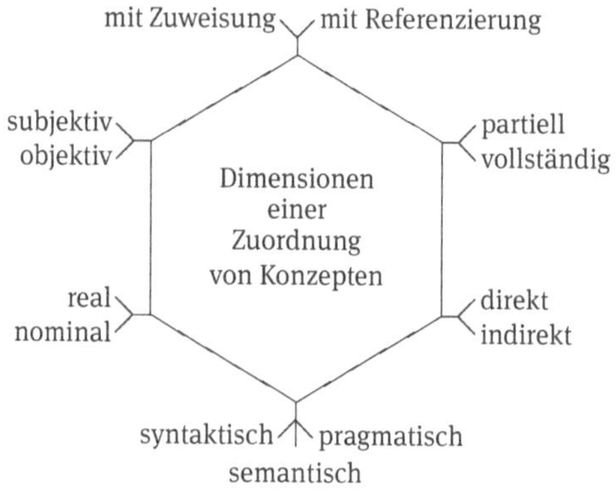

Die Zuordnung kann dabei auf unterschiedliche Art und Weise erfolgen. Reale Zuordnungen nutzen oft generische oder generelle Termini. Nominale oder stipulative Definitionen erweitern die Bedeutung der Zuordnung um weitere Inhalte. Eine Zuweisung ist eine direkte Assoziation, während eine Referenz auf bereits existierende Zuweisungen verweist. Induktive Zuordnungen folgen einem schrittweisen Aufbau mittels Konstruktoren. Axiomatische Zuordnungen basieren auf Axiomen. Direkte bzw. explizite Zuordnungen unterscheiden zwischen dem Konzept und dem Modellelement. Eine Zuweisung kann vollständig oder auch offen bzw. partiell sein. Auf der Grundlage der Semiotik unterscheiden wir auch für Zuordnungen Syntax, Semantik und Pragmatik. Außerdem kann eine

ner Nutzergemeinschaft oder an Benutzungssituationen gekoppelt sein und durch Einschränkungen limitiert werden. Konzepte können andere Konzepte enthalten. Konzepte können auch prototypisch definiert sein. Die Semantik von Konzepten kann auf unterschiedliche Art je nach genutztem Ausdruck erklärt werden z.B. lexikalisch, ontologisch, logisch oder reflexiv.

Zuordnung intensional sein, d.h. auf notwendigen bzw. hinreichenden Bedingungen basieren. Die Zuordnungen werden üblicherweise kombiniert. So sind z.B. Konzeptzuordnungen im Rahmen der Datenbankmodellierung meist subjektiv, direkt zuweisend, exklusiv bzw. paarweise verschieden, pragmatisch, real und direkt. Die Semantik kann neben der bequemen logischen Semantik auch nur lexikalisch oder sogar kontextsensitiv sein.

Die Konzeptualisierung nutzt ein *Perzeptionsmodell* (auch *mentales Modell* genannt) aus dem Situationsmodell heraus innerhalb einer Nutzergemeinschaft für die Realwelt. Dieses Modell reflektiert das Verständnis von der Gemeinschaft, wird „on-the-fly" gebildet und weiterentwickelt, reflektiert das Verständnis der Realwelt aus der Anwendung heraus, basiert auf dem Wissen innerhalb dieser Gemeinschaft und nutzt die Erfahrungen aus vorhergehenden Konzeptualisierungen. Mit dem Perzeptionsmodell und aufgrund der Konzeptualisierung sind konzeptuelle Modell einfach, effizient, erfolgreich und effektiv zu nutzen. Diese Eigenschaften erklären auch den Erfolg der konzeptuellen Modelle. Konzeptuelle Modelle sind besser zu kommunizieren, erlauben ein hinreichend basiertes Verständnis und unterstützen die Validierung des Modells. Zugleich beschränkt auch das Perzeptionsmodell den Fokus, die Reichweite und die Nutzbarkeit. Unterschiedliche Nutzergemeinschaften nutzen unterschiedliche Perzeptionsmodelle[20] und damit auch unterschiedliche Interpretationen des gleichen Instruments.

Die Konzeptualisierung verbessert die Qualität von Modellen. Nutzer sind mit den Konzepten vertraut und können diese direkt nutzen. Damit sind diese Modelle intuitiv verfügbar. Außerdem werden damit Modelle auch flexibler. Da Nutzer die Konzepte direkt verstehen, können auch Ungenauigkeiten, systemische und systematische Fehler schnell ausgemerzt werden. Solche Modelle sind auch schneller stabil und sicher und damit für die Entwicklung der formalen Modelle besser geeignet. Sie entsprechen stärker den Nutzererwartungen.

20 Das Vokabular und damit der Namensraum kann ebenso unterschiedlich sein wie die Lexika (Lexikographie). Hinzukommen Bedeutungsunterschiede (Lexikologie) sowie auch Pragmatikunterschiede (Phonetik) (Tha12"). Ein Teil des „Eigensinnes" (Mah15) eines Modells lässt sich mit diesen Unterschieden erklären.

24.3 Bewertung eines Modells

24.3.1 Reifegrade eines Modells

Die Modellentwicklung und -nutzung kann auch anhand der *Reife* [21] charakterisiert werden.

Reifegrad 0 ist charakteristisch für einen Ad-Hoc-Stil der Modellierung, in dem „best practices" nicht allgemein bekannt sind und deren Durchführung aus Mangel an Hintergrundinformation, an Verstehen etc. nicht ausgeführt werden kann.

Reifegrad 1 charakterisiert das Modellieren als informell ausgeführt, wobei die Modellentwicklung und -nutzung eher sporadisch, ungeplant und z.T. nicht nachvollziehbar verläuft.

Reifegrad 2 bedeutet, dass das Modellieren systematisch ausgeführt wird und das Resultat überprüft wird. Es sind die unterlegten Paradigmen und Theorien, die Orientierungen und der Zweck des Modells verstanden. Die Modelle realisieren das Ziel der Modellierung, sind ausreichend für den Zweck und können evaluiert werden.

Reifegrad 3 erfordert, dass die Prozesse des Modellierens, die Modelle und die Modellierung verstanden sind, durch gewisse Standardformen unterlegt und die erreichten Resultate und die Modellviabilität für jeden Entwicklungsschritt beurteilt werden können. Die Modellentwicklung und -nutzung ist wohl-definiert. Modelle sind wohl-dokumentiert. Es kann abgeleitet werden, inwieweit Modelle für den jeweiligen Zweck verbessert werden können.

Reifegrad 4 ist erreicht, wenn Modelle und das Modellieren nicht nur beurteilt werden können, sondern die Qualität, Leistungsfähigkeit und Fitness eines Modells je nach Zweck und Funktion des Modells angepasst werden können. Damit kann auch ein Modell kalibriert, gehärtet und angepasst werden.

Reifegrad 5 erlaubt eine kontinuierliche Verbesserung von Modellen und des Modellierens für eine bessere Leistungsfähigkeit und Effektivität. Neue Zwecke und Funktionen von Modellen können so realisiert werden bzw. Defekte von Modellen systematisch beseitigt werden.

Die derzeitige Praxis erreicht im Wesentlichen den Reifegrad 2. Wir wollen einige Bewertungsverfahren im Weiteren für Modelle untersuchen.

---

21 Die CMM- und SPICE-Standards (PCCW93; SPICE03) beschreiben Reifegrade von Software-Produkten.

24.3.2 Bewertung anhand der Zwecke, Ziele und Funktionen von Modellen

Mit dem Einsatz eines Instruments als Modell ist ein Ziel verbunden. Es soll mit einem Modell ein neuer Zustand herbeigeführt werden. Wir können das Erreichen eines Ziels mit einer

PURE-Bewertung

charakterisieren.

- *Positively stated*: Das Ziel ist nachvollziehbar erreicht. Das Modell wird dafür in allen seinen Bestandteilen benötigt.
- *Understood and understandable*: Das Erreichen des Zieles kann in der Originalwelt wohlverstanden und nachvollzogen werden. Das Modell kann in der Originalwelt innerhalb der Nutzergemeinschaft verstanden werden und stellt keine Herausforderung für das Verständnis dar.
- *Relevant and rewarding*: Das Modell hat eine Bedeutung für die Originalwelt auch im weiteren Kontext. Mit dem Modell ist ein Erkenntniszuwachs für die Originalwelt entstanden, die ohne das Modell nicht erreicht werden kann.
- *Ethically correct*: Das Modell entspricht den „good practices" in der Originalwelt. Das Modell kann mit seinen wesentlichen Eigenschaften in der Originalwelt korrekt wiedergegeben werden.

Die Adäquatheit des Modells hängt vom Zweck ab. Der Zweck kann mit einer

SMART-Bewertung

nachvollzogen werden.

- *Specificity and preciseness*: Das Ziel wird hinreichend genau erreicht.
- *Meaningful*: essentiell für das Erreichen des Zwecks. Das Erreichen des Zwecks kann auch entsprechend bewiesen bzw. im Idealfall gemessen werden.
- *Attainable and achievable*: Das Erreichen kann ausreichend vollständig dargestellt werden. Das Modell ist eines der am besten dafür geeigneten Instrumente.
- *Relevant:* Mit dem Modell wird eine substantielle Verbesserung erreicht. Für die Nutzergemeinschaft ist das Erreichen des Ziels nachvollziehbar.
- *Time phased*: Mit dem Modell kann der Zweck in entsprechender Zeit(beschränkung) aufgrund der Fokussierung durch das Modell erreicht werden.

Die Effektivität im Rahmen der intendierten Funktion und des entsprechenden Gebrauchsmodells für die unterschiedlichen Einsatzspektren kann mit einer

CLEAR-Bewertung

charakterisiert werden.
- *Challenging*: Das Modell erfüllt effektiv die Erwartungen innerhalb des Portfolio ohne unrealistische Annahmen zu treffen.
- *Legal*: Alle Konsequenzen des Einsatzes des Modells sind hinreichend bekannt und gut abgegrenzt. Das Modell steht nicht im Konflikt mit existierenden Rahmenbedingungen und akzeptierten Handlungsweisen in der Disziplin.
- *Environmentally sound*: Das Modell „passt" zum Kontext, ist in die Handlungsabläufe des Anwendungsbereichs integrierbar und entspricht dem Vorgehen der Nutzergemeinschaft.
- *Appropriate*: Das Modell entspricht dem Vorgehen, dem vorhandenen Wissen und Fertigkeiten innerhalb der Nutzergemeinschaft.
- *Recorded*: Der Effekt der Nutzung des Modells kann dokumentiert, ggf. auch gemessen und entsprechend aufgezeichnet werden.

24.3.3 Interne Qualität, externe Qualität und Qualität in der Nutzung

Die Qualität eines Modells kann mit einer

PEST[22]-Bewertung

erfasst werden. Die Bewertung basiert auf den folgenden Kriterien:
- *Paradigmatic-conform*: Das Modell entspricht den Grundannahmen und Vorgehen des Anwendungsbereichs.
- *Environment-aware*: Das Modell entspricht in seinem Inhalt und seiner Ausprägung seinem Kontext und den Anforderungen seines Anwendungsbereichs.
- *Scientific culture reflecting*: Das Modell reflektiert das soziale und kulturell verankerte Verständnis innerhalb des Denkkollektivs und der Nutzergemeinschaft und wird durch die entsprechende Disziplin getragen. Es ist in der Spenderwelt der Originale verstehbar.

22 Im deutschsprachigen Gebrauch wird das Akronym STEP (Scientific culture, Technologically, Economic, Paradigmatic) verwendet

- *Technologically founded*: Das Modell ist verbunden mit entsprechenden Methoden zur Entwicklung und Nutzung, die systematisch, wohldurchdacht und zweckentsprechend angewandt werden können.

Die Bewertung der Qualität in der Nutzung folgt den *Prinzipien des universellen Design* (BEK$^+$96). Modelle sollen durch alle Nutzer der intendierten Nutzergemeinschaft mit dem best möglichen Nutzen ohne zusätzliche Anpassungsmaßnahmen oder Spezialisierungen genutzt werden können. Die Nutzung soll nicht von den spezifischen Nutzern abhängen, flexibel sein, einfach und zugleich intuitiv, verständlich, fehlertolerant, ohne zusätzliche Maßnahmen und sowohl vom Aufwand als auch den unterstützenden Methoden adäquat.

Typische externe Qualitätscharakteristiken sind Modularität und damit eine mögliche Betrachtung von Teilkomponenten des Modells für spezifische Aspekte, ausreichende Einsicht in das Verhalten für die Nutzergemeinschaft, hierarchisches Design und damit eine Unterstützung einer Abstraktion von derzeit unwichtigen Aspekten, Schichtung innerhalb des Modells zur Beherrschung der Komplexität und Unabhängigkeit von Ausnahmesituationen in den einzelnen Modulen. Damit folgt ein Modell guten Prinzipien des *Ingenieurwesens*.

Interne Qualitätscharakteristiken leiten sich aus dem *Reifegrad des Modells* ab. Sie folgen der Ausprägung des Instruments und stellen somit eine Bewertung der Bestandteile und der Komposition des Modells dar. Es wird dabei nicht gefordert, ein in jeder Hinsicht perfektes Modell zu erstellen, sondern das optimal mögliche unter den gegebenen Randbedingungen.

Die Qualitätskriterien folgen den Ansätzen in (Tha10). Sie sind nicht für jedes Modell vollständig und gleichrangig. Je nach Portfolio werden die Qualitätscharakteristiken unterschiedlich stark gefordert.

24.3.4 Die Kapazität und das Potential eines Modells

Aus dem Inhalt, der Grundlage und der Basis eines Instruments kann die *Kapazität* und das *Potential* eines Instruments für eine Auffassung als Modell abgeleitet werden. Die Kapazität wird durch den Inhalt des Modells, das Fassungsvermögen und die mit dem Modell verbundene Autorität bestimmt. Der Inhalt wird durch den Gehalt sowie die Kernaussagen bestimmt. Das Potential bestimmt die Eignung und die Nichteignung eines Instruments als Modell für die mit dem Modellsein verbundenen Zwecke bzw. auch Funktionen. Das Potential und die Kapazität können aus der Adäquatheit, der Verlässlichkeit, der Zweckmäßigkeit und der Effektivität abgeleitet werden.

Die Kapazität eines Instruments für die Modellierung beschreibt
- inwieweit das Instrument ein Verstehen des Originals ermöglicht,
- inwieweit das Instrument zusätzliche Möglichkeiten zur Betrachtung des Originals in einer fokussierten, komfortablen, zugänglichen und verständlicheren Form unterstützt,
- inwieweit Eigenschaften des Originals besser sichtbar werden,
- inwieweit Hypothesen geprüft werden können,
- inwieweit Variationen des Instruments zur Optimierung bzw. Anpassung an das Original möglich sind,
- inwieweit das Instrument zweckdienlich eingesetzt werden kann,
- inwieweit damit auf das Original zurück geschlossen werden kann und
- inwieweit das Instrument anstelle des Originals als Mediator verwendet werden kann.

Das Potential setzt auf einer SWOT-Bewertung (s.u.) auf. Es bestimmt den Nutzen im Rahmen einer Anwendung,
- die Tauglichkeit und die Leistungsfähigkeit für die gegebenen Zwecke,
- die Erreichbarkeit der Ziele mit dem Modell,
- die „Fruchtbarkeit“ (Pos01) des Modells und auch
- die Grenzen (Nichtpotential des Modells).

Jede Methode oder jedes Methodenspektrum besitzt ein *Potenzial*, das man bei einer Untersuchung auf deren Anwendbarkeit kennen sollte. Die Herausarbeitung des Potenzials, der Einsatzbedingungen und der Einsatzverbote, der Stärken und Schwächen, der Möglichkeiten und der Herausforderungen der Anwendung dieser Methoden ist nur für wenige Methoden systematisch versucht worden. Diese Herausarbeitung externalisiert das internalisierte Wissen des Problemlösers.

Mit der

SWOT-Bewertung

kann der Mehrwert eines Modells abgeschätzt werden. Es wird der Beitrag des Modells zur Zweckerfüllung abgeschätzt. Dazu wird das Profil mit den Stärken und Schwächen dem Beitrag mit den positiven Aspekten und den negativen (wie z.B. Risiken) bei der Verwendung des Instruments als Modell gegenübergestellt. Mit dem Zweck verbunden sind auch unverzichtbare Eigenschaften oder auch tolerierbare Abweichungen in den sonstigen Eigenschaften, denen ein Instrument bei seiner Nutzung als Modell unterliegen muß. Die SWOT-Bewertung basiert auf den folgenden Parametern:

- *Strengths*: Es werden die Vorteile, die spezifischen Besonderheiten, die Historie und die Integrations- und Anwendungsfähigkeit des Modells bewertet.
- *Weaknesses*: Jedes Instrument entwickelt seinen „Eigensinn", seine Besonderheiten und seine Spezifika, die ggf. einem Einsatz des Instruments als Modell entgegenstehen bzw. schwieriger gestalten.
- *Opportunities*: Der Einsatz eines Modells bringt gewöhnlich Vorteile und Chancen, die sich auch explizit im Rahmen des Gebrauchsmodells des Instruments als Modell konstatieren lassen.
- *Threats*: Da jedes Instrument auch über den spezifischen Hintergrund verfügt und da Methoden zur Entwicklung und Nutzung mit Einschränkungen einhergehen, sind Einschränkungen der Nutzung eines Instruments als Modell und einschränkende Rahmenbedingungen ableitbar.

Eine SWOT-Bewertung ist eine Schätzung für das Potential eines Modells. Sie ist mit der PEST-Bewertung verbunden, insbesondere für die Qualität in der Nutzung. Eine SWOT-Bewertung kann auch nach strategischen und taktischen Gesichtspunkten (DOUBLE-SWOT[23]) vorgenommen werden, wobei allgemeine Gesichtspunkte der Strategie und spezielle, ggf. auch verfeinerbare und adaptierbare Gesichtspunkte mit der Taktik verbunden sind. SWOT-Charakteristiken sind üblicherweise einfache und damit schnell beurteilbare, pragmatische und intuitive Charakteristiken. Sie können auch zu einem falschen Verständnis bei unpräziser Bewertung führen.

Eine Alternative bzw. Ergänzung zur SWOT-Bewertung stellt die

SCOPE-Bewertung

dar. Es werden dabei die folgenden Parameter bewertet:

- *Situation*: Es werden für das einzelne Einsatzszenarium der Beitrag, den ein Modell liefern kann, und die Einsatzbeschränkungen sowie die externen und internen Faktoren eingeschätzt.
- *Competence*: Das Instrument kann als Modell seine Stärken, seine Fähigkeiten und sein Vermögen je nach Gebrauch als Modell einbringen. Damit kann

---

23 Bei der SWOT wird das Potential des Objektes bewertet. Beim Double-SWOT wird diese Bewertung auf Konkurrenz-Objekte ausgedehnt und mit der Objektbewertung verwoben. [M. Krogerus, R. Tschäppeler]

auch der Wert des Modells innerhalb des Einsatzszenariums abgeschätzt werden.
- *Obstacles*: Analog zur Risikobewertung können auch die speziellen Herausforderungen der Nutzung eines Modells betrachtet werden.
- *Prospects*: In Ergänzung zur Bewertung der Chancen, die ein Einsatz eines Modells bietet, kann auch eine Erfassung des weiteren Portfolio und der damit entstehenden Chancen erfolgen.
- *Expectations*: Ein Modell wird auch mit seiner Nutzung und den damit entstehenden Ausweitungen des Gebrauchsmodells weiterentwickelt. Dieses Potential zur Weiterentwicklung, Verfeinerung und Anpassung wird zu den Erwartungen zusammengefasst.

Die SCOPE-Bewertung stellt eine zusätzliche und nicht notwendig formale Beschreibung dar, orientiert sich an der Kompetenz der Nutzergemeinschaft, der Kapazität und dem Potential eines Modells.

Eine Ergänzung zur SWOT- bzw. SCOPE-Bewertung stellt die aus dem Software Engineering stammende

QUARZSAND-Bewertung

dar. Sie ist im Rahmen des ‚total quality management' entwickelt worden und kann auch für Modelle verallgemeinert werden. Auf der Grundlage der SWOT-SCOPE-PURE-SMART-CLEAR-PEST-Bewertungen (SSPSCP) kann auch eine systematische Qualitätspflege für Modelle etabliert werden, wobei je nach Modelltypus nicht alle Parameter einbezogen werden. Ergänzend zur SSPSCP-Bewertung erfolgt die Charakterisierung mit den folgenden QUARZSAND-Parametern:
- *Qualitätssteuernd und gesteuert*: Die Entwicklung und die Nutzung von Modellen wird mit den SSPSCP-Bewertungen verbunden und durch SSPCSP-Parametern gesteuert.
- *Ursachenbezogen*: Abweichungen von der Qualität werden auf Ursachen zurückgeführt und ursachenbezogen korrigiert.
- *Aktionsorientiert*: Die Qualitätspflege wird in jeden Schritt einbezogen.
- *Risikobezogen*: Die Risiken, die im Rahmen der SWOT-Analyse herausgearbeitet worden sind, werden bei der Nutzung der Modelle in der Bewertung der Nutzungsresultate berücksichtigt.
- *Zielgerichtet*: Eine Modellentwicklung und ein Modelleinsatz orientiert sich vorrangig am Ziel des Modelleinsatzes.
- *Systematisch*: Die Modellentwicklung und der Modelleinsatz basiert auf einer Methodik, so dass koordinierte und abgestimmte Aktionen genutzt werden.

- *Angemessen*: Die Modellentwicklung und der Modelleinsatz ist dem Ziel angemessen und verwendet keine redundanten oder überflüssigen Schritte.
- *Notwendig*: Eine Aktion wird erst dann ausgelöst, wenn sie notwendig ist.
- *Durchgehend und dauerhaft*: Die Aktionen und Schritte setzen alle relevanten Modellelemente ein. Sie führen zu einem kohärenten Resultat und können deshalb auch ohne weitere Korrektur genutzt werden.

Mit dieser Bewertungsform kann auch ein „gutes" Modell charakterisiert werden als ein adäquates, gerechtfertigtes, nachhaltiges, nutzbringendes, weiterentwickelbares, auf dem aktuellen Wissensstand basierendes, die guten Praktiken der Disziplin widerspiegelndes und ausreichend qualitatives Instrument.

24.4 Der Cargo eines Modells

Der Cargo (Mah08) stellt einen Abstrakt für ein Modell dar, mit dem das Modell eingeführt werden kann. Instrumente sind aufgrund ihrer Adäquatheit, ihrer Begründung und ihres Qualitätspasses Träger eines *Cargo*. Sie werden von einer Nutzergemeinschaft bewusst oder unbewusst innerhalb ihres Kontextes als Modell *aufgefasst*[24] aufgrund von entsprechenden Urteilen, von subjektiven Vorstellungen und einer Qualifikation. Der Cargo fasst das Wesen eines Instruments zusammen. Es wird die essentielle Information über das Modell, die Sichtweisen auf das Modell anhand der Nutzungsszenarien aus den Eigenschaften des Instruments als Modell, insbesondere seiner Adäquatheit und seiner Rechtfertigung sowie der Bewertung abgeleitet[25].

Ein Instrument, das als Modell genutzt wird, ist mit einem Cargo beladen. Die Beladung umfasst eine Darstellung
- der *Bestimmung* des Instruments als Modell,
- des *Hauptgehalts* des Modells je nach *Gebrauchsmodell*,
- der *Bedeutung* des Modells innerhalb eines Bedeutungsspielraums und
- der *Identität* des Instruments als Modell.

24 (Mah15): „*Eine Auffassung ist eine Beziehung, durch die eine als Subjekt der Auffassung identifizierbare Entität, eine als Objekt (oder Gegenstand) der Auffassung identifizierbare Entität und ein als Kontext der Auffassung identifizierbarer Zusammenhang miteinander verbunden sind. ... Der Inhalt einer Auffassung ist ein Zusammenhang, zu dem genau diejenigen Beziehungen gehören, die zum Kontext dieser Auffassung gehören und zu denen der Gegenstand dieser Auffassung gehört.*"

25 Diese Ableitung bzw. Zusammenfassung kann als Sicht(weise) auf das Modell im Sinne der Datenbank-Sichten über einer Datenbank verstanden werden.

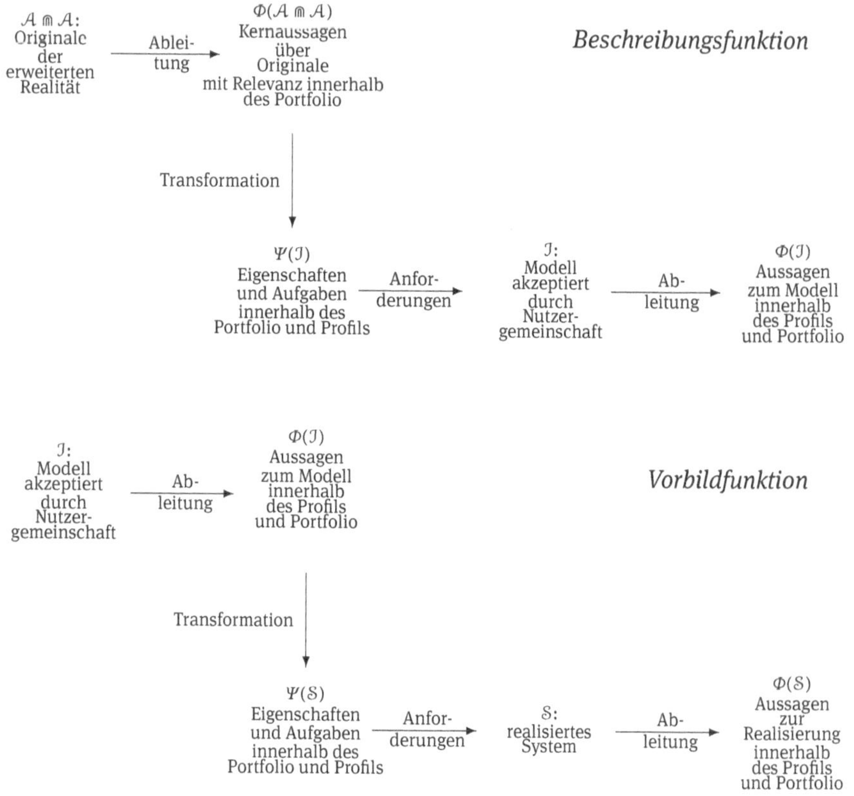

Abb. 24.12. Ein Gebrauchsmodell für Modelle in einer Mittlerfunktion d.h. mit Beschreibungsfunktion und Vorbildfunktion

Der Cargo eines Modells inkludiert auch die Darstellung der Kapazität und des Potentials eines Modells.

24.4.1 Die Bestimmung des Instruments als Modell

Aus der Bewertung des Modells insbesondere aus dem Potential und der Kapazität kann die Bestimmung abgeleitet werden. Es wird das Grundmotiv des Einsatzes des Instruments als Modell erklärt und in den Zusammenhang zum Auftrag und den Absichten des Einsatzes gestellt.

Typische Bestimmungen lassen sich anhand der Funktionen von Instrumenten in einem Nutzungsszenario kategorisieren. Dient ein Modell als Mittler zwischen Gegenständen z.B. eines Realmodells einer erweiterten Realität und eines zu entwickelnden Systems, dann kann aus der Beschreibungsfunktion für die Realität und der Vorbildfunktion für das System eine Bestimmung in der Form von Bild 24.12 abgeleitet werden.

24.4.2 Der Hauptgehalt des Modells

Die zweite Hauptkomponente eines Cargo ist eine Beschreibung der Grundvorstellungen, der Ideen und der Besonderheiten des Modells. Es werden nur solche Details berücksichtigt, die für das Portfolio und Profil essentiell sind. Darauf fusst das *Gebrauchsmodell* für das Modell, das eine Konzeption für die „Normal"nutzung und eine Anleitung für den „Normal"gebrauch umfasst. Es wird beschrieben, welche Funktion des Modells in welcher Form unterstützt wird.

Es kann z.B. ein übliches Gebrauchsmodell für den Softwareentwicklungsprozeß nach Bild 24.12 vorgegeben werden. Anhand von kombinierten Vorstellungen der Realwelt und der Erweiterung $\mathcal{A} \Cap \mathcal{A}''$ werden Kernaussagen abgeleitet. Diese Kernaussagen dienen als Ausgangspunkt für die Eigenschaften und Aufgaben innerhalb des Nutzungsszenarios. Damit kann ein Modell $\mathcal{I}^*$ entwickelt werden, das in einer Nutzergemeinschaft akzeptiert wird. Dies dient dann als Vorbild für die Entwicklung eines Systems $\mathcal{S}$.

Einem Modell können auch mehrere oder sehr einfache Gebrauchsmodelle vollständig oder partiell unterlegt werden. So kann z.B. eine Spezifikation eines Systems auch zur Dokumentation, zur Variation, zum Testen und zur Erklärung des Systems herangezogen werden, wenn der Zusammenhang von System und Modell auch bei einer Systemweiterentwicklung erhalten bleibt. Oft dient die Spezifikation nur der Inspiration bei der Realisierung, so dass eine Vorbildfunktion nicht genutzt wird. Softwaremodelle sind meist gut zur Validierung geeignet, aber verschließen sich auch einer Verifikation.

Das Gebrauchsmodell ist selbst wieder ein Modell des Einsatzes von Modellen. Damit reflektiert es die Szenarien der Nutzung des Modells an sich. Mit der Adäquatheits- und Verlässlichkeitseigenschaft stellen wir jedoch höhere Ansprüche an Gebrauchsmodelle als an Methodologien. Das Gebrauchsmodell besitzt selbst einen eigenständigen Hintergrund. So kann das Königsberger Brückenproblem durch ein topographisches Modell dargestellt werden (Bild 24.9). Diesem topographischen Modell können zwei Modelle zugeordnet werden: ein graphentheoretisches Modell in Bild 24.10 und ein Emulationsmodell zur Durchmusterung in Bild 24.11. Während das erstere auch zum Beweis von weiteren Eigenschaften geeignet ist, verschließt sich das letztere der Erklärung und geht von einer Vollständigkeit der Durchmusterung aus.

Mit einem Gebrauchsmodell können auch für ein Modell weitere Eigenschaften gefordert werden. So kann man z.B. eine Kohärenzeigenschaften für das Gebrauchsmodell nach Bild 24.12 fordern:

$$\text{Transformation}_{\mathcal{L}_{\mathfrak{S}} \mapsto \mathcal{L}_{\mathfrak{I}}}(\Phi(\mathcal{S})) \models \Phi(\mathcal{I})$$

d.h. alle wesentlichen Aussagen zum Modell gelten auch für die Realisierung durch ein System. Damit stellt das System eine *Verfeinerung* des Modells nach (BoS03) dar.

24.4.3 Die Bedeutung des Modells

Die Bedeutung fasst den Wert des Modells innerhalb der Direktiven (Originale; Profil; Nutzergemeinschaft; Kontext) mit Blick auf das Portfolio zusammen. Der Cargo wird um besonders beachtenswerte Aussagen - insbesondere Kernaussagen - zum Instrument als Modell angereichert. Es werden nur solche Aussagen aufgenommen, die für das Portfolio und das Profil wesentlich sind. Damit erfährt das Modell eine Anreicherung um zusätzliche Semantik und ggf. auch um zusätzliche Pragmatik aufgrund der intendierten Akzeptanz innerhalb der Nutzergemeinschaft. Wir können diese Anreicherung als „Semantifizierung" bezeichnen.

Durch Nutzer kann diese Bedeutungsbeschreibung auch ergänzt werden. Jedes Modell besitzt einen Deutungs-, Bedeutungs- und Interpretationsspielraum, den die einzelnen Nutzer je nach konkreten Einsatzspektrum ergänzen können. So kann z.B. ein Nutzer figurativer Modelle eine eigene Interpretation und Erläuterung zum Modell hinzufügen.

Es wird außerdem die Eignung des Modells für die entsprechenden Szenarien erklärt. Diese Erklärung kann aus der Bewertung des Modells abgeleitet werden. Ggf. erfolgt auch eine Kontexteinordnung anhand des Qualitätspasses des Modells.

Ein Modell kann unterschiedliche Bedeutungen besitzen. So kann z.B. ein System partieller stochastischer Differentialgleichungen die Ausbreitung von Partikeln im Sonnenwind ebenso beschreiben wie die Ausbreitung von Tierseuchen auf der Grundlage von Beziehungen unterschiedlicher Tierpopulationen. Diese Mehrfachnutzung und variable Bedeutung ist besonders mathematischen Modellen zu eigen.

24.4.4 Die Identität eines Modells

Der Cargo erlaubt aufgrund der Bestimmung und des Hauptgehalts eines Modells sowie der Bedeutung auch eine Ableitung der *Identität* eines Modells. Wir nutzen den Begriff „Identität" als vollständige oder partielle Übereinstimmung eines Instrumentes mit dem, was es ist oder als was es bezeichnet wird. Wir können für die Identität fünf Dimensionen unterscheiden:

Die aktuelle Identität basiert auf der derzeitigen Beschreibung des Modells und den Eigenschaften des Instruments - insbesondere dem Hintergrund.

Die kommunizierte Identität umfasst die gesamte vorgelegte Beschreibung und Bewertung des Instruments unter Berücksichtigung
(1) der Rezipierbarkeit dieser Beschreibung und Bewertung und
(2) der Verständnisfähigkeiten des Empfängers.
Die aktuelle und die kommunizierte Identität kann kombiniert werden mit den Ergänzungen einzelner Nutzer. Die kommunizierte Identität kann auf die Theorie der Sprechakte (Sea62) zurückgeführt werden.

Die akzeptierte Identität reduziert das Modell auf Teile, die die einzelnen Nutzer mit ihrem Hintergrund akzeptieren. Damit wird das Modell reduziert durch den einzelnen Nutzer und in seiner Wirksamkeit eingeschränkt.

Die ideale Identität ist das angestrebte Optimum. Mit der Bewertung eines Modells werden auch Eigenschaften herausgearbeitet, auf deren Grundlage eine Weiterentwicklung des Modells erforderlich wird oder auch eine Ablehnung des Instrumentes als Modell sinnvoll erscheint.

Die gewünschte Identität orientiert sich am Zweck bzw. am Ziel der Modellierung. Wird der Zweck vollständig mit dem Modell erreicht, dann verfügt das Modell über die gewünschte Identität.

Elemente der Identität sind damit die mit dem Einsatz des Instrumentes als Modell verbundene Intention bzw. Bestimmung, die Werte bzw. der Mehrwert des Modells, das Instrument mit seinem Hintergrund, die präferierten Eigenschaften, denen das Instrument als Modell mindestens genügen muß und die Vorteile der Nutzung des Modells.

24.4.5 Die Beladbarkeit eines Modells

Ein Instrument kann in unterschiedlichen Szenarien eingesetzt werden. Es ist mit einem Cargo *beladbar*. Die Beladbarkeit hängt von der Kapazität des Instruments ab. Eine Überladung verringert im Allgemeinen die Effektivität des Instruments als Modell. Diese Situation kann man z.B. in der Informatik für Spezifikationssprachen beobachten, bei gleichzeitiger Darstellung unterschiedlichster Aspekte.

Eine Forderung gegen eine Überladung ist deshalb die *Minimalität* eines Modells. Ein Modell ist minimal für sein Profil und die weiteren Direktiven, wenn es keine überflüssigen Elemente enthält. Das Modell der Turing-Maschine ist ein minimales Modell. Es gibt kein Element, das man ohne Verlust der Modelleigenschaften in der Turing-Maschine entfernen kann.

Die Beladung eines Modells hat einen Einfluß auf seine Nutzung. Die Ladung eines Modells kann an den einzelnen Schritten des Gebrauchsmodells orientiert sein. Ein typisches Beispiel einer schrittweisen Entladbarkeit bzw. Entfaltung sind Modelle der Astrophysik wie z.B. Modelle der Schwarzen Löcher oder Demographie-Modelle. Sie enthalten Elemente, die je nach Nutzungsschritt zugeschaltet sind oder verborgen werden. Hierarchisch strukturierte Ladungen unterstützen eine solche Form der Nutzung.

24.5 Zusammenfassung

Modelle sind wohlgeformte Instrumente, die adäquat und verlässlich eine Kollektion von Originalen entsprechend einem Zweck oder Ziel in einem Kontext für eine Nutzergemeinschaft repräsentieren. Sie erfüllen effektiv in Nutzungsszenarien eine Funktion.

Sie sind zu einem der Hauptwerkzeuge der modernen Wissenschaften[26] und auch im täglichen Leben geworden. Dieses Kapitel unternimmt den Versuch, einen allgemeinen Modellbegriff zu entwickeln. Es wurden dazu viele Quellen neben den genannten aufgearbeitet. Der Modellbegriff verallgemeinert das an der CAU transdisziplinär erarbeitete Verständnis zum Modell, zum Modellieren und zur Modellierung.

26 *„Models are of central importance in many scientific contexts. The centrality of models such as the billiard ball model of a gas, the Bohr model of the atom, the MIT bag model of the nucleon, the Gaussian-chain model of a polymer, the Lorenz model of the atmosphere, the Lotka-Volterra model of predator-prey interaction, the double helix model of DNA, agent-based and evolutionary models in the social sciences, and general equilibrium models of markets in their respective domains are cases in point. Scientists spend a great deal of time building, testing, comparing and revising models, and much journal space is dedicated to introducing, applying and interpreting these valuable tools. In short, models are one of the principal instruments of modern science.“* (FrH12)

Der neu entwickelte Modellbegriff kann als Übersicht mit der Graphik in Bild 24.3 auf Seite 495 zusammengefasst werden[27]. Bei sprachbasierten Modellen ist auch die Wohlgeformtheit bzw. Wohldefiniertheit darstellbar. Modelle ohne Sprachbasierung unterliegen anderen Eigenschaften. Wir gehen dabei nicht davon aus, dass jedes Modell auch Begriffe des Gerüstes entsprechend repräsentieren muß. Es sollte jedoch mit einem Modell auch eine explizite Aussage über fehlende Bestandteile verbunden sein. Damit kann man auch eine Modellfamilie betrachten, deren Mitglieder jeweils aufeinander fussen. Sie erlauben je nach Nutzungsschritt eine Auswahl des am besten geeigneten Modells ohne damit die Zweckmäßigkeit aufgeben zu müssen.

Es folgt nun im nächsten Kapitel eine Vor-Evaluierung, indem der eingeführte Modellbegriff in Form von ersten Fallstudien an speziellen Modellen der Informatik gemessen wird.

Literatur

[BEK⁺96] E. Bergman, A. D. N. Edwards, D. Kaplan, G. Lowney, T. V. Raman, and E. Johnson. Universal design: Everyone has special needs. In *Conference on Human Factors in Computing Systems: Common Ground, CHI 1996, Vancouver, BC, Canada, April 13-18, 1996, Conference Companion.*, pages 153–154. ACM, 1996.

[BoS03] E. Börger and R. Stärk. *Abstract state machines - A method for high-level system design and analysis*. Springer, Berlin, 2003.

[BoT08] E. Börger and B. Thalheim. A method for verifiable and validatable business process modeling. In *Software Engineering*, volume 5316 of *Lecture Notes in Computer Science*, pages 59 – 115. Springer, 2008.

[CH04] S. Chadarevian and N. Hopwood, editors. *Models - The third dimension of science*. Stanford University Press, Stanford, California, 2004.

[Dep09] W. Deppert. Theorie der Wissenschaft. Christian-Albrechts-University at Kiel, Lecture notes for academic year 2008/09, http://wolfgang.deppert.de, 2009.

[DaT11] A. Dahanayake and B. Thalheim. Enriching conceptual modelling practices through design science. In *BMMDS/EMMSAD*, volume 81 of *Lecture Notes in Business Information Processing*, pages 497–510. Springer, 2011.

[DaT12] A. Dahanayake and B. Thalheim. A conceptual model for IT service systems. *Journal of Universal Computer Science*, 18(17):2452–2473, 2012.

[FrH12] R. Frigg and S. Hartmann. Models in science. http://plato.stanford.edu/entries/models-science/, retrieved Sept. 21, 2014. First published Mon Feb 27, 2006; substantive revision Mon Jun 25, 2012.

[Fle11] L. Fleck. *Denkstile und Tatsachen*. Surkamp, 2011.

27 Wir reduzieren die genutzten Begriffe dort in der Graphik auf die zentralen Begriffe und die wichtigsten Querverbindungen.

[GKBF13] G. Greefrath, G. Kaiser, W. Blum, and R. Borromeo Ferri. *Mathematisches Modellieren für Schule und Hochschule*, chapter Mathematisches Modellieren - Eine Einführung in theoretische und didaktische Hintergründe, pages 11–37. Springer, 2013.

[Gri93] G. Grill, editor. *Meyers Neues Lexikon*, volume 1-10. Meyers Lexikonverlag, 1993.

[Hal06] I.A. Halloun. *Modeling Theory in Science Education*. Springer, Berlin, 2006.

[Har10] S. Hartmann. Modelle. In H.-J. Sandkühler, editor, *Enzyklopädie Philosophie, vol. 2*, pages 1627–1632. Meiner, 2010.

[Her84] H. Hertz. *Die Prinzipien der Mechanik in neuem Zusammenhange dargestellt*. Akad. Verl.-Ges. Geest und Portig, Leipzig, 2. aufl., nachdr. der ausg. edition, 1984.

[SPICE03] ISO/IEC. Information technology - process assessment - part 2: Performing an assessment. IS 15504-2:2003, 2003.

[Kas03] R. Kaschek. *Konzeptionelle Modellierung*. PhD thesis, University Klagenfurt, 2003. Habilitationsschrift.

[KlB71] G. Klaus and M. Buhr, editors. *Philosophisches Wörterbuch*. VEB Bibliographisches Institut, Leipzig, 1971.

[KrL13] B. Kralemann and C. Lattmann. Models as icons: modeling models in the semiotic framework of peirce's theory of signs. *Synthese*, 190(16):3397–3420, 2013.

[KrL13'] B. Kralemann and C. Lattmann. The semantics of models: A semiotic philosophy of science approach. In *SDKB 2011, Revised and Selected Papers*, volume 7693 of *Lecture Notes in Computer Science*, pages 50–69. Springer, 2013.

[Kuh62] T. Kuhn. *The Structure of Scientific Revolutions*. University of Chicago Press, Chicago, Illinois, 1962.

[Mah08] B. Mahr. Cargo. Zum Verhältnis vo n Bild und Modell. In I. Reichle, S. Siegel, and A. Spelten, editors, *Die Wirklichkeit visueller Modelle*, pages 17–40. Wilhelm Fink Verlag, München, 2008.

[Mah15] B. Mahr. Modelle und ihre Befragbarkeit - Grundlagen einer allgemeinen Modelltheorie. *Erwägen-Wissen-Ethik*, forthcoming, 2015.

[Mit04] J. Mittelstraß, editor. *Enzyklopädie Philosophie und Wissenschaftstheorie*. J.B. Metzler, Stuttgart, 2004.

[MSTW12] Hui Ma, K.-D. Schewe, B. Thalheim, and Q. Wang. Conceptual modelling of services. *Journal of Universal Computer Science*, 18(17):2361–2363, 2012.

[Mur01] G. L. Murphy. *The big book of concepts*. MIT Press, 2001.

[PCCW93] M.C. Paulk, B. Curtis, M.B. Chrissis, and C.V. Weber. Capability maturity model for software, version 1.1. Technical Report CMU/SEI-93-TR-024, Software Engineering Institute, February 1993.

[Pos01] H. Poser. *Wissenschaftstheorie: eine philosophische Einführung*. Reclam, 2001.

[Sea62] J. R. Searle. Meaning and speech acts. *Philosophical Review*, 71:423–432, 1962.

[ScT05] K.-D. Schewe and B. Thalheim. Conceptual modelling of web information systems. *Data and Knowledge Engineering*, 54:147–188, 2005.

[ScT07] P. Schmidt and B. Thalheim. Towards ASM engineering and modelling. In *Proc. ASM07*, pages 191–210, 2007.

[SeR92] H. Seiffert and G. Radnitzky, editors. *Handlexikon zur Wissenschaftstheorie*. Deutscher Taschenbuch Verlag GmbH & Co. KG, München, 1992.

[Sta73] H. Stachowiak. *Allgemeine Modelltheorie*. Springer, 1973.

[SYea03] J.E. Safra, I. Yeshua, and et. al. *Encyclopædia Britannica*. Merriam-Webster, 2003.

[Tha00] B. Thalheim. *Entity-relationship modeling – Foundations of database technology*. Springer, Berlin, 2000.

[Tha07] B. Thalheim. The conceptual framework to user-oriented content management. *Series Frontiers in Arificial Intelligence, 154, Information Modelling and Knowledge Bases*, XVII:30–49, 2007.

[Tha08] B. Thalheim. Achievements and problems of conceptual modelling. In *Active Conceptual Modeling of Learning, LNCS 4512*, pages 72–96, Berlin, 2008. Springer.

[Tha10] B. Thalheim. Towards a theory of conceptual modelling. *Journal of Universal Computer Science*, 16(20):3102–3137, 2010. http://www.jucs.org/jucs_16_20/towards_a_theory_of.

[Tha11] B. Thalheim. The theory of conceptual models, the theory of conceptual modelling and foundations of conceptual modelling. In *The Handbook of Conceptual Modeling: Its Usage and Its Challenges*, chapter 17, pages 547–580. Springer, Berlin, 2011.

[Tha12] B. Thalheim. The art of conceptual modelling. In *Information Modelling and Knowledge Bases XXII*, volume 237 of *Frontiers in Artificial Intelligence and Applications*, pages 149–168. IOS Press, 2012.

[Tha12] B. Thalheim. The science and art of conceptual modelling. In A. Hameurlain et al., editor, *TLDKS VI*, number 7600 in LNCS, pages 76–105. Springer, Heidelberg, 2012.

[Tha12"] B. Thalheim. Syntax, semantics and pragmatics of conceptual modelling. In *NLDB*, volume 7337 of *Lecture Notes in Computer Science*, pages 1–12. Springer, 2012.

[Tha13] B. Thalheim. The conception of the model. In *BIS*, volume 157 of *Lecture Notes in Business Information Processing*, pages 113–124. Springer, 2013.

[Tha14] B. Thalheim. The conceptual model ≡ an adequate and dependable artifact enhanced by concepts. In *Information Modelling and Knowledge Bases*, volume XXV of *Frontiers in Artificial Intelligence and Applications, 260*, pages 241–254. IOS Press, 2014.

[TSM09] B. Thalheim, K.-D. Schewe, and Hui Ma. Conceptual application domain modelling. In *APCCM*, volume 96 of *CRPIT*, pages 49–57. Australian Computer Society, 2009.

[vDGOG09] C. von Dresky, I. Gasser, C. P. Ortlieb, and S Günzel. *Mathematische Modellierung: Eine Einführung in zwölf Fallstudien*. Vieweg, 2009.

[Ven10] J. R. Venable. Design science research post Hevner et al.: Criteria, standards, guidelines, and expectations. In *DESRIST*, volume 6105 of *Lecture Notes in Computer Science*, pages 109–123. Springer, 2010.

[Štoff69] V.A. Štoff. *Modellierung und Philosophie*. Akademie-Verlag, Berlin, 1969.

[Whi94] R.T. White. Commentary: Conceptual and conceptional change. *Learning and instruction*, 4:117–121, 1994.

[Wit58] L. Wittgenstein. *Philosophical Investigations*. Basil Blackwell, Oxford, 1958.

25 Fallstudien zum Modellbegriff

In diesem Kapitel nähern wir uns nun einigen gebräuchlichen Modellen wieder mit dem „bottom up"-Ansatz. Ziel dieser Untersuchung ist das Herausarbeiten spezifischer Herangehensweisen, Lösungen und Formen für Modelle. Wir orientieren die Untersuchung am Modellbegriff aus Kapitel 24 und zeigen zugleich, dass dieser Modellbegriff ausreichend die speziellen Modelle erfasst und deckungsgleich mit Ausführungen in Abschnitt II zur Informatik ist. Für die weiteren Disziplinen steht die Validierung noch aus.

25.1 Modellbegriffe in der Informatik

Modelle sind eine der sechs zentralen Kategorien der Informatik neben der Berechnung, der Kommunikation, der Koordination, der Speicherung, der Automatisierung und der Bewertung (Den13). Modelle werden in der Informatik vor allem genutzt, um korrekte, schnelle, fehlertolerante Soft- und Hardware-Systeme zu entwickeln. Die Fehlervermeidung oder die Wiederherstellung spielen - anders als in anderen Ingenieurwissenschaften - eine geringere Rolle. Die vier zentralen Konzeptionen zur Konstruktion solcher Modelle sind hierarchische Aggregation, Ebenenkonzepte, virtuelle Maschinen und Objekte. Abstraktion, Informationsverbergen und Dekomposition als Aspekte einer Modularisierung.

Die Informatik verwendet in breitem Maße Modelle zur Beschreibung, zur Konstruktion, zur Erklärung, zur Evaluation und zur Optimierung von Systemen. Wir können die Vielfalt der mehr als 50 Modellarten (Tho02), die in der Informatik verwendet werden, nur rudimentär behandeln. Wir wählen zur Fallstudie vier Problemkreise: (a) Modelle zum Verstehen von Begriffen (Turing-Maschine), (b) Modelle zur Beschreibung der Struktur von Systemen (konzeptuelle Datenbank-Modelle), (c) Modelle zur Beschreibung des Verhaltens von Systemen (BPMN-Diagramme) und (d) Modelle zur Erzeugung von Modellen (Referenzmodelle).

Diese vier Problemkreise erfordern unterschiedliche Formen von Modellen und Funktionen. Es wird zum einen gezeigt, welche Einsatzverbote ggf. mit einem Modell verbunden (Anti-Profil), zum anderen auf welche Einsatzspektren Modelle ausgerichtet sind ohne andere Einsatzspektren abzudecken, des Weiteren wie ein Modell sich auf mehrere Modelle als Abbild bezieht und letztendlich die Form eines Übermodells, aus dem sich andere Modelle im Sinne der ‚inversen Modellierung' gewinnen lassen.

Die Modellentwicklung und -nutzung ist nach wie vor einer der zentralen Forschungsschwerpunkte in der Informatik. Es sind noch eine Reihe von Problemen der Modellierung für die Informatik zu lösen. Oft werden Modelle ad-hoc entwickelt und genutzt. Modelle - insbesondere UML-Diagramme - dienen oft nur als Inspirationsmodelle und werden nach der Entwicklung ‚vergessen'. Modellieren ist als Modellieren im Kleinen gut verstanden, nicht aber die Entwicklung großer und komplexer Modelle. Modelle werden nicht ausreichend evaluiert. Eine systematische Entwicklung wird von Rahmenwerken wie SPICE (SPICE03) und CMM (CMMI02) unterstützt, die aber bei der Modellentwicklung nicht umfassend eingesetzt werden. Die Wiederbenutzung, die Erweiterung, die Evolution, die Migration und die Integration von Modellen ist ebenso wie für Systeme noch ein offener Forschungsgegenstand. Das Verständnis, dass Modellierung in der Informatik eigentlich eine höhere Form der Programmierung ist (ELP10), setzt sich erst langsam durch. Die Informatik zeichnet sich durch eine Vielzahl von Teildisziplinen aus, die alle ihre speziellen Begriffe und Theorien verwenden und die wenig miteinander integriert sind. Dies trifft auch für die entsprechenden Modellarten zu.

25.1.1 Die Turing-Maschine als Modell der Berechenbarkeit

Die Turing-Maschine (Cop04; Tur36) ist eines der bekanntesten Modelle der Informatik. Dieses Modell ist seit der Einführung Grundbestandteil jedes Kurses zur Theoretischen Informatik. Es existieren eine Reihe von Modellen für den Berechenbarkeitsbegriff z.B. Turing-Maschinen (A. Turing), Register-Maschinen (M. Minsky, J.C. Shepherdson, H.E. Sturgis), die Lambda-Kalküle (A. Church, S. Kleene), rekursive Funktionen (R. Péter), Chomsky-Grammatiken (N. Chomsky) und Markow-Algorithmen (A.A. Markow).

25.1.1.1 Die Turing-Maschine als Instrument

Das *Turing-Modell* zur Berechenbarkeit besteht aus zwei Komponenten: (a) einer Turing-Maschine und (b) einer Darstellung eines Berechnungsprozesses.

Eine *Turing-Maschine* wird definiert als 7-Tupel $(Q, \Sigma, \Gamma, B, q_0, F, \delta)$ bestehend aus

- einem endlichen und nicht-leeren Zustandsalphabet Q,
- einem endlichen, nicht-leeren Eingabealphabet Σ,
- einem Bandalphabet Γ mit $\Gamma \supseteq \Sigma$ und dem leeren Symbol $B \in \Gamma \setminus \Sigma$,
- einem Startzustand $q_0 \in Q$,
- einer Menge von Endzuständen $F \subseteq Q$ und
- einer partiellen Transformationsfunktion $\delta : Q \times \Gamma \rightarrow Q \times \Gamma \times \{R, N, L\}$,

die für kein Argument aus $F \times \Gamma$ definiert ist.

Anstelle einer Zustandstransformationsfunktion können wir auch eine Zustandstransformationsrelation benutzen (nichtdeterministische Turing-Maschine). Anstelle eines Bandes können wir auch eine endliche Menge von Bändern nutzen. Es ist bekannt, dass diese Erweiterungen auf das hier benutzte Modell zurückgeführt werden können.

Ein *Berechnungsprozeß* auf einer Turing-Maschine nutzt das Konzept der Konfiguration und der Transformation einer Konfiguration.

Für die Turing-Maschine wird oft ein Repräsentationsmodell mit einer Von-Neumann-Architektur analog zu Bild 25.1 genutzt.

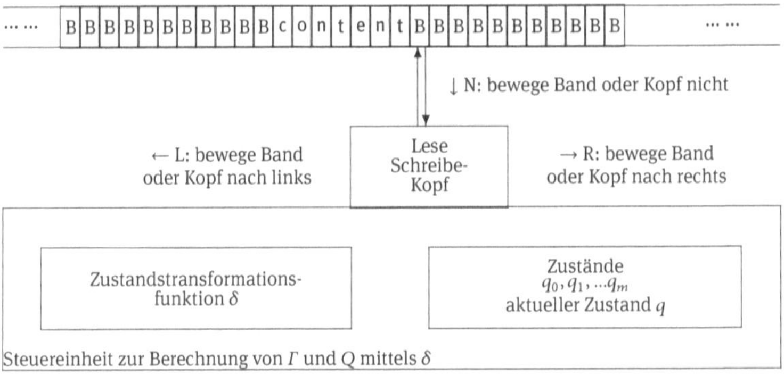

Abb. 25.1. Von-Neumann-Repräsentationsmodell für die Komponenten einer Turing-Maschine mit einer Steuereinheit und einem Speicherband

Eine (endliche) *Konfiguration* wqv besteht aus zwei Worten $w, v \in \Gamma^+ \cup \{\lambda\}$ (wir nutzen für das leere Wort das Symbol λ) und einem Zustand $q \in Q$. Damit sei dargestellt, dass das Band der Turing-Maschine leer ist (dargestellt durch ein Extra-Symbol B) bis auf das Wort wv wobei der Lese-Schreib-Kopf auf dem ersten Buchstaben von v steht und die Turing-Maschine aktuell sich im Zustand q befindet.

Gegeben sei eine Konfiguration wqv mit $w = w'a$ und $v = bv'$. Die nächste Konfiguration wird durch δ bestimmt, d.h. für $w = w'a$ und $v = bv'$ erhalten wir als nächste Konfiguration
1) entweder im Falle von $\delta(q, b) = (q', b', N)$ die Konfiguration $wq'b'v'$
2) oder im Falle von $\delta(q, b) = (q', b', R)$ die Konfiguration $wb'q'v'$
3) oder im Falle von $\delta(q, b) = (q', b', L)$ die Konfiguration $w'q'ab'v'$.

Eine Turing-Maschine startet mit der Konfiguration q_0x, $x \in \Gamma^+$ und stoppt für die Konfiguration wqv mit $q \in F$. Das Resultat der Berechnung ist v.

25.1.1.2 Funktion von Turing-Maschinen in einer Anwendung

Die Church-Turing-Hypothese postuliert, dass die Klasse der Turing-berechenbaren Funktionen mit der Klasse der intuitiv berechenbaren Funktionen übereinstimmt. Damit verfolgt das Modell der Turing-Maschine zwei Anliegen/Ziele: zum einen ist dieses Modell eine Erklärung des Computers und damit eine Grundlage für eine allgemeine Definition des Begriffs des Algorithmus und zum anderen eine Erklärung einer potentiellen Berechenbarkeit in einer der möglichen Formen.

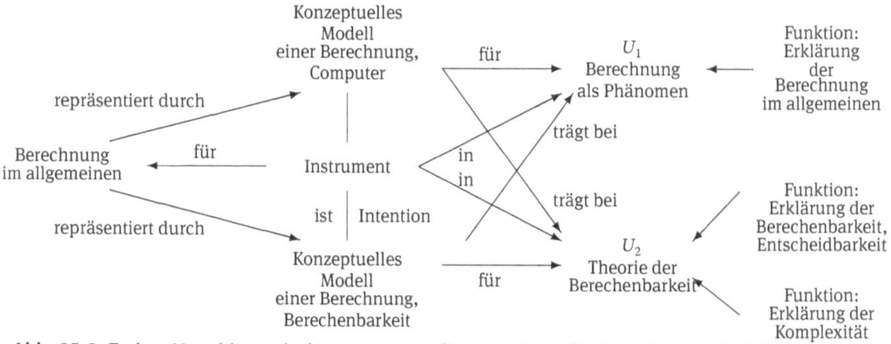

Abb. 25.2. Turing-Maschinen sind Instrumente, die zum einen die Berechnung als Phänomen for einen Nutzer U_1 erklären und zum anderen die Berechenbarkeit bzw. Komplexität als Theorie für einen Nutzer U_2 darstellen.

Wir können zwei Einsatzspektren in Bild 25.2 unterscheiden: zum einen die (1) Erklärung des Phänomens Berechnung und zum anderen die (2) Erklärung der Berechenbarkeit.

Im zweiten Einsatzspektrum existieren mindestens zwei Nutzungsszenarien: zum einen die (2.1) Erklärung für eine Theorie der Berechenbarkeit, Entscheidbarkeit und Rekursion und zum anderen (2.2) die Turing-Maschine als zentrales Instrument in einer Komplexitätstheorie. Die grundlegende Funktion der Turing-Maschine im Rahmen einer Grundlegung einer Theorie zur Berechenbarkeit ist die Nutzung als konzeptuelles Modell der Berechenbarkeit.

Die heute oft genutzte Funktion als Modell der Berechnung durch einen Computer determiniert diese Funktion im zweiten Einsatzspektrum und stellt seit dem Gebrauch dieses Modelle als Computer nach J. von Neumann die eigentliche Intention dieses Modells dar. Wir werden im weiteren sehen, dass die Turing-Maschinen als Modell für das erste Phänomen (1) nicht geeignet ist. Dieses Antiprofil ist im wesentlichen durch den Hintergrund dieses Instrumentes verursacht. Inwieweit eine Erklärung der Komplexität (2.2) durch Turing-Maschinen in einer Theorie gegeben werden kann hängt von der Adäquatheit und Verlässlichkeit der Turing-Maschinen als Modelle in einem Nutzungsszenario Komplexitätstheorie ab. Möglich ist die Untersuchung für hinreichend kleine, mit einem Turing-Maschinen-Programm sehr gut darstellbare Problemstellungen. Nach (BGRR07; BGRR07'; BoS03; Gur2000) muß eine Komplexitätstheorie von den unterliegenden Datenstrukturen (auch Background-Funktionen genannt) für alle anderen Problemstellungen ausgehen.

25.1.1.3 Turing-Maschinen als adäquate und verlässliche Instrumente

Turing-Maschinen sind Grundlage der Von-Neumann-Computer[1] oder der Ein-Adress-Maschine. Sie erlauben jedoch nicht das Verstehen von interaktiven Maschinen (HCI - human-computer interfaces), analogen oder gar parallelen Computern und ebenso wenig vom Rechnen über Datenstrukturen und der damit verbundenen Komplexität, Berechenbarkeit und Entscheidbarkeit. Die Berechnung Buchstabe für Buchstabe abstrahiert zu stark.

Diese Turing-Maschinen haben eine Reihe von Eigenschaften, die sie zu einem adäquaten Instrument für beide Zwecke machen:
(a) sie sind mathematisch wohl definiert, kohärent und konsistent;
(b) sie verhalten sich analog zu von-Neumann-Computern;
(c) sie sind wesentlich einfacher als ein Computer;
(d) sie können genutzt werden, um Berechnungen im Verständnis nach J. von Neumann zu verstehen, um die Berechenbarkeit zu beweisen, um die Ausdrucksstärke anderer Berechnungsmodelle zu prüfen und um die Entscheidbarkeit von Problemen zu beweisen.

Turing-Maschinen als Modelle sind auch gerechtfertigt. Ihre Begründung basiert auf dem Verständnis von zustandstransformierenden Berechnungen. Diese Begründung orientiert sich am Konzept des Zustandes, was für Berechnungen nicht notwendig eine Grundlage sein muß. Das Modell ist rational kohärent und konform im Rahmen der Semiotik und der Mathematik. Es erlaubt einen Ausschluß nicht-intendierter Transformationen. Das Modell ist auch stabil und plastisch, insbesondere gegenüber Erweiterungen wie weitere Speicherbänder, Kodierung von Alphabeten, einseitige Bänder etc..

1 Die Architektur der Von-Neumann-Maschinen wurde von J. von Neumann aus Diskussionen mit Alan Turing abgeleitet.

Das Modell ist auch befriedigend aufgrund der internen Qualität (d.h. insbesondere der Einfachheit, Minimalität und Robustheit), der externen Qualität (d.h. insbesondere der Verständlichkeit und Allgemeinheit) und der Qualität der Nutzung (d.h. insbesondere der Sparsamkeit).

Die Adäquatheit und Verlässlichkeit hat Turing-Maschinen zum plausiblen Modell für die Berechenbarkeit werden lassen. Die Plausibilität nutzt die Bewertung der Turing-Maschine als präziser, strikter und vollständig bestimmter Mechanismus, der ohne eine Modalität auskommt und der eine Betrachtung von Berechnungsmechanismen mit voller Konfidenz erlaubt.

Gleichzeitig stellen wir fest, dass eine Adäquatheit und eine Verlässlichkeit für das Phänomen Berechnung nicht in dieser Form gegeben werden kann. Außerdem ist die Adäquatheit und eine Verlässlichkeit nur für eine Theorie der Berechenbarkeit gegeben - vor allem für den Nachweis von Un-/Schwerentscheidbarkeits- bzw. Unvollständigkeitsresultaten -, nicht aber für eine Theorie der Komplexität. Das beschränkt auch die Nutzung von Turing-Maschinen zur Charakterisierung der Komplexität von Problemen.

Der Hintergrund dieses Modells ist - verglichen mit anderen Modellen - minimal. Es wird für den Hintergrund im Wesentlichen nur der Apparat der Mathematischen Logik benötigt. Es gibt jedoch eine Reihe von Postulaten, Paradigmen, Konventionen und Annahmen, die die Nützlichkeit und die Verwendbarkeit dieses Modells beschränken, die zum anderen aber bei der Einführung dieses Modells kaum betrachtet werden[2].

Paradigmen, die unumstößlich der Turing-Maschine unterlegt werden sind die folgenden: Es wird eine Von-Neumann-Architektur der Maschine implizit unterlegt. Damit ist das Modell in seiner Ausdrucksstärke auf Determinismus und Sequentialität beschränkt. Die Separation in Steuerung, Speicherung und Berechnung ist ein Paradigma, das man nicht akzeptieren muß. Die Berechnung folgt der Prädikatenlogik erster Stufe in seiner strikten Form. Die Resultate der Berechnung sind wohl-determiniert und hängen nicht vom Kontext ab. Die Berechnung erfolgt mit einer Nächster-Schritt-Transformation. Damit wird ein spezielles Zeit-Modell unterlegt. Jeder Schritt wird sequentiell ausgeführt.

---

2 Die Arbeiten von A.M. Turing haben diese Beschränkungen explizit vorgenommen (Cop04). In der Betrachtung im folgenden nutzen wir die ASM-Arbeiten (BGRR07; BGRR07'; BoS03; Wan10) und insbesondere die ASM-These (Gur2000; ScW10) sowie Arbeiten zur Kognitionsforschung z.B. (Eli02).

Analog einschränkend sind die Postulate: Berechnungen sind Zustandstransformationen. Jeder Berechnungsschritt nutzt eine endlich beschränkte Menge von Ressourcen. Konkurrierende Zustandstransformationen werden nur dann ausgeführt, wenn sie nicht zu Konflikten führen. Die Kodierung beeinflusst die Berechnungsstärke nicht aber die Berechenbarkeit. Das Resultat der Transformation hängt ausschließlich vom zuerst angegebenen einmaligen Input ab. Parallelität kann begrenzt werden. Die Alphabete können über unendlichen Ressourcen definiert werden.

Es gibt auch Annahmen und Prinzipien für Turing-Maschinen: Eine Turing-Maschine besitzt das exklusive Recht auf das Speicherband. Die Abstraktion bleibt stabil und ist unabhängig von Zeit und Kontext. Das Resultat der Berechnung ist nicht verhandelbar. Das Resultat kann nur erreicht werden, wenn die Maschine einen finalen Zustand erreicht. Die Bedeutung und Interpretation wird determiniert durch die Syntax (erster Stufe). Das Band kann nur durch den Lese-Schreib-Kopf während einer Berechnung verändert werden. Implizite Prinzipien sind Kompositionalität, funktionale (oder relationale) Zustandstransformationen, schrittweise Berechnung und Kontextfreiheit.

Die Turing-Maschine basiert auf sehr speziellen Hintergrundtheorien und Sprachen und ist damit beschränkt. Es wird - wie bereits ausgeführt - ein sequentielles Zeit-Modell genutzt. Die genutzten Sprachen sind die der Mathematischen Logik und der Funktionen bzw. Relationen sowie der Graphentheorie für die Repräsentation. Hintergrund-Theorien sind u.a. die Logik und die Mengenlehre. Damit entsteht als Beschränkung, dass alle nicht-trivialen Eigenschaften zu Turing-Maschinen nicht entscheidbar sind (Theorem von Rice).

Das Denkkollektiv und der Denkstil determinieren auch die Turing-Maschine. Es wird ein Band als Speichermedium genutzt, wobei die Unendlichkeit dieses Bandes unterstellt wird. Hinzu kommen die Endlichkeit der Zustandsmenge und die Annahme, dass ein Programm nicht verändert werden kann. Die strikten Separation von Berechnung, Speicherung und Programm wird durch den Denkstil verursacht.

Es gibt auch Konzepte und deren Grundlagen, die hinterfragbar sind: Die Transformation basiert auf dem Konzept der Funktion, nutzt ein kodiertes Alphabet und die Rekursion. Die Komplexität der Berechnung ist definiert über der Speicherkomplexität, der Komplexität der Nutzung des Bandes oder der Anzahl der Schritte einer Turing-Maschine. Das Konzept des Lese-Schreib-Kopfs und das Konzept des finalen Zustandes sind der Turing-Maschine unterlegt worden.

25.1.1.4 Das Urteil für Turing-Maschinen

Turing-Maschinen werden als Instrumente für die Untersuchung von μ-rekursiven Funktionen und anderer Berechnungsmodelle wie z.B. von Markow-Algorithmen genutzt. Aussagen zur Anwendbarkeit orientieren vor allem auf die Erklärung der Berechenbarkeit und der Entscheidbarkeit von Berechnungen. Das Modell ist strikt und besitzt keine einschränkende Modalität. Im Lichte der Church-Turing-Hypothese ist die Nutzergemeinschaft der Theoretischen Informatiker vollständig konfident über die Erklärungsfunktion für die Berechenbarkeit und die Entscheidbarkeit. Damit wird die Welt und der Kontext auch auf dieses Nutzungsszenario beschränkt.

Anders sieht dieses für die Erklärung des Phänomens der Berechnung oder für die Komplexität von Berechenbarkeit aus. Als Originale könnten entweder reale Computer oder auch Berechnungsmodelle gelten. In beiden Fällen liefert die Turing-Maschine als Instrument nur Anhaltspunkte aber keine Erklärungen. Damit steht und fällt auch die Verwendung dieses Instruments selbst für die Nutzergemeinschaft der Informatiker.

25.1.1.5 Turing-Maschinen als zweckmäßige Modelle

Entwicklungsmethoden für die Entwicklung von effizienten Turing-Maschinen existieren nur in den Beweisen zur Theorien auf der Grundlage dieser Maschinen. Eine Systematik zur Analyse von Problemen und der Abbildung auf elementare Turing-Maschinen, zur Synthese von Turing-Maschinen aus bereits konstruierten Maschinen, zur Unterstützung von komplexeren Berechnungen und zur Weiterentwicklung von existierenden Turing-Maschinen war kein Anliegen für eine Theorie der Berechenbarkeit (siehe z.B. (Boe87; Hro14)). Für den Beweis der Berechenbarkeit von μ-rekursiven Funktionen durch eine Turing-Maschine wird für jede der Funktionen eine eigene Turing-Maschine angegeben. Die Programmierung eines Problems wie z.B. Sortieren durch Mischen mit einer Turing-Maschine stellt dagegen eine echte Herausforderung dar. Eine solche Aufgabe gehört auch nicht zum Portfolio einer Turing-Maschine. Im Allgemeinen ist nicht bekannt, wie günstige Zustandstransformationsfunktionen zu entwickeln, wie Turing-Maschinen integriert oder wie Berechnungen mit Turing-Maschinen außerhalb der Zurückführung auf andere Modelle der Berechnung erklärt werden können.

Das Methodenspektrum zur Nutzung von Turing-Maschinen in unterschiedlichen Fragestellungen stammt aus der Mathematischen Logik und der Algebra sowie der Graphentheorie. Ein besonderes Methodenspektrum wurde entwickelt für die Komplexitätsuntersuchungen innerhalb der Familie der Turing-Maschinen. Inwieweit sich dieses Methodenspektrum für eine allgemeine Komplexitätstheorie beliebiger Probleme nutzen läßt, stand nicht im Mittelpunkt der Forschungen.

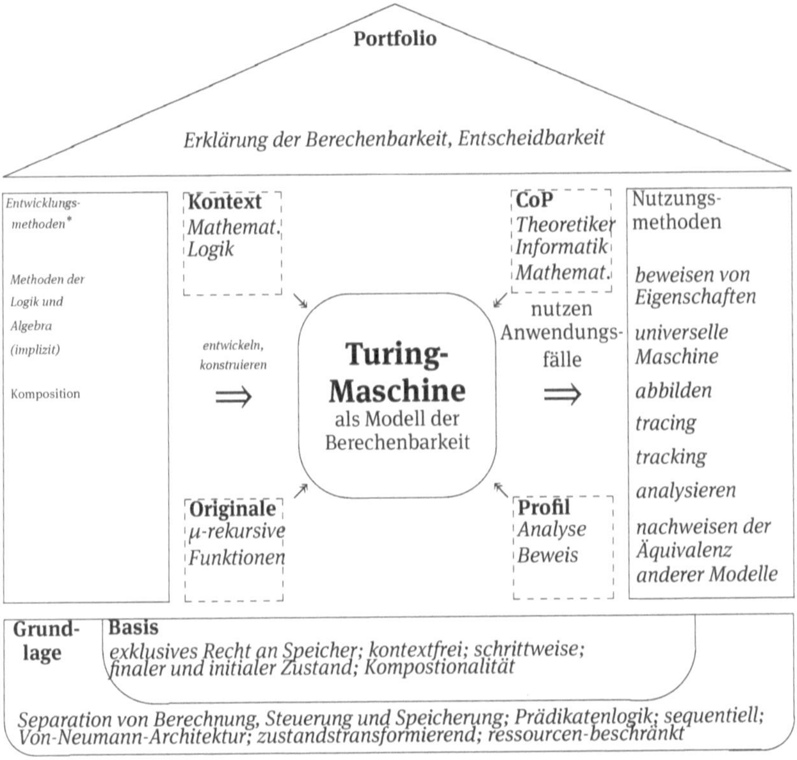

Abb. 25.3. Das Modell in Form einer Turing-Maschine (* unterentwickelt)

Ebenso wenig ist es ein Ziel, die Konstruktion, die Spezifikation, die Realisierung, die Kommunikation, die Dokumentation etc. von realen Computern mit Turing-Maschinen zu begleiten.

Das Gebrauchsmodell für Turing-Maschinen reduziert sich auf das erste Nutzungsszenario im zweiten Einsatzspektrum als Hauptszenario, d.h. auf eine Erklärung der Berechenbarkeit, der Entscheidbarkeit und der Rekursion. Innerhalb dieses Profils sind Turing-Maschinen auch zweckmäßige Instrumente.

Bild 25.3 stellt die Eigenschaften des Modells als Turing-Maschine zusammen.

25.1.1.6 Bewertung von Turing-Maschinen-Modellen

Die Kapazität und das Potential eines Turing-Maschinen-Modells resultiert aus den Stärken und Schwächen dieses Modells. Besondere Stärken sind die Minimalität und einsetzbare Logik-Kalküle zum Nachweis von Eigenschaften. Bedingte Stärken sind die Universalität und die Wohlfundiertheit sowie mit Einschränkungen die Einfachheit und die Allgemeinheit des Modells. Problematischer sind dagegen schon Robustheit, Klarheit oder auch Verständlichkeit außerhalb des ersten Szenarios im zweiten Spektrum. Resultierende Schwächen sind die mit der Minimalität verbundene Sparsamkeit und die daraus resultierende beschränkte Einsichtigkeit. Damit ist mit dem Einsatz von diesem Modell außerhalb des Hauptszenarios eine Nachvollziehbarkeit, Verständlichkeit, Realisierbarkeit, Effektivität oder Effizienz kaum gegeben. Deshalb ist ein Test oder eine Validation mit einer Turing-Maschine ein Risiko.

Aus dieser Bewertung

- resultiert für das Hauptszenario eine positive SWOT-Bewertung - wenn auch mit Einschränkungen und außerhalb dieses Szenarios eine negative SWOT- ebenso wie SCOPE-Bewertung.
- resultieren auch Einsatzbeschränkungen bzw. Einsatzverbote wie die Untersuchung kontinuierlicher Berechnungen, die Beschreibung der Kommunikation, die Untersuchung von Schnittstellen (z.B. Human-Computer), die Validation, das Testen oder Verifizieren, die Optimierung von Systemen, die Dokumentation von Systemen, die Prognose von Systemverhalten, die Behandlung von Simulationsproblemen und vieler anderer Probleme der (Theoretischen) Informatik. Vollständig ungeeignet ist das Modell für die Realisierung von Systemen oder die Programmierung von verteilten oder kollaborierenden Systemen oder gar für die Programmierung im Großen oder Mittleren.
- ergibt sich auch eine Einschränkung für das Cargo und insbesondere die Identität. Die Bestimmung ist auf die Theorie der Berechenbarkeit eingegrenzt. Das Gebrauchsmodell reduziert sich auf das Hauptszenario. Im Rahmen der Church-Turing-Hypothese besitzt das Modell eine besondere Bedeutung, so dass auch ein Turing-Test (Cop04; HaF95) für die Separation von Maschinen und Menschen sinnvoll wird.

25.1.1.7 Spezifika der Turing-Maschine als Modell

Das Profil einer Turing-Maschine als Modell orientiert vor allem auf den Beweis einer Berechenbarkeit und Entscheidbarkeit mit μ-rekursiven Funktionen. Mit der fehlenden Adäquatheit und Verlässlichkeit steht und fällt die Nutzung dieses Modells für die anderen hier betrachteten Nutzungsszenarien.

Andere Aspekte und Aufgabenstellungen stehen für die Berechnungstheorie (DeW12). Es wird aufgrund der Kodierung eine Berechnung in einem beschränkten Alphabet innerhalb einer endlichen Anzahl von Schritten vorgenommen. Berechnungen moderner Anwendungen - wie z.B. in einem Betriebssystem oder Web-Diensten - sind oft nicht durch eine Zeit oder Schrittzahl beschränkbar. Es wird schwierig, solche Berechnungen mit einer Turing-Maschine nachzubilden.

Eine ähnliche Darstellungsproblematik bringen Analog-Computer mit sich - auch wenn sie in der Informatik eine untergeordnete Rolle spielen. Sie werden in den Natur- und Technikwissenschaften jedoch zur Berechnung breit angewandt. Oft werden diese Berechnungen auf Systeme partieller Integral- und Differentialgleichungen zurückgeführt. Es stellt sich die Frage, inwieweit überhaupt für Naturberechnungen oder für Informationsprozesse eine Berechnungstheorie auf der Grundlage von Turing-Maschinen entwickelt werden kann. Diese Frage stellt sich verschärft, wenn Ereignisse betrachtet werden sollen, die sich nicht durch Zustände oder Diskretisierungen - z.B. durch Abtastung mit Nyquist-Grenzen nach dem Shannon-Theorem (Sha49) - erfassen lassen.

Dieses Beispiel zeigt deutlich, dass auch für Modelle Einsatzverbote und ein Antiprofil existieren. Im Falle der Turing-Maschine sind es sogar scharfe Grenzen. Der Mehrwert eines Turing-Maschinen-Modells für die Mathematik, die theoretische Logik und die Theoretische Informatik besteht vor allem im Nachweis von Un-/Schwerentscheidbarkeitsresultaten für Entscheidungsprobleme bzw. Unvollständigkeitsresultaten für den Kalkül. Ein Einsatz in anderen Nutzungsszenarien ist dagegen wenig sinnvoll.

25.1.2 Das erweiterte konzeptuelle Schema als Grundlage für ein konzeptuelles Datenbank-Modell

Zur konzeptionellen Modellierung von Datenbank-Strukturen haben sich erweiterte Entity-Relationship-Modell-Sprachen (eERM) (Tha00) neben anderen Sprachen wie UML-Klassen-Diagrammen eingebürgert. Es wird von einer induktiven, geschichteten Struktur und einem Typenkonstruktor-Ansatz ausgegangen. Eigenschaften werden durch Attribute repräsentiert. Gruppen von existierenden analog strukturierten Objekten werden durch Klassen über Entity-Typen (durch Rechtecke) dargestellt. Beziehungen unterschiedlicher Art werden durch eine geschichtete Struktur von Relationship-Typen (durch Rauten) abgebildet. Zusammenfassung bzw. Abstraktion werden durch Generalisierungstypen (genannt Cluster-Typen) repräsentiert.

25.1.2.1 Instrumente zur Datenbank-Modellierung

Ein konzeptuelles Schema besteht aus einem eERM-Diagramm und Integritätsbedingungen. Mit einem Diagramm ist eine kanonische Interpretation verbunden z.B. auf der Grundlage einer Mengensemantik für die Klassen.

Ein typisches Beispiel eines solchen Diagramms ist in Bild 25.4 angedeutet. *Module* werden als *Vorlesungen* durch *Dozenten*[3] in einem *Semester* in einem *Raum* angeboten. *Studenten* sind in diese *Vorlesungen* eingeschrieben und werden durch ihre *Matrikelnummer* sowie *Vorlesungen* durch ihre *Verzeichnisnummer* identifiziert, alternativ aber auch durch die *Dozenten, Module* und *Semester* (sowie ggf. *Räume*). Die Attribute *Adresse, Vorlesungszeiten* und *Kontakt* sind ebenso komplex wie *Name* oder *Vorname* (letzteres als Liste von *Vorname*). Das Diagram wird durch entsprechende sog. Integritätbedingungen ergänzt. Z.B. identifiziert neben den bereits genannten auch die Kombination *Dozent, Semester, Vorlesungszeiten* ebenso wie *Raum, Semester, Vorlesungszeiten* eine Vorlesung (ein Dozent kann nur zu einem Zeitpunkt an einem Ort sein; jeder Raum ist zu jedem Zeitpunkt maximal einmal genutzt).

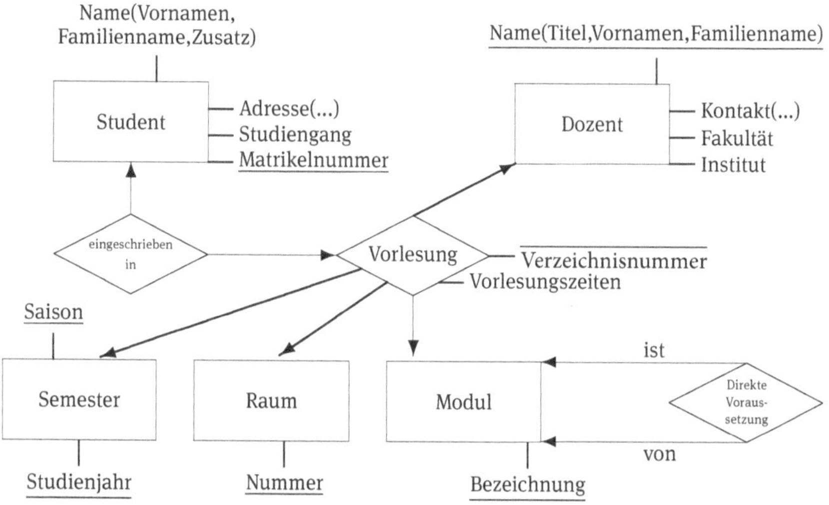

Abb. 25.4. Ein vereinfachtes ER-Schema zur Erfassung der Einschreibung von Studenten in Vorlesungen

3 Wir verwenden Rollen von Personen mit dem Rollennamen ohne Geschlechtszuordnung.

Gewöhnlich wird mit einer Struktur-Sprache auch eine Algebra[4] eingeführt, mit der man Operationen zur Modifikation von Daten (z.B. Einfügen, Streichen, Modifizieren von Daten) und zur Retrieval von Daten (genannt Anfrage (query)) definieren kann. Außerdem kann man Retrieval-Operationen benutzen, um Sichten[5] über einem Schema zu definieren und damit die Sichtweise unterschiedlicher Nutzer auf die Daten in einer Datenbank zu repräsentieren.

Die Datenbank-Modellierung nutzt eine Reihe von Paradigmen und Prinzipien wie z.B. die folgenden: Die Konstruktion eines konzeptuellen Schemas setzt eine strikte Kompositionalität voraus, d.h. die Semantik kombinierter Schemata ist durch die Syntax der Komposition gegeben. Schemata sind induktiv in einer Schichtenform definiert, d.h. wir nutzen eine Separation in Attribute, Entity-Typen und darauf basierende Typen. Eine Klasse zu einem Typ ist nur dann korrekt, wenn alle Komponenten des Typs bis auf die Attribute bereits in den Komponenten-Klassen existieren. Typen sind kontextfrei außerhalb ihrer Komponenten. Viele Informatiksprachen folgen diesen Prinzipien, zumindest in einer impliziten Form. Datenbank-Typen sollen homomorph Elemente der Realmodelle reflektieren. Ein kaum infrage gestelltes Paradigma ist die Mengensemantik und die Fundierung durch die Prädikatenlogik. Die Operationen werden aus allgemeinen generischen Operationen (Mustern für Operationen über strukturierten Mengen) abgeleitet. Die Algebra für ein Schema ist definiert durch diese Operationen und speziellen allgemeinen Mustern, die mit Ausdrücken der strukturellen Rekursion definiert werden können.

Die Basis nutzt neben den Konzepten und einer entsprechenden Sprache auch Annahmen wie: Schemata sind durch ihr Diagramm mit einer kanonischen Interpretation des Diagramms gegeben; sie sind nicht redundant; Typen sind nur explizit gegeben; ihre Repräsentation ist wohlgeformt; Diagramme sind vollständig, d.h. wir folgen einer local-as-view-Philosophie mit der Forderung, dass alle Sichten sich aus dem (globalen) Schema ableiten lassen; es wird die kleinste sinnvolle Granularität gewählt; implizite Bedingungen sind nur in der Konstruk-

4 Die Algebra wird in der konzeptionellen Modellierung oft vernachlässigt. Soll jedoch ein konzeptuelles Modell auf ein (objekt-)relationales Modell abgebildet werden, dann muß auch die Algebra explizit mitgeführt werden.

5 In der Datenbank-Literatur hat sich ein Drei-Ebenen-Verständnis herausgebildet, bei dem eine Datenbank spezifiziert ist durch die Angabe eines Realisierungsschemas, eines konzeptuellen Schemas und einer Menge von Sichten, die das externe Schema bilden. Wir nutzen diese Auffassung auch für die Definition eines konzeptuellen Modells und betrachten Schemata zusammen mit den Sichten.

tionssprache verankert; Diagramme sind flach, d.h. ohne zusätzliche Struktur. Es wird vorausgesetzt, dass die Struktur einer Datenbank längere Zeit stabil ist, was eine spezifische Annahme ist. Weiterhin wird angenommen, dass ein Schema vollständig - d.h. abgeschlossen (closed world schema) - ausgearbeitet ist. Strukturen oder Integritätsbedingungen, die nicht angegeben sind, sind nicht von Interesse. Schemata sind nicht-modal.

Konzeptuelle Schemata nutzen Konzepte, die meist mit dem Realmodell oder dem Situationsmodell gegeben sind. Das konzeptionelle Modellieren geht oft einher mit der Entwicklung solcher Konzepte z.B. einer Auffassung zu z.B. *Modul*, *Semester* und *Raum*, wobei die Konzepte auch sehr speziell für eine Anwendung gelten können. Die Verbindung mit Konzepten setzt ein Verständnis voraus, inwieweit ein solches Konzept typisch (notwendig oder ausreichend in welchem Grad), relevant und bedeutend ist.

Der Begriff der Wohlgeformtheit kann für sprachbasierte Instrumente untersetzt werden zu einer syntaktischen, einer semantischen und pragmatischen Wohlgeformtheit. Ein Instrument ist *syntaktisch wohlgeformt* innerhalb einer Sprache, wenn es in seiner Struktur vollständig entsprechend den Regeln dieser Sprache gebildet wurde. Zu solchen Regeln können - wie z.B. bei der Datenbank-Modellierung - auch Regeln der Einfachheit, Klarheit, Minimalität, Überschaubarkeit und der Adäquatheit der Konstruktion gehören. Man kann auch eine Eindeutigkeit aller Bezeichner im Schema fordern. Der Namensraum korrespondiert mit dem Real- oder Situationsmodell. Ein Instrument ist *semantisch wohlgeformt* innerhalb einer Sprache und einer spezifischen Interpretationsform für diese Sprache, wenn zum einen die syntaktische und semantische Form einander entsprechen, wenn dieses in der Beziehung zum Kontext und zu den möglichen Zuständen für die Interpretation gilt und wenn die Interpretationsform für das Instrument mit der syntaktischen Form harmoniert. Ein Instrument ist *pragmatisch wohlgeformt* innerhalb einer Sprache und dem Gebrauch dieser Sprache in einer Community of Praxis, wenn es in seiner Form den akzeptierten Regeln des Gebrauchs in dieser CoP entspricht und entsprechend den gebräuchlichen Regeln dieser Sprache geformt wurde.

Üblicherweise sind syntaktische und pragmatische Regeln auch im ‚style guides' erweitert. Im Falle von eERM-Schemata existiert ein solcher Forderungskatalog (zu den Definitionen der Begriffe siehe (Tha00)): Schlüssel und die Identifikation besitzen einen semantischen Gehalt; Typen sind nicht partiell sondern nur über ihre Komponenten identifizierbar; alle Typen im Schema sind normalisiert; Partizipations- und Lookup-Bedingungen sind klar unterschieden; jeder Entity-

Typ hat mindestens ein Attribut; ID-Attribute werden nur dann verwendet, wenn dies unbedingt erforderlich ist; Kardinalitätsbedingungen sind global kohärent; Entity-Typen reflektieren eine semantische Rolle und sind nicht überladen; die Verbindungsfalle wird vermieden; das Schema ist redundanzfrei; Attribute sind semantisch zugeordnet; ein Verschieben aus Performance-Gründen zu anderen Typen wird unterlassen; Spezialisierungshierarchien sind explizit; sollten schwache Typen verwendet werden, dann müssen sie separate Identifizierungen und nicht konkurrierende besitzen; alle Typen sind strikt hierarchisch definiert, d.h. die Definition ist nicht zyklisch.

Ein konzeptuelles Datenbank-Modell ist wohlgeformt innerhalb eines Konzeptraumes, wenn es sowohl syntaktisch als auch semantisch und pragmatisch wohlgeformt ist. Typische Regeln der semantischen Wohlgeformtheit sind eine Strukturierung nach der Salami-Scheiben-Methode[6], bei der für Typen eine entsprechende Normalform gefordert wird.

25.1.2.2 Funktion von Datenbank-Modellen in einer Anwendung

Für Datenbank-Modelle existieren im Wesentlichen zwei Gebrauchsmodelle. Das zentrale Gebrauchsmodell orientiert auf eine Nutzung als Mittler zwischen einem Situtationsmodell bzw. Realmodell und einer Realisierung innerhalb eines Datenbank-Management-Systems. Das Datenbank-Modell ist Abbild des Realmodells und Vorbild für die Konstruktion der Realisierung. Ein zweites Gebrauchsmodell ist das Inspirationsmodell. Das Datenbank-Modell dient zur Inspiration für eine Datenbank-Anwendung aber nicht als Vorbild für die Realisierung. Das zweite Gebrauchsmodell wird oft bei verschiedenen UML-Diagrammen genutzt. Ein relativ wenig genutztes Gebrauchsmodell ist die Dokumentation für ein System. Im zentralen Gebrauchsmodell wird ein Datenbank-Modell gegen das Realmodell validiert und dient als Grundlage für die Verifikation der Realisierung gegen das Datenbank-Modell.

Ein weiteres Gebrauchsmodell ist die Kommunikation mit dem Benutzer. Dazu sind neben dem Schema auch viele unterschiedliche Sichtweisen darzustellen. Ggf. sind dazu auch unterschiedliche Namensräume einzusetzen. Die Kommunikation und Unterhandlung mit den Anwendern der Datenbank-Systeme wird oft ad-hoc mit Schemata organisiert. Es fehlt jedoch eine systematische Unterstüt-

6 Jedes Objekt repräsentiert die kleinste semantisch sinnvolle Einheit. Die Entitäten der Realität werden durch eine Komposition von Datenbankobjekten repräsentiert.

zung dafür. Meist wird das konzeptuelle Schema anhand des Diagramms auch als Repräsentationsmodell genutzt.

Wir betrachten hier konzeptuelle Modelle. Man kann auch unterschiedliche Realisierungsmodelle betrachten wie z.B. relationale Modelle für relationale Datenbanken und hierarchische Modelle z.B. für XML-Datenbanken.

Mit dem zentralen Gebrauchsmodell ist auch das Nutzungsszenario gegeben: Beschreibung einer Anwendung und Verschreibung einer Realisierung. Weitere damit verbundene Nutzungsszenario sind (1) die Erweiterung (Evolution) und die Migration von einer Datenbank-Anwendung aufgrund von Veränderungen in der Anwendung oder im Kontext, (2) die Erklärung der Datenbank-Realisierung für Benutzer, (3) die Vorhersage des Verhaltens der Datenbank-Anwendung und (4) die Repräsentation einer Datenbank-Anwendung. Diese vier Szenarien bilden zusammen mit dem Hauptszenario das Einsatzspektrum der Konstruktion von Systemen. Damit wird ein Datenbank-Modell je nach Szenario in folgenden Funktionen genutzt: Vorbild und Abbild, Evolution und Migration, Erklärung, Validation und Verifikation, Kodierungsanleitung und Performanzbewertung.

Mit konzeptuellen bzw. diagramm-orientierten Sprachen ist auch eine Visualisierungsfunktion gegeben. Andere, noch nicht ausgereifte Einsatzspektren sind die Integration von Systemen, der Nachweis von Eigenschaften z.B. im Rahmen des model checking oder mit hypothetischen Funktionen und die Optimierung einer Datenbank-Anwendung.

Die Nutzergemeinschaft besteht neben den Modell-Entwicklern und den Programmierern auch aus Benutzern des Systems sowie ggf. auch aus Entscheidungsträgern für den Einsatz der Datenbank. Deshalb ist ein Schema erst dann ein Modell, wenn sich die unterschiedlichen Sichtweisen der Nutzer repräsentieren lassen. Ein Datenbank-Schema wird im Kontext von Informationssystemen genutzt und ist demzufolge technologie-abhängig sowie anwendungs-orientiert. Es werden damit nicht Anwendungen aus dem Bereich ‚big data' reflektiert.

Aus den Funktionen kann man die Zwecke und Ziele und damit das Profil eines Datenbank-Modells ableiten. Das wichtigste Ziel ist damit die Konstruktion eines Systems, d.h. einer erweiterten Realität. Damit ergibt sich als Zweck System-Design und -Realisierung mit entsprechenden Methoden. Die resultierende Modellierungsaufgabe besteht in der Entwicklung eines realisierbaren Schemas. Es sind nur solche Instrumente geeignet, die sowohl Abbild als auch Vorbild sein können.

Aus den Funktionen lassen sich minimale Qualitätsanforderungen für Schemata ableiten: Adäquatheit der Konstruktion in der gesamten Nutzergemeinschaft, Minimalität des Schemas, Adäquatheit der Sprachnutzung einschließlich Angemessenheit und syntaktischer sowie ggf. semantischer Korrektheit, Redundanzarmut, Klarheit, Verständlichkeit, Deutlichkeit, Vergleichbarkeit zu anderen Lösungen und systematische und ganzheitliche Strukturierung (ScR98).

25.1.2.3 Konzeptuelle Datenbank-Modelle als adäquate und verlässliche Instrumente

Ein *konzeptuelles Datenbank-Modell* besteht aus einem eERM-Schema, Sichten über diesem Schema und einer Algebra. Ein Datenbank-Modell ist kein Informationssystem-Modell. Es kann für die Kommunikation aufbereitet werden. Es ist jedoch nicht als Orientierungsmodell geeignet. Ein konzeptuelles Modell ist kein Realisierungsmodell, das die Wahl der Technologie, der Plattform, der Unterstützungsmechanismen z.B. für die Speicherung umfasst. Das konzeptuelle Datenbank-Modell ist ein Bestandteil des Informationssystem-Modells, das auch die anderen Modelle einschließt.

Die Adäquatheit für die Konstruktion von Systemen leitet sich aus der Analogie aufgrund einer Homomorphie zum Realmodell und zur Realisierung, einer geringeren Komplexität und der Ausrichtung auf das Konstruktionsziel ab.

Die Rechtfertigung eines konzeptuellen Datenbank-Modells ergibt sich als Begründung aufgrund der Realisierbarkeit, der Kohärenz und Konformität als konstatierbare Eigenschaft, der Falsifizierbarkeit gegen ein Realmodell und der Stabilität aufgrund der Annahme der relativen Unveränderlichkeit der Struktur.

Konzeptuelle Modelle orientieren auf die Erfüllung von internen und externen Qualitätscharakteristiken und weniger auf die Qualität der Benutzung. Demzufolge sind Kriterien zur Vollständigkeit, Korrektheit, Klarheit, Kohärenz, Einfachheit, Realisierbarkeit, Relevanz, Natürlichkeit, Flexibilität, Selbsterklärungsfähigkeit, Systemunabhängigkeit etc. Der Qualitätspass wird sowohl mit Metriken als auch mit abstrakten Eigenschaften erhoben.

25.1.2.4 Das Urteil für konzeptuelle Datenbank-Modelle

Das konzeptuelle Datenbank-Modell ist in seiner Mittlerfunktion ein Abbild des Realmodells und Vorbild für eine Realisierung. Es repräsentiert damit zwei unterschiedliche Originale. Die Bewertung für die Realisierung fordert auch eine genauere Unterlegung der Integritätsbedingungen mit ein, d.h. neben der Deklaration ist auch die Angabe der Steuerung, der Ausführungsbedingungen und der Behandlung im Falle einer Verletzung mit anzugeben. Hinzu kommen Anforderungen, damit ein konzeptuelles Datenbank-Modell ein Abbild darstellen kann. Bild 25.5 illustriert nach (Kas03) die drei Facetten für ein Urteil, nach dem ein konzeptuelles Datenbank-Modell als Abbild akzeptiert werden kann:

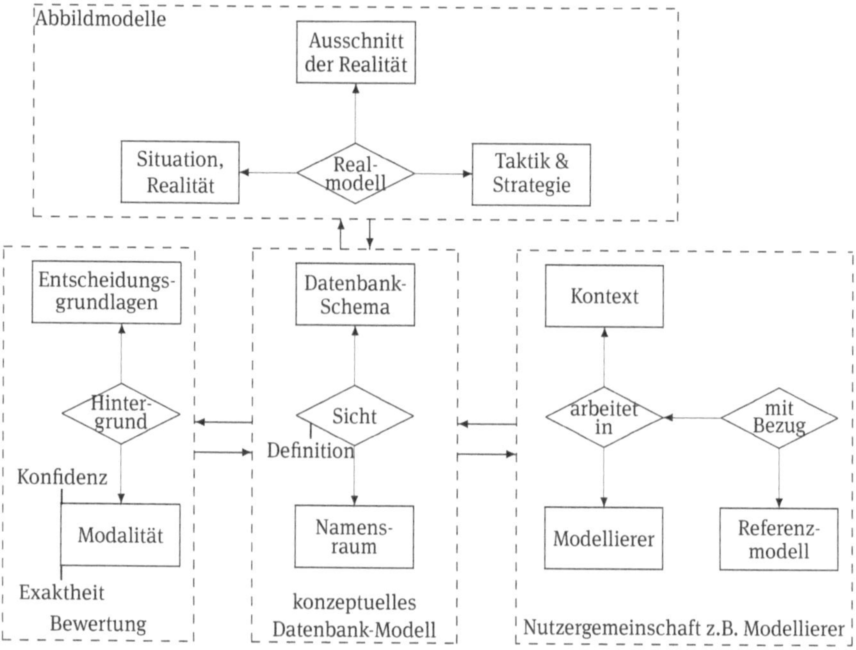

Abb. 25.5. Das Urteil zur Akzeptierung des konzeptuellen Datenbank-Modells aus dem Realmodell heraus durch einen Modellierer mit der entsprechenden Bewertung

- Das Modell fußt auf einem Realmodell oder anderen Abbildmodellen. Ein Realmodell stellt schon eine Zusammensetzung aus einer Auswahl eines Realitätsausschnitts, einer spezifischen Situation und einer speziellen Darstellungstaktik bzw. -strategie dar.
- Das Modell wurde von einem Modellierung in einem speziellen Kontext erstellt. Es kann auch auf ein Referenzmodell Bezug nehmen.
- Das Urteil, Modell zu sein, nutzt als Hintergrund auch Entscheidungsgrundlagen und eine Darstellung der Bestimmtheit dieser Bewertung.

Weniger restriktiv ist die Inspirationsfunktion. Ein Urteil wird analog zu Bild 25.5 gebildet. Es sind jedoch keine Vorgaben für den Einsatz als Vorlage zur Systementwicklung notwendig.

Dagegen spielt die Realisierung für die Kommunikationsfunktion eine untergeordnete Rolle. Das konzeptuelle Schema ist weniger bedeutend als die Sichten auf dieses Schema. Sie dienen als Kommunikationsmedium und als ein Instrument zur Erklärung. Es muß in diesem Fall sowohl die Bewertung als auch die Besonderheiten des Modellierers im Detail sichtbar sein.

25.1.2.5 Konzeptuelle Datenbank-Modelle als zweckmäßige Modelle

Ein typischer Handlungsablauf für die Konstruktionsaufgabe besteht in (Gre09): Analyse des Situations- bzw. Realmodells (‚what'); Entwicklung eines Schemas (‚what, how, why, when, where'); Beurteilung der Realisierung und des Verhaltens (‚what is, what will be'); Erklärung der Realisierung (‚what is, how, whay, when, where, what will be'); Ableitung eines Realisierungsplanes (‚how to do'). Es existieren viele Methodiken und Methodologien für die systematische Entwicklung von Datenbank-Schemata (BNC92; Bla88; MaR92; MaS08; Tha00; Tha12).

Das *Methodenspektrum* der konzeptionellen Modellierung ist vorrangig auf die Konstruktionsaufgabe ausgerichtet. Das Methodenspektrum für die Kommunikation stellt auch Methoden zur Verfügung für die Retransformation konzeptueller Modelle in entsprechende Realmodelle z.B. in natürlich-sprachliche Äußerungen.

Es existieren viele Entwicklungsmethoden und darauf aufbauend Methodologien zur Analyse, zur Synthese, zur Unterstützung und zur Weiterentwicklung eines konzeptuellen Schemas (BNC92; FlH89; Ris88; Teo89; Tha00; Tha03). Für die Entwicklung von Schemata wählt man üblicherweise zuerst eine Entwicklungsstrategie (Top-Down, Bottom-Up, Mixed, Inside-Out, Modular) (Tha94). Für jede dieser Strategien existieren Methoden zur schrittweisen Entwicklung (Tha00). Der Bottom-Up-Zugang verwendet die Methoden

generate_type, *compose_types_using_constructor*, *extend_type_semantics* und *extend_type_attributes*.

Die Methoden nutzen einen Namensraum, eine Menge von Rahmen zur Spezifikation von Integritätsbedingungen, eine Kollektion von Wertebereich-Typen (z.B. *integer* und *short_integer* mit entsprechenden Wertebereichen, Operationen auf diesen Wertebereichen und Prädikaten) und eine Menge von Konstruktoren (z.B. (Kartesisches) Produkt und (disjunkte) Vereinigung mit Selektoren, Korrektheitskriterien, Default-Regeln, verschiedenen Repräsentationen). Die erste Methode erlaubt die Konstruktion von benannten Elementen und Basis-Attribut-Typen, wobei letztere mit einem Wertebereich-Typ verbunden werden. Die zweite Methode dient zur Konstruktion von komplexen Attribut-Typen, Entity-Typen, Relationship-Typen und Cluster-Typen, wobei deren Elemente ohne Rolle oder auch mit Rolle innerhalb des Typen versehen werden können. Die dritte Methode basiert auf einem Rahmen für die Spezifikation von Integritätsbedingungen, durch den für die Assoziation mit bereits eingeführten Typen Parameter bereitgestellt werden. Die vierte Methode erlaubt sowohl das Hinzufügen eines (komplexen) Attributes als auch die Angabe der Semantik dieses Attributes innerhalb eines Typs. Werkzeuge erlauben die Protokollierung einzelner Entwicklungsschritte. Es ist im Prinzip auch möglich, Erklärungen zu Entscheidungen während dieser Schritte abzugeben. Dies ist jedoch keine allgemeine Praxis, so dass Entwurfsentscheidungen (z.B. was derzeit nicht erfasst wird, was niemals erfasst wird, was warum so erfasst wird) verlorengehen.

Methoden zum Design eines Diagramms sind im Wesentlichen im Rahmen von Entwicklungswerkzeugen bereitgestellt z.B. (RHH+00; Tha00). Methoden zur Erweiterung, Migration und Integration sind dagegen weniger entwickelt und untersucht. Methoden zur Begründung bzw. zur Evaluation sind bis auf Methoden zu Schema-Qualität (z.B. (SAW02)) noch ein Forschungsgegenstand.

Man kann die Entwicklungsmethoden auch um solche zur Entwicklung der Strukturierung, der Funktionalität, der Verteilung und der Interaktivität (z.B. (AVPO11; Dor11; DuS11; FRT05; ScT07; Tha03)) erweitern und mit einer Schrittfolge verbinden z.B. im Co-Design-Zugang (Tha03) mit etwa 30 Detailschritten oder für relationale Datenbanken (FlH89). Die Co-Design-Methoden sind sogar SPICE-zertifiziert (JMTV05). Es existieren relativ wenige Methoden für die systematische Entwicklung der Sichten mit Ausnahme von (FlH89; Tha00; Tha03).

Nutzungsmethoden sind vor allem für die Realisierung und die Bewertung der Realisierung entwickelt worden. Es existieren zwei Zugänge zur Ableitung von Realisierungsschemata aus einem konzeptuellen Modell. Der Interpreter-Zugang ist allgemein bekannt (BNC92; Emb98; Tha00) und breit genutzt. Er bedarf allerdings einer nachfolgenden Korrektur, wobei die Behandlung von Integritätsbedingungen nach wie vor offen ist. Besser geeignet ist der Compiler-Zugang (EmM10; Run94).

Integritätsbedingungen werden meist deklarativ angegeben. Dagegen wird die Steuerung, die Aktivierung, die Verwaltung und die Ausnahmebehandlung meist in die Realisierungsphase verschoben. Konzeptuelle Modelle können jedoch leicht um diese Mechanismen erweitert werden (JaT10). Damit sind konzeptuelle Datenbank-Modelle nur eingeschränkt zweckmäßige Modelle.

Bild 25.6 faßt die Ausführungen zum Nutzungsszenario Konstruktion zusammen.

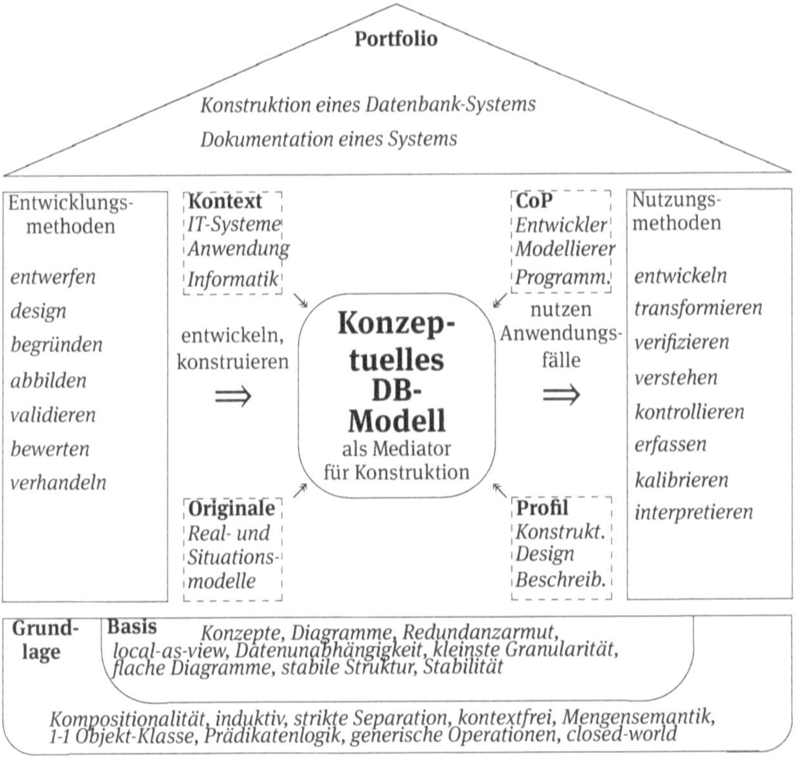

Abb. 25.6. Das Modell des konzeptuellen Datenbank-Modells für die Systemkonstruktion

Bild 25.7 der nächsten Seite illustriert die Eigenschaften des konzeptuellen Datenbank-Modells für das Nutzungsszenario Kommunikation.

25.1.2.6 Bewertung von konzeptuellen Datenbank-Modellen

Die Bewertung der Qualität eines konzeptuellen Datenbank-Modells und damit die PEST-Bewertung ist bereits Bestandteil der Verlässlichkeit. Dies ist eine Besonderheit der Datenbank-Modellierung. Inwieweit ein Ziel oder der Zweck erreicht ist oder das Modell effektiv die Funktion im Einsatzspektrum erfüllt, kann mit einer nachfolgenden PURE-SMART-CLEAR-Analyse bewertet werden. Für eine Bewertung wird herausgearbeitet, inwieweit mit einem konzeptuellen Datenbank-

Modell das gesteckte Ziel bzw. der gesteckte Zweck erreicht wird und inwieweit damit auch die Funktion in einem Nutzungsszenario unterstützt wird.

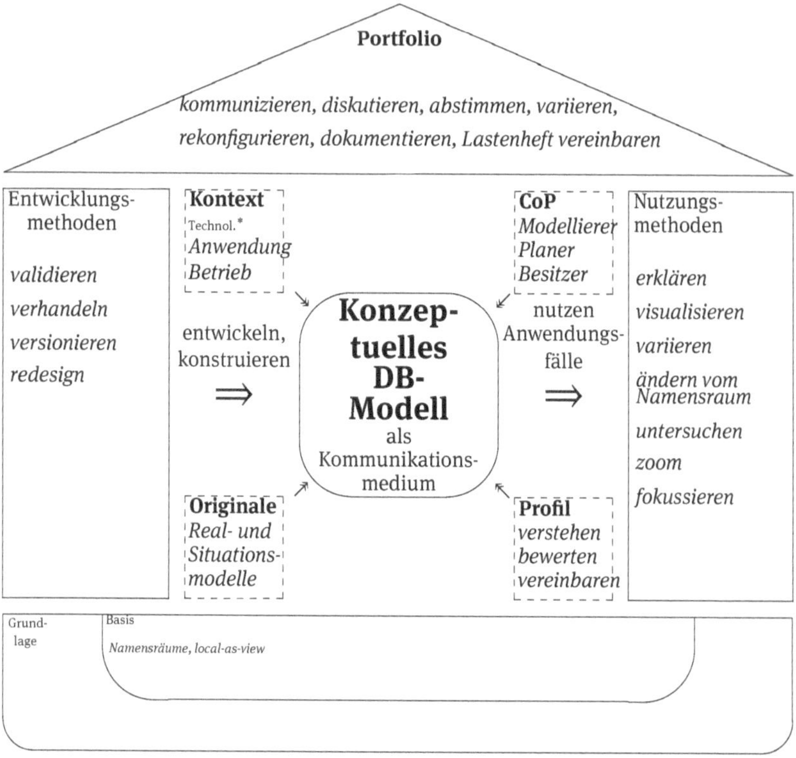

Abb. 25.7. Das Modell des konzeptuellen Datenbank-Modells als Kommunikationsmedium (* unterentwickelt)

In einem Konstruktionsprozeß ist ein Modell Abbild eines Situationsmodells (oder Realmodells) und zugleich Vorbild für etwas, d.h. hier ein Datenbank-System. Das Situationsmodell erfasst bereits alle Idealisierungen, Abweichungen und Erweiterungen. Demzufolge wird das Datenbank-Modell anhand des Situationsmodells auf Vollständigkeit und Korrektheit geprüft. Als Vorbild muß das Modell effektiv auf eine Infrastruktur abbildbar sein. Ziel ist demzufolge eine möglichst adäquate und verlässliche Widerspiegelung des Situationsmodells und eine hinreichend einfache Realisierung. Damit ist für eine positive PURE- und SMART-Bewertung erforderlich, dass das konzeptuelle Datenbank-Modell einschließlich der Entwicklungs- und Nutzungsmethoden auch alle Facetten des Situationsmodells reflektiert und zugleich einfach umgesetzt werden kann. Somit sind die Sichten innerhalb des Datenbank-Modells für das Situationsmodell erforderlich. Zugleich stellen wir fest, dass eine zentrale Rolle des Schemas mit abgeleiteten Sichten eine Realisierung vereinfacht (Local-as-View). Mit einer CLEAR-Bewertung wird ein konzeptuelles Datenbank-Modell im Rahmen einer objekt-relationalen System-Umgebung nur positiv evaluiert. In einer hierarchischen System-Umgebung (z.B. XML-Systeme) fällt dagegen die Bewertung weniger positiv aus.

Wird dagegen das Datenbank-Modell in einem Kommunikationsszenario eingesetzt, dann sind die Sichten wichtig und das Schema tritt in den Hintergrund bzw. ist gar nicht erforderlich. Damit ist eine andere Art von Datenbank-Modell sinnvoller (d.h. wir bevorzugen in diesem Fall einen Global-as-View-Zugang, bei dem das globale Schema aus den Sichtweisen abgeleitet werden könnte). Eine PURE- oder SMART-Bewertung führt für die Local-as-View-Lösung zu einer Abwertung.

Die Kapazität eines Modells in einer Mittlerrolle wird bestimmt durch diese ‚Janus'-Funktion. Inwieweit eher das Original (das Situationsmodell) oder die Realisierung reflektiert wird hängt von der Hauptorientierung ab. Für konzeptuelle Datenbank-Modelle wurde lange Zeit hauptsächlich auf das Situationsmodell orientiert. Damit hat das Modell an Wert für die Realisierung verloren. Eine Lösung ist die Anreicherung des konzeptuellen Modells um Direktiven für die Realisierung z.B. zu Mengengerüsten, zu Modifikations- und Retrieval-Portfolio (TrT11). Damit kann auch ein Modell für die Performanz-Konsolidierung einer Realisierung genutzt werden.

Eine SWOT-Bewertung basiert auf diesen Beobachtungen. Neben der Klarheit und der Verständlichkeit sind die Einfachheit und Natürlichkeit Stärken eines solchen Ansatzes. Schwächen resultieren auch aus dem Stil der eER-Modellierungssprache und vor allem aus der Salami-Scheiben-Methode, so dass Hierarchien (Spezialisierung als auch vor allem Generalisierung) schwer erkennbar sind und so dass mit einer zu starken Detailliertheit es schwieriger ist, die Übersicht zu behalten - was insbesondere bei großen Schemata eine Einschränkung darstellt. Vorteil dieser Methode ist die Mittlerrolle, die das Modell einnimmt. Ein Risiko ist die inhärente globale Semantik sowohl für Integritätsbedingungen wie die Kardinalitätsbeschränkungen als auch für die Typen. Ein Risiko ist auch die kognitive Unvollständigkeit des Modells, so dass z.B. für die explizite Unterscheidung von zentralen bzw. peripheren Typen oft zu einem ‚work-around' gegriffen wird.

Ergänzend kann das Potential des Modells auch mit der SCOPE-Bewertung bewertet werden. Das konzeptuelle Datenbank-Modell unterstützt derzeit perfekt den initialen Entwicklungsprozeß einer Datenbank-Anwendung. Problematisch ist dagegen die Vernachlässigung der Weiterentwicklung des Modells im Falle einer Weiterentwicklung der Realisierung. Die Klarheit und einfache Verständlichkeit des Modells haben zu einer breiten Verwendung solcher Modelle in der Systemkonstruktion geführt. In einer Realisierung werden Integritätsbedingungen oft prozedural unterstützt z.B. durch Trigger-Konstrukte. Diese Lösung bedingt allerdings, dass damit auch Trigger-Lawinen in einer Anwendung entstehen können, denen nur durch einen System-Stopp begegnet werden kann. Erweitert man jedoch die eERM-Sprache um entsprechende sprachliche Mittel zur abstrakten Darstellung von Realisierungsentscheidungen, dann kann man solche Modelle auch während der gesamten Lebenszeit der Datenbank nutzen. Techniken wie die in (KlT11) könnten dann auch eine Evolution, eine Migration und eine Integration begleiten. Erfolgt dagegen eine solche Erweiterung nicht, dann sind solche Modelle nur begrenzt einsatzfähig.

Die erweiterte ER-Modellierungssprache kann auch durch eine Methodik der Entwicklung von Modellen - wie z.B. dem Co-Design-Zugang - unterstützt werden. Damit liegt analog zu SPICE (SPICE03) und CMM (CMMI02) eine QUARZSAND-Methodik zur Entwicklung von Datenbanken vor. Damit erreichen konzeptuelle Datenbank-Modelle einen Reifegrad 3, in manchen Fällen sogar einen Reifegrad 4.

Der Cargo eines konzeptuellen Datenbank-Modells wird oft nur implizit angegeben. Das Hauptszenario erscheint als gegeben. Nebenszenarien werden selten angegeben. Es wird implizit verstanden, inwieweit das Modell in seiner derzeitigen Form (nicht) ausreichend andere Szenarien unterstützt. Der Hauptgehalt eines solchen Modells ergibt sich direkt aus den Benennungen der Typen und der Beziehung zum Situationsmodell sowie zur Realisierung. Die Bedeutung des Modells resultiert aus der gemeinsamen Kultur der Nutzergemeinschaft innerhalb des Kontextes insbesondere der existierenden Technologie. Das Modell stellt zum einen eine Formalisierung des meinst informalen und natürlichsprachlich-angegebenen Situationsmodells und zum anderen eine Abstraktion der Realisierung dar. Es kann zusammen mit einer Erklärung der Konstruktion, mit einem Glossar der Begriffe und einer Erklärung der Bedeutung der Schemabegriffe z.B. der Integritätsbedingungen erstellt werden. Die Identität eines solchen Modells orientiert sich stark an der akzeptierten Identität und reicht von einer Vorlage für eine Entwicklung eines Systems und der Reflexion der Realität bis hin zu einem Inspirationsmodell. Kommuniziert wird dagegen stets die bestmögliche akzeptierte Identität. Daraus entstehen auch die Defizite bei der idealen und der gewünschten Identität.

25.1.2.7 Spezifika der konzeptuellen Modellierung

Konzeptuelle Datenbank-Modelle werden für verschiedene Gebrauchsmodelle eingesetzt. Das bestimmende Einsatzspektrum ist jedoch die Konstruktion von Datenbank-Systemen. Modelle sind deshalb Vorbild und Abbild und werden als Mittler zwischen einer existierenden Realität und einer erweiterten Realität genutzt. Mit dieser expliziten Orientierung sind Modelle weniger geeignet für den Beweis von Eigenschaften, für die Problemlösung, für die Erklärung, für ein Verstehen der Realität, für die Steuerung einer Anwendung und für die hypothetische Untersuchung. Diese Ziele gehören eher zum Antiprofil des Modells.

Konzeptuelle Modelle sind hauptsächlich für das bestimmende Einsatzspektrum zweckmäßig. Für dieses Spektrum sind sie auch effektiv - zumindest für den Interpreter-Zugang. Dagegen fehlen Methoden für die Dokumentation, für die Integration, für die Weiterentwicklung oder auch die Kompilation.

Das Kommunikations-Einsatzspektrum ist nicht ausreichend gestützt. Es fehlen dazu Abbildungsmechanismen für eine Darstellung mit unterschiedlichen Gesichtspunkten, auf unterschiedlichem Abstraktionsniveau, mit unterschiedlichem Fokus und mit unterschiedlicher Detailliertheit.

25.1.3 Workflows als Modell der Dynamik von Informationssystemen

Nach (DuS11; PiE11) unterscheiden wir die Begriffe Story, Geschäftsprozeß[7] und Workflow:

- Eine Story ist eine strukturierte Mengen von Handlungen einzelner Akteure, die verschiedene Aufgaben in einer Anwendung lösen.
- Ein Geschäftsprozeß ist eine strukturierte Menge von Aktionen, die in ihrer Gesamtheit ein Geschäftsziel oder eine Geschäftspolitik verwirklichen - meist im Kontext einer Organisationsstruktur mit entsprechenden Rollen und Beziehungen, wobei die die Aktionen mit Aufgaben korrespondieren.
- Ein Workflow ist eine Spezifikation eines Geschäftsprozesses - meist für eine automatisierbare Ausführung - mit entsprechenden Dokumenten und Informationen, die unter den Teilnehmern ausgetauscht werden, Aktivitäten, die

7 Wir weichen hier von der Formulierung in der Enzyklopädie der Wirtschaftsinformatik (http://www.enzyklopaedie-der-wirtschaftsinformatik.de/) ab: *Ein Prozeß ist die inhaltlich abgeschlossene, zeitliche und sachlogische Folge von Aktivitäten, die zur Bearbeitung eines betriebswirtschaftlich relevanten Objekts notwendig sind. ... Ein Geschäftsprozeß ist ein spezieller Prozeß, der der Erfüllung der obersten Ziele der Unternehmung dient und das zentrale Geschäftsfeld beschreibt.*

> von den Teilnehmern ausgeführt werden. Diese Unterscheidung wird in der Literatur oft nicht getroffen, so dass man unter einem Workflow auch einen Geschäftsprozeß sowie auch eine Story versteht. Diese Vermischung führt zu einer Überladenheit von entsprechenden Modellen, durch die die Benutzbarkeit stark eingeschränkt wird.

Workflow-Modelle sind demzufolge Abbilder sowohl der Geschäftsprozeß-Modelle als auch der Stories. Sie sind entweder Vorbilder für eine Realisierung durch Programme oder ausführbare Modelle innerhalb von Workflow-Management-Systemen.

Es existieren viele Modellierungssprachen für Workflows (Wes07) wie z.B. EPK (Ereignis-Prozeß-Ketten) und BPMN (Business Process Modelling & Notation). Als Beispiel einer solchen Sprache verwenden wir BPMN und diskutieren die spezifischen Modelle in dieser Sprache. Mit einem BPMN-Modell werden von den fünf Prozeß-Perspektiven (PiE11) (Steuerfluß, Organisation, Daten, Handlungen/Aktionen/Aktivitäten, Ausführung) nur die erste und vierte sowie partiell die zweite und die fünfte dargestellt. Für die fünfte Perspektive wird auf eine Transformation in eine geeignete Ausführungssprache verwiesen.

25.1.3.1 BPMN-Modelle als Instrumente zur Workflow-Modellierung

BPMN wurde 2007 (BPMI06) als Standard der Workflow-Modellierung eingeführt. Die Semantik wurde entweder vollständig informal oder als Transformationssemantik mit Referenz auf die Transformation in BPEL (WSBPEL07) oder mit einer Referenz auf eine mögliche Intepretation durch Petri-Netze eingeführt. Es stellte sich jedoch heraus, dass diese Semantikdefinitionen nicht ausreichend sind, so dass in der 2.0-Version die Referenz auf BPEL aufgegeben wurde. Der Standard selbst stellt in aller Ausführlichkeit die graphischen Elemente vor, besteht aber im Wesentlichen nur aus eine informalen Einführung der Syntax. Eine Semantik wurde in (BoT08; BST09) entwickelt, auf dem BPMN 2.0 Standard ausgeweitet (BoS11) und um generische Konstrukte erweitert. Wir werden im Weiteren diese Semantik für BPMN-Modelle benutzen und BPMN-Diagramme als Repräsentationsmodell eines BPMN-Modells auffassen.

Das Diagramm in Bild 25.8 separiert die Rolle Bedarfsdeckung und Bedarfsbefriedigung in einer e-Commerce-Anwendung. Der Steuerfluß erfolgt entlang der Kanten, wird ggf. verzweigt (hier mit einer parallelen Verzweigung und Zusammenführung) und löst ggf. Ereignisse aus (*Bestelleingang*) oder wird durch diese ausgelöst (*Auftrag*). Die Kommunikation (gestrichelte gerichtete Linien zwischen den Rollen) verbindet ggf. die beiden Workflows. Entsprechend der Philosophie von BPMN werden Benutzer nach ihren (organisatorischen) Rollen getrennt. In diesen Rollen existieren zwei Ausprägungen (*Käufer, Verkäufer*).

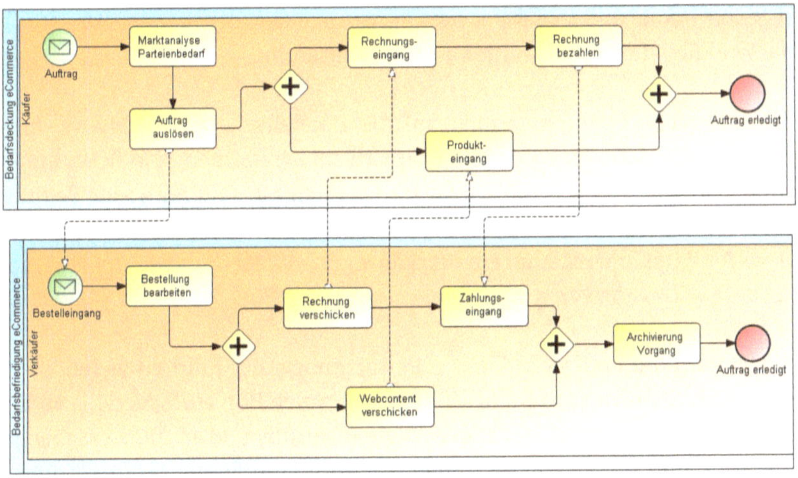

Abb. 25.8. Ein BPMN-Diagramm mit zwei Rollen (Bedarfsdeckung, Bedarfsbefriedigung) und jeweils einer Ausprägung dieser Rollen (Käufer, Verkäufer)

Ein *BPMN-Modell* besteht aus einer Kollektion von Workflows (BPMN-Diagrammen), einer Darstellung der Kommunikation als Service innerhalb dieser Kollektion, einer Zuordnung von Workflows zu Organisationseinheiten, einer Koordination der einzelnen Workflows und einer Menge von abstrakten Sichten über Datenbanken für den Input und für den Output jedes datenkonsumierenden oder datenproduzierenden Elements in einem Workflow. Oft wird unter einem Workflow-Modell nur eine Kollektion von Workflows verstanden. Eine Einschränkung darauf ist problematisch, wenn ein Modell sowohl die Stories als auch die Geschäftsprozesse darstellen soll.

Ein BPMN-Modell wird kanonisch mit der Semantik nach (BoT08; BST09; BoS11) interpretiert, d.h. mit expliziten Rollen und Ausprägungen, mit expliziten Datenbank-Sichten, mit expliziter Kommunikation und Koordination und mit einer Abbildung auf eine abstrakte Ausführungsmaschine. Die Ausführungsmaschine kann weitere Modelle realisieren z.B. ein Zeitmodell und ein Architekturmodell.

Ein BPMN-Modell wird interpretiert durch eine Kollektion von Workflow-Instanzen, die jeweils eine Ausführung eines Workflows darstellen. Diese Instanzen-Kollek-tion muß dem gesamten Modell entsprechen. Die Interpretation weist den Organisationseinheiten Rollen und Ausprägungen dieser Rollen anhand der Stories zu. Die Interpretation der abstrakten Sichten erfolgt durch Angabe eines konzeptuellen Datenbank-Modells mit den entsprechenden Sichten. Die Steuerung einer Kollektion von Workflow-Instanzen kann auf der Grundlage von Steuer-Token erfolgen. Diese Form der Steuerung stellt die Standardsteuerung dar. Die Workflow-Instanzen werden parallel ausgeführt.

Die BPMN-Sprache orientiert primär auf die Darstellung der Workflows. Ressourcen sind sekundär. Eine Koordination zwischen einzelnen Workflows findet nur durch Nachrichten und Ereignisse statt. Ereignisse sind entweder Beginn- oder End- oder Zwischenereignisse. Aktivitäten sind entweder atomar oder als komplexe Aktivitäten wiederum ein Workflow, eine Wiederholung oder eine unstrukturierte Kollektion von Aktivitäten.

BPMN orientiert auf eine strikte lokale Betrachtung. Dies führt zu vielen abgeleiteten Integritätsbedingungen, die für eine Interpretation eines Modells zu betrachten sind. Damit werden Workflows kontext-sensitiv und erhalten eine nicht-inkrementelle und nicht-induktive Semantik. Es gibt außerdem GoTo-Sprünge. Es hängt von der Anwendung ab inwieweit damit BPMN besser geeignet ist als z.B. die am ‚Global-As-Design‘ orientierten Ereignis-Prozeß-Ketten. Die ‚Local-As-Design‘-Orientierung von BPMN nutzt eine Separation von Workflows nach dem Akteur-Prinzip: Jeder Akteur hat für jede seiner Rollen separate Workflows.

BPMN nutzt eine Reihe impliziter Annahmen, die bei der Modellbildung und bei der Nutzung der Modelle zu beachten sind. Die ursprüngliche und zumeist noch praktizierte semantische Fundierung nutzt gefärbte Petri-Netze und eine Token-Beziehung. Damit werden sowohl die Beschränkungen von Petri-Netzen als auch Probleme mit der Logik - z.B.mit der Negation - importiert. Workflows, die andere Workflows auslösen, ‚vererben‘ die Token an die Sub-Prozesse. Die Kommunikation wird mit expliziten Diensten und entsprechenden Protokollen exklusiv die Referenzen und Nachrichten dargestellt.

Damit entstehen Koordinationsprobleme (‚orchestration‘), die aus der speziellen Kommunikation und der Verbindung von Workflows mit Nachrichten bzw. Ereignissen resultieren. Damit wird zur Erklärung eine deontische (und modale) Logik mit den Operatoren *Verbot, Erlaubnis, Obligation* erforderlich. Die Datenabhängigkeiten zwischen den Workflows sind nicht dargestellt. Es werden außerdem alle Abweichungen von ‚normalen‘ Prozessen durch Ausnahmen abgebildet, wobei die Semantik der Ausnahmen im Standard offen gelassen wurde.

Mit diesen spezifischen Seiten führt eine Orientierung auf BPMN-Modelle auch zu einer Form linguistischer Beschränkung im Sinne der Sapir-Whorf-Hypothese (Who80), nach der die Art und Weise, wie Modelle zur Dynamik von Informationssystemen entwickelt werden, stark von der Syntax und dem Zeichenvorrat von BPMN beeinflusst oder bestimmt werden. Dadurch können ggf. bestimmte Eigenschaften von Geschäftsprozessen oder Stories nicht abgebildet werden. So fehlen z.B. Abstraktionen, hierarchische Kompositionen und entsprechende Kontext-Elemente.

Typische Wohlgeformtheitskriterien für Workflows sind:

- Fitch-Klammerung der Steuerstrukturen: Ein Verzweigung bzw. Zusammenführung entspricht genau einer Zusammenführung bzw. Verzweigung des gleichen Typs. Zyklen sind innerhalb einer Blockstruktur verwendet. Es gibt keine GoTo-Elemente.
- Jeder Workflow beginnt mit einem Start-Ereignis und endet mit End-Ereignissen. Eine Aktivität ist kein Start-Ereignis.
- Eine Verzweigung und eine Zusammenführung werden nicht in einem Element dargestellt, sondern werden separiert.
- Sprachliche Wohlgeformtheit der Benennungen: Aktivitäten sind durch Verben beschrieben. Ein Ereignis entspricht auch Ereignissen im Geschäftsprozeß. Eine Nachricht entspricht einer Kommunikation im Geschäftsprozeß.
- Daten werden explizit spezifiziert für jedes Workflow-Element. Eine Datenabhängigkeit unterschiedlicher Workflows wird explizit dargestellt.
- Timeouts werden von Ausnahmen unterschieden. Ein Timeout wird mit einem separaten Workflow untersetzt.
- Für Ausnahmen wird die Semantik explizit angegeben. Außerdem wird die Eskalationstrategie angegeben.
- Der Steuerfluß ist in einem Workflow durchgängig. Jeder Prozeßschritt ist mit einem Start-Ereignis und einem End-Ereignis assoziiert.
- Eine Verzweigung und eine Zusammenführung erfolgt nicht durch Aktivitäten, sondern nur durch explizite Flußelemente. Die Bedingungen sind explizit angegeben.

BPMN-Modelle verfügen ebenso über ihren spezifischen Hintergrund. Sie sind prozeß-orientiert, nutzen eine orthogonale Separation in Ereignis, Aktivität und Verzweigung bzw. Zusammenführung, kommunizieren durch einfachen Nachrichtenaustausch und differenzieren Akteure nach ihrem Rollen. Die Ausführungssemantik basiert auf einem Tokenmodell. Sie werden schrittweise ausgeführt auf der Grundlage eines diskreten Zeitmodells. Es gibt keine gemeinsamen Variablen zwischen den Workflows. Workflows ändern den Zustand ihres Kontexts. Sie werden parallel ausgeführt. Alle Workflows werden auf dem gleichen Abstraktionsniveau spezifiziert. Daten sind lokal. Die Lebenszeit der Token ist an die Lebenszeit der Workflow-Instanzen gebunden. Token werden durch Flußelemente vollständig oder gar nicht konsumiert.

25.1.3.2 Funktion von BPMN-Modellen in einer Anwendung

Das Gebrauchsmodell von BPMN-Modellen entspricht im Falle einer Vorbildfunktion für ein System dem von Datenbank-Modellen. Im Falle einer direkten Unterstützung von Workflow-Management-Systemen umfasst das Gebrauchsmodell nur die Abbild-Funktion und dient direkt als Programm. Eine abweichende Besonderheit von BPMN-Modellen ist die Abbildfunktion für zwei Modelle. Für die Abbild-Funktion wird keine Homomorphie gefordert. Ein Workflow kann sowohl mehreren Stories oder Geschäftsprozessen partiell entsprechen als auch nur deren Teile umfassen.

Minimale Qualitätsanforderungen sind demzufolge: Vollständigkeit, Korrektheit in der Verfeinerung, vollständige Definition, Verständlichkeit und Übersichtlichkeit, Kohärenz innerhalb der gesamten Kollektion der Workflows, Analysierbarkeit, Weiterentwickelbarkeit, Testbarkeit und Portabilität.

Die daraus resultierende Modellierungsausgabe ist eine vollständige Darstellung aller Stories und Geschäftsprozesse in deren Gesamtheit und deren Kohärenz.

Der Zweck eines BPMN-Modells ist die Konstruktion eines Systems (analog zur Darstellung von konzeptuellen Datenbank-Modellen), die Abstimmung bzw. Vereinbarkeit der beiden Vorbildmodelle (Stories und Geschäftsprozesse), das Verstehen der Stories und Geschäftsprozesse im Rahmen einer Kommunikation und aufgrund einer Visualisierung sowie die Inspiration für eine spätere Realisierung.

Aus der Funktion abgeleitete Ziele eines BPMN-Modells sind eine präzisere Darstellung der Geschäftsprozesse einschließlich einer Dokumentation, eine Abdeckung und damit Unterstützung aller Stories aus dem Anwendungsbereich, einer Wiederbenutzbarkeit für ähnliche Geschäftsvorgänge, eine Abbildung von Unternehmensaktionen auf entsprechende Software, eine Software-Unterstützung von Unternehmensabläufen einschließlich eine durchgängige Abbildung dieser Abläufe auf Software, eine Erschließung des Prozeßwissens und eine Unterstützung des Qualitätsmanagements einschließlich der Kontrolle von Regelungen und Vorschriften.

25.1.3.3 BPMN-Modelle als adäquate und verlässliche Instrumente

Sowohl die Adäquatheit als auch die Verlässlichkeit kann für BPMN-Modelle als auch für BPMN-Diagramme konstatiert werden. Es besteht eine Analogie zur Realisierung und auch zu den beiden Vorbildmodellen aufgrund einer Verhaltensanalogie für die gesamten Modelle. Das BPMN-Modell ist zielgerecht und fokusiert auf eine ökonomische Repräsentation aller Elemente der Vorbildmodelle. Mit der Assoziation zu den Vorbildmodellen ist auch eine Begründung gegeben, eine Konformität zumindest für wohlgeformte Modelle garantiert, eine Validation möglich und auch eine partielle Stabilität und Plastizität gegeben.

Die Bewertung der Qualität von BPMN-Modellen kann in analoger Form wie die für konzeptuelle Datenbank-Modelle abgeleitet werden aus dem Prinzip der Adäquatheit sowohl in Konstruktion als auch der Sprache, aus dem Prinzip der ökonomischen Effizienz der Modellentwicklung, aus dem Prinzip der Klarheit sowohl für die Realisierung als auch für das Geschäftsprozeßmodell, aus dem Prinzip der Ganzheitlichkeit der Modellierungsentscheidungen und aus dem Prinzip der Vergleichbarkeit mit anderen BPMN-Modell-Lösungen. Qualitätskriterien für die innere Qualität eines BPMN-Modells sind deshalb die syntaktische und semantische Korrektheit des Modells an sich, die Wohldefiniertheit innerhalb der Modellierungssprache, die Explizitheit das dem Modell unterlegten Wissens

Die Qualität in der Nutzung nutzt als Charakteristiken die Verständlichkeit auf der Grundlage der beiden Modelle (Stories und Geschäftsprozesse), die Nachvollziehbarkeit für die CoP, die Eindeutigkeit für unterschiedliche Nutzer und damit die Vermeidung von Falschinterpretationen, die Minimalität des Modells bezüglich der Anzahl und Komplexität der verwendeten Elemente, die intuitive Verständlichkeit der einzelnen Workflows für die Endnutzer in den jeweiligen Rollen in der Anwendung.

Die externe Qualität orientiert besonders auf die Relevanz aller Elemente innerhalb des Geschäftsprozeß-Modells:

- die semantische Gültigkeit,
- die Vollständigkeit,
- die Vereinbarkeit mit dem Anwendungsbereich,
- die Organisationsqualität und insbesondere die adäquate Darstellung der Rollen und Ausprägungen,
- die Verwendung von OR-Verzweigungen als Sonderfall (ansonsten werden stets AND- oder XOR-Verzweigungen verwendet),

- die 1-1-Entsprechung eines einzelnen Workflows zu einem Geschäftsvorfall und damit die relative Minimalität der einzelnen Workflows,
- die relative Unabhängigkeit der Workflows untereinander und damit die Minimalität der erforderlichen Koordination (oft ‚orchestration' genannt),
- die Minimalität in den Datenabhängigkeiten der einzelnen Workflows und damit das Auskommen ohne Datenbank-Transaktionen über mehrere Workflows hinweg, die Erweiterbarkeit und Pflegbarkeit von Workflows.

Die Vereinbarkeit mit dem Anwendungsbereich und die Qualitätscharakteristiken können deshalb eine Grundlage für eine PEST-Bewertung sein.

25.1.3.4 Das Urteil für BPMN-Modelle

BPMN-Modelle besitzen mindestens zwei unterschiedliche und auch miteinander konkurrierende Originale: Stories und Geschäftsprozesse. Es wird oft gefordert, dass solche Modelle direkt ausgeführt werden können mit entsprechenden Systemen. Mit einer solchen Forderung werden andere und vor allem striktere Anwendungsbedingungen relevant für ein Urteil analog zu den Qualitätsanforderungen für ausführbaren Code. Das Modell muß von höchster innerer und externer Qualität sein. Es kann keine Abweichung geben, so dass die Modalität und die Konfidenz sehr hoch sein müssen. Anders als bei Datenbank-Modellen muß damit ein BPMN-Modell neben einer Berücksichtigung des gesamten Kontexts, der Organisation für die entsprechende Anwendung, der Datenbanken-Umgebung auch die Spezifika der Realisierungsumgebung abbilden. Es sind damit auch alle Abweichungen vom normalen Geschäftsablauf zu reflektieren.

In der Praxis wird relativ stark von diesen Anforderungen abgewichen. Hinzu kommt, dass erst mit (BoS11; BoT08) eine Semantik für BPMN-Diagramme vorliegt. Deshalb muß das Urteil, nach dem ein BPMN-Diagramm Bestandteil eines BPMN-Modells ist, stark relativiert werden. Diese Relativierung führt neben der umfangreichen Ergänzung des BPMN-Diagramms auch zu einer Überarbeitung der erzeugten BPMN-Ausführungsmaschine. Ein BPMN-Modell ist dann nur verwendbar innerhalb der normalen Abläufe von Geschäftsprozessen und Stories.

25.1.3.5 BPMN-Modelle als zweckmäßige Modelle

Die Entwicklung von BPMN-**Diagrammen** wird durch vielfältige Methoden unterstützt, im Gegensatz zur Entwicklung von BPMN-**Modellen**, die nur partiell durch entsprechende Methoden unterstützt werden und noch Forschungsgegenstand sind. Für die Nutzung von BPMN-Modellen im Rahmen der vier Nutzungsszenarien (Konstruktion eines Systems, die Abstimmung bzw. Vereinbarkeit, das Verstehen der Stories und Geschäftsprozesse, Inspiration für eine spätere Realisierung) sind viele Methoden entwickelt worden. Es fehlen derzeit noch Methoden für die Evaluierung und Bewertung von BPMN-Modellen.

Problematisch wird bei BPMN-Modellen die Behandlung von nicht-normalen Abläufen. Diese werden mit Ausnahmen dargestellt, wobei eine Semantik von Ausnahmen der Realisierung oder der Ausführungsmaschine überlassen wird.

BPMN-Modelle benötigen auch entsprechende Methoden der Validation. Sie haben deshalb bislang den Reifegrad 1 erreicht.

Diagramme wie z.B. BPMN-Diagramme sind auch deshalb weit akzeptiert, weil sie den Eindruck von Korrektheit, Klarheit und Verständlichkeit vermitteln. Die Darstellung eines BPMN-Modells als Diagramm ist semantisch einfach, weil der Form des Diagramms und die Interpretation gleichartige Konstruktions- und Kompositionsprinzipien zugrunde liegen.

In Bild 25.9 fassen wir die Eigenschaften von BPMN-Modellen für das Nutzungsszenario Konstruktion zusammen.

25.1.4 Referenzmodelle und generische Modelle

Nach (Sch98) ist ein Referenzmodell *„das Ergebnis einer Konstruktion eines Modellierers, der für Anwendungssystem- und Organisationsgestalter Informationen über allgemeingültig zu modellierende Elemente eines Systems zu einer Zeit als Empfehlungen mit einer Sprache deklariert, so dass ein Bezugspunkt für ein Informationssystem geschaffen wird.“*

Referenzmodelle sind generische Modelle. Analoge Ansätze zu Referenzmodellen existieren unter unterschiedlichen Namen: inverse Modelle, parametrisierte Klassen von Modellen oder Algorithmen wie z.B. im Data Mining, Hypermodelle als Zusammenfassung von Modellen, Modelle im modellbasierten Entwurf und Pattern-basierte Modelle. Wir fassen diese Form der Modelle unter dem Begriff *generische Modelle* zusammen.

Die *inverse Modellierung* nutzt ein allgemeines Modell mit Parametern. Aus dem allgemeinen Modell entsteht durch Techniken wie der Modellanpassung und Entfaltung sowie der Kalibration der Parameter an die Meßdaten ein spezielles Modell, das die Realität besser beschreibt. Im *Data Mining* existieren Klassen von

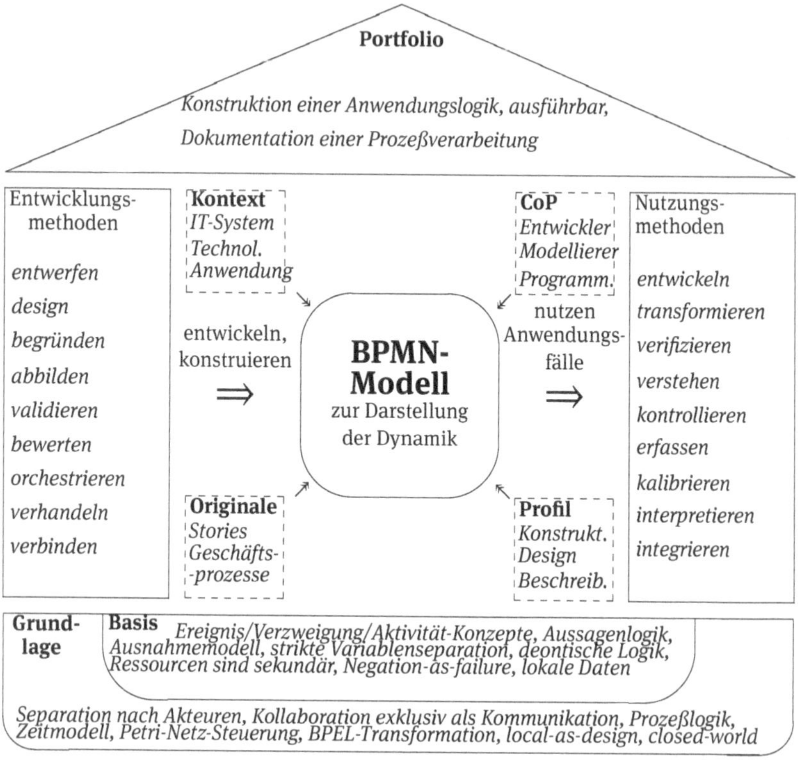

Abb. 25.9. Das Modell des BPMN-Modells.

Analysemodellen (genannt Modellansätze), aus denen durch Modellanpassungen und Instantiierung der Parameter für Beobachtungsdaten ein Modell abgeleitet wird, das durch diese Beobachtungsdaten gestützt wird und diese zugleich erklärt. Eine Modellanpassung in der Regressionsanalyse entscheidet z.B. ob eine lineare oder nichtlineare, eine parametrische oder eine nichtparametrische Beziehung vorliegt und welche Form von Regressoren genutzt werden kann z.B. Differentiale. *Hypermodelle* sind Abstraktionen von Modellen, die in einer Klasse zusammengefasst werden. Durch einen Konfigurator kann aus dieser Klasse ein geeignetes Modell erzeugt werden. Der *Model-Driven-Architecture-Ansatz* verwendet zuerst ein grobes Modell, das dann schrittweise an die konkrete Umgebung angepaßt wird. Eine spezifische Form von Hypermodellen wird in der *universellen Programmierung* betrachtet.

25.2 Figurative Modelle

Figurative Modelle sind eine breit genutzte Klasse von Modellen und wurden sehr früh als Arbeitsinstrument der Wissenschaften akzeptiert (ChH04). Zu jedem Modell existieren auch entsprechende Repräsentationsmodelle, die spezielle Deutungen eines Modells nahelegen und andere Deutungen ausschließen. Sie sind gekoppelt an die Möglichkeiten und Grenzen visueller Wahrnehmung (Mor06; RSS08). Figurative Modelle *zeigen* etwas und nutzen die Interpretationsfähigkeiten des Betrachters aufgrund seines Wissens, seiner Fähigkeiten und seines Kontexts insbesondere seiner Kultur. Figurative Modelle folgen deshalb dem Vier-Seiten-Gebrauchsmodell für Kommunikationsakte nach (KuT06; Mah08): (1) das Modell an sich in Beziehung (2) zur Interpretation des Nutzers einschließlich der damit in Verbindung gebrachten Zusatzinterpretation, (3) zu dem durch das Repräsentationsmodell repräsentierte Modell und (4) zu den Auswirkungen für den Nutzer. Figurative Modelle werden rezipiert, in einem Interpretationsschritt mit Eigenschaften assoziiert, in einem Zusammenhang gebracht und anschließend in einem Nutzungsszenario eingesetzt. Diese Schritte sind nicht vollständig separierbar und werden meist im Ineinandergreifen genutzt.

Wir wollen im Weiteren nur zwei spezielle Typen figurativer Modelle betrachten:
(a) Geometriemodelle als Visualisierungen komplexer Modelle und
(b) Metaphern als spezifische Modelle für Eigenschaften, die ansonsten schwieriger zu fassen sind. Weitere figurative Instrumente, die als Modelle genutzt werden, sind z.B. Erklärungsmodelle (ChH04) wie das Bohr'sche Atommodell, Modelle zur Darstellung kleinster Gegenstände z.B. in der Mikrobiologie und in der Kristallographie, technische Modelle von Konstruktionen und Gegenständen, Visualisierungen von naturwissenschaftlichen Modellen, Anatomie-Modelle von Lebewesen, archäologische Modelle zur Illustration von Theorien über die Historie, das Mode-Modell in der Werbe- und Bekleidungsfunktion verbunden mit einer speziellen Ausprägung der Kulturfunktion, Diagramme zur Vergegenständlichung von komplexen Strukturen und Verhaltens, die technische Zeichnung zur Erklärung eines Gegenstandes oder einer Vorstellung, Bilder der bildenden Kunst als Modell einer komplexen Erzählung, Architekturmodelle zur Exploration eines Entwurfes, die Collage als Modell eines Cargo eines komplexeren Realmodells und das Kunstphoto zum Betonen spezieller Aspekte.

25.2.1 Das Geometriemodell

An einem geometrischen Modell kann man einfach erklären, wie ein repräsentierendes Instrument funktioniert, wie man es verstehen kann und was sein Wesen ausmacht. Das Modell ist idealisiert und abstrahiert sehr stark. Man kann jedoch die Funktionsweise und das Wesen des Gegenstandes leichter lernen. Geometrische Modelle geben diesen Gegenständen eine handhabbare und anschauliche Form. Sie sind Instrumente der Beschreibung ohne selbst Beschreibung sein zu müssen. Sie orientieren auf eine Wahrnehmung eines Aspektes. Es wird i.a. nicht erwartet, dass die Abbildungseigenschaft nach (Sta73) gilt, sondern die Analogieeigenschaft anstelle dieser.

Im zweiten Abschnitt werden Geometrien in den Kapiteln 12,14, 16 und der Hydroakustik behandelt.

25.2.1.1 Instrumente der darstellenden Geometrie

Geometriemodelle wurden für didaktische Nutzungsszenarien entwickelt. Sie sind zum einen ein visuelles Erlebnis und zum anderen Anstoß für einen kognitiven Vorgang. Die visuelle Wahrnehmung beinhaltet einen Teil der Erklärung. Es wird außerdem eine Anleihe genommen am Erfahrungs- und Wissenshintergrund des Betrachters.

Ein typischen Beispiel für ein Geometriemodell ist die Peanosche Fläche in Bild 25.10 aus der Mathematischen Sammlung der TU Dresden (Fis86; Sch20). Es repräsentiert das von G. Peano gefundene Gegenbeispiel $z = -(x^2 - py)\cdot(x^2 - qy)$ für eine Vermutung der Charakterisierung von globalen Maxima durch lokale Maxima[8]. Die Funktion stellt ein mathematisches Modell für die Vereinigung zweier Paraboloide dar, die selbst für Mathematiker schwer erschließbar ist.

Die idealisierten, simulierten Stufen im Modell sind der Visualisierung geschuldet und sind durch die Formel zum Peanoschen Modell nicht gestützt. Man kann jedoch anhand der Stufen Rückschlüsse ziehen. Insbesondere gelingt das Verste-

8 (Sch20): *„Der Koordinatenursprung 0 ist ein Flächenpunkt, an dem sich folgendes Paradoxon studieren läßt: Alle Kurven auf der Fläche, die in Ebenen durch die z-Achse liegen, haben in 0 ein Maximum, während die Fläche selbst in diesem Punkt kein Maximum besitzt! Im Modell ist zu erkennen, daß in jeder noch so kleinen Umgebung von 0 stets Flächenpunkte vorhanden sind, die tiefer, aber auch solche, die höher als 0 liegen.“* Die dargestellte Fläche hat die Gleichung $z = -(x^2 - 10y)\cdot(x^2 - 2y)/200$.

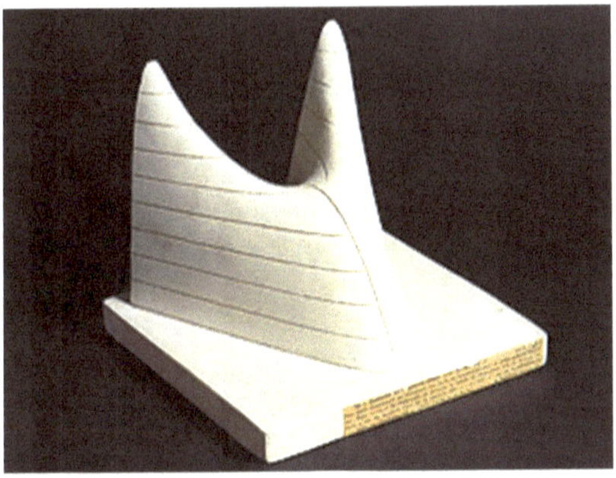

Abb. 25.10. Ein Repräsentationsmodell einer Peanoschen Fläche

hen des Gegenbeispiels und der Nutzer des Instrumentes kann ein Gesamtbild durch den Gebrauch formen.

Geometriemodelle nutzen den dreidimensionalen Raum (erweiterbar um die Zeit) und entleihen deshalb dem Nutzer die Erfahrung mit üblichen Räumen. Die Art und Weise, wie räumliche Aspekte gesehen und interpretiert werden, hat einen Einfluß darauf, wie solche Aspekte beschrieben werden können. Die Kapazität und das Potential von Geometriemodellen beruht u.a. auf der Nutzung des Raumes, der Formen und der - z.B. farblichen oder annotativen - Ausgestaltung dieses Raumes. Geometriemodelle sind deshalb Instrumente der ‚anschaulichen' Geometrie. Sie wirken durch ihre ‚Gestalt' als physische und mentale Realität durch Veranschaulichung von Mathematik. Sie zeigen die typische Form.

Ein Modell wie z.B. in Bild 25.10 wird zum Modell aufgrund eines Urteils eines Entwicklers. Das Modell stellt nicht alle nur mögliche Varianten dar, sondern nur eine ausdrucksstarke prototypische Variante. So besteht z.B. beim Modell der Peanoschen Fläche die Kunst in der Auswahl der Parameter p und q.

Eine Besonderheit von Geometriemodellen - ebenso wie für viele Repräsentationsmodelle - ist die enge Verbindung zu den repräsentierten Formeln. Geometriemodelle besitzen i.a. *keinen* eigenständigen Hintergrund und auch *keine* eigenen Entwicklungsmethoden.

25.2.1.2 Funktion von Geometriemodelle in einer Anwendung

Geometriemodelle sind im Wesentlichen Mediatoren zwischen einer Theorie und den durch diese Theorie erklärten Phänomen. Sie stellen mentale Einheiten dar. Sie werden in Nutzungsszenarien des Lernens durch „Anschauung" mit den Mitteln der praktischen und visuellen Erfahrung. Sie wirken auch mit bei der Popularisierung von Mathematik aufgrund der Erschließung mathematischer Inhalte für ein breiteres Auditorium. Die Anschauung unterstützt auch eine Kommunikationsfunktion für Modelle.

Abweichend von den Naturwissenschaften werden Geometriemodelle nicht für die Gestaltung von Experimenten oder der Entwicklung von Theorien genutzt. Sie werden ausschließlich zur Visualisierung genutzt.

So werden sie auch als Instrument heuristischer Untersuchungen genutzt, da mit solchen Modellen einfachere Vergleiche mit Phänomen gezogen werden können. Sie unterstützen die Intuition und erlauben deshalb auch die Entwicklung neuer Theorien aufgrund dieser Intuition. Damit wird eine Brücke geschlagen von veranschaulichter Mathematik zu ihren Anwendungen und (philosophischen) Grundlagen.

Nach F. Klein (Meh04) hatten Geometriemodelle neben der Ausbildung im 19. und frühen 20. Jahrhundert auch eine Funktion bei der Formierung einer Mathematikergemeinschaft. Diese Funktion besitzen sie noch für die Ingenieuranwendungen der Geometrie. Die Wirtschaftsinformatik-Modelle setzen diese Tradition fort.

Die Interpretation basiert zum einen auf der kognitiven Erfahrung eines Betrachters und zum anderen auf seinen Interpretationsfähigkeiten. Sehen und Verstehen bilden eine dialektische Einheit. Der Betrachter „durchspürt" das Modell und erschließt sich damit Varianten für eine Interpretation. Die Interpretation findet i.a. in einer rekursiven Form statt, weil ein Betrachter das Geometriemodell auch für andere Funktionen in anderen Szenarien einsetzt (Cas95).

25.2.1.3 Geometriemodelle als adäquate und verlässliche Instrumente

Vorrangiges Ziel von Geometriemodellen ist Erkenntnis und Anleitung zum Handeln. Sie sind Instrumente der Anschauung. Ihre Vermittlungsleistung beruht auf der Visualität und damit auf einer Anleihe an den Erfahrungshintergrund der Betrachter.

Geometriemodelle sind üblicherweise handliche Instrumente zur Demonstration komplexer Formeln. Geometriemodelle sind jedoch ausdrucksstärker als zweidimensionale Illustrationen.

Ein Geometriemodell ist adäquat für Formeln aufgrund der Instanzeneigenschaft. Es abstrahiert von diesen Formeln und orientiert auf einen Prototypen. Damit verhält sich das Modell in gewissem Rahmen analog zu den Formeln. Zugleich orientiert sich das Modell fokussiert am Nutzungsszenario. Es ist damit auch zielgerecht.

Da das Geometriemodell für Formeln eine Instanz darstellt, kann die Falsifizierbarkeit leicht geprüft werden - zumindest modulo der Nutzungsszenarien. Das Geometriemodell ist verlässlich aufgrund der Reflexion der Formeln, aufgrund der mit der Instantiierung dieser Formeln einhergehenden Kohärenz und aufgrund der Plastizität, falls der Prototyp entsprechend gewählt wurde.

Ein Geometriemodell zeichnet sich ebenso wie andere figurative Modelle durch eine Gestaltqualität aus, die nicht nur Formen und Farben umfasst, sondern auch die Gestaltung selbst. Figurative Modelle basieren auf dem Prinzip der visuellen Kommunikation, dem Prinzip der visuellen Kognition, dem Prinzip des visuellen Design, dem Prinzip der visuellen Explikation und den visuellen Konventionen einer Disziplin (Mor10).

Die externe und auch die interne Qualität von Geometriemodellen ist aufgrund der inhärenten Unvollständigkeit beschränkt. Sie haben ihre Stärken im Transport einer Bedeutung und durch die figurative Darstellungsform sind sie für die Kommunikation über die Mathematik geeignet. Mit dieser Einschränkung sind sie Grenzinstrumente. Geometriemodelle zeichnen sich durch eine eigene Ästhetik aus und wirken deshalb intellektuell befriedigend. Damit haben Geometriemodelle Gemeinsamkeiten mit Gegenständen der Bildenden Kunst. Eine besondere Qualität erhalten Geometriemodelle durch ihre Anschaulichkeit. Ihre Qualität in der Nutzung umfasst deshalb Klarheit, Deutlichkeit, Intuitivität, Sparsamkeit und Objektivität.

25.2.1.4 Das Urteil für Geometriemodelle

Inwieweit ein Geometriemodell ein Repräsentationsmodell einer Menge von Formeln ist, wird anhand einer strikten Assoziation zu dieser Formelmenge postuliert. Die Bewertung umfasst Aussagen zur Anwendbarkeit nur innerhalb der vorgesehenen Nutzungsszenarien und verbietet die Verwendung z.B. für das Antiprofil. Die Konfidenz dieser Bewertung resultiert aus der Instanzeneigenschaften, d.h. das Geometriemodell ist eine Instanz der Formeln. Die Akzeptanz und damit das Urteil, als Geometriemodell geeignet zu sein, ist innerhalb der Nutzungsszenarien und innerhalb der Nutzerwelt gegeben.

25.2.1.5 Geometriemodelle als zweckmäßige Modelle

Entwicklungsmethoden sind Analyse, Synthese, Unterstützung und Weiterentwicklung. Die Konstruktion von Geometriemodellen wurde systematisch durch F. Klein in Göttingen entwickelt (Meh04). Es existieren Zusammenstellungen (Fis86) und Sammlungen wie z.B. die Dresdner Sammlung (Sch20). Mit der Entwicklung der modernen Mathematik rückt man jedoch von der systematischen Entwicklung von Modellen in der Mathematik ab.

Üblicherweise werden Geometriemodelle nicht zur Konstruktion von Theorien eingesetzt. Diese Modelle verbergen stillschweigend die Theorien, die sie darstellen.

Eine einfache Nutzungsmethode von derartigen Modellen sind geometrische Transformationen wie z.B. die Spiegelung, die Rotation und die Achsentransformation. Eine nützliche, aber nicht entwickelte Methode könnte das räumliche Schließen sein wie z.B. durch visuelle Programmierung (Amb90; Cat97; Tha94').

In Bild 25.11 fassen wir die Adäquatheit und die Verlässlichkeit des Modells zusammen.

25.2.1.6 Bewertung von Geometriemodellen

Ein Geometriemodell erlaubt das Verstehen des (mathematischen) Modells zum einen durch eine Ähnlichkeit zur Realität, die durch das Modell dargestellt wird, zum zweiten durch eine Entwicklung eines eigenen Erklärungsmodells durch ein Verstehen der Elemente und der Komposition, zum dritten durch eine Ersetzungsfunktion, durch die das eigentliche Modell zum partiellen Verständnis nicht mehr benötigt wird und zum vierten durch eine Ergänzungsfunktion, durch die der Betrachterkontext das Modell erweitert (Str08).

Eine Schwäche von Geometriemodellen ist die Projektion in die Dreidimensionalität. Damit entsteht auch das Risiko der Unverständlichkeit, das mit einer Verbesserung der Modelle partiell behoben werden kann. Mit der Abstraktionseigenschaft dieser Modelle besteht auch das Risiko des Auslassens wesentlicher

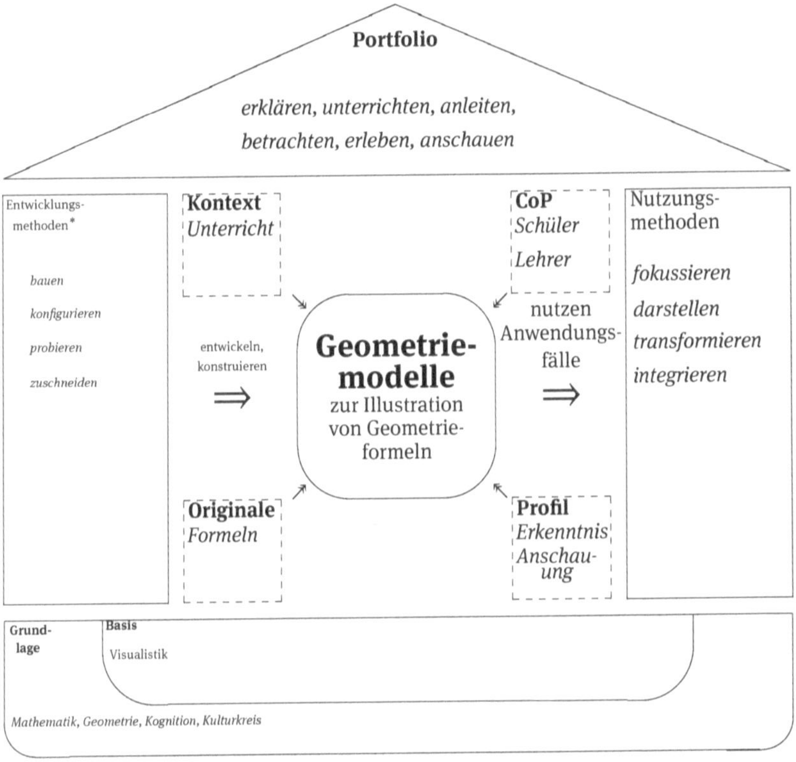

Abb. 25.11. Das Modell des Geometriemodells (* unterentwickelt)

Eigenschaften. Solche Modelle ‚leiden' ggf. durch eine Repräsentation abgeleiteter Eigenschaften anstelle der originären Eigenschaften (der Genotyp ist durch einen Phenotyp repräsentiert). Eine Herausforderung ist die bislang vorhandene Orientierung auf eine Materialisierung. Moderne Mittel überwinden diese Problematik.

Modelle wie z.B. Geometriemodelle erlauben eine modell-basierte Betrachtung der Wissenschaften. Sie stellen eine Illustration dar und erlauben exemplarisches Schließen[9] anhand eines besonders ausgezeichneten Modells. Dieses Modell stellt im Wesentlichen eine spezielle Ausprägung für die geometrische Formel dar, d.h. ist eine Instanz für diese Formel.

9 Exemplarisches Schließen kommt ohne Variablen aus, zeigt aber mit einem guten Prototyp die essentiellen Eigenschaften. So war z.B. der Binomische Lehrsatz $((a+b)^2 = a^2 + b^2 + 2 \cdot a \cdot b)$ bereits in Babylon bekannt und durch den Prototyp $(3+5)(3+5) = 3 \cdot 3 + 5 \cdot 5 + 2 \cdot 3 \cdot 5$ repräsentiert, wobei die Ziffer 2 fixiert ist und die Ziffern 3 und 5 Prototypen sind.

Die Kapazität von Geometriemodellen basiert auf einer visuellen Kultur[10] (Meh04'). Diese Kultur ist auch für Diagramme wie z.B. konzeptuelle Schemata und BPMN-Diagramme eine besondere Stärke. Problematisch ist für Geometriemodelle sicher die Denkschulen-Bezogenheit. Solche Modelle erfordern eine bestimmte Konditionierung des Betrachters z.B. durch Ausbildung.

Visuelle Modelle sind von besonderer Bedeutung in einer interdisziplinären Arbeit. Sie erlauben eine einfache Kommunikation ohne, dass die dahinterliegende Theorie in allen Details bekannt sein muß. Dieser Vorteil solcher Modelle kommt besonders in der Popularisierung von wissenschaftlichen Disziplinen zum Tragen[11].

Ein besonderes Potential von Geometriemodellen wurde durch die Entwicklung einer Technologie der virtuellen Realität (VR) erschlossen. Damit muß ein Modell nicht mehr physisch existieren, sondern kann am Bildschirm betrachtet, analysiert, zerlegt und zusammengestellt werden. Solche Geometriemodelle sind z.B. auch die Visualisierungen von Fraktalen. Damit kann auch ein Geometriemodell in seiner dynamischen Fortentwicklung gezeigt und simuliert werden.

Das Cargo und vor allem der Hauptgehalt von Geometriemodellen sind durch die geometrischen Formeln definiert. Der Inhalt eines solchen Modells ist der Zusammenhang zu den Formeln, wobei dieser Zusammenhang im Kontext, für eine Nutzergemeinschaft und für die Nutzungsszenarien postuliert wird. Die Bestimmung ist die Unterstützung des Denkens und des Verstehens. Die Bedeutung eines Modells resultiert in diesem Fall direkt aus dem Nutzungsszenario. Sie erschließt jedoch nur, wenn das erforderliche Medialitätsbewußtsein und eine entsprechende hermeneutische Interpretation vorhanden sind.

Damit ergibt sich für ein Geometriemodell eine Beschränkung bei der Verwendung. Es bedarf stets einer Referenz auf die Formeln, die es repräsentiert.

Das Geometriemodell verschafft dem mathematischen Modell einen Mehrwert z.B. zur Erklärung - oder wie bei Modellen zum Zahnrad - eine Vorstellung zur

---

10 Kultur kann verstanden werden als „die Gesamtheit von Attitüden, Grundsätze, Annahmen, Werte und Wertvorstellungen, Verhaltensnormen und Grundeinstellungen die von einer Gruppe geteilt werden, die das Verhalten der Gruppenmitglieder beeinflussen und mit wessen Hilfe diese das Verhalten anderer interpretieren." (SpO99)

11 Eine Illustration ist einfacher zu begreifen und zu verarbeiten als eine formale Darstellung. Ein Bild sagt mehr als tausend Worte.

Benutzung. Oft wird erst durch einen solchen Mehrwert das eigentliche Modell wertvoll.

25.2.1.7 Spezifika von Geometriemodellen

Geometriemodelle haben als Nebenfunktion auch die Darstellung von Geometrie für ein breiteres Auditorium. Diese Funktion steht neben der didaktischen Funktion der Erklärung und der Repräsentationsfunktion. Diese Funktion spielt in vielen Nutzungsszenarien eine Rolle, so dass kaum eine Eingrenzung vorgenommen werden kann.

25.2.2 Metaphern als Modelle

Metaphern sind ein weitverbreitetes exzeptionelles Sprachmittel in Kommunikationssituationen. Eine Metapher ist eine unübliche Benutzung eines sprachlichen Ausdrucks, bei dem ein Teil einer Realität (Urbild, Vorbildbereich, Spenderwelt) zur Charakterisierung für einen anderen Teil der Realität (Bild, Abbildbereich, Empfängerwelt) in einer spezifischen Situation genutzt wird. Sie stellen eine sinnvolle und aufschlussreiche Abweichung von den Regeln des Gebrauchs dar und erzeugen ein neues Verständnis einer Situation. Es wird dabei vom dominanten, prototypischen Sprachgebrauch eines Wortes und seiner Standardbedeutung abgewichen. Meist ist die Bedeutung im Vorbildbereich hinreichend klar umrissen und auch dominant. Die Charakterisierung der Abbildsituation ist dagegen oftmals viel schwieriger und wird durch eine Anleihe aus der Spenderwelt vereinfacht.

Im zweiten Abschnitt werden Metaphern in den Kapiteln 7,10 und 15 behandelt.

Metaphern
1. werden aus einer Spenderwelt in eine Empfängerwelt übertragen,
2. sind mit der Empfängerwelt vereinbar und in gewissem Rahmen sinnvoll,
3. können mit einem Regelsystem unter Berücksichtigung der geltenden Basis und Grundlage in diese Empfängerwelt integriert werden,
4. werden aufgrund eines Nutzungsszenarios unter Berücksichtigung des Kontexts und aufgrund der Bewertungen sowie Befindlichkeiten innerhalb einer Nutzergemeinschaft in entsprechende Aussagen integriert,
5. injizieren bzw. projizieren ihre dominierende Bedeutung in den Empfängerbereich (als Verarbeitung) und

6. besitzen mit der Übertragung einen Mehrwert z.B. eine pragmatische Information für die Hörer.

Metaphern gehen oft nach entsprechendem Gebrauch in den Empfängerbereich über und werden nicht mehr als solche wahrgenommen (z.B. *Motorhaube, Datenautobahn, Computer-Virus, Hauptstadt*). Sie werden als kreative (z.B. *die Sonne grinst*), konventionalisierte (z.B. *die Sonne lacht, nackte Wahrheit*) oder lexikalische (z.B. *Vater Staat, dunkle Töne*) Charakteristiken genutzt.

25.2.2.1 Die Metapher als Instrument

Metaphern sind Transformationsinstrumente. Für den Abbildbereich existiert oftmals kein eigentlicher Ausdruck zur Beschreibung einer Situation. Sie dienen der Bedeutungserweiterung oder Bedeutungsveränderung im Abbildbereich.

Metaphern basieren auf einer prädikativen Grundstruktur, in der ein Element prädikativ auf ein anderes bezogen wird. Spenderwelt und Empfängerwelt akzentuieren sich gegenseitig. Unter bestimmten Voraussetzungen sind bestimmte Eigenschaften in der Empfängerwelt wahrnehmbar, aber nicht einfach durch einen ‚eigentlichen' Ausdruck beschreibbar. In der Spenderwelt sind diese Eigenschaften jedoch hinreichend dominant und hinreichend klar umrissen.

Metaphern bestehen als Instrumente aus einem Metapherfeld (DuT04; Lie92). Die Beschreibung eines Feldes kann man an die Beschreibung von semantischen Feldern anlehnen. Ein *Metapherfeld* ist beschrieben (DuT04) durch
- eine Spezifikation einer Eigenschaft, die prädikativ Spender- und Empfängerwelt mit einer ansprechenden Intensität verbindet,
- die Metaphernklasse (personalisiert, allegorisch, symbolisch, synoptisch),
- die Bedeutung der Metapher in verschiedenen Kontext für unterschiedliche Nutzergemeinschaften,
- die Substitutionsform [Form der Abstraktion (generalisierend/spezialisierend), Richtung (leblos/belebt), Form der Beziehung der Welten (z.B. analoges Schließen), Kontextinjektion, Ellipsen und Ambiguitäten],
- die Angabe von Repräsentationen der Metapher,
- eine Einbettungsvorschrift in die jeweilige Spenderwelt,
- eine Beschreibung der Intention (Cargo) und
- eine Beschreibung des intendierten Effektes der Metapher.

Metaphern werden als Instrumente in einem Kommunikationsakt genutzt. Grundlagen dieser Nutzung sind Theorien wie die Substitutions- und die Wortfeldtheorie (Kun92; SSS90; Tri72); Paradigmen wie die Nutzung dominanter Eigenschaften, Paradigmen der Kognition und von Kommunikationsakten; Postulate wie z.B. die Nichtzerlegbarkeit der Metapher und die Kultur in der Empfängerwelt. Basis dieser Nutzung sind Annahmen der einfachen Interpretation, Konzepte wie Konnotation, Konventionen in der Empfängerwelt und rhetorische Praktiken.

25.2.2.2 Funktion von Metaphern in einer Anwendung

Das Gebrauchsmodell einer Metapher orientiert sich an der Annotation für eine komplexe, schwerer zu beschreibenden Situation. Die Funktion in einem Kommunikationsszenario ist dann die der *Anleihe* bzw. die *Bedeutungserzeugung* aufgrund einer Analogie. Ihre Funktion ist demzufolge eine spezielle *explorative*. Die Nutzergemeinschaft zerfällt in einen ‚Sprecher' aus dem Urbildbereich und ‚Hörer' aus dem Abbildbereich, für die diese Anleihe korrekt ist. Das wichtigste Nutzungsszenario ist ein (rhetorischer) Kommunikationsakt. Die Spenderwelt und die Empfängerwelt basieren dabei auf einer gemeinsamen Ontologie. Dabei wird vom üblichen Sprachgebrauch eines Wortes oder Begriffs etc. abstrahiert. Mit dieser Abstraktion werden Situationen beschreibbar, die in der Empfängerwelt nicht mit dieser Klarheit beschrieben werden können.

Das Funktionieren einer Metapher hängt stark von der Nutzergemeinschaft, deren Regeln und deren Kultur, dem situativen Kontext und dem Denkstil in dieser Nutzergemeinschaft ab. Damit wird das Nutzen von Metaphern auch durch Regeln der (politischen) Korrektheit beschränkt.

Die explorative Funktion basiert auf einer Toleranz der Ungenauigkeit des Metaphernfeldes oder des semantischen Feldes. Eine Situation wird nur approximativ und qualitativ nicht aber quantitativ beschreiben. Metaphern haben ihre eigene Kapazität und ihr spezifisches Potential. Mit dem Metaphernfeld wird das Verständnis im Empfängerbereich erleichtert und zusätzliche Diskurse über die Charakterisierung ausgelöst. Es wird ein neues Verständnis erzeugt. Im Unterschied zu mathematischen Modellen geht die Injektion in den Empfängerbereich einher mit einem Verlust des Wahrheitsgehaltes. Metaphern dienen jedoch dem Erkenntnisgewinn und haben eine eigene Produktivität, die über Abbildung hinausgeht. Sie sind konkret und anschaulich sowie stiften Sinn über die Bildlichkeit. Metaphern können auch zirkulieren, d.h. in verschiedenen Kontexten verwendbar sein. Sie transportieren unterschiedliche Aspekte und erlauben eine Anpassung an den neuen Kontext.

Es gibt auch Nutzungsszenarien, in denen Metapher neben der internen Funktion (Verbesserung der Ausdrucksstärke) prädikative Funktionen durch Beschreibung einer Analogie, heuristische Funktionen durch Hinzufügung von Information oder Wissen, kreative Funktionen aufgrund der Neuheit, konventionelle Funktionen durch Stereotype, emotionale Funktionen auf der Grundlage der Intuition z.B. für komplexe Assoziationen, soziale Funktionen durch spezifische (statische) Präsentationsformen, rhetorische Funktion insbesondere zur Veränderung des Verhaltens von Hörern und ästhetische Funktionen durch Befriedigung des Hörers einnehmen. Das Einsatzspektrum für eine Metapher ist durch diese Nutzungsszenarien beschrieben.

Ziel in allen Nutzungsszenarien ist eine schnelle, einfache und leicht auffaßbare Charakterisierung einer Situation. Damit ist eine Metapher ein Perzeptions-, ein Kommunikations- und ein Human-to-Human-Dialoginstrument.

25.2.2.3 Metaphern als adäquate und verlässliche Instrumente

Metaphern und Metaphernfelder werden meist für Charakterisierungen genutzt. Der Gegenstand, der damit repräsentiert wird, ist kein physischer Gegenstand. Der Gegenstand ähnelt eher einem Konzeptfeld oder einer Konzeption[12], mit dem andere Gegenstände in der Empfängerwelt zu beschreiben sind. Es ist durchaus auch möglich, Metaphern für komplexere virtuelle Artefakte einzusetzen.

Metaphern können u.U. auch Modelle sein. Eine Metapher ist zusammen mit dem Metaphernfeld partiell adäquat in Abhängigkeit vom Abbildbereich. Eine Metapher ist stark fokussiert. Innerhalb der Nutzungsszenarien ist eine Metapher auch zielgerecht. Inwieweit eine Metapher wohlgestaltet ist, hängt i.a. von der Sprache und der Basis ab.

Die Verlässlichkeit genügt analogen Einschränkungen auf die Nutzungsszenarien bezogen. Eine Rechtfertigung nutzt die Kompromisse zur Genauigkeit, zum Wahrheitsgehalt, zur Einbettbarkeit und zur Nichteinsetzbarkeit, die für die Nutzungsszenarien tolerierbar sind. Sie ist jedoch mit den üblichen Herangehensweisen schrittweise für ein Metaphernfeld erstellbar durch eine empirische Begründung der dominanten Eigenschaften, durch eine partielle Konformität mit dem Vorbildbereich, durch eine Validierbarkeit der mit dem Metaphernfeld verbundenen Konzeption und durch eine hinreichende Stabilität innerhalb der Spenderwelt.

---

12 Konzeptionen sind Systeme zur Erklärung.

Die hervorragende Qualitätscharakteristik von Metaphern und Metaphernfelder ist die der Ökonomie und insbesondere die Sparsamkeit in der Darstellung. Genau diese Sparsamkeit prädestiniert eine Metapher innerhalb eines Nutzungsszenarios.

Zusammenfassend stellen wir also fest, dass eine Metapher zusammen mit einem Metaphernfeld ein Modell sein kann, solange man sie innerhalb der Nutzungsszenarien nutzt. Außerhalb ist eine Nutzung dagegen problematisch.

25.2.2.4 Das Urteil für Metaphern

Metaphern basieren auf der Intuition und der Erfahrung des Entwicklers und setzen sich im Fall der Akzeptanz im Selbstlauf durch. Die Adäquatheit und die einfache Verlässlichkeit determiniert auch die Bewertung. Innerhalb eines Perzeptions-, eines Kommunikations- und eines Human-to-Human-Dialog-Aktes wird eine Metapher angenommen oder nicht. Metaphern sind damit typisch modal. Die Konfidenz in eine Metapher ist meist gering. Sie ist eingebettet in alle Formen von Kultur sowohl der Gruppen- und Firmenkultur als auch der territorialen Kultur (lokal, regional, international, Gesellschaft) sowie auch des Zeitgeistes.

25.2.2.5 Metaphern als zweckmäßige Modelle

Es sind relativ wenig Vorarbeiten vorhanden zur systematischen Entwicklung von Metaphern. Oft sind Metaphern intuitiv und kreativ entstanden im Rahmen der Schönen Künste. Die Anreicherung einer Metapher um ein Metaphernfeld ist im Umfeld von Web-Informationssystemen untersucht worden. Websites nutzen in breitem Maße Metaphorisierungsprozesse sowohl zur Entwicklung von Metaphern als auch zur Kombination von Metaphern. Fortgesponnene, kombinierte, variierte und aufeinander abgestimmte Metaphern bilden bei vielen erfolgreichen Portalen eine Klammer für das intuitive Verstehen der Geschäftsprozesse.

In breiterem Maße sind dagegen Nutzungsmethoden vorhanden, die sich aus der Struktur, den Regeln und dem Praktiken des Sprachgebrauchs ergeben. Diese Methoden sind aus den Methoden der Linguistik abgeleitet. Sie beinhalten sowohl Grammatikregeln als auch Regeln zur Komposition von Konzepten und Konzeptionen.

Eine Metapher bildet also zusammen mit dem Metaphernfeld ein zweckmäßiges Modell. Eingesetzt in den eingegrenzten Nutzungsszenarien sind sie auch ein effektives Modell. Außerhalb sind sie weder effektiv noch überhaupt ein Modell.

Damit ist eine scharfe Abgrenzung zum Antiprofil gegeben.

In Bild 25.12 visualisieren wir die Adäquatheit und die Verlässlichkeit einer Metapher als Modell.

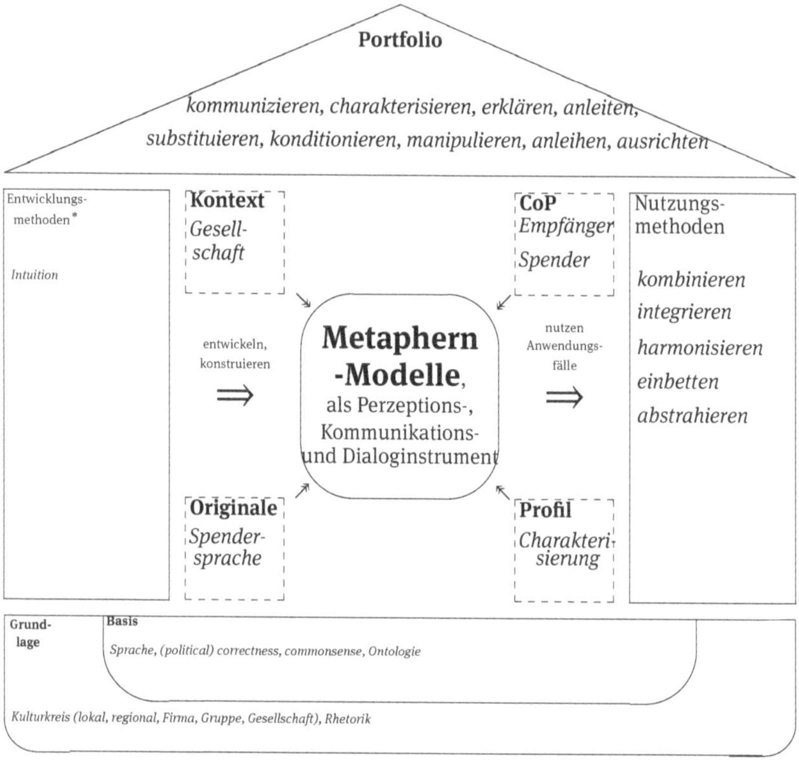

Abb. 25.12. Metaphern als Modelle (* unterentwickelt)

25.2.2.6 Bewertung von Metapher-Modellen

Metaphern und die Metaphernfelder stehen eher für eine Reifegrad 0 durch ihre Ad-Hoc-Form. Mit den diskutierten Einschränkungen können wir jedoch eine positive Evaluierung mit den PURE-SMART-CLEAR-Kriterien für das Ziel, den Zweck und die Funktion vornehmen. Da eine Metapher vorrangig zur Perzeption eingesetzt wird, kann man auch eine eingeschränkte Bewertung der Kapazität und des Potential mit einer SWOT-Analyse vornehmen. Mit diesen Bewertungen erhalten wir auch eine wesentlich genauere Eingrenzung der Verwendbarkeit von Metaphern über die obigen Beobachtungen hinaus.

Wir stellen jedoch fest, dass eine Metapher ohne oder mit nur unklarem Metaphernfeld kein Modell sein kann. Damit wäre eine solche Metapher auch ein Beispiel für ein Instrument, das zum Modell angereichert werden kann.

Literatur

[Amb90] A. L. Ambler and M. M. Burnett. Visual programming, programming by example, and programming by visualization: A taxonomy. In E. P. Glinert, editor, *Proc. Visual Programming Environments: Paradigms and Systems*. IEEE Computer Society Press, 1990.

[AVPO11] N. Aquino, J. Vanderdonckt, J. I. Panach, and O. Pastor. Conceptual modelling of interaction. In *The Handbook of Conceptual Modeling: Its Usage and Its Challenges*, chapter 10, pages 335–358. Springer, Berlin, 2011.

[Bla88] M. R. Blaha, W. J. Premerlani, and J. E. Rumbaugh. Relational database design using an object-oriented methodology. *CACM*, 31(4):414–427, 1988.

[BGRR07] A. Blass, Y. Gurevich, D. Rosenzweig, and B. Rossman. Interactive small-step algorithms I: axiomatization. *Logical Methods in Computer Science*, 3(4), 2007.

[BGRR07'] A. Blass, Y. Gurevich, D. Rosenzweig, and B. Rossman. Interactive small-step algorithms II: abstract state machines and the characterization theorem. *Logical Methods in Computer Science*, 3(4), 2007.

[BNC92] C. Batini, S. Ceri, and S. Navathe. *Conceptual database design (an entity-relationship approach)*. Benjamin/Cummings, Redwood City, 1992.

[Boe87] E. Börger. *Berechenbarkeit, Komplexität, Logik: Eine Einführung in Algorithmen, Sprachen und Kalküle unter besonderer Berücksichtigung ihrer Komplexität*. Vieweg, 1987.

[BoS03] E. Börger and R. Stärk. *Abstract state machines - A method for high-level system design and analysis*. Springer, Berlin, 2003.

[BoS11] E. Börger and O. Sörensen. BPMN core modeling concepts: Inheritance-based execution semantics. In *The Handbook of Conceptual Modeling: Its Usage and Its Challenges*, chapter 9, pages 287–334. Springer, Berlin, 2011.

[BPMI06] BPMI.org. Business Process Modeling Notation Specification v.1.0. dtc/2006-02-01 at http://www.omg.org/technology/documents/spec_catalog.htm, 2006.

[BST09] E. Börger, O. Sörensen, and B. Thalheim. On defining the behavior of or-joins in business process models. *Journal of Universal Computer Science*, 15(1):3–32, 2009.

[BoT08] E. Börger and B. Thalheim. A method for verifiable and validatable business process modeling. In *Software Engineering*, volume 5316 of *Lecture Notes in Computer Science*, pages 59 – 115. Springer, 2008.

[Cas95] E. Cassirer. *Symbol, Form, Sprache - Aufsätze aus den Jahren 1927-1933*. Felix Meiner Verlag, Hamburg, 1995.

[Cat97] T. Catarci, M. F. Costabile, S. Levialdi, and C. Batini. Visual query systems for databases: A survey. *J. Query Languages and Computing*, 8(2):215–260, 1997.

[ChH04] S. Chadarevian and N. Hopwood, editors. *Models - The third dimension of science*. Stanford University Press, Stanford, California, 2004.

[CMMI02] CMMI. Capability maturity model integration, version 1.1. CMMI for systems engineering, software engineering, integrated product and process development, and supplier sourcing. Continuous representation. CMU/SEI-2002-TR-011, March 2002.

[Cop04] B.J. Copeland, editor. *The Essential Turing*. Oxford: Clarendon Press, 2004.

[Den13] P. J. Denning. The science in computer science. *Commun. ACM*, 56(5):35–38, 2013.

[DeW12] P. J. Denning and P. Wegner. Introduction to what is computation. *Comput. J.*, 55(7):803–804, 2012.

[Dor11] D. Dori. Object-process methodology for structure-behavior codesign. In *The Handbook of Conceptual Modeling: Its Usage and Its Challenges*, chapter 7, pages 209–258. Springer, Berlin, 2011.

[DuS11] A. Düsterhöft and K.-D. Schewe. Conceptual modelling of application stories. In *The Handbook of Conceptual Modeling: Its Usage and Its Challenges*, chapter 11, pages 359–380. Springer, Berlin, 2011.

[DuT04] A. Düsterhöft and B. Thalheim. Linguistic based search facilities in snowflake-like database schemes. *Data & Knowledge Engineering*, 48(1):177–198, 2004.

[Eli02] C. Eliasmith. The myth of the Turing machine: the failings of functionalism and related theses. *J. Exp. Theor. Artif. Intell.*, 14(1):1–8, 2002.

[Emb98] D. W. Embley. *Object database development: Concepts and principles*. Addison-Wesley, Reading, Mass., 1998.

[ELP10] D. W. Embley, S. W. Liddle, and O. Pastor. Conceptual-model programming: A manifesto. In *The Handbook of Conceptual Modeling: Its Usage and Its Challenges*, chapter 1, pages 1–15. Springer, Berlin, 2010.

[EmM10] D. W. Embley and W.Y. Mok. Mapping conceptual models to database schemas. In *The Handbook of Conceptual Modeling: Its Usage and Its Challenges*, chapter 1, pages 123–164. Springer, Berlin, 2010.

[Fis86] G. Fischer. *Mathematische Modelle*. Vieweg, Braunschweig, 2. edition, 1986.

[FlH89] C. C. Fleming and B. von Halle. *Handbook of relational database design*. Addison-Wesley, Reading, MA, 1989.

[FRT05] G. Fiedler, T. Raak, and B. Thalheim. Database collaboration instead of integration. In *APCCM'05*, volume 43 of *CRPIT*, pages 49–58. Australian Computer Society, 2005.

[Gur2000] Y. Gurevich. Sequential abstract-state machines capture sequential algorithms. *ACM TOCL*, 1(1):77–111, 2000.

[HaF95] P. J. Hayes and K. M. Ford. Turing test considered harmful. In *IJCAI 95*, pages 972–977. Morgan Kaufmann, 1995.

[Hro14] J. Hromkovič. *Berechenbarkeit, Komplexität, Logik: Eine Einführung in Algorithmen, Sprachen und Kalküle unter besonderer Berücksichtigung ihrer Komplexität*. Springer, 2014.

[JaT10] H. Jaakkola and B. Thalheim. A framework for high quality software design and development: A systematic approach. *IET Software*, pages 105–118, April 2010.

[JMTV05] H. Jaakkola, T. Mäkinen, B. Thalheim, and T. Varkoi. Evolving the database co-design framework by SPICE. In *Proc. EJC'05, Informaton Modelling and Knowledge Bases Vol. XVII, Series Frontiers in Arificial Intelligence,*, Tallinn, May 2005. IOS Press.

[Kas03] R. Kaschek. *Konzeptionelle Modellierung*. PhD thesis, University Klagenfurt, 2003. Habilitationsschrift.

[KlT11] M. Klettke and B. Thalheim. Evolution and migration of information systems. In *The Handbook of Conceptual Modeling: Its Usage and Its Challenges*, chapter 12, pages 381–420. Springer, Berlin, 2011.

[Kun92] J. Kunze. Generating verb fields. In *Proc. KONVENS*, Informatik Aktuell, pages 268–277. Springer, 1992. in German.

[KuT06] D. Kumbier and F.S. von Thun. *Interkulturelle Kommunikation: Methoden, Modelle, Beispiele*. rororo, 2006.

[Lie92] W.-A. Liebert. *Metaphernbereiche der deutschen Alltagssprache*. surkamp, Frankfurt a.M., 1992.

[Mah08] B. Mahr. *Visuelle Modelle*, chapter Cargo. Zum Verhältnis von Bild und Modell, pages 17–40. Wilhelm Fink Verlag, München, 2008.

[MaR92] H. Mannila and K.-J. Räihä. *The design of relational databases*. Addison-Wesley, Wokingham, England, 1992.

[MaS08] S.T. March and V.C. Storey. Design science in the information systems discipline: An introduction to the special issue on design science research. *MIS Quarterly*, 4:725–730, 2008.

[Meh04] H. Mehrtens. *Models - The third dimension of science*, chapter Mathematical Models, pages 276–306. Stanford University Press, Stanford, California, 2004.

[Meh04'] H. Mehrtens. *Models - The third dimension of science*, chapter Material models as visual culture, pages 443–451. Stanford University Press, Stanford, California, 2004.

[Mor06] T. Moritz. *Visuelle Gestaltungsraster interaktiver Informationssysteme als integrativer Bestandteil des immersiven Bildraumes*. PhD thesis, HFF Berlin-Babelsberg, 2006.

[Mor10] T. Moritz. *The screenography of interactive information systems*. Lecture notes for papers (program: information and media technology). Brandenburg University of Technology, Cottbus, 2010-2013.

[PiE11] H. Pichler and J. Eder. Business process modeling and workflow design. In *The Handbook of Conceptual Modeling: Its Usage and Its Challenges*, chapter 8, pages 259–286. Springer, Berlin, 2011.

[RHH+00] D. Roland, J.-L. Hainaut, J.-M. Hick, J. Henrard, and V. Englebert. Database engineering processes with DB-MAIN. In *Proc. ECIS 2000*, pages 244–251, 2000.

[Ris88] N. Rishe. *Database design fundamentals*. Prentice-Hall, Englewood Cliffs, 1988.

[RSS08] I. Reichle, S. Siegel, and A. Spelten. Die Wirklichkeit visueller Modelle. In *Visuelle Modelle*, chapter 1, pages 9–16. Wilhelm Finck Verlag, München, 2008.

[Run94] N. Runge. *Scheme transformations on the basis of optimizing combinations of partially applicable elementary transformation methods*. PhD thesis, Karlsruhe University, Computer Science Dept., 1994.

[SAW02] S. Si-Said, J. Akoka, and I. Comyn-Wattian. Conceptual modeling quality - From EER to UML schema evaluation. In *Proc. ER 2002*, LNCS 2503, pages 418–428, Berlin, 2002. Springer.

[Sch20] M. Schilling. Peanosche Fläche. Sammlung Mathematischer Modelle der TU Dresden. http://www.math.tu-dresden.de/modellsammlung/karte.php?ID=341, ca. 1920. Foto: L. Liebert.

[Sch98] R. Schütte. *Grundsätze ordnungsmäßiger Referenzmodellierung : Konstruktion konfigurations- und anpassungsorientierter Modelle.* PhD thesis, Münster, Gabler, 1997.

[ScR98] R. Schütte and T. Rotthowe. The guidelines of modeling - an approach to enhance the quality in information models. In *ER '98*, volume 1507 of *Lecture Notes in Computer Science*, pages 240–254. Springer, 1998.

[ScT07] K.-D. Schewe and B. Thalheim. Development of collaboration frameworks for web information systems. In *IJCAI'07 (20th Int. Joint Conf on Artificial Intelligence, Section EMC'07 (Evolutionary models of collaboration)*, pages 27–32, Hyderabad, 2007.

[ScW10] K.-D. Schewe and Qing Wang. A customised ASM thesis for database transformations. *Acta Cybern.*, 19(4):765–805, 2010.

[ScW12] K.-D. Schewe and Qing Wang. A simplified parallel ASM thesis. *ABZ 212*, LNCS 7316, 341-344, Springer, 2012.

[Sha49] C. E. Shannon. Communication in the presense of noise. In *Proc. IRE*, pages 10–21, 1949.

[SPICE03] ISO/IEC. Information technology - process assessment - part 2: Performing an assessment. IS 15504-2:2003, 2003.

[SpO99] H. Spencer-Oatey. *Culturally speaking : managing rapport through talk across cultures.* Continuum, London, 2000.

[SSS90] H. Schreiber, K.-E. Sommerfeld, and G. Starke. *Deutsche Wortfelder für den Sprachunterricht: Verbgruppen.* VEB Verlag Enzyklopädie, Leipzig, 1990.

[Sta73] H. Stachowiak. *Allgemeine Modelltheorie.* Springer, 1973.

[Str08] S. Strehle. Evidenzkraft und Beherrschungsmacht. Bildwissenschaftliche und soziologische Zugänge zur Modellfunktion von Bildern. In *Visuelle Modelle*, chapter 1, pages 57–70. Wilhelm Finck Verlag, München, 2008.

[Teo89] T. J. Teorey. *Database modeling and design: The entity-relationship approach.* Morgan Kaufmann, San Mateo, 1989.

[Tha94] B. Thalheim. A general framework for database design strategies. In J. Eder and L. A. Kalinichenko, editors, *Proc. 2nd East/West Database Workshop*, Workshops in Computing, pages 263–274, Klagenfurt, 1994, 1995. Springer, London.

[Tha94'] B. Thalheim. Visual SQL - An ER-based introduction to database programming. Technical Report Preprint I-8/2003, Institut für Informatik, BTU.

[Tha00] B. Thalheim. *Entity-relationship modeling – Foundations of database technology.* Springer, Berlin, 2000.

[Tha03] B. Thalheim. Co-design of structuring, funtionality, distribution, and interactivity of large information systems. Computer Science Reports 15/03, Cottbus University of Technology, Computer Science Institute, 2003.

[Tha12] B. Thalheim. The art of conceptual modelling. In *Information Modelling and Knowledge Bases XXII*, volume 237 of *Frontiers in Artificial Intelligence and Applications*, pages 149–168. IOS Press, 2012.

[Tho02] M. Thomas. Modelle in der Fachsprache der Informatik. Untersuchung von Vorlesungsskripten aus der Kerninformatik. In *DDI*, volume 22 of *LNI*, pages 99–108. GI, 2002.

[Tri72] J. Trier. *Aspekte der Semantik*, chapter Das sprachliche Feld, pages 77–104. surkamp, Frankfurt am Main, 1972.

[TrT11] M. Tropmann and B. Thalheim. Performance forecasting for performance critical huge databases. In *Information Modelling and Knowledge Bases*, volume XXII, pages 206–225. IOS Press, 2011.

[Tur36] A.M. Turing. On computable numbers, with an application to the Entscheidungsproblem. *Proc. London Maths. Soc. (Series 2)*, 42:230-265, 1936.

[Wan10] Qing Wang. *Logical Foundations of Database Transformations for Complex-Value Databases*. Logos Verlag Berlin, Germany, 2010.

[Wes07] M. Weske. *Business Process Management: Concept, language, architecture*. Springer, 2007.

[Who80] B.L. Whorf. *Lost generation theories of mind, language, and religion*. Popular Culture Association, University Microfilms International, Ann Arbor, Mich., 1980.

[WSBPEL07] Web Services Business Process Execution Language version 2.0. OASIS Standard, April 11 2007. URL http://docs.oasis-open.org/wsbpel/2.0/OS/wsbpel-v2.0-OS.html.

26 Bestandsaufnahme und Mehrwert

26.1 Im Anfang war das Wort

Ein *Modell* ist nach Kapitel 24 ein *Instrument, das adäquat und verlässlich andere Originale repräsentiert je nach beabsichtigtem Zweck* (oder Funktion in der Nutzung dieses Instrumentes oder auch damit verbundenem Ziel). Damit kann semiotisch ein Modell von seiner Syntax, seiner Semantik, seiner Pragmatik und seinem *Einsatzspektrum* in einer Anwendung begriffen werden. Das Modellsein hängt von der *Nutzergemeinschaft* und dem *Kontext* ab. Diese Form der Betrachtung ist nicht ungewöhnlich, sondern sie folgt einem allgemeinen Schema.

Wir nehmen noch einmal den Faden aus Kapitel 1 auf. Im Goethe's Faust (Teil 1, 3. Szene, Studierzimmer) wird zum Evangelium des Johannes, Vers 1.1

> *Im Anfang war das Wort.*
> *Und das Wort war bei Gott*
> *und Gott war das Wort.*

über die Bedeutung des griechischen Wortes logos ($\lambda \acute{o} \gamma o \varsigma$) für Gott, das in der griechischen Urversion des Neuen Testaments verwendet wird, und über eine Übersetzung durch 'Wort' sinniert:

> *Geschrieben steht: „Im Anfang war das* **Wort**.“
> *Hier stock ich schon, wer hilft mir weiter fort?*
> *Ich kann das Wort so hoch unmöglich schätzen,*
> *ich muß es anders übersetzen.*
> *Wenn ich vom Geiste recht erleuchtet bin,*
> *geschrieben steht im Anfang war der* **Sinn**.
> *Bedenke wohl die erste Zeile,*
> *daß deine Feder sich nicht übereile.*
> *Ist es der Sinn, der alles wirkt und schafft,*
> *Es sollte stehen, im Anfang war die* **Kraft**.
> *Doch auch indem ich dieses niederschreibe,*
> *schon warnt mich was, daß ich dabei nicht bleibe,*
> *Mir hilft der Geist, auf einmal seh' ich Rat*
> *und schreibe getrost: Im Anfang war die* **Tat**.

Das griechische Wort $\lambda \acute{o} \gamma o \varsigma$ hat sieben deutsche Entsprechungen: 1.) Wort, 2.) Begriff, 3.) Urteil, 4.) Sinn, 5.) Kraft, 6.) Tat und 7.) Vernunft, von denen Goethe vier ausgewählt hat. Wir können diesen vier Begriffen auch vier andere Begriffe aus der Semiotik und den Naturwissenschaften gegenüberstellen sowie die drei anderen Begriffe mit Begriffen der Wissenschaftstheorie verbinden:

Wort	**Syntax**
Konzept	**Konzeptionen**
Urteil	**Akzeptanz**
Sinn	**Semantik**
Kraft	**Nutzbarkeit**
Tat	**Anwendung**
Vernunft	**Theorie**

Mit diesen sieben Begriffen wird ein Programm einer Grundlegung eines nützlichen Gegenstandes und auch ein Rahmen für nützliche Instrumente entwickelt.

26.2 Logos und der Modellbegriff

Dieser Rahmen führt direkt zum schrittweisen Aufbau unseres neuen Modellbegriffes in Tabelle 26.1:

Tab. 26.1. Die sieben Facetten des neuen Modellbegriffs

Wort	Syntax	Instrument mit Hintergrund
Konzept	Konzeptionen	Konzeptuelles Instrument
Urteil	Akzeptanz	Adäquates Instrument
Sinn	Semantik	Modell ≡ adäquates und verlässliches Instrument
Kraft	Nutzbarkeit	Zweckmäßiges Modell
Tat	Anwendung	Effektives Modell
Vernunft	Theorie	Wohlverstandenes Modell

Mit diesem Rahmen kann das Modell, das Modellieren und die Entwicklung von Methoden für Modelle eingegrenzt werden. Die Analogie in Tabelle 26.1 erleichtert die Betrachtung von Modellen. Sie folgt einem allgemeinen Erkenntnisschema und ist deshalb auch für die Modellierung ausreichend.

26.2.1 Arbeitsblätter zu Modellen, zum Modellieren und zur Modellierung

Dieser Rahmen kann für eine Beschreibung von Modellen herangezogen werden, in der schrittweise das Modell erschlossen und beschrieben wird und eine Systematik der Modellentwicklung und der Modellnutzung unterstützt. Diese Beschreibung kann mit einem allgemeinen Rahmen unterstützt werden. Ein solcher Rahmen kann durch Arbeitsblätter analog zu den experimentellen Wissenschaften unterstützt werden.

Nach den Betrachtungen in Kapitel 24 sind Modelle Werkzeuge bzw. Arbeits*instrumente*, deren Verwendung einem Ziel, meist auch einem *Zweck* (d.h. einem Ziel, wobei auch Methoden zum Erreichen eines Zieles bereitgestellt sind) folgt. Sie haben als Instrumente in entsprechenden *Nutzungsszenarien* Funktionen wie z.B. eine Beschreibungs- und Vorbildfunktion für die Entwicklung eines (Informatik-)Systemes, eine

- Erklärungsfunktion für Phänomene,
- Optimierungs- und Variationsfunktion für existierende Lösungen,
- Stellvertreterfunktion für die Substitution von Systemen oder
- Dokumentations- und Visualisierungsfunktion

für komplexe Systeme oder auch Systeme mathematischer Formeln.

26.2.1.1 Bestandsaufnahme zum Modell und seiner Funktion in einer Anwendung

Instrumente sollen als Modelle in einem Nutzungsszenario effektiv eingesetzt werden. Ehe ein Modell entwickelt wird, müssen die folgenden Fragen hinreichend klar beantwortet werden:

- Welches Einsatzspektrum bzw. Nutzungsszenario wird betrachtet? Welche (Forschungs-)Fragen werden damit gelöst? Sind weitere Modelle erforderlich im Spektrum oder im Szenario?
- Welche Funktionen kann ein Modell in diesem Spektrum oder Szenario haben? Welche dieser Funktionen ist zentral und notwendig? Für welche Zielen erfolgt der Einsatz von Modellen? Worin besteht der Mehrwert durch den Einsatz eines Modells?
- In welchem Kontext und welcher Nutzergemeinschaft soll das Modell genutzt werden? In welcher Disziplin wird das Modell eingesetzt und welche Handlungsmaxime gelten in der Disziplin? Welcher Rahmen wird durch die Disziplin gesetzt? Welches spezifische Know-How erwächst aus der Anwendungsdisziplin?
- Welche Gegenstände sollen durch Modelle repräsentiert werden? Welche Aspekte sind relevant und unbedingt zu repräsentieren und welche Aspekte können ggf. auch vernachlässigt werden?
- Welchem Gebrauchsmodell folgt der Einsatz und die Nutzung des Modells? Ergeben sich daraus bestimmte Handlungsfolgen für den Einsatz des Modells?
- Welcher Abstraktionsgrad, welche Granularität und welche Präzision soll das Modell besitzen?
- Welche Kapazität und welches Potential soll ein Modell besitzen und welche sind nicht erforderlich?

- Welche Qualitätsanforderungen gelten für ein Modell? Wie kann die Bewertung erfolgen?
- Welche Methoden sind für das Modellportfolio erforderlich? Welche Zwecke sind damit unterstützbar?
- Welche Arten von Instrumente können sich für Modelle eignen?

Dieser Fragenkatalog erlaubt eine Eingrenzung der Modellierungsaufgabe, eine Orientierung für die Entwicklung oder Verwendung von Instrumenten und für die Entwicklung von Methoden. Er dient als Konfigurationsparameter für die Modellierung. Die Antworten sind Konfigurationsparameter für das Modellieren und für die Nutzung von Modellen. Daraus resultiert auch der Bedarf an Daten, die erforderliche Basis und der tolerierbare Hintergrund für das Modell. Durch eine explizite Betrachtung der Konfigurationsparameter werden auch die Grenzen und Beschränkungen für ein Modell expliziert. Damit ist dann auch das Antiprofil erfassbar. In vielen Disziplinen erfolgt die Beantwortung dieser Fragen auf der Grundlage von Stereotypen, die sich eingebürgert haben, die man jedoch bei einer Weiterentwicklung oder Revision von Modellen neu stellen und beantworten sollte. Aus dem Ziel, dem Zweck und der Funktion ergibt sich das Profil des infragekommenden Modells. Daraus ergibt sich auch eine Beschreibung, was nicht mit dem Modell erfasst werden soll.

26.2.1.2 Beschreibung des Modells

Aus der Bestandsaufnahme, den Einsatzspektren, der Nutzergemeinschaft, dem Kontext und den Konfigurationsparametern ergeben sind Anforderungen, die Grundsätze und Restriktionen für ein Modell. Es kann davon ausgegangen werden, daß die Grundlage für ein Modell determiniert ist. Damit können auch für Modelle Fragen wie die folgenden aus einem ersten Checklistenentwurf beantwortet werden:

- Modelle welchen Typs, insbesondere mit welcher Basis, welcher Grundlage, welcher Detailliertheit, welcher Durchsichtigkeit, für welchen Problemkreis, welchen Beschränkungen, welcher Struktur und welchem Verhaltens sind aus welchem Grund Kandidaten? Worin besteht der Mehrwert welchen Kandidaten?
- Welche Basis wird gewählt? Welche Annahmen, welche Sprache, welche Konzepte und welche Konzeptionen sind am besten geeignet? Welche Konventionen, welchen Denkstil und welches Denkkollektiv muß man damit akzeptieren? Welche Methodiken, Praktiken und Anleitungen können damit eingebracht werden? Welche Handlungsmaxime ergeben sich damit?

- Welchen Inhalt soll das Modell besitzen? Wie lautet die Bestimmung, der Hauptgehalt, die Bedeutung, die Identität des Modells? Welches Cargo ergibt sich daraus? Welche Form der Wohlgestaltung wurde für das Instrument gewählt?
- Auf welcher Grundlage wurden die Elemente des Modells ausgewählt? Wie determiniert die Grundlage des Modells das Modell selbst?
- Für welche Nutzer mit welchem Gebrauchsmodell wird welche Repräsentationsform mit welcher Abstraktion bzw. welchem Ausschnitt gewählt?
- Welche Adäquatheitskritierien kommen aus welchem Grund zur Anwendung? Worin besteht die Analogie zu den repräsentierten Gegenständen? Welche Form der Fokussierung wurde gewählt? Inwieweit determiniert das Profil die Adäquatheit? Inwieweit ist das Modell zielgerecht?
- Womit kann das Modell begründet werden? Inwieweit entspricht das Modell dem gewünschten oder bislang praktizierten Vorgehen? In welcher Beziehung steht es zu den Gegenständen, die es repräsentiert? Welche der Kriterien sind essentiell? Wie allgemein ist das Modell? Welche weiteren Gegenstände werden repräsentiert und welche nicht? Unter welchen Umständen muß das Modell revidiert werden?
- Wodurch zeichnet sich das Modell aus? Welche besonderen Qualitäten besitzt es? Durch welche Qualitäten ist es besonders ausgezeichnet? Wie einfach ist die Nutzung im Rahmen der Nutzungsszenarien? Wie kann man diese Qualitäten in einem Qualitätspaß zusammenfassen?
- Wie läßt sich der Mehrwert und der Wert des Modells darstellen? Welche Stärken, Schwächen, Möglichkeiten und Risiken birgt das Modell? Wodurch wird das Modell ziel- und zweckgerecht? Wodurch werden die Funktionen innerhalb der Szenarien gestützt? Welche Kapazität und welches Potential steckt im Modell?
- Welche Besonderheiten zeichnen das Modell aus bzw. beschränken die Nutzung? Gehören zum Kontext auch weitere Modelle und damit auch Beschränkungen z.B. durch Abhängigkeiten? Welche Daten stützen das Modell? Welche Repräsentationsformen sind geeignet?

Diese Fragen leiten sich aus dem Begriff des Modells ab. Sie stellen nur einen Ausschnitt dar bei der Charakterisierung von Modellen. Wir können analog zum W*H-Rahmen aus Kapitel 24 die Charakterisierung um diese Dimensionen erweitern.

26.2.1.3 Beschreibung der eingesetzten Methoden

Methoden bilden ein System möglicher Regeln bzw. Operationen zur Veränderung einer Realität. Sie besitzen ihre Beschränkungen und Techniken zum Feststellen der Verletzung der Beschränkungen. Sie basieren auf Festlegungen zum Verständnis der Regeln bzw. Operationen. Methoden sind auf ein Ziel ausgerichtet z.B. zur Unterstützung der Entwicklung von Instrumenten oder der Unterstützung der Nutzung dieser. Sie werden geordnet angewandt und setzen somit Überlegungen über die Art und die Reihenfolge ihrer Ausführung voraus.

Die Reihenfolge der Methodenanwendung folgt einem Plan[1] (Aktionsplan ausgehend von einer Plansituation mit Objekten, Subjekten, Möglichkeiten, Werkzeugen und hemmenden bzw. förderlichen Umständen; mit einer Transformationsfunktion auf der Grundlage von Strategien und Taktiken). Methoden sind mit einem Initialzustand und einer Charakterisierung des Abschlusses - ggf. auch mit Terminierungs- und Abbruchkriterien - verbunden. Üblicherweise sind Methoden durch konkrete Einsatzfälle illustriert.

Jede Disziplin verfügt über ein System von Methoden zur Entwicklung und Nutzung von Instrumenten. Eine Disziplin zeichnet sich auch durch einen disziplinären Methodenvorrat aus, der mit Methoden der Modellierens kombiniert werden kann.

Da Modelle auch zweckmäßig eingesetzt werden sollen, muß das Methodenspektrum explizit erfasst werden. Das Methodenspektrum kann geordnet sein z.B. mit Reihefolge- und Hierarchiebeziehungen. Es folgt i.a. den Nutzungsszenarien, setzt jedoch auch die Entwicklung von Modellen voraus. Wir unterscheiden deshalb zwischen zum einen der Entwicklung bzw. Gestaltung von Modellen, der Bewertung und Einordnung von Modellen sowie der der Erklärung von Modellen und zum anderen der Nutzung von Modellen in einem Nutzungsszenario.

26.2.1.3.1 Fragestellungen zu Entwicklungsmethoden für Modelle.

Verfahren zur Entwicklung von Modellen umfassen die Formulierung von Modellen und ihre Überprüfung anhand von Vergleichen mit den Originalen oder anderen Modellen und von Experimenten mit den Modellen. Damit kann das Methodenspektrum des Entwickelns von Modellen anhand der wesentlichen Eigen-

---

1 So folgt z.B. die mathematische Modellierung mit Gleichungen oft dem folgenden Ablauf: (1) Darstellung des realen Problems (ggf. mit mathematischen Mitteln); (2) Formulierung des mathematischen Modells; (3) Analyse des mathematischen Modells (Vereinfachungen, qualitatives Lösungsverhalten); (4) Lösung des Modells (analytisch, numerisch, ...); (5) Interpretation der Ergebnisse und Vergleich mit dem Ausgangsproblem; (6) evt. Verfeinerung des Modells.

schaften eines Instrumentes als Modell klassifiziert werden - insbesondere der Adäquatheit und Verlässlichkeit.

- Welche Analysemethoden sind für das Herausarbeiten der essentiellen und relevanten Eigenschaften der Originale unter welchen Voraussetzungen und Einschränkungen geeignet? Welcher Hintergrund ist für die Entwicklung erforderlich? Wie kann dieser Hintergrund ggf. im Rahmen der Entwicklungsmethoden erweitert werden? Welche Art von Logik (z.B. deduktive, induktive, abduktive) kann eingesetzt werden? Welche Konzepte werden ggf. verändert im Rahmen der Entwicklung? Welche Gegenstände werden reflektiert bzw. können zusätzlich zu den bereits erfassten reflektiert werden, so daß mit Anwendung der Analysemethoden auch eine Erweiterung der Entwicklungsaufgabe erfolgt?
- Welche Abläufe sind typisch für Entwcklungmethoden? Existiert eine Methodik für diese Methoden? Auf welche Art werden die relevanten Aspekte der Originale gewonnen und in die zur konstruierenden Instrumente eingebettet? Gibt es Stereotype, Muster oder Rezepte für die Methoden zur Entwicklung von Modellen?
- Welche Methoden werden innerhalb der Entwicklungsmethoden als Unterstützungsmethoden eingesetzt? Welches spezifische Know-How ist für die Anwendung der Entwicklungsmethode erforderlich? Welche Infrastruktur ist in welchem Kontext für welche Nutzergemeinschaft erforderlich? Daten welcher Qualität müssen vorhanden sein? Auf welche Art werden der schrittweise Fortschritt bei der Entwicklung und die Annahmen während der Entwicklung sowie die Veränderung der Basis von Modellen erfasst? Inwieweit werden Ad-Hoc-Methoden verwandt?
- Welche Synthesemethoden eignen sich unter welchen Voraussetzungen und Einschränkungen zur Konstruktion eines Modells? Welcher Hintergrund wird damit mit dem Modell verwoben? Welcher Nutzergemeinschaft akzeptiert diese Methoden? Welche Allgemeinheit haben diese Methoden? Wird ggf. dadurch das Einsatzspektrum für das Modell begrenzt?
- Welche Methoden eignen sich für die Weiterentwicklung des Modells? Welche Methoden erlauben eine integrative Behandlung anderer Modelle, die mit dem gegebenen Modell in Beziehung stehen? Inwieweit kann ggf. das Modell mit seinen Vorgängermodellen assoziiert werden? Welche Methoden sind zur Kalibrierung, Optimierung, Verfeinerung, Anpassung und Verbesserung von Modellen einsetzbar?
- Mit welchen Methoden kann das Modell mit welcher Genauigkeit und Gültigkeit bewertet werden? Mit welchen Methoden kann das Instrument auf seine Nichteignung als Modell geprüft werden?

- Welche Methoden sind anwendbar für die Ableitung des Potentials und das Kapazität des Modells?
- Welche Auswertung der Anwendung der Entwicklungsmethoden erfolgt? Welche Erweiterung des Methodenspektrums erfolgt während der Anwendung der Entwicklungsmethoden? Wie kann diese Auswertung systematisch erfolgen? Welche Theoriefragestellungen ergeben sich daraus?

26.2.1.3.2 Fragestellungen zu Nutzungsmethoden für Modelle.
Die Fragestellungen für Entwicklungsmethoden können in analoger Form auch für Nutzungsmethoden gestellt werden. Im Folgenden wiederholen wir nur solche Fragestellungen, die neuartig für die Nutzungsmethoden sind und setzen die Erweiterung der obigen Fragestellungen voraus.

- Welches Gebrauchsmodell wird in welchen Nutzungsszenarien bzw. Einsatzspektren präferiert und welche weiteren Gebrauchsmodelle existieren? Welche Methoden sind für den Gebrauch von Modellen in diesen Gebrauchsmodellen erforderlich? Welche Fundierung benötigen diese Methoden? Werden die Modelle zur Erkenntnisgewinnung über eine existierende Realität oder zur Gestaltung einer erweiterten Realität eingesetzt? Welchen Beitrag leisten die Methoden innerhalb der Nutzungsszenarien?
- Welche Voraussetzungen müssen erfüllt sein, um eine bestimmte Methode anzuwenden? Unter welchen Bedingungen kann die Methode nicht eingesetzt oder nur beschränkt eingesetzt werden? Mit welcher Bewertung ist das Resultat der Anwendung einer Methode versehen?
- Welche Grundlagen haben die Methoden zur Nutzung? Welchen Theorien, Paradigmen, Annahmen, Konventionen und Einschränkungen unterliegen die Methoden zur Nutzung? Welches spezifische Know-How und welche Erfahrung ist für die Anwendung der Nutzungsmethode erforderlich?
- Wie kann der Effekt der Nutzung der Modelle in einem Nutzungsszenario erklärt werden? Wie ist dieser Effekt abschätzbar und demzufolge im groben prognostizierbar? Wie werden die Methoden bewertet z.B. analog zu SWOT-SCOPE-PURE-SMART-CLEAR-PEST-Bewertungen? Kann für die Anwendung der Methoden eine QUARZSAND-Charakterisierung vorgenommen werden? Welche Beschränkungen können aus der Bewertung abgeleitet werden?
- Welche Auswertung der Anwendung der Nutzungsmethoden erfolgt? Welche Erweiterung des Methodenspektrums erfolgt während der Anwendung der Nutzungsmethoden? Wie kann diese Auswertung systematisch erfolgen? Welche Theoriefragestellungen ergeben sich daraus?

26.2.1.4 Besonderheiten des Modells in einer Disziplin

Aus den Fragenkatalogen ergeben sich auch Besonderheiten für den Einsatz des Modells in den Nutzungsszenarien und Einsatzspektren wie z.B. die folgenden:

- Welches Profil und Portfolio besitzt das Modell? Welche Einsatzverbote oder -beschränkungen sind bekannt? Welches Antiprofil hat das Modell innerhalb und außerhalb des Portfolios? Wofür ist das Modell geeignet und wofür nicht?
- Welcher Stützung bedarf das Modell? Welche Daten müssen in welcher Qualität vorliegen? Welche Ungenauigkeit in Daten verträgt das Modell? Welche Datenveränderungen können im Modell aufgenommen werden, ohne zu Veränderungen zu führen?
- Auf welche Art kann das Modell auch in anderen Szenarien eingesetzt werden z.B. mit didaktischen Methoden gekoppelt oder mit anderen Modellen kombiniert eingesetzt werden?
- Auf welche Art werden Änderungen in der Basis und den Grundlagen wie z.B. Veränderungen in den Paradigmen, Postulaten und Annahmen oder z.B. Erweiterungen und Modifikationen von Konzepten in das Modell eingebracht? Welche Invarianz bzgl. Veränderungen im Hintergrund besitzt das Modell?
- Welche Forschungsfragen ergeben sich für die Evolution und Migration des Modells?
- Kann das Modell verallgemeinert werden bzw. durch Muster oder Stereotype in einer allgemeineren Form reflektiert werden? Welche allgemeine Strukturierung und allgemeine Dynamik wird mit dem Modell reflektiert? Ist die allgemeine Form essentiell und deshalb ggf. auch kartographisch erfassbar? Kann das Modell zu einem Referenzmodell ausgebaut werden? Kann man das Modell auf ein Teilmodell reduzieren, aus dem andere Modelle abgeleitet werden können, so daß das Teilmodell als Muster oder 'Samen'modell nutzbar wird?
- Gibt es andere Disziplinen und Einsatzspektren, in denen ähnliche Modelle verwendet werden? Gibt es in diesen Disziplinen spezifische Methoden, Herangehensweisen und Erfahrungen, die zielorientiert auch für dieses Modell genutzt werden können? Kann der Erfahrungshintergrund für das gegebene Modell in diesen Disziplinen genutzt werden? Welche Methoden der Wissenschaftstheorie und der allgemeinen Modelltheorie können für das Modell genutzt werden?
- Welcher Beitrag kann durch das Modell zu einer allgemeinen Theorie der Modelle geleistet werden? Welche spezielle Modellierungskompetenz wurde mit dem Modell und dem Modellieren entwickelt? Kann das Modell stilisiert werden und damit als Ausgangspunkt oder Anleitung für die Entwicklung anderer Modelle genutzt werden?

- Welche Interaktion und Abhängigkeiten besitzt das Modell zu/mit anderen Modellen innerhalb der Disziplin z.B. zum Lernen, Lehren, Verstehen oder zur Simulation?
- Welche Modellhistorie und welchen Abstammungsbaum besitzt das Modell?

Aus der Beantwortung dieser Fragen wird ein Beitrag zur Wissenschaft und Kultur der Modellierung geleistet. Modelle, das Modellieren und die Nutzung von Modellen können so systematisiert und aufbereitet werden.

26.2.2 Modelle und ihre Eigenschaften

In Kapitel 20.1 wurden neun Eigenschaften für Modelle angegeben. Wir können diese Eigenschaften dem Begriffsgerüst auch Kapitel 24 gegenüberstellen. In Tabelle 26.2 vergleichen wir das Begriffsgerüst des Modellbegriffes mit den Eigenschaften ($\surd$: gefordert; ◇ partiell betrachtet; - : nicht betrachtet). Die Tabelle verdeutlicht die Orientierung und die Defizite bislang betrachteter Ansätze. Die Adäquatheit von Modellen ist bereits weitestgehend akzeptiert. Von besonderem Wert der Modellbetrachtungen in diesem Band sind die explizite Untersuchung der Verlässlichkeit, die explizite Berücksichtigung von Kontext und der Nutzergemeinschaft und die Bewertbarkeit der Modelle je nach ihrem Profil, Portfolio, Mehrwert, Kapazität, Potential und dem Qualitätsmanagement. Wir betrachten die neun Eigenschaften in vollständiger Beziehung zum Begriffsgerüst. Die umfassende Betrachtung ermöglicht ein besseres Verständnis und auch eine gezielte Weiterentwicklung eines Modells je nach Profil und Portfolio unter Kenntnisnahme des Anti-Profils.

Unser Ziel mit diesem Band war es, einen Einblick in das disziplinäre Know-how in Kiel aufzuzeigen, Lücken aufzudecken, teilweise zu schließen und für eine ganzheitliche Betrachtung einen lokal geprägten Formalismus für Modelle und das Modellieren einzuführen. Wir sind uns dabei einer Vielzahl weiterer Forschungsfragen und der Unvollständigkeit bewußt[2]. Dieser Kieler Beitrag kann als Ausgangspunkt zur Theorie, zu Techniken, zur Wissenschaft und zur Kultur, sowie zur Kombination und Verallgemeinerung interdisziplinärer Anwendungen dienen.

---

2 Für Anregungen, Ergänzungen, Kritiken und Verbesserungsvorschläge danken wir im Voraus. Sie werden gern unter MMM@is.informatik.uni-kiel.de entgegen genommen. Zusätzlich bieten wir unter http://www.is.informatik.uni-kiel.de/en/is/miscellaneous/mmm einen Einstiegspunkt für weiteres Material. In einem gesonderten Bereich unter dem Login user:MMM / password:bookBOOK finden Sie aktuelle Ergebnisse und Entwicklungen unserer Gruppe.

Tab. 26.2. Die neun Eigenschaften für Modelle und ihre Beziehung zum Begriffsgerüst des Modellbegriffes in verschiedenen Arbeiten

	1. Abbildung	1'. Analogie	2. Reduktion	3. Pragmatik	4. Erweiterung	5. Idealisierung	6. Träger	7. Abweichung	8. Mehrwert	9. Zweck
Instrument	√	√	√	√	◇	◇	-	◇	◇	◇
Inhalt	√	◇	√	◇	◇	◇	◇	◇	◇	◇
Grundlage	◇	◇	-	◇	◇	◇	-	-	◇	◇
Basis	-	-	-	-	-	-	◇	-	-	-
Cargo	◇	◇	◇	◇	◇	-	√	-	◇	√
Nutzergemeinschaft	-	-	-	√	-		-	-	◇	◇
Kontext	-	-	-	-	-	-	◇	-	-	-
Gegenstände	√	◇	√	√	◇	◇	√	◇	√	√
adäquat	√	-	√	√	-	-	-	-	-	√
zielgerecht	√	◇	√	√	◇	◇	◇	◇	√	√
analog	√	◇	√	√	◇		◇	◇	◇	◇
fokussiert	◇	◇	√	◇	-		-	-	-	-
steht für Gegenstände	√	◇	√	√	◇	◇	◇	◇	√	◇
verlässlich	◇	-	-	◇	-	-	-	-	◇	◇
gerechtfertigt	◇	◇	◇	◇	-	-	-	-	◇	◇
kohärent & konform	◇	◇	◇	◇	-	-	-	-	-	-
falsifizierbar	-	-	-	-	-	-	-	-	-	-
stabil & plastisch	◇	-	-	-	-	-	-	-	-	-
Qualität	-	-	-	-	-	-	-	-	◇	-
Charakteristiken	-	-	-	◇	-	-	-	-	◇	-
Qualitätspaß	-	-	-	◇	-	-	-	-	◇	-
zweckmäßig	◇	◇	◇	◇	◇	◇	◇	◇	◇	◇
Entwicklungsmethoden	◇	-	-	◇	◇	-	-	◇	-	-
Nutzungsmethoden	◇	◇	◇	◇	◇	◇	◇	◇	◇	◇
effektiv	◇	◇	◇	◇	◇	◇	◇	◇	◇	◇
Funktionen	◇	◇	◇	◇	◇	◇	◇	◇	◇	◇
Portfolio	◇	◇	◇	◇	◇	◇	◇	◇	◇	◇
Gebrauchsmodell	◇	◇	◇	◇	-	-	-	-	◇	◇
Bewertung	◇	-	◇	◇	-	-	-	-	◇	◇
PURE, SMART, CLEAR	◇	-	◇	√	-	-	-	-	◇	◇
PEST	-	-	-	-	-	-	-	-	-	-
SWOT, SCOPE	-	-	-	◇	-	-	-	-	◇	-
QUARZSAND	-	-	-	-	-	-	-	-	-	-

27 The Notion of a Model

Definition: A model is a well-formed, adequate, and dependable instrument that represents origins. Its criteria of well-formedness, adequacy, and dependability must be commonly accepted by its community of practice within some context and correspond to the functions that a model fulfills in utilisation scenarios and use spectra. As an instrument, a model is grounded in its community's sub-discipline and is based on elements chosen from the sub-discipline.

27.1 The Conception of the Model

Science and technology widely uses models in a variety of in utilisation scenarios. Models function as an instrument in some utilization scenarios and a use spectrum. Their function in these scenarios is a combination of functions such as explanation, optimization-variation, validation-verification-testing, reflection-optimization, exploration, hypothetical investigation, documentation-visualization, and description-prescription as a mediator between a reality and an abstract reality that developers of a system intend to build. The model functions determine the *purposes* of the deployment of the model.

Models have several *essential properties* that qualify an instrument as a model (Tha12; Tha14):
- An instrument is *well-formed* if it satisfies a well-formedness criterion.
- A well-formed instrument is *adequate* for a collection of origins if (i) it is analogous to the origins to be represented according to some analogy criterion, (ii) it is more focused (e.g. simpler, truncated, more abstract or reduced) than the origins being modelled, and (iii) it sufficient to satisfy its purpose.
- Well-formedness enables an instrument to be *justified*: (i) by an empirical corroboration according to its objectives, supported by some argument calculus, (ii) by rational coherence and conformity explicitly stated through formulas, (iii) by falsifiability that can be given by an abductive or inductive logic, and (iv) by stability and plasticity explicitly given through formulas.
- The instrument is *sufficient* by a *quality* characterisation for internal quality, external quality and quality in use or through quality characteristics (Tha10) such as correctness, generality, usefulness, comprehensibility, parsimony, robustness, novelty etc. Sufficiency is typically combined with some assurance evaluation (tolerance, modality, confidence, and restrictions).

- A well-formed instrument is called *dependable* if it is sufficient and is justified for some of the justification properties and some of the sufficiency characteristics.
- An instrument is called **model** if it is *adequate* and *dependable*. The adequacy and dependability of an instrument is based on a *judgement* made by the community of practice.
- An instrument has a *background* consisting of an undisputable grounding from one side (paradigms, postulates, restrictions, theories, culture, foundations, conventions, authorities) and of a disputable and adjustable basis from other side (assumptions, concepts, practices, language as carrier, thought community and thought style, methodology, pattern, routines, commonsense).
- A model is used in a *context* such as discipline, a time, an infrastructure, and an application.

Not only should a model faithfully represent a collection of origins by being well-formed, adequate, and dependable, it should also provide facilities or methods for its use. A model is *functional* if there are methods for utilization of the instrument to achieve the objectives for which an instrument might serve. Typical task objectives include defining, constructing, exploring, communicating, understanding, replacing, substituting, documenting, negotiating, replacing, optimizing, validating, verifying, testing, reporting, and accounting. We call a model *effective* if it can be deployed according to its objectives.

27.2 Properties of Models

Models satisfy several properties that make them functional and effective (Mah08; Mah15; Sta73; Tha10; Tha11; Tha12; Tha14):

(1) *Mapping* property: the model has an origin and can be based on a mapping from the origin to the instrument.

(1') *Analogy* property: the model is analogous to the origins based on some analogy criterion.

(2) *Truncation* (*reduction*) property: the model lacks some of the ascriptions made to the origin and thus functions as an Aristotelian model by abstraction by disregarding the irrelevant.

(3) *Pragmatic* property: the model use is only justified for particular model users, the tools of investigation, and the period of time.

(4) *Amplification* property: models use specific extensions which are not observed in the original.

(5) *Idealisation* property: modelling abstracts from reality by scoping the model to the ideal state of affairs.
(6) *Carrier* (*cargo*) property: models reflect a conception on origins based on the capacity of a language and are filled with anticipation. They carry a cargo(Mah08).
(6') *Utilisation* property: the model functions well within its intended scenarios of usage according to its capacity and potential.
(7) *Divergence* property: models (e.g. Galilean models) are developed for improving divergence, deviation, discrepancy the physical world or for inclusion of visions of better reality, e.g. for construction via transformation.
(8) *Added value* property: models provide a value or benefit based on their utility, capability and quality characteristics.
(9) *Purpose* property: models are governed by the purpose. The model preserves the purpose.

Literatur

[Mah08] B. Mahr. Cargo. Zum Verhältnis vo n Bild und Modell. In I. Reichle, S. Siegel, and A. Spelten, editors, *Die Wirklichkeit visueller Modelle*, pages 17–40. Wilhelm Fink Verlag, München, 2008.

[Mah15] B. Mahr. Modelle und ihre Befragbarkeit - Grundlagen einer allgemeinen Modelltheorie. *Erwägen-Wissen-Ethik*, forthcoming, 2015.

[Sta73] H. Stachowiak. *Allgemeine Modelltheorie*. Springer, 1973.

[Tha10] B. Thalheim. Towards a theory of conceptual modelling. *Journal of Universal Computer Science*, 16(20):3102–3137, 2010. http://www.jucs.org/jucs_16_20/towards_a_theory_of.

[Tha11] B. Thalheim. The theory of conceptual models, the theory of conceptual modelling and foundations of conceptual modelling. In *The Handbook of Conceptual Modeling: Its Usage and Its Challenges*, chapter 17, pages 547–580. Springer, Berlin, 2011.

[Tha12] B. Thalheim. The science and art of conceptual modelling. In A. Hameurlain et al., editor, *TLDKS VI*, number 7600 in LNCS, pages 76–105. Springer, Heidelberg, 2012.

[Tha14] B. Thalheim. The conceptual model ≡ an adequate and dependable artifact enhanced by concepts. In *Information Modelling and Knowledge Bases*, volume XXV of *Frontiers in Artificial Intelligence and Applications, 260*, pages 241–254. IOS Press, 2014.

Synonyme für die Eigenschaften

adäquat

1. unparteiisch: angemessen, billig, loyal, objektiv, rechtmäßig, redlich, richtig, sachlich, unbestechlich, begründet, neutral, abgemessen, adäquat, fair, gerecht
2. harmonisch: adäquat, angemessen, ebenmäßig, passend, stimmig
3. geeignet: annehmbar, entsprechend, ideal, richtig, tauglich, vernünftig, zweckmäßig, brauchbar, adäquat, akzeptabel, angebracht, angemessen, angezeigt, dienlich, passend
4. angebracht: angemessen, angezeigt, anständig, gebührend, gebührlich, geziemend, ordentlich, passend, sittsam, adäquat, angemäß, entsprechend, gebührendermaßen, gebührenderweise, geeignet, schicklich
5. entsprechend: adäquat, angebracht, angezeigt, gebührend, gemäß, gerecht, gleichwertig, in Ordnung, passend, rätlich, richtig, stimmig, treffend, verdient, angemessen
6. angemessen: adäquat, analog, angebracht, angezeigt, dazugehörig, diesbezüglich, einschlägig, ähnlich, gebührend, gebührlich, gleich, jeweilig, korrespondierend, passend, entsprechend

analog

- (einem anderen, Vergleichbaren) entsprechend, ähnlich; gleichartig; vgl. ...isch/-.
- (Informatik) kontinuierlich, stufenlos, stetig veränderbar; Ggs. 2digital

abstrakt

- abgeleitet, abgezogen, **abstrahierend**, begrifflich, begriffsmäßig, theoretisch, unanschaulich; (bildungsspr.): induktiv.
- lebensfern, realitätsfern, theoretisch, trocken, unlebendig; (abwertend): akademisch.
- **abstrahierend**, gegenstandslos, nicht gegenständlich.

abstrahierend (lat.; ab-, wegziehen)

- etwas gedanklich verallgemeinern, zum Begriff erheben.
- von etwas absehen, auf etwas verzichten

vereinfachen

- entflechten, rationalisieren, reduzieren, straffen, zurückführen; (geh.): entwirren; (salopp): abspecken; (Fachspr.): minimalisieren; (Math.): kürzen.
- bequemer/einfacher machen, erleichtern, erträglicher/leichter machen, helfen, hilfreich/nützlich/praktisch sein.
- schablonisieren, schematisieren, vergröbern, versimpeln, verständlicher darstellen/machen, zugänglich machen; (bildungsspr.): abstrahieren, popularisieren, simplifizieren; (bildungsspr. abwertend): vulgarisieren.

einfach

- einmal, nicht doppelt, nicht mehrfach.
- bequem, eingängig, glatt, leicht [verständlich], mit Leichtigkeit, mühelos, ohne Anstrengung/Mühe, ohne Schwierigkeit[en], primitiv, problemlos, simpel, spielend, unangestrengt, unkompliziert, unproblematisch, unschwer; (bes. österr.): kommod; (emotional): kinderleicht; (ugs. scherzh.): idiotensicher, narrensicher.
- anspruchslos, ärmlich, armselig, bescheiden, dürftig, einfältig, elementar, farblos, frugal, genügsam, harmlos, gewöhnlich, karg, kärglich, klein, kümmerlich, kunstlos, naturgemäß, natürlich, naturnah, naturverbunden, puritanisch, schlicht, schmucklos, spartanisch, unauffällig, unbedarft, ungekünstelt, unkompliziert, unscheinbar, urwüchsig, zurückhaltend; (bildungsspr.): unprätentiös; (oft abwertend): ungebildet, naiv, primitiv, simpel; (bildungsspr. abwertend): vulgär; (veraltend): ordinär; (Musik): semplice.

verkürzen

- kürzer machen: abkürzen, abschneiden, kürzen, verkleinern, abnehmen, drosseln, eingrenzen, herabsetzen, mindern, vermindern, verkürzen

- verkleinern: abhacken, abkürzen, abschlagen, abschneiden, abtrennen, beschränken, dezimieren, drosseln, herabsetzen, mindern, reduzieren, schmälern, verkürzen, vermindern, kürzen
- kürzen: abkürzen, abschnippeln, abschnipseln, abtrennen, abzwicken, kupieren, mähen, scheren, stutzen, trennen, verkleinern, verkürzen, wegschneiden, abmachen, abschneiden
- kleiner machen: abhacken, abscheren, abschlagen, abschneiden, abtrennen, abzwicken, beschneiden, herabsetzen, kürzen, kupieren, stutzen, verkürzen, vermindern, wegschneiden, verkleinern
- einschränken: begrenzen, beschränken, dezimieren, herabmindern, kürzen, reduzieren, schmälern, verkleinern, verkürzen, vermindern, verringern, restringieren, drosseln, drücken, eingrenzen

zielbewußt

- durchdacht, genau geplant/gezielt, intentional, mit Methode/System/Überlegung, planmäßig, planvoll, systematisch, überlegt, zielgerichtet, zielorientiert, zweckgerichtet.
- entschieden, entschlossen, konsequent, resolut, unbeirrbar.
- Wahrig: entschlossen, ein gesetztes Ziel zuerreichen; unbeirrbar im Verfolgen eines Zieles

zweckrational

nach Wahrig: wirksam im Bezug auf einen bestimmten Zweck

zielgerichtet

intentional : mit einer Intention (1) verknüpft, zielgerichtet, zweckbestimmt; vgl. ...al/...ell

zweckdienlich

- am Platz, angebracht, angemessen, anwendbar, brauchbar, dienlich, effektiv, empfehlenswert, förderlich, fruchtbar, funktional, geeignet, geraten, gut [zu gebrauchen], lohnend, nutzbringend, nütze, Nutzen bringend, nützlich, passend, praktikabel, praktisch, rationell, ratsam, segensreich, sinnvoll, tauglich, vernünftig, verwendbar, von Nutzen/Wert, vorteilhaft, wertvoll, wirksam, wirkungsvoll, zuträglich, zweckvoll; (geh.): angezeigt, ersprießlich, geboten, gedeihlich, hilfreich; (bildungsspr.): adäquat, konstruktiv, opportun; (ugs.): patent; (südd.): geschickt; (veraltend): rätlich, tunlich; (Fachspr., bildungsspr.): effizient; (Papierdt.): sachdienlich, zweckdienlich.

zielführend

- erfolgreich

fruchtbar

- einbringlich, einträglich, ergiebig, erträgnisreich, ertragreich, fett, fruchtbringend; (ugs.): dankbar; (bes. Wirtsch.): profitabel, rentabel, rentierlich
  fortpflanzungsfähig, geschlechtsreif, vermehrungsfähig, zeugungsfähig; (geh.): mannbar; (bildungsspr.): potent; (Biol., Med.): fertil; (Med.): pubeszent.
- dienlich, effektiv, erfolgreich, förderlich, gut, hilfreich, lohnend, nutzbringend, nützlich, produktiv, schöpferisch, segensreich, von Nutzen, wirksam; (geh.): ersprießlich, gedeihlich; (bildungsspr.): konstruktiv; (Fachspr., bildungsspr.): effizient; (Papierdt.): sachdienlich, zweckdienlich.

professionell

1. berufsmäßig: als Profi, beruflich, professioniert, professionsmäßig, gewerblich, gewerbsmäßig, professionell
2. fachmännisch: gekonnt, qualifiziert, routiniert, professionell
3. beruflich: berufsmäßig, professionell, geschäftlich, gewerbsmäßig, kommerziell, gewerblich
4. erfahren: gekonnt, anstellig, fachgerecht, fachkundig, fachmännisch, fingerfertig, geschickt, gewandt, kunstgerecht, meisterhaft, professionell, qualifiziert, sachgemäß, sachgerecht, routiniert
5. fachgerecht: fachkundig, fachmäßig, gekonnt, kunstgerecht, meisterhaft, professionell, qualifiziert, richtig, routiniert, sachgemäß, sachgerecht, sachkundig, sachverständig, fachgemäß, werkgerecht, fachmännisch
6. befähigt: fachgerecht, fachmännisch, gebildet, professionell, routiniert, sachgemäß, sachgerecht, sachkundig, sachverständig, ausgebildet, erfahren, geeignet, gelehrt, kundig, fachkundig, qualifiziert

zweckmäßig

1. praktisch: zweckmäßig, angewandt, praktisch
2. brauchbar: praktisch, benutzbar, geeignet, nützlich, zweckmäßig, praktikabel
3. benutzbar: nutzbar, anwendbar, brauchbar, verwendbar, wiederverwendbar, wiederverwertbar, dienlich, nützlich, praktisch, empfehlenswert, zweckmäßig, verwertbar
4. sinnvoll: zweckmäßig, zweckvoll
5. handgerecht: handlich, bequem benutzbar, praktisch, zweckmäßig, leicht benutzbar, griffig
6. ratsam: brauchbar, geeignet, gut, indiziert, nützlich, rätlich, sinnvoll, vernünftig, verwendbar, verwertbar, zweckmäßig, angebracht, aussichtsreich, empfehlenswert
7. einträglich: positiv, dankbar, ergiebig, ersprießlich, ertragreich, fruchtbar, Gewinn bringend, günstig, lohnend, nützlich, rentabel, zweckmäßig, angenehm, erfreulich, vorteilhaft
8. passend: angemessen, entsprechend, geeignet, günstig, ideal, vernünftig, zweckmäßig, angebracht, erwünscht, gebührend, zweckdienlich, recht und billig, richtig
9. nützlich: fruchtbar, lehrreich, segensreich, tauglich, zweckmäßig, dienlich, ersprießlich, förderlich, gut, heilsam, von Nutzen, hilfreich
10. einleuchtend: logisch, normal, rational, richtig, sinnig, sinnreich, sinnvoll, zweckmäßig, zweckvoll, annehmbar, empfehlenswert, gescheit, opportun, passend, vernünftig
11. geeignet: annehmbar, entsprechend, ideal, richtig, tauglich, vernünftig, zweckmäßig, brauchbar, adäquat, akzeptabel, angebracht, angemessen, angezeigt, dienlich, passend
12. anwendbar: gut, nutzbar, nützlich, praktisch, verwendbar, zweckmäßig, benutzbar, einsetzbar, geeignet, handlich, passend, tauglich, verwertbar, zweckdienlich, brauchbar
13. angemessen: adäquat, am Platze, angezeigt, es steht an, opportun, passend, zweckmäßig, empfehlenswert, erforderlich, geboten, gebührlich, geraten, geziemend, notwendig, nötig, angebracht
14. verwendbar: brauchbar, fähig, günstig, passend, zweckmäßig, annehmbar, befähigt, dienlich, ideal, praktisch, qualifiziert, recht, richtig, tauglich, geeignet
15. durchdacht: sinnig, sinnreich, vernünftig, zweckmäßig, angebracht, empfehlenswert, nützlich, praktisch, ratsam, tauglich, passend, wohl überlegt, zweckvoll, ausgeklügelt, sinnvoll

zweckdienlich

- anwendbar: gut, nutzbar, nützlich, praktisch, verwendbar, zweckmäßig, benutzbar, einsetzbar, geeignet, handlich, passend, tauglich, verwertbar, zweckdienlich, brauchbar
- nützlich: angebracht, angemessen, angezeigt, geeignet, gelegen, klug, passend, praktisch, ratsam, sachdienlich, sinnvoll, tauglich, vernünftig, zweckdienlich, opportun
- ratsam: angebracht, angemessen, angezeigt, empfehlenswert, geraten, tunlich, zweckdienlich, zweckmäßig, rätlich
- passend: angemessen, entsprechend, geeignet, günstig, ideal, vernünftig, zweckmäßig, angebracht, erwünscht, gebührend, zweckdienlich, recht und billig, richtig
- zweckmäßig: zweckgemäß, zweckdienlich, zweckentsprechend, anwendbar, brauchbar, dienlich, geeignet, griffig, gut zu gebrauchen, gut zu handhaben, handlich, nützlich, praktikabel, regelrecht, praktisch

effektiv

1. absolut: gewiß, sicher, unbestreitbar, wahrlich, de facto, durchgreifend, faktisch, in der Tat, in praxi, realiter, richtig, wahrhaftig, wirklich, real, effektiv
2. wirksam: wirkungsvoll, effektvoll, erfolgreich, fruchtbar, drastisch, durchschlagend, effizient, ergebnisreich, förderlich, nachhaltig, produktiv, effektiv
3. bestimmt: fürwahr, praktisch, tatsächlich, effektiv
4. überzeugend: schlagend, zwingend, durchgreifend, hervorragend, wirksam, drastisch, entscheidend, effektiv, durchschlagend
5. aufstrebend: angesehen, aussichtsreich, erfolggekrönt, gelungen, gesegnet, glücklich, preisgekrönt, sieghaft, siegreich, viel versprechend, wirksam, durchgreifend, effektiv, ergebnisreich, erfolgreich
6. wirkungsvoll: zugkräftig, effektiv, effektvoll, effizient
7. erfolgreich: effektiv, effektvoll, fruchtbar, ergebnisreich
8. faktisch: buchstäblich, effektiv, praktisch, richtig, in der Tat
9. recht: achtbar, angenehm, ansehnlich, ausgezeichnet, beachtlich, bedeutend, bedeutsam, bedeutungsvoll, beeindruckend, brav, effektiv, einwandfrei, empfehlenswert, erfreulich, gut
10. wirklich: effektiv, faktisch, konkret, tatsächlich, real, realiter
11. unbestritten: gewiß, rechtmäßig, sicher, unanfechtbar, unleugbar, unwiderlegbar, zweifellos, effektiv, erwiesen, gültig, klar, unfehlbar, untrüglich, unumstritten, unbestreitbar
12. einschneidend: strikt, unerbittlich, massiv, spürbar, durchschlagend, effektiv, gravierend, hart, schwer, durchgreifend, scharf, streng, bestimmt, ultimativ, drastisch
13. durchschlagend: anziehend, attraktiv, drastisch, durchdringend, durchgreifend, effektiv, eindrucksvoll, erfolgreich, fruchtbar, konstruktiv, kräftig, mächtig, massiv, nachdrücklich, nachhaltig, wirksam

14. anhaltend: für längere Zeit, tiefgreifend, effektiv, effektvoll, dauernd, gravierend, sichtbar, durchgreifend, einschneidend, entscheidend, stark, wirksam, eindrucksvoll, empfindlich, nachhaltig
15. nützlich: dienlich, effektiv, fruchtbar, gut, hilfreich, konstruktiv, sinnvoll, wirksam, tauglich, aufbauend, gedeihlich, produktiv, programmatisch, ersprießlich, förderlich
16. ergiebig: effektiv, erfolgreich, ertragreich, fruchtbringend, lohnend, nutzbringend, nützlich, produktiv, sinnvoll, tragend, üppig, vorteilhaft, wirksam, ergebnisreich, fruchtbar
17. leistungsfähig: effektiv, einfallsreich, erfinderisch, fleißig, fruchtbar, gedeihlich, kreativ, nützlich, ertragfähig, ideenreich, konstruktiv, arbeitsam, ersprießlich, gestalterisch, produktiv

faithful

http://www.synonym.com/definitions/faithful/

- Sense 1: faithful (vs. unfaithful)
  firm, loyal, truehearted, fast(prenominal)true Also See: constant#2; true#1; trustworthy#1, trusty#1
  (steadfast in affection or allegiance; "years of faithful service"; "faithful employees"; "we do not doubt that England has a faithful patriot in the Lord Chancellor")
- Sense 2: close, faithful
  accurate (vs. inaccurate)
  (marked by fidelity to an original; "a close translation"; "a faithful copy of the portrait"; "a faithful rendering of the observed facts")
- Sense 3: faithful (vs. unfaithful)

http://dictionary.reference.com/browse/faithful?s=ts

1. strict or thorough in the performance of duty: a faithful worker.
2. true to one's word, promises, vows, etc.
3. steady in allegiance or affection; loyal; constant: faithful friends.
4. reliable, trusted, or believed.
5. adhering or true to fact, a standard, or an original; accurate: a faithful account; a faithful copy.

gesichert (vertrauenswürdig)

1. gesichert: assured adj., backed adj., locked adj., safeguarded adj., saving adj., secure adj., secured adj., significant adj., trusted adj.
2. vertrauenswürdig: confidential adj., reliable adj., trustable adj., trustworthily adv., trustworthy adj.
3. wirklichkeitsgetreu: faithful adj.,faithfully adv., realistic adj., in a realistic way, realistically adv.
4. glaubwürdig: authentic adj., believable adj., believably adv., credent adj., credible adj., credibly adv., creditable adj., plausible adj., reliable adj.
5. faithful: treu, genau, getreu, gewissenhaft, pflichttreu, sinngetreu, vertrauensvoll, wirklichkeitsgetreu, ehrlich, wirklichkeitsgetreu, getreulich [form.]
6. Vertrauenswürdig (Herkunftswörterbuch): Vertrauen verdienend, **zuverlässig**; aufrichtig, ehrlich, glaubwürdig, rechtschaffen

zuverlässig, verläßlich

1. Zuverlässig (Herkunftswörterbuch): so beschaffen, daß man sich darauf verlassen kann; glaubwürdig, sicher, verläßlich, vertrauenswürdig
2. glaubwürdig (Herkunftswörterbuch): so beschaffen, daß man der Sache/Person glauben kann; glaubhaft, vertrauenswürdig
3. verläßlich (Herkunftswörterbuch): so geartet, daß man sich darauf verlassen kann, darauf bauen kann; zuverlässig
4. verlässlich: authentic adj., authoritative adj., **dependable** adj., reliable adj., reliably adv., secure adj.
5. zuverlässig: trusted adj., dependably adv., authentic adj., authoritative adj., certain adj., credible adj., dependable adj., of good repute, reliable adj., reliably adv., safe adj., solid adj., staunch also: stanch adj., staunchly adv., steadily adv., steady adj., sure adj., trusted adj., trustworthy adj., trusty adj., unfailing adj.
6. gesichert: trusted adj.
7. betriebssicher: dependable adj.

Liste der Autoren

Heidrun Allert, Kapitel 5, *Institut für Pädagogik, Abteilung Medienpädagogik/Bildungsinformatik, Christian-Albrechts-Universität zu Kiel*

Rudolf Berghammer, Kapitel 6, *Institut für Informatik, Christian-Albrechts-Universität zu Kiel*

Christine Blättler, Kapitel 7, *Philosophisches Seminar, Christian-Albrechts-Universität zu Kiel*

Steffen Börm, Kapitel 8, *Institut für Informatik, Christian-Albrechts-Universität zu Kiel*

Jan-Peter Brückner, Kapitel 9, *Institut für Sportwissenschaft, Christian-Albrechts-Universität zu Kiel*

Gerd Bruss, Kapitel 17, *Forschungs- und Technologiezentrum Westküste (FTZ), Christian-Albrechts-Universität zu Kiel*

Thorsten Burkard, Kapitel 10, *Institut für Klassische Altertumskunde, Christian-Albrechts-Universität zu Kiel*

Sven Feja, Kapitel 20, *Institut für Informatik, Christian-Albrechts-Universität zu Kiel*

Martin Hinz, Kapitel 11, *Graduiertenschule „Entwicklung menschlicher Gesellschaften in Landschaften“, Institut für Ur- und Frühgeschichte, Christian-Albrechts-Universität zu Kiel*

Peter Adam Höher, Kapitel 16, *Institut für Elektrotechnik und Informationstechnik, Christian-Albrechts-Universität zu Kiel*

Tobias F. Illenseer, Kapitel 12, *Institut für Theoretische Physik und Astrophysik, Christian-Albrechts-Universität zu Kiel*

Andreas Kopp, Kapitel 13, *Heliosphärische Astroteilchenphysik, Institut für Experimentelle und Angewandte Physik, Christian-Albrechts-Universität zu Kiel*

Jörn Kretschmer, Kapitel 18, *Institut für Technische Medizin (ITeM), Hochschule Furtwangen, VS-Schwenningen, Deutschland; Universitätsklinikum Schleswig-Holstein, Campus Kiel*

Mojib Latif, Kapitel 14, *GEOMAR Helmholtz-Zentrum für Ozeanforschung Kiel und Universität Kiel*

Claas Lattmann, Kapitel 15, *Institut für Klassische Altertumskunde, Christian-Albrechts-Universität zu Kiel / Department of Classics, Emory University, Atlanta*

Jochen Leibrich, Kapitel 16, *Institut für Elektrotechnik und Informationstechnik, Christian-Albrechts-Universität zu Kiel*

Roberto Mayerle, Kapitel 17, *Forschungs- und Technologiezentrum Westküste (FTZ), Christian-Albrechts-Universität zu Kiel*

Knut Möller, Kapitel 18, *Institut für Technische Medizin (ITeM), Hochschule Furtwangen, VS-Schwenningen, Deutschland; Universitätsklinikum Schleswig-Holstein, Campus Kiel*

Oliver Nakoinz, Kapitel 11, *Institut für Ur- und Frühgeschichte, Christian-Albrechts-Universität zu Kiel*

Sven Niemand, Kapitel 20, *Institut für Informatik, Christian-Albrechts-Universität zu Kiel*

Ivor Nissen, Abschnitt I, Kapitel 19, Abschnitt III, *Wehrtechnische Dienststelle für Schiffe und Marinewaffen, Maritime Technologie und Forschung (WTD71), Forschungsbereich für Wasserschall und Geophysik, (FWG), Kiel*

Elke Pulvermüller, Kapitel 20 *Institut für Informatik, Universität Osnabrück*

Christoph Richter, Kapitel 5, *Institut für Pädagogik, Abteilung Medienpädagogik/Bildungsinformatik, Christian-Albrechts-Universität zu Kiel*

Axel Riedlinger, Kapitel 18, *Institut für Technische Medizin (ITeM), Hochschule Furtwangen, VS-Schwenningen, Deutschland; Universitätsklinikum Schleswig-Holstein, Campus Kiel*

Dirk Schädler, Kapitel 18, *Institut für Technische Medizin (ITeM), Hochschule Furtwangen, VS-Schwenningen, Deutschland; Universitätsklinikum Schleswig-Holstein, Campus Kiel*

Christoph Schranz, Kapitel 18, *Institut für Technische Medizin (ITeM), Hochschule Furtwangen, VS-Schwenningen, Deutschland; Universitätsklinikum Schleswig-Holstein, Campus Kiel*

Michael Skusa, Kapitel 21, *Institut für Informatik, Christian-Albrechts-Universität zu Kiel*

Andreas Speck, Kapitel 20, *Institut für Informatik, Christian-Albrechts-Universität zu Kiel*

Bernhard Thalheim, Abschnitt I, Kapitel 6, 21, Abschnitt III, *Institut für Informatik, Christian-Albrechts-Universität zu Kiel*

Tom Theile, Kapitel 22, *Institut für Informatik, Lehrstuhl für Systembiologie & Bioinformatik, Universität Rostock*

Imke Traulsen, Kapitel 23, *Institut für Tierzucht und Tierhaltung, Christian-Albrechts-Universität zu Kiel*

Norbert Weiler, Kapitel 18, *Institut für Technische Medizin (ITeM), Hochschule Furtwangen, VS-Schwenningen, Deutschland; Universitätsklinikum Schleswig-Holstein, Campus Kiel*

Sören Witt, Kapitel 20, *Institut für Informatik, Christian-Albrechts-Universität zu Kiel*

Olaf Wolkenhauer, Kapitel 22, *Institut für Informatik, Lehrstuhl für Systembiologie & Bioinformatik, Universität Rostock und Stellenbosch Institute for Advanced Study (STIAS), Wallenberg Research Centre, Stellenbosch University, Südafrika*

Stichwortverzeichnis